BM 성안당

맞춤형화장품
조제관리사
최종 합격 비법

국가자격시험 최고 적중률 · 합격률의 성안당이 만들면 다릅니다!

식품의약품안전처 시행 국가공인 맞춤형화장품 조제관리사 자격시험 100% 합격을 위해
국가자격시험 최고 적중률·합격률의 성안당과 맞춤형화장품 조제관리사 전문 교수진이 제대로 만들었습니다.
식품의약품안전처의 출제기준, 관련 법령, 기준 고시를 완벽하게 반영한
〈합격핵심이론〉과 〈실전분석문제 2회분(선다형, 단답형)〉, 〈실전모의고사 3회분(선다형, 단답형)〉을 실었고,
특별부록으로 〈화장품 조제 관련 법규〉를 수록했습니다.

1 기준 고시를 완벽 반영한 〈합격핵심이론〉

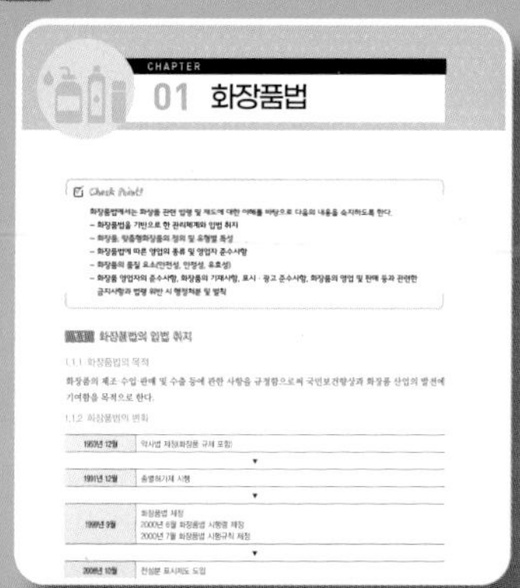

2 출제 경향을 반영한 〈실전분석문제〉

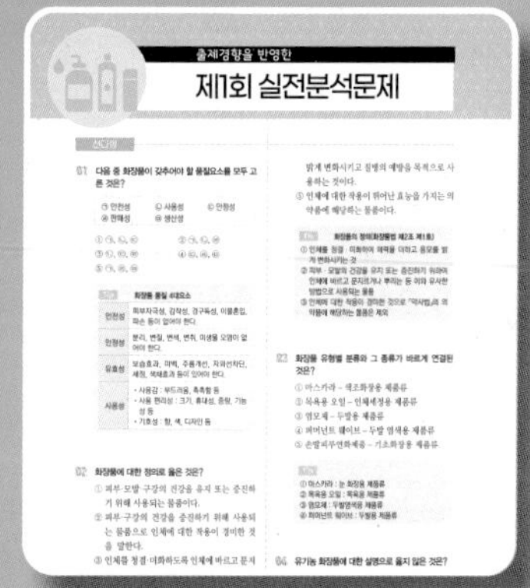

3 최고의 적중률을 보장하는 〈실전모의고사〉

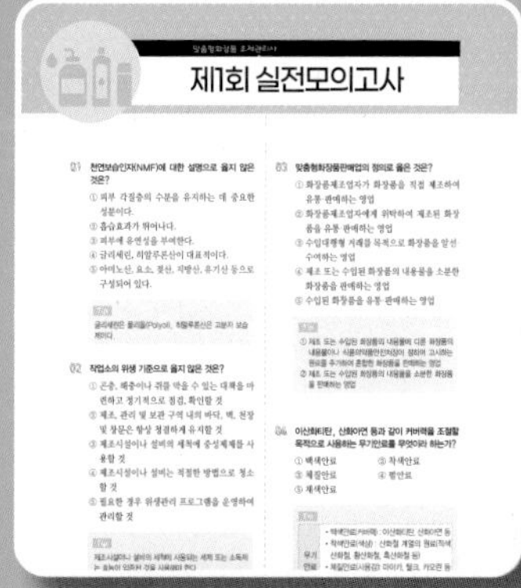

4 특별부록(책속의 책) 〈화장품 조제 관련 법규〉

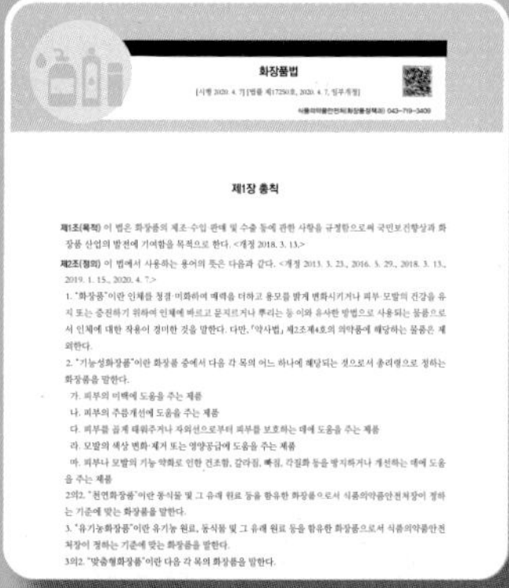

맞춤형화장품 조제관리사
최종 합격 비법

2021. 7. 23. 초 판 1쇄 인쇄
2021. 8. 3. 초 판 1쇄 발행

저자와의 협의하에 검인생략

지은이 | 박효원, 유한나, 여혜연, 강정란
펴낸이 | 이종춘
펴낸곳 | BM (주)도서출판 성안당
주소 | 04032 서울시 마포구 양화로 127 첨단빌딩 3층(출판기획 R&D 센터)
10881 경기도 파주시 문발로 112 파주 출판 문화도시(제작 및 물류)
전화 | 02) 3142-0036
031) 950-6300
팩스 | 031) 955-0510
등록 | 1973. 2. 1. 제406-2005-000046호
출판사 홈페이지 | **www.cyber.co.kr**
ISBN | 978-89-315-8980-1 (13590)
정가 | 28,000원

이 책을 만든 사람들
책임 | 최옥현
기획 · 진행 | 박남균
교정 · 교열 | 디엔터
표지 · 본문 디자인 | 디엔터, 박원석
홍보 | 김계향, 유미나, 서세원
국제부 | 이선민, 조혜란, 권수경
마케팅 | 구본철, 차정욱, 나진호, 이동후, 강호묵
마케팅 지원 | 장상범, 박지연
제작 | 김유석

이 책의 어느 부분도 저작권자나 BM (주)도서출판 성안당 발행인의 승인 문서 없이 일부 또는 전부를 사진 복사나 디스크 복사 및 기타 정보 재생 시스템을 비롯하여 현재 알려지거나 향후 발명될 어떤 전기적, 기계적 또는 다른 수단을 통해 복사하거나 재생하거나 이용할 수 없음.

■ 도서 A/S 안내

성안당에서 발행하는 모든 도서는 저자와 출판사, 그리고 독자가 함께 만들어 나갑니다.
좋은 책을 펴내기 위해 많은 노력을 기울이고 있습니다. 혹시라도 내용상의 오류나 오탈자 등이 발견되면 **"좋은 책은 나라의 보배"**로서 우리 모두가 함께 만들어 간다는 마음으로 연락주시기 바랍니다. 수정 보완하여 더 나은 책이 되도록 최선을 다하겠습니다.
성안당은 늘 독자 여러분들의 소중한 의견을 기다리고 있습니다. 좋은 의견을 보내주시는 분께는 성안당 쇼핑몰의 포인트(3,000포인트)를 적립해 드립니다.
잘못 만들어진 책이나 부록 등이 파손된 경우에는 교환해 드립니다.

최신
가이드라인
반영

맞춤형화장품 조제관리사

최종 합격 비법

박효원 · 유한나 · 여혜연 · 강정란 지음

최종 완성 합격 비법, 이 책으로 반드시 합격한다!

- ★ 최신 출제경향 완벽 반영
- ★ 합격 예상문제 완벽 수록
- ★ 최신 가이드라인 완벽 반영
- ★ 시험에 나오는 핵심 이론
- ★ 특별부록 : 화장품 조제 관련 법규

BM (주)도서출판 성안당

저자 프로필

박효원 현) ㈜예인직업전문학교 학교장

전) 중부대학교 뷰티케어전공 교수

유한나 현) 한나 뷰티&컬러 대표

현) 백석문화대학교 뷰티코디네이션과 초빙교수

현) 인덕대학교 방송뷰티학과 겸임교수

여혜연 건국대학교 향장생물학 이학박사

현) 원광대학교 초빙교수

현) ㈜예인직업전문학교 피부 전임교수

전) 원광대학교 연구교수

강정란 건국대학교 향장생물학 이학박사

현) 우석대학교 제약공학과 교수

들어가는 말

식품의약품안전처는 2020년 3월 14일부터 기존의 화장품 제조업, 화장품 책임판매업 외에 새로이 맞춤형화장품 판매업을 신설하였으며, 맞춤형화장품 판매업에 필수적인 요소인 맞춤형화장품 조제관리사 자격증을 신설하였습니다.

맞춤형화장품 조제관리사 자격증 시험은 화장품법의 이해, 화장품 제조 및 품질관리, 유통화장품의 안전관리, 맞춤형화장품의 이해 4과목으로 이루어져 있습니다. 각 과목의 내용을 살펴보면 다음과 같습니다. '화장품법의 이해'는 화장품법과 개인정보보호법, '화장품 제조 및 품질관리'는 화장품 원료의 종류와 특성, 화장품의 기능과 품질, 화장품 사용제한 원료, 화장품 관리, 위해사례 판단 및 보고, '유통화장품의 안전관리'는 작업장 위생관리, 작업자 위생관리, 설비 및 기구 관리, 내용물 및 원료 관리, 포장재의 관리, '맞춤형화장품의 이해'는 맞춤형화장품 개요, 피부 및 모발 생리 구조, 관능평가 방법과 절차, 제품 상담, 제품 안내, 혼합 및 소분, 충진 및 포장, 재고관리를 포함합니다.

본 교재는 단원별로 시험에 출제되는 핵심이론을 다루고, 학습률을 높이기 위해 단원별로 적중예상문제를 실었습니다. 또 단기간에 효율적으로 학습할 수 있도록 기출 경향을 분석한 실전분석문제와 실전모의고사를 정확한 해설과 함께 실어 단기간 내에 최대한 합격률을 높이는 데 주안점을 두었습니다.

저자 일동

목차

Contents

PART 04 맞춤형화장품의 이해

PART 05 출제경향을 반영한 실전분석문제

PART 06 실전모의고사

특별부록 화장품 조제 관련 법규

맞춤형화장품 조제관리사 시험 안내

1 시험 소개

맞춤형화장품 조제관리사 자격시험은 화장품법 제3조 4항에 따라 맞춤형화장품의 혼합, 소분 업무에 종사하고자 하는 자를 양성하기 위해 실시하는 시험입니다.

2 시험 정보

- 자격명 : 맞춤형화장품조제관리사
- 관련 부처 : 식품의약품안전처
- 시행 기관 : 한국생산성본부
- 시험명 : 맞춤형화장품 조제관리사 자격시험
- 시행 일정 : 연 1회 이상(별도 시행공고를 통해 시행 일정 공고)

3 응시자격

응시 자격과 인원에 제한이 없습니다.

4 합격자 기준

전 과목 총점(1,000점)의 60%(600점) 이상을 득점하고, 각 과목 만점의 40% 이상을 득점한 자

5 응시 수수료

응시 수수료 : 100,000원

6 시험 방법 및 문항 유형

시험 과목	문항 유형	과목별 총점	시험 방법
화장품법의 이해	선다형 7문항 단답형 3문항	100점	필기시험
화장품 제조 및 품질관리	선다형 20문항 단답형 5문항	250점	
유통화장품의 안전관리	선다형 25문항	250점	
맞춤형화장품의 이해	선다형 28문항 단답형 12문항	400점	

❼ 시험 시간

시험 과목	입실 완료	시험시간
화장품법의 이해 화장품 제조 및 품질관리 유통화장품의 안전관리 맞춤형화장품의 이해	09:00까지	09:30~11:30 (120분)

❽ 시험 영역

시험 영역		주요 내용	세부 내용
1	화장품법의 이해	화장품법	화장품법의 입법 취지 화장품의 정의 및 유형 화장품의 유형별 특성 화장품법에 따른 영업의 종류 화장품의 품질 요소(안전성, 안정성, 유효성) 화장품의 사후관리 기준
		개인정보보호법	고객 관리 프로그램 운용 개인정보보호법에 근거한 고객정보 입력 개인정보보호법에 근거한 고객정보 관리 개인정보보호법에 근거한 고객 상담
2	화장품 제조 및 품질관리	화장품 원료의 종류와 특성	화장품 원료의 종류 화장품에 사용된 성분의 특성 원료 및 제품의 성분 정보
		화장품의 기능과 품질	화장품의 효과 판매 가능한 맞춤형화장품 구성 내용물 및 원료의 품질성적서 구비
		화장품 사용제한 원료	화장품에 사용되는 사용제한 원료의 종류 및 사용한도 착향제(향료) 성분 중 알레르기 유발 물질
		화장품 관리	화장품의 취급방법 화장품의 보관방법 화장품의 사용방법 화장품의 사용상 주의사항
		위해사례 판단 및 보고	위해여부 판단 위해사례 보고

3	유통화장품 안전관리	작업장 위생관리	작업장의 위생 기준 작업장의 위생 상태 작업장의 위생 유지관리 활동 작업장 위생 유지를 위한 세제의 종류와 사용법 작업장 소독을 위한 소독제의 종류와 사용법
		작업자 위생관리	작업장 내 직원의 위생 기준 설정 작업장 내 직원의 위생 상태 판정 혼합 · 소분 시 위생관리 규정 작업자 위생 유지를 위한 세제의 종류와 사용법 작업자 소독을 위한 소독제의 종류와 사용법 작업자 위생 관리를 위한 복장 청결 상태 판단
		설비 및 기구 관리	설비 · 기구의 위생 기준 설정 설비 · 기구의 위생 상태 판정 오염물질 제거 및 소독 방법 설비 · 기구의 구성 재질 구분 설비 · 기구의 폐기 기준
		내용물 및 원료 관리	내용물 및 원료의 입고 기준 유통화장품의 안전관리 기준 입고된 원료 및 내용물 관리기준 보관 중인 원료 및 내용물 출고기준 내용물 및 원료의 폐기 기준 내용물 및 원료의 사용기한 확인 · 판정 내용물 및 원료의 개봉 후 사용기한 확인 · 판정 내용물 및 원료의 변질 상태(변색, 변취 등) 확인 내용물 및 원료의 폐기 절차
		포장재의 관리	포장재의 입고 기준 입고된 포장재 관리기준 보관 중인 포장재 출고기준 포장재의 폐기 기준 포장재의 사용기한 확인 · 판정 포장재의 개봉 후 사용기한 확인 · 판정 포장재의 변질 상태 확인 포장재의 폐기 절차

4	맞춤형화장품의 이해	맞춤형화장품 개요	맞춤형화장품 정의 맞춤형화장품 주요 규정 맞춤형화장품의 안전성 맞춤형화장품의 유효성 맞춤형화장품의 안정성
		피부 및 모발 생리구조	피부의 생리 구조 모발의 생리 구조 피부 모발 상태 분석
		관능평가 방법과 절차	관능평가 방법과 절차
		제품 상담	맞춤형 화장품의 효과 맞춤형 화장품의 부작용의 종류와 현상 배합금지 사항 확인 · 배합 내용물 및 원료의 사용제한 사항
		제품 안내	맞춤형 화장품 표시 사항 맞춤형 화장품 안전기준의 주요사항 맞춤형 화장품의 특징 맞춤형 화장품의 사용법
		혼합 및 소분	원료 및 제형의 물리적 특성 화장품 배합한도 및 금지원료 원료 및 내용물의 유효성 원료 및 내용물의 규격(pH, 점도, 색상, 냄새 등) 혼합 · 소분에 필요한 도구 · 기기 리스트 선택 혼합 · 소분에 필요한 기구 사용 맞춤형화장품 판매업 준수사항에 맞는 혼합 · 소분 활동
		충진 및 포장	제품에 맞는 충진 방법 제품에 적합한 포장 방법 용기 기재사항
		재고관리	원료 및 내용물의 재고 파악 적정 재고를 유지하기 위한 발주

⑩ 수험자 유의사항

1 수험 원서, 제출 서류 등의 허위 작성·위조·기재 오기·누락 및 연락 불능의 경우에 발생하는 불이익은 전적으로 응시자 책임입니다.

2 응시자는 시험 시행 전까지 고사장 위치 및 교통편을 확인하여야 하며(단, 고사실 출입 불가), 시험 당일 입실시간까지 신분증, 수험표, 필기구를 지참하고 해당 고사실의 지정된 좌석에 착석하여야 합니다.

- 입실시간(9:00) 이후 고사장 입실이 불가합니다.
- 신분증 미지참 시 시험응시가 불가합니다.
- 신분증 인정 범위 : 주민등록증, 운전면허증, 공무원증, 유효 기간 내 여권 · 복지카드(장애인등록증), 국가유공자증, 외국인등록증, 재외동포 국내거소증, 신분확인증빙서, 주민등록발급신청서, 국가자격증

3 시험 도중 포기하거나 답안지를 제출하지 않은 응시자는 시험 무효 처리됩니다.

4 지정된 고사실 좌석 이외의 좌석에서는 응시할 수 없습니다.

5 시험실에는 벽시계가 구비되지 않을 수 있으므로 개인용 손목시계를 준비하여 시험 시간을 관리하기 바라며, 휴대전화를 비롯하여 데이터를 저장할 수 있는 전자기기는 시계 대용으로 사용될 수 없습니다.

- 교실에 있는 시계와 감독위원의 시간 안내는 단순 참고 사항이며 시간 관리의 책임은 응시자에게 있습니다.
- 손목시계는 시각만 확인할 수 있는 단순한 것을 사용하여야 하며, 손목시계용 휴대전화를 비롯하여 부정행위에 활용될 수 있는 시계는 모두 사용을 금합니다.

6 시험 시간 중에는 화장실에 갈 수 없고 종료 시까지 퇴실할 수 없으므로 과다한 수분 섭취를 자제하는 등 건강관리에 유의하시기 바랍니다.

- 임산부, 과민성대장(방광) 증후군 환자 등 시험 중 반드시 화장실 사용이 필요한 자는 장애인 응시자 등의 응시 편의제공을 사전에 신청해주시기 바랍니다.
- '시험 포기 각서' 제출 후 퇴실한 응시자는 재입실 · 응시 불가합니다.
- 단, 설사 · 배탈 등 긴급사항 발생으로 시험 도중 퇴실 시 재입실이 불가하고, 시험 시간 종료 전까지 시험 본부에서 대기해야 합니다.

7 응시자는 감독위원의 지시에 따라야 하며, 부정한 행위를 한 응시자에게는 해당 시험을 무효로 하고, 이미 합격한 자의 경우 화장품법 제3조의 4에 따라 자격이 취소되고 처분일로부터 3년간 시험에 응시할 수 없습니다.

※ 부정행위 유형

1. 대리시험을 치른 행위 또는 치르게 하는 행위
2. 시험 중 다른 응시자와 시험과 관련된 대화를 하거나 손동작, 소리 등으로 신호를 하는 행위
3. 시험 중 다른 응시자의 답안지 또는 문제지를 보고 자신의 답안지를 작성하는 행위
4. 시험 중 다른 응시자를 위하여 답안 등을 알려주거나 보여주는 행위
5. 고사실 내외의 자로부터 도움을 받아 답안지를 작성하는 행위 및 도움을 주는 행위
6. 다른 응시자와 답안지를 교환하는 행위
7. 다른 응시자와 성명 또는 응시번호를 바꾸어 기재한 답안지를 제출하는 행위
8. 시험 종료 후 문제지를 제출하지 않거나 일부를 훼손하여 유출하는 행위
9. 시험 전 · 후 또는 시험 중에 시험문제, 시험문제에 관한 일부 내용, 답안 등을 다음 각 목의 방법으로 다른 사람에게 알려주거나 알고 시험을 치른 행위
   ① 대화, 쪽지, 기록, 낙서, 그림, 녹음, 녹화
   ② 홈페이지, SNS(Social Networking Service) 등에 게재 및 공유
   ③ 문제집, 도서, 책자 등의 출판 · 인쇄물
   ④ 강의, 설명회, 학술모임
   ⑤ 기타 정보전달 방법
10. 수험표 등 시험지와 답안지가 아닌 곳에 문제 또는 답안을 작성하는 행위
11. 시험 중 시험문제 내용과 관련된 물품(시험관련 교재 및 요약자료 등)을 휴대하거나 이를 주고받는 행위
12. 시험 중 허용되지 않는 통신기기 및 전자기기 등을 지정된 장소에 보관하지 않고 휴대한 행위
    ① 통신기기 및 전자기기 : 휴대용 전화기, 휴대용 개인정보단말기(PDA), 휴대용 멀티미디어 재생장치(PMP), 휴대용 컴퓨터, 휴대용 카세트, 디지털 카메라, 음성 파일 변환기(MP3), 휴대용 게임기, 전자사전, 카메라펜, 시각 표시 외의 기능이 있는 시계, 스마트워치 등
    ② 휴대전화는 배터리와 본체를 분리하여야 하며, 분리되지 않는 기종은 전원을 꺼서 시험위원의 지시에 따라 보관하여야 합니다.(비행기 탑승 모드 설정은 허용하지 않음.)
13. 시험 중 허용되지 않는 통신기기 및 전자기기 등을 사용하여 답안을 전송 및 작성하는 행위
14. 응시원서를 허위로 기재하거나 허위서류를 제출하여 시험에 응시한 행위
15. 시험시간이 종료되었음에도 불구하고 감독위원의 답안지 제출지시에 불응하고 계속 답안을 작성한 행위
16. 답안지 인적사항 기재란 외의 부분에 특정인의 답안지임을 나타내기 위한 표시를 한 행위
17. 그 밖에 부정한 방법으로 본인 또는 다른 응시자의 시험결과에 영향을 미치는 행위

8 답안지는 문제번호가 1번부터 100번까지 양면으로 인쇄되어 있습니다. 답안 작성 시에는 반드시 시험 문제지의 문제번호와 동일한 번호에 작성하여야 합니다.

9 선다형 답안 마킹은 반드시 컴퓨터용 사인펜으로 작성하여야 합니다. 답안 수정이 필요할 경우 감독관에게 답안지 교체를 요청해야 하며, 수정테이프(액) 등을 사용했을 경우 채점상의 불이익을 받을 수 있으므로 사용하지 마시기 바랍니다.

※ 올바른 답안 마킹방법 및 주의사항

1. 매 문항에 반드시 하나의 답만을 골라 그 숫자에 "●"로 정확하게 표기하여야 하며, 이를 준수하지 않아 발생하는 불이익(득점 불인정 등)은 응시자 본인이 감수해야 함
2. 답안 마킹이 흐리거나, 답란을 전부 채우지 않고 작게 점만 찍어 마킹할 경우 OMR 판독이 되지 않을 수 있으니 유의하여야 함
   [예시] 올바른 표기 : ●
   잘못된 표기 : ⊙ ⊗ ⊖ ◍ ◎ ⃠ Ⓥ ◌
3. 두 개 이상의 답을 마킹한 경우 오답처리됨

10 단답형 답안 작성은 반드시 검정색 볼펜으로 작성하여야 합니다. 답안 정정 시에는 반드시 정정 부분을 두 줄(=)로 긋고 해당 답안 칸에 다시 기재하여야 하며, 수정테이프(액) 등을 사용했을 경우 채점상의 불이익을 받을 수 있으므로 사용하지 마시기 바랍니다.

11 문항별 배점은 시험 당일 문제에 표기하여 공개됩니다.

12 채점은 전산 자동 판독 결과에 따르므로 유의사항을 지키지 않거나(지정 필기구 미사용) 응시자의 부주의(인적사항 미기재, 답안지 기재·마킹 착오, 불완전한 마킹·수정, 예비마킹, 형별 마킹 착오 등)로 판독불능, 중복판독 등 불이익이 발생할 경우 응시자 책임으로 이의제기를 하더라도 받아들여지지 않습니다.

13 시험 당일 고사장 내에는 주차 공간이 없거나 협소합니다. 교통 혼잡이 예상되므로 대중교통을 이용하여 주시기 바랍니다.

14 시험 문제 및 답안은 비공개이며, 이에 따라 시험 당일 문제지 반출이 불가합니다.

15 본인이 작성한 답안지를 열람하고 싶은 응시자는 합격일 이후 별도 공지사항을 참고하시기 바랍니다.

16 다음의 경우에 응시료를 환불해드리고 있사오니 참고하시기 바랍니다.

1. 수수료를 과오 납입한 경우 : 과오 납입한 금액 반환
2. 응시원서 접수 기간 내에 접수를 취소한 경우 : 100% 환불(결제수수료 포함)
3. 시험 시행일 20일 전까지 접수를 취소한 경우 : 100% 환불(결제수수료 포함)
4. 시험 시행일 10일 전까지 접수를 취소한 경우 : 50% 환불(결제수수료 포함)
5. 시험 시행일 9일 이내에 접수를 취소한 경우 : 취소 및 환불 불가
6. 시행기관의 귀책사유로 인하여 응시하지 못한 경우 : 납입한 수수료의 100% 환불(결제수수료 포함)
7. 본인 또는 배우자의 부모 · (외)조부모 · 형제 · 자매, 배우자, 자녀가 시험일로부터 7일 이내에 사망하여 시험에 응시하지 못한 수험자가 시험일로부터 30일 이내에 환불을 신청한 경우: 납입한 수수료의 100% 환불(결제수수료 포함)
8. 본인의 사고 및 질병으로 입원(시험일이 입원기간에 포함)하여 시험에 응시하지 못한 수험자가 시험일로부터 30일 이내에 환불을 신청한 경우: 납입한 수수료의 100% 환불(결제수수료 포함, 의료기관의 입원확인서 첨부)
9. 국가가 인정하는 격리가 필요한 전염병 발생 시 공공기관을 포함한 국가 및 의료기관으로부터 감염확정 판정을 받거나, 격리대상자로 판정(격리기간에 시험일 포함)되어 시험에 응시하지 못한 수험자가 시험일로부터 30일 이내에 환불을 신청한 경우: 납입한 수수료의 100% 환불(결제수수료 포함, 공공기관을 포함한 국가 및 의료기관이 발급한 확인서 첨부)
10. 북한의 포격도발 등 심각한 국가 위기단계로 휴가, 외출 등이 금지되어(금지기간에 시험일이 포함) 시험에 응시하지 못한 군인 및 군무원 수험자가 시험일로부터 30일 이내에 환불을 신청한 경우: 납입한 수수료의 100% 환불(결제수수료 포함, 중대장 이상이 발급한 확인서 첨부)
11. 예견할 수 없는 기후상황으로 본인의 거주지에서 시험장까지의 대중교통 수단이 두절되어 시험에 응시하지 못한 수험자가 시험일로부터 30일 이내에 환불을 신청한 경우: 납입한 수수료의 100% 환불(결제수수료 포함, 경찰서 확인서 등 첨부)

17 고사장은 전체가 금연 구역이므로 흡연을 금지하며, 쓰레기를 함부로 버리거나 시설물이 훼손되지 않도록 주의하시기 바랍니다.

18 기타 시험 일정, 운영 등에 관한 사항은 홈페이지(ccmm.kpc.or.kr)의 공지사항을 확인하시기 바라며, 미확인으로 인한 불이익은 응시자의 책임입니다.

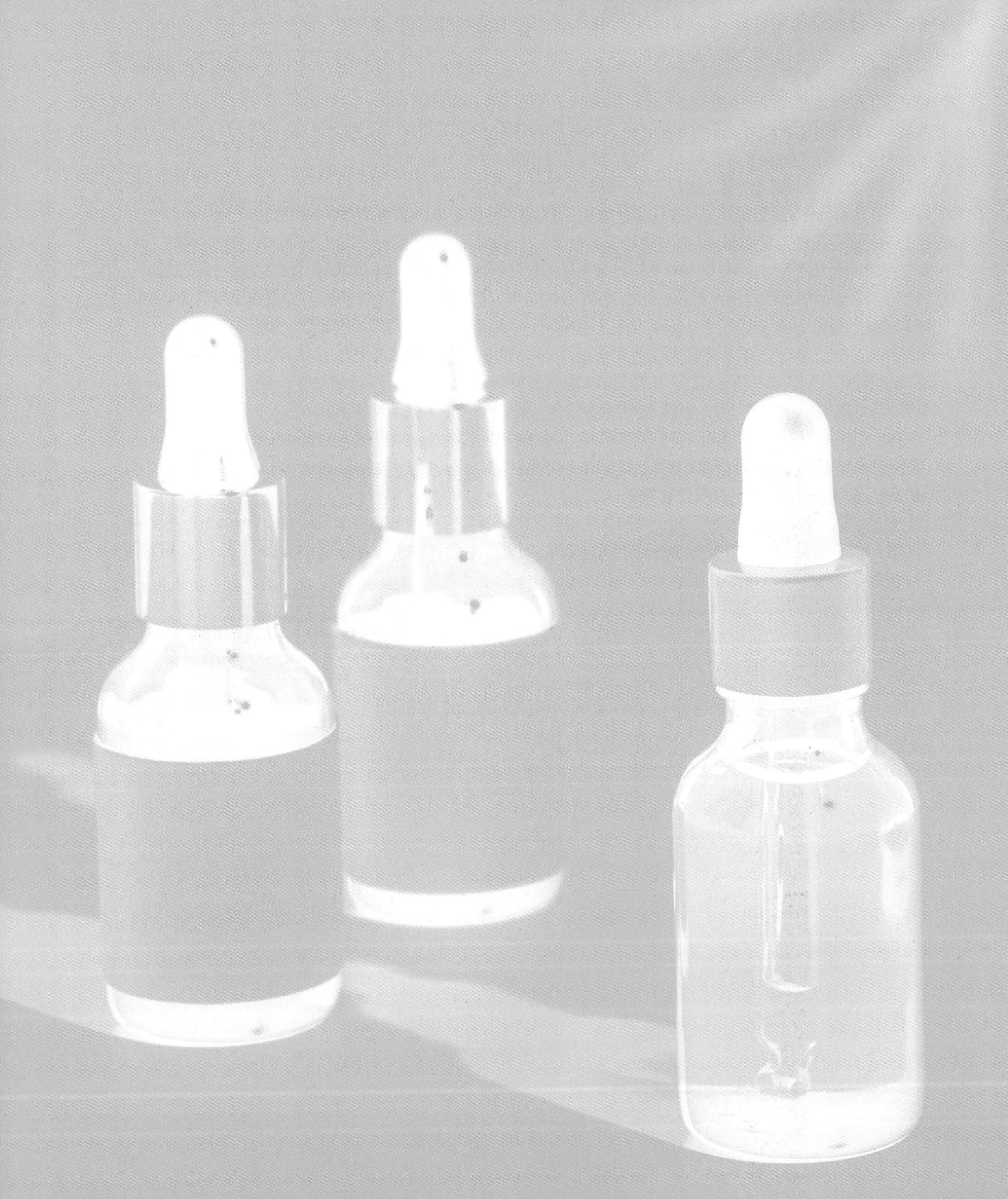

PART 01

화장품법의 이해

CHAPTER

01 화장품법

☑ Check Point!

화장품법에서는 화장품 관련 법령 및 제도에 대한 이해를 바탕으로 다음의 내용을 숙지하도록 한다.

– 화장품법을 기반으로 한 관리체계와 입법 취지
– 화장품, 맞춤형화장품의 정의 및 유형별 특성
– 화장품법에 따른 영업의 종류 및 영업자 준수사항
– 화장품의 품질 요소(안전성, 안정성, 유효성)
– 화장품 영업자의 준수사항, 화장품의 기재사항, 표시 · 광고 준수사항, 화장품의 영업 및 판매 등과 관련한 금지사항과 법령 위반 시 행정처분 및 벌칙

1.1 화장품법의 입법 취지

1.1.1 화장품법의 목적

화장품의 제조·수입·판매 및 수출 등에 관한 사항을 규정함으로써 국민보건향상과 화장품 산업의 발전에 기여함을 목적으로 한다.

1.1.2 화장품법의 변화

1953년 12월	약사법 제정(화장품 규제 포함)
	▼
1991년 12월	종별허가제 시행
	▼
1999년 9월	화장품법 제정 2000년 6월 화장품법 시행령 제정 2000년 7월 화장품법 시행규칙 제정
	▼
2008년 10월	전성분 표시제도 도입
	▼
2011년 8월	화장품법 전부개정법률 공포 2012년 2월 화장품법 시행령 일부개정/화장품법 시행규칙 전부개정
	▼

2016년 5월	화장품법 일부개정법률 공포(기능성화장품 확대 등)

▼

2018년 3월	화장품법 일부개정법률 공포(맞춤형화장품 판매업 신설 등) 2020년 3월 14일 맞춤형화장품 판매업, 조제관리사 제도 시행

1.1.3 화장품법의 체계

1) 화장품 법령체계

화장품법	화장품법 시행령	화장품법시행규칙	고시
법률 1999년 9월 7일 제정 제1조(목적) 이 법은 화장품의 제조·수입 및 판매 등에 관한 사항을 규정함으로써 국민보건 향상과 화장품 산업의 발전에 기여함을 목적으로 한다.	대통령령 제1조(목적) 이 영은 화장품법에서 위임된 사항과 그 시행에 필요한 사항을 규정함을 목적으로 한다.	총리령 제1조(목적) 이 규칙은 화장품법 및 같은 법 시행령에서 위임된 사항과 그 시행에 관하여 필요한 사항을 규정함을 목적으로 한다.	주관부처 고시 보건복지부 고시 식약처 고시

2) 화장품법의 구성

장	내용	조문
제1장 총칙	• 목적, 정의, 영업의 종류	제1조, 제2조
제2장 화장품의 제조·유통	• 영업의 등록 • 기능성 화장품의 심사 등 • 영업자의 의무 등 • 폐업 등의 신고	제3조 – 제7조
제3장 화장품의 취급	• 화장품 안전기준 • 안전용기·포장 • 화장품의 기재사항 • 화장품의 가격표시 • 기재·표시상의 주의 • 부당한 표시·광고 행위 등의 금지 • 표시·광고 내용의 실증 등 • 영업의 금지 • 판매 등의 금지 • 단체설립	제8조 – 제17조

제4장 감독	• 보고와 검사 • 시정명령 • 검사명령 • 개수명령 • 회수·폐기명령 • 등록의 취소 등 • 영업자의 지위승계 • 청문 • 과징금 처분 • 자발적 관리의 지원 • 수출용 제품의 예외	제18조 – 제30조
제5장 보칙	• 등록필증 등의 재교부 • 수수료 • 화장품산업의 지원 • 권한 등의 위임·위탁	제31조 – 제34조
제6장 벌칙	• 벌칙 • 양벌규정 • 과태료	제35조 – 제40조

3) 화장품법 관련고시

※관련고시 등록일 순

1	기능성화장품 기준 및 시험방법(개정 2020.12.30.)
2	기능성화장품 심사에 관한 규정(개정 2021.06.30.)
3	맞춤형화장품조제관리사 자격시험 운영기관 지정에 관한 규정(개정 2020.09.01.)
4	맞춤형화장품판매업자의 준수사항에 관한 규정
5	소비자화장품안전관리감시원 운영 규정(제정 2019.03.12.)
6	수입화장품 품질검사 면제에 관한 규정(개정 2015.11.30.)
7	식품·의약품분야 시험·검사기관 평가에 관한 규정(개정 2015.12.31.)
8	식품의약품안전처 과징금 부과처분 기준 등에 관한 규정(개정 2017.06.28.)
9	영유아 또는 어린이 사용 화장품 안전성 자료의 작성·보관에 관한 규정(제정 2020.07.24.)
10	우수화장품 제조 및 품질관리기준(개정 2020.02.25.)
11	인체적용제품의 위해성평가 등에 관한 규정(개정 2020.01.22.)
12	제품의 포장재질·포장방법에 관한 기준 등에 관한 규칙(개정 2020.07.01.) 환경부령
13	천연화장품 및 유기농화장품 인증기관 지정 및 인증 등에 관한 규정(제정 2019.03.14.)
14	천연화장품 및 유기농화장품의 기준에 관한 규정(개정 2019.07.29.)
15	화장품 가격표시제실시요령(개정 2016.04.08.)
16	화장품 바코드 표시 및 관리요령(개정 2020.02.25.)
17	화장품 법령·제도 등 교육실시기관 지정 및 교육에 관한 규정(개정 2019.12.30.)
18	화장품 사용 시의 주의사항 및 알레르기 유발성분 표시에 관한 규정(개정 2019.12.16.)

19	화장품 안전기준 등에 관한 규정(개정 2020.02.25.)
20	화장품 안전성 정보관리 규정(개정 2020.06.23.)
21	화장품 원료 사용기준 지정 및 변경 심사에 관한 규정(제정 2020.06.15.)
22	화장품 표시·광고 실증에 관한 규정(개정 2020.09.04.)
23	화장품의 색소 종류와 기준 및 시험방법(개정 2020.12.30.)
24	화장품의 생산·수입실적 및 원료목록 보고에 관한 규정(개정 2020.02.25.)

4) 맞춤형화장품 관련 법령

화장품법 ▶
- 맞춤형화장품 정의
- 업종 신설
- 준수사항
- 교육
- 조제관리사 자격시험(2018.03.13. 개정, 2020.03.14. 시행)

▼

「화장품법 시행령」
▼
화장품법 시행규칙 ▶
- 판매업신고·변경신고 요건·절차
- 판매업자 세부준수사항
- 교육명령 대상자
- 맞춤형화장품 표시기재 및 회수절차 등
- 자격시험주기·과목·방법 등 세부 운영방안
- 자격시험 운영기관 지정기준 및 준수사항

▼

고시 ▶
▼
맞품형 화장품 판매 가이드 라인
- 맞춤형화장품에 사용 가능한 원료지정
- 다음 3종 원료 외에는 모두 맞춤형화장품에 사용가능
  ① 사용금지원료
  ② 사용상의 제한이 필요한 원료
  ③ 사전심사를 받거나 보고서를 제출하지 않은 기능성화장품 고시원료

1.1.4 맞춤형화장품제도 도입 취지

개인의 가치가 강조되는 사회·문화적 환경변화에 따라 개인 맞춤형 상품 서비스를 통해 다양한 소비요구를 충족시키고, 화장품법으로 금지하고 있는 판매장에서의 화장품의 혼합·소분 행위를 허용하기 위해 도입되었다.

시범사업 전국실시

- 맞춤형화장품 제도적 기반 마련 전에 시범사업으로 운영
- 대상 : 책임판매업자 직영매장, 면세점 내 화장품 매장 등
- 범위 : '내용물+원료' 혼합 또는 소분(방향용 제품류, 기초화장품용 제품류, 색조화장용 제품류)

1.2 화장품의 정의 및 유형

1.2.1 화장품의 정의

1) 화장품(「화장품법」 제2조 제1호)

사용목적	• 인체를 청결·미화하여 매력을 더하고 용모를 밝게 변화 • 피부·모발의 건강을 유지 또는 증진
용법	• 인체에 바르고 문지르거나 뿌리는 등 이와 유사한 방법으로 사용되는 물품으로서 인체에 대한 작용이 경미한 것

※ 「약사법」 제2조 제4호의 의약품에 해당하는 물품은 제외
※ 의약품 : 인체에 사용하는 물품이라도 질병의 진단·치료·경감·처치 또는 예방을 목적으로 사용하는 것

기출 유형

화장품에 대한 정의로 옳은 것은?

① 피부·모발·구강의 건강을 유지 또는 증진하기 위해 사용되는 물품이다.
② 피부·구강의 건강을 증진하기 위해 사용되는 물품으로 인체에 대한 작용이 경미한 것을 말한다.
③ 인체를 청결·미화하도록 인체에 바르고 문지르거나 뿌리는 등 이와 유사한 방법으로 사용되는 물품이다.
④ 인체를 청결·미화하여 매력을 더하고 용모를 밝게 변화시키고 질병의 예방을 목적으로 사용하는 것이다.
⑤ 인체에 대한 작용이 뛰어난 효능을 가지는 의약품에 해당하는 물품이다.

정답 : ③

1.2.2 화장품의 유형

1) 기능성 화장품

(1) 기능성 화장품의 정의

"기능성화장품"이란 화장품 중에서 다음 각 목의 어느 하나에 해당되는 것으로 총리령으로 정하는 화장품이다.

① 피부의 미백에 도움을 주는 제품
② 피부의 주름개선에 도움을 주는 제품
③ 피부를 곱게 태워주거나 자외선으로부터 피부를 보호하는 데에 도움을 주는 제품
④ 모발의 색상 변화·제거 또는 영양공급에 도움을 주는 제품
⑤ 피부나 모발의 기능 약화로 인한 건조함, 갈라짐, 빠짐, 각질화 등을 방지하거나 개선하는 데에 도움을 주는 제품

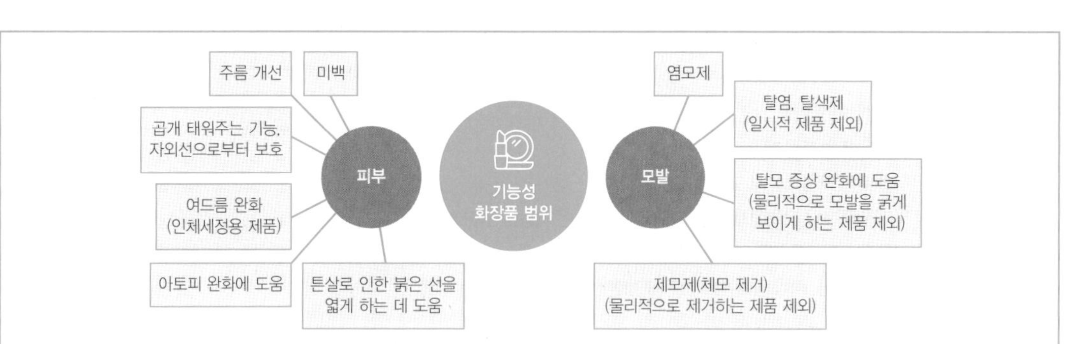

▶ 「화장품법 시행규칙 제2조」(시행 2019.12.12.)

(2) 기능성 화장품 분류에 따른 정의 기출

▶ 화장품법 시행규칙 제2조(개정 2020.08.05.)

분류		범위
미백에 도움을 주는 제품	▶	• 피부에 멜라닌 색소가 침착하는 것을 방지하여 기미·주근깨 등의 생성을 억제함으로써 피부 미백에 도움을 주는 기능을 가진 화장품 • 피부에 침착된 멜라닌 색소의 색을 엷게 하여 피부의 미백에 도움을 주는 기능을 가진 화장품
주름개선에 도움을 주는 제품	▶	• 피부에 탄력을 주어 피부의 주름을 완화 또는 개선하는 기능을 가진 화장품
피부를 곱게 태워주거나 자외선 보호에 도움을 주는 제품	▶	• 강한 햇볕을 방지하여 피부를 곱게 태워주는 기능을 가진 화장품 • 자외선을 차단 또는 산란시켜 자외선으로부터 피부를 보호하는 기능을 가진 화장품
모발의 색상 변화 · 제거 또는 영양공급에 도움을 주는 제품	▶	• 모발의 색상을 변화(탈염·탈색)시키는 기능을 가진 화장품(일시적 염모제 제외) • 체모를 제거하는 기능을 가진 화장품(물리적 제모제 제외)
피부, 모발의 기능약화로 인한 건조함, 갈라짐, 빠짐, 각질화 등의 방지, 개선에 도움을 주는 제품	▶	• 탈모 증상의 완화에 도움을 주는 화장품(물리적으로 모발을 굵게 보이게 하는 제품은 제외) • 여드름성 피부를 완화하는 데 도움을 주는 화장품(인체세정용 제품에 한함) • 아토피성 피부로 인한 건조함 등을 완화하는 데 도움을 주는 화장품 • 튼살로 인한 붉은 선을 엷게 하는 데 도움을 주는 화장품

기출 유형

기능성화장품에 해당되지 않는 것은?

① 피부의 미백에 도움을 주는 제품
② 피부에 탄력을 주어 주름개선에 도움을 주는 제품
③ 피부를 곱게 태워주거나 자외선으로부터 피부를 보호하는 기능을 가진 제품
④ 모발의 색상을 일시적으로 변화시키는 제품
⑤ 모발의 건조함, 갈라짐, 빠짐 등을 방지하거나 개선하는 데 도움을 주는 제품

정답 : ④

Tip 모발의 색상변화제품은 기능성 화장품에 해당되나, 일시적으로 모발의 색을 변화시키는 제품은 기능성 화장품에 해당되지 않는다.

2) 천연화장품 기출

동식물 및 그 유래 원료 등을 함유한 화장품으로써 식품의약품안전처장이 정하는 기준에 맞는 화장품

3) 유기농화장품

유기농 원료, 동식물 및 그 유래 원료 등을 함유한 화장품으로써 식품의약품안전처장이 정하는 기준에 맞는 화장품

4) 천연화장품 · 유기농화장품

(1) 용어의 정의

① 천연원료

용어	정의
유기농 원료	• 친환경 농어업 육성 및 유기식품 등의 관리·지원에 관한 법률에 따른 유기농수산물 또는 이를 고시에서 허용하는 물리적 공정에 따라 가공한 것 • 외국정부 등에서 정한 기준에 따른 인증기관으로부터 유기농수산물로 인정받거나 이를 허용하는 물리적 공정에 따라 가공한 것 • 국제유기농업운동연맹(IFOAM)에 등록된 인증기관으로부터 유기농 원료로 인증받거나 이를 허용하는 물리적 공정에 따라 가공한 것
식물 원료	• 식물(해조류와 같은 해양식물, 버섯과 같은 균사체를 포함) 그 자체로서 가공하지 않거나 이 식물을 가지고 고시에서 허용하는 물리적 공정에 따라 가공한 화장품 원료
동물 원료	• 동물 그 자체(세포, 조직, 장기)는 제외하고 동물로부터 자연적으로 생산되는 것으로서 가공하지 않거나 이 동물로부터 자연적으로 생산되는 것을 가지고 이 고시에서 허용하는 물리적 공정에 따라 가공한 계란, 우유, 우유단백질 등의 화장품 원료
미네랄 원료	• 지질학적 작용에 의해 자연적으로 생성된 물질을 가지고 이 고시에서 허용하는 물리적 공정에 따라 가공한 화장품 원료. 화석원료로부터 기원한 물질은 제외

② 천연유래 원료

유기농유래, 식물유래, 동물성유래, 미네랄유래 원료 각 항목에 해당 원료를 가지고 허용하는 화학적·생물학적 공정에 따라 가공한 원료를 말하며, 이를 천연유래 원료라고 한다.

(2) 사용할 수 있는 원료

① 제조에 사용하는 원료는 다음과 같으며【별표 2】의 오염물질에 오염되어서는 안 된다.

- 천연원료
- 천연유래원료
- 물
- 기타【별표 3】(허용기타원료) 및【별표 4】(허용합성원료)에서 정하는 원료

② 합성원료사용 예외

허용 합성원료는 5% 이내에서 사용 가능하며 석유화학 부분은 2%를 초과할 수 없다.

【별표 2】 오염물질
다음은 자연적으로 존재하는 것보다 많은 양이 제품에서 존재해서는 안 된다.

• 중금속(Heavy metals) : 카드뮴, 수은, 납, 크롬, 구리, 니켈, 아연, 몰리브덴, 비소, 셀레늄 • 방향족 탄화수소(Aromatic hydrocarbons) : 벤젠, 톨루엔자일렌, 다핵방향족탄화수소 • 농약(Pesticides) : 살충제, 곰팡이제거제, 제초제의 잔류물 • 다이옥신 및 폴리염화비페닐(Dioxins & PCBs) : 폴리염화다벤조아이톡신	• 방사능(Radioactivity) • 유전자변형 생물체(GMO) : 유전자 재조합 부산물 • 곰팡이 독소(Mycotoxins) : 마이코톡신 • 의약 잔류물(Medicinal residues) : 항곡시듐제, 합성항생제, 단백동화스테로이드 • 질산염(Nitrates) : 식물 중 오염물질 • 니트로사민(Nitrosamines)

【별표 3】 허용 기타원료
다음은 천연 원료에서 석유화학 용제를 이용하여 추출할 수 있다.

• 베타인(Betaine) • 카라기난(Carrageenan) • 레시틴 및 그 유도체(Lecithin and Lecithin derivatives) • 토코페롤(Tocopherol), 토코트리에놀(Tocotrienol) • 오리자놀(Oryzanol) • 안나토(Annatto) • 앱솔루트(Absolutes), 콘크리트(Concretes), 레지노이드(Resinoids)	• 카로티노이드(Carotenoids), 잔토필(Xanthophylls) • 라놀린(Lanolin) • 피토스테롤(Phytosterol) • 글라이코스핑고리피드 및 글라이코리피드(Glycosphingolipids and Glycolipids) • 잔탄검 • 알킬베타인

【별표 4】 합성 보존제 및 변성제

• 벤조익애시드 및 그 염류(Benzoic Acid and its salts) • 벤질알코올(Benzyl Alcohol) • 살리실릭애시드 및 그 염류(Salicylic Acid and its salts) • 소르빅애시드 및 그 염류(Sorbic Acid and its salts) • 데하이드로아세틱애시드 및 그 염류(Dehydroacetic Acid and its salts)	• 데나토늄벤조에이트(Denatonium Benzoate), 3급부틸알코올(Tertiary Butyl Alcohol), 프탈레이트류를 제외한 기타변성제(other denaturing agents for alcohol excluding phthalates) • 이소프로필알코올(Isopropylalcohol) • 테트라소듐글루타메이트디아세테이트(Tetrasodium Glutamate Diacetate)

(3) 제조공정

원료의 제조공정은 간단하고 오염을 일으키지 않으며 원료 고유의 품질이 유지되어야 하는데, 금지되는 공정은 다음과 같다.

① 유전자 변형 원료 배합

② 니트로스아민류 배합 및 생성

③ 일면 또는 다면의 외형 또는 내부구조를 가지도록 의도적으로 만들어진 불용성이거나 생체지속성인 1~100나노미터 크기의 물질배합

④ 공기, 산소, 질소, 이산화탄소, 아르곤 가스 외의 분사제 사용

⑤【별표 5】의 금지되는 공정

	공정명	비고
①	탈색, 탈취(Bleaching–Deodorisation)	동물 유래
②	방사선 조사(Irradiation)	알파선, 감마선
③	설폰화(Sulphonation)	
④	에칠렌 옥사이드, 프로필렌 옥사이드 또는 다른 알켄 옥사이드 사용 (Use of ethylene oxide, propylene oxide or other alkylene oxides)	
⑤	수은화합물을 사용한 처리(Treatments using mercury)	
⑥	포름알데하이드 사용(Use of formaldehyde)	

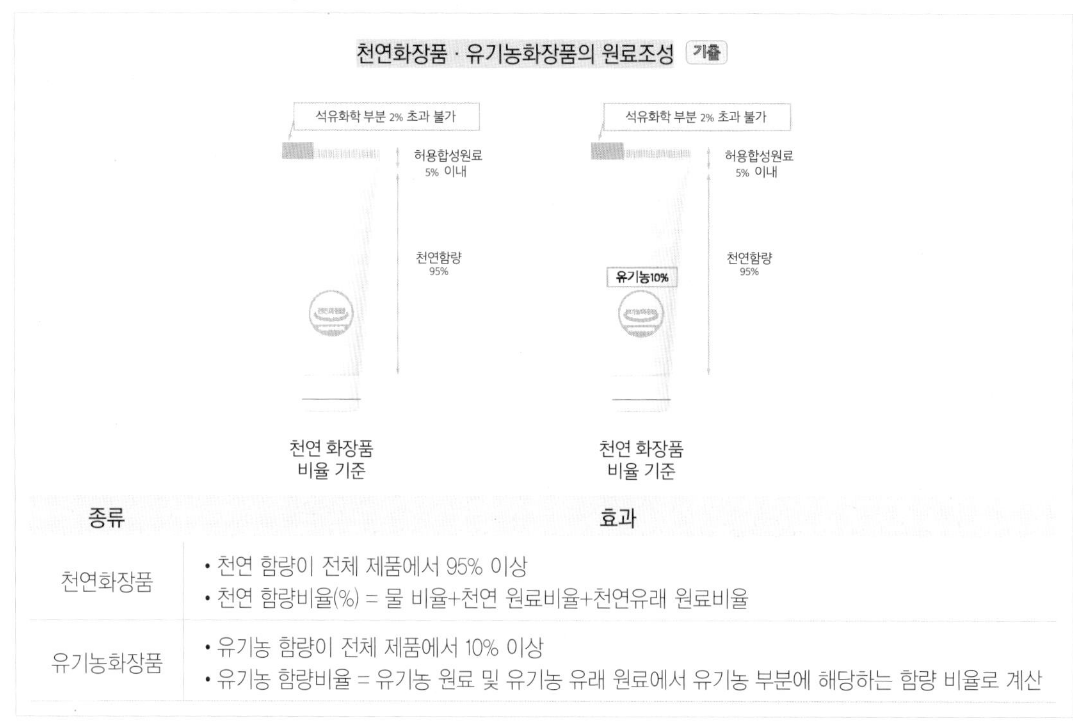

종류	효과
천연화장품	• 천연 함량이 전체 제품에서 95% 이상 • 천연 함량비율(%) = 물 비율+천연 원료비율+천연유래 원료비율
유기농화장품	• 유기농 함량이 전체 제품에서 10% 이상 • 유기농 함량비율 = 유기농 원료 및 유기농 유래 원료에서 유기농 부분에 해당하는 함량 비율로 계산

▶ 「천연·유기농화장품 기준 및 인증」(화장품정책설명회 2019.12.12.)

기출 유형

㉠, ㉡. ㉢에 알맞은 천연화장품 및 유기농화장품의 함량을 쓰시오.

- 천연화장품은 천연 함량이 전체 제품에서 (㉠) 이상으로 구성되어야 한다.
- 유기농 화장품은 유기농 함량이 전체 제품에서 (㉡) 이상이어야 하며, 유기농 함량을 포함한 천연 함량이 전체 제품에서 (㉢) 이상으로 구성되어야 한다.

정답 : ㉠ 95% ㉡ 10% ㉢ 95%

5) 맞춤형화장품(2020.03.14.시행)

맞춤형화장품판매업소에서 맞춤형화장품조제관리사 자격증을 가진 자가 고객 개인별 피부 특성 및 색·향 등 취향에 따라 다음과 같이 만든 화장품을 뜻한다.

① 제조 또는 수입된 화장품의 내용물에 다른 화장품의 내용물이나 식품의약품안전처장이 정하는 원료를 추가하여 혼합한 화장품

② 제조 또는 수입된 화장품의 내용물을 소분한 화장품

6) 화장품 관련 용어의 정의(화장품법 제2조) 기출

용어	정의
안전용기·포장	만 5세 미만의 어린이가 개봉하기 어렵게 설계·고안된 용기나 포장
사용기한	화장품이 제조된 날부터 적절한 보관 상태에서 제품이 고유의 특성을 간직한 채 소비자가 안정적으로 사용할 수 있는 최소한의 기한
1차 포장	화장품 제조 시 내용물과 직접 접촉하는 포장 용기
2차 포장	1차 포장을 수용하는 1개 또는 그 이상의 포장과 보호재 및 표시의 목적으로 한 포장(첨부 문서 등을 포함)
표시	화장품의 용기·포장에 기재하는 문자·숫자·도형 또는 그림
광고	라디오·텔레비전·신문·잡지·음성·음향·영상·인터넷·인쇄물·간판, 그 밖의 방법에 의하여 화장품에 대한 정보를 나타내거나 알리는 행위
화장품제조업	화장품의 전부 또는 일부를 제조(2차 포장 또는 표시만의 공정은 제외한다)하는 영업
화장품책임판매업	취급하는 화장품의 품질 및 안전 등을 관리하면서 이를 유통·판매하거나 수입대행형 거래를 목적으로 알선·수여(授與)하는 영업
맞춤형화장품판매업	맞춤형화장품을 판매하는 영업

기출 유형

- (㉠)이란, (㉡)을 수용하는 1개 또는 그 이상의 포장과 보호재 및 표시의 목적으로 한 포장을 말한다. 화장품제조업이란 화장품의 전부 또는 일부를 제조(2차 포장 또는 표시만의 공정은 제외)하는 영업을 말한다.
- (㉢)이란, 화장품이 제조된 날로부터 적절한 보관 상태에서 제품이 고유의 특성을 간직한 채 소비자가 안정적으로 사용할 수 있는 최소한의 기한을 말한다.

정답 : ㉠ 2차 포장 ㉡ 1차 포장 ㉢ 사용기한

1.3 화장품의 유형별 특성(화장품법 시행규칙 [별표 3], 개정 2020.01.22.)

유형		특성	제품류
영유아용 제품류 (만 3세 이하)	▶	3세 이하 영유아의 얼굴과 두발, 인체에 적용 가능한 세정, 보습 제품류	• 영유아용 샴푸, 린스 • 영유아용 로션, 크림 • 영유아용 오일 • 영유아 인체 세정용 제품 • 영유아 목욕용 제품
목욕용 제품류	▶	인체를 깨끗하고 유연하게 하는 제품류	• 목욕용 오일·정제·캡슐 • 목욕용 소금류 • 버블 배스(Bubble baths) • 그 밖의 목욕용 제품류
인체세정용 제품류	▶	얼굴과 몸의 오염물질을 제거하기 위해 사용하는 제품류	• 폼 클렌저(Foam cleanser) • 바디 클렌저(Body cleanser) • 액체 비누(Liquid soaps) 및 화장 비누(고체 형태의 세안용 비누) • 외음부 세정제 • 물휴지 • 그 밖의 인체 세정용 제품류
눈 화장용 제품류	▶	눈과 눈썹에 색을 부여하여 미를 증진하고, 눈에 적용된 눈 화장용 제품을 제거하는 제품류	• 아이브로우 펜슬(Eyebrow pencil) • 아이라이너(Eye liner) • 아이섀도(Eye shadow) • 마스카라(Mascara) • 아이 메이크업 리무버(Eye make-up remover) • 그 밖의 눈 화장용 제품류
방향용 제품류	▶	인체에 향기를 부여하는 제품류	• 향수 • 분말향 • 향낭(香囊) • 콜롱(Cologne) • 그 밖의 방향용 제품류
두발염색용 제품류	▶	두발의 색상을 변화시키는 제품류	• 헤어 틴트(Hair tints) • 헤어 컬러스프레이(Hair color sprays) • 염모제 • 탈염·탈색용 제품 • 그 밖의 두발 염색용 제품류

색조화장용 제품류 ▶	얼굴과 인체에 색을 부여하여 미를 증진하는 제품류	• 볼연지 • 페이스 파우더(face powder), 페이스 케이크(face cakes) • 리퀴드(liquid)·크림·케이크 파운데이션(foundation) • 메이크업 베이스(make-up bases) • 메이크업 픽서티브(make-up fixatives) • 립스틱, 립라이너(lip liner) • 립글로스(lip gloss), 립밤(lip balm) • 바디페인팅(body painting), 페이스페인팅(face painting), 분장용 제품 • 그 밖의 색조 화장용 제품류
두발용 제품류 ▶	두발을 세정하고 형태를 만들고 유지할 수 있도록 하는 제품	• 헤어 컨디셔너(hair conditioners) • 헤어 토닉(hair tonics) • 헤어 그루밍 에이드(hair grooming aids) • 헤어 크림·로션 • 헤어 오일 • 포마드(pomade) • 헤어 스프레이·무스·왁스·젤 • 샴푸, 린스 • 퍼머넌트 웨이브(permanent wave) • 헤어 스트레이트너(hair straightner) • 흑채 • 그 밖의 두발용 제품류
손발톱용 제품류 ▶	손·발톱에 색을 부여하거나 제거하며 영양을 공급하는 제품	• 베이스코트(basecoats), 언더코트(under coats) • 네일폴리시(nail polish), 네일에나멜(nail enamel) • 탑코트(topcoats) • 네일 크림·로션·에센스 • 네일폴리시·네일에나멜 리무버 • 그 밖의 손발톱용 제품류
면도용 제품류 ▶	면도 전·후 도포하는 제품으로 면도를 용이하게 하고 면도 후 피부 진정과 보습에 도움을 주는 제품류	• 애프터셰이브 로션(aftershave lotions) • 남성용 탤컴(talcum) • 프리셰이브 로션(preshave lotions) • 셰이빙 크림(shaving cream) • 셰이빙 폼(shaving foam) • 그 밖의 면도용 제품류

기초화장용 제품류 ▶	얼굴과 몸에 영양을 공급하고 얼굴의 메이크업을 제거하는 제품류	• 수렴·유연·영양 화장수(face lotions) • 마사지 크림 • 에센스, 오일 • 파우더 • 바디 제품 • 팩, 마스크 • 눈 주위 제품 • 로션, 크림 • 손·발의 피부연화 제품 • 클렌징 워터, 클렌징 오일, 클렌징 로션, 클렌징 크림 등 메이크업 리무버 • 그 밖의 기초화장용 제품류
체취방지용 제품류 ▶	좋지 않은 체취를 방지하기 위한 제품류	• 데오도런트 • 그 밖의 체취 방지용 제품류
체모제거용 제품류 ▶	체모를 제거하기 위해 사용하는 제품류	• 제모제 • 제모왁스 • 그 밖의 체모 제거용 제품류

* 물휴지

다만,「위생용품 관리법」(법률 제14837호) 제2조 제1호 라목2)에서 말하는「식품위생법」제36조 제1항 제3호에 따른 식품접객업의 영업소에서 손을 닦는 용도 등으로 사용할 수 있도록 포장된 물티슈와「장사 등에 관한 법률」제29조에 따른 장례식장 또는「의료법」제3조에 따른 의료기관 등에서 시체(屍體)를 닦는 용도로 사용되는 물휴지는 제외한다.

기출 유형

화장품 유형별 분류와 그 종류가 바르게 연결된 것은?

① 마스카라 - 색조화장용 제품류
② 목욕용 오일 - 인체세정용 제품류
③ 염모제 - 두발용 제품류
④ 퍼머넌트 웨이브 - 두발 염색용 제품류
⑤ 손발피부연화제품 - 기초화장용 제품류

정답 : ⑤

화장품 전환품목 관리방안

• 전환품목 : 화장비누(고형), 흑채, 제모왁스

• 화장품 전환에 따른 의무사항

의무사항	상세
제조업자등록	제조시설 구비, 품질관리 기준 준수 등
책임판매업자 등록	책임판매관리자 채용, 품질관리 기준 준수
표시기재 준수	전(全)성분, 제조번호, 사용기한, 가격 등
광고범위제한	의약품 오인, 기능성·천연·유기농 오인, 사실이 아닌 광고, 오인우려광고
제조, 판매금지	사용금지 원료사용, 무등록자가 제조한 화장품 등

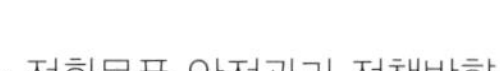

- 전환물품 안전관리 정책방향
  - 안전기준, 품질관리, 표시기준은 기존화장품과 동일하게 적용
  - 전환물품 자체의 특성을 고려한 규정 개정
  - 비누공방의 규제 순응도를 높일 수 있는 안전관리 방안 모색
    ※ 비누공방은 상시근로자 2인 이하인 곳에서 직접 제조한 화장비누만 판매 가능

- 전환물품 책임판매관리자 자격
  - 의사, 약사
  - 이공계, 향장학, 화장품과학, 한의학, 한약학과 학사
  - 관련 분야 전문대학 졸업+화장품 제조 또는 품질관리 경력 1년 이상
  - 화장품 제조 또는 품질관리 경력 2년 이상
  - 식약처장이 정하는 전문교육 이수자(화장비누, 흑채, 제모왁스에 한함)

- 화장비누 표시기재 기출
  - 전성분표시
  - 건조중량, 수분중량
  - 제조번호, 사용기한

▶「화장품 전환품목 관리방안」(화장품정책설명회 2019.12.10.)

1.4 화장품법에 따른 영업의 종류

1) 화장품제조업

개념	• 화장품의 전부 또는 일부를 제조하는 영업
영업의 범위 기출	• 화장품을 직접 제조하는 영업 • 화장품 제조를 위탁받아 제조하는 영업 • 화장품의 포장(1차 포장만 해당한다)을 하는 영업

※ 2차 포장 또는 표시만의 공정을 하는 경우는 제조업에서 제외함

2) 화장품 책임판매업

개념	• 취급하는 화장품의 품질 및 안전 등을 관리하면서 이를 유통·판매하거나 수입대행형 거래를 목적으로 알선·수여하는 영업
영업의 범위	• 화장품제조업자가 화장품을 직접 제조하여 유통·판매하는 영업 • 화장품제조업자에게 위탁하여 제조된 화장품을 유통·판매하는 영업 • 수입된 화장품을 유통·판매하는 영업 • 수입대행형 거래(전자상거래만 해당)를 목적으로 화장품을 알선·수여(授與)하는 영업

3) 맞품형화장품 판매업

개념	• 제조 또는 수입된 화장품의 내용물에 다른 화장품의 내용물이나 식품의약품안전처장이 정하여 고시하는 원료를 추가하여 혼합한 화장품을 판매하는 영업 • 제조 또는 수입된 화장품의 내용물을 소분(小分)한 화장품을 판매하는 영업

영업의 범위	• 제조 또는 수입된 화장품의 내용물에 다른 화장품의 내용물이나 식품의약품안전처장이 정하여 고시하는 원료를 추가하여 혼합한 화장품을 판매하는 영업 • 제조 또는 수입된 화장품의 내용물을 소분(小分)한 화장품을 판매하는 영업

1.4.1 화장품 제조업

• 제조업 등록 결격사유에 해당하지 아니한 자

• 시설기준을 갖추어야 함

1) 화장품 제조업 등록 결격사유 기출

① 정신질환자(전문의가 화장품제조업자로서 적합하다고 인정하는 사람은 제외)

② 피성년후견인 또는 파산선고를 받고 복권되지 아니한 자

③ 마약류의 중독자

④「화장품법」또는「보건범죄 단속에 관한 특별조치법」을 위반해 금고 이상의 형을 선고받고 그 집행이 끝나지 않거나 받지 않기로 확정되지 않은 자

⑤ 등록이 취소되거나 영업소가 폐쇄(화장품제조업자 결격사유에 따라 등록이 취소되거나 영업소가 폐쇄된 경우는 제외)된 날부터 1년이 지나지 않은 자

2) 화장품제조업 시설기준

①	제조작업을 하는 다음의 시설을 갖춘 작업소 • 쥐·해충 및 먼지 등을 막을 수 있는 시설 • 작업대 등 제조에 필요한 시설 및 기구 • 가루가 날리는 작업실은 가루를 제거하는 시설
②	원료·자재 및 제품을 보관하는 보관소
③	원료·자래 및 제품의 품질검사를 위하여 필요한 실험실
④	품질검사에 필요한 시설 및 기구

3) 시설의 일부를 갖추지 않아도 되는 경우

①	제조업자가 화장품의 일부 공정만을 제조하는 경우 • 해당 공정에 필요한 시설 및 기구 외의 시설 및 기구는 갖추지 아니할 수 있음
②	다음의 어느 하나에 해당하는 기관 등에 원료·자재 및 제품에 대한 품질검사를 위탁하는 경우(원료·자재 및 제품의 품질검사를 위하여 필요한 시험실, 품질검사에 필요한 시설 및 기구를 갖추지 아니할 수 있음) • 보건환경연구원 • 시험실을 갖춘 화장품제조업자 • 한국의약품수출입협회 • 식품·의약품 분야 시험·검사 등에 관한 법률 제6조에 따른 화장품 시험·검사기관

3) 화장품 제조업 등록

(1) 등록 시 제출서류

① 화장품 제조업 등록신청서(화장품법 시행규칙 별지 제1호 서식)

② 정신질환자에 해당되지 않음을 증명하는 의사의 진단서 또는 화장품제조업자로 적합하다고 인정하는 사람임을 증명하는 전문의의 진단서

③ 마약류의 중독자에 해당되지 않음을 증명하는 의사의 진단서

④ 시설의 명세서

3) 화장품 제조업 변경 등록

(1) 변경등록 대상

① 제조업자의 변경(법인인 경우 대표자의 변경)

② 제조업자의 상호변경(법인인 경우에는 법인의 명칭 변경)

③ 제조소의 소재지 변경

④ 제조 유형 변경

(2) 변경등록 서류 : 변경사유가 발생한 날부터 30일 이내에 해당서류 제출

변경사항	제출 서류
① 공통서류 : 화장품제조업 변경등록신청서	
② 제조업자 변경	• 정신질환자가 아님을 증명하는 의사 진단서 • 마약이나 그 밖의 유독물질의 중독자가 아님을 증명하는 의사 진단서 • 양도·양수의 경우 : 이를 증명하는 서류 • 상속의 경우 : 가족관계증명서
③ 제조소의 소재지 변경의 경우 (행정규역개편에 따른 사항은 제외)	시설의 명세서
④ 화장품의 포장(1차 포장만 해당)을 하는 영업으로 등록한 자가 화장품을 직접 제조하는 영업 또는 화장품제조를 위탁받아 제조하는 영업으로 변경하거나 그 제조유형을 추가하는 경우	시설의 명세서

1.4.2 화장품 책임판매업

• 책임판매업자 결격사유에 해당하지 아니한 자

• 화장품의 품질관리기준 및 책임판매 후 안전관리 기준을 갖추어야 함

• 책임판매자를 선임해야 함

1) 화장품 책임판매업 등록 결격사유

① 피성년후견인 또는 파산선고를 받고 복권되지 않은 자

② 「화장품법」 또는 「보건범죄 단속에 관한 특별조치법」을 위반해 금고 이상의 형을 선고받고 그 집행이 끝

나지 않거나 그 집행을 받지 않기로 확정되지 않은 자

③ 등록이 취소되거나 영업소가 폐쇄된 날부터 1년이 지나지 않은 자

※ 제조업자 결격 사유인 정신질환자 또는 마약류의 중독자가 아니어야 한다는 사유는 제외

2) 화장품 책임판매관리자의 자격기준(화장품법 시행규칙 제8조)

화장품책임판매업을 등록하려는 자는 화장품의 품질관리 및 책임판매 후 안전관리에 관한 기준을 관리할 수 있는 책임판매관리자를 두어야 한다.

① 의사 또는 약사

② 이공계 학과 또는 향장학·화장품과학·한의학·한약학과 등 학사학위 이상 취득자

③ 학사 이상 학위 취득자로 간호학과, 간호과학과, 건강간호학과를 전공하고 화학·생물학·생명과학·유전학·유전공학·향장학·화장품과학·의학·약학 등 관련 과목을 20학점 이상 이수한 사람

④ 전문대학 졸업자로 화장품 관련 분야를 전공한 후 화장품 제조 또는 품질관리 업무 1년 이상 종사자

⑤ 전문대학 졸업자로서 간호학과, 간호과학과, 건강간호학과를 전공하고, 화학·생물학·생명과학·유전학·유전공학·향장학·화장품과학·의학·약학 등 관련 과목을 20학점 이상 이수한 후 화장품 제조 또는 품질관리 업무 1년 이상 종사자

⑥ 화장품 제조 또는 품질관리 업무에 2년 이상 종사한 경력이 있는 사람

⑦ 식약처가 정하여 고시하는 전문 교육과정을 이수한 자

※ 화장비누 : 상시 근로자 수가 2인 이하이며 직접 제조한 화장비누만을 판매하는 화장품 책임판매업자의 경우

⑧ 상시 근로자수가 10명 이하인 경우, 대표자가 위의 자격기준에 해당하는 경우 직접 책임판매관리자 직무 수행 가능

※ 화장품책임판매업자의 책임판매관리자 겸직 허용 조건

3) 화장품책임판매 관리자의 직무

① 품질관리기준에 따른 품질관리 업무

② 책임판매 후 안전관리기준에 따른 안전확보 업무

③ 원료 및 자재의 입고부터 완제품의 출고에 이르기까지 필요한 시험·검사 또는 검정에 대하여 제조업자를 관리·감독하는 업무

4) 화장품 책임판매업 등록

(1) 화장품책입판매업 등록 시 제출서류

① 화장품 책임판매업 등록신청서

② 화장품의 품질관리 및 책임판매 후 안전관리에 적합한 기준에 관한 규정

③ 책임판매관리자의 자격을 확인할 수 있는 서류

※ 수입대행형거래를 목적으로 화장품을 알선·수여하려는 자는 화장품 책임판매업 등록신청서만 제출함

④ 등기사항 증명서(법인인 경우)

5) 화장품책임판매업 변경등록

(1) 변경등록 대상

① 책임판매업자의 변경(법인인 경우 대표자 변경)
② 책임판매업자의 상호 변경(법인인 경우 법인명 변경)
③ 책임판매업소의 소재지 변경
④ 책임판매관리자 변경
⑤ 책임판매 유형 변경

(2) 변경등록 서류

변경 사유가 발생한 날로부터 30일 이내 변경 등록

변경사항	제출 서류
① 공통서류 : 화장품 책임판매업 변경등록신청서	
② 책임판매업자의 변경 (법인인 경우 대표자 변경)	• 양도·양수의 경우 : 이를 증명하는 서류 • 상속의 경우 : 가족관계증명서
③ 책임판매관리자 변경의 경우	• 책임판매관리자의 자격을 확인할 수 있는 서류
④ 수입대행형 거래 책임판매업자의 책임판매 유형 변경의 경우	• 품질관리기준 및 책임판매 후 안전관리 관련 서류 • 책임판매관리자의 자격을 확인할 수 있는 서류 ※ 수입대행형거래목적에서 위탁하여 제조된 화장품을 유통·판매하는 경우에 유형이 변경되었으므로 책임판매 유형을 추가하는 변경등록을 하여야 함

1.4.3 맞춤형화장품 판매업

• 맞춤형화장품판매업자 결격사유에 해당하지 아니한 자
• 해당 매장에 맞춤형화장품 조제관리사를 두어야 함

1) 맞품형화장품 판매업 등록 결격사유 기출

① 피성년후견인 또는 파산선고를 받고 복권되지 않은 자
② 「화장품법」 또는 「보건범죄 단속에 관한 특별조치법」을 위반해 금고 이상의 형을 선고받고 그 집행이 끝나지 않거나 그 집행을 받지 않기로 확정되지 않은 자
③ 등록이 취소되거나 영업소가 폐쇄된 날부터 1년이 지나지 않은 자

2) 맞춤형화장품판매업 신고 시 갖춰야 하는 기준

(1) 맞춤형화장품 조제관리사 채용

① 맞춤형화장품의 혼합·소분 업무에 종사하는 자
② 식품의약품안전처장이 실시하는 자격시험에 합격한 자

(2) 맞춤형화장품 조제관리사 자격시험

① 맞춤형화장품조제관리사가 되려는 사람은 화장품과 원료 등에 대하여 식품의약품안전처장이 실시하는 자격시험에 합격하여야 한다.

② 식품의약품안전처장은 맞춤형화장품조제관리사가 거짓이나 그 밖의 부정한 방법으로 시험에 합격한 경우에는 자격을 취소하여야 하며, 자격이 취소된 사람은 취소된 날부터 3년간 자격시험에 응시할 수 없다.

③ 식품의약품안전처장은 자격시험 업무를 효과적으로 수행하기 위하여 필요한 전문인력과 시설을 갖춘 기관 또는 단체를 시험운영기관으로 지정하여 시험업무를 위탁할 수 있다.

④ 자격시험의 시기, 절차, 방법, 시험과목, 자격증의 발급, 시험운영기관의 지정 등 자격시험에 필요한 사항은 총리령으로 정한다.

3) 맞춤형화장품 판매업의 신고 시 필요서류

구분	제출 서류
기본	① 맞춤형화장품 판매업 신고서 ② 맞춤형화장품조제관리사 자격증 사본
기타 구비서류	① 사업자등록증 및 법인등기부등본(법인에 포함) ② 건축물관리대장 ③ 임대차계약서(임대의 경우에 한함) ④ 혼합·소분의 장소·시설 등을 확인할 수 있는 세부 평면도 및 상세 사진

4) 맞춤형화장품 판매업 변경신고 : 변경사항이 발생한 날부터 30일 이내에 신고

(1) 맞품형화장품 판매업 변경대상

① 맞춤형화장품판매업자의 변경(판매업자의 상호, 소재지 변경은 대상 아님)

② 맞품형화장품판매업소의 상호 또는 소재지 변경

③ 맞품형 화장품조제관리사의 변경

(2) 변경신고 서류

	구분	제출 서류
①	공통	• 맞춤형화장품판매업 변경신고서 • 맞춤형화장품판매업 신고필증(기신고한 신고필증)
②	판매업자 변경	• 사업자등록증 및 법인등기부등본(법인에 한함) • 양도·양수 또는 합병의 경우에는 이를 증빙할 수 있는 서류 • 상속의 경우에는 「가족관계의 등록 등에 관한 법률」 제15조 제1항 제1호의 가족관계증명서
③	판매업소 상호변경	• 사업자등록증 및 법인등기부등본(법인에 한함)

④	판매업소 소재지 변경	• 사업자등록증 및 법인등기부등본(법인에 한함) • 건축물관리대장 • 임대차계약서(임대의 경우에 한함) • 혼합·소분 장소·시설 등을 확인할 수 있는 세부 평면도 및 상세 사진
⑤	조제관리사 변경	• 맞춤형화장품조제관리사 자격증 사본

1.4.4. 폐업 등의 신고

구분	제출 서류
공통	① 폐업, 휴업, 재개 신고서 ② 제조업 등록필증, 책임판매업 등록필증, 맞품형화장품 판매업 신고필증 중 해당 신고필증(기 신고한 신고필증)

※ 휴업기간이 1개월 미만이거나 그 기간 동안 휴업 후 영업을 재개하는 경우에는 신고 불필요

1.4.5 등록의 취소

①	화장품제조업 또는 화장품책임판매업의 변경 사항 등록을 하지 아니한 경우
②	시설기준을 갖추지 아니한 경우
③	맞춤형화장품판매업의 변경신고를 하지 아니한 경우
④	등록 결격 사유 어느 하나에 해당하는 경우
⑤	국민보건에 위해를 끼쳤거나 끼칠 우려가 있는 화장품을 제조·수입한 경우
⑥	기능성화장품 심사를 받지 않거나 보고서를 제출하지 아니한 기능성화장품을 판매한 경우
⑦	제품별 안전성 자료를 작성 또는 보관하지 아니한 경우
⑧	영업자의 의무를 위반하여 영업자의 준수사항을 이행하지 아니한 경우
⑨	회수 대상 화장품을 회수하지 아니하거나 회수하는 데에 필요한 조치를 하지 아니한 경우
⑩	회수계획을 보고하지 아니하거나 거짓으로 보고한 경우
⑪	화장품의 안전용기·포장에 관한 기준을 위반한 경우
⑫	규정을 위반하여 화장품의 용기 또는 포장 및 첨부문서에 기재·표시한 경우
⑬	광고 표시·행위 규정을 위반하여 화장품을 표시·광고하거나 중지명령을 위반하여 화장품을 표시·광고 행위를 한 경우
⑭	제15조를 위반하여 판매하거나 판매의 목적으로 제조·수입·보관 또는 진열한 경우
⑮	시정명령·검사명령·개수명령·회수명령·폐기명령 또는 공표명령 등을 이행하지 않은 경우
⑯	회수계획을 보고하지 아니하거나 거짓으로 보고한 경우
⑰	업무정지기간 중에 업무를 한 경우

▶ 「화장품법」 제24조 등록의 취소 등

1.5 화장품의 품질 요소

▶ 화장품 품질 4대 요소 기출

안전성	피부자극성, 감작성, 경구독성, 이물혼입, 파손 등이 없어야 한다.
안정성	분리, 변질, 변색, 변취, 미생물 오염이 없어야 한다.
유효성	보습효과, 미백, 주름개선, 자외선차단, 세정, 색채효과 등이 있어야 한다.
사용성	• 사용감 : 부드러움, 촉촉함 등 • 사용 편리성 : 크기, 휴대성, 중량, 기능성 등 • 기호성 : 향, 색, 디자인 등

1.5.1 안전성

1) 안전성(safety)

- 피부자극과 감작성, 경구독성, 이물혼입 등이 없어야 한다.
- 피부에 바를 때 자극과 알레르기, 독성 등 인체에 대한 부작용이 없어야 한다.

2) 안전성 관련 용어 정의

유해사례	• 화장품의 사용 중 발생한 바람직하지 않고 의도되지 아니한 징후, 증상 또는 질병 • 당해 화장품과 반드시 인과관계를 가져야 하는 것은 아님
중대한 유해사례	• 사망을 초래하거나 생명을 위협하는 경우 • 입원 또는 입원기간의 연장이 필요한 경우 • 지속적 또는 중대한 불구나 기능저하를 초래하는 경우 • 선천적 기형 또는 이상을 초래하는 경우 • 기타 의학적으로 중요한 상황
실마리 정보 기출	• 유해사례와 화장품 간의 인과관계 가능성이 있다고 보고된 정보로서 그 인과관계가 알려지지 아니하거나 입증자료가 불충분한 것
안전성 정보	• 화장품과 관련하여 국민보건에 직접 영향을 미칠 수 있는 안전성·유효성에 관한 새로운 자료, 유해사례 정보 등

3) 안전성 정보의 보고 기출

신속보고	화장품 책임판매업자는 다음의 화장품 안전성 정보를 알게 된 날로부터 15일 이내에 보고해야 함 • 중대한 유해사례 또는 이와 관련하여 식품의약품안전처장이 보고를 지시한 경우 • 판매중지나 회수에 준하는 외국정부의 조치 또는 이와 관련하여 식품의약품안전처장이 보고를 지시한 경우
정기보고	매 반기 종료 후 1개월 이내 보고사항이 없는 경우에도 "없음"으로 보고해야 함

기출 유형

괄호 안의 내용을 순서대로 바르게 연결한 것은?

> 중대한 유해사례란 사망을 초래하거나 생명을 위협하는 경우 또는 입원 또는 입원기간의 연장이 필요한 경우를 말한다. (　　　)는 이러한 화장품 안전성 정보를 알게 된 때에는 그 정보를 알게 된 날부터 (　　　) 식품의약품안전처장에게 신속히 보고해야 한다.

① 화장품책임판매업자 - 15일 이내
② 맞춤형화장품판매업자 - 즉시
③ 화장품제조업자 - 즉시
④ 화장품제조업자 - 15일 이내
⑤ 화장품책임판매업자 - 즉시

정답 : ①

4) 화장품의 안전기준(화장품법 제8조 화장품 안전기준 등)

국민 보건상 위해 우려가 있는 화장품 원료에 대하여 위해요소를 평가함으로써 위해성이 있는 화장품 원료는 사용할 수 없도록 하였다. 유통화장품 안전관리 기준을 정하여 시중 유통 중인 화장품을 대상으로 하여 수거·검사 시 비의도적으로 생성된 유해물질 등에 대한 기준 및 시험방법을 제시하여 유통 화장품의 품질을 확보하고자 하였다.

① 보존제, 색소, 자외선차단제 등과 같이 특별히 사용상의 제한이 필요한 원료에 대하여 그 사용기준을 지정하여 고시하여야 한다.

② 사용기준이 지정·고시된 원료 외의 보존제, 색소, 자외선차단제 등은 사용할 수 없다.

고시 「화장품안전기준 등에 관한 규정」
- 사용할 수 없는 원료 (클루코코르티코이드, 방사성물질, 항생물질 등)
- 사용상의 제한이 필요한 원료 (보존제, 자외선차단성분, 염모제, 기타)
- 유통화장품 안전관리 기준

고시 「화장품의 색소 종류와 기준 및 시험방법」
- 색소(타르색소, 비타르색소, 염모용 화장품에만 사용할 수 있는 색소)

기출 유형

㉠, ㉡, ㉢에 들어갈 말을 쓰시오.

화장품 안전기준에 따라 식품의약품안전처장은 (㉠)(㉡)(㉢) 등과 같이 특별히 사용상 제한이 필요한 원료에 대해 사용기준을 지정하여 고시해야 하며, 지정·고시된 원료 외의 (㉠)(㉡)(㉢) 등은 사용할 수 없다.

정답 : ㉠ 보존제, ㉡ 색소, ㉢ 자외선차단제

5) 유통화장품 안전관리 기준(「화장품 안전관리기준 등에 관한 규정」 제6조 유통화장품 안전관리 기준)

국내 제조, 수입 또는 유통되는 모든 화장품은 유통화장품의 안전관리 기준에서 정한 바 의도적 검출허용한도, 미생물한도 및 내용량에 적합하여야 하고, 화장품의 유형별 pH기준, 기능성화장품인 경우 주원료의 함량, 퍼머넌트웨이브용 및 헤어스트레이트너 제품인 경우 개별 기준에 추가적으로 적합하여야 한다. 또한, 기능성화장품인 경우 심사받거나 보고한 기준 및 시험방법에도 적합하여야 한다.

(1) 비의도적 오염물질의 검출허용한도 기출

납, 비소, 수은 등 9종의 물질은 화장품에 사용할 수 없는 원료이나 자연 환경에 의하여 원료의 불순물로 존재하거나, 제조 또는 보관 과정 중 포장재로부터 이행되는 등 미량이지만 다양한 화장품에서 검출될 수 있어, 기술적으로 저감화 수준과 모니터링 결과 및 외국과의 규제조화를 고려하고 인체노출량을 바탕으로 위해도를 평가하여 인체에 충분한 안전역을 확보할 수 있는 범위 내에서 비의도적 검출허용한도를 설정한 것이다.

원료	허용한도	비고
납	20㎍/g 이하	점토를 원료로 사용한 분말제품은 50㎍/g 이하
니켈	10㎍/g 이하	눈 화장용 35㎍/g 이하 , 색조 화장용 30㎍/g 이하
비소	10㎍/g 이하	
수은	1㎍/g 이하	
안티몬	10㎍/g 이하	
카드뮴	5㎍/g 이하	
디옥산	100㎍/g 이하	
메탄올	0.2(v/v)% 이하	물휴지는 0.002%(v/v) 이하
포름알데하이드	2000㎍/g 이하	물휴지는 20㎍/g 이하
프탈레이트류	총합 100㎍/g 이하	디부틸프탈레이트, 부틸벤질프탈레이트 및 디에칠헥실프탈레이트에 한함

(2) 미생물 허용한도

화장품의 주성분은 물과 기름이고 다른 영향 성분들을 포함할 수 있기 때문에 제조 및 유통 과정 중에 오염된 미생물이 화장품에서 증식할 가능성이 있다. 오염된 미생물은 화장품의 품질을 저하시키고 소비자의 피부건강에 나쁜 영향을 미칠 수 있으므로 화장품 제조업자 및 제조판매업자는 화장품의 품질, 안전성, 유효성을 확보하기 위하여 화장품 원료, 화장품과 직접 접촉하는 용기나 포장 및 최종 제품의 미생물 오염을 최대한 낮게 억제하여야 한다.

미생물한도시험은 화장품에 존재하는 살아있는 세균과 진균의 수를 측정하여 그 한도 기준을 정하고, 특정세균의 검출여부를 정한 것으로 화장품이 미생물에 오염되었는지 여부를 확인할 수 있으며 화장품을 제조 및 판매하는 데 있어 위생과 안전에 대한 개념을 강조하여 궁극적으로 소비자에게 안전한 화장품을 공급하기 위함이다.

제품류	미생물 허용한도
영·유아용 제품류 및 눈화장용 제품류	총호기성생균수 500개/g(㎖) 이하
물휴지	세균 및 진균수는 각각 100개/g(㎖) 이하
기타 화장품	총호기성생균수는 1,000개/g(㎖) 이하
대장균, 녹농균, 황색포도상구균은 불검출	

기출 유형

미생물 검출한도로 옳지 않은 것은?

① 물휴지의 경우 세균 및 진균수는 각각 100개/g(㎖) 이하
② 총호기성생균수는 영·유아용 제품류의 경우 100개/g(㎖) 이하
③ 총호기성생균수는 기타 화장품의 경우 1,000개/g(㎖) 이하
④ 대장균, 녹농균, 황색포도상구균은 불검출
⑤ 총호기성생균수는 눈화장용 제품류의 경우 500개/g(㎖) 이하

정답 : ②

(3) 내용량

① 화장품 제품의 용량이나 중량을 측정하는 것으로서 용량이나 중량이 표시량 이상 함유되어 있는지를 확인하는 시험이다.

② 침적 마스크(soaked mask) 또는 클렌징티슈의 내용량은 침적한 내용물(액제 또는 로션제)의 양을 시험하는 것으로 용기(포장재), 지지체, 보호필름을 제외하고 시험해야 하며, "용기, 지지체 및 보호필름"은 "용기"로 보고 시험하며 용량으로 표시된 제품일 경우 비중을 측정하여 용량으로 환산한 값을 내용량으로 한다.

③ 에어로졸 제품은 용기에 충전된 분사제(액화석유가스 등)를 포함한 양을 내용량 기준으로 한다.

표기량	기준
① 150g(㎖,mm) 이하	제품 3개를 가지고 시험할 때 그 평균 내용량이 표기량에 비해 97% 이상
② 150g(㎖,mm) 초과	제품 3개를 가지고 시험할 때 그 평균 내용량이 표기량에 비해 100% 이상
③ ①,② 표기량 외	9개의 평균 내용량이 ①, ②의 기준치 이상
④ 그 밖 특수한 제품	대한민국약전 외 일반시험법을 따를 것

기출 유형

화장비누의 준수사항으로 옳지 않은 것은?

① 화장비누 내용량 표기는 수분중량과 건조중량을 함께 기재해야 한다.
② 화장비누의 경우 건조중량을 내용량으로 한다.
③ 제품 3개를 가지고 시험할 때 그 평균 내용량이 표기량에 비해 97% 이상이어야 한다.
④ 제품 3개를 가지고 시험할 때 그 평균 내용량이 표기량에 비해 95% 이상이어야 한다.
⑤ 제품 3개를 가지고 시험할 때 평균 내용량이 미치지 못할 경우 6개를 더하여 시험한다.

정답 : ④

(4) pH

영·유아용 제품류(영·유아용 샴푸, 영·유아용 린스, 영·유아 인체 세정용 제품, 영·유아 목욕용 제품 제외), 눈 화장용 제품류, 색조 화장용 제품류, 두발용 제품류(샴푸, 린스 제외), 면도용 제품류(셰이빙 크림, 셰이빙 폼 제외), 기초화장용 제품류(클렌징 워터, 클렌징 오일, 클렌징 로션, 클렌징 크림 등 메이크업 리무버 제품 제외) 중 액, 로션, 크림 및 이와 유사한 제형의 액상제품은 pH 기준이 3.0~9.0 이어야 한다. 다만, 물을 포함하지 않는 제품과 사용한 후 곧바로 물로 씻어 내는 제품은 제외한다.

기출 유형

액, 로션, 크림 및 이와 유사한 제형의 액상제품은 pH 기준이 3.0 ~ 9.0이다. 이와 관련된 제품을 모두 고르시오.

㉠ 바디로션	㉡ 클렌징 오일	㉢ 셰이빙 폼	㉥ 영유아용 샴푸	㉣ 헤어젤	㉤ 메이크업 리무버

정답 : ㉠ 바디로션 ㉣ 헤어젤

6) 안전성 평가방법(식약처고시 제2020-131호「기능성화장품 심사에 관한 규정」) 기출

① 단회 투여 독성시험

② 1차 피부 자극시험

③ 안(眼)점막 자극 또는 그 밖의 점막 자극시험

④ 피부 감작성시험

⑤ 광독성 시험

⑥ 광감작성 시험

⑦ 인체 첩포시험

영유아 또는 어린이 사용 화장품의 관리 기출

1. 영유아 또는 어린이 사용 화장품 안전용기·포장

① 안전용기·포장 정의 : 만 5세 미만의 어린이가 개봉하기 어렵게 설계·고안된 용기나 포장

② 어린이 안전용기·포장대상 품목 및 기준

- 아세톤을 함유하는 네일 에나멜 리무버 및 네일 폴리시 리무버
- 어린이용 오일 등 개별포장당 탄화수소류를 10퍼센트 이상 함유하고 운동점도가 21센티스톡스(섭씨 40도 기준) 이하인 비에멀젼 타입의 액체상태의 제품
- 개별포장당 메틸 살리실레이트를 5퍼센트 이상 함유하는 액체상태의 제품

※ 일회용 제품, 용기 입구 부분이 펌프 또는 방아쇠로 작동되는 분무용기 제품, 압축 분무용기 제품(에어로졸 제품 등)은 제외함

2. 표시·광고의 범위

① 표시 : 화장품의 1차 포장 또는 2차 포장에 영·유아 또는 어린이가 사용할 수 있는 화장품임을 특정하여 표시하는 경우(화장품의 명칭에 영유아 또는 어린이에 관한 표현이 표시되는 경우 포함)

② 광고 : 아래에 규정에 따른 매체 · 수단에 영유아 또는 어린이가 사용할 수 있는 화장품임을 특정하여 광고하는 경우

- 신문, 방송 또는 잡지
- 전단, 팸플릿, 견본 또는 입장권
- 인터넷 또는 컴퓨터 통신
- 포스터, 간판 네온사인, 애드벌룬 또는 전광판
- 비디오물, 음반, 서적, 간행물 영화 또는 연극

3. 영유아 또는 어린이 사용 화장품 안전성 자료 작성·보관

영유아 또는 어린이 사용 화장품의 안전관리 강화를 위하여 '영유아 또는 어린이 사용 화장품임을 표시·광고하려는 경우' 제품별 안전성 자료를 작성·보관해야 함

※ 영유아 : 만 3세 이하, 어린이 : 만 4세 이상 ~ 만 13세 이하

구성	적용범위
영유아 또는 어린이 사용 화장품의 광고의 매체	• 영유아용 또는 어린이 사용 화장품임을 특정하여 광고하는 매체 또는 수단 – SNS, 페이스북, 블로그, 유튜브, 기사형 광고 및 텔레마케팅 등과 이와 유사한 매체·수단
제품별 안전성자료 작성방법 · 절차	• 제품별로 작성·보관해야 하는 안전성 자료 ① 제품 및 제조방법에 대한 설명자료 – 제조관리 기준서, 제품표준서 ② 화장품의 안전성 평가자료 – 제조 시 사용된 원료의 독성 평가 등 안전성 평가 보고서 – 사용 후 이상 사례 정보의 수집·검토·평가 및 조치 관련 자료 ③ 제품의 효능·효과에 대한 증명자료 – 제품의 표시·광고와 관련된 효능·효과에 대한 실증 자료
제품별 안전성 자료 보관방법 · 절차	• 제품별로 작성한 안전성 자료의 보관방법·절차 ① 인쇄본 또는 전자매체를 이용하여 안전하게 보관 ② 권한을 가진 사람의 승인을 받아 백업파일 등 자료 유지

▶ 참고 : 「영유아 또는 어린이 사용 화장품 안전성 작성·보관에 관한 규정」(시행 2020.07.24.)
영유아 또는 어린이 사용 화장품의 관리 「화장품법」 제4조의 2

기출 유형

괄호 안에 들어갈 단어를 고르시오.

화장품 책임판매업자는 영유가 또는 어린이가 사용할 수 있는 화장품임을 표시 · 광고하려는 경우 제품별로 안전과 품질을 입증할 수 있는 다음의 자료를 작성 · 보관해야 한다.
① 제품 및 제조방법에 대한 설명 자료
② 화장품의 (　　　　) 자료
③ 제품의 효능 · 효과에 대한 증명 자료

정답 : 안전성 평가

1.5.2 안정성

1) 안정성

화장품은 사용기간 동안 분리, 변질, 변색, 변취, 미생물의 오염이 없어야 하며 기능을 발현하기 위해서는 내용물의 화학적, 물리적 변화가 일어나지 않아야 한다.

①	**화학적 변화**	변색, 퇴색, 변취, 오염, 결정 석출 등
②	**물리적 변화**	분리, 침전, 응집, 겔화, 휘발, 고화, 연화, 균열 등

화장품의 제조일자와 사용기한

- 제조일자 : 화장품의 1차용기에 표시되는 제조일자는 제조연월일로 표기하고, 원료칭량일 혹은 벌크제품 제조시작일 혹은 벌크제품 용기충진일로 함
- 사용기한 : 제품 개봉 후에 사용할 수 있는 최대기간으로, 안정성 시험결과를 근거로 설정한다.

2) 안정성 시험법

	종류	적용범위
①	장기보존시험	• 화장품의 저장조건에서 사용기한을 설정하기 위하여 장기간에 걸쳐 물리·화학적, 미생물학적 안정성 및 용기 적합성을 확인하는 시험
②	가속시험	• 장기보존시험의 저장조건을 벗어난 단기간의 가속조건이 물리·화학적, 미생물학적 안정성 및 용기 적합성에 미치는 영향을 평가하기 위한 시험
③	가혹시험	• 가혹조건에서 화장품의 분해과정 및 분해산물 등을 확인하기 위한 시험 • 개별 화장품의 취약성, 예상되는 운반, 보관, 진열 및 사용 과정에서 뜻하지 않게 일어나는 가능성 있는 가혹한 조건에서 품질변화를 검토 – 온도편차 및 극한 조건, 기계·물리적 시험, 광안정성
④	개봉 후 안전성시험	• 화장품 사용 시에 일어날 수 있는 오염 등을 고려한 사용기한을 설정하기 위하여 장기간에 걸쳐 물리 화학적, 미생물학적 인정성 및 용기 적합성을 확인하는 시험

▶ 「화장품 안정성시험 가이드라인」(식품의약품안전평가원)

기출 유형

화장품 품질요소 중 안정성의 물리적 변화에 해당하는 것은?

㉠ 변색　㉡ 응집　㉢ 변취　㉣ 침전　㉤ 결정 석출

정답 : ㉡ 응집, ㉣ 침전

1.5.3 유효성(efficacy, effectiveness)

1) 유효성

화장품은 보습효과, 주름개선, 미백, 자외선차단 효과, 세정효과, 색채효과 등이 있어야 한다.

2) 화장품 유효성의 범위

유효성	효과
미백	• 피부에 멜라닌 색소가 침착하는 것을 방지하여 기미·주근깨 등의 생성을 억제함으로써 피부의 미백에 도움을 주는 기능 • 피부에 침착된 멜라닌 색소의 색을 엷게 하여 피부의 미백에 도움을 주는 기능
주름개선	• 피부에 탄력을 주어 피부의 주름을 완화 또는 개선하는 기능
자외선차단	• 강한 햇볕을 방지하여 피부를 곱게 태워주는 기능 • 자외선을 차단 또는 산란시켜 자외선으로부터 피부를 보호하는 기능

모발염색	• 모발의 색상을 변화시키는 기능 • 일시적인 모발의 색상을 변화시키는 제품은 제외
제모	• 체모를 제거하는 기능을 가진 기능
탈모 완화	• 탈모 증상의 완화에 도움을 주는 기능 • 코팅 등 물리적으로 모발을 굵어 보이게 하는 제품은 제외
여드름 완화	• 여드름성 피부를 완화하는 데 도움을 주는 기능 • 인체 세정용 제품류로 한정
건조 완화	• 아토피성 피부로 인한 건조함 등의 완화에 도움을 주는 기능
튼살 완화	• 튼살로 인한 붉은 선을 엷게 하는 데 도움을 주는 기능

3) 유효성 평가 자료 기출

① 효력시험자료	• 심사대상 효능을 뒷받침하는 성분의 효력에 대한 비임상시험자료로서 효과발현의 작용기전이 포함되어야 한다. • 국내·외 대학 또는 전문 연구기관에서 시험한 자료 • 당해 기능성화장품이 개발국 정부에 제출되어 평가된 효력시험자료로서 개발국 정부가 제출받았거나 승인받은 자료 • 과학논문인용색인에 등재된 전문학회지에 게재된 자료
② 인체적용시험 자료	• 사람에게 적용 시 효능·효과 등 기능을 입증할 수 있는 자료로, 관련 분야 전문의사, 연구소 또는 병원 기타 관련 기관에서 5년 이상 해당 시험경력을 가진 자의 지도·감독하에 수행·평가된 자료 • 국내·외 대학 또는 전문 연구기관에서 시험한 자료 • 당해 기능성화장품이 개발국 정부에 제출되어 평가된 효력시험자료로서 개발국 정부가 제출받았거나 승인받은 자료

4) 기능성화장품의 심사제도

기능성화장품의 심사제도는 「화장품법」 제4조, 「화장품법 시행규칙」 제9조, 「기능성화장품 심사에 관한 규정」에 나와 있다.

(1) 기능성화장품 심사 제출자료

기능성화장품을 판매하려는 화장품 제조업자, 화장품책임판매업자 또는 대학·연구기관·연구소는 심사의뢰서를 첨부하여 식품의약품안전평가원장의 심사를 받아야 한다.

안전성, 유효성 또는 기능을 입증하는 자료		
①	기원 및 개발경위에 관한 자료	
②	안전성에 관한 자료	• 단회 투여 독성시험 자료 • 1차 피부 자극시험 자료 • 안(眼)점막 자극 또는 그 밖의 점막 자극시험 자료 • 피부 감작성(感作性)시험 자료 • 광독성(光毒性) 및 광감작성 시험 자료 • 인체 첩포시험(貼布試驗) 자료 • 인체누적첩포시험자료(인체적용시험자료에서 피부이상반응 발생 등 안전성 문제가 우려된다고 판단되는 경우에 한함)

③	유효성 또는 기능에 관한 자료	• 효력시험자료 • 인체적용시험자료 • 염모효력시험자료(모발의 색상을 변화시키는 기능을 가진 화장품)
④	자외선 차단지수 및 자외선A 차단등급 설정의 근거자료 (자외선을 차단 또는 산란시켜 자외선으로부터 피부를 보호하는 기능을 가진 화장품 경우만 해당)	
⑤	기준 및 시험방법에 관한 자료(검체를 포함)	

(2) 제출자료의 면제

① 유효성 또는 기능에 관한 자료 중 인체적용 시험자료를 제출하는 경우 효력시험자료 제출 면제 가능(효력시험자료의 제출을 면제받은 성분에 대해서는 효능·효과를 기재·표시할 수 없음)

② 자료 제출이 생략되는 기능성화장품의 종류에서 성분·함량을 고시한 품목의 경우에는 자료 제출 면제

기출 유형

기능성화장품 심사를 위해 제출해야 하는 안전성에 관한 자료로 옳은 것은?

① 단회 투여 독성시험 자료
② 2차 피부 자극시험 자료
③ 안(眼)점막 자극 또는 그 밖의 점막 자극시험 자료
④ 효력시험 자료
⑤ 동물 첩포시험 자료

정답 : ③

기출 유형

기능성화장품 심사 시 유효성 또는 기능에 관한 자료 중 인체적용시험자료를 제출하는 경우 ( ) 제출을 면제할 수 있다. 이 경우에는 자료 제출을 면제받은 성분에 대해서는 효능·효과를 기재할 수 없다.

정답 : 효력시험자료

(3) 기능성화장품 보고

기능성화장품의 심사를 받지 않고 보고서를 제출하는 대상은 다음과 같다.

① 효능·효과가 나타나게 하는 성분의 종류·함량, 효능·효과, 용법·용량, 기준 및 시험방법이 식품의약품안전처장이 고시한 품목과 같은 기능성화장품

② 이미 심사를 받은 기능성화장품 화장품제조업자가 같거나 화장품책임판매업자가 같은 경우 또는 심사받은 연구기관 등이 같은 경우 다음 사항이 모두 같은 품목. 이미 심사를 받은 품목이 대조군과의 비교실험을 통하여 효능이 입증된 경우만 해당

③ 이미 심사를 받은 기능성화장품 및 식품의약품안전처장이 고시한 기능성화장품과 비교하여 다음 각 목의 사항이 모두 같은 품목

- 효능·효과가 나타나게 하는 원료의 종류·규격 및 함량 : 액체상태의 경우 농도
- 효능·효과 : 자외선차단 기능을 가진 경우 자외선 차단지수의 측정값이 -20% 이하의 범위에 있는 경우에는 같은 효능·효과로 봄

- 기준 및 시험방법 : 산성도(pH)에 관한 기준은 제외함
- 용법·용량
- 제형(劑形) : 액제(Solution), 로션제(Lotion) 및 크림제(Cream)를 같은 제형으로 봄

1.6 화장품의 사후관리 기준

1.6.1 화장품 영업자 준수사항

1) 화장품 제조업자 준수사항(화장품법 시행규칙 제12조)

(1) 화장품 제조와 관련된 기록 · 시설 · 기구 등 관리방법, 원료 · 자재 · 완제품 등에 대한 시험 · 검사 · 검정실시방법 및 의무 등에 관한 사항을 준수해야 한다.

①	품질관리기준에 따른 화장품책임판매업자의 지도·감독 및 요청에 따를 것
②	제조관리기준서·제품표준서·제조관리기록서 및 품질관리기록서 작성·보관
③	제조소, 시설 및 기구를 위생적으로 관리하고 오염되지 않도록 할 것
④	제조시설 및 기구에 대하여 정기적으로 점검하여 작업에 지장이 없도록 관리·유지할 것
⑤	작업소에는 위해가 발생할 염려가 있는 물건을 두어서는 안 되며, 작업소에서 국민보건 및 환경에 유해한 물질이 유출되거나 방출되지 않도록 할 것
⑥	제조관리기준서, 제품표준서, 제조관리기록서 및 품질관리기록서 중 품질관리를 위해 필요한 사항을 화장품책임판매업자에게 제출할 것 ※ 품질관리위한 사항을 책임판매업자에게 제출하지 않을 수 있는 경우 • 화장품제조업자와 화장품책임판매업자가 동일한 경우 • 화장품제조업자가 제품을 설계·개발·생산하는 방식으로 제조하는 경우로서 품질·안전관리에 영향이 없는 범위에서 화장품제조업자와 화장품책임판매업자 상호 계약에 따라 영업 비밀에 해당하는 경우 • 책임판매업자는 제품의 성분정보와 사용한도, 성분함량 등 제품의 품질 및 안전을 관리할 수 있는 정보는 제조업자로부터 받아서 관리해야 함
⑦	원료 및 자재의 입고부터 완제품의 출고에 이르기까지 필요한 시험·검사 또는 검정을 할 것
⑧	제조 또는 품질검사 위탁의 경우 수탁자에 대한 관리·감독을 철저히 하고, 제조 및 품질관리에 관한 기록을 유지·관리

▶ 「화장품법 시행규칙」 제11조 화장품제조업자의 준수사항

(2) 우수화장품 제조 및 품질관리 기준(CGMP)의 권장

① CGMP 적합업소 : 우수화장품 제조 및 품질관리 기준에 적합한 제조업체

② 식품의약품안전처에서 신청하는 업체에 대해 제조소별 평가 후 적합업소를 지정하며, 지정 후 3년마다 사후관리 실시

③ CGMP 적합업소 지원사항

- CGMP 전문기술과 교육 및 컨설팅 지원
- CGMP 적용을 위한 시설·설비 등 개·보수 지원

2) 화장품 책임판매업자 준수사항

화장품책임판매업자는 화장품의 품질관리기준, 책임판매 후 안전관리 기준, 품질검사 방법 및 실시 의무, 안전성·유효성 관련 정보사항 등의 보고 및 안전대책 마련 의무 등에 관한 사항을 준수해야 한다.

①	화장품의 품질관리기준 준수
②	책임판매 후 안전관리기준 준수
③	화장품 책임판매업자 준수사항 준수(「화장품법 시행규칙」 제12조) • 제조업자로부터 받은 제품표준서 및 품질관리기록서 보관 – 제품표준서 : 제품에 대한 정보가 담긴 문서 – 품질관리기록서 : 제품에 설정된 기준 및 시험방법에 따라 시험한 성적서 • 수입한 화장품에 대하여 수입관리기록서 작성 · 보관 – 제품명 또는 국내에서 판매하려는 명칭 – 원료성분의 규격 및 함량 – 제조국, 제조회사명 및 제조회사의 소재지 – 기능성화장품심사결과 통지서 사본 – 제조 및 판매증명서 판매처 – 한글로 작성된 제품설명서 견본 – 최초수입연월일 – 제조번호별 수입연월일 및 수입량 – 제조번호별 품질검사 연월일 및 결과 – 판매연월일 및 판매량 • 제조번호별로 품질검사를 철저히 한 후 유통 – 품질검사를 하지 않을 수 있는 경우 : 제조업자와 책임판매업자가 동일한 경우, 제조업자가 품질검사 기관 등에 품질검사를 위탁하여 제조번호별 품질검사결과가 있는 경우 • 화장품의 제조 또는 품질검사를 위탁하는 경우 수탁자에 대한 관리 · 감독 • 제조 및 품질관리에 관한 기록 유지 · 관리 및 최종 제품의 품질관리 • 국가 간 상호 인증, 국내 GMP 동등 수준 이상으로 인정되는 업체에 대해 국내 품질검사면제 • 수입한 화장품을 유통 · 판매 시 대외무역법의 수출 · 수입요령 준수 및 표준통관예정보고 • 안전성 · 유효성에 관한 새로운 자료 정보 사항 등의 식약청 보고 및 안전대책 마련 • 레티놀 및 그 유도체, 아스코빅애시트 및 그 유도체, 토코페롤, 과산화화합물, 효소 성분을 0.5% 이상 함유한 제품의 경우 안정성 시험자료를 최종 제조된 제품의 사용기한 만료부터 1년간 보존
④	• 화장품의 생산실적 또는 수입실적 보고 – 화장품의 생산실적 또는 수입실적 보고 : 매년 2월 말까지 – 보고서 제출기관 → 전년도 화장품 생산실적 : (사)대한화장품협회 → 전년도 화장품 수입실적 : (사)한국의약품수출입협회 • 생산실적 보고는 실적이 없는 경우에도 "없음"으로 보고해야 함
⑤	• 유통 · 판매 전 원료의 목록 보고 – 화장품 책임판매업자 원료목록 보고 : 유통 · 판매 전 보고해야 함 – 원료목록 보고 기관 → 국내 제조 유통 · 판매 제품 : 대한화장품협회 → 수입제품 : 한국의약품수출입협회 – 수입화장품 : 표준통관예정보고를 한 경우 보고한 것으로 갈음함
⑥	• 책임판매관리자 교육 – 교육시간 : 4시간 이상 8시간 이하 – 교육내용 : 화장품 관련 법령 제도에 관한 사항, 안전성 확보 및 품질관리에 관한 사항 – 교육기관 : 대한화장품협회, 한국의약품수출입협회, 대한화장품산업연구원
⑦	안전성 정보 정기보고 및 중대한 유해사례의 신속보고

⑧	• 위해 화장품의 회수(제15조 영업의 금지) – 전부 또는 일부가 변패된 화장품 – 병원 미생물에 오염된 화장품 – 이물이 혼합 또는 부착된 화장품 중 보건 위생상 위해를 발생할 우려가 있는 화장품 – 배합금지 원료를 사용한 화장품 – 유통화장품 안전관리 기준에 적합하지 않은 화장품 – 사용기한 또는 개봉 후 사용 기간을 위조 및 변조한 화장품 – 영업자가 국민보건에 위해를 끼칠 우려가 있어 회수가 필요하다고 판단하는 화장품 • 제16조(판매 등의 금지)에 위반되어 국민보건에 위해를 끼치거나 끼칠 우려가 있는 화장품 • 제9조(안전용기포장 등)에 위반되는 화장품
⑨	폐업 또는 휴업, 휴업 후 재개 시 지방청 신고

▶ 「화장품법 시행규칙」 제12조 화장책임판매업자의 준수사항

3) 맞품형화장품 판매업자 준수사항

맞춤형화장품판매업자는 맞춤형화장품 판매장 시설·기구의 관리방법, 혼합·소분 안전관리기준의 준수의무, 혼합·소분되는 내용물 및 원료에 대한 설명 의무 등에 관한 사항을 준수해야 한다.

①	맞춤형화장품 판매장 시설 · 기구를 정기적 점검하여 보건위생상 위해가 없도록 관리할 것
②	다음 사항의 혼합 · 소분 안전관리기준을 준수할 것 • 혼합 · 소분 전에 혼합 · 소분에 사용되는 내용물 또는 원료에 대한 품질성적서를 확인할 것 • 혼합 · 소분 전에 손을 소독하거나 세정할 것. 다만, 혼합 · 소분 시 일회용 장갑을 착용하는 경우에는 그렇지 않음 • 혼합 · 소분 전에 혼합 · 소분된 제품을 담을 포장용기의 오염 여부를 확인할 것 • 혼합 · 소분에 사용되는 장비 또는 기구 등은 사용 전에 그 위생 상태를 점검하고, 사용 후에는 오염이 없도록 세척할 것 • 그 밖에 가목부터 라목까지의 사항과 유사한 것으로서 혼합 · 소분의 안전을 위해 식품의약품안전처장이 정하여 고시하는 사항을 준수할 것
③	다음 사항이 포함된 맞춤형화장품 판매내역서를 작성 · 보관할 것 • 제조번호 • 사용기한 또는 개봉 후 사용기간 • 판매일자 및 판매량
④	맞춤형화장품 판매 시 다음 사항을 소비자에게 설명할 것 • 혼합 · 소분에 사용된 내용물 · 원료의 내용 및 특성 • 맞춤형화장품 사용 시의 주의사항
⑤	맞춤형화장품 사용과 관련된 부작용 발생사례에 대해서는 식품의약품안전처장에게 보고할 것
⑥	맞춤형화장품조제관리사 교육 : 매년 1회
⑦	위해 화장품의 회수
⑧	폐업 또는 휴업, 휴업 후 재개 시 지방청 신고

▶ 「화장품법 시행규칙」 제12조의2 맞춤형화장품판매업자의 준수사항

1.6.2 화장품의 기재사항

1) 화장품 기재사항 기출

①	화장품의 명칭
②	영업자의 상호 및 주소
③	해당 화장품 제조에 사용된 모든 성분 (인체에 무해한 소량 함유 성분 등 총리령으로 정하는 성분은 제외) ※ 인체에 무해한 소량 함유 성분 등 총리령으로 정하는 성분 • 제조과정 중에 제거되어 최종 제품에는 남아 있지 않은 성분 • 안정화제, 보존제 등 원료 자체에 들어 있는 부수 성분으로서 그 효과가 나타나게 하는 양보다 적은 양이 들어 있는 성분 • 내용량이 10밀리리터 초과 50밀리리터 이하 또는 중량이 10그램 초과 50그램 이하 화장품의 포장인 경우에는 다음 각 목의 성분을 제외한 성분 가. 타르색소 나. 금박 다. 샴푸와 린스에 들어 있는 인산염의 종류 라. 과일산(AHA)5 마. 기능성화장품의 경우 그 효능 · 효과가 나타나게 하는 원료 바. 식품의약품안전처장이 사용 한도를 고시한 화장품의 원료
④	내용물의 용량 또는 중량
⑤	제조번호
⑥	사용기한 또는 개봉 후 사용기간
⑦	가격
⑧	기능성화장품의 경우 "기능성화장품"이라는 글자 또는 기능성화장품을 나타내는 도안으로서 식품의약품안전처장이 정하는 도안
⑨	사용할 때의 주의사항
⑩	그 밖에 총리령으로 정하는 사항 • 식품의약품안전처장이 정하는 바코드 • 기능성화장품의 경우 심사받거나 보고한 효능 · 효과, 용법 · 용량 • 성분명을 제품 명칭의 일부로 사용한 경우 그 성분명과 함량(방향용 제품은 제외한다) • 인체 세포 · 조직 배양액이 들어있는 경우 그 함량 • 화장품에 천연 또는 유기농으로 표시 · 광고하려는 경우에는 원료의 함량 • 수입화장품인 경우에는 제조국의 명칭(「대외무역법」에 따른 원산지를 표시한 경우에는 제조국의 명칭 생략 가능), 제조회사명 및 그 소재지 • 다음에 해당하는 기능성화장품의 경우 "질병의 예방 및 치료를 위한 의약품이 아님"이라는 문구 – 탈모 증상의 완화에 도움을 주는 화장품. 다만 코팅 등 물리적으로 모발이 굵어 보이게 하는 제품은 제외 – 피부장벽의 기능을 회복하여 가려움 등의 개선에 도움을 주는 화장품 – 튼살로 인한 붉은 선을 엷게 하는 데 도움을 주는 화장품 • 사용기준이 지정·고시된 원료 중 보존제의 함량 – 만 3세 이하의 영유아용 제품류인 경우 – 만 4세 이상부터 만 13세 이하까지의 어린이가 사용할 수 있는 제품임을 특정하여 표시·광고하려는 경우

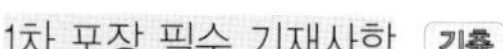

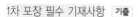

⑪	1차 포장 필수 기재사항 기출 • 화장품의 명칭 • 영업자의 상호 • 제조번호 • 사용기한 또는 개봉 후 사용기간(개봉 후 사용기간을 기재할 경우 제조연월일을 병행표기) • 소용량 화장품 포장 등의 기재 : 표시 예외

2) 기재 · 표시의 예외 기출

①	내용량이 10밀리리터 이하 또는 10그램 이하인 화장품의 포장
②	판매의 목적이 아닌 제품의 선택 등을 위하여 미리 소비자가 시험·사용하도록 제조 또는 수입된 화장품의 포장
③	내용량이 소량인 화장품의 포장 화장품의 명칭, 화장품책임판매업자 및 맞춤형화장품 판매업자의 상호, 가격, 제조번호와 사용기한 또는 개봉 후 사용기간(개봉 후 사용기간을 기재할 경우 제조연월일을 병행표기)만을 기재·표시 가능 ※ 판매의 목적이 아닌 제품의 포장의 경우 가격 대신 "견본품" 또는 "비매품" 등의 표시 ※ 소용량 화장품의 경우에도 성분을 확인할 수 있도록 해야 함 – 포장에 전화번호, 홈페이지 주소 기재 – 모든 성분이 기재된 인쇄물을 판매업소에 비치

3) 기재 · 표시상의 주의사항

① 한글로 읽기 쉽도록 기재·표시할 것. 한자 또는 외국어를 함께 기재할 수 있으며 수출용 제품 등의 경우 그 수출 대상국의 언어로 표시 가능함

② 화장품의 성분을 표시하는 경우 표준화된 일반명을 사용할 것

4) 표시기준 및 방법

부록의 화장품법 시행규칙 [별표 4] 화장품 포장의 표시기준 및 표시방법을 참고하도록 한다.

1.6.3 화장품의 표시 · 광고 준수사항(화장품법 시행규칙 [별표 5])

1) 화장품 광고의 매체 또는 수단

• 신문 · 방송 또는 잡지 • 전단 · 팸플릿 · 견본 또는 입장권 • 인터넷 또는 컴퓨터 통신 • 방문광고 또는 실연(實演)에 의한 광고	• 포스터 · 간판 · 네온사인 · 애드벌룬 또는 전광판 • 비디오물 · 음반 · 서적 · 간행물 · 영화 또는 연극 • 위의 매체 또는 수단과 유사한 매체 또는 수단 • 자기 상품 외의 다른 상품의 포장

2) 화장품 표시 · 광고 시 준수사항 기출

①	의약품으로 잘못 인식할 우려가 있는 내용, 제품의 명칭 및 효능 · 효과 등에 대한 표시 · 광고를 하지 말 것
②	기능성화장품, 천연화장품 또는 유기농화장품이 아님에도 불구하고 제품의 명칭, 제조방법, 효능 · 효과 등에 관하여 기능성화장품, 천연화장품 또는 유기농화장품으로 잘못 인식할 우려가 있는 표시 · 광고를 하지 말 것

③	의사 · 치과의사 · 한의사 · 약사 · 의료기관 또는 그 밖의 자(할랄화장품, 천연화장품 또는 유기농화장품 등을 인증 · 보증하는 기관으로서 식품의약품안전처장이 정하는 기관은 제외한다)가 이를 지정 · 공인 · 추천 · 지도 · 연구 · 개발 또는 사용하고 있다는 내용이나 이를 암시하는 등의 표시 · 광고를 하지 말 것. (다만, 법 제2조제1호부터 제3호까지의 정의에 부합되는 인체 적용시험 결과가 관련 학회 발표 등을 통하여 공인된 경우에는 그 범위에서 관련 문헌을 인용할 수 있으며, 이 경우 인용한 문헌의 본래 뜻을 정확히 전달하여야 하고, 연구자 성명 · 문헌명과 발표연월일을 분명히 밝혀야 함)
④	외국제품을 국내제품으로 또는 국내제품을 외국제품으로 잘못 인식할 우려가 있는 표시 · 광고를 하지 말 것
⑤	외국과의 기술제휴를 하지 않고 외국과의 기술제휴 등을 표현하는 표시 · 광고를 하지 말 것
⑥	경쟁상품과 비교하는 표시 · 광고는 비교 대상 및 기준을 분명히 밝히고 객관적으로 확인될 수 있는 사항만을 표시 · 광고하여야 하며, 배타성을 띤 "최고" 또는 "최상" 등의 절대적 표현의 표시 · 광고를 하지 말 것
⑦	사실과 다르거나 부분적으로 사실이라고 하더라도 전체적으로 보아 소비자가 잘못 인식할 우려가 있는 표시 · 광고 또는 소비자를 속이거나 소비자가 속을 우려가 있는 표시 · 광고를 하지 말 것
⑧	품질 · 효능 등에 관하여 객관적으로 확인될 수 없거나 확인되지 않았는데도 불구하고 이를 광고하거나 법 제2조제1호에 따른 화장품의 범위를 벗어나는 표시 · 광고를 하지 말 것
⑨	저속하거나 혐오감을 주는 표현 · 도안 · 사진 등을 이용하는 표시 · 광고를 하지 말 것
⑩	국제적 멸종위기종의 가공품이 함유된 화장품임을 표현하거나 암시하는 표시 · 광고를 하지 말 것
⑪	사실 여부와 관계없이 다른 제품을 비방하거나 비방한다고 의심이 되는 표시 · 광고를 하지 말 것

3) 화장품의 표시 · 광고 실증

(1) 화장품 표시 · 광고 실증의 대상

화장품의 포장 또는【별표 5】제1호에 따른 화장품 광고의 매체 또는 수단에 의한 표시·광고 중 사실과 다르게 소비자를 속이거나 소비자가 잘못 인식하게 할 우려가 있어 식품의약품안전처장이 실증이 필요하다고 인정하는 표시·광고

(2) 실증자료의 범위 및 요건

①	영업자 또는 판매자가 제출해야 하는 실증자료의 범위 및 요건 • 시험결과 – 인체 적용시험 자료, 인체 외 시험 자료 또는 같은 수준 이상의 조사자료일 것 • 조사결과 – 표본설정, 질문사항, 질문방법이 그 조사의 목적이나 통계상의 방법과 일치할 것 • 실증방법 – 실증에 사용되는 시험 또는 조사의 방법은 학술적으로 널리 알려져 있거나 관련 산업 분야에서 일반적으로 인정된 방법 등으로서 과학적이고 객관적인 방법일 것
②	영업자 또는 판매자가 실증자료 제출 시 기재 사항 및 증명자료 • 실증방법 • 시험 · 조사기관의 명칭 및 대표자의 성명 · 주소 · 전화번호 • 실증내용 및 실증결과 • 실증자료 중 영업상 비밀에 해당되어 공개를 원하지 않는 경우에는 그 내용 및 사유

1.6.4 영업 · 판매 등의 금지

1) 영업의 금지 대상

다음 사항에 해당하는 제품은 판매 또는 판매 목적으로 제조·수입·보관·진열이 금지된다.

①	기능성 화장품 심사를 받지 아니하거나 보고서를 제출하지 아니한 기능성 화장품
②	전부 또는 일부가 변패된 화장품
③	병원미생물에 오염된 화장품
④	이물이 혼입되었거나 부착된 것
⑤	화장품에 사용할 수 없는 원료를 사용하였거나 유통화장품 안전관리기준에 적합하지 아니한 화장품
⑥	코뿔소 또는 호랑이 뼈와 그 추출물을 사용한 화장품
⑦	보건위생상 위해가 발생할 우려가 있는 비위생적인 조건에서 제조되었거나 시설기준에 적합하지 아니한 시설에서 제조된 것
⑧	용기나 포장이 불량하여 화장품의 보건위생상 위해를 발생할 우려가 있는 것
⑨	사용기한 또는 개봉 후 사용기간을 위조·변조한 화장품

2) 동물실험을 실시한 화장품 등의 유통판매 금지 기출

①	화장품책임판매업자는 「실험동물에 관한 법률」 제2조 제1호에 따른 동물실험을 실시한 화장품 또는 동물실험을 실시한 화장품 원료를 사용하여 제조(위탁제조를 포함한다) 또는 수입한 화장품 유통 · 판매 불가
②	동물실험 금지 예외 적용 사항 • 보존제, 색소, 자외선차단제 등 특별히 사용상의 제한이 필요한 원료에 대하여 그 사용기준을 지정하거나 국민보건상 위해 우려가 제기되는 화장품 원료 등에 대한 위해평가를 위해 필요한 경우 • 동물대체시험법이 존재하지 아니하여 동물실험이 필요한 경우 • 화장품 수출을 위하여 수출 상대국의 법령에 따라 동물실험이 필요한 경우 • 수입하려는 상대국의 법령에 따라 제품 개발에 동물실험이 필요한 경우 • 다른 법령에 따라 동물실험을 실시하여 개발된 원료를 화장품의 제조 등에 사용하는 경우 • 그 밖에 동물실험을 대체할 수 있는 실험을 실시하기 곤란한 경우로서 식품의약품안전처장이 정하는 경우

3) 판매 등의 금지대상

다음 사항에 해당하는 화장품을 판매하거나 판매 목적으로 보관 또는 진열하는 것은 금지 사항이다.

①	등록을 하지 아니한 자가 제조한 화장품 또는 제조·수입하여 유통·판매한 화장품
②	신고를 하지 아니한 자가 판매한 맞춤형화장품
③	맞춤형화장품조제관리사를 두지 아니하고 판매한 맞춤형화장품
④	제10조에서 12조까지 위반되는 화장품 또는 의약품으로 잘못 인식할 우려가 있게 기재·표시한 화장품
⑤	판매의 목적이 아닌 제품의 홍보·판매촉진을 위해 소비자가 시험·사용하도록 제조 또는 수입한 화장품
⑥	화장품의 포장 및 표시·기재 사항을 훼손(맞춤형화장품 판매를 위해 필요한 경우 제외) 또는 위·변조한 것

※ 누구든지 화장품의 용기에 담은 내용물의 소분판매 금지(맞품형화장품판매업자, 화장비누 소분판매자 제외)

Tip 화장품 사후관리 관련 화장품법 개정 사항

- 맞춤형화장품 판매업 신설 및 시행
- 회수대상 화장품의 위해성 등급 설정
- 영유아 또는 어린이 대상 화장품의 제품별 안전성자료 의무화
- 영유아 또는 어린이 대상 화장품의 보존제 함량 표시·기재 의무화
- 화장품 유형 확대 : 화장비누, 흑채, 제모왁스
- 알레르기 유발성분으로 고시된 착향제의 경우 해당 성분 명칭 표시·기재 의무화

1.6.5 감독

식품의약안전처는 보고와 검사 등을 통해 화장품법령의 위반사항을 감독하고 위반사항에 따라 교육명령, 시정명령, 검사명령, 시설개수명령, 회수폐기 명령 등 조치명령을 할 수 있다.

구분	내용
교육명령 (제5조)	• 영업자에 대해 화장품 관련 법령 및 제도에 관한 교육을 받도록 명령 – 교육명령 대상자는 천재지변, 질병, 임신, 출산 등의 사유가 있는 경우 교육 유예 신청 가능
보고와 검사 (제18조)	• 영업자 · 판매자 또는 화장품을 업무상 취급하는 자에 대하여 보고를 명하거나, 화장품 제조장소 · 영업소 · 창고 · 판매장소, 취급하는 장소에 출입하여 그 시설 또는 관계 장부나 서류, 물건의 검사 또는 질문 가능 • 화장품의 품질 또는 안전기준, 포장 등의 기재 · 표시 사항 등의 적합여부를 검사하기 위하여 최소 분량을 수거하여 검사 가능
시정명령(제19조)	• 법을 지키지 않은 경우 시정 명령
검사명령(제20조)	• 취급한 화장품에 대해 화장품의 시험 및 검사 명령
개수명령(제22조)	• 시설기준 부적합, 노후, 오손으로 품질에 문제의 우려가 있다고 인정되는 시설의 경우 제조업자에게 개수를 명함
회수 · 폐기명령 (제23조)	• 국민보건에 위해를 끼칠 우려가 있는 경우 영업자·판매자 및 기타 취급자에 대해 해당 화장품 또는 원료, 재료 등의 회수·폐기 조치 명령
위해화장품의 공표 (제23조의2)	• 영업자로부터 회수계획을 보고받은 때 • 공표사항 : 처분사유, 처분 대상자의 명칭, 주소, 대표자 성명, 해당 품목의 명칭 등 처분 관련사항
등록의 취소 등 (제24조)	• 영업자에 대해 등록의 취소, 영업소 폐쇄, 품목의 제조·수업 및 판매 금지, 1년 내 그 업무의 전부 또는 일부에 대한 정지를 명함 • 등록위 취소 등 행정처분 대상 : 화장품법 제24조 • 행정처분 기준 : 화장품법 시행규칙【별표 7】행정처분의 기준
청문 (제27조)	• 인증의 취소, 인증기관 지정의 취소 또는 업무의 전부에 대한 정지를 명하거나 등록의 취소, 영업소 폐쇄, 품목의 제조 · 수입 및 판매의 금지 또는 업무의 전부에 대한 정지를 명하고자 하는 경우
과징금 처분 (제28조)	• 제24조에 따라 영업자에게 업무정지처분을 할 경우 그 처분을 갈음하여 10억 원 이하의 과징금을 부과할 수 있음 • 과징금 산정기준 : 화장품법 시행령【별표1】

1.6.6 행정처분의 기준(화장품법 시행규칙【별표7】)

1. 화장품제조업 또는 화장품책임판매업 변경 사항 등록을 하지 않은 경우

위반 내용	처분 기준			
	1차 위반	2차 위반	3차 위반	4차 이상 위반
1) 화장품제조업자 · 화장품책임판매업자(법인인 경우 대표자)의 변경 또는 그 상호(법인인 경우 법인의 명칭)의 변경	시정명령	제조 또는 판매 업무정지 5일	제조 또는 판매 업무정지 15일	제조 또는 판매 업무정지 1개월
2) 제조소의 소재지 변경	제조업무정지 1개월	제조업무정지 3개월	제조업무정지 6개월	등록취소
3) 화장품책임판매업소의 소재지 변경	판매업무정지 1개월	판매업무정지 3개월	판매업무정지 6개월	등록취소
4) 책임판매관리자의 변경	시정명령	판매업무정지 7일	판매업무정지 15일	판매업무정지 1개월
5) 제조 유형 변경	제조업무정지 1개월	제조업무정지 2개월	제조업무정지 3개월	제조업무정지 6개월
6) 영 제2조2호가목부터 다목까지의 화장품책임판매업을 등록한 자의 책임판매 유형 변경	경고	판매업무정지 15일	판매업무정지 1개월	판매업무정지 3개월
7) 영 제2조제2호라목의 화장품책임판매업을 등록한 자의 책임판매 유형 변경	수입대행업무정지 1개월	수입대행업무정지 2개월	수입대행업무정지 3개월	수입대행업무정지 6개월

2. 화장품제조업 등록에 따른 시설을 갖추지 않은 경우

위반 내용	처분 기준			
	1차 위반	2차 위반	3차 위반	4차 이상 위반
1) 제6조제1항에 따른 제조 또는 품질검사에 필요한 시설 및 기구의 전부가 없는 경우	제조업무정지 3개월	제조업무정지 6개월	등록취소	
2) 제6조제1항에 따른 직업소, 보관소 또는 시험실 중 어느 하나가 없는 경우	개수명령	제조업무정지 1개월	제조업무정지 2개월	제조업무정지 4개월
3) 제6조제1항에 따른 해당 품목의 제조 또는 품질검사에 필요한 시설 및 기구 중 일부가 없는 경우	개수명령	해당 품목 제조업무정지 1개월	해당 품목 제조업무정지 2개월	해당 품목 제조업무정지 4개월
4) 제6조제1항제1호에 따른 화장품을 제조하기 위한 작업소의 기준을 위반한 경우				
가) 제6조제1항제1호가목을 위반한 경우(쥐·해충 및 먼지 등을 막을 수 있는 시설)	시정명령	제조업무정지 1개월	제조업무정지 2개월	제조업무정지 4개월

나) 제6조제1항제1호나목 또는 다목을 위반한 경우 (작업대 등 제조에 필요한 시설, 기구 가루가 날리는 작업실은 가루 제거 시설)	개수명령	해당 품목 제조업무정지 1개월	해당 품목 제조업무정지 2개월	해당 품목 제조업무정지 4개월

3. 법 제3조의2 제1항 후단에 따른 맞춤형화장품판매업의 변경신고를 하지 않은 경우

위반 내용	처분 기준			
	1차 위반	2차 위반	3차 위반	4차 이상 위반
1) 맞춤형화장품판매업자의 변경신고를 하지 않은 경우	시정명령	판매업무 정지 5일	판매업무 정지 15일	판매업무 정지 1개월
2) 맞춤형화장품판매업소 상호의 변경신고를 하지 않은 경우	시정명령	판매업무 정지 5일	판매업무 정지 15일	판매업무 정지 1개월
3) 맞춤형화장품판매업소 소재지의 변경신고를 하지 않은 경우	판매업무 정지 1개월	판매업무 정지 2개월	판매업무 정지 3개월	판매업무 정지 4개월
4) 맞춤형화장품조제관리사의 변경신고를 하지 않은 경우	시정명령	판매업무 정지 5일	판매업무 정지 15일	판매업무 정지 1개월

4. 화장품제조업자, 화장품책임판매업자 등 영업자 결격사유에 해당하는 경우

위반 내용	처분 기준			
	1차 위반	2차 위반	3차 위반	4차 이상 위반
법 제3조의3 각 호의 어느 하나에 해당하는 경우	등록취소			

5. 국민보건에 위해를 끼쳤거나 끼칠 우려가 있는 화장품을 제조 · 수입한 경우

위반 내용	처분 기준			
	1차 위반	2차 위반	3차 위반	4차 이상 위반
국민보건에 위해를 끼쳤거나 끼칠 우려가 있는 화장품을 제조·수입한 경우	제조 또는 판매 업무정지 1개월	제조 또는 판매 업무정지 3개월	제조 또는 판매 업무정지 6개월	등록취소

6. 기능성화장품 심사를 받지 않거나 보고서를 제출하지 않은 기능성화장품을 판매한 경우

위반 내용	처분 기준			
	1차 위반	2차 위반	3차 위반	4차 이상 위반
① 심사를 받지 않거나 거짓으로 보고하고 기능성화장품을 판매한 경우	판매업무정지 6개월	판매업무정지 12개월	등록취소	
② 보고하지 않은 기능성화장품을 판매한 경우	판매업무정지 3개월	판매업무정지 6개월	판매업무정지 9개월	판매업무정지 12개월

7. 영유아 또는 어린이 사용 화장품에서 제품별 안전성 자료를 작성 · 보관하지 않은 경우

위반 내용	처분 기준			
	1차 위반	2차 위반	3차 위반	4차 이상 위반
법 제4조의2제1항에 따른 제품별 안전성 자료를 작성 또는 보관하지 않은 경우	판매 또는 해당 품목판매업무 정지 1개월	판매 또는 해당 품목판매업무정지 3개월	판매 또는 해당 품목업무정지 6개월	판매 또는 해당 품목판매업무 정지 12개월

8. 영업자의 준수사항을 이행하지 않은 경우

위반 내용	처분 기준			
	1차 위반	2차 위반	3차 위반	4차 이상 위반
1) 제11조 제1항 제1호의 준수사항을 이행하지 않은 경우	시정명령	제조 또는 해당 품목 제조업무 정지 15일	제조 또는 해당 품목 제조업무 정지 1개월	제조 또는 해당 품목 제조업무 정지 3개월
2) 제11조 제1항 제2호의 준수사항을 이행하지 않은 경우				
가) 제조관리기준서, 제품표준서, 제조관리기록서 및 품질관리기록서를 갖추어 두지 않거나 이를 거짓으로 작성한 경우	제조 또는 해당 품목 제조업무 정지 1개월	제조 또는 해당 품목 제조업무 정지 3개월	제조 또는 해당 품목 제조업무 정지 6개월	제조 또는 해당 품목 제조업무 정지 9개월
나) 작성된 제조관리기준서의 내용을 준수하지 않은 경우	제조 또는 해당 품목 제조업무 정지 15일	제조 또는 해당 품목 제조업무 정지 1개월	제조 또는 해당 품목 제조업무 정지 3개월	제조 또는 해당 품목 제조업무 정지 6개월
3) 제11조 제1항 제3호부터 제5호까지의 준수사항을 이행하지 않은 경우	제조 또는 해당 품목 제조업무 정지 15일	제조 또는 해당 품목 제조업무 정지 1개월	제조 또는 해당 품목 제조업무 정지 3개월	제조 또는 해당 품목 제조업무 정지 6개월
4) 제11조 제1항 제6호부터 제8호까지의 준수사항을 이행하지 않은 경우	제조 또는 해당 품목 제조업무 정지 15일	제조 또는 해당 품목 제조업무 정지 1개월	제조 또는 해당 품목 제조업무 정지 3개월	제조 또는 해당 품목 제조업무 정지 6개월
5) 제12조 제1호의 준수사항을 이행하지 않은 경우				
가) 별표 1에 따라 책임판매관리자를 두지 않은 경우	판매 또는 해당 품목 판매업무 정지 1개월	판매 또는 해당 품목 판매업무 정지 3개월	판매 또는 해당 품목 판매업무 정지 6개월	판매 또는 해당 품목 판매업무 정지 12개월

나) 별표 1에 따른 품질관리 업무 절차서를 작성하지 않거나 거짓으로 작성한 경우	판매업무 정지 3개월	판매업무 정지 6개월	판매업무 정지 12개월	등록취소
다) 별표 1에 따라 작성된 품질관리 업무 절차서의 내용을 준수하지 않은 경우	판매 또는 해당 품목 판매업무 정지 1개월	판매 또는 해당 품목 판매업무 정지 3개월	판매 또는 해당 품목 판매업무 정지 6개월	판매 또는 해당 품목 판매업무 정지 12개월
라) 그 밖에 별표 1에 따른 품질관리기준을 준수하지 않은 경우	시정명령	판매 또는 해당 품목 판매업무 정지 7일	판매 또는 해당 품목 판매업무 정지 15일	판매 또는 해당 품목 판매업무 정지 1개월
6) 제12조 제2호의 준수사항을 이행하지 않은 경우				
가) 별표 2에 따라 책임판매관리자를 두지 않은 경우	판매 또는 해당 품목 판매업무 정지 1개월	판매 또는 해당 품목 판매업무 정지 3개월	판매 또는 해당 품목 판매업무 정지 6개월	판매 또는 해당 품목 판매업무 정지 12개월
나) 별표 2에 따른 안전관리 정보를 검토하지 않거나 안전확보 조치를 하지 않은 경우	판매 또는 해당 품목 판매업무 정지 1개월	판매 또는 해당 품목 판매업무 정지 3개월	판매 또는 해당 품목 판매업무 정지 6개월	판매 또는 해당 품목 판매업무 정지 12개월
다) 그 밖에 별표 2에 따른 책임판매 후 안전관리기준을 준수하지 않은 경우	경고	판매 또는 해당 품목 판매업무 정지 1개월	판매 또는 해당 품목 판매업무 정지 3개월	판매 또는 해당 품목 판매업무 정지 6개월
7) 그 밖에 제12조 제3호부터 제11호까지의 규정에 따른 준수사항을 이행하지 않은 경우	시정명령	판매 또는 해당 품목 판매업무 정지 1개월	판매 또는 해당 품목 판매업무 정지 3개월	판매 또는 해당 품목 판매업무 정지 6개월
8) 제12조의2 제1호 및 제2호의 준수사항을 이행하지 않은 경우	판매 또는 해당 품목 판매업무 정지 15일	판매 또는 해당 품목 판매업무 정지 1개월	판매 또는 해당 품목 판매업무 정지 3개월	판매 또는 해당 품목 판매업무 정지 6개월
9) 제12조의2 제3호의 준수사항을 이행하지 않은 경우	시정명령	판매 또는 해당 품목 판매업무 정지 1개월	판매 또는 해당 품목 판매업무 정지 3개월	판매 또는 해당 품목 판매업무 정지 6개월
10) 제12조의2 제4호의 준수사항을 이행하지 않은 경우	시정명령	판매 또는 해당 품목 판매업무 정지 7일	판매 또는 해당 품목 판매업무 정지 15일	판매 또는 해당 품목 판매업무 정지 1개월

11) 제12조의2 제5호의 준수사항을 이행하지 않은 경우	시정명령	판매 또는 해당 품목 판매업무 정지 1개월	판매 또는 해당 품목 판매업무 정지 3개월	판매 또는 해당 품목 판매업무 정지 6개월

9. 회수대상화장품의 회수 관련 사항 위반

위반 내용	처분 기준			
	1차 위반	2차 위반	3차 위반	4차 이상 위반
법 제5조의2 제1항을 위반하여 회수 대상 화장품을 회수하지 않거나 회수하는 데에 필요한 조치를 하지 않은 경우	판매 또는 제조 업무정지 1개월	판매 또는 제조 업무정지 3개월	판매 또는 제조 업무정지 6개월	등록취소
법 제5조의2 제2항을 위반하여 회수계획을 보고하지 않거나 거짓으로 보고한 경우	판매 또는 제조 업무정지 1개월	판매 또는 제조 업무정지 3개월	판매 또는 제조 업무정지 6개월	등록취소

10. 어린이 안전용기 · 포장 등에 관한 기준을 위반한 경우

위반 내용	처분 기준			
	1차 위반	2차 위반	3차 위반	4차 이상 위반
카) 화장품책임판매업자가 법 제9조에 따른 화장품의 안전용기·포장에 관한 기준을 위반한 경우	해당 품목 판매 업무정지 3개월	해당 품목 판매 업무정지 6개월	해당 품목 판매 업무정지 12개월	

1.6.7 벌칙 기출

1) 3년 이하의 징역 또는 3천만 원 이하의 벌금

① 화장품제조업 또는 책임판매업 등록을 위반한 자

② 맞춤형화장품판매업의 신고를 위반한 자

③ 맞춤형화장품조제관리사 선임을 위반한 자

④ 기능성화장품의 심사 등을 위반한 자

⑤ 천연화장품 및 유기농화장품에 대해 거짓 인증이나 부정한 방법으로 인증을 받은 자

⑥ 천연화장품 및 유기농화장품 인증을 받지 않고 인증표시를 한 자

⑦ 영업의 금지 사항을 위반한 자

⑧ 미등록 제조업의 제조화장품 또는 미등록 책임판매업의 유통판매 화장품을 판매 또는 판매 목적으로 보관 또는 진열한 자

2) 1년 이하의 징역 또는 1천만 원 이하의 벌금

①	영유아 또는 어린이 사용 표시·광고 화장품의 안전성 자료 미작성·보관한 자
②	어린이 안전용기포장 사항을 위반한 자
③	부당한 표시·광고 행위 등의 금지를 위반한 자
④	기재사항 및 기재표시 주의사항 위반 화장품을 판매하거나 판매 목적으로 보관 또는 진열한 자
⑤	의약품 오인 우려가 있는 기재·표시 화장품을 판매하거나 판매 목적으로 보관 또는 진열한 자
⑥	샘플 화장품을 판매하거나 판매 목적으로 보관 또는 진열한 자
⑦	화장품 용기의 내용물을 분할 판매한 자
⑧	표시·광고 중지 명령을 위반한 자

3) 200만 원 이하의 벌금

①	화장품제조업자의 화장품 제조와 관련된 기록 · 시설 · 기구 등 관리 방법, 원료 · 자재 · 완제품 등에 대한 시험 · 검사 · 검정 실시 방법 및 의무 등에 관한 사항을 위반한 자
②	화장품책임판매업자의 화장품 품질관리기준, 책임판매 후 안전관리기준, 품질 검사 방법 및 실시 의무, 안전성 · 유효성 관련 정보사항 등의 보고 및 안전대책 마련 의무 등에 관한 사항을 위반한 자
③	맞춤형화장품판매업자의 맞춤형화장품 판매장 시설 · 기구의 관리 방법, 혼합 · 소분 안전관리기준의 준수 의무, 혼합 · 소분되는 내용물 및 원료에 대한 설명 의무 등에 관한 사항을 위반한 자
④	국민보건에 위해를 끼치거나 끼칠 우려가 있는 화장품이 유통 중인 사실을 알게 된 경우 해당 화장품을 회수하거나 회수하는 데에 필요한 조치를 하지 않은 자
⑤	화장품을 회수하거나 회수하는 데에 필요한 회수계획을 식품의약품안전처장에게 미리 보고하지 않은 자
⑥	화장품의 1차 또는 2차 포장에 총리령으로 정하는 바에 따른 사항을 기재 · 표시하지 않은 자
⑦	1차 포장에 화장품의 명칭, 영업자의 상호, 제조번호, 사용기한 도는 개봉 후 사용기간을 표시하지 않은 자
⑧	인증의 유효기간이 경과한 화장품에 대하여 인증표시를 한 자
⑨	제18조(보고와 검사 등), 제19조(시정명령), 제20조(검사명령), 제22조(개수명령) 및 제23조(회수·폐기명령)에 따른 명령을 위반하거나 관계 공무원의 검사 · 수거 또는 처분을 거부 · 방해하거나 기피한 자

4) 과태료 기출 (「화장품법 시행령」 제16조)

	위반 행위	근거 법조문	과태료 금액
①	기능성 화장품의 심사 등을 위반하여 변경심사를 받지 않은 경우	제2호	100만 원
②	동물실험을 실시한 화장품 등의 유통판매금지를 위반하여 동물실험을 실시한 화장품 또는 동물실험을 실시한 화장품 원료를 사용하여 제조(위탁제조를 포함한다) 또는 수입한 화장품을 유통·판매한 경우	제7호	
③	보고와 검사 등에 따른 명령을 위반하여 보고를 하지 않은 경우	제6호	

④	생산실적 또는 수입실적, 원료목록보고를 위반하여 화장품의 생산실적 또는 수입실적 또는 화장품 원료의 목록 등을 보고하지 않은 경우	제3호	50만 원
⑤	책임판매관리자, 조제관리사의 교육이수의무에 따른 명령을 위반한 경우	제4호	
⑥	폐업 등의 신고를 위반하여 폐업 등의 신고를 하지 않은 경우	제5호	
⑦	화장품의 기재사항인 가격표시를 위반하여 화장품의 판매 가격을 표시하지 않은 경우	제5호의2	

기출 유형

과태료 부과기준에 해당하지 않는 것은?

① 폐업 등의 신고를 하지 않은 경우

② 화장품의 생산실적 또는 수입실적 또는 화장품 원료의 목록 등을 보고하지 않은 경우

③ 책임판매관리자, 조제관리사의 교육이수의무에 따른 명령을 위반한 경우

④ 화장품의 판매가격을 표시하지 아니한 경우

⑤ 의약품으로 잘못 인식할 우려가 있게 기재 표시된 경우

정답 : ⑤

CHAPTER

02 개인정보보호법

Check Point!

개인정보보호법에서는 개인정보보호 법령 및 제도에 대한 이해를 바탕으로 다음의 내용을 숙지하도록 한다.

- 고객관리 프로그램 운용을 위한 「개인정보보호법」
- 수집 가능한 고객정보의 범위, 고유식별정보, 민감정보, 개인정보 수집 · 제공 동의서
- 고객정보관리방법, 개인정보 처리

2.1 고객관리 프로그램 운용

2.1.1 고객관리의 프로그램

프로그램을 PC에 설치하거나, 웹 서비스에 접속하여 개인(고객)정보를 관리하는 프로그램

2.2.2 고객관리 프로그램 이용 시 개인정보 보호 수칙

① 1인 1 ID를 사용하고, 업무상 불필요한 직원은 고객관리프로그램에 접속하지 못하도록 한다.

② 고객관리 프로그램 비밀번호를 영어 대문자, 소문자, 숫자, 특수문자를 혼용하여 10자리 이상으로 설정하고 6개월 주기로 변경한다.

③ 악성코드 차단을 위한 백신 프로그램을 설치하고 자동 업데이트 기능을 설정한다.

④ 고객정보에 대한 불법 접근을 차단하기 위해 윈도우에서 제공하는 PC방화벽을 설정한다.

⑤ 비밀번호, 주민등록번호가 암호화되어 전송 및 저장되는지 프로그램 제공업체에 확인한다.

⑥ PC를 업체로 이동시키거나 유지보수업체에서 원격으로 접속하는 경우 개인정보에 함부로 접근하지 못하도록 유지보수 위탁사항에 대한 문서화를 업체에 요구한다.

2.2.3 고객정보 수집 · 처리 시 확인 사항

① 회원가입서 등에 개인정보를 받을 때에는 수집항목, 보유기간, 수집목적, 동의거부 가능과 관한 내용을 고지한다.

② 주민등록번호를 불가피하게 받아야 할 경우 동의양식에 수집동의 외에 항목을 추가하여 동의를 받는다.

③ 업무 목적에 필요한 최소한의 고객정보만 수집하고 보유기간이 만료된 개인정보는 삭제한다.

④ 개인정보처리방침을 세워 홈페이지 또는 사업장에 게시한다.

⑤ 고객정보가 포함된 문서는 캐비닛 등 잠금장치가 있는 곳에 보관한다.

▶ 행정안전부 「소상공인 개인정보 보호수칙」

2.2 개인정보보호법에 근거한 고객정보 입력

2.2.1 개인정보보호법

1) 개인정보보호법의 목적

개인정보의 처리 및 보호에 관한 사항을 정함으로써 개인의 자유와 권리를 보호하고, 나아가 개인의 존엄과 가치를 구현함을 목적으로 한다.

2) 개인정보보호법의 정의(「개인정보보호법」 제2조)

개인정보	살아 있는 개인에 관한 정보로서 다음 각 목의 어느 하나에 해당하는 정보 • 성명, 주민등록번호 및 영상 등을 통하여 개인을 알아볼 수 있는 정보 • 해당 정보만으로는 특정 개인을 알아볼 수 없더라도 다른 정보와 쉽게 결합하여 알아볼 수 있는 정보 • 가명처리함으로써 원래의 상태로 복원하기 위한 추가 정보의 사용 · 결합 없이는 특정 개인을 알아볼 수 없는 정보
가명처리	개인정보의 일부를 삭제하거나 일부 또는 전부를 대체하는 등의 방법으로 추가 정보가 없이는 특정 개인을 알아볼 수 없도록 처리하는 것
처리	개인정보의 수집, 생성, 연계, 연동, 기록, 저장, 보유, 가공, 편집, 검색, 출력, 정정(訂正), 복구, 이용, 제공, 공개, 파기(破棄), 그 밖에 이와 유사한 행위
정보주체	처리되는 정보에 의해 알아볼 수 있는 사람으로서 그 정보의 주체가 되는 사람
개인정보파일	개인정보를 쉽게 검색할 수 있도록 일정한 규칙에 따라 체계적으로 배열하거나 구성한 개인정보의 집합물
개인정보처리자	업무를 목적으로 개인정보파일을 운용하기 위하여 스스로 또는 다른 사람을 통하여 개인정보를 처리하는 공공기관, 법인, 단체 및 개인 등
공공기관	• 국회, 법원, 헌법재판소, 중앙선거관리위원회의 행정사무를 처리하는 기관, 중앙행정기관(대통령 소속 기관과 국무총리 소속 기관을 포함한다) 및 그 소속 기관, 지방자치단체 • 그 밖의 국가기관 및 공공단체 중 대통령령으로 정하는 기관
영상정보처리기기	일정한 공간에 지속적으로 설치되어 사람 또는 사물의 영상 등을 촬영하거나 이를 유 · 무선망을 통하여 전송하는 장치
과학적 연구	기술의 개발과 실증, 기초연구, 응용연구 및 민간 투자 연구 등 과학적 방법을 적용하는 연구

3) 개인정보 보호 원칙(「개인정보보호법」 제3조)

① 개인정보의 처리 목적을 명확하게 하여야 하고 그 목적에 필요한 범위에서 최소한의 개인정보만을 적법하고 정당하게 수집하여야 한다.

② 개인정보의 처리 목적에 필요한 범위에서 적합하게 개인정보를 처리하여야 하며, 그 목적 외의 용도로

활용하여서는 아니 된다.

③ 개인정보의 처리 목적에 필요한 범위에서 개인정보의 정확성, 완전성 및 최신성이 보장되도록 하여야 한다.

④ 개인정보의 처리 방법 및 종류 등에 따라 정보주체의 권리가 침해받을 가능성과 그 위험 정도를 고려하여 개인정보를 안전하게 관리하여야 한다.

⑤ 개인정보 처리방침 등 개인정보의 처리에 관한 사항을 공개하여야 하며, 열람청구권 등 정보주체의 권리를 보장하여야 한다.

⑥ 정보주체의 사생활 침해를 최소화하는 방법으로 개인정보를 처리하여야 한다.

⑦ 개인정보를 익명 또는 가명으로 처리하여도 개인정보 수집목적을 달성할 수 있는 경우 익명처리가 가능한 경우에는 익명에 의하여, 익명처리로 목적을 달성할 수 없는 경우에는 가명에 의하여 처리될 수 있도록 하여야 한다.

⑧ 이 법 및 관계 법령에서 규정하고 있는 책임과 의무를 준수하고 실천함으로써 정보주체의 신뢰를 얻기 위하여 노력하여야 한다.

기출 유형

개인정보처리자가 준수해야 할 개인정보 보호 원칙으로 옳지 않은 것은?

① 정보주체의 사생활 침해를 최소화하는 방법으로 개인정보를 처리하여야 한다.

② 개인정보 익명처리가 가능한 경우에는 익명에 의하여, 익명처리로 목적을 달성할 수 없는 경우에는 실명에 의하여 처리될 수 있도록 하여야 한다.

③ 개인정보의 정확성, 완전성 및 최신성이 보장되도록 하여야 한다.

④ 목적 외의 용도로 활용하여서는 아니 된다.

⑤ 최소한의 개인정보만을 적법하고 정당하게 수집한다.

정답 : ②

4) 정보주체의 권리(「개인정보보호법」 제4조)

① 개인정보의 처리에 관한 정보를 제공받을 권리

② 개인정보의 처리에 관한 동의 여부, 동의 범위 등을 선택하고 결정할 권리

③ 개인정보의 처리 여부를 확인하고 개인정보에 대하여 열람을 요구할 권리

④ 개인정보의 처리 정지, 정정·삭제 및 파기를 요구할 권리

⑤ 개인정보의 처리로 인하여 발생한 피해를 신속하고 공정한 절차에 따라 구제받을 권리

2.2.1 개인정보의 수집 · 이용(「개인정보보호법」 제15조)

1) 개인정보 수집의 범위 기출

①	정보주체의 동의를 받은 경우
②	법률에 특별한 규정이 있거나 법령상 의무를 준수하기 위하여 불가피한 경우

③ 공공기관이 법령 등에서 정하는 소관 업무의 수행을 위하여 불가피한 경우

④ 정보주체와의 계약 체결 및 이행을 위하여 불가피하게 필요한 경우

⑤ 정보주체 또는 그 법정대리인이 의사표시를 할 수 없는 상태에 있거나 주소불명 등으로 사전 동의를 받을 수 없는 경우로서 명백히 정보주체 또는 제3자의 급박한 생명, 신체, 재산의 이익을 위하여 필요하다고 인정되는 경우

⑥ 개인정보처리자의 정당한 이익을 달성하기 위하여 필요한 경우로서 명백하게 정보주체의 권리보다 우선하는 경우. 이 경우 개인정보처리자의 정당한 이익과 상당한 관련이 있고 합리적인 범위를 초과하지 아니하는 경우

기출 유형

개인정보의 수집·이용의 범위에 해당하지 않는 것은?

① 정보주체의 동의를 받은 경우
② 공공기관이 법령 등에서 정하는 소관 업무의 수행을 위하여 불가피한 경우
③ 정보주체의 정당한 이익을 달성하기 위하여 필요한 경우
④ 공공기관이 법령 등에서 정하는 소관 업무의 수행을 위하여 불가피한 경우
⑤ 정보주체의 동의를 받은 경우

정답 : ③

2) 개인정보 동의 시 제공내용

① 개인정보를 제공받는 자

② 개인정보를 제공받는 자의 개인정보 이용 목적

③ 제공하는 개인정보의 항목

④ 개인정보를 제공받는 자의 개인정보 보유 및 이용 기간

⑤ 동의를 거부할 권리가 있다는 사실 및 동의 거부에 따른 불이익이 있는 경우에는 그 불이익의 내용

2.2.2 개인정보의 수집 제한(「개인정보보호법」 제16조)

① 개인정보를 수집하는 경우에는 그 목적에 필요한 최소한의 개인정보를 수집하여야 한다. 이 경우 최소한의 개인정보 수집이라는 입증책임은 개인정보처리자가 부담한다.

② 정보주체의 동의를 받아 개인정보를 수집하는 경우 필요한 최소한의 정보 외의 개인정보 수집에는 동의하지 아니할 수 있다는 사실을 구체적으로 알리고 개인정보를 수집하여야 한다.

③ 정보주체가 필요한 최소한의 정보 외의 개인정보 수집에 동의하지 아니한다는 이유로 정보주체에게 재화 또는 서비스의 제공을 거부하여서는 아니 된다.

2.2.3 동의를 받는 방법

1) 개인정보처리자의 의무(「개인정보보호법」 제22조)

①	이 법에 따른 개인정보의 처리에 대하여 정보주체(제6항에 따른 법정대리인을 포함한다. 이하 이 조에서 같다)의 동의를 받을 때에는 각각의 동의 사항을 구분하여 정보주체가 이를 명확하게 인지할 수 있도록 알리고 각각 동의를 받아야 한다.
②	제1항의 동의를 서면(「전자문서 및 전자거래 기본법」 제2조 제1호에 따른 전자문서를 포함한다)으로 받을 때에는 개인정보의 수집·이용 목적, 수집·이용하려는 개인정보의 항목 등 대통령령으로 정하는 중요한 내용을 보호위원회가 고시로 정하는 방법에 따라 명확히 표시하여 알아보기 쉽게 하여야 한다.
③	제15조 제1항 제1호, 제17조 제1항 제1호, 제23조 제1항 제1호 및 제24조 제1항 제1호에 따라 개인정보의 처리에 대하여 정보주체의 동의를 받을 때에는 정보주체와의 계약 체결 등을 위하여 정보주체의 동의 없이 처리할 수 있는 개인정보와 정보주체의 동의가 필요한 개인정보를 구분하여야 한다. 이 경우 동의 없이 처리할 수 있는 개인정보라는 입증책임은 개인정보처리자가 부담한다.
④	정보주체에게 재화나 서비스를 홍보하거나 판매를 권유하기 위하여 개인정보의 처리에 대한 동의를 받으려는 때에는 정보주체가 이를 명확하게 인지할 수 있도록 알리고 동의를 받아야 한다.
⑤	정보주체가 제3항에 따라 선택적으로 동의할 수 있는 사항을 동의하지 아니하거나 제4항 및 제18조제2항제1호에 따른 동의를 하지 아니한다는 이유로 정보주체에게 재화 또는 서비스의 제공을 거부하여서는 아니 된다.
⑥	만 14세 미만 아동의 개인정보를 처리하기 위하여 이 법에 따른 동의를 받아야 할 때에는 그 법정대리인의 동의를 받아야 한다. 이 경우 법정대리인의 동의를 받기 위하여 필요한 최소한의 정보는 법정대리인의 동의 없이 해당 아동으로부터 직접 수집할 수 있다.
⑦	제1항부터 제6항까지에서 규정한 사항 외에 정보주체의 동의를 받는 세부적인 방법 및 제6항에 따른 최소한의 정보의 내용에 관하여 필요한 사항은 개인정보의 수집매체 등을 고려하여 대통령령으로 정한다.

2) 정보주체의 동의를 받는 법(「개인정보보호법 시행령」 제17조)

①	동의 내용이 적힌 서면을 정보주체에게 직접 발급하거나 우편 또는 팩스 등의 방법으로 전달하고, 정보주체가 서명하거나 날인한 동의서를 받는 방법
②	전화를 통하여 동의 내용을 정보주체에게 알리고 동의의 의사표시를 확인하는 방법
③	전화를 통하여 동의 내용을 정보주체에게 알리고 정보주체에게 인터넷주소 등을 통하여 동의 사항을 확인하도록 한 후 다시 전화를 통하여 그 동의 사항에 대한 동의의 의사표시를 확인하는 방법
④	인터넷 홈페이지 등에 동의 내용을 게재하고 정보주체가 동의 여부를 표시하도록 하는 방법
⑤	동의 내용이 적힌 전자우편을 발송하여 정보주체로부터 동의의 의사표시가 적힌 전자우편을 받는 방법
⑥	그 밖에 제1호부터 제5호까지의 규정에 따른 방법에 준하는 방법으로 동의 내용을 알리고 동의의 의사표시를 확인하는 방법

대통령령으로 정하는 중요한 내용

- 개인정보의 수집·이용 목적 중 재화나 서비스의 홍보 또는 판매 권유 등을 위하여 해당 개인정보를 이용하여 정보주체에게 연락할 수 있다는 사실
- 처리하려는 개인정보의 항목 중 민감정보, 여권번호, 운전면허의 면허번호 및 외국인등록번호
- 개인정보의 보유 및 이용 기간
- 개인정보를 제공받는 자 및 개인정보를 제공받는 자의 개인정보 이용 목적

2.3 개인정보보호법에 근거한 고객정보 관리

개인정보처리자는 개인정보가 분실·도난·유출·위조·변조 또는 훼손되지 아니하도록 내부 관리계획 수립, 접속기록 보관 등 안전성 확보에 필요한 기술적·관리적 및 물리적 조치를 하여야 한다.

2.3.1 개인정보의 안전성 확보 조치(개인정보보호법 시행령 제30조)

①	개인정보의 안전한 처리를 위한 내부 관리계획의 수립·시행
②	개인정보에 대한 접근 통제 및 접근 권한의 제한 조치
③	개인정보를 안전하게 저장·전송할 수 있는 암호화 기술의 적용 또는 이에 상응하는 조치
④	개인정보 침해사고 발생에 대응하기 위한 접속기록의 보관 및 위조·변조 방지를 위한 조치
⑤	개인정보에 대한 보안프로그램의 설치 및 갱신
⑥	개인정보의 안전한 보관을 위한 보관시설의 마련 또는 잠금장치의 설치 등 물리적 조치

2.3.2 개인정보 처리방침의 수립 및 공개(「개인정보보호법」 제30조)

①	개인정보처리자는 다음 각 호의 사항이 포함된 개인정보의 처리 방침을 정하여야 한다. • 개인정보의 처리목적 • 개인정보의 처리 및 보유기간 • 개인정보의 제3자 제공에 관한 사항(해당되는 경우에만 정한다) • 개인정보의 파기절차 및 파기방법 • 개인정보처리의 위탁에 관한 사항(해당되는 경우에만 정한다) • 정보주체와 법정대리인의 권리·의무 및 그 행사방법에 관한 사항 • 개인정보 보호책임자의 성명 또는 개인정보 보호업무 및 관련 고충사항을 처리하는 부서의 명칭과 전화번호 등 연락처 • 인터넷 접속정보파일 등 개인정보를 자동으로 수집하는 장치의 설치·운영 및 그 거부에 관한 사항(해당되는 경우에만 정한다) • 그 밖에 개인정보의 처리에 관하여 대통령령으로 정한 사항
②	• 개인정보 처리방침을 수립, 변경하는 경우에 정보주체가 확인할 수 있도록 공개해야 한다.
③	• 개인정보 처리방침의 내용과 개인정보처리자와 정보주체 간에 체결한 계약의 내용이 다른 경우 정보주체에게 유리한 것을 적용한다.
④	• 보호위원회는 개인정보 처리방침의 작성지침을 정하여 개인정보처리자에게 그 준수를 권장할 수 있다.

2.3.3 개인정보의 파기 기출

1) 개인정보의 파기(「개인정보보호법」 제21조)

① 보유기간의 경과, 개인정보의 처리 목적 달성 등 그 개인정보가 불필요하게 되었을 때에는 지체없이 그 개인정보를 파기하여야 한다(법령에 따라 보존할 경우는 예외).

② 개인정보를 파기할 때에는 복구 또는 재생되지 아니하도록 조치하여야 한다.

③ 개인정보를 파기하지 아니하고 보존하여야 하는 경우에는 해당 개인정보 또는 개인정보파일을 다른 개인정보와 분리하여서 저장·관리하여야 한다.

④ 개인정보의 파기방법 및 절차 등에 필요한 사항은 대통령령으로 정한다.

2) 개인정보의 파기방법(「개인정보보호법 시행령」 제16조)

① 전자적 파일 형태인 경우 : 복원이 불가능한 방법으로 영구 삭제

② 기록물, 인쇄물, 서면, 그 밖의 기록 매체인 경우 : 파쇄 또는 소각

2.3.4 개인정보취급자에 대한 감독

① 개인정보처리자는 개인정보를 처리함에 있어서 개인정보가 안전하게 관리될 수 있도록 임직원, 파견근로자, 시간제근로자 등 개인정보처리자의 지휘·감독을 받아 개인정보를 처리하는 자에 대하여 적절한 관리·감독을 행하여야 한다.

② 개인정보처리자는 개인정보의 적정한 취급을 보장하기 위하여 개인정보취급자에게 정기적으로 필요한 교육을 실시하여야 한다.

2.4 개인정보보호법에 근거한 고객 상담

2.4.1 민감정보의 처리제한(제23조) 기출

①	개인정보처리자는 사상·신념, 노동조합·정당의 가입·탈퇴, 정치적 견해, 건강, 성생활 등에 관한 정보, 그 밖에 정보주체의 사생활을 현저히 침해할 우려가 있는 개인정보로서 대통령령으로 정하는 정보(이하 "민감정보"라 한다)를 처리하여서는 아니 된다. 다만, 다음 각 호의 어느 하나에 해당하는 경우에는 그러하지 아니하다. • 정보주체에게 개인정보의 수집·이용 또는 개인정보의 제공, 각 호의 사항을 알리고 다른 개인정보의 처리에 대한 동의와 별도로 동의를 받은 경우 • 법령에서 민감정보의 처리를 요구하거나 허용하는 경우
②	• 개인정보처리자가 제1항 각 호에 따라 민감정보를 처리하는 경우에는 그 민감정보가 분실·도난·유출·위조·변조 또는 훼손되지 아니하도록 제29조에 따른 안전성 확보에 필요한 조치를 하여야 한다.

2.4.2 고유식별정보의 처리제한(제24조)

①	• 개인정보처리자는 다음 각 호의 경우를 제외하고는 법령에 따라 개인을 고유하게 구별하기 위하여 부여된 식별정보로서 대통령령으로 정하는 정보(이하 "고유식별정보"라 한다)를 처리할 수 없다. • 정보주체에게 개인정보의 수집·이용 또는 개인정보의 제공, 각 호의 사항을 알리고 다른 개인정보의 처리에 대한 동의와 별도로 동의를 받은 경우 • 법령에서 구체적으로 고유식별정보의 처리를 요구하거나 허용하는 경우

②	삭제
③	개인정보처리자가 제1항 각 호에 따라 고유식별정보를 처리하는 경우에는 그 고유식별정보가 분실·도난·유출·위조·변조 또는 훼손되지 아니하도록 대통령령으로 정하는 바에 따라 암호화 등 안전성 확보에 필요한 조치를 하여야 한다.
④	보호위원회는 처리하는 개인정보의 종류·규모, 종업원 수 및 매출액 규모 등을 고려하여 대통령령으로 정하는 기준에 해당하는 개인정보처리자가 제3항에 따라 안전성 확보에 필요한 조치를 하였는지에 관하여 대통령령으로 정하는 바에 따라 정기적으로 조사하여야 한다.
⑤	보호위원회는 대통령령으로 정하는 전문기관으로 하여금 제4항에 따른 조사를 수행하게 할 수 있다.

2.4.3 주민등록번호 처리의 제한(제24조의2)

①	고유식별정보의 처리제한에도 불구하고 개인정보처리자는 다음 각 호의 어느 하나에 해당하는 경우를 제외하고는 주민등록번호를 처리할 수 없다. • 법률·대통령령·국회규칙·대법원규칙·헌법재판소규칙·중앙선거관리위원회규칙 및 감사원규칙에서 구체적으로 주민등록번호의 처리를 요구하거나 허용한 경우 • 정보주체 또는 제3자의 급박한 생명, 신체, 재산의 이익을 위하여 명백히 필요하다고 인정되는 경우 • 제1호 및 제2호에 준하여 주민등록번호 처리가 불가피한 경우로서 보호위원회가 고시로 정하는 경우
②	개인정보처리자는 제24조 제3항에도 불구하고 주민등록번호가 분실·도난·유출·위조·변조 또는 훼손되지 아니하도록 암호화 조치를 통하여 안전하게 보관하여야 한다. 이 경우 암호화 적용 대상 및 대상별 적용 시기 등에 관하여 필요한 사항은 개인정보의 처리 규모와 유출 시 영향 등을 고려하여 대통령령으로 정한다.
③	개인정보처리자는 제1항 각 호에 따라 주민등록번호를 처리하는 경우에도 정보주체가 인터넷 홈페이지를 통하여 회원으로 가입하는 단계에서는 주민등록번호를 사용하지 아니하고도 회원으로 가입할 수 있는 방법을 제공하여야 한다.
④	보호위원회는 개인정보처리자가 제3항에 따른 방법을 제공할 수 있도록 관계 법령의 정비, 계획의 수립, 필요한 시설 및 시스템의 구축 등 제반 조치를 마련·지원할 수 있다.

2.4.4 영업양도 등에 따른 개인정보의 이전 제한(제27조)

①	개인정보처리자는 영업의 전부 또는 일부의 양도·합병 등으로 개인정보를 다른 사람에게 이전하는 경우에는 미리 다음 각 호의 사항을 대통령령으로 정하는 방법에 따라 해당 정보주체에게 알려야 한다. • 개인정보를 이전하려는 사실 • 개인정보를 이전받는 자의 성명, 주소, 전화번호 및 그 밖의 연락처 • 정보주체가 개인정보의 이전을 원하지 아니하는 경우 조치할 수 있는 방법 및 절차
②	영업양수자 등은 개인정보를 이전받았을 때에는 지체 없이 그 사실을 대통령령으로 정하는 방법에 따라 정보주체에게 알려야 한다. 다만, 개인정보처리자가 제1항에 따라 그 이전 사실을 이미 알린 경우에는 그러하지 아니하다.
③	영업양수자 등은 영업의 양도·합병 등으로 개인정보를 이전받은 경우에는 이전 당시의 본래 목적으로만 개인정보를 이용하거나 제3자에게 제공할 수 있다. 이 경우 영업양수자 등은 개인정보처리자로 본다.

적중예상문제

1과목 화장품법의 이해

01 다음 중 화장품에 대한 정의로 옳지 않은 것은?

① 인체를 청결·미화하여 매력을 더하고 용모를 밝게 변화시키는 것
② 인체에 사용하는 물품이라도 질병의 진단·치료·경감·처치 또는 예방을 목적으로 사용하는 것
③ 피부·모발의 건강을 유지 또는 증진하기 위한 물품
④ 인체에 대한 작용이 경미한 것
⑤ 인체에 바르고 문지르거나 뿌리는 등 이와 유사한 방법으로 사용되는 물품

Tip
②는 의약품에 관한 설명이다.

02 다음 중 화장품 유형에 대한 연결로 옳지 않은 것은?

① 인체세정용 제품류 : 물휴지(식품접객업소의 물휴지, 시체 닦는 용도 물휴지 제외)
② 색조화장 제품류 : 메이크업베이스
③ 기초화장용 제품류 : 팩, 마스크
④ 두발용 제품류 : 헤어컨디셔너, 흑채
⑤ 손발톱용 제품류 : 손·발의 피부연화제품

Tip
손·발의 피부연화제품은 기초화장용 제품류에 해당한다.

03 천연화장품 및 유기농 화장품에 대한 설명으로 옳지 않은 것은?

① 천연화장품이란 동식물 및 그 유래 원료 등을 함유한 화장품이다.
② 유기농화장품이란 유기농 원료, 동식물 및 그 유래 원료 등을 함유한 화장품이다.
③ 천연유래 원료란 유기농유래, 식물유래, 동물성유래, 미네랄유래 원료 각 항목에 해당 원료를 가지고 허용하는 화학적·생물학적 공정에 따라 가공한 원료를 말한다.
④ 천연 화장품은 천연원료 함량이 전체 제품의 95% 이상이어야 한다.
⑤ 유기농 화장품은 유기농 함량이 전체 제품의 90% 이상이어야 한다.

Tip
유기농 화장품은 유기농 함량이 전체 제품에서 10% 이상이어야 한다.

04 다음 중 기능성화장품에 해당하지 않는 것은?

① 햇볕을 방지하여 피부를 곱게 태워주는 화장품
② 일시적으로 헤어컬러를 변화시켜주는 화장품
③ 피부에 탄력을 주어 피부의 주름을 완화해 주는 제품
④ 체모를 제거하는 기능을 가진 화장품
⑤ 탈모증상의 완화에 도움을 주는 화장품

정답 01 ② 02 ⑤ 03 ⑤ 04 ②

> **Tip**
> 모발의 색상을 변화시키는 기능을 가진 화장품은 기능성 화장품에 해당되나, 일시적으로 모발의 색상을 변화시키는 제품은 일반화장품에 해당한다.

05 **기능성화장품 심사받기 위한 제출자료 중 안전성에 관한 자료에 해당되지 않는 것은?**

① 단회투여독성시험자료
② 안점막자극 또는 기타점막자극 시험자료
③ 효력시험자료
④ 광독성 및 광감작성 시험자료
⑤ 인체첩포시험자료

> **Tip** **유효성 또는 기능에 관한 자료**
> 효력시험자료, 인체적용시험자료, 염모효력시험자료

06 **다음 중 (　　) 안에 알맞은 용어를 순서대로 나열한 것은?**

> • (㉠)이란, (㉡)을 수용하는 1개 또는 그 이상의 포장과 보호재 및 표시의 목적으로 한 포장을 말한다. 화장품제조업이란 화장품의 전부 또는 일부를 제조 또는 표시만의 공정은 제외)하는 영업을 말한다.
> • (㉢)이란, 화장품이 제조된 날로부터 적절한 보관상태에서 제품이 고유의 특성을 간직한 채 소비자가 안정적으로 사용할 수 있는 최소한의 기한을 말한다.

① ㉠ 1차포장 ㉡ 2차포장 ㉢ 사용기한
② ㉠ 2차포장 ㉡ 1차포장 ㉢ 사용기한
③ ㉠ 포장 ㉡ 1차포장 ㉢ 유효기한
④ ㉠ 2차포장 ㉡ 안전용기 ㉢ 사용기한
⑤ ㉠ 1차포장 ㉡ 안전용기 ㉢ 유통기한

07 **다음 중 화장품법에 따른 화장품 관련 용어에 대한 정의로 옳지 않은 것은?**

① 안전용기·포장 : 만 5세 미만의 어린이가 개봉하기 어렵게 설계·고안된 용기나 포장
② 사용기한 : 화장품이 제조된 날부터 적절한 보관 상태에서 제품이 고유의 특성을 간직한 채 소비자가 안정적으로 사용할 수 있는 최소한의 기한
③ 2차 포장 : 1차 포장을 수용하는 1개 또는 그 이상의 포장과 보호재 및 표시의 목적으로 한 포장
④ 표시 : 화장품의 용기·포장에 기재하는 문자·숫자·도형 또는 그림
⑤ 화장품책임판매업 : 화장품의 전부 또는 일부를 제조(2차 포장 또는 표시만의 공정은 제외)하는 영업

> **Tip**
> ⑤는 화장품 제조업에 관한 정의이다.

08 **천연화장품 및 유기농 화장품 제조공정 중 금지되는 공정에 해당되지 않는 것은?**

① 유전자 변형 원료 배합
② 니트로스아민류 배합 및 생성
③ 공기, 산소, 질소, 이산화탄소, 아르곤 가스 외의 분사제 사용
④ 에스텔화
⑤ 방사선 조사

> **Tip**
> 에스텔화, 에스테르결합전이반응, 에스테르 교환 등은 화학적·생물학적 공정으로 허용공정에 해당한다.

정답 05 ③ 06 ② 07 ⑤ 08 ④

09 **다음 중 화장품 책임판매업자 등록 결격사유에 해당하지 않는 것은?**

① 피성년후견인
② 정신질환자 또는 마약류의 중독자
③ 파산선고를 받고 복권되지 아니한 자
④ 「화장품법」 또는 「보건범죄 단속에 관한 특별조치법」을 위반해 금고 이상의 형을 선고받고 그 집행이 끝나지 않거나 그 집행을 받지 않기로 확정되지 않은 자
⑤ 등록이 취소되거나 영업소가 폐쇄된 날부터 1년이 지나지 않은 자

Tip
②는 화장품제조업 등록 결격사유에 해당한다.

10 **다음 중 화장품 제조업에 대한 설명으로 옳지 않은 것은?**

① 2차 포장 또는 표시만을 하는 공정도 제조업에 해당한다.
② 화장품을 직접 제조하여 유통·판매하는 영업이다.
③ 제조를 위탁받아 제조하는 영업이다.
④ 화장품 용기에 내용물을 충진하는 행위도 화장품 제조업에 해당한다.
⑤ 화장품의 전부 또는 일부를 제조하는 영업이다.

Tip
화장품 제조업의 범위는 화장품을 직접 제조하는 영업, 화장품 제조를 위탁받아 제조하는 영업, 화장품의 포장(1차 포장만 해당한다)을 하는 영업이 해당된다.

11 **다음 중 화장품 제조업 등록 결격사유에 해당되지 않는 것은?**

① 정신질환자
② 피성년후견인 또는 파산선고를 받고 복권되지 않은 자
③ 「화장품법」 또는 「보건범죄 단속에 관한 특별조치법」을 위반해 금고 이상의 형을 선고받고 그 집행이 끝나지 않거나 받지 않기로 확정되지 않은 자
④ 마약류의 중독자
⑤ 등록이 취소되거나 영업소가 폐쇄된 날부터 1년 이상 지난 자

Tip
등록이 취소되거나 영업소가 폐쇄된 날부터 1년이 지나지 않은 자는 화장품 제조업 등록을 할 수 없다.

12 **다음 중 화장품 책임판매관리자 자격기준에 해당되지 않는 자는?**

① 이공계 학과 또는 향장학·화장품과학·한의학·한약학과 등 전문학사 이상 취득자
② 화장품 관련 분야 전문대학 졸업 후 화장품 제조 또는 품질관리 업무 1년 이상 종사자
③ 화장품 제조 또는 품질관리 업무에 2년 이상 종사한 경력이 있는 사람
④ 간호학과, 간호과학과, 건강간호학과를 전공하고 화학·생물학·생명과학·유전학·유전공학·향장학·화장품과학·의학·약학 등 관련 과목을 20학점 이상 이수한 사람
⑤ 의사 또는 약사

Tip
이공계 학과 또는 향장학 · 화장품과학 · 한의학 · 한약학과 등 학사학위 이상 취득자이다.

13 **다음 중 화장품 책임판매업 영업의 범위에 해당하지 않는 것은?**

① 화장품을 직접 제조하여 유통·판매하는 영업
② 화장품제조업자에게 위탁하여 제조된 화장품을 유통·판매하는 영업

정답 09 ② 10 ① 11 ⑤ 12 ① 13 ③

③ 화장품 제조를 위탁받아 제조하는 영업
④ 수입한 화장품을 유통·판매하는 영업
⑤ 수입대행형 거래(전자상거래만 해당)를 목적으로 화장품을 알선·수여하는 영업

Tip

③은 화장품 제조업 영업의 범위이다.

14 **화장품 제조업 등록 시 필요한 서류에 해당하지 않는 것은?**

① 화장품의 품질관리 및 책임판매 후 안전관리에 적합한 기준에 관한 규정
② 화장품 제조업 등록신청서
③ 정신질환자에 해당되지 않음을 증명하는 의사의 진단서 또는 화장품제조업자로 적합하다고 인정하는 사람임을 증명하는 전문의의 진단서
④ 마약류의 중독자에 해당되지 않음을 증명하는 의사의 진단서
⑤ 시설의 명세서

Tip

①은 화장품 책임판매업 등록 시 필요한 서류이다.

15 **화장품 제조업 변경등록 대상 및 사유에 해당하지 않는 것은?**

① 제조업자의 변경
② 제조업자의 상호변경
③ 화장품의 1차 포장 영업에서 화장품 제조를 위탁받아 제조하는 영업으로 유형을 변경하는 경우
④ 제조소의 소재지 변경
⑤ 제조소의 시설변경

16 **화장품 책임판매업자 준수사항으로 옳지 않은 것은?**

① 화장품의 생산실적 또는 수입실적 보고는 매년 2월 말까지 해야 한다.
② 화장품의 품질관리 기준 및 책임판매 후 안전관리 기준을 준수해야 한다.
③ 유통·판매 전 원료의 목록을 보고해야 한다.
④ 생산실적이 없는 경우 보고를 생략할 수 있다.
⑤ 화장품 안전성 정보를 매 반기 종료 후 1월 이내에 보고하여야 한다.

Tip

생산실적 보고는 실적이 없는 경우에도 "없음"으로 보고해야 한다.

17 **화장품 제조업등록 시 시설기준 요건으로 옳지 않은 것은?**

① 원료·자재 및 제품의 품질검사를 위해 필요한 실험실을 갖추어야 한다.
② 품질검사에 필요한 시설 및 기구를 갖추어야 한다.
③ 화장품의 일부 공정만을 제조하는 경우에도 해당공정에 필요한 시설뿐 아니라 모든 시설 및 기구를 갖추어야 한다.
④ 기관 등에 원료·자재 및 제품에 대한 품질검사를 위탁하는 경우 품질검사에 필요한 시설 및 기구를 갖추지 않아도 된다.
⑤ 원료·자재 및 제품을 보관하는 보관소를 갖추어야 한다.

Tip

제조업자가 화장품의 일부 공정만을 제조하는 경우 해당 공정에 필요한 시설 및 기구 외의 시설 및 기구는 갖추지 아니할 수 있다.

정답 14 ① 15 ⑤ 16 ④ 17 ③

18 다음 중 화장품 품질 특성에 해당되지 않는 것은?

① 안전성 ② 안정성
③ 사용성 ④ 생산성
⑤ 유효성

Tip 화장품 품질 4대 특성

안전성, 안정성, 사용성, 유효성

19 다음 중 화장품의 안정성 시험법에 해당되지 않는 것은?

① 피부감작성시험 ② 장기보존시험
③ 가속시험 ④ 개봉 후 안전성 시험
⑤ 가혹시험

Tip

피부감작성시험은 안전성 평가방법이다.

[안정성 시험법]

① 장기보존 시험	화장품의 저장조건에서 사용기한을 설정하기 위하여 장기간에 걸쳐 물리·화학적, 미생물학적 안정성 및 용기 적합성을 확인하는 시험
② 가속시험	장기보존시험의 저장조건을 벗어난 단기간의 가속조건이 물리·화학적, 미생물학적 안정성 및 용기 적합성에 미치는 영향을 평가하기 위한 시험
③ 가혹시험	가혹조건에서 화장품의 분해과정 및 분해산물 등을 확인하기 위한 시험 개별 화장품의 취약성, 예상되는 운반, 보관, 진열 및 사용 과정에서 뜻하지 않게 일어날 가능성이 있는 가혹한 조건에서 품질변화를 검토 • 온도편차 및 극한 조건, 기계·물리적 시험, 광안정성
④ 개봉 후 안전성 시험	화장품 사용 시에 일어날 수 있는 오염 등을 고려한 사용기한을 설정하기 위하여 장기간에 걸쳐 물리 · 화학적, 미생물학적 안정성 및 용기 적합성을 확인하는 시험

20 다음 중 화장품의 물리적 변화에 해당되지 않는 것은?

① 분리 ② 겔화
③ 연화 ④ 휘발
⑤ 변취

Tip

• 화장품의 화학적 변화 : 변색, 퇴색, 변취, 오염, 결정 석출 등
• 화장품의 물리적 변화 : 분리, 침전, 응집, 겔화, 휘발, 고화, 연화, 균열 등

21 다음 중 '중대한 유해사례'에 해당하지 않는 것은?

① 사망을 초래하거나 생명을 위협하는 경우
② 입원 또는 입원기간의 연장이 필요한 경우
③ 선천적 기형 또는 이상을 초래하는 경우
④ 당해 화장품과 인과관계가 있는 경우
⑤ 기타 의학적으로 중요한 상황

Tip

유해사례란 화장품의 사용 중 발생한 바람직하지 않고 의도되지 아니한 징후, 증상 또는 질병을 말하며 당해 화장품과 반드시 인과관계를 가져야 하는 것은 아니다.

22 다음은 화장품 책임판매업자의 준수사항으로 안전성 정보의 신속보고에 관한 내용이다. 괄호 안의 내용을 순서대로 바르게 연결한 것은?

중대한 유해사례란 사망을 초래하거나 생명을 위협하는 경우 또는 입원 또는 입원기간의 연장이 필요한 경우를 말한다. ( )는 이러한 화장품 안전성 정보를 알게 된 때에는 그 정보를 알게 된 날부터 ( ) 식품의약품안전처장에게 신속히 보고해야 한다.

① 화장품책임판매업자 – 15일 이내
② 맞품형화장품판매업자 – 즉시
③ 화장품제조업자 – 즉시
④ 화장품제조업자 – 15일 이내

정답 18 ④ 19 ① 20 ⑤ 21 ④ 22 ①

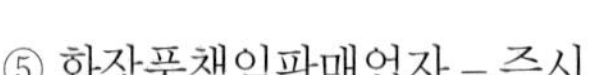

⑤ 화장품책임판매업자 – 즉시

Tip

신속 보고	화장품 책임판매업자는 다음의 화장품 안전성 정보를 알게 된 날로부터 15일 이내에 보고해야 함 • 중대한 유해사례 또는 이와 관련하여 식품의약품안전처장이 보고를 지시한 경우 • 판매중지나 회수에 준하는 외국정부의 조치 또는 이와 관련하여 식품의약품안전처장이 보고를 지시한 경우
정기 보고	• 매 반기 종료 후 1개월 이내 • 보고사항이 없는 경우에도 "없음"으로 보고해야 함

23 영유아 또는 어린이 화장품 제품별로 보관해야 하는 안전성 자료에 해당하지 않는 것은?

① 제품 및 제조방법에 대한 설명자료
② 제조관리기준서, 제품 표준서
③ 제조 시 사용 된 원료의 독성 평가 등 안전성 평가자료
④ 제품의 표시·광고와 관련된 효능·효과에 대한 실증 자료
⑤ 화장품 품질관리 규정

Tip

제품별 안전성	제품별로 작성·보관해야 하는 안전성 자료 ① 제품 및 제조방법에 대한 설명자료 • 제조관리 기준서, 제품표준서 ② 화장품의 안전성 평가자료 • 제조 시 사용된 원료의 독성 평가 등 안전성 평가 보고서 • 사용 후 이상 사례 정보의 수집·검토·평가 및 조치 관련 자료 ③ 제품의 효능·효과에 대한 증명자료 • 제품의 표시·광고와 관련된 효능 · 효과에 대한 실증 자료

24 영유아 또는 어린이 사용 화장품임을 표시·광고하려는 경우 제품별로 작성·보관해야 하는 안전성 자료에 해당되지 않는 것은?

① 제조관리 기준서
② 제품 표준서
③ 사용 후 이상 사례 정보의 수집·검토·평가 및 조치 관련 자료
④ 효력시험자료
⑤ 제품의 표시·광고와 관련된 효능·효과에 대한 실증 자료

Tip

효력시험자료는 유효성을 평가하기 위한 자료이다.
〈제품별로 작성·보관해야 하는 안전성 자료〉
①, ② 제품 및 제조방법에 대한 설명자료 : 제조관리 기준서, 제품표준서
③ 화장품의 안전성 평가자료 : 제조 시 사용된 원료의 독성 평가 등 안전성 평가 보고서, 사용 후 이상 사례 정보의 수집·검토·평가 및 조치 관련 자료
⑤ 제품의 효능·효과에 대한 증명자료 : 제품의 표시·광고와 관련된 효능·효과에 대한 실증 자료

25 화장품 책임판매업자는 다음의 성분이 0.5% 이상 함유하는 제품의 경우 안전성 시험자료를 최종 제조된 제품의 사용기한 만료부터 1년간 보존해야 한다. 이에 해당되지 않는 성분은?

① 레티놀 및 그 유도체
② 효소
③ 과산화화합물
④ 토코페롤
⑤ 카드뮴

Tip

레티놀 및 그 유도체, 아스코빅애시드 및 그 유도체, 토코페롤, 과산화화합물, 효소 성분을 0.5% 이상 함유 제품의 경우 안정성 시험자료를 최종 제조된 제품의 사용기한 만료부터 1년간 보존해야 한다.

정답 23 ⑤ 24 ④ 25 ⑤

26 **다음 중 3년 이하의 징역 또는 3천만 원 이하의 벌금에 해당되는 경우는?**

① 부당한 표시·광고 행위 등의 금지를 위반한 자
② 영업의 금지를 위반한 자
③ 부당한 표시·광고 행위 등의 금지를 위반한 자
④ 안전용기·포장 등을 위반한 자
⑤ 표시·광고 내용의 실증 등 4항에 따른 중지명령에 따르지 아니한 자

Tip
①, ③, ④, ⑤는 1년 이하의 징역 또는 1천만 원 이하의 벌금에 해당한다.

27 **과태료 부과기준에 해당하지 않는 것은?**

① 기능성 화장품의 심사 등을 위반하여 변경심사를 받지 않은 경우
② 화장품의 생산실적 또는 수입실적 또는 화장품 원료의 목록 등을 보고하지 않은 경우
③ 책임판매관리자, 조제관리사의 교육이수의무에 따른 명령을 위반한 경우
④ 화장품의 1차 또는 2차 포장에 총리령으로 정하는 바에 따른 사항을 기재·표시하지 않은 자
⑤ 화장품의 가격표시를 위반하여 화장품의 판매가격을 표시하지 아니한 경우

Tip
④는 200만 원 이하의 벌금에 해당한다.

28 **개인정보처리자가 준수해야 할 개인정보보호원칙으로 옳지 않은 것은?**

① 정보주체의 사생활 침해를 최소화하는 방법으로 개인정보를 처리하여야 한다.
② 개인정보 익명처리가 가능한 경우에는 익명에 의하여, 익명처리로 목적을 달성할 수 없는 경우에는 실명에 의하여 처리될 수 있도록 하여야 한다.
③ 개인정보의 정확성, 완전성 및 최신성이 보장되도록 하여야 한다.
④ 목적 외의 용도로 활용하여서는 아니 된다.
⑤ 최소한의 개인정보만을 적법하고 정당하게 수집한다.

Tip
개인정보 익명처리가 가능한 경우에는 익명에 의하여, 익명처리로 목적을 달성할 수 없는 경우에는 가명에 의하여 처리될 수 있도록 하여야 한다.

29 **다음 중 개인정보 동의를 얻는 방법으로 옳지 않은 것은?**

① 동의 내용이 적힌 서면을 정보주체에게 직접 발급하거나 우편 또는 팩스 등의 방법으로 전달하고, 정보주체가 서명하거나 날인한 동의서를 받는다.
② 전화를 통하여 동의 내용을 정보주체에게 알리고 정보주체에게 인터넷주소 등을 통하여 동의 사항을 확인하도록 한 후 다시 전화를 통하여 그 동의 사항에 대한 동의의 의사표시를 확인한다.
③ 동의 내용이 적힌 전자우편을 발송하여 정보주체로부터 동의의 의사표시가 적힌 전자우편을 받는다.
④ 전화를 통하여 동의 내용을 정보주체에게 알리고 동의의 의사표시를 확인한다.
⑤ 만 14세 미만 아동의 개인정보를 처리하기 위해서는 그 법정대리인의 동의를 받아야 한다. 법정대리인의 동의를 받기 위해 필요한 정보는 법정대리인의 동의하에 아동으로부터 직접 수집할 수 있다.

정답 26 ② 27 ④ 28 ② 29 ⑤

Tip

만 14세 미만 아동의 개인정보를 처리하기 위하여 이 법에 따른 동의를 받아야 할 때에는 그 법정대리인의 동의를 받아야 한다. 법정대리인의 동의를 받기 위해 필요한 정보는 법정대리인의 동의 없이 해당 아동으로부터 직접 수집할 수 있다(개인정보보호법 제22조).

30 개인정보 처리 방침사항에 해당되지 않는 것은?

① 개인정보 수집방법 및 처리자
② 개인정보의 제3자 제공에 관한 사항
③ 개인정보의 처리 및 보유기간
④ 개인정보의 처리목적
⑤ 개인정보의 파기절차 및 파기방법

Tip 개인정보 처리방침 사항

- 개인정보의 처리목적
- 개인정보의 처리 및 보유기간
- 개인정보의 제3자 제공에 관한 사항(해당되는 경우에만 정한다)
- 개인정보의 파기절차 및 파기방법
- 개인정보처리의 위탁에 관한 사항(해당되는 경우에만 정한다)
- 정보주체와 법정대리인의 권리 · 의무 및 그 행사방법에 관한 사항
- 개인정보 보호책임자의 성명 또는 개인정보 보호업무 및 관련 고충사항을 처리하는 부서의 명칭과 전화번호 등 연락처
- 인터넷 접속정보파일 등 개인정보를 자동으로 수집하는 장치의 설치 · 운영 및 그 거부에 관한 사항(해당되는 경우에만 정한다)
- 그 밖에 개인정보의 처리에 관하여 대통령령으로 정한 사항
  - 처리하는 개인정보 항목, 파기에 관한 사항, 안전성 확보조치에 관한 사항

단답형

01 다음은 안전성 관련 용어에 대한 정의이다. 다음 (　　　)안에 알맞은 용어를 쓰시오.

(　　　　　)란 유해사례와 화장품 간의 인과관계 가능성이 있다고 보고된 정보로서 그 인과관계가 알려지지 아니하거나 입증자료가 불충분한 것을 말한다.

02 다음은 안전성 관련 용어에 대한 정의이다. 다음 (　　　)안에 알맞은 용어를 쓰시오.

(　　　　　)란 화장품과 관련하여 국민보건에 직접 영향을 미칠 수 있는 안전성·유효성에 관한 새로운 자료, 유해사례 정보 등을 말한다.

03 다음은 화장품 책임판매업자의 의무사항에 관한 내용이다. (　　　)안에 알맞은 용어를 쓰시오.

화장품 책임판매업자는 중대한 (　　　　　)를 알게 된 날로부터 15일 이내에 식품의약품안전처장에게 신속하게 보고하여야 한다.

04 화장품 안전기준에 따라 식품의약품안전처장은 (㉠)(㉡)(㉢) 등과 같이 특별히 사용상 제한이 필요한 원료에 대해 사용기준을 지정하여 고시해야 하며, 지정·고시된 원료 외의 (㉠)(㉡)(㉢) 등은 사용할 수 없다.

05 다음은 화장품 책임판매업 영업 범위에 관한 설명이다. (　　　) 안에 알맞은 말을 쓰시오.

- 화장품을 직접 제조하여 유통·판매하는 영업
- 위탁하여 제조된 화장품을 유통·판매하는 영업
- (　　　　　)을 유통·판매하는 영업

정답 30 ① 01 **실마리 정보** 02 **안전성 정보** 03 **유해사례** 04 **㉠보존제, ㉡색소, ㉢자외선차단제** 05 **수입한 화장품**

06 천연화장품 및 유기농화장품의 함량에 대한 설명이다. ( ) 안에 알맞은 말을 쓰시오.

- 천연화장품은 천연 함량이 전체 제품에서 (㉠) 이상으로 구성되어야 한다.
- 유기농 화장품은 유기농 함량이 전체 제품에서 (㉡) 이상이어야 하며, 유기농 함량을 포함한 천연 함량이 전체 제품에서 (㉢) 이상으로 구성되어야 한다.

Tip

천연 화장품	• 천연 함량이 전체 제품에서 95% 이상 • 천연 함량비율(%) = 물 비율+천연 원료 비율 + 천연유래 원료비율
유기농 화장품	• 유기농 함량이 전체 제품에서 10% 이상 • 유기농 함량비율 = 유기농 원료 및 유기농 유래 원료에서 유기농 부분에 해당하는 함량 비율로 계산

07 다음은 화장비누 표시·기재 사항이다. ( )안에 알맞은 말을 쓰시오.

- 전성분표시
- (㉠), 수분중량
- 제조번호, 사용기한

08 다음은 화장품 품질특성에 관한 설명이다. 해당하는 품질특성을 쓰시오.

- 피부자극과 감작성, 경구독성, 이물혼입 등이 없어야 한다.
- 피부에 바를 때 자극과 알레르기, 독성 등 인체에 대한 부작용이 없어야 한다.

09 다음의 ( ) 안에 알맞은 용어를 쓰시오.

- (㉠) : 화장품의 1차용기에 표시되는 (㉠)는 제조연월일로 표기하고, 원료칭량일 혹은 벌크제품 제조시작일 혹은 벌크제품 용기충진일로 한다.
- (㉡) : 제품 개봉 후에 사용할 수 있는 최대 기간으로, 안정성 시험결과를 근거로 설정한다.

10 다음은 기능성 화장품의 유효성 또는 기능을 입증하는 자료이다. ( ) 안에 알맞은 말을 쓰시오.

- 효력시험자료
- ( )자료
- 염모효력시험자료(모발의 색상을 변화시키는 기능을 가진 화장품)

정답 06 ㉠ 95% ㉡ 10% ㉢ 95% 07 건조중량 08 안전성 09 ㉠ 제조일자 ㉡ 사용기한 10 인체적용시험

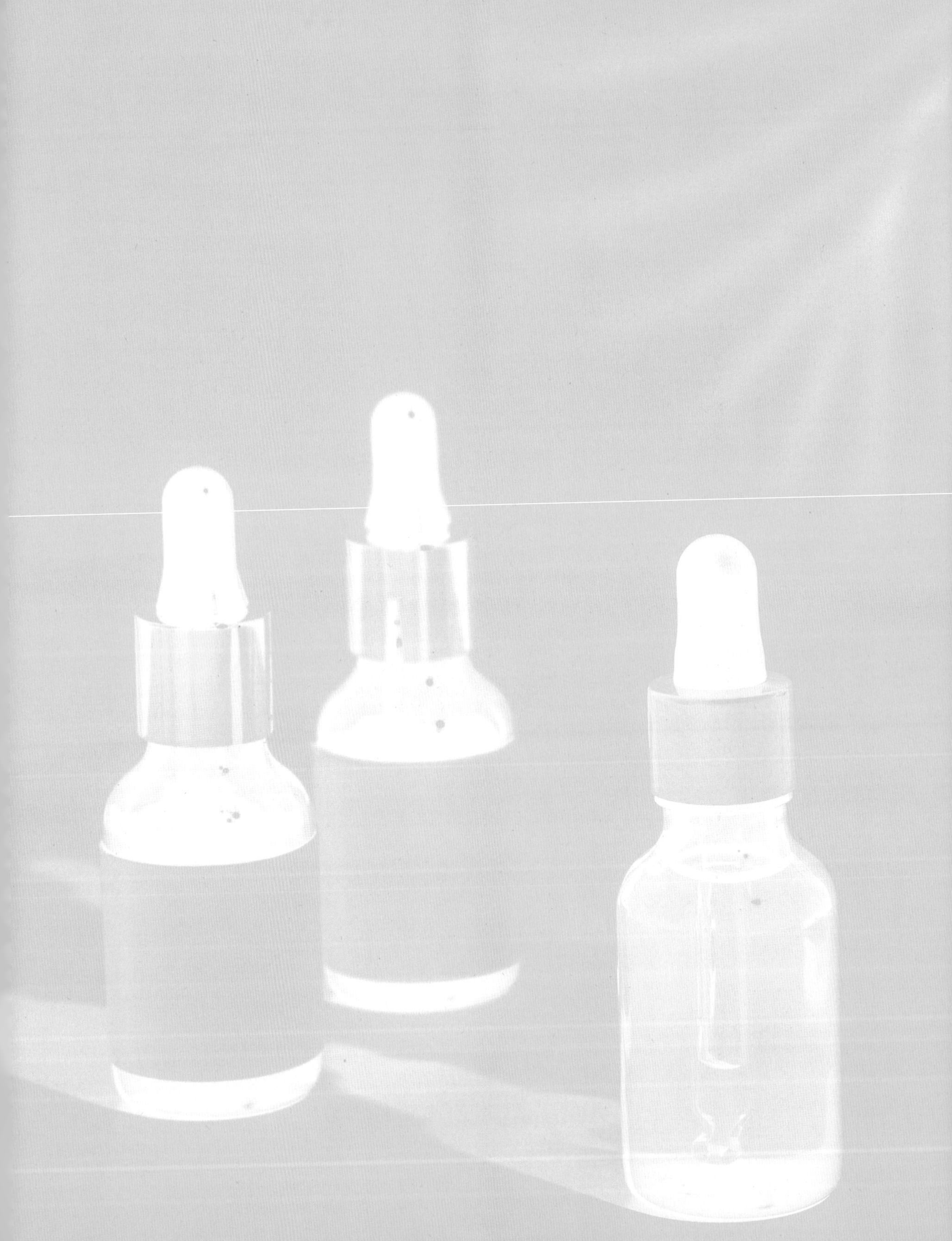

PART 02

화장품 제조 및 품질관리

CHAPTER 01 화장품 원료의 종류와 특성

Check Point!

화장품 원료의 종류와 특성에서는 화장품 원료와 성분에 대한 이해를 바탕으로 다음의 내용을 숙지하도록 한다.

- **화장품 원료의 종류와 성분의 특성**
- **화장품 전성분 표시제**
- **화장품의 성분 표시 생략**

화장품 원료는 식품의약품안전처(장)이 「화장품 안전기준 등에 관한 규정」 제2장에 고시한 「화장품에 사용할 수 없는 원료」를 제외한 원료만을 사용하여야 하며, 「사용상의 제한이 필요한 원료」의 기준을 반드시 지켜 사용하여야 한다.

우리나라는 화장품 원료기준에 수록된 화장품의 성분 명칭 사용을 원칙으로 하고 있으며, 식품의약품안전처에서 고시한 '화장품 원료지정에 관한 규정'은 다음과 같다.

화장품 원료지정에 관한 규정

1. 화장품원료기준(식약청고시 제 2000-11호)에 수재되어 있는 원료
2. 대한민국화장품원료집(KCID)에 수재되어 있는 원료
3. 국제화장품원료집(ICID)에 수재되어 있는 원료
4. EU 화장품원료집에 수재되어 있는 원료
5. 식품공전 및 식품첨가물공전(천연첨가물에 한한다)에 수재되어 있는 원료
6. 화장품 원료 지정과 기준 및 시험방법 등에 관한 규정(식약청고시[별표2] '화장품제조(수입)에 사용가능한 원료')에 해당하는 원료
7. 당해 성분이 타르색소인 경우에는 의약품, 의약외품 및 화장품타르색소 지정과 기준 및 시험방법(식약청 고시)에서 화장품에 사용가능한 것으로 지정된 타르색소

1.1 화장품 원료의 종류와 성분의 특성

1.1.1 수성원료

물에 녹는 성질의 원료로 피부에 수분을 부여하며, 화장품에서 가장 많은 비중을 차지한다.

종류	특성
정제수	① 친수성을 가진 화장품의 용매로 가장 많이 사용되는 원료이며 무색, 무취이고 화장수, 로션, 크림 등의 기초물질로 사용된다. ② 세균 및 금속이온(마그네슘, 칼슘 등), 불순물을 제거한 깨끗한 물이다.
에탄올 (알코올)	① 증발하면서 열을 빼앗아 시원한 청량감이 느껴지며 탈지, 수렴 효과가 있고 배합량이 많아지면 살균, 소독 효과가 있다. ② 지성 피부, 여드름 피부의 화장수나 토닉, 아스트린젠트의 원료로 사용되며, 색소, 향료의 유기용매로도 사용된다.

1.1.2 유성원료(Oil Raw Materials) 기출

기름에 녹는 원료로 크게 액체(오일) 제형인 동·식물유, 탄화수소, 광물성오일, 실리콘오일, 합성에스테르와 고체인 왁스, 고급지방산, 고급알코올로 구분한다. 주로 수분의 증발을 억제하고, 피부 발림성 및 사용감을 향상시키는 목적으로 사용한다.

종류		특성
동·식물유	식물성 오일	① 식물의 열매, 잎, 줄기 등에서 추출한 오일 ② 아몬드오일, 아보카도오일, 코코넛오일, 올리브오일, 피마자오일, 동백오일, 달맞이꽃오일, 로즈힙열매오일, 호호바오일, 콩오일 등 ③ 피부에 유분막을 형성하고, 피부와 모발에 유연성과 보습효과 향상
	동물성 오일	① 동물의 피하지방이나 난황 등에서 추출한 오일 ② 밍크오일(밍크의 피하지방), 스쿠알란(상어의 간유), 난황오일(계란노른자), 라드(돼지비계) 등 ③ 유분막을 형성하여 수분 증발을 억제하고, 피부와 모발에 유연성과 보습효과
탄화수소 (하이드로카본)		① 동식물과 석유에서 추출한 탄소와 수소로 이루어진 유성원료로 무색, 무취이며 화학적으로 안정 ② 피부 발림성이 좋고, 유연성을 높여주는 효과가 있어 마사지나 클렌저로 사용 ③ 액체상태의 광물성오일, 상어의 간유에 함유된 스쿠알렌(squalene, 동물성), 스쿠알란(squalane, 식물성), 고체상태의 파라핀왁스(paraffine wax), 세레신, 반고체상의 페트롤라툼(petrolatum) 등
광물성오일		① 광물성 오일(mineral oil)은 액체상의 탄화수소이며 주로 석유나 광물질에서 추출하는 무색, 무취의 투명한 오일 ② 미네랄오일(mineral oil, 유동 파라핀), 이소파라핀(isoparaffin), 이소헥사데칸(isohexadecane) 등 ③ 화학적으로 안정되고 정제하기 쉬워 광범위하게 사용되지만, 피부에 부작용을 유발할 가능성 있음 ④ 피부 흡수가 빠르며 끈적임이 적은 장점이 있으며, 유분감이 지나치게 많아 주로 다른 유성원료와 혼합하여 사용
고급지방산		① 지방을 가수분해하여 얻은 지방산 중 탄소의 개수가 10개 이상인 것을 고급지방산이라 하며, RCOOH의 화학식으로 표기하는 긴 탄소사슬 모양의 지방족 카르복시산 ② 친유기 R기의 이중결합 유무에 따라 포화탄화수소만으로 이루어진 포화지방산과 2중결합 또는 3중결합을 가지는 불포화지방산으로 구분 ③ 포화지방산은 실온에서 고체로 팜유에서 얻은 팔미틱산(palmitic Acid), 우지(소의 지방)에서 얻은 스테아릭산(stearic acid) 등이 있으며, 화장품에는 주로 포화지방산이 사용 ④ 불포화지방산은 실온에서 액체로 올리브유의 주성분인 올레익산(oleic Acid)이 대표적 ⑤ 피부 보호제와 유연제로 사용되며 결정화되면 진주효과를 만듦

고급알코올		① 탄소수 6개 이상의 1가 알코올로 지방알코올이라 부르기도 함 ② 세틸알코올(cetyl alcohol), 스테아릴알코올(stearyl acohol), 라놀린알코올(lanolin alcohol), 콜레스테롤(cholesterol) 등 ③ 주로 유연제, 유화보조제, 유화안정제, 점도조정제 등 유성원료의 느낌을 부여하기 위해 사용
에스테르		① 알코올과 산의 화학 결합에 의해 합성된 것 ② 이소프로필미리스테이트(Isopropyl Myristate), 이소프로필팔미테이트(Isopropyl Palmitate), 세틸에칠헥사노에이트(Cetyl Ethylhexanoate), 옥틸도데실미리스테이트(Octyldodecyl Myristate) 등 ③ 대체로 실온에서 액체상태이며, 탄화수소에 비해 번들거림이 없고 산뜻하며 피부 호흡의 방해가 적은 장점
실리콘 오일		① 실록산 결합을 갖는 유기규소화합물의 총칭으로 분자량에 따라 점도가 달라지는 특성 ② 디메칠폴리실록산(Dimethylpolysiloxane), 메틸페닐폴리실록산(Methylphenylpolysiloxane), 사이클로메티콘(Cyclomethicone), 페닐트리메치콘(Phenyl Trimethicone) 등 ③ 화학적으로 오일은 아니지만 제형이 오일과 유사하여 실리콘오일로 불리며, 오일프리(Oil Free) 제품에 사용 ④ 실크처럼 가볍게 발리며 유화도가 좋음
왁스	식물성 왁스	① 칸델릴라, 호호바, 카르나우바 야자수 등의 식물에서 추출한 원료 ② 실온에서 고체이며 크림, 립스틱 등 피부 표면의 보호막을 형성하고 광택이나 내온성을 높이는 제품에 사용
	동물성 왁스	① 벌집에서 채취한 밀랍, 양모에서 추출한 라놀린 등 동물에서 추출한 원료 ② 주로 유화제로 사용되며 피부 침투와 유연 효과가 뛰어나 주로 건성피부에 사용

1.1.3 보습제(Moisturizer)

습윤제라고도 하며 화장품의 수분 증발을 막고, 수분을 끌어당기는 성질이 강해 피부 표면에 수분을 공급하여 촉촉하게 만드는 성분이다. 대표적인 보습제로는 폴리올과 고분자 보습제(히알루론산), 천연보습인자(Nmf)가 있으며, 그 외 소듐하이알루로네이트(Sodium Hyaluronate), 알란토인(Allantoin), 알로에베라(Aloe Vera), 베타인(Betaine), 수용성콜라겐(Soluble Collagen), 아텔로콜라겐(Attelo Collagen) 등이 있다.

종류	특성
폴리올(Polyol)	① 다가(多價)알코올이라고도 하며, 친수기인 수산기(-Oh)를 두 개 이상 갖는 고분자화합물의 총칭 ② 수산기(하이드록시기)는 물에 잘 녹지 않는 고체 성분이 액체에 잘 녹도록 돕는 역할 ③ 글리세린(Glycerin), 프로필렌글리콜(Propylene Glycol), 폴리에틸렌글리콜(Polyethylene Glycol), 부틸렌글리콜(Butylene Glycol), 솔비톨(Sorbitol) 등
고분자 보습제	① 아미노산과 우론산으로 이루어지는 복잡한 다당류의 하나 ② 주로 동물의 탯줄, 닭벼슬 등에서 추출하였으나 최근에는 미생물발효로 생산 ③ 히알루론산, 콜라겐 등 ④ 수분흡수력이 매우 좋아 피부에 윤활성과 유연성을 제공하고, 세균의 침입을 막는 역할
천연보습인자(NMF)	① 천연보습인자(Natural Moisturizing Factor, Nmf)는 사람의 각질층에 존재하며 수분을 유지하는 데 중요한 성분 ② 아미노산, 요소, 젖산, 지방산, 유기산 등으로 구성 ③ 흡습효과가 뛰어나고 피부에 유연성을 부여

1.1.4 보존제(Preservative)

미생물로 인한 화장품의 오염과 변질, 부패를 방지하기 위한 원료로 방부제라고도 한다. 식품의약품안전처가 고시한 「화장품 안전기준 등에 관한 규정」에 있는 원료만을 배합 한도 내에서 사용하여야 하며, 대표적인 보존제로는 파라벤, 페녹시에탄올, 1,2-헥산디올이 있다.

종류	특성
파라벤(Paraben)	① 대표적인 화장품 방부제로 파라하이드록시벤조산의 에스터 ② 물에는 잘 녹지 않고 유기용매에 잘 녹음 ③ 인체에 유해할 수 있으므로 단독으로 사용 시 0.4% 미만, 다른 방부제와 혼합 사용 시 0.8% 미만으로 사용 ④ 부틸파라벤(Butyl Parahydroxybenzoate), 프로필파라벤(Propyl Parahydroxybenzoate), 에틸파라벤(Ethyl Parahydroxybenzoate), 메틸파라벤(Methyl Parahydroxybenzoate) 등
페녹시에탄올 (Phenoxyethanol)	① 페놀과 에틸렌글라이콜이 에테르 결합한 것 ② 대부분의 화장품에 보존제로 사용되고 있는 원료 ③ 체내 흡수 시 마취작용을 하며, 화장품으로 사용 시 피부 알레르기를 유발할 수 있어 1% 미만으로 배합해야 함
이미다졸리디닐 우레아 (Imidazolidinyl Urea)	① 박테리아, 세균의 번식을 억제 ② 곰팡이에 대한 활성은 약해서 파라벤 등과 혼합하여 사용 ② 무색, 무취의 백색 분말로 로션이나 크림 등의 스킨케어 제품, 바디케어 제품, 헤어 제품 등에 사용
1,2-헥산디올 (1,2-Hexanediol)	① 유기화합물로 산화 방지 효과와 항균효과 ② 뛰어난 유화성을 가지고 있어 용제(소수성과 친수성을 모두 가지고 있는 계면활성제)로도 사용 ③ EWG등급 1등급의 안전한 성분으로 천연화장품의 방부제로 사용 ④ 파라벤, 페녹시에탈올 등 유해성이 있는 보존제의 대체물질로 사용 ⑤ 2% 함유 시 6개월, 3% 함유 시 1년의 보존력

화장품 안전기준 등에 관한 규정	
내용	세부내용
어린이를 위해 우려 보존제의 사용금지 연령 범위 확대	안전성의 우려로 인하여 현재 만 3세 이하 어린이에게만 사용금지인 보존제 2종(살리실릭애시드 및 그 염류, 아이오도프로피닐부틸카바메이트)에 대하여 만 13세 이하 어린이용 표시 대상 제품까지 사용금지를 추가·확대함
아이오도프로피닐부틸카바메이트(Ipbc)의 사용강화	① 사용 후 씻어내는 제품에 0.02% ② 사용 후 씻어내지 않는 제품에 0.01% ③ 데오도런트에 배합할 경우에는 0.0075% ④ 입술에 사용되는 제품, 에어로졸(스프레이에 한함) 제품, 바디로션 및 바디크림에는 사용금지 ⑤ 영유아용 제품류 또는 만 13세 이하 어린이가 사용할 수 있음을 특정하여 표시하는 제품에는 사용금지(목욕용 제품, 샤워젤류 및 샴푸류는 제외)
5종의 보존제는 위해평가 결과 안정역이 확보되지 않아 사용한도 강화	① 디메칠옥사졸리딘 : 0.1% → 0.05% ② 메칠이소치아졸리논 : 사용 후 씻어내는 제품에 0.01% → 0.0015% ③ P-클로로-M-크레졸 : 0.2% → 0.04% ④ 클로로펜(2-벤질-4-클로로페놀) : 0.2% → 0.05% ⑤ 프로피오닉애시드 및 그 염류 : 2% → 0.9%

▶ 참고 : 화장품 안전규정 등에 관한 규정
식품의약품안전처 공고 제2019 - 352호(2019.07.23)

1.1.5 계면활성제(Surfactant) 기출

계면이란 물과 기름의 경계면을 뜻하며, 서로 섞이지 않는 물과 기름의 성질이 다른 계면을 잘 섞이게 해주는 활성 물질을 계면활성제라고 한다. 화장품의 안정성에 도움을 준다.

① 한 분자 내에 물을 좋아하는 부분인 친수성기(Hydrophilic Group)와 물을 싫어하는 부분인 소수성기(Hydrophobic)를 동시에 갖는다.

② 계면활성제는 '양이온성 → 음이온성 → 양쪽성 → 비이온성'의 순서로 피부 자극 정도가 높고, 세정력은 '음이온성 → 양쪽성 → 양이온성 → 비이온성'의 순서로 높다. 화장품에는 비이온성 계면활성제가 가장 많이 사용된다.

③ 가용화제, 유화제, 기포제, 세정제, 습윤제, 광택제, 살균제 등의 역할로 사용된다.

계면활성제의 종류	특징
양이온성	• 물에 용해될 때 친수기가 양이온으로 해리되며, 살균, 소독작용 • 유연효과, 대전방지효과가 있어 헤어트리트먼트, 헤어린스 등에 사용 • 피부자극이 강하며 역성비누라고도 불림
음이온성	• 물에 용해될 때 친수기가 음이온으로 해리 • 세정작용과 기포형성작용이 우수 • 비누, 샴푸, 클렌징폼, 치약 등에 사용 • 탈지력이 강해 피부가 거칠어지는 단점
양쪽성	• 분자 내 양쪽성 관능기를 모두 가지며, 알카리에서는 음이온, 산성에서는 양이온으로 해리 • 세정작용, 살균작용, 기포형성작용, 유연효과 • 피부자극과 독성이 낮아 저자극 샴푸, 베이비 제품 및 클렌저 제품에 주로 사용
비이온성	• 분자 중에 이온으로 해리되는 작용기를 갖고 있지 않으며 친수기와 수성기 밸런스의 차이에 따라 가용화, 유화, 습윤, 침투 등의 성질이 달라지는 특성 • 피부자극이 적어 주로 기초화장품 분야의 유화제, 분산제, 가용화제로 사용

계면활성제의 주요 작용	내용	예시
가용화	물에 소량의 오일성분이 혼합되어 투명하게 용해되는 현상	화장수, 에센스, 향수 등 투명한 화장품
유화	물과 기름이 미세한 입자 상태로 균일하게 혼합되는 것으로 우윳빛으로 백탁화된 상태	로션, 크림 등 불투명한 화장품
분산	안료 등의 고체입자를 액체에 균일하게 혼합하는 현상	파우더, 아이섀도, 마스카라 등 색조화장품

HLB(Hidrophilic-Lipophilic Balance)

계면활성제는 친수성기와 소수성기(친유성기)를 동시에 가지고 있으므로 친수-친유성기의 균형(HLB)에 따라 물에 잘 녹기도 하고 기름에 잘 녹기도 한다. HLB의 값이 20에 가까울수록 물에 대한 용해도가 증가하여 친수성으로 나타난다.

HLB의 값	종류	물에 대한 용해성
0~2	소포제	분산이 잘 되지 않음
3~6	W/O 유화제	약간 분산됨
7~9	습윤제, 분산제	현탁하게 분산됨
8~18	O/W 유화제	분산, 용해됨
15~18	가용화제, 세정제	투명하게 용해됨

기출 유형

다음 문장을 보고 ㉠에 적합한 용어를 작성하시오.

계면활성제의 종류 중 모발에 흡착하여 유연효과나 대전 방지 효과, 모발의 정전기 방지, 린스, 살균제, 손 소독제 등에 사용되는 것은 (㉠)계면활성제이다. 정답 : 양이온

Tip 계면활성제의 종류 및 특성

계면활성제는 친수성기와 소수성기의 구성에 따라 양이온성, 음이온성, 양쪽성, 비이온성으로 구분되며, 양이온성 계면활성제는 물에 용해될 때 친수기가 양이온으로 해리되고 살균, 소독작용이 있으며 유연효과, 대전방지효과가 있어 헤어트리트먼트, 헤어린스 등에 사용한다.

1.1.6 산화방지제(Antioxidant)

산화(Oxidation)란 기름 성분이 공기 중의 산소와 화합하며 수소가 빠져나가고 과산화물이 생성되는 과정을 뜻한다. 화장품의 유성 성분이 산소, 열, 빛의 작용에 의해 산화가 일어나는 것을 방지하기 위해 첨가하는 물질을 산화방지제라고 하며 항산화제(抗酸化劑)라고 부르기도 한다.

구분	종류
천연 산화방지제	① 비타민 C(아스코빅애시드) ② 비타민 E(토코페롤) ③ 로즈 방부제(Rose Preservative) ④ 자몽씨 추출액(Grapefruit Seed Extract)
합성 산화방지제	① 부틸하이드록시 아니솔(Bha, Butyl Hydroxy Anisole) ② 부틸하이드록시 톨루엔(Bht, Butyl Hydroxy Toluene)

1.1.7 고분자화합물(Polymer Compound) 기출

주로 화장품의 점성을 높여주고 사용감을 개선하기 위하여 사용하며, 점증제, 피막형성제, 기포형성제, 분산제, 유화안정제로 사용한다. 천연고분자와 합성고분자로 분류되며, 천연 유래로 점성을 갖는 성분은 검(Gum)이라 부른다.

구분	종류
천연고분자	① 식물추출 : 구아검, 아라비아검, 로커스트빈검, 펙틴, 카라기난 등 ② 동물추출 : 젤라틴, 카제인, 콜라겐, 쉘락 등 ③ 미생물추출 : 잔탄검, 덱스트린, 덱스트란 등 ④ 광물추출 : 벤토나이트, 헥토라이트, 실리카 등
합성고분자	① 카르복실비닐폴리머(Carboxyvinyl Polymer) ② 카보머(Carbomer) ③ 카르복시메틸 셀룰로오스 나트륨(Sodium Carboxymethyl Cellulose) ④ 나이트로셀룰로오스(Nitro Cellulose)

1.1.8 금속이온봉쇄제(Chelating Agent)

금속이온봉쇄제(킬레이트제)는 화장품에 함유된 미량의 철, 구리 칼슘, 마그네슘 등의 산화를 봉쇄하고 제품의 안정도를 높여 유통기한을 연장하는 데 도움을 주고, 기포형성을 돕는다. 유성원료가 많이 들어가는 제품에 주로 사용하며, 피부의 점막에 자극, 피부 알레르기를 유발할 수 있는 단점이 있다. 대표적인 천연 금속이온봉쇄제로는 비타민 B12(코발라민), 합성 금속이온봉쇄제로는 EDTA(이디티에이) 등이 있다.

구분	종류
천연 금속이온봉쇄제	① 비타민 B12(코발라민) ② 라이스 피테이트(Rice Phytate) ③ 소듐 피테이트(Sodium Phytate)
합성 금속이온봉쇄제	① EDTA(Ethylenediaminetetraacetic Acid, 에틸렌디아민테트라아세트산) ② 무수시트릭애시드 ③ 무수테트라소듐파이로포스페이트

기출 유형

화장품에 사용되는 원료의 특성을 설명한 것으로 옳은 것은?

① 금속이온봉쇄제는 주로 점도증가, 피막형성 등의 목적으로 사용된다.
② 계면활성제는 계면에 흡착하여 계면의 성질을 현저히 변화시키는 물질이다.
③ 고분자화합물은 원료 중에 혼입된 이온을 제거할 목적으로 사용된다.
④ 산화방지제는 수분의 증발을 억제하고 사용 감촉을 향상하는 등의 목적으로 사용된다.
⑤ 유성원료는 산화되기 쉬운 성분을 함유한 물질에 첨가하여 산패를 막을 목적으로 사용된다. 정답 : ②

Tip 화장품 원료의 특성
수성원료는 물에 녹는 성질의 원료, 유성원료는 기름에 녹는 원료이며 보습제는 수분 공급, 보존제는 부패방지 원료를 말한다. 계면활성제는 계면에 흡착하여 계면의 성질을 현저히 변화시키는 물질이며 금속이온봉쇄제는 산화를 봉쇄하여 제품의 안정도를 높이며 기포형성을 돕는다. 점도증가, 피막형성 등의 목적으로 사용하는 것은 고분자화합물이다.

1.1.9 유기산 및 그 염류

제품의 pH를 유지하기 위해 안정제로 사용하며 피부의 pH를 조절하는 기능이 있다. 품질변화, 안정성 등 화장품의 품질을 확인하기 위하여 pH시험이 진행되며, 일반적으로 화장수는 pH 5~6, 샴푸는 pH 5~7 등의 기준이 있다.

① 살리실릭애시드(Salicylic Acid)
② 글라이콜릭애시드(Glycolic Acid)
③ 락틱애시드(Lactic Acid)
④ 타타릭애시드(Tataric Acid)
⑤ 티오글리콜릭애시드(Thioglycolic Acid)

화장품 안전기준 등에 관한 규정

내용	세부내용
살리실릭애시드 및 그 염류	• 사용 후 씻어내는 제품류에 살리실릭애시드로 2% • 사용 후 씻어내는 두발용 제품류에 살리실릭애시드로 3% • 3세 이하 어린이 사용금지(다만, 샴푸는 제외) • 기능성화장품의 유효성분으로 사용하는 경우에 한하며 기타 제품에는 사용금지
치오글라이콜릭애시드, 그 염류 및 에스텔류	• 퍼머넌트웨이브용 및 헤어스트레이트너 제품에 치오글라이콜릭애시드로서 11% (다만, 가온 2욕식 헤어스트레이트너 제품의 경우에는 치오글라이콜릭애시드로 5%, 치오글라이콜릭애시드 및 그 염류를 주성분으로 하고 제1제 사용 시 조제하는 발열 2욕식 퍼머넌트웨이브용 제품의 경우 치오글라이콜릭애시드로 19%에 해당하는 양) • 제모용 제품에 치오글라이콜릭애시드로 5% • 염모제에 치오글라이콜릭애시드로 1% • 사용 후 씻어내는 두발용 제품류에 2% • 기타 제품에는 사용금지

▶ 참고 : 화장품 안전기준 등에 관한 규정
식품의약품안전처 고시 제2019 – 93호 (2019. 10. 17. 개정)

1.1.10 자외선차단제 기출

1) 물리적 차단제

자외선이 피부에 흡수되지 못하도록 피부표면에서 물리적으로 빛을 반사 또는 산란시켜 차단한다. 무기질 원료로 얇게 방어막을 만드는 원리이므로 무기계 자외선차단제라고 부른다.

2) 화학적 차단제

피부표면에 닿는 자외선을 유기성분이 흡수하여 열에너지로 전환하는 방식으로 자외선의 피부 침투를 차단한다. 유기계 자외선차단제라고 부르며, 예민한 피부에 자극적일 수 있고 자외선차단 효과가 나타나기까지 위해 30분 정도가 소요되는 것이 단점이다.

구분	종류
물리적 차단제	① 티타늄디옥사이드(Titanium Dioxide) ② 징크옥사이드(Zink Oxcide)
화학적 차단제	① 옥시벤존(Oxybenzone) ② 아보벤존(Avobenzone) ③ 옥시노세이트(Octinoxate) ④ 부틸메톡시디벤조일메탄(Butyl Methoxydibenzoylmethane)

자외선(Ultraviolet Light) 종류와 특징

종류	범위	특징
UVA (자외선A)	320~400nm (장파장)	• 유리창을 통과하며 날씨가 흐린 날에도 존재하여 생활자외선이라 불림 • UVA로부터 보호를 위하여 피부 표피의 기저층에서 멜라닌색소를 만들어내는데, 이로 인해 기미, 주근깨 등의 색소침착과 선탠이 발생 • 피부의 진피층까지 도달하며 진피 내 콜라겐 합성 저하, 히알루론산 감소가 되고 피부노화, 광노화, 피부건조, 피부탄력감소의 원인이 됨
UVB (자외선B)	280~320nm (중파장)	• 표피 기저층 또는 진피의 상부까지 도달하며, 기미의 직접적인 원인 • 피부 건조, 피부 홍반, 일광 화상, 피부암의 원인 • 비타민 D의 생성에 관여하며 유리에 의해 차단됨
UVBC (자외선C)	200~280nm (단파장)	• 가장 짧은 파장의 자외선으로 강력한 소독 및 살균 효과가 있으나 오존층에서 대부분 흡수됨 • 여드름 피부 치료에 사용되기도 하나 지나치면 피부암의 원인이 되기도 함

자외선 차단지수: SPF지수와 PA++

지표면에 도달하는 자외선은 파장에 따라 피부노화를 촉진해 주름과 기미를 만드는 UVA(자외선 A)와 피부화상이나 피부암을 유발하는 UVB(자외선 B)로 분류된다.

종류		특징
SPF	자외선 B 차단 정도	• SPF지수는 자외선 차단제를 바른 피부와 바르지 않은 피부의 자외선 B를 조사했을 때 나타나는 최소홍반량(MED)의 비로 측정 • 최소홍반량(MED)은 UVB를 조사한 후 16~24시간 이내에 피부에 홍반 현상을 일으키는 최소의 자외선 조사량 • 'SPF15+++'라고 되어 있으면 자외선차단제를 바르지 않았을 때보다 피부에 닿는 자외선B의 양은 15분의 1로 적다는 의미 예 SPF15의 차단력이 약 93%일 때 ▶ 1–1/15=14/15(93.333....%)
PA	자외선 A 차단 정도	• PA등급은 제품을 바른 피부와 바르지 않은 피부에 자외선 A를 조사한 후 나타나는 최소지속형즉시흑화량(MPPD)의 비로 측정 • 최소지속형즉시흑화량(MPPD)은 UVA를 조사한 후 2~24시간 이내에 피부에 흑화 현상을 일으키는 최소의 자외선 조사량 • '+'은 1개당 자외선차단제를 바르지 않았을 때보다 차단율이 2~3배란 뜻으로 '++'은 4~7배, '+++'은 8~15배의 자외선차단율을 의미

1.1.11 색소(착색제)

1) 염료(Dye)

① 용매에 용해되는 색소로 물에 녹는 색소는 수용성 염료(Water-Soluble Dye), 오일에 녹는 염료는 유용성 염료(Oil-Soluble Dye)라고 한다.

② 화장품의 내용물에 색상을 부여하기 위해 사용하며 화장수, 로션, 샴푸 등의 수성화장품에는 수용성 염료를, 헤어오일, 클렌징오일 등의 유성화장품에는 유용성 염료를 사용한다.

2) 안료(Pigment) 기출

① 용매에 용해되지 않고 분산되는 색소로 무기안료와 유기안료가 있다.

㉠ 무기물질인 무기안료는 대부분 금속산화물(Metal Oxide)이며 커버력, 내광성, 내열성이 우수하여 마스카라에 사용된다.

㉡ 유기물질인 유기안료는 빛, 산, 알카리에 약하나 색상이 선명하여 주로 립스틱 등의 색조 메이크업 제품에 사용된다. 타르색소(유기합성 색소)로 색상 종류가 다양하다. 유기안료는 품목, 규격, 시험법, 사용 구분이 정해진 법정색소이다.

② 주로 색조메이크업 제품에 사용되며 용도에 따라 백색안료(커버력), 착색안료(색상), 체질안료(사용감), 펄안료(진주빛 광택)로 구분된다.

구분		종류
염료		적색 205호(CI 15510), 황색 4호(CI 19140), 청색 1호(CI42090) 등
안료	무기안료	• 백색안료(커버력) : 이산화티탄, 산화아연 등 • 착색안료(색상) : 산화철 계열의 원료(적색산화철, 황산화철, 흑산화철 등) • 체질안료(사용감) : 마이카, 탈크, 카오린 등 • 펄안료(진주빛 광택) : 구아닌, 비스머스옥시클로라이드 등
	유기안료	• 적색 : 아마란스(적색 2호), 에리트로신(적색 3호), 뉴콕신(적색 102호) 등 • 황색 : 타트라진(황색 4호), 선세트 옐로우 FCF(황색 5호) 등 • 녹색 : 파스트 그린 FCF(녹색 3호) 등 • 청색 : 브릴런트 블루 FCF(청색 1호), 인디고카민(청색 2호) 등

타르색소

타르색소는 유기안료로 석탄타르에 들어있는 벤젠이나 나프탈렌으로부터 합성한 것이다. 섬유의 착색, 식용색소(식품첨가물), 화장품 색소 등으로 다양하게 이용되고 있으며, 타르색소의 위해성이 보고되면서 화장품법에서는 화장품의 용기나 포장에 타르색소 성분의 명칭 등을 반드시 기재하도록 하고 있다.

화장품의 색소 종류와 기준 및 시험방법 기출

제1조(목적) 「화장품법」 제8조 제2항에 따라 화장품에 사용할 수 있는 화장품의 색소 종류와 색소의 기준 및 시험방법을 정함을 목적으로 한다.

제2조(용어의 정의) 이 고시에서 사용하는 용어의 뜻은 다음과 같다.

①	색소	화장품이나 피부에 색을 띄게 하는 것을 주요 목적으로 하는 성분
②	타르색소	제1호의 색소 중 콜타르, 그 중간생성물에서 유래되었거나 유기합성하여 얻은 색소 및 그 레이크, 염, 희석제와의 혼합물
③	순색소	중간체, 희석제, 기질 등을 포함하지 아니한 순수한 색소
④	레이크	타르색소를 기질에 흡착, 공침 또는 단순한 혼합이 아닌 화학적 결합에 의하여 확산시킨 색소
⑤	기질	레이크 제조 시 순색소를 확산시키는 목적으로 사용되는 물질을 말하며 알루미나, 브랭크휙스, 크레이, 이산화티탄, 산화아연, 탤크, 로진, 벤조산알루미늄, 탄산칼슘 등의 단일 또는 혼합물을 사용
⑥	희석제	색소를 용이하게 사용하기 위하여 혼합되는 성분을 말하며, 「화장품 안전기준 등에 관한 규정」(식품의약품안전처 고시) [별표 1]의 원료는 사용할 수 없음
⑦	눈 주위	눈썹, 눈썹 아래쪽 피부, 눈꺼풀, 속눈썹 및 눈(안구, 결막낭, 윤문상 조직을 포함한다)을 둘러싼 뼈의 능선 주위

제3조(화장품 색소의 종류) 화장품의 색소의 종류, 사용부위 및 사용한도는 [별표 1]과 같으며, 레이크는 제4조에 정하는 바에 따른다. 다만, 특별한 경우에 한하여 그 사용을 제한할 수 있다.
제4조(레이크의 종류) 제3조에 따른 레이크는 [별표 1] 중 타르색소의 나트륨, 칼륨, 알루미늄, 바륨, 칼슘, 스트론튬 또는 지르코늄염(염이 아닌 것은 염으로 하여)을 기질에 확산시켜서 만든 레이크로 한다.
제5조(기준 및 시험방법) 색소의 기준 및 시험방법은 [별표 2]와 같다. 다만, 기준 및 시험방법이 수재되어 있지 않거나 기타 과학적·합리적으로 타당성이 인정되는 경우 자사 기준 및 시험방법으로 설정하여 시험할 수 있다.
제6조(재검토기한) 식품의약품안전처장은 「훈령·예규 등의 발령 및 관리에 관한 규정」에 따라 이 고시에 대하여 2017년 1월 1일 기준으로 매 3년이 되는 시점(매 3년째의 12월 31일까지를 말한다)마다 그 타당성을 검토하여 개선 등의 조치를 하여야 한다.

▶ 참고 : 화장품의 색소 종류와 기준 및 시험방법
식품의약품안전처 고시 제2020-133호, 2020.12.30

기출 유형

다음 괄호 안에 들어갈 단어를 기재하시오.

(　　　)라 함은 색소 중 콜타르, 그 중간생성물에서 유래되었거나 유기합성하여 얻은 색소 및 그 레이크, 염, 희석제와의 혼합물을 말한다.

정답 : 타르색소

Tip 화장품 색소의 정의

색소는 화장품이나 피부에 색을 띠게 하는 것을 주요 목적으로 하는 성분이며, 타르색소는 제1호의 색소 중 콜타르, 그 중간생성물에서 유래되었거나 유기합성하여 얻은 색소 및 그 레이크, 염, 희석제와의 혼합물을 말한다. 순색소는 중간체, 희석제, 기질 등을 포함하지 아니한 순수한 색소를 말하며, 레이크는 타르색소를 기질에 흡착, 공침 또는 단순한 혼합이 아닌 화학적 결합으로 확산시킨 색소를 말한다.

1.1.12 착향제(향료)

화장품에 향기를 첨가하여 후각적인 만족감을 주고, 화장품 원료 자체의 냄새를 억제하기 위해 사용하는 것으로 자연물에서 추출한 천연향료와 석유에서 추출한 합성향료로 구분된다. 알레르기를 유발할 수 있는 향료는 주의해서 사용해야 한다.

구분	종류
천연향료	① 동물성 향료 : 무스콘(사향노루의 냄새주머니), 시벳(사양고양이의 분비물), 앰버그리스(향유고래의 배설물) 등 ② 식물성 향료 : 라벤더오일, 유칼립투스오일, 자스민오일, 티트리오일 등
합성향료	① 과일향 : 리날로울(Linalool), 아세틸유제놀(Acetyl Eugenol), 아밀 벤조에이트(Amyl Benzoate), 아니실아세테이트(Anisyl Acetate) 등 ② 꽃향 : 제라니올(Geraniol), 리날릴아세테이트(Linalyl Acetate), 제라닐아세테이트(Geranly Acetate), 하이드록시시트로넬랄(Hydroxycitronellal) 등

화장품 향료 중 알레르기 유발물질 표시 지침 기출

• 2020년 1월 1일부터 화장품 성분 중 향료의 경우, 향료에 포함되어 있는 알레르기 유발성분의 표시의무화가 시행되었으며, 25종 성분에 대하여 해당 성분의 명칭을 기재하도록 함(사용 후 씻어내는 제품에서 0.01% 초과, 사용 후 씻어내지 않는 제품에서 0.001% 초과하는 경우에 한함)

착향제의 구성성분 중 알레르기 유발 성분(25종) 〈별표2 참조〉

• 아밀신남알	• 신남알	• 벤질벤조에이트
• 벤질알코올	• 쿠마린	• 시트로넬올
• 신나밀알코올	• 제라니올	• 헥실신남알
• 시트랄	• 아니스알코올	• 리모넨
• 유제놀	• 벤질산나메이트	• 메틸2-옥티노에이트
• 하이드록시스트로넬알	• 파네솔	• 알파-아이소메틸아이오논
• 아이소유제놀	• 부틸페닐메틸프로피오날	• 참나무이끼추출물
• 아밀신나밀알코올	• 리날로울	• 나무이끼추출물
• 벤질살리실레이트		

※ 사용 후 씻어내는 제품에서 0.01% 초과, 사용 후 씻어내지 않는 제품에서 0.001% 초과하는 경우에 한함

▶ 참고 : 화장품 향료 중 알레르기 유발물질 표시 지침(2019.12.30.)

기출 유형

다음 괄호 안에 들어갈 단어를 기재하시오.

착향제는 "향료"로 표시할 수 있다. 다만, 착향제의 구성성분 중 (   ) 유발물질로 알려진 성분이 있는 경우에는 해당 성분의 명칭을 반드시 기재·표시하여야 한다.

정답: 알레르기

Tip 화장품 원료의 특성

착향제(향료)는 화장품에 향기를 첨가하여 후각적인 만족감을 주고, 화장품 원료 자체의 냄새를 억제하기 위해 사용하는 것으로 2020년 1월 1일부터 향료에 포함되어 있는 알레르기 유발성분의 표시의무화가 시행되었으며, 25종 성분에 대하여 해당 성분의 명칭을 기재해야 한다.

1.1.13 그 외 기능성 화장품의 활성 성분

1) 미백 성분 기출

자외선을 받은 피부에서 일어나는 멜라닌 생성 과정을 억제하여 기미, 주근깨 등의 생성을 억제함으로써 피부의 미백에 도움을 주는 기능을 가진 성분이다. 식품의약품안전처에서는 9가지 미백 성분을 고시하였으며, 미백 성분의 농도가 일정 기준 이상 되어야 미백 기능성 화장품으로 인정한다.

미백 원리	성분	함량
멜라닌 생성을 촉진하는 효소인 타이로시나아제의 활성화 억제	닥나무추출물(Broussonetia Extract)	2%
	알부틴(Arbutin)	2~5%
	알파-비사보롤(Alpha-Bisabolol)	0.5%
	유용성감초추출물(Oil Soluble Licorice Extract)	0.05%

티로시나아제 효소에 자극받은 티로신의 산화를 억제	에칠아스코빌에텔(Ethyl Ascorbyl Ether)	1~5%
	아스코빌글루코사이드(Ascobyl Glucoside)	2%
	아스코빌테트라이소팔미테이트 (Ascorbyl Tetraisopalmitate)	2%
	마그네슘아스코빌포스페이트 (Magnesium Ascorbyl Phosphate)	3%
멜라닌이 멜라노사이트에서 각질형성세포로 가는 단계를 억제	나이아신아마이드 (Niacinamide)	2~5%

2) 주름개선 성분

피부에 탄력을 주어 주름을 완화 또는 개선하는 기능을 가진 성분이다. 각화 정상화와 상피세포의 분화를 촉진하거나 콜라겐, 엘라스틴, 히알루론산과 같은 피부 탄력과 연관된 기질을 만드는 섬유아세포의 증식을 유도하여 주름을 완화한다. 식품의약품안전처에서는 4가지 주름 개선성분을 고시하였으며, 농도가 일정기준 이상 되어야 기능성 화장품으로 인정한다.

주름 개선 원리	성분	함량
각화를 정상화하고 상피세포의 분화를 촉진	레티놀 (Retinol)	2,500IU/g
	레티닐 팔미테이트 (Retinyl Palmitate)	10,000IU/g
	폴리에톡실레이티드 레틴아마이드 (Polyethoxylated Retinamide)	0.05~0.2%
섬유아세포의 증식을 유도하여 주름을 완화	아데노신(Adenosine)	0.04%

※ 액제, 로션제, 크림제, 침적마스크제에 한함

3) 여드름 완화 성분

여드름성 피부를 완화하는 데 도움을 주는 성분으로 인체세정용 제품류로 한정하여 기능성 화장품으로 인정한다.

① 살리실릭애시드 및 그 염류(0.5%)
② 캄포
③ 유황
④ 카오린
⑤ 머드

4) 탈모 완화 성분 기출

탈모는 정상적으로 모발이 존재해야 할 부위에 모발이 없는 상태로 식품의약품안전처는 탈모증상 완화에 도움을 주는 기능성화장품을 기능성화장품 기준 및 시험방법 제2조 8호에 추가 신설하여 기능성 화장품으로 인정하기 시작하였으나 구체적인 함량은 고시되지 않은 상태이다.

①	덱스판테놀
②	비오틴
③	L-멘톨
④	징크피리치온(1% 배합한도)
⑤	징크피리치온액(50%)

5) 체모 제거 성분

체모를 제거(물리적으로 체모를 제거하는 것을 제외함)하는 기능을 가진 성분으로 제모할 부위의 털에 발라 사용한다.

① 티오글리콜산 80%

※ 액제, 로션제, 크림제, 침적마스크제에 한함

1.2 원료 및 제품의 성분 정보

1.2.1 화장품 전성분 표시제

화장품법의 개정에 따라 화장품 전성분 표시의무제를 신설하여 2008년 10월 18일부터 시행하였다. 화장품 선택을 위한 올바른 정보제공 등 소비자의 안전과 알 권리 보장을 위하여 화장품 제조에 사용된 모든 성분을 용기(1차 포장) 또는 포장(2차 포장)에 한글로 표시하는 제도이다.

기존의 표시 의무 대상이었던 타르색소(발암성 우려), 과일산(피부자극성), 배합한도 고시성분(보존제), 기능성화장품의 원료뿐 아니라 개별 제품별로 제조에 사용된 성분 모두를 기재하도록 하였다.

1) 화장품 전성분 표시제의 주요내용 기출

화장품법 시행규칙 [별표 4] 화장품 포장의 표시기준 및 표시방법에 따라 다음과 같이 표시해야 한다.

①	글자 크기는 5포인트 이상
②	화장품 제조에 사용된 성분을 함량이 많은 것부터 기재·표시하되 1퍼센트 이하로 사용된 성분, 착향제 또는 착색제는 순서에 상관없이 기재·표시
③	혼합 원료는 혼합된 개별성분의 명칭을 기재
④	색조 화장용 제품류, 눈 화장용 제품류, 두발염색용 제품류 또는 손발톱용 제품류에서 호수별로 착색제가 다르게 사용된 경우 '± 또는 +/-'의 표시 다음에 사용된 모든 착색제 성분을 함께 기재·표시

⑤	산성도(pH) 조절 목적으로 사용되는 성분은 그 성분을 표시하는 대신 중화반응에 따른 생성물로 기재·표시할 수 있고, 비누화반응을 거치는 성분은 비누화반응에 따른 생성물로 기재·표시
⑥	성분을 기재·표시할 경우 영업자의 정당한 이익을 현저히 침해할 우려가 있을 때에는 영업자는 식품의약품안전처장에게 그 근거자료를 제출해야 하고, 식품의약품안전처장이 정당한 이익을 침해할 우려가 있다고 인정하는 경우에는 "기타 성분"으로 기재·표시

2) 화장품 성분 표시가 반드시 필요하지 않은 포장 기출

화장품법 제10조 제1항과 시행규칙 제19조(화장품 포장의 기재·표시 등)에 따라 다음에 해당하는 1차 포장(용기) 또는 2차 포장(포장)에는 화장품의 명칭, 상호, 가격, 제조번호와 사용기한 또는 개봉 후 사용기간만을 기재·표시할 수 있다.

①	내용량이 10ml(g) 이하인 화장품의 포장
②	판매 목적이 아닌 제품 선택 등을 위하여 미리 소비자가 시험·사용하도록 제조 또는 수입된 화장품의 용기 또는 포장

1.2.2 화장품의 성분 표시 생략

화장품 전성분 표시의무제에 따라 화장품 제조에 사용된 모든 성분을 용기 또는 포장에 표시·기재하여야 하나 화장품법 제10조 제1항 제3호에 따라 기재·표시를 생략할 수 있는 예외사항도 있다.

1) 화장품의 기재 · 표시를 생략할 수 있는 성분

①	제조과정 중에 제거되어 최종 제품에는 남아 있지 않은 성분
②	안정화제, 보존제 등 원료 자체에 들어 있는 부수 성분으로서 그 효과를 나타나게 하는 양보다 적은 양이 들어 있는 성분
③	내용량이 10ml(10g) 초과 50ml(50g) 이하인 화장품의 포장인 경우에는 다음의 6개 지정 성분 외에는 생략할 수 있으나 모든 성분을 확인할 수 있는 전화번호, 홈페이지, 주소 등을 기재 가. 타르색소 나. 금박 다. 샴푸와 린스에 들어 있는 인산염의 종류 라. 과일산(AHA) 마. 기능성화장품의 경우 그 효능·효과를 나타나게 하는 원료 바. 식품의약품안전처장이 배합 한도를 고시한 화장품의 원료

2) 기재 · 표시가 생략된 화장품의 성분 확인 방법

화장품의 제조에 사용된 성분의 기재·표시를 생략하려는 경우에는 다음의 어느 하나에 해당하는 방법으로 생략된 성분을 확인할 수 있도록 하여야 한다.

①	소비자가 모든 성분을 즉시 확인할 수 있도록 용기 또는 포장에 전화번호나 홈페이지 주소를 적을 것
②	모든 성분이 적힌 책자 등의 인쇄물을 판매업소에 늘 갖추어 둘 것

1.2.3. 성분표시 강화 기출

식품의약품안전처는 위해평가 결과 및 해외 규제동향을 고려하여 강화사용금지 원료를 추가하고, 사용제한 원료 추가 및 원료의 사용제한 기준을 강화하는 등 「화장품 안전기준 등에 관한 규정」의 성분표시 기준을 강화하였다(식품의약품안전처 공고 제2019 – 352호).

①	영·유아 제품(만 3세 이하), 어린이용 제품(만 4세 이상부터 만 13세 이하까지)임을 특정하여 표시하는 화장품에는 보존제, 자외선 차단성분 등의 사용제한 원료의 함량을 반드시 표시·기재
②	모든 화장품에 사용된 알레르기 유발성분(25종)의 성분명을 제품 포장에 표시 ※ 다만, 사용 후 씻어내는 제품에서 0.01% 초과, 사용 후 씻어내지 않는 제품에서 0.001% 초과하는 경우에 한함
③	사용 시 주의해야 할 화장품의 경우, 함유 성분별 사용 시의 주의사항에 관한 표시 문구를 기재

연번	성분표시 강화대상 제품	표시 문구
1	과산화수소 및 과산화수소 생성물질 함유 제품	눈에 접촉을 피하고 눈에 들어갔을 때는 즉시 씻어낼 것
2	벤잘코늄클로라이드, 벤잘코늄브로마이드 및 벤잘코늄사카리네이트 함유 제품	눈에 접촉을 피하고 눈에 들어갔을 때는 즉시 씻어낼 것
3	스테아린산아연 함유 제품(기초화장용 제품류 중 파우더 제품에 한함)	사용 시 흡입되지 않도록 주의할 것
4	살리실릭애시드 및 그 염류 함유 제품(샴푸 등 사용 후 바로 씻어내는 제품 제외)	만 3세 이하 어린이에게는 사용하지 말 것
5	실버나이트레이트 함유 제품	눈에 접촉을 피하고 눈에 들어갔을 때는 즉시 씻어낼 것
6	아이오도프로피닐부틸카바메이트(IPBC) 함유 제품(목욕용 제품, 샴푸류 및 바디클렌저 제외)	만 3세 이하 어린이에게는 사용하지 말 것
7	알루미늄 및 그 염류 함유 제품(체취방지용 제품류에 한함)	신장 질환이 있는 사람은 사용 전에 의사, 약사, 한의사와 상의할 것
8	알부틴 2% 이상 함유 제품	알부틴은 「인체적용시험자료」에서 구진과 경미한 가려움이 보고된 예가 있음
9	카민 함유 제품	카민 성분에 과민하거나 알레르기가 있는 사람은 신중히 사용할 것
10	코치닐추출물 함유 제품	코치닐추출물 성분에 과민하거나 알레르기가 있는 사람은 신중히 사용할 것
11	포름알데하이드 0.05% 이상 검출된 제품	포름알데하이드 성분에 과민한 사람은 신중히 사용할 것
12	폴리에톡실레이티드레틴아마이드 0.2% 이상 함유 제품	폴리에톡실레이티드레틴아마이드는 「인체적용시험자료」에서 경미한 발적, 피부건조, 화끈감, 가려움, 구진이 보고된 예가 있음
13	부틸파라벤, 프로필파라벤, 이소부틸파라벤 또는 이소프로필파라벤 함유 제품(영·유아용 제품류 및 기초화장용 제품류(만 3세 이하 어린이가 사용하는 제품) 중 사용 후 씻어내지 않는 제품에 한함)	만 3세 이하 어린이의 기저귀가 닿는 부위에는 사용하지 말 것

CHAPTER 02 화장품의 기능과 품질

Check Point!

화장품의 기능과 품질에서는 화장품의 효과, 맞춤형화장품의 구성, 내용물 및 원료의 품질성적서 구비에 대한 이해를 바탕으로 다음의 내용을 숙지하도록 한다.

- **화장품의 제품 분류와 효과**
- **판매 가능한 맞춤형화장품의 구성**
- **내용물 및 원료의 품질성적서 구비**

2.1 화장품의 효과

화장품은 사용 목적, 사용 부위, 제형, 제조 성분 제조 방법에 따라 다양하게 분류할 수 있다. 화장품법 시행규칙 [별표 3]에서는 화장품의 유형별로 영유아용 제품류(만 3세 이하), 목욕용 제품류, 인체세정용 제품류 등으로 분류하였다.

2.1.1 영 · 유아용 제품류(만 3세 이하)

만 3세 이하의 유아와 어린이가 사용하도록 고안된 제품으로 순하고 자극적이지 않은 성분으로 만든 안전하고 순한 화장품이다.

분류	종류	효과
영·유아용 제품류	영·유아용 샴푸, 린스	• 영·유아용 샴푸 : 영·유아의 모발 및 두피의 노폐물을 제거 • 영·유아용 린스 : 영·유아의의 모발에 남은 샴푸의 알칼리를 중화하고 모발의 표면을 부드럽게 하며 정전기를 방지함
	영·유아용 로션, 크림	• 영·유아용 로션 : 영·유아의 피부에 수분과 영양 공급 • 영·유아용 크림 : 영·유아의 피부 보습, 영양, 유연, 보호 기능
	영·유아용 오일	• 유성성분으로 피부 보습, 보호 및 영양 공급 기능
	영·유아 인체 세정용 제품	• 영·유아의 신체를 씻어 깨끗이 하는 기능
	영·유아 목욕용 제품	• 영·유아의 목욕 환경 개선 및 피부 세척과 청결 기능

2.1.2 목욕용 제품류

목욕용 제품류는 욕조에서 사용하는 화장품이다.

분류	종류	효과
목욕용 제품류	목욕용 오일·정제·캡슐	• 목욕 환경을 개선하기 위한 제품으로 피부를 부드럽고 촉촉하게 하며 피부 세척 및 청결 유지함
	목욕용 소금류	• 천연 미네랄 목욕이나 온천의 특성을 모방하여 목욕물의 염도를 변화시키는 용도로 사용하며 피부 주름에 효과
	버블 배스(Bubble Baths)	• 거품을 대량으로 생산하여 목욕 경험을 향상

2.1.3 인체세정용 제품류 기출

인체세정용 제품류는 얼굴과 몸의 이물질을 씻어 깨끗이 하는 화장품을 말한다.

분류	종류	효과
인체 세정용 제품류	폼 클렌저 (Foam Cleanser)	먼지, 기름, 죽은 세포를 제거하여 피부를 청결하게 함
	바디 클렌저 (Body Cleanser)	• 신체의 노폐물을 제거 • 피부 생리 기능에 해가 되지 않는 성분과 pH 중요
	액체 비누(Liquid Soaps) 및 화장 비누(고체 형태의 세안용 비누)	얼굴 및 신체의 노폐물 제거를 위한 액체·고체 형태의 비누
	외음부 세정제	여성의 외음부를 청결하게 해 주기 위한 세정제
	물휴지	수분을 함유시켜 물기를 머금은 축축한 휴지

2.1.4 눈 화장용 제품류 기출

눈 화장용 제품류는 눈 전용 색조화장품과 클렌저를 포함한다.

분류	종류	효과
눈 화장용 제품류	아이브로우 펜슬 (Eyebrow Pencil)	• 눈썹에 색상과 형태를 부여
	아이라이너 (Eye Liner)	• 속눈썹과 점막 사이에 라인을 그려 눈을 또렷하게 연출 • 종류 : 펜슬타입, 케이크타입, 리퀴드타입, 젤타입 등
	아이섀도 (Eye Shadow)	• 눈 주위에 발라 음영과 입체감 부여 • 다양한 색상 사용으로 눈의 아름다움을 강조
	마스카라 (Mascara)	• 눈썹을 길고 풍성하게 보이도록 연출 • 종류 : 볼륨마스카라, 롱래시마스카라 등
	아이 메이크업 리무버 (Eye Make-Up Remover)	• 눈 화장을 안전하게 제거 • 민감한 부위이므로 안전성이 매우 중요

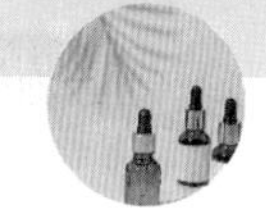

2.1.5 방향용 제품류

방향용 제품류는 몸에 뿌리거나 발라 향기를 돋우는 화장품이다.

분류	종류	효과
방향용 제품류	향수	• 액체 제형으로 인체에 향을 부여
	분말향	• 분말 형태로 인체에 향을 부여
	향낭(香囊)	• 향을 넣어서 만든 주머니로 휴대하기 쉬움
	콜롱(Cologne)	• 알코올과 다양한 향의 오일로 만든 향기로운 액체 제품

2.1.6 두발염색용 제품류 기출

두발염색용 제품류는 머리카락에 탈색 또는 염색하기 위해 사용하는 화장품이다.

분류	종류	효과
두발염색용 제품류	헤어 틴트(Hair Tints)	• 헤어블리치 및 다양한 모발색으로 착색
	헤어 컬러스프레이 (Hair Color Sprays)	• 일시적으로 모발에 색상을 부여하는 효과
	염모제	• 모발에 색을 부여하여 빛깔을 다양하게 변화시키는 효과
	탈염·탈색용 제품	• 탈색에 의해 검은 모발의 빛깔을 엷게 만듦

2.1.7 색조화장용 제품류

색조화장용 제품류는 눈 화장용 제품을 제외한 색조화장품이다.

분류	종류	효과
색조화장용 제품류	볼연지	• 건강한 혈색을 부여하고 얼굴의 입체감을 연출 • 종류 : 크림타입, 스틱타입, 리퀴드타입, 케이크타입 등
	페이스 파우더(Face Powder), 페이스 케이크(Face Cakes)	• 분말 형태로 피부색과 잡티를 보정하고 피부 번들거림 방지
	리퀴드(Liquid)·크림· 케이크 파운데이션(Foundation)	• 피부에 결점 커버 및 피부색 보정, 자외선 차단
	메이크업 베이스(Make-Up Bases)	• 피부톤 정돈 및 파운데이션 밀착성 증가
	메이크업 픽서티브(Make-Up Fixatives)	• 화장을 장시간 밀착상태로 고정시키는 역할 • 피부표현 메이크업의 마지막 단계로 사용
	립스틱, 립라이너(Lip Liner)	• 립스틱 : 입술에 색상을 부여하여 아름다움 표현 • 립라이너 : 입술 형태를 수정
	립글로스(Lip Gloss), 립밤(Lip Balm)	• 립글로스 : 입술을 윤기 있고 촉촉하게 표현 • 립밤: 건조한 입술에 수분과 영양을 공급
	바디페인팅(Body Painting), 페이스페인팅 (Face Painting), 분장용 제품	• 바디페인팅, 페이스페인팅, 분장을 위한 색조화장 제품

2.1.8 두발용 제품류

두발용 제품류는 염색 및 탈색을 제외한 모발용 제품을 말한다.

분류	종류	효과
두발용 제품류	헤어 컨디셔너 (Hair Conditioners)	• 손상된 모발이나 두피에 영양 공급
	헤어 토닉 (Hair Tonics)	• 알코올을 주성분으로 하여 두피를 시원하게 하고로 두피에 영양 공급 및 가려움 예방
	헤어 그루밍 에이드 (Hair Grooming Aids)	• 머리카락을 스타일링하기 쉽도록 사용
	헤어 크림·로션	• 모발에 영양을 공급하여 유연성을 부여
	헤어 오일	• 유성성분으로 모발에 영양을 공급하여 광택, 유연성을 부여
	포마드(Pomade)	• 반고체상으로 남성용 정발제로 사용
	헤어 스프레이·무스· 왁스·젤	• 모발의 형태를 고정하고 윤기를 부여
	샴푸, 린스	• 샴푸 : 모발 및 두피의 노폐물을 제거 • 린스 : 샴푸 후 남은 알칼리를 중화하고 모발의 표면을 부드럽게 하며 정전기를 방지함
	퍼머넌트 웨이브 (Permanent Wave)	• 물리적, 화학적 방법으로 모발에 웨이브 형태를 만드는 효과
	헤어 스트레이트너 (Hair Straightner)	• 물리적, 화학적 방법으로 곱슬머리를 직모로 펴는 효과
	흑채	• 탈모 부위를 일시적으로 채우는 효과

2.1.9 손발톱용 제품류

손발톱용 제품류는 손발톱 전용 화장품이다.

분류	종류	효과
손발톱용 제품류	베이스코트(Basecoats), 언더코트(Under Coats)	• 손·발톱 표면을 보호하고 네일 에나멜의 착색 방지 • 네일폴리시를 바르기 전에 발라 밀착성을 높여주는 효과
	네일폴리시(Nail Polish), 네일에나멜(Nail Enamel)	• 손발톱에 광택과 색상을 부여 • 네일 에나멜(Nail Enamel)이라는 명칭으로도 사용
	탑코트(Topcoats)	• 네일 폴리시 위에 덧발라 광택을 주고 내구성 및 지속력 부여
	네일 크림·로션·에센스	• 손·발톱 주변의 영양 공급
	네일폴리시· 네일에나멜 리무버	• 네일폴리시를 제거하기 위하여 사용

2.1.10 면도용 제품류

면도용 제품류는 남성 및 여성의 면도(털 제거)를 위한 화장품이다.

분류	종류	효과
면도용 제품류	애프터셰이브 로션(Aftershave Lotions)	• 면도 후 사용하는 로션으로 자극 방지 및 보습 효과
	남성용 탤컴(Talcum)	• 면도 후 사용하는 파우더로 피부 자극 방지
	프리셰이브 로션(Preshave Lotions)	• 면도 직전 바르는 로션으로 수렴 효과
	셰이빙 크림(Shaving Cream)	• 효과적인 면도를 위하여 면도 시 사용하며 윤활 효과
	셰이빙 폼(Shaving Foam)	• 폼 형태의 면도용 제품으로 면도 시 사용하며 윤활 효과

2.1.11 기초화장용 제품류

기초화장용 제품류는 얼굴 및 신체에 사용하는 화장품이다.

분류	종류	효과
기초화장용 제품류	수렴·유연·영양 화장수 (Face Lotions)	• 수렴화장수 : 수분 공급 및 피지 억제, 모공 수축 • 유연화장수 : 수분 공급 및 피부의 pH 회복 • 영양화장수 : 수분 공급 및 영양공급
	마사지 크림	• 마사지 시 사용하는 크림으로 영양 공급 및 윤활 효과
	에센스, 오일	• 에센스 : 고농축 세럼을 뜻하며 피부에 영양과 수분 공급 • 오일 : 피부 보호 및 영양 공급, 진정 작용
	파우더	• 피지 및 유분기 흡수로 번들거림 방지 • 보송보송하고 화사한 피부결 표현
	바디 제품	• 신체의 피부에 영양 및 수분 공급, 유연효과
	팩, 마스크	• 피부 노폐물 및 각질 제거, 보습과 영양 공급 • 종류 : 파우더타입(Powder), 필오프타입(Peel-off), 워시오프타입(Wash-off), 패치타입(Patch), 티슈오프타입(Tissue-off), 마스크타입(Mask) 등
	눈 주위 제품	• 눈 주변 피부의 주름 예방과 탄력 부여
	로션, 크림	• 로션 : 점성이 낮으며 건조해진 피부에 수분과 영양 공급 • 크림 : 피부 보습, 유연, 보호 기능(수분크림, 미백크림 등)
	손·발의 피부연화 제품	• 손·발 피부의 영양과 수분 공급, 유연효과
	클렌징 워터, 클렌징 오일, 클렌징 로션, 클렌징 크림 등 메이크업 리무버	• 얼굴의 노폐물 및 메이크업을 제거

2.1.12 체취방지용 제품류

체취방지용 제품류는 신체의 냄새를 제거하기 위한 화장품이다.

분류	종류	효과
체취방지용 제품류	데오도런트 기출	• 겨드랑이 특유의 냄새를 억제

2.1.13 체모제거용 제품류

체모제거용 제품류는 신체의 체모를 제거하기 위한 화장품이다.

분류	종류	효과
체모제거용 제품류	제모제	• 크림 형태로 신체에 발라 체모 제거
	제모왁스	• 왁스 제형으로 스트립을 이용하여 체모 제거

2.1.14 기능성 화장품의 효과 기출

화장품 시행규칙 제2조에 따라 기능성 화장품은 범위 및 기능이 정의되어 있다.

유형	특성
미백 화장품	• 피부에 멜라닌 색소가 침착하는 것을 방지하여 기미·주근깨 등의 생성을 억제함으로써 피부의 미백에 도움을 주는 기능 • 피부에 침착된 멜라닌 색소의 색을 엷게 하여 피부의 미백에 도움을 주는 기능
주름개선 화장품	• 피부에 탄력을 주어 피부의 주름을 완화 또는 개선하는 기능
자외선 차단 화장품	• 강한 햇볕을 방지하여 피부를 곱게 태워주는 기능 • 자외선을 차단 또는 산란시켜 자외선으로부터 피부를 보호하는 기능을 가진 화장품
모발염색 화장품	• 모발의 색상을 변화시키는 화장품 • **일시적으로 모발의 색상 변화 제품은 제외**
제모화장품	• 체모를 제거하는 기능을 가진 화장품
탈모완화 화장품	• 탈모 증상의 완화에 도움을 주는 화장품 • 코팅 등 물리적으로 모발을 굵게 보이게 하는 제품은 제외
여드름용 화장품	• 여드름성 피부를 완화하는 데 도움을 주는 화장품 • 인체 세정용 제품류로 한정
영양화장품	• 아토피성 피부로 인한 건조함 등의 완화에 도움을 주는 화장품
튼살 완화 화장품	• 튼살로 인한 붉은 선을 엷게 하는 데 도움을 주는 화장품

2.2 판매 가능한 맞춤형화장품 구성

2.2.1 맞춤형화장품의 구성

1) 혼합

방법	내용
내용물 + 내용물	제조 또는 수입된 화장품의 내용물(완제품, 벌크, 반제품)에 다른 화장품의 내용물을 혼합한 화장품
내용물 + 원료	제조 또는 수입된 화장품의 내용물(완제품, 벌크, 반제품)에 식약처장이 정하는 원료를 혼합한 화장품

2) 소분

제조 또는 수입된 화장품의 내용물(완제품, 벌크, 반제품)을 소분

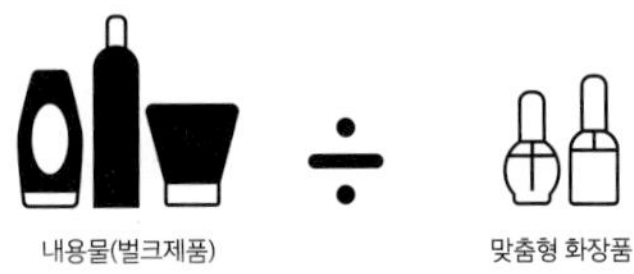

2.2.2 맞춤형화장품 혼합에 사용되는 원료

1) 맞춤형화장품 혼합 시, 원료는 다음의 3종 원료 외에는 모두 사용 가능하다.

① 사용금지 원료
② 사전상의 제한이 필요한 원료
③ 사전심사를 받거나 보고서를 제출하지 않은 기능성화장품 고시 원료

2) 기능성화장품의 내용물과 내용물 또는 내용물과 원료를 혼합할 때에는 다음 각 목의 사항이 모두 동일한 경우에 한하여 혼합할 수 있다.

① 효능·효과를 나타나게 하는 원료의 종류·규격 및 함량
② 효능·효과(제2조 제4호 및 제5호의 효능·효과의 경우 자외선차단지수의 측정값이 마이너스 20퍼센트 이하의 범위에 있는 경우에는 같은 효능·효과로 본다)
③ 기준(pH에 관한 기준은 제외한다) 및 시험방법
④ 용법·용량
⑤ 제형(劑形)

2.3 내용물 및 원료의 품질성적서 구비

2.3.1 화장품의 품질관리 (화장품법 시행규칙 [별표1])

1) 품질관리의 정의

품질관리란 화장품의 책임판매 시 필요한 제품의 품질을 확보하기 위해서 실시하는 것으로, 화장품제조업자 및 제조에 관계된 업무(시험·검사 등의 업무를 포함한다)에 대한 관리·감독 및 화장품의 시장 출하에 관한 관리, 그 밖에 제품의 품질의 관리에 필요한 업무를 말한다.

2) 화장품 품질성적서의 정의

화장품책임판매업자가 품질관리 업무를 적정하고 원활하게 수행하기 위하여 제조번호별 품질검사를 한 후 기록한 것을 품질성적서라 한다.

화장품제조업자와 화장품책임판매업자가 같은 경우, 화장품제조업자 또는 「식품·의약품분야 시험·검사 등에 관한 법률」 제6조에 따른 식품의약품안전처장이 지정한 화장품 시험·검사기관에 품질검사를 위탁하여 제조번호별 품질검사 결과가 있는 경우에는 품질검사를 하지 않을 수 있다.

3) 화장품 품질성적서의 종류

①	제조업체의 원료에 대한 자가품질검사 또는 공인검사기관 성적서
②	제조판매업체의 원료에 대한 자가품질검사 또는 공인검사기관 성적서
③	원료업체의 원료에 대한 공인검사기관 성적서
④	원료업체의 원료에 대한 자가품질검사 시험성적서 중 대한화장품협회의 '원료공급자의 검사결과 신뢰 기준 자율규약'기준에 적합한 것

2.3.2 맞춤형화장품의 품질성적서 구비

① 맞춤형화장품판매업자는 맞춤형화장품의 내용물 및 원료의 입고 시 품질관리 여부를 확인하고 책임판매업자가 제공하는 품질성적서를 구비해야 한다(단, 책임판매업자와 맞춤형화장품판매업자가 동일한 경우 제외).

② 화장품법 시행규칙 제12조 2항에 따라 맞춤형화장품판매업자는 혼합·소분 전에 혼합·소분에 사용되는 내용물 또는 원료에 대한 품질성적서를 확인해야 한다. 품질성적서의 내용은 맞춤형화장품에 필수 기재정보인 식별번호, 사용기한에 영향을 주기 때문이다.

품질성적서 종류	필수 확인 내용
내용물(완제품, 벌크, 반제품)	제조번호, 사용기한 또는 개봉 후 사용기간, 제조일자, 시험결과
원료	제조번호, 사용기한 또는 재시험일

기출 유형

맞춤형화장품의 내용물 및 원료에 대한 품질검사결과를 확인해 볼 수 있는 서류로 옳은 것은?

① 품질규격서 ② 품질성적서 ③ 제조공정도

④ 포장지시서 ⑤ 칭량지시서

정답 : ②

Tip 화장품 내용물 또는 원료에 대한 품질성적서

화장품법 시행규칙 제12조 2항에 따라 맞춤형화장품판매업자는 혼합·소분 전에 혼합·소분에 사용되는 내용물 또는 원료에 대한 품질성적서를 확인해야 한다. 품질성적서의 내용은 맞춤형화장품에 필수 기재정보인 식별번호, 사용기한에 영향을 주기 때문이다.

CHAPTER

03 화장품 사용제한 원료

☑ Check Point!

화장품 사용제한 원료에서는 화장품의 사용제한 원료와 사용한도에 대한 이해를 바탕으로 다음의 내용을 숙지하도록 한다.

- 화장품에 사용할 수 없는 원료
- 기능성화장품의 원료에 대한 사용기준
- 맞춤형화장품에 사용할 수 있는 원료
- 착향제(향료) 성분 중 알레르기 유발 물질
- 화장품에 사용상의 제한이 필요한 원료 및 사용기준
- 화장품의 함유 성분별 사용 시의 주의사항 표시 문구

3.1 화장품에 사용되는 사용제한 원료의 종류 및 사용한도

3.1.1 화장품에 사용할 수 없는 원료

식품의약품안전처장은 화장품의 제조 등에 사용할 수 없는 원료를 지정하여 고시하여야 한다(「화장품법」 제8조 제1항, 개정 2013.03.23.) .

1) 화장품 안전기준 등에 관한 규정(식품의약품안전처고시 제2020-12호, 시행 2020.02.25.)

① 「화장품법」 제2조 제3호의2에 따라 맞춤형화장품에 사용할 수 있는 원료를 지정하는 한편, 같은 법 제8조에 따라 화장품에 사용할 수 없는 원료 및 사용상의 제한이 필요한 원료에 대하여 그 사용기준을 지정하고, 유통화장품 안전관리 기준에 관한 사항을 정함으로써 화장품의 제조 또는 수입 및 안전관리에 적정을 기함을 목적으로 한다.

② 이 규정은 국내에서 제조, 수입 또는 유통되는 모든 화장품에 대하여 적용한다.

2) 화장품에 사용할 수 없는 원료 기출

「화장품 안전기준 등에 관한 규정」의 제3조에 따라 화장품에 사용할 수 없는 원료를 [별표 1]에 표기하였다.

사용할 수 없는 원료 예시 〈별표 1 참조〉

• 나프탈렌	• 리도카인	• 2-메톡시에탄올
• 납 및 그 화합물	• 마취제(천연 및 합성)	• 메트알데히드
• 니켈	• 말라카이트그린 및 그 염류	• 미세플라스틱
• 돼지폐추출물	• N-메칠포름아마이드	• 무화과나무

※ 전체 목록은 부록 134~168쪽 참고

3.1.2 화장품에 사용상의 제한이 필요한 원료 및 사용기준

식품의약품안전처장은 보존제, 색소, 차단제 등과 같이 특별히 사용상의 제한이 필요한 원료에 대하여는 그 사용기준을 지정하여 고시하여야 하며, 사용기준이 지정·고시된 원료 외의 보존제, 색소, 자외선차단제 등은 사용할 수 없다(화장품법 제8조 제2항).

1) 사용상의 제한이 필요한 원료에 대한 사용기준 기출

「화장품 안전기준 등에 관한 규정」의 제4조에 따라 화장품에 사용할 수 없는 원료를 [별표 2]에 표기하였으며, 표기된 원료 외의 보존제, 자외선차단제 등은 사용할 수 없다.

(1) 사용상의 제한이 필요한 원료와 사용기준

사용상의 제한이 필요한 원료와 사용기준은 「화장품 안전기준 등에 관한 규정」 제4조 [별표 2]에 명시되어 있다.

① 살균 · 보존제 성분(59종)

분야	범위	비고
글루타랄(펜탄-1,5-디알) 기출	0.1%	에어로졸(스프레이에 한함) 제품에는 사용금지
데하이드로아세틱애시드(3-아세틸-6-메칠피란-2,4(3H)-디온) 및 그 염류	데하이드로아세틱애시드로서 0.6%	에어로졸(스프레이에 한함) 제품에는 사용금지
4,4-디메칠-1,3-옥사졸리딘(디메칠옥사졸리딘)	0.05% (다만, 제품의 pH는 6을 넘어야 함)	
디브로모헥사미딘 및 그 염류(이세치오네이트 포함)	디브로모헥사미딘으로서 0.1%	
디아졸리디닐우레아(N-(히드록시메칠)-N-(디히드록시메칠-1,3-디옥소-2,5-이미다졸리디닐-4)-N'-(히드록시메칠)우레아)	0.5%	
디엠디엠하이단토인(1,3-비스(히드록시메칠)-5,5-디메칠이미다졸리딘-2,4-디온)	0.6%	
2, 4-디클로로벤질알코올	0.15%	
3, 4-디클로로벤질알코올	0.15%	
메칠이소치아졸리논	사용 후 씻어내는 제품에 0.0015% (단, 메칠클로로이소치아졸리논과 메칠이소치아졸리논 혼합물과 병행 사용 금지)	기타 제품에는 사용금지
메칠클로로이소치아졸리논과 메칠이소치아졸리논 혼합물(염화마그네슘과 질산마그네슘 포함)	사용 후 씻어내는 제품에 0.0015% (메칠클로로이소치아졸리논:메칠이소치아졸리논=(3:1)혼합물로서)	기타 제품에는 사용금지
메텐아민(헥사메칠렌테트라아민)	0.15%	

무기설파이트 및 하이드로젠설파이트류	유리 SO_2로 0.2%	
벤잘코늄클로라이드, 브로마이드 및 사카리네이트	• 사용 후 씻어내는 제품에 벤잘코늄클로라이드로서 0.1% • 기타 제품에 벤잘코늄클로라이드로서 0.05%	
벤제토늄클로라이드	0.1%	점막에 사용되는 제품에는 사용금지
벤조익애시드, 그 염류 및 에스텔류	산으로서 0.5% (다만, 벤조익애시드 및 그 소듐염은 사용 후 씻어내는 제품에는 산으로서 2.5%)	
벤질알코올	1.0% (다만, 두발 염색용 제품류에 용제로 사용할 경우에는 10%)	
벤질헤미포름알	사용 후 씻어내는 제품에 0.15%	기타 제품에는 사용금지
보레이트류 (소듐보레이트, 테트라보레이트)	밀납·백납의 유화의 목적으로 사용 시 0.76%(이 경우, 밀납·백납 배합량의 1/2을 초과할 수 없다)	기타 목적에는 사용금지
5-브로모-5-나이트로-1,3-디옥산	사용 후 씻어내는 제품에 0.1% (다만, 아민류나 아마이드류를 함유하고 있는 제품에는 사용금지)	기타 제품에는 사용금지
2-브로모-2-나이트로프로판-1,3-디올 (브로노폴)	0.1%	아민류나 아마이드류를 함유하고 있는 제품에는 사용금지
브로모클로로펜(6,6-디브로모-4,4-디클로로-2,2'-메칠렌-디페놀)	0.1%	
비페닐-2-올(o-페닐페놀) 및 그 염류	페놀로서 0.15%	
살리실릭애시드 및 그 염류	살리실릭애시드로서 0.5%	영유아용 제품류 또는 만 13세 이하 어린이가 사용할 수 있음을 특정하여 표시하는 제품에는 사용금지(다만, 샴푸는 제외)
세틸피리디늄클로라이드	0.08%	
소듐라우로일사코시네이트	사용 후 씻어내는 제품에 허용	기타 제품에는 사용금지
소듐아이오데이트	사용 후 씻어내는 제품에 0.1%	기타 제품에는 사용금지
소듐하이드록시메칠아미노아세테이트 (소듐하이드록시메칠글리시네이트)	0.5%	
소르빅애시드(헥사-2,4-디에노익 애시드) 및 그 염류	소르빅애시드로서 0.6%	

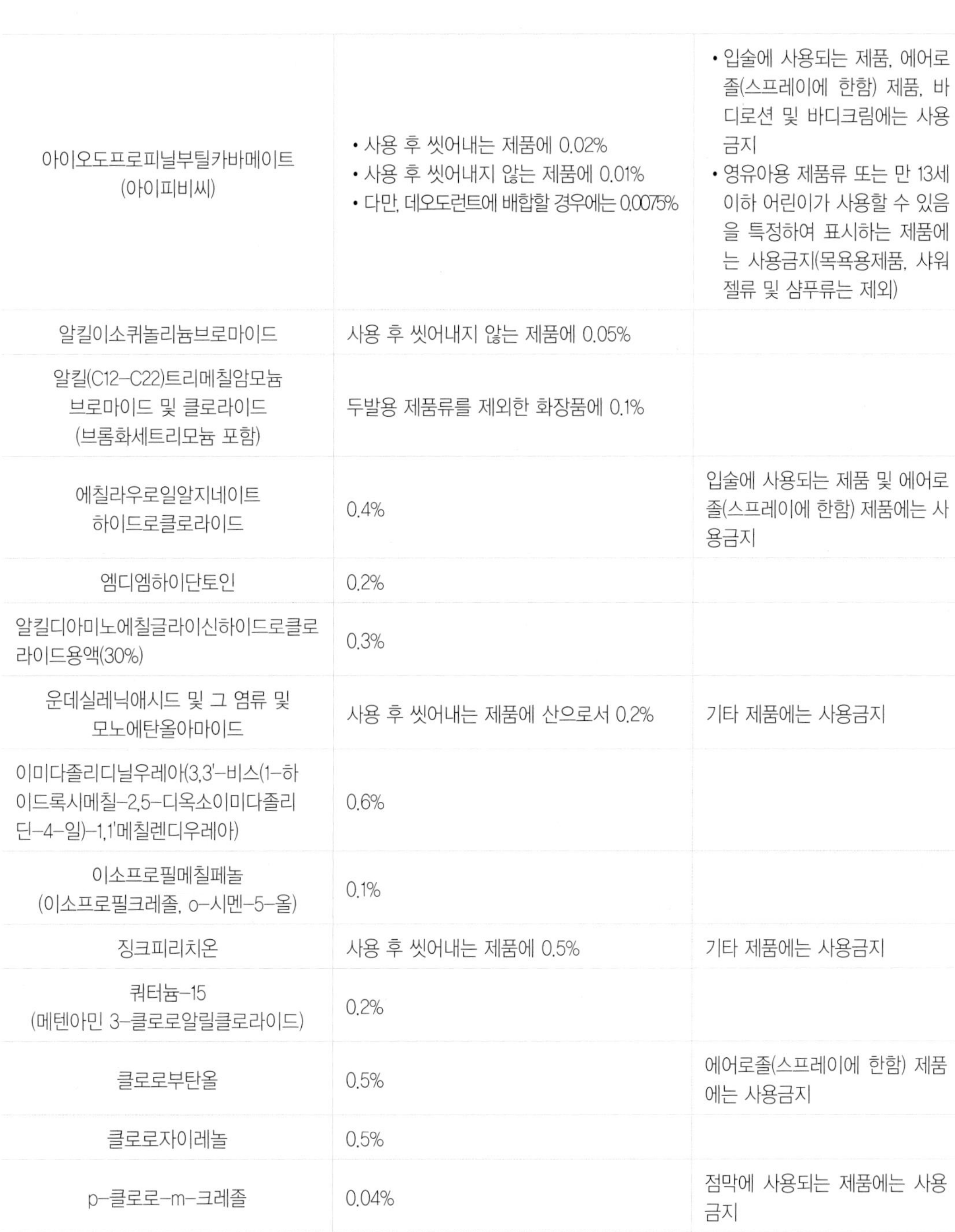

아이오도프로피닐부틸카바메이트 (아이피비씨)	• 사용 후 씻어내는 제품에 0.02% • 사용 후 씻어내지 않는 제품에 0.01% • 다만, 데오도런트에 배합할 경우에는 0.0075%	• 입술에 사용되는 제품, 에어로졸(스프레이에 한함) 제품, 바디로션 및 바디크림에는 사용금지 • 영유아용 제품류 또는 만 13세 이하 어린이가 사용할 수 있음을 특정하여 표시하는 제품에는 사용금지(목욕용제품, 샤워젤류 및 샴푸류는 제외)
알킬이소퀴놀리늄브로마이드	사용 후 씻어내지 않는 제품에 0.05%	
알킬(C12-C22)트리메칠암모늄 브로마이드 및 클로라이드 (브롬화세트리모늄 포함)	두발용 제품류를 제외한 화장품에 0.1%	
에칠라우로일알지네이트 하이드로클로라이드	0.4%	입술에 사용되는 제품 및 에어로졸(스프레이에 한함) 제품에는 사용금지
엠디엠하이단토인	0.2%	
알킬디아미노에칠글라이신하이드로클로라이드용액(30%)	0.3%	
운데실레닉애시드 및 그 염류 및 모노에탄올아마이드	사용 후 씻어내는 제품에 산으로서 0.2%	기타 제품에는 사용금지
이미다졸리디닐우레아(3,3'-비스(1-하이드록시메칠-2,5-디옥소이미다졸리딘-4-일)-1,1'메칠렌디우레아)	0.6%	
이소프로필메칠페놀 (이소프로필크레졸, o-시멘-5-올)	0.1%	
징크피리치온	사용 후 씻어내는 제품에 0.5%	기타 제품에는 사용금지
쿼터늄-15 (메텐아민 3-클로로알릴클로라이드)	0.2%	
클로로부탄올	0.5%	에어로졸(스프레이에 한함) 제품에는 사용금지
클로로자이레놀	0.5%	
p-클로로-m-크레졸	0.04%	점막에 사용되는 제품에는 사용금지
클로로펜(2-벤질-4-클로로페놀)	0.05%	
클로로페네신 (3-(p-클로로페녹시)-프로판-1,2-디올)	0.3%	

클로헥시딘, 그 디글루코네이트, 디아세테이트 및 디하이드로클로라이드	• 점막에 사용하지 않고 씻어내는 제품에 클로헥시딘으로서 0.1%, • 기타 제품에 클로헥시딘으로서 0.05%	
클림바졸[1-(4-클로로페녹시)-1-(1H-이미다졸릴)-3, 3-디메칠-2-부타논]	두발용 제품에 0.5%	기타 제품에는 사용금지
테트라브로모-o-크레졸	0.3%	
트리클로산	사용 후 씻어내는 인체세정용 제품류, 데오도런트(스프레이 제품 제외), 페이스파우더, 피부결점을 감추기 위해 국소적으로 사용하는 파운데이션(예 : 블레미쉬컨실러)에 0.3%	기타 제품에는 사용금지
트리클로카반(트리클로카바닐리드)	0.2%(다만, 원료 중 3,3',4,4'-테트라클로로아조벤젠 1ppm 미만, 3,3',4,4'-테트라클로로아족시벤젠 1ppm 미만 함유하여야 함)	
페녹시에탄올	1.0%	
페녹시이소프로판올(1-페녹시프로판-2-올)	사용 후 씻어내는 제품에 1.0%	기타 제품에는 사용금지
포믹애시드 및 소듐포메이트	포믹애시드로서 0.5%	
폴리(1-헥사메칠렌바이구아니드) 에이치씨엘	0.05%	에어로졸(스프레이에 한함) 제품에는 사용금지
프로피오닉애시드 및 그 염류	프로피오닉애시드로서 0.9%	
피록톤올아민(1-하이드록시-4-메칠-6(2,4,4-트리메칠펜틸)2-피리돈 및 그 모노에탄올아민염)	사용 후 씻어내는 제품에 1.0%, 기타 제품에 0.5%	
피리딘-2-올 1-옥사이드	0.5%	
p-하이드록시벤조익애시드, 그 염류 및 에스텔류 (다만, 에스텔류 중 페닐은 제외)	• 단일성분일 경우 0.4%(산으로서) • 혼합사용의 경우 0.8%(산으로서)	
헥세티딘	사용 후 씻어내는 제품에 0.1%	기타 제품에는 사용금지
헥사미딘(1,6-디(4-아미디노페녹시)-n-헥산) 및 그 염류(이세치오네이트 및 p-하이드록시벤조에이트)	헥사미딘으로서 0.1%	

* 염류의 예 : 소듐, 포타슘, 칼슘, 마그네슘, 암모늄, 에탄올아민, 클로라이드, 브로마이드, 설페이트, 아세테이트, 베타인 등
* 에스텔류 : 메칠, 에칠, 프로필, 이소프로필, 부틸, 이소부틸, 페닐

② 자외선 차단성분(30종) 기출

분야	범위
드로메트리졸트리실록산	15%
드로메트리졸	1.0%
디갈로일트리올리에이트	5%
디소듐페닐디벤즈이미다졸테트라설포네이트	산으로서 10%
디에칠헥실부타미도트리아존	10%
디에칠아미노하이드록시벤조일헥실벤조에이트	10%
로우손과 디하이드록시아세톤의 혼합물	로우손 0.25%, 디하이드록시아세톤 3%
메칠렌비스-벤조트리아졸릴테트라메칠부틸페놀	10%
4-메칠벤질리덴캠퍼	4%
멘틸안트라닐레이트	5%
벤조페논-3(옥시벤존)	5%
벤조페논-4	5%
벤조페논-8(디옥시벤존)	3%
부틸메톡시디벤조일메탄	5%
비스에칠헥실옥시페놀메톡시페닐트리아진	10%
시녹세이트	5%
에칠디하이드록시프로필파바	5%
옥토크릴렌	10%
에칠헥실디메칠파바	8%
에칠헥실메톡시신나메이트	7.5%
에칠헥실살리실레이트	5%
에칠헥실트리아존	5%
이소아밀-p-메톡시신나메이트	10%
폴리실리콘-15(디메치코디에칠벤잘말로네이트)	10%
징크옥사이드	25%
테레프탈릴리덴디캠퍼설포닉애시드 및 그 염류	산으로서 10%
티이에이-살리실레이트	12%
티타늄디옥사이드	25%
페닐벤즈이미다졸설포닉애시드	4%
호모살레이트	10%

* 다만, 제품의 변색방지를 목적으로 그 사용농도가 0.5% 미만인 것은 자외선 차단 제품으로 인정하지 아니한다.
* 염류 : 양이온염으로 소듐, 포타슘, 칼슘, 마그네슘, 암모늄 및 에탄올아민, 음이온염으로 클로라이드, 브로마이드, 설페이트, 아세테이트

③ 염모제 성분(48종)

분야 기출	범위	비고
p-니트로-o-페닐렌디아민	산화염모제에 1.5%	기타 제품에는 사용금지
니트로-p-페닐렌디아민	산화염모제에 3.0%	기타 제품에는 사용금지
2-메칠-5-히드록시에칠아미노페놀	산화염모제에 0.5%	기타 제품에는 사용금지
2-아미노-4-니트로페놀	산화염모제에 2.5%	기타 제품에는 사용금지
2-아미노-5-니트로페놀	산화염모제에 1.5%	기타 제품에는 사용금지
2-아미노-3-히드록시피리딘	산화염모제에 1.0%	기타 제품에는 사용금지
4-아미노-m-크레솔	산화염모제에 1.5%	기타 제품에는 사용금지
5-아미노-o-크레솔	산화염모제에 1.0%	기타 제품에는 사용금지
5-아미노-6-클로로-o-크레솔	• 산화염모제에 1.0% • 비산화염모제에 0.5%	기타 제품에는 사용금지
m-아미노페놀	산화염모제에 2.0%	기타 제품에는 사용금지
o-아미노페놀	산화염모제에 3.0%	기타 제품에는 사용금지
p-아미노페놀	산화염모제에 0.9%	기타 제품에는 사용금지
염산 2,4-디아미노페녹시에탄올	산화염모제에 0.5%	기타 제품에는 사용금지
염산 톨루엔-2,5-디아민	산화염모제에 3.2%	기타 제품에는 사용금지
염산 m-페닐렌디아민	산화염모제에 0.5%	기타 제품에는 사용금지
염산 p-페닐렌디아민	산화염모제에 3.3%	기타 제품에는 사용금지
염산 히드록시프로필비스 (N-히드록시에칠-p-페닐렌디아민)	산화염모제에 0.4%	기타 제품에는 사용금지
톨루엔-2,5-디아민	산화염모제에 2.0%	기타 제품에는 사용금지
m-페닐렌디아민	산화염모제에 1.0%	기타 제품에는 사용금지
p-페닐렌디아민	산화염모제에 2.0%	기타 제품에는 사용금지
N-페닐-p-페닐렌디아민 및 그 염류	산화염모제에 N-페닐-p-페닐렌디아민으로서 2.0%	기타 제품에는 사용금지
피크라민산	산화염모제에 0.6%	기타 제품에는 사용금지
황산 p-니트로-o-페닐렌디아민	산화염모제에 2.0%	기타 제품에는 사용금지
p-메칠아미노페놀 및 그 염류	산화염모제에 황산염으로서 0.68%	기타 제품에는 사용금지
황산 5-아미노-o-크레솔	산화염모제에 4.5%	기타 제품에는 사용금지
황산 m-아미노페놀	산화염모제에 2.0%	기타 제품에는 사용금지
황산 o-아미노페놀	산화염모제에 3.0%	기타 제품에는 사용금지
황산 p-아미노페놀	산화염모제에 1.3%	기타 제품에는 사용금지

황산 톨루엔-2,5-디아민	산화염모제에 3.6%	기타 제품에는 사용금지
황산 m-페닐렌디아민	산화염모제에 3.0%	기타 제품에는 사용금지
황산 p-페닐렌디아민	산화염모제에 3.8%	기타 제품에는 사용금지
황산 N,N-비스(2-히드록시에칠)-p-페닐렌디아민	산화염모제에 2.9%	기타 제품에는 사용금지
2,6-디아미노피리딘	산화염모제에 0.15%	기타 제품에는 사용금지
염산 2,4-디아미노페놀	산화염모제에 0.5%	기타 제품에는 사용금지
1,5-디히드록시나프탈렌	산화염모제에 0.5%	기타 제품에는 사용금지
피크라민산 나트륨	산화염모제에 0.6%	기타 제품에는 사용금지
황산 2-아미노-5-니트로페놀	산화염모제에 1.5%	기타 제품에는 사용금지
황산 o-클로로-p-페닐렌디아민	산화염모제에 1.5%	기타 제품에는 사용금지
황산 1-히드록시에칠-4,5-디아미노피라졸	산화염모제에 3.0%	기타 제품에는 사용금지
히드록시벤조모르포린	산화염모제에 1.0%	기타 제품에는 사용금지
6-히드록시인돌	산화염모제에 0.5%	기타 제품에는 사용금지
1-나프톨(α-나프톨)	산화염모제에 2.0%	기타 제품에는 사용금지
레조시놀	산화염모제에 2.0%	
2-메칠레조시놀	산화염모제에 0.5%	기타 제품에는 사용금지
몰식자산	산화염모제에 4.0%	
카테콜(피로카테콜)	산화염모제에 1.5%	기타 제품에는 사용금지
피로갈롤	염모제에 2.0%	기타 제품에는 사용금지
과붕산나트륨, 과붕산나트륨일수화물 과산화수소수, 과탄산나트륨	염모제(탈염·탈색 포함)에서 과산화수소로서 12.0%	

④ 기타 기출

분야	범위	비고
감광소 감광소 101호(플라토닌) 감광소 201호(쿼터늄-73) 감광소 301호(쿼터늄-51) 감광소 401호(쿼터늄-45) 기타의 감광소 의 합계량	0.002%	
건강틴크 칸타리스틴크 고추틴크 의 합계량	1%	

과산화수소 및 과산화수소 생성물질	• 두발용 제품류에 과산화수소로서 3% • 손톱경화용 제품에 과산화수소로서 2%	기타 제품에는 사용금지
글라이옥살	0.01%	
〈삭제〉	〈삭제〉	
α-다마스콘(시스-로즈 케톤-1)	0.02%	
디아미노피리미딘옥사이드(2,4-디아미노-피리미딘-3-옥사이드)	두발용 제품류에 1.5%	기타 제품에는 사용금지
땅콩오일, 추출물 및 유도체		원료 중 땅콩단백질의 최대 농도는 0.5ppm을 초과하지 않아야 함
라우레스-8, 9 및 10	2%	
레조시놀	• 산화염모제에 용법·용량에 따른 혼합물의 염모성분으로서 2.0% • 기타제품에 0.1%	
로즈 케톤-3	0.02%	
로즈 케톤-4	0.02%	
로즈 케톤-5	0.02%	
시스-로즈 케톤-2	0.02%	
트랜스-로즈 케톤-1	0.02%	
트랜스-로즈 케톤-2	0.02%	
트랜스-로즈 케톤-3	0.02%	
트랜스-로즈 케톤-5	0.02%	
리튬하이드록사이드	• 헤어스트레이트너 제품에 4.5% • 제모제에서 pH조정 목적으로 사용되는 경우 최종 제품의 pH는 12.7 이하	기타 제품에는 사용금지
만수국꽃 추출물 또는 오일	• 사용 후 씻어내는 제품에 0.1% • 사용 후 씻어내지 않는 제품에 0.01%	• 원료 중 알파 테르티에닐(테르티오펜) 함량은 0.35% 이하 • 자외선 차단제품 또는 자외선을 이용한 태닝(천연 또는 인공)을 목적으로 하는 제품에는 사용금지 • 만수국아재비꽃 추출물 또는 오일과 혼합 사용 시 '사용 후 씻어내는 제품'에 0.1%, '사용 후 씻어내지 않는 제품'에 0.01%를 초과하지 않아야 함

만수국아재비꽃 추출물 또는 오일	• 사용 후 씻어내는 제품에 0.1% • 사용 후 씻어내지 않는 제품에 0.01%	• 원료 중 알파 테르티에닐(테르티오펜) 함량은 0.35% 이하 • 자외선 차단제품 또는 자외선을 이용한 태닝(천연 또는 인공)을 목적으로 하는 제품에는 사용금지 • 만수국꽃 추출물 또는 오일과 혼합 사용 시 '사용 후 씻어내는 제품'에 0.1%, '사용 후 씻어내지 않는 제품'에 0.01%를 초과하지 않아야 함
머스크자일렌	• 향수류 – 향료원액을 8% 초과하여 함유하는 제품에 1.0% – 향료원액을 8% 이하로 함유하는 제품에 0.4% • 기타 제품에 0.03%	
머스크케톤	• 향수류 – 향료원액을 8% 초과하여 함유하는 제품 1.4% – 향료원액을 8% 이하로 함유하는 제품 0.56% • 기타 제품에 0.042%	
3-메칠논-2-엔니트릴	0.2%	
메칠 2-옥티노에이트 (메칠헵틴카보네이트)	0.01% (메칠옥틴카보네이트와 병용 시 최종제품에서 두 성분의 합은 0.01%, 메칠옥틴카보네이트는 0.002%)	
메칠옥틴카보네이트 (메칠논-2-이노에이트)	0.002% (메칠 2-옥티노에이트와 병용 시 최종제품에서 두 성분의 합이 0.01%)	
p-메칠하이드로신나믹알데하이드	0.2%	
메칠헵타디에논	0.002%	
메톡시디시클로펜타디엔카르복스알데하이드	0.5%	
무기설파이트 및 하이드로젠설파이트류	산화염모제에서 유리 SO_2로 0.67%	기타 제품에는 사용금지
베헨트리모늄 클로라이드	(단일성분 또는 세트리모늄 클로라이드, 스테아트리모늄클로라이드와 혼합사용의 합으로서) • 사용 후 씻어내는 두발용 제품류 및 두발 염색용 제품류에 5.0% • 사용 후 씻어내지 않는 두발용 제품류 및 두발 염색용 제품류에 3.0%	세트리모늄 클로라이드 또는 스테아트리모늄 클로라이드와 혼합 사용하는 경우 세트리모늄 클로라이드 및 스테아트리모늄 클로라이드의 합은 '사용 후 씻어내지 않는 두발용 제품류'에 1.0% 이하, '사용 후 씻어내는 두발용 제품류 및 두발 염색용 제품류'에 2.5% 이하여야 함)

4-tert-부틸디하이드로신남알데하이드	0.6%	
1,3-비스(하이드록시메칠)이미다졸리딘-2-치온	두발용 제품류 및 손발톱용 제품류에 2%(다만, 에어로졸(스프레이에 한함) 제품에는 사용금지)	기타 제품에는 사용금지
비타민E(토코페롤)	20%	
살리실릭애시드 및 그 염류	• 인체세정용 제품류에 살리실릭애시드로서 2% • 사용 후 씻어내는 두발용 제품류에 살리실릭애시드로서 3%	• 영유아용 제품류 또는 만 13세 이하 어린이가 사용할 수 있음을 특정하여 표시하는 제품에는 사용금지(다만, 샴푸는 제외) • 기능성화장품의 유효성분으로 사용하는 경우에 한하며 기타 제품에는 사용금지
세트리모늄 클로라이드, 스테아트리모늄 클로라이드	(단일성분 또는 혼합사용의 합으로서) • 사용 후 씻어내는 두발용 제품류 및 두발용 염색용 제품류에 2.5% • 사용 후 씻어내지 않는 두발용 제품류 및 두발 염색용 제품류에 1.0%	
소듐나이트라이트	0.2%	2급, 3급 아민 또는 기타 니트로사민형성물질을 함유하고 있는 제품에는 사용금지
소합향나무(Liquidambar Orientalis) 발삼오일 및 추출물	0.6%	
수용성 징크 염류(징크 4-하이드록시벤젠설포네이트와 징크피리치온 제외)	징크로서 1%	
시스테인, 아세틸시스테인 및 그 염류	퍼머넌트웨이브용 제품에 시스테인으로서 3.0~7.5% (다만, 가온2욕식 퍼머넌트웨이브용 제품의 경우에는 시스테인으로서 1.5~5.5%, 안정제로서 치오글라이콜릭애시드 1.0%를 배합할 수 있으며, 첨가하는 치오글라이콜릭애시드의 양을 최대한 1.0%로 했을 때 주성분인 시스테인의 양은 6.5%를 초과할 수 없다)	
실버나이트레이트	속눈썹 및 눈썹 착색용도의 제품에 4%	기타 제품에는 사용금지
아밀비닐카르비닐아세테이트	0.3%	
아밀시클로펜테논	0.1%	
아세틸헥사메칠인단	사용 후 씻어내지 않는 제품에 2%	
아세틸헥사메칠테트라린	• 사용 후 씻어내지 않는 제품 0.1%(다만, 하이드로알콜성 제품에 배합할 경우 1%, 순수향료 제품에 배합할 경우 2.5%, 방향크림에 배합할 경우 0.5%) • 사용 후 씻어내는 제품 0.2%	

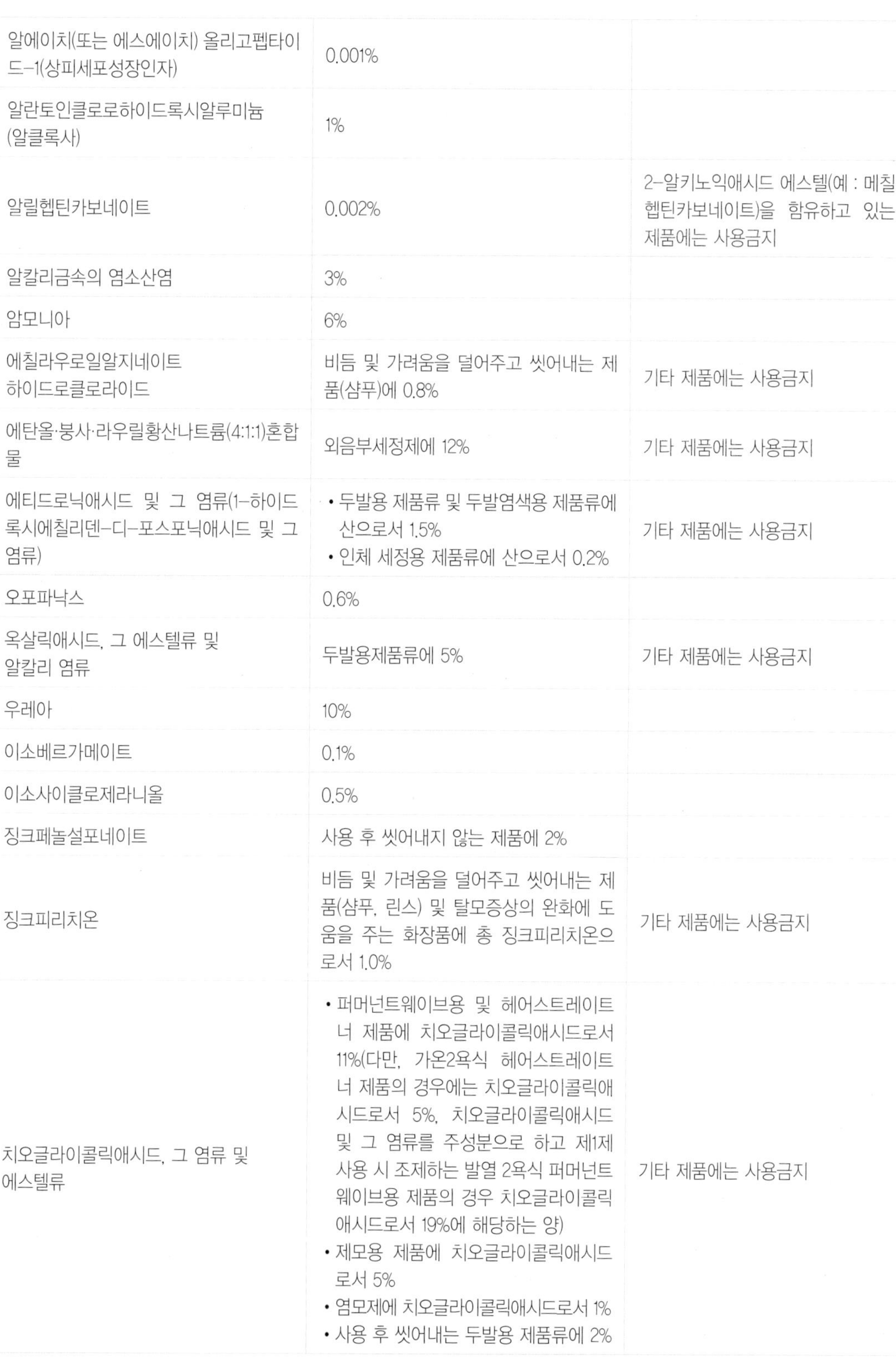

알에이치(또는 에스에이치) 올리고펩타이드-1(상피세포성장인자)	0.001%	
알란토인클로로하이드록시알루미늄(알클록사)	1%	
알릴헵틴카보네이트	0.002%	2-알키노익애시드 에스텔(예 : 메칠헵틴카보네이트)을 함유하고 있는 제품에는 사용금지
알칼리금속의 염소산염	3%	
암모니아	6%	
에칠라우로일알지네이트 하이드로클로라이드	비듬 및 가려움을 덜어주고 씻어내는 제품(샴푸)에 0.8%	기타 제품에는 사용금지
에탄올·붕사·라우릴황산나트륨(4:1:1)혼합물	외음부세정제에 12%	기타 제품에는 사용금지
에티드로닉애시드 및 그 염류(1-하이드록시에칠리덴-디-포스포닉애시드 및 그 염류)	• 두발용 제품류 및 두발염색용 제품류에 산으로서 1.5% • 인체 세정용 제품류에 산으로서 0.2%	기타 제품에는 사용금지
오포파낙스	0.6%	
옥살릭애시드, 그 에스텔류 및 알칼리 염류	두발용제품류에 5%	기타 제품에는 사용금지
우레아	10%	
이소베르가메이트	0.1%	
이소사이클로제라니올	0.5%	
징크페놀설포네이트	사용 후 씻어내지 않는 제품에 2%	
징크피리치온	비듬 및 가려움을 덜어주고 씻어내는 제품(샴푸, 린스) 및 탈모증상의 완화에 도움을 주는 화장품에 총 징크피리치온으로서 1.0%	기타 제품에는 사용금지
치오글라이콜릭애시드, 그 염류 및 에스텔류	• 퍼머넌트웨이브용 및 헤어스트레이트너 제품에 치오글라이콜릭애시드로서 11%(다만, 가온2욕식 헤어스트레이트너 제품의 경우에는 치오글라이콜릭애시드로서 5%, 치오글라이콜릭애시드 및 그 염류를 주성분으로 하고 제1제 사용 시 조제하는 발열 2욕식 퍼머넌트웨이브용 제품의 경우 치오글라이콜릭애시드로서 19%에 해당하는 양) • 제모용 제품에 치오글라이콜릭애시드로서 5% • 염모제에 치오글라이콜릭애시드로서 1% • 사용 후 씻어내는 두발용 제품류에 2%	기타 제품에는 사용금지

칼슘하이드록사이드	• 헤어스트레이트너 제품에 7% • 제모제에서 pH 조정 목적으로 사용되는 경우 최종 제품의 pH는 12.7 이하	기타 제품에는 사용금지
Commiphora Erythrea Engler Var. Glabrescens 검 추출물 및 오일	0.6%	
쿠민(Cuminum Cyminum) 열매 오일 및 추출물	사용 후 씻어내지 않는 제품에 쿠민오일로서 0.4%	
퀴닌 및 그 염류	• 샴푸에 퀴닌염으로서 0.5% • 헤어로션에 퀴닌염로서 0.2%	기타 제품에는 사용금지
클로라민T	0.2%	
톨루엔	손발톱용 제품류에 25%	기타 제품에는 사용금지
트리알킬아민, 트리알칸올아민 및 그 염류	사용 후 씻어내지 않는 제품에 2.5%	
트리클로산	사용 후 씻어내는 제품류에 0.3%	기능성화장품의 유효성분으로 사용하는 경우에 한하며 기타 제품에는 사용금지
트리클로카반(트리클로카바닐리드)	사용 후 씻어내는 제품류에 1.5%	기능성화장품의 유효성분으로 사용하는 경우에 한하며 기타 제품에는 사용금지
페릴알데하이드	0.1%	
페루발삼 (Myroxylon Pereirae의 수지) 추출물(Extracts), 증류물(Distillates)	0.4%	
포타슘하이드록사이드 또는 소듐하이드록사이드	• 손톱표피 용해 목적일 경우 5%, pH 조정 목적으로 사용되고 최종 제품이 제5조제5항에 pH기준이 정하여 있지 아니한 경우에도 최종 제품의 pH는 11이하 • 제모제에서 pH조정 목적으로 사용되는 경우 최종 제품의 pH는 12.7 이하	
폴리아크릴아마이드류	• 사용 후 씻어내지 않는 바디화장품에 잔류 아크릴아마이드로서 0.00001% • 기타 제품에 잔류 아크릴아마이드로서 0.00005%	
풍나무(Liquidambar styraciflua) 발삼오일 및 추출물	0.6%	
프로필리덴프탈라이드	0.01%	
하이드롤라이즈드밀단백질		원료 중 펩타이드의 최대 평균분자량은 3.5 kDa 이하이어야 함
트랜스-2-헥세날	0.002%	
2-헥실리덴사이클로펜타논	0.06%	

* 염류의 예 : 소듐, 포타슘, 칼슘, 마그네슘, 암모늄, 에탄올아민, 클로라이드, 브로마이드, 설페이트, 아세테이트, 베타인 등
* 에스텔류 : 메칠, 에칠, 프로필, 이소프로필, 부틸, 이소부틸, 페닐

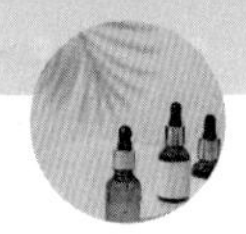

기출 유형

다음 괄호 안에 들어갈 단어를 기재하시오.

* ( )의 예 : 소듐, 포타슘, 칼슘, 마그네슘, 암모늄, 에탄올아민, 클로라이드, 브로마이드, 설페이트, 아세테이트, 베타인 등
* 에스텔류 : 메칠, 에칠, 프로필, 이소프로필, 부틸, 이소부틸, 페닐

정답 : 염류

Tip 사용상의 제한이 필요한 원료와 사용기준

「화장품 안전기준 등에 관한 규정」 제4조, [별표 2]의 사용상의 제한이 필요한 원료와 사용기준에서는 살균·보존제 성분, 자외선차단제 성분, 염모제 성분 및 기타 성분의 사용기준을 정하고 있으며, 염류와 에스텔류의 예시를 설명하고 있다.

2) 기능성화장품의 원료에 대한 사용기준 기출

(1) 미백 성분

성분	함량
닥나무추출물	2%
알부틴	2~5%
알파-비사보롤	0.5%
유용성감초추출물	0.05%
에칠아스코빌에텔	1~5%
아스코빌글루코사이드	2%
아스코빌테트라이소팔미테이트	2%
마그네슘아스코빌포스페이트	3%
나이아신아마이드	2~5%

(2) 주름개선 성분

성분	함량
레티놀	2,500IU/g
레티닐 팔미테이트	10,000IU/g
폴리에톡실레이티드 레틴아마이드	0.05~0.2%
아데노신	0.04%

(3) 제모제 성분

성분	함량
치오글리콜산 80%(치오글리콜리애시드 80%)	치오글리콜산으로서 3.0~4.5%

(4) 여드름 완화 성분

성분	함량
살리실릭산 (살리실릭애시드)	0.5%

살리실릭애시드의 사용한도

① 보존제(사용제한 원료)로서 0.5%
② 여드름성 피부 완화(씻어내는 제품에만) 0.5%
③ 인체세정용으로 씻어내는 제품류 2%
④ 사용 후 씻어내는 두발용 제품류 3%
⑤ 영유아용 또는 어린이(만 13세 이하)가 사용할 수 있음을 특정하여 표시한 제품(샴푸 제외)에는 사용 금지
⑥ 기능성화장품 유효성분 외의 기타제품에는 사용 금지

3.1.3 화장품의 함유 성분별 사용 시의 주의사항 표시 문구

「화장품 사용 시의 주의사항 및 알레르기 유발성분 표시에 관한 규정」 제2조에 따라 화장품의 안전정보와 관련하여 기재·표시하도록 식품의약품안전처장이 정하여 고시하는 사용 시의 주의사항은 다음과 같다.

대상 제품	표시 문구
과산화수소 및 과산화수소 생성물질 함유 제품	눈에 접촉을 피하고 눈에 들어갔을 때는 즉시 씻어낼 것
벤잘코늄클로라이드, 벤잘코늄브로마이드 및 벤잘코늄사카리네이트 함유 제품	눈에 접촉을 피하고 눈에 들어갔을 때는 즉시 씻어낼 것
스테아린산아연 함유 제품 (기초화장용 제품류 중 파우더 제품에 한함)	사용 시 흡입되지 않도록 주의할 것
살리실릭애시드 및 그 염류 함유 제품 (샴푸 등 사용 후 바로 씻어내는 제품 제외)	만 3세 이하 어린이에게는 사용하지 말 것
실버나이트레이트 함유 제품	눈에 접촉을 피하고 눈에 들어갔을 때는 즉시 씻어낼 것
아이오도프로피닐부틸카바메이트(IPBC) 함유 제품(목욕용 제품, 샴푸류 및 바디클렌저 제외)	만 3세 이하 어린이에게는 사용하지 말 것
알루미늄 및 그 염류 함유 제품 (체취방지용 제품류에 한함)	신장 질환이 있는 사람은 사용 전에 의사, 약사, 한의사와 상의할 것
알부틴 2% 이상 함유 제품	알부틴은 「인체적용시험자료」에서 구진과 경미한 가려움이 보고된 예가 있음
카민 함유 제품	카민 성분에 과민하거나 알레르기가 있는 사람은 신중히 사용할 것
코치닐추출물 함유 제품	코치닐추출물 성분에 과민하거나 알레르기가 있는 사람은 신중히 사용할 것
포름알데하이드 0.05% 이상 검출된 제품	포름알데하이드 성분에 과민한 사람은 신중히 사용할 것
폴리에톡실레이티드레틴아마이드 0.2% 이상 함유 제품	폴리에톡실레이티드레틴아마이드는 「인체적용시험자료」에서 경미한 발적, 피부건조, 화끈감, 가려움, 구진이 보고된 예가 있음

부틸파라벤, 프로필파라벤, 이소부틸파라벤 또는 이소프로필파라벤 함유 제품[영·유아용 제품류 및 기초화장용 제품류(만 3세 이하 어린이가 사용하는 제품) 중 사용 후 씻어내지 않는 제품에 한함]	만 3세 이하 어린이의 기저귀가 닿는 부위에는 사용하지 말 것

3.1.4 맞춤형화장품에 사용할 수 있는 원료

「화장품 안전기준 등에 관한 규정」 제5조(맞춤형화장품에 사용 가능한 원료)에 의해 다음의 원료를 제외한 원료는 맞춤형화장품에 사용할 수 있다.

① [별표 1]의 화장품에 사용할 수 없는 원료

② [별표 2]의 화장품에 사용상의 제한이 필요한 원료

③ 식품의약품안전처장이 고시한 기능성화장품의 효능·효과를 나타내는 원료(다만, 맞춤형화장품판매업자에게 원료를 공급하는 화장품책임판매업자가 「화장품법」 제4조에 따라 해당 원료를 포함하여 기능성화장품에 대한 심사 받거나 보고서를 제출한 경우는 제외)

「화장품 안전기준 등에 관한 규정」 강화

위해평가 결과 및 해외 규제동향을 고려하여 사용금지 원료를 추가하고, 사용제한 원료 추가 및 원료의 사용제한 기준을 강화함

① 화장품 사용금지 원료 추가
- "천수국꽃 추출물 또는 오일"을 사용금지 원료로 추가함

② 화장품 사용제한 기준 강화
- "만수국꽃 추출물 또는 오일" 등 4종 성분과 'p-클로로-m-크레졸' 등 5종 성분에 대하여 사용제한 기준을 강화하고, 땅콩오일추출물 및 유도체(보습제, 용매), 만수국꽃 추출물 또는 오일, 만수국아재비꽃 추출물 또는 오일을 신설함

성분명	강화내용
4,4-디메칠-1,3-옥사졸리딘(디메칠옥사졸리딘)	0.05%
메칠이소치아졸리논	사용 후 씻어내는 제품에 0.0015%
p-클로로-m-크레졸	0.04%
클로로펜(2-벤질-4-클로로페놀)	0.05%
프로피오닉애시드 및 그 염류	0.9%
땅콩오일, 추출물 및 유도체	땅콩단백질의 최대 농도는 0.5ppm 이하
만수국꽃 추출물 또는 오일	• 사용 후 씻어내는 제품에 0.1% • 사용 후 씻어내지 않는 제품에 0.01%
만수국아재비꽃 추출물 또는 오일	• 사용 후 씻어내는 제품에 0.1% • 사용 후 씻어내지 않는 제품에 0.01%
하이드롤라이즈드밀단백질	펩타이드의 최대 평균분자량은 3.5kDa 이하

③ 어린이 위해 우려 보존제의 사용금지 연령 범위 확대
안전성의 우려로 인하여 현재 만 3세 이하 어린이에게만 사용금지인 보존제 2종(살리실릭애시드 및 그 염류, 아이오도프로피닐부틸카바메이트)에 대하여 만 13세 이하 어린이용 표시 대상 제품까지 사용금지를 추가·확대함

④ 염모제로 사용할 수 있는 성분 추가 및 농도상한 기준 신설
기능성화장품 심사사례 등을 근거로 '6-히드록시인돌' 등 7개 성분을 염모제로 사용할 수 있도록 추가하고, 사용 시 원료별 농도상한 기준을 두어 사용을 제한함

▶참고: 식품의약품안전처 공고 제2019 - 352호(2019.07.23.)

아이오도프로피닐부틸카바메이트(IPBC)의 사용한도
① 사용 후 씻어내지 않는 제품에 0.01% ② 사용 후 씻어내는 제품에 0.02% ③ 데오도런트에 배합할 경우에는 0.0075% ④ 입술에 사용되는 제품, 에어로졸(스프레이에 한함) 제품, 바디로션 및 바디크림에는 사용금지 ⑤ 영유아용 제품류 또는 만 13세 이하 어린이가 사용할 수 있음을 특정하여 표시하는 제품에는 사용금지(목욕용 제품, 샤워젤류 및 샴푸류는 제외)

3.2 착향제(향료) 성분 중 알레르기 유발 물질 기출

착향제의 구성성분 중 알레르기 유발 성분(25종)

• 아밀신남알 • 벤질알코올 • 신나밀알코올 • 시트랄 • 유제놀 • 하이드록시스트로넬알 • 아이소유제놀	• 아밀신나밀알코올 • 벤질살리실레이트 • 신남알 • 쿠마린 • 제라니올 • 아니스알코올 • 벤질산나메이트	• 파네솔 • 부틸페닐메틸프로피오날 • 리날로올 • 벤질벤조에이트 • 시트로넬올 • 헥실신남알 • 리모넨	• 메틸2-옥티노에이트 • 알파-아이소메틸아이오논 • 참나무이끼추출물 • 나무이끼추출물

화장품법 시행규칙(2018.12.31. 개정)에 따라 화장품의 구성성분 중 알레르기를 유발하는 성분에 대한 표시의무화가 2020년 1월부터 시행되었으며 「화장품 사용 시의 주의사항 및 알레르기 유발성분 표시에 관한 규정」[별표 2]에 기재된 25종 성분에 대하여 해당 성분의 명칭을 반드시 기재하도록 한다.

※ 사용 후 씻어내는 제품에서 0.01% 초과, 사용 후 씻어내지 않는 제품에서 0.001% 초과하는 경우에 한함

기출 유형

맞춤형화장품 매장에 근무하는 조제관리사에게 향료 알레르기가 있는 고객이 제품에 대해 문의를 해왔다. 조제관리사가 제품에 부착된 <보기>의 설명서를 참조하여 고객에게 안내해야 할 말로 가장 적절한 것은?

〈보기〉
• 제품명: 유기농 모이스춰로션 • 제품의 유형: 액상 에멀젼류 • 내용량: 50g • 전성분: 정제수, 1,3부틸렌글리콜, 글리세린, 스쿠알란, 호호바유, 모노스테아린산글리세린, 피이지 소르비탄지방산에스터, 1,2헥산디올, 녹차추출물, 황금추출물, 참나무이끼추출물, 토코페롤, 잔탄검, 구연산나트륨, 수산화칼륨, 벤질알코올, 유제놀, 리모넨

① 이 제품은 유기농 화장품으로 알레르기 반응을 일으키지 않습니다.
② 이 제품은 알레르기는 면역성이 있어 반복해서 사용하면 완화될 수 있습니다.
③ 이 제품은 조제관리사가 조제한 제품이어서 알레르기 반응을 일으키지 않습니다.
④ 이 제품은 알레르기 완화 물질이 첨가되어 있어 알레르기 체질 개선에 효과가 있습니다.
⑤ 이 제품은 알레르기를 유발할 수 있는 성분이 포함되어 있어 사용 시 주의를 요합니다. 정답 : ⑤

Tip 알레르기를 유발하는 성분에 대한 표시의무화
화장품법 시행규칙에 따라 화장품의 구성성분 중 알레르기를 유발하는 성분에 대한 표시의무화가 2020년 1월부터 시행되었으며 「화장품 사용 시의 주의사항 및 알레르기 유발성분 표시에 관한 규정」[별표2]에 기재된 25종 성분에 대하여 해당 성분의 명칭을 반드시 기재하도록 한다.

CHAPTER

04 화장품 관리

Check Point!

화장품 관리에서는 화장품의 취급, 보관, 사용 방법 및 사용상 주의사항에 대한 이해를 바탕으로 다음의 내용을 숙지하도록 한다.

- 화장품의 취급과 보관방법
- 화장품의 사용방법
- 화장품의 사용기한 또는 개봉 후 사용기간
- 화장품의 사용상 주의사항

4.1 화장품의 취급과 보관방법

「화장품법」 제5조 제2항 및 「화장품법 시행규칙」 제12조 제2항에 따라 「우수화장품 제조 및 품질관리기준」에 관한 세부사항을 정하고, 이를 이행하도록 권장함으로써 우수한 화장품을 제조·공급하여 소비자보호 및 국민 보건 향상에 기여하도록 한다.

4.1.1 화장품 취급 및 보관관리에서 필요한 용어 정리 기출

「우수화장품 제조 및 품질관리기준」 제2조에서 정의한 각 용어의 뜻은 다음과 같다.

①	제조 기출	원료 물질의 칭량부터 혼합, 충전(1차 포장), 2차 포장 및 표시 등의 일련의 작업
②	품질보증	제품이 적합 판정 기준에 충족될 것이라는 신뢰를 제공하는 데 필수적인 모든 활동
③	일탈	제조 또는 품질관리 활동 등의 미리 정하여진 기준을 벗어나 이루어진 행위
④	기준일탈 (Out-Of-Specification)	규정된 합격 판정 기준에 일치하지 않는 검사, 측정 또는 시험결과
⑤	원료	벌크 제품의 제조에 투입하거나 포함되는 물질
⑥	원자재	화장품 원료 및 자재
⑦	불만	제품이 규정된 적합판정기준을 충족시키지 못한다고 주장하는 외부 정보
⑧	회수	판매한 제품 가운데 품질 결함이나 안전성 문제 등으로 나타난 제조번호의 제품(필요시 여타 제조번호 포함)을 제조소로 거두어들이는 활동
⑨	오염	제품에서 화학적, 물리적, 미생물학적 문제 또는 이들이 조합되어 나타내는 바람직하지 않은 문제의 발생

⑩	청소	화학적인 방법, 기계적인 방법, 온도, 적용시간과 이러한 복합된 요인에 의해 청정도를 유지하고 일반적으로 표면에서 눈에 보이는 먼지를 분리, 제거하여 외관을 유지하는 모든 작업
⑪	유지관리	적절한 작업 환경에서 건물과 설비가 유지되도록 정기적·비정기적인 지원 및 검증 작업
⑫	주요 설비	제조 및 품질 관련 문서에 명기된 설비로 제품의 품질에 영향을 미치는 필수적인 설비
⑬	교정	규정된 조건 하에서 측정기기나 측정 시스템에 의해 표시되는 값과 표준기기의 참값을 비교하여 이들의 오차가 허용범위 내에 있음을 확인하고, 허용범위를 벗어나는 경우 허용범위 내에 들도록 조정하는 것
⑭	제조번호 (또는 뱃치번호)	일정한 제조단위분에 대하여 제조관리 및 출하에 관한 모든 사항을 확인할 수 있도록 표시된 번호로서 숫자·문자·기호 또는 이들의 특정적인 조합
⑮	반제품	제조공정 단계에 있는 것으로서 필요한 제조공정을 더 거쳐야 벌크 제품이 되는 것
⑯	벌크 제품	충전(1차 포장) 이전의 제조 단계까지 끝낸 제품
⑰	제조단위(또는 뱃치)	하나의 공정이나 일련의 공정으로 제조되어 균질성을 갖는 화장품의 일정한 분량
⑱	완제품	출하를 위해 제품의 포장 및 첨부문서에 표시공정 등을 포함한 모든 제조공정이 완료된 화장품
⑲	재작업	적합 판정기준을 벗어난 완제품, 벌크제품 또는 반제품을 재처리하여 품질이 적합한 범위에 들어오도록 하는 작업
⑳	수탁자	직원, 회사 또는 조직을 대신하여 작업을 수행하는 사람, 회사 또는 외부 조직
㉑	공정관리	제조공정 중 적합판정기준의 충족을 보증하기 위하여 공정을 모니터링하거나 조정하는 모든 작업
㉒	감사	제조 및 품질과 관련한 결과가 계획된 사항과 일치하는지의 여부와 제조 및 품질관리가 효과적으로 실행되고 목적 달성에 적합한지 여부를 결정하기 위한 체계적이고 독립적인 조사
㉓	변경관리	모든 제조, 관리 및 보관된 제품이 규정된 적합판정기준에 일치하도록 보장하기 위하여 우수화장품 제조 및 품질관리기준이 적용되는 모든 활동을 내부 조직의 책임하에 계획하여 변경하는 것
㉔	내부감사	제조 및 품질과 관련한 결과가 계획된 사항과 일치하는지의 여부와 제조 및 품질관리가 효과적으로 실행되고 목적 달성에 적합한지 여부를 결정하기 위한 회사 내 자격이 있는 직원에 의해 행해지는 체계적이고 독립적인 조사
㉕	포장재	화장품의 포장에 사용되는 모든 재료를 말하며 운송을 위해 사용되는 외부 포장재는 제외함. 제품과 직접적으로 접촉하는지 여부에 따라 1차 또는 2차 포장재로 나뉨
㉖	적합 판정 기준	시험 결과의 적합 판정을 위한 수적인 제한, 범위 또는 기타 적절한 측정법
㉗	소모품	청소, 위생 처리 또는 유지 작업 동안에 사용되는 물품(세척제, 윤활제 등)
㉘	관리	적합 판정 기준을 충족시키는 검증
㉙	제조소	화장품을 제조하기 위한 장소
㉚	건물	제품, 원료 및 포장재의 수령, 보관, 제조, 관리 및 출하를 위해 사용되는 물리적 장소, 건축물 및 보조 건축물

㉚	위생관리	대상물의 표면에 있는 바람직하지 못한 미생물 등 오염물을 감소시키기 위해 시행되는 작업
㉚	출하	주문 준비와 관련된 일련의 작업과 운송 수단에 적재하는 활동으로 제조소 외로 제품을 운반하는 것

4.1.2 화장품의 원료, 반제품, 벌크제품의 취급 및 보관방법

「우수화장품 제조 및 품질관리기준」 제13조(보관관리)의 원자재, 반제품, 벌크 제품의 취급 및 보관관리 방법은 다음과 같다.

①	원자재, 반제품 및 벌크 제품은 품질에 나쁜 영향을 미치지 아니하는 조건에서 보관하여야 하며 보관기한을 설정하여야 한다.
②	원자재, 반제품 및 벌크 제품은 바닥과 벽에 닿지 아니하도록 보관하고, 선입선출에 의하여 출고할 수 있도록 보관하여야 한다.
③	원자재, 시험 중인 제품 및 부적합품은 각각 구획된 장소에서 보관하여야 한다. 다만, 서로 혼동을 일으킬 우려가 없는 시스템에 의하여 보관되는 경우에는 그러하지 아니한다.
④	설정된 보관기한이 지나면 사용의 적절성을 결정하기 위해 재평가시스템을 확립하여야 하며, 동 시스템을 통해 보관기한이 경과한 경우 사용하지 않도록 규정하여야 한다.

4.1.3 화장품 완제품의 취급 및 보관방법

「우수화장품 제조 및 품질관리기준」 제19조(보관 및 출고)의 완제품의 취급 및 보관방법은 다음과 같다.

①	완제품은 적절한 조건하의 정해진 장소에서 보관하여야 하며, 주기적으로 재고 점검을 수행해야 한다.
②	완제품은 시험결과 적합으로 판정되고 품질보증부서 책임자가 출고 승인한 것만을 출고하여야 한다.
③	출고는 선입선출방식으로 하되, 타당한 사유가 있는 경우에는 그러지 아니할 수 있다.
④	출고할 제품은 원자재, 부적합품 및 반품된 제품과 구획된 장소에서 보관하여야 한다. 다만 서로 혼동을 일으킬 우려가 없는 시스템에 의하여 보관되는 경우에는 그러하지 아니할 수 있다.

4.2 화장품의 사용방법

4.2.1 화장품의 사용방법

① 화장품은 직사광선을 피해 습도가 낮은 서늘한 곳에 보관해야 한다.

② 화장품 사용 전에는 반드시 손을 깨끗하게 씻고, 크림류 등의 화장품을 덜어 쓸 때에는 스파출러 등의 도구를 이용하여 사용한다.

③ 화장품 뚜경을 여닫는 시간을 최소화하고 사용 후 반드시 뚜껑을 닫는다.

④ 화장품 사용 시에 사용되는 도구는 일회용 도구(메이크업스펀지 등)를 사용하거나 자주 교체해주는 것이 좋으며, 필요 시 중성세제로 세척하고 잘 건조시켜 사용한다.

⑤ 사용기한 또는 개봉 후 사용기간을 준수하고, 변질되거나 사용기한 또는 개봉 후 사용기간이 경과한 제품은 폐기처분한다.

4.2.2 화장품의 사용기한 또는 개봉 후 사용기간

1) 사용기한

① 사용기한이란 화장품이 제조된 날부터 적절한 보관 상태에서 제품이 고유의 특성을 간직한 채 소비자가 안정적으로 사용할 수 있는 최소한의 기한을 말한다.

② 사용기한은 "사용기한" 또는 "까지" 등의 문자와 "연월일"을 소비자가 알기 쉽도록 기재·표시해야 한다. 다만, "연월"로 표시하는 경우 사용기한을 넘지 않는 범위에서 기재·표시해야 한다.

③ 수입화장품의 경우 주로 MFG(Manufacturin), MFD(Manufactured)와 함께 '연/월/일' 형식으로 제조날짜, BE(Before) 또는 EXP(Expired) 등 사용기한을 표시하며, 제조국가별로 다른 방식으로 표기되어 있는 경우도 있다.

MFG200815
BE230301

▶제조: 2020년 8월 15일, 사용기한 2023년 3월 1일

M2000108
EXP15/08/23

▶제조: 2020년 1월 1일(2020년 첫째날, 생산라인08), 사용기한 2023년 8월 15일

2) 개봉 후 사용기간

① 개봉 후 사용기한은 개봉 이후 제품을 안전하게 사용할 수 있는 최대 기한을 말한다.

② 개봉 후 사용기간은 "개봉 후 사용기간"이라는 문자와 "ㅇㅇ월" 또는 "ㅇㅇ개월"을 조합하여 기재·표시하거나, 개봉 후 사용기간을 나타내는 심벌과 기간을 기재·표시할 수 있다.

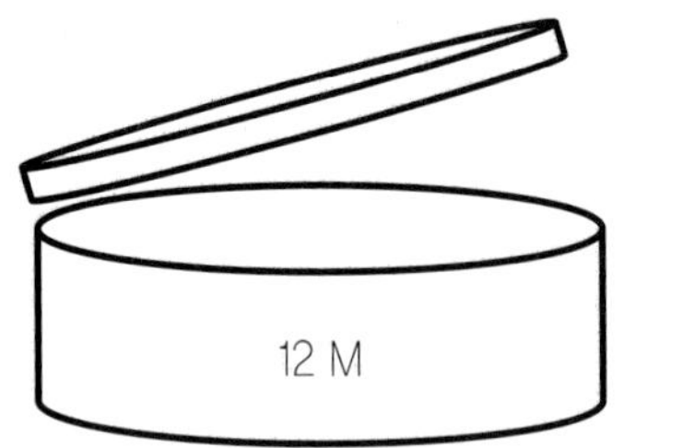

〈개봉 후 사용기간이 12개월 이내인 제품인 경우 심벌과 기간표시〉

③ 개봉 후 사용기간은 리퀴드 제품일수록 짧고, 파우더 제품일수록 긴 경향이 있으며 제품별 일반적인 개

봉 후 사용기간은 다음과 같다.

제품	개봉 후 사용기한
기초화장품(스킨, 로션, 크림 등)	12개월
기능성화장품(미백, 주름개선 등)	1~6개월
자외선차단제	6~12개월
파운데이션	12~18개월
파우더제품(파우더, 아이섀도, 치크 등)	12~36개월
아이라이너/마스카라	3~6개월
펜슬(립, 아이브로우, 아이라인 등)	12개월
립글로스	6개월
립스틱	18개월
클렌징제품	12개월
향수	36개월

4.3 화장품의 사용상 주의사항

「화장품법 시행규칙」[별표 3]에서는「화장품 유형과 사용 시의 주의사항(제19조 제3항 관련)」에 관하여 설명하고 있다.

1) 공통사항 기출

① 화장품 사용 시 또는 사용 후 직사광선에 의하여 사용부위가 붉은 반점, 부어오름 또는 가려움증 등의 이상 증상이나 부작용이 있는 경우 전문의 등과 상담할 것

② 상처가 있는 부위 등에는 사용을 자제할 것

③ 보관 및 취급 시의 주의사항

㉠ 어린이의 손이 닿지 않는 곳에 보관할 것

㉡ 직사광선을 피해서 보관할 것

2) 개별사항 기출

①	미세한 알갱이가 함유되어 있는 스크럽 세안제	알갱이가 눈에 들어갔을 때에는 물로 씻어내고, 이상이 있는 경우에는 전문의와 상담할 것
②	팩	눈 주위를 피하여 사용할 것
③	두발용, 두발염색용 및 눈 화장용 제품류	눈에 들어갔을 때에는 즉시 씻어낼 것

④	모발용 샴푸	㉠ 눈에 들어갔을 때에는 즉시 씻어낼 것 ㉡ 사용 후 물로 씻어내지 않으면 탈모 또는 탈색의 원인이 될 수 있으므로 주의할 것
⑤	퍼머넌트 웨이브 제품 및 헤어스트레이트너 제품	㉠ 두피·얼굴·눈·목·손 등에 약액이 묻지 않도록 유의하고, 얼굴 등에 약액이 묻었을 때에는 즉시 물로 씻어낼 것 ㉡ 특이체질, 생리 또는 출산 전후이거나 질환이 있는 사람 등은 사용을 피할 것 ㉢ 머리카락의 손상 등을 피하기 위하여 용법·용량을 지켜야 하며, 가능하면 일부에 시험적으로 사용하여 볼 것 ㉣ 섭씨 15도 이하의 어두운 장소에 보존하고, 색이 변하거나 침전된 경우에는 사용하지 말 것 ㉤ 개봉한 제품은 7일 이내에 사용할 것(에어로졸 제품이나 사용 중 공기 유입이 차단되는 용기는 표시하지 아니한다) ㉥ 제2단계 퍼머액 중 그 주성분이 과산화수소인 제품은 검은 머리카락이 갈색으로 변할 수 있으므로 유의하여 사용할 것
⑥	외음부 세정제	㉠ 정해진 용법과 용량을 잘 지켜 사용할 것 ㉡ 만 3세 이하의 영유아에게는 사용하지 말 것 ㉢ 임신 중에는 사용하지 않는 것이 바람직하며, 분만 직전의 외음부 주위에는 사용하지 말 것 ㉣ 프로필렌 글리콜(Propylene Glycol)을 함유하고 있으므로 이 성분에 과민하거나 알레르기 병력이 있는 사람은 신중히 사용할 것(프로필렌 글리콜 함유제품만 표시한다)
⑦	손·발의 피부연화 제품 (요소제제의 핸드크림 및 풋크림)	㉠ 눈, 코 또는 입 등에 닿지 않도록 주의하여 사용할 것 ㉡ 프로필렌 글리콜(Propylene Glycol)을 함유하고 있으므로 이 성분에 과민하거나 알레르기 병력이 있는 사람은 신중히 사용할 것(프로필렌 글리콜 함유제품만 표시한다)
⑧	체취 방지용 제품	털을 제거한 직후에는 사용하지 말 것
⑨	고압가스를 사용하는 에어로졸 제품 [무스의 경우 가)부터 라)까지의 사항은 제외한다]	㉠ 같은 부위에 연속해서 3초 이상 분사하지 말 것 ㉡ 가능하면 인체에서 20센티미터 이상 떨어져서 사용할 것 ㉢ 눈 주위 또는 점막 등에 분사하지 말 것. 다만, 자외선 차단제의 경우 얼굴에 직접 분사하지 말고 손에 덜어 얼굴에 바를 것 ㉣ 분사가스는 직접 흡입하지 않도록 주의할 것 ㉤ 보관 및 취급상의 주의사항 (1) 불꽃길이시험에 의한 화염이 인지되지 않는 것으로서 가연성 가스를 사용하지 않는 제품 (가) 섭씨 40도 이상의 장소 또는 밀폐된 장소에 보관하지 말 것 (나) 사용 후 남은 가스가 없도록 하고 불 속에 버리지 말 것 (2) 가연성 가스를 사용하는 제품 (가) 불꽃을 향하여 사용하지 말 것 (나) 난로, 풍로 등 화기 부근 또는 화기를 사용하고 있는 실내에서 사용하지 말 것 (다) 섭씨 40도 이상의 장소 또는 밀폐된 장소에서 보관하지 말 것 (라) 밀폐된 실내에서 사용한 후에는 반드시 환기를 할 것 (마) 불 속에 버리지 말 것

⑩	고압가스를 사용하지 않는 분무형 자외선 차단제	얼굴에 직접 분사하지 말고 손에 덜어 얼굴에 바를 것
⑪	알파-하이드록시애시드(α-hydroxyacid, AHA)(이하 "AHA"라 한다) 함유제품(0.5퍼센트 이하의 AHA가 함유된 제품은 제외한다)	㉠ 햇빛에 대한 피부의 감수성을 증가시킬 수 있으므로 자외선 차단제를 함께 사용할 것(씻어내는 제품 및 두발용 제품은 제외한다) ㉡ 일부에 시험 사용하여 피부 이상을 확인할 것 ㉢ 고농도의 AHA 성분이 들어 있어 부작용이 발생할 우려가 있으므로 전문의 등에게 상담할 것(AHA 성분이 10퍼센트를 초과하여 함유되어 있거나 산도가 3.5 미만인 제품만 표시한다)
⑫	염모제 (산화염모제와 비산화염모제)	㉠ 다음 분들은 사용하지 마십시오. 사용 후 피부나 신체가 과민상태로 되거나 피부이상반응(부종, 염증 등)이 일어나거나, 현재의 증상이 악화될 가능성이 있습니다. (1) 지금까지 이 제품에 배합되어 있는 '과황산염'이 함유된 탈색제로 몸이 부은 경험이 있는 경우, 사용 중 또는 사용 직후에 구역, 구토 등 속이 좋지 않았던 분(이 내용은 '과황산염'이 배합된 염모제에만 표시한다) (2) 지금까지 염모제를 사용할 때 피부이상반응(부종, 염증 등)이 있었거나, 염색 중 또는 염색 직후에 발진, 발적, 가려움 등이 있거나 구역, 구토 등 속이 좋지 않았던 경험이 있었던 분 (3) 피부시험(패치 테스트, Patch Test)의 결과, 이상이 발생한 경험이 있는 분 (4) 두피, 얼굴, 목덜미에 부스럼, 상처, 피부병이 있는 분 (5) 생리 중, 임신 중 또는 임신할 가능성이 있는 분 (6) 출산 후, 병중, 병후의 회복 중인 분, 그 밖의 신체에 이상이 있는 분 (7) 특이체질, 신장질환, 혈액질환이 있는 분 (8) 미열, 권태감, 두근거림, 호흡곤란의 증상이 지속되거나 코피 등의 출혈이 잦고 생리, 그 밖에 출혈이 멈추기 어려운 증상이 있는 분 (9) 이 제품에 첨가제로 함유된 프로필렌글리콜에 의하여 알레르기를 일으킬 수 있으므로 이 성분에 과민하거나 알레르기 반응을 보였던 적이 있는 분은 사용 전에 의사 또는 약사와 상의하여 주십시오(프로필렌글리콜 함유 제제에만 표시한다). ㉡ 염모제 사용 전의 주의 (1) 염색 2일 전(48시간 전)에는 다음의 순서에 따라 매회 반드시 패치 테스트(Patch Test)를 실시하여 주십시오. 패치 테스트는 염모제에 부작용이 있는 체질인지 아닌지를 조사하는 테스트입니다. 과거에 아무 이상이 없이 염색한 경우에도 체질의 변화에 따라 알레르기 등 부작용이 발생할 수 있으므로 매회 반드시 실시하여 주십시오(패치 테스트의 순서 ⓐ~ⓓ를 그림 등을 사용하여 알기 쉽게 표시하며, 필요시 사용상의 주의사항에 "별첨"으로 첨부할 수 있음). ⓐ 먼저 팔의 안쪽 또는 귀 뒤쪽 머리카락이 난 주변의 피부를 비눗물로 잘 씻고 탈지면으로 가볍게 닦습니다. ⓑ 다음에 이 제품 소량을 취해 정해진 용법대로 혼합하여 실험액을 준비합니다. ⓒ 실험액을 앞서 세척한 부위에 동전 크기로 바르고 자연건조시킨 후 그대로 48시간 방치합니다(시간을 잘 지킵니다).

⑫ 염모제
(산화염모제와 비산화염모제)

ⓓ 테스트 부위의 관찰은 테스트액을 바른 후 30분 그리고 48시간 후 총 2회를 반드시 행하여 주십시오. 그 때 도포 부위에 발진, 발적, 가려움, 수포, 자극 등의 피부 등의 이상이 있는 경우에는 손 등으로 만지지 말고 바로 씻어내고 염모는 하지 말아 주십시오. 테스트 도중, 48시간 이전이라도 위와 같은 피부이상을 느낀 경우에는 바로 테스트를 중지하고 테스트액을 씻어내고 염모는 하지 말아 주십시오.

ⓔ 48시간 이내에 이상이 발생하지 않는다면 바로 염모하여 주십시오.

(2) 눈썹, 속눈썹 등은 위험하므로 사용하지 마십시오. 염모액이 눈에 들어갈 염려가 있습니다. 그 밖에 두발 이외에는 염색하지 말아 주십시오.

(3) 면도 직후에는 염색하지 말아 주십시오.

(4) 염모 전후 1주간은 파마·웨이브(퍼머넌트웨이브)를 하지 말아 주십시오.

㉢ 염모 시의 주의

(1) 염모액 또는 머리를 감는 동안 그 액이 눈에 들어가지 않도록 하여 주십시오. 눈에 들어가면 심한 통증을 발생시키거나 경우에 따라서 눈에 손상(각막의 염증)을 입을 수 있습니다. 만일, 눈에 들어갔을 때는 절대로 손으로 비비지 말고 바로 물 또는 미지근한 물로 15분 이상 잘 씻어 주시고 곧바로 안과 전문의의 진찰을 받으십시오. 임의로 안약 등을 사용하지 마십시오.

(2) 염색 중에는 목욕을 하거나 염색 전에 머리를 적시거나 감지 말아 주십시오. 땀이나 물방울 등을 통해 염모액이 눈에 들어갈 염려가 있습니다.

(3) 염모 중에 발진, 발적, 부어오름, 가려움, 강한 자극감 등의 피부이상이나 구역, 구토 등의 이상을 느꼈을 때는 즉시 염색을 중지하고 염모액을 잘 씻어내 주십시오. 그대로 방치하면 증상이 악화될 수 있습니다.

(4) 염모액이 피부에 묻었을 때는 곧바로 물 등으로 씻어내 주십시오. 손가락이나 손톱을 보호하기 위하여 장갑을 끼고 염색하여 주십시오.

(5) 환기가 잘 되는 곳에서 염모하여 주십시오.

㉣ 염모 후의 주의

(1) 머리, 얼굴, 목덜미 등에 발진, 발적, 가려움, 수포, 자극 등 피부의 이상반응이 발생한 경우, 그 부위를 손으로 긁거나 문지르지 말고 바로 피부과 전문의의 진찰을 받으십시오. 임의로 의약품 등을 사용하는 것은 삼가 주십시오.

(2) 염모 중 또는 염모 후에 속이 안 좋아지는 등 신체이상을 느끼는 분은 의사에게 상담하십시오.

㉤ 보관 및 취급상의 주의

(1) 혼합한 염모액을 밀폐된 용기에 보존하지 말아 주십시오. 혼합한 액으로부터 발생하는 가스의 압력으로 용기가 파손될 염려가 있어 위험합니다. 또한 혼합한 염모액이 위로 튀어 오르거나 주변을 오염시키고 지워지지 않게 됩니다. 혼합한 액의 잔액은 효과가 없으므로 잔액은 반드시 바로 버려 주십시오.

(2) 용기를 버릴 때는 반드시 뚜껑을 열어서 버려 주십시오.

(3) 사용 후 혼합하지 않은 액은 직사광선을 피하고 공기와 접촉을 피하여 서늘한 곳에 보관하여 주십시오.

⑬ 탈염·탈색제	㉠ 다음 분들은 사용하지 마십시오. 사용 후 피부나 신체가 과민상태로 되거나 피부이상반응을 보이거나, 현재의 증상이 악화될 가능성이 있습니다. (1) 두피, 얼굴, 목덜미에 부스럼, 상처, 피부병이 있는 분 (2) 생리 중, 임신 중 또는 임신할 가능성이 있는 분 (3) 출산 후, 병중이거나 또는 회복 중에 있는 분, 그 밖에 신체에 이상이 있는 분 ㉡ 다음 분들은 신중히 사용하십시오. (1) 특이체질, 신장질환, 혈액질환 등의 병력이 있는 분은 피부과 전문의와 상의하여 사용하십시오. (2) 이 제품에 첨가제로 함유된 프로필렌글리콜에 의하여 알레르기를 일으킬 수 있으므로 이 성분에 과민하거나 알레르기 반응을 보였던 적이 있는 분은 사용 전에 의사 또는 약사와 상의하여 주십시오. ㉢ 사용 전의 주의 (1) 눈썹, 속눈썹에는 위험하므로 사용하지 마십시오. 제품이 눈에 들어갈 염려가 있습니다. 또한, 두발 이외의 부분(손발의 털 등)에는 사용하지 말아 주십시오. 피부에 부작용(피부이상반응, 염증 등)이 나타날 수 있습니다. (2) 면도 직후에는 사용하지 말아 주십시오. (3) 사용을 전후하여 1주일 사이에는 퍼머넌트웨이브 제품 및 헤어스트레이트너 제품을 사용하지 말아 주십시오. ㉣ 사용 시의 주의 (1) 제품 또는 머리 감는 동안 제품이 눈에 들어가지 않도록 하여 주십시오. 만일 눈에 들어갔을 때는 절대로 손으로 비비지 말고 바로 물이나 미지근한 물로 15분 이상 씻어 흘려 내시고 곧바로 안과 전문의의 진찰을 받으십시오. 임의로 안약을 사용하는 것은 삼가 주십시오. (2) 사용 중에 목욕을 하거나 사용 전에 머리를 적시거나 감지 말아 주십시오. 땀이나 물방울 등을 통해 제품이 눈에 들어갈 염려가 있습니다. (3) 사용 중에 발진, 발적, 부어오름, 가려움, 강한 자극감 등 피부의 이상을 느끼면 즉시 사용을 중지하고 잘 씻어내 주십시오. (4) 제품이 피부에 묻었을 때는 곧바로 물 등으로 씻어내 주십시오. 손가락이나 손톱을 보호하기 위하여 장갑을 끼고 사용하십시오. (5) 환기가 잘 되는 곳에서 사용하여 주십시오. ㉤ 사용 후 주의 (1) 두피, 얼굴, 목덜미 등에 발진, 발적, 가려움, 수포, 자극 등 피부이상반응이 발생한 때에는 그 부위를 손 등으로 긁거나 문지르지 말고 바로 피부과 전문의의 진찰을 받아 주십시오. 임의로 의약품 등을 사용하는 것은 삼가 주십시오. (2) 사용 중 또는 사용 후에 구역, 구토 등 신체에 이상을 느끼시는 분은 의사에게 상담하십시오. ㉥ 보관 및 취급상의 주의 (1) 혼합한 제품을 밀폐된 용기에 보존하지 말아 주십시오. 혼합한 제품으로부터 발생하는 가스의 압력으로 용기가 파열될 염려가 있어 위험합니다. 또한, 혼합한 제품이 위로 튀어 오르거나 주변을 오염시키고 지워지지 않게 됩니다. 혼합한 제품의 잔액은 효과가 없으므로 반드시 바로 버려 주십시오. (2) 용기를 버릴 때는 뚜껑을 열어서 버려 주십시오.

⑭	제모제 (치오글라이콜릭애시드 함유 제품에만 표시함)	㉠ 다음과 같은 사람(부위)에는 사용하지 마십시오. (1) 생리 전후, 산전, 산후, 병후의 환자 (2) 얼굴, 상처, 부스럼, 습진, 짓무름, 기타의 염증, 반점 또는 자극이 있는 피부 (3) 유사 제품에 부작용이 나타난 적이 있는 피부 (4) 약한 피부 또는 남성의 수염부위 ㉡ 이 제품을 사용하는 동안 다음의 약이나 화장품을 사용하지 마십시오. (1) 땀발생억제제(Antiperspirant), 향수, 수렴로션(Astringent Lotion)은 이 제품 사용 후 24시간 후에 사용하십시오. ㉢ 부종, 홍반, 가려움, 피부염(발진, 알레르기), 광과민반응, 중증의 화상 및 수포 등의 증상이 나타날 수 있으므로 이러한 경우 이 제품의 사용을 즉각 중지하고 의사 또는 약사와 상의하십시오. ㉣ 그 밖의 사용 시 주의사항 (1) 사용 중 따가운 느낌, 불쾌감, 자극이 발생할 경우 즉시 닦아내어 제거하고 찬물로 씻으며, 불쾌감이나 자극이 지속될 경우 의사 또는 약사와 상의하십시오. (2) 자극감이 나타날 수 있으므로 매일 사용하지 마십시오. (3) 이 제품의 사용 전후에 비누류를 사용하면 자극감이 나타날 수 있으므로 주의하십시오. (4) 이 제품은 외용으로만 사용하십시오. (5) 눈에 들어가지 않도록 하며 눈 또는 점막에 닿았을 경우 미지근한 물로 씻어내고 붕산수(농도 약 2%)로 헹구어 내십시오. (6) 이 제품을 10분 이상 피부에 방치하거나 피부에서 건조시키지 마십시오. (7) 제모에 필요한 시간은 모질(毛質)에 따라 차이가 있을 수 있으므로 정해진 시간 내에 모가 깨끗이 제거되지 않은 경우 2~3일의 간격을 두고 사용하십시오.

⑮ 그 밖에 화장품의 안전정보와 관련하여 기재·표시하도록 식품의약품안전처장이 정하여 고시하는 사용 시의 주의사항[「화장품 사용 시의 주의사항 표시에 관한 규정」[별표 1] 화장품의 함유성분별 사용 시의 주의사항 표시문구(제2조 관련)]

①	과산화수소 및 과산화수소 생성물질 함유 제품	눈에 접촉을 피하고 눈에 들어갔을 때는 즉시 씻어낼 것
②	벤잘코늄클로라이드, 벤잘코늄브로마이드 및 벤잘코늄사카리네이트 함유 제품	눈에 접촉을 피하고 눈에 들어갔을 때는 즉시 씻어낼 것
③	스테아린산아연 함유 제품(기초화장용 제품류 중 파우더 제품에 한함)	사용 시 흡입되지 않도록 주의할 것
④	살리실릭애시드 및 그 염류 함유 제품(샴푸 등 사용 후 바로 씻어내는 제품 제외)	만 3세 이하 어린이에게는 사용하지 말 것
⑤	실버나이트레이트 함유 제품	눈에 접촉을 피하고 눈에 들어갔을 때는 즉시 씻어낼 것
⑥	아이오도프로피닐부틸카바메이트(IPBC) 함유 제품 (목욕용 제품, 샴푸류 및 바디클렌저 제외)	만 3세 이하 어린이에게는 사용하지 말 것
⑦	알루미늄 및 그 염류 함유 제품 (체취방지용 제품류에 한함)	신장 질환이 있는 사람은 사용 전에 의사, 약사, 한의사와 상의할 것

⑧	알부틴 2% 이상 함유 제품	알부틴은 「인체적용시험자료」에서 구진과 경미한 가려움이 보고된 예가 있음
⑨	카민 함유 제품	카민 성분에 과민하거나 알레르기가 있는 사람은 신중히 사용할 것
⑩	코치닐추출물 함유 제품	코치닐추출물 성분에 과민하거나 알레르기가 있는 사람은 신중히 사용할 것
⑪	포름알데하이드 0.05% 이상 검출된 제품	포름알데하이드 성분에 과민한 사람은 신중히 사용할 것
⑫	폴리에톡실레이티드레틴아마이드 0.2% 이상 함유 제품	폴리에톡실레이티드레틴아마이드는 「인체적용시험자료」에서 경미한 발적, 피부건조, 화끈감, 가려움, 구진이 보고된 예가 있음
⑬	부틸파라벤, 프로필파라벤, 이소부틸파라벤 또는 이소프로필파라벤 함유 제품[영·유아용 제품류 및 기초화장용 제품류(만 3세 이하 어린이가 사용하는 제품) 중 사용 후 씻어내지 않는 제품에 한함]	만 3세 이하 어린이의 기저귀가 닿는 부위에는 사용하지 말 것

기출 유형

퍼머넌트 웨이브 제품 및 헤어스트레이트너 제품의 사용 시 주의사항에 대한 설명으로 옳지 않은 것은?

① 두피·얼굴·눈·목·손 등에 약액이 묻지 않도록 유의하고, 얼굴 등에 약액이 묻었을 때에는 즉시 물로 씻어낼 것

② 머리카락의 손상 등을 피하기 위하여 용법·용량을 지켜야 하며, 가능하면 일부에 시험적으로 사용하여 볼 것

③ 섭씨 15도 이하의 어두운 장소에 보존하고, 색이 변하거나 침전된 경우에는 사용하지 말 것

④ 개봉한 제품은 7일 이내에 사용할 것(에어로졸 제품이나 사용 중 공기유입이 차단되는 용기는 표시하지 아니한다)

⑤ 제1단계 퍼머액 중 그 주성분이 과산화수소인 제품은 검은 머리카락이 갈색으로 변할 수 있으므로 유의하여 사용할 것

정답 : ⑤

CHAPTER

05 위해사례 판단 및 보고

Check Point!

위해사례 판단 및 보고에서는 위해여부 판단, 위해사례 보고에 대한 이해를 바탕으로 다음의 내용을 숙지하도록 한다.

- 위해 관련 용어의 정의
- 화장품 및 원료의 회수 · 폐기명령
- 위해화장품의 회수계획 및 회수절차
- 화장품 원료의 위해평가
- 회수 대상 화장품의 기준 및 위해성 등급
- 위해화장품의 공표

5.1 위해여부 판단

5.1.1 위해 관련 용어의 정의

「인체적용제품의 위해성평가 등에 관한 규정」은 인체적용제품에 존재하는 위해요소가 인체에 노출되었을 때 발생할 수 있는 위해성을 종합적으로 평가하기 위한 사항을 규정함으로써 인체적용제품의 안전관리를 통해 국민건강을 보호·증진하는 것을 목적으로 하며,「화장품법」의 경우 제8조에 해당하는 내용이다. 이와 관련된 용어의 정의는 다음과 같다.

①	독성 기출	인체적용제품에 존재하는 위해요소가 인체에 유해한 영향을 미치는 고유의 성질 ※ 인체적용제품이란 사람이 섭취·투여·접촉·흡입 등을 함으로써 인체에 영향을 줄 수 있는 것
②	위해요소	인체의 건강을 해치거나 해칠 우려가 있는 화학적·생물학적·물리적 요인을 말한다.
③	위해성	인체적용제품에 존재하는 위해요소에 노출되는 경우 인체의 건강을 해칠 수 있는 정도
④	위해성평가	인체적용제품에 존재하는 위해요소가 인체의 건강을 해치거나 해칠 우려가 있는지 여부와 그 정도를 과학적으로 평가하는 것
⑤	통합위해성 평가	인체적용제품에 존재하는 위해요소가 다양한 매체와 경로를 통하여 인체에 미치는 영향을 종합적으로 평가하는 것

5.1.2 화장품 원료의 위해평가

식품의약품안전처에서는 화장품의 성분의 안전성을 확보하기 위하여「인체적용제품의 위해성평가 등에 관한 규정」에 따른 화장품의 위해평가를 실시한다.

식품의약품안전처장은「화장품법」 제8조 제3항에 따라 국내외에서 유해물질이 포함되어 있는 것으로 알

려지는 등 국민보건상 위해 우려가 제기되는 화장품 원료 등의 경우에 위해평가 방법 및 절차에 따라 위해요소를 신속히 평가하여 그 위해 여부를 결정해야 한다.

1) 위해평가의 대상

「인체적용제품의 위해성평가 등에 관한 규정」 제11조에 따라 식품의약품안전처장은 인체적용제품이 다음에 해당하는 경우에는 위해성평가의 대상으로 선정할 수 있다.

①	국제기구 또는 외국정부가 인체의 건강을 해칠 우려가 있다고 인정하여 판매하거나 판매할 목적으로 생산·판매 등을 금지한 인체적용제품
②	새로운 원료 또는 성분을 사용하거나 새로운 기술을 적용한 것으로서 안전성에 대한 기준 및 규격이 정해지지 아니한 인체적용제품
③	그 밖에 인체의 건강을 해칠 우려가 있다고 인정되는 인체적용제품

2) 화장품 원료 등의 위해평가(「화장품법 시행규칙」 제17조 제1항) 기출

① 법 제8조 제3항에 따라 식품의약품안전처장은 국내외에서 유해물질이 포함되어 있는 것으로 알려지는 등 국민보건상 위해 우려가 제기되는 화장품 원료 등의 경우에는 총리령으로 정하는 바에 따라 위해요소를 신속히 평가하여 그 위해 여부를 결정하여야 하며, 위해평가는 다음의 확인·결정·평가 등의 과정을 거쳐 실시한다.

㉠	위해요소의 인체 내 독성을 확인하는 위험성 확인과정
㉡	위해요소의 인체노출 허용량을 산출하는 위험성 결정과정
㉢	위해요소가 인체에 노출된 양을 산출하는 노출평가과정
㉣	제1호부터 제3호까지의 결과를 종합하여 인체에 미치는 위해 영향을 판단하는 위해도 결정과정

② 식품의약품안전처장은 제1항에 따른 결과를 근거로 식품의약품안전처장이 정하는 기준에 따라 위해 여부를 결정한다. 다만, 해당 화장품 원료 등에 대하여 국내외의 연구·검사기관에서 이미 위해평가를 실시하였거나 위해요소에 대한 과학적 시험·분석 자료가 있는 경우에는 그 자료를 근거로 위해 여부를 결정할 수 있다.

③ 위해평가의 기준, 방법 등에 관한 세부사항은 식품의약품안전처장이 정하여 고시한다.

3) 위해성평가의 수행 기출

① 위해성평가는 확인·결정·평가 등의 과정을 거쳐 실시하나, 위원회의 자문을 거쳐 위해성평가 관련 기술수준이나 위해요소의 특성 등을 고려하여 위해성평가의 방법을 다르게 정하여 수행할 수 있다.

② 식품의약품안전처장은 다양한 경로를 통해 인체에 영향을 미칠 수 있는 위해요소에 관하여는 통합위해성평가를 수행할 수 있다. 이때, 필요한 경우 관계 중앙행정기관의 협조를 받아 통합위해성평가를 수행할 수 있다.

③ 현재의 과학기술 수준 또는 자료 등의 제한이 있거나 신속한 위해성평가가 요구될 경우 인체적용제품의 위해성평가는 다음과 같이 실시할 수 있다.

㉠	위해요소의 인체 내 독성 등 확인과 인체노출 안전기준 설정을 위하여 국제기구 및 신뢰성 있는 국내·외 위해성평가 기관 등에서 평가한 결과를 준용하거나 인용할 수 있다.
㉡	인체노출 안전기준의 설정이 어려울 경우 위해요소의 인체 내 독성 등 확인과 인체의 위해요소 노출 정도만으로 위해성을 예측할 수 있다.
㉢	인체적용제품의 섭취, 사용 등에 따라 사망 등의 위해가 발생하였을 경우 위해요소의 인체 내 독성 등의 확인만으로 위해성을 예측할 수 있다.
㉣	인체의 위해요소 노출 정도를 산출하기 위한 자료가 불충분하거나 없는 경우 활용 가능한 과학적 모델을 토대로 노출 정도를 산출할 수 있다.
㉤	특정집단에 노출 가능성이 클 경우 어린이 및 임산부 등 민감집단 및 고위험집단을 대상으로 위해성평가를 실시할 수 있다.

④ 화학적 위해요소에 대한 위해성은 물질의 특성에 따라 위해지수, 안전역 등으로 표현하고 국내·외 위해성평가 결과 등을 종합적으로 비교·분석하여 최종 판단한다.

⑤ 미생물적 위해요소에 대한 위해성은 미생물 생육 예측 모델 결과값, 용량-반응 모델 결과값 등을 이용하여 인체 건강에 미치는 유해영향 발생 가능성 등을 최종 판단한다.

⑥ 식품의약품안전처장은 위해성평가 결과에 대한 교차검증을 위하여 위원회의 자문을 받을 수 있다.

⑦ 식품의약품안전처장은 전문적인 위해성평가를 위하여 식품의약품안전평가원을 위해성평가 전문기관으로 한다.

기출 유형

다음은 화장품 원료의 위해평가 순서이다. 괄호 안에 들어갈 단어를 기재하시오.

1. 위해요소의 인체 내 독성을 확인하는 위험성 확인과정
2. 위해요소의 인체에 노출된 허용량을 산출하는 위험성 결정과정
3. 위해요소가 인체에 노출된 양을 산출하는 (㉠) 과정
4. 1~3까지 결과를 종합하여 인체에 미치는 위해 영향을 판단하는 (㉡)과정

정답: ㉠ 노출평가 ㉡ 위해도 결정

Tip 화장품 원료 등의 위해평가

화장품법 시행규칙 제17조 1항에 따라 위해평가는 확인·결정·평가 등의 과정을 시행하며 화장품법 제23조에 2항에 따라 식품의약품안전처장은 화장품 및 원료의 회수·폐기명령을 내릴 수 있다.

5.1.3 화장품 및 원료의 회수 · 폐기명령(「화장품법」 제23조)

①	식품의약품안전처장은 판매·보관·진열·제조 또는 수입한 물품이 국민보건에 위해를 끼치거나 끼칠 우려가 있다고 인정되는 경우에는 해당 영업자·판매자 또는 그 밖에 화장품을 업무상 취급하는 자에게 해당 물품의 회수·폐기 등의 조치를 명할 수 있다.

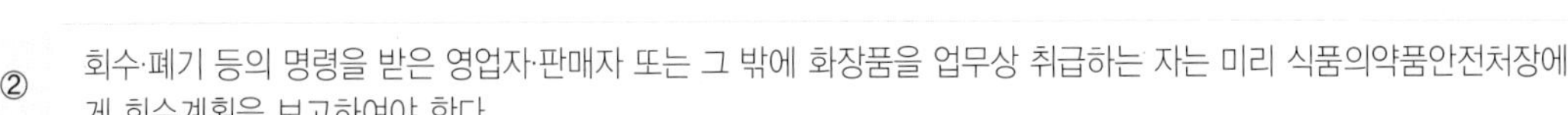

②	회수·폐기 등의 명령을 받은 영업자·판매자 또는 그 밖에 화장품을 업무상 취급하는 자는 미리 식품의약품안전처장에게 회수계획을 보고하여야 한다.
③	식품의약품안전처장은 다음 각 호의 어느 하나에 해당하는 경우에는 관계 공무원으로 하여금 해당 물품을 폐기하게 하거나 그 밖에 필요한 처분을 하게 할 수 있다.
④	규정에 따른 물품의 회수에 필요한 위해성 등급 및 그 분류기준, 회수·폐기의 절차·계획 및 사후조치 등에 필요한 사항은 총리령으로 정한다.

5.1.4 회수 대상 화장품의 기준 및 위해성 등급(「화장품법 시행규칙」 제14조의2)

1) 회수 대상 화장품의 기준 기출

「화장품법」 제5조의2 제1항에 따른 회수 대상 화장품(이하 "회수대상화장품"이라 한다)은 유통 중인 화장품으로서 다음 각 호의 어느 하나에 해당하는 화장품으로 한다.

① 법 제9조(안전용기·포장)에 위반되는 화장품

② 법 제15조(영업의 금지)에 위반되는 화장품으로서 다음에 해당하는 화장품

㉠	전부 또는 일부가 변패(變敗)된 화장품
㉡	병원미생물에 오염된 화장품
㉢	이물이 혼입되었거나 부착되어 보건위생상 위해를 발생할 우려가 있는 화장품
㉣	화장품에 사용할 수 없는 원료를 사용하였거나 다음과 같은 유통화장품 안전관리 기준에 적합하지 아니한 화장품 • 화장품의 제조 등에 사용할 수 없는 원료 사용한 화장품 • 사용상의 제한이 필요한 원료의 사용기준에 적합하지 않은 화장품 • 유통화장품 안전관리 기준에 적합하지 않은 화장품
㉤	사용기한 또는 개봉 후 사용기간(병행 표기된 제조연월일을 포함한다)을 위조·변조한 화장품
㉥	그 밖에 영업자 스스로 국민보건에 위해를 끼칠 우려가 있어 회수가 필요하다고 판단한 화장품
㉦	등록을 하지 아니한 자가 제조한 화장품 또는 제조·수입하여 유통·판매한 화장품

2) 회수대상화장품의 위해성 등급 기출

회수대상화장품의 위해성 등급은 그 위해성이 높은 순서에 따라 가등급, 나등급 및 다등급으로 구분하며, 해당 위해성 등급의 분류기준은 다음 각 호의 구분에 따른다.

① 위해성 등급이 가등급인 화장품

㉠	화장품의 제조 등에 사용할 수 없는 원료 사용한 화장품

② 위해성 등급이 나등급인 화장품

㉠	(안전용기·포장)에 위반되는 화장품
㉡	유통화장품 안전관리 기준(내용량의 기준에 관한 부분은 제외한다)에 적합하지 아니한 화장품

③ 위해성 등급이 다등급인 화장품

㉠	전부 또는 일부가 변패(變敗)된 화장품
㉡	병원미생물에 오염된 화장품
㉢	화장품 중 보건위생상 위해를 발생할 우려가 있는 화장품
㉣	기능성화장품의 기능성을 나타나게 하는 주원료 함량이 기준치에 부적합한 경우
㉤	용기나 포장이 불량하여 해당 화장품이 보건위생상 위해를 발생할 우려가 있는 것
㉥	영업자 스스로 국민보건에 위해를 끼칠 우려가 있어 회수가 필요하다고 판단한 화장품
㉦	등록을 하지 아니한 자가 제조한 화장품 또는 제조·수입하여 유통·판매한 화장품

기출 유형

다음 중 회수 대상 화장품이 아닌 것은?

① 전부 또는 일부가 변패(變敗)된 화장품
② 안전용기·포장에 위반되는 화장품
③ 유통화장품 안전관리 기준에 적합하지 않은 화장품
④ 맞춤형화장품조제관리사를 두고 판매한 맞춤형화장품
⑤ 사용기한 또는 개봉 후 사용기간을 위조·변조한 화장품

정답 : ④

5.2 위해사례 보고

5.2.1 위해화장품의 회수계획 및 회수절차(화장품법 시행규칙 제14조의3)

① 화장품법 제5조의2제1항에 따라 화장품을 회수하거나 회수하는 데에 필요한 조치를 하려는 영업자(이하 "회수의무자"라 한다)는 해당 화장품에 대하여 즉시 판매중지 등의 필요한 조치를 하여야 하고, 회수대상화장품이라는 사실을 안 날부터 5일 이내에 별지 제10호의2서식의 회수계획서에 다음 각 호의 서류를 첨부하여 지방식품의약품안전청장에게 제출하여야 한다. 제출기한까지 회수계획서의 제출이 곤란하다고 판단되는 경우에는 지방식품의약품안전청장에게 그 사유를 밝히고 제출기한 연장을 요청하여야 한다.

㉠	해당 품목의 제조·수입기록서 사본
㉡	판매처별 판매량·판매일 등의 기록
㉢	회수 사유를 적은 서류

② 회수의무자가 제1항 본문에 따라 회수계획서를 제출하는 경우에는 다음 각 호의 구분에 따른 범위에서 회수 기간을 기재해야 한다. 다만, 회수 기간 이내에 회수하기가 곤란하다고 판단되는 경우에는 지방식품의약품안전청장에게 그 사유를 밝히고 회수 기간 연장을 요청할 수 있다.

㉠	위해성 등급이 가등급인 화장품 : 회수를 시작한 날부터 15일 이내

㉡ 위해성 등급이 나등급 또는 다등급인 화장품 : 회수를 시작한 날부터 30일 이내

③ 지방식품의약품안전청장은 제1항에 따라 제출된 회수계획이 미흡하다고 판단되는 경우에는 해당 회수의무자에게 그 회수계획의 보완을 명할 수 있다.

④ 회수의무자는 회수대상화장품의 판매자(법 제11조 제1항에 따른 판매자를 말한다), 그 밖에 해당 화장품을 업무상 취급하는 자에게 방문, 우편, 전화, 전보, 전자우편, 팩스 또는 언론매체를 통한 공고 등을 통하여 회수계획을 통보하여야 하며, 통보 사실을 입증할 수 있는 자료를 회수종료일부터 2년간 보관하여야 한다.

⑤ 제4항에 따라 회수계획을 통보받은 자는 회수대상화장품을 회수의무자에게 반품하고, 별지 제10호의3서식의 회수확인서를 작성하여 회수의무자에게 송부하여야 한다.

⑥ 회수의무자는 회수한 화장품을 폐기하려는 경우에는 별지 제10호의4서식의 폐기신청서에 다음 각 호의 서류를 첨부하여 지방식품의약품안전청장에게 제출하고, 관계 공무원의 참관 하에 환경 관련 법령에서 정하는 바에 따라 폐기하여야 한다.

㉠ 별지 제10호의2서식의 회수계획서 사본

㉡ 별지 제10호의3서식의 회수확인서 사본

⑦ 제6항에 따라 폐기를 한 회수의무자는 별지 제10호의5서식의 폐기확인서를 작성하여 2년간 보관하여야 한다.

⑧ 회수의무자는 회수대상화장품의 회수를 완료한 경우에는 별지 제10호의6서식의 회수종료신고서에 다음 각 호의 서류를 첨부하여 지방식품의약품안전청장에게 제출하여야 한다.

㉠ 별지 제10호의3서식의 회수확인서 사본

㉡ 별지 제10호의5서식의 폐기확인서 사본(폐기한 경우에만 해당한다)

㉢ 별지 제10호의7서식의 평가보고서 사본

⑨ 지방식품의약품안전청장은 제8항에 따라 회수종료신고서를 받으면 다음 각 호에서 정하는 바에 따라 조치하여야 한다.

㉠ 회수계획서에 따라 회수대상화장품의 회수를 적절하게 이행하였다고 판단되는 경우에는 회수가 종료되었음을 확인하고 회수의무자에게 이를 서면으로 통보할 것

㉡ 회수가 효과적으로 이루어지지 아니하였다고 판단되는 경우에는 회수의무자에게 회수에 필요한 추가 조치를 명할 것

5.2.2 위해화장품의 공표(「화장품법」 제23조의2)

1) 영업자에 대한 공표 명령

「화장품법」 제23조의2에 따라 식품의약품안전처장은 다음 중 어느 하나에 해당하는 경우에는 해당 영업자에 대하여 그 사실의 공표를 명할 수 있다. 공표의 방법·절차 등에 필요한 사항은 총리령으로 정한다.

①	제5조의2 제2항(「화장품법」 제5조의2 제1항에 따라 해당 화장품을 회수하거나 회수하는 데에 필요한 조치를 하려는 영업자는 회수계획을 식품의약품안전처장에게 미리 보고하여야 한다)에 따른 회수계획을 보고받은 때
②	제23조 제3항(「화장품법」 제23조 제1항 및 제2항에 따른 명령을 받은 영업자·판매자 또는 그 밖에 화장품을 업무상 취급하는 자는 미리 식품의약품안전처장에게 회수계획을 보고하여야 한다)에 따른 회수계획을 보고받은 때

2) 위해화장품의 공표(「화장품법 시행규칙」 제28조)

① 법 제23조의2 제1항에 따라 위해화장품의 공표 명령을 받은 영업자는 지체 없이 위해 발생사실 또는 다음 각 호의 사항을 공표해야 한다.

①	화장품을 회수한다는 내용의 표제
②	제품명
③	회수대상화장품의 제조번호
④	사용기한 또는 개봉 후 사용기간(병행 표기된 제조연월일을 포함한다)
⑤	회수 사유
⑥	회수 방법
⑦	회수하는 영업자의 명칭
⑧	회수하는 영업자의 전화번호, 주소, 그 밖에 회수에 필요한 사항

② 위해화장품의 회수에 대한 공표 기준은 다음과 같다.

위해 등급	공표 기준
가, 나, 다등급 공통	• 해당 영업자의 인터넷 홈페이지에 게재 • 식품의약품안전처의 인터넷 홈페이지에 게재를 요청
가 또는 나등급	• 「신문 등의 진흥에 관한 법률」 제9조 제1항에 따라 등록한 전국을 보급지역으로 하는 1개 이상의 일반일간신문[당일 인쇄·보급되는 해당 신문의 전체 판(版)을 말한다]에 게재(다등급은 일반일간신문에의 게재 생략 가능)

③ 위해화장품 회수를 공표를 한 영업자는 다음 각 호의 사항이 포함된 공표 결과를 지체 없이 지방식품의약품안전청장에게 통보하여야 한다.

①	공표일
②	공표매체
③	공표횟수
④	공표문 사본 또는 내용

적중예상문제

2과목 화장품 제조 및 품질관리

01 수성원료인 알코올에 대한 설명으로 옳지 않은 것은?

① 탈지, 수렴 효과가 있다.
② 색소, 향료의 유기용매로 사용된다.
③ 배합량이 많아지면 살균, 소독 효과가 있다.
④ 증발하면서 열을 빼앗아 시원한 청량감이 느껴진다.
⑤ 세균 및 금속이온, 불순물을 제거한 깨끗한 물이다.

Tip
세균 및 금속이온(마그네슘, 칼슘 등), 불순물을 제거한 깨끗한 물은 정제수이다.

02 양모에서 추출한 동물성 왁스로 피부 침투와 유연 효과가 뛰어나 주로 건성피부에 사용되는 것은?

① 라놀린 ② 칸델릴라
③ 카르나우바 ④ 밀랍
⑤ 실리콘 오일

Tip
칸델릴라, 카르나우바는 식물성 왁스, 밀랍은 꿀벌 집에서 채취한 동물성 왁스이다. 실리콘 오일은 실록산 결합을 갖는 유기규소화합물의 총칭이다.

03 다음 중 계면활성제에 대한 설명으로 옳은 것은?

① 서로 섞이지 않는 물과 기름의 성질이 다른 계면을 잘 섞이게 해주는 활성 물질이다.
② 미생물로 인한 화장품의 오염과 변질, 부패를 방지하기 위한 원료이다.
③ 화장품의 수분 증발을 막고, 수분을 끌어당기는 성질이 강해 피부 표면에 수분을 공급하여 촉촉하게 만드는 성분이다.
④ 화장품의 유성 성분이 산소, 열, 빛의 작용에 의해 산화가 일어나는 것을 방지하기 위해 첨가하는 물질이다.
⑤ 화장품의 점성을 높여주고 사용감을 개선하기 위하여 사용하는 원료를 뜻한다.

Tip
계면이란 물과 기름의 경계면을 뜻하며, 서로 섞이지 않는 물과 기름의 성질이 다른 계면을 잘 섞이게 해주는 활성 물질을 계면활성제라고 한다. 화장품의 안정성에 도움을 준다.
②번은 보존제, ③번은 보습제, ④번은 산화방지제, ⑤번은 점증제(고분자화합)에 관한 설명이다.

04 미백 기능성 화장품의 성분이 아닌 것은?

① 닥나무추출물 ② 알부틴
③ 알파-비사보롤 ④ 나이아신아마이드
⑤ 아데노신

Tip
아데노신은 주름 개선 성분에 해당한다.

05 다음 중 화장품에 사용할 수 없는 원료는?

① 글루타랄 ② 리도카인
③ 벤질알코올 ④ IPBC
⑤ 징크피리치온

정답 01 ⑤ 02 ① 03 ① 04 ⑤ 05 ②

> **Tip**
> 글루타랄, 벤질알코올, IPBC, 징크파리치온은 살균보존제로 사용상의 제한이 필요한 원료이다.

06 다음의 화장품의 전성분 항목 중 사용상의 제한이 필요한 자외선 차단 성분에 해당되지 않는 것은?

> 정제수, 에칠헥실메톡시신나메이트, 호모살레이트, 에칠헥실살리실레이트, 나이아신아마이드, 디에칠헥실부타미도트리아존, 프로판디올, 병풀추출물, 어성초추출물, 페퍼민트오일

① 에칠헥실메톡시신나메이트
② 호모살레이트
③ 에칠헥실살리실레이트
④ 나이아신아마이드
⑤ 디에칠헥실부타미도트리아존

> **Tip**
> 나이아신아마이드는 미백 성분이다.

07 타르색소를 기질에 흡착, 공침 또는 단순한 혼합이 아닌 화학적 결합에 의하여 확산시킨 색소를 무엇이라 하는가?

① 순색소　② 레이크
③ 콜타르　④ 기질
⑤ 탤크

> **Tip**
> "레이크"라 함은 타르색소를 기질에 흡착, 공침 또는 단순한 혼합이 아닌 화학적 결합에 의하여 확산시킨 색소를 말한다.

08 마이카, 탤크, 카오린 등과 같이 사용감을 개선할 목적으로 사용하는 무기안료를 무엇이라 하는가?

① 백색안료　② 착색안료
③ 체질안료　④ 펄안료
⑤ 채색안료

> **Tip**

무기안료	• 백색안료(커버력) : 이산화티탄, 산화아연 등 • 착색안료(색상) : 산화철 계열의 원료(적색산화철, 황산화철, 흑산화철 등) • 체질안료(사용감) : 마이카, 탤크, 카오린 등 • 펄안료(진주빛 광택) : 구아닌, 비스머스옥시클로라이드 등

09 다음 중 화장품에 사용할 수 없는 원료에 해당하지 않는 것은?

① 나프탈렌　② 리도카인
③ 무화과나무　④ 납 및 그 화합물
⑤ 페녹시에탄올

> **Tip**
> 페녹시에탄올은 살균·보존제 성분으로 사용상의 제한이 필요한 원료에 해당한다.

10 다음 중 탈모 증상 완화에 도움을 주는 화장품의 성분은?

① 알파-비사보롤　② 유용성감초추출물
③ 에칠아스코빌에텔　④ 징크피리치온
⑤ 아스코빌글루코사이드

> **Tip**
> ①, ②, ③, ⑤는 미백에 도움을 주는 성분이다.

11 다음 중 화장품법 시행규칙 [별표3]에서 분류하고 있는 화장품 유형의 연결이 옳지 않은 것은?

① 탑코트 : 손발톱용 제품류
② 메이크업 베이스 : 색조 화장용 제품류
③ 제모제 : 체모 제거용 제품류
④ 셰이빙 크림 : 인체 세정용 제품류
⑤ 손·발의 피부연화 제품 : 기초화장용 제품류

정답　06 ④　07 ②　08 ③　09 ⑤　10 ④　11 ④

Tip

셰이빙크림은 면도용 제품류로 분류되어 있다.

12 **〈화장품 안전기준 등에 관한 규정〉에서 규정하고 있는 '치오글라이콜릭애시드, 그 염류 및 에스텔류'에 관한 내용으로 옳지 않은 것은?**

① 사용 후 씻어내는 두발용 제품류에 2%
② 염모제에 치오글라이콜릭애시드로서 10%
③ 제모용 제품에 치오글라이콜릭애시드로서 5%
④ 퍼머넌트웨이브용 제품에 치오글라이콜릭애시드로서 11%
⑤ 가온2욕식 헤어스트레이트너 제품의 경우에는 치오글라이콜릭애시드로서 5%

Tip

염모제에 치오글라이콜릭애시드로서 1%

13 **기능성 화장품으로 인정하는 주름개선 성분의 함량에 대한 설명으로 옳지 않은 것은?**

① 레티놀 2,500IU/g
② 아데노신 0.05~0.2%
③ 나이아신아마이드 2~5%
④ 레티닐 팔미테이트 10,000IU/g
⑤ 폴리에톡실레이티드 레틴아마이드 0.05~0.2%

Tip

나이아신아마이드는 미백 성분이다.

14 **자외선 차단 성분과 최대 함량이 바르게 연결된 것은?**

① 드로메트리졸 5%
② 에칠헥실살리실레이트 5%
③ 티타늄디옥사이드 10%
④ 호모살레이트 20%
⑤ 징크옥사이드 5%

Tip

자외선 차단 성분과 최대 함량은 드로메트리졸 1.0%, 티타늄디옥사이드 25%, 호모살레이트 10%, 징크옥사이드 25%이다.

15 **탈모증상의 완화에 도움을 주는 기능성 원료가 아닌 것은?**

① 덱스판테놀 ② 비오틴
③ L-멘톨 ④ 징크피리치온
⑤ 치오글리콜산

Tip

치오글리콜산은 제모제에 사용하는 원료이다.

16 **다음의 자외선과 관련된 용어에 대한 설명으로 옳지 않은 것은?**

① SPF는 자외선 B의 차단 정도를 뜻한다.
② PA는 자외선 C의 차단 정도를 뜻한다.
③ 최소홍반량(MED)은 피부에 홍반 현상을 일으키는 최소의 자외선 조사량을 뜻한다.
④ 최소지속형즉시흑화량(MPPD)은 피부에 흑화 현상을 일으키는 최소의 자외선 조사량을 뜻한다.
⑤ UVA는 날씨가 흐린 날에도 존재하여 생활 자외선으로 불린다.

Tip

PA는 자외선 A의 차단 정도를 뜻한다.

정답 12 ② 13 ③ 14 ② 15 ⑤ 16 ②

17 다음 중 천연고분자 점증제는?

① 카보머
② 벤토나이트
③ 카르복실비닐폴리머
④ 나이트로셀룰로오스
⑤ 카르복시메틸 셀룰로오스 나트륨

Tip
벤토나이트는 광물로부터 추출한 천연고분자 점증제이다.

18 다음 착향제(향료) 성분 중 포장에 '향료'로 기재·표기할 수 없는 성분은?

① 유제놀 ② 무스콘
③ 티트리오일 ④ 유칼립투스오일
⑤ 앰버그리스

Tip
2020년 1월 1일부터 화장품 성분 중 향료의 경우, 향료에 포함되어 있는 알레르기 유발성분의 표시의무화가 시행되었으며, 유제놀, 제라니올 등 25종 성분에 대하여 해당 성분의 명칭을 기재하도록 하였다.

19 화장품 안전기준 등에 관한 규정에서 규정하고 있는 '살리실릭애시드 및 그 염류'의 사용 후 씻어내는 제품류에서의 한도는?

① 2% ② 3%
③ 5% ④ 10%
⑤ 15%

Tip
'살리실릭애시드 및 그 염류'는 사용 후 씻어내는 제품류에 살리실릭애시드로서 2%, 사용 후 씻어내는 두발용 제품류에 살리실릭애시드로서 3%, 3세 이하 어린이 사용금지(다만, 샴푸는 제외), 기능성화장품의 유효성분으로 사용하는 경우에 한하며 기타 제품에는 사용금지로 규정하고 있다.

20 화장품 안전기준 등에 관한 규정에서 규정하고 있는 사용상의 제한이 필요한 원료 중 징크옥사이드의 사용 범위 기준은?

① 5% 이내 ② 10% 이내
③ 15% 이내 ④ 25% 이내
⑤ 30% 이내

Tip
징크옥사이드는 자외선 차단성분으로 25% 이내로 사용하도록 규정되어 있다.

21 착향제의 구성성분 중 알레르기 유발성분은 사용 후 씻어내는 제품에서 0.01%를 초과하는 경우에 반드시 표기해야 하며, 함량은 전체 내용량에서 차지하는 비율로 계산할 수 있다. 바디로션 250g에 시트랄 성분 0.05g 포함되어 있다면 제품의 내용량에서 시트랄 성분이 차지하는 함량의 비율은 얼마인가?

① 0.001% ② 0.002%
③ 0.01% ④ 0.02%
⑤ 0.1%

Tip
0.05g÷250g×100 = 0.02% → 즉, 0.001%를 초과하므로 표시 대상이다.

22 탈염·탈색제 제품 사용 시 주의 사항으로 옳지 않은 것은?

① 눈에 들어갔을 때는 바로 물이나 미지근한 물로 3분 이상 씻어 흘려 낼 것
② 사용 중에 목욕을 하거나 사용 전에 머리를 적시거나 감지 말 것
③ 사용 중에 발진, 발적, 부어오름, 가려움, 강한 자극감 등 피부의 이상을 느끼면 즉시 사용을 중지하고 잘 씻어낼 것
④ 손가락이나 손톱을 보호하기 위하여 장갑을 끼고 사용할 것

정답 17 ② 18 ① 19 ① 20 ④ 21 ④ 22 ①

⑤ 환기가 잘되는 곳에서 사용할 것

Tip

탈염·탈색제 제품 사용 시 눈에 들어갔을 때는 절대로 손으로 비비지 말고 바로 물이나 미지근한 물로 15분 이상 씻어 흘려 내고 곧바로 안과 전문의의 진찰을 받아야 한다.

23 화장품 배합에 사용할 수 없는 원료에 해당하는 것은?

① 폴리에톡실레이티드 레틴아마이드
② 아스코빌글루코사이드
③ 덱스판테놀
④ 티오글리콜산
⑤ 아밀신나밀알코올

Tip

폴리에톡실레이티드 레틴아마이드는 주름개선 성분, 아스코빌글루코사이드는 미백 성분, 덱스판테놀은 탈모 완화 성분, 티오글리콜산은 체모 제거 성분이다.

24 타르 색소의 나트륨, 칼륨, 알루미늄, 바륨, 칼슘, 스트론튬 또는 지르코늄염(염이 아닌 것은 염으로 하여)을 기질에 확산시켜서 만든 것을 무엇이라 하는가?

① 레이크 ② 기질
③ 색소 ④ 순색소
⑤ 무기안료

25 다음 중 계면활성제의 역할에 해당하지 않는 것은?

① 가용화제 ② 유화제
③ 미백제 ④ 기포제
⑤ 살균제

Tip

계면활성제는 가용화제, 유화제, 기포제, 세정제, 습윤제, 광택제, 살균제 등의 역할로 사용된다.

26 화장품 사용 시의 주의 사항에서 모든 화장품에 해당하는 공통 사항이 아닌 것은?

① 직사광선을 피해서 보관할 것
② 어린이의 손이 닿지 않는 곳에 보관할 것
③ 상처가 있는 부위 등에는 사용을 자제할 것
④ 털을 제거한 직후에는 사용하지 말 것
⑤ 화장품 사용 후 가려움증 등의 이상 증상이 있는 경우 전문의 등과 상담할 것

Tip

④번은 체취 방지용 화장품의 사용 시 주의사항에 관한 내용이다.

27 다음의 자외선 차단 성분 중 화학적 차단제에 해당하지 않는 것은?

① 옥시벤존 ② 아보벤존
③ 티타늄디옥사이드 ④ 옥시노세이트
⑤ 부틸메톡시디벤조일메탄

Tip

티타늄디옥사이드는 물리적 차단제에 해당한다.

28 주름 개선에 도움을 주는 화장품의 성분에 해당하지 않는 것은?

① 레티놀 ② 아데노신
③ 비오틴 ④ 레티닐 팔미테이트
⑤ 폴리에톡실레이티드 레틴아마이드

Tip

비오틴은 탈모 완화 성분에 해당한다.

정답 23 ⑤ 24 ① 25 ③ 26 ④ 27 ③ 28 ③

29 다음 중 화장품의 유성원료에 해당하지 않는 것은?

① 왁스
② 탄화수소
③ 고급지방산
④ 고급알코올
⑤ 에탄올

Tip
에탄올은 수성원료에 해당한다.

30 다음은 고분자 화합물의 역할에 해당되지 않는 것은?

① 점증제　② 기포형성제
③ 주름개선제　④ 유화안정제
⑤ 분산제

Tip
고분자 화합물은 주로 화장품의 점성을 높여주고 사용감을 개선하기 위하여 사용하며, 점증제, 피막형성제, 기포형성제, 분산제, 유화안정제로 사용한다.

31 다음 중 회수 대상 화장품이 아닌 것은?

① 전부 또는 일부가 변패(變敗)된 화장품
② 병원미생물에 오염된 화장품
③ 맞춤형화장품조제관리사를 두고 판매한 맞춤형화장품
④ 유통화장품 안전관리 기준에 적합하지 않은 화장품
⑤ 사용기한 또는 개봉 후 사용기간을 위조·변조한 화장품

Tip
①, ②, ④, ⑤는 천연화장품 및 유기농화장품의 기준에 관한 규정에서 금지하고 있다.

32 화장품 안전기준 등에 관한 규정에서 규정하고 있는 '치오글라이콜릭애시드, 그 염류 및 에스텔류'에 관한 설명으로 옳지 않은 것은?

① 퍼머넌트웨이브용 및 헤어스트레이트너 제품에 치오글라이콜릭애시드로서 11%
② 가온2욕식 헤어스트레이트너 제품의 경우에는 치오글라이콜릭애시드로서 5%
③ 제모용 제품에 치오글라이콜릭애시드로서 5%
④ 염모제에 치오글라이콜릭애시드로서 10%
⑤ 사용 후 씻어내는 두발용 제품류에 2%

Tip
염모제에 치오글라이콜릭애시드로서 1%

33 화장품 및 원료의 회수 · 폐기명령에 관한 내용이다. (㉠)에 해당하는 내용은?

> 회수 · 폐기 등의 명령을 받은 영업자 · 판매자 또는 그 밖에 화장품을 업무상 취급하는 자는 미리 (㉠)에게 회수계획을 보고하여야 한다.

① 대통령
② 총리
③ 보건복지부장관
④ 식품의약품안전처장
⑤ 지방식품의약품안전청장

Tip
㉠에 알맞은 내용은 식품의약품안전처장이다.

정답　29 ⑤　30 ③　31 ③　32 ④　33 ④

34 **다음의 내용은 어떤 성분의 주의사항을 설명한 것인가?**

> 1. 햇빛에 대한 피부의 감수성을 증가시킬 수 있으므로 자외선 차단제를 함께 사용할 것(씻어내는 제품 및 두발용 제품은 제외한다)
> 2. 일부에 시험 사용하여 피부 이상을 확인할 것
> 3. 고농도로 들어 있어 부작용이 발생할 우려가 있으므로 전문의 등에게 상담할 것

① 눈 화장용 제품류　② 모발용 샴푸
③ 탈염·탈색제　④ 체취 방지용 제품
⑤ 알파-하이드록시애시드

Tip
알파-하이드록시애시드(α-hydroxyacid, AHA) 함유 제품(0.5퍼센트 이하의 AHA가 함유된 제품은 제외한다)에 관한 설명이다.

35 **화장품 전성분 표시 지침에서는 일부 화장품 성분 표시가 반드시 필요하지 않은 포장에 관하여 설명하고 있다. 1차 포장(용기) 또는 2차 포장(포장)에 화장품의 명칭, 상호, 가격, 제조번호와 사용기한 또는 개봉 후 사용기간만을 기재·표시할 수 있는 화장품의 용량은?**

① 10g　② 15g
③ 25g　④ 35g
⑤ 45g

Tip
화장품 성분 표시가 반드시 필요하지 않은 포장
화장품법 제10조 제1항과 시행규칙 제19조(화장품 포장의 기재·표시 등)에 따라 다음에 해당하는 1차 포장(용기) 또는 2차 포장(포장)에는 화장품의 명칭, 상호, 가격, 제조번호와 사용기한 또는 개봉 후 사용기간만을 기재·표시할 수 있다.

①	내용량이 10ml(g) 이하인 화장품의 포장
②	판매 목적이 아닌 제품 선택 등을 위하여 미리 소비자가 시험·사용하도록 제조 또는 수입된 화장품의 용기 또는 포장

36 **우수화장품 제조 및 품질관리기준에서 정의한 용어에 대한 설명으로 옳지 않은 것은?**

① "품질보증"이란 제품이 적합 판정 기준에 충족될 것이라는 신뢰를 제공하는 데 필수적인 모든 계획되고 체계적인 활동을 말한다.
② "기준일탈(out-of-specification)"이란 규정된 합격 판정 기준에 일치하지 않는 검사, 측정 또는 시험결과를 말한다.
③ "원료"란 벌크 제품의 제조에 투입하거나 포함되는 물질을 말한다.
④ "유지관리"란 적절한 작업 환경에서 건물과 설비가 유지되도록 하는 정기적·비정기적인 지원 및 검증 작업을 말한다.
⑤ "감사"란 제조공정 중 적합판정기준의 충족을 보증하기 위하여 공정을 모니터링하거나 조정하는 모든 작업을 말한다.

Tip
⑤번은 공정관리에 관한 설명이다.
"감사"란 제조 및 품질과 관련한 결과가 계획된 사항과 일치하는지의 여부와 제조 및 품질관리가 효과적으로 실행되고 목적 달성에 적합한지 여부를 결정하기 위한 체계적이고 독립적인 조사를 말한다.

37 **다음 중 중대한 유해사례(Serious AE)에 해당하지 않는 것은?**

① 사망을 초래하거나 생명을 위협하는 경우
② 입원 또는 입원기간의 연장이 필요한 경우
③ 화장품과 관련하여 국민보건에 직접 영향을 미칠 수 있는 경우
④ 지속적 또는 중대한 불구나 기능저하를 초래하는 경우
⑤ 선천적 기형 또는 이상을 초래하는 경우

Tip
③은 화장품 안전성 정보에 관한 내용이다.

정답　34 ⑤　35 ①　36 ⑤　37 ③

38 다음의 위해성 관련 용어에 대한 설명 중 위해요소에 대한 설명으로 옳은 것은?

① 인체적용제품에 존재하는 위해요소가 인체에 유해한 영향을 미치는 고유의 성질을 말한다.
② 인체의 건강을 해치거나 해칠 우려가 있는 화학적·생물학적·물리적 요인을 말한다.
③ 인체적용제품에 존재하는 위해요소에 노출되는 경우 인체의 건강을 해칠 수 있는 정도를 말한다.
④ 인체적용제품에 존재하는 위해요소가 인체의 건강을 해치거나 해칠 우려가 있는지 여부와 그 정도를 과학적으로 평가하는 것을 말한다.
⑤ 인체적용제품에 존재하는 위해요소가 다양한 매체와 경로를 통하여 인체에 미치는 영향을 종합적으로 평가하는 것을 말한다.

Tip
①번은 독성, ③번은 위해성, ④번은 위해성평가, ⑤번은 통합위해성평가에 관한 설명이다.

39 다음 중 회수대상화장품의 위해성 등급이 다른 것은?

① 전부 또는 일부가 변패(變敗)된 화장품
② 병원미생물에 오염된 화장품
③ 기능성화장품의 기능성을 나타나게 하는 주원료 함량이 기준치에 부적합한 경우
④ 용기나 포장이 불량하여 해당 화장품이 보건위생상 위해를 발생할 우려가 있는 것
⑤ 화장품의 제조 등에 사용할 수 없는 원료 사용한 화장품

Tip
①, ②, ③, ④는 회수대상화장품의 위해성 다등급, ⑤번은 가등급이다.

40 중대한 유해사례 또는 이와 관련하여 식품의약품안전처장이 보고를 지시한 경우, 화장품 제조판매업자는 몇 일 이내에 보고해야 하는가?

① 5일　② 10일
③ 15일　④ 20일
⑤ 25일

Tip
화장품 제조판매업자는 다음 각 호의 화장품 안전성 정보를 알게 된 때에는 제1호의 정보(㉠)는 「화장품 안전성 정보관리 규정」의 별지 제1호 서식에 따른 보고서를, 제2호의 정보(㉡)는 별지 제2호 서식에 따른 보고서를 그 정보를 알게 된 날로부터 15일 이내에 식품의약품안전처장에게 신속히 보고하여야 한다.

㉠	중대한 유해사례 또는 이와 관련하여 식품의약품안전처장이 보고를 지시한 경우
㉡	판매중지나 회수에 준하는 외국정부의 조치 또는 이와 관련하여 식품의약품안전처장이 보고를 지시한 경우

41 다음 내용 중 ㉠과 ㉡에 들어갈 알맞은 말을 쓰시오.

알레르기 유발성분은 사용 후 씻어내는 제품에서 (㉠) 초과하거나 사용 후 씻어내지 않는 제품에서 (㉡) 초과하는 경우에 반드시 표기해야 한다.

42 다음 내용 중 ㉠과 ㉡에 들어갈 알맞은 말을 쓰시오.

내용량이 ㉠ml(㉠g) 초과 ㉡ml(㉡g) 이하인 화장품의 포장인 경우에는 다음의 6개 지정 성분 외에는 생략할 수 있으나 모든 성분을 확인할 수 있는 전화번호, 홈페이지, 주소 등을 기재하여야 한다.
가. 타르색소
나. 금박
다. 샴푸와 린스에 들어 있는 인산염의 종류
라. 과일산(AHA)
마. 기능성화장품의 경우 그 효능·효과를 나타나게 하는 원료
바. 식품의약품안전처장이 배합 한도를 고시한 화장품의 원료

정답　38 ②　39 ⑤　40 ③　41 ㉠ 0.01% ㉡ 0.001%　42 ㉠ 10 ㉡ 50

43 맞춤형화장품판매업자는 맞춤형화장품의 내용물 및 원료의 입고 시 품질관리 여부를 확인하고 책임판매업자가 제공하는 (㉠)를 구비해야 한다. ㉠에 해당하는 단어는?

44 UVB를 조사한 후 16~24시간 이내에 피부에 홍반 현상을 일으키는 최소의 자외선 조사량을 무엇이라 하는가?

Tip

최소홍반량(MED)은 UVB를 조사한 후 16~24시간 이내에 피부에 홍반 현상을 일으키는 최소의 자외선 조사량이다. SPF지수는 자외선 차단제를 바른 피부와 바르지 않은 피부의 자외선B를 조사했을 때 나타나는 최소홍반량(MED)의 비로 측정한다.

45 화장품 위해평가의 순서에서 ㉠과 ㉡에 들어갈 알맞은 말을 쓰시오.

1. 위해요소의 인체 내 독성을 확인하는 위험성 확인과정
2. 위해요소의 인체노출 허용량을 산출하는 위험성 결정과정
3. 위해요소가 인체에 노출된 양을 산출하는 (㉠)과정
4. 제1호부터 제3호까지의 결과를 종합하여 인체에 미치는 위해 영향을 판단하는 (㉡)과정

Tip

화장품법 시행규칙 제17조 1항에 따라 위해평가는 확인·결정·평가 등의 과정을 시행한다.

46 다음은 외음부 세정제의 사용 시 주의사항에 관한 설명이다. ㉠에 들어갈 알맞은 말을 쓰시오.

1. 정해진 용법과 용량을 잘 지켜 사용할 것
2. (㉠) 이하의 영유아에게는 사용하지 말 것
3. (㉡) 중에는 사용하지 않는 것이 바람직하며, 분만 직전의 외음부 주위에는 사용하지 말 것
4. 프로필렌 글리콜(Propylene glycol)을 함유하고 있으므로 이 성분에 과민하거나 알레르기 병력이 있는 사람은 신중히 사용할 것(프로필렌 글리콜 함유제품만 표시한다)

47 다음은 화장품 전성분 표시제의 주요내용을 설명한 것이다. ㉠과 ㉡에 들어갈 알맞은 말을 쓰시오.

1. 글자 크기는 (㉠) 포인트 이상으로 한다.
2. 화장품 제조에 사용된 성분을 (㉡)이 많은 것부터 기재·표시하되 1퍼센트 이하로 사용된 성분, 착향제 또는 착색제는 순서에 상관없이 기재·표시할 수 있다.
3. 혼합 원료는 혼합된 개별성분의 명칭을 기재하여야 한다.
4. 색조 화장용 제품류, 눈 화장용 제품류, 두발염색용 제품류 또는 손발톱용 제품류에서 호수별로 착색제가 다르게 사용된 경우 '± 또는 +/−'의 표시 다음에 사용된 모든 착색제 성분을 함께 기재·표시할 수 있다.

48 다음의 화장품 성분에 관한 설명에서 ㉠과 ㉡에 들어갈 알맞은 말을 쓰시오.

착향제는 "(㉠)"로 표시할 수 있다. 다만, 착향제의 구성성분 중 (㉡) 유발물질로 알려진 성분이 있는 경우에는 해당 성분의 명칭을 반드시 기재·표시하여야 한다.

정답

43 **품질성적서** 44 **최소홍반량(MED)** 45 **㉠ 노출평가 ㉡ 위해도 결정** 46 **㉠ 만 3세 ㉡ 임신** 47 **㉠ 5 ㉡ 함량**
48 **㉠ 향료 ㉡ 알레르기**

49 **우수화장품 제조 및 품질관리기준에서 정의한 용어에 대한 설명에서 ㉠에 들어갈 알맞은 말을 쓰시오.**

> "(㉠)"(이)란 제조공정 단계에 있는 것으로서 필요한 제조공정을 더 거쳐야 벌크 제품이 되는 것을 말한다.

50 **다음은 화장품 안전성 정보관리 규정에 관한 내용이다. ㉠에 들어갈 알맞은 말을 쓰시오.**

> 화장품 제조판매업자는 「화장품 안전성 정보관리 규정」에 따라 안전성 정보를 매 반기 종료 후 (㉠) 이내에 식품의약품안전처장에게 보고하여야 한다.

정답 49 품질보증 50 1월

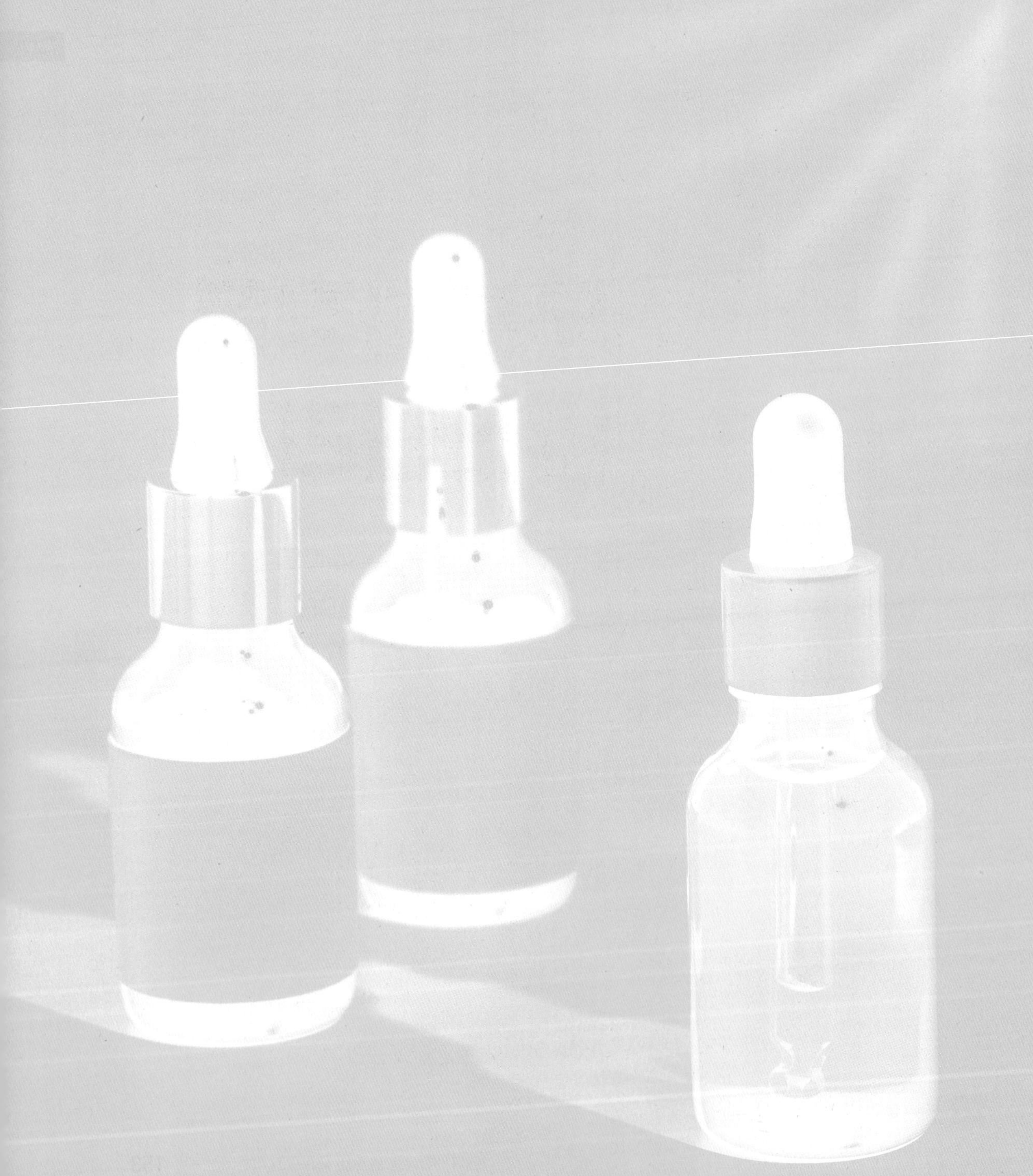

PART 03

유통화장품 안전관리

CHAPTER

01 작업장 위생관리

Check Point!

작업장 위생관리에서는 작업장의 위생기준 및 유지관리에 대한 이해를 바탕으로 다음의 내용을 숙지하도록 한다.

- 작업장의 위생기준 및 위생 상태
- 작업장의 위생 유지관리 및 세제와 소독제의 사용

1.1 작업장의 위생기준

1.1.1 작업장 위생을 위한 법령상의 기준

1) 제조위생관리 기준서 ▶	CGMP 개론 • 식품의약품안전처에서는 「우수화장품 제조 및 품질관리기준(CGMP)」을 고시로 운영 • CGMP는 품질이 보장된 우수한 화장품을 제조 공급하기 위한 제조 및 품질관리에 관한 기준으로서 직원, 시설·장비 및 원자재, 반제품, 완제품 등의 취급과 실시방법을 정한 것 • CGMP 3대 요소 – 인위적인 과오의 최소화 – 미생물오염 및 교차오염으로 인한 품질저하 방지 – 고도의 품질관리체계 확립 제조위생관리기준서 필요성 • 개인위생, 작업장 위생, 작업 전후의 위생, 작업 중 위생관리를 함으로써 품질의 안전화 도모 • 위생상의 위해 방지와 소비자의 보건 증진에 기여함을 목적으로 함 제조위생관리기준서 내 주요 내용 • 작업원의 건강관리 및 건강상태의 파악·조치 방법 • 작업원의 수세, 소독 방법 등 위생에 관한 사항 • 작업복장의 규격, 세탁 방법 및 착용 규정 • 작업실 등의 청소(필요한 경우 소독 포함) 방법 및 청소 주기 • 청소 상태의 평가 방법 • 제조시설의 세척 및 평가 – 책임자 지정 – 세척 및 소독 계획 – 세척방법과 세척에 사용되는 약품 및 기구 – 제조시설의 분해 및 조립 방법

1) 제조위생관리 기준서	▶	– 이전 작업 표시 제거 방법 – 청소상태 유지 방법 – 작업 전 청소 상태 확인 방법 • 곤충, 해충이나 쥐를 막는 방법 및 점검 주기 • 그 밖에 필요한 사항
2) 작업장의 청소 기준	▶	① 청소 방법 및 주기 ② 청소 도구 및 소독제의 구분 관리 ③ 작업실별 청소, 소독 방법 및 주기 ④ 작업장 위생관리 점검 시기 및 방법 ⑤ 소독제의 취급 사용 관리 ⑥ 청소 상태 평가 방법 ⑦ 청소 및 소독 시 유의사항 ⑧ 작업장 내 금지 사항
3) 작업장의 방충 · 방서 관리 기준	▶	① 방충 관리 ② 방서 관리 ③ 방충·방서 시설 점검 및 관리 ④ 소독제 투약 시 주의사항

1.2 작업장의 위생상태

1.2.1 작업장의 건물 상태(CGMP 제7조)

①	제품이 보호되도록 할 것
②	청소가 용이하도록 할 것
③	필요한 경우 위생관리 및 유지관리가 가능하도록 할 것
④	제품, 원료 및 포장재 등의 혼동이 없도록 할 것
⑤	제품의 제형, 현재 상황 및 청소 등을 고려하여 설계할 것

1.2.2 작업장의 시설 상태(CGMP 제8조)

①	제조하는 화장품의 종류·제형에 따라 구획·구분되어 있어 교차 오염 우려가 없을 것
②	바닥, 벽, 천장은 가능하면 청소하기 쉽게 매끄러운 표면을 지니고 소독제 등의 부식성에 저항력이 있을 것
③	환기가 잘되고 청결할 것
④	외부와 연결된 창문은 가능한 열리지 않도록 할 것
⑤	작업장 내 외관 표면은 가능한 매끄럽게 설계하고, 청소 및 소독제의 부식성에 저항력이 있을 것
⑥	수세실과 화장실은 접근이 쉬워야 하나 생산구역과 분리되어 있을 것

⑦ 작업장 전체에 적절한 조명을 설치하고, 조명이 파손될 경우 제품을 보호할 수 있는 처리 절차 준비

⑧ 제품의 오염을 방지하고 적절한 온도 및 습도를 유지할 수 있는 공기조화시설 등 적절한 환기시설을 갖출 것

⑨ 각 제조구역별 청소 및 위생관리 절차에 따라 효능이 입증된 세척제 및 소독제를 사용할 것

⑩ 제품의 품질에 영향을 주지 않는 소모품을 사용할 것

용어 정리

- **분리 : 별개의 건물이나 동일 건물일 경우, 벽에 의해 별개의 장소로 구별되어 공기조화 장치가 별도로 되어 있는 상태**
- **구획 : 벽, 칸막이, 에어 커튼(Air Curtain)에 의해 나누어져 교차오염이나 혼입이 방지될 수 있는 상태**
- **구분 : 선이나 간격을 두어서 혼동되지 않도록 구별하여 관리할 수 있는 상태**

1.2.3 작업장의 구성요소별 상태 기출

① • 작업장 및 부속 시설의 준수사항
– 화장품 제조 관련 작업장의 위생 상태에 대해 고려

② • 작업장의 바닥, 벽, 천장 및 창문의 설계 및 건축
– 천장, 벽, 바닥이 접하는 부분은 틈이 없어야 하고 먼지 등 이물질이 쌓이지 않도록 둥글게 처리

③ 공기조절 방식

공기의 온·습도, 공중미립자, 풍량, 풍향, 기류를 일련의 도관을 사용해서 제어하는 '센트럴 방식'이 화장품에 가장 적합한 공기조절 방식

공기 조절의 4대 요소

번호	4대 요소	대응 설비
1	청정도	공기 정화
2	실내온도	열 교환기
3	습도	가습기
4	기류	송풍기

④ 필터의 종류별 관리방법 파악

- 어느 공기 조절 방식을 채택하더라도 에어 필터를 통하여 외기를 도입하거나 순환시킴
- 화장품 제조라면 적어도 중성능 필터의 설치를 권장. 고도의 환경관리가 필요한 경우에는 고성능 필터를 설치하고 정해진 관리 및 보수를 실시
- 초고성능 필터를 설치했을 경우는 정기적인 포집 효율 시험 또는 필터의 완전성 시험 등이 필요하게 되고 고액의 비용이 듦. 이들 시험을 실시하지 않으면 본래의 성능이 보증되지 않음. 또한, 초고성능 필터를 설치한 작업장에서 일반적인 작업을 실시하면 바로 필터가 막혀 버려서 오히려 작업 장소의 환경이 나빠짐 → 목적에 맞는 필터 선택 및 설치가 중요

⑤ 공기 조화 장치

공기 조화 장치는 청정 등급 유지에 필수적이고 중요하므로 그 성능이 유지되고 있는지 주기적으로 점검·기록

⑥	차압 • 공기 조절기를 설치하면 작업장의 실압 관리, 외부와의 차압을 일정하게 유지할 수 있음 • 청정 등급의 경우 각 등급 간의 공기의 품질이 다르므로 등급이 낮은 작업실의 공기가 높은 등급으로 흐르지 못하도록 어느 정도의 공기압 차가 있어야 함 • 일반적으로 '4급지 < 3급지 < 2급지' 순으로 실압을 높이고 외부의 먼지가 작업장으로 유입되지 않도록 설계함 • 제품 특성상 온습도에 민감한 제품의 경우에는 해당 온습도를 유지할 수 있도록 관리하는 체계를 갖추도록 함

1.2.4 청정도 등급 및 관리기준 기출

청정등급을 설정한 구역(작업장, 실험실, 보관소 등)은 설정 등급의 유지 여부를 정기적으로 모니터링하여 설정 등급을 벗어나지 않도록 관리한다. 청정도 기준에 제시된 청정도 등급 이상으로 관리기준을 설정한다.

청정도 등급	대상 시설	해당 작업실	청정 공기 순환	관리기준	작업복장
1	청정도 엄격관리	Clean Bench	20회/hr 이상 또는 차압 관리	낙하균 10개/hr 또는 부유균 20개/㎥	작업복, 작업모, 작업화
2	화장품 내용물이 노출되는 작업실	제조실, 성형실, 충전실, 내용물보관소, 원료칭량실, 미생물 시험실	10회/hr 이상 또는 차압 관리	낙하균 30개/hr 또는 부유균 200개/㎥	작업복, 작업모, 작업화
3	화장품 내용물이 노출 안 되는 곳	포장실	차압 관리	옷 갈아입기, 포장재의 외부 청소 후 반입	작업복, 작업모, 작업화
4	일반작업실	포장재보관소, 완제품보관소, 관리품 보관소, 원료 보관소, 탈의실, 일반 실험실	환기 장치	–	–

기출 유형

다음 중 청정도 기준이 서로 올바르게 짝지어진 것은?

① 제조실 – 낙하균 : 10개/hr 또는 부유균 : 20개/㎥
② 칭량실 – 낙하균 : 10개/h 또는 부유균 : 20개/㎥
③ 충전실 – 낙하균 : 30개/hr 또는 부유균 : 200개/㎥
④ 포장실 – 낙하균 : 30개/hr 또는 부유균 : 200개/㎥
⑤ 원료보관실 – 낙하균 : 10개/hr 또는 부유균 : 20개/㎥

정답 : ③

1.2.5 작업장별 시설 준수사항

1) 보관 구역 ▶	① 통로는 적절하게 설계되어야 한다. ② 통로는 사람과 물건이 이동하는 구역으로서 사람과 물건의 이동에 불편함을 초래하거나 교차오염의 위험이 없어야 한다. ③ 손상된 팔레트는 수거하여 수선 또는 폐기한다. ④ 매일 바닥의 폐기물을 치워야 한다. ⑤ 동물이나 해충의 침입하기 쉬운 환경은 개선되어야 한다. ⑥ 용기(저장조 등)는 닫아서 깨끗하고 정돈된 방법으로 보관한다.
2) 원료 취급 구역 ▶	① 원료 보관소와 칭량실은 구획되어 있어야 한다. ② 엎지르거나 흘리는 것을 방지하고 즉각적으로 치우는 시스템과 절차들이 시행되어야 한다. ③ 모든 드럼의 윗부분은 필요한 경우 이송 전에 또는 칭량 구역에서 개봉 전에 검사하고 깨끗하게 하여야 한다. ④ 바닥은 깨끗하고 부스러기가 없는 상태로 유지되어야 한다. ⑤ 원료 용기들은 실제로 칭량하는 원료인 경우를 제외하고는 적합하게 뚜껑을 덮어 놓아야 한다. ⑥ 원료의 포장이 훼손된 경우에는 봉인하거나 즉시 별도 저장조에 보관한 후에 품질상의 처분 결정을 위해 격리해 둔다.
3) 제조 구역 ▶	① 모든 호스는 필요시 청소 또는 위생 처리를 한다. 청소 후에 호스는 완전히 비워져야 하고 건조되어야 하며, 바닥에 닿지 않도록 정리하여 보관하다. ② 모든 도구와 이동 가능한 기구는 청소 및 위생처리 후 정해진 구역에 정돈 방법에 따라 보관한다. ③ 제조 구역에서 흘린 것은 신속히 청소한다. ④ 탱크의 바깥 면들은 정기적으로 청소되어야 한다. ⑤ 모든 배관이 사용될 수 있도록 설계되어야 하며, 우수 정비 상태로 유지되어야 한다. ⑥ 표면은 청소하기 용이한 재료질로 설계되어야 한다. ⑦ 페인트를 칠한 구역은 우수한 정비 상태로 유지되어야 하며 벗겨진 칠은 보수되어야 한다. ⑧ 폐기물은 주기적으로 버려야 하며 장기간 모아 놓거나 쌓아 두어서는 안 된다. ⑨ 사용하지 않는 설비는 깨끗한 상태로 보관되어야 하고 오염으로부터 보호되어야 한다.
4) 포장 구역 ▶	① 포장 구역은 제품의 교차오염을 방지할 수 있도록 설계되어야 한다. ② 포장 구역은 설비의 팔레트, 포장 작업의 다른 재료들의 폐기물, 사용되지 않는 장치, 질서를 무너뜨리는 다른 재료가 있어서는 안 된다. ③ 구역 설계는 사용하지 않는 부품, 제품 또는 폐기물의 제거를 쉽게 할 수 있어야 한다. ④ 폐기물 저장통은 필요하다면 청소 및 위생 처리되어야 한다. ⑤ 사용하지 않는 기구는 깨끗하게 보관되어야 한다.

5) 직원 서비스와 준수사항 ▶	① 화장실, 탈의실 및 손 세척 설비가 직원에게 제공되어야 하고 작업구역과 분리되어야 하며 쉽게 이용할 수 있어야 한다. ② 화장실 및 탈의실은 깨끗하게 유지하고, 적절하게 환기해야 한다. ③ 편리한 손 세척 설비는 온수, 냉수, 세척제와 1회용 종이 또는 접촉하지 않는 손 건조기를 포함한 것이다. ④ 음용수를 제공하기 위한 정수기는 정상적으로 작동하는 상태이어야 하고 위생적이어야 한다. ⑤ 구내식당과 쉼터(휴게실)는 위생적이고 잘 정비된 상태로 유지해야 한다. ⑥ 음식물은 생산구역과 분리된 지정된 구역에서만 보관, 취급하여야 하고, 작업장 내부로 음식물 반입을 금지해야 한다. ⑦ 개인은 직무를 수행하기 위해 알맞은 복장을 구비해야 한다. ⑧ 개인은 개인위생 처리규정을 준수해야 하고 건강한 습관을 유지하며 손은 모든 제품 작업 전 또는 생산 라인에서 작업 전 청결히 유지해야 한다. ⑨ 제품, 원료 또는 포장재와 직접 접촉하는 사람은 제품 안전에 영향을 확실히 미칠 수 있는 건강 상태가 되지 않도록 주의사항을 준수해야 한다.

기출 유형

우수화장품 제조 및 품질관리 기준 보관구역의 위생기준에 대한 설명으로 맞는 것은?

① 바닥의 폐기물은 모아두었다가 한 번에 처리한다.
② 손상된 팔레트는 폐기하지 말고 수선하여 쓴다.
③ 통로는 가능한 한 좁게 만드는 것이 좋다.
④ 사람과 물건이 이동하는 경로인 통로는 교차오염의 위험이 없어야 한다.
⑤ 용기들은 뚜껑을 개봉한 상태로 보관한다.

정답 : ④

1.3 작업장의 위생 유지관리 활동

1.3.1 교차오염 방지를 위한 작업장의 동선 계획

① 작업장은 제조 작업실, 포장 작업실, 반제품 저장실, 세척실, 상품 창고 및 반제품 창고, 원료 창고, 자제 창고, 기타(작업장 내 복도, 샤워장, 화장실, 복지관) 등으로 구분하였는지 확인한다.
② 혼동 방지와 오염 방지를 위해 사람과 물건의 흐름 경로를 교차오염의 우려가 없도록 적절히 설정한다.
③ 교차가 불가피할 경우 작업에 '시간 차'를 둔다.
④ 공기의 흐름을 고려한다.

1.3.2 작업장 위생 유지를 위한 일반적인 건물관리

①	작업장의 출입구는 해충, 곤충의 침입에 대비하여 보호되어야 하며 정기적으로 모니터링되어야 하고, 모니터링 결과에 따라 적절한 조치를 취해야 한다.
②	배수관은 냄새의 제거와 적절한 배수를 확보하기 위해 건설되고 유지되어야 한다.

③ 바닥은 먼지 발생을 최소화하고 흘린 물질의 고임이 최소화되도록 하며 청소가 쉽도록 설계 및 건설되어야 한다.

④ 화장품 제조에 적합한 물이 공급되어야 한다(공정서, 화장품 원료 규격 가이드라인 정제수 기준에 적합하여야 함).

⑤ 공기조화장치는 제품 또는 사람의 안전에 해로운 오염물질의 이동을 최소화시키도록 설계되어야 하며, 필터들은 점검 기준에 따라 정기(수시)로 점검하고 교체되어야 하고 점검 및 교체에 대해서는 기록되어야 한다.

⑥ 관리와 안전을 위해 모든 공정, 포장 및 보관 지역에 적절한 조명을 설치한다.

1.3.3 방충 • 방서를 위한 관리 기출

① 방충·방서 담당자는 곤충, 설치류 및 조류의 침입이 가능한 곳을 모두 파악한다.

② 건물이 외부와 통하는 구멍이 나 있는 곳에는 방충망을 설치하고 외부에서 날벌레 등이 들어올 수 있는 곳에는 유인등을 설치한다.

③ 건물 내부로 들어올 수 있는 문은 자동문을 설치하여 해충, 곤충, 쥐의 침입을 방지한다(침입, 서식 흔적이 있는지 정기적으로 점검).

④ 공장 출입구에 에어 샤워나 에어 커튼을 설치하여 외부로부터의 해충 또는 쥐의 침입을 막는다.

⑤ 실내에서의 해충 제거를 위해 내부의 적절한 장소에 포충등을 설치한다.

⑥ 벽, 천장, 창문, 파이프 구멍에 틈이 없도록 하고 가능하면 개방할 수 있는 창문을 만들지 않는다(개폐되는 창문의 경우·방충망을 이용하여 해충의 침입을 막고, 설치는 외부에서 창문틀 전체를 설치한다).

⑦ 창문은 차광하고 야간에 빛이 밖으로 새어나가지 않게 하며, 문 아래에 스커트를 설치한다.

⑧ 배기구, 흡기구에 필터를 달고 폐수구에는 트랩을 단다.

⑨ 골판지, 나무 부스러기를 방치하지 않는다(벌레의 서식지가 될 수 있음).

⑩ 공기조화장치는 실내압을 외부(실외)보다 높게 한다.

⑪ 청소와 정리 정돈을 하고 해충, 곤충의 조사와 구제를 실시한다.

용어 정리

- 방충 : 건물 외부로부터 곤충(하루살이, 나방, 모기 등)류의 해충 침입을 방지하고, 건물 내부의 곤충류를 구제하는 것
- 방서 : 건물 외부로부터 쥐의 침입을 방지하고 건물 내부의 쥐를 박멸하는 것
- 구제 : 해충 따위를 몰아내어 없앰

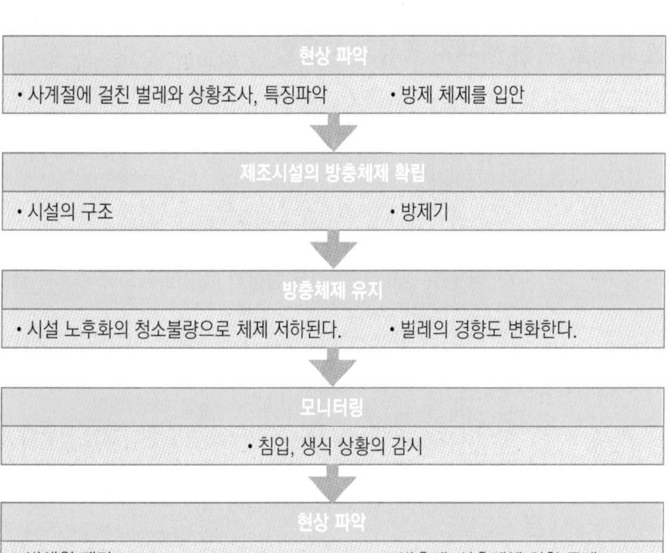

현상 파악
• 사계절에 걸친 벌레와 상황조사, 특징파악
• 방제 체제를 입안
제조시설의 방충체제 확립
• 시설의 구조
• 방제기
방충체제 유지
• 시설 노후화의 청소불량으로 체제 저하된다.
• 벌레의 경향도 변화한다.
모니터링
• 침입, 생식 상황의 감시
현상 파악
• 발생원 제거
• 방충제, 살충제에 의한 구제

1.3.4 작업장 위생유지를 위한 청소

1) 청소방법과 위생처리

①	공조시스템에 사용된 필터는 규정에 의해 청소되거나 교체
②	물질 또는 제품 필터들은 규정에 의해 청소되거나 교체
③	물 또는 제품의 모든 유출과 고인 곳, 파손된 용기는 지체 없이 청소 또는 제거
④	제조 공정 또는 포장과 관련되는 지역에서의 청소와 관련된 활동이 기류에 의한 오염을 유발해 제품 품질에 위해를 끼칠 것 같은 경우에는 작업 동안 하지 말 것
⑤	청소에 사용되는 용구(진공청소기 등)는 정돈된 방법으로 깨끗하고 건조된 지정된 장소에 보관
⑥	오물이 묻은 걸레는 사용 후 버리거나 세탁
⑦	오물이 묻은 유니폼은 세탁될 때까지 적당한 컨테이너에 보관
⑧	• 제조공정과 포장에 사용한 설비 및 도구 세척 – 적절한 때에 도구들은 계획과 절차에 따라 위생처리 및 기록되어야 함 – 적절한 방법으로 보관할 것 – 청결을 보증하기 위해 사용 전 검사(청소완료 표시서)
⑨	제조 공정과 포장 지역에서 재료의 운송을 위해 사용된 기구는 필요할 때 청소되고 위생처리되어야 하며, 작업은 적절하게 기록되어야 함
⑩	• 제조 공장을 깨끗하고 정돈된 상태로 유지하기 위해 필요할 때 청소 수행 – 직무를 수행하는 모든 사람은 적절하게 교육할 것 – 천장, 머리 위의 파이프, 기타 작업 지역은 필요할 때 모니터링하여 청소할 것
⑪	제품 또는 원료가 노출되는 제조 공정, 포장 또는 보관 구역에서의 공사 또는 유지관리 보수 활동은 제품 오염을 방지하기 위해 적합하게 처리할 것
⑫	제조 공장의 한 부분에서 다른 부분으로 먼지, 이물 등을 묻혀가는 것을 방지하기 위해 주의할 것

1.4 작업장 위생 유지를 위한 세제의 종류와 사용법

1.4.1 작업장의 오염물질과 세제의 요건

1) 작업장의 오염물질 ▶

① 작업장 및 설비 표면의 오염들은 매우 다양
② 오일, 지방, 왁스, 안료, 탄닌, 탄산염(석회물질), 산화물(금속가루, 녹), 검댕이, 부식 성분 등이 서로 다른 함량과 다양한 숙성 조건으로 결합
③ 미생물에 의해 오염될 수 있음
④ 석재, 콘크리트, 금속, 목재, 유리, 플라스틱, 페인트 도장과 같은 다양한 표면 물질에 결합되어 있기 때문에 적정한 세제 선정
⑤ 오염 제거는 물리·화학적 메커니즘에 의해 제거
⑥ 고착되었거나 오랫동안 숙성된 오염은 연마제가 함유된 세제 사용
⑦ 적당한 세정 성분을 선택하기 위해서는 세척물에 대한 화학적 영향이나 연마제에 의한 표면의 손상 등 적합성 고려

2) 세제의 구성요건 ▶

① 세제는 사용이 편리하고 유용해야 함
② 중성에서 약알칼리성 사이의 다목적 세제는 범용 제품으로 물과 상용성이 있는 모든 표면에 적용
③ 연마 세제는 기계적으로 저항성이 있는 물질에 한정적으로 사용함
④ 다목적 세제와 연마세제는 가정에서는 손으로 직접 사용하지만 작업장에서는 바닥연마기, 고압장치, 기포 발생기와 같은 보조 장치나 기구를 이용함
⑤ 표면은 헹굼이나 재 세척 없이도 건조 후 깨끗하고 잔유물이 남지 않아야 함
⑥ 연마세제는 희석하지 않고 아주 소량의 물을 사용하여 직접 표면에 사용하며 잘 헹구어 줌

3) 세제의 요구조건 ▶

① 우수한 세정력
② 표면 보호
③ 세정 후 표면에 잔류물이 없는 건조 상태
④ 사용 및 계량의 편리성
⑤ 적절한 기포 거동
⑥ 인체 및 환경 안전성
⑦ 충분한 저장 안정성

4) 세제의구성성분 ▶

① 세제의 구성성분은 계면활성제, 살균제, 금속이온봉쇄제, 유기폴리머, 용제, 연마제 및 표백성분으로 구성
② 세제에 사용되는 대표적인 계면활성제
  - 세제의 주요 성분인 계면활성제는 음이온 및 비이온 계면활성제로 구성
③ 세제에 사용되는 살균성분
  - 세제의 살균성분으로는 4급 암모늄 화합물, 양성계면활성제류, 알코올류, 알데히드류, 페놀 유도체 등이 사용됨

1.4.2 세제의 주요 구성 성분과 특성

주요 성분	특성	대표적 성분
계면활성제	• 비이온, 음이온, 양성 계면활성제 • 세정제의 주요 성분 • 다양한 세정 기작으로 이물 제거	알킬벤젠설포네이트(ABS),알칸설포네이트(SAS), 알파올레핀설포네이트(AOS), 알킬설페이트(AS), 비누, 알킬에톡시레이트(AE), 지방산알칸올아미드(FAA), 알킬베테인(AB)/알킬설포베테인(ASB)
살균제	• 미생물 살균 • 양이온 계면활성제 등	4급암모늄 화합물, 양성계면활성제, 알코올류, 산화물, 알데히드류, 페놀유도체
금속이온봉쇄제	• 세정효과를 증가 • 입자 오염에 효과적	소듐트리포스페이트, 소듐사이트레이트, 소듐글루코네이트
유기폴리머	• 세정효과를 강화 • 세정제 잔류성 강화	셀룰로오스 유도체, 폴리올
용제	• 계면활성제의 세정효과 증대	알코올, 글리콜, 벤질알코올
연마제	• 기계적 작용에 의한 세정효과 증대	칼슘카보네이트, 클레이, 석영
표백성분	• 살균 작용 • 색상 개선	활성염소 또는 활성염소 생성 물질

1.4.3 세제의 작용기능

종류	작용기능
알코올, 페놀, 알데히드, 아이소프로판올, 포르말린	단백질 응고 또는 변경에 의한 세포기능장애
할로겐 화합물, 과산화수소, 과망간산칼륨, 아이오딘, 오존	산화에 의한 세포기능장애
옥시시안화수소	원형질 중의 단백질과 결합하여 세포기능장애
계면활성제, 클로르헥사이딘	세포벽과 세포막 파괴에 의한 세포기능장애
양성비누, 붕산, 머큐로크로뮴 등	효소계 저해에 의한 세포기능장애

1.4.4 작업장별 청소방법 및 점검방법

시설기구	청소주기	세제	청소방법	점검방법
원료창고	수시	상수	작업 종료 후 비 또는 진공청소기로 청소하고 물걸레로 닦는다.	육안
	1회/월	상수	진공청소기 등으로 바닥, 벽, 창, 랙(Rack), 원료통 주위의 먼지를 청소하고 물걸레로 닦는다.	육안
칭량실	작업 후	상수, 70% 에탄올	• 원료통, 작업대, 저울 등을 70% 에탄올을 묻힌 걸레 등으로 닦는다. • 바닥은 진공청소기로 청소하고 물걸레로 닦는다.	육안
	1회/월	중성세제, 70% 에탄올	• 바닥, 벽, 문, 원료통, 저울, 작업대 등을 진공청소기, 걸레 등으로 청소한다. • 걸레에 전용 세제 또는 70% 에탄올을 묻혀 찌든 때를 제거한 후 깨끗한 걸레로 닦는다.	육안

PART 03 유통화장품 안전관리

제조실, 충전실, 반제품 보관실 및 미생물 실험실	수시 (최소 1회/월)	중성세제, 70% 에탄올	• 작업 종료 후 바닥 작업대와 테이블 등을 진공청소기로 청소하고 물걸레로 깨끗이 닦는다. • 작업 전 작업대와 테이블, 저울을 70% 에탄올로 소독한다. • 클린 벤치는 작업 전, 작업 후 70% 에탄올을 거즈에 묻혀서 닦아낸다.	육안
	1회/월	중성세제, 70% 에탄올	• 바닥, 벽, 문, 작업대와 테이블 등을 진공청소기로 청소하고, 상수에 중성세제를 섞어 바닥에 뿌린 후 걸레로 세척한다. • 작업대와 테이블은 70% 에탄올을 거즈에 묻혀서 닦아낸다.	육안

1.5 작업장 소독을 위한 소독제의 종류와 사용법

1.5.1 작업장의 청소 및 소독에 대한 관리 원칙

①	작업장을 수시로 청소하여 청결하게 유지하고, 외부에서 오염이 안 되도록 방충 및 방서 장치를 설치해 관리한다.
②	작업장은 적절한 소독제를 이용하여 수시로 소독한다.
③	이동 설비의 소독을 위해 세척실은 UV 램프를 점등하여 세척실 내부를 멸균하고, 이동설비는 세척 후 세척사항을 기록한다.
④	포장라인 주위에 부득이하게 충전 노즐을 비치할 경우 보관함에 UV 램프를 설치하여 멸균 처리한다.
⑤	• 청소, 소독 시에는 눈에 보이지 않은 곳, 하기 힘든 곳 등에 특히 유의하여 세밀하게 한다. • 멸균된 수건과 대걸레, 소독제, 세척액 등 그레이드에 맞게 청소 도구를 준비한다. • 천장의 청소 방법은 멸균된 대걸레로 청소한 후 더러운 경우 소독된 대걸레로 재차 청소한다. • 바닥의 경우는 멸균된 대걸레나 수건으로 바닥을 일차적으로 닦은 후 소독한 대걸레로 재차 닦아준다. 일정한 한쪽 방향으로 닦아주고 닦이는 면에 물기가 남지 않도록 멸균된 수건과 대걸레를 최대한 짜서 사용한다. • 청소는 위쪽에서 아래쪽 방향으로, 안에서 바깥 방향으로 진행하여야 하며, 깨끗한 지역에서 더러운 지역으로 진행한다.
⑥	물청소 후 물기를 제거하여 오염원을 제거한다.
⑦	• 청소도구는 사용 후 세척하여 건조 또는 필요시 소독하여 오염원이 되지 않도록 한다. • 청소도구는 항상 지정된 장소에 보관한다. • 모든 청소도구는 사용 후 세척 또는 살균한 후 물기를 제거하여 보관한다. • 젖은 수건은 세척 후 바로 말려 젖은 상태로 보관하지 않고, 멸균 수건은 UV 램프가 있는 보관함에 보관한다. • 대걸레는 건조한 상태로 보관하고, 건조한 상태로 보관이 어려울 때는 소독제로 세척 후 보관한다. • 진공청소기의 필터는 정해진 주기에 교체해서 사용한다.
⑧	소독 시에는 기계, 기구류, 내용물 등에 오염되지 않도록 한다.
⑨	반제품 작업실은 품질 저하를 방지하기 위해 적절한 실내온도를 유지한다.
⑩	작업실 내에서 음식을 휴대 또는 섭취하거나 흡연하여서는 안 된다.

⑪
- 작업장 위생 상태를 점검, 확인하고 이상 발생 시 조치한다.
- 각 작업장별로 육안으로 청소 상태를 확인하고, 이상이 있을 시 즉시 개선 조치한다.
- 세균 오염 또는 세균수 관리의 필요성이 있는 작업실은 정기적인 낙하균 시험을 수행하여 확인한다(각 제조 작업실, 칭량실, 반제품 저장실, 포장실이 해당된다).
- 작업장 및 보관소별 관리 담당자는 오염 발생 시 원인 분석 후 이에 적절한 시설 또는 설비의 보수, 교체나 작업 방법의 개선 조치를 취하고 재발을 방지한다.

1.5.2 작업장별 소독방법 및 주기

1) 소독 실시 시기

① 모든 작업장은 월 1회 이상 전체 소독 실시

② 제조 설비의 반·출입, 수리 후에는 수시 소독

2) 소독 점검 주기

① 매일 실시하는 것이 원칙

② 청소는 작업소별로 실시, 소독 시에는 소독 중이라는 표지판을 출입구에 부착

CHAPTER

02 작업자 위생관리

Check Point!

작업자 위생관리에서는 작업장 내 직원의 위생기준 및 위생 상태 판정과 혼합 · 소분 시 위생관리 규정에 대한 이해를 바탕으로 다음의 내용을 숙지하도록 한다.

- 작업장 내 직원의 위생기준 설정 및 위생 상태 판정
- 혼합 · 소분 시 위생관리 규정
- 작업자의 위생 유지를 위한 세제 및 소독제의 종류와 사용법

2.1 작업장 내 직원의 위생 기준 설정 기출

2.1.1 작업장 내 직원의 위생기준(CGMP 제6조)

①	적절한 위생관리 기준 및 절차를 마련하고 제조소 내의 모든 직원은 이를 준수해야 한다.
②	작업장 및 보관소 내의 모든 직원은 화장품의 오염을 방지하기 위해 규정된 작업복을 착용해야 하고 음식물 등을 반입해서는 아니 된다.
③	피부에 외상이 있거나 질병에 걸린 직원은 건강이 양호해지거나 화장품의 품질에 영향을 주지 않는다는 의사의 소견이 있기 전까지는 화장품과 직접적으로 접촉되지 않도록 격리되어야 한다.
④	제조 구역별 접근 권한이 있는 작업원 및 방문객은 가급적 제조, 관리 및 보관 구역 내에 들어가지 않도록 하고, 불가피한 경우 사전에 직원 위생에 대한 교육 및 복장 규정에 따르도록 하고 감독하여야 한다.

2.1.2 작업장 내 직원의 복장 기준

① 작업장 및 보관소 내의 모든 직원은 화장품의 오염을 방지하기 위해 규정된 작업복을 착용하고, 음식물 등을 반입해서는 안 된다.

② 작업자는 작업 중의 위생 관리상 문제가 되지 않도록 청정도에 맞는 적절한 작업복(위생복), 모자와 신발을 착용하고 필요할 경우는 마스크, 장갑을 착용한다.

- 작업복 등은 목적과 오염도에 따라 세탁하고 필요에 따라 소독한다.
  - 작업 복장은 주 1회 이상 세탁 원칙
  - 원료 칭량, 반제품 제조 및 충전 작업자는 수시 점검하여 이상이 발견되면 즉시 세탁된 깨끗한 것으로 교환 착용

- 주기적으로 소속 인원 작업복을 일괄 회수하여 세탁 의뢰한다(사용한 작업복의 회수를 위해 회수함을 비치하고 세탁 전에는 훼손된 작업복을 확인하여 선별 폐기한다).
- 작업복은 완전 탈수 및 건조하며 세탁된 작업복은 커버를 씌워 보관한다.

③ 작업자는 다음 방법에 따라 작업복을 착용하도록 한다.

- 제조 및 포장 작업에 종사하는 작업자는 남녀로 구분된 탈의실에서 지정된 작업복으로 갈아입는다.
- 탈의실에서 작업화로 갈아 신고 에어 샤워(Air Shower)를 거친 다음 청정도 3, 4급지에서 근무하는 작업자는 작업실로 입장한다.
- 청정도 1, 2급지에서 근무하는 작업자는 작업장 입구에 설치된 탈의실에서 지정된 작업복 및 작업화를 착용한 후 작업실로 입장한다.
- 세척, 청소 시 혹은 필요한 경우 고무장화, 고무장갑, 앞치마를 착용한다.

〈작업자별 작업 복장 기준〉

대상 작업자	작업 내용	복장 종류	복장 형태
특수 화장품의 제조/충전자	특수 화장품 제조실	방진복	전면지퍼, 긴 소매, 긴 바지, 주머니 없음 • 손목, 허리, 발목 : 고무줄 • 모자 : 챙이 있고 머리를 완전히 감싸는 형태
제조 작업자, 원료 칭량실 인원, 자재보관 관리자, 제조 시설 관리자	• 제조 작업 • 원료 칭량 작업 • 원료, 자재, 반제품 및 제품의 보관, 입출고 관련 업무 • 제조 설비류의 보수·유지 관리 업무	작업복	상하의가 분리된 것 • 모자 : 머리를 완전히 감싸는 형태
실험실 인원, 기타 필요 인원	가운이 필요한 실험실 및 간접부문	실험복	백색 가운으로 전면 양쪽 주머니
		신발	안전화(또는 운동화)

2.1.3 제조 구역별 접근 권한 기준 설정

제조 구역별 접근 권한이 있는 작업자 및 방문객은 가급적 생산, 관리 및 보관 구역 내에 들어가지 않도록 하고, 불가피한 경우 사전에 직원 위생에 대한 교육 및 복장 규정에 따르도록 하고 감독하여야 한다.

①	방문객 또는 안전 위생의 교육 훈련을 받지 않은 직원이 화장품 생산, 관리, 보관 구역으로 출입하는 일은 피해야 한다.
②	영업상의 이유나 신입 사원 교육 등으로 인해 안전 위생의 교육 훈련을 받지 않은 사람들이 생산, 관리, 보관 구역으로 출입하는 경우 안전 위생의 교육 훈련 자료를 미리 작성해 두고 출입 전 교육 훈련을 실시한다(직원용 안전 대책, 작업 위생 규칙, 작업복 착용, 손 씻기 절차 등).
③	방문객과 훈련받지 않은 직원이 생산, 관리 보관 구역으로 들어가면 반드시 안내자가 동행한다. 방문객은 적절한 지시에 따라야 하고, 필요한 보호 설비를 갖추어야 하며, 회사 방문객이 혼자 돌아다니거나 설비 등을 만지거나 하는 일은 없도록 해야 한다.
④	방문객이 생산, 관리, 보관 구역으로 들어간 것을 반드시 기록서에 기록한다(방문객의 성명, 입·퇴장 시간, 자사 동행자에 대한 기록 필요).

기출 유형

작업장 내 직원의 위생관리 기준으로 적합하지 않은 것은?

① 규정된 작업복을 착용하여야 한다.
② 별도의 지역에 의약품을 포함한 개인적인 물품을 보관하여야 한다.
③ 음식, 음료수 및 흡연구역 등은 제조 및 보관 지역과 분리된 지역에서만 섭취하거나 흡연하여야 한다.
④ 피부에 외상이 있거나 질병에 걸린 직원은 화장품과 직접적 접촉되지 않도록 하여야 한다.
⑤ 방문객은 교육 후 제조, 관리 및 보관구역에 안내자 없이 접근할 수 있다.

정답 : ⑤

2.2 작업장 내 직원의 위생 상태 판정

작업자의 위생 상태는 제품의 품질뿐만 아니라 작업자의 보건 측면에서도 중요하다. 청결 및 위생에 대한 기준을 지도하고 기업이 정한 준수사항을 반드시 지킬 수 있도록 사전 교육시킨다. 작업자들로 하여금 위생 기준을 지킬 수 있도록 습관화시키는 것이 중요하다.

2.2.1 위생 상태 판정을 위한 주관 부서의 활동

① 주관 부서는 「근로기준법」 관계 법규에 의거 연 1회 이상 의사에게 정기 건강진단을 받도록 한다.

② 작업자는 정기적인 진단 외에도 필요한 경우에 의료 기관에 의뢰하여 적절한 조치를 취할 수 있도록 한다. 작업 중에 발생하는 건강 이상에 대해 작업자는 즉시 인근 진료소에서 진료를 받아야 하고, 주관 부서는 이에 필요한 모든 편의를 제공한다.

③ 신입사원 채용 시 종합병원의 건강 진단서를 첨부하여야 하며, 제조 중에 화장품을 오염시킬 수 있는 질병(전염병 포함) 또는 업무 수행을 할 수 없는 질병이 있어서는 안 된다.

④ 주관 부서는 정기 및 수시 진단 결과 이상이 있는 작업자에 한해 그 결과를 해당 부서(팀)장에 통보하여 조치토록 하여야 한다.

⑤ 주관 부서는 작업자의 일상적인 건강관리를 위해 양호실을 설치하고, 다음과 같이 운영한다.
- 양호실에는 각종 구급 비상 약품과 기구, 비품을 비치한다.
- 작업자의 작업 중 건강에 이상이 발생하면 즉시 해당 부서장에게 보고하고, 필요시 인근 진료소에서 적절한 진료를 받고 안정을 취하도록 한다.

2.2.2 위생 상태 판정을 위한 해당 부서의 활동 기출

① 작업자는 제품 품질에 영향을 미칠 수 있다고 판단되는 질병에 걸렸거나 외상을 입었을 때, 즉시 해당 부서장에게 그 사유를 보고하여야 한다.

② 해당 부서장은 신고된 사항에 대해 이상이 인정된 작업자에 대해 종업원 건강 관리 신고서에 의거 주관 부서(팀)장의 승인을 받는다.

③ 해당 부서(팀)장은 신고된 건강 이상의 중대성에 따라 필요시 주관 부서(팀)장에게 통보한 후 작업금지, 조퇴, 후송, 업무 전환 등의 조치를 취한다.

④ 작업자의 질병이 법정 전염병일 경우에는 관계 법령에 의거, 의사의 지시에 따라 격리 또는 취업을 중단시켜야 한다.

⑤	생산 부서장은 매일 작업 개시 전에 작업자의 건강 상태를 점검하고, 피부에 외상이 있거나 질병에 걸린 직원은 건강이 양호해지거나 화장품의 품질에 영향을 주지 않는다는 의사의 소견이 있기 전까지는 화장품과 직접 접촉되지 않도록 격리시켜야 한다.
⑥	다음과 같이 건강상의 문제가 있는 작업자는 귀가 조치 또는 질병의 종류 및 정도에 따라 화장품과 직접 접촉하지 않는 작업을 수행하도록 조치한다. • 전염성 질환의 발생 또는 그 위험이 있는 자(감기, 감염성 결막염, 결핵, 세균성 설사, 트라코마 등) • 콧물 등 분비물이 심하거나 화농성 외상 등에 의해 화장품을 오염시킬 가능성이 있는 자 • 과도한 음주로 인한 숙취, 피로 또는 정신적인 고민 등으로 작업 중 과오를 일으킬 가능성이 있는 자

기출 유형

화장품 작업장 내 직원의 위생에 대해 잘못 설명한 것은?

① 신규 직원에 대해 위생교육을 실시하고, 기존 직원에 대해서도 정기적으로 교육을 실시한다.
② 작업복 목적과 오염도에 따라 세탁을 하고 필요에 따라 소독한다.
③ 작업 전 복장을 점검하고 적절하지 않을 경우는 시정한다.
④ 음식, 음료수 등은 제조 및 보관 지역과 분리된 지역에서만 섭취한다.
⑤ 노출된 피부에 상처가 있는 직원은 증상이 회복된 후 3일 이후부터 제품과 직접적인 접촉을 할 수 있다. 정답 : ⑤

PART 03 유통화장품 안전관리

2.3 혼합·소분 시 위생관리 규정

화장품은 일반적으로 기름이나 수분을 주성분으로 하며 추가적으로 당이나 단백질 등도 배합되는 등 식품과 마찬가지로 미생물이 생육하기 쉬운 환경이다. 따라서 화장품을 혼합하거나 소분하면서 발생할 수 있는 미생물 오염이나 교차 감염이 발생할 수 있으므로 주의를 기울여야 한다. 또한, 혼합·소분 시 위생관리 규정을 만들고 작업자는 이를 준수하도록 한다.

2.3.1 직원의 위생관리 규정

①	방문객 또는 안전 위생의 교육훈련을 받지 않은 직원이 화장품 생산, 관리, 보관을 실시하고 있는 구역으로 출입하는 일은 피한다.
②	영업상의 이유나 신입 사원 교육 등으로 인해 안전 위생의 교육훈련을 받지 않은 사람들이 생산, 관리, 보관구역으로 출입하는 경우 다음과 같이 한다. – 안전 위생의 교육훈련 자료 사전 설명 – 출입 전에 교육훈련 실시
③	교육훈련의 내용은 직원용 안전 대책, 작업 위생 규칙, 작업복 등의 착용, 손 씻는 절차를 포함한다.
④	방문객과 훈련받지 않은 직원이 생산, 관리, 보관구역 출입 시 동행이 필요하다.
⑤	방문객은 적절한 지시에 따라야 하고, 필요한 보호 설비를 구비한다.
⑥	생산, 관리, 보관구역 출입 시 기록서에 기록한다. – 성명과 입·퇴장 시간 및 지사 동행자 기록

2.3.2 혼합 · 소분 시 안전관리

①	화장품을 혼합하거나 소분하기 전에는 손을 소독, 세정하거나 일회용 장갑을 착용해야 한다.
②	혼합 ·소분 시에는 위생복과 마스크를 착용해야 한다.
③	피부에 외상이나 질병이 있는 경우는 회복되기 전까지 혼합과 소분 행위를 금지해야 한다.
④	작업대나 설비 및 도구(교반봉, 주걱 등)는 소독제(에탄올 등)를 이용하여 소독한다.
⑤	대상자에게 혼합 방법 및 위생상 주의사항에 대해 충분히 설명한 후 혼합한다.
⑥	혼합 후 층 분리 등 물리적 현상에 대한 이상 유무 확인 후 판매한다.
⑦	혼합 시 도구가 작업대에 닿지 않도록 주의한다.
⑧	작업대나 작업자의 손 등에 용기 안쪽 면이 닿지 않도록 주의하여 교차오염이 발생하지 않도록 주의한다.

2.4 작업자의 위생 유지를 위한 세제의 종류와 사용법

2.4.1 손 세제의 구성

①	손에 대한 오염물질과 청결에 대한 요구 정도는 직업, 장소에 따라 다양
②	손을 대상으로 하는 세정제품 – 고형타입의 비누 – 액상타입의 핸드 워시 – 물을 사용하지 않고 세정감을 주는 핸드새니타이저
③	• 손이 다른 부위와 다른 점 • 끊임없이 오염 • 사회적 활동에 따라 손은 미생물을 포함한 각종의 오염물에 감염 • 오염물에 피부에 대해서 자극 발현 • 수시 세정 필요 • 오염이 있는 경우, 화장실 사용 후나 식사 전, 외출 후 세정 • 손바닥에는 피지샘이 없음 • 외인성의 오염물이 세정의 대상이 됨

2.4.2 손 세제의 사용방법

1) 시기	▶	• 작업장 입실 전 • 작업 중 손이 오염되었을 때 • 화장실 이용 후
2) 손 씻기 및 소독 방법	▶	• 수도꼭지를 틀어 흐르는 물에 손 세척 • 비누를 이용하여 손 세척 • 흐르는 물에 손을 깨끗이 헹굼 • 종이 타월 또는 드라이어를 이용하여 손 건조 • 건조 후 소독제 도포
3) 세척 및 소독제	▶	• 상수 • 비누 • 종이 타월 • 소독제(70% 에탄올 등)

2.4.3 인체용 세제의 종류 및 사용 시기

1) 인체용 세제의 사용 시기

① 작업 전에 손 세정을 실시하고 작업장 입실 전 분무식 소독기를 사용하여 손 소독 및 작업

② 운동 등에 의한 오염, 땀, 먼지 등의 제거를 위해 입실 전 수세 설비가 비치된 장소에서 손 세정 후 입실

③ 화장실을 이용하는 작업원은 화장실 퇴실 시 손 세정하고 작업실에 입실

2) 인체용 세제의 종류

① 비누의 고형이라는 제형상의 문제를 개선한 액체, 젤 등의 인체 세제

② 액체세제는 사용 편리성, 빠른 거품 형성과 풍부한 거품, 사용 후 촉촉함 등으로 사용률 증가

분류		개요
외관	투명 타입	다양한 색상 부여
	불투명 타입	펄타입, 백탁타입
처방	비누 베이스	알칼리성 액체비누가 주세정성분인 타입
	계면활성제 베이스	계면활성제가 주세정성분인 약산성, 중성 타입
	혼합 베이스	액체비누와 계면활성제를 조합한 중성 타입
성상		액상, 젤상, 크림상, 페이스트상, 거품(무스)상

2.5 작업자의 소독을 위한 소독제의 종류와 사용법

2.5.1 소독제의 사용법

①	깨끗한 흐르는 물에 손을 적신 후 비누를 충분히 적용. 뜨거운 물을 사용하면 피부염 발생 위험이 증가하므로 미지근한 물을 사용
②	손의 모든 표면에 비누액이 접촉하도록 15초 이상 문지름. 손가락 끝과 엄지손가락 및 손가락 사이사이 주의 깊게 문지름
③	물로 헹군 후 손이 재오염되지 않도록 일회용 타월로 건조시킴
④	수도꼭지를 잠글 때는 사용한 타월을 이용하여 잠금
⑤	타월은 반복 사용하지 않으며 여러 사람이 공용하지 않음
⑥	손이 마른 상태에서 손소독제를 모든 표면을 다 덮을 수 있도록 충분히 적용
⑦	손의 모든 표면에 소독제가 접촉되도록, 특히 손가락 끝과 엄지손가락 및 손가락 사이사이를 주의 깊게 문지름
⑧	손의 모든 표면이 마를 때까지 문지름

2.5.2 소독제의 선택

소독제란 병원 미생물을 사멸시키기 위해 인체의 피부, 점막의 표면이나 기구, 환경의 소독을 목적으로 사용하는 화학 물질을 총칭한다. 소독제를 선택할 때에는 소독제의 조건을 고려해야 한다.

1) 소독제의 조건 ▶	• 사용기간 동안 활성을 유지해야 한다. • 경제적이어야 한다. • 사용 농도에서 독성이 없어야 한다. • 제품이나 설비와 반응하지 않아야 한다. • 불쾌한 냄새가 남지 않아야 한다. • 광범위한 항균 스펙트럼을 가져야 한다. • 5분 이내의 짧은 처리에도 효과를 보여야 한다. • 소독 전에 존재하던 미생물을 최소한 99.9% 이상 사멸시켜야 한다. • 쉽게 이용할 수 있어야 한다.
2) 소독제 선택 시 고려사항 ▶	• 대상 미생물의 종류와 수 • 항균 스펙트럼의 범위 • 미생물 사멸에 필요한 작용 시간, 작용의 지속성 • 물에 대한 용해성 및 사용 방법의 간편성 • 적용 방법(분무, 침적, 걸레질 등) • 부식성 및 소독제의 향취 • 적용 장치의 종류, 설치 장소 및 사용하는 표면의 상태 • 내성균의 출현빈도 • pH, 온도, 사용하는 물리적 환경 요인의 약제에 미치는 영향 • 잔류성 및 잔류하여 제품에 혼입될 가능성 • 종업원의 안전성 고려 • 법 규제 및 소요 비용

3) 소독제의 효과에 영향을 주는 요인 ▶

- 사용약제의 종류나 사용농도, 액성(pH) 등
- 균에 대한 접촉시간(작용시간) 및 접촉온도
- 실내 온도, 습도
- 다른 사용 약제와의 병용효과, 화학반응
- 단백질 등의 유기물이나 금속 이온의 존재
- 흡착성, 분해성
- 미생물의 종류, 상태, 균 수
- 미생물의 성상, 약제에 대한 저항성 등의 유무
- 미생물의 분포, 부착, 부유 상태
- 작업자의 숙련도

2.5.3 소독제의 종류 및 특성

일반 비누 ▶

- 지방산과 수산화나트륨 또는 수산화칼륨을 함유한 세정제
- 형태 : 고체, 티슈, 액상
- 특징 : 손에 묻은 지질과 오염물, 유기물 제거
  - 향균 성분이 없는 일반 비누의 경우 → 일시적 집락균 제거(15초간 물과 비누로 손을 씻을 경우 0.6~1.0g 정도 감소)
- 단점 : 병원성 세균 제거 못함(오히려 세균 수 증가 가능 → 피부 자극, 건조 때문)

알코올 ▶

- 알코올 손위생 제제 : 에탄올, 아이소프로판올 또는 엔프로판올로 한 가지나 두 가지가 포함됨
- 알코올은 단백질 변성 기전으로 소독 효과 나타냄
- 세균에 대한 효과 좋음(단, 세균의 포자, 원충의 난모세포, 비피막(비지질) 바이러스에 대해 효과 떨어짐)
- 신속한 살균 효과
- 잔류 효과 없음(알코올제제 사용 후 미생물의 생장 속도 느려짐)
- 알코올 함유 티슈의 경우 알코올 함량이 적어 물과 비누보다 효과가 낮음

클로르헥시딘 (Chlorhexidine Gluconate, CHG) ▶

- 양이온 향균제
- 소독 효과(세포질막 파괴, 세포성분의 침전 유발)
- 알코올에 비해 즉각적 효과 느림
  - 그람양성균에 효과 좋음(단, 그람음성균과 진균에 효과 떨어짐)
  - 결핵균에 대해서는 최소 효과 보임
  - 아포에는 효과 발휘 못함
- 0.5%, 0.75%, 1% 클로르헥시딘 제제는 일반 비누보다 소독 효과 좋음(단, 4%보다는 효과 떨어짐, 2%는 4%에 비해 다소 효과 떨어짐)
- 4% 클로르헥시딘은 7.5% 포비돈아이오딘에 비해 세균감소효과 매우 높음

아이오딘/아이오도퍼 (Iodine/Iodophors) ▶

- 아이오딘 분자 : 소독 작용을 함(단백질 합성 저해, 세포막 변성)
- 아이오딘 분자량이 아이오도퍼 소독력을 결정
- 포비돈아이오딘 : 손 소독용으로 흔히 사용(5-10% 포비돈아이오딘은 의료진의 손위생 제제로 안전하고 효과적임)
- 그람양성균, 그람음성균, 몇몇 아포형성 세균, 항산균, 바이러스, 진균 등에 효과가 좋음(단, 상용으로 사용되는 아이오도퍼 농도에서는 아포를 살균할 수 없음)

2.6 작업자 위생관리를 위한 복장 청결상태 판단

2.6.1 작업자의 청결상태 확인사항

①	생산, 관리 및 보관구역에 들어가는 모든 직원은 화장품의 오염을 방지하기 위한 규정된 작업복을 착용하고, 일상복이 작업복 밖으로 노출되지 않도록 한다. 각 청정도별 지정된 작업복과 작업화, 보안경 등을 착용하고, 착용 상태로 외부 출입을 하는 것은 금지한다.
②	반지, 목걸이, 귀걸이 등 생산 중 과오 등에 의해 제품 품질에 영향을 줄 수 있는 것은 착용하지 않는다. 손톱 및 수염 정리를 하고 파운데이션 등 분진을 떨어뜨릴 염려가 있는 화장은 금한다.
③	개인 사물은 지정된 장소에 보관하고, 작업실 내로 가지고 들어오지 않는다.
④	생산, 관리 및 보관 구역 내에서는 먹기, 마시기, 껌 씹기, 흡연 등을 해서는 안 되며, 또 음식, 음료수, 흡연물질, 개인 약품 등을 보관해서는 안 된다.
⑤	생산, 관리 및 보관구역 또는 제품에 부정적 영향을 미칠 수 있는 기타 구역 내에서는 비위생적 행위들을 금지한다.
⑥	작업 장소에 들어가기 전에 반드시 손을 씻는다. 필요시에는 작업 전 지정된 장소에서 손 소독을 실시하고 작업에 임한다. 손 소독은 70% 에탄올을 이용한다.
⑦	운동 등에 의한 오염(땀, 먼지)을 제거하기 위해서는 작업장 진입 전 샤워 설비가 비치된 장소에서 샤워 및 건조 후 입실한다.
⑧	화장실을 이용한 작업자는 손 세척 또는 손 소독을 실시하고 작업실에 입실한다.
⑨	각 공정 책임자 등에 의한 상시 작업자의 준수 상태 확인 및 시정 요구가 실시되도록 한다.

2.6.2 작업장 내 직원의 복장의 청결상태 기준

1) 작업복의 기준 ▶

- 내구성이 우수해야 한다.
- 보온성이 적당하여 작업에 불편이 없어야 한다.
- 땀의 흡수 및 방출이 용이하고 가벼워야 한다.
- 작업환경에 적합하고 청결해야 한다.
- 청정도에 맞는 적절한 작업복, 모자와 신발을 착용하고 필요한 경우는 마스크, 장갑을 착용한다.
- 착용 시 내의가 노출되지 않아야 하며 내의는 단추 및 모털이 서있는 의류는 착용하지 않는다.
- 작업 시 섬유질의 발생이 적고 먼지의 부착성이 적어야 하며 세탁이 용이하여야 한다.

구분	복장기준	작업장
제조, 칭량	방진복, 위생모, 안전화/필요시 마스크 및 보호안경	제조실, 칭량실
생산	방진복, 위생모, 작업화/필요시 마스크	충진
	지급된 작업복, 위생모, 작업화	포장
품질관리	상의 흰색가운, 하의 평상복, 슬리퍼	실험실
관리자	상의 및 하의는 평상복, 슬리퍼	사무실
견학, 방문자	각 출입 작업소의 규정에 따라 착용	–

2) 작업모의 기준	▶	• 가볍고 착용감이 좋아야 한다. • 착용 시 머리카락을 전체적으로 감싸줄 수 있어야 한다. • 착용이 용이하고 착용 후 머리카락 형태가 원형을 유지해야 한다. • 공기 유통이 원활하고 분진, 기타 이물 등이 나오지 않아야 한다.
3) 작업화의 기준	▶	• 제조실 근무자는 등산화 형식의 안전화 및 신발 바닥이 우레탄 코팅이 되어 있는 것을 사용해야 한다. • 작업화는 가볍고 땀의 흡수 및 방출이 용이하여야 한다.

2.6.3 작업복의 세탁을 위한 세제의 종류와 사용방법

작업자가 사용한 작업복은 목적과 오염도에 따라 세탁하고 필요에 따라 소독한다. 작업복의 재질은 먼지, 이물 등을 유발시키지 않는 재질이어야 하고, 작업하기에 편리한 형태로 각 작업장의 제품, 청정도에 따라 용도에 맞게 구분 사용되어야 한다.

세척제/소독제	종류	표준 사용량	사용 방법
세탁용 합성세제 (슈퍼타이 등)	알칼리성	물 30L+세제 30g	세제를 물에 충분히 녹인 후 세탁물에 넣기
섬유유연제 (피죤 등)		물 60L+세제 40㎖	마지막 헹굼 시 피죤 등을 넣고 2회 이상 충분히 헹군 후 탈수
주방용 합성세제 (트리오 등)		물 1L+세제 2g	물에 1분 이상 세탁물을 담가 두었다가 2회 이상 헹굼
락스 (치아염소산나트륨액)	염소계 (소독, 표백)	물 5L+락스 25㎖	세탁 후 락스액에 10~20분 담가두었다가 헹굼

PART 03 유통화장품 안전관리

CHAPTER

03 설비 및 기구 관리

Check Point!

설비 및 기구 관리에서는 설비 · 기구의 위생 기준 및 설비 · 기구의 구성 재질에 대한 이해를 바탕으로 다음의 내용을 숙지하도록 한다.

- 설비 · 기구의 위생기준 설정 및 위생상태 판정
- 오염물질 제거 및 소독 방법
- 설비 · 기구의 구성 재질 구분 및 폐기 기준

3.1 설비·기구의 위생 기준 설정

3.1.1 설비 · 기구에 대한 관리 지침

①	사용 목적에 적합하고, 청소가 가능하며, 필요한 경우 위생·유지 관리가 가능할 것. 자동화 시스템을 도입한 경우 또한 같음
②	사용하지 않는 연결 호스와 부속품은 청소 등 위생관리를 하며, 건조한 상태로 유지하고 먼지, 얼룩 또는 다른 오염으로부터 보호할 것
③	설비 등은 제품의 오염을 방지하고 배수가 용이하도록 설계, 설치하며, 제품 및 청소 소독제와 화학반응을 일으키지 않을 것
④	설비 등의 위치는 원자재나 직원의 이동으로 인하여 제품의 품질에 영향을 주지 않도록 할 것
⑤	용기는 먼지나 수분으로부터 내용물을 보호할 수 있을 것
⑥	제품과 설비가 오염되지 않도록 배관 및 배수관을 설치하며, 배수관은 역류되지 않아야 하고, 청결을 유지할 것
⑦	천정 주위의 대들보, 파이프, 덕트 등은 가급적 노출되지 않도록 설계하고, 파이프는 받침대 등으로 고정하고 벽에 닿지 않게 하여 청소가 용이하도록 설계할 것
⑧	시설 및 기구에 사용되는 소모품은 제품의 품질에 영향을 주지 않도록 할 것

3.1.2 설비 · 기구별 세척 및 소독 관리

1) 세척 도구

스펀지, 수세미, 솔, 스팀 세척기

2) 세제 및 소독액

온수, 정제수, 증기, 일반 주방 세제, 70% 에탄올 등

3) 원료 칭량통

① 사용된 원료 칭량통을 세척실로 이송

② 온수(60℃)로 칭량통 내부 잔류물 세척

③ 세척 솔을 이용하여 세제(클렌징 폼, 중성세제 등)로 세척

④ 다시 온수(60℃)를 사용하여 세제를 깨끗이 제거

⑤ 정제수를 이용해 칭량통 내부 세척

⑥ UV로 멸균시킨 마른 수건으로 물기 완전 제거

⑦ 지정 대차로 이동해 UV등이 켜진 보관 장소에 보관

4) 제조설비(믹서)

① 설비 내 잔류량 없음을 확인 후 세척 공정 수행

② 믹서에 세척수 투입 후 70~80℃까지 가온하여 교반

③ 가온 후 세제(클렌징 폼, 중성세제 등) 투입해 균일하게 교반

④ 배출 호스로 세척수를 하수구로 배출

⑤ 믹서에 정제수 투입 후, 교반하여 세척

⑥ 세척수 배출 후 정제수로 잔류물 세척

- 배출되는 세척수에서 이물질 및 색상 등을 통해 세척 상태 확인
- 세척 상태 불량 시 정제수 투입하여 추가로 세척

5) 내용물 저장통

① 사용된 저장통을 세척실로 이송

② 내용물 저장통을 온수(60℃)로 세척

③ 세척 솔을 이용해 세제(클렌징 폼, 중성세제 등)로 세척 후 온수(60℃)를 사용해 세제 제거

- W/O 제형의 경우 : 세제 세척
- O/W 제형의 경우 : 세제 세척 생략

④ 정제수를 이용해 내용물 저장통을 세척

⑤ UV로 멸균시킨 마른 수건으로 물기 완전 제거

⑥ 70% 에탄올을 기벽에 분사하고 마른 수건으로 닦아냄

⑦ 세척 및 건조 상태를 확인하고, 저장통과 덮개 조립

⑧ 세척 소독한 저장통을 UV등이 켜진 보관 장소에 보관

6) 포장 설비(충전기, 펌프, 호스)

① 포장 설비(충전기/펌프) 등을 세척실로 이송

② 설비 분해하고 펌프와 함께 온수(60℃)로 세척

③ 세척 솔을 이용해 세제(클렌징 폼, 중성세제 등)로 세척 후 온수(60℃)를 사용해 세제 제거
- W/O 제형의 경우 : 세제 세척
- O/W 제형의 경우 : 세제 세척 생략

④ UV로 멸균시킨 마른 수건으로 물기 완전 제거

⑤ 70% 에탄올을 기벽에 분사하고 마른 수건으로 닦아냄

⑥ UV등이 켜진 보관 장소에 보관

7) 필터, 여과기, 체 등

① 사용된 필터, 여과기, 체 등을 세척실로 이송

② 온수(60℃)로 세척

③ 세척 솔을 이용해 세제(클렌징 폼, 중성세제 등)로 세척 후 온수(60℃)를 사용해 세제 제거
- W/O 제형의 경우 : 세제 세척
- O/W 제형의 경우 : 세제 세척 생략

④ 정제수를 이용해 다시 세척

⑤ UV로 멸균시킨 마른 수건으로 물기 완전 제거

⑥ 70% 에탄올을 분사하고 마른 수건으로 닦아냄

⑦ 세척 및 건조 상태를 확인

⑧ 세척 소독한 기구를 UV등이 켜진 보관 장소에 보관

3.2 설비·기구의 위생 상태 판정

3.2.1 세척 대상 및 확인 방법

세척 대상 물질	▶	• 화학물질(원료, 혼합물), 미립자, 미생물 • 동일제품, 이종제품 • 쉽게 분해되는 물질, 안정된 물질 • 세척이 쉬운 물질, 세척이 곤란한 물질 • 불용물질, 가용물질 • 검출이 곤란한 물질, 쉽게 검출할 수 있는 물질
세척 대상 설비	▶	• 설비, 배관, 용기, 호스, 부속품 • 단단한 표면(용기내부), 부드러운 표면(호스) • 큰 설비, 작은 설비 • 세척이 곤란한 설비, 용이한 설비
세척 확인 방법	▶	• 육안 확인 • 천으로 문질러 부착물로 확인 • 린스액의 화학분석

표면 균 측정법	• 면봉 시험법 또는 콘택트 플레이트법 실시
제조시설 세척 및 평가	• 책임자 지정 • 세척 방법과 세척에 사용되는 약품 및 기구 • 이전 작업 표시 제거 방법 • 작업 전 청소상태 확인 방법 • 세척 및 소독 계획 • 제조시설의 분해 및 조립 방법 • 청소 상태 유지 방법

Tip 위생상태 판정법

① 육안확인 - 장소는 미리 정해 놓고 판정결과를 기록서에 기재

② 천으로 문질러 부착물로 확인 - 흰 천이나 검은 천으로 설비 내부의 표면을 닦아내고 천 표면의 잔류물 유무로 세척 결과를 판정

③ 린스액의 화학분석

- 상대적으로 복잡한 방법, 수치로서 결과를 확인 가능
- HPLC법 : 린스액의 최적 정량방법
- 박층크로마토그래피(TLC) : 잔존물 유무판정
- TOC(총유기탄소) : 린스액 중에 총유기탄소를 측정
- UV로 확인

기출 유형

제조위생관리기준서의 제조시설 세척 및 평가에 포함되는 사항이 아닌 것은?

① 책임자 지정
② 세척 및 소독 계획
③ 제조시설의 분해 및 조립 방법
④ 작업복장의 세탁 방법 및 착용규정
⑤ 작업 전 청소 상태 확인 방법

정답 : ④

3.3 오염물질 제거 및 소독 방법

3.3.1 설비 세척의 원칙 기출

① 위험성이 없는 용제(물이 최적)로 세척한다.

② 가능하면 세제를 사용하지 않는다.

③ 증기 세척은 좋은 방법이다.

④ 브러시 등으로 문질러 지우는 것을 고려한다.

⑤ 분해할 수 있는 설비는 분해해서 세척한다.

⑥ 세척 후에는 반드시 '판정'한다.

⑦ 판정 후 설비는 건조·밀폐해서 보존한다.

⑧ 세척의 유효기간을 정한다.

3.3.2 설비 세척제의 유형과 작용 기능

세척제는 접촉면에서 바람직하지 않은 오염물질을 제거하기 위해 사용하는 화학물질 또는 이들의 혼합액으로 용매, 산, 염기, 세제 등이 주로 사용되며, 환경 문제와 작업자의 건강문제로 인해 수용성 세척제가 많이 사용된다.

1) 설비 세척제의 유형

유형	pH	오염제거물질	예시	장단점
무기산과 약산성 세척제	0.2 – 5.5	수용성 무기염, 금속 complex	• 강산 : 염산, 황산, 인산 • 약산(희석한 유기산) : 초산, 구연산	• 산성에 녹는 물질, 금속 산화물 제거에 효과적 • 독성, 환경 및 취급문제 있을 수 있음
중성 세척제	5.5 – 8.5	기름때 작은 입자	• 약한 계면활성제 용액 (알코올과 같은 수용성 용매를 포함할 수 있음)	• 용해나 유화에 의한 제거 • 낮은 독성, 부식성
약알칼리, 알칼리 세척제	8.5 – 12.5	기름, 지방입자	• 수산화암모늄, 탄산나트륨, 인산나트륨, 붕산액	• 알칼리는 비누화, 가수분해를 촉진
부식성 알칼리 세척제	12.5 – 14	찌든 기름	• 수산화나트륨, 수산화칼륨, 규산나트륨	• 오염물의 가수분해 시 효과 좋음 • 독성 주의, 부식성

2) 세척제에 사용 가능한 원료

① 과산화수소(Hydrogen peroxide/their stabilizing agents)

② 과초산(Peracetic acid)

③ 락틱애씨드(Lactic acid)

④ 알코올(이소프로판올 및 에탄올)

⑤ 석회장석유(Lime feldspar–milk)

⑥ 소듐카보네이트(Sodium carbonate)

⑦ 소듐하이드록사이드(Sodium hydroxide)

⑧ 시트릭애씨드(Citric acid)

⑨ 식물성 비누(Vegetable soap)

⑩ 아세틱애씨드(Acetic acid)

⑪ 열수와 증기(Hot water and Steam)

⑫ 정유(Plant essential oil)

⑬ 포타슘하이드록사이드(Potassium hydroxide)

⑭ 무기산과 알칼리(Mineral acids and alkalis)

⑮ 계면활성제(Surfactant)
- 재생 가능
- EC50 or IC50 or LC50 〉 10 mg/l
- 혐기성 및 호기성 조건하에서 쉽고 빠르게 생분해 될 것(OECD 301 〉 70% in 28 days)
- 에톡실화 계면활성제는 상기 조건에 추가하여 다음 조건을 만족하여야 함
  - 전체 계면활성제의 50% 이하일 것
  - 에톡실화가 8번 이하일 것
  - 유기농 화장품에 혼합되지 않을 것

3.3.3 설비 소독제의 유형과 작용 기능

1) 물리적 소독의 유형과 사용 방법

유형	설명	사용농도/시간	장점	단점
스팀	100℃ 물	30분 (장치의 가장 먼 곳까지 온도가 유지되어야 한다)	• 제품과의 우수한 적합성 • 사용이 용이하고 효과적임 • 바이오 필름 파괴 가능	• 보일러나 파이프에 잔류물 남음 • 체류 시간이 긺 • 고에너지 소비 • 소독시간이 긺 • 습기 다량 발생
온수	80~100℃ (70~80℃)	30분 (2시간)	• 제품과의 우수한 적합성 • 사용이 용이하고 효과적임 • 긴 파이프에 사용 가능 • 부식성 없음 • 출구 모니터링이 간단함	• 많은 양이 필요함 • 체류 시간이 긺 • 습기 다량 발생 • 고에너지 소비
직열	전기 가열 테이프	다른 방법과 같이 사용	• 다루기 어려운 설비나 파이프에 효과적	• 일반적인 사용 방법이 아님

2) 화학적 소독의 유형과 사용 방법

유형	설명	사용농도/시간	장점	단점
알코올	아이소프로필알코올, 에탄올	아이소프로필알코올 60~70% 15분, 에탄올 60~95% 15분	• 세척 불필요 • 사용 용이 • 빠른 건조 • 단독 사용	• 세균 포자에 효과 없음 • 화재, 폭발 위험 • 피부 보호 필요
페놀	페놀, 염소화페놀	1:200 용액	• 세정 작용 • 우수한 효과 • 탈취 작용	• 조제하여 사용 • 세척 필요함 • 고가 • 용액 상태로 불안정 (2~3시간 이내 사용) • 피부 보호 필요

솔(Pine)	비누나 계면활성제와 혼합한 솔유	제조사 지시에 따름	• 세정 작용 • 우수한 효과 • 탈취 작용 • 기름때 제거 효과	• 조제하여 사용 • 냄새가 어떤 제품에는 부적합할 수 있음
인산	인산 용액	제조사 지시에 따름	• 효과 좋음 • 스테인리스에 좋음 • 저렴한 가격 • 낮은 온도에서 사용 • 접촉 시간 짧음	• 산성 조건하에서 사용이 좋음 • 피부 보호 필요
과산화수소	안정화된 용액으로 구입	35% 용액의 15%, 30분	• 유기물에 효과적	• 고농도 시 폭발성, 반응성 있음 • 피부 보호 필요
염소 유도체	치아염소산나트륨, 치아염소산칼슘, 치아염소산리튬, 염소가스	200PPM, 30분	• 우수한 효과 • 사용 용이 • 찬물에 용해되어 단독으로 사용 가능	• 향취, pH 증가 시 효과 떨어짐 • 금속 표면과의 반응성으로 부식됨 • 빛과 온도에 예민함 • 피부 보호 필요
양이온 계면 활성제	4급 암모늄 화합물	200PPM(제조사 추천농도)	• 세정 작용 • 우수한 효과 • 부식성 없음 • 물에 용해되어 단독 사용 가능 • 무향, 높은 안정성	• 포자에 효과 없음 • 중성/약알칼리에서 가장 효과적 • 경수, 음이온 세정제에 의해 불활성화됨
아이오도퍼 (Iodophors)	H_3PO_4를 함유한 비이온계면활성제에 아이오딘을 첨가	12.5~25PPM, 10분	• 우수한 소독 효과 • 잔류 효과 있음 • 사용 농도에서는 독성 없음	• 포자에 효과 없음 • 얼룩 남음 • 사용 후 세척 필요

3) 소독제의 관리 방법

- 각각의 특성에 따라 선택, 적정한 농도로 희석하여 사용
- 작업장에서 사용 시 실내에는 분무하고, 고정 비품이나 천정, 벽면 등에는 거즈에 묻혀 사용
- 소독 시 기계, 기구류, 내용물 등에 오염되지 않도록 함

화학적 소독제 사용 시 작업장에서의 관리 방법

- 소독제 기밀 용기에는 소독제의 명칭, 제조일자, 사용기한, 제조자를 표시한다.
- 소독제 사용기한은 제조(소분)일로부터 일주일 동안 사용한다.
- 소독제별로 전용 용기를 사용한다.
- 소독제에 대한 조제대장을 운영한다.

3.4 설비·기구의 구성 재질 구분

화장품 생산 시설 중 화장품을 생산하는 설비와 기기의 구성 재질은 매우 중요하다. 화장품의 제조 시 제품 또는 제품 제조과정, 설비 세척 또는 유지관리에 사용되는 다른 물질이 스며들면 안 된다. 또한 세제 및 소독제와 반응해서도 안 되며, 다른 설비 부품들 사이에 전기화학 반응이 최소화되도록 하는 재질로 사용되어야 한다.

유지관리(CGMP 제10조)	
유지관리 기준	① 건물, 시설 및 주요 설비는 정기적으로 점검하여 화장품의 제조 및 품질관리에 지장이 없도록 유지·관리·기록하여야 한다. ② 결함 발생 및 정비 중인 설비는 적절한 방법으로 표시하고, 고장 등 사용이 불가할 경우 표시하여야 한다. ③ 세척한 설비는 다음 사용 시까지 오염되지 아니하도록 관리하여야 한다. ④ 모든 제조 관련 설비는 승인된 자만이 접근·사용하여야 한다. ⑤ 제품의 품질에 영향을 줄 수 있는 검사·측정·시험장비 및 자동화장치는 계획을 수립하여 정기적으로 교정 및 성능점검을 하고 기록해야 한다. ⑥ 유지관리 작업이 제품의 품질에 영향을 주어서는 안 된다.

3.4.1 제조설비별 재질 및 특성

1) 탱크(Tanks)

탱크는 공정 단계 및 완성된 포뮬레이션 과정에서 공정 중인 또는 보관용 원료를 저장하기를 위해 사용되는 용기이다. 가열과 냉각을 하도록 또는 압력과 진공 조작을 할 수 있도록 만들어질 수도 있으며 고정시키거나 움직일 수 있게 설계될 수도 있다. 적절한 커버를 갖춰야 하며 청소와 유지관리를 쉽게 할 수 있어야 한다.

구성 재질 (Materials of Construction)	**① 구성재질의 요건** • 온도/압력 범위가 조작 전반과 모든 공정 단계의 제품에 적합해야 함 • 제품에 해로운 영향을 미쳐서는 안 됨 • 제품(포뮬레이션 또는 원료 또는 생산공정 중간생산물)과의 반응으로 부식되거나 분해를 초래하는 반응이 있어서는 안 됨 • 제품 또는 제품제조과정, 설비 세척, 또는 유지관리에 사용되는 다른 물질이 스며들어서는 안 됨. • 세제 및 소독제와 반응해서는 안 됨 • 용접, 나사, 나사못, 용구 등을 포함하는 설비 부품들 사이에 전기화학 반응을 최소화하도록 고안되어야 함 **② 구성 재질** • 스테인리스스틸(유형번호 304, 더 부식에 강한 번호 316) • 미생물학적으로 민감하지 않은 물질 또는 제품 : 유리로 안을 댄 강화유리섬유 폴리에스터와 플라스틱으로 안을 댄 탱크 사용 • 기계로 만들고 광을 낸 표면과 매끄럽고 평면이어야 함이 바람직함.(주형 물질(Cast material) 또는 거친 표면은 제품이 뭉치게 되어 깨끗하게 청소하기가 어려워 미생물 또는 교차오염을 일으킬 수 있음) • 모든 용접, 결합은 가능한 한 매끄럽고 평면이어야 함 • 외부표면의 코팅은 제품에 대해 저항력(Product-resistant)이 있어야 함

2) 펌프(Pumps)

펌프는 다양한 점도의 액체를 한 지점에서 다른 지점으로 이동하기 위해 사용된다. 종종 펌프는 제품을 혼합(재순환 및 균질화)하기 위해 사용된다. 펌프는 뚜렷한 용도를 위해 다양한 설계를 가진다.

(1) 펌프의 유형

이용하는 힘	종류	사용 예
원심력을 이용	열린 날개차(Impeller), 닫힌 날개차(Impeller)	물, 청소용제 등 낮은 점도의 액체에 사용
양극적인 이동 (Positive Displacement)을 이용	이중 돌출부(Duo Lobe), 기어, 피스톤	미네랄 오일, 에멀젼(크림 또는 로션) 등 점성이 있는 액체에 사용

(2) 구성 재질

구성 재질 (Materials of Construction)	• 펌프는 많이 움직이는 젖은 부품들로 구성. 종종 하우징(Housing)과 날개차(Impeller)는 닳는 특성 때문에 다른 재질로 만들어야 함 • 보통 펌핑된 제품 : 개스킷(Gasket), 패킹(Packing), 윤활제 등 • 모든 젖은 부품들은 모든 온도 범위에서 제품과의 적합성에 대해 평가

3) 혼합과 교반 장치(Mixing and Agitation Equipment)

혼합 또는 교반 장치는 제품의 균일성을 얻기 위해 또 희망하는 물리적 성상을 얻기 위해 사용된다. 장치 설계는 기계적으로 회전된 날의 간단한 형태로부터 정교한 제분기(Mill)와 균질화기(Homogenizer)까지 있다.

구성 재질 (Materials of Construction)	• 전기화학적인 반응을 피하기 위해서 믹서의 재질이 믹서를 설치할 모든 젖은 부분 및 탱크와의 공존이 가능한지를 확인 • 봉인(Seal)과 개스킷과 제품과의 공존시 적용 가능성을 확인하고, 또 과도한 악화를 야기하지 않기 위해서 온도, pH, 압력과 같은 작동 조건의 영향에 대해서도 확인할 것 • 정기적으로 계획된 유지관리와 점검은 봉함(씰링), 개스킷 그리고 패킹이 유지되는지 윤활제가 새서 제품을 오염시키지 않는지 확인하기 위해 수행

4) 호스(Hoses)

호스는 화장품 생산 작업에 훌륭한 유연성을 제공하기 때문에 한 위치에서 또 다른 위치로 제품의 전달을 위해 화장품 산업에서 광범위하게 사용된다. 이들은 조심해서 선택되고 사용되어야만 하는 중요한 설비의 하나이다. 호스 부속품과 호스는 작동의 전반적인 범위의 온도와 압력에 적합하여야 하고 제품에 적합한 제재로 건조되어야 한다. 호스 구조는 위생적인 측면이 고려되어야 한다. 유형과 구성 제재는 상당히 다양하다.

구성 재질 (Materials of Construction)	• 강화된 식품등급의 고무 또는 네오프렌 • 타이곤(Tygon) 또는 강화된 타이곤 • 폴리에칠렌 또는 폴리프로필렌 • 나일론

5) 필터, 여과기 그리고 체(Filters, Strainers and Sieves)

① 필터, 스트레이너 그리고 체는 화장품 원료와 완제품에서 원하는 입자크기, 덩어리 모양을 깨뜨리기 위해, 불순물을 제거하기 위해, 현탁액에서 초과물질을 제거하기 위해 사용

② 기구의 선택은 화장품 제조 시 요구사항과 시작 제품의 흐름 특성에 의해 결정

③ 기구는 비중 여과, 왕복 운동하는 체, 선회 운동하는 체, 판과 틀 압축기, 백 또는 카트리지 필터 그리고 원심분리기들을 포함

④ 원치 않는 불순물을 제거하기 위해서 체와 필터의 사용 시 불순물이 아닌 성분을 제거할 수 있음

⑤ 제품 검체는 기능성의 보존, 안정성 또는 소비자 안전을 위해서 여과물의 적합성을 확인하기 위해서 주의 깊게 분석되어야 함

⑥ 설비는 여과공정 동안 여과된 제품의 검체 채취가 용이하도록 설계

구성 재질 (Materials of Construction)	• 화장품 산업에서 선호되는 반응하지 않는 재질은 스테인리스스틸과 비반응성 섬유 • 현재, 대부분 원료와 처방에 대해 스테인리스 316L은 제품의 제조를 위해 선호 • 체, 가방(Bag), 카트리지, 필터 보조물 등 여과 매체는 효율성, 청소의 용이성, 처분의 용이성 그리고 제품에 적합성과 전체 시스템의 성능에 의해 선택, 평가

6) 이송 파이프(Transport Piping)

① 파이프 시스템에서 밸브와 부속품은 흐름을 전환, 조작, 조절과 정지하기 위해 사용(제품을 한 위치에서 다른 위치로 운반)

② 파이프 시스템의 기본 부분들 : 펌프, 필터, 파이프, 부속품(엘보우, T's, 리듀서), 밸브, 이덕터 또는 배출기

③ 파이프 시스템은 제품 점도, 유속 등을 고려(교차오염의 가능성을 최소화하고 역류를 방지하도록 설계)

④ 파이프 시스템에는 플랜지(이음새)를 붙이거나 용접된 유형의 위생처리 파이프시스템이 있음

구성 재질 (Materials of Construction)	• 유리, 스테인리스 스틸 #304 또는 #316, 구리, 알루미늄 등으로 구성 • 전기화학반응이 일어날 수 있기 때문에 다른 제재의 사용을 최소화하기 위해 파이프 시스템을 설치할 때 주의할 것 • 어떤 것들은 개스킷, 파이프 도료, 용접봉 등을 사용(물질의 적용 가능성을 위해 평가되어야 함) • 유형 #304와 #316 스테인리스스틸에 추가해서, 유리, 플라스틱, 표면이 코팅된 폴리머가 제품에 접촉하는 표면에 사용

7) 칭량 장치(Weighing Device)

칭량 장치는 원료, 제조과정의 재료, 완제품의 중량을 측정함으로써 요구되는 성분표의 양과 기준을 충족한다는 것을 보증하는 데 사용된다. 또한 재고관리 같은 다른 작업에 사용된다. 선택된 칭량장치의 유형은 작업의 조건과 요구되는 성과에 달려 있다.

구성 재질 (Materials of Construction)	• 계량적 눈금의 노출된 부분들은 칭량 작업에 간섭하지 않는다면 보호적인 피복제로 칠해질 수 있음 • 계량적 눈금 레버 시스템은 동봉물을 깨끗한 공기와 동봉하고 제거함으로써 부식과 먼지로부터 효과적으로 보호될 수 있음

8) 게이지와 미터(Gauges and Meters)

게이지와 미터는 온도, 압력, 흐름, pH, 점도, 속도, 부피 그리고 다른 화장품의 특성을 측정 및 또는 기록하기 위해 사용되는 기구이다.

구성 재질 (Materials of Construction)	• 제품과 직접 접하는 게이지와 미터의 적절한 기능에 영향을 주지 않아야 함 • 대부분의 제조자는 기구들과 제품과 원료의 직접 접하지 않도록 분리 장치를 제공

3.4.2 포장재 설비

1) 제품이 닿는 포장설비(Product Contact Packing Equipment)

(1) 제품 충전기(Product Filter)

① 제품을 1차 용기에 넣기 위해 사용.

② 제품의 물리적 및 심미적인 성질이 충전기에 의해 영향을 받을 수 있음(제품에 대한 영향을 설비 선택 시 고려)

③ 변경을 용이하게 할 수 있도록 설계

④ 구성 재질(Materials of Construction)

- 조작 중의 온도 및 압력이 제품에 영향을 끼치지 않아야 함
- 제품에 나쁜 영향을 끼치지 않아야 함
- 제품, 청소, 위생처리작업에 의해 부식되거나 분해되거나 스며들게 해서는 안 됨
- 용접, 볼트, 나사, 부속품 등의 설비구성요소 사이에 전기 화학적 반응을 피하도록 구축
- 가장 널리 사용되는 제품과 접촉되는 표면물질은 300시리즈 스테인리스 스틸(Type #304와 더 부식에 강한 Type #316 스테인리스스틸)

(2) 뚜껑 덮는 장치/봉인장치/플러거/펌프 주입기(Capper/Sealer/Plugger/Pump Inserter)

① 목적은 제품용기를 플라스틱튜브로 봉인하는 직접적인 봉인 또는 뚜껑, 밸브, 플러그, 펌프와 같은 봉인장치로 봉하는 것

① 장치는 조정이 용이해야 하며 처방된 한도 내에서 봉인할 수 있도록 설계(각각의 변경이 설계 시 고려되어야 함)

③ 모든 뚜껑 덮는 장치/봉인장치/플러거/펌프 주입기는 물리적인 오염, 먼지와 제품이 쌓이는 것을 방지하도록 설계

④ 사용 중일 때 뚜껑, 봉인, 마개 또는 펌프를 포함하는 호퍼(Hoppers)는 반드시 덮여야 하며 공급 메커니즘(Feed mechanism)은 변경 시 쉽게 비울 수 있고 검사할 수 있어야 함

(3) 용기공급장치(Container Feeder)

① 용기공급장치는 제품용기를 고정하거나 관리하고 그 다음 조작을 위해 배치

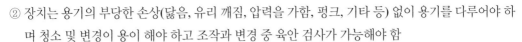

② 장치는 용기의 부당한 손상(닳음, 유리 깨짐, 압력을 가함, 펑크, 기타 등) 없이 용기를 다루어야 하며 청소 및 변경이 용이 해야 하고 조작과 변경 중 육안 검사가 가능해야 함

③ 수동 조작 시에 제품에 접촉되는 표면의 오염을 최소화하도록 유의

④ 용기공급장치는 사용 중이거나 사용하지 않을 때 열린 용기를 덮어 노출을 최소화하여야 함

(4) 용기세척기

① 용기세척기는 충전될 용기 내부로부터 유리된 물질을 제거

② 수집 장치는 쉽고 빈번하게 비울 수 있어야 함

③ 용기 세척기의 효율성은 적절한 작동을 하여 평가

④ 세척을 위해 사용되는 공기의 품질을 알아야만 하며 기름, 물, 미생물 함량, 및 다른 오염물질을 피하기 위해 주기적으로 평가

(5) 기타 장치

① 컨베이어벨트, 버킷 컨베이어, 축적 장치 등과 같은 다른 포장장치는 세척을 용이하게 하기 위해 설계

② 구조적 부위(다리, 버팀대, 지지대 등)는 물리적 오염, 먼지, 제품이 쌓이는 문제를 최소화

2) 제품이 닿지 않는 포장설비(Non-Product Contact Packaging Equipment)

(1) 코드화기기(Coder)

① 코드화기기의 목적 : 라벨, 용기 또는 출하상자에 인쇄, 엠보싱(Embossing), 디보싱(Debossing) 등 읽을 수 있는 영구적인 코드를 표시하는 것

② 제품 유출 가능성이 있는 부위의 코드화 기기는 쉽게 청소할 수 있는 물질로 만들어 마감되어야 함

③ 코드화 기기가 라벨을 다루어야 하는 곳에는 변경 시에 모든 라벨 장치에서 라벨이 섞이는 것을 방지하기 위하여 남은 라벨을 쉽게 검사할 수 있어야 함

④ 코딩과 프린팅 헤드는 변경이 용이하고 청소가 가능하도록 설계

⑤ 규정된 속도에서 코드 정확도, 신뢰도 등이 정기적으로 확인될 것

(2) 라벨기기(Labeler)

① 라벨기기는 용기 또는 다른 종류의 포장에 라벨 또는 포장의 손상 없이 라벨을 붙이는 데 이용

② 접착제나 유출된 제품에 노출되는 라벨기기의 구역은 용기의 오염을 유발할 수 있는 제품의 축적을 방지하기 위해 육안으로 볼 수 있고 청소가 용이하도록 설계

③ 라벨호퍼 등은 변경 시 다른 코드 또는 다른 제품의 라벨의 혼입가능성을 막기 위해 검사가 쉽도록 설계

(3) 케이스 조립기와 케이스 포장기/봉인기(Case Erector and Case Packer/Sealer)

① 목적 : 완제품을 보호하여 소비자에게 배달하기 위해 정해진 외부 포장을 만들고 봉인하는 것

② 제품 용기가 윤활제나 설비에 쌓여있는 외부접착제에 노출되지 않도록 하기 위해 접착제의 청소를 용이하게 할 수 있도록 설계

Tip 설비의 유지관리 주요사항

- 예방적 실시(Preventive Maintenance)가 원칙
- 설비마다 절차서 작성
- 계획을 가지고 실행(연간계획이 일반적)
- 책임 내용을 명확하게 함
- 유지하는 '기준'은 절차서에 포함
- 점검체크시트를 사용하면 편리
- 점검항목 : 외관검사(더러움, 녹, 이상소음, 이취 등), 작동점검(스위치, 연동성 등), 기능측정(회전수, 전압, 투과율, 감도 등), 청소(외부표면, 내부), 부품교환, 개선(제품 품질에 영향을 미치지 않는 일이 확인되면 적극적으로 개선)

3.5 설비·기구의 유지관리 및 폐기 기준

생산 설비와 기구에 대하여는 일정한 주기별로 제조 설계 사양을 기준으로 예방점검 시기, 항목, 방법, 내용, 후속 조치 요건들을 설정하여 지속적으로 관리한다.

화장품 제조소 내에서 규정된 요구사항에 적합하지 않은 부적합품, 회수 또는 반품된 제품 중 폐기하기로 결정된 제품들의 폐기 처리와 제조 공정 및 실험실, 시설 등에 불용 처분을 하고 이를 어떻게 폐기할 것인가에 대한 기준도 마련되어야 한다.

폐기처리(CGMP 제22조)

① 품질에 문제가 있거나 회수·반품된 제품의 폐기 또는 재작업 여부는 품질보증 책임자에 의해 승인되어야 한다.

② 재작업은 그 대상이 다음 각 호를 모두 만족한 경우에 할 수 있다.
- 변질·변패 또는 병원미생물에 오염되지 아니한 경우
- 제조일로부터 1년이 경과하지 않았거나 사용기한이 1년 이상 남아있는 경우

③ 재입고할 수 없는 제품의 폐기처리규정을 작성하여야 하며 폐기 대상은 따로 보관하고 규정에 따라 신속하게 폐기하여야 한다.

3.5.1 폐기 기준

① 정기적으로 교체해야 하는 부속품들에 대해 연간 계획을 세워 실시(망가지고 나서 수리하지 않는 것이 원칙)

② 설비 및 기구가 불량해 사용할 수 없을 때는 폐기하거나 확실하게 "사용불능"을 표시

③ 설비 및 기구가 제품 품질에 좋지 않은 영향을 미쳤을 때

④ 고장 발생 시 긴급점검이나 수리로 유지보수가 불가능할 때

CHAPTER

04 내용물 및 원료 관리

Check Point!

내용물 및 원료 관리에서는 내용물과 원료의 입고 기준 및 입고된 원료와 내용물의 관리, 폐기 절차에 대한 이해를 바탕으로 다음의 내용을 숙지하도록 한다.

- 내용물 및 원료의 입고 기준과 유통화장품의 안전관리 기준
- 내용물 및 원료의 사용 전 · 후 사용기한
- 내용물 및 원료의 폐기 절차

4.1 내용물 및 원료의 입고 기준

화장품의 제조에 사용되는 모든 원료의 부적절하고 위험한 사용, 혼합 또는 오염을 방지하기 위해 해당 물질의 검증, 확인, 보관, 취급 및 사용을 보장할 수 있도록 절차가 수립되어야 한다.

4.1.1 내용물 및 원료의 입고관리 기준(CGMP 제11조) 기출

①	제조업자 : 원자재 공급자에 대한 관리감독을 적절히 수행한다.
②	• 원자재의 입고 시 : 구매 요구서, 원자재 공급업체 성적서 및 현품이 서로 일치하여야 한다. • 필요한 경우 운송 관련 자료를 추가적으로 확인할 수 있다.
③	원자재 용기에 제조번호가 없는 경우 : 관리번호를 부여하여 보관한다.
④	원자재 입고절차 중 육안확인 시 물품에 결함이 있을 경우 : 입고를 보류하고 격리보관 및 폐기하거나 원자재 공급업자에게 반송하여야 한다.
⑤	• 입고된 원자재는 "적합", "부적합", "검사 중" 등으로 상태를 표시하여야 한다. • 다만, 동일 수준의 보증이 가능한 다른 시스템이 있다면 대체할 수 있다.
⑥	원자재 용기 및 시험기록서의 필수적인 기재 사항 • 원자재 공급자가 정한 제품명 • 원자재 공급자명 • 수령일자 • 공급자가 부여한 제조번호 또는 관리번호

기출 유형

원자재 용기 및 시험기록서의 필수적인 기재 사항이 아닌 것은?

① 수령일자
② 원자재 제조일자
③ 원자재 공급자명
④ 공급자가 부여한 관리번호
⑤ 원자재 공급자가 정한 제품명

정답 : ②

4.1.2 내용물 및 원료의 구매 시 고려사항

① 요구사항을 만족하는 품목과 서비스를 지속적으로 공급할 수 있는 능력평가를 근거로 한 공급자의 체계적 선정과 승인

② 합격판정기준, 결함이나 일탈 발생 시의 조치 그리고 운송 조건에 대한 문서화된 기술 조항의 수립

③ 협력이나 감사와 같은 회사와 공급자 간의 관계 및 상호 작용의 정립

4.1.3 공급자 선정 시 주의사항 및 공급자 승인

1) 공급자 선정 시의 주의사항

(1) 충분한 정보를 제공할 수 있는가?

- 원료·포장재 일반정보, 안전성 정보, 안정성·사용기한 정보, 시험기록

(2) '품질계약서'를 교환할 수 있는가?

- 구입이 결정되면 품질계약서 교환이 필요해진다.
- '변경사항'을 알려주는가?
- 필요하면 방문감사와 서류감사를 수용할 수 있는가?

※ '공급자'는 제조원을 의미한다.

※ 판매회사 등을 포함할 때도 있다.

2) 공급자 승인

(1) 공급자가 '요구 품질의 제품을 계속 공급할 수 있다'라는 것을 확인하고 인정할 것

(2) 일반적으로는 품질보증부(or 구매부서)가 승인

(3) '조사'+'감사' 결과로 승인

- 조사 시 고려할 점
  - 과거의 실적 : 일탈의 유무, 서비스의 좋고 나쁨 등
  - 세간의 소문, 신뢰도
  - 제품이나 회사의 특이성
- 실시할 감사(Audit)
  - 방문감사
  - 서류감사(질문서로 실시)

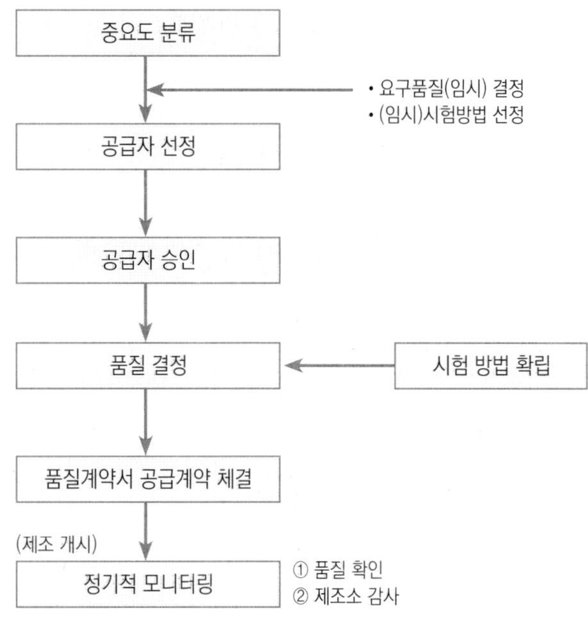

4.2 유통화장품의 안전관리 기준 기출

① 유통화장품은 제2항부터 제5항까지의 안전관리 기준에 적합하여야 하며, 유통화장품 유형별로 제6항부터 제9항까지의 안전관리 기준에 추가적으로 적합하여야 한다. 또한 시험방법은 [별표 4]에 따라 시험하되, 기타 과학적, 합리적으로 타당성이 인정되는 경우 자사 기준으로 시험할 수 있다.

② 화장품을 제조하면서 다음 각 호의 물질을 인위적으로 첨가하지 않았으나, 제조 또는 보관 과정 중 포장재로부터 이행되는 등 비의도적으로 유래된 사실이 객관적인 자료로 확인되고 기술적으로 완전한 제거가 불가능한 경우 해당 물질의 검출 허용 한도는 다음 각 호와 같다.

- 납 : 점토를 원료로 사용한 분말제품은 50㎍/g 이하, 그 밖의 제품은 20㎍/g 이하
- 니켈 : 눈 화장용 제품은 35㎍/g 이하, 색조 화장용 제품은 30㎍/g 이하, 그 밖의 제품은 10㎍/g 이하
- 비소 : 10㎍/g 이하
- 수은 : 1㎍/g 이하
- 안티몬 : 10㎍/g 이하
- 카드뮴 : 5㎍/g 이하
- 디옥산 : 100㎍/g 이하
- 메탄올 : 0.2(v/v)% 이하, 물휴지는 0.002%(v/v) 이하
- 포름알데하이드 : 2000㎍/g 이하, 물휴지는 20㎍/g 이하
- 프탈레이트류(디부틸프탈레이트, 부틸벤질프탈레이트 및 디에틸헥실프탈레이트에 한함) : 총합으로서 100㎍/g 이하

③ [별표 1]의 사용할 수 없는 원료가 제2항의 사유로 검출되었으나 검출허용한도가 설정되지 아니한 경우에는 「화장품법 시행규칙」 제17조에 따라 위해평가 후 위해 여부를 결정하여야 한다.

④ 미생물한도는 다음 각 호와 같다.

- 총호기성생균수는 영·유아용 제품류 및 눈화장용 제품류의 경우 500개/g(㎖) 이하
- 물휴지는 세균 및 진균수가 각각 100개/g(㎖) 이하
- 기타 화장품은 1,000개/g(㎖) 이하
- 대장균(Escherichia Coli), 녹농균(Pseudomonas Aeruginosa), 황색포도상구균(Staphylococcus Aureus)은 불검출

⑤ 내용량의 기준은 다음 각 호와 같다.

- 제품 3개를 가지고 시험할 때 그 평균 내용량이 표기량에 대하여 97% 이상(다만, 화장 비누의 경우 건조중량을 내용량으로 한다)
- 제1호의 기준치를 벗어날 경우 6개를 더 취하여 시험할 때 9개의 평균 내용량이 제1호의 기준치 이상
- 용량으로 표시된 제품일 경우 비중을 측정하여 용량으로 환산한 값을 내용량으로 함(비중 = 중량/부피, 중량 = 비중 × 부피)
- 그 밖의 특수한 제품은 「대한민국약전」(식품의약품안전처 고시)을 따름

화장비누의 내용량 측정법

구분	내용
수분 포함	상온에서 저울로 측정(g) → 실중량 측정(전체 무게에서 포장 무게를 뺀 값)
건조	검체를 작은 조각으로 자른 후 약 10g을 0.01g까지 측정하여 접시에 옮김 → 검체를 103±2℃에서 1시간 건조 후 데시케이터로 옮김 → 실온까지 충분히 냉각시킨 후 질량 측정 → 2회의 측정에 있어서 무게의 차이가 0.01g 이내가 될 때까지 1시간 동안 가열, 냉각 및 측정을 반복 → 측정결과 기록 (* 데시케이터 : 고체 또는 액체의 건조체를 사용하여 고체 또는 액체시료를 건조, 저장하는 데 사용되는 두꺼운 유리제 그릇)
계산식	내용량(g) = 수분 포함 무게(g) × (100−수분%)/100 – mo : 접시의 무게(g) – mL : 가열 전 접시와 검체의 무게(g) – m2 : 가열 후 접시와 검체의 무게(g)

⑥ 영·유아용 제품류(영·유아용 샴푸, 영·유아용 린스, 영·유아 인체 세정용 제품, 영·유아 목욕용 제품 제외), 눈 화장용 제품류, 색조 화장용 제품류, 두발용 제품류(샴푸, 린스 제외), 면도용 제품류(셰이빙 크림, 셰이빙 폼 제외), 기초화장용 제품류(클렌징 워터, 클렌징 오일, 클렌징 로션, 클렌징 크림 등 메이크업 리무버 제품 제외) 중 액, 로션, 크림 및 이와 유사한 제형의 액상제품은 pH기준이 3.0~9.0이어야 한다.

다만, 물을 포함하지 않는 제품과 사용한 후 곧바로 물로 씻어 내는 제품은 제외한다.

⑦ 기능성화장품은 기능성을 나타나게 하는 주원료의 함량이 「화장품법」 제4조 및 같은 법 시행규칙 제9조 또는 제10조에 따라 심사 또는 보고한 기준에 적합하여야 한다.

⑧ 퍼머넌트웨이브용 및 헤어스트레이트너 제품은 다음 각 호의 기준에 적합하여야 한다.

제품 종류	제품 기준
치오글라이콜릭애씨드 또는 그 염류를 주성분으로 하는 냉2욕식 퍼머넌트웨이브용 제품	이 제품은 실온에서 사용하는 것으로서 치오글라이콜릭애씨드 또는 그 염류를 주성분으로 하는 제1제 및 산화제를 함유하는 제2제로 구성된다.
시스테인, 시스테인염류 또는 아세틸시스테인을 주성분으로 하는 냉2욕식 퍼머넌트웨이브용 제품	이 제품은 실온에서 사용하는 것으로서 시스테인, 시스테인염류 또는 아세틸시스테인을 주성분으로 하는 제1제 및 산화제를 함유하는 제2제로 구성된다.
치오글라이콜릭애씨드 또는 그 염류를 주성분으로 하는 냉2욕식 헤어스트레이트너용 제품	이 제품은 실온에서 사용하는 것으로서 치오글라이콜릭애씨드 또는 그 염류를 주성분으로 하는 제1제 및 산화제를 함유하는 제2제로 구성된다.
치오글라이콜릭애씨드 또는 그 염류를 주성분으로 하는 가온2욕식 퍼머넌트웨이브용 제품	이 제품은 사용할 때 약 60℃ 이하로 가온조작하여 사용하는 것으로서 치오글라이콜릭애씨드 또는 그 염류를 주성분으로 하는 제1제 및 산화제를 함유하는 제2제로 구성된다.
시스테인, 시스테인염류 또는 아세틸시스테인을 주성분으로 하는 가온2욕식 퍼머넌트웨이브용 제품	이 제품은 사용 시 약 60℃ 이하로 가온조작하여 사용하는 것으로서 시스테인, 시스테인염류, 또는 아세틸시스테인을 주성분으로 하는 제1제 및 산화제를 함유하는 제2제로 구성된다.
치오글라이콜릭애씨드 또는 그 염류를 주성분으로 하는 가온2욕식 헤어스트레이트너 제품	이 제품은 시험할 때 약 60℃ 이하로 가온 조작하여 사용하는 것으로서 치오글라이콜릭애씨드 또는 그 염류를 주성분으로 하는 제1제 및 산화제를 함유하는 제2제로 구성된다.
치오글라이콜릭애씨드 또는 그 염류를 주성분으로 하는 고온정발용 열기구를 사용하는 가온2욕식 헤어스트레이트너 제품	이 제품은 시험할 때 약 60℃ 이하로 가온하여 제1제를 처리한 후 물로 충분히 세척하여 수분을 제거하고 고온정발용 열기구(180℃ 이하)를 사용하는 것으로서 치오글라이콜릭애씨드 또는 그 염류를 주성분으로 하는 제1제 및 산화제를 함유하는 제2제로 구성된다.
치오글라이콜릭애씨드 또는 그 염류를 주성분으로 하는 냉1욕식 퍼머넌트웨이브용 제품	이 제품은 실온에서 사용하는 것으로서 치오글라이콜릭애씨드 또는 그 염류를 주성분으로 하고 불휘발성 무기알칼리의 총량이 치오글라이콜릭애씨드의 대응량 이하인 액제이다. 이 제품에는 품질을 유지하거나 유용성을 높이기 위하여 적당한 알칼리제, 침투제, 습윤제, 착색제, 유화제, 향료 등을 첨가할 수 있다.
치오글라이콜릭애씨드 또는 그 염류를 주성분으로 하는 제1제 사용 시 조제하는 발열2욕식 퍼머넌트웨이브용 제품	이 제품은 치오글라이콜릭애씨드 또는 그 염류를 주성분으로 하는 제1제의 1과 제1제의 1중의 치오글라이콜릭애씨드 또는 그 염류의 대응량 이하의 과산화수소를 함유한 제1제의 2, 과산화수소를 산화제로 함유하는 제2제로 구성되며, 사용 시 제1제의 1 및 제1제의 2를 혼합하면 약 40℃로 발열되어 사용하는 것이다.

⑨ 유리알칼리 0.1% 이하(화장비누에 한함)

〈시험 방법〉

에탄올법(나트륨 비누)

• 플라스크에 에탄올 200㎖를 넣고 환류냉각기를 연결 → (CO_2를 제거하기 위해) 서서히 가열, 5분 동안 끓임 → 냉각기에서 분리 후 약 70℃로 냉각 • 페놀프탈레인 지시약을 4방울 넣어 지시약이 분홍색이 될 때까지 0.1N KOH·에탄올액으로 중화 • 중화된 에탄올이 들어있는 플라스크에 검체 약 5g을 넣고 환류냉각기에 연결 후 완전히 용해될 때까지 서서히 끓임 → 약 70℃로 냉각시키고, 에탄올을 중화시켰을 때 나타난 것과 동일한 정도의 분홍색이 나타날 때까지 0.1N HCL·에탄올 용액으로 적정한다.	〈계산식〉 **유리알칼리 함량(%)** **= 0.040 × V × T × 100/m** m : 시료의 질량(g) V : 사용된 0.1N 염산·에탄올 용액의 부피(㎖) T : 사용된 0.1N 염산·에탄올 용액의 노르말농도

염화 바륨법(모든 연성 칼륨비누 또는 나트륨과 칼륨이 혼합된 비누)

• 연성비누 약 4g을 정밀하게 달아 플라스크에 넣은 후, 60% 에탄올 용액 200㎖를 넣고 환류하에 10분 동안 끓임 → 중화된 염화바륨 용액 15㎖를 끓는 용액에 조금씩 넣고 충분히 섞는다. • 흐르는 물로 실온까지 냉각시키고 지시약 1㎖를 넣은 다음, 즉시 0.1N 염산 표준용액으로 녹색이 될 때까지 적정한다.	〈계산식〉 **유리알칼리 함량(%)** **= 0.056 × V × T × 100/m** m : 시료의 질량(g) V : 사용된 0.1N 염산용액의 부피(㎖) T : 사용된 0.1N 염산용액의 노르말농도

기출 유형

다음 <보기>는 안전관리 기준 중 비누의 내용량 기준에 관한 설명이다. <보기>에서 ㉠, ㉡, ㉢에 해당하는 내용으로 옳게 나열된 것은?

> • 제품(㉠)개를 가지고 시험할 때 그 평균 내용량이 표기량에 대하여 (㉡)% 이상
> • 화장비누의 경우 (㉢)을/를 내용량으로 함

① ㉠ : 2, ㉡ : 90, ㉢ : 건조중량　　② ㉠ : 2, ㉡ : 95, ㉢ : 총중량
③ ㉠ : 3, ㉡ : 97, ㉢ : 건조중량　　④ ㉠ : 4, ㉡ : 97, ㉢ : 총중량
⑤ ㉠ : 4, ㉡ : 97, ㉢ : 건조중량

정답 : ③

기출 유형

비중이 0.8인 액체 300㎖를 채울 때(100% 채움)의 중량은?

① 240g　② 260g　③ 300g　④ 360g　⑤ 375g

정답 : ①

기출 유형

유통화장품의 안전관리기준 중 pH 3.0~9.0에 해당하는 제품을 모두 고르시오.

> ㄱ. 영유아용 샴푸　ㄴ. 셰이빙 크림　ㄷ. 헤어젤　ㄹ. 바디로션　ㅁ. 클렌징 크림

① ㄱ, ㄴ　② ㄱ, ㅁ　③ ㄴ, ㄷ　④ ㄷ, ㄹ　⑤ ㄹ, ㅁ

정답 : ④

4.2.1 유통화장품 안전관리 시험 방법

	성분	시험 방법
①	납	디티존법, 원자흡광광도법(AAS), 유도결합플라스마 분광기를 이용하는 방법(ICP), 유도결합플라스마-질량분석기를 이용한 방법(ICP-MS)
②	니켈	ICP-MS, AAS, ICP
③	비소	비색법, ICP-MS, AAS, ICP
④	수은	수은 분해장치를 이용한 방법, 수은 분석기를 이용한 방법
⑤	안티몬	ICP-MS, AAS, ICP
⑥	카드뮴	ICP-MS, AAS, ICP
⑦	다이옥산	기체 크로마토그래프법의 절대검량선법
⑧	메탄올	푹신아황산법, 기체크로마토그래프법, 기체크로마토그래프 : 질량분석기법 (메탄올 시험법에 사용하는 에탄올은 메탄올이 함유되지 않은 것을 확인하고 사용해야 함)
⑨	포름알데하이드	액체 크로마토그래프법의 절대검량선법
⑩	프탈레이트류	기체크로마토그래프 : 수소염이온화 검출기를 이용한 방법 기체크로마토그래프 : 질량분석기를 이용한 방법

▶ 「화장품 안전기준 등에 관한 규정」 [별표 4]

시험 방법 관련 용어 설명

원자흡광광도법 (AAS, Automic Absorption Spectrophotometry)	시료를 적당한 방법으로 해리시켜 중성원자로 증기화하여 생긴 바닥 상태(Ground State)의 원자가 이 원자 증기층을 투과하는 특유 파장의 빛을 흡수하는 현상을 이용하여 광전측광과 같은 개개의 특유 파장에 대한 흡광도를 특정하여 시료 중의 원소 농도를 정량하는 방법으로 시료 중의 유해중금속 및 기타 원소의 분석에 적용
유도결합 플라스마 분광 분석기 (ICP, Inductively Coupled Plasma Spectrometer)	시료(試料, sample)를 용액화한 후 플라스마 광원에 분사시켜 발산되는 빛의 파장대별 세기를 측정하여 함유 원소의 종류 및 함유량을 분석. 항공기 부품의 재질 성분 분석 및 수질 분석에 사용
유도결합 플라스마 질량분석기 (ICP-MS, Inductively Coupled Plasma Mass Spectromter)	아르곤 플라스마로 원소를 이온화시키고, 질량분석기로 이온을 분리하여 시료 중의 원소를 분석하는 데 사용
디티존법	디티존은 $C_{13}H_{12}N_4S$의 약칭으로, 수용액 속에서 여러 가지 금속과 반응해 착염을 생성. 이들 착염을 유기 용제로 추출하고 소량 금속 이온의 정량 분석을 실행하는 방법을 디티존법이라 함. 유기 용제에는 사염화탄소, 클로로포름 등이 이용되며, 흡광광도법으로 측정 → 공장 배수 시험 방법은 아연, 카드뮴, 수은, 납의 분석법으로 규정되어 있음
비색법	미지 시료용액 및 기지 표준용액에 적당한 시약을 가하는 등으로 착색시켜 양자의 색깔의 농도와 색조를 투과광이나 반사광으로 비교하여 정성·정량하는 방법
크로마토그래프법	혼합물 속의 성분을 다른 물질에 대한 흡착 특성 등의 성질 차를 이용하여 분리하거나 분석하는 방법. 페이퍼 크로마토그래프·박층(薄層)크로마토그래프·가스 크로마토그래프·액체 크로마토그래프 등의 방법이 있음. 유기화학 및 무기화학에서 정성(定性)·정량분석에 널리 사용됨

기체 크로마토그래피 - 질량분석법	기체 크로마토그래프와 질량분석기를 조합한 분석기법으로, 기체 크로마토그래피의 뛰어난 분리성과 정량성을 활용한 정보와 질량분석법에 의한 화합물의 구조에 관한 정보를 얻을 수 있음. 기체 크로마토그래프는 질량분석기의 시료도입부로, 또한 후자는 전자의 검출부라 간주할 수 있음. GC-MS 또는 GC/MS로 표기
푹신아황산법	푹신(Fuchsine)은 마젠타 또는 로자니닌이라고 하며, 염기성 염료의 하나임. 광택이 있는 녹색 결정으로서 물에 약간 녹으며, 알코올에 녹아 적색을 나타내고 녹색의 형광을 발한다. 아황산에서 무색이 되지만 소량의 알데히드로 보라색이 되기에 알데히드 검출의 시약으로 쓰이는 외에 목면이나 마, 비단, 양모, 합성 섬유, 잡화 등의 염색에 쓰임

기출 유형

유통화장품 안전관리 기준 등 미생물 한도로 맞는 것은?

① 눈 주변에 사용하는 화장품 - 1,000개/g(㎖) 이하
② 물휴지 - 50개/g(㎖) 이하
③ 기타 화장품 - 500개/g(㎖) 이하
④ 영유아용 제품류 - 100개/g(㎖) 이하
⑤ 기초화장품 - 2,000개/g(㎖) 이하

정답 : ①

Tip 눈 주변에 사용하는 화장품은 눈화장용 제품류가 아니라 기초 화장품으로, 유통화장품의 안전관리 기준 중 기타 화장품에 속한다.

기출 유형

다음 중 유통화장품 허용기준치 안에 해당하지 않은 것으로 짝지어진 것은?

ㄱ. 디옥산 50마이크로그램
ㄴ. 6가 크롬 10마이크로그램
ㄷ. 황색포도상구균 30개
ㄹ. 카드뮴 3마이크로그램
ㅁ. 수은 1마이크로그램

① ㄱ, ㄴ　② ㄱ, ㅁ　③ ㄴ, ㄷ　④ ㄷ, ㄹ　⑤ ㄹ, ㅁ

정답 : ③

기출 유형

유통화장품 안전관리 시험방법 중 <보기>에 해당하는 성분을 분석할 때 공통으로 사용할 수 있는 시험 방법은?

〈보기〉
납, 니켈, 비소, 안티몬, 카드뮴

① 유도결합 플라스마 질량분석법
② 디티존법
③ 원자흡광광도법
④ 비색법
⑤ 크로마토그래프법

정답 : ①

Tip 유도결합 플라스마 질량분석법(ICP-MS)은 원자의 고유한 질량의 차이를 이용한 극미량 원소 분석 장비로 화장품 안전기준 등에 관한 규정 [별표 4]에 규정된 납, 니켈, 비소, 안티몬, 카드뮴의 성분을 분석할 때 사용하는 시험방법이다.

기출 유형

(   ) 안에 들어갈 말을 쓰시오.

유통화장품 안전관리 기준에서 화장비누의 유리 알칼리는 (   ) 이하여야 한다.

정답 : 0.1%

4.3 입고된 원료 및 내용물 관리 기준

화장품 원료 관리를 위해 입고된 원료 및 내용물에 대한 처리 기준을 세워두어야 한다. 이를 통해 담당자는 품명, 규격, 수량 및 포장의 훼손 여부에 대한 확인 방법과 훼손되었을 때 처리방법을 숙지하여 적절한 입고 처리 및 원료 시험 결과 부적합품에 대한 처리방법도 알아야 한다.

4.3.1 입고된 원료 및 내용물에 대한 처리 순서

①	화장품 원료와 내용물이 입고되면 품질관리 여부와 사용기한 등을 확인 후 품질 성적서 구비 〈품질 성적서에 포함되어야 할 중요사항〉 • 중요도 분류 • 공급자 결정 • 발주, 입고, 식별·표시, 합격·불합격, 판정, 보관, 불출 • 보관 환경 설정 • 사용기한 설정 • 정기적 재고관리 • 재평가 • 재보관
②	• 모든 원료와 포장재는 화장품 제조(판매)업자가 정한 기준에 따라서 품질을 입증할 수 있는 검증자료를 공급자로부터 공급받아야 함 • 이러한 보증의 검증은 주기적으로 관리되어야 하며, 모든 원료와 포장재는 사용 전에 관리되어야 함
③	• 입고된 원료와 포장재는 검사중, 적합·부적합에 따라 각각의 구분된 공간에 별도로 보관 • 필요한 경우 부적합 된 원료와 포장재를 보관하는 공간은 잠금장치 추가(다만, 자동화창고와 같이 확실하게 구분하여 혼동을 방지할 수 있는 경우에는 해당 시스템을 통해 관리)
④	• 외부로부터 반입되는 모든 원료와 포장재는 관리를 위해 표시를 해야 하며, 필요한 경우 포장외부를 깨끗이 청소 • 한 번에 입고된 원료와 포장재는 제조단위별로 각각 구분하여 관리
⑤	• 일단 적합판정이 내려지면, 원료와 포장재는 생산 장소로 이송 • 품질이 부적합 판정을 받지 않도록 하기 위해 수취와 이송 중 관리 등 사전 관리

확인, 검체 채취, 규정 기준에 대한 검사 및 시험 및 그에 따른 승인된 자에 의한 불출 전까지는 어떠한 물질도 사용되어서는 안 된다는 것을 명시하는 원료 수령에 대한 절차서 수립

⑥

〈원료 및 포장재의 검체 채취 방법〉

① 환경 : 원료 등에 대한 오염이 발생하지 않는 적절한 환경에서 실시
② 검체 채취
- 검체 채취 부위 : 뱃치를 대표하는 부위에서 검체 채취
- 검체 채취 수 : 원료의 중요도, 공급자의 이력 등을 고려하여 조정

③ 표시 내용
- 주체 : "시험자가 실시한다"가 원칙
- 장소 : 미리 정해진 장소에서 실시
- 방법 : 검체 채취 절차를 정해 놓음
  - 검체 채취 방법
  - 사용하는 설비
  - 검체 채취 양
  - 필요한 검체 작게 나누기
  - 검체 용기
  - 검체 용기 표시
  - 보관 조건
  - 검체 채취 용기 및 설비의 세척과 보관
- 라벨 표기
  - 검체 채취 전 : 백색
  - 시험 중 : 황색
  - 적합 : 청색
  - 부적합 : 적색

⑦

- 구매요구서, 인도문서, 인도물이 서로 일치해야 함
- 원료 및 포장재 선적 용기에 대하여 확실한 표기 오류, 용기 손상, 봉인 파손, 오염 등에 대해 육안으로 검사
- 필요하다면, 운송 관련 자료에 대한 추가적인 검사 수행

⑧

- 제품을 정확히 식별하고 혼동의 위험을 없애기 위해 라벨링
- 원료 및 포장재의 용기는 물질과 뱃치 정보를 확인할 수 있는 표시 부착
- 제품의 품질에 영향을 줄 수 있는 결함을 보이는 원료와 포장재는 결정이 완료될 때까지 보류 상태로 있어야 함
- 원료 및 포장재의 상태(합격/불합격/검사 중)는 적절한 방법으로 확인
- 확인시스템(물리적 시스템 또는 전자시스템)은 혼동, 오류 또는 혼합을 방지할 수 있도록 설계

〈원료 및 포장재의 확인〉

- 인도문서와 포장에 표시된 품목·제품명
- 만약 공급자가 명명한 제품명과 다르다면, 제조 절차에 따른 품목제품명 그리고/또는 해당 코드번호
- CAS번호(적용 가능한 경우)
- 적절한 경우, 수령 일자와 수령확인번호
- 공급자명
- 공급자가 부여한 뱃치 정보(Batch Reference), 만약 다르다면 수령 시 주어진 뱃치 정보
- 기록된 양

〈원료와 포장재의 발주 및 불출 절차〉

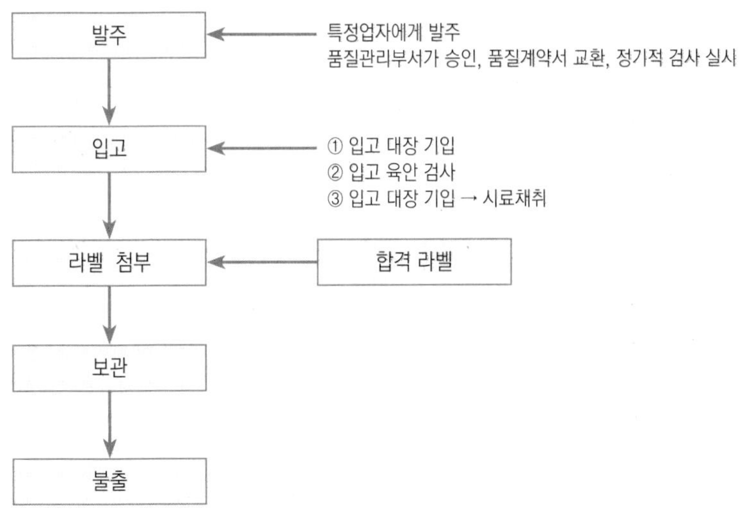

기출 유형

다음은 제품의 입고 · 보관 · 출하 과정을 설명한 것이다. 순서대로 바르게 나열한 것은?

ㄱ. 포장 고정	ㄴ. 시험 중 라벨 부착	ㄷ. 임시보관	ㄹ. 제품시험 합격
ㅁ. 합격라벨 부착	ㅂ. 보관	ㅅ. 출하	

① ㄱ → ㄴ → ㄷ → ㄹ → ㅁ → ㅂ → ㅅ
② ㄱ → ㄴ → ㄷ → ㅁ → ㄹ → ㅂ → ㅅ
③ ㄱ → ㄴ → ㄹ → ㅁ → ㄷ → ㅂ → ㅅ
④ ㄱ → ㄷ → ㄹ → ㄴ → ㅁ → ㅂ → ㅅ
⑤ ㄱ → ㄷ → ㅁ → ㄴ → ㄹ → ㅂ → ㅅ

정답 : ①

기출 유형

다음은 포장재의 입고에 관한 설명이다. 바르지 않은 것은?

① 포장재는 적합, 부적합에 따라 각각의 공간에 별도로 보관되어야 한다.
② 포장재 선적 용기에 대하여 확실한 표기 오류, 용기 손상, 봉인 파손, 오염 등에 대해 육안으로 검사한다.
③ 포장재는 제조단위별로 각각 구분하여 관리하여야 한다.
④ 자동화 창고와 같이 혼동을 방지할 수 있는 경우에는 해당 시스템을 통해 관리할 수 있다.
⑤ 부적합 포장재를 보관하는 공간은 신속처리를 위해 잠금장치를 하지 않는다.

정답 : ⑤

4.4 보관 중인 원료 및 내용물 출고 기준

4.4.1 보관관리(CGMP 제13조)

① 원자재, 반제품 및 벌크 제품은 품질에 나쁜 영향을 미치지 아니하는 조건에서 보관하여야 하며 보관기한을 설정하여야 한다.

② 원자재, 반제품 및 벌크 제품은 바닥과 벽에 닿지 아니하도록 보관하고, 선입선출에 의하여 출고할 수 있도록 보관하여야 한다.

③ 원자재, 시험 중인 제품 및 부적합품은 각각 구획된 장소에서 보관하여야 한다. 다만, 서로 혼동을 일으킬 우려가 없는 시스템에 의하여 보관되는 경우에는 그러하지 아니한다.

④ 설정된 보관기한이 지나면 사용의 적절성을 결정하기 위해 재평가시스템을 확립하여야 하며, 동 시스템을 통해 보관기한이 경과한 경우 사용하지 않도록 규정하여야 한다.

Tip 용어의 정의

- 선입·선출 : 반제품 및 완제품을 비롯한 모든 제조공정과 제품의 판매에 있어서 먼저 만들어진 제품을 먼저 제조 공정에 투입하거나 소비하기 위한 과정
- 원료 : 벌크 제품의 제조에 투입하거나 포함되는 물질
- 반제품 : 제조공정 단계에 있는 것으로서 필요한 제조공정을 더 거쳐야 벌크 제품이 되는 것
- 벌크제품 : 충전(1차 포장) 이전의 제조 단계까지 끝낸 제품
- 완제품 : 출하를 위해 제품의 포장 및 첨부문서에 표시고정 등을 포함한 모든 제조공정이 완료된 화장품
- 재작업 : 적합 판정기준을 벗어난 완제품, 벌크 제품 또는 반제품을 재처리하여 품질이 적합한 범위에 들어오도록 하는 작업

기출 유형

다음은 우수화장품 제조 및 품질관리기준에서 정의한 내용이다. ( ) 안에 들어갈 용어를 쓰시오.

( ) 제품이란 충전 이전의 제조 단계까지 끝낸 제품을 말한다.

정답 : 벌크

4.4.2 원료와 내용물의 보관 시 고려사항

①	• 원료와 포장재가 재포장될 때, 새로운 용기에는 원래와 동일한 라벨링이 있어야 한다. (원료의 경우, 원래 용기와 같은 물질 혹은 적용할 수 있는 다른 대체 물질로 만들어진 용기 사용)
②	• 보관 조건은 각각의 원료와 포장재에 적합하여야 하고, 과도한 열기, 추위, 햇빛 또는 습기에 노출되어 변질되는 것을 방지할 수 있어야 한다. 〈원료, 포장재의 보관 환경〉 • 출입제한 – 원료 및 포장재 보관소의 출입제한 • 오염방지 – 시설대응, 동선 관리가 필요 • 방충·방서 대책 • 온도, 습도 – 필요시 설정
③	물질의 특징 및 특성에 맞도록 보관, 취급되어야 하며, 특수한 보관 조건은 적절하게 준수, 모니터링되어야 함
④	원료와 포장재의 용기는 밀폐되어, 청소와 검사가 용이하도록 충분한 간격으로, 바닥과 떨어진 곳에 보관
⑤	원료와 포장재가 재포장될 경우, 원래의 용기와 동일하게 표시
⑥	원료 및 포장재의 관리는 허가되지 않거나, 불합격 판정을 받거나, 아니면 의심스러운 물질의 허가되지 않은 사용을 방지. 물리적 격리(Quarantine)나 수동 컴퓨터 위치 제어 등의 방법

⑦	재고의 회전을 보증하기 위한 방법 확립(가장 오래된 재고가 제일 먼저 불출되도록 선입선출)
⑧	재고의 신뢰성을 보증하고, 모든 중대한 모순을 조사하기 위해 주기적인 재고조사 시행
⑨	원료 및 포장재는 정기적으로 재고조사 실시
⑩	장기 재고품의 처분 및 선입선출 규칙의 확인이 목적
⑪	중대한 위반품이 발견되었을 때 일탈처리

기출 유형

제품의 적절한 보관관리를 위해 고려할 사항을 잘못 설명한 것은?
① 보관 조건은 각각의 원료와 포장재에 적합하여야 한다.
② 과도한 열기, 추위, 햇빛 또는 습기에 노출되어 변질되는 것을 방지할 수 있어야 한다.
③ 물질의 특징 및 특성에 맞도록 보관, 취급되어야 한다.
④ 원료와 포장재가 재포장될 경우, 원래의 용기와 다르게 표시되어야 한다.
⑤ 물리적 격리(Quarantine) 등의 방법을 통해 원료 및 포장재의 관리는 의심스러운 물질의 허가되지 않은 사용을 방지할 수 있어야 한다.
정답 : ④

4.4.3 출고관리를 위한 기본 지침(CGMP 제12조)

원자재는 시험결과 적합판정된 것만을 **선입선출방식**으로 출고해야 하고 이를 확인할 수 있는 체계가 확립되어 있어야 한다.

①	불출된 원료와 포장재만이 사용되고 있음을 확인하기 위한 적절한 시스템(물리적 시스템 또는 그의 대체시스템 즉 전자시스템 등)이 확립되어야 하며, 오직 승인된 자만이 원료 및 포장재의 불출 절차를 수행할 수 있다.
②	뱃치에서 취한 검체가 모든 합격 기준에 부합할 때 뱃치가 불출될 수 있다.
③	원료와 포장재는 불출되기 전까지 사용을 금지하는 격리를 위해 특별한 절차가 이행되어야 한다.
④	모든 보관소에서는 선입선출의 절차가 사용되어야 한다. 특별한 환경을 제외하고, 재고품 순환은 오래된 것이 먼저 사용되도록 보증해야 한다.
⑤	**모든 물품은 원칙적으로 선입선출 방법으로 출고**한다. • 입고된 물품이 사용(유효)기한이 짧은 경우 : 먼저 입고된 물품보다 먼저 출고 • 선입선출을 하지 못하는 특별한 경우 : 적절하게 문서화된 절차에 따라 나중에 입고된 물품을 먼저 출고
⑥	원료의 사용기한(use by date)을 사례별로 결정하기 위해 적절한 시스템이 이행되어야 한다.

기출 유형

원자재 출고·보관관리에 대한 다음 설명 중 틀린 것은?
① 시험결과 적합판정된 것만을 출고해야 한다.
② 제품을 보관할 때에는 보관기한을 설정해야 한다.
③ 제품은 바닥과 벽에 닿지 아니하도록 보관한다.
④ 제품은 후입선출에 의해 출고할 수 있도록 한다.
⑤ 원자재, 부적합품은 각각 구획된 장소에서 보관해야 한다.
정답 : ④

4.5 내용물 및 원료의 폐기 기준

1) 폐기처리 등(CGMP 제22조) 기출

- 품질에 문제가 있거나 회수·반품된 제품의 폐기 또는 재작업 여부는 품질보증책임자에 의해 승인되어야 한다.
- 재작업은 그 대상이 다음 각 호를 모두 만족한 경우에 할 수 있다.
  - 변질·변패 또는 병원미생물에 오염되지 아니한 경우
  - 제조일로부터 1년이 경과하지 않았거나 사용기한이 1년 이상 남아 있는 경우
- 재입고할 수 없는 제품의 폐기처리규정을 작성하여야 하며 폐기 대상은 따로 보관하고 규정에 따라 신속하게 폐기하여야 한다.

① 원료와 포장재, 벌크제품과 완제품이 적합판정기준을 만족시키지 못할 경우 '기준일탈 제품'으로 지칭

② 기준일탈 제품이 발생했을 때

- 미리 정한 절차에 따라 확실한 처리를 하고, 실시한 내용을 모두 문서에 남김
- 기준일탈 제품은 폐기하는 것이 가장 바람직함
- 단, 폐기하면 큰 손해가 되므로 재작업을 고려
  - 권한 소유자(부적합 제품의 제조 책임자)에 의한 원인 조사 필요
  - 재작업을 해도 제품 품질에 악영향을 미치지 않는 것을 예측해야 함

③ 기준일탈이 된 완제품 또는 벌크제품은 재작업할 수 있음

〈재작업〉

1. 정의 : 뱃치 전체 또는 일부에 추가 처리(한 공정 이상의 작업을 추가하는 일)를 하여 부적합품을 적합품으로 다시 가공하는 일
   ① 재작업 시 발생한 모든 일들을 재작업 제조기록서에 기록
   ② 제품분석, 제품 안전성시험 실시

2. 절차
   ① 규격에 부적합이 된 원인조사 지시(품질보증책임자)
   ② 재작업 전의 품질이나 재작업 공정의 적절함 등을 고려하여 제품품질에 악영향을 미치지 않는 것을 재작업 실시 전에 예측
   ③ 재작업 처리 실시 결정(품질보증책임자)
   ④ 승인이 끝난 재작업 절차서 및 기록서에 따라 실시
   ⑤ 재작업한 최종 제품 또는 벌크제품의 제조기록, 시험기록을 충분히 남김
   ⑥ 품질이 확인되고 품질보증책임자의 승인을 얻을 수 있을 때까지 재작업품은 다음 공정에 사용할 수 없고 출하할 수 없음

기출 유형

화장품의 폐기처리에 대한 설명 중 옳지 않은 것은?

① 폐기 대상은 따로 보관하고 규정에 따라 신속하게 폐기해야 한다.
② 변질 및 변패 또는 병원미생물에 오염되지 않고 사용기한이 6개월 이상 남은 화장품은 재작업을 할 수 있다.
③ 변질 및 변패 또는 병원미생물에 오염되지 않고 제조일로부터 1년이 경과하지 않은 화장품은 재작업을 할 수 있다.
④ 회수 반품된 제품의 폐기는 품질보증 책임자에 의해 승인되어야 한다.
⑤ 변질 및 변패 또는 병원미생물에 오염되지 않고 사용기한이 1년이 경과하지 않은 화장품은 재작업을 할 수 있다. 정답 : ②

〈기준일탈 제품의 처리〉

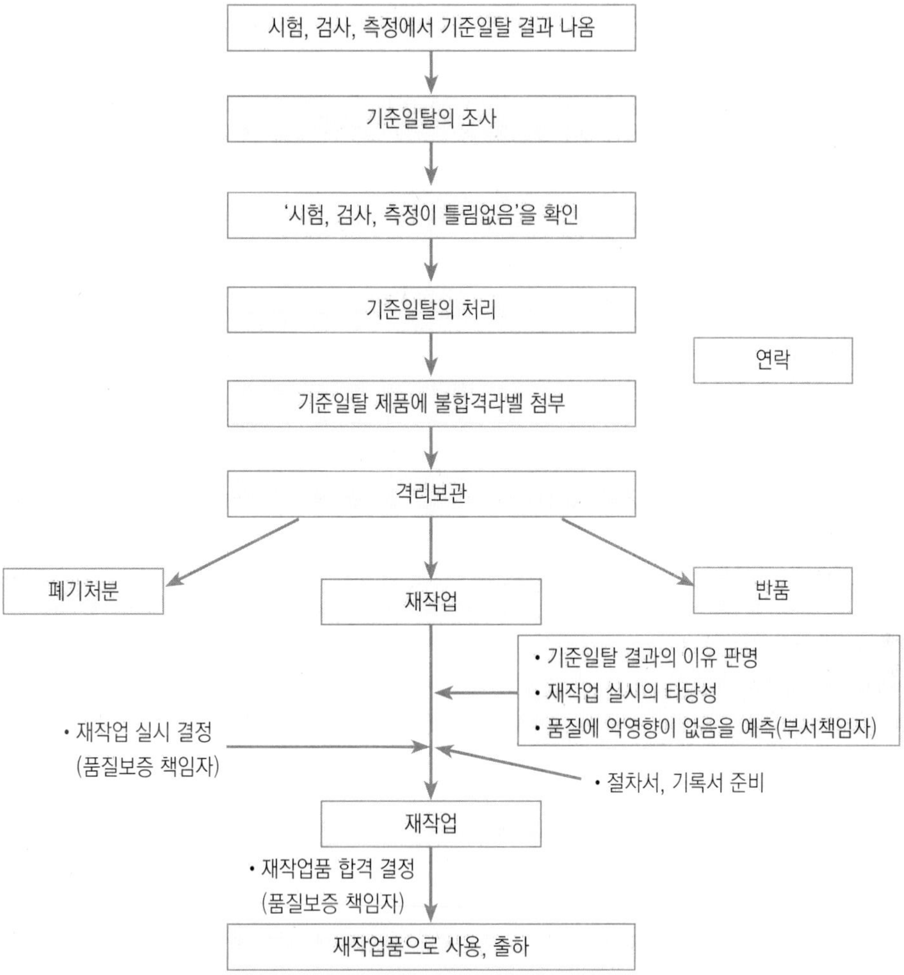

시험, 검사, 측정에서 기준일탈 결과 나옴
↓
기준일탈의 조사
↓
'시험, 검사, 측정이 틀림없음'을 확인
↓
기준일탈의 처리 (연락)
↓
기준일탈 제품에 불합격라벨 첨부
↓
격리보관
↓
폐기처분 / 재작업 / 반품

재작업
- 기준일탈 결과의 이유 판명
- 재작업 실시의 타당성
- 품질에 악영향이 없음을 예측(부서책임자)
- 재작업 실시 결정 (품질보증 책임자)
- 절차서, 기록서 준비

↓
재작업
- 재작업품 합격 결정 (품질보증 책임자)

↓
재작업품으로 사용, 출하

기출 유형

다음 <보기>는 기준일탈 제품의 처리과정을 설명한 것이다. ㉠~㉢에 들어갈 내용을 순서대로 적은 것은?

> ㄱ. 시험, 검사, 측정에서 기준일탈 결과 나옴
> ㄴ. (㉠)
> ㄷ. "시험, 검사, 측정이 틀림없음"을 확인
> ㄹ. (㉡)
> ㅁ. 기준일탈 제품에 불합격라벨 첨부
> ㅂ. (㉢)
> ㅅ. 폐기처분, 재작업, 반품

① ㉠ : 격리보관, ㉡ : 기준일탈의 처리, ㉢ : 기준일탈의 조사
② ㉠ : 기준일탈의 처리, ㉡ : 격리보관, ㉢ : 기준일탈의 조사
③ ㉠ : 격리보관, ㉡ : 기준일탈의 조사, ㉢ : 기준일탈의 처리
④ ㉠ : 기준일탈의 조사, ㉡ : 격리보관, ㉢ : 기준일탈의 처리
⑤ ㉠ : 기준일탈의 조사, ㉡ : 기준일탈의 처리, ㉢ : 격리보관

정답 : ⑤

4.6 내용물 및 원료의 사용기한 확인·판정

①	원료의 사용기한은 사용 시 확인이 가능하도록 라벨에 표시할 것
②	원료의 허용 가능한 보관 기한을 결정하기 위한 문서화된 시스템 확립
③	보관기한이 규정되어 있지 않은 원료는 품질 부문에서 적절한 보관 기한을 정함
④	물질의 정해진 보관 기한이 지나면 해당 물질을 재평가하여 사용하되 적합성을 결정하는 단계들을 포함(원료 공급처의 사용기한을 준수하여 보관 기한 설정, 사용기한 내에 자체적인 재시험 기간과 최대 보관 기한을 설정·준수해야 함)
⑤	• 원료가 사용기간(유효기간)을 넘겼을 경우 : 품질관리부와 협의하여 원료에 문제가 없다고 할 경우 유효기간 재설정 • 원료에 문제가 있다고 할 경우 : 폐기(만약, 원료 거래처에서 교환해 줄 경우 반송하여 새로운 원료를 받아 관리)
⑥	원료와 포장재, 반제품 및 벌크 제품, 완제품, 부적합품 및 반품 등에 도난, 분실, 변질 등의 문제가 발생하지 않도록 작업자 외 보관소 출입제한, 관리

4.7 벌크 제품 및 완제품의 사용기한과 보관 관리

①	제조된 벌크 제품은 잘 보관하고 남은 원료는 관리 절차에 따라 재보관 – 모든 벌크 제품 및 원료 보관 시 적합한 용기 사용, 용기 안의 내용물을 분명히 확인할 수 있도록 표시
②	• 모든 벌크 제품 및 원료의 허용 가능한 보관 기간을 확인할 수 있도록 문서화 • 보관 기한의 만료일이 가까운 원료부터 사용(선입선출)
③	칭량이나 충전 공정 후 원료가 사용하지 않은 상태로 남아 있고 차후 다시 사용할 것이라면, 적절한 용기에 밀봉하여 식별 정보 표시
④	• 남은 벌크도 재보관·재사용 가능 • 밀폐할 수 있는 용기에 들어있는 벌크는 절차서에 따라 재보관 • 재보관 시 내용을 명기하고 재보관임을 표시한 라벨 부착 • 개봉할 때마다 변질 및 오염이 발생할 가능성이 있으므로 여러 번 재보관과 재사용을 반복하는 것은 피하도록 함 • 여러 번 사용하는 벌크 구입 시 소량씩 나누어 보관하여 재보관 횟수 줄이도록 함
⑤	완제품의 경우 • 제품의 경시 변화 추적 • 사고 등이 발생했을 때 제품을 시험하는데 충분한 양 확보 • 시험에 필요한 양을 제조 단위별로 적절한 보관 조건하에서 지정된 구역 내에 따로 보관 • 사용기한 경과 후 1년간 보관 • 개봉 후 사용기간을 기재하는 경우 : 제조일로부터 3년간 보관 • 안정성이 확립되어 있지 않은 화장품은 정기적으로 경시 변화 추적 필요 → 시험계획, 특정 제조 단위에 대해 충분한 양의 검체 보존

기출 유형

다음 중 완제품 보관용 검체에 대해 바르게 설명한 것을 모두 고른 것은?

ㄱ. 뱃치가 두 개인 경우 한 개의 뱃치 검체를 대표로 보관할 수 있다.
ㄴ. 일반적으로는 각 뱃치별로 제품 시험을 3번 실시할 수 있는 양을 보관한다.
ㄷ. 제품이 가장 안정한 조건에서 보관한다.
ㄹ. 사용기한 경과 후 1년간 보관한다.
ㅁ. 개봉 후 사용기간을 기재하는 경우에는 제조일로부터 1년간 보관한다.

① ㄱ, ㄷ　② ㄷ, ㄹ　③ ㄱ, ㄷ, ㅁ　④ ㄱ, ㄴ, ㄷ, ㄹ　⑤ ㄱ, ㄴ, ㄷ, ㄹ, ㅁ　정답 : ②

4.8 내용물 및 원료의 개봉 후 사용기한 확인·판정

원료는 원료제조업자에 의하여, 내용물은 제조업자 또는 책임판매업자 또는 맞춤형판매업자에 의해 내용물 및 원료의 안정성 시험을 실시하고 그 결과를 토대로 사용기한 및 개봉 후 사용기간을 설정하고 있다.

화장품의 기재사항(CGMP 제10조)

	화장품의 1차 포장 또는 2차 포장에는 총리령으로 정하는 바에 따라 다음 각 호의 사항을 기재·표시하여야 한다. 다만, 내용량이 소량인 화장품의 포장 등 총리령으로 정하는 포장에는 화장품의 명칭, 화장품책임판매업자 및 맞춤형화장품판매업자의 상호, 가격, 제조번호와 사용기한 또는 개봉 후 사용기간(개봉 후 사용기간을 기재할 경우 – 제조연월일 병행표기)을 표기한다. 〈화장품 기재사항〉 • 화장품의 명칭 • 영업자의 상호 및 주소 • 해당 화장품 제조에 사용된 모든 성분(인체에 무해한 소량 함유 성분 등 총리령으로 정하는 성분 제외) • 내용물의 용량 또는 중량 • 제조번호 • 사용기한 또는 개봉 후 사용기간 • 가격 • 기능성화장품의 경우 '기능성화장품'이라는 글자 또는 기능성화장품을 나타내는 도안으로 식품의약품안전처장이 정하는 도안 • 사용 시 주의사항 • 그 밖에 총리령으로 정하는 사항
①	
②	제1항 각 호 외의 부분 본문에도 불구하고 다음 각 호의 사항은 1차 포장에 표시해야 한다. • 화장품의 명칭 • 영업자의 상호 • 제조번호 • 사용기한 또는 개봉 후 사용기간
③	제1항에 따른 기재사항을 화장품의 용기 또는 포장에 표시할 때 제품의 명칭, 영업자의 상호는 시각장애인을 위한 점자표시를 병행할 수 있다.
④	제1항 및 제2항에 따른 표시기준과 표시방법 등은 총리령으로 정한다.

4.8.1 화장품 포장의 표시기준 및 표시방법

화장품 포장의 표시기준 및 표시방법(CGMP 제19조 제6항)	
제조번호	• 사용기한(또는 개봉 후 사용기간)과 쉽게 구별되도록 기재·표시해야 하며, 개봉 후 사용기간을 표시하는 경우에는 병행 표기해야 하는 제조연월일도 각각 구별이 가능하도록 기재·표시해야 한다.
사용기한 또는 개봉 후 사용기간	• 사용기한은 "사용기한" 또는 "까지" 등의 문자와 "연월일"을 소비자가 알기 쉽도록 기재·표시해야 한다. 다만, "연월"로 표시하는 경우 사용기한을 넘지 않는 범위에서 기재·표시해야 한다. • 개봉 후 사용기간은 "개봉 후 사용기간"이라는 문자와 "○○월" 또는 "○○개월"을 조합하여 기재·표시하거나, 개봉 후 사용기간을 나타내는 심벌과 기간을 기재·표시할 수 있다. 예) 심벌과 기간표시·개봉 후 사용기간이 12개월 이내인 제품 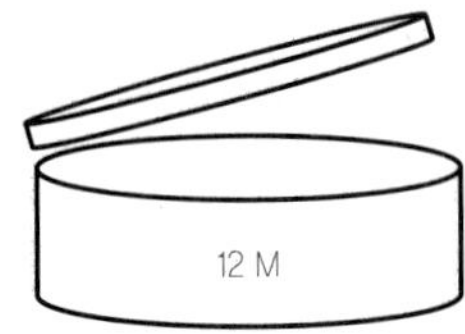 

4.9 내용물 및 원료의 변질상태(변색, 변취) 확인

화장품의 본연의 기능을 발현하기 위해서는 내용물의 화학적 물리적 변화가 일어나지 않아야 한다. 화학적 변화에는 변색, 변취, 결정 석출 등을 의미하며, 물리적 변화에는 분리, 침전, 응집, 겔화 등이 있다. 이러한 변화를 일으키는 원인으로는 온도변화, 직사광선, 이물질의 오염 등 다양하다.

변질 상태(변색, 변취) 확인 방법	
후각적 방법	• 화장품의 향기는 단아하든 진하든 아주 순순해야 함. 변질된 화장품에서 나는 이상한 냄새가 변질 가능성이 높음 • 변질된 화장품은 보통 신맛, 매콤한 맛, 달콤한 맛, 암모니아 향이 남
내용물의 컬러	• 변질하지 않은 화장품의 색은 자연스러움. 변질된 화장품의 색은 어둡고 혼탁, 깊음과 옅음이 다름. 종종 이색 반점이 있거나 노랗게 또는 검게 변함. 때로는 잔잔한 실이나 솜털 모양의 거미줄이 생길 정도로 미생물에 오염돼 있음 • 특수 효능이 있는 화장품(여드름 크림, 주름 방지 크림 등) 변색 문제가 생기기 쉬움
내용물의 텍스처	• 변질된 크림은 텍스처가 연하고 크림에서 수분이 흘러넘치는 것을 눈으로 볼 수 있음(많은 화장품에 일반적으로 전분, 단백질 및 지방류 물질이 함유되어 있는데, 과도하게 번식하는 미생물이 이들 단백질과 지방을 분해하고 화장품의 원래의 유화 상태를 파괴하고 원래 유화구조에 포함되었던 수분을 석출하기 때문) • 때로는 무균 상태에서도 장시간 수냉 상태에 있거나 열을 받으면 화장품은 오일과 수분 분리현상이 생길 수 있음 • 변질된 크림도 팽창할 수 있는데, 이는 미생물이 제품의 어떤 성분을 분해해 기체 때문에 생기게 됨. 심할 경우 이 기체는 화장품 뚜껑까지 튀어나와 내용물을 밖으로 넘쳐나게 할 수 있음
사용감	• 정상적인 화장품은 피부에 바르면 끈적임 없이 매끄럽고 편하게 느껴짐. 변질된 화장품은 피부에 바르면 끈적임과 까칠함이 있음. 때로는 피부가 뻑뻑하거나 따가워지거나 아플 수도 있고 가려움도 느껴짐

기출 유형

다음 <보기> 중 화장품의 물리적 변화를 모두 고른 것은?

ㄱ. 내용물의 색상이 변했을 때	ㄴ. 내용물에서 불쾌한 냄새가 날 때
ㄷ. 내용물의 층이 분리되었을 때	ㄹ. 내용물이 한군데에 엉겨서 뭉쳐 있을 때
ㅁ. 내용물 속 작은 고체 물질이 가라앉아 있을 때	

① ㄱ, ㄴ, ㄷ ② ㄱ, ㄹ, ㅁ ③ ㄴ, ㄷ, ㄹ
④ ㄴ, ㄷ, ㅁ ⑤ ㄷ, ㄹ, ㅁ

정답 : ⑤

4.10 내용물 및 원료의 폐기 절차

회수 · 폐기 명령 등(CGMP 제23조)

- 식품의약품안전처장은 판매 · 보관 · 진열 · 제조 또는 수입한 화장품이나 그 원료 · 재료 등(이하 "물품"이라 한다)이 제9조, 제15조 또는 제16조 제1항을 위반하여 국민보건에 위해를 끼칠 우려가 있는 경우에는 해당 영업자 · 판매자 또는 그 밖에 화장품을 업무상 취급하는 자에게 해당 물품의 회수 · 폐기 등의 조치를 명하여야 한다.
- 식품의약품안전처장은 판매 · 보관 · 진열 · 제조 또는 수입한 물품이 국민보건에 위해를 끼치거나 끼칠 우려가 있다고 인정되는 경우에는 해당 영업자 · 판매자 또는 그 밖에 화장품을 업무상 취급하는 자에게 해당 물품의 회수 · 폐기 등의 조치를 명할 수 있다.
- 제1항 및 제2항에 따른 명령을 받은 영업자 · 판매자 또는 그 밖에 화장품을 업무상 취급하는 자는 미리 식품의약품안전처장에게 회수계획을 보고하여야 한다.
- 식품의약품안전처장은 다음 각 호의 어느 하나에 해당하는 경우에는 관계 공무원으로 하여금 해당 물품을 폐기하게 하거나 그 밖에 필요한 처분을 하게 할 수 있다.
  - 제1항 및 제2항에 따른 명령을 받은 자가 그 명령을 이행하지 아니한 경우
  - 그 밖에 국민보건을 위하여 긴급한 조치가 필요한 경우
- 제1항부터 제3항까지의 규정에 따른 물품의 회수에 필요한 위해성 등급 및 그 분류기준, 회수 · 폐기의 절차 · 계획 및 사후조치 등에 필요한 사항은 총리령으로 정한다.

위해화장품의 위해등급평가 및 회수절차 등(CGMP 제14조의3)

- 법 제5조의2 제1항에 따라 화장품을 회수하거나 회수하는 데 필요한 조치를 하려는 영업자(회수의무자)는 해당 화장품이 유통 중인 사실을 알게 된 경우 판매중지 등의 조치를 즉시 실시한다.
  - 회수의무자 : 맞춤형화장품의 경우 맞춤형화장품판매업자와 사용계약을 체결한 책임판매업자
- 회수의무자는 그가 제조 또는 수입하거나 유통·판매한 화장품이 제14조의2에 따른 회수대상화장품으로 의심되는 경우에는 지체 없이 다음 각 호의 기준에 따라 해당 화장품에 대한 위해성 등급을 평가하여야 한다.

〈위해성 등급 및 분류 기준〉

1등급	• 화장품 사용으로 인해 인체건강에 미치는 위해영향이 크거나 중대한 경우
2등급	• 화장품 사용으로 인해 인체건강에 미치는 위해영향이 크지 않거나 일시적인 경우 • 식품의약품안전처장이 정하여 고시한 화장품에 사용할 수 없는 원료를 사용하였거나 사용의 제한이 필요한 원료의 사용기준을 위반하여 사용한 경우 또는 유통화장품 안전관리 기준(내용량의 기준에 관한 부분은 제외)에 적합하지 않은 경우
3등급	• 화장품 사용으로 인해 인체건강에 미치는 위해영향은 없으나 유효성이 입증되지 않은 경우 • 화장품 사용으로 인해 인체건강에 미치는 위해영향은 없으나 제품의 변질, 용기·포장의 훼손 등으로 유효성에 문제가 있는 경우

• 회수의무자는 제3항에 따른 회수계획서 작성 시 회수종료 일을 다음 각 호의 구분에 따라 정해야 한다. 단, 해당 등급별 회수기한 이내에 회수종료가 곤란하다고 판단되는 경우는 지방식품의약품안정청장에게 그 사유를 밝히고 그 회수기한을 초과하여 정할 수 있다.
  – 1등급 위해성 : 회수를 시작한 날부터 15일 이내
  – 2등급 위해성 또는 3등급 위해성 : 회수를 시작한 날부터 30일 이내

〈화장품의 회수 · 폐기 처리 절차〉

회수 필요성 인지	국민보건위해(또는 우려) 발생
⇩	
회수 명령 및 회사 사실 통지	즉시 회수 개시되도록 회수의무자에게 회수명령
⇩	
판매 중단	• 회수의무자는 회수명령을 받는 즉시 판매중단 등 필요한 조치강구 • 화장품판매자는 회수화장품의 판매, 사용중지 및 재고현황 보고
⇩	
회수사실 공표	• 영업자는 지체 없이 위해발생사실 및 1–8항을 일반일간신문 및 해당 영업자의 인터넷 홈페이지에 게재 및 식품의약품안전처의 인터넷 홈페이지에 게재 요청 – 화장품을 회수한다는 내용의 표제 – 제품명 – 회수대상화장품의 제조번호 – 사용기한 또는 개봉 후 사용기간(병행 표기된 제조연월일 포함) – 회수 사유 – 회수 방법 – 회수하는 영업자의 명칭 – 회수하는 영업자의 전화번호, 주소, 그밖에 회수에 필요한 사항 • 공표결과 통보 (공표일, 공표매체, 공표횟수, 공표문 사본 또는 내용)
⇩	
회수계획서 제출	5일 이내 관할지방식약처 제출
⇩	
회수계획 통보	회수의무자 → 판매자
⇩	
회수진행	회수확인서, 회수대상화장품
⇩	
회수종료 신고	회수종료 후 5일 이내 관할지방식약처 제출
⇩	
폐기 및 종료	관할공무원입회하에 환경법령에 의거 폐기

CHAPTER

05 포장재의 관리

Check Point!

포장재의 관리에서는 포장재의 입고 기준 및 입고된 포장재의 관리, 폐기 절차에 대한 이해를 바탕으로 다음의 내용을 숙지하도록 한다.

- 포장재의 입고 기준과 보관 중인 포장재의 출고 기준
- 포장재의 사용기한의 확인, 판정 및 변질 상태
- 포장재의 폐기 기준 및 절차

5.1 포장재의 입고 기준

포장은 취급상의 위험과 외부 환경으로부터 제품을 보호하고, 제조업자·유통업자·소비자가 제품을 다루기 쉽게 해주며, 잠재적인 구매자들에게 제품의 통일된 이미지를 심어 주기 위한 과정이다. 제조된 벌크제품 또는 1차 포장 제품을 원활하게 1차 포장 또는 2차 포장을 하기 위해서는 포장에 필요한 용기·포장지 등의 포장재가 생산에 차질이 없도록 적절한 시기에 적량이 공급되어야 하며, 이를 위해서는 생산 계획 또는 포장 계획에 따라 적절한 시기에 포장재가 제조되고 공급되어야 한다.

포장 작업(CGMP 제18조)

① 포장작업에 관한 문서화된 절차를 수립하고 유지하여야 한다.
② 포장작업은 다음 각 호의 사항을 포함하고 있는 포장지시서에 의해 수행되어야 한다.
  1. 제품명
  2. 포장 설비명
  3. 포장재 리스트
  4. 상세한 포장공정
  5. 포장생산수량
③ 포장작업을 시작하기 전에 포장작업 관련 문서의 완비여부, 포장설비의 청결 및 작동여부 등을 점검하여야 한다.

Tip **포장재의 정의**

- 화장품의 포장에 사용되는 모든 재료(운송을 위해 사용되는 외부 포장재는 제외)
- 1차 포장재, 2차 포장재, 각종 라벨, 봉함 라벨까지 포장재에 포함
  ※ 1차 포장재와 2차 포장재로 구분하는 기준은 제품과 직접 접촉 여부임. 2차 포장에는 보호재 및 표시의 목적으로 한 포장(첨부 문서) 등이 포함됨
- 라벨에는 제품 제조번호 및 기타 관리번호를 기입하므로 실수 방지가 중요하여 라벨은 포장재에 포함하여 관리하는 것을 권장
- 포장공정 : 벌크 제품을 용기에 충전하고 포장하는 공정. 제조된 반제품 또는 벌크 제품을 1차 포장, 2차 포장을 거쳐 최종 완성품으로 만드는 과정
- 안전용기 포장 : 만 5세 미만의 어린이가 개봉하기 어렵게 설계·고안된 용기나 포장

5.1 포장재의 입고 기준

5.1.1 포장재 입고를 위한 기본 지침

①	• 포장재 재고량 파악 • 장부상의 재고는 물론 수시로 현물의 수량 파악
②	• 생산 계획에 따라 필요한 포장재의 수량을 예측하여 포장재를 적시에 발주
③	• 생산 계획에 따라 제품 생산에 필요한 포장재 목록표 작성
④	• 생산량에 따라 포장재의 수량을 산출할 수 있는 공식 만들어 놓기 – 포장 도중의 손실로 인한 수량 파악 – 기록에 근거하여 적정량 추가로 발주
⑤	• 생산 계획에 따라 포장재 발주
⑥	• 생산 계획을 검토하고 재고 분량 외에 추가로 필요한 수량 파악
⑦	• 포장재 담당자는 반제품 생산계획, 완제품 생산계획에 따라 1차 포장, 2차 포장 계획 수립
⑧	• 1차 포장, 2차 포장 계획에 따라 포장재 공급 계획 수립

5.1.2 포장재 검사

①	포장재 육안 검사 실시 • 기록에 남김 • 포장재의 기본 사양 적합성과 청결성을 확보
②	포장재의 외관 검사 • 재질 확인, 용량, 치수 및 용기 외관 상태 검사, 인쇄 내용 검사 • 인쇄 내용 : 소비자에게 제품에 대한 정확한 정보 전달(검수 시 반드시 검사)
③	위생적 측면에서 포장재 외부 및 내부에 먼지, 티 등의 이물질 혼입 여부 검사

5.1.3 입고된 포장재에 대한 처리 순서

①	포장재 규격서에 따라 용기 종류 및 재질 파악
②	입고된 포장재를 무작위로 검체 채취 → 육안 검사 • 표준품(표준 견본)과 비교하여 색상과 색의 상태가 같은지 비교 • 흐름, 기포, 얼룩, 스크래치, 균열, 깨짐 등의 외관 성형에 이상이 없는지 확인
③	위생과 청결상태 점검 • 용기 내부 및 표면에 티, 먼지 또는 이물질이 있는지 검사 • 내용물 충전 전 용기 세척 및 건조 과정이 충분한지 검사
④	인쇄 상태 검사 • 인쇄된 내용의 상태가 양호한지, 방향은 바르게 되었는지 오타나 인쇄 내용의 손실이 없는지 점검 • 표준품과 비교하거나 표준 디자인 문안과 비교하여 표기된 내용의 법규 적합성 확인
⑤	용량 및 치수 확인 • 포장재 규격서에 기재된 용량 또는 중량이 기준에 적합한지 전자저울을 이용해 측정

5.1.4 포장 공정

①	포장지시서 발행
②	포장기록서 발행
③	벌크제품, 포장재 준비
④	완제품 보관
⑤	포장기록서 완결
⑥	포장재 재보관

5.2 입고된 포장재 관리기준

5.2.1 포장재 관리를 위한 문서관리

공정이 적절히 관리되는 것을 보장하기 위해, 관련 문서들은 포장작업의 모든 단계에서 이용할 수 있어야 한다. 포장 작업은 문서화된 공정에 따라 수행되어야 한다. 문서화된 공정은 보통 절차서, 작업지시서 또는 규격서로 존재한다. 이를 통해, 주어진 제품의 각 뱃치가 규정된 방식으로 제조되어 각 포장 작업마다 균일성을 확보하게 된다. 일반적인 포장 작업 문서는 보통 다음 사항을 포함한다.

- 제품명 그리고/또는 확인 코드
- 검증되고 사용되는 설비
- 완제품 포장에 필요한 모든 포장재 및 벌크제품을 확인할 수 있는 개요나 체크리스트
- 라인 속도, 충전, 표시, 코딩, 상자주입(Cartoning), 케이스 패킹 및 팔레타이징(Palletizing) 등의 작업들을 확인할 수 있는 상세 기술된 포장 생산 공정

- 벌크제품 및 완제품 규격서, 시험 방법 및 검체 채취 지시서
- 포장 공정에 적용 가능한 모든 특별 주의사항 및 예방조치(즉, 건강 및 안전 정보, 보관 조건)
- 완제품이 제조되는 각 단계 및 포장 라인의 날짜 및 생산단위
- 포장 작업 완료 후, 제조부서책임자가 서명 및 날짜 기입

5.2.2 용기(병, 캔 등)의 청결성 확보

포장재는 모두 중요하고 실수 방지가 필수이지만, 1차 포장재는 청결성 확보가 더 필요하다.

①	용기(병, 캔 등)의 청결성 확보는 자사에서 세척하는 경우와 용기공급업자에게 의존하는 경우로 나뉜다. • 자사에서 세척할 경우는 세척방법의 확립이 필수. 일반적으로는 절차로 확립 • 세척건조방법 및 세척확인방법은 대상으로 하는 용기에 따라 다름 • 실제로 용기세척을 개시한 후에도 세척방법의 유효성을 정기적으로 확인
②	용기의 청결성 확보를 용기공급업자(실제로 제조하고 있는 업자)에게 의존할 경우에는 그 용기 공급업자를 감사하고 용기 제조방법이 신뢰할 수 있다는 것을 확인하는 일부터 시작 • 신뢰할 수 있으면 계약 체결 • 용기는 매 뱃치 입고 시에 무작위 추출하여 육안 검사 실시. 기록 남김
③	청결한 용기를 제공할 수 있는 공급업자로부터 구입 • 기존의 공급업자 중에서 찾거나 현재 구입처에 개선을 요청해서 청결한 용기를 입수할 수 있게 함. 일반적으로는 절차에 따라 구입

Tip 용어 정의

- 뱃치 : 제품의 경우 어떠한 그룹을 같은 제조단위 또는 뱃치로 하기 위해서는 그 그룹이 균질성을 갖는다는 것을 나타내는 과학적 근거가 있어야 한다. 과학적 근거란 몇 개의 소(小) 제조단위를 합하여 같은 제조단위로 할 경우에는 동일한 원료와 자재를 사용하고 제조조건이 동일하다는 것을 나타내는 근거를 말하며, 또 동일한 제조공정에 사용되는 기계가 복수일 때에는 그 기계의 성능과 조건이 동일하다는 것을 나타내는 것을 말한다.

Tip 용기의 종류 기출

- 밀폐용기 - 외부로부터 고형의 이물이 들어가는 것을 방지하고 고형의 내용물이 손실되지 않도록 보호할 수 있는 용기
- 기밀용기 - 액상 또는 고형의 이물 또는 수분이 침입하지 않고 내용물을 손실, 풍화, 조해 또는 증발로부터 보호할 수 있는 용기
- 밀봉용기 - 기체 또는 미생물이 침입할 염려가 없는 용기
- 차광용기 - 광선의 투과를 방지하는 용기 또는 투과를 방지하는 포장을 한 용기

기출 유형

우수화장품 제조 및 품질관리기준상 다음에 해당하는 용어는?

> 하나의 공정이나 일련의 공정으로 제조되어 균질성을 갖는 화장품의 일정한 분량을 말한다.

① 벌크제품 ② 반제품 ③ 완제품 ④ 소모품 ⑤ 뱃치

정답 : ⑤

5.2.3 포장재 관리를 위한 기타 지침

①	• 작업시작 시 확인사항('start-up') 점검 실시 – 포장작업에 대한 모든 관련 서류가 이용 가능하고, 모든 필수 포장재가 사용 가능하며, 설비가 적절히 위생처리되어 사용할 준비가 완료되었음을 확인하는데 이러한 점검이 필수적 • 포장 작업 전, 이전 작업의 재료들이 혼입될 위험을 제거하기 위해 작업 구역/라인의 정리가 이루어져야 함
②	• 제조된 완제품의 각 단위/뱃치에는 추적이 가능하도록 특정한 제조번호 부여 – 완제품에 부여된 특정 제조번호는 벌크제품의 제조번호와 동일할 필요는 없지만, 완제품에 사용된 벌크 뱃치 및 양을 명확히 확인할 수 있는 문서가 존재해야 함 • 작업 동안, 모든 포장라인은 최소한 다음의 정보로 확인이 가능해야 함 – 포장라인명 또는 확인 코드 – 완제품명 또는 확인 코드 – 완제품의 뱃치 또는 제조번호
③	• 모든 완제품이 규정 요건을 만족시킨다는 것을 확인하기 위한 공정 관리가 이루어져야 함 • 중요한 속성들이 규격서에서 확인할 수 있는 요건들을 충족시킨다는 것을 검증하기 위해 평가실시(즉, 미생물 기준, 충전중량, 미관적 충전 수준, 뚜껑/마개의 토크, 호퍼, 온도 등) • 규정요건은 제품 포장에 대한 허용 범위 및 한계치(최소값–최대값)를 확인해야 함
④	• 포장을 시작하기 전에, 포장 지시가 이용 가능하고 공간이 청소되었는지 확인하는 것이 필요. 이러한 포장 라인의 청소는 세심한 주의가 필요한 작업이므로 누락의 위험이 상당히 많이 존재함. 예를 들면 병, 튜브, 캡이나 인쇄물 등을 빠뜨리기 쉬움. 결과적으로, 청소는 혼란과 오염을 피하기 위해 적절한 기술을 사용하여, 규칙적으로 실시되어야 함
⑤	• 공정 중의 공정검사 기록과 합격기준에 미치지 못한 경우의 처리 내용도 관리자에게 보고하고 기록하여 관리 • 시정 조치가 시행될 때가지 공정을 중지(이는 벌크제품과 포장재의 손실 위험을 방지하기 위함임)
⑥	• 포장의 마지막 단계에서, 작업장 청소는 혼란과 오염을 피하기 위해 적절한 절차로 일관되게 실시되어야 함

5.3 보관 중인 포장재 출고 기준

5.3.1 포장재 출고 기준

①	포장재에 관한 기초적인 검토 결과를 기재한 CGMP 문서, 작업에 관계되는 절차서, 각종 기록서, 관리 문서를 비치
②	불출하기 전에 설정된 시험방법에 따라 관리하고, 합격 판정 기준에 부합하는 포장재만 불출함
③	적절한 보관, 취급 및 유통을 보장하는 절차를 수립함
④	절차서 – 적당한 조명, 온도, 습도, 정렬된 통로 및 보관 구역 등 적절한 보관 조건 포함
⑤	포장재 관리는 관리 상태를 쉽게 확인할 수 있는 방식으로 수행
⑥	추적이 용이하도록 함
⑦	팰릿에 적재된 모든 자재에는 명칭 또는 확인코드, 제조번호, 제품의 품질을 유지하기 위해 필요할 경우 보관 조건, 불출 상태 등을 표시
⑧	포장재는 시험 결과 적합 판정된 것만 선입선출 방식으로 출고하고, 이를 확인할 수 있는 체계를 확립
⑨	불출된 원료와 포장재만 사용되고 있음을 확인하기 위한 적절한 시스템(물리적 시스템 또는 전자 시스템과 같은 대체 시스템 등)을 확립

⑩ 오직 승인된 자만이 포장재의 불출 절차를 수행
⑪ 뱃치에서 취한 검체가 모든 합격 기준에 부합할 때만 해당 뱃치를 불출
⑫ 불출되기 전까지 사용을 금지하는 격리를 위한 특별한 절차 이행

5.3.2 포장재의 출고 시 유의사항

① 포장 재료 출고의 경우 포장 단위의 묶음 단위를 풀어 적격 여부와 매수 확인
② 그 외 포장재는 포장 단위로 출고
③ 낱개 출고는 계수 및 계량하여 출고
④ 출고 자재가 선입선출 순으로 출고되는지 확인
⑤ 시험 번호순으로 출고되는지 확인
⑥ 문안 변경이나 규격 변경 자재인지 확인
⑦ 포장재 수령 시 포장재 출고 의뢰서와 포장재명, 포장재 코드 번호, 규격, 수량, '적합'라벨 부착 여부, 시험 번호, 포장상태 등 확인

5.3.3 포장재의 출고 절차

① 포장재 출고 담당자는 생산부 책임자가 발행한 자재 출고 전표를 접수하고, 기재 사항을 확인
② 확인된 포장재 출고 전표는 구매부서의 결재를 득한 후 출고 순위에 따라 선입선출하고, 포장재 수령자는 전표에 의거 포장재 재고 현황 및 사용 일보에 서명
③ 인계·인수가 완료된 포장재 출고 전표에 의거해 포장재 재고 현황 및 기타 전산 자료 등 정리
④ 포장재 출고 후 생산 중의 여러 요인에 의거 동일 포장재의 재출고가 요구될 경우 포장재 담당자는 해당 포장재명과 필요 수량을 전표에 기록하고, 생산 부서의 결재를 득한 후 출고 담당자에게 청구
⑤ 출고 담당자는 추가분 전표에 의거해 포장재 출고 후 출고량을 기록 관리하고, 생산 부서 자재 담당자에게 인수·인계

5.4 포장재의 폐기 기준

포장재의 관리 및 출고에 있어 선입선출에 따랐음에도 보관 기간 또는 유효기간이 지났을 경우에는 규정에 따라 폐기하여야 한다.

① 선입선출(반제품 및 완제품을 비롯한 모든 제조 공정과 제품의 판매에 있어서 먼저 만들어진 제품을 먼저 제조 공정에 투입하거나 소비하기 위한 과정)
- 먼저 만들어진 물품이 더 먼저 변질, 변형될 수가 있기에 변질, 변형된 물품의 사용을 예방하기 위한 과정으로, 선입선출을 준수하지 않을 경우 제품의 품질 유지에 치명적인 오류를 범할 가능이 높음

② 포장 도중 불량품이 발견되었을 경우
- 품질관리(품질보증) 부서에서 적합 판정된 포장재라도 포장 공정이 끝난 후 정상품 환입 시 포장재 보관관리 담당자에게 정상품과 구분하여 불량품 포장재를 인수·인계

③	포장재 보관관리 담당자는 불량 포장재를 부적합 창고로 이송 〈보관장소〉 • 포장재 보관소 : 적합 판정된 포장재만을 지정된 장소에 보관 • 부적합 보관소 : 부적합 판정된 자재는 선별, 반품, 폐기 등의 조치가 이루어지기 전까지 보관
④	부적합 포장재를 반품 또는 폐기 조치 후 해당 업체에 시정 조치 요구

5.5 포장재의(개봉 후) 사용기한 확인·판정

①	포장재 보관 기간을 결정하기 위한 문서화된 시스템 마련
②	보관 기간이 규정되어 있지 않은 포장재는 적절한 보관 기간 설정
③	정해진 보관 기간이 지나면 해당 물질을 재평가하여 사용 적합성을 결정하는 단계 포함
④	원칙적으로 포장재의 사용기한을 준수하는 보관 기간 설정
⑤	사용기한 내 자체적인 재시험 기간 설정, 준수
⑥	최대 보관 기간 설정, 준수 • 내용물(원료)의 사용기한은 개봉 후 3개월로 함(단, 맞춤형화장품 조제관리사의 판단 · 요청 시 기간을 축소하거나 재시험을 거쳐 연장할 수 있음) • 시험용 검체는 오염되거나 변질되지 아니하도록 채취하고, 채취한 후에는 원상태에 준하는 포장을 해야 하며, 검체가 채취되었음을 표시해야 함 〈시험용 검체 용기 기재사항〉 • 명칭 또는 확인코드 • 제조번호 • 검체채취일자 • 완제품 보관용 검체는 적절한 보관 조절하에 지정된 구역 내에서 제조 단위별로 사용기한 경과 후 1년간 보관해야 함(단, 개봉 후 사용기간을 기재하는 경우는 제조일로부터 3년간 보관해야 함)

5.6 포장재의 변질 상태 확인

①	포장재는 주로 종이, 천, 유리, 세라믹, 플라스틱, 금속 등 다양한 소재가 사용되고 있으며, 각각의 성질이 다름
②	포장재 담당자는 포장재의 품질 유지를 위해 포장재의 보관 방법, 보관 조건, 보관 환경, 보관 기간 등 포장재 관리방법 숙지해야 함(온도·습도 관리, 벌레나 쥐에 대한 대비책 및 자재 창고를 출입하는 사람에 의한 오염 방지)
③	포장재의 변질 상태를 확인하기 위해 포장재 소재별 품질 특성을 이해하고 포장재 샘플링 등을 통한 엄격한 관리 필요

④	포장재의 샘플링 검사 1. 샘플링 검사의 오류를 감소시키기 위해 계수 조정형 샘플링 방법을 사용(KS Q ISO 2859-1의 계수형 샘플링 검사 참고) 2. 채취한 검체에서 불량품의 개수를 조사하여 합격 또는 불합격을 결정하는 검사 방법으로 해당 로트의 크기에 따라 채취하는 검체의 수량 조정 3. 처음에는 보통 수준으로 검사하고, 품질이 안정되어 신뢰할 수 있을 때 수월한 검사로 조정하거나 반품 등의 문제가 발생할 때는 엄격한 수준으로 조정

5.6.1 포장재 소재별 품질 특성

포장재에 필요한 품질 특성으로는 제품의 품질을 유지하기 위한 품질 유지성, 기능성, 적정 포장성, 경제성 및 판매 촉진성의 특징이 있다.

- 품질 유지성 : 광투과나 포장재에 의한 변취, 변질로부터 제품을 보호하는 보호 기능
- 재료 적정성 : 약품, 부식, 자외선 및 인체에 해가 없는 안전한 소재 등
- 기능성 : 인간 공학적인 기능과 물리적인 기능을 지녀야 하고, 사용상 또는 사용 방법상 안전해야 함

〈포장재 종류와 소재별 품질 특성〉

포장재 종류	품질 특성
저밀도 폴리에틸렌(LDPE)	반투명, 광택, 유연성 우수
고밀도 폴리에틸렌(HDPE)	광택 없음, 수분 투과 적음
폴리프로필렌(PP)	반투명, 광택, 내약품성 우수, 내충격성 우수, 잘 부러지지 않음
폴리스티렌(PS)	딱딱함, 투명, 광택, 치수 안정성 우수, 내약품성 나쁨
AS 수지	투명, 광택, 내충격성, 내유성 우수
ABS 수지	내충격성 양호, 금속 느낌을 주기 위한 소재로 사용
PVC	투명, 성형 가공성 우수
PET	딱딱함, 투명성 우수, 광택, 내약품성 우수
소다 석회 유리	투명 유리
칼리 납 유리	굴절률이 매우 높음
유백색 유리	유백색 색상 용기로 주로 사용
알루미늄	가공성 우수
황동	금과 비슷한 색상
스테인리스스틸	부식이 잘 되지 않음, 금속성 광택 우수
철	녹슬기 쉬우나 저렴함

5.7 포장재의 폐기 절차

① 사업장의 폐기물 배출자는 사업장 폐기물을 적절하게 처리하여야 한다.
② 일정한 사업장 폐기물을 배출·운반 또는 처리하는 자는 폐기물 인계서를 작성해야 한다.
③ 폐기물 보관 장소는 지붕이 있는 별도의 구획된 공간으로 만들어야 하고, 지정 폐기물은 반드시 분리해서 보관해야 한다.

5.7.1 사업장 폐기물 관리 절차 (지정 폐기물 제외)

①	종이류, 파지, 지함통(재활용분)은 재활용 센터에 보관 후 유상 매각처리
②	고철은 자원 재활용 센터에 보관 후 유상 매각처리
③	캔류, 병류는 비닐에 담아 폐기물 보관소에 적재한 후 유상 매각처리
④	공정 오니(폐크림)는 팰릿에 4드럼씩 적재해 선반에 적재
⑤	잡개류, 불량 부재료는 압축기로 압축한 후 암롤 박스에 적재
⑥	음식 쓰레기는 재활용 업자에게 위탁

5.7.2 생산 작업장에서 발생한 폐기물 관리 절차

①	작업장 현장 발생 폐기물의 수거는 발생 부서에서 실시
②	품질에 문제가 생긴 원료나 내용물은 제품 폐기를 포함하여 신중하게 검토 – 제품에 대한 대처를 끝낸 후, 일탈의 원인 조사, 재발하지 않도록 조치
③	처리하고자 하는 폐기물 수거함 밖에 분리수거 카드 부착(단, 재활용 비닐의 경우 분리수거 카드를 부착하지 않고, 비닐 표면에 작업 라인 번호, 일자 기록 후 배출)
④	폐기물 보관소로 운반하여 보관소 작업자와 분리수거를 확인하고 중량을 측정하여 폐기물 대장에 기록 후 인계
⑤	결제 처리가 완료된 폐기물 처리 의뢰서와 같이 폐기물 처리 담당자에게 인계

5.7.3 폐기물 대장 작성

① 폐기물 대장은 확인자가 기록하고, 운반자와 확인 후 각각 사인
② 작성된 폐기물 대장은 매월 주관 부서 결재
③ 폐기 물량의 기록은 킬로그램(kg) 단위로 기록

5.7.4 화장품 작업장의 폐기물

①	분리수거는 작업장의 활동 중 발생한 폐기물을 성질별, 상태별, 종류별로 구분하여 별도로 수거하는 것
②	재활용 가능 폐기물 – 보통 폐기물 중 종이류, 캔류, 병류, 고철, 공드럼, PP 밴드, 비닐, 음식물 쓰레기 등 재활용이 가능한 폐기물
③	재활용 불가 폐기물 – 폐수 처리 오니(슬러지), 공정 오니, 불량 환입품, 지정 폐기물, 불량 부재료(폐합성수지), 불량 부재료(폐합성수지) 등

적중예상문제

3과목 유통화장품의 안전관리

01 작업소의 시설 기준으로 옳지 않은 것은?

① 제조하는 화장품의 종류·제형에 따라 구획·구분되어 있어 교차 오염 우려가 없을 것
② 바닥, 벽, 천장은 가능하면 청소하기 쉽게 매끄러운 표면을 지니고 소독제 등의 부식성에 저항력이 있을 것
③ 환기가 잘되고 청결할 것
④ 수세실과 화장실은 접근이 쉬워야 하나 생산구역과 분리되어 있을 것
⑤ 외부와 연결된 창문은 가능한 열리도록 할 것

Tip
외부와 연결된 창문은 가능한 열리지 않도록 할 것

02 우수화장품 제조 및 품질관리 기준 보관구역의 위생기준에 대한 설명으로 바르지 않은 것은?

① 통로는 적절하게 설계되어야 한다.
② 통로는 사람과 물건이 이동하는 구역으로서 사람과 물건의 이동에 불편함을 초래하거나 교차오염의 위험이 없어야 된다.
③ 바닥의 폐기물은 장기간 모아두었다가 한꺼번에 치운다.
④ 손상된 팔레트는 수거하여 수선 또는 폐기한다.
⑤ 동물이나 해충의 침입하기 쉬운 환경은 개선되어야 한다.

Tip
매일 바닥의 폐기물을 치워야 한다.

03 작업장의 방충·방서를 위한 위생 유지관리로 바르지 않은 것은?

① 공장 출입구에 에어 샤워나 에어 커튼을 설치하여 외부로부터의 해충 또는 쥐의 침입을 막는다.
② 건물이 외부와 통하는 구멍이 나 있는 곳에는 방충망 설치, 외부에서 날벌레 등이 들어올 수 있는 곳에는 유인등을 설치한다.
③ 건물 내부로 들어올 수 있는 문은 자동문을 설치하여 해충, 곤충, 쥐의 침입을 방지한다.
④ 벽, 천장, 창문, 파이프 구멍에 틈이 없도록 하고 가능하면 개방할 수 있는 창문을 만든다.
⑤ 실내에서의 해충 제거를 위해 내부의 적절한 장소에 포충 등을 설치한다.

Tip
벽, 천장, 창문, 파이프 구멍에 틈이 없도록 하고 가능하면 개방할 수 있는 창문을 만들지 않는다.
(개폐되는 창문의 경우 방충망을 이용하여 해충의 침입을 막고, 설치는 외부에서 창문틀 전체를 설치한다.)

04 다음 〈보기〉의 작업장 방충·방서 절차를 나열한 것으로 옳은 것은?

〈보기〉
㉠ 현상파악
㉡ 모니터링
㉢ 제조시설의 방충체제 확립
㉣ 방충·방서 체제 보완
㉤ 방충체제 유지

① ㉠ → ㉢ → ㉤ → ㉡ → ㉣
② ㉣ → ㉡ → ㉢ → ㉤ → ㉠

정답 01 ⑤ 02 ③ 03 ④ 04 ①

③ ㉠ → ㉢ → ㉡ → ㉤ → ㉣
④ ㉡ → ㉢ → ㉣ → ㉠ → ㉤
⑤ ㉢ → ㉣ → ㉤ → ㉡ → ㉠

Tip

현상파악 → 제조시설의 방충체제 확립 → 방충체제 유지 → 모니터링 → 방충·방서 체제 보완의 절차를 따라 작업장의 방충·방서를 실시한다.

05 다음 중 청정도 기준이 서로 올바르게 짝지어진 것은?

① 제조실 - 낙하균 10개/hr 또는 부유균 20개/㎥
② 성형실 - 낙하균 30개/hr 또는 부유균 200개/㎥
③ 충전실 - 낙하균 10개/hr 또는 부유균 20개/㎥
④ 포장실 - 낙하균 30개/hr 또는 부유균 200개/㎥
⑤ 칭량실 - 낙하균 10개/h 또는 부유균 20개/㎥

Tip

제조실, 성형실, 충전실, 내용물보관소, 원료칭량실, 미생물시험실 – 낙하균 30개/hr 또는 부유균 200개/㎥

06 작업장 내 직원의 위생 기준에 대한 설명으로 바르지 않은 것은?

① 적절한 위생관리 기준 및 절차를 마련하고 제조소 내의 모든 직원은 이를 준수해야 한다.
② 작업장 및 보관소 내의 모든 직원은 화장품의 오염을 방지하기 위해 규정된 작업복을 착용해야 하고 음식물 등을 반입해서는 아니 된다.
③ 피부에 외상이 있거나 질병에 걸린 직원은 건강이 양호해지거나 화장품의 품질에 영향을 주지 않는다면 화장품과 직접적인 접촉을 할 수 있다.
④ 제조 구역별 접근 권한이 있는 작업원 및 방문객은 가급적 제조, 관리 및 보관 구역 내에 들어가지 않도록 한다.
⑤ 불가피한 경우 사전에 직원 위생에 대한 교육 및 복장 규정에 따르도록 하고 감독하여야 한다.

Tip

피부에 외상이 있거나 질병에 걸린 직원은 건강이 양호해지거나 화장품의 품질에 영향을 주지 않는다는 의사의 소견이 있기 전까지는 화장품과 직업적으로 접촉되지 않도록 격리되어야 한다.

07 작업자의 복장기준 중 대상작업자와 복장의 종류가 바르게 짝지어진 것은?

① 특수화장품 제조/충전자 – 작업복
② 원료 칭량실 인원 – 방진복
③ 제조 시설 관리자 – 실험복
④ 제조 작업자 – 작업복
⑤ 자재보관 관리자 – 방진복

Tip

- 특수 화장품의 제조/충전자 : 방진복
- 제조 작업자, 원료 칭량실 인원, 자재보관 관리자, 제조 시설 관리자 : 작업복
- 실험실 인원, 기타 필요 인원 : 실험복

08 제조 구역별 접근 권한 기준에 대한 내용으로 바르지 않는 것은?

① 방문객 또는 안전 위생의 교육 훈련을 받지 않은 직원이 화장품 생산, 관리, 보관 구역으로 출입하는 일은 피해야 한다.
② 영업상의 이유, 신입 사원 교육 등을 위하여 안전 위생의 교육 훈련을 받지 않은 사람들이 생산, 관리, 보관 구역으로 출입하는 경우는 안전 위생의 교육 훈련을 실시한다.
③ 방문객과 훈련받지 않은 직원이 생산, 관리 보관 구역으로 들어가면 반드시 안내자가 동행한다.
④ 방문객은 적절한 지시에 따라야 하고, 필요

정답 05 ② 06 ③ 07 ④ 08 ⑤

한 보호 설비를 갖추어야 하며, 회사 방문객이 혼자 돌아다니거나 설비 등을 만지거나 하는 일은 없도록 해야 한다.

⑤ 방문객이 생산, 관리, 보관 구역으로 들어가면 방문객의 성명과 전화번호를 반드시 기록서에 기록한다.

Tip

방문객이 생산, 관리, 보관 구역으로 들어간 것을 반드시 기록서에 기록한다(방문객의 성명, 입·퇴장 시간, 자사 동행자에 대한 기록 필요).

09 혼합·소분 시 작업자의 위생관리 규정으로 바르지 않은 것은?

① 화장품을 혼합하거나 소분하기 전에는 손을 소독, 세정하거나 일회용 장갑을 착용해야 한다.

② 혼합·소분 시에는 위생복과 마스크를 착용해야 한다.

③ 피부에 외상이나 질병이 있는 경우는 회복되기 전까지 혼합과 소분 행위를 금지해야 한다.

④ 작업대나 설비 및 도구(교반봉, 주걱 등)는 소독제(에탄올 등)를 이용하여 소독한다.

⑤ 대상자에게 혼합 방법 및 위생상 주의사항 등은 혼합한 후 설명한다.

Tip

대상자에게 혼합 방법 및 위생상 주의사항에 대해 충분히 설명한 후 혼합한다.

10 작업자 위생관리를 위한 청결상태 확인사항 중 바르지 않은 것은?

① 개인 사물은 작업실 내 지정된 장소에 보관한다.

② 반지, 목걸이, 귀걸이 등 생산 중 과오 등에 의해 제품 품질에 영향을 줄 수 있는 것은 착용하지 않는다.

③ 생산, 관리 및 보관구역에 들어가는 모든 직원은 화장품의 오염을 방지하기 위한 규정된 작업복을 착용하고, 일상복이 작업복 밖으로 노출되지 않도록 한다.

④ 각 청정도별 지정된 작업복과 작업화, 보안경 등을 착용하고, 착용 상태로 외부 출입을 하는 것은 금지한다.

⑤ 생산, 관리 및 보관 구역 내에서는 음식, 음료수, 흡연물질, 개인 약품 등을 보관해서는 안 된다.

Tip

개인 사물은 지정된 장소에 보관하고, 작업실 내로 가지고 들어오지 않는다.

11 화장품 생산 설비에 필요한 사항 중 바르지 않은 것은?

① 유지관리 ② 사용기한
③ 설계 ④ 검정
⑤ 활용시스템

Tip

화장품 생산 설비에 필요한 사항은 설계, 설치, 검정, 세척, 소독, 유지관리, 소모품, 사용기한, 대체시스템, 자동화 시스템을 포함한 제조 등이다.

정답 09 ⑤ 10 ① 11 ⑤

12 다음 중 공정시스템 설계 시 고려할 사항으로 바르지 않은 것은?

① 화학적 반응이 있어서는 안 되고, 흡수성이 없어야 한다.
② 제품의 오염을 방지해야 한다.
③ 원료와 자재 등은 공급과 출하가 후입선출의 방식을 따라야 한다.
④ 표면이나 벌크제품과 닿는 부분은 제품의 위생처리와 청소가 용이해야 한다.
⑤ 정돈과 효율 및 안전한 조작을 위한 충분한 공간을 제공해야 한다.

Tip
원료와 자재 등은 공급과 출하가 체계적으로 이루어지도록 관리해야 하며, 선입선출의 방식을 따르도록 한다.

13 설비 세척 후 확인방법 순서로 옳은 것은?

① 육안판정 → 닦아내기 판정 → 린스액의 화학분석
② 육안판정 → 린스액의 화학분석 → 닦아내기 판정
③ 닦아내기 판정 → 육안판정 → 린스액의 화학분석
④ 린스액의 화학분석 → 닦아내기 판정 → 육안판정
⑤ 닦아내기 판정 → 린스액의 화학분석 → 육안판정

Tip
설비 세척 후 육안판정을 하고 육안판정을 할 수 없을 때 닦아내기 판정을 실시하며, 닦아내기 판정을 할 수 없으면 린스액의 화학분석을 실시한다.

14 설비의 유지관리 주요사항 중 바르지 않은 것은?

① 예방적 실시(Preventive Maintenance)가 원칙이다.
② 설비마다 절차서를 작성한다.
③ 월간계획이 일반적이며, 계획을 가지고 실행한다.
④ 책임 내용을 명확하게 한다.
⑤ 유지하는 "기준"은 절차서에 포함한다.

Tip
연간계획이 일반적이며, 계획을 가지고 실행한다.

15 설비·기구의 폐기 처리에 대한 설명으로 바르지 않은 것은?

① 생산 설비와 기구에 대하여는 일정한 주기별로 제조 설계 사양을 기준으로 예방점검 시기, 항목, 방법, 내용, 후속 조치 요건들을 설정하여 지속적으로 관리한다.
② 품질에 문제가 있거나 회수·반품된 제품의 폐기 또는 재작업 여부는 품질보증 책임자에 의해 승인되어야 한다.
③ 재작업은 변질·변패 또는 병원미생물에 오염되지 아니한 경우에 실시한다.
④ 재작업은 제조일로부터 1년이 경과하였거나 사용기한이 2년 이상 남아 있는 경우에 실시한다.
⑤ 재입고할 수 없는 제품의 폐기처리규정을 작성하여야 하며 폐기 대상은 따로 보관하고 규정에 따라 신속하게 폐기하여야 한다.

Tip
재작업은 제조일로부터 1년이 경과하지 않았거나 사용기한이 1년 이상 남아 있는 경우에 실시한다.

정답 12 ③ 13 ① 14 ③ 15 ④

16 내용물 및 원료의 입고관리에 대한 내용으로 바르지 않은 것은?

① 제조업자는 원자재 공급자에 대한 관리감독을 적절히 수행하여 입고관리가 철저히 이루어지도록 하여야 한다.
② 원자재의 입고 시 구매 요구서, 원자재 공급업체 성적서 및 현품이 서로 일치해야 하며, 필요한 경우 운송 관련 자료를 추가적으로 확인할 수 있다.
③ 원자재 용기에 제조번호가 없는 경우에는 관리번호를 부여하여 보관하여야 한다.
④ 원자재 입고절차 중 육안확인 시 물품에 결함이 있을 경우는 즉시 폐기하여야 한다.
⑤ 입고된 원자재는 "적합", "부적합", "검사 중" 등으로 상태를 표시하여야 한다.

Tip
원자재 입고절차 중 육안확인 시 물품에 결함이 있을 경우 입고를 보류하고 격리보관 및 폐기하거나 원자재 공급업자에게 반송하여야 한다.

17 원자재 용기 및 시험기록서의 필수적인 기재 사항이 아닌 것은?

① 원자재 공급자명
② 원자재 수령자명
③ 수령일자
④ 공급자가 부여한 제조번호 또는 관리번호
⑤ 원자재 공급자가 정한 제품명

Tip 원자재 용기 및 시험기록서의 필수 기재 사항
원자재 공급자가 정한 제품명, 원자재 공급자명, 수령일자, 공급자가 부여한 제조번호 또는 관리번호

18 원료 및 포장재의 선정 절차를 바르게 나열한 것은?

㉠ 공급자 선정
㉡ 공급자 승인
㉢ 중요도 분류
㉣ 품질결정
㉤ 정기적 모니터링
㉥ 품질계약서 공급계약 체결

① ㉠ → ㉢ → ㉤ → ㉡ → ㉣ → ㉥
② ㉠ → ㉡ → ㉢ → ㉣ → ㉤ → ㉥
③ ㉢ → ㉠ → ㉡ → ㉣ → ㉥ → ㉤
④ ㉢ → ㉣ → ㉠ → ㉡ → ㉥ → ㉤
⑤ ㉤ → ㉢ → ㉣ → ㉠ → ㉡ → ㉥

Tip 원료, 포장재의 선정절차
중요도 분류 → 공급자 선정 → 공급자 승인 → 품질결정 → 품질계약서 공급계약 체결 → 정기적 모니터링

19 입고된 원료의 처리 단계에서 부착하는 라벨의 색과 처리 단계가 바르게 연결된 것은?

① 검체 채취 전 – 황색 라벨
② 검체 채취 전 – 청색 라벨
③ 검체 채취 및 시험 중 – 적색 라벨
④ 부적합 판정 시 – 백색 라벨
⑤ 적합 판정 시 – 청색 라벨

Tip
검체 채취 전 – 백색, 시험 중 – 황색, 적합 – 청색, 부적합 – 적색

정답 16 ④ 17 ② 18 ③ 19 ⑤

20 원료, 포장재의 발주, 불출 절차의 순서를 바르게 나열한 것은?

㉠ 발주	㉡ 보관	㉢ 입고
㉣ 라벨 첨부	㉤ 불출	

① ㉠ → ㉣ → ㉢ → ㉤ → ㉡
② ㉠ → ㉢ → ㉣ → ㉡ → ㉤
③ ㉢ → ㉠ → ㉡ → ㉣ → ㉤
④ ㉢ → ㉣ → ㉠ → ㉡ → ㉤
⑤ ㉠ → ㉡ → ㉢ → ㉣ → ㉤

Tip 원료, 포장재의 발주, 불출 절차 순서
발주 → 입고 → 라벨 첨부 → 보관 → 불출

21 다음 중 포장지시서에 포함되는 사항으로 바르지 않은 것은?

① 포장 설비명 ② 포장생산자
③ 포장재 리스트 ④ 상세한 포장 공정
⑤ 제품명

Tip
포장작업은 제품명, 포장 설비명, 포장재 리스트, 상세한 포장공정, 포장생산수량을 포함하고 있는 포장지시서에 의해 수행되어야 한다.

22 포장 공정 순서로 바르게 연결된 것은?

㉠ 포장기록서 발행
㉡ 벌크제품, 포장재 준비
㉢ 포장지시서 발행
㉣ 포장재 재보관
㉤ 포장기록서 완결
㉥ 완제품 보관

① ㉢ → ㉠ → ㉡ → ㉣ → ㉤ → ㉥
② ㉠ → ㉢ → ㉡ → ㉤ → ㉣ → ㉥
③ ㉢ → ㉠ → ㉡ → ㉥ → ㉤ → ㉣
④ ㉡ → ㉣ → ㉠ → ㉤ → ㉢ → ㉥
⑤ ㉡ → ㉠ → ㉥ → ㉤ → ㉢ → ㉣

Tip 포장 공정
포장지시서 발행 → 포장기록서 발행 → 벌크제품, 포장재 준비 → 완제품 보관 → 포장기록서 완결 → 포장재 재보관

23 다음은 포장용기의 종류 중 무엇에 대한 설명인가?

외부로부터 고형의 이물이 들어가는 것을 방지하고 고형의 내용물이 손실되지 않도록 보호할 수 있는 용기를 말한다.

① 밀폐용기 ② 기밀용기
③ 밀봉용기 ④ 차광용기
⑤ 일반용기

Tip
밀폐용기에 대한 내용이다.

24 보관 중인 포장재 출고 기준으로 바르지 않은 것은?

① 포장재에 관한 기초적인 검토 결과를 기재한 CGMP 문서, 작업에 관계되는 절차서, 각종 기록서, 관리 문서를 비치한다.
② 불출하기 전에 설정된 시험방법에 따라 관리하고, 합격 판정 기준에 부합하지 않은 포장재만 불출한다.
③ 적절한 보관, 취급 및 유통을 보장하는 절차를 수립한다.
④ 절차서는 적당한 조명, 온도, 습도, 정렬된 통로 및 보관 구역 등 적절한 보관 조건을 포함해야 한다.
⑤ 포장재 관리는 관리 상태를 쉽게 확인할 수 있는 방식으로 수행해야 한다.

Tip
불출하기 전에 설정된 시험방법에 따라 관리하고, 합격 판정 기준에 부합하는 포장재만 불출한다.

정답 20 ② 21 ② 22 ③ 23 ① 24 ②

25 포장재의 개봉 후 사용기한 확인·판정에 대한 설명으로 바르지 않은 것은?

① 내용물(원료)의 사용기한은 개봉 후 1년으로 한다.
② 시험용 검체는 오염되거나 변질되지 아니하도록 채취한다.
③ 시험용 검체의 용기에는 명칭 또는 확인코드, 제조번호, 검체채취일자 등이 기재되어야 한다.
④ 완제품 보관용 검체는 적절한 보관조절 하에 지정된 구역 내에서 제조 단위별로 사용기한 경과 후 1년간 보관해야 한다.
⑤ 완제품 보관용 검체는 개봉 후 사용기간을 기재하는 경우는 제조일로부터 3년간 보관해야 한다.

Tip
내용물(원료)의 사용기한은 개봉 후 3개월로 한다(단, 맞춤형화장품 조제관리사의 판단·요청 시 기간을 축소하거나 재시험을 거쳐 연장할 수 있다).

26 다음 제조설비 중 펌프(Pumps)에 대한 설명으로 바르지 않은 것은?

① 펌프는 제품을 혼합(재순환 및 균질화)하기 위해 사용된다.
② 물, 청소용제 등 낮은 점도의 액체 이동에 사용된다.
③ 점성이 있는 액체에는 사용할 수 없다.
④ 펌프는 많이 움직이는 젖은 부품들로 구성되어있다.
⑤ 보통 펌핑된 제품은 개스킷(Gasket), 패킹(Packing), 윤활제 등이다.

Tip
양극적인 이동(Positive Displacement)을 이용
- 이중 돌출부(Duo Lobe), 기어, 피스톤
- 미네랄 오일, 에멀젼(크림 또는 로션) 등 점성이 있는 액체에 사용

27 펌프는 다양한 점도의 액체를 한 지점에서 다른 지점으로 이동하기 위해 사용된다. 물이나 청소용제 등 낮은 점도의 액체에 사용하는 설비는 무엇인가?

① 개스킷
② 피스톤
③ 이중 돌출부(Duo Lobe)
④ 닫힌 날개차
⑤ 기어

Tip
- 원심력을 이용 : 열린 날개차, 닫힌 날개차 - 낮은 점도의 액체에 사용
- 양극적인 이동(Positive displacement)을 이동 이중 돌출부(Duo Lobe), 기어, 피스톤 - 점성이 있는 액체에 사용

28 다음은 무엇에 대한 설명인가?

화장품 생산 작업에 훌륭한 유연성을 제공하기 때문에 한 위치에서 또 다른 위치로 제품의 전달을 위해 화장품 산업에서 광범위하게 사용된다. 또한 작동의 전반적인 범위의 온도와 압력에 적합하여야 하고 제품에 적합한 제재로 건조되어야 한다.
구성재질로는 강화된 식품등급의 고무 또는 네오프렌, 타이곤(Tygon) 또는 강화된 타이곤, 폴리에칠렌 또는 폴리프로필렌, 나일론 등이 쓰인다.

① 호스 ② 여과기
③ 체 ④ 이송 파이프
⑤ 필터

Tip
호스(Hoses)에 대한 설명이다.

정답 25 ① 26 ③ 27 ④ 28 ①

29 화장품의 회수·폐기 처리에 대한 내용으로 바르지 않은 것은?

① 어떤 원인에 의해 안전성에 문제가 있는 경우
② 불량에 관해 안전성에 문제가 있다고 판단되거나 이를 명확하게 설명할 수 없는 경우
③ 화장품에 사용할 수 없는 원료를 사용하였거나 내용량 부적합 제품인 경우
④ 국내, 외 부작용 사례 및 안전성 정보 내용 분석 및 평가 결과 회수 사유가 발생한 경우
⑤ 국민 보건에 중대한 위해를 끼칠 우려가 있는 경우로 인한 회수 사유가 발생한 경우

Tip
법 제 8조 제1항 또는 제2항에 따른 화장품에 사용할 수 없는 원료를 사용하였거나 같은 조 제5항에 따른 유통 화장품 안정 관리 기준에 적합하지 아니한 화장품(단, 안전성과 연계성을 가지지 않는 내용량 부적합 제품 제외)

30 위해화장품 회수의무자는 회수계획서 작성 시 회수 종료일을 다음 각 호의 구분에 따라 정해야 한다. 바르게 짝지어진 것은?

- 1등급 위해성 : 회수를 시작한 날부터 (㉠) 이내
- 2등급 위해성 또는 3등급 위해성 : 회수를 시작한 날부터 (㉡) 이내

㉠ – ㉡
① 30일 – 60일
② 15일 – 60일
③ 15일 – 30일
④ 20일 – 30일
⑤ 10일 – 30일

Tip
- 1등급 위해성 : 회수를 시작한 날부터 15일 이내
- 2등급 위해성 또는 3등급 위해성 : 회수를 시작한 날부터 30일 이내

31 다음 중 포장재의 검체채취 시 고려할 사항이 아닌 것은?

① 미리 정해진 장소에서 실시한다.
② "공급자가 실시한다."가 원칙이다.
③ 검체채취 절차를 정해 놓는다.
④ 오염이 발생하지 않는 적절한 환경에서 실시한다.
⑤ 뱃치를 대표하는 부분에서 검체채취를 한다.

Tip
"시험자가 실시한다."가 원칙이다.

32 다음은 포장용기의 종류 중 무엇에 대한 설명인가?

기체 또는 미생물이 침입할 염려가 없는 용기를 말한다.

① 밀폐용기 ② 기밀용기
③ 밀봉용기 ④ 차광용기
⑤ 일반용기

Tip
밀봉용기에 대한 내용이다.

33 다음은 포장용기의 종류 중 무엇에 대한 설명인가?

광선의 투과를 방지하는 용기 또는 투과를 방지하는 포장을 한 용기를 말한다.

① 밀폐용기 ② 기밀용기
③ 밀봉용기 ④ 차광용기
⑤ 일반용기

Tip
차광용기에 대한 내용이다.

정답 29 ③ 30 ③ 31 ② 32 ③ 33 ④

34 **세균 오염 또는 세균수 관리의 필요성이 있는 작업실은 정기적인 낙하 균 시험을 수행하여야 한다. 이에 해당되지 않는 곳은?**

① 각 제조 작업실 ② 원료 보관소
③ 반제품 저장실 ④ 포장실
⑤ 칭량실

Tip
세균 오염 또는 세균수 관리의 필요성이 있는 작업실은 정기적인 낙하 균 시험을 수행하여 확인한다. 각 제조 작업실, 칭량실, 반제품 저장실, 포장실이 해당된다.

35 **혼합·소분 시 작업자의 위생관리 규정으로 바르지 않은 것은?**

① 화장품을 혼합하거나 소분하기 전에는 손을 소독, 세정하거나 일회용 장갑을 착용해야 한다.
② 피부에 외상이나 질병이 있는 경우는 위생복과 마스크, 일회용 장갑을 착용해야 한다.
③ 혼합 시 도구가 작업대에 닿지 않도록 주의한다.
④ 작업대나 설비 및 도구(교반봉, 주걱 등)는 소독제(에탄올 등)를 이용하여 소독한다.
⑤ 작업대나 작업자의 손 등에 용기 안쪽 면이 닿지 않도록 주의하여 교차오염이 발생하지 않도록 주의한다.

Tip
피부에 외상이나 질병이 있는 경우는 회복되기 전까지 혼합과 소분 행위를 금지해야 한다.

36 **방충·방서를 위한 관리방법으로 바르지 않은 것은?**

① 외부에서 날벌레 등이 들어올 수 있는 곳에 유인 등을 설치한다.
② 건물 내부로 들어올 수 있는 문은 자동문을 설치한다.
③ 실내에서의 해충 제거를 위해 내부의 적절한 장소에 포충 등을 설치한다.
④ 창문은 차광하고 문 아래에 스커트를 설치한다.
⑤ 공기조화장치는 실내압을 외부(실외)보다 낮게 유지한다.

Tip
방충 및 방서를 위해 공기조화장치는 실내압을 외부(실외)보다 높게 한다.

37 **설비 세척의 원칙으로 바르지 않은 것은?**

① 세척 시 설비는 분해해서는 안 된다.
② 위험성이 없는 용제(물)로 세척한다.
③ 증기 세척은 좋은 방법이다.
④ 브러시 등으로 문질러 지우는 것을 고려한다.
⑤ 가능하면 세제를 사용하지 않는다.

Tip
분해할 수 있는 설비는 분해해서 세척한다.

38 **입고된 원료 및 내용물이 부적합한 경우 용기에 부착해야 할 라벨의 색깔은?**

① 황색 라벨
② 적색 라벨
③ 백색 라벨
④ 청색 라벨
⑤ 흑색 라벨

Tip
검체 채취 전 – 백색, 시험 중 – 황색, 적합 – 청색, 부적합 – 적색

정답 34 ② 35 ② 36 ⑤ 37 ① 38 ②

39 유통화장품 안전관리 시험방법 중 다음은 무엇에 대한 설명인가?

> 미지 시료용액 및 기지 표준용액에 적당한 시약을 가하는 등으로 착색시켜 양자의 색깔의 농도와 색조를 투과광이나 반사광으로 비교하여 정성·정량하는 방법

① 원자흡광광도법 ② 디티존법
③ 비색법 ④ 크로마토그래프법
⑤ 푹신아황산법

Tip

비색법에 대한 설명이다.

40 다음 중 포장 설비의 선택 시 고려할 사항으로 적합하지 않은 것은?

① 제품 오염을 최소화할 수 있도록 설계되어야 한다.
② 제품과 최종 포장의 요건을 고려하여야 한다.
③ 제품과 접촉되는 부위의 청소 및 위생관리가 용이해야 한다.
④ 효율적이며 안전한 조작을 위한 적절한 공간이 제공되어야 한다.
⑤ 화학반응을 일으키지 않아야 하고 흡수성이 좋아야 한다.

Tip

화학반응을 일으키거나, 제품에 첨가·흡수되지 않아야 한다.

41 원료 및 내용물 입고 시 품질성적서에 포함되어야 할 중요사항으로 바르지 않은 것은?

① 공급자 결정 ② 사용기한 설정
③ 보관 장소 설정 ④ 재평가
⑤ 재보관

Tip 품질 성적서에 포함되어야 할 중요사항

- 중요도 분류
- 공급자 결정
- 발주, 입고, 식별·표시, 합격·불합격, 판정, 보관, 불출
- 보관 환경 설정
- 사용기한 설정
- 정기적 재고관리
- 재평가
- 재보관

42 입고된 포장재의 필수 확인 사항이 아닌 것은?

① 인도문서와 포장에 표시된 품목·제품명
② 수령 일자와 수령확인번호
③ 공급자가 부여한 뱃치 정보
④ 관리번호
⑤ 기록된 양

Tip 원료 및 포장재의 확인

- 인도문서와 포장에 표시된 품목·제품명
- 만약 공급자가 명명한 제품명과 다르다면, 제조 절차에 따른 품목·제품명 그리고/또는 해당 코드번호
- CAS 번호(적용 가능한 경우)
- 적절한 경우, 수령 일자와 수령확인번호
- 공급자명
- 공급자가 부여한 뱃치 정보(Batch Reference), 만약 다르다면 수령 시 주어진 뱃치 정보
- 기록된 양

43 화장품 원료 공급자 선정 시 주의사항으로 바르지 않은 것은?

① 충분한 정보를 제공할 수 있어야 한다.
② 품질계약서를 교환할 수 있어야 한다.
③ 공급자의 세간의 소문이나 신뢰도를 조사한다.
④ 공급자의 과거의 실적과는 상관없다.
⑤ 방문감사와 서류감사를 실시한다.

정답 39 ③ 40 ⑤ 41 ③ 42 ④ 43 ④

Tip **조사 시 고려할 점**

- 과거의 실적 : 일탈의 유무, 서비스의 좋고 나쁨 등
- 세간의 소문, 신뢰도
- 제품이나 회사의 특이성

44 **제품의 잔류물과 흙, 먼지, 기름때 등의 오염물을 제거하는 과정을 무엇이라 하는가?**

① 세척 ② 소독
③ 멸균 ④ 방부
⑤ 건열멸균법

Tip

세척이라 한다.

45 **오염 미생물 수를 허용 수준 이하로 감소시키기 위해 수행하는 절차를 무엇이라 하는가?**

① 세척 ② 소독
③ 멸균 ④ 방부
⑤ 건열멸균법

Tip

소독이라 한다.

46 **작업장의 위생유지를 위해 설비 세척 후 실시하는 '판정' 중 흰 천이나 검은 천으로 표면의 잔유물을 확인하는 방법을 무엇이라 하는가?**

① 육안판정 ② 린스 정량법
③ 닦아내기 판정 ④ 촉진판정
⑤ 문진판정

Tip **닦아내기 판정**

흰 천이나 검은 천으로 설비 내부의 표면을 닦아내고 천 표면의 잔류물 유무로 세척 결과를 판정

47 **작업자의 손 세척 및 손 소독에 대한 설명으로 바르지 않은 것은?**

① 비누를 사용하여 흐르는 물로 20초 이상 씻었을 경우 99%의 세균제거 효과가 있다.
② 손깍지를 끼고 문지른다.
③ 손 씻을 때 손등과 손바닥을 마주대고 문지른다.
④ 흐르는 물로만 씻으면 제거 효과가 없다.
⑤ 일회용 종이타월이나 손 건조기를 이용하여 물기를 건조시킨다.

Tip

흐르는 물로만 씻어도 상당한 제거 효과가 있다.

48 **화장품 원료 및 포장재의 용기에 관한 설명으로 바르지 않은 것은?**

① 제품을 정확히 식별하고 혼동의 위험을 없애기 위해 라벨링을 부착한다.
② 원료 및 포장재의 용기는 물질과 뱃치 정보를 확인할 수 있는 표시를 부착한다.
③ 제품의 품질에 영향을 줄 수 있는 결함을 보이는 원료와 포장재는 결정이 완료될 때까지 보류상태로 있어야 한다.
④ 확인시스템(물리적 시스템 또는 전자시스템)은 혼동, 오류 또는 혼합을 방지할 수 있도록 설계하여야 한다.
⑤ 원료 및 포장재의 상태를 확인할 필요는 없다.

Tip

원료 및 포장재의 상태(즉, 합격, 불합격, 검사 중)는 적절한 방법으로 확인되어야 한다.

정답 44 ① 45 ② 46 ③ 47 ④ 48 ⑤

49 포장재의 시험용 검체 용기 기재사항이 아닌 것은?

① 명칭
② 확인코드
③ 제조일
④ 제조번호
⑤ 검체채취일자

> **Tip** 시험용 검체 용기 기재사항
> 명칭 또는 확인코드, 제조번호, 검체채취일자 등이다.

50 벌크제품의 재보관에 대한 사항으로 바르지 않은 것은?

① 재보관 시에는 내용을 명기해야 하며 재보관임을 표시하는 라벨 부착은 선택사항이다.
② 원래 보관환경에서 보관한다.
③ 남은 벌크는 재보관하고 재사용할 수 있다.
④ 변질 및 오염이 발생할 가능성이 있으므로 재보관은 신중히 해야 한다.
⑤ 여러 번 재보관하는 벌크는 조금씩 나누어 보관한다.

> **Tip**
> 재보관 시에는 내용을 명기해야 하며 재보관임을 표시하는 라벨 부착은 필수사항이다.

정답 49 ③ 50 ①

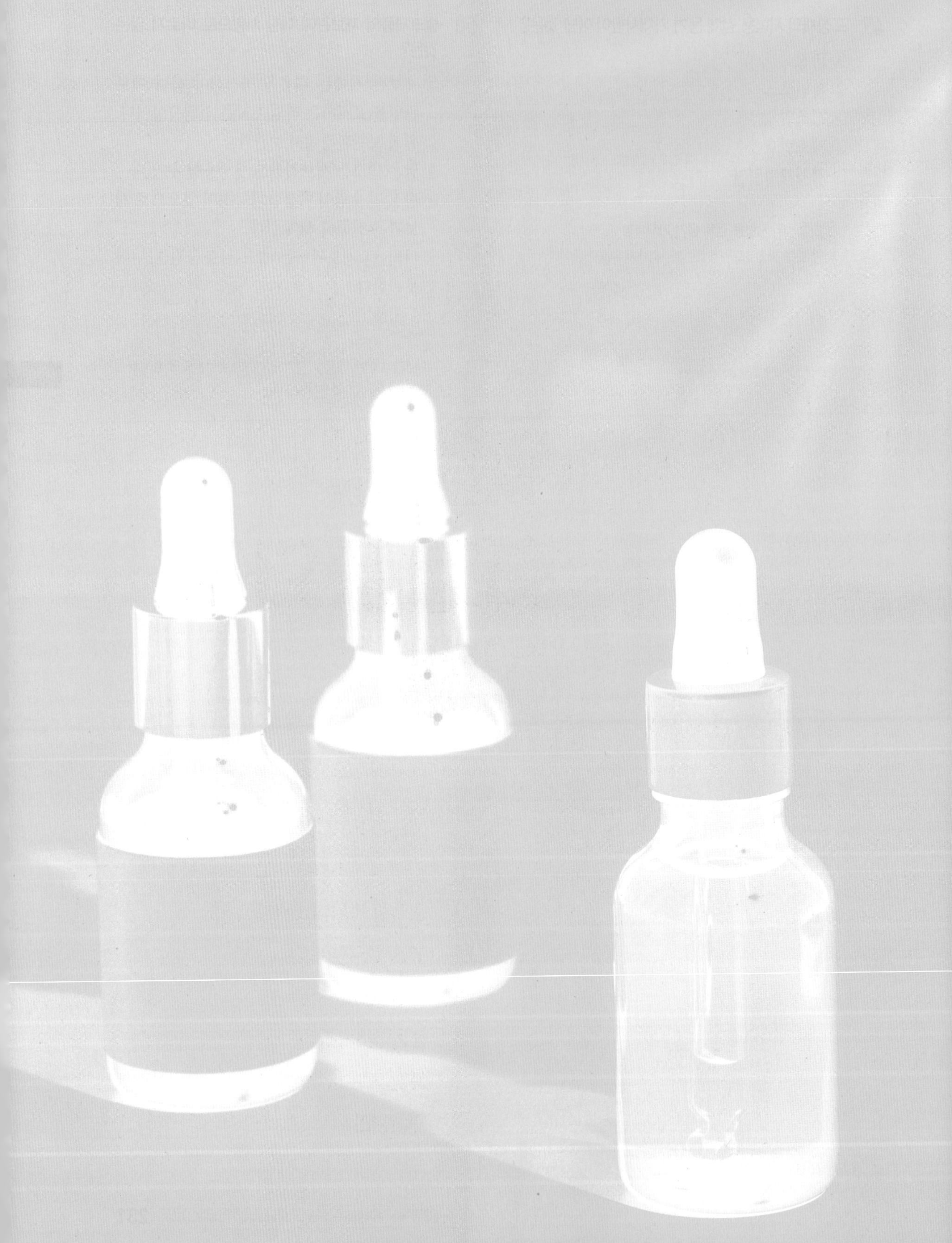

PART 04

맞춤형 화장품의 이해

CHAPTER

01 맞춤형화장품의 개요

Check Point!

맞춤형화장품의 개요에서는 맞춤형화장품에 대한 전반적 이해를 바탕으로 다음의 내용을 숙지하도록 한다.

- 맞춤형화장품의 정의
- 맞춤형화장품의 주요 규정과 안전성, 유효성, 안정성

1.1 맞춤형화장품 정의

1.1.1 맞춤형화장품 정의 및 범위

1) 맞춤형화장품 정의

맞춤형화장품판매업소에서 맞춤형화장품조제관리사 자격증을 가진 자가 고객의 개인별 피부 특성 및 색·향 등 취향에 따라 다음과 같이 만든 화장품을 의미함

① 제조 또는 수입된 화장품의 내용물에 다른 화장품의 내용물이나 색소, 향료 등 식약처장이 정하는 원료를 추가하여 혼합한 화장품

② 제조 또는 수입된 화장품의 내용물을 소분(小分)한 화장품 단, 화장 비누(고체 형태의 세안용 비누)를 단순 소분한 화장품은 제외

기출 유형

㉠에 들어갈 적합한 명칭을 작성하시오.

> 맞춤형화장품 판매업소에서 제조 · 수입된 화장품의 내용물에 다른 화장품의 내용물이나 식품의약품안전처장이 정하는 원료를 추가하여 혼합하거나 제조 또는 수입된 화장품의 내용물을 소분하는 업무에 종사하는 자를 (㉠)(이)라고 한다.

정답 : 맞춤형화장품 조제관리사

기출 유형

다음 <보기>는 맞춤형화장품에 관한 설명이다. <보기>에서 ㉠, ㉡에 해당하는 적합한 단어를 각각 작성하시오.

ㄱ. 맞춤형화장품 제조 또는 수입된 화장품의 (㉠)에 다른 화장품의 (㉠)(이)나 식품의약품안전처장이 정하는 (㉡)(을)를 추가하여 혼합한 화장품
ㄴ. 제조 또는 수입된 화장품의 (㉠)(을)를 소분(小分)한 화장품

정답 : ㉠ 내용물, ㉡ 원료

2) 맞춤형화장품판매업의 정의

맞춤형화장품판매업이란 맞춤형화장품을 판매하는 영업을 말함

영업의 종류	영업의 범위
화장품 제조업	① 화장품을 직접 제조하는 영업 ② 화장품 제조를 위탁받아 제조하는 영업 ③ 화장품의 포장(1차 포장만 해당한다)을 하는 영업
화장품 책임판매업	① 화장품제조업자가 화장품을 직접 제조하여 유통 · 판매하는 영업 ② 화장품제조업자에게 위탁하여 제조된 화장품을 유통 · 판매하는 영업 ③ 수입된 화장품을 유통·판매하는 영업 ④ 수입대행형 거래를 목적으로 화장품을 알선·수여하는 영업
맞춤형화장품 판매업	① 제조 또는 수입된 화장품의 내용물에 다른 화장품의 내용물이나 식품의약품안전처장이 정하여 고시하는 원료를 추가하여 혼합한 화장품을 판매하는 영업 ② 제조 또는 수입된 화장품의 내용물을 소분한 화장품을 판매하는 영업

3) 맞춤형화장품판매업의 영업의 범위

맞춤형화장품판매업은 맞춤형화장품을 판매하는 영업으로써 다음의 두 가지 중 하나 이상에 해당하는 영업을 할 수 있음

① 제조 또는 수입된 화장품의 내용물에 다른 화장품의 내용물이나 식약처장이 정하는 원료를 추가하여 혼합한 화장품을 판매하는 영업

② 제조 또는 수입된 화장품의 내용물을 소분한 화장품을 판매하는 영업

▶ 식품의약품안전처 「맞춤형화화장품판매업 가이드라인」

Tip 용어 정리

- 반제품 : 제조공정 단계에 있는 것으로서 필요한 제조공정을 더 거쳐야 벌크제품이 되는것
- 벌크제품: 충전(1차 포장) 이전의 제조 단계까지 끝낸 화장품
- 완제품: 출하를 위해 제품의 포장 및 첨부문서에 표시공정 등을 포함한 모든 제조 공정이 완료된 화장품

Tip

원료와 원료를 혼합하는 것은 맞춤형화장품의 혼합이 아닌 '화장품제조'에 해당한다.

1.2 맞춤형화장품 주요규정

1.2.1 맞춤형화장품판매업의 영업의 신고

구분	영업의 신고
맞춤형화장품 판매업	• 식품의약품안전처장에게 신고하여야 함 • 맞춤형화장품의 혼합·소분 업무에 종사하는 맞춤형화장품조제관리사를 두어야 함
신고	• 맞춤형화장품을 판매하려는 자는 소재지 별로 신고서(맞춤형화장품 판매업 신고서) 및 구비서류(맞춤형화장품조제관리사 자격증 사본)를 갖추어 소재지 관할 지방식품의약품안전처장에게 신고하여야 함
변경신고	• 변경사항(상호, 소재지, 조제관리사 등의 변경)이 발생한 날로부터 30일 이내에 소재지 관할 지방식품의약품안전처장에게 신고하여야 함

▶ 「화장품법」 제3조의2

기출 유형

맞춤형화장품에 관한 사항으로 옳지 않은 것은?
① 맞춤형화장품판매업을 하려는 자는 식품의약품안전처장에게 등록하여야 한다.
② 맞춤형화장품은 식품의약품안전처장이 정하는 원료를 추가하여 혼합한 화장품을 말한다.
③ 제조 또는 수입된 화장품의 내용물을 소분(　　)한 화장품을 말한다.
④ 맞춤형화장품은 제조 또는 수입된 화장품의 내용물에 다른 화장품의 내용물을 말한다.
⑤ 맞춤형화장품판매업을 하려는 자는 맞춤형화장품조제관리사를 두어야 한다. 정답 : ①

1.2.2 맞춤형화장품 판매업의 신고

맞춤형화장품판매업을 하려는 자는 맞춤형화장품판매업소 소재지를 관할하는 지방식품의약품안전청에 영업을 신고하여야 함

신청 방법		의약품안전나라 시스템(nedrug.mfds.go.kr) 전자민원, 방문·우편민원
처리 기한		10일
수수료	전자민원	27,000원
	방문 · 우편 민원	30,000원
제출서류	기본	① 맞춤형화장품판매업 신고서 ② 맞춤형화장품조제관리사 자격증 사본(2인 이상 신고 가능)
	기타 구비서류	① 사업자등록증 및 법인등기부등본(법인에 포함) ② 건축물관리대장 ③ 임대차계약서(임대의 경우에 한함) ④ 혼합·소분의 장소·시설 등을 확인할 수 있는 세부 평면도 및 상세 사진

1.2.3 맞춤형화장품 판매업의 신고 결격 사유(「화장품법」 제3조의3)

① 피성년후견인 또는 파산선고를 받고 복권되지 않은 자
② 「화장품법」 또는 「보건범죄 단속에 관한 특별조치법」을 위반하여 금고 이상의 형을 선고 받고 그 집행이 끝나지 아니하거나 그 집행을 받지 아니하기로 확정되지 않은 자
③ 등록이 취소되거나 영업소가 폐쇄된 날부터 1년이 지나지 않은 자

1.2.4 맞춤형화장품 판매업의 변경신고

1) 맞춤형화장품판매업의 변경신고가 필요한 사항

(1) 맞춤형화장품판매업자의 변경(판매업자의 상호, 소재지 변경은 대상 아님)
(2) 맞춤형화장품판매업소의 상호 또는 소재지 변경
(3) 맞춤형화장품조제관리사의 변경

2) 맞춤형화장품판매업의 변경신고 방법

신청 방법		의약품안전나라 시스템(nedrug.mfds.go.kr) 전자민원, 방문 또는 우편
처리 기한		10일(단, 조제관리사 변경신고는 7일)
수수료		① 전자민원 9,000원 ② 방문·우편민원 10,000원 ※ 조제관리사 변경의 경우 수수료 없음
제출 서류	공통	① 맞춤형화장품판매업 변경신고서 ② 맞춤형화장품판매업 신고필증(기신고한 신고필증)
	판매업자 변경	① 사업자등록증 및 법인등기부등본(법인에 한함) ② 양도·양수 또는 합병의 경우에는 이를 증빙할 수 있는 서류 ③ 상속의 경우에는 「가족관계의 등록 등에 관한 법률」 제15조 제1항 제1호의 가족관계증명서
	판매업소 상호 변경	① 사업자등록증 및 법인등기부등본(법인에 한함)
	판매업소 소재지 변경	① 사업자등록증 및 법인등기부등본(법인에 한함) ② 건축물관리대장 ③ 임대차계약서(임대의 경우에 한함) ④ 혼합·소분 장소·시설 등을 확인할 수 있는 세부 평면도 및 상세사진
	조제관리사 변경	① 맞춤형화장품조제관리사 자격증 사본

1.2.5 맞춤형화장품판매업의 폐업 등의 신고

신고 대상	폐업 또는 휴업, 휴업 후 영업을 재개하려는 경우
신청 방법	의약품안전나라 시스템(nedrug.mfds.go.kr) 전자민원, 방문 또는 우편
처리 기한	7일
수 수 료	해당없음
제출 서류	① 맞춤형화장품판매업 폐업·휴업·재개 신고서 ② 맞춤형화장품판매업 신고필증(기신고한 신고필증)

1.2.6 맞춤형화장품 판매의 정의

'맞춤형화장품 판매'란 화장품판매장에서 고객 개인별 피부 특성이나 색, 향 등의 기호, 요구를 반영해 맞춤형화장품조제관리사 자격증을 가진 사람이 화장품의 내용물을 소분하거나 화장품의 내용물에 다른 화장품의 내용물 또는 식약처장이 정하는 원료를 추가하여 혼합한 화장품을 판매하는 것을 의미한다.

1.2.7 맞춤형화장품 판매의 범위

소비자 요구에 따른 맞춤형화장품 혼합·판매는 아래의 원칙에 따라 이루어져야 한다.

①	소비자의 직·간접적인 요구에 따라 기존 화장품의 특정 성분의 혼합이 이루어져야 함 * 기존 화장품 제조는 공급자의 결정에 따라 일방적으로 생산
②	기본 제형(유형을 포함한다)이 정해져 있어야 하고, 기본 제형의 변화가 없는 범위 내에서 특정 성분의 혼합이 이루어져야 함 * 제조의 과정을 통하여 기본 제형(유형) 결정
③	'브랜드명(제품명을 포함한다)'이 있어야 하고, 브랜드명의 변화가 없이 혼합이 이루어져야 함 * 타사 브랜드에 특정 성분을 혼합하여 새로운 브랜드로 판매 금지
④	화장품법에 따라 등록된 업체에서 공급된 특정 성분을 혼합하는 것을 원칙으로 하되 화학적인 변화 등 인위적인 공정을 거치지 않는 성분의 혼합도 가능함 * 원칙적으로 안전성 및 품질관리에 대한 일차적인 검증 성분 사용
⑤	제조판매업자가 특정 성분의 혼합 범위를 규정하고 있는 경우에는 그 범위 내에서 특정 성분의 혼합이 이루어져야 함 * 사전 조절 범위에 대하여 제품 생산 전에 안전성 및 품질관리 가능
⑥	기존 표시·광고된 화장품의 효능·효과에 변화가 없는 범위 내에서 특정 성분의 혼합이 이루어져야 함
⑦	원료 등만을 혼합하는 경우는 제외

1.2.8 맞춤형화장품조제관리사

1) 맞춤형화장품조제관리사 정의

맞춤형화장품조제관리사는 맞춤형화장품판매장에서 혼합·소분 업무에 종사하는 자로서 맞춤형화장품조제관리사 국가자격시험에 합격한 자

2) 맞춤형화장품조제관리사 관리

① 맞춤형화장품판매업자는 판매장마다 맞춤형화장품조제관리사를 둘 것

② 맞춤형화장품의 혼합·소분의 업무는 맞춤형화장품판매장에서 자격증을 가진 맞춤형화장품조제관리사만이 할 수 있음

3) 맞춤형화장품 조제관리사 자격시험

① 맞춤형화장품조제관리사가 되려는 사람은 화장품과 원료 등에 대하여 식품의약품안전처장이 실시하는 자격시험에 합격하여야 한다.

② 식품의약품안전처장은 맞춤형화장품조제관리사가 거짓이나 그 밖의 부정한 방법으로 시험에 합격한 경우에는 자격을 취소하여야 하며, 자격이 취소된 사람은 취소된 날부터 3년간 자격시험에 응시할 수 없다.

③ 식품의약품안전처장은 자격시험 업무를 효과적으로 수행하기 위하여 필요한 전문인력과 시설을 갖춘 기관 또는 단체를 시험운영기관으로 지정하여 시험업무를 위탁할 수 있다.

④ 자격시험의 시기, 절차, 방법, 시험과목, 자격증의 발급, 시험운영기관의 지정 등 자격시험에 필요한 사항은 총리령으로 정한다.

▶ 「화장품법」 제3조의4

Tip 화장품책임판매업자가 두어야 하는 책임판매관리자의 자격기준

① 의사 또는 약사
② 이공계 학과 또는 향장학 · 화장품과학 · 한의학 · 한약학과 등 학사학위 이상 취득자
③ 간호학과, 간호과학과, 건강간호학과를 전공하고 화학 · 생물학 · 생명과학 · 유전학 · 유전공학 · 향장학 · 화장품과학 · 의학 · 약학 등 관련 과목을 20학점 이상 이수한 사람
④ 화장품 관련 분야 전문대학 졸업 후 화장품 제조 또는 품질관리 업무 1년 이상 종사자
⑤ 화장품 제조 또는 품질관리 업무에 2년 이상 종사한 경력이 있는 사람

4) 맞춤형화장품 조제관리사 자격시험 세부사항

구분	제출 서류
자격시험 실시	• 식품의약품안전처장은 매년 1회 이상 맞춤형화장품조제관리사 자격시험을 실시하여야 한다.
시험 공고	• 식품의약품안전처장은 자격시험을 실시하려는 경우에는 시험일시, 시험 장소, 시험 과목, 응시 방법 등이 포함된 자격시험 시행계획을 시험 실시 90일 전까지 식품의약품안전처 인터넷 홈페이지에 공고해야 한다.
시험 과목	• 자격시험은 필기시험으로 실시하며, 그 시험과목은 다음과 같다. 1) 제1과목 : 화장품 관련 법령 및 제도 등에 관한 사항 2) 제2과목 : 화장품의 제조 및 품질관리와 원료의 사용기준 등에 관한 사항 3) 제3과목 : 화장품의 유통 및 안전관리 등에 관한 사항 4) 제4과목 : 맞춤형화장품의 특성·내용 및 관리 등에 관한 사항
합격 조건	• 자격시험은 전 과목 총점의 60퍼센트 이상의 점수와 매 과목 만점의 40퍼센트 이상의 점수를 모두 득점한 사람을 합격자로 한다.
합격 무효	• 자격시험에서 부정행위를 한 사람에 대해서는 그 시험을 정지시키거나 그 합격을 무효로 한다.
자격 발급 신청서	• 자격시험에 합격하여 자격증을 발급받으려는 사람은 맞춤형화장품조제관리사 자격증 발급 신청서(전자문서로 된 신청서를 포함)를 식품의약품안전처장에게 제출해야 한다.
자격증 발급	• 식품의약품안전처장은 발급 신청이 그 요건을 갖춘 경우에는 맞춤형화장품 조제관리사 자격증을 발급해야 한다.
자격증 재발급 신청서	• 자격증을 잃어버리거나 못 쓰게 된 경우에는(별지 제6호의5서식)의 맞춤형화장품조제관리사 자격증 재발급 신청서(전자문서로 된 신청서를 포함)에 다음의 구분에 따른 서류(전자문서를 포함)를 첨부하여 식품의약품안전처장에게 제출해야 한다. 1) 자격증을 잃어버린 경우 : 분실 사유서 2) 자격증을 못 쓰게 된 경우 : 자격증 원본

▶ 「화장품법 시행규칙」 제8조의 4와 5

5) 맞춤형화장품조제관리사 교육

맞춤형화장품판매장의 조제관리사로 지방식품의약품안전청에 신고한 맞춤형화장품조제관리사는 매년 4시간 이상, 8시간 이하의 집합교육 또는 온라인 교육을 식약처에서 정한 교육실시기관에서 이수해야 한다.

6) 맞춤형화장품 판매업자 교육

① 책임판매관리자 및 맞춤형화장품조제관리사는 화장품의 안전성 확보 및 품질관리에 관한 교육을 매년 받아야 한다.

② 식품의약품안전처장은 국민 건강상 위해를 방지하기 위하여 필요하다고 인정하면 화장품 제조업자, 화장품책임판매업자 및 맞춤형화장품판매업자에게 화장품 관련 법령 및 제도에 관한 교육을 받을 것을 명할 수 있다.

③ 교육을 받아야 하는 자가 둘 이상의 장소에서 화장품제조업, 화장품책임판매업 또는 맞춤형화장품판매업을 하는 경우에는 종업원을 책임자로 지정하여 교육을 받게 할 수 있다.

기출 유형

맞춤형화장품조제관리사의 교육에 관한 내용으로 옳지 않은 것은?

① 맞춤형화장품조제관리사는 화장품의 안전성 확보 및 품질관리에 관한 교육을 매년 받아야 한다.
② 교육시간은 4시간 이상, 8시간 이하로 한다.
③ 교육내용은 화장품 관련 법령 및 제도에 관한 사항, 화장품의 안전성 확보 및 품질관리에 관한 사항 등으로 한다.
④ 교육내용에 관한 세부 사항은 식품의약품안전처장의 승인을 받아야 한다.
⑤ 교육의 실시 기관, 내용, 대상 및 교육비 등에 관하여 필요한 사항은 대통령령으로 정한다.

정답 : ⑤

1.2.9 맞춤형화장품 판매업자 준수사항 기출

1) 맞춤형화장품 판매업자의 준수사항

맞춤형화장품 판매장 시설·기구를 정기적으로 점검하여 보건위생상 위해가 없도록 관리할 것

2) 혼합 · 소분 안전관리기준

① 맞춤형화장품 조제에 사용하는 내용물 및 원료의 혼합·소분 범위에 대해 사전에 품질 및 안전성을 확보할 것

- 내용물 및 원료를 공급하는 화장품책임판매업자가 혼합 또는 소분의 범위를 검토하여 정하고 있는 경우 그 범위 내에서 혼합 또는 소분할 것
- 최종 혼합된 맞춤형화장품이 유통화장품 안전관리 기준에 적합한지를 사전에 확인하고, 적합한 범위 안에서 내용물 간(또는 내용물과 원료) 혼합이 가능함

② 혼합·소분에 사용되는 내용물 및 원료는 「화장품법」 제8조의 화장품 안전기준 등에 적합한 것을 확인하여 사용할 것

- 혼합·소분 전 사용되는 내용물 또는 원료의 품질관리가 선행되어야 함(다만, 책임판매업자에게서 내용물과 원료를 모두 제공받는 경우 책임판매업자의 품질검사 성적서로 대체 가능)

③ 혼합·소분 전에 손을 소독하거나 세정할 것. 다만, 혼합·소분 시 일회용 장갑을 착용하는 경우 예외
④ 혼합·소분 전에 혼합·소분된 제품을 담을 포장용기의 오염 여부를 확인할 것
⑤ 혼합·소분에 사용되는 장비 또는 기구 등은 사용 전에 그 위생 상태를 점검하고, 사용 후에는 오염이 없도록 세척할 것
⑥ 혼합·소분 전에 내용물 및 원료의 사용기한 또는 개봉 후 사용기간을 확인하고, 사용기한 또는 개봉 후 사용기간이 지난 것은 사용하지 아니할 것
⑦ 혼합·소분에 사용되는 내용물의 사용기한 또는 개봉 후 사용기간을 초과하여 맞춤형화장품의 사용기한 또는 개봉 후 사용기간을 정하지 말 것
⑧ 맞춤형화장품 조제에 사용하고 남은 내용물 및 원료는 밀폐를 위한 마개를 사용하는 등 비의도적인 오염을 방지할 것
⑨ 소비자의 피부 상태나 선호도 등을 확인하지 아니하고 맞춤형화장품을 미리 혼합·소분하여 보관하거나 판매하지 말 것

3) 최종 혼합 · 소분된 맞춤형화장품은 「화장품법」 제8조 및 「화장품 안전기준 등에 관한 규정」(식약처 고시) 제6조에 따른 유통화장품의 안전관리 기준을 준수할 것

① 특히, 판매장에서 제공되는 맞춤형화장품에 대한 미생물 오염관리를 철저히 할 것(예 : 주기적 미생물 샘플링 검사)
② 혼합·소분을 통해 조제된 맞춤형화장품은 소비자에게 제공되는 제품으로 "유통 화장품"에 해당

4) 맞춤형화장품판매내역서를 작성 · 보관할 것(전자문서로 된 판매내역을 포함)

① 제조번호(맞춤형화장품의 경우 식별번호를 제조번호로 함)

- 식별번호는 맞춤형화장품의 혼합·소분에 사용되는 내용물 또는 원료의 제조번호와 혼합·소분 기록을 추적할 수 있도록 맞춤형화장품판매업자가 숫자·문자·기호 또는 이들의 특징적인 조합으로 부여한 번호임

② 사용기한 또는 개봉 후 사용기간
③ 판매일자 및 판매량

5) 원료 및 내용물의 입고, 사용, 폐기 내역 등에 대하여 기록 · 관리할 것

6) 맞춤형화장품 판매 시 다음 각 목의 사항을 소비자에게 설명할 것

① 혼합·소분에 사용되는 내용물 또는 원료의 특성
② 맞춤형화장품 사용 시의 주의사항

7) 맞춤형화장품 사용과 관련된 부작용 발생 사례에 대해서는 지체 없이 보고할 것

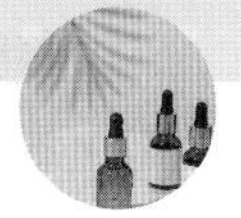

〈맞춤형화장품의 부작용 사례 보고(「화장품 안전성 정보관리 규정」에 따른 절차 준용)〉

맞춤형화장품 사용과 관련된 중대한 유해사례 등 부작용 발생 시 그 정보를 알게 된 날로부터 15일 이내 식품의약품안전처 홈페이지를 통해 보고하거나 우편·팩스·정보통신망 등의 방법으로 보고해야 함

① 중대한 유해사례 또는 이와 관련하여 식품의약품안전처장이 보고를 지시한 경우 : 「화장품 안전성 정보관리 규정」(식약처 고시) 별지 제1호 서식

② 판매중지나 회수에 준하는 외국정부의 조치 또는 이와 관련하여 식품의약품안전처장이 보고를 지시한 경우 : 「화장품 안전성 정보관리 규정」(식약처 고시) 별지 제2호 서식

8) 맞춤형화장품의 원료목록 및 생산실적 등을 기록 · 보관하여 관리할 것

9) 고객 개인 정보의 보호

① 맞춤형화장품판매장에서 수집된 고객의 개인정보는 개인정보보호법령에 따라 적법하게 관리해야 한다.

② 맞춤형화장품판매장에서 판매내역서 작성 등 판매관리 등의 목적으로 고객 개인의 정보를 수집할 경우 개인정보보호법에 따라 개인 정보 수집 및 이용목적, 수집 항목 등에 관한 사항을 안내하고 동의를 받아야 한다.

③ 소비자 피부진단 데이터 등을 활용하여 연구·개발 등 목적으로 사용하고자 하는 경우, 소비자에게 별도의 사전 안내 및 동의를 받아야 한다.

④ 수집된 고객의 개인정보는 개인정보보호법에 따라 분실, 도난, 유출, 위조, 변조 또는 훼손되지 않도록 취급하여야 한다. 아울러 이를 당해 정보주체의 동의 없이 타 기관 또는 제3자에게 정보를 공개하여서는 아니 된다.

1.3 맞춤형화장품의 안전성

1) 맞춤형화장품의 안전성

맞춤형화장품의 품질요소 중 안전성은 모든 사람들을 대상으로 장기간 지속적으로 사용하는 물품으로 피부에 독성, 자극, 알레르기 등 인체에 대한 부작용이 없어야 한다. 사용방법, 사용량, 성분, 온도, 습도, 계절, 자외선, 사용대책, 사용빈도 등 피부에서는 다르게 작용할 수 있으므로 안전성을 고려한 신중한 제품의 소분 및 혼합이 이루어져야 한다.

2) 화장품 안전성 평가 항목 기출

안전성 평가 항목		
①	단회투여독성시험	시험물질을 1회 투여하여, 단기간 내에 발현하는 바람직하지 못한 반응을 평가하는 시험
②	1차피부자극시험	피부와 접촉할 물질의 자극성을 평가하는 시험
③	안점막자극 또는 기타점막자극시험	눈의 점막에 접촉 가능성이 있는 물질에 대해 그 자극성을 판단해 보는 시험

④	피부 감작성시험	피부에 바르는 화장품 및 의약품에 반복적으로 접촉하였을 때, 홍반이나 부종과 같은 피부의 과민 반응을 평가하는 시험
⑤	광독성 시험	햇빛을 받았을 때 나타나는 독성 시험
⑥	광감작성 시험	햇빛을 받음으로서 구조적 변화가 일어나며 화학 물질에 의해 피부 부작용이 발생하는 성질을 시험(홍반, 부종)
⑦	인체 첩포시험	접촉 피부염의 원인 물질을 시험하기 위한 검사로 원인으로 추정되는 물질을 등에 붙여 반응을 시험

▶ 「식품의약품안전처」 화장품안정성시험 가이드라인

3) 화장품 안전기준 등에 관한 규정

시험 항목	기준	시험법
미생물 한도	• 총호기성생균수는 영·유아용 제품류 및 눈화장용 제품류의 경우 500개/g(㎖) 이하 • 물휴지의 경우 세균 및 진균수는 각각 100개/g(㎖) 이하 • 기타 화장품의 경우 1,000개/g(㎖) 이하 • 대장균(Escherichia Coli), 녹농균(Pseudomonas aeruginosa), 황색포도상구균(Staphylococcus aureus)은 불검출	고시법 이외에 자동화 장비, 미생물 동정기, 키트 사용 가능
내용량	• 제품 3개를 가지고 시험할 때 그 평균 내용량이 표기량에 대하여 97% 이상 • 제1호의 기준치를 벗어날 경우 : 6개를 더 취하여 시험할 때 9개의 평균 내용량이 제1호의 기준치 이상 • 그 밖의 특수한 제품 : 「대한민국약전」(식품의약품안전처 고시)을 따를 것	–
pH	• 기준 : 3.0~9.0 • 영·유아용 제품류(영·유아용 샴푸, 영·유아용 린스, 영·유아 인체 세정용 제품, 영·유아 목욕용 제품 제외) • 눈 화장용 제품류, 색조 화장용 제품류, 두발용 제품류(샴푸, 린스 제외) • 면도용 제품류(셰이빙 크림, 셰이빙 폼 제외) • 기초화장용 제품류(클렌징 워터, 클렌징 오일, 클렌징 로션, 클렌징 크림 등 메이크업 리무버 제품 제외) 중 액, 로션, 크림 및 이와 유사한 제형의 액상제품(다만, 물을 포함하지 않는 제품과 사용한 후 곧바로 물로 씻어내는 제품은 제외)	–

1.4 맞춤형화장품의 유효성

화장품의 유효성은 기초 제품에서부터 색조, 두발용, 방향 제품에 이르기까지 모든 유형에서 고려되며, 각각의 특성을 고려한 다양한 평가법이 있는데 크게 피부의 생리적인 변화를 조사하는 생물학적 평가법과 피부의 물성 변화를 조사하는 물리화학적 평가법, 그리고 마음의 변화를 조사하는 심리학적 평가법으로 분류할 수 있다.

1.4.1 화장품의 유효성

1) 유효성

화장품은 보습효과, 주름개선, 미백, 자외선차단 효과, 세정효과, 색채효과 등이 있어야 한다.

2) 화장품 유효성의 범위

유효성	효과
미백	• 피부에 멜라닌 색소가 침착하는 것을 방지하여 기미 · 주근깨 등의 생성을 억제함으로써 피부의 미백에 도움을 주는 기능 • 피부에 침착된 멜라닌 색소의 색을 엷게 하여 피부의 미백에 도움을 주는 기능
주름개선	• 피부에 탄력을 주어 피부의 주름을 완화 또는 개선하는 기능
자외선차단	• 강한 햇볕을 방지하여 피부를 곱게 태워주는 기능 • 자외선을 차단 또는 산란시켜 자외선으로부터 피부를 보호하는 기능을 가진 화장품
모발염색	• 모발의 색상을 변화시키는 화장품 • 일시적으로 모발의 색상 변화시키는 제품은 제외
제모	• 체모를 제거하는 기능을 가진 화장품
탈모 완화	• 탈모 증상의 완화에 도움을 주는 화장품 • 코팅 등 물리적으로 모발을 굵어 보이게 하는 제품은 제외
여드름 완화	• 여드름성 피부를 완화하는 데 도움을 주는 화장품 • 인체 세정용 제품류로 한정
건조 완화	• 아토피성 피부로 인한 건조함 등의 완화에 도움을 주는 화장품
튼살 완화	• 튼살로 인한 붉은 선을 엷게 하는 데 도움을 주는 화장품

3) 유효성 평가 자료 기출

① 효력시험자료	• 심사대상 효능을 뒷받침하는 성분의 효력에 대한 비임상시험자료로서 효과발현의 작용기전이 포함되어야 함 • 국내·외 대학 또는 전문 연구기관에서 시험한 자료 • 당해 기능성화장품이 개발국 정부에 제출되어 평가된 효력시험자료로서 개발국 정부가 제출받았거나 승인받은 자료 • 과학논문인용색인에 등재된 전문학회지에 게재된 자료
② 인체적용시험 자료	• 사람에게 적용 시 효능·효과 등 기능을 입증할 수 있는 자료로, 관련 분야 전문의사, 연구소 또는 병원 기타 관련기관에서 5년 이상 해당 시험경력을 가진 자의 지도·감독하에 수행·평가된 자료 • 국내·외 대학 또는 전문 연구기관에서 시험한 자료 • 당해 기능성화장품이 개발국 정부에 제출되어 평가된 효력시험자료로서 개발국 정부가 제출받았거나 승인받은 자료

Tip **화장품의 유효성과 화장품 유효성의 품질 평가항목**

1. 화장품의 유효성
   ① 생리학적 유효성 : 주름 개선, 미백, 탈모증상 완화, 여드름성피부 완화 등
   ② 물리화학적 유효성 : 자외선 차단, 체취방지, 기미 및 주근깨 커버효과 등
   ③ 심리학적 유효성 : 메이크업을 이용한 색채 심리효과 등

2. 화장품 유효성의 품질 평가항목
   ① 사용감 : 퍼짐성, 부착성, 피복성, 지속성
   ② 냄새 : 형상, 성질, 강도, 보유성
   ③ 색 : 색조, 채도, 명도 소비자 피부진단 데이터 등을 활용하여 연구·개발 등 목적으로 사용하고자 하는 경우, 소비자에게 별도의 사전 안내 및 동의를 받아야 함

1.5 맞춤형화장품의 안정성

1) 안정성

화장품을 제조하고 직후부터 고객이 제품을 다 사용할 때까지 품질이 변질없이 유지되는 것을 말하며, 화장품의 내용물이 변색, 변취와 같은 화학적 변화나 미생물의 오염, 분리, 침전, 응집, 부러짐, 굳음과 같이 물리적 변화로 인하여 사용성이나 미관이 손상되지 않아야 한다.

① 화학적 변화	변색, 퇴색, 변취, 오염, 결정, 석출 등
② 물리적 변화	분리, 침전, 응집, 발분, 발한, 겔화, 휘발, 고화, 연화, 균열 등

2) 안정성 시험의 종류

① 온도안정성시험
   온·습도 제어(가속시험), 사이클온도시험을 포함한다. 화장품을 소정의 온도조건에 방치하여 시간에 따른 시료의 화학적 변화나 물리적 변화에 대하여 관찰, 측정한다.

② 광안정성시험
   진열된 화장품에는 태양광이나 형광등과 같은 빛에 노출되는 경우 화장품이 지닌 기능의 변화 여부 확인이 중요하다.

③ 특수·가혹보존시험
   화장품은 제조 직후부터 소비자가 다 사용할 때까지 변질되지 않고 본 상태가 유지되는 것이다. 그러므로 경시 안정성을 사전에 단시간 평가하기 위한 가속(또는 가혹)조건에서 화장품의 물리·화학적 변화를 관찰해야 한다.

④ 산패에 대한 안정성 시험

화장품이 장기간 공기나 고온에 노출되면 산패취의 발생, 자극물질 생성, 변색, 증점, 점도 저하 또는 향료의 변질 등이 발생한다.

3) 안정성 평가 시험법

	종류	적용 범위	시험 기간
①	장기보존시험	• 화장품의 저장조건에서 사용기한을 설정하기 위하여 장기간에 걸쳐 물리·화학적, 미생물학적 안정성 및 용기 적합성을 확인하는 시험	6개월 이상
②	가속시험	• 장기보존시험의 저장조건을 벗어난 단기간의 가속조건이 물리·화학적, 미생물학적 안정성 및 용기 적합성에 미치는 영향을 평가하기 위한 시험	6개월 이상
③	가혹시험	• 가혹조건에서 화장품의 분해과정 및 분해산물 등을 확인하기 위한 시험 • 개별 화장품의 취약성, 예상되는 운반, 보관, 진열 및 사용 과정에서 뜻하지 않게 일어나는 가능성 있는 가혹한 조건에서 품질변화를 검토 – 온도편차 및 극한 조건, 기계·물리적 시험, 광안정성	2주~3개월
④	개봉 후 안전성 시험	• 화장품 사용 시에 일어날 수 있는 오염 등을 고려한 사용기한을 설정하기 위하여 장기간에 걸쳐 물리 · 화학적, 미생물학적 안정성 및 용기 적합성을 확인하는 시험	6개월 이상

▶ 출처 : 식품의약품안전평가원 「화장품 안정성시험 가이드라인」

1.5.2 안정성 시험의 세부사항 기출

	종류	적용 범위	
①	장기 보존시험 및 가속시험	일반 시험	균등성, 향취 및 색상, 사용감, 액상, 유화형, 내온성 시험을 수행
		물리, 화학적 시험	성상, 향, 사용감, 점도, 질량변화, 분리도, 유화상태, 경도, pH 등 물리, 화학적성질 평가 ① 물리적 시험 : 비중, 융점, 경도, pH, 유화상태, 점도 등 ② 화학적 시험 : 시험물 가용성 성분, 에테르 불용 및 에탄올 가용성성분, 에테르 및 에탄올 가용성 불검화물, 에테르 및 에탄올 가용성 검화물, 에테르 가용 및 에탄올 불용성 불검화물, 에트르 가용 및 에탄올 불용성 검화물, 증발잔류물, 에탄올 등
		미생물학적 시험	제품 사용 시 미생물 증식 억제 능력이 있음을 증명하여 미생물에 대한 안정성 평가
		용기 적합성 시험	제품과 용기 사이의 상호작용에 대한 적합성 평가(용기의 제품흡수, 부식, 화학적 반응 등)
②	가혹시험	보존 기간 중 제품의 안전성, 기능성에 영향을 확인할 수 있는 품질관리상 중요한 항목 및 분해산물의 생성 여부를 확인	
③	개봉 후 안정성 시험	개봉 전 시험항목과 미생물한도시험, 살균보존제, 유효성 성분시험을 수행(개봉할 수 없는 용기, 일회용제품 등은 개봉 후 안정성에 대한 시험 의무 없음)	

▶ 출처 : 식품의약품안전평가원 「화장품 안정성시험 가이드라인」

CHAPTER

02 피부 및 모발 생리구조

Check Point!

피부 및 모발 생리구조에서는 피부와 모발의 구조와 생리 기능을 숙지하고 분석을 위한 유형과 특징을 이해한다.

- **피부의 구조 및 생리기능**
- **모발의 구조 및 생리기능**
- **피부와 모발상태 분석을 위한 유형과 특징**

2.1 피부의 생리구조

피부는 외부 환경으로부터 인체를 보호하고 수분 증발 방지, 자외선 방어 등의 역할을 하는 중요한 기관으로 몸무게의 약 7~8%, 신체의 약 1.6~1.8m²를 감싸고 있어 가장 넓은 면적을 차지한다. 피부 상태는 인체의 부위, 연령, 성별, 영양상태 등에 따라 차이가 있으며, 두께는 손바닥과 발바닥의 피부가 가장 두껍고 눈커풀 등은 가장 얇은 부위에 해당한다.

구조는 표피(Epidermis), 진피(Dermis), 피하지방(Subcutaneous Layer)의 3층으로 구성되어 있으며 부속기관으로 한선, 피지선, 모발, 조갑이 있다.

2.1.1 표피(Epidermis)

표피는 신체 외부를 감싸고 있는 0.07~0.12mm의 두께의 얇은 조직으로 각질형성세포가 대부분을 차지하며 색소형성세포, 랑게르한스세포, 머켈세포가 존재한다.

구조는 기저층(Stratum Basal), 유극층(Stratum Spinosum), 과립층(Stratum Granulosum), 투명층(Stratum Lucidum), 각질층(Stratum Corneum)의 5개로 구성되어 있으며 손바닥과 발바닥은 5층, 그 외는 투명층을 제외한 4층으로 구성되어 있다.

1) 표피 구성세포 기출

각질형성세포 (Keratinocyte)		• 표피의 80% 이상을 차지하며 기저층에 분포 • 각화현상 : 기저층에서부터 분화과정을 통해 올라가 각질세포로 변화되어 피부표면에서 탈락하는 현상 • 각화주기 : 약 28일

색소형성세포 (Melanocyte)	▶	• 표피의 기저층에 분포 • 피부색 결정의 중요색소인 멜라닌 형성세포 • 자외선에 노출되면 멜라닌 색소를 생성하여 피부를 보호함 • 멜라닌세포 수는 피부색과 관계없이 일정함 • 세포질 내 멜라닌을 생성하는 소기관인 멜라닌소체(Melanosome)를 가지고 있음
랑게르한스세포 (Langerhans Cell)	▶	• 표피의 유극층에 분포, 진피, 피지선, 한선 등에 분포 • 외부의 항원을 림프구로 전달하는 항원전달세포 • 면역반응과 알레르기, 바이러스 감염 방지 등의 역할
머켈세포 (Merkel Cell)	▶	• 기저층에 분포 • 손바닥, 발바닥, 입술, 구강점막 등에 존재함 • 촉각세포 : 신경의 자극을 뇌에 전달하는 역할

기출 유형

괄호 안에 알맞은 말을 쓰시오

멜라닌은 표피의 기저층의 (㉠)에서 생성되며, 이를 생성하는 소기관을 (㉡)이라 한다.

정답 : ㉠ 멜라노사이트, ㉡ 멜라노좀(멜라닌소체)

2) 표피의 구조

구성	특징
각질층	• 피부의 가장 외곽층으로 세포와 세포 간 지질로 구성 • 주성분 : 케라틴 단백질 58%, 천연보습인자(NMF) 38%, 지질 11% • 천연보습인자를 통해 수분유지 • 세포 간 지질이 세포들을 결합시키고 보호함 • 세포 간 지질은 세라마이드, 자유지방산, 콜레스테롤 등으로 구성되어 있음
투명층	• 손바닥, 발바닥에만 분포하는 무핵세포 • 각질층 밑에 존재하며 각질화되기 전 세포들이 밀착해 투명한 층을 이룸 • 반유동성 단백질 엘라이딘(Elaidin) 함유로 수분흡수를 방지
과립층	• 무핵세포 • 자외선을 흡수하는 과립 형태의 케라토히알린이 분포되어 있음 • 수분저지막을 통해 수분증발 및 수분침투 방지
유극층	• 유핵세포이며 세포분열에 관여함 • 가시 모양의 극돌기가 있으며 표피의 대부분을 차지함 • 피부면역을 담당하는 랑게르한스세포 존재

기저층	• 유핵세포이며 표피의 가장 아래에 위치하며 진피와 경계를 이룸 • 물결 모양의 굴곡이 깊을수록 탄력이 좋은 피부임 • 각질형성세포와 색소형성세포가 존재함 • 새로운 세포형성에 중요한 역할

Tip 피부장벽의 주요 구성요소

- 천연보습인자 : 각질층에 존재하는 수용성 보습인자의 총칭으로 아미노산과 그 대사물로 구성
- 각질세포간지질 : 각질세포를 둘러싸고 있어 수분을 유지하는 중요한 역할을 함
- 교소체 : 세포질 내 판과 세포막과 세포막 사이의 코어로 이루어져 피부결합력을 높임

기출 유형

각질층의 세포 간 지질 성분으로 옳은 것은?

① 세라마이드, 피지선, 지방산
② 세라마이드, 지방산, 콜레스테롤
③ 케라틴, 천연보습인자, 지방산
④ 케라틴, 콜레스테롤, 지방산
⑤ 세라마이드, 피지선, 콜레스테롤

정답 : ②

기출 유형

피부 각질층의 지질 성분 중 가장 많은 양을 차지하며 피부장벽을 만들어 주는 성분명을 쓰시오.

정답 : 세라마이드

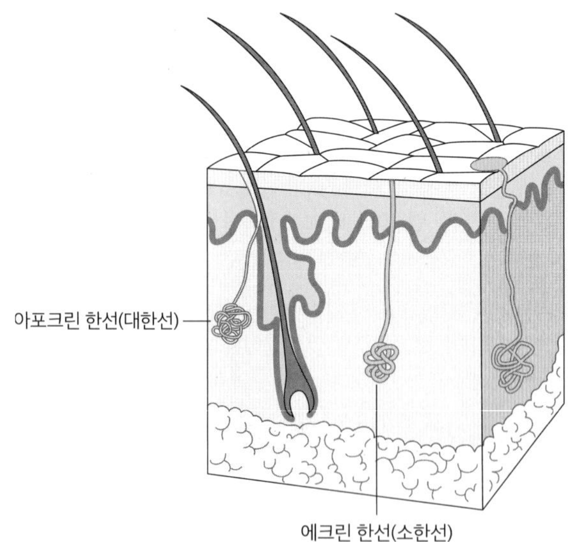

피부의 구조

> **Tip** 표피의 각화과정
>
> - 기저층에서 유핵이었던 세포가 과립층에서 무핵세포가 되면서 각질 세포로 변화할 때 죽은 세포가 되어 피부에서 탈락하는 과정
> - 신진대사 주기 : 28일

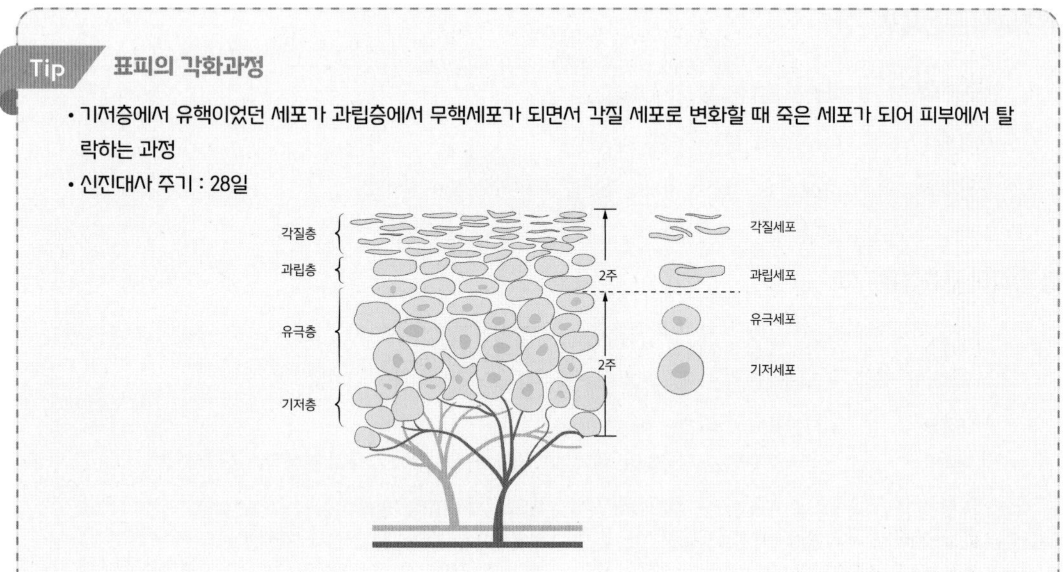

2.1.2 진피(Dermis)

진피는 피부의 90% 이상을 차지하는 조직으로 표피와 피하지방층 사이에 위치하며 세포와 세포외 기질로 구성되어 있다. 구성 세포는 섬유아세포, 대식세포, 비만세포 등이 해당되며, 세포외 기질은 교원섬유와 탄력섬유 및 기질 단백질 등이 해당된다. 그 외 혈관, 림프관, 신경, 피부의 부속기관 등이 존재하며 구조는 유두층과 망상층으로 이루어져 있다.

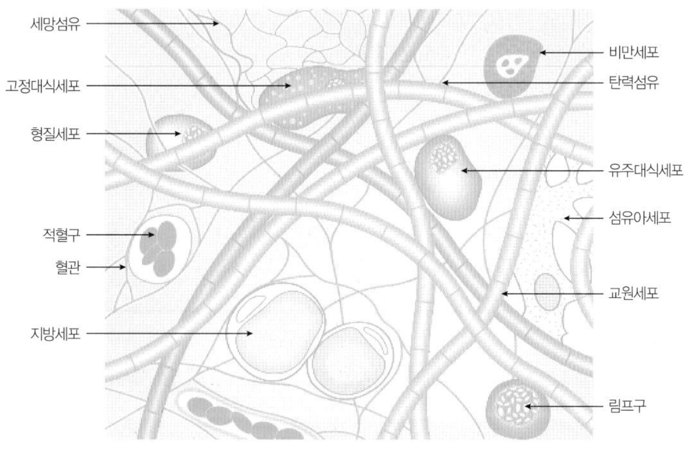

진피의 구성

1) 진피의 구성세포 기출

섬유아세포	콜라겐, 엘라스틴, 기질 합성
대식세포	식균작용을 통해 인체를 방어함
비만세포	히스타민을 생성·분비하여 알레르기나 면역작용에 관여함

2) 진피의 구성섬유 기출

콜라겐 (Collagaen)	• 진피의 85~90%를 차지하는 섬유 형태의 단백질 • 피부의 장력을 제공하며, 노화될수록 늘어나며 기능이 저하됨
탄력섬유 (Elastin)	• 신축성이 강한 섬유 형태의 단백질 • 피부의 탄력을 제공하며, 탄력성이 감소하면 피부에 주름이 발생함
기질 (Ground Substance)	• 섬유아세포에서 합성되며 세포와 섬유조직 사이를 채우고 있는 뮤코다당류 • 수분 친화도가 높아 진피 내의 수분을 일정하게 유지시켜주는 역할

3) 진피의 구조

유두층	• 표피와 진피의 경계 부분 • 표피 속으로 진피의 작은 돌기가 돌출되어 있는 형태(유두) • 진피 유두의 모세혈관을 통해 표피에 영양소와 산소를 공급 • 수분이 함유되어 있으며 피부의 팽창과 탄력에 영향 • 감각수용체(통각, 촉각) 위치함
망상층	• 그물 모양이며 교원섬유(콜라겐)와 탄력섬유(엘라스틴)의 치밀 결합조직 • 혈관, 림프관, 한선, 피지선 등이 분포함 • 탄력성과 팽창성이 큰 층으로 피부처짐을 막아줌 • 감각수용체(온각, 냉각, 압각) 위치함

2.1.3 피하지방(Subcutaneous Layer)

1) 특징

① 피부의 최하층에 위치한 지방조직으로 진피의 망상층 아래에 지방세포가 모여 지방층을 형성하나, 피부에 포함되지 않음

② 체온 조절 기능, 수분 조절 기능, 영양소 저장 기능, 외부의 충격 완화 등의 역할을 함

③ 허리, 가슴, 하복부 등에 축적이 쉬우며 눈꺼풀, 음경 등에는 없음

2) 셀룰라이트

수분, 노폐물, 지방으로 구성된 물질이 피하지방층에 축적되어 피부의 표면이 매끄럽지 않은 상태로 주로 허벅지, 엉덩이, 복부 등에 나타남

기출 유형

피부의 구조에 대한 설명으로 옳은 것은?

① 각질층 : 표피의 가장 안쪽에 위치하며 각화현상이 일어난다.

② 진피층 : 섬유아세포에서 콜라겐을 합성한다.

③ 피하지방 : 피부의 90%를 차지한다.

④ 기저층 : 자외선을 흡수하는 케라토하이알린이 분포한다.

⑤ 유극층 : 체온유지 역할을 하는 랑게르한스세포가 존재한다.

정답 : ②

2.1.4 부속기관

종류	분포 위치	특징
소한선 (에크린선)	피부경계부, 음부, 조갑상 제외한 전신	• 주로 손바닥, 발바닥, 두피, 이마에 분포 • 체온 상승 시 땀을 분비하여 체온을 감소시킴 • 땀의 특징 : 무색, 무취의 저장액 • 땀의 구성성분 : 99%의 수분과 소금이 주요성분 • 약산성으로 세균의 번식을 억제함
대한선 (아포크린선, 체취선)	겨드랑이 음부 유륜	• 피부 표면에 노출되어 있지 않으며 모공으로 연결 • 피부 표면에 존재하는 미생물이 땀을 분해함으로써 체취를 유발함 • 호르몬의 영향을 받으며, 여성에게 많이 발생함
피지선	손바닥, 발바닥 제외 전신분포	• 얼굴, 두피, 가슴 등에 발달 • 피부의 일정한 수분을 유지하고 유연성 부여 • 땀과 함께 피지막을 형성하여 피부의 pH를 약산성으로 유지 • 유해물질 및 세균으로부터 피부보호 • 염증반응과 관련된 사이토카인(Cytokine) 분비 • 남성이 여성에 비해 피지선이 크고 분비량이 많음

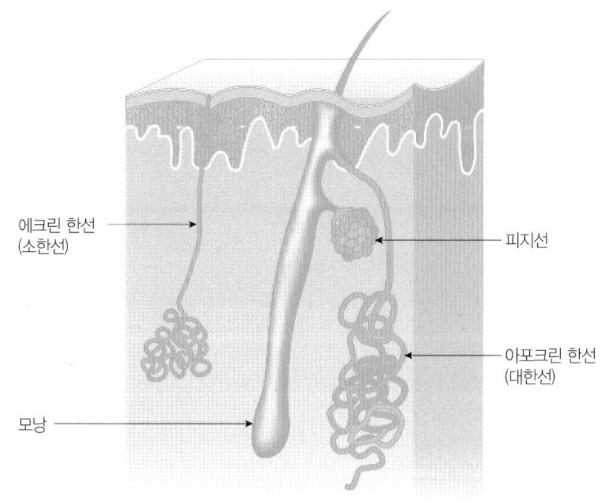

피부의 부속기관

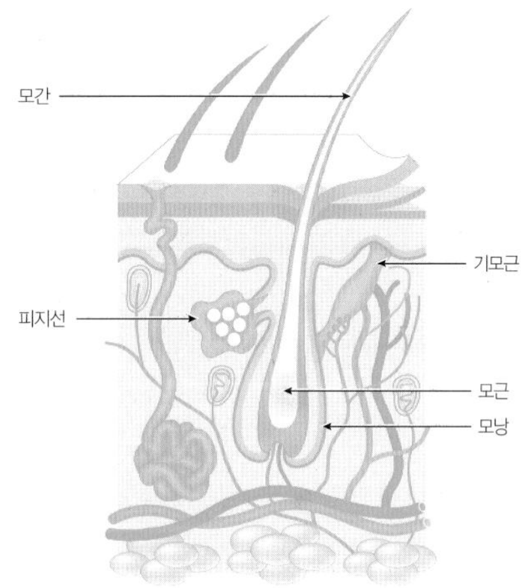

피지선

PART 04 맞춤형화장품의 이해

2.1.5 피부의 생리기능

보호작용	▶	• 물리적 보호작용 : 진피의 탄력성과 피하지방의 완충작용을 통해 피부를 보호 • 화학적 보호작용 : 피지막과 케라틴 단백질의 화학물질에 대한 저항성, 화화적 자극에 대해 약산성 pH로 유지하려는 중화능력 • 광선 보호작용 : 멜라닌 색소 형성을 통해 자외선 침투 방어
체온조절작용	▶	• 체온상승 시 : 모세혈관의 수축 및 확장, 땀 등을 통해 정상체온 유지 • 체온감소 시 : 혈관이 수축되면서 열 발산을 억제하고 땀 분비 감소, 입모근이 수축되어 열 소실을 방지
감각작용	▶	• 진피에 온각, 냉각, 촉각, 압각, 통각의 감각 수용체 분포 • 피부 1cm²당 촉점 25개, 온점 1~2개, 냉점 12개, 압점 6~8개, 통점 100~200개의 비율로 분포 • 통점이 가장 예민하고, 온점이 가장 둔함
분비작용	▶	• 피지선과 한선을 통해 피지와 땀을 분비함 • 피지막을 형성하여 수분증발 및 세균발육 억제
호흡작용	▶	• 1%는 피부표면을 통해 산소 흡수 및 이산화탄소 배출
흡수작용	▶	• 피부를 통한 외부물질의 흡수 • 경피를 통한 흡수 : 외부물이 세포간지질에 녹아 흡수(지용성물질) • 한선, 피지선, 모공을 통한 흡수
비타민 D 합성작용	▶	• 각질형성세포와 섬유아세포에서 비타민 D를 합성함 • 체내에 흡수되어 칼슘의 흡수 촉진과 뼈와 치아 형성에 도움을 줌 • UVB(Ultraviolet-B) 조사 필요

2.2 모발의 생리구조

2.2.1 모발의 기능

보호기능	▶	• 열 전열체로서 머리(Head) 보호 • 화상, 태양광선, 물리적 찰과성으로부터 두피 보호 • 속눈썹 : 태양광선이나 땀방울로부터 눈을 보호 • 코털 : 외부자극물질을 걸러내는 작용
장식기능	▶	• 외적으로 자신을 꾸미는 미용적 효과 제공(성적매력의 기능)
지각기능	▶	• 촉각이나 통각을 전달 • 피부가 접하는 부위의 모발은 마찰을 감소시켜주는 기능을 함
배설기능	▶	• 신체에 유해한 수은이나 중금속을 배출하는 기능

2.2.2 모발의 구조

모발은 두피 안쪽의 모근부와 두피 바깥쪽의 모간부로 나누어진다. 모발은 케라틴 80~90%, 멜라닌색소 3% 이하, 지질 1~8%, 수분 10~15% 등으로 구성되어 있다.

1) 모간

모발의 가장 바깥층으로 투명한 비늘 모양의 세포로 구성되어 있으며 크게 모표피, 모피질, 모수질의 세층으로 나뉜다.

구분	특징
모표피 (Cuticle)	• 모발의 가장 바깥에 위치, 케라틴으로 구성됨 • 지질과 섬유 모양의 단백질 층을 가지고 있음 • 모피질을 보호하는 역할(외부자극에 대한 1차적 보호작용) • 각질화된 세포로 비늘이 서로 겹쳐진 모양 • 모발 손상의 척도는 깨진 비늘 가장자리의 훼손 정도를 나타냄
모피질 (Cortex)	• 모발의 가장 두껍고 중요한 부분(모발 면적의 약 85~90% 차지) • 모수질과 모표피 사이에 섬유모양으로 되어 있음 • 모발의 색을 결정하는 멜라닌 색소 함유 • 모질의 탄력, 강도, 질감 등을 결정 • 친수성의 성질을 가지므로 펌제, 염색제의 영향을 받음
모수질 (Medulla)	• 모발의 맨 안쪽 중심부에 위치 • 벌집 모양의 다각형세포로 존재 • 케라토하이알린, 지방, 공기 등으로 채워져 있음 • 얇은 모발에는 없고 굵은 모발에 수질 부분이 많음 • 시스틴 함량이 모피질에 비해 적음

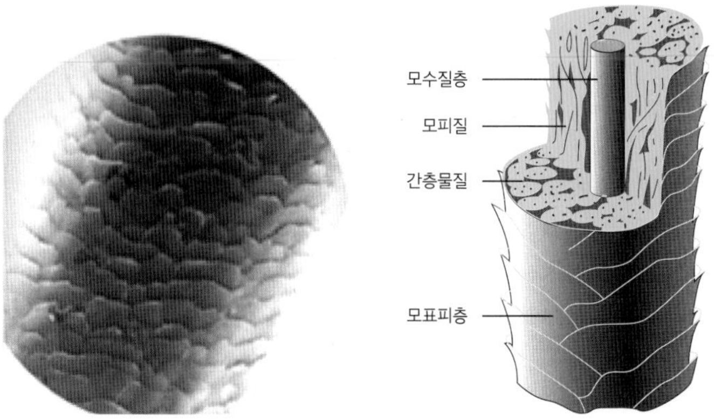

그림 모발의 구조

2) 모근

모낭의 기저 부분에는 모모세포(손상피부의 복구와 모발색소를 결정)와 모유두세포라고 하는 2종류의 중요한 세포가 존재한다. 체모는 부위에 상관없이 모모세포의 증식을 통하여 성장하는데, 이 모모세포 증식의 영향요인은 모모세포로 둘러싸여 있는 모습의 모유두세포이다. 모유두세포에서 체모의 성장에 관계된

명령이 내려지며 모발의 성장과 휴지는 이 명령에 따른다.

모낭	• 털을 만들어 내는 기관(작고 긴 모양) • 피부 안쪽으로 움푹 들어가 모근을 유지해주며 모근을 싸고 있음
모구	• 모유두의 윗 부분 • 전구 모양으로 털이 성장하기 시작하는 부분 • 모질세포와 멜라닌세포로 구성
모유두	• 모낭 끝에 있는 작은 말발굽 모양의 돌기 조직, 모구와 맞물려지는 부분 • 대부분 모발을 형성시켜 주는 특수하고 작은 세포층 • 자율신경이 분포되어 있음 • 모세혈관이 있어 영양분과 산소를 받아들이며 세포분열을 하고, 털 성장에 관여 • 피하지방에 둘러싸여 있어 외부 충격으로부터 보호됨 • 모발 생성의 신호를 전달, 모질 및 굵기 결정
모모세포	• 모유두를 덮고 있는 세포층으로 모유두에서 영양분을 공급받아 세포분열 및 증식하여 모발을 형성함
입모근	• 털을 세우는 작은 근육으로 입모근이 수축되면 체온손실을 방지함 • 불수의 근(인간의 의지로 움직일 수 없는 근육) : 속눈썹, 콧털, 액와 부위에는 존재하지 않음
피지선	• 모낭벽에 붙어 있으며, 피지를 분비하여 모발을 매끄럽게 함

2.2.3 모발의 성장주기 기출

모발은 성장기, 퇴행기, 휴지기의 모낭변이에 따른 모주기(Hair Cycle)를 거치면서 자라고 빠진다. 모발은 성장기에만 모발이 자라며 빠진 후에는 새로운 성장주기가 시작된다.

성장기		퇴행기		휴지기
• 전체 모발의 80~90% 차지 • 왕성한 세포분열 • 평균 3~8년간 성장 – 남성 : 3~5년 – 여성 : 4~6년 • 월 평균 1~1.5cm 정도 성장	▶	• 성장기가 끝나고 모발의 형태를 유지하면서 휴지기로 넘어가는 전환단계 • 모기질 상피세포 분열 저조로 서서히 성장하지만 더 이상 모발 케라틴을 합성하지 않는 단계 • 퇴행이행기간은 전체 두발의 1% 정도, 약 30~40일 정도의 기간을 가짐	▶	• 모유두의 활동이 일시 정지됨으로써 모기질 상피세포 분열의 정지와 함께 성장이 멈추는 단계 • 휴지기는 3~4개월로서 전체 두발의 4~14%에 해당

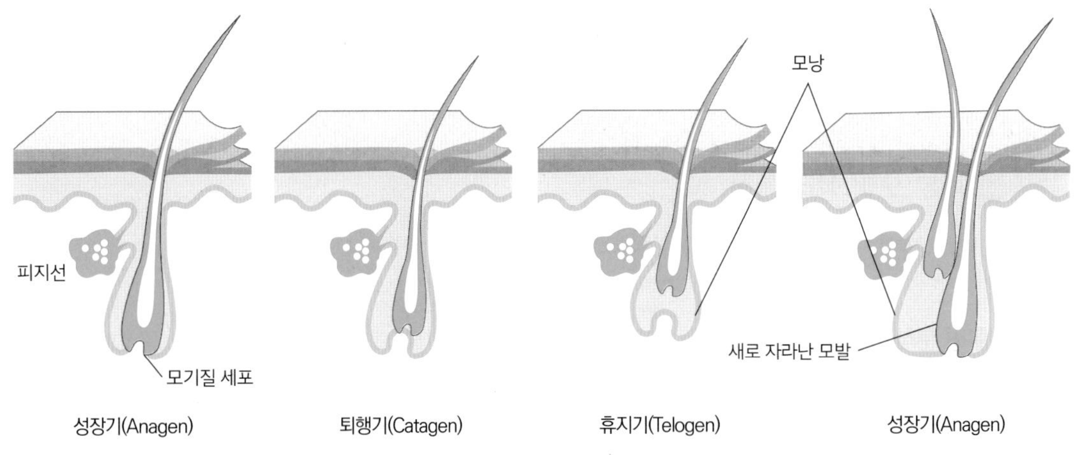

모발의 생장주기

2.2.4 모발의 특성 기출

1) 화학적 특성

펩티드 결합	• 단백질을 구성하는 산성 아미노산과 염기성 아미노산이 탈수 반응을 함으로서 펩티드결합을 형성하여 단백질의 주사슬을 구성 • 화학적 결합력이 매우 높아 쉽게 파괴되지 않음
시스틴 결합	• 아미노산 잔기 중 시스테인과 시스테인 사이에서 형성[가교결합(Cross-linking)을 형성하여 케라틴을 딱딱하게 함] • 모발의 화학적, 물리적 특성에 영향을 크게 미침
염 결합	• 음이온성 아미노산과 양이온성 아미노산이 정전기적인 인력에 의해 형성된 결합 • 염 결합은 이온 결합이며 물에 의해 쉽게 파괴됨(모발의 일시적인 세팅 효과를 부여)
수소 결합	• 모발을 구성하는 화학결합 중 가장 약한 결합 • 모발의 흡습력에 의해 단백질 주위에 물 분자가 많기 때문에 단백질과 물 분자 간에 다수의 수소결합으로 인하여 모발의 화학적, 물리적 특성에 영향을 미침

2) 물리적 특성

탄력성	• 모발에 일정한 하중을 주어 잡아당기면 점점 늘어남과 동시에 모발의 굵기도 동시에 가늘어지면서 어느 한계점 이상에서는 절단됨 → 신장율 : 모발의 원래 길이에 비해 끊어지지 않고 늘어난 길이의 비율 → 인장강도 : 모발 절단 시 받는 하중
흡습성 (흡수성)	• 모발의 흡습량은 상대습도와 함께 증대되며, 완전히 마른 모발에 비해 젖은 모발은 수분량이 30% 이상에 달함 • 물을 흡수하면 모발 직경이 증대되고 모발의 길이도 길어짐

팽윤성	• 모발을 구성하는 경케라틴은 pH에 크게 영향을 받음 • 팽윤 : 물뿐만 아니라 여러 가지 유기 용매가 모발에 침투됨에 따라 모발이 부풀리는 정도가 달라짐

2.3 피부 모발 상태 분석

2.3.1 피부 상태 분석

1) 피부 유형 분석

① 정상피부

정상피부	• 유·수분 밸런스가 좋고, 피지분비가 적당하다. • 혈액순환이 좋아 피부색이 맑다. • 지속적인 관리로 현재 정상 피부의 유지 관리가 필요하다. • 피부결이 비교적 섬세하고, 전반적으로 피부가 부드러워 보이며 깨끗하다. • 세안 후, 피부 당김이 거의 느껴지지 않고 탄력이 좋으며 번들거림이 별로 없다. • 표정 주름 외에는 전반적으로 주름이 없는 편이다. • 피부에 윤기가 나고 주름이나 기미, 주근깨, 잡티나 색소침착이 없다. • 피부가 매끄럽고 여드름이나 흉터, 결점이 없고 부드럽다. • 모공이 적당하고 촘촘하며 눈에 보이지 않는다. • 피부결이 곱고 수분함량이 12% 이상이며 촉촉하다. • 화장이 잘 지워지지 않고 번들거리지 않는다. • 나이(연령)와 계절의 변화에 따라 관리방법이 달라져야 한다. • 계절에 따라 여름에는 지성화, 겨울에는 건성화될 수 있으므로 관리가 필요하다. • 적당한 유·수분을 공급한다.

② 건성피부

건성피부	• 유·수분이 부족한 유형으로 피부 표면에 충분한 보습과 영양을 공급한다. • 자극에 민감하여 쉽게 예민해질 수 있으므로 피부 보호에 신경쓴다. • 클렌징 밀크나 클렌징 오일을 권장한다. • 알코올이 함유된 제품은 건조를 심화시키므로 사용을 자제한다. • 정상피부같이 보이나 피부결이 섬세하다. • 다른 피부타입에 비해 예민화, 과색소 침착, 노화가 빨리 올 수 있다. • 피부에 윤기가 없으며 푸석푸석하다. • 피부결이 거칠고 모공이 좁으며 탄력이 없고 주름이 있으며 각질이 들떠 보인다. • 표피가 건조하고 민감하며 화장이 잘 안 받고 들떠 보인다. • 세안 후 피부 손질을 하지 않으면 피부가 당기는 느낌이 든다. • 피부의 탄력이 떨어지고 주름 발생 등 노화현상이 빠르게 온다. • 소구(모공)와 소릉(땀구멍과 땀구멍 사이)의 높이차가 거의 없으며 선명하지 않다.

③ 지성피부

지성피부	• 클렌징 젤이나 클렌징 밀크(로션)타입을 사용하도록 권유한다. • 적당한 딥 클렌징으로 과도한 피지와 각질을 정돈한다. • 피부결이 거칠고 모공이 크다. • 번들거림이 심하고 각질층의 두께가 두껍다. • 소릉과 소구가 높고 깊으며 불규칙하다. • 모공이 보이며 피부표면이 매끄럽지 않다. • 피부가 번들거리고 화장이 잘 지워지며, 온도가 상승하면 더 심해진다. • 잦은 피지 제거 후 수분관리가 안 될 경우 표피성 수분 부족으로 예민화, 과색소 침착, 노화가 빨리 올 수 있다.

2) 피부상태를 결정하는 요인

경피수분손실 (TEWL)	• 각질층 장벽기능 지표로 피부를 통하여 발산되는 수분량을 측정하는 방법 • 경피수분손실의 측정값이 높으면 건성피부가 됨
각질층 수분량	• 정상적인 각질층에는 약 10～20% 수분이 존재하며 수분량이 10% 이하로 감소하면 유연성이 떨어지고 딱딱해지며 잔주름 발생 등의 원인이 됨 • 수분 유지의 주요 요인은 천연보습인자(Natural Moisturizing Factor, NMF) 내 아미노산과 밀접한 관계가 있음
자외선	• 장시간 햇빛에 과다 노출 시 자외선의 영향으로 진피층의 콜라겐과 엘라스틴의 섬유 생성에 영향을 미쳐 피부가 탄력을 잃고 주름 발생 • 피부 지방의 비타민 D를 파괴시켜 스테로이드를 생성하고 DNA 변형에 이어 암세포 생성
활성산소	• 자외선에 피부가 노출되면 멜라닌형성세포 내 티로시나아제의 촉매작용으로 산화반응을 일으켜 멜라닌 색소를 생성 → 이때 반응성이 높은 활성산소가 존재하면 그 생성이 급격히 증가하게 되어 피부 색소침착뿐 아니라 콜라겐 섬유의 손상에 따른 주름 발생

3) 피부유형 분석 방법

문진법	• 질문을 통한 분석 방법 • 생활습관, 식습관, 직업, 생활환경, 피부관리 습관, 스트레스, 알레르기 유무 등을 확인하여 피부상태의 관련 자료로 활용
견진법	• 피부분석기 활용 • 피부결, 모공 상태, 유·수분 상태, 피부질환 등의 상태를 파악
촉진법	• 피부 촉진 등을 통한 분석 방법 • 피부결, 탄력성, 예민도 등을 파악
기기진단법	• 우드램프, 피부분석기, 확대경, 유·수분 측정기 등

4) 피부상태분석

피부상태	분석 방법
피부보습	• 피부수분 함유도 변화율
피부탄력	• 피부에 음압을 가했다가 원래 상태로 회복되는 정도를 측정
피지분비 조절	• 피부단위 면적 당 피지의 양(㎍/㎠)을 측정
셀룰라이트 조절	• 셀룰라이트 부위를 사진으로 촬영 후 평가
다크써클	• 피부의 멜라닌양 평가 • 피부 밝기 평가(피부에서 색소침착부위의 L 값 측정평가)
피부혈행	• 미세혈류량 측정평가 • 색차계(피부의 붉은 정도를 반영하여 a수치 측정평가)
붓기완화	• 눈두덩이 부피변화 측정평가 • 피부 층별 수분 측정(눈두덩이 및 안면 볼 부위, 종아리 – 수분측정기 부위 측정평가)

2.3.2 모발 상태 분석 기출

퍼머 처리로 인한 손상	• 아미노산의 변화 – 퍼머처리로 인하여 시스틴이 감소하고 그에 따라 시스테인산이 증가(시스테인산은 2제를 통한 산화반응 시에 시스틴 혹은 그 환원상태인 시스테인으로부터 생성되는 부생성물로 이것이 생성되면 환원제로 처리하더라도 원래의 가교가 재생되는 등의 상태로 돌아가지 못함) • 단백질의 분해와 용출 – 퍼머가 잘되게 하기 위해 1제는 알칼리 조건에서 이용되는 경우가 많음(일반적으로 단백질은 알칼리 조건에서 잘 분해되는 것으로 알려져 있는데, 모발 단백질 역시 알칼리 조건에서 분해되어 저분자화가 야기됨 → 1제로 처리할 때 이황화결합도 끊어지기 때문에 단백질이 용출되기 쉬운 상태가 됨)
염색 처리로 인한 손상	• 아미노산의 변화 및 단백질의 분해와 용출로 손상이 심한 부분에는 많은 공극이 발생(강도 저하 및 윤기 저하)
자외선으로 인한 손상	• 자외선에 의하여 멜라닌 색소가 분해되어 그 메커니즘으로 래디컬 생성을 수반하는 산화 반응이 일어남 • 자외선으로 인해 시스틴이 산화 분해되어 감소

CHAPTER

03 관능평가 방법과 절차

Check Point!

관능평가 방법과 절차에서는 화장품 품질의 중요성에 대한 전반적 이해를 바탕으로 다음의 내용을 숙지하도록 한다.

- 맞춤형화장품의 관능평가 방법
- 품질관리 측면의 관능평가 방법 및 절차

화장품의 여러 가지 품질을 인간의 오감(五感)을 이용하여 평가하는 방법으로서 화장품의 유효성 평가방법 및 피시험자에 대한 평가, 소비자나 전문가에 의한 관능적 접근 방법이 있다. 또한 전문가 패널 및 전문가들의 감각과 기기를 통한 제품 성능에 대한 평가를 바탕으로 제품에 대한 관능품질정보를 제공한다.

3.1 품질관리측면의 관능평가

① 여러 가지 품질을 인간의 오감(시각, 후각, 청각, 미각, 촉각)에 의하여 평가하는 제품 검사를 말한다.

② 관능평가에는 좋고 싫음을 주관적으로 판단하는 기호형과 표준품(기준품) 및 한도품 등 기준과 비교하여 합격품, 불량품을 객관적으로 평가, 선별하거나 사람의 식별력 등을 조사하는 분석형의 2가지 종류가 있다.

③ 사용감은 원자재나 제품을 사용할 때 피부에서 느끼는 감각으로 매끄럽게 발리거나 바른 후 가볍거나 무거운 느낌, 밀착감, 청량감 등을 말한다.

3.1.1 품질관리 관능평가에 사용되는 표준품의 종류

종류	적용 범위
제품 표준견본	완제품의 개별포장에 관한 표준
벌크제품 표준견본	성상, 냄새, 사용감에 관한 표준
레벨 부착 위치견본	완제품의 레벨 부착위치에 관한 표준
충진 위치견본	내용물을 제품용기에 충진할 때의 액면위치에 관한 표준

색소원료 표준견본	원료의 색상, 성상, 냄새 등에 관한 표준
원료 표준견본	원료의 색상, 성상 등에 관한 표준
향료 표준견본	향취, 색상, 성상 등에 관한 표준
용기·포장재 표준견본	용기·포장재의 검사에 관한 표준
용기·포장재 한도견본	용기·포장재의 외관검사에 사용하는 합격품 한도를 나타내는 표준

3.1.2 품질관리 관능평가 방법 및 절차

화장품의 적합한 관능품질을 확보하기 위하여 성상(외관·색상)검사, 향취검사, 사용감 검사 등의 평가 방법

1) 각각의 분류항목을 평가하기 위한 표준품을 선정한다.
2) 원자재 시험검체와 제품의 공정 단계별 시험검체를 채취하고 각각의 기준과 평가척도를 마련한다.
3) 각각의 평가절차에 따른 시험 방법에 따라 시험한다.
4) 시험 결과에 따라 적합 여부를 판정하고 기록, 관리한다.

분류항목	제품군	평가절차
성상, 색상	기초제품	표준견본과 대조하여 내용물 표면의 매끄러움과 내용물의 흐름성, 내용물의 색이 유백색인지를 육안으로 확인
	색조제품	표준견본과 내용물을 슬라이드 글라스에 각각 소량씩 묻힌 후 슬라이드 글라스로 눌러서 대조되는 색상을 육안으로 확인
향취	기초/색조제품	비이커에 일정량의 내용물을 담고 코를 비이커에 가까이 대고 향취를 맡음 피부(손등)에 내용물을 바르고 향취를 맡음
사용감	기초/색조제품	내용물을 손등에 문질러서 느껴지는 사용감을 촉각으로 확인 예) 발림성, 매끄러움, 무거움, 가벼움, 촉촉함, 산뜻함, 밀착감, 청량감 등

3.1.3 관능평가 방법 및 품질요소

관능검사 제품의 핵심품질 항목 및 방법은 다음과 같다.

1) 변취

적당량을 손등에 펴 바른 다음 냄새를 맡으며 원료의 베이스 냄새를 중점으로 하고 표준품(제조 직후)과 비교하여 변취 여부를 확인

2) 분리

육안과 현미경을 이용하여 유화 상태(응고, 분리현상, 겔화, 유화입자 크기, 기포, 빙결 여부 등)를 관찰

3) 점/경도 변화

시료를 실온에서 방치한 후 점도 측정용기에 시료를 넣고 시료의 점도 범위에 적합한 스핀들(Spindle)을 사용하여 점도를 측정, 점도가 높을 경우 경도를 측정

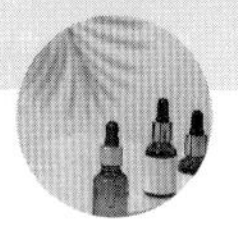

4) 증발/표면 굳음 현상

무게측정의 경우 시료를 실온으로 식힌 후 시료 보관 전·후 비교, 건조감량의 경우 시험품 표면의 일정량을 취하여 장원기 일반시험법에 따라 시험(1g, 105℃)

(1) 기초제품군

분류	제품군	핵심 품질 요소
기초제품	스킨류	탁도, 변취
	로션 및 에센스류	변취, 분리(성상) 점/경도 변화
	크림류	변취, 분리(성상), 증발, 표면·굳음, 점/경도 변화

(2) 색조제품군

분류	제품군	핵심 품질 요소
색조제품	파운데이션류 메이크업베이스류	변취, 증발, 표면·굳음, 점/경도 변화
	립스틱류	변취, 분리(성상), 경도 변화

3.2 제품평가 측면의 관능평가

1) 관능시험(Sensorial Test)

• 패널리스트 또는 전문가들의 감각을 통한 제품 성능에 대한 평가를 바탕

자가 평가	• 맹검 사용시험(Blind Use Test) : 소비자의 판단에 영향을 미칠 수 있고 제품의 효능에 대한 인식을 바꿀 수 있는 상품명, 디자인, 표시사항 등의 정보를 제공하지 않는 제품사용시험
	• 비맹검 사용시험(Concept Use Test) : 제품의 상품명, 표기사항 등을 알려주고 제품에 대한 인식 및 효능 등이 일치하는지를 조사하는 시험 – 훈련된 전문가 패널에 의한 관능평가 미리 정해진 기준에 따라 제품의 프로파일을 작성할 수 있게 한 후, 명확히 규정된 시험계획서에 따라, 정확한 관능기준을 가지고 교육을 받은 전문가 패널의 도움을 얻어 실시해야 함
전문가 평가	• 의사 감독하에 실시하는 시험 의사의 관리하에 화장품의 효능에 대하여 실시. 변수들은 임상 관찰결과 또는 평점에 의해 평가됨. 초기값이나 미처리 대조군, 위약 또는 표준품과 비교하여 정량화될 수 있음
	• 그 외 전문가의 관리하에 실시되는 시험 적절한 자격을 갖춘 관련 전문가에 의해 수행됨. 예를 들면 준의료진, 미용사 또는 기타 직업적 전문가 등. 이들은 이미 확립된 기준과 비교하여 촉각, 시각 등에 의한 감각에 의해 제품의 효능을 평가함. 전문가에 의한 평가는 화장품에 대한 기대 효능을 평가하게 위해 지원자에 의한 자가평가를 함께 수행할 수 있음

2) 기기를 이용한 시험(Instrumental Test) 기출

정해진 시험계획서에 따라 피험자에게 제품을 사용하게 한 다음 기기를 이용하여 주어진 변수들을 정확하게 측정하는 방법

기기 시험	• 기기 사용에 대해 교육을 받은 숙련된 기술자가 실시. 측정은 통제된실험실 환경에서 피험자를 대상으로 실시(예 : 피부의 보습, 거칠기, 탄력의 측정이나 자외선차단지수 등의 측정)
전문가 평가가 수반되는 기기측정	• 적절한 자격을 갖춘 전문가의 관리하에 실시하고('가.관능시험, 나. 전문가에 의한 평가' 참조), 관능시험 시 정확한 기준을 적용(예 : 피부주름의 측정, 비색검사 등)
생체외 시험 (Ex Vivo / In Vitro 시험)	• Ex Vivo는 생체 고유의 특성에 대한 변형은 없이 생물에서 채취된 시료를 가지고 실험실에서 평가하는 시험 • In Vitro는 실험실의 배양접시 등 인위적 환경에서 시험물질과 대조물질을 처리한 다음 그 결과를 측정하는 시험 • 생체외 시험은 완제품과 관련된 기전을 설명하는 데 사용될 수 있고, 이를 실제 제품사용과의 상관관계를 설명하는 것으로도 활용될 수 있음 • 생체외 시험이 In Vivo 방법과 연관성이 있는 경우에는 완제품의 유효성 확립을 위해서도 사용될 수 있음 • 사용된 시료(Substrate)은 생물학적인 것일 수도 있고[예 : 성장 동력학(Growth Kinetic)을 연구하기 위해 인위적으로 유지된 모발, 세포 배양, 재구성된 피부 등] 인공적인 것(예 : 유리나 석영이나 플라스틱 접시 및 다양한 용기)일 수도 있음

※ 화장품 유효성 평가 방법은 위에서 설명된 방법 이외의 다양한 접근방법으로 수행될 수 있으며, 다만 모든 시험은 과학적인 원리 및 근거를 충족하여야 한다.

▶ 화장품 인체적용시험 및 효력시험 가이드라인 [식품의약품안전평가원]

기출 유형

(　　) 안에 적합한 말을 적으세요.

(　　　)평가방법은 여러 가지 품질을 인간의 오감(五感)에 의하여 평가하는 제품 검사 방법으로 화장품에서는 화장품의 적합한 품질을 확보하기 위하여 성상(외관, 색상)검사, 향취검사, 사용감 검사 등의 평가 방법이 있다.

정답 : 관능

CHAPTER

04 제품 상담

Check Point!

제품 상담에서는 맞춤형화장품의 이해를 바탕으로 다음의 내용을 숙지하도록 한다.

- 맞춤형화장품 효과
- 맞춤형화장품의 부작용의 종류와 현상
- 맞춤형화장품의 배합금지 사항 확인 · 배합 특징
- 내용물 및 원료의 사용제한 사항

4.1 맞춤형화장품의 효과

4.1.1 맞춤형화장품의 일반적 효과와 기능적 효과

맞춤형화장품의 효과	
일반적 효과	① 인체를 청결, 미화하여 매력을 더하고 용모를 밝게 변화시킬 수 있다. ② 모발의 건강을 유지 또는 증진하여 준다. ③ 개인의 피부타입, 특성 등에 맞는 제품을 구입할 수 있어 고객 만족도가 증가할 수 있다. ④ 다양한 형태의 맞춤형화장품 판매로 소비자의 다양한 욕구 및 수요를 충족시킬 수 있다.
기능적 효과	① 피부의 미백 및 주름개선에 도움을 준다. ② 피부를 곱게 태워주거나 자외선으로 피부를 보호해 준다. ③ 모발의 색상변화 및 체모를 제거하는 기능을 한다. ④ 여드름성 피부를 완화하는 데 도움을 준다.

4.1.2 맞춤형화장품의 장점

① 맞춤형화장품은 고객의 피부상태 및 개인의 취향과 필요에 따라 1:1로 제조하여 사용할 수 있다.

② 맞춤형화장품 조제관리사가 고객의 피부 및 생활환경 등의 상태에 따라 피부측정 및 문진 등을 이용한 여러 상담과정 단계를 거친 후 고객에게 적합한 화장품과 식품의약품안전처장이 정하는 원료(등재 허가된 원료와 책임판매자가 인정을 받은 원료들)의 선택이 가능하다.

4.2 맞춤형화장품 부작용의 종류와 현상

4.2.1 부작용의 정의

식품의약품안전청에서 2010년 8월 행정예고한 바 있는 「화장품 안전성 정보관리 규정」에 따르면 "부작용"이란 화장품을 정상적으로 사용할 경우 발생하는 모든 의도되지 않은 효과 또는 결과를 포함한다고 정의하고 있다.

4.2.2 부작용에 영향을 미치는 요인

1) 피부에 접촉되는 강도 : 씻어내는 제품의 경우 그 정도가 낮음
2) 적용되는 부위 : 눈 주위의 경우 피부의 다른 부위보다 더 민감하다고 알려져 있음
3) 제품의 pH : 알칼리 제품의 경우 피부 부작용의 빈도가 높음
4) 휘발성 물질 : 에탄올, 향, 분무제 등

4.2.3. 부작용의 종류 및 현상 기출

순	종류	증상
①	접촉성 피부염	외부 물질과의 접촉에 의하여 생기는 모든 피부염
②	발진	피부나 점막에 돋아난 작은 종기
③	홍반	피부가 붉게 변하고 혈관의 확장으로 피가 많이 고이는 것, 붉은 반점
④	부종	피부와 연부 조직에 부종이 발생하면 임상적으로 부풀어 오르고 푸석푸석한 느낌을 가짐
⑤	통증	피부에 국한하여 나타나는 병적 감각
⑥	가려움증	피부를 긁거나 문지르고 싶은 충동을 일으키는 불쾌한 감각으로 가장 흔한 피부 증상, 소양감
⑦	표피탈락	피부에서 표피의 각질층이 떨어져 나가는 것
⑧	열감	염증이 생기면 국소의 온도가 상승하여 열감으로서 느껴지는 것
⑨	여드름	털을 만드는 모낭에 붙어 있는 피지선에 발생하는 만성 염증성 질환
⑩	아토피 악화	가려움증과 피부건조증을 주된 증상으로 하는 만성 염증성 피부질환
⑪	물집	일반적으로 강력한 마찰, 화상, 동상, 감염으로 인하여 손발에 생기는 작은 수포

4.2.4 화장품 사용 시 부작용이 나타났을 경우

① 알레르기나 피부자극이 일어나면 즉시 사용을 중지하고, 중지 후에도 이상반응이 계속된 경우 꼭 전문의 등과 상담해야 한다.

② 화장품에 의한 이상반응의 대부분은 알레르기 반응 또는 피부자극이며, 사용자의 감수성과도 밀접한 관련이 있다.

③ 알레르기 반응에 민감한 사람은 새로운 화장품을 사용하기 전에 미리 귀밑 등에 적은 양을 바르고 하루나 이틀 지난 후에 반응을 관찰하고 이상이 없을 때 사용하는 것이 바람직하다.

4.3 배합금지 사항 확인 · 배합

4.3.1 화장품 안전기준 등에 관한 규정 고시(2019년 안전기준 개정)

1) 배합 금지 성분

「화장품 안전기준 등에 관한 규정」 [별표 1]의 화장품에 사용할 수 없는 원료

2) 배합 한도 성분

「화장품 안전기준 등에 관한 규정」 [별표 2]의 화장품에 사용상의 제한이 필요한 원료

※ 맞춤형화장품 조제 시 내용물(완제품, 벌크제품, 반제품)과 식품의약품안전처장이 정하는 원료를 추가하여 혼합하는 것은 가능하나 그 외의 원료와 원료를 혼합하는 것은 맞춤형화장품 혼합이 아닌 조제행위에 해당된다. 제품 상담을 통해 맞춤형화장품에 사용될 원료가 규정된 맞춤형화장품 원료에 사용 가능 여부에 대해 맞춤형화장품 조제관리사가 확인하여야 한다.

「화장품 안전기준 등에 관한 규정」 제5조(맞춤형화장품에 사용 가능한 원료)에 의해 다음의 원료를 제외한 원료는 맞춤형화장품에 사용할 수 있다.

[별표 1]의 사용할 수 없는 원료 예시

갈라민트리에치오다이드	갈란타민
중추신경계에 작용하는 교감신경흥분성아민	구아네티딘 및 그 염류
구아이페네신	글리사이클아미드
글루코코르티코이드	금염
글루테티미드 및 그 염류	나파졸린 및 그 염류
무기 나이트라이트(소듐나이트라이트 제외)	나프탈렌

▶ 「화장품 안전기준 등에 관한 규정」 제5조 [별표 1]

[별표 2]의 화장품에 사용상의 제한이 필요한 원료

원료명	사용한도	비고
글루타랄(펜탄-1,5-디알)	0.1%	에어로졸(스프레이에 한함) 제품에는 사용금지
데하이드로아세틱애시드(3-아세틸-6-메칠피란-2,4(3H)-디온) 및 그 염류	데하이드로아세틱애시드로서 0.6%	에어로졸(스프레이에 한함) 제품에는 사용금지
4,4-디메칠-1,3-옥사졸리딘(디메칠옥사졸리딘)	0.05% (다만, 제품의 pH는 6을 넘어야 함)	
디브로모헥사미딘 및 그 염류 (이세치오네이트 포함)	디브로모헥사미딘으로서 0.1%	

▶「화장품 안전기준 등에 관한 규정」 제5조 [별표 2]

3) 식품의약품안전처장이 고시한 기능성화장품의 효능 · 효과를 나타내는 원료

다만, 맞춤형화장품판매업자에게 원료를 공급하는 화장품책임판매업자가「화장품법」 제4조에 따라 해당 원료를 포함하여 기능성화장품에 대한 심사 받거나 보고서를 제출한 경우는 제외한다.

4.4 맞춤형화장품 내용물 및 원료의 사용제한 사항

4.4.1 맞춤형화장품 혼합 · 소분에 사용되는 내용물의 범위

1) 맞춤형화장품의 혼합 · 소분에 사용할 목적으로 화장품책임판매업자로부터 제공받은 것으로 다음 항목에 해당하지 않는 것이어야 함

① 화장품책임판매업자가 소비자에게 유통·판매할 목적으로 제조 또는 수입한 화장품

② 판매의 목적이 아닌 제품의 홍보·판매촉진 등을 위하여 미리 소비자가 시험·사용하도록 제조 또는 수입한 화장품

2) 맞춤형화장품 혼합에 사용되는 원료의 범위

맞춤형화장품의 혼합에 사용할 수 없는 원료를 다음과 같이 정하고 있으며 그 외의 원료는 혼합에 사용 가능하다.

①「화장품 안전기준 등에 관한 규정」(식약처 고시) [별표 1]의 '화장품에 사용할 수 없는 원료'

②「화장품 안전기준 등에 관한 규정」(식약처 고시) [별표 2]의 '화장품에 사용상의 제한이 필요한 원료'

③ 식약처장이 고시(「기능성화장품 기준 및 시험방법」)한 '기능성화장품의 효능·효과를 나타내는 원료'. 다만,「화장품법」 제4조에 따라 해당 원료를 포함하여 기능성화장품에 대한 심사를 받거나 보고서를 제출한 경우 사용 가능

④ 또한, 사용기준이 지정, 고시된 원료 외의 보존제, 색소, 자외선 차단제 등은 사용할 수 없다.

- 원료의 품질 유지를 위해 원료에 보존제가 포함된 경우에는 예외적으로 허용
- 원료의 경우 개인 맞춤형으로 추가되는 색소, 향, 기능성 원료 등이 해당되며 이를 위한 원료의 조합(혼합 원료)도 허용
- 기능성화장품의 효능·효과를 나타내는 원료는 내용물과 원료의 최종 혼합 제품을 기능성화장품으로 심사(또는 보고) 받은 경우에 한하여, 심사(또는 보고) 받은 조합·함량 범위 내에서만 사용 가능

4.4.2 화장품 향료 중 알레르기 유발물질 성분의 표시의무화에 의한 표시대상과 표시지침 기출

알레르기 유발성분에 관한 표시 지침	
표시기재 관련 세부 지침	• 알레르기 유발성분의 표시 기준인 0.01%, 0.001%의 산출 방법 (해당 알레르기 유발성분이 제품의 내용량에서 차지하는 함량의 비율로 계산)
	• 알레르기 유발성분 표시 기준인 '사용 후 씻어내는 제품' 및 '사용 후 씻어내지 않는 제품'의 구분
	• 알레르기 유발성분 함량에 따른 표기 순서
	• 알레르기 유발성분임을 별도로 표시하거나 '사용 시의 주의사항'에 기재하여야 함
	• 내용량 10㎖(g) 초과 50㎖(g) 이하인 소용량 화장품의 경우 착향제 구성 성분 중 알레르기 유발성분 표시 여부
	• 천연오일 또는 식물 추출물에 함유된 알레르기 유발성분의 표시 여부
	• 2019년(시행 전) 제조된 부자재로 2020년(부자재 유예기간) 제조한 화장품을 2021년(부자재 사용 경과조치 기간 종료 후)에 유통·판매 가능 여부
	• 책임판매업자 홈페이지, 온라인 판매처 사이트에서도 알레르기 유발성분 표시 여부

▶ 식품의약품안전처 「화장품 향료 중 알레르기 유발물질 표시 지침」

4.4.3 사용금지원료이나 검출허용한도 지정

납, 니켈, 비소, 수은 등 10종의 물질은 화장품에 사용할 수 없는 원료이나 자연 환경에 의하여 원료의 불순물로 존재하거나, 제조 또는 보관 과정 중 포장재로부터 이행되는 등 미량이지만 다양한 화장품에서 검출될 수 있어, 기술적으로 저감화 수준과 모니터링 결과 및 외국과의 규제조화를 고려하고 인체노출량을 바탕으로 위해도를 평가하여 인체에 충분한 안전을 확보할 수 있는 범위 내에서 비의도적 검출허용한도를 설정한 것이다. 사용금지 지정 원료와 검출허용한도 지정 범위는 다음 표와 같다.

순	사용금지 원료	비의도적 유래물질 허용 한도
1	납	점토를 원료로 사용한 분말 제품은 50㎍/g 이하, 그 밖의 제품은 20㎍/g 이하
2	니켈	눈 화장용 제품은 35㎍/g 이하, 색조화장용 제품은 30㎍/g이하, 그 밖의 제품은 10㎍/g 이하
3	비소	10㎍/g 이하
4	수은	1㎍/g 이하
5	안티몬	10㎍/g 이하
6	카드뮴	5㎍/g 이하

7	디옥산	100㎍/g 이하
8	메탄올	0.2(v/v)% 이하, 물휴지는 0.002(v/v)% 이하
9	포름알데하이드	2000㎍/g 이하
10	프탈레이트류 (디부틸프탈레이트, 부틸벤질프탈레이트 및 디에칠헥실 프탈레이트에 한함)	총합으로서 100㎍/g 이하

기출 유형

다음 괄호에 들어갈 내용으로 옳은 것은?

> 화장품안전기준에 따라 식품의약품안전처장은 (㉠), (㉡), (㉢) 등과 같이 특별히 사용상의 제한이 필요한 원료에 대하여는 그 사용기준을 지정하여 고시하여야 하며, 사용기준이 지정·고시된 원료 외의 (㉠), (㉡), (㉢) 등은 사용할 수 없다.

① ㉠ 착향제, ㉡ 색소, ㉢ 계면활성제
② ㉠ 보존제, ㉡ 향료, ㉢ 자외선차단제
③ ㉠ 착향제, ㉡ 색소, ㉢ 자외선차단제
④ ㉠ 보존제, ㉡ 색소, ㉢ 자외선차단제
⑤ ㉠ 보존제, ㉡ 색소, ㉢ 계면활성제

정답 : ④

기출 유형

맞춤형화장품 매장에 근무하는 조제관리사에게 향료 알레르기가 있는 고객이 제품에 대해 문의를 해왔다. 조제관리사가 제품에 부착된 <보기>의 설명서를 참조하여 고객에게 안내해야 할 말로 가장 적절한 것은?

> 〈보기〉
> • 제품명 : 유기농 모이스춰로션
> • 제품의 유형 : 액상 에멀젼류
> • 내용량 : 50g
> • 전성분 : 정제수, 1,3부틸렌글리콜, 글리세린, 스쿠알란, 호호바유, 모노스테아린산글리세린, 피이지 소르비탄지방산에스터, 1,2헥산디올, 녹차추출물, 황금추출물, 참나무이끼추출물, 토코페롤, 잔탄검, 구연산나트륨, 수산화칼륨, 벤질알코올, 유제놀, 리모넨

① 이 제품은 유기농 화장품으로 알레르기 반응을 일으키지 않습니다.
② 이 제품은 알레르기는 면역성이 있어 반복해서 사용하면 완화될 수 있습니다.
③ 이 제품은 조제관리사가 조제한 제품이어서 알레르기 반응을 일으키지 않습니다.
④ 이 제품은 알레르기 완화 물질이 첨가되어 있어 알레르기 체질 개선에 효과가 있습니다.
⑤ 이 제품은 알레르기를 유발할 수 있는 성분이 포함되어 있어 사용 시 주의를 요합니다.

정답 : ⑤

CHAPTER

05 제품 안내

Check Point!

제품 안내에서는 맞춤형화장품의 이해를 바탕으로 다음의 내용을 숙지하도록 한다.

- 맞춤형화장품 표시사항
- 맞춤형화장품 안전기준의 주요사항
- 맞춤형화장품의 특징과 사용법

5.1 맞춤형화장품 표시사항 기출

5.1.1 1차 · 2차 포장에 기재되어야 할 정보(「화장품법」 제10조, 제11조)

구분	표시 · 기재 사항
1차 포장	① 화장품의 명칭 ② 영업자(화장품제조업자, 화장품책임판매업자, 맞춤형화장품판매업자)의 상호 ③ 제조번호 ④ 사용기한 또는 개봉 후 사용기간(개봉 후 사용기간의 경우 제조연월일 병기)
1차 포장 또는 2차 포장	① 화장품의 명칭 ② 영업자(화장품제조업자, 화장품책임판매업자, 맞춤형화장품판매업자)의 상호 및 주소 ③ 해당 화장품 제조에 사용된 모든 성분(인체에 무해한 소량 함유 성분 등 제외) ④ 내용물의 용량 또는 중량 ⑤ 제조번호 ⑥ 사용기한 또는 개봉 후 사용기간(개봉 후 사용기간의 경우 제조연월일 병기) ⑦ 가격 ⑧ 기능성화장품의 경우 '기능성화장품'이라는 글자 또는 도안 ⑨ 사용할 때의 주의사항 ⑩ 그 밖에 총리령으로 정하는 사항 • 식품의약품안전처장이 정하는 바코드 • 기능성화장품의 경우 심사받거나 보고한 효능 · 효과, 용법 · 용량 • 성분명을 제품 명칭의 일부로 사용한 경우 그 성분명과 함량(방향용 제품은 제외한다) • 인체 세포 · 조직 배양액이 들어있는 경우 그 함량 • 화장품에 천연 또는 유기농으로 표시 · 광고하려는 경우에는 원료의 함량 • 수입화장품인 경우에는 제조국의 명칭(대외무역법에 따른 원산지를 표시한 경우에는 제조국의 명칭을 생략가능), 제조회사명 및 그 소재지 • 기능성화장품인 경우 "질병의 예방 및 치료를 위한 의약품이 아님"이라는 문구

▶ 「화장품법 시행규칙」 제19조

5.1.2 맞춤형화장품 표시기재 사항

구분	맞춤형화장품 표시 · 기재 사항
소용량 또는 비매품 〈1차 포장 또는 2차 포장〉	① 화장품의 명칭 ② 맞춤형화장품판매업자의 상호 ③ 가격(맞춤형화장품의 가격표시는 개별 제품에 판매가격을 표시하거나, 소비자가 가장 쉽게 알아볼 수 있도록 제품명, 가격이 포함된 정보를 제시하는 방법으로 표시) ④ 제조번호(맞춤형화장품의 경우 식별번호) ⑤ 사용기한 또는 개봉 후 사용기간(개봉 후 사용기간의 경우 제조연월일 병기)

5.1.3 기재 · 표시를 생략할 수 있는 성분(「화장품법 시행규칙」 제19조)

① 제조과정 중에 제거되어 최종 제품에는 남아 있지 않은 성분

② 안정화제, 보존제 등 원료 자체에 들어있는 부수 성분으로서 그 효과가 나타나게 하는 양보다 적은 양이 들어 있는 성분

③ 내용량이 10밀리리터 초과 50밀리리터 이하 또는 중량이 10그램 초과 50그램 이하인 화장품의 포장인 경우 다음 성분을 제외한 성분

- 타르색소
- 금박
- 샴푸와 린스에 들어 있는 인산염의 종류
- 과일산(AHA)
- 기능성화장품의 경우 그 효능·효과가 나타나게 하는 원료
- 식약처장이 배합 한도를 고시한 화장품의 원료

기출 유형

내용량이 10밀리리터 초과 50밀리리터 이하 또는 중량이 10그램 초과 50그램 이하 화장품의 포장에서 기재·표시를 생략할 수 있는 성분은?

① 금박
② 타르색소
③ 과일산(AHA)
④ 기능성화장품의 경우 그 효과가 나타나게 하는 원료
⑤ 샴푸와 린스를 제외한 제품에 들어 있는 인산염의 종류

정답 : ⑤

5.2 맞춤형화장품 안전기준의 주요사항 기출

5.2.1 맞춤형화장품 세부 준수사항

1) 맞춤형화장품판매업소 시설기준

맞춤형화장품의 품질·안전확보를 위하여 아래 시설기준을 권장

① 맞춤형화장품의 혼합·소분 공간은 다른 공간과 구분 또는 구획할 것

> **Tip 용어 정리**
>
> • 구분 : 선, 그물망, 줄 등으로 충분한 간격을 두어 착오나 혼동이 일어나지 않도록 되어 있는 상태
>
> • 구획 : 동일 건물 내에서 벽, 칸막이, 에어커튼 등으로 교차오염 및 외부오염물질의 혼입이 방지될 수 있도록 되어 있는 상태
>
> ※ 다만, 맞춤형화장품조제관리사가 아닌 기계를 사용하여 맞춤형화장품을 혼합하거나 소분하는 경우에는 구분·구획된 것으로 봄

② 맞춤형화장품 간 혼입이나 미생물오염 등을 방지할 수 있는 시설 또는 설비 등을 확보할 것

③ 맞춤형화장품의 품질유지 등을 위하여 시설 또는 설비 등에 대해 주기적으로 점검·관리할 것

2) 맞춤형화장품 조제관리사 오염방지를 위한 위생관리 준수사항

① 혼합·소분 전에는 손을 소독 또는 세척할 것

② 혼합·소분 시 위생복 및 마스크(필요시) 착용할 것

③ 혼합·소분에 사용되는 장비 또는 기기 등은 사용 전·후 세척할 것

④ 혼합·소분된 제품을 담을 용기의 오염 여부를 사전에 확인할 것

⑤ 피부 외상 및 증상이 있는 경우 건강 회복 전까지 혼합·소분행위 금지할 것

손 세척 방법

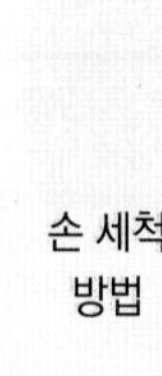

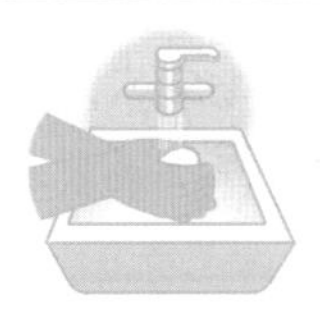

흐르는 따뜻한 물에 손을 적시고 충분한 양의 비누를 바른다

손바닥을 마주하고 깍지 껴서 닦는다

손바닥으로 다른 손의 손등을 닦는다

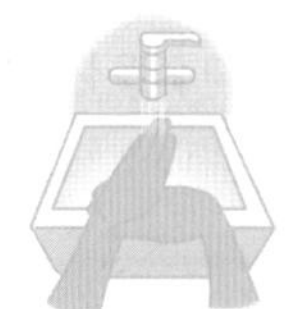

한 손에 엄지를 쥐고 회전하면서 닦는다

손톱을 다른 손바닥에 마찰하듯이 닦는다

손을 헹구어 비눗기를 완전히 제거한다

마른 수건이나 휴지로 손을 닦는다

사용한 수건이나 휴지를 이용하여 수도꼭지를 잠근다

▶ 식품의약품안전처 맞춤형화장품판매업 가이드라인

3) 맞춤형화장품 판매장 위생상 주의사항

위생적인 조건에서 혼합 및 판매할 수 있도록 다음의 사항을 관리하도록 하여야 한다.

①	혼합행위 시, 단정한 복장을 하며 혼합 전·후에는 손을 소독하거나 씻도록 함
②	전염성 질환 등이 있는 경우에는 혼합행위를 하지 않도록 함
③	혼합하는 장비 또는 기기는 사용 전후에 세척 등을 통하여 오염방지를 위한 위생관리를 할 수 있도록 함
④	완제품 및 원료의 입고 시 제조소, 품질관리 여부를 확인하고 필요한 경우에는 품질성적서를 구비할 수 있도록 함
⑤	완제품 및 원료의 입고 시 사용기한을 확인하고 사용기한이 지난 제품은 사용하지 않도록 함
⑥	사용하고 남은 제품은 개봉 후 사용기한을 정하고 밀폐를 위한 마개 사용 등 비의도적인 오염방지를 할 수 있도록 함
⑦	판매장 또는 혼합·판매 시 오염 등 문제가 발생했을 경우 세척, 소독, 위생관리 등을 통하여 조치를 취해야 함
⑧	원료 등은 가능한 직사광선을 피하는 등 품질에 영향을 미치지 않는 장소에서 보관하도록 하여야 함
⑨	혼합 후에는 물리적 현상(층 분리 등)에 대하여 육안으로 이상 유무를 확인하고 판매하도록 하여야 함

Tip 맞춤형화장품 혼합·소분 장소의 위생관리

- 맞춤형화장품 혼합·소분 장소와 판매 장소는 구분·구획하여 관리
- 적절한 환기시설 구비
- 작업대, 바닥, 벽, 천장 및 창문 청결 유지
- 혼합 전·후 작업자의 손 세척 및 장비 세척을 위한 세척시설 구비
- 방충·방서 대책 마련 및 정기적 점검·확인

손 세척 및 장비 세척 시설

▶ 식품의약품안전처 맞춤형화장품판매업 가이드라인

5.3 맞춤형화장품의 특징

① 피부측정기기(유·수분 측정, 피부색 측정 등)를 통한 진단과 문진을 통한 피부진단을 병행하여 고객의 피부 상태를 체크한 후 처방을 통해 화장품을 조제하거나 피부타입에 따라 구비되어 있는 화장품을 고객에게 제시해 주는 형태

② 문진을 통하여 결정된 피부타입에 맞추어 구비되어 있는 화장품을 고객에게 제시하여 주는 형태. 피부진단을 한 문진 내용을 살펴보면 주로 피부타입을 알기 위한 항목, 피부트러블을 관찰하기 위한 항목, 라이프스타일을 분석하기 위한 질문들로 구성

③ 맞춤형화장품 구매를 원하는 상담자가 매장에서 피부 상태와 톤을 측정하고 상담을 진행한 후 조제관리사가 상담 결과에 따라 개인 특성에 맞는 1:1 맞춤형화장품을 즉석에서 조제하면 고객이 원하는 양만큼 화장품을 구입해 가는 형태

④ 판매장에서 즉석 제조하고 단 한 명에게만 판매되는 형태이기 때문에 제품상담일지 및 판매 기록을 남겨야 함

5.4 맞춤형화장품의 사용법 기출

5.4.1 맞춤형화장품 기본사용방법 및 주의사항

① 맞춤형화장품 용기에 기재된 효능·효과, 용법·용량, 사용상의 주의사항을 잘 확인하고 사용하여야 함

② 맞춤형화장품의 사용기한을 잘 확인하고, 사용기한 내라도 문제가 발생하면 즉시 사용을 중단하고 맞춤형화장품 조제관리사에게 알리며 맞춤형화장품 조제관리사는 맞춤형화장품 책임판매업자에게 신속히 보고하여야 함

③ 맞춤형화장품을 선택할 시 연령, 성별, 피부유형, 사용목적 등을 고려하여 자기에게 맞는 제품을 선택하여야 함

④ 알레르기나 피부자극이 일어나면 즉시 사용을 중지하고, 중지 후에도 이상반응이 계속되는 경우 꼭 전문의 등과 상담하여야 함

⑤ 보관 및 취급 시 직사광선을 피하고 서늘하고 그늘지며 건조한 곳에 보관하여야 함

기출 유형

맞춤형화장품 조제관리사인 소영은 매장을 방문한 고객과 다음과 같은 <대화>를 나누었다. 소영이가 고객에게 혼합하여 추천할 제품으로 다음 <보기> 중 옳은 것을 모두 고르면?

〈대화〉

고객: 최근에 야외활동을 많이 해서 그런지 얼굴 피부가 검어지고 칙칙해졌어요. 건조하기도 하고요.
소영: 아. 그러신가요? 그럼 고객님 피부 상태를 측정해 보도록 할까요?
고객: 그럴까요? 지난번 방문 시와 비교해 주시면 좋겠네요.
소영: 네. 이쪽에 앉으시면 저희 측정기로 측정을 해드리겠습니다.

피부측정 후,
소영: 고객님은 1달 전 측정 시보다 얼굴에 색소 침착도가 20% 가량 높아져있고, 피부 보습도도 25% 가량 많이 낮아져 있군요.
고객: 음. 걱정이네요. 그럼 어떤 제품을 쓰는 것이 좋을지 추천 부탁드려요.

〈보기〉

ㄱ. 티타늄디옥사이드(Titanium Dioxide) 함유 제품
ㄴ. 나이아신아마이드(Niacinamide) 함유 제품
ㄷ. 카페인(Caffeine) 함유 제품
ㄹ. 소듐하이알루로네이트(Sodium Hyaluronate) 함유 제품
ㅁ. 아데노신(Adenosine) 함유 제품

① ㄱ, ㄷ　② ㄱ, ㅁ　③ ㄴ, ㄹ
④ ㄴ, ㅁ　⑤ ㄷ, ㄹ

정답 : ③

CHAPTER

06 혼합 및 소분

Check Point!

혼합 및 소분에서는 맞춤형화장품의 제형 특성 이해를 바탕으로 다음의 내용을 숙지하도록 한다.

- 맞춤형화장품 원료 및 제형의 물리적 특성
- 화장품 배합한도 및 금지원료
- 맞춤형화장품의 원료 및 내용물의 유효성
- 원료 및 내용물의 규격
- 혼합 · 소분에 필요한 도구 · 기기 리스트 선택 및 기구사용
- 맞춤형화장품 판매업 준수사항에 맞는 혼합 · 소분 활동

6.1 화장품원료 및 제형의 물리적 특성

6.1.1 화장품원료 및 제형의 정의

① 화장품원료 조제 시 사용목적에 따른 기능이 우수하여야 함

② 화장품원료의 안전성이 양호하여야 함

③ 화장품원료의 산화 안정성 등의 안정성이 우수해야 함

④ 화장품원료의 냄새가 적고 품질이 일정해야 함

주요성분	내용
물	화장품 성분표시의 '정제수'에 해당. 제품의 10% 이상을 차지하는 매우 중요한 성분
유성원료	피부의 수분 손실을 조절하며, 흡수력을 좋게 함. 대표성분은 오일류, 왁스류, 고급 지방산류, 고급 알콜류, 탄화수소류, 에스테르류, 실리콘류 등
계면활성제	두 물질의 경계면에 흡착해 성질을 변화시키는 물질로 물과 기름이 잘 섞이게 하는 유화제와 소량의 기름을 물에 녹게 하는 가용화제, 고체입자를 물에 균일하게 분산시키는 분산제, 그 외 습윤제, 기포제, 소포제, 세정제 등
보습제	건조하고 각질이 일어나는 피부를 진정시키고, 피부를 부드럽고 매끄럽게 하는 성분으로 흡수성이 높은 수용성 물질임. 대표성분으로는 글리세린, 프로필렌 글라이콜, 부틸렌 글라이콜, 폴리에틸렌 글라이콜, 솔비톨, 히알루론산 나트륨 등
점증제	점도를 유지하거나 제품의 안정성을 유지하기 위해 쓰이며, 보습제, 계면활성제로서 일부 이용. 대표성분으로는 구아검, 잔탄검, 젤라틴, 메틸셀룰로오스, 알긴산염, 폴리 비닐알콜, 벤토나이트 등

색소	파운데이션이나 아이섀도우처럼 제품의 색깔을 내는 성분으로 타르색소, 천연색소, 무기안료로 크게 나눔
보존제	화장품을 개봉한 후 미생물에 의한 변질을 막기 위해 사용함. 우리나라에서 사용 가능한 보존제는 총 69종으로 배합한도가 정해져 있으며, 대표성분으로는 파라벤, 이미다졸리디닐우레아, 페녹시에탄올 등이 있음
착향제	향을 내는 성분. 무향료란 제품에 향료를 첨가하지 않은 것으로 원료 자체의 향이 날 수 있음. 무향 제품은 향을 없앤 제품으로 원료의 향을 없애기 위해 향료를 쓰기도 함
효능원료	미백, 주름개선, 자외선차단 등의 특징 기능을 하는 효능 성분으로 피부에 트러블을 일으키지 않으면서 최대한 효능을 낼 수 있는 적정량을 사용하도록 식품의약품 안전처에서 관리감독

6.1.2 화장품 제형의 정의(「화장품법」 제2조 제1호)

구분	제형의 특성
액제	화장품에 사용되는 성분을 용제 등에 녹여서 액상으로 만든 것
로션제	유화제 등을 넣어 유성성분과 수성성분을 균질화하여 점액상으로 만든 것
크림제	유화제 등을 넣어 유성성분과 수성성분을 균질화하여 반고형상으로 만든 것
침적 마스크제	액제, 로션제, 크림제, 겔제 등을 부직포 등의 지지체에 침적하여 만든 것
겔제	액체를 침투시킨 분자량이 큰 유기분자로 이루어진 반고형상을 말함
에어로졸제	원액을 같은 용기 또는 다른 용기에 충전한 분사제(액화기체, 압축기체 등)의 압력을 이용하여 안개모양, 포말상 등으로 분출하도록 만든 것을 말함
분말제	균질하게 분말상 또는 미립상으로 만든 것을 말하며, 부형제 등을 사용할 수 있음

6.1.3 화장품 제형의 물리적 특성

1) 유화 제품

유화 제품은 수성 성분과 유성 성분이 피부에 잘 흡착되기 쉬운 상태로 만들어, 수분과 유분을 공급하여 매끄러운 피부 상태를 가꾸어 주는 기초 화장품이다. 유화란 서로 섞이지 않는 두 액체인 물과 오일계에서 한 액체가 다른 액체 속에 미세한 입자 형태로 분산되어 있는 것을 말한다. 이들은 일정 시간 이상 동안 안정한 상태로 존재하나 열역학적으로는 불안정한 상태를 이룬다.

유화는 분산 형태에 따라 친수성 유화(Oil in Water, O/W형), 친유성 유화(Water in Oil , W/O형), 다중유화(Multiple emulsion, O/W/O형 또는 W/O/W형) 등으로 나누고 있으며 제품 종류로는 크림류, 로션류 등이 있다.

유화의 종류	형태
친수성 유화(Oil in Water, O/W형)	수상에 유상이 분산되어 있는 형태
친유성 유화(Water in Oil , W/O형)	유상에 수상이 분산되어 있는 형태
다중유화(Multiple Emulsion, O/W/O형 또는 W/O/W형)	분산되어 있는 입자 자체가 에멀젼을 형성하고 있는 형태

2) 가용화 제품

가용화 제품은 일반적으로 피부를 청결히 하고, 건강을 유지시켜 주는 화장수이다. 물에 녹지 않는 물질을 가용화하여 열역학적으로 안정화시킨 투명 액상으로, 주성분은 보습제, 알콜, 정제수를 기본 원료로 하여 사용목적에 따라 산이나 알카리, 점증제 등 기타 성분을 배합한 것으로 종류로는 유연 화장수, 수렴 화장수, 세정 화장수, 다층식 화장수 등이 있다.

3) 분산 제품

분산 제품은 수용성 고분자 물질을 기제(정제수 등)에 분산시킨 제품을 말한다. 기초 화장품의 제형 안정화를 위해 사용되는 점증제나 메이크업 화장품에 사용되는 유기, 무기, 펄 안료 등을 여러 종류의 기제에 분산시켜 메이크업의 기능, 효과, 편리성을 고려하여 각종 제형 등으로 만들고 있다. 이러한 것은 피복성과 착색성을 향상시켜 자연색 피부를 연출하는 미적 역할, 외부 환경으로부터 피부를 보호하는 역할, 아름다운 외모의 변신에 대한 만족감인 심리적 역할을 가지고 있다. 기본적인 원료는 착색안료, 백색안료, 체질안료, 펄 안료 등의 분체 부분과 탄화수소, 유지, 왁스, 합성 에스테르류 등의 유분과 보습제, 계면활성제 등이고 또한 여기에 방부제, 첨가제, 산화방지제, 향료 등을 넣는다.

> **Tip 용어 정리**
>
> • 미셀(Micelle) : 계면활성제가 수용액에 위치할 때, 친수성기는 바깥으로 노출되어 물과 닿는 표면을 형성하고 소수성기는 안쪽으로 핵을 형성하여 만들어지는 구형의 집합체를 말하며, 물에 콜로이드 형태로 분산된 상태

6.2 맞춤형화장품에 사용 가능한 원료 기출

다음의 원료를 제외한 원료는 맞춤형화장품에 사용할 수 있다.

1) 배합 금지 성분(「화장품 안전기준 등에 관한 규정」 제5조 [별표 1])

화장품에 사용할 수 없는 원료 예시

갈라민트리에치오다이드	갈란타민
중추신경계에 작용하는 교감신경흥분성아민	구아네티딘 및 그 염류
구아이페네신	글리사이클아미드
글루코코르티코이드	금염
글루테티미드 및 그 염류	나파졸린 및 그 염류 나프탈렌
무기 나이트라이트(소듐나이트라이트 제외)	

2) 배합 한도 성분(「화장품 안전기준 등에 관한 규정」 제5조 [별표 2])

화장품에 사용상의 제한이 필요한 원료 예시

원료명	사용 한도	비고
글루타랄(펜탄-1,5-디알)	0.1%	에어로졸(스프레이에 한함) 제품에는 사용금지
데하이드로아세틱애씨드(3-아세틸-6-메칠피란-2,4(3H)-디온) 및 그 염류	데하이드로아세틱애씨드로서 0.6%	에어로졸(스프레이에 한함) 제품에는 사용금지
4,4-디메칠-1,3-옥사졸리딘(디메칠옥사졸리딘)	0.05% (다만, 제품의 pH는 6을 넘어야 함)	
디브로모헥사미딘 및 그 염류 (이세치오네이트 포함)	디브로모헥사미딘으로서 0.1%	

3) 식품의약품안전처장이 고시한 기능성화장품의 효능·효과를 나타내는 원료
다만, 맞춤화장품판매업자에게 원료를 공급하는 화장품책임판매업자가 「화장품법」 제4조에 따라 해당 원료를 포함하여 기능성화장품에 대한 심사를 받거나 보고서를 제출한 경우는 제외한다.

4) 사용기준이 지정, 고시된 원료 외의 보존제, 색소, 자외선 차단제 등

6.3 원료 및 내용물의 유효성 기출

1) 식품의약품안전처장이 고시한 기능성화장품의 효능 · 효과를 나타내는 원료

① 피부의 미백에 도움을 주는 제품의 성분 및 함량
제형은 로션제, 액제, 크림제 및 침적마스크에 한하며, 제품의 효능, 효과는 '피부의 미백에 도움을 준다'로 제한하고, 용법, 용량은 '본품 적당량을 취해 피부에 골고루 펴 바른다. 또는 본품을 피부에 붙이고 10~20분 후 지지체를 제거한 다음 남은 제품을 골고루 펴 바른다(침적마스크에 한함)'로 제한한다.

순	성분	함량
1	닥나무추출물	2%
2	알부틴	2~5%
3	알파-비사보롤	0.5%
4	유용성감초추출물	0.05%
5	에칠아스코빌에텔	1~5%
6	아스코빌글루코사이드	2%
7	아스코빌테트라이소팔미테이트	2%
8	마그네슘아스코빌포스페이트	3%
9	나이아신아마이드	2~5%

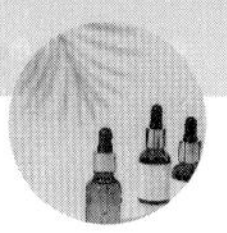

② 피부의 주름개선에 도움을 주는 제품의 성분 및 함량

제형은 로션제, 액제, 크림제 및 침적마스크에 한하며, 제품의 효능, 효과는 '피부의 주름개선에 도움을 준다'로 제한하고, 용법, 용량은 '본품 적당량을 취해 피부에 골고루 펴 바른다. 또는 본품을 피부에 붙이고 10~20분 후 지지체를 제거한 다음 남은 제품을 골고루 펴 바른다(침적마스크에 한함)'로 제한한다.

순	성분	함량
1	레티놀	2,500IU/g
2	레티닐 팔미테이트	10,000IU/g
3	폴리에톡실레이티드 레틴아마이드	0.05~0.2%
4	아데노신	0.04%

③ 피부를 곱게 태워주거나 자외선으로부터 피부를 보호하는 데 도움을 주는 제품의 성분 및 함량

성분(일부)	범위
드로메트리졸트리실록산	15%
드로메트리졸	1.0%
디갈로일트리올리에이트	5%
디소듐페닐디벤즈이미다졸테트라설포네이트	산으로서 10%
디에칠헥실부타미도트리아존	10%
디에칠아미노하이드록시벤조일헥실벤조에이트	10%
메칠렌비스-벤조트리아졸릴테트라메칠부틸페놀	10%
4-메칠벤질리덴캠퍼	4%
멘틸안트라닐레이트	5%
벤조페논-3(옥시벤존)	5%
벤조페논-4	5%
벤조페논-8(디옥시벤존)	3%

• 제품의 변색방지를 목적으로 사용농도가 0.5% 미만인 것은 자외선차단 제품으로 인정하지 아니한다.
• 염류 : 양이온염으로 소듐, 포타슘, 칼슘, 마그네슘, 암모늄 및 에탄올아민, 음이온염으로 클로라이드, 브로마이드, 설페이트, 아세테이트

④ 체모를 제거하는 기능을 가진 제품의 성분 및 함량

성분	함량
치오글리콜산 80%(치오글리콜리애시드 80%)	치오글리콜산으로서 3.0~4.5%

⑤ 여드름성 피부를 완화하는 데 도움을 주는 제품의 성분 및 함량

성분	함량
살리실릭산(살리실릭애시드)	0.5%

⑥ 탈모증상의 완화에 도움을 주는 제품의 성분 및 함량

성분	성분 및 함량
덱스판테놀, 비오틴, 엘-멘톨, 징크피리치온	징크피리치온액 50%

6.4 원료 및 내용물의 규격

원료의 규격 설정은 항목설정, 시험법의 설정, 기준치 설정, 설정된 규격시험 확인검증의 단계로 이루어지며, 품질관리에 필요한 기준은 해당 원료의 안전성 등을 고려하여 설정하여야 한다.

6.4.1 원료 및 내용물의 규격 : pH

① 액성을 산성, 알칼리성 또는 중성으로 나타낸 것은 따로 규정이 없는 한 리트머스지를 써서 검사한다. 액성을 구체적으로 표시할 때에는 pH 값을 쓴다.

② 미산성, 약산성, 강산성, 미알칼리성, 약알칼리성, 강알칼리성 등으로 기재한 것은 산성 또는 알칼리성의 정도의 개략(槪略)을 뜻하는 것으로 pH의 범위는 다음과 같다.

pH의 범위	
미산성 약 5 ~ 약 6.5	미알칼리성 약 7.5 ~ 약 9
약산성 약 3 ~ 약 5	약알칼리성 약 9 ~ 약 11
강산성 약 3 이하	강알칼리성 약 11 이상

▶ 화장품 원료규격 및 시험방법 설정을 위한 가이드라인

6.4.2 원료 및 내용물의 규격(냄새, 농도)

구분	내용
냄새	성상의 '향에 있어서 냄새가 없다'라고 기재한 것은 냄새가 없거나 거의 냄새가 없는 것을 뜻한다. 냄새 시험은 따로 규정이 없는 한 1g을 10㎖ 비커에 취하여 시험한다.
농도	용액의 농도를 '(1→5)', '(1→10)' 등으로 기재한 것은 고체물질 1g 또는 액상물질 1㎖를 용제에 녹여 전체 양을 각각 5㎖, 10㎖, 10㎖ 등으로 하는 비율을 나타낸 것이다. 또 혼합액을 '(1:10)' 또는 '(5:3:1)' 등으로 나타낸 것은 액상물질의 1용량과 10용량의 혼합액, 5용량과 3용량과 1용량의 혼합액을 나타낸다.
점도	• 맑다 : 탁도표준액 0.2㎖에 물을 넣어 20㎖로 하고 여기에 희석시킨 질산(1→3) 1㎖, 덱스트린용액(1→50) 0.2㎖ 및 질산은시액 1㎖를 넣고 15분간 방치할 때의 탁도 이하이어야 한다. 다만 부유물 등 이물은 거의 없어야 한다. • 거의 맑다 : 탁도표준액 0.5㎖에 물을 넣어 20㎖로 하고 여기에 희석시킨 질산(1→3) 1㎖, 덱스트린용액(1→50) 0.2㎖ 및 질산은시액 1㎖를 넣고 15분간 방치할 때의 탁도 이하이어야 한다. 다만 부유물 등 이물은 거의 없어야 한다. • 탁도표준액 0.1N 염산 1.41㎖에 물을 넣어 정확하게 50㎖로 한다. 그 16.0㎖를 취하여 물을 넣어 정확하게 1ℓ로 한다.
색상	• 성상의 항에서 백색이라고 기재한 것은 백색 또는 거의 백색, 무색이라고 기재한 것은 무색 또는 거의 무색을 나타내는 것이다. 색조를 시험하는 데는 따로 규정이 없는 한 고체의 화장품원료는 1g을 백지 위 또는 백지 위에 놓은 시계접시에 취하여 관찰하며 액상의 화장품원료는 안지름 15㎜의 무색시험관에 넣고 백색의 배경을 써서 액층을 30㎜로 하여 관찰한다. 액상의 화장품원료의 맑은 것을 시험할 때에는 흑색 또는 백색의 배경을 써서 앞의 방법을 따른다. 액상의 화장품원료의 형광을 관찰할 때에는 흑색의 배경을 쓰고 백색의 배경은 쓰지 않는다.

온도	• 온도의 표시는 셀시우스법에 따라 아라비아숫자 뒤에 ℃를 붙인다. • 표준온도는 20℃, 상온은 15~25℃, 실온은 1~30℃, 미온은 30~40℃로 한다. 냉소는 따로 규정이 없는 한 15℃ 이하의 곳을 뜻한다. 냉수는 10℃ 이하, 미온탕은 30~40℃, 온탕은 60~70℃, 열탕은 약 10℃의 물을 뜻한다. 가열한 용매 또는 열용매라 함은 그 용매의 비점 부근의 온도로 가열한 것을 뜻하며 가온한 용매 또는 온용매라 함은 보통 60~70℃로 가온한 것을 뜻한다. '수욕상 또는 수욕중에서 가열한다'라 함은 따로 규정이 없는 한 끓인 수욕 또는 10℃의 증기욕을 써서 가열하는 것이다. • 일반사항, 각 조 및 일반시험법에 쓰이는 색의 비교액, 시약, 시액, 표준액, 용량분석용표준액, 계량기 및 용기는 따로 규정이 없는 한 일반시험법에서 규정하는 것을 쓴다. 또한 시험에 쓰는 물은 따로 규정이 없는 한 정제수로 한다.

▶ 화장품 원료규격 시험방법 설정을 위한 가이드라인

기출 유형

맞춤형화장품 판매업소에서 맞춤형화장품에 필요한 원료에 대한 보관방법으로 적합한 것은?

① 먼저 조제된 화장품은 오염된 것이 있을 수 있으니 나중에 입고된 화장품을 먼저 사용하여야 한다.

② 소분 후 새로운 용기에 담아 보관하는 경우 라벨링 작업은 하지 않아도 된다.

③ 사용기한이 경과한 원료 및 내용물은 조제에 사용하지 않도록 관리하여야 한다.

④ 모든 화장품은 고객에게 잘 보여줄 수 있도록 판매장에 비치하여야 한다.

⑤ 보관기간이 경과된 화장품은 최대한 빠른시일 내에 판매하여야 한다.

정답 : ③

6.5 혼합·소분에 필요한 도구 · 기기 리스트 선택 기출

1) 혼합 · 소분에 필요한 도구 · 기기 리스트

도구 리스트	기기 리스트
유리 비커 : 소분, 혼합 및 실험용	디스퍼 : 혼합 및 교반 시 사용
유리 온도계 : 가온시 온도 측정용	아지 믹서 : 혼합 및 교반 시 사용
디지털 온도계 : 가온 및 교반 시 온도 측정	호모 믹서 : 혼합 및 교반 시 사용
핫 플레이트 : 가온용	호모게나이저 : 혼합 및 교반 시 사용
스패출러 : 계량 및 소분용	충진기 : 소분 및 내용물 충진 시 사용
실리콘 주걱 : 교반 및 소분용	전자저울 : 소분 및 혼합 시 무게 측정
시린지 : 소분용	분석저울 : 미량 무게 측정 시 사용
마스크 및 장갑 : 위생용	pH 측정기 : pH 측정 시 사용

유리 비커	시린지	핫플레이트	호모 디스퍼	호모 믹서	전자저울

- 호모게나이저 : 시료를 마쇄하기 위하여 사용하는 분쇄기의 일종으로 균질기라고도 함
- 호모 디스퍼 : 물과 오일의 입자를 0.3~0.5미크론 단위로 분쇄해주는 교반기
- 아지 믹서 : 단순히 물과 오일을 섞어주는 교반기(입자의 크기가 불균일)
- 호모 믹서 : 고정자와 운동자로 구성되어 고정자 내벽에서 고속회전이 가능하며, 유화제형(O/W, W/O 형 등) 제조에 사용

기출 유형

다음에서 설명하는 화장품 혼합 기기로 옳은 것은?

- 균일하고 미세한 유화입자가 만들어진다.
- 고정자 내벽에서 운동자가 고속 회전하는 장치이다.
- 화장품 제조 시 가장 많이 사용하는 기기로, O/W 및 W/O 제형 모두 제조 가능하다.

① 디스퍼(Disper)
② 호모 믹서(Homo mixer)
③ 아지 믹서(Agi mixer)
④ 핫 플레이트(Hot Plate)
⑤ 호모게나이저(Homogenizer)

정답 : ②

6.6 맞춤형화장품 혼합·소분 장비 및 도구 사용

① 사용 전·후 세척 등을 통해 오염 방지

② 작업 장비 및 도구 세척 시에 사용되는 세제·세척제는 잔류하거나 표면 이상을 초래하지 않는 것을 사용

③ 세척한 작업 장비 및 도구는 잘 건조하여 다음 사용 시까지 오염 방지

④ 자외선 살균기 이용 시

- 충분한 자외선 노출을 위해 적당한 간격을 두고 장비 및 도구가 서로 겹치지 않게 한 층으로 보관
- 살균기 내 자외선램프의 청결 상태를 확인 후 사용

(O) 자외선 살균기의 올바른 사용 예	(X) 자외선 살균기의 잘못된 사용 예
	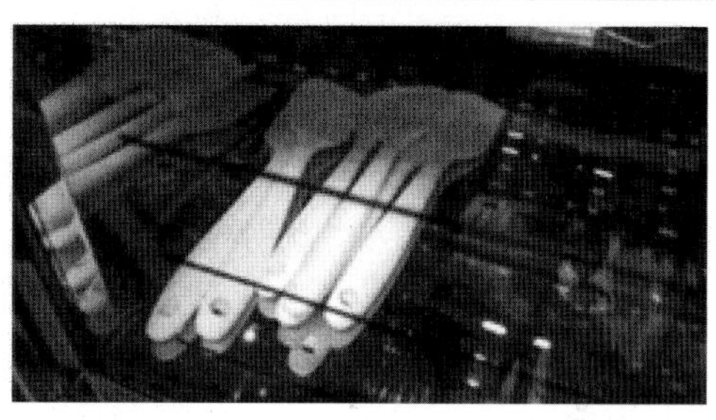

▶ 식품의약품안전처 맞춤형화장품판매업 가이드라인

6.6.1 맞춤형화장품 혼합 · 소분 장소 및 장비 · 도구 등 위생 환경 모니터링

1) 맞춤형화장품 혼합·소분 장소가 위생적으로 유지될 수 있도록 맞춤형화장품판매업자는 주기를 정하여 판매장 등의 특성에 맞게 위생 관리할 것

2) 맞춤형화장품판매업소에서는 작업자 위생, 작업환경위생, 장비, 도구 관리 등 맞춤형화장품판매업소에 대한 위생 환경을 모니터링한 후 그 결과를 기록하고 판매업소의 위생 환경 상태를 관리할 것

〈맞춤형화장품판매장 위생점검표 예시〉

<table>
<tr><td colspan="2" rowspan="2">맞춤형화장품판매장 위생점검표</td><td>점검일</td><td>년 월 일</td></tr>
<tr><td colspan="2">업소명</td></tr>
<tr><td rowspan="2">항 목</td><td rowspan="2" colspan="2">점 검 내 용</td><td colspan="2">기록</td></tr>
<tr><td>예</td><td>아니오</td></tr>
<tr><td rowspan="7">작업자 위생</td><td colspan="2">• 작업자의 건강상태는 양호한가?</td><td>□</td><td>□</td></tr>
<tr><td colspan="2">• 위생복장과 외출복장이 구분되어 있는가?</td><td>□</td><td>□</td></tr>
<tr><td colspan="2">• 작업자의 복장이 청결한가?</td><td>□</td><td>□</td></tr>
<tr><td colspan="2">• 맞춤형화장품 혼합·소분 시 마스크를 착용하였는가?</td><td>□</td><td>□</td></tr>
<tr><td colspan="2">• 맞춤형화장품 혼합·소분 전에 손을 씻는가?</td><td>□</td><td>□</td></tr>
<tr><td colspan="2">• 손소독제가 비치되어 있는가?</td><td>□</td><td>□</td></tr>
<tr><td colspan="2">• 맞춤형화장품 혼합·소분 시 위생장갑을 착용하는가?</td><td>□</td><td>□</td></tr>
<tr><td rowspan="3">작업환경 위생</td><td rowspan="2">• 작업장의 위생 상태는 청결한가?</td><td>작업대</td><td>□</td><td>□</td></tr>
<tr><td>벽, 바닥</td><td>□</td><td>□</td></tr>
<tr><td colspan="2">• 쓰레기통과 그 주변을 청결하게 관리하는가?</td><td>□</td><td>□</td></tr>
<tr><td rowspan="4">장비·도구 관리</td><td colspan="2">• 기기 및 도구의 상태가 청결한가?</td><td>□</td><td>□</td></tr>
<tr><td colspan="2">• 기기 및 도구는 세척 후 오염되지 않도록 잘 관리하였는가?</td><td>□</td><td>□</td></tr>
<tr><td colspan="2">• 사용하지 않는 기기 및 도구는 먼지, 얼룩 또는 다른 오염으로부터 보호하도록 되어 있는가?</td><td>□</td><td>□</td></tr>
<tr><td colspan="2">• 장비 및 도구는 주기적으로 점검하고 있는가?</td><td>□</td><td>□</td></tr>
<tr><td>특이사항</td><td colspan="2">개선 조치 및 결과</td><td>조치자</td><td>확인</td></tr>
<tr><td></td><td colspan="2"></td><td></td><td></td></tr>
</table>

6.7 맞춤형화장품 판매업 준수사항에 맞는 혼합·소분 활동

1) 맞춤형화장품 판매업 준수사항에 맞는 혼합 판매활동

판매자는 맞춤형화장품 혼합·판매 시 다음의 사항을 소비자에게 알려주어야 함

① 맞춤형화장품 혼합판매에 사용된 원료 성분, 배합목적 및 배합한도 등에 관한 정보를 제공하도록 함

② 자율적으로 혼합판매된 제품의 사용기한을 정하고 이를 소비자에게 알려주도록 함

③ 판매장에서는 혼합·판매 시 사용기한 등에 대하여 첨부 문서 등을 활용하여 제공하도록 함

④ 사용 시 이상이 있는 경우, 원칙적으로 판매장이 책임이 있음을 알려주도록 함

기출 유형

맞춤형화장품조제관리사가 행한 업무로 옳지 못한 것은?

① 맞춤형화장품 조제관리사가 일반화장품을 판매하였다.
② 매년 안정성 및 품질관리에 관한 교육을 받았다.
③ 향수 200㎖를 40㎖씩 소분하여 판매하였다.
④ 원료를 공급하는 화장품책임판매업자가 심사받은 기능성화장품 원료와 내용물을 혼합하였다.
⑤ SPF50인 화장품을 다른 화장품과 혼합하여 SPF25로 설명하고 판매하였다.

정답 : ⑤

CHAPTER

07 충진 및 포장

Check Point!

충진 및 포장에서는 맞춤형화장품의 제형 특성 이해를 바탕으로 다음의 내용을 숙지하도록 한다.

- 제품에 맞는 충진 방법
- 제품에 적합한 포장 방법
- 용기 기재사항

충진 및 포장작업은 환경과 안전 등을 고려하여 정해진 법령에 따라야 하며, 제품의 제조공정, 점도, 제품의 안전성, pH, 밀도 등 내용물의 특성 특히, 내용물의 충진 전후의 품질특성이 일정하게 유지되어야 한다. 또한 포장 재질 및 포장용기의 특성을 고려하여야 한다.

7.1 제품에 맞는 충진 방법

1) 충진(충전)

화장품 내용물(액상, 크림상, 겔상 등)을 일정한 규격의 용기에 채우는 작업

2) 화장품 충전 포장 관련 주요법령 규정 기출

안전 · 용기 포장	• 책임판매업자 및 맞춤화장품 판매업자는 화장품을 판매할 때에는 어린이가 화장품을 잘못 사용하여 인체 위해를 끼치는 사고가 발생하지 않도록 안전용기·포장을 사용해야 한다.
내용량의 기준	• 제품 3개를 가지고 시험할 때 평균내용량은 표기량에 대하여 97%이다.(다만, 화장 비누의 경우 건조 중량을 내용량으로 한다). • 이의 기준을 벗어날 경우 6개를 더 취하여 시험할 때 9개의 평균 내용량이 97% 이상이어야 한다.

3) 충전기 방식별 제품 타입

충전기 방식	제품 타입	제품의 예
피스톤	용량이 큰 액상 타입 제품의 충진에 사용	샴푸, 린스, 컨디셔너 등
파우치	1회용 파우치 포장 제품 충진에 사용	시공품, 견본품 등
파우더	페이스 파우더와 같은 파우더류 충진에 사용	파우더 제품 충진

액체	액상 타입의 충진 사용	스킨, 로션, 토너, 앰플 등
튜브	튜브 용기의 제품 충진	선크림, 폼 클렌징 등

4) 충진 및 포장실의 위생

① 바닥, 작업대 등에 수시 및 정기적으로 청소를 실시하고 충진 및 포장 공정 중 혹은 공정 간의 오염을 방지하여야 한다.

② 작업 중 자재, 내용물 저장통, 완제품 등은 이동 시 먼지, 이물 등을 제거해 설비 혹은 생산 중인 제품에 오염이 발생되지 않도록 해야 한다.

> **Tip 맞춤형화장품 포장 시 지켜야 할 기술 및 태도**
>
> ① 화장품의 품질 특성 4가지(안전성, 유효성, 안정성, 사용성) 모두를 충족
> ② 포장재의 선입, 선출, 관리, 보관 기술
> ③ 원료의 입출고 절차 준수 의지
> ④ 보관 장소의 철저한 관리 및 위생, 정돈 의지

7.2 제품에 적합한 포장 방법

① 맞춤형화장품의 포장 시 포장재 출고 의뢰서, 포장재명, 포장재 코드번호, 규격 수량, 적합 라벨 부착 여부, 시험번호, 포장 상태 등을 확인해야 한다.

② 포장재질은 포장 차수 또는 내부·외부 포장재별로 주된 재질을 표시한다(분리배출 표시 등 관계 법령에 따라 포장재의 재질을 표시하는 경우에는 이를 생략할 수 있음).

〈포장재의 재질 및 포장방법의 표시방법〉

검사결과	포장재질	1차: 2차:
	포장공간비율	%(기준 : % 이하)
	포장횟수	차(기준 : 차 이내)
검사성적서 발행번호		
검사일 등		
전문검사기관명		

▶ 「제품의 포장재질 · 포장방법에 관한 기준 등에 관한 규칙」 제6조 [별표 2]

③ 표시하기 곤란한 경우에는 포장의 크기나 상태 등을 고려하여 표시 내용을 다른 적절한 방법으로 표시할 수 있다.

제품의 종류			기준	
			포장공간비율	포장횟수
단위제품	화장품류	인체 · 두발 세정용 제품류	15% 이하	2차 이내
		그 밖의 화장품류(방향제 포함)	10% 이하(향수 제외)	2차 이내
종합제품		화장품류	25% 이하	2차 이내

▶ 「제품의 포장재질·포장방법에 관한 기준 등에 의한 규칙」 [별표1]

① 포장공간비율 : 전체 포장에서 제품을 제외한 공간이 차지하는 비율
② 단위제품 : 1회 이상 포장한 최소 판매 단위의 제품
③ 종합제품 : 같은 종류 또는 다른 종류의 최소 판매 단위의 제품을 2개 이상 함께 포장한 제품

기출 유형

다음 <보기>는 화장품법 시행규칙 제 18조 1항에 따른 안전용기·포장을 사용하여야 할 품목에 대한 설명이다. 괄호에 들어갈 알맞은 성분의 종류를 작성하시오.

〈보기〉
ㄱ. 아세톤을 함유하는 네일 에나멜 리무버 및 네일 폴리시 리무버
ㄴ. 개별 포장당 메틸살리실레이트 5% 이상 함유하는 액체 상태의 제품
ㄷ. 어린이용 오일 등 개별 포장당 (　　)류를 10% 이상 함유하고 운동점도가 21센티스톡스 (섭씨 40도 기준) 이하인 비에멀젼 타입의 액체 상태의 제품

정답 : 탄화수소

7.3 용기 기재사항

7.3.1 화장품 용기의 분류

1) 화장품 용기의 기본적인 기능성

화장품 용기의 가장 기본적인 목적은 온도, 습도, 광, 미생물 등의 자연환경에서 화장품을 제작, 운반, 보관할 때에 내용물의 손실이나 오염방지를 통해 화장품의 변형이 일어나지 않도록 안전하게 보호하는 것이다.

과정	조건
제작	• 직간접적인 화학적 영향
	• 세균이나 곰팡이 등 미생물에 의한 오염
	• 작업 공정 시 다른 물질에 의한 직간접적 환경오염

유통	• 품질 보호를 위한 강도 • 용기 구성성분이 내용물과 접촉 시 용출, 확산 또는 침투되는 것을 방지 • 산소, 자외선 등 외부 변질 요인 차단 • 가공 공정 후 내용물의 향기 유지

2) 화장품 용기의 종류 기출

① 밀폐용기 : 일상의 취급 또는 보통 보존상태에서 외부로부터 고형의 이물이 들어가는 것을 방지하고 고형의 내용물이 손실되지 않도록 보호할 수 있는 용기(예 : 콤팩트 등)

② 기밀용기 : 일상의 취급 또는 보통 보존 상태에서 액상 또는 고형의 이물 또는 수분이 침입하지 않고 내용물을 손실, 풍화, 조해 또는 증발로부터 보호할 수 있는 용기(예 : 로션, 크림용기, 튜브, 립스틱 등)

③ 밀봉용기 : 일상의 취급 또는 보통 보존 상태에서 기체 또는 미생물이 침입할 염려가 없는 용기

④ 차광용기 : 광선의 투과를 방지하는 용기 또는 투과를 방지하는 포장을 한 용기

기출 유형

다음은 화장품 용기에 대한 설명이다. (　　　)안에 들어갈 용어를 쓰시오.

〈보기〉
화장품에 사용하는 용기 중에서 (　　　) 용기는 광선의 투과를 방지하는 용기 또는 투과를 방지하는 포장을 한 용기를 말한다.

정답 : 차광

3) 화장품 용기의 형태별 분류

화장품의 용기는 화장품의 종류에 따라 향수, 두발용화장품, 피부용 화장품, 메이크업화장품, 특수용도 화장품으로 분류되며, 내용물의 특성과 사용 목적에 따라 유리형 화장품 용기, 금속 화장품 용기 및 플라스틱 화장품 용기로 구분된다.

순	형태	제품유형
1	세구병	화장수, 유액, 에나멜, 향수 등
2	광구병	크림, 파운데이션 등
3	반복 꺼냄 용기	스틱파운데이션, 스틱아이섀도우 등
4	튜브	크림, 파운데이션 등
5	콤팩트 용기	고형파운데이션, 아이섀도우, 브로셔 등
6	세신원통상 용기	마스카라, 아이라이너 등
7	파우더 용기	루스파우더 등
8	펜슬 용기	아이라이너, 아이브로우, 립펜슬 등

9	디스펜서식 용기	샴푸, 린스, 유액, 화장수 등
10	아트마이저식 용기	향수, 오데코롱, 헤어미스트 등
11	헤어졸 용기	헤어스프레이, 무스, 파우더, 스프레이 등
12	파우치 팩	입욕제 등

4) 화장품 용기의 재료별 분류

재료	세부 재료
유리	투명유리, 착색유리, 관병, 옥병, 아라바스타, 폴리, 크리스탈 유리 등
금속	알루미늄, 스테인리스, 황동, 단동, 인청동, 알루미늄합금, 이연합금, 주석, 주석합금 등
플라스틱	폴리에틸렌(PE), 폴리프로필렌(PP), 폴리에틸렌텔레프탈레이트(PET), 폴리염화비닐(PVC), 아크로니트릴 스틸렌 수지(AS), 아크로니트릴 브타티엔수지(ABS), 폴리스틸렌(PS), 폴리메틸펜텐(TPX), 나이론, 에틸렌비닐알콜수지(EVOH), 폴리부틸렌텔레프탈레이트(PBT), 폴리카보네이트(PC), 폴리아크로니트릴수지, 우레아수지, 폴리아세탈수지(POM), 이이오노마수지, 아릴수지, 아크로니트릴부라디엔고무(NBR), 폴리우레탄, 폴리비닐알콜(PVA), 에틸렌비닐아세테이트(EVAC), 그 외 엘라스트마 소재 등

▶ 「정보분석 보고서」 화장품 용기 및 사업화 요인 분석

7.3.2 화장품 포장 기재사항 기출

1) 화장품 포장 표시기준과 표시 방법 기출

화장품의 명칭	다른 제품과 구별할 수 있도록 표시된 것으로서 같은 화장품책임판매업자의 여러 제품에서 공통으로 사용하는 명칭을 포함
화장품제조업자 및 화장품판매업자 상호 및 주소	• 화장품제조업자 또는 화장품책임판매업자의 주소는 등록필증에 적힌 소재지 또는 반품·교환 업무를 대표하는 소재지를 기재·표시하여야 함 • '화장품제조업자'와 '화장품책임판매업자'는 각각 구분하여 기재·표시해야 함(다만, 화장품제조업자와 화장품책임판매업자가 같은 경우는 '화장품제조업자 및 화장품책임판매업자'로 한꺼번에 기재·표시할 수 있음) • 공정별로 2개 이상의 제조소에서 생산된 화장품의 경우에는 일부 공정을 수탁한 화장품제조업자의 상호 및 주소의 기재·표시를 생략할 수 있음 • 수입화장품의 경우에는 추가로 기재·표시하는 제조국의 명칭, 제조회사명 및 그 소재지를 국내 '화장품제조업자'와 구분하여 기재·표시해야 함

화장품 제조에 사용된 성분	• 글자의 크기는 5포인트 이상 • 화장품 제조에 사용된 함량이 많은 것부터 기재 · 표시한다. 다만, 1퍼센트 이하로 사용된 성분, 착향제 또는 착색제는 순서에 상관없이 기재 · 표시할 수 있음 • 색조 화장용 제품류, 눈 화장용 제품류, 두발염색용 제품류 또는 손발톱용 제품류에서 호수별로 착색제가 다르게 사용된 경우 '± 또는 +/−'의 표시 다음에 사용된 모든 착색제 성분을 함께 기재 · 표시할 수 있음 • 착향제는 '향료'로 표시할 수 있음. 다만, 식품의약품안전처장은 착향제의 구성 성분 중 알레르기 유발물질로 알려진 성분이 있는 경우에는 해당 성분의 명칭을 기재 · 표시하도록 권장할 수 있음 • 산성도(pH) 조절 목적으로 사용되는 성분은 그 성분을 표시하는 대신 중화 반응에 따른 생성물로 기재 · 표시할 수 있음 • 성분을 기재 · 표시할 경우 화장품제조업자 또는 화장품책임판매업자의 정당한 이익을 현저히 침해할 우려가 있을 때에는 화장품제조업자 또는 화장품책임판매업자는 식품의약품안전처장에게 그 근거자료를 제출해야 하고, 식품의약품안전처장이 정당한 이익을 침해할 우려가 있다고 인정하는 경우에는 '기타 성분'으로 기재 · 표시할 수 있음
내용물의 용량 또는 중량	• 화장품의 1차 포장 또는 2차 포장의 무게가 포함되지 않은 용량 또는 중량을 기재 · 표시
제조번호 사용기한 (또는 개봉 후 사용기간)	• 쉽게 구별되도록 기재 · 표시해야 하며, 개봉 후 사용기간을 표시하는 경우에는 병행 표기해야 하는 제조연월일도 각각 구별이 가능하도록 기재 · 표시하여야 함
사용기한 또는 개봉 후 사용기간	• 사용기한은 '사용기한' 또는 '까지' 등의 문자와 '연월일'을 소비자가 알기 쉽도록 기재· 표시해야 한다. 다만, '연월'로 표시하는 경우 사용기한을 넘지 않는 범위에서 기재·표시해야 한다. • 개봉 후 사용기간은 '개봉 후 사용기간'이라는 문자와 'OO월' 또는 'OO개월'을 조합하여 기재·표시하거나, 개봉 후 사용기간을 나타내는 심벌과 기간을 기재·표시할 수 있다. 예) 심벌과 기간표시 – 개봉 후 사용기간이 12개월 이내인 제품 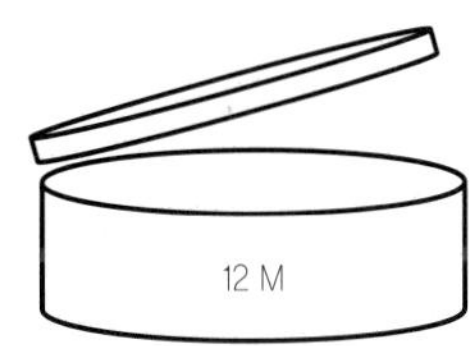
기능성화장품 기재 · 표시	• 문구는 법 제10조 제1항 제8호에 따라 기재·표시된 '기능성화장품' 글자 바로 아래에 '기능성화장품' 글자와 동일한 글자 크기 이상으로 기재·표시해야 함 • 기능성화장품을 나타내는 도안은 다음과 같이 함 도안의 크기는 용도 및 포장재의 크기에 따라 동일 배율로 조정한다. 도안은 알아보기 쉽도록 인쇄 또는 각인 등의 방법으로 표시해야 함 

▶ 「화장품법 제10조 제4항
▶ 「화장품법 시행규칙」 제19조 제6항

2) 화장품 용기 기재사항에 따른 부당한 표시광고(「화장품법」 제22조 [별표 5])

기출 유형

화장품법의 용어 중 다음 <보기>에 해당하는 용어는?

〈보기〉
화장품이 제조된 날부터 적절한 보관 상태에서 제품이 고유의 특성을 간직한 채 소비자가 안정적으로 사용할 수 있는 최소한의 기한

① 보관기간 ② 사용기한 ③ 개봉 후 유효기간 ④ 처리기간 ⑤ 개봉기간

정답 : ②

기출 유형

다음 중 화장품 광고에 사용할 수 있는 문구로 옳은 것은?

① 의사, 한의사가 사용하고 추천하는 제품이라는 문구
② '최고' 또는 '최상' 이라는 문구
③ 멸종위기종의 가공품이 함유된 화장품임을 광고하는 문구
④ 기준을 분명히 밝혀 객관적으로 확인될 수 있는 경쟁상품과의 비교 광고 문구
⑤ 외국과의 기술제휴를 하지 않고 외국과의 기술제휴 등을 표현하는 광고 문구

정답 : ④

CHAPTER 08 재고관리

Check Point!

재고관리에서는 화장품의 원료, 내용물 및 발주에 관한 이해를 바탕으로 다음의 내용을 숙지하도록 한다.

- 원료 및 내용물의 재고 파악
- 적정 재고를 유지하기 위한 발주

8.1 원료 및 내용물의 재고 파악 기출

1) 내용물 및 원료의 보관 및 관리(「우수화장품 제조 및 품질관리기준」 제13조)

내용물 및 원료 시험 결과 적합 판정된 것만을 확인하여 입고 및 출고 방식에 의하여 재고량을 파악한다. 원료 및 내용물의 제조사 및 품질관리 여부를 확인하고 품질 성적서를 구비하여야 한다.

(1) 우수화장품 원료와 내용물(「우수화장품 제조 및 품질관리」 제13조)

① 원자재, 반제품 및 벌크 제품은 품질에 나쁜 영향을 미치지 아니하는 조건에서 보관하고, 보관기한을 설정하여야 함

② 원자재, 반제품 및 벌크 제품은 바닥과 벽에 닿지 않도록 보관하고, 선입선출에 의하여 출고할 수 있도록 보관

③ 원자재, 시험 중인 제품 및 부적합품은 각각 구획된 장소에서 보관(서로 혼동을 일으킬 우려가 없는 시스템에 의하여 보관되는 경우 예외)

④ 설정된 보관기한이 지나면 사용의 적절성을 결정하기 위해 재평가시스템을 확립하여야 하며, 동 시스템을 통해 보관기한이 경과한 경우 사용하지 않도록 규정

(2) 맞춤형화장품 원료와 내용물(맞춤형화장품 가이드라인 해설)

① 입고 시 품질관리 여부를 확인하고 품질성적서를 구비

② 원료 등은 품질에 영향을 미치지 않는 장소에서 보관(예 : 직사광선을 피할 수 있는 장소 등)

③ 원료 등의 사용기한을 확인한 후 관련 기록을 보관하고, 사용기한이 지난 내용물 및 원료는 폐기

기출 유형

맞춤형화장품의 내용물 및 원료에 대한 품질 검사 결과를 확인해 볼 수 있는 서류로 옳은 것은?

① 품질규격서
② 제조공정도
③ 포장지시서
④ 칭량지시서
⑤ 품질성적서

정답 : ⑤

〈내용물 및 원료 보관 예시〉

▶ 식품의약품안전처 맞춤형화장품판매업 가이드라인

선반 및 서랍장에 보관하는 경우

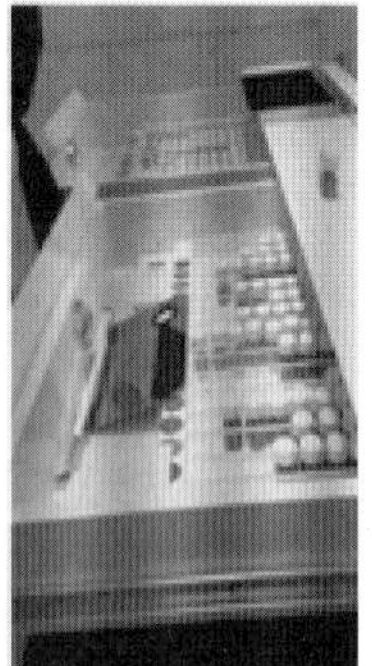

냉장고를 이용하여 보관하는 경우

2) 보관 관리를 위해 고려해야 할 사항

① 보관 조건은 각각의 원료와 포장재에 적합해야 함(과도한 열기, 추위, 햇빛 또는 습기에 노출되어 변질되는 것을 방지)

② 물질의 특징 및 특성에 맞도록 보관·취급되어야 하며, 특수한 보관 조건은 적절하게 준수하여야 함

③ 원료와 포장재의 용기는 밀폐되어야 하며, 재포장될 경우, 원래의 용기와 동일하게 표시하여야 함

④ 청소와 검사가 용이하도록 바닥과 떨어진 곳에 보관하여야 함

8.2 적정재고를 유지하기 위한 발주

8.2.1 원료 및 내용물의 보관 및 출고관리(「우수화장품 제조 및 품질관리 기준」 제12조, 제19조)

맞춤형화장품판매장에는 맞춤형화장품 조제를 위한 혼합·소분에 사용되는 원료 및 내용물의 적정재고량을 구비하기 위해 기간을 정하고 원료 및 내용물의 재고파악을 통해 적정재고를 유지하기 위한 시스템을 갖추어야 한다.

(1) 출고관리(「우수화장품 제조 및 품질관리 기준」 제12조)

원자재는 시험결과 적합 판정된 것만을 선입선출방식으로 출고해야 하고 이를 확인할 수 있는 체계를 확립하여야 함

(2) 보관 및 출고(「우수화장품 제조 및 품질관리 기준」 제19조)

① 완제품은 적절한 조건의 정해진 장소에서 보관하여야 하며, 주기적으로 재고 점검을 수행해야 함
② 완제품은 시험결과 적합으로 판정되고 품질보증부서 책임자가 출고 승인한 것만을 출고하여야 함
③ 출고는 선입선출방식으로 하되, 타당한 사유가 있는 경우에는 예외
④ 출고할 제품은 원자재, 부적합품 및 반품된 제품과 구획된 장소에서 보관하여야 함(서로 혼동을 일으킬 우려가 없는 시스템에 의하여 보관되는 경우에는 예외)
⑤ 주기적으로 재고파악 및 점검을 수행하여야 함

적중예상문제

4과목 맞춤형화장품의 이해

01 다음 맞춤형화장품의 설명으로 적절하지 않은 것은?

① 제조된 화장품의 내용물에 다른 화장품의 내용물이나 식품의약품안전처장이 정하는 원료를 추가하여 혼합한 화장품
② 유기농 원료, 동식물 및 그 유래 원료 등을 함유한 화장품으로 식품의약품안전처장이 정하는 기준에 맞는 화장품
③ 수입된 화장품의 내용물에 식품의약품안전처장이 정하는 원료를 추가하여 혼합한 화장품
④ 제조된 화장품의 내용물(벌크제품)을 소분한 화장품
⑤ 수입된 화장품의 내용물(벌크제품)을 소분한 화장품

Tip
유기농 원료, 동식물 및 그 유래 원료 등을 함유한 화장품은 유기농 화장품이다.

02 다음 중 맞춤형화장품 판매업의 신고를 할 수 없는 경우로 알맞지 않은 것은?

① 정신질환자(다만, 전문의가 화장품 제조업자로서 적합하다고 인정하는 사람은 제외)
② 피성년후견인 또는 파산신고를 받고 복권되지 아니한 자
③ 화장품법을 위반하여 금고 이상의 형을 선고받고 그 집행이 끝나지 아니하거나 그 집행을 받지 아니하기로 확정되지 아니한 자
④ 보건범죄 단속에 관한 특별조치법을 위반하여 금고 이상의 형을 선고받고 그 집행이 끝나지 아니하거나 그 집행을 받지 아니하기로 확정되지 아니한 자
⑤ 등록이 취소되거나 영업소가 폐쇄된 날부터 1년이 지나지 아니한 자

Tip
정신질환자는 전문의의 인정과 무관하게 결격자로 분류된다.

03 맞춤형화장품조제관리사 자격시험에 대한 설명으로 적합하지 않은 것은?

① 맞춤형화장품조제관리사가 되려는 사람은 화장품과 원료 등에 대하여 식품의약품안전처장이 실시하는 자격시험에 합격하여야 한다.
② 식품의약품안전처장은 맞춤형화장품조제관리사가 거짓이나 그 밖의 부정한 방법으로 시험에 합격한 경우에는 자격을 취소하여야 한다.
③ 자격이 취소된 사람은 취소된 날부터 1년간 자격시험에 응시할 수 없다.
④ 자격시험의 시기, 절차, 방법, 시험과목, 자격증의 발급, 시험운영기관의 지정 등 자격시험에 필요한 사항은 총리령으로 정한다.
⑤ 식품의약품안전처장은 자격시험 업무를 효과적으로 수행하기 위하여 필요한 전문인력과 시설을 갖춘 기관 또는 단체를 시험운영기관으로 지정하여 시험업무를 위탁할 수 있다.

정답 01 ② 02 ① 03 ③

Tip

식품의약품안전처장은 맞춤형화장품조제관리사가 거짓이나 그 밖의 부정한 방법으로 시험에 합격한 경우에는 자격을 취소하여야 하며, 자격이 취소된 사람은 취소된 날부터 3년간 자격시험에 응시할 수 없다.

04 **맞춤형화장품조제관리사 자격시험에 관한 설명으로 옳지 않은 것을 모두 고르시오.**

ㄱ. 맞춤형화장품조제관리사가 되려는 사람은 화장품과 원료 등에 대하여 식품의약품안전처장이 실시하는 자격시험에 합격하여야 한다.
ㄴ. 식품의약품안전처장은 맞춤형화장품조제관리사가 거짓이나 그 밖의 부정한 방법으로 시험에 합격한 경우에는 자격을 취소하여야 한다.
ㄷ. 자격이 취소된 사람은 취소된 날부터 5년간 자격시험에 응시할 수 없다.
ㄹ. 자격시험에 필요한 사항은 대통령령으로 정한다.
ㅁ. 자격시험 업무를 효과적으로 수행하기 위하여 필요한 전문인력과 시설을 갖춘 기관 또는 단체를 시험운영기관으로 지정하여 시험 업무를 위탁할 수 있다.

① ㄱ, ㄴ ② ㄱ, ㅁ
③ ㄴ, ㄷ ④ ㄷ, ㄹ
⑤ ㄹ, ㅁ

Tip

ㄷ. 자격이 취소된 사람은 취소된 날부터 3년간 자격시험에 응시할 수 없다.
ㄹ. 자격시험의 시기, 절차, 방법, 시험과목, 자격증의 발급, 시험운영기관의 지정 등 자격시험에 필요한 사항은 총리령으로 정한다.

05 **맞춤형화장품 판매업과 관련된 영업자로 적합하지 않는 것은?**

① 맞춤형화장품판매업자는 맞춤형화장품 판매장 시설·기구의 관리 방법, 혼합·소분 안전관리기준의 준수 의무, 혼합·소분되는 내용물 및 원료에 대한 설명 의무 등에 관하여 총리령으로 정하는 사항을 준수하여야 한다.
② 맞춤형화장품조제관리사는 화장품의 안전성 확보 및 품질관리에 관한 교육을 2년마다 받아야 한다.
③ 식품의약품안전처장은 국민 건강상 위해를 방지하기 위하여 필요하다고 인정하면 화장품 제조업자, 화장품책임판매업자 및 맞춤형화장품판매업자에게 화장품 관련 법령 및 제도에 관한 교육을 받을 것을 명할 수 있다.
④ 교육을 받아야 하는 자가 둘 이상의 장소에서 맞춤형화장품판매업을 하는 경우에는 종업원 중에서 총리령으로 정하는 자를 책임자로 지정하여 교육을 받게 할 수 있다.
⑤ 교육의 실시 기관, 내용, 대상 및 교육비 등에 관하여 필요한 사항은 총리령으로 정한다.

Tip

책임판매관리자 및 맞춤형화장품조제관리사는 화장품의 안전성 확보 및 품질관리에 관한 교육을 매년 받아야 한다.

06 **맞춤형화장품조제관리사의 교육에 관한 내용으로 옳지 않은 것은?**

① 맞춤형화장품조제관리사는 화장품의 안전성 확보 및 품질관리에 관한 교육을 매년 받아야 한다.
② 교육시간은 4시간 이상, 8시간 이하로 한다.
③ 교육내용은 화장품 관련 법령 및 제도에 관한 사항, 화장품의 안전성 확보 및 품질관리에 관한 사항 등으로 한다.
④ 교육내용에 관한 세부 사항은 식품의약품안전처장의 승인을 받아야 한다.
⑤ 교육의 실시 기관, 내용, 대상 및 교육비 등에 관하여 필요한 사항은 대통령령으로 정한다.

정답 04 ④ 05 ② 06 ⑤

Tip

교육의 실시 기관, 내용, 대상 및 교육비 등 교육에 관하여 필요한 사항은 총리령으로 정한다.

07 맞춤형화장품에 관한 사항으로 옳지 않은 것은?

① 맞춤형화장품판매업을 하려는 자는 식품의약품안전처장에게 등록하여야 한다.
② 맞춤형화장품은 식품의약품안전처장이 정하는 원료를 추가하여 혼합한 화장품을 말한다.
③ 제조 또는 수입된 화장품의 내용물을 소분(小分)한 화장품을 말한다.
④ 맞춤형화장품은 제조 또는 수입된 화장품의 내용물에 다른 화장품의 내용물을 말한다.
⑤ 맞춤형화장품판매업을 하려는 자는 맞춤형화장품조제관리사를 두어야 한다.

Tip **맞춤형화장품판매업의 신고**

맞춤형화장품판매업을 하려는 자는 식품의약품안전처장에게 신고하여야 한다. 신고한 사항 중 총리령으로 정하는 사항을 변경할 때에도 또한 같다.

08 다음 세포 중 표피층에 존재하는 표피 구성세포가 아닌 것은?

① 각질형성세포 ② 색소형성세포
③ 랑게르한스세포 ④ 섬유아세포
⑤ 머켈세포

Tip

섬유아세포는 진피의 구성세포이다.

09 다음은 진피의 구조 중 유두층에 대한 설명이다. 옳지 않은 것은?

① 표피와 진피의 경계 부분에 존재
② 탄력성과 팽창성이 큰 층으로 피부 처짐을 막아줌
③ 수분이 함유되어 있으며 피부의 팽창과 탄력에 영향
④ 진피 유두의 모세혈관을 통해 표피에 영양소와 산소를 공급
⑤ 표피 속으로 진피의 작은 돌기가 돌출되어 있는 형태

Tip

탄력성과 팽창성이 큰 층으로 피부 처짐을 막아주는 구조는 망상층에 대한 설명이다.

10 다음 소한선(에크린선)에 대한 설명으로 옳지 않은 것은?

① 호르몬의 영향을 받으며, 여성에게 많이 발생한다.
② 체온 상승 시 땀을 분비하여 체온을 감소시킨다.
③ 땀의 구성성분은 99%의 수분과 소금이다.
④ 주로 손바닥, 발바닥, 두피, 이마에 분포한다.
⑤ 약산성으로 세균의 번식을 억제한다.

Tip

호르몬의 영향을 받으며, 여성에게 많이 발생하는 것은 대한선(아포크린선)이다.

11 다음은 모발의 성장주기에 대한 설명이다. 옳지 않은 것은 어느 것인가?

① 성장기 : 전체 모발의 80~90% 차지
② 성장기 : 월 평균 1~1.5cm 정도 성장
③ 퇴행기 : 성장기가 끝나고 모발의 형태를 유지하면서 휴지기로 넘어가는 전환단계
④ 퇴행기 : 모유두의 활동이 일시 정지됨. 모기질 상피세포 분열의 정지와 함께 성장이 멈추는 단계
⑤ 휴지기 : 휴지기는 3~4개월로서 전체 두발의 4~14%에 해당

정답 07 ① 08 ④ 09 ② 10 ① 11 ④

Tip
④는 대한 설명이다.

12 맞춤형화장품의 판매 범위가 옳지 않은 것은?

① 소비자의 직·간접적인 요구에 따라 기존 화장품의 특정 성분의 혼합이 이루어져야 한다.
② 기본 제형이 정해져 있어야 하고, 기본 제형의 변화가 없는 범위 내에서 특정 성분의 혼합이 이루어져야 한다.
③ 화장품법에 따라 등록된 업체에서 공급된 특정 성분을 혼합하는 것을 원칙으로 하되, 화학적인 변화 등 인위적인 공정을 거치지 않는 성분의 혼합도 가능하다.
④ 제조판매업자가 특정 성분의 혼합 범위를 규정하고 있는 경우에는 그 범위 내에서 특정 성분의 혼합이 이루어져야 한다.
⑤ 기존 표시·광고된 화장품의 효능·효과에 변화가 가능한 범위 내에서 특정 성분의 혼합이 이루어져야 한다.

Tip
기존 표시·광고된 화장품의 효능·효과에 변화가 없는 범위 내에서 특정 성분의 혼합이 이루어져야 한다.

13 다음 중 맞춤형화장품 혼합에 사용되는 원료의 범위에 대해 잘못 설명한 것은?

① 원료의 경우 개인 맞춤형으로 추가되는 색소, 향, 기능성 원료 등이 해당되며 이를 위한 원료의 조합(혼합 원료)도 허용한다.
② 기능성화장품의 효능·효과를 나타내는 원료는 내용물과 원료의 최종 혼합 제품을 기능성화장품으로 심사(또는 보고) 받은 경우에 한하여, 심사(또는 보고) 받은 조합·함량 범위 내에서만 사용 가능하다.
③ 원료의 품질유지를 위해 원료에 보존제가 포함된 경우에는 예외적으로 허용한다.
④ 사용기준이 지정, 고시된 원료 외의 보존제, 색소, 자외선 차단제 등은 사용할 수 있다.
⑤ 특별히 사용상의 제한이 필요한 원료에 대해 그 사용기준을 지정하여 고시된 원료에 대해 확인하여야 하며, 지정, 고시되지 않은 원료에 대해서는 사용을 금지한다.

Tip
사용기준이 지정, 고시된 원료 외의 보존제, 색소, 자외선 차단제 등은 사용할 수 없다.

14 다음의 〈보기〉에서 맞춤형화장품의 부작용 종류를 모두 고르면?

〈보기〉
ㄱ. 발진　　ㄴ. 부종
ㄷ. 통증　　ㄹ. 표피탈락
ㅁ. 가려움증

① ㄱ, ㄴ　　② ㄴ, ㄷ
③ ㄱ, ㄴ, ㄷ　　④ ㄱ, ㄴ, ㄷ, ㄹ
⑤ ㄱ, ㄴ, ㄷ, ㄹ, ㅁ

Tip
맞춤형화장품의 부작용 종류에는 접촉성 피부염, 발진, 홍반, 부종, 통증, 가려움증, 표피탈락, 열감, 여드름, 아토피 악화, 물집 등이 있다.

15 다음 중 화장품 배합에 사용할 수 없는 원료에 해당하는 것으로 옳은 것은?

① 글리세린
② 토코페릴아세테이트
③ 다이프로필렌글라이콜
④ 진세노사이드
⑤ 페닐파라벤

정답 12 ⑤ 13 ④ 14 ⑤ 15 ⑤

> **Tip** 화장품에 사용할 수 없는 원료
> 디메칠설페이트, 디옥산, 디클로로펜, 디페닐아민, 리도카인, 페닐부타존, 페닐파라벤 등

16 **다음 중 폐기 확인서에 표시되어야 하는 사항으로 옳지 않은 것은?**

① 폐기 의뢰자 ② 제품명
③ 폐기량 ④ 폐기 장소
⑤ 폐기 비용

> **Tip** 폐기 확인서 포함 사항
> • 폐기 의뢰자 : 상호, 대표자, 전화번호
> • 폐기 현황 : 제품명, 제조번호 및 제조일자, 사용기한 또는 개봉 후 사용기간, 포장단위, 폐기량
> • 폐기 사유 : 폐기 일자, 폐기 장소, 폐기 방법

17 **다음의 맞춤형화장품 판매장 위생상 준수사항 중 가장 옳은 것은?**

① 오염 방지를 위하여 혼합행위를 할 때에는 단정한 복장을 하며 혼합 전후에는 손을 소독하거나 씻도록 함
② 혼합하는 장비 또는 기기는 사용 전후에 세척 등을 통하여 오염방지를 위한 위생관리를 할 수 있도록 함
③ 사용하고 남은 제품은 개봉 후 사용기한을 정하지 않고 밀폐를 위한 마개 사용 등 비의도적인 오염방지를 할 수 있도록 함
④ 완제품 및 원료의 입고 시 사용기한을 확인하고 사용기한이 지난 제품은 사용하지 않도록 함
⑤ 혼합 후에는 물리적 현상(층분리 등)에 대하여 육안으로 이상유무를 확인하고 판매하도록 하여야 함

> **Tip**
> 사용하고 남은 제품은 개봉 후 사용기한을 정하고 밀폐를 위한 마개 사용 등 비의도적인 오염방지를 할 수 있도록 해야 한다.

18 **다음 중 맞춤형화장품 표시·사항으로 옳지 않은 것은?**

① 화장품의 명칭
② 맞춤형화장품판매업자 상호
③ 사용기한 또는 개봉 후 사용기간
④ 화장품 원료의 생산지
⑤ 화장품책임판매업자 상호

> **Tip** 맞춤형화장품 표시·기재사항
> 화장품의 명칭, 화장품 책임판매업자 및 맞춤형화장품 판매업자 상호, 맞춤형화장품 식별번호, 사용기한 또는 개봉 후 사용기간, 가격

19 **다음 중 맞춤형화장품 혼합·소분 장소의 위생관리에 대한 설명 중 옳지 않은 것은?**

① 맞춤형화장품 혼합·소분 장소와 판매 장소는 구분·구획하여 관리
② 적절한 환기시설 구비
③ 작업대, 바닥, 벽, 천장 및 창문 청결 유지
④ 혼합 전·후 작업자의 손 세척 및 장비 세척을 위한 세척시설 구비
⑤ 방충·방서 대책 마련 및 상황에 따른 점검·확인

> **Tip**
> 방충방서 대책 마련 및 정기적 점검·확인을 해야 한다.

20 **다음 〈보기〉에 제시된 맞춤형화장품의 전성분 항목 중 사용상의 제한이 필요한 보존제에 해당하는 성분을 모두 고르시오.**

> 〈보기〉
> 정제수, 글리세린, 다이프로필렌글라이콜, 토코페릴아세테이트, 벤질알코올, 다이메티콘/비닐다이메티콘크로스폴리머, C12-4파레스-3, 페녹시에탄올, 향료

정답 16 ⑤ 17 ③ 18 ④ 19 ⑤ 20 ②

① 글리세린, 토코페릴아세테이트
② 벤질알코올, 페녹시에탄올
③ 다이프로필렌글라이콜, C12-14파레스-3
④ 벤질알코올, 토코페릴아세테이트
⑤ 페녹시에탄올, 향료

Tip **화장품에 사용되는 사용제한 원료**

벤질알코올 1.0%(다만, 염모용 제품류에 용제로 사용할 경우에는 10%), 페녹시에탄올 1.0%

21 다음 〈보기〉 중 맞춤형화장품조제관리사가 혼합할 수 있는 원료는?

〈보기〉

ㄱ. 우레아	ㄴ. 알지닌
ㄷ. 트리클로산	ㄹ. 파이틱애시드
ㅁ. 징크피리치온	ㅂ. 에틸핵실글리세린

① ㄱ, ㄷ, ㅁ ② ㄴ, ㄹ, ㅂ
③ ㄱ, ㄴ, ㅂ ④ ㄴ, ㄷ, ㅂ
⑤ ㄷ, ㄹ, ㅁ

Tip

우레아는 10%, 트리클로산은 사용 후 씻어내는 제품류에 0.3%(기능성화장품의 유효성분으로 사용하는 경우에 한하며 기타 제품에는 사용금지), 장크피리치온은 사용 후 씻어내는 제품에 0.5%(기타 제품에는 사용금지)의 사용제한이 있음.

22 다음의 원료 중 피부의 미백에 도움을 주는 기능성화장품 원료인 것은?

① 레티놀 ② 아데노신
③ 레티닐 팔미테이트 ④ 알파-비사보롤
⑤ 폴리에톡실레이티드 레틴아마이드

Tip

알파-비사보롤 0.5%는 미백에 도움을 주는 원료이다.

23 다음의 원료 중 피부의 주름개선에 도움을 주는 기능성화장품 원료인 것은?

① 알부틴
② 유용성감초추출물
③ 아스코빌글루코사이드
④ 나이아신아마이드
⑤ 아데노신

Tip

아데노신 0.04%는 주름개선에 도움을 주는 원료이다.

24 다음 중 화장품의 기재사항 중 반드시 1차 포장에 표시하여야 하는 내용이 아닌 것은?

① 화장품의 명칭
② 영업자의 상호
③ 제조번호
④ 사용기한 또는 개봉 후 사용기간
⑤ 화장품에 사용된 모든 성분

Tip **1차 포장 표시사항**

① 화장품의 명칭
② 영업자(화장품제조업자, 화장품책임판매업자, 맞춤형화장품판매업자)의 상호
③ 제조번호
④ 사용기한 또는 개봉 후 사용기간(개봉 후 사용기간의 경우 제조연월일 병기)

25 화장품의 가격 기재·표시 사항으로 옳지 않은 것은?

① 화장품의 가격 기재·표시는 미관상 나쁘지 않다면 어디에 해도 상관없다.
② 총리령으로 정하는 바에 따라 읽기 쉽고 이해하기 쉬운 한글로 정확히 기재·표시하여야 한다.
③ 한자 또는 외국어를 함께 기재할 수 있다.
④ 수출용 제품 등의 경우 그 수출 대상국의 언어로 적을 수 있다.
⑤ 화장품의 성분을 표시하는 경우 표준화된 일반명을 사용해야 한다.

정답 21 ① 22 ④ 23 ⑤ 24 ⑤ 25 ①

Tip

화장품의 가격 기재·표시는 다른 문자 또는 문장보다 쉽게 볼 수 있는 곳에 하여야 한다.

26 다음은 화장품 전성분 표시에 대한 설명이다. 옳지 않은 것은?

① 성분의 표시는 화장품에 사용된 함량순으로 많은 것부터 기재한다.
② 혼합원료는 개개의 성분으로서 표시한다.
③ 착향제는 '향료'로 표시할 수 있다.
④ 전성분을 표시하는 글자의 크기는 12포인트 이상으로 한다.
⑤ 1% 이하로 사용된 성분, 착향제 및 착색제에 대해서는 순서에 상관없이 기재할 수 있다.

Tip **화장품 포장의 표시기준 및 표시방법**

화장품 제조에 사용된 성분 글자의 크기는 5포인트 이상이어야 한다.

27 맞춤형화장품 판매업 준수사항에 맞는 혼합 판매 범위 중 옳지 않는 것은?

① '기본 제형(유형을 포함한다)'이 정해져 있어야 하고, 기본 제형의 변화가 없는 범위에서 정 성분의 혼합이 이루어져야 한다.
② '브랜드명(제품명을 포함한다)'이 있어야 하고, 브랜드명의 변화가 없이 혼합이 이루어져야 한다.
③ 제조판매업자가 특정 성분의 혼합 범위를 규정하고 있는 경우에는 그 범위 내에서 특정 성분의 혼합이 이루어져야 한다.
④ 기존 표시·광고된 화장품의 효능·효과에 변화가 없는 범위 내에서 특정 성분의 혼합이 이루어져야 한다.
⑤ 원료 등만을 혼합하는 경우에도 해당된다.

Tip

원료 등만을 혼합하는 경우는 제외한다.

28 맞춤형화장품 판매업 준수사항에 맞는 혼합 판매활동 중 옳지 않는 것은?

① 판매장에서는 소비자에게 맞춤형화장품 혼합판매에 사용된 원료 성분에 관한 정보를 제공하도록 한다.
② 판매장에서는 소비자에게 맞춤형화장품 혼합판매에 사용된 배합목적 및 배합한도에 관한 정보를 제공하도록 한다.
③ 판매장에서는 자율적으로 혼합·판매된 제품의 사용기한을 정하고 소비자에게 알려주지 않아도 된다.
④ 판매장에서는 혼합·판매 시 사용기한 등에 대하여 첨부문서 등을 활용하여 제공하도록 한다.
⑤ 사용 시 이상이 있는 경우에는 소비자에게 원칙적으로 판매장이 책임이 있음을 알려주도록 한다.

Tip

판매장에서는 자율적으로 혼합 판매된 제품의 사용기한을 정하고 이를 소비자에게 알려주도록 한다.

29 맞춤형화장품 혼합·소분 장비 및 도구의 위생관리 상태에 대해 옳지 않은 것은?

① 사용 전·후 세척 등을 통해 오염을 방지한다.
② 작업 장비 및 도구 세척 시에 사용되는 세제·세척제가 잔류하여 내용물 표면 이상을 초래하여도 상관없다.
③ 세척한 작업 장비 및 도구는 잘 건조하여 다음 사용 시까지 오염을 방지한다.
④ 살균기 내 자외선램프의 청결 상태를 확인 후 사용한다.
⑤ 충분한 자외선 노출을 위해 적당한 간격을 두고 장비 및 도구가 서로 겹치지 않게 한 층으로 보관한다.

정답 26 ④ 27 ⑤ 28 ③ 29 ②

Tip

작업 장비 및 도구 세척 시에 사용되는 세제·세척제는 잔류하거나 표면 이상을 초래하지 않는 것을 사용하여야 한다.

30 **다음의 화장품 제조에 사용된 성분의 표시방법으로 옳은 것은?**

① 색조 화장용 제품류, 눈 화장용 제품류, 두발염색용 제품류 또는 손발톱용 제품류에서 호수별로 착색제가 다르게 사용된 경우 '± 또는 +/-'의 표시 다음에 사용된 모든 착색제 성분을 함께 기재·표시할 수 있다.
② 산성도(pH) 조절 목적으로 사용되는 성분은 그 성분을 표시하는 대신 산화 반응에 따른 생성물로 기재·표시할 수 없다.
③ 화장품 제조에 사용된 함량이 많은 것부터 기재·표시한다.
④ 1퍼센트 이하로 사용된 성분 또한 순서대로 기재·표시하여야 한다.
⑤ 착향제는 '향료'로 표시하여서는 안 된다. 다만, 식품의약품안전처장은 착향제의 구성 성분 중 알레르기 유발물질로 알려진 성분이 있는 경우에는 해당 성분의 명칭을 기재·표시하도록 권장할 수 있다.

Tip

① 색조 화장용 제품류, 눈 화장용 제품류, 두발염색용 제품류 또는 손발톱용 제품류에서 호수별로 착색제가 다르게 사용된 경우 '± 또는 +/-'의 표시 다음에 사용된 모든 착색제 성분을 다르게 기재·표시하여야 한다.
② 산성도(pH) 조절 목적으로 사용되는 성분은 그 성분을 표시하는 대신 중화 반응에 따른 생성물로 기재·표시할 수 있다.
④ 1퍼센트 이하로 사용된 성분, 착향제 또는 착색제는 순서에 상관없이 기재·표시할 수 있다.
⑤ 착향제는 '향료'로 표시할 수 있다. 다만, 착향제의 구성 성분 중 알레르기 유발물질로 알려진 성분이 있는 경우에는 해당 성분의 명칭을 반드시 기재·표시하여야 한다.

31 **내용량이 10밀리리터 초과 50밀리리터 이하 또는 중량이 10그램 초과 50그램 이하 화장품의 포장에서 기재·표시를 생략할 수 있는 성분은?**

① 과일산(AHA)
② 타르색소
③ 샴푸와 린스에 들어 있는 인산염의 종류
④ 일반화장품의 경우 그 효능·효과가 나타나게 하는 원료
⑤ 식품의약품안전처장이 배합 한도를 고시한 화장품의 원료

Tip

타르색소, 금박, 샴푸와 린스에 들어 있는 인산염의 종류, 과일산(AHA), 기능성화장품의 경우 그 효능·효과가 나타나게 하는 원료, 식약처장이 배합 한도를 고시한 화장품의 원료는 내용량이 10밀리리터 초과 50밀리리터 이하 또는 중량이 10그램 초과 50그램 이하 화장품의 포장에서 기재·표시를 생략할 수 있다.

32 **다음 중 화장품 광고에 사용할 수 있는 표시·광고의 범위 및 준수사항으로 옳지 않은 것은?**

① 의약품으로 잘못 인식할 우려가 있는 내용, 제품의 명칭 및 효능·효과 등에 대한 표시·광고를 하지 말 것
② 외국제품을 외국제품으로 또는 국내제품을 국내제품으로 잘못 인식할 우려가 있는 표시·광고를 하지 말 것
③ 유기농화장품이 아님에도 불구하고 제품의 명칭, 제조방법, 효능·효과 등에 관하여 유기농화장품으로 잘못 인식 할 우려가 있는 표시·광고를 하지 말 것
④ 품질·효능 등에 관하여 객관적으로 확인될 수 없거나 확인되지 않았는데도 불구하고 이를 광고하거나, 화장품의 범위를 벗어나는 표시·광고를 하지 말 것
⑤ 비속하거나 혐오감을 주는 표현·도안·사진 등을 이용하는 표시·광고를 하지 말 것

정답 30 ③ 31 ④ 32 ②

Tip

② 외국제품을 국내제품으로 또는 국내제품을 외국제품으로 잘못 인식할 우려가 있는 표시 · 광고를 하지 말 것

33 다음은 화장품 광고 시 사용하려고 하는 문구이다. 사용 가능한 문구는?

① 의사, 한의사가 사용하고 추천하는 제품이라는 문구
② '최고' 또는 '최상'이라는 문구
③ 멸종위기종의 가공품이 함유된 화장품임을 광고하는 문구
④ 기준을 분명히 밝혀 객관적으로 확인될 수 있는 경쟁상품과의 비교 광고 문구
⑤ 외국과의 기술제휴를 하지 않고 외국과의 기술제휴 등을 표현하는 광고 문구

Tip

① 의사·치과의사·한의사·약사·의료기관이 공인·추천 등을 하였다는 내용은 표시·광고하지 말아야 한다.
② 배타성을 띤 '최고' 또는 '최상' 등의 절대적 표현의 표시·광고를 하지 말아야 한다.
③ 국제적 멸종위기종의 가공품이 함유된 화장품임을 표현하거나 암시하는 내용은 표시·광고하지 말아야 한다.
⑤ 외국과의 기술제휴를 하지 않고 외국과의 기술제휴 등을 표현하는 표시·광고는 하지 말아야 한다.

34 다음 중 맞춤형화장품판매업자가 안전용기·포장 등의 사용의무 및 기준에 대해 확인해야 할 내용으로 옳지 않은 것은?

① 만 5세 미만 어린이가 개봉하기 어렵게 설계되고 고안된 용기나 포장인가를 확인한다.
② 어린이가 화장품을 잘못 사용하여 인체에 위해를 끼치는 사고가 발생하지 않도록 한 용기인가를 확인해야 한다.
③ 개별 포장당 메틸살리실레이트를 5퍼센트 이상 함유하는 액체상태의 제품이 안전용기에 들어 있는지 확인한다.
④ 용기·포장이 성인이나 어린이에게 개봉하기 어렵게 되어 안전하게 된 것인지 확인한다.
⑤ 아세톤을 함유하는 네일 에나멜 리무버 및 네일 폴리시 리무버가 안전용기·포장이 되어 있는지 확인한다.

Tip

안전용기·포장은 성인이 개봉하기는 어렵지 아니하나 만 5세 미만의 어린이가 개봉하기는 어렵게 된 것이어야 한다.

35 다음 중 혼합 및 판매된 맞춤형화장품 중 제대로 판매한 것만 옳게 고른 것은?

ㄱ. 맞춤형화장품조제관리사가 일반 화장품을 판매하였다.
ㄴ. 향수 200ml를 40ml로 소분하여 판매하였다.
ㄷ. 아데노신 함유 제품과 알파-비사보롤 함유 제품을 혼합·소분하여 판매하였다.
ㄹ. 원료를 공급하는 화장품책임판매업자가 기능성화장품에 대한 심사받은 원료와 내용물을 혼합하였다.

① ㄱ ② ㄱ, ㄴ
③ ㄱ, ㄹ ④ ㄱ, ㄷ
⑤ ㄱ, ㄴ, ㄷ

Tip

기능성화장품 심사를 받은 원료와 내용물을 혼합하여 판매하려면 맞춤형화장품조제관리사 자격을 갖춰야 한다.

정답 33 ④ 34 ④ 35 ⑤

36 맞춤형화장품 조제관리사인 서현은 매장을 방문한 고객과 다음과 같은 대화를 나누었다. 서현이 고객에게 혼합하여 추천할 제품으로 다음 〈보기〉 중 옳은 것을 모두 고르면?

〈대화〉
고객 : 최근 피부가 많이 건조해져서 푸석한 느낌이에요. 게다가 눈가에 주름이 많아 웃을 때마다 신경이 쓰여요.
서현 : 피부 상태를 측정해 보고 말씀드릴까요?
고객 : 네. 그게 좋겠네요.

〈피부 측정 후〉
서현 : 색소침착도는 그대로인데, 말씀하신 대로 주름이 지난번보다 많이 보이고 피부 보습도도 떨어진 상태이시네요.
고객 : 그럼 어떤 제품을 쓰는 것이 좋을까요?

〈보기〉
ㄱ. 소듐하이알루로네이트 함유 제품
ㄴ. 아데노신 함유 제품
ㄷ. 드로메트리졸 함유 제품
ㄹ. 덱스판테놀 함유 제품

① ㄱ, ㄴ
② ㄱ, ㄷ
③ ㄴ, ㄷ
④ ㄴ, ㄹ
⑤ ㄷ, ㄹ

Tip
소듐하이알루로네이트는 보습, 아데노신은 주름개선에 효과를 주는 원료이다.

37 다음은 맞춤형화장품의 성분표이다. 고객에게 설명할 내용 중 ㉠과 ㉡에 들어갈 말을 쓰시오.

〈성분표〉
정제수, 글리세린, 다이프로필렌글라이콜, 토코페릴아세테이트, 다이메티콘/비닐다이메티콘크로스 폴리머, C12-14파레스-3, 벤질알코올, 향료

조제관리사 : 여기에 사용한 보존제는 (㉠)이며, (㉡)% 이하로 사용되어 기준에 적합합니다.

38 진피의 구성섬유 중 진피의 85~90%를 차지하는 섬유 형태의 단백질이며, 피부의 장력을 제공하며, 노화될수록 기능이 저하되는 섬유는?

39 다음은 진피의 구조에 대한 설명이다. 알맞은 층을 쓰시오.

- 표피 속으로 진피의 작은 돌기가 돌출되어 있는 형태
- 수분이 함유되어 있으며 피부의 팽창과 탄력에 영향
- 감각수용체(통각, 촉각)에 위치함

40 다음은 피부의 부속기관에 대한 설명이다. 해당하는 부속기관을 쓰시오.

- 남성이 여성에 비해 크고 분비량이 많음
- 피부에 일정한 수분을 유지해주고 유연성 부여
- 땀과 함께 피지막을 형성하여 피부의 pH를 약산성으로 유지
- 유해물질 및 세균으로부터 피부보호

41 다음은 피부의 부속기관에 대한 설명이다. 해당하는 부속기관을 쓰시오.

- 주로 손바닥, 발바닥, 두피, 이마에 분포
- 체온 상승 시 땀을 분비하여 체온을 감소시킴
- 약산성으로 세균의 번식을 억제함

42 다음은 피부의 생리기능에 대한 설명이다. 어느 기능에 대해 설명하는지 쓰시오.

- 모세혈관의 수축 및 확장, 땀 등을 통해 정상 체온 유지
- 혈관이 수축되면서 열 발산을 억제하고 땀 분비 감소, 입모근이 수축되어 열 소실을 방지

정답 36 ① 37 ㉠ 벤질알코올, ㉡ 1.0 38 교원섬유 39 유두층 40 피지선 41 소한선(에크린선) 42 체온 조절 작용

43 다음 모발의 구조 중 모간의 어느 부분에 대해 설명하는지 쓰시오.

- 모발의 맨 안쪽 중심부에 위치
- 벌집 모양의 다각형세포로 존재
- 케라토하이알린, 지방, 공기 등으로 채워져 있음

44 다음 모발의 구조 중 모근의 어느 부분에 대해 설명하는지 쓰시오.

- 털을 만들어 내는 기관(작고 긴 모양)
- 피부 안쪽으로 움푹 들어가 모근을 유지해주며 모근을 싸고 있음

45 다음은 모발의 특성 중 화학적 특성에 대한 설명이다. 어느 결합에 대한 것인지 쓰시오.

- 아미노산 잔기 중 시스테인과 시스테인 사이에서 형성[가교결합(Cross-linking)하여 케라틴을 딱딱하게 함]
- 모발의 화학적, 물리적 특성에 영향을 크게 미침

46 다음의 (　　　) 안에 알맞은 말을 쓰시오.

화장품 제조에 사용된 모든 성분 중 제조과정 중에 (　　　)되어 최종 제품에는 남아 있지 않은 성분의 경우 성분 기재·표시를 생략할 수 있다.

47 다음의 (　　　) 안에 알맞은 말을 쓰시오.

화장품 제조에 사용된 모든 성분 중 제조과정 중에 제거되어 최종 제품에는 남아 있지 않은 성분의 경우 성분 기재·표시를 (　　　)할 수 있다.

48 다음의 (　　　) 안에 알맞은 말을 쓰시오.

맞춤형화장품 혼합·소분 장소 및 장비·도구 등 위생 환경 모니터링 시 위생적으로 유지될 수 있도록 맞춤형화장품판매업자는 (　　　)를 정하여 판매장 등의 특성에 맞도록 위생관리하여야 한다.

49 다음의 (　　　) 안에 알맞은 말을 쓰시오.

맞춤형화장품 혼합·소분 장소 및 장비·도구 등 위생 환경 모니터링시 맞춤형화장품판매업소에서는 작업자 위생, 작업환경위생, 장비·도구 관리 등 맞춤형화장품판매업소에 대한 위생 환경 모니터링 후 그 결과를 (　　　)하고 판매업소의 위생 환경 상태를 관리하여야 한다.

50 다음 〈대화〉를 읽고 〈보기〉에서 나열된 성분 중 맞춤형화장품 조제관리사가 추전하기에 적합한 제품을 골라 쓰시오.

〈대화〉

고객 : 저는 피부 미백을 원하는데, 피부가 민감한 편이예요. 그래서 미백을 하면서 민감한 피부에 적당한 제품을 찾고 있는데, 혹시 있을까요?
조제관리사 : 피부 미백에 도움을 주면서 민감한 피부에 적당한 제품이 있습니다. 피부측정을 한 후에 좀 더 정확하게 말씀드리겠습니다.

〈보기〉

- 징크피리치온 함유 제품
- 알파-비사보롤 함유 제품
- 아데노신 함유 제품
- 알부틴 함유 제품

정답 43 모수질 44 모낭 45 시스틴 결합 46 제거 47 생략 48 주기 49 기록 50 알파-비사보롤함유제품

PART 05

출제경향을 반영한 실전분석 문제

출제경향을 반영한

제1회 실전분석문제

선다형

01 다음 중 화장품이 갖추어야 할 품질요소를 모두 고른 것은?

㉠ 안전성	㉡ 사용성	㉢ 안정성
㉣ 판매성	㉤ 생산성	

① ㉠, ㉡, ㉢　② ㉠, ㉡, ㉣
③ ㉡, ㉢, ㉣　④ ㉢, ㉣, ㉤
⑤ ㉠, ㉣, ㉤

Tip 화장품 품질 4대요소

안전성	피부자극성, 감작성, 경구독성, 이물혼입, 파손 등이 없어야 한다.
안정성	분리, 변질, 변색, 변취, 미생물 오염이 없어야 한다.
유효성	보습효과, 미백, 주름개선, 자외선차단, 세정, 색채효과 등이 있어야 한다.
사용성	• 사용감 : 부드러움, 촉촉함 등 • 사용 편리성 : 크기, 휴대성, 중량, 기능성 등 • 기호성 : 향, 색, 디자인 등

02 화장품에 대한 정의로 옳은 것은?

① 피부·모발·구강의 건강을 유지 또는 증진하기 위해 사용되는 물품이다.
② 피부·구강의 건강을 증진하기 위해 사용되는 물품으로 인체에 대한 작용이 경미한 것을 말한다.
③ 인체를 청결·미화하도록 인체에 바르고 문지르거나 뿌리는 등 이와 유사한 방법으로 사용되는 물품이다.
④ 인체를 청결·미화하여 매력을 더하고 용모를 밝게 변화시키고 질병의 예방을 목적으로 사용하는 것이다.
⑤ 인체에 대한 작용이 뛰어난 효능을 가지는 의약품에 해당하는 물품이다.

Tip 화장품의 정의(화장품법 제2조 제1호)

① 인체를 청결 · 미화하여 매력을 더하고 용모를 밝게 변화시키는 것
② 피부 · 모발의 건강을 유지 또는 증진하기 위하여 인체에 바르고 문지르거나 뿌리는 등 이와 유사한 방법으로 사용되는 물품
③ 인체에 대한 작용이 경미한 것으로 「약사법」의 의약품에 해당하는 물품은 제외

03 화장품 유형별 분류와 그 종류가 바르게 연결된 것은?

① 마스카라 – 색조화장용 제품류
② 목욕용 오일 – 인체세정용 제품류
③ 염모제 – 두발용 제품류
④ 퍼머넌트 웨이브 – 두발 염색용 제품류
⑤ 손발피부연화제품 – 기초화장용 제품류

Tip

① 마스카라 : 눈 화장용 제품류
② 목욕용 오일 : 목욕용 제품류
③ 염모제 : 두발염색용 제품류
④ 퍼머넌트 웨이브 : 두발용 제품류

04 유기농 화장품에 대한 설명으로 옳지 않은 것은?

① 유기농 함량이 전체 제품에서 10% 이상 되어야 한다.
② 석유 화학 부분을 2% 초과할 수 없다.

정답 01 ① 02 ③ 03 ⑤ 04 ③

③ 허용합성원료는 8% 이내이다.
④ 물, 미네랄 또는 미네랄 유래원료는 유기농 화장품 함량 비율 계산에 포함되지 않는다.
⑤ 유기농함량비율은 유기농원료 및 유기농 유래 원료에서 유기농 부분에 해당하는 함량 비율로 계산한다.

> **Tip**
> 허용 합성원료는 5% 이내이다.

05 **기능성화장품에 해당되지 않는 것은?**

① 피부의 미백에 도움을 주는 제품
② 피부에 탄력을 주어 주름개선에 도움을 주는 제품
③ 피부를 곱게 태워주거나 자외선으로부터 피부를 보호하는 기능을 가진 제품
④ 모발의 색상을 일시적으로 변화시키는 제품
⑤ 모발의 건조함, 갈라짐, 빠짐 등을 방지하거나 개선하는 데 도움을 주는 제품

Tip	기능성 화장품 유형 중 모발염색 화장품
모발염색 화장품	• 모발의 색상을 변화시키는 화장품 • 일시적으로 모발의 색상 변화 제품은 제외

06 **개인정보의 수집·이용 범위에 해당하지 않는 것은?**

① 정보주체와의 계약의 체결 및 이행을 위하여 불가피하게 필요한 경우
② 정보주체의 동의를 받지 않은 경우
③ 공공기관이 법령 등에서 정하는 소관 업무의 수행을 위하여 불가피한 경우
④ 정보주체 또는 그 법정대리인이 의사표시를 할 수 없는 상태에 있거나 주소불명 등으로 사전 동의를 받을 수 없는 경우로서 명백히 정보주체 또는 제3자의 급박한 생명, 신체, 재산의 이익을 위하여 필요하다고 인정되는 경우
⑤ 법률에 특별한 규정이 있거나 법령상 의무를 준수하기 위하여 불가피한 경우

Tip	개인정보의 수집·이용(개인정보보호법 제15조)
①	정보주체의 동의를 받은 경우
②	법률에 특별한 규정이 있거나 법령상 의무를 준수하기 위하여 불가피한 경우
③	공공기관이 법령 등에서 정하는 소관 업무의 수행을 위하여 불가피한 경우
④	정보주체와의 계약의 체결 및 이행을 위하여 불가피하게 필요한 경우
⑤	정보주체 또는 그 법정대리인이 의사표시를 할 수 없는 상태에 있거나 주소불명 등으로 사전 동의를 받을 수 없는 경우로서 명백히 정보주체 또는 제3자의 급박한 생명, 신체, 재산의 이익을 위하여 필요하다고 인정되는 경우
⑥	개인정보처리자의 정당한 이익을 달성하기 위하여 필요한 경우로서 명백하게 정보주체의 권리보다 우선하는 경우. 이 경우 개인정보처리자의 정당한 이익과 상당한 관련이 있고 합리적인 범위를 초과하지 아니하는 경우에 한한다.

07 **개인정보처리자가 준수해야 할 개인정보보호원칙으로 옳지 않은 것은?**

① 정보주체의 사생활 침해를 최소화하는 방법으로 개인정보를 처리하여야 한다.
② 개인정보 익명처리가 가능한 경우에는 익명에 의하여, 익명처리로 목적을 달성할 수 없는 경우에는 실명에 의하여 처리될 수 있도록 하여야 한다.
③ 개인정보의 정확성, 완전성 및 최신성이 보장되도록 하여야 한다.
④ 목적 외의 용도로 활용하여서는 아니 된다.
⑤ 최소한의 개인정보만을 적법하고 정당하게 수집한다.

정답 05 ④ 06 ② 07 ②

Tip 개인정보 보호 원칙(개인정보보호법 제3조)

① 최소한의 개인정보만을 적법하고 정당하게 수집한다.
② 목적 외의 용도로 활용하여서는 아니 된다.
③ 개인정보의 정확성, 완전성 및 최신성이 보장되도록 하여야 한다.
④ 개인정보의 처리 방법 및 종류 등에 따라 정보주체의 권리가 침해받을 가능성과 그 위험 정도를 고려하여 개인정보를 안전하게 관리하여야 한다.
⑤ 개인정보의 처리에 관한 사항을 공개하여야 하며, 열람청구권 등 정보주체의 권리를 보장하여야 한다.
⑥ 정보주체의 사생활 침해를 최소화하는 방법으로 개인정보를 처리하여야 한다.
⑦ 개인정보 익명처리가 가능한 경우에는 익명에 의하여, 익명처리로 목적을 달성할 수 없는 경우에는 가명에 의하여 처리될 수 있도록 하여야 한다.
⑧ 개인정보처리자는 책임과 의무를 준수하고 실천함으로써 정보주체의 신뢰를 얻기 위하여 노력하여야 한다.

08 다음 중 맞춤형화장품 판매업 신고 결격사유에 해당하지 않는 것은?

㉠ 정신건강증진 및 정신질환자 복지서비스 지원에 관한 법률 제3조 제1호에 따른 정신질환자
㉡ 피성년후견인 도는 파선선고를 받고 복권되지 아니한 자
㉢ 마약류관리에 관한 법률 제2조 마약류 중독자
㉣ 이 법 또는 보건범죄 단속에 관한 특별조치법을 위반하여 금고 이상의 형을 선고받고 그 집행이 끝나지 아니한 자
㉤ 등록이 취소되거나 영업소가 폐쇄된 날로부터 1년이 지나지 아니한 자

① ㉠, ㉡ ② ㉠, ㉢
③ ㉡, ㉢ ④ ㉢, ㉣ ⑤ ㉣,㉤

Tip

㉠, ㉢은 화장품 제조업 등록을 할 수 없는 자에 대한 사유이다.

09 괄호 안의 내용을 순서대로 바르게 연결한 것은?

중대한 유해사례란 사망을 초래하거나 생명을 위협하는 경우 또는 입원 또는 입원 기간의 연장이 필요한 경우를 말한다. (　　　　)는 이러한 화장품 안전성 정보를 알게 된 때에는 그 정보를 알게 된 날부터 (　　　　) 식품의약품안전처장에게 신속히 보고해야 한다.

① 화장품제조판매업자 – 15일 이내
② 맞품형화장품판매업자 – 즉시
③ 화장품제조업자 – 즉시
④ 화장품제조업자 – 15일 이내
⑤ 화장품책임판매업자 – 즉시

Tip 안전성 정보의 신속보고 (화장품 안전성 정보관리 규정 제5조)

신속보고	<u>화장품제조판매업자는 다음의 화장품 안전성 정보를 알게 된 날로부터 15일 이내에 보고해야 함</u> • 중대한 유해사례 또는 이와 관련하여 식품의약품안전처장이 보고를 지시한 경우 • 판매중지나 회수에 준하는 외국정부의 조치 또는 이와 관련하여 식품의약품안전처장이 보고를 지시한 경우

10 다음 설명 중 안전성 관련 용어에 대한 설명으로 옳지 않은 것은?

① 입원 또는 입원기간의 연장이 필요한 경우 중대한 유해사례에 해당한다.
② 유해사례는 당해 화장품과 반드시 인과관계를 가져야 한다.
③ 선천적 기형 또는 이상을 초래하는 경우 중대한 유해사례에 해당한다.
④ 안전성 정보란 화장품과 관련하여 국민보건에 직접 영향을 미칠 수 있는 안전성·유효성에 관한 새로운 자료, 유해사례 정보 등을 의미한다.

정답 08 ② 09 ① 10 ②

⑤ 실마리정보란 유해사례와 화장품간의 인과관계 가능성이 있다고 보고된 정보로서 그 인과관계가 알려지지 아니하거나 입증자료가 불충분한 것을 의미한다.

Tip	안전성관련 용어 정의
유해사례	• 화장품의 사용 중 발생한 바람직하지 않고 의도되지 아니한 징후, 증상 또는 질병 • 당해 화장품과 반드시 인과관계를 가져야 하는 것은 아님
중대한 유해사례	• 사망을 초래하거나 생명을 위협하는 경우 • 입원 또는 입원기간의 연장이 필요한 경우 • 지속적 또는 중대한 불구나 기능저하를 초래하는 경우 • 선천적 기형 또는 이상을 초래하는 경우 • 기타 의학적으로 중요한 상황
실마리정보	• 유해사례와 화장품 간의 인과관계 가능성이 있다고 보고된 정보로서 그 인과관계가 알려지지 아니하거나 입증자료가 불충분한 것
안전성정보	• 화장품과 관련하여 국민보건에 직접 영향을 미칠 수 있는 안전성·유효성에 관한 새로운 자료, 유해사례 정보 등

11 **화장품 관련 용어 중 다음에 해당하는 용어는?**

> 화장품이 제조된 날부터 적절한 보관 상태에서 제품이 고유의 특성을 간직한 채 소비자가 안정적으로 사용할 수 있는 최소한의 기한

① 유통기한　② 사용기한
③ 유효기간　④ 개봉 후 사용기간
⑤ 보관기간

Tip	화장품법 제2조
사용기한	화장품이 제조된 날부터 적절한 보관 상태에서 제품이 고유의 특성을 간직한 채 소비자가 안정적으로 사용할 수 있는 최소한의 기한

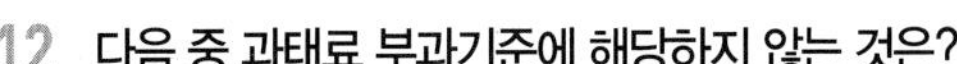

12 **다음 중 과태료 부과기준에 해당하지 않는 것은?**

① 폐업 등의 신고를 하지 않은 경우
② 화장품의 생산실적 또는 수입실적 또는 화장품 원료의 목록 등을 보고하지 않은 경우
③ 책임판매관리자, 조제관리사의 교육이수의무에 따른 명령을 위반한 경우
④ 화장품의 판매가격을 표시하지 아니한 경우
⑤ 의약품으로 잘못 인식할 우려가 있게 기재·표시한 경우

Tip

의약품으로 잘못 인식할 우려가 있는 내용, 제품의 명칭 및 효능 · 효과 등에 대한 표시 · 광고를 한 경우는 행정처분 개별기준에 해당한다. 1차 위반 시 해당품목 판매 업무정지 또는 광고 업무정지 3개월, 2차 위반 시 해당품목 판매 업무정지 또는 광고업무 정지 6개월, 3차 위반은 해당품목 판매 업무정지 및 또는 광고업무 정지 9개월의 행정처분을 받는다.

13 **천연화장품 및 유기농화장품 기준에 관한 규정이다. 함량을 바르게 나열한 것은?**

> 천연화장품은 천연 함량이 전체 제품에서 (㉠) 이상으로 구성되어야 한다.
> 유기농 화장품은 유기농 함량이 전체 제품에서 (㉡) 이상이어야 하며, 유기농 함량을 포함한 천연 함량이 전체 제품에서 (㉢) 이상으로 구성되어야 한다.

① 95%, 10%, 95%　② 80%, 5%, 80%
③ 90%, 5%, 90%　④ 85%, 15%, 95%
⑤ 95%, 5%, 95%

Tip	천연화장품·유기농화장품 원료조성
천연화장품	• 천연 함량이 전체 제품에서 95% 이상 • 천연 함량비율(%) = 물 비율+천연 원료 비율+천연유래 원료비율
유기농화장품	• 유기농 함량이 전체 제품에서 10% 이상 • 유기농 함량비율 = 유기농 원료 및 유기농 유래 원료에서 유기농 부분에 해당하는 함량 비율로 계산

정답　11 ②　12 ⑤　13 ①

14 식품의약품안전처장은 우수화장품 제조 및 품질관리기준상 적합판정을 받은 업소에 대해 우수화장품 제조 및 품질관리기준에 따라 실태조사를 실시하여야 한다. 이때 정기감시 주기로 옳은 것은?

① 5년에 1회 이상
② 3년에 1회 이상
③ 2년에 1회 이상
④ 매년
⑤ 1년에 1회 이상

Tip **CGMP 업소의 정기감시 주기**
3년에 1회 이상 실태조사를 실시하여야 한다.

15 천연화장품 및 유기농화장품의 제조공정으로 적합한 것은?

① 이온교환 공정
② 수은화합물을 이용한 처리
③ 니트로스아민류 배합 및 생성
④ 유전자 변형 원료 배합
⑤ 질소, 산소, 이산화탄소, 아르곤가스 외의 분사제 사용

Tip
②, ③, ④, ⑤는 천연화장품 및 유기농화장품의 기준에 관한 규정에서 금지하고 있다.

16 천연화장품에 사용할 보존제로 적합한 것은?

① 디아졸리디닐우레아
② 소듐아이오데이트
③ 벤조익애시드 및 그 염류
④ 페녹시에탄올
⑤ 디엠디엠하이단 토인

Tip **합성 보존제 및 변성제**
- 벤조익애시드 및 그 염류(Benzoic Acid and its salts)
- 벤질알코올(Benzyl Alcohol)
- 살리실릭애시드 및 그 염류(Salicylic Acid and its salts)
- 데하이드로아세틱애시드 및 그 염류(Dehydroacetic Acid and its salts)
- 데나토늄벤조에이트(Denatonium Benzoate), 3급부틸알코올(Tertiary Butyl Alcohol), 프탈레이트류를 제외한 기타 변성제(other denaturing agents for alcohol excluding phthalates)
- 이소프로필알코올(Isopropylalcohol)
- 테트라소듐글루타메이트디아세테이트(Tetrasodium Glutamate Diacetate)

17 화장품에 사용되는 원료의 특성을 설명한 것으로 옳은 것은?

① 금속이온봉쇄제는 주로 점도증가, 피막형성 등의 목적으로 사용된다.
② 계면활성제는 산화되기 쉬운 성분을 함유한 물질에 첨가하여 산패를 막을 목적으로 사용된다.
③ 고분자화합물은 화장품의 점성을 높여주고 사용감을 개선하기 위하여 사용하며, 점증제, 피막형성제, 기포형성제, 분산제, 유화안정제로 사용한다.
④ 산화방지제는 수분의 증발을 억제하고 사용감촉을 향상하는 등의 목적으로 사용된다.
⑤ 유성원료는 서로 섞이지 않는 물과 기름의 성질이 다른 계면을 잘 섞이게 해주는 활성물질이다.

정답 14 ② 15 ① 16 ③ 17 ③

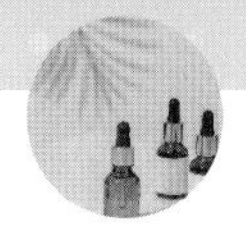

Tip

① 금속이온봉쇄제(킬레이트제)는 화장품에 함유된 미량의 철, 구리 칼슘, 마그네슘 등의 산화를 봉쇄하고 제품의 안정도를 높여 유통기한을 연장하는 데 도움을 주고, 기포형성을 돕는다.
② 계면활성제는 서로 섞이지 않는 물과 기름의 성질이 다른 계면을 잘 섞이게 해주는 활성 물질이다.
④ 산화방지제는 산화되기 쉬운 성분을 함유한 물질에 첨가하여 산패를 막을 목적으로 사용된다.
⑤ 유성원료는 수분의 증발을 억제하고, 피부 발림성 및 사용감을 향상시키는 목적으로 사용한다.

18 제시된 화장품의 전성분 항목 중 사용상의 제한이 필요한 보존제를 모두 고른 것은?

> 정제수, 글리세린, 프로필렌글리콜, 알파-비사보롤, 부틸하이드록시 아니솔, 티타늄디옥사이드(Titanium Dioxide), 페녹시에탄올, 벤질알코올

① 글리세린, 프로필렌글리콜
② 페녹시에탄올, 벤질알코올
③ 프로필렌글리콜, 알파-비사보롤
④ 부틸하이드록시 아니솔, 티타늄디옥사이드
⑤ 부틸하이드록시 아니솔, 벤질알코올

Tip

페녹시에탄올과 벤질알코올은 1.0%의 사용상의 제한이 필요한 보존제이다.
글리세린, 프로필렌글리콜은 보습제, 알파-비사보롤은 미백제, 부틸하이드록시 아니솔은 합성산화방지제, 티타늄디옥사이드는 자외선 차단제이다.

19 다음의 설명에서 (㉠)과 (㉡)에 알맞은 것은?

> 사용 후 씻어내는 제품에서 (㉠)% 초과, 사용 후 씻어내지 않는 제품에서 (㉡)% 초과하는 경우, 알레르기 유발성분 표시에 관한 규정」[별표 2]에 기재된 25종 성분에 대하여 해당 성분의 명칭을 반드시 기재하도록 한다.

① ㉠ 10% ㉡ 1%
② ㉠ 1% ㉡ 0.1%
③ ㉠ 0.1% ㉡ 0.01%
④ ㉠ 0.01% ㉡ 0.001%
⑤ ㉠ 0.001% ㉡ 0.0001%

Tip

화장품법 시행규칙(2018.12.31. 개정)에 따라 화장품의 구성성분 중 알레르기를 유발하는 성분에 대한 표시의무화가 2020년 1월부터 시행되었으며 「화장품 사용 시의 주의사항 및 알레르기 유발성분 표시에 관한 규정」[별표 2]에 기재된 아밀신남알, 벤질알코올 등의 25종 성분에 대하여 성분의 명칭을 반드시 기재하도록 한다. 다만, 사용 후 씻어내는 제품에서 0.01% 초과, 사용 후 씻어내지 않는 제품에서 0.001% 초과하는 경우에 해당한다.

20 화장품 성분을 표시하는 방법으로 틀린 것은?

① 혼합 원료는 혼합된 개별성분의 명칭을 기재하여야 한다.
② 화장품 제조에 사용된 성분을 함량이 많은 것부터 기재·표시한다.
③ 비누화반응을 거치는 성분은 비누화반응에 따른 생성물로 기재·표시할 수 있다.
④ 착향제의 구성성분 중 알레르기 유발 성분이 있는 경우에는 향료로 표시할 수 있다.
⑤ 산성도(pH) 조절 목적으로 사용되는 성분은 그 성분을 표시하는 대신 중화반응에 따른 생성물로 기재·표시할 수 있다.

Tip

화장품법 시행규칙에 따라 화장품의 구성성분 중 알레르기를 유발하는 성분에 대한 표시의무화가 2020년 1월부터 시행되었으며 「화장품 사용 시의 주의사항 및 알레르기 유발성분 표시에 관한 규정」[별표 2]에 기재된 25종 성분의 경우 향료로 표시할 수 없고, 해당 성분의 명칭을 반드시 기재하도록 한다.

정답 18 ② 19 ④ 20 ④

21 **화장품에 사용되는 보존제의 사용한도로 옳은 것은?**

① 글루타랄 0.5%
② 페녹시에탄올 1.0%
③ 살리실릭애시드 1.0%
④ 클로로펜 0.005%
⑤ 헥사미딘 1.0%

Tip
글루타랄 0.1%, 살리실릭애시드 0.5%, 클로로펜 0.05%, 헥사미딘 0.1%

22 **기능성 화장품이 기능을 인정받을 수 있는 함량에 대한 연결로 옳지 않은 것은?**

① 알파비사보롤 0.5% 이상
② 아데노신 0.04% 이상
③ 닥나무 추출물 2% 이상
④ 레티놀 2,500IU/g 이상
⑤ 나이아신아마이드 0.1% 이상

Tip
닥나무 추출물, 알파비사보롤과 나이아신아마이드는 미백 성분, 아데노신과 레티놀은 주름개선 성분이다. 나이아신아마이드는 2~5% 이상 함유해야 미백 기능성 화장품으로 인정받을 수 있다.

23 **화장품 원료의 종류와 특성에 대한 설명으로 옳은 것은?**

① 고급지방산의 일반식은 RCOOH으로 탄소수가 3개 이상인 것을 말한다.
② 고급알코올은 탄소수 6개 이상의 1가 알코올을 뜻하며, 디메칠폴리실록산, 메틸페닐폴리실록산 등이 있다.
③ 식물성 왁스는 실온에서 액체이며 크림, 립스틱 등 피부표면의 보호막을 형성하고 광택이나 내온성을 높이는 데 사용된다.
④ 석유나 광물질에서 추출하는 광물성오일은 피부 흡수가 빠르며 끈적임이 적은 장점이 있다.
⑤ 식물성 오일은 식물의 열매, 잎, 줄기 등에서 추출한 오일로 스쿠알란, 난황오일, 라드 등이 있다.

Tip
① 지방을 가수분해하여 얻어진 지방산 중 탄소의 개수가 10개 이상인 것을 고급지방산이라 부르며 피부 보호제와 유연제로 사용된다. 일반식은 RCOOH이다.
② 고급알코올은 탄소수 6개 이상의 1가 알코올을 뜻하며, 세틸알코올, 스테릴알코올 등이 있다. 디메칠폴리실록산, 메틸페닐폴리실록산은 실리콘 오일이다.
③ 식물성 왁스는 실온에서 고체이다.
⑤ 스쿠알란(상어의 간유), 난황오일(계란노른자), 라드(돼지비계) 등은 동물성 오일이다.

24 **다음 중 화장품의 색소 종류와 기준 및 시험방법에서 정의한 용어에 대한 설명으로 옳지 않은 것은?**

① 타르색소 : 색소 중 콜타르, 그 중간생성물에서 유래되었거나 유기합성하여 얻은 색소 및 그 레이크, 염, 희석제와의 혼합물
② 순색소 : 중간체, 희석제, 기질 등을 포함하지 아니한 순수한 색소
③ 레이크 : 타르색소를 기질에 흡착, 공침 또는 단순한 혼합이 아닌 화학적 결합에 의하여 확산시킨 색소
④ 기질 : 화장품의 질감 변화를 주요 목적으로 하는 성분
⑤ 희석제 : 색소를 용이하게 사용하기 위하여 혼합되는 성분

Tip 기질
레이크 제조 시 순색소를 확산시키는 목적으로 사용되는 물질을 말하며 알루미나, 브랭크휙스, 크레이, 이산화티탄, 산화아연, 탤크, 로진, 벤조산알루미늄, 탄산칼슘 등의 단일 또는 혼합물을 사용

정답 21 ② 22 ⑤ 23 ④ 24 ④

25 자외선 차단 성분과 최대 함량의 연결이 틀린 것은?

① 드로메트리졸 1.0%
② 에칠헥실살리실레이트 5%
③ 징크옥사이드 25%
④ 호모살레이트 10%
⑤ 에칠헥실메톡시신나메이트 15%

Tip
에칠헥실메톡시신나메이트는 최대 함량이 7.5%이다.

26 다음 중 탈모 완화에 도움을 주는 기능성 성분에 해당하지 않는 것은?

① L-멘톨 ② 비오틴
③ 티오글리콜산 ④ 덱스판테놀
⑤ 징크피리치온

Tip
티오글리콜산은 체모를 제거(물리적으로 체모를 제거하는 것을 제외함)하는 기능을 가진 성분으로 제모할 부위의 털에 발라 사용한다.

27 다음은 맞춤형화장품 매장에 근무하는 조제관리사와 고객과의 대화이다. 고객에게 추천할 제품은 무엇인가?

고객 : 최근에 건조한 날씨 때문인지 피부가 건조하고 주름이 많이 생긴 것 같아요. 어떤 제품을 써야 할까요?
소영 : 아. 그러신가요? 그럼 고객님 피부 상태를 측정해 보도록 할까요?
고객 : 네, 측정하고 지난 번과 비교해보고 싶어요.
소영 : 이쪽에 앉으시면 저희 측정기로 측정을 해 드리겠습니다.

(피부측정 후)
소영 : 고객님은 1달 전 측정 시보다 피부 보습도가 20%가량 낮아졌고, 건조한 피부 탓에 10%가량 잔주름도 더 보이네요.
고객 : 음, 걱정이네요. 그럼 어떤 제품을 쓰는 것이 좋을지 추천 부탁드려요.

〈보기〉
ㄱ. 티타늄디옥사이드 함유 제품
ㄴ. 나이아신아마이드 함유 제품
ㄷ. 옥시노세이트 함유 제품
ㄹ. 아데노신 함유 제품
ㅁ. 소듐하이알루로네이트 함유 제품

① ㄱ, ㄴ ② ㄱ, ㄷ
③ ㄷ, ㄹ ④ ㄹ, ㅁ
⑤ ㄴ, ㅁ

Tip
티타늄디옥사이드, 옥시노세이트는 자외선 차단 성분, 나이아신아마이드는 미백, 아데노신은 주름개선 성분, 소듐하이알루로네이트는 피부 보습 성분이다.

28 호수별로 착색제가 다르게 사용된 경우 사용된 모든 착색제 성분을 함께 기재·표시할 수 있는 제품류에 해당하지 않는 것은?

① 색조 화장용 제품류
② 눈 화장용 제품류
③ 인체세정용 제품류
④ 손발톱용 제품류
⑤ 두발염색용 제품류

Tip
화장품법 시행규칙[별표 4]「화장품 포장의 표시기준 및 표시방법」에 따라 색조 화장용 제품류, 눈 화장용 제품류, 두발염색용 제품류 또는 손발톱용 제품류에서 호수별로 착색제가 다르게 사용된 경우 '± 또는 +/−'의 표시 다음에 사용된 모든 착색제 성분을 함께 기재 · 표시할 수 있다.

정답 25 ⑤ 26 ③ 27 ④ 28 ③

29 다음의 착향제 중 "향료"로 기재·표시할 수 있는 성분은?

① 무스콘 ② 아밀신남알
③ 시트랄 ④ 벤질알코올
⑤ 유제놀

Tip
화장품 성분 중 향료의 경우, 알레르기를 유발할 수 있는 향료의 경우 해당 성분의 명칭을 반드시 기재해야 한다. 무스콘은 "향료"로 표기할 수 있는 착향제로 천연 사향에서 추출하는 동물성 천연 향료이다.

30 자외선과 자외선 차단 성분에 관한 설명으로 옳은 것은?

① SPF는 자외선 A 차단 정도를 나타내는 지수이다.
② UVA는 단파장으로 강력한 소독 및 살균 효과가 있다.
③ 최소홍반량(MED)은 UVB를 조사한 후 4~8시간 이내에 피부에 홍반 현상을 일으키는 최소의 자외선 조사량
④ UVC는 비타민 D의 생성에 관여하며 유리에 의해 차단된다.
⑤ 최소지속형즉시흑화량(MPPD)은 UVA를 조사한 후 2~4시간 이내에 피부에 흑화 현상을 일으키는 최소의 자외선 조사량

Tip
① SPF는 자외선 B 차단 정도를 나타내는 지수이다.
② UVA는 장파장으로 생활자외선이라 불린다.
③ 최소홍반량(MED)은 UVB를 조사한 후 16~24시간 이내에 피부에 홍반 현상을 일으키는 최소의 자외선 조사량
④ UVB는 비타민 D의 생성에 관여하며 유리에 의해 차단된다.

31 천연고분자 점증제 성분에 해당되지 않는 것은?

① 카라기난 ② 구아검
③ 덱스트린 ④ 카보머
⑤ 벤토나이트

Tip
카보머는 합성고분자 점증제이다. 키라기난과 구아검은 식물추출 천연고분자, 덱스트린은 미생물추출 천연고분자, 벤토나이트는 광물추출 천연고분자 성분이다.

32 다음 중 화장품의 1차 포장에 반드시 표기해야 할 사항이 아닌 것은?

① 화장품의 명칭
② 영업자의 상호용량
③ 내용량
④ 제조번호
⑤ 사용기한 또는 개봉 후 사용 기간

Tip 1차 포장 기재사항
1. 화장품의 명칭
2. 영업자의 상호
3. 제조번호
4. 사용기한 또는 개봉 후 사용기간

33 화장품의 사용상 주의사항에서 화장품의 공통사항에 해당되는 내용이 아닌 것은?

① 직사광선을 피해서 보관할 것
② 어린이의 손이 닿지 않는 곳에 보관할 것
③ 상처가 있는 부위 등에는 사용을 자제할 것
④ 사용 시 직사광선에 의하여 사용 부위에 붉은 반점이 생기면 전문의 등과 상담할 것
⑤ 사용 후 가려움증 등의 이상 증상이나 부작용이 있는 경우 3일간 사용을 중지할 것

정답 29 ① 30 ⑤ 31 ④ 32 ③ 33 ⑤

Tip

「화장품 유형과 사용 시의 주의사항」의 공통사항
① 화장품 사용 시 또는 사용 후 직사광선에 의하여 사용부위가 붉은 반점, 부어오름 또는 가려움증 등의 이상 증상이나 부작용이 있는 경우 전문의 등과 상담할 것
② 상처가 있는 부위 등에는 사용을 자제할 것
③ 보관 및 취급 시의 주의사항
㉠ 어린이의 손이 닿지 않는 곳에 보관할 것
㉡ 직사광선을 피해서 보관할 것

34 **퍼머넌트 웨이브 제품 및 헤어스트레이트너 제품의 사용 시 주의사항에 대한 설명으로 옳지 않은 것은?**

① 두피·얼굴·눈·목·손 등에 약액이 묻지 않도록 유의하고, 얼굴 등에 약액이 묻었을 때에는 즉시 물로 씻어낼 것
② 머리카락의 손상 등을 피하기 위하여 용법·용량을 지켜야 하며, 가능하면 일부에 시험적으로 사용하여 볼 것
③ 섭씨 15도 이하의 어두운 장소에 보존하고, 색이 변하거나 침전된 경우에는 사용하지 말 것
④ 개봉한 제품은 7일 이내에 사용할 것(에어로졸 제품이나 사용 중 공기유입이 차단되는 용기는 표시하지 아니한다)
⑤ 제1단계 퍼머액 중 그 주성분이 과산화수소인 제품은 검은 머리카락이 갈색으로 변할 수 있으므로 유의하여 사용할 것

Tip

제2단계 퍼머액 중 그 주성분이 과산화수소인 제품은 검은 머리카락이 갈색으로 변할 수 있으므로 유의하여 사용할 것

35 **다음 중 위해성 평가에 대한 설명으로 틀린 것은?**

① 위해요소의 인체 내 독성 등 확인과 인체노출 안전기준 설정을 위하여 국제기구 및 신뢰성 있는 국내·외 위해성평가기관 등에서 평가한 결과를 준용하거나 인용할 수 있다.
② 인체노출 안전기준의 설정이 어려울 경우 위해요소의 인체 내 독성 등 확인과 인체의 위해요소 노출 정도만으로 위해성을 예측할 수 있다.
③ 인체적용제품의 섭취, 사용 등에 따라 사망 등의 위해가 발생하였을 경우 위해요소의 인체 내 독성 등의 확인만으로 위해성을 예측할 수 있다.
④ 인체의 위해요소 노출 정도를 산출하기 위한 자료가 불충분하거나 없는 경우 활용 가능한 과학적 모델을 토대로 노출 정도를 산출할 수 있다.
⑤ 특정집단에 노출 가능성이 클지라도 어린이 및 임산부 등 민감집단 및 고위험집단을 대상으로는 위해성평가를 실시할 수 없다.

Tip

특정집단에 노출 가능성이 클 경우 어린이 및 임산부 등 민감집단 및 고위험집단을 대상으로 위해성평가를 실시할 수 있다.

정답 34 ⑤ 35 ⑤

36 다음 중 위해성 등급이 다른 하나는?

① 전부 또는 일부가 변패(變敗)된 화장품
② 안전용기·포장에 위반되는 화장품
③ 병원미생물에 오염된 화장품
④ 화장품 중 보건위생상 위해를 발생할 우려가 있는 화장품
⑤ 등록을 하지 아니한 자가 제조한 화장품 또는 제조·수입하여 유통·판매한 화장품

Tip 위해성 등급

① 위해성 등급이 가등급인 화장품
- 화장품의 제조 등에 사용할 수 없는 원료 사용한 화장품

② 위해성 등급이 나등급인 화장품
- (안전용기 · 포장)에 위반되는 화장품
- 유통화장품 안전관리 기준(내용량의 기준에 관한 부분은 제외한다)에 적합하지 아니한 화장품

③ 위해성 등급이 다등급인 화장품
- 전부 또는 일부가 변패(變敗)된 화장품
- 병원미생물에 오염된 화장품
- 화장품 중 보건위생상 위해를 발생할 우려가 있는 화장품
- 기능성화장품의 기능성을 나타나게 하는 주원료 함량이 기준치에 부적합한 경우
- 용기나 포장이 불량하여 해당 화장품이 보건위생상 위해를 발생할 우려가 있는 것
- 영업자 스스로 국민보건에 위해를 끼칠 우려가 있어 회수가 필요하다고 판단한 화장품
- 등록을 하지 아니한 자가 제조한 화장품 또는 제조 · 수입하여 유통 · 판매한 화장품

37 다음 중 회수 대상 화장품에 해당되지 않는 것은?

① 전부 또는 일부가 변패(變敗)된 화장품
② 병원미생물에 오염된 화장품
③ 이물이 혼입되었거나 부착되어 보건위생상 위해를 발생할 우려가 있는 화장품
④ 맞춤형화장품조제관리사를 두고 조제·판매한 화장품
⑤ 사용기한 또는 개봉 후 사용기간(병행 표기된 제조연월일을 포함한다)을 위조·변조한 화장품

Tip

화장품법 제5조의2 제1항에 따른 회수 대상 화장품(이하 "회수대상화장품"이라 한다)은 유통 중인 화장품으로서 다음 각 호의 어느 하나에 해당하는 화장품으로 한다.

※ 회수 대상 화장품
① 법 제9조(안전용기 · 포장)에 위반되는 화장품
② 법 제15조(영업의 금지)에 위반되는 화장품으로서 다음에 해당하는 화장품

㉠	전부 또는 일부가 변패(變敗)된 화장품
㉡	병원미생물에 오염된 화장품
㉢	이물이 혼입되었거나 부착되어 보건위생상 위해를 발생할 우려가 있는 화장품
㉣	화장품에 사용할 수 없는 원료를 사용하였거나 다음과 같은 유통화장품 안전관리 기준에 적합하지 아니한 화장품 • 화장품의 제조 등에 사용할 수 없는 원료 사용한 화장품 • 사용상의 제한이 필요한 원료의 사용기준에 적합하지 않은 화장품 • 유통화장품 안전관리 기준에 적합하지 않은 화장품
㉤	사용기한 또는 개봉 후 사용기간(병행 표기된 제조연월일을 포함한다)을 위조·변조한 화장품
㉥	그 밖에 영업자 스스로 국민보건에 위해를 끼칠 우려가 있어 회수가 필요하다고 판단한 화장품
㉦	등록을 하지 아니한 자가 제조한 화장품 또는 제조·수입하여 유통·판매한 화장품

38 다음 중 청정도 등급에 따른 작업실과 관리기준이 올바르게 짝지어진 것은?

① 제조실 – 낙하균 : 10개/hr 또는 부유균 : 20개/m³
② 칭량실 – 낙하균 : 10개/h 또는 부유균 : 20개/m³
③ 충전실 – 낙하균 : 30개/hr 또는 부유균 : 200개/m³
④ 포장실 – 낙하균 : 30개/hr 또는 부유균 : 200개/m³

정답 36 ② 37 ④ 38 ③

⑤ 원료보관실 – 낙하균 : 10개/hr 또는 부유균 : 20개/㎥

Tip
- Clean Bench : 낙하균 10개/hr 또는 부유균 20개/㎥
- 제조실, 성형실, 충전실, 내용물보관소, 원료칭량실, 미생물 시험실 : 낙하균 30개/hr 또는 부유균 200개/㎥
- 포장실 : 옷 갈아입기, 포장재의 외부 청소 후 반입
- 포장재보관소, 완제품보관소, 관리품 보관소, 원료보관소, 탈의실, 일반실험실 : 관리기준 없음

39 우수화장품 제조 및 품질관리 기준 보관구역의 위생기준에 대한 설명으로 맞는 것은?

① 바닥의 폐기물은 모아두었다가 한번에 처리한다.
② 손상된 팔레트는 폐기하지 말고 수선하여 쓴다.
③ 통로는 가능한 좁게 만드는 것이 좋다.
④ 사람과 물건이 이동하는 경로인 통로는 교차오염의 위험이 없어야 한다.
⑤ 용기들은 뚜껑을 개봉한 상태로 보관한다.

Tip
- 통로는 적절하게 설계되어야 한다.
- 통로는 사람과 물건이 이동하는 구역으로서 사람과 물건의 이동에 불편함을 초래하거나 교차오염의 위험이 없어야 된다.
- 손상된 팔레트는 수거하여 수선 또는 폐기한다.
- 매일 바닥의 폐기물을 치워야 한다.
- 동물이나 해충의 침입하기 쉬운 환경은 개선되어야 한다.
- 용기(저장조 등)는 닫아서 깨끗하고 정돈된 방법으로 보관한다.

40 화장품 작업장 내 직원의 위생에 대한 설명으로 바르지 않은 것은?

① 신규 직원에 대해 위생교육을 실시하고, 기존 직원에 대해서도 정기적으로 교육을 실시한다.
② 작업복 목적과 오염도에 따라 세탁을 하고 필요에 따라 소독한다.
③ 작업 전 복장을 점검하고 적절하지 않을 경우는 시정한다.
④ 음식, 음료수 등은 제조 및 보관 지역과 분리된 지역에서만 섭취한다.
⑤ 노출된 피부에 상처가 있는 직원은 증상이 회복된 후 3일 이후부터 제품과 직접적인 접촉을 할 수 있다.

Tip
피부에 외상이 있거나 질병에 걸린 직원은 건강이 양호해지거나 화장품의 품질에 영향을 주지 않는다는 의사의 소견이 있기 전까지는 화장품과 직접 접촉되지 않도록 격리시켜야 한다.

41 작업장 내 직원의 위생관리 기준으로 적합하지 않은 것은?

① 규정된 작업복을 착용하여야 한다.
② 별도의 지역에 의약품을 포함한 개인적인 물품을 보관하여야 한다.
③ 음식, 음료수 및 흡연구역 등은 제조 및 보관 지역과 분리된 지역에서만 섭취하거나 흡연하여야 한다.
④ 피부에 외상이 있거나 질병에 걸린 직원은 화장품과 직접적 접촉되지 않도록 하여야 한다.
⑤ 방문객은 교육 후 제조, 관리 및 보관구역에 안내자 없이 접근할 수 있다.

Tip
방문객과 훈련받지 않은 직원이 생산, 관리 보관 구역으로 들어가면 반드시 안내자가 동행한다. 방문객은 적절한 지시에 따라야 하고, 필요한 보호 설비를 갖추어야 하며, 회사 방문객이 혼자 돌아다니거나 설비 등을 만지거나 하는 일은 없도록 해야 한다.

정답 39 ④ 40 ⑤ 41 ⑤

42 제조위생관리기준서의 제조시설 세척 및 평가에 포함되는 사항이 아닌 것은?

① 책임자 지정
② 세척 및 소독 계획
③ 제조시설의 분해 및 조립방법
④ 작업복장의 세탁방법 및 착용규정
⑤ 작업 전 청소상태 확인방법

Tip 제조시설 세척 및 평가
- 책임자 지정
- 세척방법과 세척에 사용되는 약품 및 기구
- 이전 작업 표시 제거방법
- 작업 전 청소상태 확인방법
- 세척 및 소독 계획
- 제조시설의 분해 및 조립 방법
- 청소상태 유지 방법

43 원자재 용기 및 시험기록서의 필수적인 기재 사항이 아닌 것은?

① 수령일자
② 원자재 제조일자
③ 원자재 공급자명
④ 공급자가 부여한 관리번호
⑤ 원자재 공급자가 정한 제품명

Tip
원자재 용기 및 시험기록서의 필수적인 기재 사항은 다음 각 호와 같다.
1. 원자재 공급자가 정한 제품명
2. 원자재 공급자명
3. 수령일자
4. 공급자가 부여한 제조번호 또는 관리번호

44 유통화장품 안전관리 시험방법 중 〈보기〉에 해당하는 성분을 분석할 때 공통으로 사용할 수 있는 시험방법은?

〈보기〉
납, 니켈, 비소, 안티몬, 카드뮴

① 유도결합 플리즈마 질량분석법
② 디티존법
③ 원자흡광광도법
④ 비색법
⑤ 크로마토그래프법

Tip

성분	시험방법
① 납	디티존법, 원자흡광도법(AAS), 유도결합플리즈마 분광기를 이용하는 방법(ICP), 유도결합플리즈마-질량분석기를 이용한 방법(ICP-MS)
② 니켈	ICP-MS, AAS, ICP
③ 비소	비색법, ICP-MS, AAS, ICP
④ 수은	수은 분해장치를 이용한 방법, 수은 분석기를 이용한 방법
⑤ 안티몬	ICP-MS, AAS, ICP
⑥ 카드뮴	ICP-MS, AAS, ICP

45 다음은 제품의 입고·보관·출하 과정을 설명한 것이다. 순서대로 바르게 나열한 것은?

ㄱ. 포장고정
ㄴ. 시험 중 라벨부착
ㄷ. 임시보관
ㄹ. 제품시험 합격
ㅁ. 합격라벨 부착
ㅂ. 보관
ㅅ. 출하

① ㄱ → ㄴ → ㄷ → ㄹ → ㅁ → ㅂ → ㅅ
② ㄱ → ㄴ → ㄷ → ㅁ → ㄹ → ㅂ → ㅅ
③ ㄱ → ㄴ → ㄹ → ㅁ → ㄷ → ㅂ → ㅅ
④ ㄱ → ㄷ → ㄹ → ㄴ → ㅁ → ㅂ → ㅅ
⑤ ㄱ → ㄷ → ㅁ → ㄴ → ㄹ → ㅂ → ㅅ

정답 42 ④ 43 ② 44 ① 45 ①

Tip 원료, 포장재의 발주, 불출 절차
포장고정 → 시험 중 라벨부착 → 임시보관 → 제품시험 합격 → 합격라벨 부착 → 보관 → 출하

46 제품의 적절한 보관관리를 위해 고려할 사항으로 바르지 않은 것은?

① 보관 조건은 각각의 원료와 포장재에 적합하여야 한다.
② 과도한 열기, 추위, 햇빛 또는 습기에 노출되어 변질되는 것을 방지할 수 있어야 한다.
③ 물질의 특징 및 특성에 맞도록 보관, 취급되어야 한다.
④ 원료와 포장재가 재포장될 경우, 원래의 용기와 다르게 표시되어야 한다.
⑤ 물리적 격리(Quarantine) 등의 방법을 통해 원료 및 포장재의 관리는 의심스러운 물질의 허가되지 않은 사용을 방지할 수 있어야 한다.

Tip
원료와 포장재가 재포장될 경우, 원래의 용기와 동일하게 표시되어야 한다.

47 원자재 출고·보관관리에 대한 설명으로 바르지 않은 것은?

① 시험결과 적합판정된 것만을 출고해야 한다.
② 제품을 보관할 때에는 보관기한을 설정해야 한다.
③ 제품은 바닥과 벽에 닿지 아니하도록 보관한다.
④ 제품은 후입선출에 의해 출고할 수 있도록 한다.
⑤ 원자재, 부적합품은 각각 구획된 장소에서 보관해야 한다.

Tip
모든 물품은 원칙적으로 선입선출 방법으로 출고한다.
• 입고된 물품이 사용(유효)기한이 짧은 경우 : 먼저 입고된 물품보다 먼저 출고
• 선입선출을 하지 못하는 특별한 경우 : 적절하게 문서화된 절차에 따라 나중에 입고된 물품을 먼저 출고

48 화장품의 폐기처리에 대한 설명으로 바르지 않은 것은?

① 폐기 대상은 따로 보관하고 규정에 따라 신속하게 폐기해야 한다.
② 변질 및 변패 또는 병원미생물에 오염되지 않고 사용기한이 6개월 이상 남은 화장품은 재작업을 할 수 있다.
③ 변질 및 변패 또는 병원미생물에 오염되지 않고 제조일로부터 1년이 경과하지 않은 화장품은 재작업을 할 수 있다.
④ 회수 반품된 제품의 폐기는 품질보증 책임자에 의해 승인되어야 한다.
⑤ 변질 및 변패 또는 병원미생물에 오염되지 않고 사용기한이 1년이 경과하지 않은 화장품은 재작업을 할 수 있다.

Tip
재작업은 그 대상이 다음 각 호를 모두 만족한 경우에 할 수 있다.
• 변질 · 변패 또는 병원미생물에 오염되지 아니한 경우
• 제조일로부터 1년이 경과하지 않았거나 사용기한이 1년 이상 남아 있는 경우

정답 46 ④ 47 ④ 48 ②

49 **다음 〈보기〉는 기준일탈 제품의 처리과정을 설명한 것이다. ㉠~㉢에 들어갈 내용을 순서대로 적은 것은?**

> ㄱ. 시험, 검사, 측정에서 기준일탈 결과 나옴
> ㄴ. (㉠)
> ㄷ. "시험, 검사, 측정이 틀림없음"을 확인
> ㄹ. (㉡)
> ㅁ. 기준일탈 제품에 불합격라벨 첨부
> ㅂ. (㉢)
> ㅅ. 폐기처분, 재작업, 반품

① ㉠ : 격리보관, ㉡ : 기준일탈의 처리, ㉢ : 기준일탈의 조사
② ㉠ : 기준일탈의 처리, ㉡ : 격리보관, ㉢ : 기준일탈의 조사
③ ㉠ : 격리보관, ㉡ : 기준일탈의 조사, ㉢ : 기준일탈의 처리
④ ㉠ : 기준일탈의 조사, ㉡ : 격리보관, ㉢ : 기준일탈의 처리
⑤ ㉠ : 기준일탈의 조사, ㉡ : 기준일탈의 처리, ㉢ : 격리보관

Tip **기준일탈 제품의 처리**

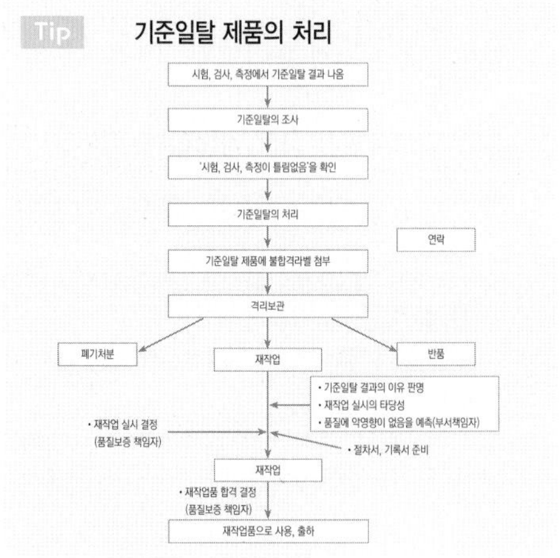

50 **다음 중 완제품 보관용 검체에 대해 바르게 설명한 것을 모두 고르시오.**

> ㄱ. 뱃치가 두 개인 경우 한 개의 뱃치 검체를 대표로 보관할 수 있다.
> ㄴ. 일반적으로는 각 뱃치별로 제품 시험을 3번 실시할 수 있는 양을 보관한다.
> ㄷ. 제품이 가장 안정한 조건에서 보관한다.
> ㄹ. 사용기한 경과 후 1년간 보관한다.
> ㅁ. 개봉 후 사용기간을 기재하는 경우에는 제조일로부터 1년간 보관한다.

① ㄱ, ㄷ
② ㄷ, ㄹ
③ ㄱ, ㄷ, ㅁ
④ ㄱ, ㄴ, ㄷ, ㄹ
⑤ ㄱ, ㄴ, ㄷ, ㄹ, ㅁ

Tip **완제품 보관**

- 제품의 경시 변화 추적
- 사고 등이 발생했을 때 제품을 시험하는 데 충분한 양 확보
- 시험에 필요한 양을 제조 단위별로 적절한 보관 조건하에서 지정된 구역 내에 따로 보관
- 사용기한 경과 후 1년간 보관
- 개봉 후 사용기간을 기재하는 경우 : 제조일로부터 3년간 보관
- 안정성이 확립되어 있지 않은 화장품은 정기적으로 경시 변화 추적필요 → 시험계획, 특정 제조 단위에 대해 충분한 양의 검체 보존

51 **우수화장품 제조 및 품질관리기준상 다음에 해당하는 용어는?**

> 하나의 공정이나 일련의 공정으로 제조되어 균질성을 갖는 화장품의 일정한 분량을 말한다.

① 벌크제품
② 반제품
③ 완제품
④ 소모품
⑤ 뱃치

정답 49 ⑤ 50 ② 51 ⑤

Tip 뱃치

제품의 경우 어떠한 그룹을 같은 제조단위 또는 뱃치로 하기 위해서는 그 그룹이 균질성을 갖는다는 것을 나타내는 과학적 근거가 있어야 한다. 과학적 근거란 몇 개의 소(小) 제조단위를 합하여 같은 제조단위로 할 경우에는 동일한 원료와 자재를 사용하고 제조조건이 동일하다는 것을 나타내는 근거를 말하며, 또 동일한 제조공정에 사용되는 기계가 복수일 때에는 그 기계의 성능과 조건이 동일하다는 것을 나타내는 것을 말한다.

52 유통화장품 안전관리 기준 중 미생물 한도로 맞는 것은?

① 눈 주변에 사용하는 화장품 – 1,000개/g(㎖) 이하
② 물휴지 – 50개/g(㎖) 이하
③ 기타화장품 – 500개/g(㎖) 이하
④ 영·유아용 제품류 – 100개/g(㎖) 이하
⑤ 기초화장품 – 2,000개/g(㎖) 이하

Tip

눈 주변에 사용하는 화장품은 눈화장용 제품류가 아니라 기초화장품으로, 유통화장품의 안전관리 기준 중 기타화장품에 속한다.

53 다음 중 유통화장품 허용기준치 안에 해당하지 않은 것으로 짝지어진 것은?

ㄱ. 디옥산 50마이크로그램
ㄴ. 6가 크롬 10마이크로그램
ㄷ. 황색포도상구균 30개
ㄹ. 카드뮴 3마이크로그램
ㅁ. 수은 1마이크로그램

① ㄱ, ㄴ　　② ㄱ, ㅁ
③ ㄴ, ㄷ　　④ ㄷ, ㄹ
⑤ ㄹ, ㅁ

Tip

- 납 : 점토를 원료로 사용한 분말제품은 50㎍/g 이하, 그 밖의 제품은 20㎍/g 이하
- 니켈 : 눈 화장용 제품은 35㎍/g 이하, 색조 화장용 제품은 30㎍/g 이하, 그 밖의 제품은 10㎍/g 이하
- 비소 : 10㎍/g 이하
- 수은 : 1㎍/g 이하
- 안티몬 : 10㎍/g 이하
- 카드뮴 : 5㎍/g 이하
- 디옥산 : 100㎍/g 이하
- 메탄올 : 0.2(v/v)% 이하, 물휴지는 0.002%(v/v) 이하
- 포름알데하이드 : 2000㎍/g 이하, 물휴지는 20㎍/g 이하
- 프탈레이트류(디부틸프탈레이트, 부틸벤질프탈레이트 및 디에칠헥실프탈레이트에 한함) : 총합으로서 100㎍/g 이하

54 다음은 포장재의 입고에 관한 설명이다. 바르지 않은 것은?

① 포장재는 적합, 부적합에 따라 각각의 공간에 별도로 보관되어야 한다.
② 포장재 선적 용기에 대하여 확실한 표기 오류, 용기 손상, 봉인 파손, 오염 등에 대해 육안으로 검사한다.
③ 포장재는 제조단위별로 각각 구분하여 관리하여야 한다.
④ 자동화 창고와 같이 혼동을 방지할 수 있는 경우에는 해당 시스템을 통해 관리할 수 있다.
⑤ 부적합 포장재를 보관하는 공간은 신속처리를 위해 잠금장치를 하지 않는다.

Tip

필요한 경우 부적합 원료와 포장재를 보관하는 공간은 잠금장치 추가(다만, 자동화창고와 같이 확실하게 구분하여 혼동을 방지할 수 있는 경우에는 해당 시스템을 통해 관리)

정답　52 ①　53 ③　54 ⑤

55 다음 〈보기〉는 안전관리 기준 중 비누의 내용량 기준에 관한 설명이다. 〈보기〉에서 ㉠, ㉡, ㉢에 해당하는 내용으로 옳게 나열된 것은?

> • 제품(㉠)개를 가지고 시험할 때 그 평균 내용량이 표기량에 대하여 (㉡)% 이상
> • 화장비누의 경우 (㉢)을/를 내용량으로 함

① ㉠ : 2, ㉡ : 90, ㉢ : 건조중량
② ㉠ : 2, ㉡ : 95, ㉢ : 총중량
③ ㉠ : 3, ㉡ : 97, ㉢ : 건조중량
④ ㉠ : 4, ㉡ : 97, ㉢ : 총중량
⑤ ㉠ : 4, ㉡ : 97, ㉢ : 건조중량

> **Tip** **비누의 내용량 기준**
> 제품 3개를 가지고 시험할 때 그 평균 내용량이 표기량에 대하여 97% 이상(다만, 화장 비누의 경우 건조중량을 내용량으로 한다)

56 비중이 0.8인 액체 300㎖를 채울 때(100% 채움)의 중량은?

① 240g ② 260g
③ 300g ④ 360g
⑤ 375g

> **Tip**
> 용량으로 표시된 제품일 경우 비중을 측정하여 용량으로 환산한 값을 내용량으로 함.
> (비중 = 중량/부피, 중량 = 비중×부피) → 0.8 ×300 = 240

57 ( ) 안에 들어갈 말을 쓰시오.

> 유통화장품 안전관리 기준에서 화장 비누의 유리 알칼리는 ( ) 이하여야 한다.

> **Tip**
> 유리알칼리 0.1% 이하(화장비누에 한함)

58 유통화장품의 안전관리기준 중 pH 3.0~9.0에 해당하는 제품을 모두 고르시오.

> ㄱ. 영유아용 샴푸 ㄴ. 셰이빙 크림
> ㄷ. 헤어젤 ㄹ. 바디로션
> ㅁ. 클렌징 크림

① ㄱ, ㄴ ② ㄱ, ㅁ
③ ㄴ, ㄷ ④ ㄷ, ㄹ
⑤ ㄹ, ㅁ

> **Tip**
> 영 · 유아용 제품류(영 · 유아용 샴푸, 영 · 유아용 린스, 영 · 유아 인체 세정용 제품, 영 · 유아 목욕용 제품 제외), 눈 화장용 제품류, 색조 화장용 제품류, 두발용 제품류(샴푸, 린스 제외), 면도용 제품류(셰이빙 크림, 셰이빙 폼 제외), 기초화장용 제품류(클렌징 워터, 클렌징 오일, 클렌징 로션, 클렌징 크림 등 메이크업 리무버 제품 제외) 중 액, 로션, 크림 및 이와 유사한 제형의 액상제품은 pH기준이 3.0~9.0이어야 한다. 다만, 물을 포함하지 않는 제품과 사용한 후 곧바로 물로 씻어 내는 제품은 제외한다.

59 다음은 화장품 혼합에 필요한 기기에 대한 설명이다. 어떤 기기에 대한 설명인가?

> • 고정자와 운동자로 구성되어 고정자 내벽에서 운동자가 고속 회전하는 장치이다.
> • 균일하고 미세한 유화입자 제조가 가능하다.
> • O/W 및 W/O 제형, 로션, 크림 제조 시 많이 사용한다.

① 호모게나이저 ② 호모 믹서
③ 아지 믹서 ④ 핫 플레이트
⑤ 전자저울

> **Tip** **호모 믹서**
> 고정자와 운동자로 구성되어 고정자 내벽에서 고속회전이 가능하며, 유화제형(O/W, W/O 형 등) 제조에 사용

정답 55 ③ 56 ① 57 0.1% 58 ④ 59 ②

60 다음은 맞춤형화장품조제관리사의 교육에 관한 내용이다. 아래의 내용 중 옳지 않은 것은?

① 맞춤형화장품조제관리사는 화장품의 안전성 확보 및 품질관리에 관한 교육을 매년 받아야 한다.
② 교육시간은 4시간 이상, 8시간 이하로 한다.
③ 교육내용은 화장품 관련 법령 및 제도에 관한 사항, 화장품의 안전성 확보 및 품질관리에 관한 사항 등으로 한다.
④ 교육내용에 관한 세부 사항은 식품의약품안전처장의 승인을 받아야 한다.
⑤ 교육의 실시 기관, 내용, 대상 및 교육비 등에 관하여 필요한 사항은 대통령령으로 정한다.

> **Tip**
> 교육의 실시 기관, 내용, 대상 및 교육비 등에 관하여 필요한 사항은 총리령으로 정한다.

61 다음 중 안전용기, 포장에 대한 설명으로 옳지 않은 것은?

① 개별포장당 메틸 살리실레이트를 5% 이상 함유하는 액체 상태의 제품은 안전용기 포장을 해야 한다.
② 안전용기 포장이란 5세 이하의 어린이가 개봉하기 어렵게 설계 고안된 용기 및 포장을 말한다.
③ 아세톤을 함유하는 네일 에나멜 리무버 및 네일 폴리시 리무버는 안전용기 포장을 해야 한다.
④ 화장품에 대해 안전용기·포장 사용을 위반한 사람은 1년 이하의 징역 또는 1천만 원 이하의 벌금에 처해진다.
⑤ 일회용 제품, 용기 입구 부분이 펌프 또는 방아쇠로 작동되는 분무용기 제품, 압축 분무용기 제품(에어로졸 제품 등)은 제외로 한다.

> **Tip**
> 안전용기 포장이란 만 5세 미만의 어린이가 개봉하기 어렵게 설계 · 고안된 용기나 포장을 말한다.

62 다음은 맞춤형화장품 조제관리사 자격시험에 관한 내용으로 올바르게 연결되지 않은 것은?

ㄱ. 맞춤형화장품조제관리사가 되려는 사람은 화장품과 원료 등에 대하여 (㉠)이 실시하는 자격시험에 합격하여야 한다.
ㄴ. 식품의약품안전처장은 (㉡)가 거짓이나 그 밖의 부정한 방법으로 시험에 합격한 경우에는 자격을 취소하여야 하며, 자격이 취소된 사람은 취소된 날부터 (㉢)년간 자격시험에 응시할 수 없다.
ㄷ. 식품의약품안전처장은 자격시험 업무를 효과적으로 수행하기 위하여 필요한 전문인력과 시설을 갖춘 기관 또는 단체를 시험운영기관으로 지정하여 시험업무를 위탁할 수 (㉣).
ㄹ. 자격시험의 시기, 절차, 방법, 시험과목, 자격증의 발급, 시험운영기관의 지정 등 자격시험에 필요한 사항은 (㉤)으로 정한다.

① ㉠ - 식품의약품안전처장
② ㉡ - 맞춤형화장품 조제관리사
③ ㉢ - 3
④ ㉣ - 있다.
⑤ ㉤ - 대통령령

> **Tip**
> 자격시험의 시기, 절차, 방법, 시험과목, 자격증의 발급, 시험운영기관의 지정 등 자격시험에 필요한 사항은 총리령으로 정한다.

정답 60 ⑤ 61 ② 62 ⑤

63 다음 중 어느 하나에 해당하는 성분을 0.5% 이상 함유하는 제품의 경우에는 해당 품목의 안정성시험 자료를 최종 제조된 제품의 사용기한이 만료되는 날부터 1년간 보존하지 않아도 되는 성분은?

① 레티놀(비타민 A) 및 그 유도체
② 아스코빅애시드(비타민 C) 및 그 유도체
③ 토코페롤(비타민 E)
④ 피리독신(비타민 B) 및 그 유도체
⑤ 과산화화합물

Tip

다음의 어느 하나에 해당하는 성분을 0.5퍼센트 이상 함유하는 제품의 경우에는 해당 품목의 안정성시험 자료를 최종 제조된 제품의 사용기한이 만료되는 날부터 1년간 보존할 것(화장품법 시행규칙 제12조 제11호)

- 레티놀(비타민 A) 및 그 유도체
- 아스코빅애시드(비타민 C) 및 그 유도체
- 토코페롤(비타민 E)
- 과산화화합물
- 효소

64 기능성 화장품의 심사에서 안전성에 관한 심사를 신청하기 위해 필요한 자료로 옳은 것은?

① 안점막 자극 또는 기타 점막 자극시험 자료
② 기능성 시험자료
③ 2차 피부자극 시험자료
④ 효력시험 자료
⑤ 다회투여독성시험 자료

Tip

안전성에 관한 자료는 단회투여독성 시험자료, 1차피부자극 시험자료, 안점막 자극 또는 기타점막자극 시험자료, 피부감작성 시험자료, 광독성 및 광 감작성시험자료, 인체첩포 시험자료, 인체누적 첩포시험자료이다.

65 다음 중 맞춤형화장품조제관리사가 혼합할 수 있는 원료는?

ㄱ. 페녹시에탄올　　ㄴ. 알지닌
ㄷ. 토코페롤　　ㄹ. 파이틱애시드
ㅁ. 징크피리치온　　ㅂ. 에틸핵실글리세린

① ㄱ, ㄷ, ㅁ
② ㄴ, ㄹ, ㅂ
③ ㄱ, ㄴ, ㅂ
④ ㄴ, ㄷ, ㅂ
⑤ ㄷ, ㄹ, ㅁ

Tip

페녹시에탄올은 보존제로서 1%. 토코페롤은 20%, 징크피리치온은 사용 후 씻어내는 제품에 0.5%(기타 제품에는 사용금지)의 사용제한이 있다. 따라서 이 원료들은 사용제한을 지킨 함유제품의 형태로만 혼합가능하고, 원료로서는 혼합할 수 없다.

66 유통화장품의 안전관리 기준 중 미생물 한도로 맞는 것은?

① 대장균, 녹농균, 황색포도상구균은 불검출
② 물휴지 : 세균 및 진균수가 각각 50개/g(㎖) 이하
③ 기타 화장품 : 500개/g(㎖) 이하
④ 영유아용 제품류 : 100개/g(㎖) 이하
⑤ 기초화장품 : 2,000개/g(㎖) 이하

Tip **유통화장품의 안전관리 기준 중 미생물 한도 (화장품 안전기준 등에 관한 규정 제6조 제4항)**

- 총호기성생균수는 영 · 유아용 제품류 및 눈화장용 제품류의 경우 500개/g(㎖) 이하
- 물휴지의 경우 세균 및 진균수는 각각 100개/g(㎖) 이하
- 기타 화장품의 경우 1,000개/g(㎖) 이하
- 대장균, 녹농균, 황색포도상구균은 불검출

정답 63 ④ 64 ① 65 ① 66 ①

67 **피부알레르기 우려로 인해 화장품을 사용하기 전에 간단히 적용해 볼 수 있는 방법은?**

① patch test
② 안점막 자극 test
③ 다회투여 자극 test
④ 독성시험 test
⑤ 2차 피부자극 test

> **Tip**
> patch test는 인체 첩포시험으로서 피부과 전문의 또는 연구소 및 병원, 기타 관련 기관에서 5년 이상 해당 시험 경력을 가진 자의 지도하에 수행되어야 한다.

68 **다음 중 내용량이 10밀리리터 초과 50밀리리터 이하 또는 중량이 10그램 초과 50그램 이하 화장품의 포장에서 기재·표시를 생략할 수 있는 성분은?**

① 과일산(AHA)
② 타르색소
③ 금박
④ 기능성화장품의 경우 그 효과가 나타나게 하는 원료
⑤ 샴푸와 린스를 제외한 제품에 들어 있는 인산염의 종류

> **Tip**
> **화장품 포장의 기재·표시를 생략할 수 있는 성분 (화장품법 시행규칙 제19조 제2항)**
> • 내용량이 10밀리리터 초과 50밀리리터 이하 또는 중량이 10그램 초과 50그램 이하 화장품의 포장인 경우에는 다음의 성분을 제외한 성분
> - 타르색소
> - 금박
> - 샴푸와 린스에 들어 있는 인산염의 종류
> - 과일산(AHA)
> - 기능성화장품의 경우 그 효능 · 효과가 나타나게 하는 원료
> - 식품의약품안전처장이 사용 한도를 고시한 화장품의 원료

69 **화장품을 제조할 때 비의도적으로 유래된 사실이 객관적인 자료로 확인되고 기술적으로 완전한 제거가 불가능한 경우 해당 물질의 비의도적 검출 허용 한도로 옳은 것은?**

① 니켈 : 눈 화장용 제품은 50㎍/g 이하, 색조화장용 제품은 30㎍/g 이하, 그 밖의 제품은 10㎍/g 이하
② 납 : 점토를 원료로 사용한 분말제품은 50㎍/g 이하, 그 밖의 제품은 20㎍/g 이하
③ 비소 : 1㎍/g 이하
④ 디옥산 : 10㎍/g 이하
⑤ 카드뮴 : 10㎍/g 이하

> **Tip**
> ① 니켈 : 눈 화장용 제품은 35㎍/g 이하, 색조화장용 제품은 30㎍/g 이하, 그 밖의 제품은 10㎍/g 이하
> ③ 비소 : 10㎍/g 이하
> ④ 디옥산 : 100㎍/g 이하
> ⑤ 카드뮴 : 5㎍/g 이하

70 **다음 화장품의 물리적 변화를 나타낸 것 중 옳지 않은 것은?**

① 내용물의 층이 분리되었을 때
② 내용물이 변취되었을 때
③ 내용물이 한군데에 엉겨서 응집되어 있을 때
④ 내용물들이 균열되었을 때
⑤ 내용물 속 작은 고체 물질이 침전되어 가라앉아 있을 때

> **Tip**
> 내용물의 변취는 화학적 변화이다.

71 **피부의 광노화를 일으키는 자외선 파장 범위로 옳은 것은?**

① 200~300nm
② 300~400nm
③ 400~500nm
④ 500~600nm
⑤ 600~700nm

정답 67 ① 68 ⑤ 69 ② 70 ② 71 ②

Tip

320~400nm에 해당하는 장파장으로 진피층까지 침투하여 피부의 노화를 유발한다.

72 각질층의 세포 간 지질 성분으로 옳은 것은?

① 세라마이드, 피지선, 지방산
② 세라마이드, 지방산, 콜레스테롤
③ 케라틴, 천연보습인자, 지방산
④ 케라틴, 콜레스테롤, 지방산
⑤ 세라마이드, 피지선, 콜레스테롤

Tip

각질층은 세포와 세포 간 지질로 구성되어 있으며, 세포 간 지질은 각질층 자체에서 생긴 지질로 각질세포를 둘러싸고 있어 인체의 수분을 유지하는 데 중요한 역할을 한다. 세포 간 지질의 주성분은 세라마이드, 콜레스테롤, 지방산으로 구성되어 있다.

73 피부 구조에 대한 설명으로 옳은 것은?

① 각질층 : 표피의 가장 안쪽에 위치하며 각화 현상이 일어난다.
② 진피층 : 섬유아세포에서 콜라겐을 합성한다.
③ 피하지방 : 피부의 90%를 차지한다.
④ 기저층 : 자외선을 흡수하는 케라토하이알린이 분포한다.
⑤ 유극층 : 체온유지 역할을 하는 랑게르한스세포가 존재한다.

Tip

① 각질층은 표피 가장 외측에 위치한다.
③ 피부의 90%를 차지하는 것은 진피이다.
④ 케라토하이알린이 분포하는 층은 과립층이다.
⑤ 랑게르한스세포는 피부면역을 담당한다.

74 인체적용시험과 인체첩포시험의 차이에 대한 설명으로 옳은 것은?

① 인체적용시험은 인체사용시험이다.
② 인체적용시험은 독성시험법 중 하나이다.
③ 인체첩포시험은 patch 제거에 의한 일과성의 홍반 소실을 기다려 관찰·판정한다.
④ 인체첩포시험은 화장품의 표시·광고 내용을 증명할 목적하는 연구이다.
⑤ 인체첩포시험은 해당 화장품의 효과 및 안전성을 확인하기 위하여 실시한다.

Tip

인체 적용시험
(화장품 표시·광고 실증에 관한 규정 제2조)
• 화장품의 표시 · 광고 내용을 증명할 목적으로 해당 화장품의 효과 및 안전성을 확인하기 위하여 사람을 대상으로 실시하는 시험 또는 연구를 말한다.

인체첩포시험
(기능성화장품 심사에 관한 규정 [별표 1] 독성시험법)
• 원칙적으로 첩포 24시간 후에 patch를 제거하고 제거에 의한 일과성의 홍반 소실을 기다려 관찰 · 판정하는 인체사용 시험으로, 독성시험법 중 하나이다.

75 맞춤형화장품에 관한 사항으로 옳지 않은 것은?

① 맞춤형화장품판매업을 하려는 자는 식품의약품안전처장에게 등록하여야 한다.
② 맞춤형화장품은 식품의약품안전처장이 정하는 원료를 추가하여 혼합한 화장품을 말한다.
③ 제조 또는 수입된 화장품의 내용물을 소분(小分)한 화장품을 말한다.
④ 제조 또는 수입된 화장품의 내용물에 다른 화장품의 내용물이나 색소, 향료 등 식약처장이 정하는 원료를 추가하여 혼합한 화장품을 혼합하는 것을 말한다.
⑤ 맞춤형화장품판매업을 하려는 자는 맞춤형화장품조제관리사를 두어야 한다.

정답 72 ② 73 ② 74 ③ 75 ①

> **Tip**
> **맞춤형화장품판매업의 신고(화장품법 제3조의2)**
> 맞춤형화장품판매업을 하려는 자는 식품의약품안전처장에게 신고하여야 한다. 신고한 사항 중 총리령으로 정하는 사항을 변경할 때에도 또한 같다.

76 다음 중 화장품 안전기준 등에 관한 규정에 의해 사용상 사용한도가 정해져 있는 성분은?

① 글리세린 ② 세라마이드
③ 토코페롤 ④ 글리콜릭산
⑤ 소듐히알루론산

> **Tip**
> 토코페롤은 사용한도가 20%로 정해진 원료이다(화장품 안전기준 등에 관한 규정 별표 2).

77 치오글라이콜릭애시드 또는 그 염류를 주성분으로 하는 냉욕식 퍼머넌트웨이브용 제품에 대한 내용으로 옳은 것은?

① 알칼리 : 0.1N 염산의 소비량은 검체 7mℓ에 대하여 1mℓ 이하
② pH : 4.5~9.6
③ 비소 : 20㎍/g 이하
④ 철 : 5㎍/g 이하
⑤ 중금속 : 30㎍/g 이하

> **Tip**
> - 알칼리 : 0.1N 염산의 소비량은 검체 1mℓ에 대하여 7mℓ 이하
> - 비소 : 5㎍/g 이하, 철 : 2㎍/g 이하, 중금속 : 20㎍/g 이하

78 다음 내용 중 화장품 광고에 사용할 수 있는 적절한 문구는 어느 것인가?

① 의사·한의사·의료기관이 공인·추천 등을 하였다는 내용 문구
② '최고' 또는 '최상' 등의 절대적 표현의 표시·광고 문구
③ 멸종위기종의 가공품이 함유된 화장품임을 광고하는 문구
④ 기준을 분명히 밝혀 객관적으로 확인될 수 있는 경쟁상품과의 비교 광고 문구
⑤ 외국과의 기술제휴를 하지 않고 외국과의 기술제휴 등을 표현하는 광고 문구

> **Tip**
> ① 의사 · 치과의사 · 한의사 · 약사 · 의료기관이 공인 · 추천 등을 하였다는 내용은 표시 · 광고하지 말아야 한다.
> ② 배타성을 띤 '최고' 또는 '최상' 등의 절대적 표현의 표시 · 광고를 하지 말아야 한다.
> ③ 국제적 멸종위기종의 가공품이 함유된 화장품임을 표현하거나 암시하는 내용은 표시 · 광고하지 말아야 한다.
> ⑤ 외국과의 기술제휴를 하지 않고 외국과의 기술제휴 등을 표현하는 표시 · 광고는 하지 말아야 한다.

79 맞춤형화장품판매업자가 안전용기·포장 등의 사용 의무와 기준에 대해 확인할 내용으로 옳지 않은 것은?

① 만 5세 미만 어린이가 개봉하기 어렵게 설계되고 고안된 용기나 포장인가를 확인한다.
② 어린이가 화장품을 잘못 사용하여 인체에 위해를 끼치는 사고가 발생하지 않도록 한 용기인가를 확인해야 한다.
③ 개별포장당 메틸살리실레이트를 5퍼센트 이상 함유하는 액체상태의 제품이 안전용기에 들어 있는지 확인한다.
④ 용기·포장이 성인이나 어린이에게 개봉하기 어렵게 되어 안전하게 된 것인지 확인한다.
⑤ 아세톤을 함유하는 네일 에나멜 리무버 및 네일 폴리시 리무버가 안전용기·포장이 되어 있는지 확인한다.

정답 76 ③ 77 ② 78 ④ 79 ④

Tip

안전용기 · 포장은 성인이 개봉하기는 어렵지 아니하나 만 5세 미만의 어린이가 개봉하기는 어렵게 된 것이어야 한다.

80 다음 중 맞춤형화장품을 판매한 것 중 올바르게 나타낸 것을 고른 것은?

ㄱ. 맞춤형화장품조제관리사가 일반 화장품을 판매하였다.
ㄴ. 향수 500㎖를 50㎖로 소분하여 판매하였다.
ㄷ. 아데노신 함유 제품과 알파-비사보롤 함유 제품을 혼합 · 소분하여 판매하였다.
ㄹ. 원료를 공급하는 화장품책임판매업자가 기능성화장품에 대한 심사받은 원료와 내용물을 혼합하였다.

① ㄱ ② ㄱ, ㄴ
③ ㄱ, ㄹ ④ ㄱ, ㄷ
⑤ ㄱ, ㄴ, ㄷ

Tip

기능성화장품 심사를 받은 원료와 내용물을 혼합하여 판매하려면 맞춤형화장품조제관리사 자격을 갖춰야 한다.

단답형

01 화장품 책임판매업자는 영유가 또는 어린이가 사용할 수 있는 화장품임을 표시·광고하려는 경우 제품별로 안전과 품질을 입증할 수 있는 다음의 자료를 작성·보관해야 한다. 괄호 안에 들어갈 단어를 넣으시오.

① 제품 및 제조방법에 대한 설명 자료
② 화장품의 (   ) 자료
③ 제품의 효능 · 효과에 대한 증명 자료

Tip 영유아 또는 어린이 사용 화장품 안전성 자료

제품별 안전성자료 작성방법 ·절차	① 제품 및 제조방법에 대한 설명자료 • 제조관리 기준서, 제품표준서 ② 화장품의 안전성 평가자료 • 제조 시 사용된 원료의 독성 평가 등 안전성 평가 보고서 • 사용 후 사용된 원료의 독성 평가 등 안전성 평가 보고서 ③ 제품의 효능·효과에 대한 증명자료 • 제품의 표시·광고와 관련된 효능·효과에 대한 실증 자료

02 (   ) 안에 화장품 관련 용어를 넣으시오

(㉠   )이란 (㉡   )을 수용하는 1개 또는 그 이상의 포장과 보호재 및 표시의 목적으로 한 포장을 말한다.

03 (   ) 안에 알맞은 말을 넣으시오

기능성화장품의 심사를 받기 위해서는 여러 자료들을 제출해야 한다. 유효성 또는 기능에 관한 자료 중 인체적용시험자료를 제출하는 경우 (   )제출을 면제할 수 있다. 다만, 이 경우에는 (   ) 제출을 면제받은 성분에 대해서는 효능 · 효과를 기재 · 표시할 수 없다.

정답 80 ⑤ 01 안전성 평가 02 ㉠ 2차 포장 ㉡ 1차 포장 03 효력시험자료

Tip 제출자료의 면제
(기능성화장품 심사에 관한 규정 제6조2)

① 유효성 또는 기능에 관한 자료 중 인체적용시험자료를 제출하는 경우 효력시험자료 제출을 면제할 수 있다. 다만, 이 경우에는 효력시험자료의 제출을 면제받은 성분에 대해서는 효능 · 효과를 기재 · 표시할 수 없다.

04 다음은 화장품의 위해성 평가 과정이다. (㉠)과 (㉡)에 각각 알맞은 단어를 쓰시오.

1. 위해요소의 인체 내 독성을 확인하는 위험성 확인과정
2. 위해요소의 인체노출 허용량을 산출하는 위험성 결정과정
3. 위해요소가 인체에 노출된 양을 산출하는 (㉠) 과정
4. 제1호부터 제3호까지의 결과를 종합하여 인체에 미치는 위해 영향을 판단하는 (㉡)과정

Tip

화장품법 시행규칙 제17조 1항에 따라 위해평가는 위 박스 안의 내용과 같이 확인 · 결정 · 평가 등의 과정을 시행한다.

05 다음은 화장품의 사용 시 주의사항에 관한 내용이다. (㉠)에 알맞은 단어를 쓰시오.

1. 햇빛에 대한 피부의 감수성을 증가시킬 수 있으므로 자외선 차단제를 함께 사용할 것(씻어내는 제품 및 두발용 제품은 제외한다)
2. 일부에 시험 사용하여 피부 이상을 확인할 것
3. 고농도의 (㉠) 성분이 들어 있어 부작용이 발생할 우려가 있으므로 전문의 등에게 상담할 것(㉠ 성분이 10퍼센트를 초과하여 함유되어 있거나 산도가 3.5 미만인 제품만 표시한다)

Tip

박스 안의 내용은 알파-하이드록시애시드(α-hydroxyacid, AHA)(이하 "AHA"라 한다) 함유 제품(0.5퍼센트 이하의 AHA가 함유된 제품은 제외한다)의 사용 시 주의사항에 대한 설명이다.

06 다음의 내용에서 (㉠)에 알맞은 단어를 쓰시오.

(㉠)라 함은 제1호의 색소 중 콜타르, 그 중간생성물에서 유래되었거나 유기합성하여 얻은 색소 및 그 레이크, 염, 희석제와의 혼합물을 말한다.

Tip

화장품법 제8조제2항에 따라 화장품에 사용할 수 있는 화장품의 색소 종류와 색소의 기준 및 시험방법을 정하고, 사용되는 용어를 정의하고 있다.
※「화장품의 색소 종류와 기준 및 시험방법」

①	"색소"라 함은 화장품이나 피부에 색을 띄게 하는 것을 주요 목적으로 하는 성분을 말한다.
②	"타르색소"라 함은 제1호의 색소 중 콜타르, 그 중간생성물에서 유래되었거나 유기합성하여 얻은 색소 및 그 레이크, 염, 희석제와의 혼합물을 말한다.
③	"순색소"라 함은 중간체, 희석제, 기질 등을 포함하지 아니한 순수한 색소를 말한다.
④	"레이크"라 함은 타르색소를 기질에 흡착, 공침 또는 단순한 혼합이 아닌 화학적 결합에 의하여 확산시킨 색소를 말한다.
⑤	"기질"이라 함은 레이크 제조 시 순색소를 확산시키는 목적으로 사용되는 물질을 말하며 알루미나, 브랭크휙스, 크레이, 이산화티탄, 산화아연, 탤크, 로진, 벤조산알루미늄, 탄산칼슘 등의 단일 또는 혼합물을 사용한다.
⑥	"희석제"라 함은 색소를 용이하게 사용하기 위하여 혼합되는 성분을 말하며,「화장품 안전기준 등에 관한 규정」(식품의약품안전처 고시) 별표 1의 원료는 사용할 수 없다.
⑦	"눈 주위"라 함은 눈썹, 눈썹 아래쪽 피부, 눈꺼풀, 속눈썹 및 눈(안구, 결막낭, 윤문상 조직을 포함한다)을 둘러싼 뼈의 능선 주위를 말한다.

정답 04 ㉠ 노출평가 ㉡ 위해도 결정 05 알파-하이드록시애시드(α-hydroxyacid, AHA) 06 타르색소

07 **다음은 화장품 전성분 표시제의 내용이다. (㉠)과 (㉡)에 각각 알맞은 단어를 쓰시오.**

1. 글자 크기는 (㉠)포인트 이상으로 한다.
2. 화장품 제조에 사용된 성분을 함량이 많은 것부터 기재 · 표시하되 (㉡)퍼센트 이하로 사용된 성분, 착향제 또는 착색제는 순서에 상관없이 기재 · 표시할 수 있다.

Tip

화장품법 시행규칙[별표 4]「화장품 포장의 표시기준 및 표시방법」에 관한 내용이다.

※「화장품 포장의 표시기준 및 표시방법」

①	글자 크기는 5포인트 이상으로 한다.
②	화장품 제조에 사용된 성분을 함량이 많은 것부터 기재·표시하되 1퍼센트 이하로 사용된 성분, 착향제 또는 착색제는 순서에 상관없이 기재·표시할 수 있다.
③	혼합 원료는 혼합된 개별성분의 명칭을 기재하여야 한다.
④	색조 화장용 제품류, 눈 화장용 제품류, 두발염색용 제품류 또는 손발톱용 제품류에서 호수별로 착색제가 다르게 사용된 경우 '±또는 +/−'의 표시 다음에 사용된 모든 착색제 성분을 함께 기재·표시할 수 있다.
⑤	산성도(pH) 조절 목적으로 사용되는 성분은 그 성분을 표시하는 대신 중화반응에 따른 생성물로 기재·표시할 수 있고, 비누화반응을 거치는 성분은 비누화반응에 따른 생성물로 기재·표시할 수 있다.
⑥	성분을 기재·표시할 경우 영업자의 정당한 이익을 현저히 침해할 우려가 있을 때에는 영업자는 식품의약품안전처장에게 그 근거자료를 제출해야 하고, 식품의약품안전처장이 정당한 이익을 침해할 우려가 있다고 인정하는 경우에는 "기타 성분"으로 기재·표시할 수 있다.

08 **다음은 위해 관련 용어에 관한 설명이다. (㉠)에 알맞은 단어를 쓰시오.**

(㉠)란 유해사례와 화장품 간의 인과관계 가능성이 있다고 보고된 정보로서 그 인과관계가 알려지지 아니하거나 입증자료가 불충분한 것을 말한다.

Tip

「화장품 안전성 정보관리 규정」은 화장품법 제5조 및 시행규칙 제11조제10호에 따라 화장품의 취급 · 사용 시 인지되는 안전성 관련 정보를 체계적이고 효율적으로 수집 · 검토 · 평가하여 적절한 안전대책을 강구함으로써 국민 보건상의 위해를 방지함을 목적으로 하며, 용어의 정의는 다음과 같다.

※ 위해 관련 용어의 정의

①	유해사례(Adverse Event/Adverse Experience, AE)란 화장품의 사용 중 발생한 바람직하지 않고 의도되지 아니한 징후, 증상 또는 질병을 말하며, 당해 화장품과 반드시 인과관계를 가져야 하는 것은 아니다.
②	중대한 유해사례(Serious AE)는 유해사례 중 다음 각목의 어느 하나에 해당하는 경우를 말한다. ㉠ 사망을 초래하거나 생명을 위협하는 경우 ㉡ 입원 또는 입원기간의 연장이 필요한 경우 ㉢ 지속적 또는 중대한 불구나 기능저하를 초래하는 경우 ㉣ 선천적 기형 또는 이상을 초래하는 경우 ㉤ 기타 의학적으로 중요한 상황
③	실마리 정보(Signal)란 유해사례와 화장품 간의 인과관계 가능성이 있다고 보고된 정보로서 그 인과관계가 알려지지 아니하거나 입증자료가 불충분한 것을 말한다.
④	안전성 정보란 화장품과 관련하여 국민보건에 직접 영향을 미칠 수 있는 안전성·유효성에 관한 새로운 자료, 유해사례 정보 등을 말한다.

09 **(　　　)에 들어갈 알맞은 말을 쓰시오.**

(　　　)의 예 : 소듐, 포타슘, 칼슘, 마그네슘, 암모늄, 에탄올아민, 클로라이그, 브로마이드, 설페이트, 아세테이트, 베타인 등

07 ㉠ 5 ㉡ 1　　08 실마리 정보(Signal)　09 염류

Tip
화장품 안전기준 등에 관한 규정 [별표 2]
사용상의 제한이 필요한 원료 – 염류, 에스텔류

10 (　　　)에 들어갈 알맞은 말을 쓰시오.

유통화장품 안전관리 기준에서 화장품 비누의 유알칼리는 (　　　　) 이하여야 한다.

11 다음 보기에서 (　　　)에 들어갈 적합한 용어를 작성하시오.

- (　　　　)제품이란 충전 이전의 제조 단계까지 끝낸 제품을 말한다.
- 반제품이란 제조공정단계에 있는 것으로서 필요한 제조공정을 더 거쳐야 (　　　)제품이 되는 것을 말한다.
- 재작업이란 적합판정기준을 벗어난 완제품, (　　　　)제품 또는 반제품을 재처리하여 품질이 적합한 범위에 들어오도록 하는 작업을 말한다.

12 다음의 (　　) 안에 들어갈 말을 작성하시오.

착향제는 "향료"로 표시할 수 있다. 다만, 착향제의 구성 성분 중 식품의약품안전처장이 정하여 고시한 (　　) 유발 성분이 있는 경우에는 향료로 표시할 수 없고, 해당 성분의 명칭을 기재 · 표시해야 한다.

Tip　**화장품법 시행규칙 [별표 4] 제3호**
마. 착향제는 "향료"로 표시할 수 있다. 다만, 착향제의 구성 성분 중 식품의약품안전처장이 정하여 고시한 알레르기 유발 성분이 있는 경우에는 향료로 표시할 수 없고, 해당 성분의 명칭을 기재 · 표시해야 한다.

13 다음은 화장품의 1차 포장에 반드시 표시할 사항을 나열한 것이다. (　) 안에 알맞은 말을 작성하시오.

ㄱ. 화장품의 명칭
ㄴ. 영업자의 상호
ㄷ. (　　　　　)
ㄹ. 사용기한 또는 개봉 후 사용기간

Tip
화장품 1차 포장에 표시할 사항(화장품법 제10조 제2항)
- 화장품의 명칭
- 영업자의 상호
- 제조번호
- 사용기한 또는 개봉 후 사용기간

14 피부 각질층의 지질 성분 중 가장 많은 양을 차지하며 피부장벽을 만들어 주는 성분명을 쓰시오.

Tip
각질층 지질 주성분은 세라마이드, 콜레스테롤, 지방산 등으로 구성되어 있으며 그 중 많은 양을 차지하는 세라마이드는 피부의 수분을 유지하는 중요한 역할을 한다.

15 (　　　) 안에 들어갈 알맞은 말을 쓰시오.

모발은 모표피, (　　　　), 모수질 3개의 구조로 이루어져 있다.

16 (　　　　) 안에 들어갈 알맞은 말을 쓰시오.

멜라닌은 기저층에 존재하는 (　　㉠　　)에서 생성되며, 이를 만들어내는 소기관을 (　　㉡　　) 이라고 한다.

정답
10 0.1%　11 벌크　12 알레르기　13 제조번호　14 세라마이드　15 모피질
16 ㉠ 멜라노사이트 ㉡ 멜라노좀(멜라닌소체)

Tip

색소형성세포 (melanocyte)	▶	• 표피의 기저층에 분포 • 피부색 결정의 중요색소인 멜라닌 형성세포 • 자외선에 노출되면 멜라닌 색소를 생성하여 피부를 보호함 • 멜라닌세포 수는 피부색과 관계없이 일정함 • 세포질 내 멜라닌을 생성하는 소기관인 멜라닌소체(Melanosome)를 가지고 있음

17 다음의 (　　) 안에 들어갈 말을 적성하시오.

(　　)은 실험실의 배양접시, 인체로부터 분리한 모발 및 피부, 인공피부 등 인위적 환경에서 시험물질과 대조물질 처리 후 결과를 측정하는 것을 말한다.

Tip

화장품 표시·광고 실증에 관한 규정 제2조 제4호
"인체 외 시험"은 실험실의 배양접시, 인체로부터 분리한 모발 및 피부, 인공피부 등 인위적 환경에서 시험물질과 대조물질 처리 후 결과를 측정하는 것을 말한다(화장품 표시 · 광고 실증에 관한 규정 제2조 제4호)

18 다음은 맞춤형 조제관리사와 고객이 나눈 대화의 내용이다. 아래 대화를 읽고 보기에서 나열된 성분 중 맞춤형화장품 조제관리사가 추전하기에 적합한 제품을 골라 쓰세요.

〈대화〉

• 고객 : 저는 피부 미백을 원하는데, 피부가 민감한 편이예요. 제 피부에 미백작용이 있으면서 민감한 피부에 적당한 제품을 찾고 있는데, 어떤 제품이 있을까요?
• 조제관리사 : 피부 미백에 도움을 주면서 민감한 피부에 적당한 제품이 있습니다. 이쪽으로 오셔서 피부측정을 한 후에 좀 더 정확하게 말씀드리겠습니다.

〈보기〉

• 레티놀 함유 제품
• 나이아신아마이드 함유 제품
• 아데노신 함유 제품
• 징크옥사이드 함유 제품

Tip

나이아신아마이드는 피부 미백에 도움을 주는 성분이다. 레티놀과 아데노신은 주름 개선에 도움을 주는 성분이다.

19 다음은 화장품 용기에 대한 설명이다. (　　) 안에 들어갈 용어를 작성하시오.

화장품에 사용하는 용기 중에서 (　　) 용기는 광선의 투과를 방지하는 용기 또는 투과를 방지하는 포장을 한 용기를 말한다.

Tip

화장품 용기(기능성화장품 기준 및 시험방법 별표)
• 밀폐용기 : 일상의 취급 또는 보통 보존상태에서 외부로부터 고형의 이물이 들어가는 것을 방지하고 고형의 내용물이 손실되지 않도록 보호할 수 있는 용기로, 밀폐용기로 규정되어 있는 경우에는 기밀용기도 쓸 수 있음
• 기밀용기 : 일상의 취급 또는 보통 보존상태에서 액상 또는 고형의 이물 또는 수분이 침입하지 않고 내용물을 손실, 풍화, 조해 또는 증발로부터 보호할 수 있는 용기로, 기밀용기로 규정되어 있는 경우에는 밀봉용기도 쓸 수 있음
• 밀봉용기 : 일상의 취급 또는 보통의 보존상태에서 기체 또는 미생물이 침입할 염려가 없는 용기
• 차광용기 : 광선의 투과를 방지하는 용기 또는 투과를 방지하는 포장을 한 용기

정답 17 **인체 외 시험** 18 **나이아신아마이드 함유제품** 19 **차광**

20 **다음은 맞춤형 화장품의 성분표이다. 고객에게 설명할 내용 중 ㉠과 ㉡에 들어갈 말을 작성하시오.**

〈성분표〉
정제수, 글리세린, 세라마이드, 다이프로필렌글라이콜, 토코페릴아세테이트, 다이메티콘/비닐다이메티콘크로스 폴리머, 소듐히알루론산, 알파-비사보롤, 벤질알코올, 향료
조제관리사 : 여기에 사용한 보존제는 (㉠)로서, (㉡)% 이하로 사용되어 기준에 적합합니다.

Tip

벤질알코올은 화장품 안전기준 등에 관한 규정 별표 2에서 제시된 사용상의 제한이 필요한 원료 중 보존제에 해당하며, 사용한도가 1.0% 이하로 제한되어 있다.

정답 20 ㉠ **벤질알코올** ㉡ 1.0

출제경향을 반영한

제2회 실전분석문제

선다형

01 화장품 책임판매업자의 안정성 정보관리의 보고 주기로 알맞은 것은?

① 신속보고 : 15일 정기보고 : 1개월
② 신속보고 : 15일 정기보고 : 6개월
③ 신속보고 : 1개월 정기보고 : 6개월
④ 신속보고 : 1개월 정기보고 : 3개월
⑤ 신속보고 : 3개월 정기보고 : 1년

Tip
화장품 책임판매업자는 다음의 화장품 안전성 정보를 알게 된 날로부터 15일 이내에 보고해야 하며, 정기보고는 매 반기 종료 후 1개월 이내에 해야 한다.

02 다음 중 맞춤형화장품에 해당되는 것은?

① 염색제 1제와 2제를 혼합한 것
② 화장품의 내용물에 보존제를 혼합한 화장품
③ 화장비누를 소분한 것
④ 소비자에게 판매하기 위해 생산된 화장품 완제품을 소분한 것
⑤ 나이아신아마이드가 함유된 크림베이스에 히알루론산을 혼합한 것

Tip
맞춤형화장품에 사용할 수 없는 원료, 사용상의 제한이 필요한 원료(보존제, 자외선차단성분, 염모제, 기타성분), 기능성원료는 사용할 수 없다.

03 다음의 〈상담 내용〉을 파악하고 고객이 원하는 맞춤형화장품 조제 시 첨가되는 원료로 옳은 것은?

〈상담 내용〉
여름 휴가 기간 동안 자외선으로 인해 피부가 많이 노출되어 기미와 잡티가 많이 생겼어요. 백탁이 생기지 않고 발림성이 좋으며 미백에 도움이 되는 자외선 차단 제품으로 원해요.

① 티타늄디옥사이드-나이아신아마이드
② 에칠헥실살리실레이트- 닥나무추출물
③ 징크옥사이드-나이아신아마이드
④ 에틸헥실메톡시신나메이트-시녹세이트
⑤ 징크옥사이드-알파비사보롤

Tip
백탁현상이 생기는 자외선차단성분은 무기물질인 티타늄디옥사이드, 징크옥사이드이며 그 외 제품들은 유기물질로 백탁현상이 없다.

04 다음 중 화장품의 유형과 제품류의 연결이 바른 것은?

① 목욕용 제품류 : 외음부 세정제
② 색조 화장용 제품류 : 아이 섀도
③ 인체 세정용 제품류 : 물휴지
④ 두발용 제품류 : 염모제
⑤ 면도용 제품류 : 데오도런트

Tip
인체 세정용 제품류에는 폼 클렌저, 바디 클렌저, 액체 비누 및 화장 비누, 외음부 세정제, 물휴지 등이 있다. 아이 섀도는 눈 화장용 제품류, 염모제는 두발염색용 제품류, 데오드란트는 체취방지용 제품류이다.

정답 01 ① 02 ⑤ 03 ② 04 ③

05 **우수화장품 제조기준에서 작업장의 방충·방서를 위한 관리로 옳지 않은 것은?**

① 벽, 천장, 창문, 파이프 구멍에 틈이 없도록 한다.
② 폐수구에는 트랩을 설치한다.
③ 골판지, 나무 부스러기를 일정 구역에 보관한다.
④ 빛이 밖으로 새어나가지 않게 한다.
⑤ 개폐되는 창문의 경우는 방충망을 이용하여 해충의 침입을 막고, 설치는 외부에서 창문틀 전체를 설치한다.

Tip
골판지, 나무 부스러기를 방치하지 않는다(벌레의 서식지가 될 수 있음).

06 **위해를 끼치거나 끼칠 우려가 있는 화장품이 유통 중인 사실을 알게 된 경우 해당 화장품을 회수하거나 회수하는 데에 필요한 조치를 하지 않은 화장품책임판매업자가 받게 되는 처분에 해당하는 것은?**

① 3년 이하의 징역 또는 3천만 원 이하의 벌금
② 1년 이하의 징역 또는 1천만 원 이하의 벌금
③ 1년 이하의 징역 또는 1천만 원 이하의 벌금
④ 200만 원 이하의 벌금
⑤ 과태료 100만 원

07 **영유아 또는 어린이 사용 표시·광고 화장품의 안전성 자료 미작성·보관한 자가 영유아 또는 어린이가 사용할 수 있는 화장품임을 표시·광고하려는 경우 해당되는 처분은?**

① 3년 이하의 징역 또는 3천만 원 이하의 벌금
② 1년 이하의 징역 또는 1천만 원 이하의 벌금
③ 2년 이하의 징역 또는 2천만 원 이하의 벌금
④ 200만 원 이하의 벌금
⑤ 과태료 100만 원

Tip
1년 이하의 징역 또는 1천만 원 이하의 벌금인 경우

①	영유아 또는 어린이 사용 표시·광고 화장품의 안전성 자료 미작성·보관한 자
②	어린이 안전용기포장 위반한 자
③	부당한 표시·광고 행위 등의 금지 위반한 자
④	기재사항 및 기재표시 주의사항 위반 화장품의 판매, 판매 목적으로 보관 또는 진열한 자
⑤	의약품 오인 우려가 있는 기재·표시 화장품의 판매, 판매 목적으로 보관 또는 진열한 자
⑥	샘플 화장품의 판매, 판매 목적으로 보관 또는 진열한 자
⑦	화장품 용기의 내용물을 분할 판매한 자
⑧	표시·광고 중지 명령을 위반한 자

08 **다음의 표피 세포 중 표피가 가장 천천히 분화되는 세포는?**

① 각질(화)세포 ② 과립층세포
③ 멜라닌 세포 ④ 기저세포
⑤ 랑게르한스세포

Tip
표피에서 세포분열이 가장 왕성한 곳은 기저층이며, 각질층으로 갈수록 세포분열이 더디다.

09 **유통화장품의 안전관리 기준에서 사용이 금지된 프탈레이트의 원료로 바르게 짝지어진 것은?**

㉠ 디에틸프탈레이트
㉡ 부틸벤질프탈레이트
㉢ 디부틸프탈레이트
㉣ 디부틸레이트
㉤ 디에틸헥실프탈레이트

① ㉢, ㉣, ㉤ ② ㉡, ㉣, ㉤
③ ㉠, ㉣, ㉤ ④ ㉡, ㉢, ㉤
⑤ ㉠, ㉢, ㉤

정답 05 ③ 06 ④ 07 ② 08 ① 09 ④

PART 05 출제경향을 반영한 실전분석문제

Tip

프탈레이트류(디부틸프탈레이트, 부틸벤질프탈레이트 및 디에틸헥실프탈레이트에 한함) : 비의도적으로 들어간 경우 총 합이 100㎍/g 이하로 관리되어야 한다.

10 화장품 판매영업장 폐업 시 개인정보의 파기 원칙 및 방법에 대한 설명으로 옳지 않은 것은?

① 전자적 파일 형태인 경우에는 복원이 불가능한 방법으로 영구 삭제한다.
② 기록물 및 그 밖의 기록 매체인 경우에는 파쇄 또는 소각한다.
③ 개인정보를 파기할 때에는 복구 또는 재생되지 아니하도록 조치하여야 한다.
④ 인쇄물, 서면인 경우 사본을 보관한다.
⑤ 개인정보를 파기하지 아니하고 보존하여야 하는 경우에는 해당 개인정보 또는 개인정보 파일을 다른 개인정보와 분리하여서 저장·관리하여야 한다.

Tip

개인정보의 파기방법(개인정보보호법 시행령 제16조)
기록물, 인쇄물, 서면, 그 밖의 기록 매체인 경우 : 파쇄 또는 소각

11 유통화장품의 안전관리 기준 중 화장품 제조 시 유해물질의 검출 허용한도로 옳은 것은?

① 디옥산 : 100㎍/g
② 프탈레이트류 : 10㎍/g
③ 메탄올 : 0.02(v/v)%
④ 프탈레이트류 : 50㎍/g
⑤ 포름알데하이드 : 2㎍/g

Tip

- 디옥산 : 100㎍/g 이하
- 메탄올 : 0.2(v/v)% 이하, 물휴지는 0.002%(v/v) 이하
- 포름알데하이드 : 2000㎍/g 이하, 물휴지는 20㎍/g 이하
- 프탈레이트류(디부틸프탈레이트, 부틸벤질프탈레이트 및 디에틸헥실프탈레이트에 한함) : 총합으로서 100㎍/g 이하

12 화장품의 내용량 기준 및 표시사항에 적합한 것은?

① 제품 3개를 가지고 시험할 때 그 평균 내용량은 표기량에 대하여 93% 이상 되어야 한다.
② 내용량은 1차 포장의 필수 기재사항이다.
③ 기준치를 벗어날 경우 8개의 평균 내용량이 기준치 이상 되어야 한다.
④ 화장비누는 수분함량중량을 시험한다.
⑤ 화장비누는 수분함량중량과 건조중량을 표시해야 한다.

Tip

① 제품 3개를 가지고 시험할 때 그 평균 내용량은 표기량에 대하여 97% 이상 되어야 한다.
② 내용량은 2차 포장의 필수 기재사항이다.
③ 기준치를 벗어날 경우 9개의 평균 내용량이 기준치 이상 되어야 한다.
④ 화장비누는 건조중량을 기준으로 시험한다. 표시는 수분함량과 건조중량을 표시한다.

13 다음은 화장비누의 내용량의 기준에 대한 설명이다. 옳은 것은?

① 기준치를 벗어날 경우 3개의 평균 내용량이 기준치 이상 되어야 한다.
② 제품 3개를 가지고 시험할 때 그 평균 내용량은 표기량에 대하여 90% 이상 되어야 한다.
③ 화장비누는 수분함량중량과 건조중량을 표시해야 한다.
④ 내용량은 1차 포장의 필수 기재사항이다.
⑤ 화장비누는 수분함량중량을 시험한다.

정답 10 ④ 11 ① 12 ⑤ 13 ③

Tip

- 제품 3개를 가지고 시험할 때 그 평균 내용량이 표기량에 대하여 97% 이상(다만, 화장 비누의 경우 건조중량을 내용량으로 한다).
- 제1호의 기준치를 벗어날 경우 : 6개를 더 취하여 시험할 때 9개의 평균 내용량이 제1호의 기준치 이상이어야 한다.

14 화장품 표시광고 준수사항에 해당되지 않는 것은?

① 의약품으로 잘못 인식할 우려가 있는 내용, 제품의 명칭 및 효능·효과 등에 대한 표시·광고를 하지 말 것
② 국제적 멸종위기종의 가공품이 함유된 화장품임을 표현하거나 암시하는 표시·광고를 하지 말 것
③ 기능성화장품, 천연화장품 또는 유기농화장품이 아님에도 불구하고 제품의 명칭, 제조방법, 효능·효과 등에 관하여 기능성화장품, 천연화장품 또는 유기농화장품으로 잘못 인식할 우려가 있는 표시·광고를 하지 말 것
④ 경쟁상품과 비교하는 표시·광고는 대상 및 기준을 분명히 밝히고 객관적으로 확인가능한 사항도 표시·광고를 하지 말 것
⑤ 소비자를 속이거나 소비자가 속을 우려가 있는 표시·광고를 하지 말 것

Tip

경쟁상품과 비교하는 표시 · 광고는 비교 대상 및 기준을 분명히 밝히고 객관적으로 확인될 수 있는 사항만을 표시 · 광고하여야 하며, 배타성을 띤 "최고" 또는 "최상" 등의 절대적 표현의 표시 · 광고를 하지 말 것

15 입고된 원료, 내용물 및 포장재의 품질관리 기준에서 기준일탈의 조사과정의 순서로 올바른 것은?

(㉠) - (㉡) - (㉢) - 재시험 - 결과 검토 - 재발 방지책

① ㉠ 추가시험 ㉡ Laboratory Error 조사 ㉢ 재검체 채취
② ㉠ Laboratory Error 조사 ㉡ 재검체 채취 ㉢ 추가시험
③ ㉠ Laboratory Error 조사 ㉡ 추가시험 ㉢ 재검체 채취
④ ㉠ 재검체 채취 ㉡ 추가시험 ㉢ Laboratory Error 조사
⑤ ㉠ 재검체 채취 ㉡ Laboratory Error 조사 ㉢ 추가시험

Tip

- Laboratory Error 조사 : 담당자의 실수, 분서기기 문제 등의 여부 조사
- 추가시험 : 오리지널 검체를 대상으로 다른 담당자가 실시
- 재검체 채취 : 오리지널 검체가 아닌 다른 검체 채취

16 용매에 분해되지 않고 분산되는 색소를 안료라 한다. 다음 중 색상, 사용감, 광택 등을 목적으로 사용하는 안료는?

① 아마란스 ② 카오린
③ 울트라마린 ④ 인디고카민
⑤ 뉴콕신

Tip

안료는 무기안료와 유기안료로 구분되며, 무기안료는 용도에 따라 백색안료(커버력), 착색안료(색상), 체질안료(사용감), 펄안료(진주빛 광택)로 구분된다. 카오린은 체질안료이다.

정답 14 ④ 15 ③ 16 ②

17 다음 중 표시, 광고내용의 실증자료를 요청받은 영업자는 요청받은 날로부터 며칠 이내에 식약처장에게 실증자료를 제출해야 하는가?

① 10일　② 15일
③ 20일　④ 25일
⑤ 30일

Tip
실증자료를 요청받은 판매자의 경우 요청받은 날로부터 15일 이내에 그 실증자료를 식약처장에게 제출하여야 한다.

18 미백 기능성화장품의 원료와 사용기준에 대한 연결로 틀린 것은?

① 알부틴 – 2~5%
② 닥나무추출물 – 2%
③ 아데노신 – 0.04%
④ 나이아신아마이드 2~5%
⑤ 에칠아스코빌에텔 – 1~5%

Tip
아데노신은 주름개선 성분에 해당하며 0.04% 이상 사용할 때 미백 기능성화장품으로 인정받을 수 있다.

19 개인정보보호법에 근거하여 민감정보에 해당되지 않는 것은?

① 사상·신념
② 노동조합, 정당의 가입·탈퇴 등
③ 건강, 성생활 등에 관한 정보
④ 주민등록번호
⑤ 정치적 견해

Tip
주민등록번호, 여권번호 등은 고유식별정보에 해당한다.

20 다음 중 피막을 형성하기 위해 사용하는 원료는?

① 보존제　② 계면활성제
③ 고분자 화합물　④ 산화방지제
⑤ 금속이온봉쇄제

Tip
고분자 화합물은 주로 화장품의 점성을 높여주고 사용감을 개선하기 위해 사용하며, 점증제, 피막형성제, 기포형성제, 분산제, 유화안정제로 사용한다.

21 화장품 사용 시의 주의사항 및 알레르기 유발성분 표시에 관한 규정에 따라 화장품의 포장에 추가로 기재, 표시하여야 하는 화장품의 함유 성분별 사용 시의 주의사항 표시 문구로 옳지 않은 것은?

① 포름알데하이드 0.04% 이상 검출된 제품-이 성분에 과민한 사람은 신중히 사용할 것
② 알부틴 2% 이상 함유 제품-알부틴은「인체적용시험자료」에서 구진과 경미한 가려움이 보고된 예가 있음
③ 부틸파라벤, 프로필파라벤, 이소부틸파라벤 또는 이소프로필파라벤 함유 제품(영·유아용 제품류 및 기초화장용 제품류) 중 사용 후 씻어내지 않는 제품 : 만 3세 이하 영유아의 기저귀가 닿는 부위에는 사용하지 말 것
④ 올리에톡실레이티드레틴아마이드 0.2% 이상 함유 제품 : 폴리에톡실레이티드레틴아마이드는「인체적용시험자료」에서 경미한 발적, 피부건조, 화끈감, 가려움, 구진이 보고된 예가 있음.
⑤ 스테아린산아연 함유 제품 : 사용 시 흡입되지 않도록 주의할 것

Tip
포름알데하이드 0.05% 이상 검출된 제품-포름알데하이드를 함유하고 있으므로 이 성분에 과민한 사람은 신중히 사용할 것

정답　17 ②　18 ③　19 ④　20 ③　21 ①

22 화장품책임판매업소의 소재지 변경 시 변경신고를 하지 않을 경우 받게 되는 1차 행정처분에 해당하는 것은?

① 시정명령
② 판매업무 정지 7일
③ 판매업무 정지 1개월
④ 판매업무 정지 2개월
⑤ 판매업무 정지 3개월

Tip
- 1차 위반 : 판매업무 정지 1개월
- 2차 위반 : 판매업무 정지 3개월
- 3차 위반 : 판매업무 정지 6개월

23 미백 기능성으로 고시된 성분과 기능을 인정받을 수 있는 함량의 연결로 옳은 것은?

① 닥나무 추출물 – 0.1%
② 알파-비사보롤 – 0.3%
③ 유용성감초추출물 – 0.01%
④ 아스코빌글루코사이드 – 1%
⑤ 나이아신아마이드 – 10%

Tip
식품의약품안전처는 9가지 미백 성분을 고시하였으며, 미백 성분의 농도가 일정기준 이상 되어야 미백 기능성 화장품으로 인정된다. 나이아신아마이드는 2~5% 이상 함유되면 미백 기능성 화장품으로 인정받는다.

24 각질형성세포 사이를 연결하는 단백질 구조로서 효소에 의해 분해되며 각질세포의 탈락에 중요한 역할을 하는 가교 역할 내부물질은 무엇인가?

① 엑소좀 ② 엔도좀
③ 데스모좀 ④ 소포체
⑤ 골지체

Tip
데스모좀의 분해가 원활하지 못하면 각질세포의 탈락이 정상적이지 못하여 피부에 쌓이게 되고 수분이 소실되고 단단하고 두꺼운 각질층을 형성하게 된다.

25 어린이 안전용기·포장대상 품목 및 기준에 해당되지 않는 것은?

① 아세톤을 함유하는 네일 에나멜 리무버 및 네일 폴리시 리무버
② 개별포장당 메틸 살리실레이트를 5퍼센트 이상 함유하는 액체 상태의 제품
③ 용기 입구 부분이 펌프 또는 방아쇠로 작동되는 분무용기 제품은 제외 대상 제품
④ 어린이용 오일 등 개별포장당 탄화수소류를 5퍼센트 미만으로 함유하고 운동점도가 21센티스톡스(섭씨 40도 기준) 이하인 크림
⑤ 일회용 제품은 제외 대상 제품

Tip
어린이용 오일 등 개별 포장당 탄화수소류를 10퍼센트 이상 함유하고 운동점도가 21센티스톡스(섭씨 40도 기준) 이하인 비에멀젼 타입의 액체상태의 제품이 안전용기 · 포장대상 품목에 해당한다.

26 남성형 탈모증은 남성 호르몬인 디히드로테스토스테론 호르몬의 영향으로 모발이 점점 얇아지면서 빠지는 증상을 말한다. 이때 호르몬 테스토스테론에서 디히드로테스토스테론으로 변환 시 필요한 효소는?

① 티아미나아제 ② 아노이리나아제
③ 프로바이오틱스 ④ 포스파타아제
⑤ 5-알파-환원효소

Tip
남성 호르몬인 테스토스테론은 모낭에 존재하는 5-알파-환원효소가 작용하여, 디하이드로테스토스테론으로 전환된다.

정답 22 ③ 23 ⑤ 24 ③ 25 ④ 26 ⑤

27 위해성 평가의 수행에 있어 현재의 과학기술 수준 또는 자료 등의 제한이 있거나 신속한 위해성 평가가 요구될 경우 인체적용제품의 위해성 평가를 실시할 수 있다. 그 내용에 대한 설명으로 틀린 것은?

① 위해요소의 인체 내 독성 등 확인과 인체노출 안전기준 설정을 위하여 국제기구 및 신뢰성 있는 국내·외 위해성평가 기관 등에서 평가한 결과를 준용하거나 인용할 수 있다.
② 인체노출 안전기준의 설정이 어려울 경우 위해요소의 인체 내 독성 등 확인과 인체의 위해요소 노출 정도만으로 위해성을 예측할 수 있다.
③ 인체적용제품의 섭취, 사용 등에 따라 사망 등의 위해가 발생하였을 경우 위해요소의 인체 내 독성 등의 확인만으로 위해성을 예측할 수 있다.
④ 특정 집단에 노출 가능성이 클지라도 어린이 및 임산부를 대상으로 위해성평가를 실시할 수는 없다.
⑤ 인체의 위해요소 노출 정도를 산출하기 위한 자료가 불충분하거나 없는 경우 활용 가능한 과학적 모델을 토대로 노 출 정도를 산출할 수 있다.

Tip

특정집단에 노출 가능성이 클 경우 어린이 및 임산부 등 민감집단 및 고위험집단을 대상으로 위해성평가를 실시할 수 있다.

28 다음 중 회수 대상 화장품의 위해성 등급이 가장 높은 것은?

① 기준 이상의 미생물이 검출된 화장품
② 전부 또는 일부가 변패(變敗)된 화장품
③ 기능성화장품의 기능성을 나타나게 하는 주원료 함량이 기준치에 부적합한 경우
④ 용기나 포장이 불량하여 해당 화장품이 보건위생상 위해를 발생할 우려가 있는 것
⑤ 등록을 하지 아니한 자가 제조한 화장품 또는 제조·수입하여 유통·판매한 화장품

Tip

기준 이상의 미생물이 검출된 화장품은 유통화장품 안전관리 기준에 적합하지 아니한 화장품으로 위해성 등급이 나등급인 화장품에 해당한다. 그 외 설명은 다 등급에 대한 설명이다.

29 반영구적으로 모발을 염색하기 위한 적절한 pH는?

① pH 3.0~3.5　② pH 4.0~4.5
③ pH 5.0~5.5　④ pH 6.0~6.5
⑤ pH 7.0~7.5

Tip

모발의 등전점(IEP)은 pH 3.0~5.0으로 pH가 등전점보다 낮으면 모발은 (+)전하를 띄게 된다. pH가 3.0~3.5인 반영구 염모제는 등전점을 이용하여 산성 염료를 전기적으로 모발에 부착시켜 염색하는 산성 염모제이다.

30 다음의 화장품의 안전관리 기준상의 퍼머넌트웨이브용 제품의 시스테인 관리 기준에 대한 설명에서 ㉠과 ㉡에 해당하는 것은?

퍼머넌트웨이브용 제품에 시스테인으로서 (㉠)% (다만, 가온2욕식 퍼머넌트웨이브용 제품의 경우에는 시스테인으로서 (㉡)%, 안정제로서 치오글라이콜릭애시드 1.0% 를 배합할 수 있으며, 첨가하는 치오글라 이콜릭애시드의 양을 최대한 1.0%로 했을 때 주성분인 시스테인의 양은 6.5%를 초과할 수 없다)

① ㉠ 1.0~3.5 ㉡ 1.5~3.5
② ㉠ 3.0~7.5 ㉡ 1.5~5.5
③ ㉠ 3.5~7.5 ㉡ 1.5~3.5
④ ㉠ 5.0~7.5 ㉡ 3.5~5.5
⑤ ㉠ 7.0~8.5 ㉡ 5.5~7.5

정답 27 ④ 28 ① 29 ① 30 ②

Tip

냉2욕식 퍼머넌트웨이브용 제품은 시스테인으로서 3.0~7.5%, 가온2욕식의 경우 1.5~5.5%로 제한된다.

Tip 동물실험 금지 예외 적용 사항

동물대체시험법이 존재하지 아니하여 동물실험이 필요한 경우 동물실험 가능

31 다음은 피부의 자연노화에 따른 피부변화에 설명 중 옳지 않은 것은?

① 콜라겐 손상으로 탄력이 감소된다.
② 표피와 진피가 접한 기저막의 굴곡이 편평해진다.
③ 각질층 세포의 크기가 커지고 얇아진다.
④ 진피 두께가 두꺼워지고 조직이 조밀해진다.
⑤ 멜라닌 세포 수가 감소하며, 색소침착이 증가한다.

Tip

표피의 두께는 나이가 들어도 별로 감소하지 않지만 노인의 진피는 두께는 10~20% 정도 줄어들며, 이때 진피의 세포 수나 혈관 수도 전반적으로 감소한다.

32 다음 중 동물실험 금지 예외 적용 사항에 해당되지 않는 경우는?

① 보존제, 색소, 자외선차단제 등 특별히 사용상의 제한이 필요한 원료에 대하여 그 사용기준을 지정하거나 국민보건상 위해 우려가 제기되는 화장품 원료 등에 대한 위해평가를 위해 필요한 경우
② 동물대체시험법이 적용되고 있으나 정확한 정보를 얻기 위해 동물실험이 필요한 경우
③ 화장품 수출을 위하여 수출 상대국의 법령에 따라 동물실험이 필요한 경우
④ 수입하려는 상대국의 법령에 따라 제품 개발에 동물실험이 필요한 경우
⑤ 다른 법령에 따라 동물실험을 실시하여 개발된 원료를 화장품의 제조 등에 사용하는 경우

33 모발의 퍼머넌트웨이브 시 사용할 수 있는 환원제가 올바르게 선택된 것은?

㉠ 시스테인
㉡ 살리실릭애시드
㉢ 치오글라이콜릭애시드
㉣ 과산화수소 생성물질
㉤ 베헨트리모늄 클로라이드

① ㉠, ㉢
② ㉠, ㉣
③ ㉡, ㉤
④ ㉠, ㉢, ㉣
⑤ ㉡, ㉣, ㉤

Tip

모발의 퍼머넌트웨이브는 모발 단백질 사이의 이황화결합을 잘라 모발 단백질을 환원하고, 모발의 형태를 변형시킨 뒤 다시 과산화수소수로 이황화결합을 만드는 산화 과정으로 진행된다. 이때 모발 단백질을 환원하는 환원제는 알칼리 성분으로 시스테인, 치오글라이콜릭애시드 등이 있다.

34 다음 중 화장품 원료에 사용할 수 없는 원료는?

① 리도카인
② 글루타랄
③ 메칠이소치아졸리논
④ 벤질알코올
⑤ 소듐아이오데이트

Tip

「화장품 안전기준 등에 관한 규정」의 제3조에 따라 나프탈렌, 리도카인, 니켈, 메트알데히드 등의 화장품에 사용할 수 없는 원료를 [별표 1]에 표기하였다.
글루타랄, 메칠이소치아졸리논, 벤질알코올, 소듐아이오데이트는 사용상의 제한이 필요한 살균 · 보존제 성분이다.

정답 31 ④ 32 ② 33 ① 34 ①

35 자외선 차단성분과 사용한도를 바르게 연결한 것은?

① 드로메트리졸 5.0%
② 벤조페논-4 15%
③ 티타늄디옥사이드 40%
④ 징크옥사이드 25%
⑤ 호모살레이트 20%

Tip

화장품 안전기준 등에 관한 규정에 따라 사용상의 제한이 필요한 원료와 사용기준으로 드로메트리졸은 1.0%, 벤조페논-4 5%, 티타늄디옥사이드 25%, 호모살레이트 10%의 사용 한도가 정해져 있다.

36 맞춤형화장품 조제관리사를 채용하지 않고 맞춤형화장품 영업을 하는 경우 받게 되는 처분에 해당하는 것은?

① 3년 이하의 징역 또는 3천만 원 이하의 벌금
② 1년 이하의 징역 또는 1천만 원 이하의 벌금
③ 2년 이하의 징역 또는 2천만 원 이하의 벌금
④ 200만 원 이하의 벌금
⑤ 과태료 100만 원

Tip 3년 이하 징역 또는 3천만 원 이하 벌금

①	화장품제조업 또는 책임판매업 등록을 위반한 자
②	맞춤형화장품판매업의 신고를 위반한 자
③	맞춤형화장품조제관리사 선임을 위반한 자
④	기능성화장품의 심사 등을 위반한 자
⑤	천연화장품 및 유기농화장품에 대해 거짓 인증이나 부정한 방법으로 인증을 받은 자
⑥	천연화장품 및 유기농화장품 인증을 받지 않고 인증표시를 한 자
⑦	영업의 금지 사항을 위반한 자
⑧	미등록 제조업의 제조화장품 또는 미등록 책임판매업의 유통판매 화장품을 판매 또는 판매 목적으로 보관 또는 진열한 자

37 다음은 작업장의 공기조절의 4대 요소와 대응설비가 바르게 짝지어진 것은?

① 습도 – 송풍기
② 실내온도 – 가습기
③ 기류 – 열교환기
④ 향기 – 가습기
⑤ 청정도 – 공기정화기

Tip 공기 조절의 4대 요소

번호	4대 요소	대응 설비
1	청정도	공기정화기
2	실내온도	열교환기
3	습도	가습기
4	기류	송풍기

38 물과 가장 유사한 표면 장력을 가지는 화장품의 성분은?

① 글리세린
② 알코올
③ 에탄올
④ 아세톤
⑤ 벤젠

Tip

표면 장력이란 액체 표면에 존재하는 장력이다. 물은 액체 중 표면 장력이 높은 편(72dyne/cm)이며, 벤젠, 알코올 같은 유기 용매들은 물보다 표면장력이 낮다. 글리세린은 약 66, 알코올과 에탄올은 22, 아세톤은 23, 벤젠은 29dyne/cm의 표면 장력을 가진다.

39 다음 중 멜라닌 색소를 보유하여 색상 등의 주요특성을 나타내며, 세포들 사이의 간층물질로 결합되어 가로 방향으로는 절단하기 어려우나 세로 방향으로는 잘 갈라지는 모발의 구조부위는?

① 모근
② 모수질
③ 모피질
④ 모낭
⑤ 모표피

Tip

모피질에 대한 내용으로 모발의 85~90% 차지하고 있고 멜라닌 색소를 보유하고 있다.

정답 35 ④ 36 ① 37 ⑤ 38 ① 39 ③

40 다음에서 회수대상화장품 중 위해성 가등급에 해당되는 것은?

① 안전용기·포장 기준에 위반되는 화장품
② 사용할 수 없는 원료를 사용한 화장품
③ 유통화장품 안전관리 기준에 적합하지 않은 화장품
④ 병원미생물에 오염된 화장품
⑤ 전부 또는 일부가 변패된 화장품

> **Tip** 가등급
> • 사용할 수 없는 원료를 사용한 화장품
> • 사용상의 제한이 필요한 원료를 사용한도 이상으로 사용한 화장품(사용 기준이 지정 · 고시된 원료 외의 보존제, 색소, 자외선 차단제 등을 사용한 경우)

41 다음은 손님과 맞춤형 화장품조제관리사의 대화이다. 대화의 내용 중 옳은 것은?

① A : 오늘 바다에 갔다왔는데 바람 때문인지 피부가 많이 당겨요.
B : 그럼 나이아신아마이드를 함유한 크림을 처방하겠습니다.
② A : 우리 아이가 12살인데 여드름이 나요. 유분기가 없는 크림으로 처방해주세요.
B : 로즈향을 넣고 적색 102호를 넣어 핑크색의 로션을 처방하겠습니다.
③ A : 등산을 자주 해서 피부가 당기고 주름이 많이 생겼어요.
B : 에틸아스코빌에텔이 함유된 내용물에 알파비사보롤을 넣어 처방하겠습니다.
④ A : 날씨가 건조해서 피부가 당기고 민감합니다.
B : 나이아신아마이드 성분의 크림제에 글리세린을 넣어 처방하겠습니다.
⑤ A : 여름바캉스에 다녀왔더니 피부가 햇빛에 많이 그을리고 피부가 거칠고 당깁니다.
B : 나이아신아마이드 크림제에 히알루론산을 넣어 처방하겠습니다.

> **Tip**
> ① 피부가 당기는 것은 건조하기 때문이다. 따라서 보습성분을 처방해야 한다.
> ② 만 13세 이하 어린이 제품에는 적색 102호를 사용할 수 없다.
> ③ 에틸아스코빌에텔과 알파비사보롤은 미백기능성 성분이다.
> ④ 나이아신아마이드는 미백기능성 성분이다.

42 다음 중 지용성으로만 구성되어 있는 보기는?

① 에틸 알코올, 토코페롤, 아스코빅애시드
② 에틸 알코올, 세틸아코올, 아스코빅애시드
③ 에틸알코올, 토코페롤, 스테아릭애시드
④ 세틸알코올, 토코페롤, 스테아릭애시드
⑤ 세틸 알코올, 아스코빅애시드, 스테아릭애시드

> **Tip**
> 세틸알코올은 지방알코올이라 불리는 고급알코올에 해당하며, 토코페롤(비타민 E)과 스테아릭애시드는 지용성 성질을 띤다. 지용성 비타민의 종류로는 비타민 A, D, E, K 등이 있으며, 에틸알코올과 아스코빅애시드(비타민 C)는 수용성이다.

43 우수화장품 제조기준 중 화장품 작업장 내 직원의 위생 기준이다. 적절하지 않은 것은?

① 작업장 및 보관소 내의 모든 직원은 화장품의 오염을 방지하기 위해 규정된 작업복을 착용해야 한다.
② 제조 구역별 접근 권한이 있는 작업원 및 방문객은 가급적 제조, 관리 및 보관 구역 내에 들어가지 않도록 한다.
③ 청정도에 맞는 적절한 작업복, 모자와 신발을 착용하고 필요할 경우는 마스크, 장갑을 착용한다.
④ 음식물 등을 반입해서는 아니 된다.
⑤ 피부에 외상이 있거나 질병에 걸린 직원은 화장품의 품질에 영향을 주지 않는다는 품질

정답 40 ② 41 ⑤ 42 ④ 43 ⑤

관리 책임자의 소견이 있기 전까지는 격리해야 한다.

Tip

피부에 외상이 있거나 질병에 걸린 직원은 화장품의 품질에 영향을 주지 않는다는 의사의 소견이 있기 전까지는 격리해야 한다.

44 다음은 주름개선 크림을 광고하는 내용이다. 광고할 수 있는 내용으로 옳지 않은 것을 모두 고르면?

① 주름개선을 도와주는 기능성고시원료 아데노신이 함유되어 있다.
② 황색포도상구균 불검출 제품이다.
③ 피부에 탄력을 주어 주름개선 효과는 최고이다.
④ 폴리에톡실레이티드레틴아마이드가 함유되어 있다.
⑤ 이 제품은 유명한 피부과 의사가 추천한 제품이다.

Tip

- 경쟁상품과 비교하는 표시 · 광고는 비교 대상 및 기준을 분명히 밝히고 객관적으로 확인될 수 있는 사항만을 표시 · 광고하여야 하며, 배타성을 띤 "최고" 또는 "최상"등 절대적 표현의 표시 · 광고를 하지 말 것.
- 의약품으로 잘못 인식할 우려가 있는 내용, 제품의 명칭 및 효능 · 효과 등에 대한 표시 · 광고를 하지 말 것.
- 의사 · 치과의사 · 한의사 · 약사 의료기관 또는 그 밖의 자가 이를 지정 · 공인 · 추천 · 지도, 연구 · 개발 또는 사용하고 있다는 내용이나 이를 암시하는 등의 표시 · 광고를 하지 말 것.

45 회수대상화장품의 위해성 등급에 대한 설명 중 가등급에 해당하는 것은?

① 병원미생물에 오염된 화장품
② 전부 또는 일부가 변패(變敗)된 화장품
③ 기능성화장품의 기능성을 나타나게 하는 주원료 함량이 기준치에 부적합한 경우
④ 화장품의 제조 등에 사용할 수 없는 원료를 사용한 화장품
⑤ 용기나 포장이 불량하여 해당 화장품이 보건위생상 위해를 발생할 우려가 있는 것

Tip

화장품의 제조 등에 사용할 수 없는 원료를 사용한 화장품은 위해성 등급이 가등급인 화장품이다. 그 외 보기는 다등급에 해당한다.

46 우수화장품 제조기준에서 원료, 내용물 및 포장재 입고 기준으로 〈보기〉의 빈칸에 들어갈 내용으로 옳은 것은?

〈보기〉
원자재 용기에 (　　)이/가 없는 경우에는 관리번호를 부여하여 보관하여야 한다.

① 품질보증서　　② 사용기한
③ 제조번호　　④ 시험기록서
⑤ 라벨

Tip

원자재 용기에 제조번호가 없는 경우에는 관리번호를 부여하여 보관하여야 한다.

47 맞춤형화장품을 사용한 고객에게 홍반, 부종 발열 등의 부작용이 나타났을 경우, 맞춤형화장품 판매업자가 취해야 하는 조치로 올바른 것은?

① 혼합 시 사용한 위생점검표를 확인한다.
② 식품의약품안전처장에게 지체 없이 보고한다.
③ 맞춤형화장품 사용 시의 주의사항을 소비자에게 설명한다.
④ 혼합 시 사용한 시설, 기구를 점검한다.
⑤ 혼합·소분에 사용된 내용물, 원료의 내용 및 특성을 소비자에게 설명한다.

정답　44 ③, ⑤　45 ④　46 ③

Tip

부작용 발생 시 맞춤형화장품 판매업자는 식품의약품 안전처장에게 지체 없이 보고해야 한다. 나머지는 기본적인 맞춤형화장품 판매업자의 의무이다.

48 다음의 전성분 표기 중 자료 제출 생략이 가능한 기능성 화장품의 원료는?

〈전성분〉
정제수, 글리세린, 닥나무추출물, 알부틴, 아데노신, 이미다졸리디닐 우레아, 향료

① 글리세린, 닥나무추출물, 향료
② 닥나무추출물, 알부틴, 아데노신
③ 글리세린, 이미다졸리디닐 우레아, 향료
④ 알부틴, 아데노신, 이미다졸리디닐 우레아
⑤ 아데노신, 이미다졸리디닐 우레아, 향료

Tip

닥나무추출물과 알부틴은 미백 기능성 원료, 아데노신은 주름개선 원료로 자료제출 생략이 가능한 기능성화장품 원료이다. 보습제(글리세린), 방부제(이미다졸리디닐 우레아), 향료 성분은 자료를 제출해야 한다.

49 유통화장품의 안전관리 기준 중 화장품 제조 시 유해물질의 검출 허용한도로 바르지 않은 것은?

① 카드뮴 : 5㎍/g 이하
② 납 : 20㎍/g 이하(일반제품)
③ 철 : 2㎍/g 이하
④ 안티몬 : 10㎍/g 이하
⑤ 프탈레이트류 : 100㎍/g 이하

Tip

철은 유해화학물질에 해당하지 않아 화장품에서 검출되어도 무방하다. 산화철은 색조화장품의 안료로 사용된다.

50 화장품 전성분 표시제에 대한 설명으로 틀린 것은?

① 글자 크기는 5포인트 이상
② 혼합 원료는 혼합된 개별성분의 명칭을 기재
③ 화장품 제조에 사용된 성분을 함량이 많은 것부터 기재·표시하되 0.1% 이하로 사용된 성분, 착향제 또는 착색제는 순서에 상관없이 기재·표시
④ 색조 화장용 제품류, 눈 화장용 제품류, 두발 염색용 제품류 또는 손발톱용 제품류에서 호수별로 착색제가 다르게 사용된 경우 '± 또는 +/-'의 표시 다음에 사용된 모든 착색제 성분을 함께 기재·표시
⑤ 산성도(pH) 조절 목적으로 사용되는 성분은 그 성분을 표시하는 대신 중화반응에 따른 생성물로 기재·표시할 수 있고, 비누화반응을 거치는 성분은 비누화반응에 따른 생성물로 기재·표시

Tip

화장품 제조에 사용된 성분을 함량이 많은 것부터 기재 · 표시하되 1% 이하로 사용된 성분, 착향제 또는 착색제는 순서에 상관없이 기재 · 표시한다.

정답 47 ② 48 ② 49 ③ 50 ③

51 다음〈보기〉는 미백 기능성화장품의 전성분 표시이다. 기능성화장품 미백 고시 성분과 사용상의 제한이 필요한 원료를 최대 사용한도로 사용하여 제조하였다. 이를 통해 추측할 수 있는 병풀추출물의 함량의 범위는 얼마인가?

〈보기〉
정제수, 프로판다이올, 펜틸렌글라이롤, 호호바오일, 해바라기오일, 닥나무추출물, 에틸핵실글리세린, 병풀추출물, 카보머, 하이드로제네이티드레시틴, 옥틸도데세스-16, 부틸렌글라이 콜, 페녹시에탄올, 잔탄검, 덱스트린, 향료

① 2~5%
② 0.5~4%
③ 1~4%
④ 3~4%
⑤ 1~2%

Tip
닥나무추출물의 최대함량은 2%이고 페녹시에탄올의 최대 사용한도는 1%이다.

52 자외선을 차단하는 성격이 다른 하나는?

① 옥시벤존
② 티타늄디옥사이드
③ 아보벤존
④ 옥시노세이트
⑤ 부틸메톡시디벤조일메탄

Tip
티타늄디옥사이드는 물리적 차단제로 자외선이 피부에 흡수되지 못하도록 빛을 반사 또는 산란시켜 차단하는 무기계 자외선 차단제이다. 그 외 보기는 자외선을 흡수하여 열에너지로 전환하는 화학적 차단제, 즉, 유기계 자외선 차단제의 예시이다.

53 다음은 손님과 맞춤형 화장품조제관리사의 대화이다. 고객이 원하는 원료는 어느것인가?

〈대화〉
- 맞춤형화장품 조제관리사 : 안녕하세요. 고객님 지금 피부 상태는 어떠신가요?
- 고객 : 등산을 자주 해서 잡티가 많고 햇볕을 많이 봐서인지 주름이 생겼어요.
- 맞춤형화장품조제관리사 : 지금 고객님의 피부상태로 봐서는 미백 기능성 성분과 주름 개선 기능성 성분이 들어있는 화장품을 처방하는 게 좋을 것 같아요. 특별히 원하시는 사항 말씀해주시면 감사하겠습니다.
- 고객 : 주름개선 기능성 성분과 미백 기능성 성분 모두 수용성으로 부탁드려요.

① 레티놀 – 아데노신
② 유용성감초추출물 – 레티닐팔미테이트
③ 아데노신 – 아스코빌글루코사이드
④ 알파비사보롤 – 폴리에톡실레이티드레틴아마이드
⑤ 나이아신아마이드 – 레티놀

Tip
- 수용성 주름 개선 성분 : 아데노신
- 수용성 미백 성분 : 닥나무추출물, 알부틴, 에칠아스코빌에텔, 아스코빌글루코사이드, 마그네슘아스코빌포스페이트, 나이아신 아마이드, 아스코빌 테트라이소팔미테이트

54 유통화장품의 안전관리 기준 중 미생물 허용 한도로 옳은 것은?

① 물휴지 : 세균 및 진균수 각각 100개/g(㎖) 이하
② 기타화장품 : 대장균 1,000개/g(㎖) 이하
③ 눈화장용 제품류 : 총호기성생균수 1,000개/g(㎖) 이하
④ 영유아 제품류 : 총호기성생균수 1,000개/g(㎖) 이하
⑤ 대장균, 녹농균은 검출되어도 무방하다.

정답 51 ⑤ 52 ② 53 ③ 54 ①

Tip

- 총호기성생균수는 영·유아용 제품류 및 눈화장용 제품류의 경우 500개/g(㎖) 이하
- 물휴지의 경우 세균 및 진균수는 각각 100개/g(㎖) 이하
- 기타 화장품의 경우 1,000개/g(㎖) 이하
- 대장균(Escherichia Coli), 녹농균(Pseudomonas aeruginosa), 황색포도상구균(Staphylococcus aureus)은 불검출

55 화장품 사용 시 알러지 및 피부 자극 등이 발생하였다. 이 경우 화장품 선택에서 가장 중요하게 고려해야 할 품질 속성은 무엇인가?

① 사용성 ② 안정성
③ 유효성 ④ 안전성
⑤ 기능성

Tip

화장품의 품질요소 중 소비자가 안심하고 사용할 수 있는 안전성이 가장 중요 특성이다.

56 우수화장품 제조기준(CGMP)에서 용어의 설명 중 옳은 것을 모두 고르시오.

ㄱ. 공정관리 : 제조공정 중 적합판정기준의 충족을 보증하기 위하여 공정을 모니터링하거나 조정하는 모든 작업
ㄴ. 재평가 : 규정된 합격 판정 기준에 일치하지 않는 검사, 측정 또는 시험결과
ㄷ. 평가 : 적합 판정기준을 벗어난 완제품, 벌크제품 또는 반제품을 재처리하여 품질이 적합한 범위에 들어오도록 하는 작업
ㄹ. 회수 : 판매한 제품 가운데 품질 결함이나 안전성 문제 등으로 나타난 제조번호의 제품을 판매소로 거두어들이는 활동
ㅁ. 일탈 : 제조 또는 품질관리 활동 등의 미리 정해진 기준을 벗어나 이루어진 행위

① ㉠, ㉢, ㉤ ② ㉠, ㉣, ㉤
③ ㉡, ㉣, ㉤ ④ ㉡, ㉢, ㉤
⑤ ㉢, ㉣, ㉤

Tip

ㄴ. 규정된 합격 판정 기준에 일치하지 않는 검사, 측정 또는 시험결과는 '기준일탈'이다.
ㄷ. 적합 판정기준을 벗어난 완제품, 벌크제품 또는 반제품을 재처리하여 품질이 적합한 범위에 들어오도록 하는 작업은 '재작업'이다.

57 다음 중 화장품의 1차 포장의 필수 기재사항에 해당되지 않는 것은?

① 화장품의 명칭
② 내용량
③ 제조번호
④ 영업자의 상호
⑤ 사용기한 또는 개봉 후 사용기간

Tip 1차 포장 필수 기재사항

화장품의 명칭, 영업자의 상호, 제조번호, 사용기한 또는 개봉 후 사용기간(개봉 후 사용기간을 기재할 경우 제조연월일을 병행표기)

58 우수화장품 제조 및 품질관리 기준(CGMP)에 명시된 청정도 등급에 관한 다음의 설명으로 옳지 않은 것은?

① 1등급 대상시설에는 Clean Bench가 필요하며, 낙하균 10개/hr의 관리기준을 가지고 있다.
② 1등급 대상시설의 청정공기순환 기준은 20회/hr 이상 또는 차압관리이다.
③ 2등급 대상시설은 제조실, 충전실, 내용물 보관소 등이 있으며, 낙하균 30개/hr이 관리기준이다.
④ 2등급 대상시설의 관리기준은 부유균 20개/m^3이 관리기준이다.
⑤ 완제품보관소 또는 원료보관소는 관리기준이 없다.

정답 55 ④ 56 ② 57 ② 58 ④

Tip 청정도 등급 및 관리기준

청정도 등급	대상 시설	해당 작업실	청정 공기 순환	관리 기준	작업 복장
1	청정도 엄격 관리	Clean Bench	20회/hr 이상 또는 차압 관리	낙하균: 10개/hr 또는 부유균: 20개/m³	작업복, 작업모, 작업화
2	화장품 내용물이 노출되는 작업실	제조실, 성형실, 충전실, 내용물보관소, 원료칭량실, 미생물 시험실	10회/hr 이상 또는 차압 관리	낙하균: 30개/hr 또는 부유균: 200개/m³	작업복, 작업모, 작업화
3	화장품 내용물이 노출 안 되는 곳	포장실	차압 관리	옷 갈아입기, 포장재의 외부 청소 후 반입	작업복, 작업모, 작업화
4	일반 작업실	포장재보관소, 완제품 보관소, 관리품 보관소, 원료 보관소, 탈의실, 일반실험실	환기 장치	-	-

59 계면활성제의 종류 중 피부자극이 가장 낮은 것은?

① 양이온성 계면활성제
② 양쪽성 계면활성제
③ 음이온성 계면활성제
④ 비이온성 계면활성제
⑤ 소수성 계면활성제

Tip
계면활성제는 양이온성 〉 음이온성 〉 양쪽성 〉 비이온성의 순서로 피부자극 정도가 높다.

60 다음 중 피부 조직에 대한 설명 중 틀린 것은?

① 모세혈관 : 진피까지 혈관이 분포한다.
② 멜라노사이트 : 멜라닌 색소를 형성하여 피부색을 결정한다.
③ 케라티노사이트 : 표피층을 구성하고 각질을 형성한다.
④ 교원세포 : 표피층에서 콜라겐 등의 물질을 합성한다.
⑤ 소한선 : 체온을 조절하는 땀을 분비한다.

Tip
교원세포는 진피층에서 콜라겐 등의 물질을 합성한다.

61 작업장의 청정도 등급과 관리 기준이 바르게 짝지어진 것은?

① 1등급 : 낙하균 30개/hr 또는 부유균 100개
② 2등급 : 낙하균 30개/hr 또는 부유균 200개
③ 3등급 : 낙하균 30개/hr 또는 부유균 100개
④ 4등급 : 낙하균 10개/hr 또는 부유균 200개
⑤ 5등급 : 낙하균 10개/hr 또는 부유균 20개

Tip
2등급 - 제조실, 성형실, 충전실, 내용물보관소, 원료칭량실, 미생물 시험실 (낙하균 : 30개/hr 또는 부유균 : 200개/m³)

정답 59 ④ 60 ④ 61 ②

62 **다음 중 화장품 포장의 표시기준 및 표시방법에 대한 설명으로 옳은 것은?**

① 50㎖ 또는 50g을 초과하는 화장품은 전성분 표기를 해야 한다.
② 화장품 제조에 사용된 성분을 표시할 시 글자의 크기는 6포인트 이상으로 한다.
③ 화장품 제조에 사용된 함량이 많은 것부터 기재·표시한다. 다만, 2% 이하로 사용된 성분, 착향제 또는 착색제는 순서에 상관없이 기재·표시할 수 있다.
④ 화장품의 1차 포장 또는 2차 포장의 무게가 포함되지 않은 용량 또는 중량을 기재·표시해야 한다. 이 경우 화장비누(고체 형태의 세안용 비누를 말한다)의 경우에는 건조중량만을 기재·표시해야 한다.
⑤ 안정화제, 보존제 등 원료 자체에 들어 있는 부수 성분으로서 그 효과가 나타나게 하는 양보다 적은 양이 들어 있는 성분이라도 반드시 기재·표시해야한다.

Tip

② 전성분을 표시하는 글자의 크기는 5포인트 이상으로 한다.
③ 화장품 제조에 사용된 함량이 많은 것부터 기재, 표시한다. 다만, 1퍼센트 이하로 사용된 성분, 착향제 또는 착색제는 순서에 상관없이 기재, 표시할 수 있다.
④ 화장 비누(고체 형태의 세안용 비누를 말한다)의 경우에는 수분을 포함한 중량과 건조중량을 함께 기재 · 표시해야 한다.
⑤ 안정화제, 보존제 등 원료 자체에 들어 있는 부수성분으로서 그 효과가 나타나게 하는 양보다 적은 양이 들어 있는 성분은 기재 · 표시를 생략할 수 있다.

63 **다음 중 우수화장품 제조 및 품질관리기준(CGMP)에 따라 설비 세척에 대해 바르게 설명한 것은?**

① 증기세척은 가장 권장하는 좋은 방법이다.
② 가능하면 증기세척은 하지 않는 것이 좋다.
③ 판정 후의 설비는 다음 사용 시까지 밀폐하지 않고 보관한다.
④ 설비는 분해해서 세척하여서는 안 된다.
⑤ 세척과정에서 브러쉬 사용은 하면 안 된다.

Tip

①	위험성이 없는 용제(물이 최적)로 세척한다.
②	가능하면 세제를 사용하지 않는다.
③	증기 세척은 좋은 방법이다.
④	브러시 등으로 문질러 지우는 것을 고려한다.
⑤	분해할 수 있는 설비는 분해해서 세척한다.
⑥	세척 후에는 반드시 '판정'한다.
⑦	판정 후 설비는 건조·밀폐해서 보존한다.
⑧	세척의 유효기간을 정한다.

64 **착향제의 성분 중 알레르기 유발 25종에 해당되지 않는 것은?**

① 아밀신남알
② 시트랄
③ 유제놀
④ 벤질산나메이트
⑤ 리도카인

Tip

화장품의 구성성분 중 알레르기를 유발하는 성분에 대한 표시의무화가 2020년 1월부터 시행되었으며 착향제(향료)의 구성성분 중 알레르기를 유발하는 25종 성분에 대하여 해당 성분의 명칭을 반드시 기재하도록 한다(사용 후 씻어내는 제품에서 0.01% 초과, 사용 후 씻어내지 않는 제품에서 0.001%를 초과하는 경우에 한함).
화장품 안전기준 등에 관한 규정에 따라 리도카인은 화장품에 사용할 수 없는 원료이다.

정답 62 ① 63 ① 64 ⑤

65 다음은 우수화장품 제조 및 품질관리 기준(CGMP)에 명시된 용어에 대한 설명이다. 옳은 것은?

① "제조"란 원료 물질의 칭량부터 혼합 및 충전까지의 일련의 작업을 말한다.
② "회수"란 판매한 제품 가운데 품질 결함이나 안전성 문제 등으로 나타난 제조번호의 제품을 판매소로 거두어들이는 활동을 말한다.
③ "일탈"이란 규정된 합격 판정 기준에 일치하지 않는 검사, 측정 또는 시험결과를 말한다.
④ "공정관리"란 제조공정 중 적합판정기준의 충족을 보증하기 위하여 공정을 모니터링하거나 조정하는 모든 작업을 말한다.
⑤ "출하"란 주준 준비와 관련된 일련의 작업과 운송수단에 적재하는 활동으로 판매소 외로 제품을 운반하는 것을 말한다.

66 다음 중 인체의 세포 내 소기관 중 호흡을 담당하는 것은?

① 골지체 ② 엑소좀
③ 미토콘드리아 ④ 핵
⑤ 랑게한스세포

Tip

① 골지체 : 물질의 저장 및 분비에 관여
② 엑소좀 : 세포 내 물질을 외부로 전달
④ 핵
⑤ 랑게한스세포 : 면역 및 알레르기반응에 관여

67 영유아 제품(만 3세 이하)에 사용된 함량을 반드시 표시해야 하는 성분은?

① 정제수 ② 콜라겐
③ 글리세린 ④ 라놀린
⑤ 페녹시에탄올

Tip

영 · 유아 제품(만 3세 이하), 어린이용 제품(만 4세 이상부터 만 13세 이하까지)임을 특정하여 표시하는 화장품에는 보존제, 자외선 차단제 성분 등의 사용제한 원료의 함량을 반드시 표시 · 기재하여야 한다.

68 〈보기〉는 용어에 대한 설명이다. 바르게 짝지어진 것은?

〈보기〉

(㉠)라 함은 일상의 취급 또는 보통 보존상태에서 외부로 부터 고형의 이물이 들어가는 것을 방지하고 고형의 내용물이 손실되지 않도록 보호할 수 있는 용기를 말한다.
(㉡)라 함은 일상의 취급 또는 보통 보존상태에서 액상 또는 고형의 이물 또는 수분이 침입하지 않고 내용물을 손실, 풍화, 조해 또는 증발로부터 보호할 수 있는 용기를 말한다.

① ㉠ : 밀폐용기, ㉡ : 기밀용기
② ㉠ : 밀폐용기, ㉡ : 밀봉용기
③ ㉠ : 밀봉용기, ㉡ : 밀폐용기
④ ㉠ : 밀봉용기, ㉡ : 기밀용기
⑤ ㉠ : 기밀용기, ㉡ : 밀폐용기

69 다음 중 화장품 표시·광고 시 준수사항으로 옳지 않은 것은?

① 외국과의 기술제휴를 하지 않고 외국과의 기술제휴 등을 표현하는 표시·광고를 하지 말 것
② "최고" 또는 "최상" 등의 절대적 표현의 표시, 광고를 하지 말 것
③ 사실 유무와 관계없이 다른 제품을 비방하거나 비방한다고 의심이 되는 표시, 광고를 하지 말 것
④ 사실과 다르거나 부분적으로 사실이라고 하더라도 전체적으로 보아 소비자가 잘못 인식할 우려가 있는 표시·광고 또는 소비자를 속이거나 소비자가 속을 우려가 있는 표시·광고를 하지 말 것

정답 65 ② 66 ③ 67 ⑤ 68 ① 69 ⑤

⑤ 비교 대상 및 기준을 분명히 밝혀서 경쟁상품과 비교하는 객관적인 내용을 표시·광고하지 말 것

Tip

경쟁상품과 비교하는 표시 · 광고는 비교 대상 및 기준을 분명히 밝히고 객관적으로 확인될 수 있는 사항만을 표시 · 광고하여야 하며, 배타성을 띤 "최고" 또는 "최상" 등의 절대적 표현의 표시 · 광고를 하지 말 것

70 **〈보기〉는 우수화장품 제조 및 품질관리기준(CGMP) 제21조, 제22조에 관한 내용이다. 검체의 채취 및 보관, 폐기처리 또는 재작업에 대한 설명으로 옳은 것을 고르시오.**

ㄱ. 시험용 검체는 오염되거나 변질되지 아니하도록 채취하고, 채취한 후에는 원상태에 준하는 포장을 해야 하며, 검체가 채취되었음을 표시하여야 한다.
ㄴ. 시험용 검체의 용기에는 다음 사항을 기재하여야 한다.
  1. 명칭 또는 확인코드, 2. 제조번호, 3. 사용기한
ㄷ. 재작업은 그 대상이 다음 각 호를 모두 만족한 경우에 할 수 있다.
  1. 변질, 변패 또는 병원미생물에 오염되지 아니한 경우
  2. 제조일로부터 2년이 경과하지 않았거나 사용기한이 1년 이상 남아 있는 경우
ㄹ. 원료와 포장재, 벌크제품과 완제품이 적합판정기준을 만족시키지 못 할 경우 "기준일탈 제품"으로 지칭한다. 기준일탈 제품이 발생했을 때는 미리 정한 절차를 따라 확실한 처리를 하고 실시한 내용을 모두 문서에 남긴다.
ㅁ. 품질에 문제가 있거나 회수, 반품된 제품의 폐기 또는 재작업 여부는 화장품책임판매업자에 의해 승인되어야 한다.

① ㉠, ㉡　　② ㉠, ㉣
③ ㉡, ㉢　　④ ㉡, ㉣
⑤ ㉢, ㉤

71 **다음 중 전성분을 표시할 때 기재, 표시를 생략할 수 있는 것을 모두 고르면?**

㉠ 기능성 화장품의 경우 그 효능, 효과가 나타나게 하는 원료
㉡ 안정화제, 보존제 등 원료 자체에 들어있는 부수성분으로서 그 효과가 나타나게 하는 양보다 적은 양이 들어있는 성분
㉢ 제조과정 중에 제거되어 최종제품에는 남아 있지 않은 성분
㉣ 사전심사를 받거나 보고서를 제출하지 않은 기능성화장품 고시원료

① ㉠, ㉡　　② ㉡, ㉢
③ ㉠, ㉡, ㉢　　④ ㉡, ㉢, ㉣
⑤ ㉠, ㉡, ㉣

Tip

화장품안전기준에서 사용금지된 원료, 사용상의 제한이 필요한 원료, 사전심사를 받거나 보고서를 제출하지 않은 기능성화장품 고시원료를 제외하고는 사용가능 원료로 지정되어 있음.

72 **유통화장품의 안전관리 기준 중 화장품 제조 시 유해물질의 검출 허용한도로 바르지 않은 것은?**

① 비소 : 2㎍/g 이하
② 니켈 : 10㎍/g 이하(일반제품)
③ 수은 : 1㎍/g 이하
④ 카드뮴 : 5㎍/g 이하
⑤ 납 : 20㎍/g 이하(일반제품)

Tip

비소의 경우 10㎍/g으로 유지되어야 한다.

정답 70 ② 71 ③ 72 ①

73 다음 중 맞춤형화장품조제관리사의 업무로 옳지 않은 것은?

① 맞춤형화장품조제관리사는 자격유지를 위해 주기적으로 연 1회 교육을 받아야 한다.
② 책임판매업자가 소비자에게 유통·판매할 목적으로 하거나 제품의 홍보 판매촉진 등을 위해 제조 또는 수입한 화장품은 혼합·소분할 수 없다.
③ 혼합 소분 전 용기 오염의 확인에 대한 책임은 공급자에게 있으나 필요시 맞춤형 화장품 판매업자가 확인할 수 있다.
④ 원료와 원료를 혼합하기 전 손을 소독·세정하거나 일회용 장갑을 착용한다.
⑤ 맞춤형화장품 조제 전에 제조번호 또는 식별번호를 확인하고, 혼합하는 원료의 종류로는 개인 맞춤형으로 추가되는 색소, 향, 기능성 원료 등이 해당된다.

Tip

원료와 원료를 혼합하는 것은 맞춤형화장품의 조제가 아닌 '화장품 제조'에 해당한다.

74 우수화장품 제조 및 품질관리 기준(CGMP)에 명시된 청정도 등급에 대한 설명이다. 옳지 않은 것은?

① Clean Bench : 20회/hr 이상 또는 차압관리, 낙하균 10개/hr 또는 부유균 20개/hr
② 포장실 : 10회/hr 이상 또는 차압관리, 낙하균 30개/hr 또는 부유균 200개
③ 충전실 : 10회/hr 이상 또는 차압관리, 낙하균 30개/hr 또는 부유균 200개
④ 제조실 : 10회/hr 이상 또는 차압관리, 낙하균 30개/hr 또는 부유균 200개
⑤ 완제품 보관소 : 환기장치

75 다음 중 섬유아 세포에 의해 생성되지 않는 물질은?

① 글리코사미노글리칸
② 프로테오 글리칸
③ 피브릴린
④ 사이토카인
⑤ 콜라겐

Tip

콜라겐, 엘라스틴, 피브로넥틴, 피브릴린, 프로테오 글리칸, 글리코사미노글리칸 등은 섬유아 세포에 의해 생성된다.

76 다음은 유통화장품의 안전관리기준 중 유해물질 및 미생물에 대한 허용한도를 설정하는 것으로 바르게 설명된 것은?

① 기술적으로 완전한 제거가 불가능한 경우에 검출한도가 적용된다.
② 보관과정 중 비의도적으로 이행된 경우 안전기준을 충족한다.
③ 포장재로부터 비의도적으로 이행된 경우 안전기준을 충족한다.
④ 제조과정 중 비의도적으로 이행된 경우 안전기준을 충족하지 않는다.
⑤ 화장품을 제조하면서 인위적으로 첨가하지 않았을 경우 안전기준을 충족한다.

Tip

화장품을 제조하면서 유해물질을 인위적으로 첨가하지 않았으나, 제조 또는 보관 과정 중 포장재로부터 이행되는 등 비의도적으로 유래된 사실이 객관적인 자료로 확인되고 기술적으로 완전한 제거가 불가능한 경우 해당 물질의 검출 허용 한도를 설정한다.

정답 73 ④ 74 ② 75 ④ 76 ④

77 다음 중 표피에서 세포의 분열이 가장 천천히 분화되는 세포는?

① 각질(화)세포 ② 과립층세포
③ 멜라닌 세포 ④ 기저세포
⑤ 랑게르한스세포

Tip
표피에서 세포분열이 가장 왕성한 곳은 기저층이며, 각질층으로 갈수록 세포분열이 더디다.

78 다음의 화장품 포장재 공간비율에 대한 설명으로 옳지 않은 것은?

① 향수는 완충제 사용 시 15% 이하의 공간을 두고 2차포장이 내로 포장해야 한다.
② 제품의 특성상 1 개씩 낱개로 포장한 후 여러 개를 함께 포장하는 단위제품의 경우 낱개의 제품포장은 포장공간비율 및 포장횟수의 적용대상인 포장으로 보지 않는다.
③ "단위제품"이란 1회 이상 포장한 최소 판매단위 의 제품을 말하고."종합제품"이란 같은 종류 또는 다른 종류의 최소 판매단위의 제품올 2개 이상 함께 포장한 제품을 말한다
④ 종합제품으로서 복합합성수지재질·폴리비닐클로라이드재질 또는 합성섬유재질로 제조된 받침접시 또는 포장용 완충재를 사용한 제품의 포장공간비율은 20% 이하로 한다.
⑤ 제품의 제조·수입 또는 판매 과정에서의 부스러짐 방지 및 자동화를 위하여 받침접시를 사용하는 경우에는 이를 포장횟수로 정해야 한다.

Tip
제품의 제조 · 수입 또는 판매 과정에서의 부스러짐 방지 및 자동화를 위하여 받침접시를 사용하는 경우에는 이를 포장횟수에서 제외한다.

79 천연화장품·유기농화장품에 대한 설명으로 옳지 않은 것은?

① 천연화장품은 동식물 및 그 유래 원료 등을 함유한 화장품이다.
② 유기농화장품은 유기농 원료, 동식물 및 그 유래 원료 등을 함유한 화장품이다.
③ 천연 함량이 전체 제품에서 95% 이상으로 구성되어야 한다.
④ 인증의 유효기간은 인증을 받은 날부터 1년이다.
⑤ 인증의 유효기간을 연장받으려는 경우에는 유효기간 만료 90일 전까지 인증을 한 인증기관에 서류를 갖추어 제출해야 한다.

Tip
천연화장품 · 유기농화장품 인증의 유효기간은 인증을 받은 날부터 3년이다.

80 다음 중 피부에 대한 설명으로 옳지 않은 것은?

① 표피 지질은 각질 세포의 사이사이를 메워주는 역할을 하는 성분으로서 가장 많은 구성 성분은 세라마이드이다.
② 진피의 기질이 만들어낸 수분은 마르거나 얼지 않는 성질을 가지고 있으며 이를 결합수라고 한다.
③ 천연 보습인자는 피부 내에 존재하는 피지의 친수성 부분을 의미하며 피부의 수분량을 조절하여 피부건조를 방지하는 역할을 하며 표피의 각질층에 존재한다.
④ 피부는 최외각에서부터 표피, 피하지방, 진피로 구성되어 있다.
⑤ 진피의 노화는 한선의 수가 감소하여 열에 대한 방어기능이 저하된다

Tip
피부는 최외각에서부터 표피, 진피, 피하지방으로 구성되어 있다.

정답 77 ① 78 ⑤ 79 ④ 80 ④

81 **다음 중 맞춤형화장품조제관리사가 혼합, 소분을 통해 조제, 판매하는 과정에 대한 설명으로 옳은 것은?**

① 맞춤형화장품판매업으로 신고한 매장에서 맞춤형화장품을 조제할 때 미생물에 의한 오염을 방지하기 위해 페녹시에탄올을 5% 추가하였다.
② 메탈살리실레이트를 5% 이상 함유하는 액체 상태의 맞춤형화장품을 일반용기에 충전, 포장하여 판매하였다.
③ 맞춤형화장품 조제관리사가 맞춤형화장품이 아닌 일반화장품을 판매하였다.
④ 맞춤형화장품 조제관리사가 화장품원료에 다른 원료를 혼합하여 판매하였다.
⑤ 맞춤형화장품 조제관리사가 고객 피부의 유효성을 위해 기능성화장품원료를 최대한 많이 넣어 판매하였다.

Tip

맞춤형화장품 조제관리사도 일반화장품을 판매할 수 있다.

82 **다음 알코올의 종류 중 화장품의 원료로 사용할 수 없는 것은?**

① 벤질알코올
② 페녹시에탄올
③ 2-메톡시에탄올
④ 메칠이소치아졸리논
⑤ 2.4-디클로로벤질알코올

Tip

2-메톡시에탄올은 화장품 안전기준 등에 관한 규정에 따라 화장품에 사용할 수 없는 원료로 지정되었다. 그 외의 보기는 보존제에 해당하는 원료이다.

단답형

01 **다음 빈 칸에 들어갈 알맞은 말을 순서대로 쓰시오.**

맞춤형화장품조제관리사는 화장품책임 판매업자로부터 받은 내용물 및 원료의 혼합·소분 범위에 대해 사전에 (㉠) 및 (㉡)을/를 확보해야 한다. 인체적용시험용화장품 (또는 물질)은 (㉡)이 충분히 확보되어야 한다. 내용물 및 원료를 공급하는 화장품책임판매업자가 혼합 또는 소분의 (㉢)를 검토하여 정하고 있는 경우 그 (㉢) 내에서 혼합 또는 소분하여야 한다.

Tip

내용물 및 원료의 혼합·소분 범위에 대해 사전에 품질 및 안정성을 확보하여야 한다.
혼합 또는 소분의 범위를 검토하고 범위 내에서 혼합 또는 소분하여야 한다.

02 **화장품 판매업장에서 영상정보처리기기를 설치·운영하려고 한다. 정보주체에게 게시해야 하는 안내판에 고시해야 할 알맞은 단어를 쓰시오**

CCTV 설치안내	
설치목적	시설관리
설치장소	00빌딩
촬영시간	24시간 연속촬영 및 녹화
( )	
책임자	관리자 (111–1111)

정답 81 ③ 82 ③ 01 ㉠ **품질**, ㉡ **안전성**, ㉢ **범위** 02 **촬영범위**

03 사용상의 제한이 필요한 원료 중 베헨트리모늄 클로라이드의 사용기준에 대한 내용을 기입하시오.

-(단일성분 또는 세트리모늄 클로라이드, 스테아트리모늄클로라이드와 혼합사용의 합으로서)
- 사용 후 씻어내는 두발용 제품류 및 두 발 염색용 제품류에 (㉠)%
- 사용 후 씻어내지 않는 두발용 제품류 및 두발 염색용 제품류에 3.0%
  - 세트리모늄 클로라이드 또는 스테 아트리모늄 클로라이드와 혼합 사용하는 경우 세트리모늄 클로라이 드 및 스테아트리모늄 클로라이드 의 합은 '사용 후 씻어내지 않는 두발용 제품류'에 1.0% 이하, '사용 후 씻어내는 두발용 제품류 및 두발 염색용 제품류'에 (㉡) 이하여야 함)

Tip

베헨트리모늄 클로라이드는 두발용 제품이나 두발용 염색제품에 사용되는 상분으로 피부 자극이 있어 사용상의 제한이 필요한 원료이다. 성분 분류 중 "기타"에 해당한다.

04 기능성화장품의 원료 중 치오글라이콜산의 기능을 서술하시오.

05 다음은 영업자 위반사항에 관한 내용이다. 각 사항에 적용되는 행정처분 기간을 쓰시오

가. 화장품책임판매업소의 소재지 변경 등록을 하지 않은 경우(1차 위반) : 판매업무정지 (   ) 개월
나. 책임판매관리자를 채용하지 경우(1차 위반) 경우 : 판매업무정지 (   ) 개월

Tip

가. 나. 모두 1차 위반에 해당하는 경우로 1개월의 판매업무 정지 처분을 받는다.

06 모발은 크게 모근부와 (㉡)로 구분되며, 모근부는 피부 속에 박혀 있는 부분으로 모낭으로 둘러싸여 있다. 기저층의 모모세포는 모발의 기원이 되는 세포로 세포 분열에 의해 증식되고, 증식된 세포는 서서히 각화 되면서 위쪽 모공 부위로 올라간 후 모발 세포층만 남게 된다. 모유두에 접하고 있는 세포인 모모세포는 세포의 분열과 증식에 관여하여 새로운 모발 세포를 만드는 작용을 한다. 모소피는 모피질을 보호하고 있으며 큐티클층이라 불리우며, 각질형성세포에서 만들어진 경단백질의 (㉡)으로 만들어져 마찰에 약하고 자극에 의해 쉽게 부러지는 성질이 있다. ㉠, ㉡ 에 알맞은 단어를 작성하시오.

Tip

모발은 크게 모근부와 모간부로 구분되며, 모소피는 케라틴 단백질로 만들어져 모피질을 보호하고 있다.

07 다음 (   )에 들어갈 알맞은 피부 부위를 쓰시오.

피부의 pH는 피부 (㉠)에서 pH를 측정하여 판단할 수 있다. 피부의 pH는 피부의 상태에 따라 변할 수 있으나 가장 이상적인 피부의 pH 상태는 (㉡)이다.

Tip

피부는 각질층의 pH를 측정하여 판단하며, 가장 이상적인 피부상태는 약산성 상태이다.

정답

03 ㉠ 5.0 ㉡ 2.5　04 털을 녹여주고 가늘고 약하게 만들어주는 제모제로서의 역할　05 가. 1 나. 1
06 ㉠ 모간부 ㉡ 케라틴　07 ㉠ 각질층 ㉡ 약산성

08 다음 화장품 관련 용어에 대한 정의이다. 알맞은 용어를 쓰시오

가. 화장품이란 인체를 청결 · 미화하여 매력을 더하고 용모를 밝게 변화시키거나 피부 · (㉠)의 건강을 유지 또는 증진하기 위하여 인체에 바르고 문지르거나 뿌리는 등 이와 유사한 방법으로 사용되는 물품으로서 인체에 대한 작용이 경미한 것을 말한다.
나. (㉡)란 화장품의 용기 · 포장에 기재하는 문자 · 숫자 · 도형 또는 그림 등을 말한다.

09 다음의 내용 중 ㉠, ㉡에 알맞는 단어는?

(㉠)증상은 대부분의 사람은 특별한 문제가 되지 않는 물질에 대하여 특정인들은 면역계의 과민반응에 의해서 나타나는 여러 가지 증상들을 의미한다. 아토피성 피부염, 천식, 그 외의 과민증상, 안구충혈, 가려움을 동반한 피부 발진, 콧물, 호흡곤란, 부종 등의 증세를 나타낸다. 또한 화장품 (㉡)의 구성성분으로 인해 이 증상이 발생된다.

Tip

아토피성 피부염, 천식, 그 외의 과민증상, 안구충혈, 가려움을 동반한 피부 발진, 콧물, 호흡곤란, 부종 등의 증세는 알레르기 대표적 증상이며, 착향제에서 알레르기증상이 발생하기도 한다.

10 알레르기를 유발하는 착향제 25종은 해당 성분의 명칭을 반드시 기재해야 한다. 다음의 빈칸에 해당하는 함량을 기입하시오.

사용 후 씻어내는 제품의 경우 (㉠)% 초과, 사용 후 씻어내지 않는 제품에서 (㉡)%를 초과하는 경우에 한해 해당 착향제(향료)의 명칭을 반드시 표시해야 한다.

Tip

아밀신남알, 벤질알코올 등의 알레르기를 유발하는 착향제(향료) 25종의 경우 사용 후 씻어내는 제품의 경우 0.01% 초과, 사용 후 씻어내지 않는 제품에서 0.001%를 초과하는 경우에 한해 해당 착향제(향료)의 명칭을 반드시 표시해야 한다.

11 〈보기〉의 빈칸에 들어갈 알맞은 말로 짝지은 것은?

(㉠)라 함은 일상의 취급 또는 보통보존상태에서 외부로부터 고형의 이물이 들어가는 것을 방지하고 고형의 내용물이 손실되지 않도록 보호할 수 있는 용기를 말한다.
(㉡)라 함은 일상의 취급 또는 보통보존상태에서 액상 또는 고형의 이물 또는 수분이 침입하지 않고 내용물을 손실, 풍화, 조해 또는 증발로부터 보호할 수 있는 용기를 말한다.

Tip

- 밀폐용기 : 일상의 취급 또는 보통보존상태에서 외부로부터 고형의 이물이 들어가는 것을 방지하고 고형의 내용물이 손실되지 않도록 보호할 수 있는 용기
- 기밀용기 : 일상의 취급 또는 보통보존상태에서 액상 또는 고형의 이물 또는 수분이 침입하지 않고 내용물을 손실, 풍화, 조해 또는 증발로부터 보호할 수 있는 용기

12 다음의 ㉠에 해당하는 알맞은 단어를 보기에서 고르시오.

꽃이나 허브를 수증기 증류법으로 증류하면 휘발성 물질이 증류되어 나온다. 이때 생성된 물질은 오일 성분으로 주로 (㉠) 계열 혼합물로서 화장품의 천연 향료로 사용되며, 정유라고도 한다.

〈보기〉
고급알코올, 고급지방산, 실리콘오일, 왁스, 세라마이드, 모노테르펜, 리모넨, 시트랄, 멘톨, 제라니올

정답
08 ㉠ 모발 ㉡ 표시 09 ㉠ 알레르기 ㉡ 착향제 10 ㉠ 0.01 ㉡ 0.001 11 ㉠ 밀폐용기 ㉡ 기밀용기
12 ㉠ 모노테르펜

Tip

테르펜은 생물체가 만들어내는 유기화학 물질로 식물의 경우 식물 또는 동물을 유인하는 휘발성 신호 분자로 생성된다. 두 개의 이소프렌 단위로 구성된 것을 모노테르펜(시트랄, 제라니올, 기날룰 등), 두 개의 모노테르펜이 결합하면 다이테르펜(비제렐린, 징코라이드 등), 세 개의 모노테르펜이 결합하면 트리테르펜(브라시노스테로이드 등)이 된다.

13 다음은 화장품 바코드 표시 및 관리요령에 대한 내용이다. 다음 빈칸에 들어갈 정확한 단어를 쓰시오.

① 화장품(㉠) 표시대상품목은 국내에서 제조되거나 수입되어 국내에 유통되는 모든 화장품(기능성화장품 포함)을 대상으로 한다.
② 화장품(㉠) 표시는 국내에서 화장품을 유통, 판매하고자 하는 (㉡)가 표시한다.

Tip

바코드는 국내에 유통되는 모든 화장품을 대상으로 하며, 표시는 화장품책임판매업자가 표시한다.

14 다음 빈칸에 들어갈 말을 정확한 단어로 기입하시오.

맞춤형화장품조제관리사는 혼합, 소분 전에 혼합·소분된 제품을 담을 포장용기의 (㉠)여부를 확인할 것
제조번호, 사용기한 또는 개봉 후 사용기간, 판매일자 및 판매량 등의 사항이 포함된 맞춤형화장품 (㉡)를 작성·보관할 것

Tip

- 맞춤형화장품조제관리사는 혼합, 소분 전에 혼합·소분된 제품을 담을 포장용기의 오염 여부를 확인할 것
- 제조번호, 사용기한 또는 개봉 후 사용기간, 판매일자 및 판매량 등의 사항이 포함된 맞춤형화장품 판매내역서를 작성·보관할 것

15 다음 중 피부 표피의 기저층에 위치하는 세포에 대한 설명이다. 알맞은 세포명을 쓰시오.

기저층에 분포하며, 촉각세포로 신경자극을 뇌에 전달하는 역할을 한다. 손바닥과 발바닥, 입술, 구강점막 등에 존재한다.

Tip

촉각세포로서 신경의 자극을 뇌에 전달하는 역할을 한다.

16 영·유아 또는 어린이 화장품임을 표시할 때, 각각의 나이의 기준은?

- 영·유아 : 만(㉠)세 이하
- 어린이 : 만(㉡)세부터 만 (㉢)세 이하까지

Tip

영·유아용 제품류는 만 3세 이하, 어린이용 제품류는 만 4세 이상부터 만 13세 이하까지의 유아 및 어린이가 사용할 수 있는 화장품이다.

17 다음의 내용 중 ㉠, ㉡, ㉢에 알맞은 단어는?

영유아용과 어린이용 화장품은 제품별 안전성 자료를 보관해야 한다. 개봉 후(㉠)을 표시하는 경우에 안전성 자료는 영유아 또는 어린이가 사용할 수 있는 화장품임을 표시, 광고한 날부터 마지막으로 제조한 제품의 (㉡) 혹은 마지막으로 수입한제품의 (㉢) 이후 3년간 보관한다.

Tip

개봉 후 사용기간을 표시하는 경우에 안정성 자료는 영유아 또는 어린이가 사용할 수 있는 화장품임을 표시 광고한 날부터 마지막으로 제조한 제품의 제조일자 혹은 수입한 제품의 통관일자 이후 3년간 보관한다.

정답
13 ㉠ 바코드 ㉡ 화장품책임판매업자 14 ㉠ 오염 ㉡ 판매내역서 15 미켈세포 16 ㉠ 3 ㉡ 4 ㉢ 13
17 ㉠ 사용기간 ㉡ 제조일자 ㉢ 통관일자

18 다음의 (   ) 안에 알맞은 용어는?

(㉠)를 사람의 피부에 조사한 후 2~24시간 범위 내에 조사영역의 전 영역에 희미한 흑화가 인식되는 최소 (㉡) 조사량을 말한다. 이를 차단할 수 있는 원료로는 징크옥사이드나 이산화티탄이 있다.

Tip **최소지속형즉시흑화량**

사람의 피부에 조사한 후 2~4시간 범위 내에 조사영역의 전 영역에 희미한 흑화가 인식되는 최소 UVA 자외선조사량을 말함

19 다음은 제출자료 면제에 해당하는 기능성화장품 심사규정에 관한 내용이다. ㉠에 해당하는 알맞은 단어를 쓰시오.

유효성 또는 기능에 관한 자료 중 (㉠)자료를 제출하는 경우 효력 시험자료 제출을 면제할 수 있다. 다만 효력시험자료의 제출을 면제받은 성분에 대해서는 효능 · 효과를 기재 · 표시할 수 없다.

Tip **유효성 또는 기능에 관한 자료**

효력시험자료, 인체적용시험자료, 염모효력시험자료

20 다음의 (   )에 들어갈 알맞은 단어는?

화장품이란 인체를 청결 · 미화하여 매력을 더하고 용모를 밝게 변화시키거나 피부 (㉠)의 건강을 유지 또는 증진하기 위하여 인체에 바르고 문지르거나 뿌리는 등 이와 유사한 방법으로 사용되는 물품으로서 인체에 대한 작용이 경미한 것을 말한다. 표시란 화장품의 용기 (㉡)에 기재하는 문자 · 숫자 · 도형 또는 그림 등을 말한다.

Tip

화장품의 정의 및 화장품용기, 포장에 기재하는 표시에 대한 설명이다.

정답 18 ㉠ UVA ㉡ 자외선 19 ㉠ 인체적용시험 20 ㉠ 모발 ㉡ 포장

PART 06

실전 모의고사

제1회 실전모의고사

01 **천연보습인자(NMF)에 대한 설명으로 옳지 않은 것은?**

① 피부 각질층의 수분을 유지하는 데 중요한 성분이다.
② 흡습효과가 뛰어나다.
③ 피부에 유연성을 부여한다.
④ 글리세린, 히알루론산이 대표적이다.
⑤ 아미노산, 요소, 젖산, 지방산, 유기산 등으로 구성되어 있다.

Tip
글리세린은 폴리올(Polyol), 히알루론산은 고분자 보습제이다.

02 **작업소의 위생 기준으로 옳지 않은 것은?**

① 곤충, 해충이나 쥐를 막을 수 있는 대책을 마련하고 정기적으로 점검, 확인할 것
② 제조, 관리 및 보관 구역 내의 바닥, 벽, 천장 및 창문은 항상 청결하게 유지할 것
③ 제조시설이나 설비의 세척에 중성제제를 사용할 것
④ 제조시설이나 설비는 적절한 방법으로 청소할 것
⑤ 필요한 경우 위생관리 프로그램을 운영하여 관리할 것

Tip
제조시설이나 설비의 세척에 사용되는 세제 또는 소독제는 효능이 입증된 것을 사용해야 한다.

03 **맞춤형화장품판매업의 정의로 옳은 것은?**

① 화장품제조업자가 화장품을 직접 제조하여 유통·판매하는 영업
② 화장품제조업자에게 위탁하여 제조된 화장품을 유통·판매하는 영업
③ 수입대행형 거래를 목적으로 화장품을 알선·수여하는 영업
④ 제조 또는 수입된 화장품의 내용물을 소분한 화장품을 판매하는 영업
⑤ 수입된 화장품을 유통·판매하는 영업

Tip
① 제조 또는 수입된 화장품의 내용물에 다른 화장품의 내용물이나 식품의약품안전처장이 정하여 고시하는 원료를 추가하여 혼합한 화장품을 판매하는 영업
② 제조 또는 수입된 화장품의 내용물을 소분한 화장품을 판매하는 영업

04 **이산화티탄, 산화아연 등과 같이 커버력을 조절할 목적으로 사용하는 무기안료를 무엇이라 하는가?**

① 백색안료 ② 착색안료
③ 체질안료 ④ 펄안료
⑤ 채색안료

Tip

무기안료	• 백색안료(커버력) : 이산화티탄, 산화아연 등 • 착색안료(색상) : 산화철 계열의 원료(적색산화철, 황산화철, 흑산화철 등) • 체질안료(사용감): 마이카, 탈크, 카오린 등 • 펄안료(진주빛 광택) : 구아닌, 비스머스옥시클로라이드 등

정답 01 ① 02 ③ 03 ④ 04 ①

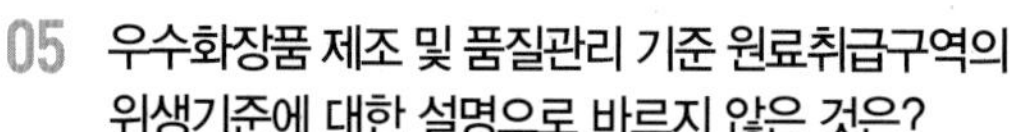

05 **우수화장품 제조 및 품질관리 기준 원료취급구역의 위생기준에 대한 설명으로 바르지 않은 것은?**

① 원료 보관소와 칭량실은 구획되어 있어야 한다.
② 엎지르거나 흘리는 것을 방지하고 즉각적으로 치우는 시스템과 절차들이 시행되어야 한다.
③ 모든 드럼의 윗부분은 필요한 경우 이송 전에 또는 칭량 구역에서 개봉 전에 검사하고 깨끗하게 하여야 한다.
④ 원료 용기들은 실제로 칭량하는 원료인 경우를 제외하고는 뚜껑을 열어 놓아야 한다.
⑤ 바닥은 깨끗하고 부스러기가 없는 상태로 유지되어야 한다.

Tip

원료 용기들은 실제로 칭량하는 원료인 경우를 제외하고는 적합하게 뚜껑을 덮어 놓아야 한다.

06 **다음 〈보기〉중 맞춤형화장품판매업 신고를 위한 결격사유에 해당하는 것은?**

〈보기〉
ㄱ. 정신질환자
ㄴ. 피성년후견인
ㄷ. 파산선고를 받고 복권되지 아니한 자
ㄹ. 마약류 중독자
ㅁ. 화장품법을 위반하여 금고이상의 형을 선고 받고 형이 끝나지 아니한 자
ㅂ. 영업의 패쇄 후 1년이 경과하지 아니한 자

① ㄱ, ㄴ, ㄷ
② ㄱ, ㄴ, ㄷ, ㄹ
③ ㄴ, ㄷ, ㅁ, ㅂ
④ ㄴ, ㄷ, ㄹ, ㅁ, ㅂ
⑤ ㄱ, ㄴ, ㄷ, ㄹ, ㅁ, ㅂ

Tip **맞춤형화장품판매업 신고 결격사유**

1) 피성년후견인 또는 파산선고를 받고 복권되지 않은 자
2) 「화장품법」 또는 「보건범죄 단속에 관한 특별조치법」을 위반하여 금고 이상의 형을 선고받고 그 집행이 끝나지 아니하거나 그 집행을 받지 아니하기로 확정되지 않은 자
3) 등록이 취소되거나 영업소가 폐쇄된 날부터 1년이 지나지 않은 자

07 **화장품의 점성을 높여주고 사용감을 개선하기 위하여 사용하는 화장품 원료는?**

① 보존제 ② 계면활성제
③ 산화방지제 ④ 고분자화합물
⑤ 금속이온봉쇄제

Tip

고분자화합물은 주로 화장품의 점성을 높여주고 사용감을 개선하기 위하여 사용하며, 점증제, 피막형성제, 기포형성제, 분산제, 유화안정제로 사용한다.

08 **포장재의 폐기 절차에 대한 내용으로 바르지 않은 것은?**

① 사업장의 폐기물 배출자는 사업장 폐기물을 적절하게 처리하여야 한다.
② 일정한 사업장 폐기물을 배출·운반 또는 처리하는 자는 폐기물 인계서를 작성해야 한다.
③ 폐기물 보관 장소는 지붕이 있는 별도의 구획된 공간으로 만들어야 하고, 지정 폐기물은 반드시 분리해서 보관해야 한다.
④ 폐기물 대장은 확인자가 기록하고, 운반자와 확인 후 각각 사인한다.
⑤ 폐기 물량의 기록은 10kg 단위로 기록한다.

Tip

폐기 물량의 기록은 1kg 단위로 기록한다.

정답 05 ④ 06 ③ 07 ④ 08 ⑤

09 **맞춤형화장품 판매업자 준수사항 중 혼합·소분 안전관리기준 내용으로 옳지 않은 것은?**

① 맞춤형화장품 조제에 사용하는 내용물 및 원료의 혼합·소분 범위에 대해 사전에 품질 및 안전성을 확보하여야 한다.
② 혼합·소분에 사용되는 내용물 및 원료는 화장품 안전기준 등에 적합한 것을 확인하여 사용하여야 한다.
③ 혼합·소분 전에 손을 소독하거나 세정하여야 한다. 다만, 혼합·소분 시 일회용 장갑을 착용하는 경우는 예외다.
④ 혼합·소분 전에 혼합·소분된 제품을 담을 포장용기의 오염 여부를 확인하여야 한다.
⑤ 혼합·소분에 사용되는 장비 또는 기구 등은 사용 후에만 그 위생 상태를 점검하고, 사용 후에는 오염이 없도록 세척하여야 한다.

Tip

혼합·소분에 사용되는 장비 또는 기구 등은 사용 후에만 그 위생 상태를 점검하고, 사용 전·후에는 오염이 없도록 세척하여야 한다.

10 **보관 중인 포장재 출고 기준으로 바르지 않은 것은?**

① 팰릿에 적재된 모든 자재에는 명칭 또는 확인코드, 제조번호, 제품의 품질을 유지하기 위해 필요할 경우 보관 조건, 불출 상태 등을 표시한다.
② 포장재는 시험 결과 적합 판정된 것만 선입선출 방식으로 출고하고, 이를 확인할 수 있는 체계를 확립한다.
③ 포장재 관리직원 누구나 포장재의 불출 절차를 수행할 수 있다.
④ 뱃치에서 취한 검체가 모든 합격 기준에 부합할 때만 해당 뱃치를 불출할 수 있다.
⑤ 불출되기 전까지 사용을 금지하는 격리를 위한 특별한 절차가 이행되어야 한다.

Tip

오직 승인된 자만이 포장재의 불출 절차를 수행할 수 있다.

11 **퍼머넌트 웨이브 제품 및 헤어스트레이트너 제품 사용 시 주의 사항으로 옳지 않은 것은?**

① 두피·얼굴·눈·목·손 등에 약액이 묻지 않도록 유의하고, 얼굴 등에 약액이 묻었을 때에는 즉시 물로 씻어낼 것
② 특이체질, 생리 또는 출산 전후이거나 질환이 있는 사람 등은 사용을 피할 것
③ 머리카락의 손상 등을 피하기 위하여 용법·용량을 지켜야 하며, 가능하면 일부에 시험적으로 사용하여 볼 것
④ 섭씨 15도 이하의 어두운 장소에 보존하고, 색이 변하거나 침전된 경우에는 사용하지 말 것
⑤ 개봉한 제품은 한 달 이내에 사용할 것(에어로졸 제품이나 사용 중 공기유입이 차단되는 용기는 표시하지 아니한다)

Tip

개봉한 퍼머넌트 웨이브 제품 및 헤어스트레이트너 제품은 7일 이내에 사용할 것(에어로졸 제품이나 사용 중 공기유입이 차단되는 용기는 표시하지 아니한다)

12 **맞춤형화장품조제관리사의 교육에 관한 내용으로 옳지 않은 것은?**

① 맞춤형화장품조제관리사는 화장품의 안전성 확보 및 품질관리에 관한 교육을 2년에 한 번 받아야 한다.
② 교육시간은 4시간 이상, 8시간 이하로 한다.
③ 교육내용은 화장품 관련 법령 및 제도에 관한 사항, 화장품의 안전성 확보 및 품질관리에 관한 사항 등으로 한다.

정답 09 ⑤ 10 ③ 11 ⑤ 12 ①

④ 교육내용에 관한 세부 사항은 식품의약품안전처장의 승인을 받아야 한다.
⑤ 교육의 실시 기관, 내용, 대상 및 교육비 등에 관하여 필요한 사항은 총리령으로 정한다.

Tip
맞춤형화장품조제관리사는 화장품의 안전성 확보 및 품질관리에 관한 교육을 매년 받아야 한다.

13 **과태료 부과기준에 해당하지 않는 것은?**

① 기능성 화장품의 심사 등을 위반하여 변경심사를 받지 않은 경우
② 화장품의 생산실적 또는 수입실적 또는 화장품 원료의 목록 등을 보고하지 않은 경우
③ 책임판매관리자, 조제관리사의 교육이수의무에 따른 명령을 위반한 경우
④ 화장품의 1차 또는 2차 포장에 총리령으로 정하는 바에 따른 사항을 기재·표시하지 않은 자
⑤ 화장품의 가격표시를 위반하여 화장품의 판매가격을 표시하지 아니한 경우

Tip
④는 200만 원 이하의 벌금에 해당한다.

14 **입고된 원료 및 포장재의 확인사항이 아닌 것은?**

① 수령자명
② 수령 일자와 수령확인번호
③ 인도문서와 포장에 표시된 품목·제품명
④ 기록된 양
⑤ 수령 시 주어진 뱃치 정보

Tip **원료 및 포장재의 확인**
- 인도문서와 포장에 표시된 품목·제품명
- 만약 공급자가 명명한 제품명과 다르다면, 제조 절차에 따른 품목·제품명 그리고/또는 해당 코드번호
- CAS번호(적용 가능한 경우)
- 적절한 경우, 수령 일자와 수령확인번호
- 공급자명
- 공급자가 부여한 뱃치 정보(batch reference), 만약 다르다면 수령 시 주어진 뱃치 정보
- 기록된 양

15 **다음 중 안정성시험의 종류에 해당하지 않는 것은?**

① 장기보존시험
② 가속시험
③ 인체 첩포시험
④ 가혹시험
⑤ 개봉 후 안정성시험

Tip **안정성시험의 종류**
장기보존시험, 가속시험, 가혹시험, 개봉 후 안정성시험

16 **다음 중 합성고분자 점증제는?**

① 잔탄검
② 덱스트린
③ 젤라틴
④ 실리카
⑤ 카보머

Tip
잔탄검과 덱스트린은 미생물추출, 젤라틴은 동물추출, 실리카는 광물추철 천연고분자 점증제이다.

정답 13 ④ 14 ① 15 ③ 16 ⑤

17 작업장의 방충·방서를 위한 위생 유지 관리로 틀린 것은?

① 창문은 차광하고 야간에 빛이 밖으로 새어 나가지 않게 하며, 문 아래에 스커트를 설치한다.
② 배기구, 흡기구에 필터를 달고 폐수구에는 트랩을 단다.
③ 공기조화장치는 실내압을 외부(실외)보다 낮게 한다.
④ 골판지, 나무 부스러기를 방치하지 않는다.
⑤ 청소와 정리 정돈을 하고 해충, 곤충의 조사와 구제를 실시한다.

Tip
공기조화장치는 실내압을 외부(실외)보다 높게 한다.

18 다음은 피부의 표피층 중 각질층에 대한 설명이다. 옳지 않은 것은?

① 피부의 가장 외곽층으로 세포와 세포 간 지질로 구성되어 있다.
② 천연보습인자를 통해 수분 유지한다.
③ 세포 간 지질이 세포들을 결합시키고 보호한다.
④ 세포 간 지질은 세라마이드, 자유지방산, 콜레스테롤 등으로 구성되어 있다.
⑤ 손바닥, 발바닥에만 분포하는 무핵세포이다.

Tip
손바닥, 발바닥에만 분포하는 무핵세포는 투명층에 해당한다.

19 충전실, 내용물보관소, 원료칭량실, 미생물시험실은 청정도 몇 등급이어야 하는가?

① 청정도 1등급 ② 청정도 2등급
③ 청정도 3등급 ④ 청정도 4등급
⑤ 청정도 5등급

Tip
- 청정도 1등급 : Clean Bench
- 청정도 2등급 : 제조실, 성형실, 충전실, 내용물보관소, 원료칭량실, 미생물시험실
- 청정도 3등급 : 포장실
- 청정도 4등급 : 포장재보관소, 완제품보관소, 관리품보관소, 원료보관소, 탈의실, 일반실험실

20 모발의 맨 안쪽 중심부에 위치하며, 벌집모양의 다각형세포로 존재한다. 케라토하이알린, 지방, 공기 등으로 채워져 있는 모발의 층은 어느것인가?

① 모수질 ② 모표피
③ 모피질 ④ 모유두
⑤ 입모근

Tip
모수질에 대한 설명이다.

21 식품의약품안전처장에게 보고해야 하는 안전성 정보에 관한 내용이 아닌 것은?

① 해당 화장품의 안전성에 관련된 인체적용시험 정보
② 해당 화장품의 국내·외 사용상 새롭게 발견된 정보 등 사용현황
③ 해당 화장품의 국내·외에서 발표된 안전성에 관련된 연구 논문 등 과학적 근거자료에 의한 문헌정보
④ 유해사례 발생 원인이 사용기한 또는 개봉 후 사용기간을 초과하여 사용함으로써 발생한 경우
⑤ 해외에서 제조되어 한국으로 수입되고 있는 화장품 중 해외에서 회수가 실시되었지만 한국 수입화장품은 제조번호(Lot번호)가 달라 회수 대상이 아닌 경우

정답 17 ③ 18 ⑤ 19 ② 20 ① 21 ④

> **Tip**
> 화장품 용기나 포장의 불량이 사용 전 발견되어 사용자에게 해가 없는 경우, 유해사례 발생 원인이 사용기한 또는 개봉 후 사용기간을 초과하여 사용함으로써 발생한 경우, 화장품에 기재·표시된 사용방법을 준수하지 않고 사용하여 의도되지 않은 결과가 발생한 경우에는 안전성 정보 보고 불필요 대상이다.

22 피부의 생리기능에 대한 설명으로 옳지 않은 것은 어느것인가?

① 보호작용 : 진피의 탄력성과 피하지방의 완충작용을 통해 피부를 보호한다.
② 감각작용 : 진피에 온각, 냉각, 촉각, 압각, 통각의 감각 수용체 분포한다.
③ 흡수작용 : 각질형성세포와 섬유아세포에서 비타민 D를 합성한다.
④ 분비작용 : 피지막을 형성하여 수분증발 및 세균발육 억제한다.
⑤ 호흡작용 : 1%는 피부표면을 통해 산소 흡수 및 이산화탄소 배출한다.

> **Tip**
> 각질형성세포와 섬유아세포에서 비타민 D 합성은 피부의 생리기능 중 비타민 D 합성작용이다.

23 세척제로 사용되는 계면활성제의 조건으로 틀린 것은?

① 혐기성 및 호기성 조건하에서 쉽고 빠르게 생분해 될 것
② 에톡실화 계면활성제는 전체 계면활성제의 50% 이하일 것
③ 재생가능이 있을 것
④ 유기농 화장품에 혼합되지 않을 것
⑤ LC50이 10 ㎎/ℓ 이하일 것

> **Tip**
> EC50 or IC50 or LC50은 10 ㎎/ℓ 이상이어야 한다.

24 다음 중 모발의 구조에 대한 설명 중 옳지 않은 것은?

① 모발의 케라틴은 80~90% 이다.
② 모발의 멜라닌색소은 3%이하이다.
③ 모발의 수분은 80~90%이다.
④ 모발의 지질 1~8%이다.
⑤ 모발은 두피 안쪽의 모근부와 두피 바깥쪽의 모간부로 나누어진다.

> **Tip**
> 모발의 구조 중 수분은 10~15% 등으로 구성되어 있다.

25 설비와 기기의 유지관리로 바르지 않은 것은?

① 건물, 시설 및 주요 설비는 정기적으로 점검하여 화장품의 제조 및 품질관리에 지장이 없도록 유지·관리·기록하여야 한다.
② 결함 발생 및 정비 중인 설비는 적절한 방법으로 표시하고, 고장 등 사용이 불가할 경우 표시하여야 한다.
③ 세척한 설비는 다음 사용 시까지 오염되지 아니하도록 관리하여야 한다.
④ 유지관리 작업이 제품의 품질에 영향을 주어서는 안 된다.
⑤ 모든 제조 관련 설비는 외부인을 제외한 회사 관계자는 접근·사용할 수 있다.

> **Tip**
> 모든 제조 관련 설비는 승인된 자만이 접근·사용하여야 한다.

정답 22 ③ 23 ⑤ 24 ③ 25 ⑤

26 원자재의 입고 시 일치해야 하는 항목을 모두 고르시오.

㉠ 구매 요구서
㉡ 구매 일자
㉢ 원자재 공급업체 성적서
㉣ 입고 일자
㉤ 현품

① ㉠, ㉡, ㉢
② ㉠, ㉢
③ ㉠, ㉢, ㉤
④ ㉠, ㉤
⑤ ㉠, ㉢, ㉣

Tip

원자재의 입고 시 구매 요구서, 원자재 공급업체 성적서 및 현품이 서로 일치해야 하며, 필요한 경우 운송 관련 자료를 추가적으로 확인할 수 있다.

27 다음 중 화장품에 사용할 수 없는 원료가 아닌 것은?

① 니켈
② 나프탈렌
③ 돼지폐추출물
④ 무화과나무
⑤ 메칠이소치아졸리논

Tip

메칠이소치아졸리논은 사용상의 제한이 필요한 살균·보존제 성분이다.

28 멜라닌 색소 형성을 통해 자외선 침투·방어하는 작용은 생리기능 중 어느 작용에 해당하는 작용인가?

① 감각작용
② 보호작용
③ 흡수작용
④ 분비작용
⑤ 호흡작용

Tip

피부의 생리기능 중 보호작용에 대한 설명이다.

29 화장품 "안정성 시험 가이드라인"에서 장기보존시험과 가속시험의 시험기간(원칙적 기간)은 얼마인가?

① 1개월 이상
② 2개월 이상
③ 3개월 이상
④ 6개월 이상
⑤ 12개월 이하

Tip

시험기간은 6개월 이상 시험하는 것을 원칙으로 하나, 특성에 따라 조정 가능

30 영유아 또는 어린이 사용 화장품임을 표시·광고하려는 경우 제품별로 작성·보관하여야 하는 안전성 자료에 해당되지 않는 것은?

① 제조관리 기준서
② 제품 표준서
③ 사용 후 이상 사례 정보의 수집·검토·평가 및 조치 관련 자료
④ 효력시험자료
⑤ 제품의 표시·광고와 관련된 효능·효과에 대한 실증 자료

Tip

효력시험자료는 유효성을 평가하기 위한 자료이다.

제품별로 작성·보관해야 하는 안전성 자료

①, ② 제품 및 제조방법에 대한 설명자료 : 제조관리 기준서, 제품표준서
③ 화장품의 안전성 평가자료 : 제조 시 사용된 원료의 독성 평가 등 안전성 평가 보고서, 사용 후 이상 사례 정보의 수집·검토·평가 및 조치 관련 자료
⑤ 제품의 효능 : 효과에 대한 증명자료 – 제품의 표시·광고와 관련된 효능·효과에 대한 실증 자료

정답 26 ③ 27 ⑤ 28 ② 29 ④ 30 ④

31 **원료 및 내용물의 보관관리에 대한 설명으로 바르지 않은 것은?**

① 원자재, 반제품 및 벌크 제품은 품질에 나쁜 영향을 미치지 아니하는 조건에서 보관하여야 하며 보관기한을 설정하여야 한다.
② 원자재, 반제품 및 벌크 제품은 바닥과 벽에 닿지 아니하도록 보관하여야 한다.
③ 원자재, 시험 중인 제품 및 부적합품은 각각 구획된 장소에서 보관하여야 한다.
④ 설정된 보관기한이 지나면 사용의 적절성을 결정하기 위해 재평가시스템을 확립하여야 하며, 동 시스템을 통해 보관기한이 경과한 경우 사용하지 않도록 규정하여야 한다.
⑤ 원자재, 반제품 및 벌크 제품은 후입선출에 의하여 출고할 수 있도록 보관하여야 한다.

Tip
원자재, 반제품 및 벌크 제품은 선입선출에 의하여 출고할 수 있도록 보관하여야 한다.

32 **다음 중 사용금지원료이나 검출허용한도 지정원료와 허용한도가 옳지 않은 것은?**

① 메탄올 : 0.2(v/v)% 이하
② 카드뮴 : 5㎍/g 이하
③ 안티몬 : 10㎍/g 이하
④ 수은 : 10㎍/g 이하
⑤ 비소 : 10㎍/g 이하

Tip
수은은 1㎍/g 이하여야 한다.

33 **맞춤형화장품 1차또는 2차포장 표시 기재 사항 중 총리령으로 정하는 사항으로 옳지 않은 것은?**

① 식품의약품안전처장이 정하는 바코드
② 일반화장품의 경우 심사받거나 보고한 효능·효과, 용법·용량
③ 성분명을 제품 명칭의 일부로 사용한 경우 그 성분명과 함량(방향용 제품은 제외 한다)
④ 인체 세포·조직 배양액이 들어있는 경우 그 함량
⑤ 화장품에 천연 또는 유기농으로 표시·광고하려는 경우에는 원료의 함량

Tip **그 밖에 총리령으로 정하는 사항**
기능성화장품의 경우 심사받거나 보고한 효능·효과, 용법·용량

34 **다음 중 화장품 책임판매관리자 자격기준에 해당되지 않는 자는?**

① 이공계 학과 또는 향장학·화장품과학·한의학·한약학과 등 전문학사 이상 취득자
② 화장품 관련 분야 전문대학 졸업 후 화장품 제조 또는 품질관리 업무 1년 이상 종사자
③ 화장품 제조 또는 품질관리 업무에 2년 이상 종사한 경력이 있는 사람
④ 간호학과, 간호과학과, 건강간호학과를 전공하고 화학·생물학·생명과학·유전학·유전공학·향장학·화장품과학·의학·약학 등 관련 과목을 20학점 이상 이수한 사람
⑤ 의사 또는 약사

Tip
이공계 학과 또는 향장학·화장품과학·한의학·한약학과 등 학사학위 이상 취득자이다.

정답 31 ⑤ 32 ④ 33 ② 34 ①

35 원료와 내용물의 보관 시 고려사항으로 바르지 않은 것은?

① 재고의 회전을 보증하기 위한 방법이 확립되어야 한다.
② 재고의 신뢰성을 보증하고, 모든 중대한 모순을 조사하기 위해 주기적인 재고조사를 시행한다.
③ 원료 및 포장재는 정기적으로 재고조사를 실시한다.
④ 장기 재고품의 처분 및 선입선출 규칙의 확인이 목적이다.
⑤ 중대한 위반품이 발견되었을 때 즉시 폐기처리한다.

Tip
중대한 위반품이 발견되었을 때는 일탈처리를 한다.

36 포장재 입고를 위한 기본 지침에 대한 내용으로 바르지 않은 것은?

① 포장재 재고량 파악
② 생산 계획에 따라 필요한 포장재의 수량을 예측하여 포장재를 적시에 발주
③ 생산 계획에 따라 제품 생산에 필요한 포장재 목록표 작성
④ 포장 도중의 손실로 인한 수량 파악, 기록에 근거하여 적정량 추가로 발주
⑤ 장부상의 재고는 물론 분기별로 현물의 수량 파악

Tip
장부상의 재고는 물론 수시로 현물의 수량을 파악해야 한다.

37 다음은 화장품 제형에 대한 설명이다. 제형의 특성 설명이 옳지 않은 것은?

① 액제란 유화제 등을 넣어 유성성분과 수성성분을 균질화하여 점액상으로 만든 것이다.
② 침척마스크제란 액제, 로션제, 크림제, 겔제 등을 부직포 등의 지지체에 침척하여 만든 것을 말한다.
③ 크림제란 유화제 등을 넣어 유성성분과 수성성분을 균질화하여 반고형상으로 만든 것이다.
④ 분말제란 균질하게 분말상 또는 미립상으로 만든 것을 말하며, 부형제 등을 사용할 수 있다.
⑤ 겔제란 액체를 침투시킨 분자량이 큰 유기분자로 이루어진 반고형상을 말한다.

Tip **액제**
화장품에 사용되는 성분을 용제 등에 녹여서 액상으로 만든 것

38 다음 중 회수대상화장품의 위해성 등급이 가등급에 해당하는 것은?

① 안전용기·포장에 위반되는 화장품
② 화장품 중 보건위생상 위해를 발생할 우려가 있는 화장품
③ 화장품의 제조 등에 사용할 수 없는 원료 사용한 화장품
④ 영업자 스스로 국민보건에 위해를 끼칠 우려가 있어 회수가 필요하다고 판단한 화장품
⑤ 등록을 하지 아니한 자가 제조한 화장품 또는 제조·수입하여 유통·판매한 화장품

Tip
①번은 나등급, ②, ④, ⑤번은 다등급의 회수대상화장품의 위해성 등급에 관한 설명이다.

정답 35 ⑤ 36 ⑤ 37 ① 38 ③

39 포장재 관리를 위한 지침으로 바르지 않은 것은?

① 작업시작 시 확인사항('start-up') 점검을 실시한다. – 포장작업에 대한 모든 관련 서류, 모든 필수 포장재, 설비의 위생처리 등
② 포장 작업 전, 이전 작업의 재료들이 혼입될 위험을 제거하기 위해 작업 구역/라인의 정리가 이루어져야 한다.
③ 제조된 완제품의 각 단위/뱃치에는 추적이 가능하도록 특정한 제조번호를 부여한다.
④ 완제품에 부여된 특정 제조번호는 벌크제품의 제조번호와 반드시 동일해야 한다.
⑤ 완제품에 사용된 벌크 뱃치 및 양을 명확히 확인할 수 있는 문서가 존재해야 한다.

Tip
완제품에 부여된 특정 제조번호는 벌크제품의 제조번호와 동일할 필요는 없지만, 완제품에 사용된 벌크 뱃치 및 양을 명확히 확인할 수 있는 문서가 존재해야 함

40 맞춤형화장품판매업소의 위생관리기준으로 가장 적합하지 않는 것은?

① 혼합·소분에 사용한 도구는 사용 전·후 분리·세척하여 보관한다.
② 혼합·소분에 사용한 기구는 사용 전·후 건조하여 보관한다.
③ 혼합·소분된 제품을 담을 용기의 오염여부를 사전에 항상 확인하여야 한다.
④ 맞춤형화장품의 특성상 혼합·소분장소와 판매장은 구분되지 않아도 된다.
⑤ 맞춤형화장품 조제관리사는 위생장갑과 마스크 착용하여야 한다.

Tip
맞춤형화장품판매업은 혼합·소분실과 판매장이 구분되어 교차오염을 줄여야 한다.

41 다음 중 화장품 제조업에 대한 설명으로 옳지 않은 것은?

① 2차 포장 또는 표시만을 하는 공정도 제조업에 해당한다.
② 화장품을 직접 제조하여 유통·판매하는 영업이다.
③ 제조를 위탁받아 제조하는 영업이다.
④ 화장품 용기에 내용물을 충진하는 행위도 화장품 제조업에 해당한다.
⑤ 화장품의 전부 또는 일부를 제조하는 영업이다.

Tip
화장품 제조업의 범위는 화장품을 직접 제조하는 영업, 화장품 제조를 위탁받아 제조하는 영업, 화장품의 포장(1차 포장만 해당한다)을 하는 영업이 해당된다.

42 화장품의 성분 표시 중 순서에 관계없이 기재·표시할 수 있는 성분이 아닌 것은?

① 1% 이하의 보습제
② 착향제
③ 리날롤
④ 착색제
⑤ 1% 초과하는 유화제

Tip
1% 이하로 사용된 성분, 착향제, 착색제는 순서에 상관없이 기재·표시할 수 있다. 착향제 : 리날로올

정답 39 ④ 40 ④ 41 ① 42 ⑤

43 화장품 생산시설에 사용되는 설비·기구에 대한 관리 지침으로 설명이 바르지 않은 것은?

① 사용 목적에 적합하고, 청소가 가능하며, 필요한 경우 위생·유지 관리가 가능해야 한다.
② 사용하지 않는 연결 호스와 부속품은 청소 등 위생관리를 하며, 건조한 상태로 유지해야 한다.
③ 설비 등은 제품의 오염을 방지하고 배수가 용이하도록 설계, 설치해야 한다.
④ 설비 등의 위치는 원자재나 직원의 이동으로 인하여 제품의 품질에 영향을 주지 않도록 해야 한다.
⑤ 설비 등은 제품 및 청소 소독제와 화학반응을 잘 일으켜야 한다.

Tip
설비 등은 제품의 오염을 방지하고 배수가 용이하도록 설계, 설치하며, 제품 및 청소 소독제와 화학반응을 일으키지 않아야 한다.

44 다음 중 설비 세척의 원칙으로 바르지 않은 것은?

① 위험성이 없는 용제(물)로 세척한다.
② 가능하면 세제를 사용하지 않는다.
③ 브러시 등으로 문질러 지우는 것을 고려한다.
④ 증기 세척은 좋은 방법이 아니다.
⑤ 분해할 수 있는 설비는 분해해서 세척한다.

Tip
물은 최적의 용제이며, 가능하면 세제를 사용하지 않는 것이 좋다. 또한 증기 세척은 좋은 방법이다.

45 다음 중 기초화장용 제품류에 속하는 로션과 크림의 포장공간비율로 옳은 것은?

① 10% 이하
② 15% 이하
③ 20% 이하
④ 25% 이하
⑤ 30% 이하

Tip 인체 및 두발 세정용 제품류
15% 이하, 2차 이내, 그 밖의 화장품류(방향제를 포함한다): 10% 이하(향수 제외), 2차 이내

46 화장품 안전기준 등에 관한 규정에서 규정하고 있는 사용상의 제한이 필요한 원료 중 비타민E(토코페롤)의 사용 범위 기준은?

① 5% 이내
② 10% 이내
③ 15% 이내
④ 20% 이내
⑤ 25% 이내

Tip
비타민 E(토코페롤)는 천연 산화방지제로 사용되기도 하며 20% 이내로 사용하도록 규정되어 있다.

47 포장재 검사에 필요한 사항이 아닌 것은?

① 육안 검사를 실시하고, 기록에 남긴다.
② 포장재의 기본 사양 적합성과 청결성을 확보한다.
③ 포장재의 재질 확인, 용량, 치수 및 용기의 외관 상태를 검사한다.
④ 인쇄내용은 필요시 검사한다.
⑤ 위생적 측면에서 포장재 외부 및 내부에 먼지, 티 등의 이물질 혼입 여부를 검사한다.

정답 43 ⑤ 44 ④ 45 ① 46 ④ 47 ④

Tip 인쇄내용
소비자에게 제품에 대한 정확한 정보 전달(검수 시 반드시 검사)

48 화장품을 제조할 때 비의도적으로 유래된 사실이 객관적인 자료로 확인되고 기술적으로 완전한 제거가 불가능한 경우 해당 물질의 검출 허용 한도로 옳은 것은?

① 니켈 : 눈 화장용 제품은 30㎍/g 이하, 색조화장용 제품은 35㎍/g 이하, 그 밖의 제품은 10㎍/g 이하
② 납 : 점토를 원료로 사용한 분말제품은 50㎍/g 이하, 그 밖의 제품은 20㎍/g 이하
③ 비소 : 10㎍/g 이하
④ 디옥산 : 10㎍/g 이하
⑤ 카드뮴 : 10㎍/g 이하

Tip
① 니켈: 눈 화장용 제품은 35㎍/g 이하, 색조화장용 제품은 30㎍/g 이하, 그 밖의 제품은 10㎍/g 이하
② 납 : 점토를 원료로 사용한 분말제품은 500㎍/g 이하, 그 밖의 제품은 200㎍/g 이하
④ 디옥산 : 100㎍/g 이하
⑤ 카드뮴 : 5㎍/g 이하

49 사용한도가 정해진 화장품의 원료에 해당하지 않는 것은?

① 땅콩오일, 추출물 및 유도체
② 만수국꽃 추출물 또는 오일
③ 살리실릭애씨드 및 그 염류
④ 징크피리치온
⑤ 말라카이트그린 및 그 염류

Tip
말라카이트그린 및 그 염류는 화장품에 사용할 수 없는 원료이다.

50 내용량이 10밀리리터 초과 50밀리리터 이하 또는 중량이 10그램 초과 50그램 이하 화장품의 포장에서 기재·표시를 생략할 수 있는 성분은?

① 금박
② 타르색소
③ 과일산(AHA)
④ 일반화장품의 경우 그 효과가 나타나게 하는 원료
⑤ 샴푸와 린스 제품에 들어 있는 인산염의 종류

Tip
내용량이 10밀리리터 초과 50밀리리터 이하 또는 중량이 10그램 초과 50그램 이하인 화장품의 포장인 경우 다음 성분을 제외한 성분
(단, 타르색소, 금박, 샴푸와 린스에 들어 있는 인산염의 종류, 과일산(AHA), 기능성화장품의 경우 그 효능·효과가 나타나게 하는 원료, 식약처장이 배합 한도를 고시한 화장품의 원료)

51 다음 제조설비 중 탱크(Tanks)의 구성 재질에 대한 설명으로 바르지 않은 것은?

① 유형번호 304인 스테인리스스틸을 사용한다.
② 어떠한 경우라도 유리로 안을 댄 강화유리섬유 폴리에스터와 플라스틱으로 안을 댄 탱크는 사용할 수 없다.
③ 기계로 만들고 광을 낸 표면과 매끄럽고 평면이어야 한다.
④ 모든 용접, 결합은 가능한 한 매끄럽고 평면이어야 한다.
⑤ 외부표면의 코팅은 제품에 대해 저항력(Product –resistant)이 있어야 한다.

Tip
미생물학적으로 민감하지 않은 물질 또는 제품의 경우는 유리로 안을 댄 강화유리섬유 폴리에스터와 플라스틱으로 안을 댄 탱크를 사용할 수 있다.

정답 48 ③ 49 ⑤ 50 ④ 51 ②

52 기준일탈 제품의 처리 과정을 순서대로 바르게 나열한 것은?

> ㉠ 기준일탈의 처리
> ㉡ 기준일탈의 조사
> ㉢ 격리보관
> ㉣ "시험, 검사, 측정이 틀림없음"을 확인
> ㉤ 기준일탈 제품에 불합격라벨 첨부
> ㉥ 폐기처분, 재작업 혹은 반품

① ㉣ → ㉠ → ㉢ → ㉡ → ㉥ → ㉤
② ㉣ → ㉡ → ㉠ → ㉤ → ㉢ → ㉥
③ ㉡ → ㉣ → ㉤ → ㉠ → ㉢ → ㉥
④ ㉡ → ㉣ → ㉢ → ㉠ → ㉤ → ㉥
⑤ ㉡ → ㉠ → ㉣ → ㉤ → ㉢ → ㉥

Tip **기준일탈 제품의 처리 과정**

기준일탈의 조사 → "시험, 검사, 측정이 틀림없음"을 확인 → 격리보관 → 기준일탈의 처리 → 기준일탈 제품에 불합격라벨 첨부 → 폐기처분, 재작업 혹은 반품

53 화장품제형은 로션제, 액제, 크림제 및 침척마스크에 한하며, 제품의 효능, 효과는 "피부의 미백에 도움을 주는 제품의 성분 및 함량이 잘못 짝지어진 것은?

성분	함량
① 에칠아스코빌에텔	① 1~5 %
② 아스코빌테트라이소팔미테이트	② 2 %
③ 마그네슘아스코빌포스페이트	③ 3 %
④ 나이아신아마이드	④ 2~5 %
⑤ 알파-비사보롤	⑤ 1 %

Tip

알파-비사보롤 0.5%

54 다음 중 화장품에 대한 정의로 옳지 않은 것은?

① 인체를 청결·미화하여 매력을 더하고 용모를 밝게 변화시키는 것
② 인체에 사용하는 물품이라도 질병의 진단·치료·경감·처치 또는 예방을 목적으로 사용하는 것
③ 피부·모발의 건강을 유지 또는 증진하기 위한 물품
④ 인체에 대한 작용이 경미한 것
⑤ 인체에 바르고 문지르거나 뿌리는 등 이와 유사한 방법으로 사용되는 물품

Tip

②는 의약품에 관한 설명이다.

55 제모제(치오글라이콜릭애씨드 함유 제품에만 표시함)의 사용 시 주의사항에 해당하지 않는 것은?

① 자극감이 나타날 수 있으므로 매일 사용하지 마십시오.
② 이 제품의 사용 전후에 비누류를 사용하면 자극감이 나타날 수 있으므로 주의하십시오.
③ 이 제품은 외용으로만 사용하십시오.
④ 이 제품을 10분 이상 피부에 방치하거나 피부에서 건조시키지 마십시오.
⑤ 눈에 들어가지 않도록 하며 눈 또는 점막에 닿았을 경우 미지근한 물로 씻어내고 붕산수(농도 약 10%)로 헹구어 내십시오.

Tip

눈에 들어가지 않도록 하며 눈 또는 점막에 닿았을 경우 미지근한 물로 씻어내고 붕산수(농도 약 2%)로 헹구어 내십시오.

정답 52 ④ 53 ⑤ 54 ② 55 ⑤

56 다음의 원료 중 탈모증상의 완화에 도움을 주는 원료가 아닌 것은?

① 덱스판테놀　② 엘-멘톨
③ 살리실릭산　④ 징크피리치온
⑤ 비오틴

Tip
살리실릭산은 여드름 피부를 완화하는 데 도움을 주는 기능성화장품 성분이다.

57 SFP50의 UVB 차단력은 어느 정도인가?

① 82%　② 86%
③ 90%　④ 94%
⑤ 98%

Tip
1-1/50= 98%

58 다음의 화장품의 전성분 항목 중 사용상의 제한이 필요한 자외선 차단성분에 해당하지 않는 것은?

① 드로메트리졸트리실록산
② 벤조페논-4
③ 징크옥사이드
④ 티타늄디옥사이드
⑤ 페녹시에탄올

Tip
페녹시에탄올은 사용상의 제한이 필요한 살균·보존제 성분이다.

59 작업자의 위생 상태 판정을 위한 주관 부서의 역할로 적합하지 않은 것은?

① 주관 부서는 연 1회 이상 의사에게 정기 건강진단을 받도록 한다.
② 작업자의 작업 중 건강에 이상이 발생하면 즉시 해당 부서장에게 보고하고, 필요시 인근 진료소에서 적절한 진료를 받고 안정을 취하도록 한다.
③ 신입사원 채용 시 키와 몸무게를 확인한다.
④ 주관 부서는 작업자의 건강상태를 정기 및 수시로 파악한다.
⑤ 주관 부서는 작업자의 일상적인 건강관리를 위해 양호실을 설치해야 한다.

Tip
신입사원 채용 시 종합병원의 건강 진단서를 첨부하여야 하며, 제조 중에 화장품을 오염시킬 수 있는 질병(전염병 포함) 또는 업무 수행을 할 수 없는 질병이 있어서는 안 된다.

60 작업자 위생관리를 위한 청결상태 확인사항 중 바르지 않은 것은?

① 생산, 관리 및 보관구역 또는 제품에 부정적 영향을 미칠 수 있는 기타 구역 내에서는 비위생적 행위들을 금지한다.
② 작업 전 지정된 장소에서 50% 에탄올을 이용하여 손 소독을 실시하고 작업에 임한다.
③ 운동 등에 의한 오염(땀, 먼지)을 제거하기 위해서는 작업장 진입 전 샤워 설비가 비치된 장소에서 샤워 및 건조 후 입실한다.
④ 화장실을 이용한 작업자는 손 세척 또는 손 소독을 실시하고 작업실에 입실한다.
⑤ 각 공정 책임자 등에 의한 상시 작업자의 준수 상태 확인 및 시정 요구가 실시되도록 한다.

Tip
작업 장소에 들어가기 전에 반드시 손을 씻고, 필요시에는 작업 전 지정된 장소에서 손 소독을 실시하고 작업에 임한다. 손 소독은 70% 에탄올을 이용한다.

정답　56 ③　57 ⑤　58 ⑤　59 ③　60 ②

61 화장품 제형에 따른 충진용기 설명으로 옳지 않은 것은?

① 액상타입제형 – 스킨, 토너, 앰플 등
② 크림상제형 – 선크림, 폼클렌징 등
③ 크림제형 – 시공품, 견본품, 1회용 pouch
④ 파우더제형 – 샴푸, 린스 컨디셔너
⑤ 파우더제형 – 파우더 용기

Tip
파우더제형(페이스파우더) – 파우더 용기

62 다음 중 공정시스템 설계 시 고려할 사항으로 바르지 않은 것은?

① 제품의 안전성을 고려해야 한다.
② 청소되고 위생 처리된 휴대용 설비와 도구는 적절한 위치를 정하여 보관한다.
③ 확실하게 라벨로 표시하고 적절한 문서로 기록한다.
④ 제품 용기들(반제품 보관 용기 등)은 환경의 먼지와 습기로부터 보호해야 한다.
⑤ 사용하지 않는 이동 호스와 액세서리는 건조하게 유지해야 한다.

Tip
제품의 안정성을 고려해야 한다.

63 다음 중 중대한 유해사례에 해당하지 않는 것은?

① 선천적 기형 또는 이상을 초래하는 경우
② 입원 또는 입원기간의 연장이 필요한 경우
③ 바람직하지 않고 의도되지 아니한 징후
④ 중대한 불구나 기능저하를 초래하는 경우
⑤ 사망을 초래하거나 생명을 위협하는 경우

Tip
유해사례(Adverse Event/Adverse Experience, AE)란 화장품의 사용 중 발생한 바람직하지 않고 의도되지 아니한 징후, 증상 또는 질병을 말하며, 당해 화장품과 반드시 인과관계를 가져야 하는 것은 아니다.

64 맞춤형화장품 혼합·소분 장비 및 도구의 위생관리에 대한 설명으로 옳지 않은 것은?

① 혼합·소분 장비 및 도구는 사용 전·후 세척 등을 통해 오염을 방지한다.
② 작업 장비 및 도구 세척 시에 사용되는 세제·세척제는 잔류하거나 표면 이상을 초래하지 않는 것을 사용한다.
③ 세척한 작업 장비 및 도구는 잘 건조하여 다음 사용 시까지 오염을 방지한다.
④ 자외선 살균기를 사용 시 살균기 내 자외선 램프의 청결 상태를 확인한 후 사용한다.
⑤ 자외선 살균기를 사용 시 장비 및 도구가 서로 겹칠 수 있게 하여 여러 층으로 보관한다.

Tip
자외선 살균기 이용 시, ① 충분한 자외선 노출을 위해 적당한 간격을 두고 장비 및 도구가 서로 겹치지 않게 한 층으로 보관 ② 살균기 내 자외선램프의 청결 상태를 확인 후 사용

65 다음 중 화장품 품질특성에 해당되지 않는 것은?

① 안전성
② 안정성
③ 사용성
④ 생산성
⑤ 유효성

Tip **화장품 품질 4대특성**
안전성, 안정성, 사용성, 유효성

정답 61 ④ 62 ① 63 ③ 64 ⑤ 65 ④

66 습윤제로 사용하는 화장품의 원료는 무엇인가?

① 비타민 C ② 글리세린
③ 비타민 E ④ 자몽씨 추출액
⑤ 카보머

Tip
글리세린은 폴리올(Polyol)의 보습제이며, ①, ③, ④번은 천연 산화방지제, ⑤번은 고분자 화합물에 대한 설명이다.

67 다음 중 맞춤형화장품판매장 위생점검표 중 장비·도구 관리 예시 점검내용으로 가장 적절한 것은?

① 작업자의 복장이 청결한가?
② 위생복장과 외출복장이 구분되어 있는가?
③ 작업자의 건강상태는 양호한가?
④ 기기 및 도구의 상태가 청결한가?
⑤ 쓰레기통과 그 주변을 청결하게 관리하는가?

Tip 장비·도구 관리 예시 점검내용
- 기기 및 도구의 상태가 청결한가?
- 기기 및 도구는 세척 후 오염되지 않도록 잘 관리하였는가?
- 사용하지 않는 기기 및 도구는 먼지, 얼룩 또는 다른 오염으로 부터 보호하도록 되어 있는가?
- 장비 및 도구는 주기적으로 점검하고 있는가?

68 다음 중 산화방지제의 성분이 아닌 것은?

① BHA ② BHT
③ 아스코빅애씨드 ④ 토코페롤
⑤ 코발라민

Tip
BHA, BHT는 합성 산화방지제, 비타민 C(아스코빅애씨드), 비타민 E(토코페롤)은 천연 산화방지제이다. 비타민 B12(코발라민)은 천연 금속이온봉쇄제에 해당한다.

69 안전 위생의 교육훈련을 받지 않은 사람들이 생산, 관리, 보관 구역으로 출입하는 경우 실시하는 교육훈련 내용에 포함할 사항이 아닌 것은?

① 직원용 안전 대책에 관한 사항
② 작업복 착용에 관한 사항
③ 작업 위생 규칙에 대한 내용
④ 손 씻기 절차
⑤ 설비 및 기구의 소독에 관한 내용

Tip
안전 위생의 교육 훈련 자료를 미리 작성해 두고 출입 전 교육 훈련 실시(직원용 안전 대책, 작업 위생 규칙, 작업복 착용, 손 씻기 절차 등)

70 화장품 포장의 표시기준 및 표시방법에 대한 설명으로 틀린 것은?

① 화장품의 명칭 : 다른 제품과 구별할 수 있도록 표시된 것으로서 같은 화장품책임판매업자의 여러 제품에서 공통으로 사용하는 명칭을 포함하여야 한다.
② 화장품제조업자 또는 화장품책임판매업자의 주소는 등록필증에 적힌 소재지 또는 반품·교환 업무를 대표하는 소재지를 기재·표시하여야 한다.
③ "화장품제조업자"와 "화장품책임판매업자"는 각각 구분하여 기재·표시하여야 한다.
④ 화장품제조업자와 화장품책임판매업자가 같은 경우는 "화장품제조업자 및 화장품책임판매업자"로 한꺼번에 기재·표시할 수 있다.
⑤ 수입화장품의 경우에는 추가로 기재·표시하는 제조국의 명칭, 제조회사명 및 그 소재지를 국내 "화장품제조업자"와 구분하지 않고 기재·표시하여야 한다.

Tip
수입화장품의 경우에는 추가로 기재·표시하는 제조국의 명칭, 제조회사명 및 그 소재지를 국내 "화장품제조업자"와 구분하여 기재·표시하여야 한다.

정답 66 ② 67 ④ 68 ⑤ 69 ⑤ 70 ⑤

71 **작업장 내 직원의 복장기준에 대한 설명으로 틀린 것은?**

① 작업자는 작업 중의 위생 관리상 문제가 되지 않도록 청정도에 맞는 적절한 작업복(위생복), 모자와 신발을 착용하고 필요할 경우는 마스크, 장갑을 착용한다.
② 작업복 등은 일괄 세탁하고 필요에 따라 소독한다.
③ 작업복은 완전 탈수 및 건조시키도록 하며 세탁된 작업복은 커버를 씌워 보관한다.
④ 각 부서에서는 주기적으로 소속 인원 작업복을 일괄 회수하여 세탁 의뢰한다.
⑤ 사용한 작업복의 회수를 위해 회수함을 비치하고 세탁 전에는 훼손된 작업복을 확인하여 선별 폐기한다.

Tip
작업복 등은 목적과 오염도에 따라 세탁하고 필요에 따라 소독한다(작업 복장은 주 1회 이상 세탁함을 원칙으로 하고 원료 칭량, 반제품 제조 및 충전 작업자는 수시로 복장의 청결 상태를 점검하여 이상 시 즉시 세탁된 깨끗한 것으로 교환 착용한다).

72 **화장품 표시·광고의 범위 및 준수사항으로 옳지 않은 것은?**

① 외국과의 기술제휴를 하지 않고 외국과의 기술제휴 등을 표현하는 표시·광고를 하지 말 것
② 경쟁상품과 비교하는 표시·광고는 비교 대상 및 기준을 분명히 밝히고 주관적으로 확인될 수 있는 사항만을 표시·광고가능함
③ 품질·효능 등에 관하여 객관적으로 확인될 수 없거나 확인되지 않았는데도 불구하고 이를 광고하거나 화장품의 범위를 벗어나는 표시·광고를 하지 말 것
④ 국제적 멸종위기종의 가공품이 함유된 화장품임을 표현하거나 암시하는 표시·광고를 하지 말 것
⑤ 사실 유무와 관계없이 다른 제품을 비방하거나 비방한다고 의심이 되는 표시·광고를 하지 말 것

Tip
경쟁상품과 비교하는 표시·광고는 비교 대상 및 기준을 분명히 밝히고 객관적으로 확인될 수 있는 사항만을 표시·광고하여야 함

73 **다음 중 화장품법 시행규칙 [별표 3]에서 분류하고 있는 화장품 유형의 연결이 틀린 것은?**

① 목욕용 소금류 – 목욕용 제품류
② 탈염·탈색용 제품 – 두발 염색용 제품류
③ 아이섀도 – 색조 화장용 제품류
④ 남성용 탤컴 – 면도용 제품류
⑤ 손·발의 피부연화 제품 – 기초화장용 제품류

Tip
아이섀도는 눈 화장용 제품류로 분류되어 있다.

74 **화장품에 사용되는 성분 중 특성이 다른 하나는 무엇인가?**

① 글리세린
② 솔비톨
③ 히알루론산
④ 프로필렌글리콜
⑤ 이미다졸리디닐 우레아

Tip
이미다졸리디닐 우레아는 보존제 성분이며, 나머지는 보습제 성분이다.

정답 71 ② 72 ② 73 ③ 74 ⑤

75 **원료 및 내용물의 재고 파악을 위한 관리기준 중 옳지 않은 것은?**

① 보관 조건은 과도한 열기, 추위, 햇빛 또는 습기에 노출되어 변질되는 것 방지 등 각각의 원료와 포장재에 적합해야 함
② 물질의 특징 및 특성에 맞도록 보관·취급되어야 하며, 특수한 보관 조건은 적절하게 준수하여야 함
③ 원료와 포장재의 용기는 밀폐되어야하며, 재포장될 경우, 원래의 용기와 동일하게 표시하여야 함
④ 청소와 검사가 용이하도록 바닥과 떨어진 곳에 보관하여야 함
⑤ 원료 등의 사용기한을 확인한 후 관련 기록을 보관하고, 사용기한이 지난 내용물 및 원료는 확인 후 재 사용가능함

Tip
원료 등의 사용기한을 확인한 후 관련 기록을 보관하고, 사용기한이 지난 내용물 및 원료는 폐기

76 **다음은 계면활성제에 관한 설명이다. (㉠)에 해당하는 것은?**

① 비이온성 ② 음이온성
③ 양이온성 ④ 양쪽성
⑤ 가용성

77 **혼합·소분 시 오염방지를 위해 지켜야 할 안전관리기준으로 가장 바르지 않은 것은?**

① 혼합·소분 시에는 마스크를 반드시 착용한다.
② 혼합·소분 시 사용되는 장비 또는 기기 등은 사용 전·후 세척한다.
③ 혼합·소분된 제품을 담을 용기의 오염 여부를 사전에 확인한다.
④ 혼합·소분 전에는 손 소독 또는 세정하거나 일회용 장갑을 착용한다.
⑤ 혼합·소분 시 위생복과 위생 모자를 착용한다.

Tip
마스크는 필수사항은 아니고 권장사항이라 할 수 있다.

78 **맞춤형화장품 조제관리사인 하연은 매장을 방문한 고객과 다음과 같은 대화를 나누었다. 하연이 고객에게 혼합하여 추천할 제품으로 다음〈보기〉중 옳은 것을 모두 고르면?**

〈대화〉
- 고객 : 최근 피부가 많이 건조해져서 푸석한 느낌이에요. 게다가 눈가에 주름이 많아 웃을 때마다 신경이 쓰여요.
- 하연 : 피부 상태를 측정해 보고 말씀드릴까요?
- 고객 : 네. 그게 좋겠네요.

(피부 측정 후)
- 하연 : 말씀하신 대로 주름이 지난번보다 많이 보이고 피부 보습도도 떨어진 상태이네요.
- 고객 : 그럼 어떤 제품을 쓰는 것이 좋을까요?

〈보기〉
ㄱ. 소듐하이알루로네이트 함유 제품
ㄴ. 레티놀팔미테이트 함유 제품
ㄷ. 타이타늄다이옥사이드 함유 제품
ㄹ. 징크피리치온 함유제품

① ㄱ, ㄴ ② ㄱ, ㄷ
③ ㄴ, ㄷ ④ ㄴ, ㄹ
⑤ ㄷ, ㄹ

Tip
소듐하이알루로네이트는 피부 보습을 도와주는 성분, 레티놀팔미테이트는 주름개선에 도움을 주는 성분임. 타이타늄다이옥사이드는 자외선으로부터 피부를 보호하는데 도움을 주는 성분이고, 징크피리치온은 탈모증상의 완화에 도움을 주는 성분이므로 고객의 증상과는 관계가 없다.

정답 75 ⑤ 76 ③ 77 ① 78 ①

79 **다음 중 기능성화장품에 해당하지 않는 것은?**

① 햇볕을 방지하여 피부를 곱게 태워주는 화장품
② 일시적으로 헤어컬러를 변화시켜주는 화장품
③ 피부에 탄력을 주어 피부의 주름을 완화해 주는 제품
④ 체모를 제거하는 기능을 가진 화장품
⑤ 탈모증상의 완화에 도움을 주는 화장품

Tip

모발의 색상을 변화시키는 기능을 가진 화장품은 기능성화장품에 해당되나, 일시적으로 모발의 색상을 변화시키는 제품은 일반화장품에 해당한다.

80 **화장품 제조에 사용된 성분은 함량이 많은 것부터 기재·표시하도록 되어 있으나 어느 기준 이하의 성분, 착향제 또는 착색제는 순서에 상관없이 기재·표시할 수 있다. 이때의 함량 기준은?**

① 10퍼센트 이하
② 1퍼센트 이하
③ 0.1퍼센트 이하
④ 0.01퍼센트 이하
⑤ 0.001퍼센트 이하

Tip

화장품 전성분 표시제에 관한 내용이다.

단답형

81 **다음의 (㉠), (㉡) 안에 각각 알맞은 숫자를 넣으세요.**

맞춤형화장품판매장의 조제관리사로 지방식품의약품안전청에 신고한 맞춤형화장품조제관리사는 매년 (㉠)시간 이상, (㉡)시간 이하의 집합교육 또는 온라인 교육을 식약처에서 정한 교육실시기관에서 이수하여야 한다.

82 **다음 내용 중 ㉠과 ㉡에 들어간 알맞은 말을 쓰시오.**

내용량이 10㎖(g) 이하인 화장품의 포장에는(㉠), (㉡), 가격, 제조번호와 사용기한 또는 개봉 후 사용기간만을 기재·표시할 수 있다.

83 **다음의 (   ) 안에 공통으로 들어갈 알맞은 말을 쓰시오.**

맞춤형화장품판매장에서 맞춤형화장품 조제관리사에게 혼합·소분을 통해 조제된 맞춤형화장품은 소비자에게 제공되는 제품으로 (   )에 해당된다. 따라서, 화장품 안전기준 등에 관한 규정에 따른 (   ) 안전관리 기준을 준수하여야 한다

84 **다음의 (   ) 안에 알맞은 말을 쓰시오.**

맞춤형화장품판매내역서에 작성하는 (   )는 맞춤형화장품의 혼합·소분에 사용되는 내용물 또는 원료의 제조번호와 혼합·소분기록을 추적할 수 있도록 맞춤형화장품판매업자가 숫자·문자·기호 또는 이들의 특징적인 조합으로 부여한 번호이다.

정답 79 ② 80 ② 81 ㉠ 4 ㉡ 8 82 ㉠ 명칭 ㉡ 상호 83 유통화장품 84 식별번호

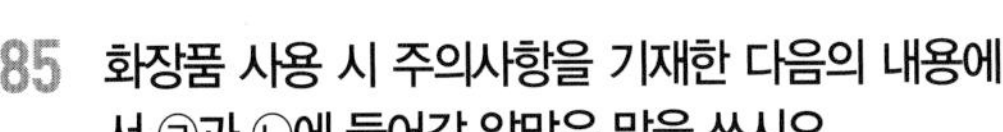

85 화장품 사용 시 주의사항을 기재한 다음의 내용에서 ㉠과 ㉡에 들어갈 알맞은 말을 쓰시오.

> 1. 햇빛에 대한 피부의 감수성을 증가시킬 수 있으므로 (㉠)을(를) 함께 사용할 것(씻어내는 제품 및 두발용 제품은 제외한다)
> 2. 일부에 시험 사용하여 피부 이상을 확인할 것
> 3. 고농도의 (㉡) 성분이 들어 있어 부작용이 발생할 우려가 있으므로 전문의 등에게 상담할 것(10퍼센트를 초과하여 함유되어 있거나 산도가 3.5 미만인 제품만 표시한다)

86 다음은 표피의 각화과정에 대한 설명이다. ( ) 안에 알맞은 말을 쓰시오.

> 기저층에서 유핵이었던 세포가 과립층에서 무핵세포가 되면서 각질 세포로 변화할 때 죽은 세포가 되어 피부에서 탈락하는 과정을 표피의 각화과정이라 한다. 표피의 각화과정 주기는 ( )이다.

87 다음은 안전성 관련 용어에 대한 정의이다. 다음 ( ) 안에 알맞은 용어를 쓰시오.

> ( )란 화장품과 관련하여 국민보건에 직접 영향을 미칠 수 있는 안전성·유효성에 관한 새로운 자료, 유해사례 정보 등을 말한다.

88 천연화장품 및 유기농화장품의 함량에 대한 설명이다. ( ) 안에 알맞은 말을 쓰시오.

> • 천연화장품은 천연 함량이 전체 제품에서 (㉠) 이상으로 구성되어야 한다.
> • 유기농 화장품은 유기농 함량이 전체 제품에서 (㉡) 이상이어야 하며, 유기농 함량을 포함한 천연 함량이 전체 제품에서 (㉢)이상으로 구성되어야 한다.

Tip

천연 화장품	천연 함량이 전체 제품에서 95% 이상 천연 함량비율(%) = 물 비율+천연 원료 비율+천연유래 원료비율
유기농 화장품	유기농 함량이 전체 제품에서 10% 이상 유기농 함량비율 = 유기농 원료 및 유기농 유래 원료에서 유기농 부분에 해당하는 함량 비율로 계산

89 다음의 ( ) 안에 알맞은 말을 쓰시오.

> 「화장품법」 제8조 화장품 안전기준 등에 따라 혼합·소분에 사용되는 내용물 및 원료는 혼합·소분 전 사용되는 내용물 또는 원료의 ( ) 가 선행되어야 한다.

90 다음의 ( ) 안에 공통으로 들어갈 알맞은 말을 쓰시오.

> 맞춤형화장품의 ( )표시는 개별 제품에 판매 ( )을 표시하거나, 소비자가 가장 쉽게 알아볼 수 있도록 제품명, ( )이 포함된 정보를 제시하는 방법으로 표시할 수 있다.

91 우수화장품 제조 및 품질관리기준에서 정의한 용어에 대한 설명에서 ㉠에 들어갈 알맞은 말을 쓰시오.

> "(㉠)"이란 제품이 적합 판정 기준에 충족될 것이라는 신뢰를 제공하는 데 필수적인 모든 계획되고 체계적인 활동을 말한다.

정답
85 ㉠ 자외선 차단제 ㉡ AHA(알파-하이드록시애시드) 86 28일 87 안전성 정보 88 ㉠ 95% ㉡ 10% ㉢ 95%
89 품질관리 90 가격 91 반제품

92 화장품 전성분 표시 지침에서는 기재·표시가 생략할 수 있는 화장품의 성분 확인 방법에 관하여 설명하고 있다. 다음의 설명에서 ㉠에 들어갈 알맞은 말을 쓰시오.

> 화장품의 제조에 사용된 성분의 기재·표시를 생략하려는 경우에는 다음의 어느 하나에 해당하는 방법으로 생략된 성분을 확인할 수 있도록 하여야 한다.
> 1. 소비자가 모든 성분을 즉시 확인할 수 있도록 용기 또는 포장에 (㉠)나 홈페이지 주소를 적을 것
> 2. 모든 성분이 적힌 책자 등의 인쇄물을 판매업소에 늘 갖추어 둘 것

93 다음은 화장품의 주요 성분 중 어느 성분에 대한 설명인지 쓰시오.

> 화장품을 개봉한 후 미생물에 의한 변질을 막기 위해 사용하고 있으며, 우리나라에서 사용가능한 보존제는 총 69종으로 배합한도가 정해져 있다. 대표 성분으로는 파라벤, 페녹시에탄올 등이 있다.

94 다음의 ( ) 안에 알맞은 말을 쓰시오.

> ( )란 서로 섞이지 않는 두 액체인 물과 오일계에서 한 액체가 다른 액체속에 미세한 입자 형태로 분산되어 있는 것을 말한다. 이들은 일정시간 이상 동안 안정한 상태로 존재하나 열역학적으로는 불안정한 상태를 이룬다.

95 다음은 화장비누 표시 기재 사항이다. ( ) 안에 알맞은 말을 쓰시오.

> • 전성분표시
> • (㉠), 수분 중량
> • 제조번호, 사용기한

96 다음에서 설명하는 기기는 무엇인지 쓰시오.

> 주로 가용화제품을 제조할 때 사용하고, 간단한 두 물질을 혼합하여 스킨과 같은 점도가 낮은 제품 등을 제조할 때 사용된다.

97 다음 〈보기〉는 사용상의 제한이 필요한 원료에 대한 내용이다. 보기의 (㉠), (㉡) 안에 알맞은 말을 쓰시오.

> 〈보기〉
> ㄱ. 징크피리치온 : 사용 후 씻어내는 제품에 (㉠)
> ㄴ. 헥세티딘 : 사용 후 씻어내는 제품에 (㉡)
> ㄷ. 페녹시이소프로판올(1-페녹시프로판-2-올) : 사용후 씻어내는 제품에 1.0%

98 다음의 ( ) 안에 알맞은 말을 쓰시오.

> 〈보기〉
> 성분을 기재·표시할 경우 화장품제조업자 또는 화장품책임판매업자의 정당한 이익을 현저히 침해할 우려가 있을 때에는 화장품제조업자 또는 화장품책임판매업자는 식품의약품안전처장에게 그 근거자료를 제출해야 하고, 식품의약품안전처장이 정당한 이익을 침해할 우려가 있다고 인정하는 경우에는 ( )으로 기재·표시할 수 있음

99 다음 〈보기〉에 제시된 맞춤형화장품의 전성분 항목 중 사용상의 제한이 필요한 보존제에 해당하는 성분을 고르시오.

> 〈보기〉
> 정제수, 글리세린, 다이프로필렌글라이콜, 마이크로크리스탈린왁스, 1,2-헥산디올, 토코페릴아세테이트, 디아졸리디닐우레아, 다이메티콘/비닐다이메티콘크로스폴리머, C12-4파레스-3, 향료

정답 92 전화번호 93 보존제 94 유화 95 건조 중량 96 디스퍼 97 ㉠ 0.5 % ㉡ 01 % 98 기타 성분 99 디아졸리디닐우레아

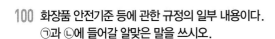

100 화장품 안전기준 등에 관한 규정의 일부 내용이다. ㉠과 ㉡에 들어갈 알맞은 말을 쓰시오.

> 영·유아 제품(㉠ 이하), 어린이용 제품(㉡ 이상부터 만 13세 이하까지)임을 화장품에는 보존제, 자외선 차단성분 등의 사용제한 원료의 함량을 반드시 표시·기재하여야 한다.

정답 100 ㉠ 만 3세 ㉡ 만 4세

제2회 실전모의고사

01 색소(착색제)에 관한 설명으로 옳지 않은 것은?

① 물에 용해되는 색소를 수용성 염료라 한다.
② 헤어오일, 클렌징오일 등의 유성화장품에는 유용성 염료를 사용한다.
③ 무기안료는 색상이 선명하여 주로 립스틱 등의 색조 메이크업 제품에 사용된다.
④ 유기물질인 유기안료는 빛, 산, 알칼리에 약하다.
⑤ 타르색소(유기합성 색소)는 색상 종류가 다양하다.

Tip
무기물질인 무기안료는 대부분 금속산화물(Metal Oxide)이며 커버력, 내광성, 내열성이 우수하여 마스카라에 사용된다. 유기물질인 유기안료는 빛, 산, 알카리에 약하나 색상이 선명하여 주로 립스틱 등의 색조 메이크업 제품에 사용된다.

02 우수화장품 제조 및 품질관리 기준 제조구역의 위생기준에 대한 설명으로 바르지 않은 것은?

① 모든 호스는 필요시 청소 또는 위생 처리를 한다. 청소 후에 호스는 완전히 비워져야 하고 건조되어야 하며, 바닥에 닿지 않도록 정리하여 보관하다.
② 모든 도구와 이동 가능한 기구는 청소 및 위생처리 후 관리하기 편한 구역에 보관한다.
③ 모든 배관이 사용될 수 있도록 설계되어야 하며, 우수 정비 상태로 유지되어야 한다.
④ 제조 구역에서 흘린 것은 신속히 청소한다.
⑤ 페인트를 칠한 구역은 우수한 정비 상태로 유지되어야 하며 벗겨진 칠은 보수되어야 한다.

Tip
모든 도구와 이동 가능한 기구는 청소 및 위생처리 후 정해진 구역에 정돈 방법에 따라 보관한다.

03 맞춤형화장품판매업의 신고에 대한 설명으로 옳지 않은 것은?

① 맞춤형화장품판매업을 신고하려는 자는 맞춤형화장품의 혼합·소분 업무에 종사하는 맞춤형화장품조제관리사를 두어야 한다.
② 맞춤형화장품을 판매하려는 자는 맞춤형화장품판매업소 소재지를 관할하는 지방식품의약품안전청에 영업을 신고하여야 한다.
③ 맞춤형화장품판매업 신고 제출기본서류는 맞춤형화장품 판매업신고서 및 구비서류(맞춤형화장품조제관리사 자격증 사본)이다.
④ 맞춤형화장품판매업자는 맞춤형화장품판매업소의 상호 또는 소재지 변경사항 발생 시 변경신고를 하여야 한다.
⑤ 맞춤형화장품판매업자는 맞춤형화장품판매업자의 상호 또는 소재지 변경사항이 발생시 변경신고를 하여야 한다.

Tip
맞춤형화장품판매업의 변경신고가 필요한 사항
1) 맞춤형화장품판매업자의 변경(판매업자의 상호, 소재지 변경은 대상 아님)
2) 맞춤형화장품판매업소의 상호 또는 소재지 변경
3) 맞춤형화장품조제관리사의 변경

정답 01 ③ 02 ② 03 ⑤

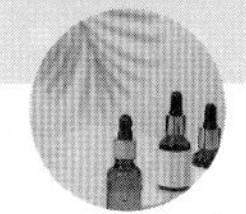

04 **자외선 차단 성분에 해당하지 않는 것은?**

① 에칠헥실살리실레이트
② 트리클로산
③ 티타늄디옥사이드
④ 드로메트리졸
⑤ 에칠헥실메톡시신나메이트

Tip
트리클로산은 살균·보존제 성분이다.

05 **이상적인 소독제의 조건으로 틀린 것은?**

① 사용기간 동안 활성을 유지해야 한다.
② 경제적이어야 한다.
③ 사용 농도에서 독성이 없어야 한다.
④ 제품이나 설비와 반응하지 않아야 한다.
⑤ 소독 전에 존재하던 미생물을 최소한 80% 이상 사멸시켜야 한다.

Tip
소독 전에 존재하던 미생물을 최소한 99.9% 이상 사멸시켜야 한다.

06 **맞춤형화장품조제관리사의 교육에 관한 내용으로 옳지 않은 것은?**

① 맞춤형화장품조제관리사는 화장품의 안전성 확보 및 품질관리에 관한 교육을 매년 받아야 한다.
② 교육시간은 4시간 이상, 8시간 이하로 한다.
③ 교육내용은 화장품 관련 법령 및 제도에 관한 사항, 화장품의 안전성 확보 및 품질관리에 관한 사항 등으로 한다.
④ 교육내용에 관한 세부 사항은 식품의약품안전처장의 승인을 받아야 한다.
⑤ 교육의 실시 기관, 내용, 대상 및 교육비 등에 관하여 필요한 사항은 식품의약품안전처장령으로 정한다.

Tip
교육의 실시 기관, 내용, 대상 및 교육비 등에 관하여 필요한 사항은 총리령으로 정한다.

07 **다음의 설명 중 옳은 것은?**

① 금속이온봉쇄제는 화장품에 함유된 미량의 철, 구리 칼슘, 마그네슘 등의 산화를 봉쇄하고 제품의 안정도를 높이는 역할을 한다.
② 계면활성제는 화장품의 유성 성분이 산소, 열, 빛의 작용에 의해 산화가 일어나는 것을 방지하기 위해 첨가하는 물질이다.
③ 보습제는 제품의 pH를 유지하기 위해 안정제로 사용하며 피부의 pH를 조절하는 기능이 있다.
④ 수성원료는 수분의 증발을 억제하고, 피부 발림성 및 사용감을 향상시키는 목적으로 사용한다.
⑤ 유기산 및 그 염류는 화장품의 수분 증발을 막고, 수분을 끌어당기는 성질이 강해 피부 표면에 수분을 공급하여 촉촉하게 만드는 성분이다.

Tip
금속이온봉쇄제(킬레이트제)는 화장품에 함유된 미량의 철, 구리 칼슘, 마그네슘 등의 산화를 봉쇄하고 제품의 안정도를 높여 유통기한을 연장하는 데 도움을 주고, 기포형성을 돕는다.
②번은 산화방지제, ③번은 유기산 및 그 염류, ④번은 유성원료, ⑤번은 보습제에 관한 설명이다.

정답 04 ② 05 ⑤ 06 ⑤ 07 ①

08 **포장재의 사용기한 확인·판정에 대한 설명으로 바르지 않은 것은?**

① 정해진 보관 기간이 지나면 해당 물질을 재평가하여 사용 적합성을 결정하는 단계를 포함해야 한다.
② 보관 기간이 규정되어 있지 않은 포장재는 구입 후 3개월 이내로 한다.
③ 원칙적으로 포장재의 사용기한을 준수하는 보관 기간을 설정해야 한다.
④ 사용기한 내 자체적인 재시험 기간을 설정, 준수해야 한다.
⑤ 최대 보관 기간을 설정, 준수한다.

Tip
보관 기간이 규정되어 있지 않은 포장재는 적절한 보관 기간을 정한다.

09 **다음은 보관 중인 포장재 출고 기준에 대한 설명이다. 바르지 않은 것은?**

① 모든 보관소에서는 선입선출의 절차가 사용되어야 한다.
② 특별한 환경을 제외하고 재고품 순환은 오래된 것이 먼저 사용되도록 보증해야 한다.
③ 나중에 입고된 물품이 사용기한이 짧은 경우 먼저 입고된 물품보다 먼저 출고할 수 있다.
④ 어떤 경우라도 나중에 입고된 물품을 먼저 출고 할 수 없다.
⑤ 합격 판정 기준에 부합하는 포장재만 불출할 수 있다.

Tip
특별한 사유가 있는 경우 적절하게 문서화된 절차에 따라 나중에 입고된 물품을 먼저 출고할 수 있다.

10 **다음 제조설비 중 탱크(TANKS)에 대한 설명으로 바르지 않은 것은?**

① 온도/압력 범위가 조작 전반과 모든 공정 단계의 제품에 적합해야 한다.
② 제품 또는 제품제조과정, 설비 세척, 또는 유지관리에 사용되는 다른 물질이 스며들어서는 안 된다.
③ 제품에 해로운 영향을 미쳐서는 안 된다.
④ 세제 및 소독제와 반응해서는 안 된다.
⑤ 용접, 나사, 나사못, 용구 등을 포함하는 설비 부품들 사이에 전기화학 반응을 최대화하도록 고안되어야 한다.

Tip
용접, 나사, 나사못, 용구 등을 포함하는 설비 부품들 사이에 전기화학 반응을 최소화하도록 고안되어야 한다.

11 **"맞춤형화장품판매업의 혼합·소분 업무에 종사하는 자"를 무엇이라 하는가?**

① 책임판매관리자
② 맞춤형화장품조제관리사
③ 화장품제조업자
④ 맞춤형화장품판매업자
⑤ 화장품책임판매업자

Tip **맞춤형화장품조제관리사**
맞춤형화장품판매업의 혼합·소분 업무에 종사하는 자

정답 08 ② 09 ④ 10 ⑤ 11 ②

12 **다음은 맞춤형화장품 조제관리사 자격시험에 관한 내용으로 올바르게 연결된 것은?**

> ㄱ. 맞춤형화장품조제관리사가 되려는 사람은 화장품과 원료 등에 대하여 (㉠)이 실시하는 자격시험에 합격하여야 한다.
> ㄴ. 식품의약품안전처장은 (㉡)가 거짓이나 그 밖의 부정한 방법으로 시험에 합격한 경우에는 자격을 취소하여야 하며, 자격이 취소된 사람은 취소된 날부터 (㉢)년간 자격시험에 응시할 수 없다.
> ㄷ. 식품의약품안전처장은 자격시험 업무를 효과적으로 수행하기 위하여 필요한 전문인력과 시설을 갖춘 기관 또는 단체를 시험운영기관으로 지정하여 시험업무를 위탁할 수 (㉣).
> ㄹ. 자격시험의 시기, 절차, 방법, 시험과목, 자격증의 발급, 시험운영기관의 지정 등 자격시험에 필요한 사항은 (㉤)으로 정한다.

① ㉠ – 지방식품의약품안전처장
② ㉡ – 맞춤형화장품조제관리사
③ ㉢ – 5
④ ㉣ – 없다
⑤ ㉤ – 대통령령

Tip

맞춤형화장품조제관리사가 되려는 사람은 화장품과 원료 등에 대하여 식품의약품안전처장이 실시하는 자격시험에 합격하여야 한다.

- 식품의약품안전처장은 맞춤형화장품조제관리사가 거짓이나 그 밖의 부정한 방법으로 시험에 합격한 경우에는 자격을 취소하여야 하며, 자격이 취소된 사람은 취소된 날부터 3년간 자격시험에 응시할 수 없다.
- 식품의약품안전처장은 자격시험 업무를 효과적으로 수행하기 위하여 필요한 전문인력과 시설을 갖춘 기관 또는 단체를 시험운영기관으로 지정하여 시험업무를 위탁할 수 있다.
- 자격시험의 시기, 절차, 방법, 시험과목, 자격증의 발급, 시험운영기관의 지정 등 자격시험에 필요한 사항은 총리령으로 정한다.

13 **다음 중 '중대한 유해사례'에 해당하지 않는 것은?**

① 사망을 초래하거나 생명을 위협하는 경우
② 입원 또는 입원기간의 연장이 필요한 경우
③ 선천적 기형 또는 이상을 초래하는 경우
④ 당해 화장품과 인과관계가 있는 경우
⑤ 기타 의학적으로 중요한 상황

Tip

유해사례란 화장품의 사용 중 발생한 바람직하지 않고 의도되지 아니한 징후, 증상 또는 질병을 말하며 당해 화장품과 반드시 인과관계를 가져야 하는 것은 아니다.

14 **원료와 내용물의 보관 시 고려사항으로 바르지 않은 것은?**

① 원료와 포장재가 재포장될 때, 새로운 용기에는 원래와 다른 라벨링이 있어야 한다.
② 보관 조건은 각각의 원료와 포장재에 적합하여야 하고, 과도한 열기, 추위, 햇빛 또는 습기에 노출되어 변질되는 것을 방지할 수 있어야 한다.
③ 물질의 특징 및 특성에 맞도록 보관, 취급되어야 하며, 특수한 보관 조건은 적절하게 준수, 모니터링 되어야 한다.
④ 원료와 포장재의 용기는 밀폐되어, 청소와 검사가 용이하도록 충분한 간격으로, 바닥과 떨어진 곳에 보관하여야 한다.
⑤ 원료 및 포장재의 관리는 물리적 격리(quarantine)나 수동 컴퓨터 위치 제어 등의 방법을 통해 의심스러운 물질의 허가되지 않은 사용을 방지할 수 있어야 한다.

Tip

원료와 포장재가 재포장될 때, 새로운 용기에는 원래와 동일한 라벨링이 있어야 한다(원료의 경우, 원래 용기와 같은 물질 혹은 적용할 수 있는 다른 대체 물질로 만들어진 용기 사용).

정답 12 ② 13 ④ 14 ①

15 지방식품의약품안전청에 신고한 맞춤형화장품조제관리사는 매년 집합교육 또는 온라인 교육을 식약처에서 정한 교육실시기관에서 교육받아야 하는 알맞은 이수 시간으로 옳은 것은?

① 1시간 이상, 2시간 이하
② 2시간 이상, 4시간 이하
③ 3시간 이상, 6시간 이하
④ 4시간 이상, 8시간 이하
⑤ 5시간 이상, 10시간 이하

Tip 맞춤형화장품조제관리사 교육
맞춤형화장품판매장의 조제관리사로 지방식품의약품안전청에 신고한 맞춤형화장품조제관리사는 매년 4시간 이상, 8시간 이하의 집합교육 또는 온라인 교육을 식약처에서 정한 교육실시기관에서 이수할 것

16 다음 중 천연향료가 아닌 것은?

① 무스콘 ② 시벳
③ 앰버그리스 ④ 티트리오일
⑤ 제라니올

Tip
무스콘, 시벳, 앰버그리스는 동물성 천연향료, 티트리오일은 식물성 천연향료이며, 제라니올은 합성향료이다.

17 작업장의 위생 유지를 위한 세척제에 사용 가능한 원료로 틀린 것은?

① 과산화수소
② 석회장석유
③ 페놀
④ 소듐하이드록사이드
⑤ 정유

Tip
페놀은 화학적 소독제에 속한다.

18 사람 피부의 색상을 결정짓는 중요한 역할을 하는 멜라닌 색소를 만들어 내는 피부층은 어느 것인가?

① 기저층 ② 유극층
③ 과립층 ④ 투명층
⑤ 각질층

Tip
기저층에는 각질형성세포와 색소형성세포가 존재한다.

19 화장품을 제조하는 작업장에 대한 설명으로 바르지 않은 것은?

① 제조 시설이나 설비는 적절한 방법으로 청소하여야 한다.
② 제조 시설이나 설비의 세척에 사용되는 세제 또는 소독제는 잔류하지 아니하여야 한다.
③ 곤충, 해충이나 쥐를 막을 수 있는 대책을 마련하고 정기적으로 점검·확인하여야 한다.
④ 청소 후에는 청소상태에 대한 평가를 실시한다.
⑤ 제조시설이나 설비에 대한 위생관리 프로그램은 필수적으로 실시하여야 한다.

Tip
제조시설이나 설비에 대한 위생관리 프로그램은 필요한 경우에만 실시하여야 한다.

20 모발의 가장 바깥에 위치, 케라틴으로 구성되며, 각질화된 세포로 비늘이 서로 겹쳐진 모양을 이루고 있는 모발의 가장 바깥층은 무엇인가?

① 모수질 ② 모피질
③ 모모세포 ④ 입모근
⑤ 모표피

Tip
모표피에 대한 설명이다.

정답 15 ④ 16 ⑤ 17 ③ 18 ① 19 ⑤ 20 ⑤

21 다음 중 회수 대상 화장품이 아닌 것은?

① 전부 또는 일부가 변패(變敗)된 화장품
② 병원미생물에 오염된 화장품
③ 유통화장품 안전관리 기준에 적합하지 않은 화장품
④ 맞춤형화장품조제관리사를 두고 판매한 맞춤형화장품
⑤ 사용기한 또는 개봉 후 사용기간을 위조·변조한 화장품

22 다음 중 모발의 기능으로 옳지 않은 것은 어느것인가?

① 보호기능 : 화상, 태양광선, 물리적 찰과성으로부터 두피보호
② 장식기능 : 외적으로 자신을 꾸미는 미용적 효과 제공
③ 지각기능 : 촉각이나 통각을 전달
④ 지각기능 : 외부자극물질을 걸러내는 작용
⑤ 배설기능 : 신체에 유해한 수은이나 중금속을 배출하는 기능

Tip
외부자극물질을 걸러내는 작용은 보호 기능이다.

23 청정 등급 유지에 필수적인 공기조화장치의 공기 조절의 4대 요소와 대응설비로 바르지 않은 것은?

① 청정도 – 공기정화기
② 실내온도 – 열 교환기
③ 습도 – 가습기
④ 기류 – 송풍기
⑤ 오염도 – 환풍기

Tip
공기 조절의 4대 요소는 청정도, 실내온도, 습도, 기류이며, 각각 공기정화기, 열교환기, 가습기, 송풍기로 조절한다.

24 다음의 모발 화학적 특성 중 모발을 구성하는 화학결합 중 가장 약한 결합으로서 모발의 흡습력에 의해 단백질 주위에 물 분자가 많기 때문에 단백질과 물분자간에 다수의 결합으로 인하여 모발의 화학, 물리적 특성에 영향을 미치는 결합은 어느 것인가?

① 펩티드 결합 ② 아미노산 결합
③ 염 결합 ④ 시스틴 결합
⑤ 수소 결합

Tip
수소결합에 대한 설명이다.

25 다음은 무엇에 대한 설명인가?

온도, 압력, 흐름, pH, 점도, 속도, 부피 그리고 다른 화장품의 특성을 측정 및 또는 기록하기 위해 사용되는 기구이다.

① 칭량장치 ② 게이지와 미터
③ 교반장치 ④ 탱크
⑤ 필터

Tip
게이지와 미터에 대한 설명이다.

26 입고된 원료를 처리하는 순서가 바르게 나열된 것은?

㉠ 시험 의뢰서를 작성하고 품질보증팀에 의뢰한다.
㉡ 거래명세서 및 발주요청서에 의하여 실물 대조 확인을 한다.
㉢ 검체 채취 전이라는 라벨을 붙인 후 판정 대기 보관소에 보관한다.
㉣ 시험 판정결과(적합/부적합)에 따라 보관 장소별로 보관한다.
㉤ 원료의 사용 여부에 대한 결과가 나오면 적합/부적합 라벨을 붙인다.
㉥ 검체 채취 및 시험을 하기 위해 '시험 중'이라는 황색 라벨 부착 여부를 확인한다.

정답 21 ④ 22 ④ 23 ⑤ 24 ⑤ 25 ② 26 ①

① ㉠ → ㉢ → ㉡ → ㉥ → ㉤ → ㉣
② ㉠ → ㉡ → ㉢ → ㉥ → ㉣ → ㉤
③ ㉠ → ㉡ → ㉢ → ㉥ → ㉤ → ㉣
④ ㉡ → ㉥ → ㉤ → ㉢ → ㉣ → ㉠
⑤ ㉢ → ㉥ → ㉤ → ㉣ → ㉠ → ㉡

27 **화장품의 색소 종류와 기준 및 시험방법에서 정의한 용어 중, 색소를 용이하게 사용하기 위하여 혼합되는 성분을 무엇이라 하는가?**

① 타르색소
② 희석제
③ 레이크
④ 순색소
⑤ 기질

28 **화장품원료의 안전성 평가항목이 아닌 것은?**

① 1차 피부자극시험
② 피부감작성시험
③ 광감작성 시험
④ 기타 점막자극시험
⑤ 개봉 후 안정성 시험

Tip
개봉 후 안정성 시험은 안정성 시험의 종류이다.

29 **화장품 안정성 변화 중 물리적 변화가 아닌 현상은?**

① 분리 ② 침전
③ 응집 ④ 균열
⑤ 변취

Tip **물리적 변화**
분리, 침전, 응집, 발분, 발한, 겔화, 휘발, 고화, 연화, 균열 등

30 **개인정보처리자가 준수해야 할 개인정보보호원칙으로 옳지않은 것은?**

① 정보주체의 사생활 침해를 최소화하는 방법으로 개인정보를 처리하여야 한다.
② 개인정보 익명처리가 가능한 경우에는 익명에 의하여, 익명처리로 목적을 달성할 수 없는 경우에는 실명에 의하여 처리될 수 있도록 하여야 한다.
③ 개인정보의 정확성, 완전성 및 최신성이 보장되도록 하여야 한다.
④ 목적 외의 용도로 활용하여서는 아니 된다.
⑤ 최소한의 개인정보만을 적법하고 정당하게 수집한다.

Tip **개인정보 보호 원칙(개인정보보호법 제3조)**
① 최소한의 개인정보만을 적법하고 정당하게 수집한다.
② 목적 외의 용도로 활용하여서는 아니 된다.
③ 개인정보의 정확성, 완전성 및 최신성이 보장되도록 하여야 한다.
④ 개인정보의 처리 방법 및 종류 등에 따라 정보주체의 권리가 침해받을 가능성과 그 위험 정도를 고려하여 개인정보를 안전하게 관리하여야 한다.
⑤ 개인정보의 처리에 관한 사항을 공개하여야 하며, 열람청구권 등 정보주체의 권리를 보장하여야 한다.
⑥ 정보주체의 사생활 침해를 최소화하는 방법으로 개인정보를 처리하여야 한다.
⑦ 개인정보 익명처리가 가능한 경우에는 익명에 의하여, 익명처리로 목적을 달성할 수 없는 경우에는 가명에 의하여 처리될 수 있도록 하여야 한다.
⑧ 개인정보처리자는 책임과 의무를 준수하고 실천함으로써 정보주체의 신뢰를 얻기 위하여 노력하여야 한다.

31 **화장품의 폐기처리에 대한 설명으로 바르지 않은 것은?**

① 품질에 문제가 있거나 회수·반품된 제품의 폐기 또는 재작업 여부는 품질보증 책임자에 의해 승인되어야 한다.

정답 27 ② 28 ⑤ 29 ⑤ 30 ② 31 ④

② 재입고할 수 없는 제품의 폐기처리규정을 작성하여야 한다.
③ 제조일로부터 1년이 경과하지 않았거나 사용기한이 1년 이상 남아 있는 경우 실시한다.
④ 변질·변패 또는 병원미생물에 오염된 경우 실시한다.
⑤ 폐기 대상은 따로 보관하고 규정에 따라 신속하게 폐기하여야 한다.

Tip

재작업은 그 대상이 다음 각 호를 모두 만족한 경우에 할 수 있다.
- 변질·변패 또는 병원미생물에 오염되지 아니한 경우
- 제조일로부터 1년이 경과하지 않았거나 사용기한이 1년 이상 남아 있는 경우

32 다음 〈보기〉는 품질관리 측면의 관능평가 절차이다. 순서대로 나열된 것을 고르세요.

〈보기〉
ㄱ. 원자재 시험검체와 제품의 공정 단계별 시험검체를 채취하고 각각의 기준과 평가 척도를 마련한다.
ㄴ. 각각의 평가절차에 따른 시험 방법에 따라 시험한다.
ㄷ. 각각의 분류항목을 평가하기 위한 표준품을 선정한다.
ㄹ. 시험 결과에 따라 적합유무를 판정하고 기록, 관리한다.

① ㄱ – ㄴ – ㄷ – ㄹ
② ㄴ – ㄷ – ㄹ – ㄱ
③ ㄷ – ㄱ – ㄴ – ㄹ
④ ㄷ – ㄴ – ㄱ – ㄹ
⑤ ㄹ – ㄱ – ㄴ – ㄷ

Tip

화장품의 적합한 관능품질을 확보하기 위하여 성상(외관·색상)검사, 향취검사, 사용감 검사 등의 평가하는 방법
1) 각각의 분류항목을 평가하기 위한 표준품을 선정한다.
2) 원자재 시험검체와 제품의 공정 단계별 시험검체를 채취하고 각각의 기준과 평가척도를 마련한다.
3) 각각의 평가절차에 따른 시험 방법에 따라 시험한다.
4) 시험 결과에 따라 적합유무를 판정하고 기록, 관리한다.

33 소비자 요구에 따른 맞춤형화장품 혼합·판매의 범위에 따른 설명으로 옳지 않은 것은?

① 제조판매업자가 특정 성분의 혼합 범위를 규정하고 있는 경우에는 그 범위 내에서 특정 성분의 혼합이 이루어져야 한다.
② 기존 표시·광고된 화장품의 효능·효과에 변화가 없는 범위 내에서 특정 성분의 혼합이 이루어져야 한다.
③ 제품명을 포함하는 브랜드명이 있어야 하고, 브랜드명의 변화가 가능하며 혼합이 이루어져야 한다.
④ 유형을 포함한 기본 제형이 정해져 있어야 하고, 기본 제형의 변화가 없는 범위 내에서 특정 성분의 혼합이 이루어져야 한다.
⑤ 소비자의 직·간접적인 요구에 따라 기존 화장품의 특정 성분의 혼합이 이루어져야 한다.

Tip

'브랜드명(제품명을 포함한다)'이 있어야 하고, 브랜드명의 변화가 없이 혼합이 이루어져야 한다.

34 개인정보의 수집·이용 범위에 해당하지 않는 것은?

① 정보주체의 동의를 받은 경우
② 공공기관이 법령 등에서 정하는 소관 업무의 수행을 위하여 불가피한 경우
③ 정보주체의 정당한 이익을 달성하기 위하여 필요한 경우
④ 공공기관이 법령 등에서 정하는 소관 업무의 수행을 위하여 불가피한 경우
⑤ 정보주체의 동의를 받은 경우

Tip

②는 해당하지 않는다.

정답 32 ③ 33 ③ 34 ②

35 **다음 설명 중 안전성 관련 용어에 대한 설명으로 옳지 않은 것은?**

① 입원 또는 입원기간의 연장이 필요한 경우 중대한 유해사례에 해당한다.
② 유해사례는 당해 화장품과 반드시 인과관계를 가져야 한다.
③ 선천적 기형 또는 이상을 초래하는 경우 중대한 유해사례에 해당한다.
④ 안전성 정보란 화장품과 관련하여 국민보건에 직접 영향을 미칠 수 있는 안전성·유효성에 관한 새로운 자료, 유해사례 정보 등을 의미한다.
⑤ 선천적 기형 또는 이상을 초래하는 경우 중대한 유해사례에 해당한다.

Tip
유해사례는 당해 화장품과 반드시 인과관계를 가질 필요는 없다.

36 **벌크 제품 및 완제품의 사용기한과 보관 관리에 대한 내용으로 바르지 않은 것은?**

① 제조된 벌크 제품은 잘 보관하고 남은 원료는 폐기한다.
② 모든 벌크 제품 및 원료 보관 시 적합한 용기 사용, 용기 안의 내용물을 분명히 확인할 수 있도록 표시한다.
③ 모든 벌크 제품 및 원료의 허용 가능한 보관 기간을 확인할 수 있도록 문서화한다.
④ 보관 기한의 만료일이 가까운 원료부터 사용한다.
⑤ 칭량이나 충전 공정 후 원료가 사용하지 않은 상태로 남아 있고 차후 다시 사용할 것이라면, 적절한 용기에 밀봉하여 식별 정보 표시를 해 둔다.

Tip
제조된 벌크 제품은 잘 보관하고 남은 원료는 관리 절차에 따라 재보관한다.

37 **입고된 포장재에 대한 처리 순서로 바르게 연결된 것은?**

㉠ 위생과 청결상태 점검
㉡ 용량 및 치수 확인
㉢ 용기 종류 및 재질 파악
㉣ 인쇄 상태 검사
㉤ 입고된 포장재 육안 검사

① ㉢ → ㉤ → ㉠ → ㉣ → ㉡
② ㉠ → ㉢ → ㉣ → ㉡ → ㉤
③ ㉤ → ㉢ → ㉠ → ㉡ → ㉣
④ ㉢ → ㉣ → ㉠ → ㉡ → ㉤
⑤ ㉠ → ㉡ → ㉢ → ㉣ → ㉤

Tip **입고된 포장재의 처리 순서**
① 포장재 규격서에 따라 용기 종류 및 재질 파악
② 입고된 포장재를 무작위로 검체 채취 → 육안 검사
③ 위생과 청결상태 점검
④ 인쇄 상태 검사
⑤ 용량 및 치수 확인

38 **다음은 화장품에 사용되는 원료의 특징을 설명한 것이다. 이 중 특징의 설명이 옳지 않은 것은?**

① 물은 화장품 성분표시의 '정제수'에 해당. 제품의 10% 이상을 차지하는 매우 중요한 성분이다.
② 효능원료는 미백, 주름개선, 자외선차단 등의 특징 기능을 하는 효능 성분이다.
③ 색소란 파운데이션이나 아이섀도우처럼 제품의 색깔을 내는 성분이다.
④ 점증제란 점도를 유지하거나 제품의 안정성을 유지하기 위해 쓰인다.
⑤ 계면활성제란 피부의 수분 손실을 조절하며, 흡수력을 좋게 하는 특징이 있다.

정답 35 ② 36 ① 37 ① 38 ⑤

Tip

계면활성제란 두 물질의 경계면에 흡착해 성질을 변화시키는 물질로 물과 기름이 잘 섞이게 하는 유화제와 소량의 기름을 물에 녹게 하는 가용화제, 고체입자를 물에 균일하게 분산시키는 분산제, 그 외 습윤제, 기포제, 소포제, 세정제 등이 있다.

39 **위해성 등급이 가등급인 화장품에 대한 회수계획서를 지방식품의약품안전청장에게 제출할 때, 회수를 시작한 날부터 몇 일이내의 회수 기간으로 기재해야 하는가?**

① 3일 이내 ② 5일 이내
③ 10일 이내 ④ 15일 이내
⑤ 30일 이내

Tip

지방식품의약품안전청장에게 회수계획서를 제추할 때에는 위해성 등급이 가등급인 화장품은 회수를 시작한 날부터 15일 이내, 위해성 등급이 나등급 또는 다등급인 화장품은 회수를 시작한 날부터 30일 이내의 회수 기간을 기재해야 한다.

40 **포장재 관리를 위한 지침으로 바르지 않은 것은?**

① 모든 완제품이 규정 요건을 만족시킨다는 것을 확인하기 위한 공정 관리가 이루어져야 한다.
② 공정중의 공정검사 기록과 합격기준에 미치지 못한 경우 폐기처리한다.
③ 공정중의 공정검사 기록과 합격기준에 미치지 못한 경우의 처리 내용도 관리자에게 보고하고 기록하여 관리한다.
④ 포장을 시작하기 전에, 포장 지시가 이용가능하고 공간이 청소되었는지 확인하는 것이 필요하다.
⑤ 미생물 기준, 충전중량, 미관적 충전 수준, 뚜껑/마개의 토크, 호퍼(Hopper) 온도 등의 평가를 실시한다.

Tip

공정중의 공정검사 기록과 합격기준에 미치지 못한 경우의 처리 내용도 관리자에게 보고하고 기록하여 관리 → 시정 조치가 시행될 때가지 공정을 중지(이는 벌크제품과 포장재의 손실 위험을 방지하기 위함)

41 **알레르기 유발성분에 관한 표시 지침에 대한 설명으로 모두 고른 것은?**

ㄱ. 알레르기 유발성분임을 별도로 표시하거나 "사용 시의 주의사항"에 기재
ㄴ. 알레르기 유발성분 함량에 따른 표기 순서
ㄷ. 내용량 10㎖(g) 초과 50㎖(g) 이하인 소용량 화장품의 경우 착향제 구성 성분 중 알레르기 유발성분 표시 여부
ㄹ. 천연오일 또는 식물 추출물에 함유된 알레르기 유발성분의 표시 여부
ㅁ. 책임판매업자 홈페이지, 온라인 판매처 사이트에서도 알레르기 유발성분의 표시여부

① ㄱ ② ㄱ, ㄴ
③ ㄱ, ㄴ, ㄷ ④ ㄱ, ㄴ, ㄷ, ㄹ
⑤ ㄱ, ㄴ, ㄷ, ㄹ, ㅁ

42 **유기농 화장품에 대한 설명으로 옳지 않은 것은?**

① 유기농 함량이 전체 제품에서 10% 이상 되어야 한다.
② 석유 화학 부분을 2% 초과할 수 없다.
③ 허용 합성원료는 3% 이내이다.
④ 물, 미네랄 또는 미네랄 유래원료는 유기농 화장품 함량 비율 계산에 포함되지 않는다.
⑤ 유기농함량비율은 유기농원료 및 유기농 유래 원료에서 유기농 부분에 해당하는 함량 비율로 계산한다.

Tip

허용 합성원료는 5% 이내이다.

PART 06 실전모의고사

정답 39 ④ 40 ② 41 ⑤ 42 ③

43 다음 중 사용금지원료이나 검출허용한도 지정원료와 허용한도가 옳지 않은 것은?

① 니켈 – 눈 화장용 제품은 35㎍/g 이하
② 니켈 – 색조화장용 제품은 30㎍/g 이하
③ 납 – 점토를 원료로 사용한 분말제품은 50㎍/g 이하
④ 납 – 그 밖의 제품은 10㎍/g 이하
⑤ 비소 – 10㎍/g 이하

Tip
납 : 점토를 원료로 사용한 분말제품은 50㎍/g 이하, 그 밖 의 제품은 20㎍/g 이하

44 화장품 생산시설에 사용되는 설비·기구에 대한 관리 지침으로 설명이 바르지 않은 것은?

① 용기는 먼지나 수분으로부터 내용물을 보호할 수 있어야 한다.
② 제품과 설비가 오염되지 않도록 배관 및 배수관을 설치하며, 배수관은 역류되지 않아야 하고, 청결을 유지해야 한다.
③ 천정 주위의 대들보, 파이프, 덕트 등은 노출이 잘 되도록 설계해야 한다.
④ 파이프는 받침대 등으로 고정하고 벽에 닿지 않게 하여 청소가 용이하도록 설계해야 한다.
⑤ 시설 및 기구에 사용되는 소모품은 제품의 품질에 영향을 주지 않도록 해야 한다.

Tip
천정 주위의 대들보, 파이프, 덕트 등은 가급적 노출되지 않도록 설계해야 한다.

45 다음 중 설비 세척의 원칙으로 바르지 않은 것은?

① 증기 세척은 좋은 방법이다.
② 세척 시 설비를 분해하면 안 된다.
③ 세척 후에는 반드시 '판정'한다.
④ 판정 후 설비는 건조·밀폐해서 보존한다.
⑤ 세척의 유효기간을 정한다.

Tip
분해할 수 있는 설비는 분해해서 세척한다.

46 다음 중 화장품 배합에 사용할 수 없는 원료에 해당하는 것으로 옳은 것은?

① 구아이페네신
② 소듐하이알루로네이트
③ 세라마이드
④ 글리콜릭산
⑤ 글리세린

Tip **화장품에 사용할 수 없는 원료**
구아이페네신, 글리사이클아미드, 나프탈렌, 니켈, 니트로젠벤, 다이우론, 도딘, 디메칠설페이트, 페닐파라벤 등

47 제모제(치오글라이콜릭애씨드 함유 제품에만 표시함)의 제품 사용 시 주의 사항으로 옳지 않은 것은?

① 자극감이 나타날 수 있으므로 매일 사용하지 마십시오.
② 이 제품의 사용 전후에 비누류를 사용하면 자극감이 나타날 수 있으므로 주의하십시오.
③ 눈에 들어가지 않도록 하며 눈 또는 점막에 닿았을 경우 미지근한 물로 씻어내고 붕산수(농도 약 2%)로 헹구어 내십시오.
④ 이 제품을 3분 이상 피부에 방치하거나 피부에서 건조시키지 마십시오.
⑤ 제모에 필요한 시간은 모질(毛質)에 따라 차이가 있을 수 있으므로 정해진 시간 내에 모가 깨끗이 제거되지 않은 경우 2~3일의 간격을 두고 사용하십시오.

정답 43 ④ 44 ③ 45 ② 46 ① 47 ④

Tip

제모제(치오글라이콜릭애씨드 함유 제품에만 표시함)의 제품 사용 시 제품을 10분 이상 피부에 방치하거나 피부에서 건조시키지 않는 것이 좋다.

48 **다음은 포장용기의 종류 중 무엇에 대한 설명인가?**

액상 또는 고형의 이물 또는 수분이 침입하지 않고 내용물을 손실, 풍화, 조해 또는 증발로부터 보호할 수 있는 용기를 말한다.

① 밀폐용기 ② 기밀용기
③ 밀봉용기 ④ 차광용기
⑤ 일반용기

Tip

기밀용기에 대한 내용이다.

49 **화장품 판매 시 기재되어야 할 정보의 표시 기재사항 중 총리령으로 정하는 사항으로 옳지 않은 것은?**

① 기초화장품인 경우 "질병의 예방 및 치료를 위한 의약품이 아님"이라는 문구
② 기능성화장품의 경우 심사받거나 보고한 효능·효과, 용법·용량
③ 성분명을 제품 명칭의 일부로 사용한 경우 그 성분명과 함량(방향용 제품은 제외한다)
④ 인체 세포·조직 배양액이 들어있는 경우 그 함량
⑤ 화장품에 천연 또는 유기농으로 표시·광고하려는 경우에는 원료의 함량

Tip

기능성화장품인 경우 "질병의 예방 및 치료를 위한 의약품이 아님"이라는 문구

50 **다음 중 식물추출 천연고분자 점증제가 아닌 것은?**

① 구아검
② 펙틴
③ 잔탄검
④ 카라기난
⑤ 로커스트빈검

Tip

잔탄검은 미생물 추출 천연고분자 점증제에 해당한다.

51 **맞춤형화장품 혼합·소분 장비 및 도구의 위생관리에 대한 설명으로 옳지 않은 것은?**

① 혼합·소분 장비 및 도구는 사용 전 세척 등을 통해 오염을 방지한다.
② 작업 장비 및 도구 세척 시에 사용되는 세제·세척제는 잔류하거나 표면 이상을 초래하지 않는 것을 사용한다.
③ 세척한 작업 장비 및 도구는 잘 건조하여 다음 사용 시까지 오염을 방지한다.
④ 자외선 살균기 사용 시 살균기 내 자외선 램프의 청결 상태를 확인한 후 사용한다.
⑤ 자외선 살균기 사용 시 적당한 간격을 두고 서로 겹치지 않게 한 층으로 보관한다.

Tip

혼합·소분 장비 및 도구는 사용 전·후 세척 등을 통해 오염을 방지한다.

52 **다음의 화장품의 전성분 항목 중 사용상의 제한이 필요한 성분에 해당하지 않는 것은?**

① 땅콩오일, 추출물 및 유도체
② 만수국꽃 추출물 또는 오일
③ 비타민E(토코페롤)
④ N-메칠포름아마이드
⑤ 살리실릭애씨드 및 그 염류

정답 48 ② 49 ① 50 ③ 51 ① 52 ④

Tip

N-메칠포름아마이드는 화장품에 사용할 수 없는 원료이다.

53 위해화장품의 위해등급 및 분류기준에서 3등급에 해당하는 내용으로 옳은 것은?

① 화장품 사용으로 인해 인체건강에 미치는 위해영향이 크거나 중대한 경우
② 식품의약품안전처장이 정하여 고시한 화장품에 사용할 수 없는 원료를 사용하였거나 사용의 제한이 필요한 원료의 사용기준을 위반하여 사용한 경우
③ 화장품 사용으로 인해 인체건강에 미치는 위해영향이 크지 않거나 일시적인 경우
④ 화장품 사용으로 인해 인체건강에 미치는 위해영향은 없으나 유효성이 입증되지 않은 경우
⑤ 유통화장품 안전관리 기준(내용량의 기준에 관한 부분은 제외)에 적합하지 않은 경우

Tip

3등급 : 화장품 사용으로 인해 인체건강에 미치는 위해영향은 없으나 유효성이 입증되지 않은 경우, 화장품 사용으로 인해 인체건강에 미치는 위해영향은 없으나 제품의 변질, 용기·포장의 훼손 등으로 유효성에 문제가 있는 경우

54 다음 중 맞춤형화장품 조제관리사 오염방지를 위한 위생관리 준수사항으로 옳은 것은?

① 혼합·소분 후에는 손을 소독 또는 세척할 것
② 혼합·소분 후 위생복 및 마스크(필요시) 착용할 것
③ 혼합·소분에 사용되는 장비 또는 기기 등은 사용 후 세척할 것
④ 혼합·소분된 제품을 담을 용기의 오염여부를 사전에 확인할 것
⑤ 피부 외상 및 증상이 있는 경우 건강 회복 후까지 혼합·소분행위를 금지할 것

Tip

① 혼합·소분 전에는 손을 소독 또는 세척할 것
② 혼합·소분 시 위생복 및 마스크(필요시) 착용할 것
③ 혼합·소분에 사용되는 장비 또는 기기 등은 사용 전·후 세척할 것
⑤ 피부 외상 및 증상이 있는 경우 건강 회복 전까지 혼합·소분행위 금지할 것

55 다음 중 화장품 제조업등록 결격사유에 해당되지 않는 것은?

① 정신질환자
② 피성년후견인 또는 파산선고를 받고 복권되지 않은자
③ 「화장품법」 또는 「보건범죄 단속에 관한 특별조치법」을 위반해 금고 이상의 형을 선고받고 그 집행이 끝나지 않거나 받지 않기로 확정되지 않은 자
④ 마약류의 중독자
⑤ 등록이 취소되거나 영업소가 폐쇄된 날부터 6개월 이상 지나지 아니한 자

Tip

등록이 취소되거나 영업소가 폐쇄된 날부터 1년이 지나지 않은 자는 화장품 제조업 등록을 할 수 없다.

56 화장품 안전기준 등에 관한 규정에서 규정하고 있는 사용상의 제한이 필요한 원료 중 티타늄디옥사이드의 사용 범위 기준은?

① 5% 이내　② 10% 이내
③ 15% 이내　④ 25% 이내
⑤ 30% 이내

Tip

티타늄디옥사이드는 자외선 차단성분으로 25% 이내로 사용하도록 규정되어 있다.

정답　53 ④　54 ④　55 ⑤　56 ④

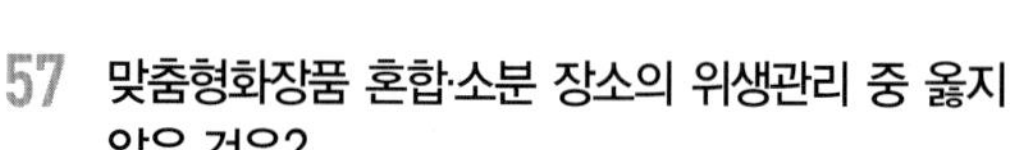

57 **맞춤형화장품 혼합·소분 장소의 위생관리 중 옳지 않은 것은?**

① 맞춤형화장품 혼합·소분 장소와 판매 장소는 구분·구획하지 않고 관리하여도 된다.
② 적절한 환기시설 구비하여야 한다.
③ 작업대, 바닥, 벽, 천장 및 창문 청결 유지하여야 한다.
④ 혼합 전·후 작업자의 손 세척 및 장비 세척을 위한 세척시설 구비하여야 한다.
⑤ 방충·방서에 대한 대책 마련 및 정기적 점검·확인을 해야 한다.

Tip **맞춤형화장품 혼합·소분 장소의 위생관리**

- 맞춤형화장품 혼합·소분 장소와 판매 장소는 구분·구획하여 관리
- 적절한 환기시설 구비
- 작업대, 바닥, 벽, 천장 및 창문 청결 유지
- 혼합 전·후 작업자의 손 세척 및 장비 세척을 위한 세척시설 구비
- 방충·방서 대책 마련 및 정기적 점검·확인

58 **다음 중 화장품법 시행규칙[별표3]에서 분류하고 있는 화장품 유형의 연결이 틀린 것은?**

① 탑코트(topcoats) : 손발톱용 제품류
② 립글로스(lip gloss) : 색조 화장용 제품류
③ 제모왁스 : 체모 제거용 제품류
④ 애프터셰이브 로션 : 면도용 제품류
⑤ 메이크업 리무버 : 인체 세정용 제품류

Tip

메이크업 리무버는 기초화장용 제품류로 분류되어 있다.

59 **착향제의 구성성분 중 알레르기 유발성분에 해당하지 않는 것은?**

① 리날룰 ② 시트랄
③ 유제놀 ④ 아밀신남알
⑤ 알파-비사보롤

Tip

알파-비사보롤은 미백 성분에 해당한다.

60 **혼합·소분 시 작업자의 위생관리 규정으로 바르지 않은 것은?**

① 작업자는 마스크를 착용한다.
② 작업자는 위생복을 착용한다.
③ 작업자의 손톱 길이는 무관하다.
④ 작업대나 작업자의 손 등에 용기 안쪽 면이 닿지 않도록 주의한다.
⑤ 혼합 시 도구가 작업대에 닿지 않도록 주의한다.

Tip

위생상 작업자의 손톱은 가급적 짧게 자르는 것이 좋다.

61 **작업자의 손 위생을 위한 소독제 중 클로르헥시딘에 대한 설명으로 바르지 않은 것은?**

① 양이온 항균제이다.
② 아포에는 효과를 발휘하지 못한다.
③ 알코올에 비해 즉각적인 효과는 느리다.
④ 1% 클로르헥시딘 제제는 일반 비누보다 소독 효과가 좋지 못하다.
⑤ 결핵균에 대해서는 최소 효과를 보인다.

Tip

0.5%, 0.75%, 1% 클로르헥시딘 제제는 일반 비누보다 소독 효과 좋음

정답 57 ① 58 ⑤ 59 ⑤ 60 ③ 61 ④

62 맞춤형화장품판매내역서 작성·보관 시 반드시 작성해야 할 사항이 아닌 것은?

① 식별번호 ② 사용기한
③ 개봉 후 사용기간 ④ 판매일자
⑤ 고객 성명

Tip
제조번호(맞춤형화장품의 경우 식별번호를 제조번호로 함), 사용기한 또는 개봉 후 사용기간, 판매일자 및 판매량

63 다음 중 포장설비 시 고려할 사항으로 바르지 않은 것은?

① 제품 오염을 최소화한다.
② 효율성보다는 안전한 조작을 위한 공간이 제공되어야 한다.
③ 제품과 접촉되는 부위의 청소 및 위생관리가 용이해야 한다.
④ 화학반응을 일으키거나, 제품에 첨가·흡수되지 않아야 한다.
⑤ 제품과 최종 포장의 요건을 고려해야 한다.

Tip
효율적이며 안전한 조작을 위한 적절한 공간이 제공되어야 한다.

64 물과 기름이 미세한 입자 상태로 균일하게 혼합되는 것으로 우윳빛으로 백탁화되는 현상을 무엇이라 하는가?

① 가용화 ② 유화
③ 분산 ④ 습윤
⑤ 살균

Tip 유화
로션, 크림 등 불투명한 화장품을 제조할 때 나타나는 현상으로 계면활성제의 역할에 해당한다.

65 다음 중 인체, 두발 제품류에 속하는 화장품의 경우의 포장공간비율로 옳은 것은?

① 10% 이하 ② 15% 이하
③ 20% 이하 ④ 25% 이하
⑤ 30% 이하

Tip 인체 및 두발 세정용 제품류
15% 이하, 2차 이내

66 멜라닌 생성을 촉진하는 효소인 타이로시나아제의 활성화를 억제시키는 미백 성분으로 0.5% 이상의 함량이 되어야 미백 기능성 화장품으로 인정받는 것은?

① 닥나무추출물 ② 알부틴
③ 유용성감초추출물 ④ 알파-비사보롤
⑤ 나이아신아마이드

Tip
닥나무추출물은 2%, 알부틴은 2~5%, 유용성감초추출물은 0.05% 이상이 되어야 한다. 나이아신아마이드는 멜라닌이 멜라노사이트에서 각질형성세포로 가는 단계를 억제하는 기능을 하며 2~5%이 함유되어야 미백 기능성 화장품으로 인정한다.

67 화장품 포장의 표시기준 및 표시방법에 대한 설명으로 틀린 것은?

① 화장품제조업자 및 화장품판매업자 상호 및 주소 : 공정별로 2개 이상의 제조소에서 생산된 화장품의 경우에는 일부 공정을 수탁한 화장품제조업자의 상호 및 주소의 기재·표시를 생략할 수 있음
② 내용물의 용량 또는 중량 : 화장품의 1차 포장 또는 2차 포장의 무게가 포함되지 않은 용량 또는 중량을 기재·표시
③ 제조번호 사용기한 : 쉽게 구별되도록 기재·표시해야 하며, 개봉 후 사용기간을 표시하는 경우에는 병행 표기해야 하는 제조연월일

정답 62 ⑤ 63 ② 64 ② 65 ① 66 ④ 67 ④

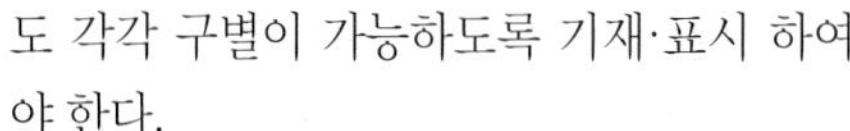

도 각각 구별이 가능하도록 기재·표시 하여야 한다.

④ 사용기한은 "사용기한" 또는 "까지"등의 문자와 "연월일"을 소비자가 알기 쉽도록 기재·표시해야 한다. 다만, "연월"로 표시하는 경우 사용기한을 넘는 범위에서 기재·표시 가능하다.

⑤ 개봉 후 사용기간은 "개봉 후 사용기간"이라는 문자와 "○○월" 또는 "○○개월"을 조합하여 기재·표시하거나, 개봉 후 사용기간을 나타내는 심벌과 기간을 기재·표시할 수 있다.

Tip

사용기한은 "사용기한" 또는 "까지" 등의 문자와 "연월일"을 소비자가 알기 쉽도록 기재·표시해야 한다. 다만, "연월"로 표시하는 경우 사용기한을 넘지 않는 범위에서 기재·표시해야 한다.

68 화장품 전성분 표시제의 주요내용에 대한 설명으로 틀린 것은?

① 글자 크기는 7포인트 이상으로 한다.

② 화장품 제조에 사용된 성분을 함량이 많은 것부터 기재·표시한다.

③ 1퍼센트 이하로 사용된 성분, 착향제 또는 착색제는 순서에 상관없이 기재·표시할 수 있다.

④ 혼합 원료는 혼합된 개별성분의 명칭을 기재하여야 한다.

⑤ 산성도(pH) 조절 목적으로 사용되는 성분은 그 성분을 표시하는 대신 중화반응에 따른 생성물로 기재·표시할 수 있다.

Tip

글자 크기는 5포인트 이상으로 한다.

69 작업자의 위생 상태 판정을 위한 해당 부서의 역할로 적합하지 않은 것은?

① 작업자는 제품 품질에 영향을 미칠 수 있다고 판단되는 질병에 걸렸거나 외상을 입었을 때, 즉시 해당 부서장에게 그 사유를 보고하여야 한다.

② 해당 부서장은 신고된 사항에 대해 이상이 인정된 작업자에 대해 종업원 건강관리 신고서에 의거 주관 부서(팀)장의 승인을 받는다.

③ 작업자의 질병이 법정 전염병일 경우에는 관계 법령에 의거, 의사의 지시에 따라 격리 또는 취업을 중단시켜야 한다.

④ 과도한 음주로 인한 숙취, 피로 또는 정신적인 고민 등으로 작업 중 과오를 일으킬 가능성이 있는 자는 화장품과 직접 접촉되지 않도록 격리시켜야 한다.

⑤ 해당 부서(팀)장은 신고 된 건강 이상의 중대성에 따라 필요시 주관 부서(팀)장에게 통보한 후 작업금지, 조퇴, 후송, 업무 전환 등의 조치를 취한다.

Tip

다음과 같이 건강상의 문제가 있는 작업자는 귀가 조치 또는 질병의 종류 및 정도에 따라 화장품과 직접 접촉하지 않는 작업을 수행하도록 조치한다.

- 전염성 질환의 발생 또는 그 위험이 있는 자(감기, 감염성 결막염, 결핵, 세균성 설사, 트라코마 등)
- 콧물 등 분비물이 심하거나 화농성 외상 등에 의해 화장품을 오염시킬 가능성이 있는 자
- 과도한 음주로 인한 숙취, 피로 또는 정신적인 고민 등으로 작업 중 과오를 일으킬 가능성이 있는 자

정답 68 ① 69 ④

70 **화장품 포장의 표시기준 및 표시방법 중 화장품 제조에 사용된 성분에 대한 설명으로 틀린 것은?**

① 글자의 크기는 5포인트 이상이어야 한다.
② 화장품 제조에 사용된 함량이 많은 것부터 기재·표시한다. 다만, 1퍼센트 이하로 사용된 성분, 착향제 또는 착색제도 함량 순서대로 기재·표시하여야 한다.
③ 색조 화장용 제품류, 눈 화장용 제품류, 두발염색용 제품류 또는 손발톱용 제품류에서 호수별로 착색제가 다르게 사용된 경우 '± 또는 +/−'의 표시 다음에 사용된 모든 착색제 성분을 함께 기재·표시할 수 있다.
④ 착향제는 "향료"로 표시할 수 있다. 다만, 식품의약품안전처장은 착향제의 구성 성분 중 알레르기 유발물질로 알려진 성분이 있는 경우에는 해당 성분의 명칭을 기재·표시하도록 권장할 수 있다.
⑤ 산성도(pH) 조절 목적으로 사용되는 성분은 그 성분을 표시하는 대신 중화 반응에 따른 생성물로 기재·표시할 수 있다.

Tip

화장품 제조에 사용된 함량이 많은 것부터 기재·표시한다. 다만, 1퍼센트 이하로 사용된 성분, 착향제 또는 착색제는 순서에 상관없이 기재·표시할 수 있다.

71 **작업복의 조건으로 옳은 것은?**

① 세탁에 훼손되지 않아야 한다.
② 일반 세탁기로도 세탁 가능해야 한다.
③ 모든 작업장에 통일되게 입을 수 있어야 한다.
④ 작업이 불편하더라도 작업자를 보호할 수 있어야 한다.
⑤ 먼지, 이물 등이 정해진 양의 이하로 발생하여야 한다.

Tip

- 세탁에 의하여 훼손되지 않아야 한다.
- 각 작업소, 제품, 청정도 및 용도에 맞게 구분되어야 한다.
- 먼지, 이물 등을 발생시키지 않고 막을 수 있는 재질이어야 한다.
- 작업원을 보호할 수 있어야 하며, 작업하기에 편리하여야 한다.

72 **화장품 용기의 조건 중 유통과정 중 조건으로 옳지 않은 것은?**

① 품질 보호를 위한 강도
② 용기 구성성분이 내용물과 접촉 시 용출, 확산, 또는 침투되는 것을 방지
③ 산소, 자외선 등 외부 변질 요인 차단
④ 가공 공정 후 내용물의 향기 유지
⑤ 작업 공정 시 다른 물질에 의한 직·간접적 환경오염

Tip

작업 공정 시 다른 물질에 의한 직·간접적 환경오염은 화장품 용기의 조건 중 제작과정 중 조건이다.

73 **계면활성제의 피부 자극의 세기에 따른 배열로 옳은 것은?**

① 양이온성 > 비이온성 > 양쪽성 > 음이온성
② 비이온성 > 음이온성 > 양쪽성 > 양이온성
③ 양쪽성 > 양이온성 > 음이온성 > 비이온성
④ 양이온성 > 음이온성 > 양쪽성 > 비이온성
⑤ 음이온성 > 양이온성 > 비이온성 > 양쪽성

Tip

계면활성제의 양이온성 〉 음이온성 〉 양쪽성 〉 비이온성의 순서로 피부 자극 정도가 높고, 세정력은 음이온성 〉 양쪽성 〉 양이온성 〉 비이온성의 순서로 높다.

정답 70 ② 71 ① 72 ⑤ 73 ④

74 다음 중 주름개선 성분에 해당되지 않는 것은?

① 레티놀
② 아데노신
③ 아스코빌글루코사이드
④ 레티닐 팔미테이트
⑤ 폴리에톡실레이티드 레틴아마이드

Tip
아스코빌글루코사이드는 미백 성분에 해당한다.

75 다음은 화장품 용기의 형태별 분류에 대한 설명이다. 형태와 제품유형 연결이 옳지 않은 것은?

① 튜브 – 크림, 파운데이션 등
② 콤팩트 용기 – 고형파운데이션, 아이섀도우, 브로셔 등
③ 세신원통상 용기 – 마스카라, 아이라이너 등
④ 디스펜서식 용기 – 샴푸, 린스, 유액, 화장수 등
⑤ 펜슬용기 – 크림, 파운데이션 등

Tip **펜슬용기**
아이라이너, 아이브로우, 립펜슬 등

76 다음 중 탈모 증상의 온화에 도움을 주는 성분에 해당하지 않는 것은?

① 덱스판테놀 ② 비오틴
③ L-멘톨 ④ 징크피리치온
⑤ 티오글리콜산

Tip
티오글리콜산은 체모 제거 성분에 해당한다.

77 손 위생 제제 중 알코올에 대한 설명으로 바르지 않은 것은?

① 알코올은 단백질 변성 기전으로 소독 효과를 나타낸다.
② 세균에 대한 효과가 좋다.
③ 신속한 살균 효과가 있다.
④ 잔류 효과가 있다.
⑤ 알코올 함유 티슈의 경우 알코올 함량이 적어 물과 비누보다 효과가 낮다.

Tip
잔류 효과 없음(알코올제제 사용 후 미생물의 생장 속도 느려짐)

78 맞춤형화장품 판매장 위생상 주의 사항을 설명한 것이다. 다음 중 옳은 것은?

① 오염 방지를 위하여 혼합행위를 할 때에는 단정한 복장을 하며 혼합 전·후에는 손을 소독하거나 씻도록 한다.
② 혼합하는 장비 또는 기기는 사용 후에 세척 등을 통하여 오염방지를 위한 위생관리를 할 수 있도록 한다.
③ 사용하고 남은 제품은 개봉 후 사용기한을 정하고 밀폐를 위한 마개사용 등 비의도적인 오염방지를 할 수 있도록 한다.
④ 판매장 또는 혼합·판매 시 오염 등 문제가 발생했을 경우에는 세척, 소독, 위생관리 등을 통하여 조치를 취해야 한다.
⑤ 원료 등은 가능한 직사광선을 피하는 등 품질에 영향을 미치지 않는 장소에서 보관하도록 하여야 한다.

Tip
혼합하는 장비 또는 기기는 사용 전, 후에 세척 등을 통하여 오염방지를 위한 위생관리를 할 수 있도록 한다.

정답 74 ③ 75 ⑤ 76 ⑤ 77 ④ 78 ②

79 화장품 제조업 등록 시 필요한 서류에 해당하지 않는 것은?

① 화장품의 품질관리 및 책임판매 후 안전관리에 적합한 기준에 관한 규정
② 화장품 제조업 등록신청서
③ 정신질환자에 해당되지 않음을 증명하는 의사의 진단서 또는 화장품제조업자로 적합하다고 인정하는 사람임을 증명하는 전문의의 진단서
④ 마약류의 중독자에 해당되지 않음을 증명하는 의사의 진단서
⑤ 시설의 명세서

Tip
①은 화장품 책임판매업 등록 시 필요한 서류이다.

80 안전성 정보 보고 불필요 대상에 해당하지 않는 것은?

① 해당 화장품의 안전성에 관련된 인체적용시험 정보
② 화장품 용기나 포장의 불량이 사용 전 발견되어 사용자에게 해가 없는 경우
③ 유해사례 발생 원인이 사용기한을 초과하여 사용함으로써 발생한 경우
④ 유해사례 발생 원인이 개봉 후 사용기간을 초과하여 사용함으로써 발생한 경우
⑤ 화장품에 기재·표시된 사용방법을 준수하지 않고 사용하여 의도되지 않은 결과가 발생한 경우

Tip
①번은 안전성 정보 보고 대상에 해당한다.

단답형

81 우수화장품 제조 및 품질관리기준에서 정의한 용어에 대한 설명에서 ㉠에 들어갈 알맞은 말을 쓰시오.

"(㉠)" (이)란 대상물의 표면에 있는 바람직하지 못한 미생물 등 오염물을 감소시키기 위해 시행되는 작업을 말한다.

82 다음의 보기 (　　) 안에 알맞은 숫자를 넣으세요.

〈보기〉
식품의약품안전처장은 맞춤형화장품조제관리사가 거짓이나 그 밖의 부정한 방법으로 시 험에 합격한 경우에는 자격을 취소하여야 하며, 자격이 취소된 사람은 취소된 날부터 (　　)년간 자격시험에 응시할 수 없다.

83 다음은 화장품 영업자 등록에 관한 내용이다. (　　　) 안에 알맞은 말을 쓰시오.

화장품 제조업자는 소재지를 관할하는 지방식품의약품안전처장에게 (　㉠　)한다.
화장품 책임판매업자는 소재지를 관할하는 지방식품의약품안전처장에게 (　㉡　)한다.
맞춤형 화장품 판매업자는 맞춤형 화장품 판매업소의 소재지를 관할하는 지방식품의약품안전처장에게 (　㉢　)한다.

84 다음의 내용 중 설명하는 피부층을 쓰시오.

유핵세포이며 표피의 가장 아래에 위치하며 진피와 경계를 이루고 있으며, 물결모양의 굴곡이 깊을수록 탄력이 좋은 피부이다. 각질형성세포와 색소형성세포가 존재한다.

정답 79 ① 80 ① 81 **위생관리** 82 **3** 83 ㉠ **등록** ㉡ **등록** ㉢ **신고** 84 **기저층**

85 다음은 진피의 구조에 대한 설명이다. 알맞은 층을 쓰시오.

- 그물 모양이며 교원섬유(콜라겐)와 탄력섬유(엘라스틴)의 치밀 결합조직
- 탄력성과 팽창성이 큰 층으로 피부 처짐을 막아줌
- 감각수용체(온각, 냉각, 압각) 위치함

86 다음은 피부장벽의 주요 구성요소에 대한 설명이다. 해당하는 피부장벽 구성요소를 쓰시오.

각질층에 존재하는 수용성 보습인자의 총칭으로 아미노산과 그 대사물로 구성하고 있다.

87 피부의 90% 이상을 차지하는 조직으로 표피와 피하지방층 사이에 위치하며 세포와 세포외 기질로 구성되어 있고, 신경이 분포한 피부의 층을 무엇이라 하는가?

88 다음은 화장품 안정성을 확인하는 시험방법이다. (   ) 안에 알맞은 시험방법을 쓰시오.

- 장기보존시험
- (   )
- 가혹시험
- 개봉 후 안전성 시험

Tip

① 장기 보존시험	화장품의 저장조건에서 사용기한을 설정하기 위하여 장기간에 걸쳐 물리·화학적, 미생물학적 안정성 및 용기 적합성을 확인하는 시험
② 가속시험	장기보존시험의 저장조건을 벗어난 단기간의 가속조건이 물리·화학적, 미생물학적 안정성 및 용기 적합성에 미치는 영향을 평가하기 위한 시험
③ 가혹시험	가혹조건에서 화장품의 분해과정 및 분해산물 등을 확인하기 위한 시험 개별 화장품의 취약성, 예상되는 운반, 보관, 진열 및 사용 과정에서 뜻하지 않게 일어나는 가능성 있는 가혹한 조건에서 품질변화를 검토 • 온도편차 및 극한 조건, 기계·물리적 시험, 광안정성
④ 개봉 후 안전성 시험	화장품 사용 시에 일어날 수 있는 오염 등을 고려한 사용기한을 설정하기 위하여 장기간에 걸쳐 물리·화학적, 미생물학적 안정성 및 용기 적합성을 확인하는 시험

89 다음은 모발의 특성 중 물리적 특성에 대한 설명이다. (   ) 안에 알맞은 결합을 쓰시오.

- 모발을 구성하는 케라틴은 pH에 크게 영향을 받는다.
- 물 뿐만 아니라 여러 가지 유기 용매가 모발에 침투됨에 따라 모발이 부풀리는 정도가 달라진다.

90 다음의 (   ) 안에 알맞은 말을 쓰시오.

〈보기〉

다음의 원료를 제외한 원료는 맞춤형화장품 원료로 사용 할 수 없다.
1. 별표 1의 화장품에 (㉠   )
2. 별표 2의 화장품에 사용상의 제한이 필요한 원료
3. 식품의약품안전처장이 고시한 (㉡   )의 효능, 효과를 나타내는 원료

정답 85 **망상층** 86 **천연보습인자** 87 **진피** 88 **가속시험** 89 **팽윤성**
90 **㉠ 사용할 수 없는 원료 ㉡ 기능성화장품**

91 화장품 안전기준 등에 관한 규정의 일부 내용이다. ㉠과 ㉡에 들어갈 알맞은 말을 쓰시오.

모든 화장품에 사용된 알레르기 유발성분(25종)의 성분명을 제품 포장에 표시하여야 한다.
※ 다만, 사용 후 씻어내는 제품에서 (㉠) 초과, 사용 후 씻어내지 않는 제품에서 (㉡) 초과하는 경우에 한함

92 다음의 ( ) 안에 알맞은 말을 쓰시오.

맞춤화장품 판매내역서를 작성 보관할 때 맞춤형화장품의 경우 식별번호를 제조번호로 한다. 식별번호는 맞춤형화장품의 혼합·소분에 사용되는 내용물 또는 원료의 제조번호와 혼합·소분기록을 추적할 수 있도록 맞춤형화장품판매업자가 (㉠ , ㉡ , ㉢) 또는 이들의 특징적인 조합으로 부여한 번호이다.

93 다음은 화장품의 주요 성분 중 어느 성분에 대한 설명인지 쓰시오.

점도를 유지하거나 제품의 안정성을 유지하기 위해 사용하고 있으며, 보습제, 계면활성제로서 일부 이용되기도 한다. 대표성분으로는 구아검, 크산탄검, 젤라틴, 메틸셀룰로오스, 알긴산염, 폴리 비닐알콜, 등이 있다.

94 다음의 화장품 전성분 표시제에 관한 설명에서 ㉠에 들어갈 알맞은 말을 쓰시오.

화장품 제조에 사용된 성분을 함량이 많은 것부터 기재·표시하되 (㉠) 이하로 사용된 성분, 착향제 또는 착색제는 순서에 상관없이 기재·표시할 수 있다.

95 다음 내용 중 ㉠과 ㉡에 들어갈 알맞은 말을 쓰시오.

자외선 차단지수에 대한 용어 중, SPF는 (㉠) 차단 정도, PA는 (㉡) 차단 정도를 뜻한다.

96 다음의 ( ) 안에 알맞은 말을 쓰시오.

맞춤형화장품판매업소에서는 작업자 위생, 작업환경위생, 장비·도구 관리 등 맞춤형화장품판매업소에 대한 위생 환경 모니터링 후 그 결과를 기록하고 판매업소의 ( ) 상태를 관리할 것

97 다음은 안전성 관련 용어에 대한 정의이다. 다음 ( ) 안에 알맞은 용어를 쓰시오.

( )란 유해사례와 화장품 간의 인과관계 가능성이 있다고 보고된 정보로서 그 인과관계가 알려지지 아니하거나 입증자료가 불충분한 것을 말한다.

98 다음의 ( ) 안에 알맞은 말을 쓰시오.

제품의 포장재질, 포장방법에 관한 기준 등에 의한 규칙에 따르면 화장품류의 인체, 두발세정용 제품류의 ( )은 15% 이하로 기준 전체 포장에서 제품을 제외한 공간이 차지하는 비율이다.

99 다음의 내용에서 설명하는 화장품 제형 중 어느것인지 쓰시오.

원액을 같은 용기 또는 다른 용기에 충전한 분사제(액화기체, 압축기체 등)의 압력을 이용하여 안개모양, 포말상 등으로 분출하도록 만든 것을 말함

정답
91 ㉠ 0.01% ㉡ 0.001% 92 ㉠ 숫자 ㉡ 문자 ㉢ 기호 93 점증제 94 1% 95 ㉠ 자외선B(UVB) ㉡ 자외선A(UVA)
96 위생 환경 97 실마리 정보 98 포장공간비율 99 에어로졸제

100 **위해 관련 용어에 대한 설명 중 ㉠에 들어갈 알맞은 말을 쓰시오.**

> (㉠)은(는) 유해사례 중 다음 각 목의 어느 하나에 해당하는 경우를 말한다.
> • 사망을 초래하거나 생명을 위협하는 경우
> • 입원 또는 입원기간의 연장이 필요한 경우
> • 지속적 또는 중대한 불구나 기능저하를 초래하는 경우
> • 선천적 기형 또는 이상을 초래하는 경우
> • 기타 의학적으로 중요한 상황

100 **중대한 유해사례(Serious AE)**

제3회 실전모의고사

01 **화장품에 사용할 수 없는 보존제는?**

① 파라벤 ② 페녹시에탄올
③ 1,2-헥산디올 ④ 글루타랄
⑤ 2-메톡시에탄올

Tip
2-메톡시에탄올은 화장품에 사용할 수 없는 원료이다.

02 **작업장의 청소방법과 위생처리에 대한 사항으로 옳지 않은 것은?**

① 공조시스템에 사용된 필터는 규정에 의해 청소되거나 교체되어야 한다.
② 오물이 묻은 유니폼은 즉시 폐기 처리하여 교차위험이 없도록 한다.
③ 청소에 사용되는 진공청소기는 정돈된 방법으로 깨끗하고 건조된 지정된 장소에 보관한다.
④ 오물이 묻은 걸레는 사용 후 버리거나 세탁해야 한다.
⑤ 물질 또는 제품 필터들은 규정에 의해 청소되거나 교체되어야 한다.

Tip
오물이 묻은 유니폼은 세탁될 때까지 적당한 컨테이너에 보관되어야 한다.

03 **다음 중 맞춤형화장품에 대한 설명이다. 이 중 가장 옳은 것은?**

① 제조 또는 수입된 화장품의 원료에 다른 화장품의 원료나 색소, 향료 등을 추가하여 혼합한 화장품을 말한다.
② 유기농 원료, 동식물 및 그 유래 원료 등을 함유한 화장품으로써 식품의약품안전처장이 정하는 기준에 맞는 화장품을 말한다.
③ 맞춤형화장품판매업소에서 맞춤형화장품조제관리사 자격증을 가진 자가 고객의 개인별 피부 특성 및 색·향 등 취향에 따라 혼합·소분한 화장품을 말한다.
④ 동식물 및 그 유래 원료 등을 함유한 화장품으로써 식품의약품안전처장이 정하는 기준에 맞는 화장품을 말한다.
⑤ 피부나 모발의 기능 약화로 인한 건조함, 갈라짐, 빠짐, 각질화 등을 방지하거나 개선하는 데에 도움을 주는 제품을 말한다.

Tip
화장품판매업소에서 맞춤형화장품조제관리사 자격증을 가진 자가 고객의 개인별 피부 특성 및 색·향 등 취향에 따라
① 제조 또는 수입된 화장품의 내용물에 다른 화장품의 내용물이나 색소, 향료 등 식약처장이 정하는 원료를 추가하여 혼합한 화장품
② 제조 또는 수입된 화장품의 내용물을 소분(小分)한 화장품 단, 화장 비누(고체 형태의 세안용 비누)를 단순 소분한 화장품은 제외

04 **다음의 자외선에 관한 설명 중 옳지 않은 것은?**

① 자외선 A는 320~400nm 사이의 장파장의 영역이다.
② 자외선 B는 표피 기저층 또는 진피의 상부까지 도달하며, 기미의 직접적인 원인이다.
③ 자외선 C는 소독 및 살균 효과가 있으나 오존층에서 대부분 흡수된다.

정답 01 ⑤ 02 ② 03 ③ 04 ⑤

④ 자외선 B는 비타민 D의 생성에 관여하며 유리에 의해 차단된다.
⑤ 자외선 A는 여드름 피부 치료에 사용되기도 하나 지나치면 피부암의 원인이 되기도 한다.

Tip
⑤번은 자외선 C에 관한 설명이다.

05 화학적 소독제 사용 시 작업장에서의 관리 방법으로 틀린 것은?

① 소독제 사용기한은 제조(소분)일로부터 한 달 동안 사용한다.
② 소독제별로 전용 용기를 사용한다.
③ 소독제 기밀 용기에는 소독제의 명칭, 제조일자, 사용기한, 제조자를 표시한다.
④ 각각의 특성에 따라 선택하고, 적정한 농도로 희석하여 사용한다.
⑤ 소독제에 대한 조제대장을 운영한다.

Tip
소독제 사용기한은 제조(소분)일로부터 1주일 동안 사용한다.

06 다음 보기의 내용 중 맞춤형화장품판매업자가 변경신고를 하여야 하는 경우를 모두 고른 것은 어느 것인가?

〈보기〉
ㄱ. 맞춤형화장품판매업자의 상호 변경
ㄴ. 맞춤형화장품판매업자의 소재지 변경
ㄷ. 맞춤형화장품판매업소의 상호 변경
ㄹ. 맞춤형화장품판매업소의 소재지 변경
ㅁ. 맞춤형화장품조제관리사의 변경

① ㄱ, ㄴ ② ㄱ, ㄴ, ㄷ
③ ㄴ, ㄷ, ㅁ ④ ㄴ, ㄷ, ㄹ, ㅁ
⑤ ㄷ, ㄹ, ㅁ

Tip
맞춤형화장품판매업의 변경신고가 필요한 사항
1) 맞춤형화장품판매업자의 변경(판매업자의 상호, 소재지 변경은 대상 아님)
2) 맞춤형화장품판매업소의 상호 또는 소재지 변경
3) 맞춤형화장품조제관리사의 변경

07 제품의 pH를 유지하기 위해 안정제로 사용하는 화장품의 원료 및 성분은?

① 수성원료 ② 유성원료
③ 계면활성제 ④ 금속이온봉쇄제
⑤ 유기산 및 그 염류

Tip
유기산 및 그 염류는 제품의 pH를 유지하기 위해 안정제로 사용하며 피부의 pH를 조절하는 기능이 있다. 품질변화, 안정성 등 화장품의 품질을 확인하기 위하여 pH시험이 진행되며, 일반적으로 화장수는 pH 5~6, 샴푸는 pH 5~7 등의 기준이 있다.

08 포장재의 폐기 기준에 대한 설명으로 바르지 않은 것은?

① 포장재의 관리 및 출고에 있어 선입선출에 따랐음에도 보관 기간 또는 유효기간이 지났을 경우에는 규정에 따라 폐기하여야 한다.
② 포장 도중 불량품이 발견되었을 경우 정상품과 구분하여 불량품 포장재를 인수·인계한다.
③ 부적합 포장재를 반품 또는 폐기 조치 후 해당 업체에 시정 조치 요구한다.
④ 포장재 보관관리 담당자는 불량 포장재에 대해 부적합 처리하여 부적합 창고로 이송한다.
⑤ 부적합 판정된 자재는 선별, 반품, 폐기 등의 조치가 이루어지기 전까지 포장재 보관소에 보관한다.

정답 05 ① 06 ⑤ 07 ⑤ 08 ⑤

Tip 보관장소

- 포장재 보관소 : 적합 판정된 포장재만을 지정된 장소에 보관
- 부적합 보관소 : 부적합 판정된 자재는 선별, 반품, 폐기 등의 조치가 이루어지기 전까지 보관

09 **다음은 맞춤형화장품조제관리사 자격시험 세부사항에 대한 설명이다. 이 중 옳지 않은 것은?**

① 자격시험은 전 과목 총점의 60퍼센트 이상의 점수와 매 과목 만점의 60퍼센트 이상의 점수를 모두 득점한 사람을 합격자로 한다.

② 자격시험에서 부정행위를 한 사람에 대해서는 그 시험을 정지시키거나 그 합격을 무효로 한다.

③ 식품의약품안전처장은 자격시험을 실시하려는 경우에는 시험일시, 시험장소, 시험과목, 응시방법 등이 포함된 자격시험 시행계획을 시험 실시 90일 전까지 식품의약품안전처 인터넷 홈페이지에 공고해야 한다.

④ 자격시험에 합격하여 자격증을 발급받으려는 사람은 맞춤형화장품조제관리사 자격증 발급 신청서(전자문서로 된 신청서를 포함)를 식품의약품안전처장에게 제출해야 한다.

⑤ 식품의약품안전처장은 발급 신청이 그 요건을 갖춘 경우에는 맞춤형화장품조제관리사 자격증을 발급해야 한다.

Tip

자격시험은 전 과목 총점의 60퍼센트 이상의 점수와 매 과목 만점의 40퍼센트 이상의 점수를 모두 득점한 사람을 합격자로 한다.

10 **보관 중인 포장재 출고 기준으로 바르지 않은 것은?**

① 포장재에 관한 기초적인 검토 결과를 기재한 CGMP 문서, 작업에 관계되는 절차서, 각종 기록서, 관리 문서를 비치한다.

② 불출하기 전에 설정된 시험방법에 따라 관리하고, 합격 판정 기준에 부합하지 않은 포장재만 불출한다.

③ 적절한 보관, 취급 및 유통을 보장하는 절차를 수립한다.

④ 절차서에는 적당한 조명, 온도, 습도, 정렬된 통로 및 보관 구역 등 적절한 보관 조건 포함해야 한다.

⑤ 포장재 관리는 관리 상태를 쉽게 확인할 수 있는 방식으로 수행해야 한다.

Tip

불출하기 전에 설정된 시험방법에 따라 관리하고, 합격 판정 기준에 부합하는 포장재만 불출한다.

11 **살균·보존제 성분인 벤질알코올을 두발 염색용 제품류에 용제로써 사용할 때 사용 기준은?**

① 10% ② 1%

③ 0.1% ④ 0.01%

⑤ 0.001%

Tip

살균·보존제 성분인 벤질알코올의 사용 기준은 1.0%이며, 다만, 두발 염색용 제품류에 용제로 사용할 경우에는 10% 이내로 사용할 수 있다.

12 **다음 중 안정성 시험 중 화장품 사용 시에 일어날 수 있는 오염 등을 고려한 사용기한을 설정하기 위하여 장기간에 걸쳐 물리·화학적, 미생물학적 안정성 및 용기 적합성을 확인하는 시험의 범위의 종류는?**

① 장기보존시험

② 가속시험

③ 가혹시험

④ 개봉 후 안전성 시험

⑤ 개봉 후 사용성 시험

정답 09 ① 10 ② 11 ① 12 ④

Tip **개봉 후 안전성 시험**

화장품 사용 시에 일어날 수 있는 오염 등을 고려한 사용기한을 설정하기 위하여 장기간에 걸쳐 물리·화학적, 미생물학적 안정성 및 용기 적합성을 확인하는 시험

13 천연화장품에서 사용가능 보존제로 적합한 것은?

① 디아졸리디닐우레아
② 소듐아이오데이트
③ 소르빅애씨드 및 그 염류
④ 페녹시에탄올
⑤ 디엠디엠하이단 토인

Tip

천연화장품 및 유기농 화장품 기준에 관한 규정 별표 4 허용 합성원료 및 변성제

[별표 4] 합성원료 및 변성제
벤조익애씨드 및 그 염류(Benzoic Acid and its salts) 벤질알코올(Benzyl Alcohol) 살리실릭애씨드 및 그 염류(Salicylic Acid and its salts) Sorbic Acid and its salts) 데하이드로아세틱애씨드 및 그 염류(Dehydroacetic Acid and its salts) 데나토늄벤조에이트, 3급부틸알코올, 기타변성제(프탈레이트류 제외) (Denatonium Benzoate and Tertiary Butyl Alcohol and other denaturing agents for alcohol (excluding phthalates)) 이소프로필알코올(Isopropylalcohol) 테트라소듐글루타메이트디아세테이트(Tetrasodium Glutamate Diacetate)

14 입고된 원료 및 내용물의 관리에 대한 설명으로 바르지 않은 것은?

① 화장품 원료와 내용물이 입고되면 품질관리 여부와 사용기한 등을 확인 후 품질성적서를 구비한다.
② 모든 원료와 포장재는 화장품 공급업자가 정한 기준에 따라서 품질을 입증할 수 있는 검증자료를 제조업자로부터 공급받아야 한다.
③ 검증은 주기적으로 관리되어야 하며, 모든 원료와 포장재는 사용 전에 관리되어야 한다.
④ 입고된 원료와 포장재는 검사중, 적합, 부적합에 따라 각각의 구분된 공간에 별도로 보관한다.
⑤ 필요한 경우 부적합된 원료와 포장재를 보관하는 공간은 잠금장치를 추가한다.

Tip **2차 포장**

모든 원료와 포장재는 화장품 제조(판매)업자가 정한 기준에 따라서 품질을 입증할 수 있는 검증자료를 공급자로부터 공급받아야 한다.

15 다음 안정성 시험의 세부사항 중 장기보존 시험 및 가속시험 적용범위에 해당하지 않은 것은?

① 일반시험
② 물리, 화학적시험
③ 미생물학적시험
④ 용기적합성시험
⑤ 개봉 후 안정성 시험

Tip

개봉 전 시험항목과 미생물한도시험, 살균보존제, 유효성 성분시험을 수행 (개봉할 수 없는 용기, 일회용제품 등은 개봉 후 안정성에 대한 시험 의무 없음)

16 다음 중 천연 산화방지제가 아닌 것은?

① 비타민 C
② 카제인
③ 로즈 방부제
④ 자몽씨 추출액
⑤ 비타민 E

Tip

카제인은 고분자화합물에 해당하며, 동물추출 천연고분자이다.

정답 13 ③ 14 ② 15 ⑤ 16 ②

17 화학적 소독제에 해당되지 않는 것은?

① 알코올 ② 과산화수소
③ 염소 ④ 직열
⑤ 인산

Tip
물리적 소독으로 스팀, 온수, 직열 방법이 있다.

18 화장품 안정성 변화 중 화학적 변화가 아닌 현상은?

① 변색 ② 변취
③ 오염 ④ 휘발
⑤ 결정

Tip **화학적 변화**
변색, 퇴색, 변취, 오염, 결정, 석출 등

19 공기조화장치의 필터에 대한 설명으로 바르지 않은 것은?

① 화장품 제조라면 적어도 중성능 필터의 설치를 권장한다.
② 고도의 환경관리가 필요한 경우에는 고성능 필터를 설치한다.
③ 고성능 필터를 설치할수록 환경이 좋아지므로 초고성능 필터 설치를 권장한다.
④ 초고성능 필터를 설치했을 경우는 정기적인 포집 효율 시험 또는 필터의 완전성 시험 등이 필요하다.
⑤ 필터는 그 성능을 유지하기 위해 정해진 관리 및 보수를 실시해야 한다.

Tip
초고성능 필터를 설치한 작업장에서 일반적인 작업을 실시하면 바로 필터가 막혀 버려서 오히려 작업 장소의 환경이 나빠진다. 목적에 맞는 필터 선택 및 설치가 중요하다.

20 다음 중 맞춤형화장품판매업자가 작성하여 보관하여야할 판매내역에 포함되지 않은 것은?

① 맞춤형화장품 식별번호
② 사용기한
③ 개봉 후 사용기간
④ 판매일자 및 판매량
⑤ 소분·혼합일자

Tip
맞춤형화장품판매내역서를 작성·보관할 것(전자문서로 된 판매내역을 포함)
① 제조번호(맞춤형화장품의 경우 식별번호를 제조번호로 함)
② 사용기한 또는 개봉 후 사용기간
③ 판매일자 및 판매량

21 화장품의 중대한 유해사례 또는 이와 관련하여 식품의약품안전처장이 보고를 지시한 경우, 화장품 안전성 정보 신속보고 대상은?

① 화장품 제조판매업자
② 의사
③ 약사
④ 화장품 판매자
⑤ 소비자

Tip
화장품 제조판매업자는 중대한 유해사례 또는 이와 관련하여 식품의약품안전처장이 보고를 지시한 경우, 판매중지나 회수에 준하는 외국정부의 조치 또는 이와 관련하여 식품의약품안전청장이 보고를 지시한 경우, 화장품 안전성 정보 신속보고 대상이다.

22 다음은 맞춤형화장품 판매의 범위 중 소비자 요구에 따른 맞춤형화장품 혼합·판매의 범위이다. 옳지 않은 것은?

① 소비자의 직·간접적인 요구에 따라 기존 화장품의 특정 성분의 혼합이 이루어져야 한다.

정답 17 ④ 18 ④ 19 ③ 20 ⑤ 21 ① 22 ④

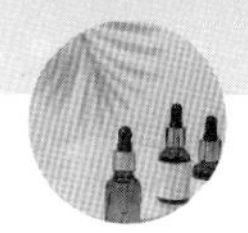

② 기본 제형(유형 포함)이 정해져 있어야 하고, 기본 제형의 변화가 없는 범위내에서 특정 성분의 혼합이 이루어져야 한다.
③ 화장품법에 따라 등록된 업체에서 공급된 특정 성분을 혼합하는 것을 원칙으로 하되 화학적인 변화 등 인위적인 공정을 거치지 않는 성분의 혼합도 가능하다.
④ 제조판매업자가 특정 성분의 혼합 범위를 규정하고 있는 경우에는 그 범위와 상관없이 특정 성분의 혼합이 가능하다.
⑤ 원료 등만을 혼합하는 경우는 제외로 한다.

Tip
제조판매업자가 특정 성분의 혼합 범위를 규정하고 있는 경우에는 그 범위 내에서 특정 성분의 혼합이 이루어져야 한다.

23 **청정 등급 유지에 필수적인 공기조화장치의 공기 조절의 4대 요소와 대응설비로 바르지 않은 것은?**

① 청정도 – 공기정화기
② 실내온도 – 열 교환기
③ 습도 – 가습기
④ 기류 – 송풍기
⑤ 오염도 – 환풍기

Tip
공기 조절의 4대 요소는 청정도, 실내온도, 습도, 기류이며, 각각 공기정화기, 열교환기, 가습기, 송풍기로 조절한다.

24 **다음 중 피지의 구성성분이 아닌 것은 어느것인가?**

① 스쿠알렌
② 트리글리세라이드
③ 수분
④ 왁스
⑤ 콜레스테롤

Tip
수분은 땀의 구성성분이다.

25 **다음 제조설비 중 혼합과 교반 장치에 대한 설명으로 바르지 않은 것은?**

① 믹서의 재질은 탱크와의 공존이 가능하지 않아도 된다.
② 봉인(Seal)과 개스킷과 제품과의 공존 시 적용 가능성을 확인한다.
③ 과도한 악화를 야기하지 않기 위해 온도, pH, 압력과 같은 작동 조건의 영향에 대해서 확인한다.
④ 정기적으로 계획된 유지관리와 점검을 한다.
⑤ 점검 시 윤활제가 새서 제품을 오염시키지 않는지 확인한다.

Tip
전기화학적인 반응을 피하기 위해서 믹서의 재질이 믹서를 설치할 모든 젖은 부분 및 탱크와의 공존이 가능한지 확인해야 한다.

26 **원료 및 포장재의 용기에 관한 사항으로 바르지 않은 것은?**

① 제품을 정확히 식별하고 혼동의 위험을 없애기 위해 라벨을 부착한다.
② 원료 및 포장재의 용기는 물질과 뱃치 정보를 확인할 수 있는 표시를 부착해야 한다.
③ 제품의 품질에 영향을 줄 수 있는 결함을 보이는 원료와 포장재는 즉시 폐기해야 한다.
④ 원료 및 포장재의 상태(즉, 합격, 불합격, 검사 중)는 적절한 방법으로 확인되어야 한다.
⑤ 물리적 시스템 또는 전자시스템은 혼동, 오류 또는 혼합을 방지할 수 있도록 설계한다.

정답 23 ⑤ 24 ③ 25 ⑤ 26 ④

Tip

제품의 품질에 영향을 줄 수 있는 결함을 보이는 원료와 포장재는 결정이 완료될 때까지 보류상태로 있어야 한다.

27 퍼머넌트 웨이브 제품 및 헤어스트레이트너 제품의 사용 시의 주의사항이 아닌 것은?

① 두피·얼굴·눈·목·손 등에 약액이 묻지 않도록 유의하고, 얼굴 등에 약액이 묻었을 때에는 즉시 물로 씻어낼 것
② 특이체질, 생리 또는 출산 전후이거나 질환이 있는 사람 등은 사용을 피할 것
③ 머리카락의 손상 등을 피하기 위하여 용법·용량을 지켜야 하며, 가능하면 일부에 시험적으로 사용하여 볼 것
④ 섭씨 20도 이하의 밝은 장소에 보존하고, 색이 변하거나 침전된 경우에는 사용하지 말 것
⑤ 개봉한 제품은 7일 이내에 사용할 것(에어로졸 제품이나 사용 중 공기유입이 차단되는 용기는 표시하지 아니한다)

Tip

섭씨 15도 이하의 어두운 장소에 보존하고, 색이 변하거나 침전된 경우에는 사용하지 말 것

28 사람의 일반적 피부 표면의 pH는 어느 정도인가?

① 약 pH 1.5~3.5
② 약 pH 3.5~5.5
③ 약 pH 5.5~7.5
④ 약 pH 7.5~9.5
⑤ 약 pH 9.5~11.5

Tip

일반적 사람피부는 약산성(pH5.5 전후)이다.

29 모발의 생리구조에 따른 모발의 기능이 아닌 것은?

① 보호기능　② 장식기능
③ 배설기능　④ 분비기능
⑤ 지각기능

Tip

모발의 기능에는 보호기능, 장식기능, 배설기능, 지각기능이 있다.

30 개인정보 처리 방침사항에 해당되지 않는 것은?

① 개인정보 수집방법 및 처리자
② 개인정보의 제3자 제공에 관한 사항
③ 개인정보의 처리 및 보유기간
④ 개인정보의 처리목적
⑤ 개인정보의 파기절차 및 파기방법

Tip

개인정보 처리방침 사항
개인정보의 처리목적
개인정보의 처리 및 보유기간
개인정보의 제3자 제공에 관한 사항(해당되는 경우에만 정한다)
개인정보의 파기절차 및 파기방법
개인정보처리의 위탁에 관한 사항(해당되는 경우에만 정한다)
정보주체와 법정대리인의 권리·의무 및 그 행사방법에 관한 사항
개인정보 보호책임자의 성명 또는 개인정보 보호업무 및 관련 고충사항을 처리하는 부서의 명칭과 전화번호 등 연락처
인터넷 접속정보파일 등 개인정보를 자동으로 수집하는 장치의 설치·운영 및 그 거부에 관한 사항(해당되는 경우에만 정한다)
그 밖에 개인정보의 처리에 관하여 대통령령으로 정한 사항 • 처리하는 개인정보 항목, 파기에 관한 사항, 안전성 확보조치에 관한 사항

정답　27 ④　28 ③　29 ④　30 ①

31 **내용물 및 원료의 사용기한 확인·판정에 관한 설 명으로 바르지 않은 것은?**

① 원료의 사용기한은 사용 시 확인이 가능하도록 라벨에 표시한다.
② 원료의 허용 가능한 보관 기한을 결정하기 위한 문서화된 시스템을 확립한다.
③ 보관기한이 규정되어 있지 않은 원료는 품질 부문에서 적절한 보관 기한을 정한다.
④ 물질의 정해진 보관 기한이 지나면 해당 물질을 재평가하여 사용 적합성을 결정하는 단계들을 포함해야 한다.
⑤ 원료가 사용기간(유효기간)을 넘겼을 경우 폐기처리한다.

Tip
원료가 사용기간(유효기간)을 넘겼을 경우 품질관리부와 협의하여 유효기간을 재설정하고, 원료에 문제가 있다고 할 경우 폐기한다.

32 **점토를 원료로 사용한 분말제품은 50㎍/g 이하, 그 밖의 제품은 20㎍/g 이하 검출허용한도에 해당하는 원료에 해당하는 것으로 옳은 것은?**

① 납 ② 니켈
③ 비소 ④ 카드뮴
⑤ 안티몬

Tip **납**
점토를 원료로 사용한 분말제품은 50㎍/g 이하, 그 밖의 제품은 20㎍/g 이하

33 **다음 중 화장품 배합에 사용할 수 없는 원료에 해당하는 것으로 옳은 것은?**

① 잔탄검 ② 카라기난
③ 디메칠설페이트 ④ 글리세린
⑤ 토코페릴아세테이트

Tip **화장품에 사용할 수 없는 원료**
갈라민트리에치오다이드, 갈란타민, 구아이페네신, 글리사이클아미드, 나프탈렌, 니켈, 니트로젠벤, 다이우론, 도딘, 디메칠설페이트, 페닐파라벤 등

34 **다음 중 화장품 책임판매업 영업의 범위에 해당하지 않는 것은?**

① 화장품을 직접 제조하여 유통·판매하는 영업
② 화장품제조업자에게 위탁하여 제조된 화장품을 유통·판매하는 영업
③ 화장품 제조를 위탁받아 제조하는 영업
④ 수입한 화장품을 유통·판매하는 영업
⑤ 수입대행형 거래(전자상거래만 해당)를 목적으로 화장품을 알선·수여하는 영업

Tip
③은 화장품 제조업 영업의 범위이다.

35 **벌크 제품의 사용기한과 보관 관리에 대한 내용으로 바르지 않은 것은?**

① 밀폐할 수 있는 용기에 들어있는 벌크는 절차서에 따라 재보관할 수 있다.
② 남은 벌크제품은 재보관과 재사용은 불가능하다.
③ 재보관 시 내용을 명기하고 재보관임을 표시한 라벨을 부착한다.
④ 개봉할 때마다 변질 및 오염이 발생할 가능성 이 있으므로 여러 번 재보관과 재사용을 반복하는 것은 피하도록 한다.
⑤ 여러 번 사용하는 벌크 구입 시 소량씩 나누어 보관하여 재보관 횟수를 줄이도록 한다.

Tip
남은 벌크제품도 재보관하고 재사용 가능하다.

정답 31 ⑤ 32 ① 33 ③ 34 ③ 35 ②

36 **다음 중 포장 작업 문서에 포함되는 사항이 아닌 것은?**

① 포장 라인명 또는 확인 코드
② 검증되고 사용되는 설비
③ 벌크제품을 확인할 수 있는 개요나 체크리스트
④ 시험 방법 및 검체 채취 지시서
⑤ 포장 공정에 적용 가능한 특별 주의사항 및 예방조치

Tip
제품명 또는 확인 코드가 포함되어야 한다.

37 **다음의 화장품 제형에 대한 설명 중 제형특성 설명이 옳지 않은 것은 ?**

① 액제 : 화장품에 사용되는 성분을 용제 등에 녹여서 액상으로 만든 것
② 로션제 : 유화제 등을 넣어 유성성분과 수성성분을 균질화하여 점액상으로 만든 것
③ 로션제 : 유화제 등을 넣어 유성성분과 수성성분을 균질화하여 반고형상으로 만든 것
④ 겔제 : 액체를 침투시킨 분자량이 큰 유기분자로 이루어진 반고형상을 말함
⑤ 분말제 : 균질하게 분말상 또는 미립상으로 만든 것을 말하며, 부형제 등을 사용할 수 있음

Tip **크림제**
유화제 등을 넣어 유성성분과 수성성분을 균질화하여 반고형상으로 만든 것

38 **우수화장품 제조 및 품질관리기준에서 정의한 용어에 대한 설명에서 ㉠에 들어갈 알맞은 말을 쓰시오.**

"(㉠)" (이)란 충전(1차포장) 이전의 제조 단계까지 끝낸 제품을 말한다.

① 반제품
② 벌크
③ 원료
④ 원자재
⑤ 제조단위

Tip
① "반제품"이란 제조공정 단계에 있는 것으로서 필요한 제조공정을 더 거쳐야 벌크 제품이 되는 것을 말한다.
③ "원료"란 벌크 제품의 제조에 투입하거나 포함되는 물질을 말한다.
④ "원자재"란 화장품 원료 및 자재를 말한다.
⑤ "제조단위" 또는 "뱃치"란 하나의 공정이나 일련의 공정으로 제조되어 균질성을 갖는 화장품의 일정한 분량을 말한다.

39 **작업 동안, 모든 포장라인은 최소한 다음의 정보로 확인이 가능해야 한다. 바르지 않은 것은?**

① 벌크제품의 제조번호
② 포장라인명
③ 완제품명
④ 완제품 확인 코드
⑤ 완제품의 뱃치

Tip
• 포장라인명 또는 확인 코드
• 완제품명 또는 확인 코드
• 완제품의 뱃치 또는 제조번호

정답 36 ① 37 ③ 38 ② 39 ①

40 다음 중 화장품에 사용되는 사용상의 제한이 필요한 원료 중 보존제의 사용한도 범위가 옳지 않은 것은?

① 글루타랄 – 0.1%
② 디아졸리디닐우레아 – 0.5%
③ 아미다졸리디닐우레아 – 0.6%
④ 클로페네신 – 0.3%
⑤ 클로로펜 – 0.5%

Tip 클로로펜
0.05%

41 다음 중 화장품 책임판매업자 등록 결격사유에 해당하지 않는 것은?

① 피성년후견인
② 정신질환자 또는 마약류의 중독자
③ 파산선고를 받고 복권되지 아니한 자
④ 「화장품법」 또는 「보건범죄 단속에 관한 특별조치법」을 위반해 금고 이상의 형을 선고받고 그 집행이 끝나지 않거나 그 집행을 받지 않기로 확정되지 않은 자
⑤ 등록이 취소되거나 영업소가 폐쇄된 날부터 1년이 지나지 않은 자

Tip
②는 화장품제조업 등록 결격사유에 해당한다.

42 화장품제형은 로션제, 액제, 크림제 및 침척마스크에 한하며, 제품의 효능, 효과는 피부의 주름개선에 도움을 주는 제품의 성분 및 함량이 올바르지 않은 것은?

① 레티놀 : 2,500IU/g
② 레티닐 팔미테이트 : 10,000IU/g
③ 폴리에톡실레이티드 레틴아마이드 : 0.05~0.2%
④ 나이아신아마이드 : 2~5 %
⑤ 아데노신 : 0.04 %

Tip 나이아신아마이드
2~5%는 피부의 미백에 도움을 주는 기능성화장품의 성분 및 함량임

43 설비·기구의 폐기 기준에 대한 설명으로 바르지 않은 것은?

① 정기적으로 교체해야 하는 부속품들에 대해 연간 계획을 세워 실시한다.
② 망가지고 나서 수리하는 것이 원칙이다.
③ 설비 및 기구가 제품 품질에 좋지 않은 영향을 미쳤을 때 폐기한다.
④ 고장 발생 시 긴급점검이나 수리로 유지보수가 불가능할 때 폐기한다.
⑤ 설비 및 기구가 불량해 사용할 수 없을 때 폐기하거나 확실하게 "사용불능"을 표시한다.

Tip
망가지고 나서 수리하지 않는 것이 원칙이다.

44 설비 ·기구의 폐기를 위해 불용처분으로 판단하는 기준에 적합하지 못한 것은?

① 고장이 발생하는 경우 설비의 부품 수급이 가 능한지 여부
② 내용연수가 경과한 설비에 대해 정기 점검 결과, 작동 및 오작동에 대한 장비의 신뢰성이 확인되는 경우
③ 경제적인 판단으로 설비 수리·교체에 따른 비용이 신규 설비의 도입 비용을 초과하는 경우
④ 내용연수가 도래하지 않은 설비의 잦은 고장으로 인해 신규 장비 도입을 하는 것이 경제적인 경우
⑤ 내용연수가 도래하지 않은 설비의 부품 수급이 불가능한 경우

정답 40 ⑤ 41 ② 42 ④ 43 ② 44 ②

Tip

작동 및 오작동에 대한 장비, 설비의 신뢰성이 지속적인 지 여부로 판단하므로 장비의 신뢰성이 확인되었다면 불용처분을 하지 않는다.

45 다음 보기의 설명이 가르키는 용어는 어느것인가?

1차 포장을 수용하는 1개 또는 그 이상의 포장과 보호재 및 표시 목적으로 하는 포장(첨부문서 등을 포함)하는 작업을 말한다.

① 1차 포장 ② 2차 포장
③ 충진 ④ 혼합
⑤ 소분

Tip **2차 포장**

1차 포장을 수용하는 1개 또는 그 이상의 포장과 보호재 및 표시 목적으로 하는 포장(첨부문서 등을 포함)

46 염모제 사용 전의 주의 사항으로 옳지 않은 것은?

① 염색 전 2일전(48시간 전)에는 다음의 순서에 따라 매회 반드시 패취테스트(patch test)를 실시하여 주십시오.
② 과거에 아무 이상이 없이 염색한 경우에는 패취테스트를 하지 않아도 됩니다.
③ 눈썹, 속눈썹 등은 위험하므로 사용하지 마십시오.
④ 변도 직후에는 염색하지 말아 주십시오.
⑤ 염모 전후 1주간은 파마·웨이브(퍼머넨트웨이브)를 하지 말아 주십시오.

Tip

패취테스트는 염모제에 부작용이 있는 체질인지 아닌지를 조사하는 테스트로 과거에 아무 이상이 없이 염색한 경우에도 체질의 변화에 따라 알레르기 등 부작용이 발생할 수 있으므로 매회 반드시 실시하여야 한다.

47 용기(병, 캔 등)의 청결성 확보를 위한 내용으로 바르지 않은 것은?

① 자사에서 세척할 경우는 세척방법의 확립이 필수이다.
② 세척건조방법 및 세척확인방법은 대상으로 하는 용기에 따라 다르다.
③ 실제로 용기세척을 개시한 후에도 세척방법의 유효성을 정기적으로 확인해야 한다.
④ 용기는 매 뱃치 입고 시에 무작위 추출하여 육안 검사를 실시하고, 기록에 남긴다.
⑤ 청결한 용기를 제공할 수 있는 제조업자로부터 구입한다.

Tip

청결한 용기를 제공할 수 있는 공급업자로부터 구입 – 기존의 공급업자 중에서 찾거나 현재 구입처에 개선을 요청해서 청결한 용기를 입수할 수 있게 함. 일반적으로는 절차에 따라 구입

48 맞춤형화장품 혼합·소분 장비 및 장비·도구 관리시 옳지 않은 것은?

① 작업 장비 및 도구 세척 시에 사용되는 세제·세척제는 잔류하거나 표면 이상을 초래하지 않는 것을 사용하여야 한다.
② 세척한 작업 장비 및 도구는 잘 건조하여 다음 사용 시까지 오염을 방지하여야 한다.
③ 맞춤형화장품 혼합·소분 장소가 위생적으로 유지될 수 있도록 맞춤형화장품판매업자는 주기를 정하여 맞춤형화장품조제관리사의 특성에 맞도록 위생관리하여야 한다.
④ 맞춤형화장품판매업소에서는 장비·도구 관리 등 맞춤형화장품판매업소에 대한 위생 환경 모니터링을 실시 하여야 한다.
⑤ 맞춤형화장품판매업소에서는 작업자 위생, 작업환경위생 등에 대한 위생 환경 모니터링 후 그 결과를 기록하고 판매업소의 위생 환경 상태를 관리 하여야 한다.

정답 45 ② 46 ② 47 ⑤ 48 ③

Tip
맞춤형화장품 혼합·소분 장소가 위생적으로 유지될 수 있도록 맞춤형화장품판매업자는 주기를 정하여 판매장 등의 특성에 맞도록 위생관리 할 것

49 '만 3세 이하 어린이에게는 사용하지 말 것'이라는 표시 문구를 반드시 기재해야 하는 성분은?

① 살리실릭애씨드 및 그 염류 함유 제품
② 카민 함유 제품
③ 코치닐추출물 함유 제품
④ 실버나이트레이트 함유 제품
⑤ 스테아린산아연 함유 제품

Tip
살리실릭애씨드 및 그 염류 함유 제품(샴푸 등 사용 후 바로 씻어내는 제품 제외)는 '만 3세 이하 어린이에게는 사용하지 말 것'이라는 표시 문구를 반드시 기재해야 한다.

50 다음 중 맞춤형화장품에 혼합 가능한 화장품 원료로 옳은 것은?

① 나이아신아마이드
② 레티놀
③ 천수국꽃 추출물 또는 오일
④ 라벤더오일
⑤ 옥토크릴렌

Tip
①, ②, ⑤ 기능성화장품 고시원료 ③ 배합금지원료

51 화장품 제조시설 및 기구 등을 세척하고 확인하는 방법으로 바르지 않은 것은?

① 린스액의 화학분석
② 현미경을 이용한 확인
③ 육안 확인
④ 천으로 문질러 부착물 확인
⑤ 거즈로 문질러 부착물 확인

Tip
세척 후 확인방법으로는 육안확인, 천 또는 거즈로 문질러 부착물 확인, 린스액 화학분석 등이 있다.

52 완제품의 사용기한과 보관 관리에 대한 내용으로 바르지 않은 것은?

① 사고 등이 발생했을 때 제품을 시험하는데 충분한 양 확보
② 시험에 필요한 양을 제조 단위별로 적절한 보관 조건하에서 지정된 구역 내에 따로 보관한다.
③ 사용기한 경과 후 3년간 보관한다.
④ 개봉 후 사용기간을 기재하는 경우는 제조일로부터 3년간 보관한다.
⑤ 안정성이 확립되어 있지 않은 화장품은 정기적으로 경시 변화 추적이 필요하다.

Tip
사용기한 경과 후 1년간 보관한다.

53 다음 중 사용금지원료이나 검출허용한도 지정원료와 허용한도가 옳지 않은 것은?

① 포름알데하이드 : 2000㎍/g 이하
② 프탈레이트류(디부틸프탈레이트, 부틸벤질프탈레이트 및 디에칠헥실 프탈레이트에 한함) : 총합으로서 100㎍/g 이하
③ 디옥산 : 100㎍/g 이하
④ 카드뮴 : 5㎍/g 이하
⑤ 안티몬 : 1㎍/g 이하

Tip 안티몬
10㎍/g 이하

정답 49 ① 50 ④ 51 ② 52 ③ 53 ⑤

54 **다음 중 화장품의 물리적 변화에 해당되지 않는 것은?**

① 분리 ② 겔화
③ 연화 ④ 휘발
⑤ 변취

Tip

- 화장품의 화학적변화 : 변색, 퇴색, 변취, 오염, 결정 석출 등
- 화장품의 물리적변화 : 분리, 침전, 응집, 겔화, 휘발, 고화, 연화, 균열 등

55 **다음 중 화장품의 색소에 관한 설명으로 옳지 않은 것은?**

① 색소 : 화장품이나 피부에 색을 띠게 하는 것을 주요 목적으로 하는 성분을 말한다.
② 타르색소 : 콜타르, 그 중간생성물에서 유래되었거나 유기합성하여 얻은 색소 및 그 레이크, 염, 희석제와의 혼합물을 말한다.
③ 순색소 : 중간체, 희석제, 기질 등을 포함하지 아니한 순수한 색소를 말한다.
④ 기질 : 타르색소를 기질에 흡착, 공침 또는 단순한 혼합이 아닌 화학적 결합에 의하여 확산시킨 색소를 말한다.
⑤ 희석제 : 색소를 용이하게 사용하기 위하여 혼합되는 성분을 말한다.

Tip

④번은 '레이크'에 대한 설명이다.

56 **화장품 판매를 위한 1차 포장 또는 2차 포장 표시사항 중 총리령으로 정하는 사항으로 옳지 않은 것은?**

① 기능성화장품인 경우 "질병의 예방 및 치료를 위한 의약품이 아님"이라는 문구
② 기능성화장품의 경우 심사받거나 보고한 효능·효과, 용법·용량
③ 성분명을 제품 명칭의 일부로 사용한 경우 그 성분명과 함량은 제외
④ 인체 세포·조직 배양액이 들어있는 경우 그 함량
⑤ 화장품에 천연 또는 유기농으로 표시·광고하려는 경우에는 원료의 함량

Tip

성분명을 제품 명칭의 일부로 사용한 경우 그 성분명과 함량(방향용 제품은 제외한다)

57 **페놀과 에틸렌글라이콜이 에테르 결합한 것으로 대부분의 화장품에 보존제로 사용되고 있는 원료로 체내 흡수 시 마취작용이 있으며, 피부 알레르기를 유발할 수 있는 원료는?**

① 1,2-헥산디올 ② 파라벤
③ 페녹시에탄올 ④ 메틸파라벤
⑤ 프로필파라벤

Tip

페녹시에탄올은 페놀과 에틸렌글라이콜이 에테르 결합한 것으로 대부분의 화장품에 보존제로 사용되고 있는 원료로 체내 흡수 시 마취작용이 있으며, 화장품으로 사용 시 피부 알레르기를 유발할 수 있어 1% 미만으로 배합해야 한다.

58 **다음 중 HLB의 값을 큰 순서대로 바르게 나열한 것은?**

① 세정제 > O/W 유화제 > 분산제 > 소포제
② 유화제 > O/W 유화제 > 소포제 > 세정제
③ 세정제 > 소포제 > 유화제 > O/W 유화제
④ 유화제 > O/W 유화제 > 소포제 > 세정제
⑤ O/W 유화제 > 소포제세정제 > 유화제

Tip

HLB의 값이 클수록 친수성에 가까운 계면활성제이다.

정답 54 ⑤ 55 ④ 56 ③ 57 ③ 58 ①

59 손 소독용으로 흔히 사용되며 의료진의 손 위생 제제로 안전하고 효과적인 것은?

① 포비돈아이오딘　② 클로르헥시딘
③ 아이오딘　④ 아이오도퍼
⑤ 알코올

Tip
포비돈아이오딘 손 소독용으로 흔히 사용(5~10% 포비돈아이오딘은 의 료진의 손 위생 제제로 안전하고 효과적임)

60 다음 보기는 손 위생 제제 중 무엇에 대한 설명인가?

- 지방산과 수산화나트륨 또는 수산화칼륨을 함유한 세정제이다.
- 고체, 티슈, 액상의 형태로 다양하다.
- 손에 묻은 지질과 오염물, 유기물 제거에 효과가 있다.
- 병원성 세균은 제거하지 못하며, 피부 자극이나 건조 때문에 오히려 세균 수를 증가시킨다.

① 스쿠알렌　② 트리글리세라이드
③ 비누　④ 왁스
⑤ 콜레스테롤

Tip
비누에 대한 설명이다.

61 화장품 포장의 표시기준 및 표시방법에 대한 설명이다. 다음 중 옳지 않은 것은?

① 화장품의 명칭은 다른 제품과 구별할 수 있도록 표시된 것으로서 같은 화장품책임판매업자의 여러 제품에서 공통으로 사용하는 명칭을 포함한다.
② 화품제조업자 또는 화장품책임판매업자의 주소는 등록필증에 적힌 소재지 또는 반품·교환 업무를 대표하는 소재지를 기재·표시하여야 한다.
③ 화장품제조업자와 화장품책임판매업자가 같은 경우는 "화장품제조업자 및 화장품책임판매업자"로 한꺼번에 기재·표시할 수 있다.
④ 화장품제조업자 및 화장품판매업자 상호 및 주소의 경우 공정별로 2개 이상의 제조소에서 생산된 화장품의 경우에는 화장품제조업자의 상호 및 주소는 2곳 모두 기재하여야 한다.
⑤ 수입화장품의 경우에는 추가로 기재·표시하는 제조국의 명칭, 제조회사명 및 그 소재지를 국내 "화장품제조업자"와 구분하여 기재·표시하여야 한다.

Tip
공정별로 2개 이상의 제조소에서 생산된 화장품의 경우에는 일부 공정을 수탁한 화장품제조업자의 상호 및 주소의 기재·표시를 생략할 수 있음

62 다음은 무엇에 대한 설명인가?

- 완제품을 보호하여 소비자에게 배달하기 위해 정해진 외부 포장을 만들고 봉인하기 위해 사용한다.
- 제품 용기가 윤활제나 설비에 쌓여있는 외부접착제에 노출되지 않게 하기 위해 접착제의 청소 를 용이하게 할 수 있도록 설계하여야 한다.

① 라벨기기　② 코드화기기
③ 케이스 포장기　④ 컨베이어벨트
⑤ 버킷 컨베이어

Tip
케이스 포장기에 대한 설명이다.

63 자외선 차단 성분인 티타늄디옥사이드의 사용 제한 농도는?

① 5%　② 10%
③ 15%　④ 20%
⑤ 25%

정답　59 ④　60 ③　61 ④　62 ③　63 ⑤

Tip
티타늄디옥사이드는 사용상의 제한이 필요한 원료 중 자외선 차단성분(30종)에 해당한다.

64 **화장품의 포장에서 기재·표시를 생략할 수 있는 성분 중 내용량이 10밀리리터 초과 50밀리리터 이하 또는 중량이 10그램 초과 50그램 이하인 성분 중 생략제외 성분이 아닌 것은?**

① 계면활성제
② 타르색소
③ 과일산(AHA)
④ 기능성화장품의 경우 그 효과가 나타나게 하는 원료
⑤ 식품의약품안전처장이 배합 한도를 고시한 화장품의 원료

Tip
내용량이 10밀리리터 초과 50밀리리터 이하 또는 중량이 10그램 초과 50그램 이하인 화장품의 포장인 경우 다음 성분을 제외한 성분
(단, 타르색소, 금박, 샴푸와 린스에 들어 있는 인산염의 종류, 과일산(AHA), 기능성화장품의 경우 그 효능·효과가 나타나게 하는 원료, 식약처장이 배합 한도를 고시한 화장품의 원료)

65 **화장품 제조업등록 시 시설기준 요건으로 옳지 않은 것은?**

① 원료·자재 및 제품의 품질검사를 위해 필요한 실험실을 갖추어야 한다.
② 품질검사에 필요한 시설 및 기구를 갖추어야 한다.
③ 화장품의 일부 공정만을 제조하는 경우에도 해당공정에 필요한 시설 뿐 아니라 모든 시설 및 기구를 갖추어야 한다.
④ 기관 등에 원료·자재 및 제품에 대한 품질검사를 위탁하는 경우 품질검사에 필요한 시설 및 기구를 갖추지 않아도 된다.
⑤ 원료·자재 및 제품을 보관하는 보관소를 갖추어야 한다.

Tip
제조업자가 화장품의 일부 공정만을 제조하는 경우 해당 공정에 필요한 시설 및 기구 외의 시설 및 기구는 갖추지 아니할 수 있다.

66 **다음 중 미백 기능성 화장품의 성분이 아닌 것은?**

① 닥나무추출물
② 알파-비사보롤
③ 알부틴
④ 아스코빌글루코사이드
⑤ 레티닐 팔미테이트

Tip
레티닐 팔미테이트는 주름 개선 성분이다.

67 **화장품 표시·광고의 범위 및 준수사항으로 옳지 않은 것은?**

① 사실과 다르거나 부분적으로 사실이라고 하더라도 전체적으로 보아 소비자가 잘못 인식할 우려가 있는 표시·광고 또는 소비자를 속이거나 소비자가 속을 우려가 있는 표시·광고를 하지 말 것
② 경쟁상품과 비교하는 표시·광고는 비교 대상 및 기준을 분명히 밝히고 객관적으로 확인될 수 있는 사항만을 표시·광고하여야 함
③ 기능성화장품 또는 유기농화장품이 아님에도 불구하고 제품의 명칭, 제조방법, 효능·효과 등에 관하여 기능성화장품 또는 유기농화장품으로 잘못 인식할 우려가 있는 표시·광고를 하지 말 것

정답 64 ① 65 ③ 66 ⑤ 67 ⑤

④ 사실과 다르거나 부분적으로 사실이라고 하더라도 전체적으로 보아 소비자가 잘못 인식할 우려가 있는 표시·광고 또는 소비자를 속이거나 소비자가 속을 우려가 있는 표시·광고를 하지 말 것
⑤ 경쟁상품과 비교하는 표시·광고는 비교 대상 및 기준을 분명히 밝히고 객관적으로 확인될 수 있는 사항만에 대해서도 표시·광고하지 말 것

Tip

경쟁상품과 비교하는 표시·광고는 비교 대상 및 기준을 분명히 밝히고 객관적으로 확인될 수 있는 사항만을 표시·광고하여야 하며, 배타성을 띤 "최고" 또는 "최상" 등의 절대적 표현의 표시·광고를 하지 말 것

68 **다음 중 화장품에 사용할 수 없는 원료에 해당하지 않는 것은?**

① 미세플라스틱　② 리도카인
③ 니켈　④ 메트알데히드
⑤ 토코페롤

Tip

비타민 E(토코페롤)은 사용상의 제한이 필요한 원료에 해당한다.

69 **작업자의 복장 착용에 대한 설명으로 적합하지 않은 것은?**

① 작업복은 땀의 흡수 및 배출이 용이한 것이 좋다.
② 작업장 내·외부에서 모두 착용한다.
③ 작업화는 신발 바닥이 우레탄 코팅이 되어 있는 것이 좋다.
④ 주 1회 세탁을 원칙으로 하며 하절기에는 횟수를 늘린다.
⑤ 작업복의 재질은 먼지, 이물 등을 유발시키지 않는 것이 좋다.

Tip

작업복은 작업장 입실 전에 착용하여 입실하며, 작업장 이외 구역으로 외출 시에는 작업복을 탈의하고 외출해야 한다.

70 **다음 중 제품의 포장재질, 포장방법에 관한 기준 등에 의한 규칙에 따른 제품의 종류 중 화장품류인 인체, 두발 세정용 제품류의 포장공간비율은?**

① 5% 이하　② 10% 이하
③ 15% 이하　④ 20% 이하
⑤ 25% 이하

Tip

제품의 포장재질·포장방법에 관한 기준 등에 의한 규칙 「별표1」

<table>
<tr><th colspan="3" rowspan="2">제품의 종류</th><th colspan="2">기준</th></tr>
<tr><th>포장공간 비율</th><th>포장 횟수</th></tr>
<tr><td rowspan="2">단위 제품</td><td rowspan="2">화장 품류</td><td>인체·두발 세정용 제품류</td><td>15% 이하</td><td>2차 이내</td></tr>
<tr><td>그 밖의 화장 품류(방향제 포함)</td><td>10% 이하 (향수제외)</td><td>2차 이내</td></tr>
<tr><td>종합 제품</td><td colspan="2">화장품류</td><td>25% 이하</td><td>2차 이내</td></tr>
</table>

71 **작업장 내 작업자의 복장 형태로 적합하지 않은 것은?**

① 머리카락을 완전히 감싸는 형태의 모자를 사용해야 한다.
② 작업복은 상하의가 하나로 붙은 것이 좋다.
③ 실험복은 백색가운으로 전면 양쪽 주머니가 있어야 한다.
④ 방진복은 전면지퍼, 긴 소매바지, 주머니가 없어야 한다.
⑤ 방진복은 완전히 감싸는 형태로 손목, 허리, 발목에 고무줄, 모자 또한 챙이 있고 두상을 완전히 감싸는 형태이어야 한다.

정답　68 ⑤　69 ②　70 ③　71 ②

Tip

작업복은 상하의가 분리된 것으로 착용한다.

72 **내용물, 원료 및 포장재의 보관 및 관리에 대한 기준 중 옳지 않은 것은?**

① 설정된 보관기한이 지나면 사용의 적절성을 결정하기 위해 재평가시스템을 확립하여야 하며, 동 시스템을 통해 보관기한이 경과한 경우 사용하지 않도록 규정
② 원료 등은 품질에 영향을 미치지 않는 장소(예: 직사광선을 피할 수 있는 장소 등)에서 보관
③ 원료 등의 사용기한을 확인한 후 관련 기록을 보관하고, 사용기한이 지난 내용물 및 원료는 폐기
④ 원료와 내용물 입고 시 품질관리 여부를 확인하고 품질성적서를 구비
⑤ 원료와 포장재의 용기는 밀폐되어야하며, 재포장될 경우, 원래의 용기와 다르게하게 표시 가능함

Tip

원료와 포장재의 용기는 밀폐되어야하며 재포장될 경우, 원래의 용기와 동일하게 표시하여야 함

73 **계면활성제의 세정력의 세기에 따른 배열로 옳은 것은?**

① 양이온성 > 비이온성 > 양쪽성 > 음이온성
② 비이온성 > 음이온성 > 양쪽성 > 양이온성
③ 양쪽성 > 양이온성 > 음이온성 > 비이온성
④ 양이온성 > 음이온성 > 양쪽성 > 비이온성
⑤ 음이온성 > 양쪽성 > 양이온성 > 비이온성

Tip

계면활성제의 양이온성 〉 음이온성 〉 양쪽성 〉 비이온성의 순서로 피부 자극 정도가 높고, 세정력은 음이온성 〉 양쪽성 〉 양이온성 〉 비이온성의 순서로 높다.

74 **EWG등급 1등급의 안전한 성분으로 천연화장품의 방부제로 사용되는 성분은?**

① 1,2-헥산디올
② 파라벤
③ 페녹시에탄올
④ 메틸파라벤
⑤ 프로필파라벤

Tip

1,2-헥산디올은 EWG등급 1등급의 안전한 성분으로 천연화장품의 방부제로 사용되며 파라벤, 페녹시에탈올 등 유해성이 있는 보존제의 대체물질로 사용되고 있다. 2% 함유 시 6개월, 3% 함유 시 1년의 보존력을 갖는다.

75 **다음에서 설명하는 화장품 혼합 기기로 옳은 것은?**

- 균일하고 미세한 유화입자가 만들어진다.
- 고정자 내벽에서 운동자가 고속 회전하는 장치이다.
- 화장품 제조 시 가장 많이 사용하는 기기로, O/W 및 W/O 제형 모두 제조 가능하다.

① 디스퍼(Disper)
② 호모 믹서(Homo mixer)
③ 아지 믹서(Agi mixer)
④ 핫 플레이트(Hot Plate)
⑤ 호모게나이저(Homogenizer)

Tip

균일하고 미세한 유화입자가 만들어지며, 화장품 제조 시 가장 많이 사용하는 기기는 호모 믹서(Homo mixer)로, 크림 이나 로션 타입의 제조에 주로 사용된다.

정답 72 ⑤ 73 ⑤ 74 ① 75 ②

76 화장품 안전기준 등에 관한 규정에서 규정하고 있는 사용상의 제한이 필요한 원료 중, 아이오도프로피닐부틸카바메이트의 사용 범위에 대한 설명으로 틀린 것은?

① 사용 후 씻어내는 제품에 0.02%
② 사용 후 씻어내지 않는 제품에 0.01%
③ 데오드란트에 배합할 경우에는 0.0075%
④ 입술에 사용되는 제품에는 사용 금지
⑤ 영유아용 모든 제품류에 사용 금지

Tip
아이오도프로피닐부틸카바메이트(IPBC)는 살균·보존제 성분으로 영유아용 제품류 또는 만 13세 이하 어린이가 사용할 수 있음을 특정하여 표시하는 제품에는 사용을 금지하나, 목욕용제품, 샤워젤류 및 샴푸류는 제외한다.

77 제품이 닿는 포장설비가 아닌 것은?

① 뚜껑덮는장치　② 펌프 주입기
③ 제품 충전기　④ 용기공급장치
⑤ 코드화기기

Tip
제품이 닿지 않는 포장설비로는 코드화기기, 라벨기기, 케이스 조립 그리고 케이스 포장기 등이 있다.

78 맞춤형화장품판매장 위생점검표 예시 중 장비·도구 관리의 점검내용에 해당하지 않은 것은?

① 기기 및 도구의 상태가 청결한가?
② 기기 및 도구는 세척 후 오염되지 않도록 잘 관리 하였는가?
③ 사용하지 않는 기기 및 도구는 먼지, 얼룩 또는 다른 오염으로 부터 보호하도록 되어 있는가?
④ 장비 및 도구는 주기적으로 점검하고 있는가?
⑤ 작업자의 건강상태는 양호한가?

Tip　작업자의 건강상태는 양호한가?
작업자 위생 점검표 예시항목

79 기능성화장품 심사받기 위한 제출자료 중 안전성에 관한 자료에 해당되지 않는 것은?

① 단회투여독성시험자료
② 안점막자극 또는 기타점막자극 시험자료
③ 효력시험자료
④ 광독성 및 광감작성 시험자료
⑤ 인체첩포시험자료

Tip　유효성 또는 기능에 관한 자료
효력시험자료, 인체적용시험자료, 염모효력시험자료

80 화장품의 안전성 정보 보고 대상에 관한 내용이 아닌 것은?

① 화장품의 안전성에 관련된 인체적용시험 정보
② 화장품의 국내·외 사용상 새롭게 발견된 정보 등 사용현황
③ 유해사례 발생 원인이 사용기한 또는 개봉 후 사용기간을 초과하여 사용함으로써 발생한 경우
④ 화장품의 국내·외에서 발표된 안전성에 관련된 연구 논문 등 과학적 근거자료에 의한 문헌정보
⑤ 해외에서 제조되어 한국으로 수입되고 있는 화장품 중 해외에서 회수가 실시되었지만 한국 수입화장품은 제조번호(Lot번호)가 달라 회수 대상이 아닌 경우

Tip
③번은 안전성 정보 보고 불필요 대상에 해당하는 내용이다.

정답　76 ⑤　77 ⑤　78 ⑤　79 ③　80 ③

단답형

81 다음의 (㉠), (㉡) 안에 알맞은 말을 쓰시오.

책임판매관리자 및 맞춤형화장품조제관리사는 화장품의 (㉠) 확보 및 (㉡)에 관한 교육을 매년 받아야 한다.

82 화장품의 위해성 관련 용어에 관한 설명 중 ㉠에 들어갈 알맞은 말을 쓰시오.

(㉠)란 인체적용제품에 존재하는 위해요소가 인체의 건강을 해치거나 해칠 우려가 있는지 여부와 그 정도를 과학적으로 평가하는 것을 말한다.

83 다음의 ( ) 안에 알맞은 말을 쓰시오.

교육을 받아야 하는 자가 둘 이상의 장소에서 화장품제조업, 화장품책임판매업 또는 맞 춤형화장품판매업을 하는 경우에는 종업원을 ( ) 로 지정하여 교육을 받게 할 수 있다.

84 다음의 ( ) 안에 알맞은 말을 쓰시오.

맞춤형화장품판매자는 맞춤형화장품 ( )을 작성 보관하여야 하며 전자문서로 작성이 가능하다. 이 문서에는 식별번호, 판매일자, 사용기간 또는 개봉후 사용기한을 기재하여야 한다.

85 다음의 설명에 해당하는 피부층을 쓰시오.

- 체온조절기능, 수분조절기능, 영양소 저장기능, 외부의 충격완화 등의 역할을 함
- 허리, 가슴, 하복부 등에 축적이 쉬우며 눈꺼풀, 음경 등에는 없음

86 화장품 안전기준에 따라 식품의약품안전처장은 (㉠)(㉡)(㉢) 등과 같이 특별히 사용상 제한이 필요한 원료에 대해 사용기준을 지정하여 고시해야 하며, 지정·고시된 원료 외의 (㉠)(㉡)(㉢) 등은 사용할 수 없다.

87 다음 모발의 구조 중 모근의 어느 부분에 대해 설명하는지 쓰시오.

- 털을 세우는 작은 근육으로 입모근이 수축되면 체온손실을 방지함
- 불수의 근(인간의 의지로 움직일 수 없음)
- 속눈썹, 콧털, 액와 부위에는 존재하지 않음

88 모발은 성장기, 퇴행기, 휴지기의 모낭변이에 따른 모주기(Hair cycle)를 거치면서 자라고 빠진다. 모발의 성장기가 끝나고 모발의 형태를 유지하면서 휴지기로 넘어가는 전환단계를 모발의 ( ) 라고 한다.

89 다음 중 화장품이 갖추어야 할 품질요소 3가지를 쓰시오

( )

90 다음은 기능성 화장품의 유효성 또는 기능을 입증하는 자료이다. ( ) 안에 알맞은 말을 쓰시오

- 효력시험 자료
- ( ) 자료
- 염모효력시험자료(모발의 색상을 변화시키는 기능을 가진 화장품)

정답 81 ㉠ 안전성 ㉡ 품질관리 82 위해성 평가 83 책임자 84 판매내역서 85 피하지방층
86 ㉠ 보존제 ㉡ 색소 ㉢ 자외선차단제 87 입모근 88 퇴행기 89 90 인체 적용시험

91 다음은 모발의 특성 중 화학적 특성에 대한 설명이다. (   ) 안에 알맞은 결합을 쓰시오.

- 모발을 구성하는 화학결합 중 가장 약한 결합
- 모발의 흡습력에 의해 단백질 주위에 물 분자가 많기 때문에 단백질과 물 분자 간에 다수의 (   )으로 인하여 모발의 화학적, 물리적 특성에 영향을 미침

92 위해 관련 용어에 대한 설명 중 ㉠에 들어갈 알맞은 말을 쓰시오.

(㉠)(이)란 유해사례와 화장품 간의 인과관계 가능성이 있다고 보고된 정보로서 그 인과관계가 알려지지 아니하거나 입증자료가 불충분한 것을 말한다.

93 다음은 피부상태를 결정하는 요인에 대한 설명이다. (   ) 안에 알맞은 말을 쓰시오.

- 각질층 장벽기능 지표로 피부를 통하여 발산되는 수분량을 측정하는 방법
- (   ) 의 측정값이 높으면 건성피부가 됨
- TEWL로 알려져 있음

94 다음은 화장품의 주요 성분 중 어느 성분에 대한 설명인지 쓰시오.

두 물질의 경계면에 흡착해 성질을 변화시키는 물질로 물과 기름이 잘 섞이게 하는 유화제와 소량의 기름을 물에 녹게 하는 가용화제, 고체입자를 물에 균일하게 분산시키는 분산제, 그 외 습윤제, 기포제, 소포제, 세정제 등의 역할을 위해 사용한다.

95 화장수, 에센스, 향수 등 투명한 화장품 등의 화장품을 제조할 때 사용되는 현상으로 물에 소량의 오일성분이 혼합되어 투명하게 용해되는 것을 무엇이라 하는가?

96 다음의 (   ) 안에 알맞은 말을 쓰시오.

유화는 분산형태에 따라 친수성 유화(Oil in Water, O/W형), 친유성 유화 (Water in Oil , W/O형), 다중유화 (Multiple emulsion, O/W/O형 또는 W/O/W형) 등으로 나누고 있으며 대표적제품 종류로는 로션류, (   )류 등이 있다.

97 UVA를 조사한 후 2~24시간 이내에 피부에 흑화현상을 일으키는 최소의 자외선 조사량을 무엇이라 하는가?

98 안전성 정보의 신속보고에 대한 설명 중 ㉠에 들어갈 알맞은 말을 쓰시오.

화장품 책임판매업자는 화장품의 중대한 유해사례에 관한 정보를 알게 된 날로부터 (㉠)일 이내에 식품의약품안전처장에게 신속히 보고하여야 한다.

99 다음의 보기 (   ) 안에 알맞은 말을 쓰시오.

〈보기〉

다음의 화장품 제조에 사용된 성분의 화장품 포장 표시기준과 표시방법에 따르면
글자의 크기는 (㉠) 포인트 이상
화장품 제조에 사용된 함량이 많은 것부터 기재·표시한다. 다만, (㉡) 퍼센트 이하로 사용된 성분, 착향제 또는 착색제는 순서에 상관없이 기재·표시할 수 있음

100 다음 〈보기〉의 (   ) 안에 들어갈 알맞은 성분 2가지를 쓰세요.

〈보기〉

화장품 사용상의 제한이 필요한 원료로서 사용한도가 25%인 자외선차단성분은 (,   )이다.

정답
91 수소 결합 92 실마리 정보(Signal) 93 경피수분손실 94 계면활성제 95 가용화 96 크림
97 최소지속형즉시흑화량(MPPD) 98 15 99 ㉠ 5 ㉡ 1 100 징크옥사이드, 티타늄

맞춤형화장품 조제관리사

최종 합격 비법

맞춤형화장품

조제관리사

최종 합격 비법

최신
가이드라인
반영

맞춤형화장품
조제관리사
최종 합격 비법

박효원 · 유한나 · 여혜연 · 강정란 지음

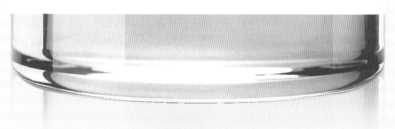

BM (주)도서출판 성안당

맞춤형화장품

조제관리사

최종 합격 비법

맞춤형화장품

조제관리사

최종 합격 비법

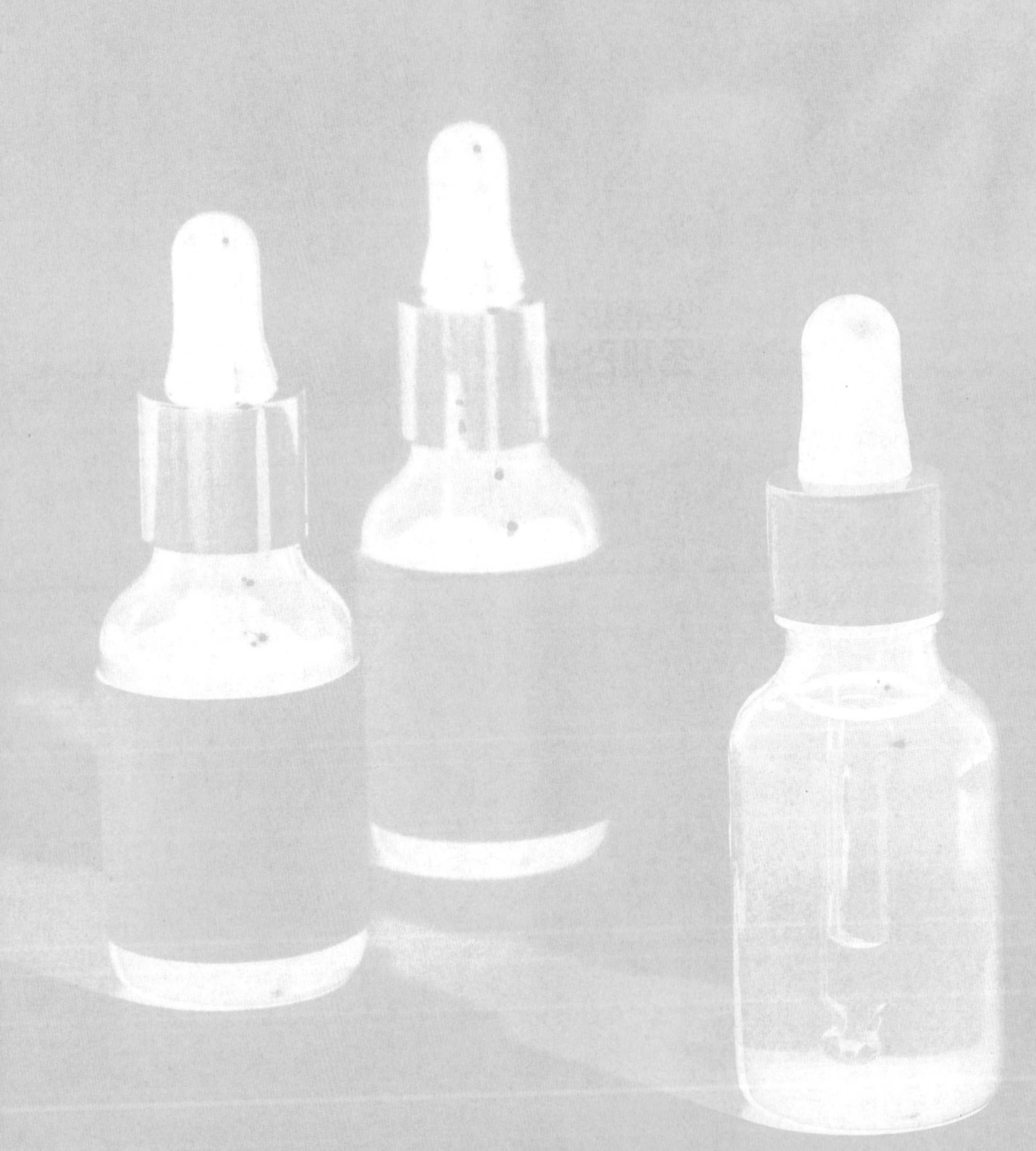

2022년
최신판

최신
가이드라인
반영

맞춤형화장품
조제관리사

최종 합격 비법

박효원 · 유한나 · 여혜연 · 강정란 지음

특별부록

화장품 조제 관련 법규

BM (주)도서출판 성안당

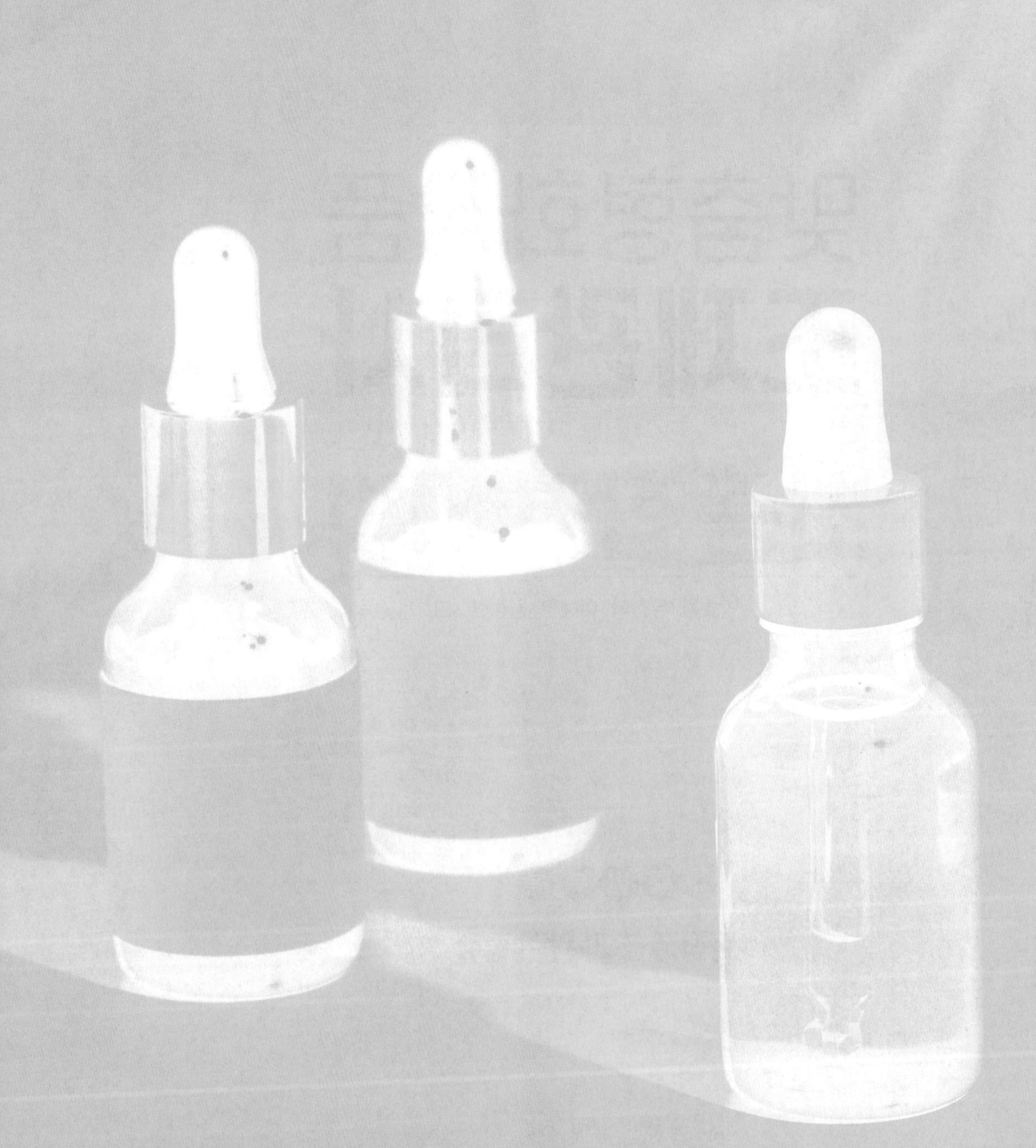

특별부록

화장품 조제 관련 법규

I. 화장품 법령

- 화장품법
- 화장품법 시행령
- 화장품법 시행규칙

II. 화장품법 규정

- 천연화장품 및 유기농화장품의 기준에 관한 규정
- 우수화장품 제조 및 품질관리기준
- 기능성화장품 심사에 관한 규정
- 화장품 안전기준 등에 관한 규정
- 화장품 안전성 정보관리 규정
- 화장품 색소 종류와 기준 및 시험방법
- 화장품 사용 시의 주의사항 및 알레르기 유발성분 표시에 관한 규정
- 인체적용제품의 위해성평가 등에 관한 규정

화장품법

[시행 2020. 4. 7] [법률 제17250호, 2020. 4. 7, 일부개정]

식품의약품안전처(화장품정책과) 043-719-3409

제1장 총칙

제1조(목적) 이 법은 화장품의 제조·수입·판매 및 수출 등에 관한 사항을 규정함으로써 국민보건향상과 화장품 산업의 발전에 기여함을 목적으로 한다. <개정 2018. 3. 13.>

제2조(정의) 이 법에서 사용하는 용어의 뜻은 다음과 같다. <개정 2013. 3. 23., 2016. 5. 29., 2018. 3. 13., 2019. 1. 15., 2020. 4. 7.>

1. "화장품"이란 인체를 청결·미화하여 매력을 더하고 용모를 밝게 변화시키거나 피부·모발의 건강을 유지 또는 증진하기 위하여 인체에 바르고 문지르거나 뿌리는 등 이와 유사한 방법으로 사용되는 물품으로서 인체에 대한 작용이 경미한 것을 말한다. 다만, 「약사법」 제2조제4호의 의약품에 해당하는 물품은 제외한다.

2. "기능성화장품"이란 화장품 중에서 다음 각 목의 어느 하나에 해당되는 것으로서 총리령으로 정하는 화장품을 말한다.

  가. 피부의 미백에 도움을 주는 제품

  나. 피부의 주름개선에 도움을 주는 제품

  다. 피부를 곱게 태워주거나 자외선으로부터 피부를 보호하는 데에 도움을 주는 제품

  라. 모발의 색상 변화·제거 또는 영양공급에 도움을 주는 제품

  마. 피부나 모발의 기능 약화로 인한 건조함, 갈라짐, 빠짐, 각질화 등을 방지하거나 개선하는 데에 도움을 주는 제품

2의2. "천연화장품"이란 동식물 및 그 유래 원료 등을 함유한 화장품으로서 식품의약품안전처장이 정하는 기준에 맞는 화장품을 말한다.

3. "유기농화장품"이란 유기농 원료, 동식물 및 그 유래 원료 등을 함유한 화장품으로서 식품의약품안전처장이 정하는 기준에 맞는 화장품을 말한다.

3의2. "맞춤형화장품"이란 다음 각 목의 화장품을 말한다.

  가. 제조 또는 수입된 화장품의 내용물에 다른 화장품의 내용물이나 식품의약품안전처장이 정하는 원료를 추가하여 혼합한 화장품

  나. 제조 또는 수입된 화장품의 내용물을 소분(小分)한 화장품. 다만, 고형(固形) 비누 등 총리령으로 정하는 화장품의 내용물을 단순 소분한 화장품은 제외한다.

4. “안전용기·포장”이란 만 5세 미만의 어린이가 개봉하기 어렵게 설계·고안된 용기나 포장을 말한다.
5. “사용기한”이란 화장품이 제조된 날부터 적절한 보관 상태에서 제품이 고유의 특성을 간직한 채 소비자가 안정적으로 사용할 수 있는 최소한의 기한을 말한다.
6. “1차 포장”이란 화장품 제조 시 내용물과 직접 접촉하는 포장용기를 말한다.
7. “2차 포장”이란 1차 포장을 수용하는 1개 또는 그 이상의 포장과 보호재 및 표시의 목적으로 한 포장(첨부문서 등을 포함한다)을 말한다.
8. “표시”란 화장품의 용기·포장에 기재하는 문자·숫자·도형 또는 그림 등을 말한다.
9. “광고”란 라디오·텔레비전·신문·잡지·음성·음향·영상·인터넷·인쇄물·간판, 그 밖의 방법에 의하여 화장품에 대한 정보를 나타내거나 알리는 행위를 말한다.
10. “화장품제조업”이란 화장품의 전부 또는 일부를 제조(2차 포장 또는 표시만의 공정은 제외한다)하는 영업을 말한다.
11. “화장품책임판매업”이란 취급하는 화장품의 품질 및 안전 등을 관리하면서 이를 유통·판매하거나 수입대행형 거래를 목적으로 알선·수여(授與)하는 영업을 말한다.
12. “맞춤형화장품판매업”이란 맞춤형화장품을 판매하는 영업을 말한다.

제2조의2(영업의 종류) ① 이 법에 따른 영업의 종류는 다음 각 호와 같다.
1. 화장품제조업
2. 화장품책임판매업
3. 맞춤형화장품판매업

② 제1항에 따른 영업의 세부 종류와 그 범위는 대통령령으로 정한다.
[본조신설 2018. 3. 13.]

제2장 화장품의 제조·유통

제3조(영업의 등록) ① 화상품세조입 또는 화장품책임판매업을 하려는 자는 각각 총리령으로 정하는 바에 따라 식품의약품안전처장에게 등록하여야 한다. 등록한 사항 중 총리령으로 정하는 중요한 사항을 변경할 때에도 또한 같다. <개정 2013. 3. 23., 2016. 2. 3., 2018. 3. 13.>

② 제1항에 따라 화장품제조업을 등록하려는 자는 총리령으로 정하는 시설기준을 갖추어야 한다. 다만, 화장품의 일부 공정만을 제조하는 등 총리령으로 정하는 경우에 해당하는 때에는 시설의 일부를 갖추지 아니할 수 있다. <개정 2013. 3. 23., 2018. 3. 13.>

③ 제1항에 따라 화장품책임판매업을 등록하려는 자는 총리령으로 정하는 화장품의 품질관리 및 책임판매 후 안전관리에 관한 기준을 갖추어야 하며, 이를 관리할 수 있는 관리자(이하 “책임판매관리자”라 한다)를 두어야 한다. <개정 2013. 3. 23., 2018. 3. 13.>

④ 제1항부터 제3항까지의 규정에 따른 등록 절차 및 책임판매관리자의 자격기준과 직무 등에 관하여 필

요한 사항은 총리령으로 정한다. <개정 2013. 3. 23., 2018. 3. 13.>

[제목개정 2018. 3. 13.]

제3조의2(맞춤형화장품판매업의 신고) ① 맞춤형화장품판매업을 하려는 자는 총리령으로 정하는 바에 따라 식품의약품안전처장에게 신고하여야 한다. 신고한 사항 중 총리령으로 정하는 사항을 변경할 때에도 또한 같다.

② 제1항에 따라 맞춤형화장품판매업을 신고한 자(이하 "맞춤형화장품판매업자"라 한다)는 총리령으로 정하는 바에 따라 맞춤형화장품의 혼합·소분 업무에 종사하는 자(이하 "맞춤형화장품조제관리사"라 한다)를 두어야 한다.

[본조신설 2018. 3. 13.]

제3조의3(결격사유) 다음 각 호의 어느 하나에 해당하는 자는 화장품제조업 또는 화장품책임판매업의 등록이나 맞춤형화장품판매업의 신고를 할 수 없다. 다만, 제1호 및 제3호는 화장품제조업만 해당한다.

1.「정신건강증진 및 정신질환자 복지서비스 지원에 관한 법률」 제3조제1호에 따른 정신질환자. 다만, 전문의가 화장품제조업자(제3조제1항에 따라 화장품제조업을 등록한 자를 말한다. 이하 같다)로서 적합하다고 인정하는 사람은 제외한다.

2. 피성년후견인 또는 파산선고를 받고 복권되지 아니한 자

3.「마약류 관리에 관한 법률」 제2조제1호에 따른 마약류의 중독자

4. 이 법 또는「보건범죄 단속에 관한 특별조치법」을 위반하여 금고 이상의 형을 선고받고 그 집행이 끝나지 아니하거나 그 집행을 받지 아니하기로 확정되지 아니한 자

5. 제24조에 따라 등록이 취소되거나 영업소가 폐쇄(이 조 제1호부터 제3호까지의 어느 하나에 해당하여 등록이 취소되거나 영업소가 폐쇄된 경우는 제외한다)된 날부터 1년이 지나지 아니한 자

[본조신설 2018. 3. 13.]

제3조의4(맞춤형화장품조제관리사 자격시험) ① 맞춤형화장품조제관리사가 되려는 사람은 화장품과 원료 등에 대하여 식품의약품안전처장이 실시하는 자격시험에 합격하여야 한다.

② 식품의약품안전처장은 맞춤형화장품조제관리사가 거짓이나 그 밖의 부정한 방법으로 시험에 합격한 경우에는 자격을 취소하여야 하며, 자격이 취소된 사람은 취소된 날부터 3년간 자격시험에 응시할 수 없다.

③ 식품의약품안전처장은 제1항에 따른 자격시험 업무를 효과적으로 수행하기 위하여 필요한 전문인력과 시설을 갖춘 기관 또는 단체를 시험운영기관으로 지정하여 시험업무를 위탁할 수 있다.

④ 제1항 및 제3항에 따른 자격시험의 시기, 절차, 방법, 시험과목, 자격증의 발급, 시험운영기관의 지정 등 자격시험에 필요한 사항은 총리령으로 정한다.

[본조신설 2018. 3. 13.]

제4조(기능성화장품의 심사 등) ① 기능성화장품으로 인정받아 판매 등을 하려는 화장품제조업자, 화장품책임판매업자(제3조제1항에 따라 화장품책임판매업을 등록한 자를 말한다. 이하 같다) 또는 총리령으로 정하는 대학·연구소 등은 품목별로 안전성 및 유효성에 관하여 식품의약품안전처장의 심사를 받거나 식품

의약품안전처장에게 보고서를 제출하여야 한다. 제출한 보고서나 심사받은 사항을 변경할 때에도 또한 같다. <개정 2013. 3. 23., 2018. 3. 13.>

② 제1항에 따른 유효성에 관한 심사는 제2조제2호 각 목에 규정된 효능·효과에 한하여 실시한다.

③ 제1항에 따른 심사를 받으려는 자는 총리령으로 정하는 바에 따라 그 심사에 필요한 자료를 식품의약품안전처장에게 제출하여야 한다. <개정 2013. 3. 23.>

④ 제1항 및 제2항에 따른 심사 또는 보고서 제출의 대상과 절차 등에 관하여 필요한 사항은 총리령으로 정한다. <개정 2013. 3. 23.>

제4조의2(영유아 또는 어린이 사용 화장품의 관리) ① 화장품책임판매업자는 영유아 또는 어린이가 사용할 수 있는 화장품임을 표시·광고하려는 경우에는 제품별로 안전과 품질을 입증할 수 있는 다음 각 호의 자료(이하 "제품별 안전성 자료"라 한다)를 작성 및 보관하여야 한다.

1. 제품 및 제조방법에 대한 설명 자료
2. 화장품의 안전성 평가 자료
3. 제품의 효능·효과에 대한 증명 자료

② 식품의약품안전처장은 제1항에 따른 화장품에 대하여 제품별 안전성 자료, 소비자 사용실태, 사용 후 이상사례 등에 대하여 주기적으로 실태조사를 실시하고, 위해요소의 저감화를 위한 계획을 수립하여야 한다.

③ 식품의약품안전처장은 소비자가 제1항에 따른 화장품을 안전하게 사용할 수 있도록 교육 및 홍보를 할 수 있다.

④ 제1항에 따른 영유아 또는 어린이의 연령 및 표시·광고의 범위, 제품별 안전성 자료의 작성 범위 및 보관기간 등과 제2항에 따른 실태조사 및 계획 수립의 범위, 시기, 절차 등에 필요한 사항은 총리령으로 정한다.

[본조신설 2019. 1. 15.]

제5조(영업자의 의무 등) ① 화장품제조업자는 화장품의 제조와 관련된 기록·시설·기구 등 관리 방법, 원료·자재·완제품 등에 대한 시험·검사·검정 실시 방법 및 의무 등에 관하여 총리령으로 정하는 사항을 준수하여야 한다. <개정 2013. 3. 23., 2018. 3. 13.>

② 화장품책임판매업자는 화장품의 품질관리기준, 책임판매 후 안전관리기준, 품질 검사 방법 및 실시 의무, 안전성·유효성 관련 정보사항 등의 보고 및 안전대책 마련 의무 등에 관하여 총리령으로 정하는 사항을 준수하여야 한다. <개정 2013. 3. 23., 2018. 3. 13.>

③ 맞춤형화장품판매업자는 맞춤형화장품 판매장 시설·기구의 관리 방법, 혼합·소분 안전관리기준의 준수 의무, 혼합·소분되는 내용물 및 원료에 대한 설명 의무 등에 관하여 총리령으로 정하는 사항을 준수하여야 한다. <신설 2018. 3. 13.>

④ 화장품책임판매업자는 총리령으로 정하는 바에 따라 화장품의 생산실적 또는 수입실적, 화장품의 제조과정에 사용된 원료의 목록 등을 식품의약품안전처장에게 보고하여야 한다. 이 경우 원료의 목록에 관한 보고는 화장품의 유통·판매 전에 하여야 한다. <개정 2013. 3. 23., 2018. 3. 13.>

⑤ 책임판매관리자 및 맞춤형화장품조제관리사는 화장품의 안전성 확보 및 품질관리에 관한 교육을 매년 받아야 한다. <개정 2013. 3. 23., 2016. 2. 3., 2018. 3. 13.>

⑥ 식품의약품안전처장은 국민 건강상 위해를 방지하기 위하여 필요하다고 인정하면 화장품제조업자, 화장품책임판매업자 및 맞춤형화장품판매업자(이하 "영업자"라 한다)에게 화장품 관련 법령 및 제도(화장품의 안전성 확보 및 품질관리에 관한 내용을 포함한다)에 관한 교육을 받을 것을 명할 수 있다. <개정 2016. 2. 3., 2018. 3. 13.>

⑦ 제6항에 따라 교육을 받아야 하는 자가 둘 이상의 장소에서 화장품제조업, 화장품책임판매업 또는 맞춤형화장품판매업을 하는 경우에는 종업원 중에서 총리령으로 정하는 자를 책임자로 지정하여 교육을 받게 할 수 있다. <신설 2016. 2. 3., 2018. 3. 13.>

⑧ 제5항부터 제7항까지의 규정에 따른 교육의 실시 기관, 내용, 대상 및 교육비 등에 관하여 필요한 사항은 총리령으로 정한다. <신설 2016. 2. 3., 2018. 3. 13.>

[제목개정 2018. 3. 13.]

제5조의2(위해화장품의 회수) ① 영업자는 제9조, 제15조 또는 제16조제1항에 위반되어 국민보건에 위해(危害)를 끼치거나 끼칠 우려가 있는 화장품이 유통 중인 사실을 알게 된 경우에는 지체 없이 해당 화장품을 회수하거나 회수하는 데에 필요한 조치를 하여야 한다. <개정 2018. 12. 11.>

② 제1항에 따라 해당 화장품을 회수하거나 회수하는 데에 필요한 조치를 하려는 영업자는 회수계획을 식품의약품안전처장에게 미리 보고하여야 한다. <개정 2018. 3. 13.>

③ 식품의약품안전처장은 제1항에 따른 회수 또는 회수에 필요한 조치를 성실하게 이행한 영업자가 해당 화장품으로 인하여 받게 되는 제24조에 따른 행정처분을 총리령으로 정하는 바에 따라 감경 또는 면제할 수 있다. <개정 2018. 3. 13.>

④ 제1항 및 제2항에 따른 회수 대상 화장품, 해당 화장품의 회수에 필요한 위해성 등급 및 그 분류기준, 회수계획 보고 및 회수절차 등에 필요한 사항은 총리령으로 정한다. <개정 2018. 12. 11.>

[본조신설 2015. 1. 28.]

제6조(폐업 등의 신고) ① 영업자는 다음 각 호의 어느 하나에 해당하는 경우에는 총리령으로 정하는 바에 따라 식품의약품안전처장에게 신고하여야 한다. 다만, 휴업기간이 1개월 미만이거나 그 기간 동안 휴업하였다가 그 업을 재개하는 경우에는 그러하지 아니하다. <개정 2013. 3. 23., 2018. 3. 13., 2018. 12. 11.>

1. 폐업 또는 휴업하려는 경우
2. 휴업 후 그 업을 재개하려는 경우
3. 삭제 <2018. 12. 11.>

② 식품의약품안전처장은 화장품제조업자 또는 화장품책임판매업자가 「부가가치세법」 제8조에 따라 관할 세무서장에게 폐업신고를 하거나 관할 세무서장이 사업자등록을 말소한 경우에는 등록을 취소할 수 있다. <신설 2018. 3. 13.>

③ 식품의약품안전처장은 제2항에 따라 등록을 취소하기 위하여 필요하면 관할 세무서장에게 화장품제조업자 또는 화장품책임판매업자의 폐업여부에 대한 정보 제공을 요청할 수 있다. 이 경우 요청을 받은 관

할 세무서장은 「전자정부법」 제39조에 따라 화장품제조업자 또는 화장품책임판매업자의 폐업여부에 대한 정보를 제공하여야 한다. <신설 2018. 3. 13.>

④ 식품의약품안전처장은 제1항제1호에 따른 폐업신고 또는 휴업신고를 받은 날부터 7일 이내에 신고수리 여부를 신고인에게 통지하여야 한다. <신설 2018. 12. 11.>

⑤ 식품의약품안전처장이 제4항에서 정한 기간 내에 신고수리 여부 또는 민원 처리 관련 법령에 따른 처리기간의 연장을 신고인에게 통지하지 아니하면 그 기간(민원 처리 관련 법령에 따라 처리기간이 연장 또는 재연장된 경우에는 해당 처리기간을 말한다)이 끝난 날의 다음 날에 신고를 수리한 것으로 본다. <신설 2018. 12. 11.>

제7조 삭제 〈2018. 3. 13.〉

제3장 화장품의 취급

제1절 기준

제8조(화장품 안전기준 등) ① 식품의약품안전처장은 화장품의 제조 등에 사용할 수 없는 원료를 지정하여 고시하여야 한다. <개정 2013. 3. 23.>

② 식품의약품안전처장은 보존제, 색소, 자외선차단제 등과 같이 특별히 사용상의 제한이 필요한 원료에 대하여는 그 사용기준을 지정하여 고시하여야 하며, 사용기준이 지정·고시된 원료 외의 보존제, 색소, 자외선차단제 등은 사용할 수 없다. <개정 2013. 3. 23., 2018. 3. 13.>

③ 식품의약품안전처장은 국내외에서 유해물질이 포함되어 있는 것으로 알려지는 등 국민보건상 위해 우려가 제기되는 화장품 원료 등의 경우에는 총리령으로 정하는 바에 따라 위해요소를 신속히 평가하여 그 위해 여부를 결정하여야 한다. <개정 2013. 3. 23.>

④ 식품의약품안전처장은 제3항에 따라 위해평가가 완료된 경우에는 해당 화장품 원료 등을 화장품의 제조에 사용할 수 없는 원료로 지정하거나 그 사용기준을 지정하여야 한다. <개정 2013. 3. 23.>

⑤ 식품의약품안전처장은 제2항에 따라 지정·고시된 원료의 사용기준의 안전성을 정기적으로 검토하여야 하고, 그 결과에 따라 지정·고시된 원료의 사용기준을 변경할 수 있다. 이 경우 안전성 검토의 주기 및 절차 등에 관한 사항은 총리령으로 정한다. <신설 2018. 3. 13.>

⑥ 화장품제조업자, 화장품책임판매업자 또는 대학·연구소 등 총리령으로 정하는 자는 제2항에 따라 지정·고시되지 아니한 원료의 사용기준을 지정·고시하거나 지정·고시된 원료의 사용기준을 변경하여 줄 것을 총리령으로 정하는 바에 따라 식품의약품안전처장에게 신청할 수 있다. <신설 2018. 3. 13.>

⑦ 식품의약품안전처장은 제6항에 따른 신청을 받은 경우에는 신청된 내용의 타당성을 검토하여야 하고, 그 타당성이 인정되는 경우에는 원료의 사용기준을 지정·고시하거나 변경하여야 한다. 이 경우 신청인에게 검토 결과를 서면으로 알려야 한다. <신설 2018. 3. 13.>

⑧ 식품의약품안전처장은 그 밖에 유통화장품 안전관리 기준을 정하여 고시할 수 있다. <개정 2013. 3.

23., 2018. 3. 13.>

제9조(안전용기 · 포장 등) ① 화장품책임판매업자 및 맞춤형화장품판매업자는 화장품을 판매할 때에는 어린이가 화장품을 잘못 사용하여 인체에 위해를 끼치는 사고가 발생하지 아니하도록 안전용기·포장을 사용하여야 한다. <개정 2018. 3. 13.>

② 제1항에 따라 안전용기·포장을 사용하여야 할 품목 및 용기·포장의 기준 등에 관하여는 총리령으로 정한다. <개정 2013. 3. 23.>

제2절 표시 · 광고 · 취급

제10조(화장품의 기재사항) ① 화장품의 1차 포장 또는 2차 포장에는 총리령으로 정하는 바에 따라 다음 각 호의 사항을 기재·표시하여야 한다. 다만, 내용량이 소량인 화장품의 포장 등 총리령으로 정하는 포장에는 화장품의 명칭, 화장품책임판매업자 및 맞춤형화장품판매업자의 상호, 가격, 제조번호와 사용기한 또는 개봉 후 사용기간(개봉 후 사용기간을 기재할 경우에는 제조연월일을 병행 표기하여야 한다. 이하 이 조에서 같다)만을 기재·표시할 수 있다. <개정 2013. 3. 23., 2016. 2. 3., 2018. 3. 13.>

1. 화장품의 명칭
2. 영업자의 상호 및 주소
3. 해당 화장품 제조에 사용된 모든 성분(인체에 무해한 소량 함유 성분 등 총리령으로 정하는 성분은 제외한다)
4. 내용물의 용량 또는 중량
5. 제조번호
6. 사용기한 또는 개봉 후 사용기간
7. 가격
8. 기능성화장품의 경우 "기능성화장품"이라는 글자 또는 기능성화장품을 나타내는 도안으로서 식품의약품안전처장이 정하는 도안
9. 사용할 때의 주의사항
10. 그 밖에 총리령으로 정하는 사항

② 제1항 각 호 외의 부분 본문에도 불구하고 다음 각 호의 사항은 1차 포장에 표시하여야 한다. <개정 2018. 3. 13.>

1. 화장품의 명칭
2. 영업자의 상호
3. 제조번호
4. 사용기한 또는 개봉 후 사용기간

③ 제1항에 따른 기재사항을 화장품의 용기 또는 포장에 표시할 때 제품의 명칭, 영업자의 상호는 시각장애인을 위한 점자 표시를 병행할 수 있다. <개정 2018. 3. 13.>

④ 제1항 및 제2항에 따른 표시기준과 표시방법 등은 총리령으로 정한다. <개정 2013. 3. 23.>

제11조(화장품의 가격표시) ① 제10조제1항제7호에 따른 가격은 소비자에게 화장품을 직접 판매하는 자(이하 "판매자"라 한다)가 판매하려는 가격을 표시하여야 한다.

② 제1항에 따른 표시방법과 그 밖에 필요한 사항은 총리령으로 정한다. <개정 2013. 3. 23.>

제12조(기재 · 표시상의 주의) 제10조 및 제11조에 따른 기재·표시는 다른 문자 또는 문장보다 쉽게 볼 수 있는 곳에 하여야 하며, 총리령으로 정하는 바에 따라 읽기 쉽고 이해하기 쉬운 한글로 정확히 기재·표시하여야 하되, 한자 또는 외국어를 함께 기재할 수 있다. <개정 2013. 3. 23.>

제13조(부당한 표시 · 광고 행위 등의 금지) ① 영업자 또는 판매자는 다음 각 호의 어느 하나에 해당하는 표시 또는 광고를 하여서는 아니 된다. <개정 2018. 3. 13.>

1. 의약품으로 잘못 인식할 우려가 있는 표시 또는 광고
2. 기능성화장품이 아닌 화장품을 기능성화장품으로 잘못 인식할 우려가 있거나 기능성화장품의 안전성·유효성에 관한 심사결과와 다른 내용의 표시 또는 광고
3. 천연화장품 또는 유기농화장품이 아닌 화장품을 천연화장품 또는 유기농화장품으로 잘못 인식할 우려가 있는 표시 또는 광고
4. 그 밖에 사실과 다르게 소비자를 속이거나 소비자가 잘못 인식하도록 할 우려가 있는 표시 또는 광고

② 제1항에 따른 표시·광고의 범위와 그 밖에 필요한 사항은 총리령으로 정한다. <개정 2013. 3. 23.>

제14조(표시·광고 내용의 실증 등) ① 영업자 및 판매자는 자기가 행한 표시·광고 중 사실과 관련한 사항에 대하여는 이를 실증할 수 있어야 한다. <개정 2018. 3. 13.>

② 식품의약품안전처장은 영업자 또는 판매자가 행한 표시·광고가 제13조제1항제4호에 해당하는지를 판단하기 위하여 제1항에 따른 실증이 필요하다고 인정하는 경우에는 그 내용을 구체적으로 명시하여 해당 영업자 또는 판매자에게 관련 자료의 제출을 요청할 수 있다. <개정 2013. 3. 23., 2018. 3. 13.>

③ 제2항에 따라 실증자료의 제출을 요청받은 영업자 또는 판매자는 요청받은 날부터 15일 이내에 그 실증자료를 식품의약품안전처장에게 제출하여야 한다. 다만, 식품의약품안전처장은 정당한 사유가 있다고 인정하는 경우에는 그 제출기간을 연장할 수 있다. <개정 2013. 3. 23., 2018. 3. 13.>

④ 식품의약품안전처장은 영업자 또는 판매자가 제2항에 따라 실증자료의 제출을 요청받고도 제3항에 따른 제출기간 내에 이를 제출하지 아니한 채 계속하여 표시·광고를 하는 때에는 실증자료를 제출할 때까지 그 표시·광고 행위의 중지를 명하여야 한다. <개정 2013. 3. 23., 2018. 3. 13.>

⑤ 제2항 및 제3항에 따라 식품의약품안전처장으로부터 실증자료의 제출을 요청받아 제출한 경우에는 「표시·광고의 공정화에 관한 법률」 등 다른 법률에 따라 다른 기관이 요구하는 자료제출을 거부할 수 있다. <개정 2013. 3. 23.>

⑥ 식품의약품안전처장은 제출받은 실증자료에 대하여 「표시·광고의 공정화에 관한 법률」 등 다른 법률에 따른 다른 기관의 자료요청이 있는 경우에는 특별한 사유가 없는 한 이에 응하여야 한다. <개정 2013. 3. 23.>

⑦ 제1항부터 제4항까지의 규정에 따른 실증의 대상, 실증자료의 범위 및 요건, 제출방법 등에 관하여 필요한 사항은 총리령으로 정한다. <개정 2013. 3. 23.>

제14조의2(천연화장품 및 유기농화장품에 대한 인증) ① 식품의약품안전처장은 천연화장품 및 유기농화장품의 품질제고를 유도하고 소비자에게 보다 정확한 제품정보가 제공될 수 있도록 식품의약품안전처장이 정하는 기준에 적합한 천연화장품 및 유기농화장품에 대하여 인증할 수 있다.

② 제1항에 따라 인증을 받으려는 화장품제조업자, 화장품책임판매업자 또는 총리령으로 정하는 대학·연구소 등은 식품의약품안전처장에게 인증을 신청하여야 한다.

③ 식품의약품안전처장은 제1항에 따라 인증을 받은 화장품이 다음 각 호의 어느 하나에 해당하는 경우에는 그 인증을 취소하여야 한다.

1. 거짓이나 그 밖의 부정한 방법으로 인증을 받은 경우
2. 제1항에 따른 인증기준에 적합하지 아니하게 된 경우

④ 식품의약품안전처장은 인증업무를 효과적으로 수행하기 위하여 필요한 전문 인력과 시설을 갖춘 기관 또는 단체를 인증기관으로 지정하여 인증업무를 위탁할 수 있다.

⑤ 제1항부터 제4항까지에 따른 인증절차, 인증기관의 지정기준, 그 밖에 인증제도 운영에 필요한 사항은 총리령으로 정한다.

[본조신설 2018. 3. 13.]

제14조의3(인증의 유효기간) ① 제14조의2제1항에 따른 인증의 유효기간은 인증을 받은 날부터 3년으로 한다.

② 인증의 유효기간을 연장 받으려는 자는 유효기간 만료 90일 전에 총리령으로 정하는 바에 따라 연장신청을 하여야 한다.

[본조신설 2018. 3. 13.]

제14조의4(인증의 표시) ① 제14조의2제1항에 따라 인증을 받은 화장품에 대해서는 총리령으로 정하는 인증표시를 할 수 있다.

② 누구든지 제14조의2제1항에 따라 인증을 받지 아니한 화장품에 대하여 제1항에 따른 인증표시나 이와 유사한 표시를 하여서는 아니 된다.

[본조신설 2018. 3. 13.]

제14조의5(인증기관 지정의 취소 등) ① 식품의약품안전처장은 필요하다고 인정하는 경우에는 관계 공무원으로 하여금 제14조의2제4항에 따라 지정받은 인증기관(이하 "인증기관"이라 한다)이 업무를 적절하게 수행하는지를 조사하게 할 수 있다.

② 식품의약품안전처장은 인증기관이 다음 각 호의 어느 하나에 해당하면 그 지정을 취소하거나 1년 이내의 기간을 정하여 해당 업무의 전부 또는 일부의 정지를 명할 수 있다. 다만, 제1호에 해당하는 경우에는 그 지정을 취소하여야 한다.

1. 거짓이나 그 밖의 부정한 방법으로 인증기관의 지정을 받은 경우
2. 제14조의2제5항에 따른 지정기준에 적합하지 아니하게 된 경우

③ 제2항에 따른 지정 취소 및 업무 정지 등에 필요한 사항은 총리령으로 정한다.

[본조신설 2018. 3. 13.]

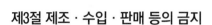

제3절 제조 · 수입 · 판매 등의 금지

제15조(영업의 금지) 누구든지 다음 각 호의 어느 하나에 해당하는 화장품을 판매(수입대행형 거래를 목적으로 하는 알선·수여를 포함한다)하거나 판매할 목적으로 제조·수입·보관 또는 진열하여서는 아니 된다. <개정 2016. 5. 29., 2018. 3. 13.>

1. 제4조에 따른 심사를 받지 아니하거나 보고서를 제출하지 아니한 기능성화장품
2. 전부 또는 일부가 변패(變敗)된 화장품
3. 병원미생물에 오염된 화장품
4. 이물이 혼입되었거나 부착된 것
5. 제8조제1항 또는 제2항에 따른 화장품에 사용할 수 없는 원료를 사용하였거나 같은 조 제8항에 따른 유통화장품 안전관리 기준에 적합하지 아니한 화장품
6. 코뿔소 뿔 또는 호랑이 뼈와 그 추출물을 사용한 화장품
7. 보건위생상 위해가 발생할 우려가 있는 비위생적인 조건에서 제조되었거나 제3조제2항에 따른 시설기준에 적합하지 아니한 시설에서 제조된 것
8. 용기나 포장이 불량하여 해당 화장품이 보건위생상 위해를 발생할 우려가 있는 것
9. 제10조제1항제6호에 따른 사용기한 또는 개봉 후 사용기간(병행 표기된 제조연월일을 포함한다)을 위조·변조한 화장품

[제목개정 2018. 3. 13.]

제15조의2(동물실험을 실시한 화장품 등의 유통판매 금지) ① 화장품책임판매업자는 「실험동물에 관한 법률」 제2조제1호에 따른 동물실험(이하 이 조에서 "동물실험"이라 한다)을 실시한 화장품 또는 동물실험을 실시한 화장품 원료를 사용하여 제조(위탁제조를 포함한다) 또는 수입한 화장품을 유통·판매하여서는 아니 된다. 다만, 다음 각 호의 어느 하나에 해당하는 경우는 그러하지 아니하다. <개정 2018. 3. 13.>

1. 제8조제2항의 보존제, 색소, 자외선차단제 등 특별히 사용상의 제한이 필요한 원료에 대하여 그 사용기준을 지정하거나 같은 조 제3항에 따라 국민보건상 위해 우려가 제기되는 화장품 원료 등에 대한 위해평가를 하기 위하여 필요한 경우
2. 동물대체시험법(동물을 사용하지 아니하는 실험방법 및 부득이하게 동물을 사용하더라도 그 사용되는 동물의 개체 수를 감소하거나 고통을 경감시킬 수 있는 실험방법으로서 식품의약품안전처장이 인정하는 것을 말한다. 이하 이 조에서 같다)이 존재하지 아니하여 동물실험이 필요한 경우
3. 화장품 수출을 위하여 수출 상대국의 법령에 따라 동물실험이 필요한 경우
4. 수입하려는 상대국의 법령에 따라 제품 개발에 동물실험이 필요한 경우
5. 다른 법령에 따라 동물실험을 실시하여 개발된 원료를 화장품의 제조 등에 사용하는 경우
6. 그 밖에 동물실험을 대체할 수 있는 실험을 실시하기 곤란한 경우로서 식품의약품안전처장이 정하는 경우

② 식품의약품안전처장은 동물대체시험법을 개발하기 위하여 노력하여야 하며, 화장품책임판매업자 등이 동물대체시험법을 활용할 수 있도록 필요한 조치를 하여야 한다. <개정 2018. 3. 13.>

[본조신설 2016. 2. 3.]

제16조(판매 등의 금지) ① 누구든지 다음 각 호의 어느 하나에 해당하는 화장품을 판매하거나 판매할 목적으로 보관 또는 진열하여서는 아니 된다. 다만, 제3호의 경우에는 소비자에게 판매하는 화장품에 한한다. <개정 2016. 5. 29., 2018. 3. 13.>

1. 제3조제1항에 따른 등록을 하지 아니한 자가 제조한 화장품 또는 제조·수입하여 유통·판매한 화장품

1의2. 제3조의2제1항에 따른 신고를 하지 아니한 자가 판매한 맞춤형화장품

1의3. 제3조의2제2항에 따른 맞춤형화장품조제관리사를 두지 아니하고 판매한 맞춤형화장품

2. 제10조부터 제12조까지에 위반되는 화장품 또는 의약품으로 잘못 인식할 우려가 있게 기재·표시된 화장품

3. 판매의 목적이 아닌 제품의 홍보·판매촉진 등을 위하여 미리 소비자가 시험·사용하도록 제조 또는 수입된 화장품

4. 화장품의 포장 및 기재·표시 사항을 훼손(맞춤형화장품 판매를 위하여 필요한 경우는 제외한다) 또는 위조·변조한 것

② 누구든지(맞춤형화장품조제관리사를 통하여 판매하는 맞춤형화장품판매업자 및 제2조제3호의2나목 단서에 해당하는 화장품 중 소분 판매를 목적으로 제조된 화장품의 판매자는 제외한다) 화장품의 용기에 담은 내용물을 나누어 판매하여서는 아니 된다. <개정 2018. 3. 13., 2020. 4. 7.>

제4절 화장품업 단체 등 〈개정 2018. 3. 13.〉

제17조(단체 설립) 영업자는 자주적인 활동과 공동이익을 보장하고 국민보건향상에 기여하기 위하여 단체를 설립할 수 있다. <개정 2018. 3. 13.>

[제목개정 2018. 3. 13.]

제4장 감독

제18조(보고와 검사 등) ① 식품의약품안전처장은 필요하다고 인정하면 영업자·판매자 또는 그 밖에 화장품을 업무상 취급하는 자에 대하여 필요한 보고를 명하거나, 관계 공무원으로 하여금 화장품 제조장소·영업소·창고·판매장소, 그 밖에 화장품을 취급하는 장소에 출입하여 그 시설 또는 관계 장부나 서류, 그 밖의 물건의 검사 또는 관계인에 대한 질문을 할 수 있다. <개정 2013. 3. 23., 2018. 3. 13.>

② 식품의약품안전처장은 화장품의 품질 또는 안전기준, 포장 등의 기재·표시 사항 등이 적합한지 여부를 검사하기 위하여 필요한 최소 분량을 수거하여 검사할 수 있다. <개정 2013. 3. 23.>

③ 식품의약품안전처장은 총리령으로 정하는 바에 따라 제품의 판매에 대한 모니터링 제도를 운영할 수 있다. <개정 2013. 3. 23.>

④ 제1항의 경우에 관계 공무원은 그 권한을 표시하는 증표를 관계인에게 내보여야 한다.

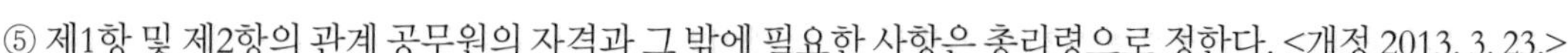

⑤ 제1항 및 제2항의 관계 공무원의 자격과 그 밖에 필요한 사항은 총리령으로 정한다. <개정 2013. 3. 23.>

제18조의2(소비자화장품안전관리감시원) ① 식품의약품안전처장 또는 지방식품의약품안전청장은 화장품 안전관리를 위하여 제17조에 따라 설립된 단체 또는 「소비자기본법」 제29조에 따라 등록한 소비자단체의 임직원 중 해당 단체의 장이 추천한 사람이나 화장품 안전관리에 관한 지식이 있는 사람을 소비자화장품안전관리감시원으로 위촉할 수 있다.

② 제1항에 따라 위촉된 소비자화장품안전관리감시원(이하 "소비자화장품감시원"이라 한다)의 직무는 다음 각 호와 같다.

1. 유통 중인 화장품이 제10조제1항 및 제2항에 따른 표시기준에 맞지 아니하거나 제13조제1항 각 호의 어느 하나에 해당하는 표시 또는 광고를 한 화장품인 경우 관할 행정관청에 신고하거나 그에 관한 자료 제공
2. 제18조제1항·제2항에 따라 관계 공무원이 하는 출입·검사·질문·수거의 지원
3. 그 밖에 화장품 안전관리에 관한 사항으로서 총리령으로 정하는 사항

③ 식품의약품안전처장 또는 지방식품의약품안전청장은 소비자화장품감시원에게 직무 수행에 필요한 교육을 실시할 수 있다.

④ 식품의약품안전처장 또는 지방식품의약품안전청장은 소비자화장품감시원이 다음 각 호의 어느 하나에 해당하는 경우에는 해당 소비자화장품감시원을 해촉(解囑)하여야 한다.

1. 해당 소비자화장품감시원을 추천한 단체에서 퇴직하거나 해임된 경우
2. 제2항 각 호의 직무와 관련하여 부정한 행위를 하거나 권한을 남용한 경우
3. 질병이나 부상 등의 사유로 직무 수행이 어렵게 된 경우

⑤ 소비자화장품감시원의 자격, 교육, 그 밖에 필요한 사항은 총리령으로 정한다.

[본조신설 2018. 3. 13.]

제19조(시정명령) 식품의약품안전처장은 이 법을 지키지 아니하는 자에 대하여 필요하다고 인정하면 그 시정을 명할 수 있다. <개정 2013. 3. 23.>

제20조(검사명령) 식품의약품안전처장은 영업자에 대하여 필요하다고 인정하면 취급한 화장품에 대하여 「식품·의약품분야 시험·검사 등에 관한 법률」 제6조제2항제5호에 따른 화장품 시험·검사기관의 검사를 받을 것을 명할 수 있다. <개정 2013. 3. 23., 2013. 7. 30., 2018. 3. 13.>

제21조 삭제 〈2013. 7. 30.〉

제22조(개수명령) 식품의약품안전처장은 화장품제조업자가 갖추고 있는 시설이 제3조제2항에 따른 시설기준에 적합하지 아니하거나 노후 또는 오손되어 있어 그 시설로 화장품을 제조하면 화장품의 안전과 품질에 문제의 우려가 있다고 인정되는 경우에는 화장품제조업자에게 그 시설의 개수를 명하거나 그 개수가 끝날 때까지 해당 시설의 전부 또는 일부의 사용금지를 명할 수 있다. <개정 2013. 3. 23., 2018. 3. 13.>

제23조(회수 · 폐기명령 등) ① 식품의약품안전처장은 판매·보관·진열·제조 또는 수입한 화장품이나 그 원료·재료 등(이하 "물품"이라 한다)이 제9조, 제15조 또는 제16조제1항을 위반하여 국민보건에 위해를 끼칠 우려가 있는 경우에는 해당 영업자·판매자 또는 그 밖에 화장품을 업무상 취급하는 자에게 해당 물품의

회수·폐기 등의 조치를 명하여야 한다. <개정 2018. 12. 11.>

② 식품의약품안전처장은 판매·보관·진열·제조 또는 수입한 물품이 국민보건에 위해를 끼치거나 끼칠 우려가 있다고 인정되는 경우에는 해당 영업자·판매자 또는 그 밖에 화장품을 업무상 취급하는 자에게 해당 물품의 회수·폐기 등의 조치를 명할 수 있다. <신설 2018. 12. 11.>

③ 제1항 및 제2항에 따른 명령을 받은 영업자·판매자 또는 그 밖에 화장품을 업무상 취급하는 자는 미리 식품의약품안전처장에게 회수계획을 보고하여야 한다. <신설 2018. 12. 11.>

④ 식품의약품안전처장은 다음 각 호의 어느 하나에 해당하는 경우에는 관계 공무원으로 하여금 해당 물품을 폐기하게 하거나 그 밖에 필요한 처분을 하게 할 수 있다. <개정 2013. 3. 23., 2018. 12. 11.>

1. 제1항 및 제2항에 따른 명령을 받은 자가 그 명령을 이행하지 아니한 경우
2. 그 밖에 국민보건을 위하여 긴급한 조치가 필요한 경우

⑤ 제1항부터 제3항까지의 규정에 따른 물품의 회수에 필요한 위해성 등급 및 그 분류기준, 회수·폐기의 절차·계획 및 사후조치 등에 필요한 사항은 총리령으로 정한다. <신설 2015. 1. 28., 2018. 12. 11.>

[제목개정 2015. 1. 28.]

제23조의2(위해화장품의 공표) ① 식품의약품안전처장은 다음 각 호의 어느 하나에 해당하는 경우에는 해당 영업자에 대하여 그 사실의 공표를 명할 수 있다. <개정 2018. 3. 13., 2018. 12. 11.>

1. 제5조의2제2항에 따른 회수계획을 보고받은 때
2. 제23조제3항에 따른 회수계획을 보고받은 때

② 제1항에 따른 공표의 방법·절차 등에 필요한 사항은 총리령으로 정한다.

[본조신설 2015. 1. 28.]

제24조(등록의 취소 등) ① 영업자가 다음 각 호의 어느 하나에 해당하는 경우에는 식품의약품안전처장은 등록을 취소하거나 영업소 폐쇄(제3조의2제1항에 따라 신고한 영업만 해당한다. 이하 이 조에서 같다)를 명하거나, 품목의 제조·수입 및 판매(수입대행형 거래를 목적으로 하는 알선·수여를 포함한다)의 금지를 명하거나 1년의 범위에서 기간을 정하여 그 업무의 전부 또는 일부에 대한 정지를 명할 수 있다. 다만, 제3호 또는 제14호(광고 업무에 한정하여 정지를 명한 경우는 제외한다)에 해당하는 경우에는 등록을 취소하거나 영업소를 폐쇄하여야 한다. <개정 2013. 3. 23., 2015. 1. 28., 2016. 5. 29., 2018. 3. 13., 2018. 12. 11., 2019. 1. 15.>

1. 제3조제1항 후단에 따른 화장품제조업 또는 화장품책임판매업의 변경 사항 등록을 하지 아니한 경우
2. 제3조제2항에 따른 시설을 갖추지 아니한 경우

2의2. 제3조의2제1항 후단에 따른 맞춤형화장품판매업의 변경신고를 하지 아니한 경우

3. 제3조의3 각 호의 어느 하나에 해당하는 경우
4. 국민보건에 위해를 끼쳤거나 끼칠 우려가 있는 화장품을 제조·수입한 경우
5. 제4조제1항을 위반하여 심사를 받지 아니하거나 보고서를 제출하지 아니한 기능성화장품을 판매한 경우

5의2. 제4조의2제1항에 따른 제품별 안전성 자료를 작성 또는 보관하지 아니한 경우

6. 제5조를 위반하여 영업자의 준수사항을 이행하지 아니한 경우

6의2. 제5조의2제1항을 위반하여 회수 대상 화장품을 회수하지 아니하거나 회수하는 데에 필요한 조치를 하지 아니한 경우

6의3. 제5조의2제2항을 위반하여 회수계획을 보고하지 아니하거나 거짓으로 보고한 경우

7. 삭제 <2018. 3. 13.>

8. 제9조에 따른 화장품의 안전용기·포장에 관한 기준을 위반한 경우

9. 제10조부터 제12조까지의 규정을 위반하여 화장품의 용기 또는 포장 및 첨부문서에 기재·표시한 경우

10. 제13조를 위반하여 화장품을 표시·광고하거나 제14조제4항에 따른 중지명령을 위반하여 화장품을 표시·광고 행위를 한 경우

11. 제15조를 위반하여 판매하거나 판매의 목적으로 제조·수입·보관 또는 진열한 경우

12. 제18조제1항·제2항에 따른 검사·질문·수거 등을 거부하거나 방해한 경우

13. 제19조, 제20조, 제22조, 제23조제1항·제2항 또는 제23조의2에 따른 시정명령·검사명령·개수명령·회수명령·폐기명령 또는 공표명령 등을 이행하지 아니한 경우

13의2. 제23조제3항에 따른 회수계획을 보고하지 아니하거나 거짓으로 보고한 경우

14. 업무정지기간 중에 업무를 한 경우

② 제1항에 따른 행정처분의 기준은 총리령으로 정한다. <개정 2013. 3. 23.>

[제목개정 2018. 3. 13.]

제25조 삭제 〈2013. 7. 30.〉

제26조(영업자의 지위 승계) 영업자가 사망하거나 그 영업을 양도한 경우 또는 법인인 영업자가 합병한 경우에는 그 상속인, 영업을 양수한 자 또는 합병 후 존속하는 법인이나 합병에 따라 설립되는 법인이 그 영업자의 의무 및 지위를 승계한다. <개정 2018. 3. 13.>

[제목개정 2018. 3. 13.]

제26조의2(행정제재처분 효과의 승계) 제26조에 따라 영업자의 지위를 승계한 경우에 종전의 영업자에 대한 제24조에 따른 행정제재처분의 효과는 그 처분 기간이 끝난 날부터 1년간 해당 영업자의 지위를 승계한 자에게 승계되며, 행정제재처분의 절차가 진행 중일 때에는 해당 영업자의 지위를 승계한 자에 대하여 그 절차를 계속 진행할 수 있다. 다만, 영업자의 지위를 승계한 자가 지위를 승계할 때에 그 처분 또는 위반 사실을 알지 못하였음을 증명하는 경우에는 그러하지 아니하다.

[본조신설 2018. 12. 11.]

제27조(청문) 식품의약품안전처장은 제14조의2제3항에 따른 인증의 취소, 제14조의5제2항에 따른 인증기관 지정의 취소 또는 업무의 전부에 대한 정지를 명하거나 제24조에 따른 등록의 취소, 영업소 폐쇄, 품목의 제조·수입 및 판매(수입대행형 거래를 목적으로 하는 알선·수여를 포함한다)의 금지 또는 업무의 전부에 대한 정지를 명하고자 하는 경우에는 청문을 하여야 한다. <개정 2013. 3. 23., 2016. 5. 29., 2018. 3. 13.>

제28조(과징금처분) ① 식품의약품안전처장은 제24조에 따라 영업자에게 업무정지처분을 하여야 할 경우에는 그 업무정지처분을 갈음하여 10억원 이하의 과징금을 부과할 수 있다. <개정 2013. 3. 23., 2018. 3.

13., 2018. 12. 11.>

② 제1항에 따른 과징금을 부과하는 위반행위의 종류와 위반정도 등에 따른 과징금의 금액과 그 밖에 필요한 사항은 대통령령으로 정한다.

③ 식품의약품안전처장은 과징금을 부과하기 위하여 필요한 경우에는 다음 각 호의 사항을 적은 문서로 관할 세무관서의 장에게 과세 정보 제공을 요청할 수 있다. <신설 2018. 3. 13.>

1. 납세자의 인적 사항
2. 과세 정보의 사용 목적
3. 과징금 부과기준이 되는 매출금액

④ 식품의약품안전처장은 제1항에 따른 과징금을 내야 할 자가 납부기한까지 과징금을 내지 아니하면 대통령령으로 정하는 바에 따라 제1항에 따른 과징금부과처분을 취소하고 제24조제1항에 따른 업무정지처분을 하거나 국세 체납처분의 예에 따라 이를 징수한다. 다만, 제6조에 따른 폐업 등으로 제24조제1항에 따른 업무정지처분을 할 수 없을 때에는 국세 체납처분의 예에 따라 이를 징수한다. <개정 2013. 3. 23., 2018. 3. 13.>

⑤ 식품의약품안전처장은 제4항에 따라 체납된 과징금의 징수를 위하여 다음 각 호의 어느 하나에 해당하는 자료 또는 정보를 해당 각 호의 자에게 요청할 수 있다. 이 경우 요청을 받은 자는 정당한 사유가 없으면 요청에 따라야 한다. <신설 2018. 3. 13.>

1. 「건축법」 제38조에 따른 건축물대장 등본: 국토교통부장관
2. 「공간정보의 구축 및 관리 등에 관한 법률」 제71조에 따른 토지대장 등본: 국토교통부장관
3. 「자동차관리법」 제7조에 따른 자동차등록원부 등본: 특별시장·광역시장·특별자치시장·도지사 또는 특별자치도지사

제28조의2(위반사실의 공표) ① 식품의약품안전처장은 제22조, 제23조, 제23조의2, 제24조 또는 제28조에 따라 행정처분이 확정된 자에 대한 처분 사유, 처분 내용, 처분 대상자의 명칭·주소 및 대표자 성명, 해당 품목의 명칭 등 처분과 관련한 사항으로서 대통령령으로 정하는 사항을 공표할 수 있다.

② 제1항에 따른 공표방법 등 공표에 필요한 사항은 대통령령으로 정한다.

[본조신설 2015. 1. 28.]

제29조(자발적 관리의 지원) 식품의약품안전처장은 영업자가 스스로 표시·광고, 품질관리, 국내외 인증 등의 준수사항을 위하여 노력하는 자발적 관리체계가 정착·확산될 수 있도록 행정적·재정적 지원을 할 수 있다. <개정 2013. 3. 23., 2018. 3. 13.>

제30조(수출용 제품의 예외) 국내에서 판매되지 아니하고 수출만을 목적으로 하는 제품은 제4조, 제8조부터 제12조까지, 제14조, 제15조제1호·제5호, 제16조제1항제2호·제3호 및 같은 조 제2항을 적용하지 아니하고 수입국의 규정에 따를 수 있다. <개정 2016. 5. 29.>

제5장 보칙

제31조(등록필증 등의 재교부) 영업자가 등록필증·신고필증 또는 기능성화장품심사결과통지서 등을 잃어버리거나 못쓰게 될 때는 총리령으로 정하는 바에 따라 이를 다시 교부받을 수 있다. <개정 2013. 3. 23., 2018. 3. 13.>

제32조(수수료) 이 법에 따른 등록·신고·심사 또는 인증을 받거나, 자격시험 응시와 자격증 발급을 신청하고자 하는 자는 총리령으로 정하는 바에 따라 수수료를 납부하여야 한다. 등록·신고·심사 또는 인증받은 사항을 변경하고자 하는 경우에도 또한 같다.
[전문개정 2018. 3. 13.]

제33조(화장품산업의 지원) 보건복지부장관과 식품의약품안전처장은 화장품산업의 진흥을 위한 기반조성 및 경쟁력 강화에 필요한 시책을 수립·시행하여야 하며 이를 위한 재원을 마련하고 기술개발, 조사·연구사업, 해외 정보의 제공, 국제협력체계의 구축 등에 필요한 지원을 하여야 한다. <개정 2013. 3. 23., 2018. 3. 13.>

제33조의2(국제협력) 식품의약품안전처장은 화장품의 수출 진흥 및 안전과 품질관리 등을 위하여 수입국·수출국과 협약을 체결하는 등 국제협력에 노력하여야 한다.
[본조신설 2018. 12. 11.]

제34조(권한 등의 위임 · 위탁) ① 이 법에 따른 식품의약품안전처장의 권한은 그 일부를 대통령령으로 정하는 바에 따라 지방식품의약품안전청장이나 특별시장·광역시장·도지사 또는 특별자치도지사에게 위임할 수 있다. <개정 2013. 3. 23.>
② 식품의약품안전처장은 이 법에 따른 화장품에 관한 업무의 일부를 대통령령으로 정하는 바에 따라 제17조에 따른 단체 또는 화장품 관련 기관·법인·단체에 위탁할 수 있다. <개정 2013. 3. 23., 2018. 3. 13.>
[제목개정 2018. 3. 13.]

제6장 벌칙

제35조 삭제 〈2018. 3. 13.〉

제36조(벌칙) ① 다음 각 호의 어느 하나에 해당하는 자는 3년 이하의 징역 또는 3천만원 이하의 벌금에 처한다. <개정 2014. 3. 18., 2018. 3. 13.>
1. 제3조제1항 전단을 위반한 자
1의2. 제3조의2제1항 전단을 위반한 자
1의3. 제3조의2제2항을 위반한 자
2. 제4조제1항 전단을 위반한 자
2의2. 제14조의2제3항제1호의 거짓이나 부정한 방법으로 인증받은 자
2의3. 제14조의4제2항을 위반하여 인증표시를 한 자

3. 제15조를 위반한 자
4. 제16조제1항제1호 또는 제4호를 위반한 자
② 제1항의 징역형과 벌금형은 이를 함께 부과할 수 있다.

제37조(벌칙) ① 제4조의2제1항, 제9조, 제13조, 제16조제1항제2호·제3호 또는 같은 조 제2항을 위반하거나, 제14조제4항에 따른 중지명령에 따르지 아니한 자는 1년 이하의 징역 또는 1천만원 이하의 벌금에 처한다. <개정 2013. 7. 30., 2014. 3. 18., 2019. 1. 15.>
② 제1항의 징역형과 벌금형은 이를 함께 부과할 수 있다.

제38조(벌칙) 다음 각 호의 어느 하나에 해당하는 자는 200만원 이하의 벌금에 처한다. <개정 2018. 3. 13., 2018. 12. 11.>
1. 제5조제1항부터 제3항까지의 규정에 따른 준수사항을 위반한 자
1의2. 제5조의2제1항을 위반한 자
1의3. 제5조의2제2항을 위반한 자
2. 제10조제1항(같은 항 제7호는 제외한다)·제2항을 위반한 자
2의2. 제14조의3에 따른 인증의 유효기간이 경과한 화장품에 대하여 제14조의4제1항에 따른 인증표시를 한 자
3. 제18조, 제19조, 제20조, 제22조 및 제23조에 따른 명령을 위반하거나 관계 공무원의 검사·수거 또는 처분을 거부·방해하거나 기피한 자

제39조(양벌규정) 법인의 대표자나 법인 또는 개인의 대리인, 사용인, 그 밖의 종업원이 그 법인 또는 개인의 업무에 관하여 제36조부터 제38조까지의 어느 하나에 해당하는 위반행위를 하면 그 행위자를 벌하는 외에 그 법인 또는 개인에게도 해당 조문의 벌금형을 과(科)한다. 다만, 법인 또는 개인이 그 위반행위를 방지하기 위하여 해당 업무에 관하여 상당한 주의와 감독을 게을리하지 아니한 경우에는 그러하지 아니하다. <개정 2018. 3. 13.>

제40조(과태료) ① 다음 각 호의 어느 하나에 해당하는 자에게는 100만원 이하의 과태료를 부과한다. <개정 2016. 2. 3., 2018. 3. 13., 2018. 12. 11.>
1. 삭제 <2018. 3. 13.>
2. 제4조제1항 후단을 위반하여 변경심사를 받지 아니한 자
3. 제5조제4항을 위반하여 화장품의 생산실적 또는 수입실적 또는 화장품 원료의 목록 등을 보고하지 아니한 자
4. 제5조제5항에 따른 명령을 위반한 자
5. 제6조를 위반하여 폐업 등의 신고를 하지 아니한 자
5의2. 제10조제1항제7호 및 제11조를 위반하여 화장품의 판매 가격을 표시하지 아니한 자
6. 제18조에 따른 명령을 위반하여 보고를 하지 아니한 자
7. 제15조의2제1항을 위반하여 동물실험을 실시한 화장품 또는 동물실험을 실시한 화장품 원료를 사용하여 제조(위탁제조를 포함한다) 또는 수입한 화장품을 유통·판매한 자

② 제1항에 따른 과태료는 대통령령으로 정하는 바에 따라 식품의약품안전처장이 부과·징수한다. <개정 2013. 3. 23.>

부칙 〈제17250호, 2020. 4. 7.〉

이 법은 공포한 날부터 시행한다.

화장품법 시행령

[시행 2021.4.27] [대통령령 제31655호, 2021.4.27, 일부개정]

식품의약품안전처(화장품정책과) 043-719-3409

제1조(목적) 이 영은 「화장품법」에서 위임된 사항과 그 시행에 필요한 사항을규정함을 목적으로 한다. <개정 2012. 2. 3.>

제2조(영업의 세부 종류와 범위) 「화장품법」(이하 "법"이라 한다) 제2조의2제1항에 따른 화장품 영업의 세부 종류와 그 범위는 다음 각 호와 같다.

1. 화장품제조업: 다음 각 목의 구분에 따른 영업
   가. 화장품을 직접 제조하는 영업
   나. 화장품 제조를 위탁받아 제조하는 영업
   다. 화장품의 포장(1차 포장만 해당한다)을 하는 영업
2. 화장품책임판매업: 다음 각 목의 구분에 따른 영업
   가. 화장품제조업자(법 제3조제1항에 따라 화장품제조업을 등록한 자를 말한다. 이하 같다)가 화장품을 직접 제조하여 유통·판매하는 영업
   나. 화장품제조업자에게 위탁하여 제조된 화장품을 유통·판매하는 영업
   다. 수입된 화장품을 유통·판매하는 영업
   라. 수입대행형 거래(「전자상거래 등에서의 소비자보호에 관한 법률」 제2조제1호에 따른 전자상거래만 해당한다)를 목적으로 화장품을 알선·수여(授與)하는 영업
3. 맞춤형화장품판매업: 다음 각 목의 구분에 따른 영업
   가. 제조 또는 수입된 화장품의 내용물에 다른 화장품의 내용물이나 식품의약품안전처장이 정하여 고시하는 원료를 추가하여 혼합한 화장품을 판매하는 영업
   나. 제조 또는 수입된 화장품의 내용물을 소분(小分)한 화장품을 판매하는 영업

[본조신설 2019. 3. 12.]

제3조 삭제 〈2012. 2. 3.〉

제4조 삭제 〈2012. 2. 3.〉

제5조 삭제 〈2012. 2. 3.〉

제6조 삭제 〈2012. 2. 3.〉

제7조 삭제 〈2012. 2. 3.〉

제8조 삭제 〈2012. 2. 3.〉

제9조 삭제 〈2012. 2. 3.〉

제10조 삭제 〈2012. 2. 3.〉

제11조(과징금의 산정기준) 법 제28조제1항에 따른 과징금의 금액은 위반행위의 종류·정도 등을 고려하여 총리령으로 정하는 업무정지처분기준에 따라 별표 1의 기준을 적용하여 산정하되, 과징금의 총액은 10억원을 초과하여서는 아니된다. <개정 2008. 2. 29., 2010. 3. 15., 2012. 2. 3., 2013. 3. 23., 2019. 3. 12., 2019. 12. 10.>

제12조(과징금의 부과 · 징수절차) ① 법 제28조에 따라 식품의약품안전처장이 과징금을 부과하려면 그 위반행위의 종류와 과징금의 금액 등을 적은 서면으로 통지하여야 한다. <개정 2012. 2. 3., 2013. 3. 23.>

② 과징금의 징수절차는 총리령으로 정한다. <개정 2008. 2. 29., 2010. 3. 15., 2013. 3. 23.>

제12조의2(과징금 납부기한의 연기 및 분할납부) ① 식품의약품안전처장은 법 제28조제1항에 따라 과징금을 부과받은 자(이하 "과징금납부의무자"라 한다)가 내야 할 과징금의 금액이 100만원 이상이고, 다음 각 호의 어느 하나에 해당하는 사유로 과징금 전액을 한꺼번에 내기 어렵다고 인정될 때에는 그 납부기한을 연기하거나 분할납부하게 할 수 있다. 이 경우 필요하다고 인정하면 과징금납부의무자에게 담보를 제공하게 할 수 있다.

1. 「자연재해대책법」 제2조제1호에 따른 재해 등으로 재산에 현저한 손실을 입은 경우
2. 사업 여건의 악화로 사업이 중대한 위기에 있는 경우
3. 과징금을 한꺼번에 내면 자금 사정에 현저한 어려움이 예상되는 경우
4. 그 밖에 제1호부터 제3호까지의 규정에 준하는 사유가 있다고 식품의약품안전처장이 인정하는 경우

② 과징금납부의무자가 제1항에 따라 과징금 납부기한의 연기를 받거나 분할납부를 하려는 경우에는 납부기한의 10일 전까지 납부기한의 연기 또는 분할납부의 사유를 증명하는 서류를 첨부하여 식품의약품안전처장에게 신청해야 한다.

③ 제1항에 따라 과징금의 납부기한을 연기하는 경우 그 기한은 납부기한의 다음 날부터 1년 이내로 한다.

④ 제1항에 따라 과징금을 분할납부하게 하는 경우 각 분할된 납부기한 간의 간격은 4개월 이내로 하고, 분할납부의 횟수는 3회 이내로 한다.

⑤ 식품의약품안전처장은 제1항에 따라 납부기한이 연기되거나 분할납부하기로 결정된 과징금납부의무자가 다음 각 호의 어느 하나에 해당하면 납부기한의 연기 또는 분할납부 결정을 취소하고 과징금을 즉시 한꺼번에 징수할 수 있다.

1. 분할납부하기로 결정된 과징금을 납부기한까지 내지 않은 경우
2. 담보 변경이나 그 밖에 담보 보전에 필요한 조치사항을 이행하지 않은 경우
3. 강제집행, 경매의 개시, 파산선고, 법인의 해산, 국세 또는 지방세의 체납처분을 받은 경우 등 과징금의 전부 또는 잔여분을 징수할 수 없다고 인정되는 경우
4. 제1항 각 호에 따른 사유가 해소되어 과징금을 한꺼번에 납부할 수 있다고 인정되는 경우

[본조신설 2021. 4. 27.]

[종전 제12조의2는 제12조의3으로 이동 <2021. 4. 27.>]

제12조의3(과징금 미납자에 대한 처분) ①식품의약품안전처장은 과징금납부의무자가 납부기한(제12조의2제5항에 따라 분할납부 결정을 취소한 경우에는 해당 과징금을 한꺼번에 내도록 한 기한을 말한다)까지 과

징금을 내지 않으면 납부기한이 지난 후 15일 이내에 독촉장을 발급해야 한다. 이 경우 납부기한은 독촉장을 발급하는 날부터 10일 이내로 해야 한다. <개정 2012. 2. 3., 2013. 3. 23., 2019. 3. 12., 2021. 4. 27.>

② 식품의약품안전처장은 과징금납부의무자가 제1항에 따른 독촉장을 받고도 납부기한까지 과징금을 내지 않으면 과징금부과처분을 취소하고 업무정지처분을 해야 한다. 다만, 법 제28조제4항 단서에 해당하는 경우에는 국세 체납처분의 예에 따라 징수해야 한다. <개정 2014. 11. 4., 2019. 3. 12., 2021. 4. 27.>

③제2항 본문에 따라 과징금 부과처분을 취소하고 업무정지처분을 하려면 처분대상자에게 서면으로 그 내용을 통지하되, 서면에는 처분이 변경된 사유와 업무정지처분의 기간 등 업무정지처분에 필요한 사항을 적어야 한다. <개정 2012. 2. 3., 2014. 11. 4.>

[본조신설 2007. 7. 3.]

[제12조의2에서 이동 <2021. 4. 27.>]

제13조(위반사실의 공표) ① 법 제28조의2제1항에서 "대통령령으로 정하는 사항"이란 다음 각 호의 사항을 말한다.

1. 처분 사유
2. 처분 내용
3. 처분 대상자의 명칭·주소 및 대표자 성명
4. 해당 품목의 명칭 및 제조번호

② 법 제28조의2제1항에 따른 공표는 식품의약품안전처의 인터넷 홈페이지에 게재하는 방법으로 한다.

[본조신설 2015. 7. 24.]

제14조(권한의 위임) 법 제34조제1항에 따라 식품의약품안전처장은 다음 각 호의 권한을 지방식품의약품안전청장에게 위임한다. <개정 2012. 2. 3., 2013. 3. 23., 2014. 11. 4., 2015. 7. 24., 2017. 1. 31., 2019. 3. 12.>

1. 법 제3조에 따른 화장품제조업 또는 화장품제조책임판매업의 등록 및 변경등록

1의2. 법 제3조의2제1항에 따른 맞춤형화장품판매업의 신고 및 변경신고의 수리

1의3. 법 제5조제6항에 따른 화장품제조업자, 화장품책임판매업자 및 맞춤형화장품판매업자(이하 "영업자"라 한다)에 대한 교육명령

1의4. 법 제5조의2제2항에 따른 회수계획 보고의 접수 및 같은 조 제3항에 따른 행정처분의 감경·면제

2. 법 제6조제1항에 따른 영업자의 폐업, 휴업 등 신고의 수리

3. 법 제18조에 따른 보고명령·출입·검사·질문 및 수거

3의2. 법 제18조의2에 따른 소비자화장품안전관리감시원의 위촉·해촉 및 교육

3의3. 다음 각 목의 경우에 대한 법 제19조에 따른 시정명령

가. 법 제3조제1항 후단에 따른 변경등록을 하지 않은 경우

나. 법 제3조의2제1항 후단에 따른 변경신고를 하지 않은 경우

다. 법 제5조제6항에 따른 교육명령을 위반한 경우

라. 법 제6조제1항에 따른 폐업 또는 휴업신고나 휴업 후 재개신고를 하지 않은 경우

4. 법 제20조에 따른 검사명령

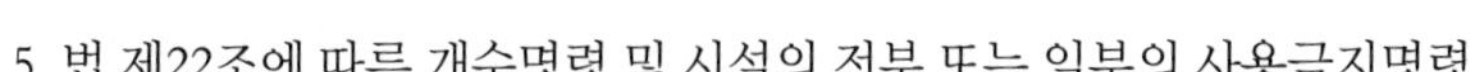

5. 법 제22조에 따른 개수명령 및 시설의 전부 또는 일부의 사용금지명령

6. 법 제23조에 따른 회수·폐기 등의 명령, 회수계획 보고의 접수와 폐기 또는 그 밖에 필요한 처분

6의2. 법 제23조의2에 따른 공표명령

7. 법 제24조에 따른 등록의 취소, 영업소의 폐쇄명령, 품목의 제조·수입 및 판매의 금지명령, 업무의 전부 또는 일부에 대한 정지명령

8. 법 제27조에 따른 청문

9. 법 제28조에 따른 과징금의 부과·징수

9의2. 법 제28조의2에 따른 공표

10. 법 제31조에 따른 등록필증·신고필증의 재교부

11. 법 제40조제1항에 따른 과태료의 부과·징수

[본조신설 2007. 7. 3.]

제15조(민감정보 및 고유식별정보의 처리) 식품의약품안전처장(제14조에 따라 식품의약품안전처장의 권한을 위임받은 자 또는 법 제3조의4제3항에 따라 자격시험 업무를 위탁받은 자를 포함한다)은 다음 각 호의 사무를 수행하기 위하여 불가피한 경우 「개인정보 보호법」 제23조에 따른 건강에 관한 정보, 같은 법 시행령 제18조제2호에 따른 범죄경력자료에 해당하는 정보, 같은 영 제19조제1호 또는 제4호에 따른 주민등록번호 또는 외국인등록번호가 포함된 자료를 처리할 수 있다. <개정 2012. 2. 3., 2013. 3. 23., 2015. 7. 24., 2019. 3. 12., 2019. 12. 10.>

1. 법 제3조에 따른 화장품제조업 또는 화장품책임판매업의 등록 및 변경등록에 관한 사무

1의2. 법 제3조의2제1항에 따른 맞춤형화장품판매업의 신고 및 변경신고에 관한 사무

1의3. 법 제3조의4제1항에 따른 맞춤형화장품조제관리사 자격시험에 관한 사무

2. 법 제4조에 따른 기능성화장품의 심사 등에 관한 사무

3. 법 제6조에 따른 폐업 등의 신고에 관한 사무

4. 법 제18조에 따른 보고와 검사 등에 관한 사무

4의2. 법 제19조에 따른 시정명령에 관한 사무

5. 법 제20조에 따른 검사명령에 관한 사무

6. 법 제22조에 따른 개수명령 및 시설의 전부 또는 일부의 사용금지명령에 관한 사무

7. 법 제23조에 따른 회수·폐기 등의 명령과 폐기 또는 그 밖에 필요한 처분에 관한 사무

8. 법 제24조에 따른 등록의 취소, 영업소의 폐쇄명령, 품목의 제조·수입 및 판매의 금지명령, 업무의 전부 또는 일부에 대한 정지명령에 관한 사무

9. 법 제27조에 따른 청문에 관한 사무

10. 법 제28조에 따른 과징금의 부과·징수에 관한 사무

11. 법 제31조에 따른 등록필증 등의 재교부에 관한 사무

[본조신설 2012. 1. 6.]

제16조(과태료의 부과기준) 법 제40조제1항에 따른 과태료의 부과기준은 별표 2와 같다. <개정 2019. 3. 12.>

[전문개정 2012. 2. 3.]
[제13조에서 이동 <2012. 2. 3.>]

부칙 〈제31655호, 2021.4.27〉

제1조(시행일) 이 영은 공포한 날부터 시행한다.

제2조(과징금 납부기한의 연기 및 분할납부에 관한 적용례) 제12조의2의 개정규정은 이 영 시행 전에 과징금을 부과받고 그 납부기한이 이 영 시행일 기준으로 10일 이상 남은 경우에도 적용한다.

화장품법 시행규칙

[시행 2021. 5. 14] [총리령 제1699호, 2021. 5. 14, 일부개정]

식품의약품안전처(화장품정책과) 043-719-3409

제1조(목적) 이 규칙은 「화장품법」 및 같은 법 시행령에서 위임된 사항과 그 시행에 필요한 사항을 규정함을 목적으로 한다.

제2조(기능성화장품의 범위) 「화장품법」(이하 "법"이라 한다) 제2조제2호 각 목 외의 부분에서 "총리령으로 정하는 화장품"이란 다음 각 호의 화장품을 말한다. <개정 2013. 3. 23., 2017. 1. 12., 2020. 8. 5.>

1. 피부에 멜라닌색소가 침착하는 것을 방지하여 기미·주근깨 등의 생성을 억제함으로써 피부의 미백에 도움을 주는 기능을 가진 화장품
2. 피부에 침착된 멜라닌색소의 색을 엷게 하여 피부의 미백에 도움을 주는 기능을 가진 화장품
3. 피부에 탄력을 주어 피부의 주름을 완화 또는 개선하는 기능을 가진 화장품
4. 강한 햇볕을 방지하여 피부를 곱게 태워주는 기능을 가진 화장품
5. 자외선을 차단 또는 산란시켜 자외선으로부터 피부를 보호하는 기능을 가진 화장품
6. 모발의 색상을 변화[탈염(脫染)·탈색(脫色)을 포함한다]시키는 기능을 가진 화장품. 다만, 일시적으로 모발의 색상을 변화시키는 제품은 제외한다.
7. 체모를 제거하는 기능을 가진 화장품. 다만, 물리적으로 체모를 제거하는 제품은 제외한다.
8. 탈모 증상의 완화에 도움을 주는 화장품. 다만, 코팅 등 물리적으로 모발을 굵게 보이게 하는 제품은 제외한다.
9. 여드름성 피부를 완화하는 데 도움을 주는 화장품. 다만, 인체세정용 제품류로 한정한다.
10. 피부장벽(피부의 가장 바깥 쪽에 존재하는 각질층의 표피를 말한다)의 기능을 회복하여 가려움 등의 개선에 도움을 주는 화장품
11. 튼살로 인한 붉은 선을 엷게 하는 데 도움을 주는 화장품

제2조의2(맞춤형화장품의 제외 대상) 법 제2조제3호의2나목 단서에서 "고형(固形) 비누 등 총리령으로 정하는 화장품"이란 별표 3 제1호다목3)에 따른 화장 비누(고체 형태의 세안용 비누)를 말한다.
[본조신설 2020. 6. 30.]

제3조(제조업의 등록 등) ① 삭제 <2019. 3. 14.>

② 법 제3조제1항 전단에 따라 화장품제조업 등록을 하려는 자는 별지 제1호서식의 화장품제조업 등록신청서(전자문서로 된 신청서를 포함한다)에 다음 각 호의 서류(전자문서를 포함한다)를 첨부하여 제조소의 소재지를 관할하는 지방식품의약품안전청장에게 제출하여야 한다. <개정 2019. 3. 14.>

1. 화장품제조업을 등록하려는 자(법인인 경우에는 대표자를 말한다. 이하 이 항에서 같다)가 법 제3조의

3제1호 본문에 해당되지 않음을 증명하는 의사의 진단서 또는 법 제3조의3제1호 단서에 해당하는 사람임을 증명하는 전문의의 진단서

2. 화장품제조업을 등록하려는 자가 법 제3조의3제3호에 해당되지 않음을 증명하는 의사의 진단서
3. 시설의 명세서

③ 제2항에 따라 신청서를 받은 지방식품의약품안전청장은 「전자정부법」 제36조제1항에 따른 행정정보의 공동이용을 통하여 법인 등기사항증명서(법인인 경우만 해당한다)를 확인하여야 한다.

④ 지방식품의약품안전청장은 제2항에 따른 등록신청이 등록요건을 갖춘 경우에는 화장품 제조업 등록대장에 다음 각 호의 사항을 적고, 별지 제2호서식의 화장품제조업 등록필증을 발급하여야 한다. <개정 2014. 9. 24., 2019. 3. 14.>

1. 등록번호 및 등록연월일
2. 화장품제조업자(화장품제조업을 등록한 자를 말한다. 이하 같다)의 성명 및 생년월일(법인인 경우에는 대표자의 성명 및 생년월일)
3. 화장품제조업자의 상호(법인인 경우에는 법인의 명칭)
4. 제조소의 소재지
5. 제조 유형

제4조(화장품책임판매업의 등록 등) ① 삭제 <2019. 3. 14.>

② 법 제3조제1항 전단에 따라 화장품책임판매업을 등록하려는 자는 별지 제3호서식의 화장품책임판매업 등록신청서(전자문서로 된 신청서를 포함한다)에 다음 각 호의 서류[전자문서를 포함하며, 「화장품법 시행령」(이하 "영"이라 한다) 제2조제2호라목에 해당하는 경우에는 제출하지 않는다]를 첨부하여 화장품책임판매업소의 소재지를 관할하는 지방식품의약품안전청장에게 제출해야 한다. <개정 2019. 3. 14.>

1. 법 제3조제3항에 따른 화장품의 품질관리 및 책임판매 후 안전관리에 적합한 기준에 관한 규정
2. 법 제3조제3항에 따른 책임판매관리자(이하 "책임판매관리자"라 한다)의 자격을 확인할 수 있는 서류

③ 제2항에 따라 신청서를 받은 지방식품의약품안전청장은 「전자정부법」 제36조제1항에 따른 행정정보의 공동이용을 통하여 법인 등기사항증명서(법인인 경우만 해당한다)를 확인하여야 한다.

④ 지방식품의약품안전청장은 제2항에 따른 등록신청이 등록요건을 갖춘 경우에는 화장품책임판매업 등록대장에 다음 각 호의 사항을 적고, 별지 제4호서식의 화장품책임판매업 등록필증을 발급하여야 한다. <개정 2014. 9. 24., 2019. 3. 14.>

1. 등록번호 및 등록연월일
2. 화장품책임판매업자(화장품책임판매업을 등록한 자를 말한다. 이하 같다)의 성명 및 생년월일(법인인 경우에는 대표자의 성명 및 생년월일)
3. 화장품책임판매업자의 상호(법인인 경우에는 법인의 명칭)
4. 화장품책임판매업소의 소재지
5. 책임판매관리자의 성명 및 생년월일
6. 책임판매 유형

[제목개정 2019. 3. 14.]

제5조(화장품제조업 등의 변경등록) ① 법 제3조제1항 후단에 따라 화장품제조업자 또는 화장품책임판매업자가 변경등록을 하여야 하는 경우는 다음 각 호와 같다. <개정 2014. 9. 24., 2019. 3. 14.>

1. 화장품제조업자는 다음 각 목의 어느 하나에 해당하는 경우
 가. 화장품제조업자의 변경(법인인 경우에는 대표자의 변경)
 나. 화장품제조업자의 상호 변경(법인인 경우에는 법인의 명칭 변경)
 다. 제조소의 소재지 변경
 라. 제조 유형 변경
2. 화장품책임판매업자는 다음 각 목의 어느 하나에 해당하는 경우
 가. 화장품책임판매업자의 변경(법인인 경우에는 대표자의 변경)
 나. 화장품책임판매업자의 상호 변경(법인인 경우에는 법인의 명칭 변경)
 다. 화장품책임판매업소의 소재지 변경
 라. 책임판매관리자의 변경
 마. 책임판매 유형 변경

② 화장품제조업자 또는 화장품책임판매업자는 제1항에 따른 변경등록을 하는 경우에는 변경 사유가 발생한 날부터 30일(행정구역 개편에 따른 소재지 변경의 경우에는 90일) 이내에 별지 제5호서식의 화장품제조업 변경등록 신청서(전자문서로 된 신청서를 포함한다) 또는 별지 제6호서식의 화장품책임판매업 변경등록 신청서(전자문서로 된 신청서를 포함한다)에 화장품제조업 등록필증 또는 화장품책임판매업 등록필증과 다음 각 호의 구분에 따라 해당 서류(전자문서를 포함한다)를 첨부하여 지방식품의약품안전청장에게 제출하여야 한다. 이 경우 등록 관청을 달리하는 화장품제조소 또는 화장품책임판매업소의 소재지 변경의 경우에는 새로운 소재지를 관할하는 지방식품의약품안전청장에게 제출하여야 한다. <개정 2014. 9. 24., 2016. 9. 9., 2019. 3. 14., 2019. 12. 12.>

1. 화장품제조업자 또는 화장품책임판매업자의 변경(법인의 경우에는 대표자의 변경)의 경우에는 다음 각 목의 서류
 가. 제3조제2항제1호에 해당하는 서류(제조업자만 제출한다)
 나. 제3조제2항제2호에 해당하는 서류(제조업자만 제출한다)
 다. 양도·양수의 경우에는 이를 증명하는 서류
 라. 상속의 경우에는 「가족관계의 등록 등에 관한 법률」 제15조제1항제1호의 가족관계증명서
2. 제조소의 소재지 변경(행정구역개편에 따른 사항은 제외한다)의 경우: 제3조제2항제3호에 해당하는 서류
3. 책임판매관리자 변경의 경우: 제4조제2항제2호에 해당하는 서류(영 제2조제2호라목의 화장품책임판매업을 등록한 자가 두는 책임판매관리자는 제외한다)
4. 다음 각 목에 해당하는 제조 유형 또는 책임판매 유형 변경의 경우
 가. 영 제2조제1호다목의 화장품제조 유형으로 등록한 자가 같은 호 가목 또는 나목의 화장품제조 유형

으로 변경하거나 같은 호 가목 또는 나목의 제조 유형을 추가하는 경우: 제3조제2항제3호에 해당하는 서류

나. 영 제2조제2호라목의 화장품책임판매 유형으로 등록한 자가 같은 호 가목부터 다목까지의 책임판매 유형으로 변경하거나 같은 호 가목부터 다목까지의 책임판매 유형을 추가하는 경우: 제4조제2항제1호 및 제2호에 해당하는 서류

③ 제1항 및 제2항에 따라 화장품제조업 변경등록 신청서 또는 화장품책임판매업 변경등록 신청서를 받은 지방식품의약품안전청장은「전자정부법」제36조제1항에 따른 행정정보의 공동이용을 통하여 법인 등기사항증명서(법인인 경우만 해당한다)를 확인하여야 한다. <개정 2019. 3. 14.>

④ 지방식품의약품안전청장은 제2항 및 제3항에 따른 변경등록 신청사항을 확인한 후 화장품 제조업 등록대장 또는 화장품책임판매업 등록대장에 각각의 변경사항을 적고, 화장품제조업 등록필증 또는 화장품책임판매업 등록필증의 뒷면에 변경사항을 적은 후 이를 내주어야 한다. <개정 2019. 3. 14.>

[제목개정 2019. 3. 14.]

제6조(시설기준 등) ① 법 제3조제2항 본문에 따라 화장품제조업을 등록하려는 자가 갖추어야 하는 시설은 다음 각 호와 같다. <개정 2019. 3. 14.>

1. 제조 작업을 하는 다음 각 목의 시설을 갖춘 작업소
   가. 쥐·해충 및 먼지 등을 막을 수 있는 시설
   나. 작업대 등 제조에 필요한 시설 및 기구
   다. 가루가 날리는 작업실은 가루를 제거하는 시설
2. 원료·자재 및 제품을 보관하는 보관소
3. 원료·자재 및 제품의 품질검사를 위하여 필요한 시험실
4. 품질검사에 필요한 시설 및 기구

② 제1항에도 불구하고 법 제3조제2항 단서에 따라 다음 각 호의 경우에는 그 구분에 따라 시설의 일부를 갖추지 아니할 수 있다. <개정 2013. 3. 23., 2014. 8. 20., 2019. 3. 14.>

1. 화장품제조업자가 화장품의 일부 공정만을 제조하는 경우에는 해당 공정에 필요한 시설 및 기구 외의 시설 및 기구
2. 다음 각 목의 어느 하나에 해당하는 기관 등에 원료·자재 및 제품에 대한 품질검사를 위탁하는 경우에는 제1항제3호 및 제4호의 시설 및 기구
   가.「보건환경연구원법」제2조에 따른 보건환경연구원
   나. 제1항제3호에 따른 시험실을 갖춘 제조업자
   다.「식품·의약품분야 시험·검사 등에 관한 법률」제6조에 따른 화장품 시험·검사기관(이하 "화장품 시험·검사기관"이라 한다)
   라.「약사법」제67조에 따라 조직된 사단법인인 한국의약품수출입협회

③ 제조업자는 화장품의 제조시설을 이용하여 화장품 외의 물품을 제조할 수 있다. 다만, 제품 상호간에 오염의 우려가 있는 경우에는 그러하지 아니하다.

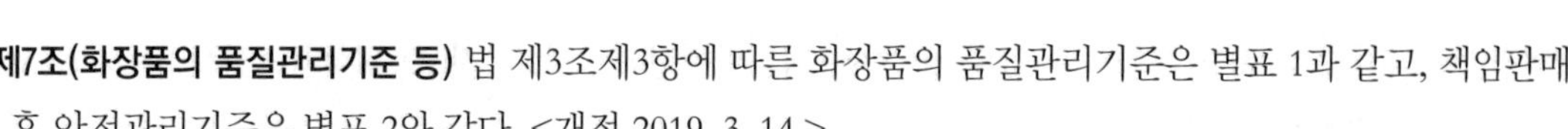

제7조(화장품의 품질관리기준 등) 법 제3조제3항에 따른 화장품의 품질관리기준은 별표 1과 같고, 책임판매 후 안전관리기준은 별표 2와 같다. <개정 2019. 3. 14.>

제8조(책임판매관리자의 자격기준 등) ① 법 제3조제3항에 따라 화장품책임판매업자(영 제2조제2호라목의 화장품책임판매업을 등록한 자는 제외한다)가 두어야 하는 책임판매관리자는 다음 각 호의 어느 하나의 해당하는 사람이어야 한다. <개정 2013. 12. 6., 2014. 9. 24., 2016. 9. 9., 2018. 12. 31., 2019. 3. 14.>

1. 「의료법」에 따른 의사 또는 「약사법」에 따른 약사
2. 「고등교육법」 제2조 각 호에 따른 학교(같은 조 제4호의 전문대학은 제외한다. 이하 이 조에서 "대학등"이라 한다)에서 학사 이상의 학위를 취득한 사람(법령에서 이와 같은 수준 이상의 학력이 있다고 인정한 사람을 포함한다. 이하 이 조에서 같다)으로서 이공계(「국가과학기술 경쟁력 강화를 위한 이공계지원 특별법」 제2조제1호에 따른 이공계를 말한다) 학과 또는 향장학·화장품과학·한의학·한약학과 등을 전공한 사람

2의2. 대학등에서 학사 이상의 학위를 취득한 사람으로서 간호학과, 간호과학과, 건강간호학과를 전공하고 화학·생물학·생명과학·유전학·유전공학·향장학·화장품과학·의학·약학 등 관련 과목을 20학점 이상 이수한 사람

3. 「고등교육법」 제2조제4호에 따른 전문대학(이하 이 조에서 "전문대학"이라 한다) 졸업자(법령에서 이와 같은 수준 이상의 학력이 있다고 인정한 사람을 포함한다. 이하 이 조에서 같다)로서 화학·생물학·화학공학·생물공학·미생물학·생화학·생명과학·생명공학·유전공학·향장학·화장품과학·한의학과·한약학과 등 화장품 관련 분야(이하 "화장품 관련 분야"라 한다)를 전공한 후 화장품 제조 또는 품질관리 업무에 1년 이상 종사한 경력이 있는 사람

3의2. 전문대학을 졸업한 사람으로서 간호학과, 간호과학과, 건강간호학과를 전공하고 화학·생물학·생명과학·유전학·유전공학·향장학·화장품과학·의학·약학 등 관련 과목을 20학점 이상 이수한 후 화장품 제조나 품질관리 업무에 1년 이상 종사한 경력이 있는 사람

3의3. 식품의약품안전처장이 정하여 고시하는 전문 교육과정을 이수한 사람(식품의약품안전처장이 정하여 고시하는 품목만 해당한다)

4. 그 밖에 화장품 제조 또는 품질관리 업무에 2년 이싱 종사한 경력이 있는 사람
5. 삭제 <2014. 9. 24.>
6. 삭제 <2014. 9. 24.>

② 책임판매관리자는 다음 각 호의 직무를 수행한다. <개정 2019. 3. 14.>

1. 별표 1의 품질관리기준에 따른 품질관리 업무
2. 별표 2의 책임판매 후 안전관리기준에 따른 안전확보 업무
3. 원료 및 자재의 입고(入庫)부터 완제품의 출고에 이르기까지 필요한 시험·검사 또는 검정에 대하여 제조업자를 관리·감독하는 업무

③ 상시근로자수가 10명 이하인 화장품책임판매업을 경영하는 화장품책임판매업자(법인인 경우에는 그 대표자를 말한다)가 제1항 각 호의 어느 하나에 해당하는 사람인 경우에는 그 사람이 제2항에 따른 책

임판매관리자의 직무를 수행할 수 있다. 이 경우 책임판매관리자를 둔 것으로 본다. <신설 2013. 12. 6., 2016. 6. 30., 2019. 3. 14.>

[제목개정 2019. 3. 14.]

제8조의2(맞춤형화장품판매업의 신고) ① 법 제3조의2제1항 전단에 따라 맞춤형화장품판매업의 신고를 하려는 자는 별지 제6호의2서식의 맞춤형화장품판매업 신고서(전자문서로 된 신고서를 포함한다)에 법 제3조의2제2항에 따른 맞춤형화장품조제관리사(이하 "맞춤형화장품조제관리사"라 한다)의 자격증 사본을 첨부하여 맞춤형화장품판매업소의 소재지를 관할하는 지방식품의약품안전청장에게 제출해야 한다.

② 지방식품의약품안전청장은 제1항에 따른 신고를 받은 경우에는 「전자정부법」 제36조제1항에 따른 행정정보의 공동이용을 통해 법인 등기사항증명서(법인인 경우만 해당한다)를 확인해야 한다.

③ 지방식품의약품안전청장은 제1항에 따른 신고가 그 요건을 갖춘 경우에는 맞춤형화장품판매업 신고대장에 다음 각 호의 사항을 적고, 별지 제6호의3서식의 맞춤형화장품판매업 신고필증을 발급해야 한다.

1. 신고 번호 및 신고 연월일
2. 맞춤형화장품판매업을 신고한 자(이하 "맞춤형화장품판매업자"라 한다)의 성명 및 생년월일(법인인 경우에는 대표자의 성명 및 생년월일)
3. 맞춤형화장품판매업자의 상호 및 소재지
4. 맞춤형화장품판매업소의 상호 및 소재지
5. 맞춤형화장품조제관리사의 성명, 생년월일 및 자격증 번호

[본조신설 2020. 3. 13.]

제8조의3(맞춤형화장품판매업의 변경신고) ① 법 제3조의2제1항 후단에 따라 맞춤형화장품판매업자가 변경신고를 해야 하는 경우는 다음 각 호와 같다.

1. 맞춤형화장품판매업자를 변경하는 경우
2. 맞춤형화장품판매업소의 상호 또는 소재지를 변경하는 경우
3. 맞춤형화장품조제관리사를 변경하는 경우

② 맞춤형화장품판매업자가 제1항에 따른 변경신고를 하려면 별지 제6호의4서식의 맞춤형화장품판매업 변경신고서(전자문서로 된 신고서를 포함한다)에 맞춤형화장품판매업 신고필증과 그 변경을 증명하는 서류(전자문서를 포함한다)를 첨부하여 맞춤형화장품판매업소의 소재지를 관할하는 지방식품의약품안전청장에게 제출해야 한다. 이 경우 소재지를 변경하는 때에는 새로운 소재지를 관할하는 지방식품의약품안전청장에게 제출해야 한다.

③ 지방식품의약품안전청장은 제2항에 따라 맞춤형화장품판매업 변경신고를 받은 경우에는 「전자정부법」 제36조제1항에 따른 행정정보의 공동이용을 통해 법인 등기사항증명서(법인인 경우만 해당한다)를 확인해야 한다.

④ 지방식품의약품안전청장은 제2항에 따른 변경신고가 그 요건을 갖춘 때에는 맞춤형화장품판매업 신고대장과 맞춤형화장품판매업 신고필증의 뒷면에 각각의 변경사항을 적어야 한다. 이 경우 맞춤형화장품판매업 신고필증은 신고인에게 다시 내주어야 한다.

[본조신설 2020. 3. 13.]

제8조의4(맞춤형화장품조제관리사 자격시험) ① 식품의약품안전처장은 법 제3조의4제1항에 따라 매년 1회 이상 맞춤형화장품조제관리사 자격시험(이하 "자격시험"이라 한다)을 실시해야 한다.

② 식품의약품안전처장은 자격시험을 실시하려는 경우에는 시험일시, 시험장소, 시험과목, 응시방법 등이 포함된 자격시험 시행계획을 시험 실시 90일전까지 식품의약품안전처 인터넷 홈페이지에 공고해야 한다.

③ 자격시험은 필기시험으로 실시하며, 그 시험과목은 다음 각 호의 구분에 따른다.

1. 제1과목: 화장품 관련 법령 및 제도 등에 관한 사항
2. 제2과목: 화장품의 제조 및 품질관리와 원료의 사용기준 등에 관한 사항
3. 제3과목: 화장품의 유통 및 안전관리 등에 관한 사항
4. 제4과목: 맞춤형화장품의 특성·내용 및 관리 등에 관한 사항

④ 자격시험은 전 과목 총점의 60퍼센트 이상의 점수와 매 과목 만점의 40퍼센트 이상의 점수를 모두 득점한 사람을 합격자로 한다.

⑤ 자격시험에서 부정행위를 한 사람에 대해서는 그 시험을 정지시키거나 그 합격을 무효로 한다.

⑥ 식품의약품안전처장은 자격시험을 실시할 때마다 시험과목에 대한 전문 지식을 갖추거나 화장품에 관한 업무 경험이 풍부한 사람 중에서 시험 위원을 위촉한다. 이 경우 해당 위원에 대해서는 예산의 범위에서 수당 및 여비 등을 지급할 수 있다.

⑦ 제1항부터 제6항까지에서 규정한 사항 외에 자격시험의 실시 방법 및 절차 등에 필요한 세부 사항은 식품의약품안전처장이 정하여 고시한다.

[본조신설 2020. 3. 13.]

제8조의5(맞춤형화장품조제관리사 자격증의 발급 신청 등) ① 법 제3조의4제1항에 따른 자격시험에 합격하여 자격증을 발급받으려는 사람은 별지 제6호의5서식의 맞춤형화장품조제관리사 자격증 발급 신청서(전자문서로 된 신청서를 포함한다)를 식품의약품안전처장에게 제출해야 한다.

② 식품의약품안전처장은 제1항에 따른 발급 신청이 그 요건을 갖춘 경우에는 별지 제6호의6서식에 따른 맞춤형화장품조제관리사 자격증을 발급해야 한다.

③ 자격증을 잃어버리거나 못 쓰게 된 경우에는 별지 제6호의5서식의 맞춤형화장품조제관리사 자격증 재발급 신청서(전자문서로 된 신청서를 포함한다)에 다음 각 호의 구분에 따른 서류(전자문서를 포함한다)를 첨부하여 식품의약품안전처장에게 제출해야 한다.

1. 자격증을 잃어버린 경우: 분실 사유서
2. 자격증을 못 쓰게 된 경우: 자격증 원본

[본조신설 2020. 3. 13.]

제8조의6(시험운영기관의 지정 등) 식품의약품안전처장은 법 제3조의4제3항에 따라 시험운영기관을 지정하거나 시험운영기관에 자격시험 업무를 위탁한 경우에는 그 내용을 식품의약품안전처 인터넷 홈페이지에 게재해야 한다.

[본조신설 2020. 3. 13.]

제9조(기능성화장품의 심사) ① 법 제4조제1항에 따라 기능성화장품(제10조에 따라 보고서를 제출해야 하는 기능성화장품은 제외한다. 이하 이 조에서 같다)으로 인정받아 판매 등을 하려는 화장품제조업자, 화장품책임판매업자 또는 「기초연구진흥 및 기술개발지원에 관한 법률」 제6조제1항 및 제14조의2에 따른 대학·연구기관·연구소(이하 "연구기관등"이라 한다)는 품목별로 별지 제7호서식의 기능성화장품 심사의뢰서(전자문서로 된 심사의뢰서를 포함한다)에 다음 각 호의 서류(전자문서를 포함한다)를 첨부하여 식품의약품안전평가원장의 심사를 받아야 한다. 다만, 식품의약품안전처장이 제품의 효능·효과를 나타내는 성분·함량을 고시한 품목의 경우에는 제1호부터 제4호까지의 자료 제출을, 기준 및 시험방법을 고시한 품목의 경우에는 제5호의 자료 제출을 각각 생략할 수 있다. <개정 2013. 3. 23., 2013. 12. 6., 2019. 3. 14.>

1. 기원(起源) 및 개발 경위에 관한 자료
2. 안전성에 관한 자료
   가. 단회 투여 독성시험 자료
   나. 1차 피부 자극시험 자료
   다. 안(眼)점막 자극 또는 그 밖의 점막 자극시험 자료
   라. 피부 감작성시험(感作性試驗) 자료
   마. 광독성(光毒性) 및 광감작성 시험 자료
   바. 인체 첩포시험(貼布試驗) 자료
3. 유효성 또는 기능에 관한 자료
   가. 효력시험 자료
   나. 인체 적용시험 자료
4. 자외선 차단지수 및 자외선A 차단등급 설정의 근거자료(자외선을 차단 또는 산란시켜 자외선으로부터 피부를 보호하는 기능을 가진 화장품의 경우만 해당한다)
5. 기준 및 시험방법에 관한 자료[검체(檢體)를 포함한다]

② 제1항에도 불구하고 기능성화장품 심사를 받은 자 간에 법 제4조제1항에 따라 심사를 받은 기능성화장품에 대한 권리를 양도·양수하여 제1항에 따른 심사를 받으려는 경우에는 제1항 각 호의 첨부서류를 갈음하여 양도·양수계약서를 제출할 수 있다. <개정 2019. 3. 14.>

③ 제1항에 따라 심사를 받은 사항을 변경하려는 자는 별지 제8호서식의 기능성화장품 변경심사 의뢰서(전자문서로 된 의뢰서를 포함한다)에 다음 각 호의 서류(전자문서를 포함한다)를 첨부하여 식품의약품안전평가원장에게 제출하여야 한다. <개정 2013. 3. 23.>

1. 먼저 발급받은 기능성화장품심사결과통지서
2. 변경사유를 증명할 수 있는 서류

④ 식품의약품안전평가원장은 제1항 또는 제3항에 따라 심사의뢰서나 변경심사 의뢰서를 받은 경우에는 다음 각 호의 심사기준에 따라 심사하여야 한다. <개정 2013. 3. 23.>

1. 기능성화장품의 원료와 그 분량은 효능·효과 등에 관한 자료에 따라 합리적이고 타당하여야 하며, 각 성분의 배합의의(配合意義)가 인정되어야 할 것

2. 기능성화장품의 효능·효과는 법 제2조제2호 각 목에 적합할 것

3. 기능성화장품의 용법·용량은 오용될 여지가 없는 명확한 표현으로 적을 것

⑤ 식품의약품안전평가원장은 제1항부터 제4항까지의 규정에 따라 심사를 한 후 심사대장에 다음 각 호의 사항을 적고, 별지 제9호서식의 기능성화장품 심사·변경심사 결과통지서를 발급하여야 한다. <개정 2013. 3. 23., 2019. 3. 14.>

1. 심사번호 및 심사연월일 또는 변경심사 연월일

2. 기능성화장품 심사를 받은 화장품제조업자, 화장품책임판매업자 또는 연구기관등의 상호(법인인 경우에는 법인의 명칭) 및 소재지

3. 제품명

4. 효능·효과

⑥ 제1항부터 제4항까지의 규정에 따른 첨부자료의 범위·요건·작성요령과 제출이 면제되는 범위 및 심사기준 등에 관한 세부 사항은 식품의약품안전처장이 정하여 고시한다. <개정 2013. 3. 23., 2013. 12. 6.>

제10조(보고서 제출 대상 등) ① 법 제4조제1항에 따라 기능성화장품의 심사를 받지 아니하고 식품의약품안전평가원장에게 보고서를 제출하여야 하는 대상은 다음 각 호와 같다. <개정 2013. 3. 23., 2013. 12. 6., 2017. 7. 31., 2019. 3. 14., 2019. 12. 12.>

1. 효능·효과가 나타나게 하는 성분의 종류·함량, 효능·효과, 용법·용량, 기준 및 시험방법이 식품의약품안전처장이 고시한 품목과 같은 기능성화장품

2. 이미 심사를 받은 기능성화장품[화장품제조업자(화장품제조업자가 제품을 설계·개발·생산하는 방식으로 제조한 경우만 해당한다)가 같거나 화장품책임판매업자가 같은 경우 또는 제9조제1항에 따라 기능성화장품으로 심사받은 연구기관등이 같은 기능성화장품만 해당한다. 이하 제3호에서 같다]과 다음 각 목의 사항이 모두 같은 품목. 다만, 제2조제1호부터 제3호까지 및 같은 조 제8호부터 제11호까지의 기능성화장품은 이미 심사를 받은 품목이 대조군(對照群)(효능·효과가 나타나게 하는 성분을 제외한 것을 말한다)과의 비교실험을 통하여 효능이 입증된 경우만 해당한다.

가. 효능·효과가 나타나게 하는 원료의 종류·규격 및 함량(액체상태인 경우에는 농도를 말한다)

나. 효능·효과(제2조제4호 및 제5호의 기능성화장품의 경우 자외선 차단지수의 측정값이 마이너스 20퍼센트 이하의 범위에 있는 경우에는 같은 효능·효과로 본다)

다. 기준[산성도(pH)에 관한 기준은 제외한다] 및 시험방법

라. 용법·용량

마. 제형(劑形)[제2조제1호부터 제3호까지 및 같은 조 제6호부터 제11호까지의 기능성화장품의 경우에는 액제(Solution), 로션제(Lotion) 및 크림제(Cream)를 같은 제형으로 본다]

3. 이미 심사를 받은 기능성화장품 및 식품의약품안전처장이 고시한 기능성화장품과 비교하여 다음 각 목의 사항이 모두 같은 품목(이미 심사를 받은 제2조제4호 및 제5호의 기능성화장품으로서 그 효능·효과를 나타나게 하는 성분·함량과 식품의약품안전처장이 고시한 제2조제1호부터 제3호까지의 기능성화장품으로서 그 효능·효과를 나타나게 하는 성분·함량이 서로 혼합된 품목만 해당한다)

가. 효능·효과를 나타나게 하는 원료의 종류·규격 및 함량

나. 효능·효과(제2조제4호 및 제5호에 따른 효능·효과의 경우 자외선차단지수의 측정값이 마이너스 20 퍼센트 이하의 범위에 있는 경우에는 같은 효능·효과로 본다)

다. 기준[산성도(pH)에 관한 기준은 제외한다] 및 시험방법

라. 용법·용량

마. 제형

② 기능성화장품으로 인정받아 판매 등을 하려는 화장품제조업자, 화장품책임판매업자 또는 연구기관등은 제1항에 따라 품목별로 별지 제10호서식의 기능성화장품 심사 제외 품목 보고서(전자문서로 된 보고서를 포함한다)를 식품의약품안전평가원장에게 제출해야 한다. <개정 2013. 3. 23., 2019. 3. 14.>

③ 제2항에 따라 보고서를 받은 식품의약품안전평가원장은 제1항에 따른 요건을 확인한 후 다음 각 호의 사항을 기능성화장품의 보고대장에 적어야 한다. <개정 2013. 3. 23., 2019. 3. 14.>

1. 보고번호 및 보고연월일
2. 화장품제조업자, 화장품책임판매업자 또는 연구기관등의 상호(법인인 경우에는 법인의 명칭) 및 소재지
3. 제품명
4. 효능·효과

제10조의2(영유아 또는 어린이 사용 화장품의 표시 · 광고) ① 법 제4조의2제1항에 따른 영유아 또는 어린이의 연령 기준은 다음 각 호의 구분에 따른다.

1. 영유아: 만 3세 이하
2. 어린이: 만 4세 이상부터 만 13세 이하까지

② 화장품책임판매업자가 법 제4조의2제1항 각 호에 따른 자료(이하 "제품별 안전성 자료"라 한다)를 작성·보관해야 하는 표시·광고의 범위는 다음 각 호의 구분에 따른다.

1. 표시의 경우: 화장품의 1차 포장 또는 2차 포장에 영유아 또는 어린이가 사용할 수 있는 화장품임을 특정하여 표시하는 경우(화장품의 명칭에 영유아 또는 어린이에 관한 표현이 표시되는 경우를 포함한다)
2. 광고의 경우: 별표 5 제1호가목부터 바목까지(어린이 사용 화장품의 경우에는 바목을 제외한다)의 규정에 따른 매체·수단 또는 해당 매체·수단과 유사하다고 식품의약품안전처장이 정하여 고시하는 매체·수단에 영유아 또는 어린이가 사용할 수 있는 화장품임을 특정하여 광고하는 경우

[본조신설 2020. 1. 22.]

제10조의3(제품별 안전성 자료의 작성 · 보관) ① 법 제4조의2제1항 및 이 규칙 제10조의2제2항에 따라 화장품의 표시·광고를 하려는 화장품책임판매업자는 법 제4조의2제1항제1호부터 제3호까지의 규정에 따른 제품별 안전성 자료 모두를 미리 작성해야 한다.

② 제품별 안전성 자료의 보관기간은 다음 각 호의 구분에 따른다.

1. 화장품의 1차 포장에 사용기한을 표시하는 경우: 영유아 또는 어린이가 사용할 수 있는 화장품임을 표시·광고한 날부터 마지막으로 제조·수입된 제품의 사용기한 만료일 이후 1년까지의 기간. 이 경우 제조는

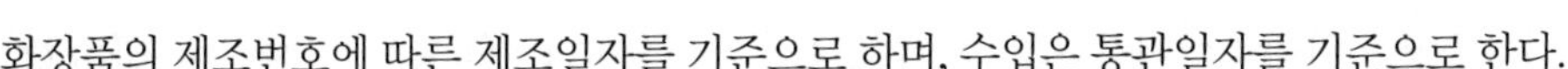
화장품의 제조번호에 따른 제조일자를 기준으로 하며, 수입은 통관일자를 기준으로 한다.

2. 화장품의 1차 포장에 개봉 후 사용기간을 표시하는 경우: 영유아 또는 어린이가 사용할 수 있는 화장품임을 표시·광고한 날부터 마지막으로 제조·수입된 제품의 제조연월일 이후 3년까지의 기간. 이 경우 제조는 화장품의 제조번호에 따른 제조일자를 기준으로 하며, 수입은 통관일자를 기준으로 한다.

③ 제1항 및 제2항에서 규정한 사항 외에 제품별 안전성 자료의 작성·보관의 방법 및 절차 등에 필요한 세부 사항은 식품의약품안전처장이 정하여 고시한다.

[본조신설 2020. 1. 22.]

제10조의4(실태조사의 실시) ① 식품의약품안전처장은 법 제4조의2제2항에 따른 실태조사(이하 "실태조사"라 한다)를 5년마다 실시한다.

② 실태조사에는 다음 각 호의 사항이 포함되어야 한다.

1. 제품별 안전성 자료의 작성 및 보관 현황
2. 소비자의 사용실태
3. 사용 후 이상사례의 현황 및 조치 결과
4. 영유아 또는 어린이 사용 화장품에 대한 표시·광고의 현황 및 추세
5. 영유아 또는 어린이 사용 화장품의 유통 현황 및 추세
6. 그 밖에 제1호부터 제5호까지의 사항과 유사한 것으로서 식품의약품안전처장이 필요하다고 인정하는 사항

③ 식품의약품안전처장은 실태조사를 위해 필요하다고 인정하는 경우에는 관계 행정기관, 공공기관, 법인·단체 또는 전문가 등에게 필요한 의견 또는 자료의 제출 등을 요청할 수 있다.

④ 식품의약품안전처장은 실태조사의 효율적 실시를 위해 필요하다고 인정하는 경우에는 화장품 관련 연구기관 또는 법인·단체 등에 실태조사를 의뢰하여 실시할 수 있다.

⑤ 제1항부터 제4항까지에서 규정한 사항 외에 실태조사의 대상, 방법 및 절차 등에 필요한 세부 사항은 식품의약품안전처장이 정한다.

[본조신설 2020. 1. 22.]

제10조의5(위해요소 저감화계획의 수립) ① 법 제4조의2제2항에 따른 위해요소의 저감화를 위한 계획(이하 "위해요소 저감화계획"이라 한다)에는 다음 각 호의 사항이 포함되어야 한다.

1. 위해요소 저감화를 위한 기본 방향과 목표
2. 위해요소 저감화를 위한 단기별 및 중장기별 추진 정책
3. 위해요소 저감화 추진을 위한 환경 여건 및 관련 정책의 평가
4. 위해요소 저감화 추진을 위한 조직 및 재원 등에 관한 사항
5. 그 밖에 제1호부터 제4호까지의 사항과 유사한 것으로서 위해요소 저감화를 위해 식품의약품안전처장이 필요하다고 인정하는 사항

② 식품의약품안전처장은 위해요소 저감화계획을 수립하는 경우에는 실태조사에 대한 분석 및 평가 결과를 반영해야 한다.

③ 식품의약품안전처장은 위해요소 저감화계획의 수립을 위해 필요하다고 인정하는 경우에는 관계 행정기관, 공공기관, 법인·단체 또는 전문가 등에게 필요한 의견 또는 자료의 제출 등을 요청할 수 있다.

④ 식품의약품안전처장은 위해요소 저감화계획을 수립한 경우에는 그 내용을 식품의약품안전처 인터넷 홈페이지에 공개해야 한다.

⑤ 제1항부터 제4항까지에서 규정한 사항 외에 위해요소 저감화계획의 수립 대상, 방법 및 절차 등에 필요한 세부 사항은 식품의약품안전처장이 정한다.

[본조신설 2020. 1. 22.]

제11조(화장품제조업자의 준수사항 등) ① 법 제5조제1항에 따라 화장품 제조업자가 준수하여야 할 사항은 다음 각 호와 같다. <개정 2019. 3. 14.>

1. 별표 1의 품질관리기준에 따른 화장품책임판매업자의 지도·감독 및 요청에 따를 것
2. 제조관리기준서·제품표준서·제조관리기록서 및 품질관리기록서(전자문서 형식을 포함한다)를 작성·보관할 것
3. 보건위생상 위해(危害)가 없도록 제조소, 시설 및 기구를 위생적으로 관리하고 오염되지 아니하도록 할 것
4. 화장품의 제조에 필요한 시설 및 기구에 대하여 정기적으로 점검하여 작업에 지장이 없도록 관리·유지할 것
5. 작업소에는 위해가 발생할 염려가 있는 물건을 두어서는 아니 되며, 작업소에서 국민보건 및 환경에 유해한 물질이 유출되거나 방출되지 아니하도록 할 것
6. 제2호의 사항 중 품질관리를 위하여 필요한 사항을 화장품책임판매업자에게 제출할 것. 다만, 다음 각 목의 어느 하나에 해당하는 경우 제출하지 아니할 수 있다.
   가. 화장품제조업자와 화장품책임판매업자가 동일한 경우
   나. 화장품제조업자가 제품을 설계·개발·생산하는 방식으로 제조하는 경우로서 품질·안전관리에 영향이 없는 범위에서 화장품제조업자와 화장품책임판매업자 상호 계약에 따라 영업비밀에 해당하는 경우
7. 원료 및 자재의 입고부터 완제품의 출고에 이르기까지 필요한 시험·검사 또는 검정을 할 것
8. 제조 또는 품질검사를 위탁하는 경우 제조 또는 품질검사가 적절하게 이루어지고 있는지 수탁자에 대한 관리·감독을 철저히 하고, 제조 및 품질관리에 관한 기록을 받아 유지·관리할 것

② 식품의약품안전처장은 제1항에 따른 준수사항 외에 식품의약품안전처장이 정하여 고시하는 우수화장품 제조관리기준을 준수하도록 제조업자에게 권장할 수 있다. <개정 2013. 3. 23.>

③ 식품의약품안전처장은 제2항에 따라 우수화장품 제조관리기준을 준수하는 제조업자에게 다음 각 호의 사항을 지원할 수 있다. <신설 2014. 9. 24.>

1. 우수화장품 제조관리기준 적용에 관한 전문적 기술과 교육
2. 우수화장품 제조관리기준 적용을 위한 자문
3. 우수화장품 제조관리기준 적용을 위한 시설·설비 등 개수·보수

[제목개정 2019. 3. 14.]

[제12조에서 이동, 종전 제11조는 제12조로 이동 <2020. 3. 13.>]

제12조(화장품책임판매업자의 준수사항) 법 제5조제2항에 따라 화장품책임판매업자가 준수해야 할 사항은 다음 각 호(영 제2조제2호라목의 화장품책임판매업을 등록한 자는 제1호, 제2호, 제4호가목·다목·사목·차목 및 제10호만 해당한다)와 같다. <개정 2013. 3. 23., 2013. 12. 6., 2015. 4. 2., 2019. 3. 14., 2020. 3. 13.>

1. 별표 1의 품질관리기준을 준수할 것
2. 별표 2의 책임판매 후 안전관리기준을 준수할 것
3. 제조업자로부터 받은 제품표준서 및 품질관리기록서(전자문서 형식을 포함한다)를 보관할 것
4. 수입한 화장품에 대하여 다음 각 목의 사항을 적거나 또는 첨부한 수입관리기록서를 작성·보관할 것
   가. 제품명 또는 국내에서 판매하려는 명칭
   나. 원료성분의 규격 및 함량
   다. 제조국, 제조회사명 및 제조회사의 소재지
   라. 기능성화장품심사결과통지서 사본
   마. 제조 및 판매증명서. 다만, 「대외무역법」 제12조제2항에 따른 통합 공고상의 수출입 요건 확인기관에서 제조 및 판매증명서를 갖춘 화장품책임판매업자가 수입한 화장품과 같다는 것을 확인받고, 제6조제2항제2호가목, 다목 또는 라목의 기관으로부터 화장품책임판매업자가 정한 품질관리기준에 따른 검사를 받아 그 시험성적서를 갖추어 둔 경우에는 이를 생략할 수 있다.
   바. 한글로 작성된 제품설명서 견본
   사. 최초 수입연월일(통관연월일을 말한다. 이하 이 호에서 같다)
   아. 제조번호별 수입연월일 및 수입량
   자. 제조번호별 품질검사 연월일 및 결과
   차. 판매처, 판매연월일 및 판매량
5. 제조번호별로 품질검사를 철저히 한 후 유통시킬 것. 다만, 화장품제조업자와 화장품책임판매업자가 같은 경우 또는 제6조제2항제2호 각 목의 어느 하나에 해당하는 기관 등에 품질검사를 위탁하여 제조번호별 품질검사결과가 있는 경우에는 품질검사를 하지 아니할 수 있다.
6. 화장품의 제조를 위탁하거나 제6조제2항제2호나목에 따른 제조업자에게 품질검사를 위탁하는 경우 제조 또는 품질검사가 적절하게 이루어지고 있는지 수탁자에 대한 관리·감독을 철저히 하여야 하며, 제조 및 품질관리에 관한 기록을 받아 유지·관리하고, 그 최종 제품의 품질관리를 철저히 할 것
7. 제5호에도 불구하고 영 제2조제2호다목의 화장품책임판매업을 등록한 자는 제조국 제조회사의 품질관리기준이 국가 간 상호 인증되었거나, 제11조제2항에 따라 식품의약품안전처장이 고시하는 우수화장품 제조관리기준과 같은 수준 이상이라고 인정되는 경우에는 국내에서의 품질검사를 하지 아니할 수 있다. 이 경우 제조국 제조회사의 품질검사 시험성적서는 품질관리기록서를 갈음한다.
8. 제7호에 따라 영 제2조제2호다목의 화장품책임판매업을 등록한 자가 수입화장품에 대한 품질검사를 하지 아니하려는 경우에는 식품의약품안전처장이 정하는 바에 따라 식품의약품안전처장에게 수입화장품의 제조업자에 대한 현지실사를 신청하여야 한다. 현지실사에 필요한 신청절차, 제출서류 및 평가방법

등에 대하여는 식품의약품안전처장이 정하여 고시한다.

8의2. 제7호에 따른 인정을 받은 수입 화장품 제조회사의 품질관리기준이 제11조제2항에 따른 우수화장품 제조관리기준과 같은 수준 이상이라고 인정되지 아니하여 제7호에 따른 인정이 취소된 경우에는 제5호 본문에 따른 품질검사를 하여야 한다. 이 경우 인정 취소와 관련하여 필요한 세부적인 사항은 식품의약품안전처장이 정하여 고시한다.

9. 영 제2조제2호다목의 화장품책임판매업을 등록한 자의 경우 「대외무역법」에 따른 수출·수입요령을 준수하여야 하며, 「전자무역 촉진에 관한 법률」에 따른 전자무역문서로 표준통관예정보고를 할 것

10. 제품과 관련하여 국민보건에 직접 영향을 미칠 수 있는 안전성·유효성에 관한 새로운 자료, 정보사항(화장품 사용에 의한 부작용 발생사례를 포함한다) 등을 알게 되었을 때에는 식품의약품안전처장이 정하여 고시하는 바에 따라 보고하고, 필요한 안전대책을 마련할 것

11. 다음 각 목의 어느 하나에 해당하는 성분을 0.5퍼센트 이상 함유하는 제품의 경우에는 해당 품목의 안정성시험 자료를 최종 제조된 제품의 사용기한이 만료되는 날부터 1년간 보존할 것

가. 레티놀(비타민A) 및 그 유도체

나. 아스코빅애시드(비타민C) 및 그 유도체

다. 토코페롤(비타민E)

라. 과산화화합물

마. 효소

[제목개정 2019. 3. 14.]

[제11조에서 이동, 종전 제12조는 제11조로 이동 <2020. 3. 13.>]

제12조의2(맞춤형화장품판매업자의 준수사항) 법 제5조제3항에 따라 맞춤형화장품판매업자가 준수해야 할 사항은 다음 각 호와 같다.

1. 맞춤형화장품 판매장 시설·기구를 정기적으로 점검하여 보건위생상 위해가 없도록 관리할 것

2. 다음 각 목의 혼합·소분 안전관리기준을 준수할 것

가. 혼합·소분 전에 혼합·소분에 사용되는 내용물 또는 원료에 대한 품질성적서를 확인할 것

나. 혼합·소분 전에 손을 소독하거나 세정할 것. 다만, 혼합·소분 시 일회용 장갑을 착용하는 경우에는 그렇지 않다.

다. 혼합·소분 전에 혼합·소분된 제품을 담을 포장용기의 오염 여부를 확인할 것

라. 혼합·소분에 사용되는 장비 또는 기구 등은 사용 전에 그 위생 상태를 점검하고, 사용 후에는 오염이 없도록 세척할 것

마. 그 밖에 가목부터 라목까지의 사항과 유사한 것으로서 혼합·소분의 안전을 위해 식품의약품안전처장이 정하여 고시하는 사항을 준수할 것

3. 다음 각 목의 사항이 포함된 맞춤형화장품 판매내역서(전자문서로 된 판매내역서를 포함한다)를 작성·보관할 것

가. 제조번호

나. 사용기한 또는 개봉 후 사용기간

다. 판매일자 및 판매량

4. 맞춤형화장품 판매 시 다음 각 목의 사항을 소비자에게 설명할 것

가. 혼합·소분에 사용된 내용물·원료의 내용 및 특성

나. 맞춤형화장품 사용 시의 주의사항

5. 맞춤형화장품 사용과 관련된 부작용 발생사례에 대해서는 지체 없이 식품의약품안전처장에게 보고할 것

[본조신설 2020. 3. 13.]

제13조(화장품의 생산실적 등 보고) ① 법 제5조제4항 전단에 따라 화장품책임판매업자는 지난해의 생산실적 또는 수입실적을 매년 2월 말까지 식품의약품안전처장이 정하여 고시하는 바에 따라 대한화장품협회 등 법 제17조에 따라 설립된 화장품업 단체(「약사법」 제67조에 따라 조직된 약업단체를 포함한다)를 통하여 식품의약품안전처장에게 보고하여야 한다. <개정 2013. 3. 23., 2018. 12. 31., 2019. 3. 14., 2020. 3. 13.>

② 법 제5조제4항 후단에 따라 화장품책임판매업자는 화장품의 제조과정에 사용된 원료의 목록을 화장품의 유통·판매 전까지 보고해야 한다. 보고한 목록이 변경된 경우에도 또한 같다. <신설 2019. 3. 14.>

③ 제1항 및 제2항에도 불구하고 「전자무역 촉진에 관한 법률」에 따라 전자무역문서로 표준통관예정보고를 하고 수입하는 화장품책임판매업자는 제1항 및 제2항에 따라 수입실적 및 원료의 목록을 보고하지 아니할 수 있다. <개정 2019. 3. 14.>

제14조(책임판매관리자 등의 교육) ① 책임판매관리자 및 맞춤형화장품조제관리사는 법 제5조제5항에 따른 교육을 다음 각 호의 구분에 따라 받아야 한다. <신설 2021. 5. 14.>

1. 최초 교육: 종사한 날부터 6개월 이내. 다만, 자격시험에 합격한 날이 종사한 날 이전 1년 이내이면 최초 교육을 받은 것으로 본다.

2. 보수 교육: 제1호에 따라 교육을 받은 날을 기준으로 매년 1회. 다만, 제1호 단서에 해당하는 경우에는 자격시험에 합격한 날부터 1년이 되는 날을 기준으로 매년 1회

② 법 제5조제6항에 따른 교육명령의 대상은 다음 각 호의 어느 하나에 해당하는 화장품제조업자, 화장품책임판매업자 및 맞춤형화장품판매업자(이하 "영업자"라 한다)로 한다. <개정 2016. 9. 9., 2019. 3. 14., 2020. 3. 13., 2021. 5. 14.>

1. 법 제15조를 위반한 영업자

2. 법 제19조에 따른 시정명령을 받은 영업자

3. 제11조제1항의 준수사항을 위반한 화장품제조업자

4. 제12조의 준수사항을 위반한 화장품책임판매업자

5. 제12조의2의 준수사항을 위반한 맞춤형화장품판매업자

③ 식품의약품안전처장은 제2항에 따른 교육명령 대상자가 천재지변, 질병, 임신, 출산, 사고 및 출장 등의

사유로 교육을 받을 수 없는 경우에는 해당 교육을 유예할 수 있다. <개정 2021. 5. 14.>

④ 제3항에 따라 교육의 유예를 받으려는 사람은 식품의약품안전처장이 정하는 교육유예신청서에 이를 입증하는 서류를 첨부하여 지방식품의약품안전청장에게 제출하여야 한다. <개정 2021. 5. 14.>

⑤ 지방식품의약품안전청장은 제4항에 따라 제출된 교육유예신청서를 검토하여 식품의약품안전처장이 정하는 교육유예확인서를 발급하여야 한다. <개정 2021. 5. 14.>

⑥ 법 제5조제7항에서 "총리령으로 정하는 자"는 다음 각 호의 어느 하나에 해당하는 자를 말한다. <신설 2016. 9. 9., 2019. 3. 14., 2020. 3. 13., 2021. 5. 14.>

1. 책임판매관리자

1의2. 맞춤형화장품조제관리사

2. 별표 1의 품질관리기준에 따라 품질관리 업무에 종사하는 종업원

⑦ 법 제5조제8항에 따른 교육의 실시기관(이하 이 조에서 "교육실시기관" 이라 한다)은 화장품과 관련된 기관ㆍ단체 및 법 제17조에 따라 설립된 단체 중에서 식품의약품안전처장이 지정하여 고시한다. <개정 2016. 9. 9., 2019. 3. 14., 2021. 5. 14.>

⑧ 교육실시기관은 매년 교육의 대상, 내용 및 시간을 포함한 교육계획을 수립하여 교육을 시행할 해의 전년도 11월 30일까지 식품의약품안전처장에게 제출하여야 한다. <개정 2016. 9. 9., 2021. 5. 14.>

⑨ 제8항에 따른 교육시간은 4시간 이상, 8시간 이하로 한다. <개정 2016. 9. 9., 2021. 5. 14.>

⑩ 제8항에 따른 교육 내용은 화장품 관련 법령 및 제도에 관한 사항, 화장품의 안전성 확보 및 품질관리에 관한 사항 등으로 하며, 교육 내용에 관한 세부 사항은 식품의약품안전처장의 승인을 받아야 한다. <개정 2016. 9. 9., 2021. 5. 14.>

⑪ 교육실시기관은 교육을 수료한 사람에게 수료증을 발급하고 매년 1월 31일까지 전년도 교육 실적을 식품의약품안전처장에게 보고하며, 교육 실시기간, 교육대상자 명부, 교육 내용 등 교육에 관한 기록을 작성하여 이를 증명할 수 있는 자료와 함께 2년간 보관하여야 한다. <개정 2016. 9. 9., 2021. 5. 14.>

⑫ 교육실시기관은 교재비ㆍ실습비 및 강사 수당 등 교육에 필요한 실비를 교육대상자로부터 징수할 수 있다. <개정 2016. 9. 9., 2021. 5. 14.>

⑬ 제1항부터 제12항까지에서 규정한 사항 외에 교육실시기관 지정의 기준ㆍ절차ㆍ변경 및 교육 운영 등에 필요한 세부 사항은 식품의약품안전처장이 정하여 고시한다. <개정 2016. 9. 9., 2021. 5. 14.>

[전문개정 2015. 1. 6.]

[제목개정 2021. 5. 14.]

제14조의2(회수 대상 화장품의 기준 및 위해성 등급 등) ① 법 제5조의2제1항에 따른 회수 대상 화장품(이하 "회수대상화장품"이라 한다)은 유통 중인 화장품으로서 다음 각 호의 어느 하나에 해당하는 화장품으로 한다. <개정 2019. 3. 14., 2019. 12. 12., 2020. 1. 22., 2020. 3. 13.>

1. 법 제9조에 위반되는 화장품

2. 법 제15조에 위반되는 화장품으로서 다음 각 목의 어느 하나에 해당하는 화장품
가. 법 제15조제2호 또는 제3호에 해당하는 화장품
나. 법 제15조제4호에 해당하는 화장품 중 보건위생상 위해를 발생할 우려가 있는 화장품
다. 법 제15조제5호에 해당하는 화장품 중 다음의 어느 하나에 해당하는 화장품
1) 법 제8조제1항 또는 제2항에 따른 화장품에 사용할 수 없는 원료를 사용한 화장품
2) 법 제8조제8항에 따른 유통화장품 안전관리 기준(내용량의 기준에 관한 부분은 제외한다)에 적합하지 아니한 화장품
라. 법 제15조제9호에 해당하는 화장품
마. 그 밖에 영업자 스스로 국민보건에 위해를 끼칠 우려가 있어 회수가 필요하다고 판단한 화장품
3. 법 제16조제1항에 위반되는 화장품

② 법 제5조의2제4항에 따른 회수대상화장품의 위해성 등급은 그 위해성이 높은 순서에 따라 가등급, 나등급 및 다등급으로 구분하며, 해당 위해성 등급의 분류기준은 다음 각 호의 구분에 따른다. <신설 2019. 12. 12.>
1. 위해성 등급이 가등급인 화장품: 제1항제2호다목1)에 해당하는 화장품
2. 위해성 등급이 나등급인 화장품: 제1항제1호 또는 같은 항 제2호다목2)(기능성화장품의 기능성을 나타나게 하는 주원료 함량이 기준치에 부적합한 경우는 제외한다)에 해당하는 화장품
3. 위해성 등급이 다등급인 화장품: 제1항제2호가목·나목·다목2)(기능성화장품의 기능성을 나타나게 하는 주원료 함량이 기준치에 부적합한 경우만 해당한다)·라목·마목 또는 같은 항 제3호에 해당하는 화장품

[본조신설 2015. 7. 29.]

[제목개정 2019. 12. 12.]

제14조의3(위해화장품의 회수계획 및 회수절차 등) ① 법 제5조의2제1항에 따라 화장품을 회수하거나 회수하는 데에 필요한 조치를 하려는 영업자(이하 "회수의무자"라 한다)는 해당 화장품에 대하여 즉시 판매중지 등의 필요한 조치를 하여야 하고, 회수대상화장품이라는 사실을 안 날부터 5일 이내에 별지 제10호의2서식의 회수계획서에 다음 각 호의 서류를 첨부하여 지방식품의약품안전청장에게 제출하여야 한다. 다만, 제출기한까지 회수계획서의 제출이 곤란하다고 판단되는 경우에는 지방식품의약품안전청장에게 그 사유를 밝히고 제출기한 연장을 요청하여야 한다. <개정 2019. 3. 14., 2020. 3. 13.>
1. 해당 품목의 제조·수입기록서 사본
2. 판매처별 판매량·판매일 등의 기록
3. 회수 사유를 적은 서류

② 회수의무자가 제1항 본문에 따라 회수계획서를 제출하는 경우에는 다음 각 호의 구분에 따른 범위에서 회수 기간을 기재해야 한다. 다만, 회수 기간 이내에 회수하기가 곤란하다고 판단되는 경우에는 지방식품의약품안전청장에게 그 사유를 밝히고 회수 기간 연장을 요청할 수 있다. <신설 2019. 12. 12.>
1. 위해성 등급이 가등급인 화장품: 회수를 시작한 날부터 15일 이내
2. 위해성 등급이 나등급 또는 다등급인 화장품: 회수를 시작한 날부터 30일 이내

③ 지방식품의약품안전청장은 제1항에 따라 제출된 회수계획이 미흡하다고 판단되는 경우에는 해당 회수의무자에게 그 회수계획의 보완을 명할 수 있다. <개정 2019. 12. 12.>

④ 회수의무자는 회수대상화장품의 판매자(법 제11조제1항에 따른 판매자를 말한다), 그 밖에 해당 화장품을 업무상 취급하는 자에게 방문, 우편, 전화, 전보, 전자우편, 팩스 또는 언론매체를 통한 공고 등을 통하여 회수계획을 통보하여야 하며, 통보 사실을 입증할 수 있는 자료를 회수종료일부터 2년간 보관하여야 한다. <개정 2019. 12. 12.>

⑤ 제4항에 따라 회수계획을 통보받은 자는 회수대상화장품을 회수의무자에게 반품하고, 별지 제10호의3서식의 회수확인서를 작성하여 회수의무자에게 송부하여야 한다. <개정 2019. 12. 12.>

⑥ 회수의무자는 회수한 화장품을 폐기하려는 경우에는 별지 제10호의4서식의 폐기신청서에 다음 각 호의 서류를 첨부하여 지방식품의약품안전청장에게 제출하고, 관계 공무원의 참관 하에 환경 관련 법령에서 정하는 바에 따라 폐기하여야 한다. <개정 2019. 12. 12.>

1. 별지 제10호의2서식의 회수계획서 사본
2. 별지 제10호의3서식의 회수확인서 사본

⑦ 제6항에 따라 폐기를 한 회수의무자는 별지 제10호의5서식의 폐기확인서를 작성하여 2년간 보관하여야 한다. <개정 2019. 12. 12.>

⑧ 회수의무자는 회수대상화장품의 회수를 완료한 경우에는 별지 제10호의6서식의 회수종료신고서에 다음 각 호의 서류를 첨부하여 지방식품의약품안전청장에게 제출하여야 한다. <개정 2019. 12. 12.>

1. 별지 제10호의3서식의 회수확인서 사본
2. 별지 제10호의5서식의 폐기확인서 사본(폐기한 경우에만 해당한다)
3. 별지 제10호의7서식의 평가보고서 사본

⑨ 지방식품의약품안전청장은 제8항에 따라 회수종료신고서를 받으면 다음 각 호에서 정하는 바에 따라 조치하여야 한다. <개정 2019. 12. 12.>

1. 회수계획서에 따라 회수대상화장품의 회수를 적절하게 이행하였다고 판단되는 경우에는 회수가 종료되었음을 확인하고 회수의무자에게 이를 서면으로 통보할 것
2. 회수가 효과적으로 이루어지지 아니하였다고 판단되는 경우에는 회수의무자에게 회수에 필요한 추가 조치를 명할 것

[본조신설 2015. 7. 29.]

제14조의4(행정처분의 감경 또는 면제) 법 제5조의2제3항에 따라 법 제24조에 따른 행정처분을 감경 또는 면제하는 경우 그 기준은 다음 각 호의 구분에 따른다.

1. 법 제5조의2제2항의 회수계획에 따른 회수계획량(이하 이 조에서 “회수계획량”이라 한다)의 5분의 4 이상을 회수한 경우: 그 위반행위에 대한 행정처분을 면제
2. 회수계획량 중 일부를 회수한 경우: 다음 각 목의 어느 하나에 해당하는 기준에 따라 행정처분을 경감
   가. 회수계획량의 3분의 1 이상을 회수한 경우(제1호의 경우는 제외한다)
      1) 법 제24조제2항에 따른 행정처분의 기준(이하 이 호에서 “행정처분기준”이라 한다)이 등록취소인

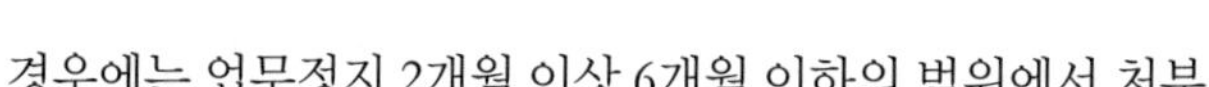

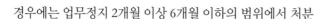

경우에는 업무정지 2개월 이상 6개월 이하의 범위에서 처분

2) 행정처분기준이 업무정지 또는 품목의 제조·수입·판매 업무정지인 경우에는 정지처분기간의 3분의 2 이하의 범위에서 경감

나. 회수계획량의 4분의 1 이상 3분의 1 미만을 회수한 경우

1) 행정처분기준이 등록취소인 경우에는 업무정지 3개월 이상 6개월 이하의 범위에서 처분

2) 행정처분기준이 업무정지 또는 품목의 제조·수입·판매 업무정지인 경우에는 정지처분기간의 2분의 1 이하의 범위에서 경감

[본조신설 2015. 7. 29.]

제15조(폐업 등의 신고) ① 법 제6조에 따라 영업자가 폐업 또는 휴업하거나 휴업 후 그 업을 재개하려는 경우에는 별지 제11호서식의 폐업, 휴업 또는 재개 신고서(전자문서로 된 신고서를 포함한다)에 화장품제조업 등록필증, 화장품책임판매업 등록필증 또는 맞춤형화장품판매업 신고필증(폐업 또는 휴업만 해당한다)을 첨부하여 지방식품의약품안전청장에게 제출해야 한다. <개정 2019. 12. 12., 2020. 3. 13.>

② 제1항에 따라 폐업 또는 휴업신고를 하려는 자가 「부가가치세법」 제8조제7항에 따른 폐업 또는 휴업 신고를 같이 하려는 경우에는 제1항에 따른 폐업·휴업신고서와 「부가가치세법 시행규칙」 별지 제9호서식의 신고서를 함께 제출해야 한다. 이 경우 지방식품의약품안전청장은 함께 제출받은 신고서를 지체 없이 관할 세무서장에게 송부(정보통신망을 이용한 송부를 포함한다. 이하 이 조에서 같다)해야 한다. <신설 2018. 12. 31., 2020. 3. 13.>

③ 관할 세무서장은 「부가가치세법 시행령」 제13조제5항에 따라 제1항에 따른 폐업·휴업신고서를 함께 제출받은 경우 이를 지체 없이 지방식품의약품안전청장에게 송부해야 한다. <신설 2018. 12. 31.>

[전문개정 2019. 12. 12.]

제16조 삭제 〈2019. 3. 14.〉

제17조(화장품 원료 등의 위해평가) ① 법 제8조제3항에 따른 위해평가는 다음 각 호의 확인·결정·평가 등의 과정을 거쳐 실시한다.

1. 위해요소의 인체 내 독성을 확인하는 위험성 확인과정
2. 위해요소의 인체노출 허용량을 산출하는 위험성 결정과정
3. 위해요소가 인체에 노출된 양을 산출하는 노출평가과정
4. 제1호부터 제3호까지의 결과를 종합하여 인체에 미치는 위해 영향을 판단하는 위해도 결정과정

② 식품의약품안전처장은 제1항에 따른 결과를 근거로 식품의약품안전처장이 정하는 기준에 따라 위해 여부를 결정한다. 다만, 해당 화장품 원료 등에 대하여 국내외의 연구·검사기관에서 이미 위해평가를 실시하였거나 위해요소에 대한 과학적 시험·분석 자료가 있는 경우에는 그 자료를 근거로 위해 여부를 결정할 수 있다. <개정 2013. 3. 23.>

③ 제1항 및 제2항에 따른 위해평가의 기준, 방법 등에 관한 세부 사항은 식품의약품안전처장이 정하여 고시한다. <개정 2013. 3. 23.>

제17조의2(지정 · 고시된 원료의 사용기준의 안전성 검토) ① 법 제8조제5항에 따른 지정·고시된 원료의 사용기

준의 안전성 검토 주기는 5년으로 한다.

② 식품의약품안전처장은 법 제8조제5항에 따라 지정·고시된 원료의 사용기준의 안전성을 검토할 때에는 사전에 안전성 검토 대상을 선정하여 실시해야 한다.

[본조신설 2019. 3. 14.]

제17조의3(원료의 사용기준 지정 및 변경 신청 등) ① 법 제8조제6항에 따라 화장품제조업자, 화장품책임판매업자 또는 연구기관등은 법 제8조제2항에 따라 지정·고시되지 않은 원료의 사용기준을 지정·고시하거나 지정·고시된 원료의 사용기준을 변경해 줄 것을 신청하려는 경우에는 별지 제13호의2서식의 원료 사용기준 지정(변경지정) 신청서(전자문서로 된 신청서를 포함한다)에 다음 각 호의 서류(전자문서를 포함한다)를 첨부하여 식품의약품안전처장에게 제출해야 한다.

1. 제출자료 전체의 요약본
2. 원료의 기원, 개발 경위, 국내·외 사용기준 및 사용현황 등에 관한 자료
3. 원료의 특성에 관한 자료
4. 안전성 및 유효성에 관한 자료(유효성에 관한 자료는 해당하는 경우에만 제출한다)
5. 원료의 기준 및 시험방법에 관한 시험성적서

② 식품의약품안전처장은 제1항에 따라 제출된 자료가 적합하지 않은 경우 그 내용을 구체적으로 명시하여 신청인에게 보완을 요청할 수 있다. 이 경우 신청인은 보완일부터 60일 이내에 추가 자료를 제출하거나 보완 제출기한의 연장을 요청할 수 있다.

③ 식품의약품안전처장은 신청인이 제1항의 자료를 제출한 날(제2항에 따라 자료가 보완 요청된 경우 신청인이 보완된 자료를 제출한 날)부터 180일 이내에 신청인에게 별지 제13호의3서식의 원료 사용기준 지정(변경지정) 심사 결과통지서를 보내야 한다.

④ 제1항부터 제3항까지에서 규정한 사항 외에 원료의 사용기준 지정신청 및 변경지정신청에 필요한 세부절차와 방법 등은 식품의약품안전처장이 정한다.

[본조신설 2019. 3. 14.]

제18조(안전용기 · 포장 대상 품목 및 기준) ① 법 제9조제1항에 따른 안전용기·포장을 사용하여야 하는 품목은 다음 각 호와 같다. 다만, 일회용 제품, 용기 입구 부분이 펌프 또는 방아쇠로 작동되는 분무용기 제품, 압축 분무용기 제품(에어로졸 제품 등)은 제외한다.

1. 아세톤을 함유하는 네일 에나멜 리무버 및 네일 폴리시 리무버
2. 어린이용 오일 등 개별포장 당 탄화수소류를 10퍼센트 이상 함유하고 운동점도가 21센티스톡스(섭씨 40도 기준) 이하인 비에멀젼 타입의 액체상태의 제품
3. 개별포장당 메틸 살리실레이트를 5퍼센트 이상 함유하는 액체상태의 제품

② 제1항에 따른 안전용기·포장은 성인이 개봉하기는 어렵지 아니하나 만 5세 미만의 어린이가 개봉하기는 어렵게 된 것이어야 한다. 이 경우 개봉하기 어려운 정도의 구체적인 기준 및 시험방법은 산업통상자원부장관이 정하여 고시하는 바에 따른다. <개정 2013. 3. 23.>

제19조(화장품 포장의 기재 · 표시 등) ① 법 제10조제1항 단서에 따라 다음 각 호에 해당하는 1차 포장 또는 2

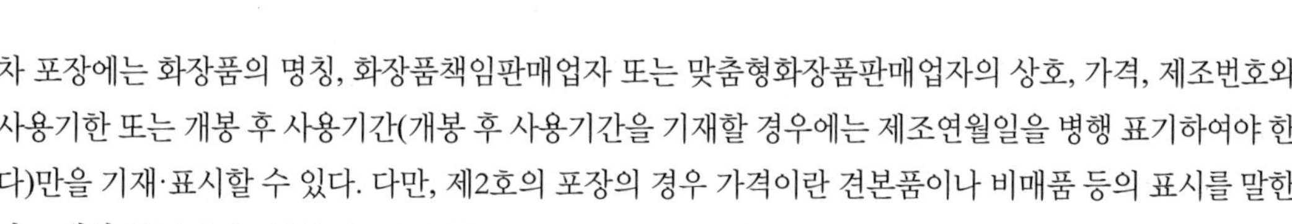

차 포장에는 화장품의 명칭, 화장품책임판매업자 또는 맞춤형화장품판매업자의 상호, 가격, 제조번호와 사용기한 또는 개봉 후 사용기간(개봉 후 사용기간을 기재할 경우에는 제조연월일을 병행 표기하여야 한다)만을 기재·표시할 수 있다. 다만, 제2호의 포장의 경우 가격이란 견본품이나 비매품 등의 표시를 말한다. <개정 2016. 9. 9., 2019. 3. 14., 2020. 3. 13.>

1. 내용량이 10밀리리터 이하 또는 10그램 이하인 화장품의 포장

2. 판매의 목적이 아닌 제품의 선택 등을 위하여 미리 소비자가 시험·사용하도록 제조 또는 수입된 화장품의 포장

② 법 제10조제1항제3호에 따라 기재·표시를 생략할 수 있는 성분이란 다음 각 호의 성분을 말한다. <개정 2013. 3. 23., 2020. 3. 13.>

1. 제조과정 중에 제거되어 최종 제품에는 남아 있지 않은 성분

2. 안정화제, 보존제 등 원료 자체에 들어 있는 부수 성분으로서 그 효과가 나타나게 하는 양보다 적은 양이 들어 있는 성분

3. 내용량이 10밀리리터 초과 50밀리리터 이하 또는 중량이 10그램 초과 50그램 이하 화장품의 포장인 경우에는 다음 각 목의 성분을 제외한 성분

가. 타르색소

나. 금박

다. 샴푸와 린스에 들어 있는 인산염의 종류

라. 과일산(AHA)

마. 기능성화장품의 경우 그 효능·효과가 나타나게 하는 원료

바. 식품의약품안전처장이 사용 한도를 고시한 화장품의 원료

③ 법 제10조제1항제9호에 따라 화장품의 포장에 기재·표시하여야 하는 사용할 때의 주의사항은 별표 3과 같다.

④ 법 제10조제1항제10호에 따라 화장품의 포장에 기재·표시하여야 하는 사항은 다음 각 호와 같다. 다만, 맞춤형화장품의 경우에는 제1호 및 제6호를 제외한다. <개정 2013. 3. 23., 2017. 11. 17., 2018. 12. 31., 2019. 3. 14., 2020. 1. 22., 2020. 3. 13.>

1. 식품의약품안전처장이 정하는 바코드

2. 기능성화장품의 경우 심사받거나 보고한 효능·효과, 용법·용량

3. 성분명을 제품 명칭의 일부로 사용한 경우 그 성분명과 함량(방향용 제품은 제외한다)

4. 인체 세포·조직 배양액이 들어있는 경우 그 함량

5. 화장품에 천연 또는 유기농으로 표시·광고하려는 경우에는 원료의 함량

6. 수입화장품인 경우에는 제조국의 명칭(「대외무역법」에 따른 원산지를 표시한 경우에는 제조국의 명칭을 생략할 수 있다), 제조회사명 및 그 소재지

7. 제2조제8호부터 제11호까지에 해당하는 기능성화장품의 경우에는 "질병의 예방 및 치료를 위한 의약품이 아님"이라는 문구

8. 다음 각 목의 어느 하나에 해당하는 경우 법 제8조제2항에 따라 사용기준이 지정·고시된 원료 중 보존제의 함량

가. 별표 3 제1호가목에 따른 만 3세 이하의 영유아용 제품류인 경우

나. 만 4세 이상부터 만 13세 이하까지의 어린이가 사용할 수 있는 제품임을 특정하여 표시·광고하려는 경우

⑤ 제1항 및 제2항제3호에 따라 해당 화장품의 제조에 사용된 성분의 기재·표시를 생략하려는 경우에는 다음 각 호의 어느 하나에 해당하는 방법으로 생략된 성분을 확인할 수 있도록 하여야 한다.

1. 소비자가 법 제10조제1항제3호에 따른 모든 성분을 즉시 확인할 수 있도록 포장에 전화번호나 홈페이지 주소를 적을 것

2. 법 제10조제1항제3호에 따른 모든 성분이 적힌 책자 등의 인쇄물을 판매업소에 늘 갖추어 둘 것

⑥ 법 제10조제4항에 따른 화장품 포장의 표시기준 및 표시방법은 별표 4와 같다.

제20조(화장품 가격의 표시) 법 제11조제1항에 따라 해당 화장품을 소비자에게 직접 판매하는 자(이하 "판매자"라 한다)는 그 제품의 포장에 판매하려는 가격을 일반 소비자가 알기 쉽도록 표시하되, 그 세부적인 표시방법은 식품의약품안전처장이 정하여 고시한다. <개정 2013. 3. 23.>

제21조(기재 · 표시상의 주의사항) 법 제12조에 따른 화장품 포장의 기재·표시 및 화장품의 가격표시상의 준수사항은 다음 각 호와 같다.

1. 한글로 읽기 쉽도록 기재·표시할 것. 다만, 한자 또는 외국어를 함께 적을 수 있고, 수출용 제품 등의 경우에는 그 수출 대상국의 언어로 적을 수 있다.

2. 화장품의 성분을 표시하는 경우에는 표준화된 일반명을 사용할 것

제22조(표시 · 광고의 범위 등) 법 제13조제2항에 따른 표시·광고의 범위와 그 밖에 준수하여야 하는 사항은 별표 5와 같다.

제23조(표시 · 광고 실증의 대상 등) ①법 제14조제1항에 따른 표시·광고 실증의 대상은 화장품의 포장 또는 별표 5 제1호에 따른 화장품 광고의 매체 또는 수단에 의한 표시·광고 중 사실과 다르게 소비자를 속이거나 소비자가 잘못 인식하게 할 우려가 있어 식품의약품안전처장이 실증이 필요하다고 인정하는 표시·광고로 한다. <개정 2013. 3. 23.>

② 법 제14조제3항에 따라 영업자 또는 판매자가 제출하여야 하는 실증자료의 범위 및 요건은 다음 각 호와 같다. <개정 2019. 3. 14., 2020. 3. 13.>

1. 시험결과: 인체 적용시험 자료, 인체 외 시험 자료 또는 같은 수준 이상의 조사자료일 것

2. 조사결과: 표본설정, 질문사항, 질문방법이 그 조사의 목적이나 통계상의 방법과 일치할 것

3. 실증방법: 실증에 사용되는 시험 또는 조사의 방법은 학술적으로 널리 알려져 있거나 관련 산업 분야에서 일반적으로 인정된 방법 등으로서 과학적이고 객관적인 방법일 것

③ 법 제14조제3항에 따라 영업자 또는 판매자가 실증자료를 제출할 때에는 다음 각 호의 사항을 적고, 이를 증명할 수 있는 자료를 첨부해 식품의약품안전처장에게 제출해야 한다. <개정 2020. 3. 13.>

1. 실증방법

2. 시험·조사기관의 명칭 및 대표자의 성명·주소·전화번호
3. 실증내용 및 실증결과
4. 실증자료 중 영업상 비밀에 해당되어 공개를 원하지 않는 경우에는 그 내용 및 사유

④ 제1항부터 제3항까지에서 규정한 사항 외에 표시·광고 실증에 필요한 사항은 식품의약품안전처장이 정하여 고시한다. <개정 2013. 3. 23.>

제23조의2(천연화장품 및 유기농화장품의 인증 등) ① 법 제14조의2제1항에 따라 천연화장품 또는 유기농화장품으로 인증을 받으려는 화장품제조업자, 화장품책임판매업자 또는 연구기관등은 법 제14조의2제4항에 따라 지정받은 인증기관(이하 "인증기관"이라 한다)에 식품의약품안전처장이 정하여 고시하는 서류를 갖추어 인증을 신청해야 한다.

② 인증기관은 제1항에 따른 신청을 받은 경우 천연화장품 또는 유기농화장품의 인증기준에 적합한지 여부를 심사를 한 후 그 결과를 신청인에게 통지해야 한다.

③ 제1항에 따라 천연화장품 또는 유기농화장품의 인증을 받은 자(이하 "인증사업자"라 한다)는 다음 각 호의 사항이 변경된 경우 식품의약품안전처장이 정하여 고시하는 바에 따라 그 인증을 한 인증기관에 보고를 해야 한다.

1. 인증제품 명칭의 변경
2. 인증제품을 판매하는 책임판매업자의 변경

④ 법 제14조의3제2항에 따라 인증사업자가 인증의 유효기간을 연장받으려는 경우에는 유효기간 만료 90일 전까지 그 인증을 한 인증기관에 식품의약품안전처장이 정하여 고시하는 서류를 갖추어 제출해야 한다. 다만, 그 인증을 한 인증기관이 폐업, 업무정지 또는 그 밖의 부득이한 사유로 연장신청이 불가능한 경우에는 다른 인증기관에 신청할 수 있다.

⑤ 법 제14조의4제1항에서 "총리령으로 정하는 인증표시"란 별표 5의2의 표시를 말한다.

⑥ 인증기관의 장은 식품의약품안전처장의 승인을 받아 결정한 수수료를 신청인으로부터 받을 수 있다.

⑦ 제1항부터 제6항까지 규정한 사항 외에 인증신청 및 변경보고, 유효기간 연장신청 등 인증의 세부 절차와 방법 등은 식품의약품안전처장이 정하여 고시한다.

[본조신설 2019. 3. 14.]

제23조의3(천연화장품 및 유기농화장품의 인증기관의 지정 등) ① 법 제14조의2제4항에 따른 인증기관의 지정기준은 별표 5의3과 같다.

② 천연화장품 또는 유기농화장품의 인증기관으로 지정받으려는 자는 식품의약품안전처장이 정하여 고시하는 서류를 갖추어 인증기관의 지정을 신청해야 한다.

③ 식품의약품안전처장은 제1항에 따른 지정기준에 적합하여 인증기관을 지정하는 경우에는 신청인에게 인증기관 지정서를 발급해야 한다.

④ 제3항에 따라 지정된 인증기관은 다음 각 호의 사항이 변경된 경우에는 변경 사유가 발생한 날부터 30일 이내에 식품의약품안전처장이 정하여 고시하는 서류를 갖추어 변경신청을 해야 한다.

1. 인증기관의 대표자

2. 인증기관의 명칭 및 소재지
3. 인증업무의 범위
⑤ 인증기관은 업무를 적절하게 수행하기 위하여 다음 각 호의 사항을 준수해야 한다.
1. 인증신청, 인증심사 및 인증사업자에 관한 자료를 법 제14조의3제1항에 따른 인증의 유효기간이 끝난 후 2년 동안 보관할 것
2. 식품의약품안전처장의 요청이 있는 경우에는 인증기관의 사무소 및 시설에 대한 접근을 허용하거나 필요한 정보 및 자료를 제공할 것
⑥ 법 제14조의5제3항에 따른 인증기관에 대한 행정처분의 기준은 별표 5의4와 같다.
⑦ 제1항부터 제6항까지에서 규정한 사항 외에 인증기관의 지정 절차 및 준수사항 등 인증기관 운영에 필요한 세부 절차와 방법 등은 식품의약품안전처장이 정하여 고시한다.
[본조신설 2019. 3. 14.]

제24조(관계 공무원의 자격 등) ① 법 제18조제1항에 따른 화장품 검사 등에 관한 업무를 수행하는 공무원(이하 "화장품감시공무원"이라 한다)은 다음 각 호의 어느 하나에 해당하는 사람 중에서 지방식품의약품안전청장이 임명하는 사람으로 한다. <개정 2020. 3. 13.>
1. 「고등교육법」 제2조에 따른 학교에서 약학 또는 화장품 관련 분야의 학사학위 이상을 취득한 사람(법령에서 이와 같은 수준 이상의 학력이 있다고 인정한 사람을 포함한다)
2. 화장품에 관한 지식 및 경력이 풍부하다고 지방식품의약품안전청장이 인정하거나 특별시장·광역시장·특별자치시장·도지사·특별자치도지사 또는 시장·군수·구청장(자치구의 구청장을 말한다)이 추천한 사람
② 법 제18조제4항에 따른 화장품감시공무원의 신분을 증명하는 증표는 별지 제14호서식에 따른다.

제25조(수거 등) 법 제18조제2항에 따라 화장품감시공무원이 물품 또는 화장품을 수거하는 경우에는 별지 제15호서식의 수거증을 피수거인에게 발급하여야 한다.

제26조(화장품 판매 모니터링) 식품의약품안전처장은 법 제18조제3항에 따라 법 제17조에 따른 단체 또는 관련 업무를 수행하는 기관 등을 지정하여 화장품의 판매, 표시·광고, 품질 등에 대하여 모니터링하게 할 수 있다. <개정 2013. 3. 23.>

제26조의2(소비자화장품안전관리감시원의 자격 등) ① 법 제18조의2조제1항에 따라 소비자화장품안전관리감시원(이하 "소비자화장품감시원"이라 한다)으로 위촉될 수 있는 사람은 다음 각 호의 어느 하나에 해당하는 사람으로 한다.
1. 법 제17조에 따라 설립된 단체의 임직원 중 해당 단체의 장이 추천한 사람
2. 「소비자기본법」 제29조제1항에 따라 등록한 소비자단체의 임직원 중 해당 단체의 장이 추천한 사람
3. 제8조제1항 각 호의 어느 하나에 해당하는 사람
4. 식품의약품안전처장이 정하여 고시하는 교육과정을 마친 사람
② 소비자화장품감시원의 임기는 2년으로 하되, 연임할 수 있다.
③ 법 제18조의2제2항제3호에서 "총리령으로 정하는 사항"이란 다음 각 호의 사항을 말한다.
1. 법 제23조에 따른 관계 공무원의 물품 회수·폐기 등의 업무 지원

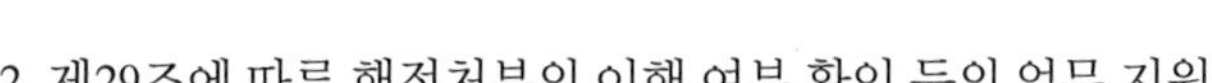

2. 제29조에 따른 행정처분의 이행 여부 확인 등의 업무 지원
3. 화장품의 안전사용과 관련된 홍보 등의 업무

④ 법 제18조의2제3항에 따라 식품의약품안전처장 또는 지방식품의약품안전청장은 소비자화장품감시원에 대하여 반기(半期)마다 화장품 관계법령 및 위해화장품 식별 등에 관한 교육을 실시하고, 소비자화장품감시원이 직무를 수행하기 전에 그 직무에 관한 교육을 실시하여야 한다.

⑤ 식품의약품안전처장 또는 지방식품의약품안전청장은 소비자화장품감시원의 활동을 지원하기 위하여 예산의 범위에서 수당 등을 지급할 수 있다.

⑥ 제1항부터 제5항까지에서 규정한 사항 외에 소비자화장품감시원의 운영에 필요한 사항은 식품의약품안전처장이 정하여 고시한다.

[본조신설 2019. 3. 14.]

제27조(회수 · 폐기명령 등) 법 제23조제1항부터 제3항까지의 규정에 따른 물품 회수에 필요한 위해성 등급 및 그 분류기준과 물품 회수·폐기의 절차·계획 및 사후조치 등에 관하여는 제14조의2제2항 및 제14조의3을 준용한다. <개정 2019. 12. 12.>

[본조신설 2015. 7. 29.]

제28조(위해화장품의 공표) ① 법 제23조의2제1항에 따라 공표명령을 받은 영업자는 지체 없이 위해 발생사실 또는 다음 각 호의 사항을 「신문 등의 진흥에 관한 법률」 제9조제1항에 따라 등록한 전국을 보급지역으로 하는 1개 이상의 일반일간신문[당일 인쇄·보급되는 해당 신문의 전체 판(版)을 말한다] 및 해당 영업자의 인터넷 홈페이지에 게재하고, 식품의약품안전처의 인터넷 홈페이지에 게재를 요청하여야 한다. 다만, 제14조의2제2항제3호에 따른 위해성 등급이 다등급인 화장품의 경우에는 해당 일반일간신문에의 게재를 생략할 수 있다. <개정 2019. 12. 12.>

1. 화장품을 회수한다는 내용의 표제
2. 제품명
3. 회수대상화장품의 제조번호
4. 사용기한 또는 개봉 후 사용기간(병행 표기된 제조연월일을 포함한다)
5. 회수 사유
6. 회수 방법
7. 회수하는 영업자의 명칭
8. 회수하는 영업자의 전화번호, 주소, 그 밖에 회수에 필요한 사항

② 제1항 각 호의 사항에 대한 구체적인 작성방법은 별표 6과 같다.

③ 제1항에 따라 공표를 한 영업자는 다음 각 호의 사항이 포함된 공표 결과를 지체 없이 지방식품의약품안전청장에게 통보하여야 한다.

1. 공표일
2. 공표매체
3. 공표횟수
4. 공표문 사본 또는 내용

[본조신설 2015. 7. 29.]

제29조(행정처분기준) ① 법 제24조제1항에 따른 행정처분의 기준은 별표 7과 같다.

② 삭제 <2014. 8. 20.>

제30조(과징금의 징수절차) 「화장품법 시행령」 제12조제1항에 따른 과징금의 징수절차는 「국고금관리법 시행규칙」을 준용한다. 이 경우 납입고지서에는 이의제기 방법 및 기간을 함께 적어 넣어야 한다.

제31조(등록필증 등의 재발급 등) ① 법 제31조에 따라 화장품제조업 등록필증, 화장품책임판매업 등록필증, 맞춤형화장품판매업 신고필증 또는 기능성화장품심사결과통지서(이하 "등록필증등"이라 한다)를 재발급받으려는 자는 별지 제18호서식 또는 별지 제19호서식의 재발급신청서(전자문서로 된 신청서를 포함한다)에 다음 각 호의 서류(전자문서를 포함한다)를 첨부하여 각각 지방식품의약품안전청장 또는 식품의약품안전평가원장에게 제출하여야 한다. <개정 2013. 3. 23., 2017. 7. 31., 2019. 3. 14., 2020. 3. 13.>

1. 등록필증등이 오염, 훼손 등으로 못쓰게 된 경우 그 등록필증등
2. 등록필증등을 잃어버린 경우에는 그 사유서

② 등록필증등을 재발급 받은 후 잃어버린 등록필증등을 찾았을 때에는 지체 없이 이를 해당 발급기관의 장에게 반납하여야 한다.

③ 법 제3조 및 제3조의2에 따른 영업자의 등록 또는 신고 등의 확인 또는 증명을 받으려는 자는 확인신청서 또는 증명신청서(각각 전자문서로 된 신청서를 포함하며, 외국어의 경우에는 번역문을 포함한다)를 식품의약품안전처장 또는 지방식품의약품안전청장에게 제출하여야 한다. <개정 2013. 3. 23., 2019. 3. 14., 2020. 3. 13.>

제32조(수수료) ① 법 제32조에 따른 수수료의 금액은 별표 9와 같다.

② 제1항에 따른 수수료는 현금, 현금의 납입을 증명하는 증표 또는 정보통신망을 이용한 전자화폐나 전자결제 등의 방법으로 내야 한다.

[전문개정 2020. 3. 13.]

제33조(규제의 재검토) 식품의약품안전처장은 다음 각 호의 사항에 대하여 다음 각 호의 기준일을 기준으로 3년마다(매 3년이 되는 해의 기준일과 같은 날 전까지를 말한다) 그 타당성을 검토하여 개선 등의 조치를 하여야 한다. <개정 2019. 3. 14., 2020. 3. 13.>

1. 제3조에 따른 화장품 제조업의 등록: 2014년 1월 1일
2. 제4조에 따른 화장품책임판매업의 등록: 2019년 3월 14일
3. 제5조에 따른 화장품제조업 및 화장품책임판매업의 변경등록: 2014년 1월 1일
   가. 화장품제조업의 변경등록: 2014년 1월 1일
   나. 화장품책임판매업의 변경등록: 2019년 3월 14일
4. 제8조의2 및 제8조의3에 따른 맞춤형화장품판매업의 신고 및 변경신고: 2020년 3월 14일

[본조신설 2014. 4. 1.]

부칙 〈제1699호, 2021. 5. 14.〉

제1조(시행일) 이 규칙은 공포한 날부터 시행한다.

제2조(화장품책임판매업의 변경등록에 관한 적용례) 별지 제6호서식의 개정규정은 이 규칙 시행 이후 화장품책임판매업 등록사항의 변경을 신청하는 경우부터 적용한다.

화장품법 시행규칙 [별표 1] 〈개정 2019. 3. 14.〉

품질관리기준(제7조 관련)

1. 용어의 정의

이 표에서 사용하는 용어의 뜻은 다음과 같다.

가. "품질관리"란 화장품의 책임판매 시 필요한 제품의 품질을 확보하기 위해서 실시하는 것으로서, 화장품제조업자 및 제조에 관계된 업무(시험·검사 등의 업무를 포함한다)에 대한 관리·감독 및 화장품의 시장 출하에 관한 관리, 그 밖에 제품의 품질의 관리에 필요한 업무를 말한다.

나. "시장출하"란 화장품책임판매업자가 그 제조 등(타인에게 위탁 제조 또는 검사하는 경우를 포함하고 타인으로부터 수탁 제조 또는 검사하는 경우는 포함하지 않는다. 이하 같다)을 하거나 수입한 화장품의 판매를 위해 출하하는 것을 말한다.

2. 품질관리 업무에 관련된 조직 및 인원

화장품책임판매업자는 책임판매관리자를 두어야 하며, 품질관리 업무를 적정하고 원활하게 수행할 능력이 있는 인력을 충분히 갖추어야 한다.

3. 품질관리업무의 절차에 관한 문서 및 기록 등

가. 화장품책임판매업자는 품질관리 업무를 적정하고 원활하게 수행하기 위하여 다음의 사항이 포함된 품질관리 업무 절차서를 작성·보관해야 한다.

1) 적정한 제조관리 및 품질관리 확보에 관한 절차
2) 품질 등에 관한 정보 및 품질 불량 등의 처리 절차
3) 회수처리 절차
4) 교육·훈련에 관한 절차
5) 문서 및 기록의 관리 절차
6) 시장출하에 관한 기록 절차
7) 그 밖에 품질관리 업무에 필요한 절차

나. 화장품책임판매업자는 품질관리 업무 절차서에 따라 다음의 업무를 수행해야 한다.

1) 화장품제조업자가 화장품을 적정하고 원활하게 제조한 것임을 확인하고 기록할 것
2) 제품의 품질 등에 관한 정보를 얻었을 때 해당 정보가 인체에 영향을 미치는 경우에는 그 원인을 밝히고, 개선이 필요한 경우에는 적정한 조치를 하고 기록할 것
3) 책임판매한 제품의 품질이 불량하거나 품질이 불량할 우려가 있는 경우 회수 등 신속한 조치를 하고 기록할 것
4) 시장출하에 관하여 기록할 것

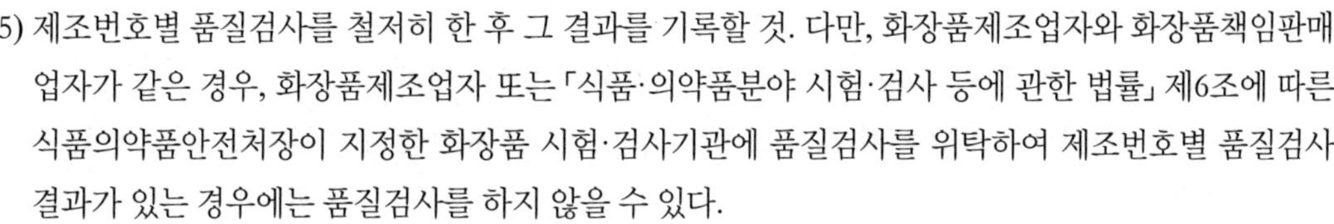

5) 제조번호별 품질검사를 철저히 한 후 그 결과를 기록할 것. 다만, 화장품제조업자와 화장품책임판매업자가 같은 경우, 화장품제조업자 또는 「식품·의약품분야 시험·검사 등에 관한 법률」 제6조에 따른 식품의약품안전처장이 지정한 화장품 시험·검사기관에 품질검사를 위탁하여 제조번호별 품질검사 결과가 있는 경우에는 품질검사를 하지 않을 수 있다.

6) 그 밖에 품질관리에 관한 업무를 수행할 것

다. 화장품책임판매업자는 책임판매관리자가 업무를 수행하는 장소에 품질관리 업무 절차서 원본을 보관하고, 그 외의 장소에는 원본과 대조를 마친 사본을 보관해야 한다.

4. 책임판매관리자의 업무

화장품책임판매업자는 품질관리 업무 절차서에 따라 다음 각 목의 업무를 책임판매관리자에게 수행하도록 해야 한다.

가. 품질관리 업무를 총괄할 것

나. 품질관리 업무가 적정하고 원활하게 수행되는 것을 확인할 것

다. 품질관리 업무의 수행을 위하여 필요하다고 인정할 때에는 화장품책임판매업자에게 문서로 보고할 것

라. 품질관리 업무 시 필요에 따라 화장품제조업자, 맞춤형화장품판매업자 등 그 밖의 관계자에게 문서로 연락하거나 지시할 것

마. 품질관리에 관한 기록 및 화장품제조업자의 관리에 관한 기록을 작성하고 이를 해당 제품의 제조일(수입의 경우 수입일을 말한다)부터 3년간 보관할 것

5. 회수처리

화장품책임판매업자는 품질관리 업무 절차서에 따라 책임판매관리자에게 다음과 같이 회수 업무를 수행하도록 해야 한다.

가. 회수한 화장품은 구분하여 일정 기간 보관한 후 폐기 등 적정한 방법으로 처리할 것

나. 회수 내용을 적은 기록을 작성하고 화장품책임판매업자에게 문서로 보고할 것

6. 교육 · 훈련

화장품책임판매업자는 책임판매관리자에게 교육·훈련계획서를 작성하게 하고, 품질관리 업무 절차서 및 교육·훈련계획서에 따라 다음의 업무를 수행하도록 해야 한다.

가. 품질관리 업무에 종사하는 사람들에게 품질관리 업무에 관한 교육·훈련을 정기적으로 실시하고 그 기록을 작성, 보관할 것

나. 책임판매관리자 외의 사람이 교육·훈련 업무를 실시하는 경우에는 교육·훈련 실시 상황을 화장품책임판매업자에게 문서로 보고할 것

7. 문서 및 기록의 정리

화장품책임판매업자는 문서·기록에 관하여 다음과 같이 관리해야 한다.

가. 문서를 작성하거나 개정했을 때에는 품질관리 업무 절차서에 따라 해당 문서의 승인, 배포, 보관 등을 할 것

나. 품질관리 업무 절차서를 작성하거나 개정했을 때에는 해당 품질관리 업무 절차서에 그 날짜를 적고 개정 내용을 보관할 것

8. 영 제2조제2호라목의 화장품책임판매업을 등록한 자에 대해서는 제1호부터 제7호까지의 규정 중 제3호가목 1)·4)·6), 나목1)·4)·5), 제4호마목 및 제6호를 적용하지 않는다.

화장품법 시행규칙 [별표 2] 〈개정 2019. 3. 14.〉

책임판매 후 안전관리기준(제7조 관련)

1. 용어의 정의

이 표에서 사용하는 용어의 뜻은 다음과 같다.

가. "안전관리 정보"란 화장품의 품질, 안전성·유효성, 그 밖에 적정 사용을 위한 정보를 말한다.

나. "안전확보 업무"란 화장품책임판매 후 안전관리 업무 중 정보 수집, 검토 및 그 결과에 따른 필요한 조치(이하 "안전확보 조치"라 한다)에 관한 업무를 말한다.

2. 안전확보 업무에 관련된 조직 및 인원

화장품책임판매업자는 책임판매관리자를 두어야 하며, 안전확보 업무를 적정하고 원활하게 수행할 능력을 갖는 인원을 충분히 갖추어야 한다.

3. 안전관리 정보 수집

화장품책임판매업자는 책임판매관리자에게 학회, 문헌, 그 밖의 연구보고 등에서 안전관리 정보를 수집·기록하도록 해야 한다.

4. 안전관리 정보의 검토 및 그 결과에 따른 안전확보 조치

화장품책임판매업자는 다음의 업무를 책임판매관리자에게 수행하도록 해야 한다.

가. 제3호에 따라 수집한 안전관리 정보를 신속히 검토·기록할 것

나. 제3호에 따라 수집한 안전관리 정보의 검토 결과 조치가 필요하다고 판단될 경우 회수, 폐기, 판매정지 또는 첨부문서의 개정, 식품의약품안전처장에게 보고 등 안전확보 조치를 할 것

다. 안전확보 조치계획을 화장품책임판매업자에게 문서로 보고한 후 그 사본을 보관할 것

5. 안전확보 조치의 실시

화장품책임판매업자는 다음의 업무를 책임판매관리자에게 수행하도록 해야 한다.

가. 안전확보 조치계획을 적정하게 평가하여 안전확보 조치를 결정하고 이를 기록·보관할 것

나. 안전확보 조치를 수행할 경우 문서로 지시하고 이를 보관할 것

다. 안전확보 조치를 실시하고 그 결과를 화장품책임판매업자에게 문서로 보고한 후 보관할 것

6. 책임판매관리자의 업무

화장품책임판매업자는 다음의 업무를 책임판매관리자에게 수행하도록 해야 한다.

가. 안전확보 업무를 총괄할 것
나. 안전확보 업무가 적정하고 원활하게 수행되는 것을 확인하여 기록·보관할 것
다. 안전확보 업무의 수행을 위하여 필요하다고 인정할 때에는 화장품책임판매업자에게 문서로 보고한 후 보관할 것

화장품법 시행규칙 [별표 3] 〈개정 2020. 1. 22.〉

화장품 유형과 사용 시의 주의사항(제19조제3항 관련)

1. 화장품의 유형(의약외품은 제외한다)

가. 만 3세 이하의 영유아용 제품류

1) 영유아용 샴푸, 린스

2) 영유아용 로션, 크림

3) 영유아용 오일

4) 영유아 인체 세정용 제품

5) 영유아 목욕용 제품

나. 목욕용 제품류

1) 목욕용 오일·정제·캡슐

2) 목욕용 소금류

3) 버블 배스(bubble baths)

4) 그 밖의 목욕용 제품류

다. 인체 세정용 제품류

1) 폼 클렌저(foam cleanser)

2) 바디 클렌저(body cleanser)

3) 액체 비누(liquid soaps) 및 화장 비누(고체 형태의 세안용 비누)

4) 외음부 세정제

5) 물휴지. 다만, 「위생용품 관리법」(법률 제14837호) 제2조제1호라목2)에서 말하는 「식품위생법」 제36조제1항제3호에 따른 식품접객업의 영업소에서 손을 닦는 용도 등으로 사용할 수 있도록 포장된 물티슈와 「장사 등에 관한 법률」 제29조에 따른 장례식상 또는 「의료법」 제3조에 따른 의료기관 등에서 시체(屍體)를 닦는 용도로 사용되는 물휴지는 제외한다.

6) 그 밖의 인체 세정용 제품류

라. 눈 화장용 제품류

1) 아이브로 펜슬(eyebrow pencil)

2) 아이 라이너(eye liner)

3) 아이 섀도(eye shadow)

4) 마스카라(mascara)

5) 아이 메이크업 리무버(eye make-up remover)

6) 그 밖의 눈 화장용 제품류

마. 방향용 제품류
1) 향수
2) 분말향
3) 향낭(香囊)
4) 콜롱(cologne)
5) 그 밖의 방향용 제품류
바. 두발 염색용 제품류
1) 헤어 틴트(hair tints)
2) 헤어 컬러스프레이(hair color sprays)
3) 염모제
4) 탈염·탈색용 제품
5) 그 밖의 두발 염색용 제품류
사. 색조 화장용 제품류
1) 볼연지
2) 페이스 파우더(face powder), 페이스 케이크(face cakes)
3) 리퀴드(liquid)·크림·케이크 파운데이션(foundation)
4) 메이크업 베이스(make-up bases)
5) 메이크업 픽서티브(make-up fixatives)
6) 립스틱, 립라이너(lip liner)
7) 립글로스(lip gloss), 립밤(lip balm)
8) 바디페인팅(body painting), 페이스페인팅(face painting), 분장용 제품
9) 그 밖의 색조 화장용 제품류
아. 두발용 제품류
1) 헤어 컨디셔너(hair conditioners)
2) 헤어 토닉(hair tonics)
3) 헤어 그루밍 에이드(hair grooming aids)
4) 헤어 크림·로션
5) 헤어 오일
6) 포마드(pomade)
7) 헤어 스프레이·무스·왁스·젤
8) 샴푸, 린스
9) 퍼머넌트 웨이브(permanent wave)
10) 헤어 스트레이트너(hair straightner)
11) 흑채

12) 그 밖의 두발용 제품류

자. 손발톱용 제품류

1) 베이스코트(basecoats), 언더코트(under coats)

2) 네일폴리시(nail polish), 네일에나멜(nail enamel)

3) 탑코트(topcoats)

4) 네일 크림·로션·에센스

5) 네일폴리시·네일에나멜 리무버

6) 그 밖의 손발톱용 제품류

차. 면도용 제품류

1) 애프터셰이브 로션(aftershave lotions)

2) 남성용 탤컴(talcum)

3) 프리셰이브 로션(preshave lotions)

4) 셰이빙 크림(shaving cream)

5) 셰이빙 폼(shaving foam)

6) 그 밖의 면도용 제품류

카. 기초화장용 제품류

1) 수렴·유연·영양 화장수(face lotions)

2) 마사지 크림

3) 에센스, 오일

4) 파우더

5) 바디 제품

6) 팩, 마스크

7) 눈 주위 제품

8) 로션, 크림

9) 손·발의 피부연화 제품

10) 클렌징 워터, 클렌징 오일, 클렌징 로션, 클렌징 크림 등 메이크업 리무버

11) 그 밖의 기초화장용 제품류

타. 체취 방지용 제품류

1) 데오도런트

2) 그 밖의 체취 방지용 제품류

파. 체모 제거용 제품류

1) 제모제

2) 제모왁스

3) 그 밖의 체모 제거용 제품류

2. 사용 시의 주의사항

가. 공통사항

1) 화장품 사용 시 또는 사용 후 직사광선에 의하여 사용부위가 붉은 반점, 부어오름 또는 가려움증 등의 이상 증상이나 부작용이 있는 경우 전문의 등과 상담할 것

2) 상처가 있는 부위 등에는 사용을 자제할 것

3) 보관 및 취급 시의 주의사항

가) 어린이의 손이 닿지 않는 곳에 보관할 것

나) 직사광선을 피해서 보관할 것

나. 개별사항

1) 미세한 알갱이가 함유되어 있는 스크러브세안제

알갱이가 눈에 들어갔을 때에는 물로 씻어내고, 이상이 있는 경우에는 전문의와 상담할 것

2) 팩

눈 주위를 피하여 사용할 것

3) 두발용, 두발염색용 및 눈 화장용 제품류

눈에 들어갔을 때에는 즉시 씻어낼 것

4) 모발용 샴푸

가) 눈에 들어갔을 때에는 즉시 씻어낼 것

나) 사용 후 물로 씻어내지 않으면 탈모 또는 탈색의 원인이 될 수 있으므로 주의할 것

5) 퍼머넌트 웨이브 제품 및 헤어스트레이트너 제품

가) 두피·얼굴·눈·목·손 등에 약액이 묻지 않도록 유의하고, 얼굴 등에 약액이 묻었을 때에는 즉시 물로 씻어낼 것

나) 특이체질, 생리 또는 출산 전후이거나 질환이 있는 사람 등은 사용을 피할 것

다) 머리카락의 손상 등을 피하기 위하여 용법·용량을 지켜야 하며, 가능하면 일부에 시험적으로 사용하여 볼 것

라) 섭씨 15도 이하의 어두운 장소에 보존하고, 색이 변하거나 침전된 경우에는 사용하지 말 것

마) 개봉한 제품은 7일 이내에 사용할 것(에어로졸 제품이나 사용 중 공기유입이 차단되는 용기는 표시하지 아니한다)

바) 제2단계 퍼머액 중 그 주성분이 과산화수소인 제품은 검은 머리카락이 갈색으로 변할 수 있으므로 유의하여 사용할 것

6) 외음부 세정제

가) 정해진 용법과 용량을 잘 지켜 사용할 것

나) 만 3세 이하의 영유아에게는 사용하지 말 것

다) 임신 중에는 사용하지 않는 것이 바람직하며, 분만 직전의 외음부 주위에는 사용하지 말 것

라) 프로필렌 글리콜(Propylene glycol)을 함유하고 있으므로 이 성분에 과민하거나 알레르기 병력이 있

는 사람은 신중히 사용할 것(프로필렌 글리콜 함유제품만 표시한다)

7) 손·발의 피부연화 제품(요소제제의 핸드크림 및 풋크림)

가) 눈, 코 또는 입 등에 닿지 않도록 주의하여 사용할 것

나) 프로필렌 글리콜(Propylene glycol)을 함유하고 있으므로 이 성분에 과민하거나 알레르기 병력이 있는 사람은 신중히 사용할 것(프로필렌 글리콜 함유제품만 표시한다)

8) 체취 방지용 제품

털을 제거한 직후에는 사용하지 말 것

9) 고압가스를 사용하는 에어로졸 제품[무스의 경우 가)부터 라)까지의 사항은 제외한다]

가) 같은 부위에 연속해서 3초 이상 분사하지 말 것

나) 가능하면 인체에서 20센티미터 이상 떨어져서 사용할 것

다) 눈 주위 또는 점막 등에 분사하지 말 것. 다만, 자외선 차단제의 경우 얼굴에 직접 분사하지 말고 손에 덜어 얼굴에 바를 것

라) 분사가스는 직접 흡입하지 않도록 주의할 것

마) 보관 및 취급상의 주의사항

(1) 불꽃길이시험에 의한 화염이 인지되지 않는 것으로서 가연성 가스를 사용하지 않는 제품

(가) 섭씨 40도 이상의 장소 또는 밀폐된 장소에 보관하지 말 것

(나) 사용 후 남은 가스가 없도록 하고 불 속에 버리지 말 것

(2) 가연성 가스를 사용하는 제품

(가) 불꽃을 향하여 사용하지 말 것

(나) 난로, 풍로 등 화기 부근 또는 화기를 사용하고 있는 실내에서 사용하지 말 것

(다) 섭씨 40도 이상의 장소 또는 밀폐된 장소에서 보관하지 말 것

(라) 밀폐된 실내에서 사용한 후에는 반드시 환기를 할 것

(마) 불 속에 버리지 말 것

10) 고압가스를 사용하지 않는 분무형 자외선 차단제: 얼굴에 직접 분사하지 말고 손에 덜어 얼굴에 바를 것

11) 알파-하이드록시애시드(α-hydroxyacid, AHA)(이하 "AHA"라 한다) 함유제품(0.5퍼센트 이하의 AHA가 함유된 제품은 제외한다)

가) 햇빛에 대한 피부의 감수성을 증가시킬 수 있으므로 자외선 차단제를 함께 사용할 것(씻어내는 제품 및 두발용 제품은 제외한다)

나) 일부에 시험 사용하여 피부 이상을 확인할 것

다) 고농도의 AHA 성분이 들어 있어 부작용이 발생할 우려가 있으므로 전문의 등에게 상담할 것(AHA 성분이 10퍼센트를 초과하여 함유되어 있거나 산도가 3.5 미만인 제품만 표시한다)

12) 염모제(산화염모제와 비산화염모제)

가) 다음 분들은 사용하지 마십시오. 사용 후 피부나 신체가 과민상태로 되거나 피부이상반응(부종, 염

증 등)이 일어나거나, 현재의 증상이 악화될 가능성이 있습니다.

(1) 지금까지 이 제품에 배합되어 있는 '과황산염'이 함유된 탈색제로 몸이 부은 경험이 있는 경우, 사용 중 또는 사용 직후에 구역, 구토 등 속이 좋지 않았던 분(이 내용은 '과황산염'이 배합된 염모제에만 표시한다)

(2) 지금까지 염모제를 사용할 때 피부이상반응(부종, 염증 등)이 있었거나, 염색 중 또는 염색 직후에 발진, 발적, 가려움 등이 있거나 구역, 구토 등 속이 좋지 않았던 경험이 있었던 분

(3) 피부시험(패취테스트, patch test)의 결과, 이상이 발생한 경험이 있는 분

(4) 두피, 얼굴, 목덜미에 부스럼, 상처, 피부병이 있는 분

(5) 생리 중, 임신 중 또는 임신할 가능성이 있는 분

(6) 출산 후, 병중, 병후의 회복 중인 분, 그 밖의 신체에 이상이 있는 분

(7) 특이체질, 신장질환, 혈액질환이 있는 분

(8) 미열, 권태감, 두근거림, 호흡곤란의 증상이 지속되거나 코피 등의 출혈이 잦고 생리, 그 밖에 출혈이 멈추기 어려운 증상이 있는 분

(9) 이 제품에 첨가제로 함유된 프로필렌글리콜에 의하여 알레르기를 일으킬 수 있으므로 이 성분에 과민하거나 알레르기 반응을 보였던 적이 있는 분은 사용 전에 의사 또는 약사와 상의하여 주십시오(프로필렌글리콜 함유 제제에만 표시한다)

나) 염모제 사용 전의 주의

(1) 염색 전 2일전(48시간 전)에는 다음의 순서에 따라 매회 반드시 패취테스트(patch test)를 실시하여 주십시오. 패취테스트는 염모제에 부작용이 있는 체질인지 아닌지를 조사하는 테스트입니다. 과거에 아무 이상이 없이 염색한 경우에도 체질의 변화에 따라 알레르기 등 부작용이 발생할 수 있으므로 매회 반드시 실시하여 주십시오. (패취테스트의 순서 ①~④를 그림 등을 사용하여 알기 쉽게 표시하며, 필요 시 사용 상의 주의사항에 "별첨"으로 첨부할 수 있음)

① 먼저 팔의 안쪽 또는 귀 뒤쪽 머리카락이 난 주변의 피부를 비눗물로 잘 씻고 탈지면으로 가볍게 닦습니다.

② 다음에 이 제품 소량을 취해 정해진 용법대로 혼합하여 실험액을 준비합니다.

③ 실험액을 앞서 세척한 부위에 동전 크기로 바르고 자연건조시킨 후 그대로 48시간 방치합니다.(시간을 잘 지킵니다)

④ 테스트 부위의 관찰은 테스트액을 바른 후 30분 그리고 48시간 후 총 2회를 반드시 행하여 주십시오. 그 때 도포 부위에 발진, 발적, 가려움, 수포, 자극 등의 피부 등의 이상이 있는 경우에는 손 등으로 만지지 말고 바로 씻어내고 염모는 하지 말아 주십시오. 테스트 도중, 48시간 이전이라도 위와 같은 피부이상을 느낀 경우에는 바로 테스트를 중지하고 테스트액을 씻어내고 염모는 하지 말아 주십시오.

⑤ 48시간 이내에 이상이 발생하지 않는다면 바로 염모하여 주십시오.

(2) 눈썹, 속눈썹 등은 위험하므로 사용하지 마십시오. 염모액이 눈에 들어갈 염려가 있습니다. 그 밖에

두발 이외에는 염색하지 말아 주십시오.

(3) 면도 직후에는 염색하지 말아 주십시오.

(4) 염모 전후 1주간은 파마·웨이브(퍼머넨트웨이브)를 하지 말아 주십시오.

다) 염모 시의 주의

(1) 염모액 또는 머리를 감는 동안 그 액이 눈에 들어가지 않도록 하여 주십시오. 눈에 들어가면 심한 통증을 발생시키거나 경우에 따라서 눈에 손상(각막의 염증)을 입을 수 있습니다. 만일, 눈에 들어갔을 때는 절대로 손으로 비비지 말고 바로 물 또는 미지근한 물로 15분 이상 잘 씻어 주시고 곧바로 안과 전문의의 진찰을 받으십시오. 임의로 안약 등을 사용하지 마십시오.

(2) 염색 중에는 목욕을 하거나 염색 전에 머리를 적시거나 감지 말아 주십시오. 땀이나 물방울 등을 통해 염모액이 눈에 들어갈 염려가 있습니다.

(3) 염모 중에 발진, 발적, 부어오름, 가려움, 강한 자극감 등의 피부이상이나 구역, 구토 등의 이상을 느꼈을 때는 즉시 염색을 중지하고 염모액을 잘 씻어내 주십시오. 그대로 방치하면 증상이 악화될 수 있습니다.

(4) 염모액이 피부에 묻었을 때는 곧바로 물 등으로 씻어내 주십시오. 손가락이나 손톱을 보호하기 위하여 장갑을 끼고 염색하여 주십시오.

(5) 환기가 잘 되는 곳에서 염모하여 주십시오.

라) 염모 후의 주의

(1) 머리, 얼굴, 목덜미 등에 발진, 발적, 가려움, 수포, 자극 등 피부의 이상반응이 발생한 경우, 그 부위를 손으로 긁거나 문지르지 말고 바로 피부과 전문의의 진찰을 받으십시오. 임의로 의약품 등을 사용하는 것은 삼가 주십시오.

(2) 염모 중 또는 염모 후에 속이 안 좋아 지는 등 신체이상을 느끼는 분은 의사에게 상담하십시오.

마) 보관 및 취급상의 주의

(1) 혼합한 염모액을 밀폐된 용기에 보존하지 말아 주십시오. 혼합한 액으로부터 발생하는 가스의 압력으로 용기가 파손될 염려가 있어 위험합니다. 또한 혼합한 염모액이 위로 튀어 오르거나 주변을 오염시키고 지워지시 않게 됩니다. 혼합한 액의 잔액은 효과가 없으므로 잔액은 반드시 바로 버려 주십시오.

(2) 용기를 버릴 때는 반드시 뚜껑을 열어서 버려 주십시오.

(3) 사용 후 혼합하지 않은 액은 직사광선을 피하고 공기와 접촉을 피하여 서늘한 곳에 보관하여 주십시오.

13) 탈염·탈색제

가) 다음 분들은 사용하지 마십시오. 사용 후 피부나 신체가 과민상태로 되거나 피부이상반응을 보이거나, 현재의 증상이 악화될 가능성이 있습니다.

(1) 두피, 얼굴, 목덜미에 부스럼, 상처, 피부병이 있는 분

(2) 생리 중, 임신 중 또는 임신할 가능성이 있는 분

(3) 출산 후, 병중이거나 또는 회복 중에 있는 분, 그 밖에 신체에 이상이 있는 분

나) 다음 분들은 신중히 사용하십시오.

(1) 특이체질, 신장질환, 혈액질환 등의 병력이 있는 분은 피부과 전문의와 상의하여 사용하십시오.

(2) 이 제품에 첨가제로 함유된 프로필렌글리콜에 의하여 알레르기를 일으킬 수 있으므로 이 성분에 과민하거나 알레르기 반응을 보였던 적이 있는 분은 사용 전에 의사 또는 약사와 상의하여 주십시오.

다) 사용 전의 주의

(1) 눈썹, 속눈썹에는 위험하므로 사용하지 마십시오. 제품이 눈에 들어갈 염려가 있습니다. 또한, 두발 이외의 부분(손발의 털 등)에는 사용하지 말아 주십시오. 피부에 부작용(피부이상반응, 염증 등)이 나타날 수 있습니다.

(2) 면도 직후에는 사용하지 말아 주십시오.

(3) 사용을 전후하여 1주일 사이에는 퍼머넌트웨이브 제품 및 헤어스트레이트너 제품을 사용하지 말아 주십시오.

라) 사용 시의 주의

(1) 제품 또는 머리 감는 동안 제품이 눈에 들어가지 않도록 하여 주십시오. 만일 눈에 들어갔을 때는 절대로 손으로 비비지 말고 바로 물이나 미지근한 물로 15분 이상 씻어 흘려 내시고 곧바로 안과 전문의의 진찰을 받으십시오. 임의로 안약을 사용하는 것은 삼가 주십시오.

(2) 사용 중에 목욕을 하거나 사용 전에 머리를 적시거나 감지 말아 주십시오. 땀이나 물방울 등을 통해 제품이 눈에 들어갈 염려가 있습니다.

(3) 사용 중에 발진, 발적, 부어오름, 가려움, 강한 자극감 등 피부의 이상을 느끼면 즉시 사용을 중지하고 잘 씻어내 주십시오.

(4) 제품이 피부에 묻었을 때는 곧바로 물 등으로 씻어내 주십시오. 손가락이나 손톱을 보호하기 위하여 장갑을 끼고 사용하십시오.

(5) 환기가 잘 되는 곳에서 사용하여 주십시오.

마) 사용 후 주의

(1) 두피, 얼굴, 목덜미 등에 발진, 발적, 가려움, 수포, 자극 등 피부이상반응이 발생한 때에는 그 부위를 손 등으로 긁거나 문지르지 말고 바로 피부과 전문의의 진찰을 받아 주십시오. 임의로 의약품 등을 사용하는 것은 삼가 주십시오.

(2) 사용 중 또는 사용 후에 구역, 구토 등 신체에 이상을 느끼시는 분은 의사에게 상담하십시오.

바) 보관 및 취급상의 주의

(1) 혼합한 제품을 밀폐된 용기에 보존하지 말아 주십시오. 혼합한 제품으로부터 발생하는 가스의 압력으로 용기가 파열될 염려가 있어 위험합니다. 또한, 혼합한 제품이 위로 튀어 오르거나 주변을 오염시키고 지워지지 않게 됩니다. 혼합한 제품의 잔액은 효과가 없으므로 반드시 바로 버려 주십시오.

(2) 용기를 버릴 때는 뚜껑을 열어서 버려 주십시오.

14) 제모제(치오글라이콜릭애씨드 함유 제품에만 표시함)

가) 다음과 같은 사람(부위)에는 사용하지 마십시오.

(1) 생리 전후, 산전, 산후, 병후의 환자

(2) 얼굴, 상처, 부스럼, 습진, 짓무름, 기타의 염증, 반점 또는 자극이 있는 피부

(3) 유사 제품에 부작용이 나타난 적이 있는 피부

(4) 약한 피부 또는 남성의 수염부위

나) 이 제품을 사용하는 동안 다음의 약이나 화장품을 사용하지 마십시오.

(1) 땀발생억제제(Antiperspirant), 향수, 수렴로션(Astringent Lotion)은 이 제품 사용 후 24시간 후에 사용하십시오.

다) 부종, 홍반, 가려움, 피부염(발진, 알레르기), 광과민반응, 중증의 화상 및 수포 등의 증상이 나타날 수 있으므로 이러한 경우 이 제품의 사용을 즉각 중지하고 의사 또는 약사와 상의하십시오.

라) 그 밖의 사용 시 주의사항

(1) 사용 중 따가운 느낌, 불쾌감, 자극이 발생할 경우 즉시 닦아내어 제거하고 찬물로 씻으며, 불쾌감이나 자극이 지속될 경우 의사 또는 약사와 상의하십시오.

(2) 자극감이 나타날 수 있으므로 매일 사용하지 마십시오.

(3) 이 제품의 사용 전후에 비누류를 사용하면 자극감이 나타날 수 있으므로 주의하십시오.

(4) 이 제품은 외용으로만 사용하십시오.

(5) 눈에 들어가지 않도록 하며 눈 또는 점막에 닿았을 경우 미지근한 물로 씻어내고 붕산수(농도 약 2%)로 헹구어 내십시오.

(6) 이 제품을 10분 이상 피부에 방치하거나 피부에서 건조시키지 마십시오.

(7) 제모에 필요한 시간은 모질(毛質)에 따라 차이가 있을 수 있으므로 정해진 시간 내에 모가 깨끗이 제거되지 않은 경우 2~3일의 간격을 두고 사용하십시오.

15) 그 밖에 화장품의 안전정보와 관련하여 기재·표시하도록 식품의약품안전처장이 정하여 고시하는 사용 시의 주의사항

화장품법 시행규칙 [별표 4] 〈개정 2020. 3. 13.〉

화장품 포장의 표시기준 및 표시방법(제19조제6항 관련)

1. 화장품의 명칭

다른 제품과 구별할 수 있도록 표시된 것으로서 같은 화장품책임판매업자 또는 맞춤형화장품판매업자의 여러 제품에서 공통으로 사용하는 명칭을 포함한다.

2. 영업자의 상호 및 주소

가. 영업자의 주소는 등록필증 또는 신고필증에 적힌 소재지 또는 반품·교환 업무를 대표하는 소재지를 기재·표시해야 한다.

나. "화장품제조업자", "화장품책임판매업자" 또는 "맞춤형화장품판매업자"는 각각 구분하여 기재·표시해야 한다. 다만, 화장품제조업자, 화장품책임판매업자 또는 맞춤형화장품판매업자가 다른 영업을 함께 영위하고 있는 경우에는 한꺼번에 기재·표시할 수 있다.

다. 공정별로 2개 이상의 제조소에서 생산된 화장품의 경우에는 일부 공정을 수탁한 화장품제조업자의 상호 및 주소의 기재·표시를 생략할 수 있다.

라. 수입화장품의 경우에는 추가로 기재·표시하는 제조국의 명칭, 제조회사명 및 그 소재지를 국내 "화장품제조업자"와 구분하여 기재·표시해야 한다.

3. 화장품 제조에 사용된 성분

가. 글자의 크기는 5포인트 이상으로 한다.

나. 화장품 제조에 사용된 함량이 많은 것부터 기재·표시한다. 다만, 1퍼센트 이하로 사용된 성분, 착향제 또는 착색제는 순서에 상관없이 기재·표시할 수 있다.

다. 혼합원료는 혼합된 개별 성분의 명칭을 기재·표시한다.

라. 색조 화장용 제품류, 눈 화장용 제품류, 두발염색용 제품류 또는 손발톱용 제품류에서 호수별로 착색제가 다르게 사용된 경우 '±또는 +/-'의 표시 다음에 사용된 모든 착색제 성분을 함께 기재·표시할 수 있다.

마. 착향제는 "향료"로 표시할 수 있다. 다만, 착향제의 구성 성분 중 식품의약품안전처장이 정하여 고시한 알레르기 유발성분이 있는 경우에는 향료로 표시할 수 없고, 해당 성분의 명칭을 기재·표시해야 한다.

바. 산성도(pH) 조절 목적으로 사용되는 성분은 그 성분을 표시하는 대신 중화반응에 따른 생성물로 기재·표시할 수 있고, 비누화반응을 거치는 성분은 비누화반응에 따른 생성물로 기재·표시할 수 있다.

사. 법 제10조제1항제3호에 따른 성분을 기재·표시할 경우 영업자의 정당한 이익을 현저히 침해할 우려가 있을 때에는 영업자는 식품의약품안전처장에게 그 근거자료를 제출해야 하고, 식품의약품안전처

장이 정당한 이익을 침해할 우려가 있다고 인정하는 경우에는 "기타 성분"으로 기재·표시할 수 있다.

4. 내용물의 용량 또는 중량

화장품의 1차 포장 또는 2차 포장의 무게가 포함되지 않은 용량 또는 중량을 기재·표시해야 한다. 이 경우 화장 비누(고체 형태의 세안용 비누를 말한다)의 경우에는 수분을 포함한 중량과 건조중량을 함께 기재·표시해야 한다.

5. 제조번호

사용기한(또는 개봉 후 사용기간)과 쉽게 구별되도록 기재·표시해야 하며, 개봉 후 사용기간을 표시하는 경우에는 병행 표기해야 하는 제조연월일(맞춤형화장품의 경우에는 혼합·소분일)도 각각 구별이 가능하도록 기재·표시해야 한다.

6. 사용기한 또는 개봉 후 사용기간

가. 사용기한은 "사용기한" 또는 "까지" 등의 문자와 "연월일"을 소비자가 알기 쉽도록 기재·표시해야 한다. 다만, "연월"로 표시하는 경우 사용기한을 넘지 않는 범위에서 기재·표시해야 한다.

나. 개봉 후 사용기간은 "개봉 후 사용기간"이라는 문자와 "○○월" 또는 "○○개월"을 조합하여 기재·표시하거나, 개봉 후 사용기간을 나타내는 심벌과 기간을 기재·표시할 수 있다.

(예시: 심벌과 기간 표시) 개봉 후 사용기간이 12개월 이내인 제품

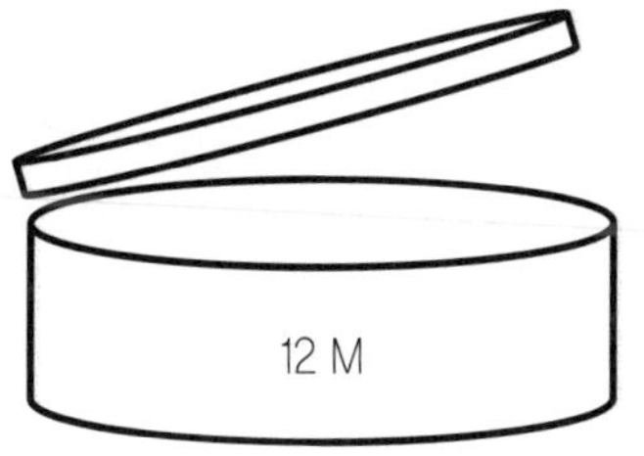

7. 기능성화장품의 기재 · 표시

가. 제19조제4항제7호에 따른 문구는 법 제10조제1항제8호에 따라 기재·표시된 "기능성화장품" 글자 바로 아래에 "기능성화장품" 글자와 동일한 글자 크기 이상으로 기재·표시해야 한다.

나. 법 제10조제1항제8호에 따라 기능성화장품을 나타내는 도안은 다음과 같이 한다.

1) 표시기준(로고모형)

2) 표시방법

가) 도안의 크기는 용도 및 포장재의 크기에 따라 동일 배율로 조정한다.

나) 도안은 알아보기 쉽도록 인쇄 또는 각인 등의 방법으로 표시해야 한다.

화장품법 시행규칙 [별표 5] 〈개정 2019. 12. 12.〉

화장품 표시·광고의 범위 및 준수사항(제22조 관련)

1. 화장품 광고의 매체 또는 수단

가. 신문·방송 또는 잡지

나. 전단·팸플릿·견본 또는 입장권

다. 인터넷 또는 컴퓨터통신

라. 포스터·간판·네온사인·애드벌룬 또는 전광판

마. 비디오물·음반·서적·간행물·영화 또는 연극

바. 방문광고 또는 실연(實演)에 의한 광고

사. 자기 상품 외의 다른 상품의 포장

아. 그 밖에 가목부터 사목까지의 매체 또는 수단과 유사한 매체 또는 수단

2. 화장품 표시 · 광고 시 준수사항

가. 의약품으로 잘못 인식할 우려가 있는 내용, 제품의 명칭 및 효능·효과 등에 대한 표시·광고를 하지 말 것

나. 기능성화장품, 천연화장품 또는 유기농화장품이 아님에도 불구하고 제품의 명칭, 제조방법, 효능·효과 등에 관하여 기능성화장품, 천연화장품 또는 유기농화장품으로 잘못 인식할 우려가 있는 표시·광고를 하지 말 것

다. 의사·치과의사·한의사·약사·의료기관 또는 그 밖의 자(할랄화장품, 천연화장품 또는 유기농화장품 등을 인증·보증하는 기관으로서 식품의약품안전처장이 정하는 기관은 제외한다)가 이를 지정·공인·추천·지도·연구·개발 또는 사용하고 있다는 내용이나 이를 암시하는 등의 표시·광고를 하지 말 것. 다만, 법 제2조제1호부터 제3호까지의 정의에 부합되는 인체 적용시험 결과가 관련 학회 발표 등을 통하여 공인된 경우에는 그 범위에서 관련 문헌을 인용할 수 있으며, 이 경우 인용한 문헌의 본래 뜻을 정확히 전달하여야 하고, 연구자 성명·문헌명과 발표연월일을 분명히 밝혀야 한다.

라. 외국제품을 국내제품으로 또는 국내제품을 외국제품으로 잘못 인식할 우려가 있는 표시·광고를 하지 말 것

마. 외국과의 기술제휴를 하지 않고 외국과의 기술제휴 등을 표현하는 표시·광고를 하지 말 것

바. 경쟁상품과 비교하는 표시·광고는 비교 대상 및 기준을 분명히 밝히고 객관적으로 확인될 수 있는 사항만을 표시·광고하여야 하며, 배타성을 띤 "최고" 또는 "최상" 등의 절대적 표현의 표시·광고를 하지 말 것

사. 사실과 다르거나 부분적으로 사실이라고 하더라도 전체적으로 보아 소비자가 잘못 인식할 우려가 있는 표시·광고 또는 소비자를 속이거나 소비자가 속을 우려가 있는 표시·광고를 하지 말 것

아. 품질·효능 등에 관하여 객관적으로 확인될 수 없거나 확인되지 않았는데도 불구하고 이를 광고하거나

법 제2조제1호에 따른 화장품의 범위를 벗어나는 표시·광고를 하지 말 것

자. 저속하거나 혐오감을 주는 표현·도안·사진 등을 이용하는 표시·광고를 하지 말 것

차. 국제적 멸종위기종의 가공품이 함유된 화장품임을 표현하거나 암시하는 표시·광고를 하지 말 것

카. 사실 유무와 관계없이 다른 제품을 비방하거나 비방한다고 의심이 되는 표시·광고를 하지 말 것

천연화장품 및 유기농화장품의 기준에 관한 규정

[시행 2019. 7. 29.] [식품의약품안전처고시 제2019-66호, 2019. 7. 29., 일부개정.]

식품의약품안전처(화장품정책과), 043-719-3408

제1장 총칙

제1조(목적) 이 고시는 「화장품법」 제2조제2호의2, 제2조제3호 및 제14조의2제1항에 따른 천연화장품 및 유기농화장품의 기준을 정함으로써 화장품 업계·소비자 등에게 정확한 정보를 제공하고 관련 산업을 지원하는 것을 목적으로 한다.

제2조(용어의 정의) 이 고시에서 사용하는 용어의 정의는 다음과 같다.

1. "유기농 원료"란 다음 각 목의 어느 하나에 해당하는 화장품 원료를 말한다.
   가. 「친환경농어업 육성 및 유기식품 등의 관리·지원에 관한 법률」에 따른 유기농수산물 또는 이를 이 고시에서 허용하는 물리적 공정에 따라 가공한 것
   나. 외국 정부(미국, 유럽연합, 일본 등)에서 정한 기준에 따른 인증기관으로부터 유기농수산물로 인정받거나 이를 이 고시에서 허용하는 물리적 공정에 따라 가공한 것
   다. 국제유기농업운동연맹(IFOAM)에 등록된 인증기관으로부터 유기농 원료로 인증받거나 이를 이 고시에서 허용하는 물리적 공정에 따라 가공한 것
2. "식물 원료"란 식물(해조류와 같은 해양식물, 버섯과 같은 균사체를 포함한다) 그 자체로서 가공하지 않거나, 이 식물을 가지고 이 고시에서 허용하는 물리적 공정에 따라 가공한 화장품 원료를 말한다.
3. "동물에서 생산된 원료(동물성 원료)"란 동물 그 자체(세포, 조직, 장기)는 제외하고, 동물로부터 자연적으로 생산되는 것으로서 가공하지 않거나, 이 동물로부터 자연적으로 생산되는 것을 가지고 이 고시에서 허용하는 물리적 공정에 따라 가공한 계란, 우유, 우유단백질 등의 화장품 원료를 말한다.
4. "미네랄 원료"란 지질학적 작용에 의해 자연적으로 생성된 물질을 가지고 이 고시에서 허용하는 물리적 공정에 따라 가공한 화장품 원료를 말한다. 다만, 화석연료로부터 기원한 물질은 제외한다.
5. "유기농유래 원료"란 유기농 원료를 이 고시에서 허용하는 화학적 또는 생물학적 공정에 따라 가공한 원료를 말한다.
6. "식물유래, 동물성유래 원료"란 제2호 또는 제3호의 원료를 가지고 이 고시에서 허용하는 화학적 공정 또는 생물학적 공정에 따라 가공한 원료를 말한다.
7. "미네랄유래 원료"란 제4호의 원료를 가지고 이 고시에서 허용하는 화학적 공정 또는 생물학적 공정에 따라 가공한 별표 1의 원료를 말한다.
8. "천연 원료"란 제1호부터 제4호까지의 원료를 말한다.
9. "천연유래 원료"란 제5호부터 제7호까지의 원료를 말한다.

제2장 천연화장품 및 유기농화장품의 기준

제3조(사용할 수 있는 원료) ① 천연화장품 및 유기농화장품의 제조에 사용할 수 있는 원료는 다음 각 호와 같다. 다만, 제조에 사용하는 원료는 별표 2의 오염물질에 의해 오염되어서는 아니 된다.

1. 천연 원료
2. 천연유래 원료
3. 물
4. 기타 별표 3 및 별표 4에서 정하는 원료

② 합성원료는 천연화장품 및 유기농화장품의 제조에 사용할 수 없다. 다만, 천연화장품 또는 유기농화장품의 품질 또는 안전을 위해 필요하나 따로 자연에서 대체하기 곤란한 제1항 제4호의 원료는 5% 이내에서 사용할 수 있다. 이 경우에도 석유화학 부분(petrochemical moiety의 합)은 2%를 초과할 수 없다.

제4조(제조공정) ① 원료의 제조공정은 간단하고 오염을 일으키지 않으며, 원료 고유의 품질이 유지될 수 있어야 한다. 허용되는 공정 또는 금지되는 공정은 별표 5와 같다.

② 천연화장품 및 유기농화장품의 제조에 대해 금지되는 공정은 다음 각 호와 같다.

1. 별표 5의 금지되는 공정
2. 유전자 변형 원료 배합
3. 니트로스아민류 배합 및 생성
4. 일면 또는 다면의 외형 또는 내부구조를 가지도록 의도적으로 만들어진 불용성이거나 생체지속성인 1~100나노미터 크기의 물질 배합
5. 공기, 산소, 질소, 이산화탄소, 아르곤 가스 외의 분사제 사용

제5조(작업장 및 제조설비) ① 천연화장품 또는 유기농화장품을 제조하는 작업장 및 제조설비는 교차오염이 발생하지 않도록 충분히 청소 및 세척되어야 한다.

② 작업장과 제조설비의 세척제는 별표 6에 적합하여야 한다.

제6조(포장) 천연화장품 및 유기농화장품의 용기와 포장에 폴리염화비닐(Polyvinyl chloride (PVC)), 폴리스티렌폼(Polystyrene foam)을 사용할 수 없다.

제7조(보관) ① 유기농화장품을 제조하기 위한 유기농 원료는 다른 원료와 명확히 표시 및 구분하여 보관하여야 한다.

② 표시 및 포장 전 상태의 유기농화장품은 다른 화장품과 구분하여 보관하여야 한다.

제8조(원료조성) ① 천연화장품은 별표 7에 따라 계산했을 때 중량 기준으로 천연 함량이 전체 제품에서 95% 이상으로 구성되어야 한다.

② 유기농화장품은 별표 7에 따라 계산하였을 때 중량 기준으로 유기농 함량이 전체 제품에서 10% 이상이어야 하며, 유기농 함량을 포함한 천연 함량이 전체 제품에서 95% 이상으로 구성되어야 한다.

③ 천연 및 유기농 함량의 계산 방법은 별표 7과 같다.

제9조(자료의 보존) 화장품의 책임판매업자는 천연화장품 또는 유기농화장품으로 표시·광고하여 제조, 수

입 및 판매할 경우 이 고시에 적합함을 입증하는 자료를 구비하고, 제조일(수입일 경우 통관일)로부터 3년 또는 사용기한 경과 후 1년 중 긴 기간 동안 보존하여야 한다.

제10조(재검토기한)「훈령·예규 등의 발령 및 관리에 관한 규정」에 따라 2020년 1월 1일을 기준으로 매 3년이 되는 시점(매 3년째의 12월 31일까지를 말한다)마다 그 타당성을 검토하여 개선 등의 조치를 하여야 한다.

부칙 〈제2019-66호, 2019. 7. 29.〉

제1조(시행일)이 고시는 고시한 날부터 시행한다.

제2조(유기농화장품 표시 등에 관한 경과조치)이 고시 시행 당시 종전의 규정에 따라 기재·표시된 화장품의 포장은 이 고시 시행일부터 1년 동안 사용할 수 있다.

[별표 1] 미네랄유래 원료

아래 미네랄 유래 원료의 Mono-, Di-, Tri-, Poly-, 염도 사용 가능하다.

구리가루(Copper Powder CI 77400)
규조토(Diatomaceous Earth)
디소듐포스페이트(Disodium Phosphate)
디칼슘포스페이트(Dicalcium Phosphate)
디칼슘포스페이트디하이드레이트(Dicalcium phosphate dihydrate)
마그네슘설페이트(Magnesium Sulfate)
마그네슘실리케이트(Magnesium Silicate)
마그네슘알루미늄실리케이트(Magnesium Aluminium Silicate)
마그네슘옥사이드(Magnesium Oxide CI 77711)
마그네슘카보네이트(Magnesium Carbonate CI 77713(Magnesite))
마그네슘클로라이드(Magnesium Chloride)
마그네슘카보네이트하이드록사이드 (Magnesium Carbonate Hydroxide)
마그네슘하이드록사이드(Magnesium Hydroxide)
마이카(Mica)
말라카이트(Malachite)
망가니즈비스오르토포스페이트(Manganese bis orthophosphate CI 77745)
망가니즈설페이트(Manganese Sulfate)
바륨설페이트(Barium Sulphate)
벤토나이트(Bentonite)
비스머스옥시클로라이드(Bismuth Oxychloride CI 77163)
소듐글리세로포스페이트(Sodium Glycerophosphate)
소듐마그네슘실리케이트(Sodium Magnesium Silicate)
소듐메타실리케이트(sodium Metasilicate)
소듐모노플루오로포스페이트(Sodium Monofluorophosphate)
소듐바이카보네이트(Sodium Bicarbonate)
소듐보레이트(Sodium borate)
소듐설페이트(Sodium Sulfate)
소듐실리케이트(Sodium Silicate)
소듐카보네이트(Sodium Carbonate)
소듐치오설페이트(Sodium Thiosulphate)

소듐클로라이드(Sodium Chloride)
소듐포스페이트(Sodium Phosphate)
소듐플루오라이드(Sodium Fluoride)
소듐하이드록사이드(Sodium Hydroxide)
실리카(Silica)
실버(Silver CI 77820)
실버설페이트(Silver Sulfate)
실버씨트레이트(Silver Citrate)
실버옥사이드(Silver Oxide)
실버클로라이드(Silver Chloride)
씨솔트(Sea Salt, Maris Sal)
아이런설페이트(Iron Sulfate)
아이런옥사이드(Iron Oxides CI 77480, 77489, 77491, 77492, 77499)
아이런하이드록사이드(Iron Hydroxide)
알루미늄아이런실리케이트(Aluminium Iron Silicates)
알루미늄(Aluminum)
알루미늄가루(Aluminum Powder CI 77000)
알루미늄설퍼이트(Aluminium Sulphate)
알루미늄암모니움설퍼이트(Aluminium Ammonium Sulphate)
알루미늄옥사이드(Aluminium Oxide)
알루미늄하이드록사이드(Aluminium Hydroxide)
암모늄망가니즈디포스페이트(Ammonium Manganese Diphosphate CI 77742)
암모늄설페이트(Ammonium Sulphate)
울트라마린(Ultramarines, Lazurite CI 77007)
징크설페이트(Zinc Sulfate)
징크옥사이드(Zinc oxide CI 77947)
징크카보네이트 (Zinc Carbonate, CI 77950)
카올린(Kaolin)
카퍼설페이트(Copper Sulfate, Cupric Sulfate)
카퍼옥사이드(Copper Oxide)
칼슘설페이트(Calcium Sulfate CI 77231)
칼슘소듐보로실리케이트(Calcium Sodium Borosilicate)
칼슘알루미늄보로실리케이트(Calcium Aluminium Borosilicate)
칼슘카보네이트(Calcium Carbonate)

칼슘포스페이트와 그 수화물(Calcium phosphate and their hydrates)
칼슘플루오라이드(Calcium Fluoride)
칼슘하이드록사이드(Calcium Hydroxide)
크로뮴옥사이드그린(Chromium Oxide Greens CI 77288)
크로뮴하이드록사이드그린(Chromium Hydroxide Green CI 77289)
탤크(Talc)
테트라소듐파이로포스페이트(Tetrasodium Pyrophosphate)
티타늄디옥사이드(Titanium Dioxide CI 77891)
틴옥사이드(Tin Oxide)
페릭암모늄페로시아나이드(Ferric Ammonium Ferrocyanide CI 77510)
포타슘설페이트(Potassium Sulfate)
포타슘아이오다이드(Potassium iodide)
포타슘알루미늄설페이트 (Potassium aluminium sulphate)
포타슘카보네이트(Potassium Carbonate)
포타슘클로라이드(Potassium Chloride)
포타슘하이드록사이드(Potassium Hydroxide)
하이드레이티드실리카(Hydrated Silica)
하이드록시아파타이트 (Hydroxyapatite)
헥토라이트(Hectorite)
세륨옥사이드 (Cerium Oxide)
아이런 실리케이트(Iron Silicates)
골드(Gold)
마그네슘 포스페이트(Magnesium Phosphate)
칼슘 클로라이드(Calcium Chloride)
포타슘 알룸(Potassium Alum)
포타슘 티오시아네이트(Potassium Thiocyanate)
알루미늄 실리케이트(Alumium Silicate)

[별표 2] 오염물질

중금속(Heavy metals) 방향족 탄화수소(Aromatic hydrocarbons) 농약(Pesticides) 다이옥신 및 폴리염화비페닐(Dioxins & PCBs) 방사능(Radioactivity) 유전자변형 생물체(GMO) 곰팡이 독소(Mycotoxins) 의약 잔류물(Medicinal residues) 질산염(Nitrates) 니트로사민(Nitrosamines)

상기 오염물질은 자연적으로 존재하는 것보다 많은 양이 제품에서 존재해서는 아니 된다.

[별표 3] 허용 기타원료

다음의 원료는 천연 원료에서 석유화학 용제를 이용하여 추출할 수 있다.

원료	제한
베타인(Betaine)	
카라기난(Carrageenan)	
레시틴 및 그 유도체(Lecithin and Lecithin derivatives)	
토코페롤, 토코트리에놀(Tocopherol/ Tocotrienol)	
오리자놀(Oryzanol)	
안나토(Annatto)	
카로티노이드/잔토필(Carotenoids/Xanthophylls)	
앱솔루트, 콘크리트, 레지노이드(Absolutes, Concretes, Resinoids)	천연화장품에만 허용
라놀린(Lanolin)	
피토스테롤(Phytosterol)	
글라이코스핑고리피드 및 글라이코리피드(Glycosphingolipids and Glycolipids)	
잔탄검	
알킬베타인	

석유화학 용제의 사용 시 반드시 최종적으로 모두 회수되거나 제거되어야 하며, 방향족, 알콕실레이트화, 할로겐화, 니트로젠 또는 황(DMSO 예외) 유래 용제는 사용이 불가하다.

[별표 4] 허용 합성원료

1. 합성 보존제 및 변성제

원료	제한
벤조익애씨드 및 그 염류(Benzoic Acid and its salts)	
벤질알코올(Benzyl Alcohol)	
살리실릭애씨드 및 그 염류(Salicylic Acid and its salts)	
소르빅애씨드 및 그 염류(Sorbic Acid and its salts)	
데하이드로아세틱애씨드 및 그 염류(Dehydroacetic Acid and its salts)	
데나토늄벤조에이트, 3급부틸알코올, 기타 변성제(프탈레이트류 제외) (Denatonium Benzoate and Tertiary Butyl Alcohol and other denaturing agents for alcohol (excluding phthalates))	(관련 법령에 따라) 에탄올에 변성제로 사용된 경우에 한함
이소프로필알코올(Isopropylalcohol)	
테트라소듐글루타메이트디아세테이트(Tetrasodium Glutamate Diacetate)	

2. 천연 유래와 석유화학 부분을 모두 포함하고 있는 원료

분류	사용 제한
디알킬카보네이트(Dialkyl Carbonate)	
알킬아미도프로필베타인(Alkylamidopropylbetaine)	
알킬메칠글루카미드(Alkyl Methyl Glucamide)	
알킬암포아세테이트/디아세테이트(Alkylamphoacetate/Diacetate)	
알킬글루코사이드카르복실레이트(Alkylglucosidecarboxylate)	
카르복시메칠 – 식물 폴리머(Carboxy Methyl – Vegetal polymer)	
식물성 폴리머 – 하이드록시프로필트리모늄클로라이드(Vegetal polymer – Hydroxypropyl Trimonium Chloride)	두발/수염에 사용하는 제품에 한함
디알킬디모늄클로라이드(Dialkyl Dimonium Chloride)	두발/수염에 사용하는 제품에 한함
알킬디모늄하이드록시프로필하이드로라이즈드식물성단백질(Alkyldimonium Hydroxypropyl Hydrolyzed Vegetal protein)	두발/수염에 사용하는 제품에 한함

석유화학 부분(petrochemical moiety의 합)은 전체 제품에서 2%를 초과할 수 없다.

석유화학 부분은 다음과 같이 계산한다.

- 석유화학 부분(%) = 석유화학 유래 부분 몰중량 / 전체 분자량 × 100

이 원료들은 유기농이 될 수 없다.

[별표 5] 제조공정

1. 허용되는 공정

가. 물리적 공정

물리적 공정 시 물이나 자연에서 유래한 천연 용매로 추출해야 한다.

구분	공정명	비고
물리적 공정	흡수(Absorption)/흡착(Adsorption)	불활성 지지체
	탈색(Bleaching)/탈취(Deodorization)	불활성 지지체
	분쇄(Grinding)	
	원심분리(Centrifuging)	
	상층액분리(Decanting)	
	건조 (Desiccation and Drying)	
	탈(脫)고무(Degumming)/탈(脫)유(De-oiling)	
	탈(脫)테르펜(Deterpenation)	증기 또는 자연적으로 얻어지는 용매 사용
	증류(Distillation)	자연적으로 얻어지는 용매 사용(물, CO2 등)
	추출(Extractions)	자연적으로 얻어지는 용매 사용(물, 글리세린 등)
	여과(Filtration)	불활성 지지체
	동결건조(Lyophilization)	
	혼합(Blending)	
	삼출(Percolation)	
	압력(Pressure)	
	멸균(Sterilization)	열처리
	멸균(Sterilization)	가스 처리(O2, N2, Ar, He, O3, CO2 등)
	멸균(Sterilization)	UV, IR, Microwave
	체로 거르기(Sifting)	
	달임(Decoction)	뿌리, 열매 등 단단한 부위를 우려냄
	냉동(Freezing)	
	우려냄(Infusion)	꽃, 잎 등 연약한 부위를 우려냄
	매서레이션(Maceration)	정제수나 오일에 담가 부드럽게 함
	마이크로웨이브(Microwave)	
	결정화(Settling)	
	압착(Squeezing)/분쇄(Crushing)	
	초음파(Ultrasound)	
	UV 처치(UV Treatments)	
	진공(Vacuum)	
	로스팅(Roasting)	
	탈색(Decoloration, 벤토나이트, 숯가루, 표백토, 과산화수소, 오존 사용)	

나. 화학적·생물학적 공정

석유화학 용제의 사용 시 반드시 최종적으로 모두 회수되거나 제거되어야 하며, 방향족, 알콕실레이트화, 할로겐화, 니트로젠 또는 황(DMSO 예외) 유래 용제는 사용이 불가하다.

구분	공정명	비고
화학적·생물학적 공정	알킬화(Alkylation)	
	아마이드 형성(Formation of amide)	
	회화(Calcination)	
	탄화(Carbonization)	
	응축/부가(Condensation/Addition)	
	복합화(Complexation)	
	에스텔화(Esterification)/ 에스테르결합전이반응(Transesterification)/ 에스테르교환(Interesterification)	
	에텔화(Etherification)	
	생명공학기술(Biotechnology)/ 자연발효(Natural fermentation)	
	수화(Hydration)	
	수소화(Hydrogenation)	
	가수분해(Hydrolysis)	
	중화(Neutralization)	
	산화/환원(Oxydization/Reduction)	
	양쪽성물질의 제조공정(Processes for the Manufacture of Amphoterics)	아마이드, 4기화반응(Formation of amide and Quaternization)
	비누화(Saponification)	
	황화(Sulphatation)	
	이온교환(Ionic Exchange)	
	오존분해(Ozonolysis)	

2. 금지되는 공정

구분	공정명	비고
금지되는 제조공정	탈색, 탈취(Bleaching-Deodorisation)	동물 유래
	방사선 조사(Irradiation)	알파선, 감마선
	설폰화(Sulphonation)	
	에칠렌 옥사이드, 프로필렌 옥사이드 또는 다른 알켄 옥사이드 사용 (Use of ethylene oxide, propylene oxide or other alkylene oxides)	
	수은화합물을 사용한 처리 (Treatments using mercury)	
	포름알데하이드 사용(Use of formaldehyde)	

[별표 6] 세척제에 사용가능한 원료

과산화수소(Hydrogen peroxide/their stabilizing agents)
과초산(Peracetic acid)
락틱애씨드(Lactic acid)
알코올(이소프로판올 및 에탄올)
계면활성제(Surfactant)
- 재생가능
- EC50 or IC50 or LC50 > 10 mg/l
- 혐기성 및 호기성 조건하에서 쉽고 빠르게 생분해 될 것(OECD 301 > 70% in 28 days)
- 에톡실화 계면활성제는 상기 조건에 추가하여 다음 조건을 만족하여야 함
  • 전체 계면활성제의 50% 이하일 것
  • 에톡실화가 8번 이하일 것
  • 유기농 화장품에 혼합되지 않을 것
석회장석유(Lime feldspar-milk)
소듐카보네이트(Sodium carbonate)
소듐하이드록사이드(Sodium hydroxide)
시트릭애씨드(Citric acid)
식물성 비누(Vegetable soap)
아세틱애씨드(Acetic acid)
열수와 증기(Hot water and Steam)
정유(Plant essential oil)
포타슘하이드록사이드(Potassium hydroxide)
무기산과 알칼리(Mineral acids and alkalis)

[별표 7] 천연 및 유기농 함량 계산 방법

1. 천연 함량 계산 방법

천연 함량 비율(%) = 물 비율 + 천연 원료 비율 + 천연유래 원료 비율

2. 유기농 함량 계산 방법

유기농 함량 비율은 유기농 원료 및 유기농유래 원료에서 유기농 부분에 해당되는 함량 비율로 계산한다.

가. 유기농 인증 원료의 경우 해당 원료의 유기농 함량으로 계산한다.

나. 유기농 함량 확인이 불가능한 경우 유기농 함량 비율 계산 방법은 다음과 같다.

1) 물, 미네랄 또는 미네랄유래 원료는 유기농 함량 비율 계산에 포함하지 않는다. 물은 제품에 직접 함유되거나 혼합 원료의 구성요소일 수 있다.

2) 유기농 원물만 사용하거나, 유기농 용매를 사용하여 유기농 원물을 추출한 경우 해당 원료의 유기농 함량 비율은 100%로 계산한다.

3) 수용성 및 비수용성 추출물 원료의 유기농 함량 비율 계산 방법은 다음과 같다. 단, 용매는 최종 추출물에 존재하는 양으로 계산하며 물은 용매로 계산하지 않고, 동일한 식물의 유기농과 비유기농이 혼합되어 있는 경우 이 혼합물은 유기농으로 간주하지 않는다.

- 수용성 추출물 원료의 경우

  1단계: 비율(ratio) = [신선한 유기농 원물 / (추출물 - 용매)]

  비율(ratio)이 1이상인 경우 1로 계산

  2단계: 유기농 함량 비율(%) = [비율(ratio) ×(추출물 - 용매) /추출물] + [유기농 용매 / 추출물] ×100

- 물로만 추출한 원료의 경우

  유기농 함량 비율(%) = (신선한 유기농 원물 / 추출물) ×100

- 비수용성 원료인 경우

  유기농 함량 비율(%) = (신선 또는 건조 유기농 원물 + 사용하는 유기농 용매) / (신선 또는 건조 원물 +사용하는 총 용매) ×100

- 신선한 원물로 복원하기 위해서는 실제 건조 비율을 사용하거나(이 경우 증빙자료 필요) 중량에 아래 일정 비율을 곱해야 한다.

나무, 껍질, 씨앗, 견과류, 뿌리	1 : 2.5
잎, 꽃, 지상부	1 : 4.5
과일(예: 살구, 포도)	1 : 5
물이 많은 과일(예: 오렌지, 파인애플)	1 : 8

4) 화학적으로 가공한 원료의 경우 (예: 유기농 글리세린이나 유기농 알코올의 유기농 함량 비율 계산)

유기농 함량 비율(%) = (투입되는 유기농 원물-회수 또는 제거되는 유기농 원물) / (투입되는 총 원료 - 회수 또는 제거되는 원료) ×100

최종 물질이 1개 이상인 경우 분자량으로 계산한다.

우수화장품 제조 및 품질관리기준

[시행 2020. 2. 25.] [식품의약품안전처고시 제2020-12호, 2020. 2. 25., 타법개정.]

식품의약품안전처(화장품정책과), 043-719-3413

제1장 총 칙

제1조(목적) 이 고시는「화장품법」제5조제2항 및 같은법 시행규칙 제12조제2항에 따라 우수화장품 제조 및 품질관리 기준에 관한 세부사항을 정하고, 이를 이행하도록 권장함으로써 우수한 화장품을 제조·공급하여 소비자보호 및 국민 보건 향상에 기여함을 목적으로 한다.

제2조(용어의 정의) 이 고시에서 사용하는 용어의 뜻은 다음과 같다.

1. 삭제
2. "제조"란 원료 물질의 칭량부터 혼합, 충전(1차포장), 2차포장 및 표시 등의 일련의 작업을 말한다.
3. 삭제
4. "품질보증" 이란 제품이 적합 판정 기준에 충족될 것이라는 신뢰를 제공하는데 필수적인 모든 계획되고 체계적인 활동을 말한다.
5. "일탈"이란 제조 또는 품질관리 활동 등의 미리 정하여진 기준을 벗어나 이루어진 행위를 말한다.
6. "기준일탈 (out-of-specification)" 이란 규정된 합격 판정 기준에 일치하지 않는 검사, 측정 또는 시험결과를 말한다.
7. "원료"란 벌크 제품의 제조에 투입하거나 포함되는 물질을 말한다.
8. "원자재"란 화장품 원료 및 자재를 말한다.
9. "불만"이란 제품이 규정된 적합판정기준을 충족시키지 못한다고 주장하는 외부 정보를 말한다.
10. "회수"란 판매한 제품 가운데 품질 결함이나 안전성 문제 등으로 나타난 제조번호의 제품(필요시 여타 제조번호 포함)을 제조소로 거두어들이는 활동을 말한다.
11. "오염"이란 제품에서 화학적, 물리적, 미생물학적 문제 또는 이들이 조합되어 나타내는 바람직하지 않은 문제의 발생을 말한다.
12. "청소"란 화학적인 방법, 기계적인 방법, 온도, 적용시간과 이러한 복합된 요인에 의해 청정도를 유지하고 일반적으로 표면에서 눈에 보이는 먼지를 분리, 제거하여 외관을 유지하는 모든 작업을 말한다.
13. "유지관리"란 적절한 작업 환경에서 건물과 설비가 유지되도록 정기적·비정기적인 지원 및 검증 작업을 말한다.
14. "주요 설비"란 제조 및 품질 관련 문서에 명기된 설비로 제품의 품질에 영향을 미치는 필수적인 설비를 말한다.

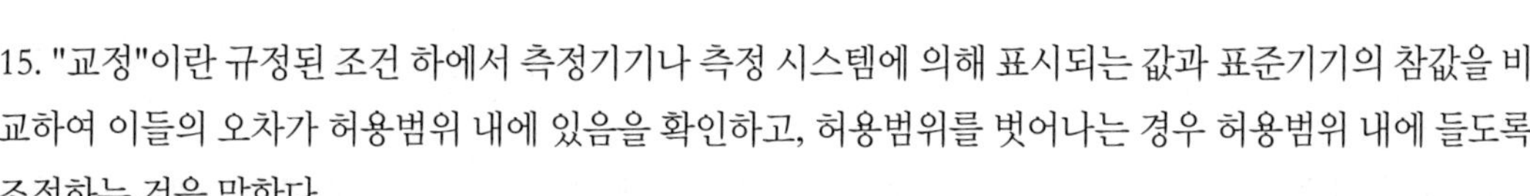

15. "교정"이란 규정된 조건 하에서 측정기기나 측정 시스템에 의해 표시되는 값과 표준기기의 참값을 비교하여 이들의 오차가 허용범위 내에 있음을 확인하고, 허용범위를 벗어나는 경우 허용범위 내에 들도록 조정하는 것을 말한다.
16. "제조번호" 또는 "뱃치번호"란 일정한 제조단위분에 대하여 제조관리 및 출하에 관한 모든 사항을 확인할 수 있도록 표시된 번호로서 숫자·문자·기호 또는 이들의 특정적인 조합을 말한다.
17. "반제품"이란 제조공정 단계에 있는 것으로서 필요한 제조공정을 더 거쳐야 벌크 제품이 되는 것을 말한다.
18. "벌크 제품"이란 충전(1차포장) 이전의 제조 단계까지 끝낸 제품을 말한다.
19. "제조단위" 또는 "뱃치"란 하나의 공정이나 일련의 공정으로 제조되어 균질성을 갖는 화장품의 일정한 분량을 말한다.
20. "완제품"이란 출하를 위해 제품의 포장 및 첨부문서에 표시공정 등을 포함한 모든 제조공정이 완료된 화장품을 말한다.
21. "재작업"이란 적합 판정기준을 벗어난 완제품, 벌크제품 또는 반제품을 재처리하여 품질이 적합한 범위에 들어오도록 하는 작업을 말한다.
22. "수탁자"는 직원, 회사 또는 조직을 대신하여 작업을 수행하는 사람, 회사 또는 외부 조직을 말한다.
23. "공정관리"란 제조공정 중 적합판정기준의 충족을 보증하기 위하여 공정을 모니터링하거나 조정하는 모든 작업을 말한다.
24. "감사"란 제조 및 품질과 관련한 결과가 계획된 사항과 일치하는지의 여부와 제조 및 품질관리가 효과적으로 실행되고 목적 달성에 적합한지 여부를 결정하기 위한 체계적이고 독립적인 조사를 말한다.
25. "변경관리"란 모든 제조, 관리 및 보관된 제품이 규정된 적합판정기준에 일치하도록 보장하기 위하여 우수화장품 제조 및 품질관리기준이 적용되는 모든 활동을 내부 조직의 책임하에 계획하여 변경하는 것을 말한다.
26. "내부감사"란 제조 및 품질과 관련한 결과가 계획된 사항과 일치하는지의 여부와 제조 및 품질관리가 효과적으로 실행되고 목적 달성에 적합한지 여부를 결정하기 위한 회사 내 자격이 있는 직원에 의해 행해지는 체계적이고 독립적인 조사를 말한다.
27. "포장재"란 화장품의 포장에 사용되는 모든 재료를 말하며 운송을 위해 사용되는 외부 포장재는 제외한 것이다. 제품과 직접적으로 접촉하는지 여부에 따라 1차 또는 2차 포장재라고 말한다.
28. "적합 판정 기준"이란 시험 결과의 적합 판정을 위한 수적인 제한, 범위 또는 기타 적절한 측정법을 말한다.
29. "소모품"이란 청소, 위생 처리 또는 유지 작업 동안에 사용되는 물품(세척제, 윤활제 등)을 말한다.
30. "관리"란 적합 판정 기준을 충족시키는 검증을 말한다.
31. "제조소"란 화장품을 제조하기 위한 장소를 말한다.
32. "건물"이란 제품, 원료 및 포장재의 수령, 보관, 제조, 관리 및 출하를 위해 사용되는 물리적 장소, 건축물 및 보조 건축물을 말한다.

33. "위생관리"란 대상물의 표면에 있는 바람직하지 못한 미생물 등 오염물을 감소시키기 위해 시행되는 작업을 말한다.

34. "출하"란 주문 준비와 관련된 일련의 작업과 운송 수단에 적재하는 활동으로 제조소 외로 제품을 운반하는 것을 말한다.

제2장 인적자원

제3조(조직의 구성) ① 제조소별로 독립된 제조부서와 품질보증부서를 두어야 한다.

② 조직구조는 조직과 직원의 업무가 원활히 이해될 수 있도록 규정되어야 하며, 회사의 규모와 제품의 다양성에 맞추어 적절하여야 한다.

③ 제조소에는 제조 및 품질관리 업무를 적절히 수행할 수 있는 충분한 인원을 배치하여야 한다.

제4조(직원의 책임) ① 모든 작업원은 다음 각 호를 이행해야 할 책임이 있다.

1. 조직 내에서 맡은 지위 및 역할을 인지해야 할 의무
2. 문서접근 제한 및 개인위생 규정을 준수해야 할 의무
3. 자신의 업무범위내에서 기준을 벗어난 행위나 부적합 발생 등에 대해 보고해야 할 의무
4. 정해진 책임과 활동을 위한 교육훈련을 이수할 의무

② 품질보증 책임자는 화장품의 품질보증을 담당하는 부서의 책임자로서 다음 각 호의 사항을 이행하여야 한다.

1. 품질에 관련된 모든 문서와 절차의 검토 및 승인
2. 품질 검사가 규정된 절차에 따라 진행되는지의 확인
3. 일탈이 있는 경우 이의 조사 및 기록
4. 적합 판정한 원자재 및 제품의 출고 여부 결정
5. 부적합품이 규정된 절차대로 처리되고 있는지의 확인
6. 불만처리와 제품회수에 관한 사항의 주관

제5조(교육훈련) ① 제조 및 품질관리 업무와 관련 있는 모든 직원들에게 각자의 직무와 책임에 적합한 교육훈련이 제공될 수 있도록 연간계획을 수립하고 정기적으로 교육을 실시하여야 한다.

② 교육담당자를 지정하고 교육훈련의 내용 및 평가가 포함된 교육훈련 규정을 작성하여야 하되, 필요한 경우에는 외부 전문기관에 교육을 의뢰할 수 있다.

③ 교육 종료 후에는 교육결과를 평가하고, 일정한 수준에 미달할 경우에는 재교육을 받아야 한다.

④ 새로 채용된 직원은 업무를 적절히 수행할 수 있도록 기본 교육훈련 외에 추가 교육훈련을 받아야 하며 이와 관련한 문서화된 절차를 마련하여야 한다.

제6조(직원의 위생) ① 적절한 위생관리 기준 및 절차를 마련하고 제조소 내의 모든 직원은 이를 준수해야 한다.

② 작업소 및 보관소 내의 모든 직원은 화장품의 오염을 방지하기 위해 규정된 작업복을 착용해야 하고 음식물 등을 반입해서는 아니 된다.
③ 피부에 외상이 있거나 질병에 걸린 직원은 건강이 양호해지거나 화장품의 품질에 영향을 주지 않는다는 의사의 소견이 있기 전까지는 화장품과 직접적으로 접촉되지 않도록 격리되어야 한다.
④ 제조구역별 접근권한이 없는 작업원 및 방문객은 가급적 제조, 관리 및 보관구역 내에 들어가지 않도록 하고, 불가피한 경우 사전에 직원 위생에 대한 교육 및 복장 규정에 따르도록 하고 감독하여야 한다.

제3장 제 조

제1절 시설기준

제7조(건물) ① 건물은 다음과 같이 위치, 설계, 건축 및 이용되어야 한다.
1. 제품이 보호되도록 할 것
2. 청소가 용이하도록 하고 필요한 경우 위생관리 및 유지관리가 가능하도록 할 것
3. 제품, 원료 및 포장재 등의 혼동이 없도록 할 것
② 건물은 제품의 제형, 현재 상황 및 청소 등을 고려하여 설계하여야 한다.

제8조(시설) ① 작업소는 다음 각 호에 적합하여야 한다.
1. 제조하는 화장품의 종류·제형에 따라 적절히 구획·구분되어 있어 교차오염 우려가 없을 것
2. 바닥, 벽, 천장은 가능한 청소하기 쉽게 매끄러운 표면을 지니고 소독제 등의 부식성에 저항력이 있을 것
3. 환기가 잘 되고 청결할 것
4. 외부와 연결된 창문은 가능한 열리지 않도록 할 것
5. 작업소 내의 외관 표면은 가능한 매끄럽게 설계하고, 청소, 소독제의 부식성에 저항력이 있을 것
6. 수세실과 화장실은 접근이 쉬워야 하나 생산구역과 분리되어 있을 것
7. 작업소 전체에 적절한 조명을 설치하고, 조명이 파손될 경우를 대비한 제품을 보호할 수 있는 처리절차를 마련할 것
8. 제품의 오염을 방지하고 적절한 온도 및 습도를 유지할 수 있는 공기조화시설 등 적절한 환기시설을 갖출 것
9. 각 제조구역별 청소 및 위생관리 절차에 따라 효능이 입증된 세척제 및 소독제를 사용할 것
10. 제품의 품질에 영향을 주지 않는 소모품을 사용할 것
② 제조 및 품질관리에 필요한 설비 등은 다음 각 호에 적합하여야 한다.
1. 사용목적에 적합하고, 청소가 가능하며, 필요한 경우 위생·유지관리가 가능하여야 한다. 자동화시스템을 도입한 경우도 또한 같다.
2. 사용하지 않는 연결 호스와 부속품은 청소 등 위생관리를 하며, 건조한 상태로 유지하고 먼지, 얼룩 또

는 다른 오염으로부터 보호할 것

3. 설비 등은 제품의 오염을 방지하고 배수가 용이하도록 설계, 설치하며, 제품 및 청소 소독제와 화학반응을 일으키지 않을 것

4. 설비 등의 위치는 원자재나 직원의 이동으로 인하여 제품의 품질에 영향을 주지 않도록 할 것

5. 용기는 먼지나 수분으로부터 내용물을 보호할 수 있을 것

6. 제품과 설비가 오염되지 않도록 배관 및 배수관을 설치하며, 배수관은 역류되지 않아야 하고, 청결을 유지할 것

7. 천정 주위의 대들보, 파이프, 덕트 등은 가급적 노출되지 않도록 설계하고, 파이프는 받침대 등으로 고정하고 벽에 닿지 않게 하여 청소가 용이하도록 설계할 것

8. 시설 및 기구에 사용되는 소모품은 제품의 품질에 영향을 주지 않도록 할 것

제9조(작업소의 위생) ① 곤충, 해충이나 쥐를 막을 수 있는 대책을 마련하고 정기적으로 점검·확인하여야 한다.

② 제조, 관리 및 보관 구역 내의 바닥, 벽, 천장 및 창문은 항상 청결하게 유지되어야 한다.

③ 제조시설이나 설비의 세척에 사용되는 세제 또는 소독제는 효능이 입증된 것을 사용하고 잔류하거나 적용하는 표면에 이상을 초래하지 아니하여야 한다.

④ 제조시설이나 설비는 적절한 방법으로 청소하여야 하며, 필요한 경우 위생관리 프로그램을 운영하여야 한다.

제10조(유지관리) ① 건물, 시설 및 주요 설비는 정기적으로 점검하여 화장품의 제조 및 품질관리에 지장이 없도록 유지·관리·기록하여야 한다.

② 결함 발생 및 정비 중인 설비는 적절한 방법으로 표시하고, 고장 등 사용이 불가할 경우 표시하여야 한다.

③ 세척한 설비는 다음 사용 시까지 오염되지 아니하도록 관리하여야 한다.

④ 모든 제조 관련 설비는 승인된 자만이 접근·사용하여야 한다.

⑤ 제품의 품질에 영향을 줄 수 있는 검사·측정·시험장비 및 자동화장치는 계획을 수립하여 정기적으로 교정 및 성능점검을 하고 기록해야 한다.

⑥ 유지관리 작업이 제품의 품질에 영향을 주어서는 안 된다.

제2절 원자재의 관리

제11조(입고관리) ① 화장품제조업자는 원자재 공급자에 대한 관리감독을 적절히 수행하여 입고관리가 철저히 이루어지도록 하여야 한다.

② 원자재의 입고 시 구매 요구서, 원자재 공급업체 성적서 및 현품이 서로 일치하여야 한다. 필요한 경우 운송 관련 자료를 추가적으로 확인할 수 있다.

③ 원자재 용기에 제조번호가 없는 경우에는 관리번호를 부여하여 보관하여야 한다.

④ 원자재 입고절차 중 육안확인 시 물품에 결함이 있을 경우 입고를 보류하고 격리보관 및 폐기하거나

원자재 공급업자에게 반송하여야 한다.

⑤ 입고된 원자재는 "적합", "부적합", "검사 중" 등으로 상태를 표시하여야 한다. 다만, 동일 수준의 보증이 가능한 다른 시스템이 있다면 대체할 수 있다.

⑥ 원자재 용기 및 시험기록서의 필수적인 기재 사항은 다음 각 호와 같다.

1. 원자재 공급자가 정한 제품명
2. 원자재 공급자명
3. 수령일자
4. 공급자가 부여한 제조번호 또는 관리번호

제12조(출고관리) 원자재는 시험결과 적합판정된 것만을 선입선출방식으로 출고해야 하고 이를 확인할 수 있는 체계가 확립되어 있어야 한다.

제13조(보관관리) ① 원자재, 반제품 및 벌크 제품은 품질에 나쁜 영향을 미치지 아니하는 조건에서 보관하여야 하며 보관기한을 설정하여야 한다.

② 원자재, 반제품 및 벌크 제품은 바닥과 벽에 닿지 아니하도록 보관하고, 선입선출에 의하여 출고할 수 있도록 보관하여야 한다.

③ 원자재, 시험 중인 제품 및 부적합품은 각각 구획된 장소에서 보관하여야 한다. 다만, 서로 혼동을 일으킬 우려가 없는 시스템에 의하여 보관되는 경우에는 그러하지 아니한다.

④ 설정된 보관기한이 지나면 사용의 적절성을 결정하기 위해 재평가시스템을 확립하여야 하며, 동 시스템을 통해 보관기한이 경과한 경우 사용하지 않도록 규정하여야 한다.

제14조(물의 품질) ① 물의 품질 적합기준은 사용 목적에 맞게 규정하여야 한다.

② 물의 품질은 정기적으로 검사해야 하고 필요시 미생물학적 검사를 실시하여야 한다.

③ 물 공급 설비는 다음 각 호의 기준을 충족해야 한다.

1. 물의 정체와 오염을 피할 수 있도록 설치될 것
2. 물의 품질에 영향이 없을 것
3. 살균처리가 가능할 것

제3절 제조관리

제15조(기준서 등) ① 제조 및 품질관리의 적합성을 보장하는 기본 요건들을 충족하고 있음을 보증하기 위하여 다음 각 항에 따른 제품표준서, 제조관리기준서, 품질관리기준서 및 제조위생관리기준서를 작성하고 보관하여야 한다.

② 제품표준서는 품목별로 다음 각 호의 사항이 포함되어야 한다.

1. 제품명
2. 작성연월일
3. 효능·효과(기능성 화장품의 경우) 및 사용상의 주의사항

4. 원료명, 분량 및 제조단위당 기준량
5. 공정별 상세 작업내용 및 제조공정흐름도
6. 공정별 이론 생산량 및 수율관리기준
7. 작업 중 주의사항
8. 원자재·반제품·완제품의 기준 및 시험방법
9. 제조 및 품질관리에 필요한 시설 및 기기
10. 보관조건
11. 사용기한 또는 개봉 후 사용기간
12. 변경이력
13. 다음 사항이 포함된 제조지시서
  가. 제품표준서의 번호
  나. 제품명
  다. 제조번호, 제조연월일 또는 사용기한(또는 개봉 후 사용기간)
  라. 제조단위
  마. 사용된 원료명, 분량, 시험번호 및 제조단위당 실 사용량
  바. 제조 설비명
  사. 공정별 상세 작업내용 및 주의사항
  아. 제조지시자 및 지시연월일
14. 그 밖에 필요한 사항

③ 제조관리기준서는 다음 각 호의 사항이 포함되어야 한다.

1. 제조공정관리에 관한 사항
  가. 작업소의 출입제한
  나. 공정검사의 방법
  다. 사용하려는 원자재의 적합판정 여부를 확인하는 방법
  라. 재작업방법
2. 시설 및 기구 관리에 관한 사항
  가. 시설 및 주요설비의 정기적인 점검방법
  나. 작업 중인 시설 및 기기의 표시방법
  다. 장비의 교정 및 성능점검 방법
3. 원자재 관리에 관한 사항
  가. 입고 시 품명, 규격, 수량 및 포장의 훼손 여부에 대한 확인방법과 훼손되었을 경우 그 처리방법
  나. 보관장소 및 보관방법
  다. 시험결과 부적합품에 대한 처리방법
  라. 취급 시의 혼동 및 오염 방지대책

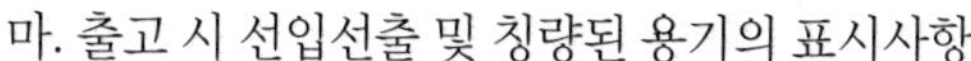

마. 출고 시 선입선출 및 칭량된 용기의 표시사항

바. 재고관리

4. 완제품 관리에 관한 사항

가. 입·출하 시 승인판정의 확인방법

나. 보관장소 및 보관방법

다. 출하 시의 선입선출방법

5. 위탁제조에 관한 사항

가. 원자재의 공급, 반제품, 벌크제품 또는 완제품의 운송 및 보관 방법

나. 수탁자 제조기록의 평가방법

④ 품질관리기준서는 다음 각 호의 사항이 포함되어야 한다.

1. 다음 사항이 포함된 시험지시서

가. 제품명, 제조번호 또는 관리번호, 제조연월일

나. 시험지시번호, 지시자 및 지시연월일

다. 시험항목 및 시험기준

2. 시험검체 채취방법 및 채취 시의 주의사항과 채취 시의 오염방지대책

3. 시험시설 및 시험기구의 점검(장비의 교정 및 성능점검 방법)

4. 안정성시험

5. 완제품 등 보관용 검체의 관리

6. 표준품 및 시약의 관리

7. 위탁시험 또는 위탁제조하는 경우 검체의 송부방법 및 시험결과의 판정방법

8. 그 밖에 필요한 사항

⑤ 제조위생관리기준서는 다음 각 호의 사항이 포함되어야 한다.

1. 작업원의 건강관리 및 건강상태의 파악·조치방법

2. 작업원의 수세, 소독방법 등 위생에 관한 사항

3. 작업복장의 규격, 세탁방법 및 착용규정

4. 작업실 등의 청소(필요한 경우 소독을 포함한다. 이하 같다) 방법 및 청소주기

5. 청소상태의 평가방법

6. 제조시설의 세척 및 평가

가. 책임자 지정

나. 세척 및 소독 계획

다. 세척방법과 세척에 사용되는 약품 및 기구

라. 제조시설의 분해 및 조립 방법

마. 이전 작업 표시 제거방법

바. 청소상태 유지방법

사. 작업 전 청소상태 확인방법

7. 곤충, 해충이나 쥐를 막는 방법 및 점검주기

8. 그 밖에 필요한 사항

제16조(칭량) ① 원료는 품질에 영향을 미치지 않는 용기나 설비에 정확하게 칭량 되어야 한다.

② 원료가 칭량되는 도중 교차오염을 피하기 위한 조치가 있어야 한다.

제17조(공정관리) ① 제조공정 단계별로 적절한 관리기준이 규정되어야 하며 그에 미치지 못한 모든 결과는 보고되고 조치가 이루어져야 한다.

② 반제품은 품질이 변하지 아니하도록 적당한 용기에 넣어 지정된 장소에서 보관해야 하며 용기에 다음 사항을 표시해야 한다.

1. 명칭 또는 확인코드
2. 제조번호
3. 완료된 공정명
4. 필요한 경우에는 보관조건

③ 반제품의 최대 보관기한은 설정하여야 하며, 최대 보관기한이 가까워진 반제품은 완제품 제조하기 전에 품질이상, 변질 여부 등을 확인하여야 한다.

제18조(포장작업) ① 포장작업에 관한 문서화된 절차를 수립하고 유지하여야 한다.

② 포장작업은 다음 각 호의 사항을 포함하고 있는 포장지시서에 의해 수행되어야 한다.

1. 제품명
2. 포장 설비명
3. 포장재 리스트
4. 상세한 포장공정
5. 포장생산수량

③ 포장작업을 시작하기 전에 포장작업 관련 문서의 완비여부, 포장설비의 청결 및 작동여부 등을 점검하여야 한다.

제19조(보관 및 출고) ① 완제품은 적절한 조건하의 정해진 장소에서 보관하여야 하며, 주기적으로 재고 점검을 수행해야 한다.

② 완제품은 시험결과 적합으로 판정되고 품질보증부서 책임자가 출고 승인한 것만을 출고하여야 한다.

③ 출고는 선입선출방식으로 하되, 타당한 사유가 있는 경우에는 그러지 아니할 수 있다.

④ 출고할 제품은 원자재, 부적합품 및 반품된 제품과 구획된 장소에서 보관하여야 한다. 다만 서로 혼동을 일으킬 우려가 없는 시스템에 의하여 보관되는 경우에는 그러하지 아니할 수 있다.

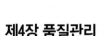

제4장 품질관리

제20조(시험관리) ① 품질관리를 위한 시험업무에 대해 문서화된 절차를 수립하고 유지하여야 한다.

② 원자재, 반제품 및 완제품에 대한 적합 기준을 마련하고 제조번호별로 시험 기록을 작성·유지하여야 한다.

③ 시험결과 적합 또는 부적합인지 분명히 기록하여야 한다.

④ 원자재, 반제품 및 완제품은 적합판정이 된 것만을 사용하거나 출고하여야 한다.

⑤ 정해진 보관 기간이 경과된 원자재 및 반제품은 재평가하여 품질기준에 적합한 경우 제조에 사용할 수 있다.

⑥ 모든 시험이 적절하게 이루어졌는지 시험기록은 검토한 후 적합, 부적합, 보류를 판정하여야 한다.

⑦ 기준일탈이 된 경우는 규정에 따라 책임자에게 보고한 후 조사하여야 한다. 조사결과는 책임자에 의해 일탈, 부적합, 보류를 명확히 판정하여야 한다.

⑧ 표준품과 주요시약의 용기에는 다음 사항을 기재하여야 한다.

1. 명칭
2. 개봉일
3. 보관조건
4. 사용기한
5. 역가, 제조자의 성명 또는 서명(직접 제조한 경우에 한함)

제21조(검체의 채취 및 보관) ① 시험용 검체는 오염되거나 변질되지 아니하도록 채취하고, 채취한 후에는 원상태에 준하는 포장을 해야 하며, 검체가 채취되었음을 표시하여야 한다.

② 시험용 검체의 용기에는 다음 사항을 기재하여야 한다.

1. 명칭 또는 확인코드
2. 제조번호
3. 검체채취 일자

③ 완제품의 보관용 검체는 적절한 보관조건 하에 지정된 구역 내에서 제조단위별로 사용기한 경과 후 1년간 보관하여야 한다. 다만, 개봉 후 사용기간을 기재하는 경우에는 제조일로부터 3년간 보관하여야 한다.

제22조(폐기처리 등) ① 품질에 문제가 있거나 회수·반품된 제품의 폐기 또는 재작업 여부는 품질보증 책임자에 의해 승인되어야 한다.

② 재작업은 그 대상이 다음 각 호를 모두 만족한 경우에 할 수 있다.

1. 변질·변패 또는 병원미생물에 오염되지 아니한 경우
2. 제조일로부터 1년이 경과하지 않았거나 사용기한이 1년 이상 남아있는 경우

③ 재입고 할 수 없는 제품의 폐기처리규정을 작성하여야 하며 폐기 대상은 따로 보관하고 규정에 따라 신속하게 폐기하여야 한다.

제23조(위탁계약) ① 화장품 제조 및 품질관리에 있어 공정 또는 시험의 일부를 위탁하고자 할 때에는 문서화된 절차를 수립·유지하여야 한다.

② 제조업무를 위탁하고자 하는 자는 제30조에 따라 식품의약품안전처장으로부터 우수화장품 제조 및 품질관리기준 적합판정을 받은 업소에 위탁제조하는 것을 권장한다.

③ 위탁업체는 수탁업체의 계약 수행능력을 평가하고 그 업체가 계약을 수행하는데 필요한 시설 등을 갖추고 있는지 확인해야 한다.

④ 위탁업체는 수탁업체와 문서로 계약을 체결해야 하며 정확한 작업이 이루어질 수 있도록 수탁업체에 관련 정보를 전달해야 한다.

⑤ 위탁업체는 수탁업체에 대해 계약에서 규정한 감사를 실시해야 하며 수탁업체는 이를 수용하여야 한다.

⑥ 수탁업체에서 생성한 위·수탁 관련 자료는 유지되어 위탁업체에서 이용 가능해야 한다.

제24조(일탈관리) 제조과정 중의 일탈에 대해 조사를 한 후 필요한 조치를 마련해야 한다.

제25조(불만처리) ① 불만처리담당자는 제품에 대한 모든 불만을 취합하고, 제기된 불만에 대해 신속하게 조사하고 그에 대한 적절한 조치를 취하여야 하며, 다음 각 호의 사항을 기록·유지하여야 한다.

1. 불만 접수연월일
2. 불만 제기자의 이름과 연락처
3. 제품명, 제조번호 등을 포함한 불만내용
4. 불만조사 및 추적조사 내용, 처리결과 및 향후 대책
5. 다른 제조번호의 제품에도 영향이 없는지 점검

② 불만은 제품 결함의 경향을 파악하기 위해 주기적으로 검토하여야 한다.

제26조(제품회수) ① 화장품제조업자는 제조한 화장품에서 「화장품법」 제9조, 제15조, 또는 제16조제1항을 위반하여 위해 우려가 있다는 사실을 알게 되면 지체 없이 회수에 필요한 조치를 하여야 한다.

② 다음 사항을 이행하는 회수 책임자를 두어야 한다.

1. 전체 회수과정에 대한 화장품책임판매업자와의 조정역할
2. 결함 제품의 회수 및 관련 기록 보존
3. 소비자 안전에 영향을 주는 회수의 경우 회수가 원활히 진행될 수 있도록 필요한 조치 수행
4. 회수된 제품은 확인 후 제조소 내 격리보관 조치(필요시에 한함)
5. 회수과정의 주기적인 평가(필요시에 한함)

제27조(변경관리) 제품의 품질에 영향을 미치는 원자재, 제조공정 등을 변경할 경우에는 이를 문서화하고 품질보증책임자에 의해 승인된 후 수행하여야 한다.

제28조(내부감사) ① 품질보증체계가 계획된 사항에 부합하는지를 주기적으로 검증하기 위하여 내부감사를 실시하여야 하고 내부감사 계획 및 실행에 관한 문서화된 절차를 수립하고 유지하여야 한다.

② 감사자는 감사대상과는 독립적이어야 하며, 자신의 업무에 대하여 감사를 실시하여서는 아니 된다.

③ 감사 결과는 기록되어 경영책임자 및 피감사 부서의 책임자에게 공유되어야 하고 감사 중에 발견된 결함에 대하여 시정조치 하여야 한다.

④ 감사자는 시정조치에 대한 후속 감사활동을 행하고 이를 기록하여야 한다.

제29조(문서관리) ① 화장품제조업자는 우수화장품 제조 및 품질보증에 대한 목표와 의지를 포함한 관리방침을 문서화하며 전 작업원들이 실행하여야 한다.

② 모든 문서의 작성 및 개정·승인·배포·회수 또는 폐기 등 관리에 관한 사항이 포함된 문서관리규정을 작성하고 유지하여야 한다.

③ 문서는 작업자가 알아보기 쉽도록 작성하여야 하며 작성된 문서에는 권한을 가진 사람의 서명과 승인 연월일이 있어야 한다.

④ 문서의 작성자·검토자 및 승인자는 서명을 등록한 후 사용하여야 한다.

⑤ 문서를 개정할 때는 개정사유 및 개정연월일 등을 기재하고 권한을 가진 사람의 승인을 받아야 하며 개정 번호를 지정해야 한다.

⑥ 원본 문서는 품질보증부서에서 보관하여야 하며, 사본은 작업자가 접근하기 쉬운 장소에 비치·사용하여야 한다.

⑦ 문서의 인쇄본 또는 전자매체를 이용하여 안전하게 보관해야 한다.

⑧ 작업자는 작업과 동시에 문서에 기록하여야 하며 지울 수 없는 잉크로 작성하여야 한다.

⑨ 기록문서를 수정하는 경우에는 수정하려는 글자 또는 문장 위에 선을 그어 수정 전 내용을 알아볼 수 있도록 하고 수정된 문서에는 수정사유, 수정연월일 및 수정자의 서명이 있어야 한다.

⑩ 모든 기록문서는 적절한 보존기간이 규정되어야 한다.

⑪ 기록의 훼손 또는 소실에 대비하기 위해 백업파일 등 자료를 유지하여야 한다.

제5장 판정 및 감독

제30조(평가 및 판정) ① 우수화장품 제조 및 품질관리기준 적합판정을 받고자 하는 업소는 별지 제1호 서식에 따른 신청서(전자문서를 포함한다)에 다음 각 호의 서류를 첨부하여 식품의약품안전처장에게 제출하여야 한다. 다만, 일부 공정만을 행하는 업소는 별표 1에 따른 해당 공정을 별지 제1호 서식에 기재하여야 한다.

1. 삭제<2012. 10. 16.>
2. 우수화장품 제조 및 품질관리기준에 따라 3회 이상 적용·운영한 자체평가표
3. 화장품 제조 및 품질관리기준 운영조직
4. 제조소의 시설내역
5. 제조관리현황
6. 품질관리현황

② 삭제<2012. 10. 16.>

③ 삭제<2012. 10. 16.>

④ 식품의약품안전처장은 제출된 자료를 평가하고 별표 2에 따른 실태조사를 실시하여 우수화장품 제조 및 품질관리기준 적합판정한 경우에는 별지 제3호 서식에 따른 우수화장품 제조 및 품질관리기준 적합업소 증명서를 발급하여야 한다. 다만, 일부 공정만을 행하는 업소는 해당 공정을 증명서내에 기재하여야 한다.

제31조(우대조치) ① 삭제<2012. 10. 16.>

② 국제규격인증업체(CGMP, ISO9000) 또는 품질보증 능력이 있다고 인정되는 업체에서 제공된 원료·자재는 제공된 적합성에 대한 기록의 증거를 고려하여 검사의 방법과 시험항목을 조정할 수 있다.

③ 식품의약품안전처장은 제30조에 따라 우수화장품 제조 및 품질관리기준 적합판정을 받은 업소는 정기 수거검정 및 정기감시 대상에서 제외할 수 있다.

④ 제30조에 따라 우수화장품 제조 및 품질관리기준 적합판정을 받은 업소는 별표 3에 따른 로고를 해당 제조업소와 그 업소에서 제조한 화장품에 표시하거나 그 사실을 광고할 수 있다.

제32조(사후관리) ① 식품의약품안전처장은 제30조에 따라 우수화장품 제조 및 품질관리기준 적합판정을 받은 업소에 대해 별표 2의 우수화장품 제조 및 품질관리기준 실시상황평가표에 따라 3년에 1회 이상 실태조사를 실시하여야 한다.

② 식품의약품안전처장은 사후관리 결과 부적합 업소에 대하여 일정한 기간을 정하여 시정하도록 지시하거나, 우수화장품 제조 및 품질관리기준 적합업소 판정을 취소할 수 있다.

③ 식품의약품안전처장은 제1항에도 불구하고 제조 및 품질관리에 문제가 있다고 판단되는 업소에 대하여 수시로 우수화장품 제조 및 품질관리기준 운영 실태조사를 할 수 있다.

제33조(재검토기한) 식품의약품안전처장은 「훈령·예규 등의 발령 및 관리에 관한 규정」에 따라 이 고시에 대하여 2016년 1월 1일 기준으로 매 3년이 되는 시점(매 3년째의 12월 31까지를 말한다)마다 그 타당성을 검토하여 개선 등의 조치를 하여야 한다.

부칙 〈제2020-12호, 2020. 2. 25.〉

이 고시는 고시한 날부터 시행한다.

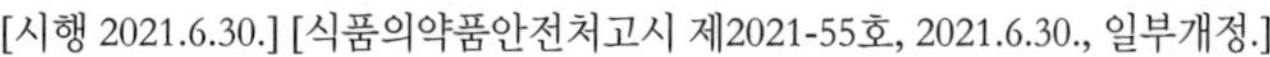

기능성화장품 심사에 관한 규정

[시행 2021.6.30.] [식품의약품안전처고시 제2021-55호, 2021.6.30., 일부개정.]

식품의약품안전처(화장품정책과), 043-719-3400

제1장 총 칙

제1조(목적) 이 규정은 「화장품법」 제4조 및 같은 법 시행규칙 제9조에 따라 기능성화장품을 심사받기 위한 제출 자료의 범위, 요건, 작성요령, 제출이 면제되는 범위 및 심사기준 등에 관한 세부 사항을 정함으로써 기능성화장품의 심사업무에 적정을 기함을 목적으로 한다.

제2조(정의) ① 이 규정에서 사용하는 용어의 정의는 다음 각 호와 같다.

1. "기능성화장품"은 「화장품법」 제2조제2호 및 같은 법 시행규칙 제2조에 따른 화장품을 말한다.
2. 삭제

② 이 규정에서 사용하는 용어 중 별도로 정하지 아니한 용어의 정의는 「의약품등의 독성시험기준」(식품의약품안전처 고시)에 따른다.

제3조(심사대상) 이 규정에 따라 심사를 받아야 하는 대상은 기능성화장품으로 한다. 또한 이미 심사완료 된 결과에 대한 변경심사를 받고자 하는 경우에도 또한 같다.

제2장 심사자료

제4조(제출자료의 범위) 기능성화장품의 심사를 위하여 제출하여야 하는 자료의 종류는 다음 각 호와 같다. 다만, 제6조에 따라 자료가 면제되는 경우에는 그러하지 아니하다.

1. 안전성, 유효성 또는 기능을 입증하는 자료

가. 기원 및 개발경위에 관한 자료

나. 안전성에 관한 자료(다만, 과학적인 타당성이 인정되는 경우에는 구체적인 근거자료를 첨부하여 일부 자료를 생략할 수 있다.)

(1) 단회투여독성시험자료

(2) 1차피부자극시험자료

(3) 안점막자극 또는 기타점막자극시험자료

(4) 피부감작성시험자료

(5) 광독성 및 광감작성 시험자료(자외선에서 흡수가 없음을 입증하는 흡광도 시험자료를 제출하는 경

우에는 면제함)
(6) 인체첩포시험자료
(7) 인체누적첩포시험자료(인체적용시험자료에서 피부이상반응 발생 등 안전성 문제가 우려된다고 판단되는 경우에 한함)
다. 유효성 또는 기능에 관한 자료(다만, 화장품법 시행규칙 제2조제6호의 화장품은 (3)의 자료만 제출한다)
(1) 효력시험자료
(2) 인체적용시험자료
(3) 염모효력시험자료(화장품법 시행규칙 제2조제6호의 화장품에 한함)
라. 자외선차단지수(SPF), 내수성자외선차단지수(SPF, 내수성 또는 지속내수성) 및 자외선A차단등급(PA) 설정의 근거자료(화장품법 시행규칙 제2조제4호 및 제5호의 화장품에 한함)
2. 기준 및 시험방법에 관한 자료(검체 포함)

제5조(제출자료의 요건) 제4조에 따른 기능성화장품의 심사 자료의 요건은 다음 각 호와 같다.
1. 안전성, 유효성 또는 기능을 입증하는 자료
가. 기원 및 개발경위에 관한 자료
당해 기능성화장품에 대한 판단에 도움을 줄 수 있도록 명료하게 기재된 자료(언제, 어디서, 누가, 무엇으로부터 추출, 분리 또는 합성하였고 발견의 근원이 된 것은 무엇이며, 기초시험·인체적용시험 등에 들어간 것은 언제, 어디서였나, 국내외 인정허가 현황 및 사용현황은 어떠한가 등)
나. 안전성에 관한 자료
(1) 일반사항
「비임상시험관리기준」(식품의약품안전처 고시)에 따라 시험한 자료. 다만, 인체첩포시험 및 인체누적첩포시험은 국내·외 대학 또는 전문 연구기관에서 실시하여야 하며, 관련분야 전문의사, 연구소 또는 병원 기타 관련기관에서 5년 이상 해당 시험 경력을 가진 자의 지도 및 감독 하에 수행·평가되어야 함
(2) 시험방법
(가) [별표 1] 독성시험법에 따르는 것을 원칙으로 하며 기타 독성시험법에 대해서는「의약품등의 독성시험기준」(식품의약품안전처 고시)을 따를 것
(나) 다만 시험방법 및 평가기준 등이 과학적·합리적으로 타당성이 인정되거나 경제협력개발기구(Organization for Economic Cooperation and Development) 또는 식품의약품안전처가 인정하는 동물대체시험법인 경우에는 규정된 시험법을 적용하지 아니할 수 있음
다. 유효성 또는 기능에 관한 자료
(1) 효력시험에 관한 자료
심사대상 효능을 뒷받침하는 성분의 효력에 대한 비임상시험자료로서 효과발현의 작용기전이 포함되어야 하며, 다음 중 어느 하나에 해당할 것
(가) 국내·외 대학 또는 전문 연구기관에서 시험한 것으로서 당해 기관의 장이 발급한 자료(시험시설 개

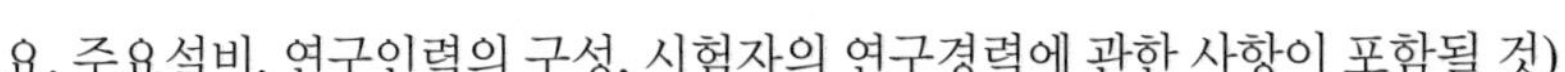

요, 주요설비, 연구인력의 구성, 시험자의 연구경력에 관한 사항이 포함될 것)

(나) 당해 기능성화장품이 개발국 정부에 제출되어 평가된 모든 효력시험자료로서 개발국 정부(허가 또는 등록기관)가 제출받았거나 승인하였음을 확인한 것 또는 이를 증명한 자료

(다) 과학논문인용색인(Science Citation Index 또는 Science Citation Index Expanded)에 등재된 전문 학회지에 게재된 자료

(2) 인체적용시험자료

(가) 사람에게 적용 시 효능·효과 등 기능을 입증할 수 있는 자료로서 같은 호 다목(1) (가) 또는 (나)에 해당할 것.

(나) 인체적용시험의 실시기준 및 자료의 작성방법 등에 관하여는 「화장품 표시·광고 실증에 관한 규정」(식품의약품안전처 고시)을 준용할 것.

(3) 염모효력시험자료

인체모발을 대상으로 효능·효과에서 표시한 색상을 입증하는 자료

라. 자외선차단지수(SPF), 내수성자외선차단지수(SPF), 자외선A차단등급(PA) 설정의 근거자료는 다목(2)의 자료로서 아래의 어느 하나에 해당할 것

(1) 자외선차단지수(SPF) 설정 근거자료

[별표 3] 자외선 차단효과 측정방법 및 기준·일본(JCIA)·미국(FDA)·유럽(Cosmetics Europe)·호주/뉴질랜드(AS/NZS) 또는 국제표준화기구(ISO 24444) 등의 자외선차단지수 측정방법에 의한 자료

(2) 내수성자외선차단지수(SPF) 설정 근거자료

[별표 3] 자외선 차단효과 측정방법 및 기준·미국(FDA)·유럽(Cosmetics Europe)·호주/뉴질랜드(AS/NZS) 또는 국제표준화기구(ISO 16217) 등의 내수성자외선차단지수 측정방법에 의한 자료

(3) 자외선A차단등급(PA) 설정 근거자료

[별표 3] 자외선 차단효과 측정방법 및 기준·일본(JCIA) 또는 국제표준화기구(ISO 24442) 등의 자외선A 차단효과 측정방법에 의한 자료

2. 기준 및 시험방법에 관한 자료

품질관리에 적정을 기할 수 있는 시험항목과 각 시험항목에 대한 시험방법의 밸리데이션, 기준치 설정의 근거가 되는 자료. 이 경우 시험방법은 공정서, 국제표준화기구(ISO) 등의 공인된 방법에 의해 검증되어야 한다.

제6조(제출자료의 면제 등) ① 「기능성화장품 기준 및 시험방법」(식품의약품안전처 고시), 국제화장품원료집(ICID) 및 「식품의 기준 및 규격」(식품의약품안전처 고시)에서 정하는 원료로 제조되거나 제조되어 수입된 기능성화장품의 경우 제4조제1호나목의 자료 제출을 면제한다. 다만, 유효성 또는 기능 입증자료 중 인체적용시험자료에서 피부이상반응 발생 등 안전성 문제가 우려된다고 식품의약품안전처장이 인정하는 경우에는 그러하지 아니하다.

② 제4조제1호다목에서 정하는 유효성 또는 기능에 관한 자료 중 인체적용시험자료를 제출하는 경우 효력시험자료 제출을 면제할 수 있다. 다만, 이 경우에는 효력시험자료의 제출을 면제받은 성분에 대해서는

효능·효과를 기재·표시할 수 없다.

③ [별표 4] 자료 제출이 생략되는 기능성화장품의 종류에서 성분·함량을 고시한 품목의 경우에는 제4조제1호가목부터 다목까지의 자료 제출을 면제한다.

④ 이미 심사를 받은 기능성화장품[화장품책임판매업자가 같거나 화장품제조업자(화장품제조업자가 제품을 설계·개발·생산하는 방식으로 제조한 경우만 해당한다)가 같은 기능성화장품만 해당한다]과 그 효능·효과를 나타내게 하는 원료의 종류, 규격 및 분량(액상인 경우 농도), 용법·용량이 동일하고, 각 호 어느 하나에 해당하는 경우 제4조제1호가목부터 다목까지의 자료 제출을 면제한다.

1. 효능·효과를 나타나게 하는 성분을 제외한 대조군과의 비교실험으로서 효능을 입증한 경우
2. 착색제, 착향제, 현탁화제, 유화제, 용해보조제, 안정제, 등장제, pH 조절제, 점도조절제, 용제만 다른 품목의 경우. 다만, 「화장품법 시행규칙」 제2조제10호 및 제11호에 해당하는 기능성화장품은 착향제, 보존제만 다른 경우에 한한다.

⑤ 자외선차단지수(SPF) 10 이하 제품의 경우에는 제4조제1호라목의 자료 제출을 면제한다.

⑥ 자외선을 차단 또는 산란시켜 자외선으로부터 피부를 보호하는 기능을 가진 제품의 경우 이미 심사를 받은 기능성화장품[화장품책임판매업자가 같거나 화장품제조업자(화장품제조업자가 제품을 설계·개발·생산하는 방식으로 제조한 경우만 해당한다)가 같은 기능성화장품만 해당한다]과 그 효능·효과를 나타내게 하는 원료의 종류, 규격 및 분량(액상의 경우 농도), 용법·용량 및 제형이 동일한 경우에는 제4조제1호의 자료 제출을 면제한다. 다만, 내수성 제품은 이미 심사를 받은 기능성화장품[제조판매업자가 같거나 제조업자(제조업자가 제품을 설계·개발·생산하는 방식으로 제조한 경우만 해당한다)가 같은 기능성화장품만 해당한다]과 착향제, 보존제를 제외한 모든 원료의 종류, 규격 및 분량, 용법·용량 및 제형이 동일한 경우에 제4조제1호의 자료 제출을 면제한다.

⑦ 삭제

⑧ 별표 4 제4호의 (2) 2제형 산화염모제에 해당하나 제1제를 두 가지로 분리하여 제1제 두 가지를 각각 2제와 섞어 순차적으로 사용, 또는 제1제를 먼저 혼합한 후 제2제를 섞는 것으로 용법·용량을 신청하는 품목(단, 용법·용량 이외의 사항은 별표 4 제4호에 적합하여야 한다)은 제4조1호의 자료 제출을 면제한다.

제7조(자료의 작성 등) ① 제출 자료는 제5조에 따른 요건에 적합하여야 하며 품목별로 각각 기재된 순서에 따라 목록과 자료별 색인번호 및 쪽을 표시하여야 하며, 식품의약품안전평가원장이 정한 전용프로그램으로 작성된 전자적 기록매체(CD·디스켓 등)와 함께 제출하여야 한다. 다만, 각 조에 따라 제출 자료가 면제 또는 생략되는 경우에는 그 사유를 구체적으로 기재하여야 한다.

② 외국의 자료는 원칙적으로 한글요약문(주요사항 발췌) 및 원문을 제출하여야 하며, 필요한 경우에 한하여 전체 번역문(화장품 전문지식을 갖춘 번역자 및 확인자 날인)을 제출하게 할 수 있다.

제8조(자료의 보완등) 식품의약품안전평가원장은 제출된 자료가 제4조부터 제6조까지의 규정에서 정하는 자료의 제출범위 및 요건에 적합하지 않거나 제3장의 심사기준을 벗어나는 경우 그 내용을 구체적으로 명시하여 자료제출자에게 보완요구 할 수 있다.

제3장 심사기준

제9조(제품명) 제품명은 이미 심사를 받은 기능성화장품의 명칭과 동일하지 아니하여야 한다. 다만, 수입품목의 경우 서로 다른 화장품책임판매업자가 제조소(원)가 같은 동일 품목을 수입하는 경우에는 화장품책임판매업자명을 병기하여 구분하여야 한다.

제10조(원료 및 그 분량) ① 기능성화장품의 원료 및 그 분량은 효능·효과 등에 관한 자료에 따라 합리적이고 타당하여야 하고, 각 성분의 배합의의가 인정되어야 하며, 다음 각 호에 적합하여야 한다.

1. 기능성화장품의 원료 성분 및 그 분량은 제제의 특성을 고려하여 각 성분마다 배합목적, 성분명, 규격, 분량(중량, 용량)을 기재하여야 한다. 다만,「화장품 안전기준 등에 관한 규정」에 사용한도가 지정되어 있지 않은 착색제, 착향제, 현탁화제, 유화제, 용해보조제, 안정제, 등장제, pH 조절제, 점도 조절제, 용제 등의 경우에는 적량으로 기재할 수 있고, 착색제 중 식품의약품안전처장이 지정하는 색소(황색4호 제외)를 배합하는 경우에는 성분명을 "식약처장지정색소"라고 기재할 수 있다.
2. 원료 및 그 분량은 "100밀리리터중" 또는 "100그람중"으로 그 분량을 기재함을 원칙으로 하며, 분사제는 "100그람중"(원액과 분사제의 양 구분표기)의 함량으로 기재한다.
3. 각 원료의 성분명과 규격은 다음 각 호에 적합하여야 한다.

가. 성분명은 제6조제1항의 규정에 해당하는 원료집에서 정하는 명칭 [국제화장품원료집의 경우 INCI(International Nomenclature Cosmetic Ingredient) 명칭]을, 별첨규격의 경우 일반명 또는 그 성분의 본질을 대표하는 표준화된 명칭을 각각 한글로 기재한다.

나. 규격은 다음과 같이 기재하고, 그 근거자료를 첨부하여야 한다.

(1) 효능·효과를 나타나게 하는 성분

「기능성화장품 기준 및 시험방법」(식품의약품안전처 고시)에서 정하는 규격기준의 원료인 경우 그 규격으로 하고, 그 이외에는 "별첨규격" 또는 "별규"로 기재하며 [별표 2]의 작성요령에 따라 작성할 것

(2) 효능·효과를 나타나게 하는 성분 이외의 성분제6조제1항의 규정에 해당하는 원료집에서 정하는 원료인 경우 그 수재 원료집의 넹칭(예 : ICID)으로,「화장품 색소 종류와 기준 및 시험방법」(식품의약품안전처 고시)에서 정하는 원료인 경우 "화장품색소고시"로 하고, 그 이외에는 "별첨규격" 또는 "별규"로 기재하며 [별표 2]의 작성요령에 따라 작성할 것

② 삭제

③ 삭제

제11조(제형) 제형은「기능성화장품 기준 및 시험방법」(식품의약품안전처 고시) 통칙에서 정하고 있는 제형으로 표기한다. 다만, 이를 정하고 있지 않은 경우 제형을 간결하게 표현할 수 있다.

제12조 삭제

제13조(효능 · 효과) ① 기능성화장품의 효능·효과는「화장품법」 제2조제2호 각 목에 적합하여야 한다.

② 자외선으로부터 피부를 보호하는데 도움을 주는 제품에 자외선차단지수(SPF), 내수성·지속내수성 또

는 자외선A차단등급(PA)을 표시하는 때에는 다음 각 호의 기준에 따라 표시한다.

1. 자외선차단지수(SPF)는 측정결과에 근거하여 평균값(소수점이하 절사)으로부터 -20%이하 범위내 정수(예 : SPF평균값이 '23'일 경우 19~23 범위정수)로 표시하되, SPF 50이상은 "SPF50+"로 표시한다.
2. 내수성·지속내수성은 측정결과에 근거하여 [별표 3] 자외선 차단효과 측정방법 및 기준에 따른 '내수성비 신뢰구간'이 50% 이상일 때, "내수성" 또는 "지속내수성"으로 표시한다.
3. 자외선A차단등급(PA)은 측정결과에 근거하여 [별표 3] 자외선 차단효과 측정방법 및 기준에 따라 표시한다.

제14조(용법 · 용량) 기능성화장품의 용법·용량은 오용될 여지가 없는 명확한 표현으로 기재하여야 한다.

제15조(사용 시의 주의사항)「화장품법 시행규칙」[별표 3] 화장품 유형과 사용 시의 주의사항의 2. 사용 시의 주의사항 및「화장품 사용 시의 주의사항 표시에 관한 규정」(식품의약품안전처 고시)을 기재하되, 별도의 주의사항이 필요한 경우에는 근거자료를 첨부하여 추가로 기재할 수 있다.

제16조 삭제

제17조(기준 및 시험방법) 기준 및 시험방법에 관한 자료는 [별표 2] 기준 및 시험방법 작성요령에 적합하여야 한다.

제4장 보칙

제18조(자문등) 식품의약품안전처장은 이 규정에 의한 기능성화장품의 심사 등을 위해 필요한 경우에는 관련 분야의 전문가로부터 자문을 받을 수 있다.

제19조(규제의 재검토)「행정규제기본법」제8조 및「훈령·예규 등의 발령 및 관리에 관한 규정」에 따라 2014년 1월 1일을 기준으로 매 3년이 되는 시점(매 3년째의 12월 31일까지를 말한다)마다 그 타당성을 검토하여 개선 등의 조치를 하여야 한다.

부칙 〈제2021-55호, 2021. 6. 30.〉

제1조(시행일)이 고시는 고시한 날부터 시행한다.

제2조(적용례)이 고시는 고시 시행 후 최초로 식품의약품안전평가원장에게 제출되는 기능성화장품 심사의뢰서(변경을 포함한다)부터 적용한다.

제3조(경과조치)이 고시 시행 당시 종전의 규정에 따라 기능성화장품으로 심사받은 품목은 이 고시에 따라 심사를 받은 것으로 본다.

[별표 1]

독성시험법

1. 단회투여독성시험

가. 실험 동물 : 랫드 또는 마우스

나. 동 물 수 : 1군당 5마리이상

다. 투여경로 : 경구 또는 비경구 투여

라. 용량 단계

: 독성을 파악하기에 적절한 용량단계를 설정한다.

만약, 2,000㎎/㎏이상의 용량에서 시험물질과 관련된 사망이 나타나지 않는다면 용량단계를 설정할 필요는 없다.

마. 투여 회수 : 1회

바. 관　찰 :

* 독성증상의 종류, 정도, 발현, 추이 및 가역성을 관찰하고 기록한다.
* 관찰기간은 일반적으로 14일로 한다.
* 관찰기간 중 사망례 및 관찰기간 종료 시 생존례는 전부 부검하고, 기관과 조직에 대하여도 필요에 따라 병리조직학적 검사를 행한다.

2. 1차피부자극시험

가. Draize방법을 원칙으로 한다.

나. 시험 동물 : 백색 토끼 또는 기니픽

다. 동 물 수 : 3마리 이상

라. 피　부 : 털을 제거한 건강한 피부

마. 투여면적 및 용량

: 피부 1차 자극성을 적절하게 평가 시 얻어질 수 있는 면적 및 용량

바. 투여농도 및 용량

: 피부 1차 자극성을 평가하기에 적정한 농도와 용량을 설정한다. 단일농도 투여 시에는 0.5ml(액체) 또는 0.5g(고체) 를 투여량으로 한다.

사. 투여 방법 : 24시간 개방 또는 폐쇄첩포

아. 투여 후 처치 : 무처치하지만 필요에 따라서 세정 등의 조작을 행해도 좋다

자. 관 찰 : 투여 후 24, 48, 72시간의 투여부위의 육안관찰을 행한다.

차. 시험결과의 평가

: 피부 1차 자극성을 적절하게 평가 시 얻어지는 채점법으로 결정한다.

4. 안점막자극 또는 기타점막자극시험

가. Draize방법을 원칙으로 한다.

나. 시험동물 : 백색 토끼

다. 동물수 : 세척군 및 비세척군당 3마리 이상

라. 투여 농도 및 용량

: 안점막자극성을 평가하기에 적정한 농도를 설정하며, 투여 용량은 0.1ml(액체) 또는 0.1g(고체)한다.

마. 투여 방법

: 한쪽눈의 하안검을 안구로부터 당겨서 결막낭내에 투여하고 상하안검을 약 1초간 서로 맞춘다. 다른쪽 눈을 미처치 그대로 두어 무처치 대조안으로 한다.

바. 관 찰

: 약물 투여 후 1, 24, 48, 72시간 후에 눈을 관찰

사. 기타 대표적인 시험방법은 다음과 같은 방법이 있다.

(1) LVET(Low Volume Eye Irritation Test) 법

(2) Oral Mucosal Irritation test 법

(3) Rabbit/Rat Vaginal Mucosal Irritation test 법

(4) Rabbit Penile mucosal Irritation test 법

4. 피부감작성시험

가. 일반적으로 Maximization Test을 사용하지만 적절하다고 판단되는 다른 시험법을 사용할 수 있다.

나. 시험동물 : 기니픽

다. 동 물 수 :원칙적으로 1군당 5마리이상

라. 시험군 : 시험물질감작군, 양성대조감작군, 대조군을 둔다.

마. 시험실시요령

: Adjuvant는 사용하는 시험법 및 adjuvant 사용하지 않는 시험법이 있으나 제1단계로서 Adjuvant를 사용하는 사용법 가운데 1가지를 선택해서 행하고, 만약 양성소견이 얻어진 경우에는 제2단계로서 Adjuvant를 사용하지 않는 시험방법을 추가해서 실시하는 것이 바람직하다.

바. 시험결과의 평가

: 동물의 피부반응을 시험법에 의거한 판정기준에 따라 평가한다.

사. 대표적인 시험방법은 다음과 같은 방법이 있다.

(1) Adjuvant를 사용하는 시험법

(가) Adjuvant and Patch Test

(나) Freund's Complete Adjuvant Test

(다) Maximization Test

(라) Optimization Test

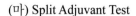

(마) Split Adjuvant Test

(2) Adjuvant를 사용하지 않는 시험법

(바) Buehler Test

(사) Draize Test

(아) Open Epicutaneous Test

5. 광독성시험

가. 일반적으로 기니픽을 사용하는 시험법을 사용한다.

다. 시험동물: 각 시험법에 정한 바에 따른다.

라. 동 물 수 : 원칙적으로 1군당 5마리이상

마. 시 험 군

: 원칙적으로 시험물질투여군 및 적절한 대조군을 둔다.

바. 광 원

: UV-A 영역의 램프 단독, 혹은 UV-A와 UV-B 영역의 각 램프를 겸용해서 사용한다.

사. 시험실시요령

: 자항의 시험방법 중에서 적절하다고 판단되는 방법을 사용한다.

아. 시험결과의 평가

: 동물의 피부반응을 각각의 시험법에 의거한 판정기준에 따라 평가한다.

자. 대표적인 방법으로 다음과 같은 방법이 있다.

(1) Ison법

(2) Ljunggren법

(3) Morikawa법

(4) Sams법

(5) Stott법

6. 광감작성시험

가. 일반적으로 기니픽을 사용하는 시험법을 사용한다.

다. 시험동물 : 각 시험법에 정한 바에 따른다.

라. 동 물 수 : 원칙적으로 1군당 5마리이상

마. 시 험 군

: 원칙적으로 시험물질투여군 및 적절한 대조군을 둔다.

바. 광 원

: UV-A 영역의 램프 단독, 혹은 UV-A와 UV-B 영역의 각 램프를 겸용해서 사용한다.

사. 시험실시요령

: 자항의 시험방법 중에서 적절하다고 판단되는 방법을 사용한다. 시험물질의 감작유도를 증가시키기 위해 adjuvant를 사용할 수 있다.

아. 시험결과의 평가

: 동물의 피부반응을 각각의 시험법에 의거한 판정기준에 따라 평가한다.

자. 대표적인 방법으로 다음과 같은 방법이 있다.

(1) Adjuvant and Strip 법

(2) Harber 법

(3) Horio 법

(4) Jordan 법

(5) Kochever 법

(6) Maurer 법

(7) Morikawa 법

(8) Vinson법

7. 인체사용시험

(1) 인체 첩포 시험 : 피부과 전문의 또는 연구소 및 병원, 기타 관련기관에서 5년이상 해당시험 경력을 가진 자의 지도하에 수행되어야 한다.

(가) 대 상 : 30명 이상

(나) 투여 농도 및 용량

: 원료에 따라서 사용시 농도를 고려해서 여러단계의 농도와 용량을 설정하여 실시하는데, 완제품의 경우는 제품자체를 사용하여도 된다.

(다) 첩부 부위

: 사람의 상등부(정중선의 부분은 제외)또는 전완부등 인체사용시험을 평가하기에 적정한 부위를 폐쇄첩포한다.

(라) 관 찰

: 원칙적으로 첩포 24시간후에 patch를 제거하고 제거에 의한 일과성의 홍반의 소실을 기다려 관찰·판정한다.

(마) 시험결과 및 평가

: 홍반, 부종 등의 정도를 피부과 전문의 또는 이와 동등한 자가 판정하고 평가한다.

(2) 인체 누적첩포시험

대표적인 방법으로 다음과 같은 방법이 있다.

(가) Shelanski and Shelanski 법

(나) Draize 법 (Jordan modification)

(다) Kilgman의 Maximization 법

8. 유전독성시험

가. 박테리아를 이용한 복귀돌연변이시험

(1) 시험균주 : 아래 2 균주를 사용한다.

Salmonella typhimurium TA98(또는 TA1537), TA100(또는 TA1535)

(상기 균주 외의 균주를 사용할 경우 : 사유를 명기한다)

(2) 용량단계 :

5단계 이상을 설정하며 매 용량마다 2매 이상의 플레이트를 사용한다.

(3) 최고용량 :

1) 비독성 시험물질은 원칙적으로 5mg/plate 또는 5㎕/plate 농도.

2) 세포독성 시험물질은 복귀돌연변이체의 수 감소, 기본 성장균층의 무형성 또는 감소를 나타내는 세포독성 농도.

(4) S9 mix를 첨가한 대사활성화법을 병행하여 수행한다.

(5) 대조군 :

대사활성계의 유, 무에 관계없이 동시에 실시한 균주-특이적 양성 및 음성 대조물질을 포함한다.

(6) 결과의 판정 :

대사활성계 존재 유, 무에 관계없이 최소 1개 균주에서 평판 당 복귀된 집락수에 있어서 1개 이상의 농도에서 재현성 있는 증가를 나타낼 때 양성으로 판정한다.

나. 포유류 배양세포를 이용한 체외 염색체이상시험

(1) 시험세포주 : 사람 또는 포유동물의 초대 또는 계대배양세포를 사용한다.

(2) 용량단계 :

3단계 이상을 설정한다.

(3) 최고용량 :

1) 비독성 시험물질은 5㎕/ml, 5mg/ml 또는 10mM 상당의 농도.

2) 세포독성 시험물질은 집약적 세포 단층의 정도, 세포 수 또는 유사분열 지표에서의 50% 이상의 감소를 나타내는 농도.

(4) S9 mix를 첨가한 대사활성화법을 병행하여 수행한다.

(5) 염색체 표본은 시험물질 처리후 적절한 시기에 제작한다.

(6) 염색체이상의 검색은 농도당 100개의 분열중기상에 대하여 염색체의 구조이상 및 숫적이상을 가진 세포의 출현빈도를 구한다.

(7) 대조군 :

대사활성계의 유, 무에 관계없이 적합한 양성과 음성대조군들을 포함한다. 양성대조군은 알려진 염색체이상 유발 물질을 사용해야 한다.

(8) 결과의 판정 :

염색체이상을 가진 분열중기상의 수가 통계학적으로 유의성 있게 용량 의존적으로 증가하거나, 하나

이상의 용량단계에서 재현성 있게 양성반응을 나타낼 경우를 양성으로 한다.

다. 설치류 조혈세포를 이용한 체내 소핵 시험

(1) 시험동물 : 마우스나 랫드를 사용한다.

일반적으로 1군당 성숙한 수컷 5마리를 사용하며 물질의 특성에 따라 암컷을 사용할 수 있다.

(2) 용량단계 :

3단계 이상으로 한다

(3) 최고용량 :

1) 더 높은 처리용량이 치사를 예상하게 하는 독성의 징후를 나타내는 용량. 또는

2) 골수 혹은 말초혈액에서 전체 적혈구 가운데 미성숙 적혈구의 비율 감소를 나타내는 용량 시험물질의 특성에 따라 선정한다.

(4) 투여경로 : 복강투여 또는 기타 적용경로로 한다.

(5) 투여회수 :

1회 투여를 원칙으로 하며 필요에 따라 24시간 간격으로 2회 이상 연속 투여한다.

(6) 대조군은 병행실시한 양성과 음성 대조군을 포함한다.

(7) 시험물질 투여 후 적절한 시기에 골수도말표본을 만든다.

개체당 1,000개의 다염성적혈구에서 소핵의 출현빈도를 계수한다. 동시에 전적혈구에 대한 다염성적혈구의 출현빈도를 구한다.

(8) 결과의 판정 :

소핵을 가진 다염성적혈구의 수가 통계학적으로 유의성 있게 용량 의존적으로 증가하거나, 하나 이상의 용량단계에서 재현성 있게 양성반응을 나타낼 경우를 양성으로 한다.

[부표 1]

자외선차단지수 측정방법의 피험자 선정기준

피부질환이 없는 18세 이상 60세 이하의 신체 건강한 남녀로서 다음 피험자 선정을 위한 설문지 양식을 통하여 질문을 하고 아래 Fitzpatrick의 피부유형 분류 기준표에 따라 피부유형 I, II, III 형에 해당되는 사람을 선정한다. 다만, 자외선 조사에 의한 이상반응이나, 화장품에 의한 알러지 반응을 보인 적이 있는 사람, 광감수성과 관련 있는 약물(항염증제, 혈압강하제 등)을 복용하는 사람은 제외한다.

유형	설명	MED(mJ/cm²)
Ⅰ	항상 쉽게(매우 심하게) 붉어지고, 거의 검게 되지 않는다.	2~30
Ⅱ	쉽게(심하게) 붉어지고, 약간 검게 된다.	25~35
Ⅲ	보통으로 붉어지고, 중간 정도로 검게 된다.	30~50
Ⅳ	그다지 붉어지지 않고, 쉽게 검게 된다.	45~60
Ⅴ	거의 붉게 되지 않고, 매우 검게 된다.	60~80
Ⅵ	전혀 붉게 되지 않고 매우 검게 된다.	85~200

피험자 선정을 위한 설문지

이름 :　　　　나이 :　　　　　　성별 : 남　여

1) 최근 1년간 병원에 간 일이 있습니까? 예 / 아니오

예에 답한 사람은 병원에 간 이유 혹은 병명을 다음에 쓰고, 아래의 모든 질문에 답해주세요.

아니요에 답한 사람은 3) 이후의 질문에 답해 주세요.

2) 의사로부터 생활의 제한을 받는 일이 있습니까? 예 / 아니오

있다면, 그 이유를 적어 주시기 바랍니다.

3) 지금까지 태양광선(일광)에 의해 심한 증상이 나타난 적이 있습니까? 예 / 아니오

있다면, 언제, 어디서, 어떤 증상이 나왔는지 적어주시기 바랍니다.

4) 민감피부입니까? 예 / 아니오

예의 경우는 그렇게 생각하는 이유를 적어 주시기 바랍니다.

5) 피부질환 치료를 위한 피부외용제를 사용하고 있습니까? 예 / 아니오

있다면, 약의 이름과 어떤 부위에 사용하고 있는지 적어 주시기 바랍니다.

6) 피부질환 치료를 위한 내복약을 사용한 적이 있습니까? 예 / 아니오

있다면, 복용 이유를 적어주시기 바랍니다.

7) 여성만 답해주세요. 임신 중 혹은 수유 중입니까? 예 / 아니오

8) 태양에 노출되지 않고 겨울철을 지낸 후에, 자외선차단제를 바르지 않고 30~45분 정도 태양에 처음 노출된 후의 피부 상태에 대하여 답해주세요.

I. 항상 쉽게(매우 심하게) 붉어지고, 거의 검게 되지 않는다.
II. 쉽게(심하게) 붉어지고, 약간 검게 된다.
III. 보통으로 붉어지고, 중간 정도로 검게 된다.
IV. 그다지 붉어지지 않고, 쉽게 검게 된다.
V. 거의 붉게 되지 않고, 매우 검게 된다.
VI. 전혀 붉게 되지 않고 매우 검게 된다.

[부표 2]

낮은 자외선차단지수의 표준시료 제조방법

처 방 **8% 호모살레이트**

	성 분	분량 (%)
A	라놀린(Lanoline) 호모살레이트(Homosalate) 백색페트롤라툼(White Petrolatum) 스테아릭애씨드(Stearic acid) 프로필파라벤(Propylparaben)	5.00 8.00 2.50 4.00 0.05
B	메칠파라벤(Methylparaben) 디소듐이디티에이(Disodium EDTA) 프로필렌글라이콜(Propylene glycol) 트리에탄올아민(Triethanolamine) 정제수(Purified water)	0.10 0.05 5.00 1.00 74.30

제조방법 A와 B의 각 성분의 무게를 달아 A와 B를 각각 따로 77~82℃로 가열하면서 각각의 성분이 완전히 녹을 때까지 교반한다. A를 천천히 B에 넣으면서 유화가 형성될 때까지 계속하여 교반한다. 계속 교반하면서 상온(15~30℃)까지 냉각한다. 총량이 100g이 되도록 정제수로 채운 후 잘 섞는다.

저장방법 및 사용기한 20℃ 이하에서 보관하고 제조 후 1년 이내에 사용한다.

[부표 3]

높은 자외선차단지수의 표준시료 제조방법

처 방

	성 분	분량(%)
A	세테아릴알코올·피이지-40캐스터오일·소듐세테아릴설페이트(Cetearyl Alcohol (and) PEG-40 Caster Oil (and) Sodium Cetearyl Sulfate) 데실올리에이트(Decyl oleate) 에칠헥실메톡시신나메이트 (Ethylhexyl Methoxycinnamate) 부틸메톡시디벤조일메탄 (Butyl methoxydibenzoylmethane) 프로필파라벤(Propylparaben)	3.15 15.00 3.00 0.50 0.10
B	정제수(Purified water) 페닐벤즈이미다졸설포닉애씨드 (Phenylbenzimidazole Sulfonic Acid) 45% 소듐하이드록사이드액 (Sodium hydroxide (45% solution)) 메칠파라벤(Methylparaben) 디소듐이디티에이(Disodium EDTA)	53.57 2.78 0.90 0.30 0.10
C	정제수(Purified water) 카보머 934P(Carbomer 934P) 45% 소듐하이드록사이드액 (Sodium hydroxide (45% solution))	20.00 0.30 0.30

제조방법 A의 각 성분의 무게를 달아 정제수에 넣고 75~80℃까지 가열한다. B의 각 성분의 무게를 달아 정제수에 넣어 80℃까지 가열하고, 가능하면 맑은 액이 될 때까지 끓인 후 75~80℃까지 식힌다. C의 각 성분의 무게를 달아 정제수에 카보머 934P를 분산시킨 후 45% 소듐하이드록사이드액으로 중화한다. B를 교반하면서 A를 넣고 이 혼합액을 교반하면서 C를 넣고 3분간 균질화시킨다. 소듐하이드록사이드 또는 젖산을 가지고 pH를 7.8~8.0으로 조정하고 상온까지 냉각한다. 총량이 100g이 되도록 정제수로 채운 후 잘 섞는다.

저장방법 및 사용기한 20℃ 이하에서 보관하고 제조 후 1년 이내에 사용한다.

[부표 4]

내수성 자외선차단지수(SPF) 시험방법 예시

1. 1일 째

가. 무도포 부위의 최소홍반량 (MEDu)을 결정한다.
나. 제품을 자외선차단지수 측정부위에 도포한다.
다. 상온에서 15분 이상 방치하여 건조한다.
라. [별표 3] 자외선차단효과 측정방법 및 기준의 제2장 자외선차단지수(SPF) 측정방법에 따라 무도포 및 제품 도포 부위에 광을 조사한다.

2. 2일 째

가. 무도포 및 제품 도포 부위의 최소홍반량을 결정한다.
나. 제2장 자외선차단지수(SPF) 측정방법에 따라 자외선차단지수를 구한다.
다. 제품을 내수성 자외선차단지수 측정부위에 도포한다.
라. 상온에서 15분 이상 방치하여 건조한다.
마. [별표 3] 자외선차단효과 측정방법 및 기준의 제3장 내수성 자외선차단지수(SPF) 측정방법 2. 시험방법에 따라 입수와 건조를 반복한 후 건조한다.
바. [별표 3] 자외선차단효과 측정방법 및 기준의 제2장 자외선차단지수(SPF) 측정방법에 따라 제품 도포 부위에 광을 조사한다.

3. 3일 째

가. 제품 도포 부위의 최소홍반량을 결정한다.
나. 2일 째 결정된 무도포 부위의 최소홍반량을 이용하여 [별표 3] 자외선차단효과 측정방법 및 기준의 제2장 자외선차단지수(SPF) 측정방법 중 자외선차단지수 계산에 따라 내수성 자외선차단지수를 구한다.

[부표 5]

자외선A차단지수 측정방법의 피험자 선정기준

[부표 1]의 피험자 선정기준에 따른다. 다만, [부표1]의 Fitzpatrick의 피부유형 분류기준표의 유형 II, III, IV 에 해당되는 사람을 선정한다.

[부표 6]

자외선A차단지수의 낮은 표준시료(S1) 제조방법

	성 분	분량 (%)
A	정제수(Purified water)	57.13
	디프로필렌글라이콜(Dipropylene glycol)	5.00
	포타슘하이드록사이드(Potassium Hydroxide)	0.12
	트리소듐이디티에이(Trisodium EDTA)	0.05
	페녹시에탄올(Phenoxyethanol)	0.30
B	스테아릭애씨드(Stearic acid)	3.00
	글리세릴스테아레이트SE (Glyceryl Monostearate, selfemulsifying)	3.00
	세테아릴알코올(Cetearyl Alcohol)	5.00
	페트롤라툼(Petrolatum)	3.00
	트리에칠헥사노인(Triethylhexanoin)	15.00
	에칠헥실메톡시신나메이트 (Ethylhexyl Methoxycinnamate)	3.00
	부틸메톡시디벤조일메탄 (Butylmethoxydibenzoylmethane)	5.00
	에칠파라벤(Ethylparaben)	0.20
	메칠파라벤(Methylparaben)	0.20

제조방법 A의 각 성분의 무게를 달아 정제수에 넣어 70℃로 가열하여 녹인다. B의 각 성분들의 무게를 달아 70℃로 가열하여 완전히 녹인다. A에 B를 넣어 혼합물을 유화하고, 호모게나이저(homogenizer) 등을 가지고 유화된 입자의 크기를 조절한다. 유화된 액을 냉각하여 표준시료로 한다.

저장방법 및 사용기한 차광용기에 담아 20℃이하에서 보관하고 제조 후 12개월 이내에 사용한다.

[부표 7]

자외선A차단지수의 높은 표준시료(S2) 제조방법

	성 분	분량 (%)
A	정제수(Purified water) 프로필렌글라이콜(Propylene glycol) 잔탄검(Xanthan gum) 카보머(Carbomer) 디소듐이디티에이(Disodium EDTA)	62.445 1.000 0.600 0.150 0.080
B	옥토크릴렌(Octocrylene) 부틸메톡시디벤조일메탄 (Butylmethoxydibenzoylmethane) 에칠헥실메톡시신나메이트 (Ethylhexyl Methoxycinnamate) 비스에칠헥실옥시페놀메톡시페닐트리아진 (Bis-ethylhexyloxyphenol-methoxyphenyltriazine) 세틸알코올(Cetylcohol) 스테아레스-21(Steareth-21) 스테아레스-2(Steareth-2) 다이카프릴릴카보네이트(Dicaprylyl carbonate) 데실코코에이트(Decylcocoate) 페녹시에탄올(Phenoxyethanol), 메칠파라벤(Methyl -paraben), 에칠파라벤(Ethylparaben), 부틸파라벤(Butylparaben), 프로필파라벤(Propylparaben)	3.000 5.000 3.000 2.000 1.000 2.500 3.000 6.500 6.500 1.000
C	사이클로펜타실록산(Cyclopentasiloxane) 트리이에탄올아민(Triethanolamine)	2.000 0.225

제조방법 A의 각 성분의 무게를 달아 정제수에 넣어 75℃로 가열하여 녹인다. B의 각 성분들의 무게를 달아 75℃로 가열하여 완전히 녹인다. A에 B를 넣어 혼합물을 유화하고, 40℃까지 식힌다. 유화를 계속하면서 A와 B의 혼합물에 C의 재료들을 첨가한다. 총량이 100g이 되도록 정제수로 채운 후 잘 섞는다.

저장방법 및 사용기한 차광용기에 담아 20℃이하에서 보관하고 제조 후 13개월 이내에 사용한다.

[별표 4]

자료제출이 생략되는 기능성화장품의 종류(제6조제3항 관련)

1. 피부를 곱게 태워주거나 자외선으로부터 피부를 보호하는데 도움을 주는 제품의 성분 및 함량

(「화장품법 시행규칙」[별표 3] Ⅰ. 화장품의 유형(의약외품은 제외한다) 중 영·유아용 제품류 중 로션, 크림 및 오일, 기초화장용 제품류, 색조화장용 제품류에 한함)

연번	성분명	최대함량
1	〈삭 제〉	〈삭 제〉
2	드로메트리졸	1 %
3	디갈로일트리올리에이트	5 %
4	4-메칠벤질리덴캠퍼	4 %
5	멘틸안트라닐레이트	5 %
6	벤조페논-3	5 %
7	벤조페논-4	5 %
8	벤조페논-8	3 %
9	부틸메톡시디벤조일메탄	5 %
10	시녹세이트	5 %
11	에칠헥실트리아존	5 %
12	옥토크릴렌	10 %
13	에칠헥실디메칠파바	8 %
14	에칠헥실메톡시신나메이트	7.5 %
15	에칠헥실살리실레이트	5 %
16	〈삭 제〉	〈삭 제〉
17	페닐벤즈이미다졸설포닉애씨드	4 %
18	호모살레이트	10 %
19	징크옥사이드	25 %(자외선차단성분으로서)
20	티타늄디옥사이드	25 %(자외선차단성분으로서)
21	이소아밀p-메톡시신나메이트	10 %
22	비스-에칠헥실옥시페놀메톡시페닐트리아진	10 %
23	디소듐페닐디벤즈이미다졸테트라설포네이트	산으로 10 %
24	드로메트리졸트리실록산	15 %
25	디에칠헥실부타미도트리아존	10 %
26	폴리실리콘-15(디메치코디에칠벤잘말로네이트)	10 %
27	메칠렌비스-벤조트리아졸릴테트라메칠부틸페놀	10 %
28	테레프탈릴리덴디캠퍼설포닉애씨드 및 그 염류	산으로 10 %
29	디에칠아미노하이드록시벤조일헥실벤조에이트	10 %

2. 피부의 미백에 도움을 주는 제품의 성분 및 함량

(제형은 로션제, 액제, 크림제 및 침적 마스크에 한하며, 제품의 효능·효과는 "피부의 미백에 도움을 준다"로, 용법·용량은 "본품 적당량을 취해 피부에 골고루 펴 바른다. 또는 본품을 피부에 붙이고 10~20분 후 지지체를 제거한 다음 남은 제품을 골고루 펴 바른다(침적 마스크에 한함)"로 제한함)

연번	성분명	함량
1	닥나무추출물	2%
2	알부틴	2~5%
3	에칠아스코빌에텔	1~2%
4	유용성감초추출물	0.05%
5	아스코빌글루코사이드	2%
6	마그네슘아스코빌포스페이트	3%
7	나이아신아마이드	2~5%
8	알파-비사보롤	0.5%
9	아스코빌테트라이소팔미테이트	2%

3. 피부의 주름개선에 도움을 주는 제품의 성분 및 함량

(제형은 로션제, 액제, 크림제 및 침적 마스크에 한하며, 제품의 효능·효과는 "피부의 주름개선에 도움을 준다"로, 용법·용량은 "본품 적당량을 취해 피부에 골고루 펴 바른다. 또는 본품을 피부에 붙이고 10~20분 후 지지체를 제거한 다음 남은 제품을 골고루 펴 바른다(침적 마스크에 한함)"로 제한함)

연번	성분명	함량
1	레티놀	2,500IU/g
2	레티닐팔미테이트	10,000IU/g
3	아데노신	0.04%
4	폴리에톡실레이티드레틴아마이드	0.05~0.2%

4. 모발의 색상을 변화(탈염 · 탈색 포함)시키는 기능을 가진 제품의 성분 및 함량

(제형은 분말제, 액제, 크림제, 로션제, 에어로졸제, 겔제에 한하며, 제품의 효능·효과는 다음 중 어느 하나로 제한함)

(1) 염모제 : 모발의 염모(색상) 예) 모발의 염모(노랑색)

(2) 탈색·탈염제 : 모발의 탈색

(3) 염모제의 산화제

(4) 염모제의 산화제 또는 탈색제·탈염제의 산화제

(5) 염모제의 산화보조제

(6) 염모제의 산화보조제 또는 탈색제·탈염제의 산화보조제

(용법·용량은 품목에 따라 다음과 같이 제한함)

(1) 3제형 산화염모제

제1제 ○g(mL)에 대하여 제2제 ○g(mL)와 제3제 ○g(mL)의 비율로 (필요한 경우 혼합순서를 기재한다) 사용 직전에 잘 섞은 후 모발에 균등히 바른다. ○분 후에 미지근한 물로 잘 헹군 후 비누나 샴푸로 깨끗이 씻고 마지막에 따뜻한 물로 충분히 헹군다. 용량은 모발의 양에 따라 적절히 증감한다.

(2) 2제형 산화염모제

제1제 ○g(mL)에 대하여 제2제 ○g(mL)의 비율로 사용 직전에 잘 섞은 후 모발에 균등히 바른다. (단, 일체형 에어로졸제*의 경우에는 "(사용 직전에 충분히 흔들어) 제1제 ○g(mL)에 대하여 제2제 ○g(mL)의 비율로 섞여 나오는 내용물을 적당량 취해 모발에 균등히 바른다"로 한다) ○분 후에 미지근한 물로 잘 헹군 후 비누나 샴푸로 깨끗이 씻고 마지막에 따뜻한 물로 충분히 헹군다. 용량은 모발의 양에 따라 적절히 증감한다.

*일체형 에어로졸제 : 1품목으로 신청하는 2제형 산화염모제 또는 2제형 탈색·탈염제 중 제1제와 제2제가 칸막이로 나뉘어져 있는 일체형 용기에 서로 섞이지 않게 각각 분리·충전되어 있다가 사용 시 하나의 배출구(노즐)로 배출되면서 기계적(자동)으로 섞이는 제품

(3) 2제형 비산화염모제

먼저 제1제를 필요한 양만큼 취하여 (탈지면에 묻혀) 모발에 충분히 반복하여 바른 다음 가볍게 비벼준다. 자연 상태에서 ○분 후 염색이 조금 되어갈 때 제2제를 (필요 시, 잘 흔들어 섞어) 충분한 양을 취해 반복해서 균등히 바르고 때때로 빗질을 해준다. 제2제를 바른 후 ○분 후에 미지근한 물로 잘 헹군 후 비누나 샴푸로 깨끗이 씻고 마지막에 따뜻한 물로 충분히 헹군다. 용량은 모발의 양에 따라 적절히 증감한다.

(4) 3제형 탈색·탈염제

제1제 ○g(mL)에 대하여 제2제 ○g(mL)와 제3제 ○g(mL)의 비율로 (필요한 경우 혼합순서를 기재한다) 사용 직전에 잘 섞은 후 모발에 균등히 바른다. ○분 후에 미지근한 물로 잘 헹군 후 비누나 샴푸로 깨끗이 씻고 마지막에 따뜻한 물로 충분히 헹군다. 용량은 모발의 양에 따라 적절히 증감한다.

(5) 2제형 탈색·탈염제

제1제 ○g(mL)에 대하여 제2제 ○g(mL)의 비율로 사용 직전에 잘 섞은 후 모발에 균등히 바른다. (단, 일체형 에어로졸제의 경우에는 "사용 직전에 충분히 흔들어 제1제 ○g(mL)에 대하여 제2제 ○g(mL)의 비율로 섞여 나오는 내용물을 적당량 취해 모발에 균등히 바른다"로 한다) ○분 후에 미지근한 물로 잘 헹군 후 비누나 샴푸로 깨끗이 씻는다. 용량은 모발의 양에 따라 적절히 증감한다.

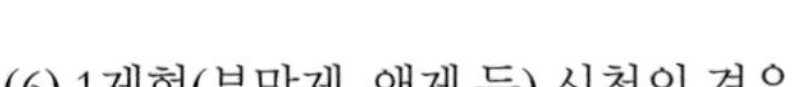

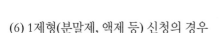

(6) 1제형(분말제, 액제 등) 신청의 경우

① "이 제품 ○g을 두발에 바른다. 약 ○분 후 미지근한 물로 잘 헹군 후 비누나 샴푸로 깨끗이 씻는다"또는 "이 제품 ○g을 물 ○mL에 용해하고 두발에 바른다. 약 ○분 후 미지근한 물로 잘 헹군 후 비누나 샴푸로 깨끗이 씻는다"

② 1제형 산화염모제, 1제형 비산화염모제, 1제형 탈색·탈염제는 1제형(분말제, 액제 등)의 예에 따라 기재한다.

(7) 분리 신청의 경우

① 산화염모제의 경우 : 이 제품과 산화제(H2O2 ○w/w% 함유)를 ○ : ○의 비율로 혼합하고 두발에 바른다. 약 ○분 후 미지근한 물로 잘 헹군 후 비누나 샴푸로 깨끗이 씻는다. 1인 1회분의 사용량 ○~○g(mL)

② 탈색·탈염제의 경우: 이 제품과 산화제(H2O2 ○w/w% 함유)를 ○ : ○의 비율로 혼합하고 두발에 바른다. 약 ○분 후 미지근한 물로 잘 헹군 후 비누나 샴푸로 깨끗이 씻는다. 1인 1회분의 사용량 ○~○g(mL)

③ 산화염모제의 산화제인 경우 : 염모제의 산화제로서 사용한다.

④ 탈색·탈염제의 산화제인 경우 : 탈색·탈염제의 산화제로서 사용한다.

⑤ 산화염모제, 탈색·탈염제의 산화제인 경우 : 염모제, 탈색·탈염제의 산화제로서 사용한다.

⑥ 산화염모제의 산화보조제인 경우 : 염모제의 산화보조제로서 사용한다.

⑦ 탈색·탈염제의 산화보조제인 경우 : 탈색·탈염제의 산화보조제로서 사용한다.

⑧ 산화염모제, 탈색·탈염제의 산화보조제인 경우 : 염모제, 탈색·탈염제의 산화보조제로서 사용한다.

구분	성분명	사용할 때 농도 상한(%)
I	p-니트로-o-페닐렌디아민	1.5
	니트로-p-페닐렌디아민	3.0
	2-메칠-5-히드록시에칠아미노페놀	0.5
	2-아미노-4-니트로페놀	2.5
	2-아미노-5-니트로페놀	1.5
	2-아미노-3-히드록시피리딘	1.0
	5-아미노-o-크레솔	1.0
	m-아미노페놀	2.0
	o-아미노페놀	3.0
	p-아미노페놀	0.9
	염산 2,4-디아미노페녹시에탄올	0.5
	염산 톨루엔-2,5-디아민	3.2
	염산 m-페닐렌디아민	0.5
	염산 p-페닐렌디아민	3.3
	염산 히드록시프로필비스(N-히드록시에칠-p-페닐렌디아민)	0.4

구분	성분명	사용할 때 농도 상한(%)
I	톨루엔-2,5-디아민	2.0
	m-페닐렌디아민	1.0
	p-페닐렌디아민	2.0
	N-페닐-p-페닐렌디아민	2.0
	피크라민산	0.6
	황산 p-니트로-o-페닐렌디아민	2.0
	황산 p-메칠아미노페놀	0.68
	황산 5-아미노-o-크레솔	4.5
	황산 m-아미노페놀	2.0
	황산 o-아미노페놀	3.0
	황산 p-아미노페놀	1.3
	황산 톨루엔-2,5-디아민	3.6
	황산 m-페닐렌디아민	3.0
	황산 p-페닐렌디아민	3.8
	황산 N,N-비스(2-히드록시에칠)-p-페닐렌디아민	2.9
	2,6-디아미노피리딘	0.15
	염산 2,4-디아미노페놀	0.5
	1,5-디히드록시나프탈렌	0.5
	피크라민산 나트륨	0.6
	황산 2-아미노-5-니트로페놀	1.5
	황산 o-클로로-p-페닐렌디아민	1.5
	황산 1-히드록시에칠-4,5-디아미노피라졸	3.0
	히드록시벤조모르포린	1.0
	6-히드록시인돌	0.5
II	α-나프톨	2.0
	레조시놀	2.0
	2-메칠레조시놀	0.5
	몰식자산	4.0
	카테콜	1.5
	피로갈롤	2.0

Ⅲ	A	과붕산나트륨사수화물 과붕산나트륨일수화물 과산화수소수 과탄산나트륨	
	B	강암모니아수 모노에탄올아민 수산화나트륨	
Ⅳ		과황산암모늄 과황산칼륨 과황산나트륨	
Ⅴ	A	황산철	
	B	피로갈롤	

※ Ⅰ란에 있는 유효성분 중 염이 다른 동일 성분은 1종만을 배합한다.

※ 유효성분 중 사용 시 농도상한이 같은 표에 설정되어 있는 것은 제품 중의 최대배합량이 사용 시 농도로 환산하여 같은 농도상한을 초과하지 않아야 한다.

※ I란에 기재된 유효성분을 2종 이상 배합하는 경우에는 각 성분의 사용 시 농도(%)의 합계치가 5.0 %를 넘지 않아야 한다.

※ ⅢA란에 기재된 것 중 과산화수소수는 과산화수소로서 제품 중 농도가 12.0 % 이하이어야 한다.

※ 제품에 따른 유효성분의 사용구분은 아래와 같다.

(1) 산화염모제

① 2제형 1품목 신청의 경우

Ⅰ란 및 ⅢA란에 기재된 유효성분을 각각 1종 이상 배합하고 필요에 따라 같은 표 Ⅱ란 및 Ⅳ란에 기재된 유효성분을 배합한다.

② 1제형 (분말제, 액제 등) 신청의 경우

Ⅰ란에 기재된 유효성분을 1종류 이상 배합하고 필요에 따라 같은 표 Ⅱ란, ⅢA란 및 IV란에 기재된 유효성분을 배합할 수 있다.

③ 2제형 제1제 분리신청의 경우

I란에 기재된 유효성분을 1종류 이상 배합하고 필요에 따라 같은 표 Ⅱ란 및 IV란에 기재된 유효성분을 배합할 수 있다.

(2) 비산화염모제

VA란 및 VB란에 기재된 유효성분을 각각 1종 이상 배합하고 필요에 따라 같은 표 ⅢB란에 기재된 유효성분을 배합한다.

(3) 탈색·탈염제

① 2제형 1품목 신청, 1제형 신청의 경우

ⅢA란에 기재된 유효성분을 1종류 이상 배합하고 필요에 따라서 같은 표 ⅢB란 및 IV란에 기재된 유효성분을 배합한다.

② 2제형 제1제 분리신청의 경우

ⅢA란, ⅢB란 또는 IV란에 기재된 유효성분을 1종류 이상 배합한다.

(4) 산화염모제의 산화제 또는 탈색·탈염제의 산화제

ⅢA란에 기재된 유효성분을 1종류 이상 배합하고 필요에 따라 같은 표 IV란에 기재된 유효성분을 배합한다.

(5) 산화염모제의 산화보조제 또는 탈색·탈염제의 산화보조제

IV란에 기재된 유효성분을 1종류 이상 배합한다.

효능 · 효과		신청 방식	제 형		I란	II란	III란 A	III란 B	IV란	V란 A	V란 B
염모제	산화염모	1품목 신청	1제형(1)		o	(o)	o		(o)		
			1제형(2)		o	(o)					
			2제형	제1제	o	(o)			(o)		
				제2제			o				
			3제형	제1제	o	(o)			(o)		
				제2제			o				
				제3제					(o)		
		분리신청	2제형		o	(o)			(o)		
	비산화염모	1품목 신청	1제형							o	o
			2제형	제1제				(o)			o
				제2제						o	o
탈색·탈염제		1품목 신청	1제형 (1)				o	o	(o)		
			1제형 (2)				o		(o)		
			2제형(1)	제1제				o	(o)		
				제2제			o		(o)		
			2제형(2)	제1제					o		
				제2제			o				
			3제형	제1제				o	(o)		
				제2제			o		(o)		
				제3제					(o)		
		분리신청	2제형(1)	제1제				o	(o)		
			2제형(2)	제1제			o	(o)			
			2제형(3)	제1제					o		
산화염모제의 산화제로 사용				분리신청			o		(o)		
탈색·탈염제의 산화제로 사용							o		(o)		
산화염모제, 탈색·탈염제의 산화제로 사용							o		(o)		
산화염모제의 산화보조제로 사용									o		
탈색·탈염제의 산화보조제로서 사용									o		
산화염모제, 탈색·탈염제의 산화보조제로 사용									o		

※ O : 반드시 배합해야 할 유효성분
(O) : 필요에 따라 배합하는 유효성분
※ 다만, 3제형 산화염모제 및 3제형 탈색 · 탈염제의 경우에는 제3제가 희석제 등으로 구성되어 유효성분을 포함하지 않을 수 있다.
※ 다만, 2제형 산화염모제에서 제2제의 유효성분인 Ⅲ A란의 성분이 제1제에 배합되고 제2제가 희석제 등으로 구성되어 유효성분을 포함하지 않는 경우에도 제2제를 1개 품목으로 신청할 수 있다.

5. 체모를 제거하는 기능을 가진 제품의 성분 및 함량

(제형은 액제, 크림제, 로션제, 에어로졸제에 한하며, 제품의 효능·효과는 "제모(체모의 제거)"로, 용법·용량은 "사용 전 제모할 부위를 씻고 건조시킨 후 이 제품을 제모할 부위의 털이 완전히 덮이도록 충분히 바른다. 문지르지 말고 5~10분간 그대로 두었다가 일부분을 손가락으로 문질러 보아 털이 쉽게 제거되면 젖은 수건[(제품에 따라서는) 또는 동봉된 부직포 등]으로 닦아 내거나 물로 씻어낸다. 면도한 부위의 짧고 거친 털을 완전히 제거하기 위해서는 한 번 이상(수일 간격) 사용하는 것이 좋다"로 제한함)

연번	성분명	함량
1	치오글리콜산 80%	치오글리콜산으로서 3.0~4.5 %

※ pH 범위는 7.0 이상 12.7 미만이어야 한다.

6. 여드름성 피부를 완화하는데 도움을 주는 제품의 성분 및 함량

연번	성분명	함량
1	살리실릭애씨드	0.5 %

(유형은 인체세정용제품류(비누조성의 제제)로, 제형은 액제, 로션제, 크림제에 한함(부직포 등에 침적된 상태는 제외함) 제품의 효능·효과는 "여드름성 피부를 완화하는 데 도움을 준다"로, 용법·용량은 "본품 적당량을 취해 피부에 사용한 후 물로 바로 깨끗이 씻어낸다"로 제한함)

화장품 안전기준 등에 관한 규정

[시행 2020. 2. 25.] [식품의약품안전처고시 제2020-12호, 2020. 2. 25., 타법개정.]

식품의약품안전처(화장품정책과), 043-719-3405

제1장 총칙

제1조(목적) 이 고시는 「화장품법」 제2조제3호의2에 따라 맞춤형화장품에 사용할 수 있는 원료를 지정하는 한편, 같은 법 제8조에 따라 화장품에 사용할 수 없는 원료 및 사용상의 제한이 필요한 원료에 대하여 그 사용기준을 지정하고, 유통화장품 안전관리 기준에 관한 사항을 정함으로써 화장품의 제조 또는 수입 및 안전관리에 적정을 기함을 목적으로 한다.

제2조(적용범위) 이 규정은 국내에서 제조, 수입 또는 유통되는 모든 화장품에 대하여 적용한다.

제2장 화장품에 사용할 수 없는 원료 및 사용상의 제한이 필요한 원료에 대한 사용기준

제3조(사용할 수 없는 원료) 화장품에 사용할 수 없는 원료는 별표 1과 같다.

제4조(사용상의 제한이 필요한 원료에 대한 사용기준) 화장품에 사용상의 제한이 필요한 원료 및 그 사용기준은 별표 2와 같으며, 별표 2의 원료 외의 보존제, 자외선 차단제 등은 사용할 수 없다.

제3장 맞춤형화장품에 사용할 수 있는 원료

제5조(맞춤형화장품에 사용 가능한 원료) 다음 각 호의 원료를 제외한 원료는 맞춤형화장품에 사용할 수 있다.

1. 별표 1의 화장품에 사용할 수 없는 원료
2. 별표 2의 화장품에 사용상의 제한이 필요한 원료
3. 식품의약품안전처장이 고시한 기능성화장품의 효능·효과를 나타내는 원료(다만, 맞춤형화장품판매업자에게 원료를 공급하는 화장품책임판매업자가 「화장품법」 제4조에 따라 해당 원료를 포함하여 기능성화장품에 대한 심사를 받거나 보고서를 제출한 경우는 제외한다)

제4장 유통화장품 안전관리 기준

제6조(유통화장품의 안전관리 기준) ① 유통화장품은 제2항부터 제5항까지의 안전관리 기준에 적합하여야 하며, 유통화장품 유형별로 제6항부터 제9항까지의 안전관리 기준에 추가적으로 적합하여야 한다. 또한 시험방법은 별표 4에 따라 시험하되, 기타 과학적·합리적으로 타당성이 인정되는 경우 자사 기준으로 시험할 수 있다.

② 화장품을 제조하면서 다음 각 호의 물질을 인위적으로 첨가하지 않았으나, 제조 또는 보관 과정 중 포장재로부터 이행되는 등 비의도적으로 유래된 사실이 객관적인 자료로 확인되고 기술적으로 완전한 제거가 불가능한 경우 해당 물질의 검출 허용 한도는 다음 각 호와 같다.

1. 납 : 점토를 원료로 사용한 분말제품은 50㎍/g이하, 그 밖의 제품은 20㎍/g이하
2. 니켈: 눈 화장용 제품은 35㎍/g 이하, 색조 화장용 제품은 30㎍/g이하, 그 밖의 제품은 10㎍/g 이하
3. 비소 : 10㎍/g이하
4. 수은 : 1㎍/g이하
5. 안티몬 : 10㎍/g이하
6. 카드뮴 : 5㎍/g이하
7. 디옥산 : 100㎍/g이하
8. 메탄올 : 0.2(v/v)%이하, 물휴지는 0.002%(v/v)이하
9. 포름알데하이드 : 2000㎍/g이하, 물휴지는 20㎍/g이하
10. 프탈레이트류(디부틸프탈레이트, 부틸벤질프탈레이트 및 디에칠헥실프탈레이트에 한함) : 총 합으로서 100㎍/g이하

③ 별표 1의 사용할 수 없는 원료가 제2항의 사유로 검출되었으나 검출허용한도가 설정되지 아니한 경우에는 「화장품법 시행규칙」 제17조에 따라 위해평가 후 위해 여부를 결정하여야 한다.

④ 미생물한도는 다음 각 호와 같다.

1. 총호기성생균수는 영·유아용 제품류 및 눈화장용 제품류의 경우 500개/g(mL)이하
2. 물휴지의 경우 세균 및 진균수는 각각 100개/g(mL)이하
3. 기타 화장품의 경우 1,000개/g(mL)이하
4. 대장균(Escherichia Coli), 녹농균(Pseudomonas aeruginosa), 황색포도상구균(Staphylococcus aureus)은 불검출

⑤ 내용량의 기준은 다음 각 호와 같다.

1. 제품 3개를 가지고 시험할 때 그 평균 내용량이 표기량에 대하여 97% 이상(다만, 화장 비누의 경우 건조중량을 내용량으로 한다)
2. 제1호의 기준치를 벗어날 경우 : 6개를 더 취하여 시험할 때 9개의 평균 내용량이 제1호의 기준치 이상
3. 그 밖의 특수한 제품 :「대한민국약전」(식품의약품안전처 고시)을 따를 것

⑥ 영·유아용 제품류(영·유아용 샴푸, 영·유아용 린스, 영·유아 인체 세정용 제품, 영·유아 목욕용 제품 제

외), 눈 화장용 제품류, 색조 화장용 제품류, 두발용 제품류(샴푸, 린스 제외), 면도용 제품류(셰이빙 크림, 셰이빙 폼 제외), 기초화장용 제품류(클렌징 워터, 클렌징 오일, 클렌징 로션, 클렌징 크림 등 메이크업 리무버 제품 제외) 중 액, 로션, 크림 및 이와 유사한 제형의 액상제품은 pH 기준이 3.0~9.0 이어야 한다. 다만, 물을 포함하지 않는 제품과 사용한 후 곧바로 물로 씻어 내는 제품은 제외한다.

⑦ 기능성화장품은 기능성을 나타나게 하는 주원료의 함량이 「화장품법」제4조 및 같은 법 시행규칙 제9조 또는 제10조에 따라 심사 또는 보고한 기준에 적합하여야 한다.

⑧ 퍼머넌트웨이브용 및 헤어스트레이트너 제품은 다음 각 호의 기준에 적합하여야 한다.

1. 치오글라이콜릭애씨드 또는 그 염류를 주성분으로 하는 냉2욕식 퍼머넌트웨이브용 제품 : 이 제품은 실온에서 사용하는 것으로서 치오글라이콜릭애씨드 또는 그 염류를 주성분으로 하는 제1제 및 산화제를 함유하는 제2제로 구성된다.

가. 제1제 : 이 제품은 치오글라이콜릭애씨드 또는 그 염류를 주성분으로 하고, 불휘발성 무기알칼리의 총량이 치오글라이콜릭애씨드의 대응량 이하인 액제이다. 단, 산성에서 끓인 후의 환원성물질의 함량이 7.0%를 초과하는 경우에는 초과분에 대하여 디치오디글라이콜릭애씨드 또는 그 염류를 디치오디글라이콜릭애씨드로서 같은량 이상 배합하여야 한다. 이 제품에는 품질을 유지하거나 유용성을 높이기 위하여 적당한 알칼리제, 침투제, 습윤제, 착색제, 유화제, 향료 등을 첨가할 수 있다.

1) pH : 4.5 ~ 9.6

2) 알칼리 : 0.1N염산의 소비량은 검체 1mL 에 대하여 7.0mL이하

3) 산성에서 끓인 후의 환원성 물질(치오글라이콜릭애씨드) : 산성에서 끓인 후의 환원성 물질의 함량(치오글라이콜릭애씨드로서)이 2.0 ~ 11.0%

4) 산성에서 끓인 후의 환원성 물질이외의 환원성 물질(아황산염, 황화물 등) : 검체 1mL 중의 산성에서 끓인 후의 환원성 물질이외의 환원성 물질에 대한 0.1N 요오드액의 소비량이 0.6mL이하

5) 환원후의 환원성 물질(디치오디글라이콜릭애씨드) : 환원후의 환원성 물질의 함량은 4.0%이하

6) 중금속 : 20μg/g이하

7) 비소 : 5μg/g이하

8) 철 : 2μg/g이하

나. 제2제

1) 브롬산나트륨 함유제제 : 브롬산나트륨에 그 품질을 유지하거나 유용성을 높이기 위하여 적당한 용해제, 침투제, 습윤제, 착색제, 유화제, 향료 등을 첨가한 것이다.

가) 용해상태 : 명확한 불용성이물이 없을 것

나) pH : 4.0 ~ 10.5

다) 중금속 : 20μg/g이하

라) 산화력 : 1인 1회 분량의 산화력이 3.5이상

2) 과산화수소수 함유제제 : 과산화수소수 또는 과산화수소수에 그 품질을 유지하거나 유용성을 높이기 위하여 적당한 침투제, 안정제, 습윤제, 착색제, 유화제, 향료 등을 첨가한 것이다.

가) pH : 2.5 ~ 4.5

나) 중금속 : 20㎍/g이하

다) 산화력 : 1인 1회 분량의 산화력이 0.8 ~ 3.0

2. 시스테인, 시스테인염류 또는 아세틸시스테인을 주성분으로 하는 냉2욕식 퍼머넌트웨이브용 제품 : 이 제품은 실온에서 사용하는 것으로서 시스테인, 시스테인염류 또는 아세틸시스테인을 주성분으로 하는 제1제 및 산화제를 함유하는 제2제로 구성된다.

가. 제1제 : 이 제품은 시스테인, 시스테인염류 또는 아세틸시스테인을 주성분으로 하고 불휘발성 무기알칼리를 함유하지 않은 액제이다. 이 제품에는 품질을 유지하거나 유용성을 높이기 위하여 적당한 알칼리제, 침투제, 습윤제, 착색제, 유화제, 향료 등을 첨가할 수 있다.

1) pH : 8.0 ~ 9.5

2) 알칼리 : 0.1N 염산의 소비량은 검체 1mL에 대하여 12mL이하

3) 시스테인 : 3.0 ~ 7.5%

4) 환원후의 환원성물질(시스틴) : 0.65%이하

5) 중금속 : 20㎍/g이하

6) 비소 : 5㎍/g이하

7) 철 : 2㎍/g이하

나. 제2제 기준 : 1. 치오글라이콜릭애씨드 또는 그 염류를 주성분으로 하는 냉2욕식 퍼머넌트웨이브용 제품 나. 제2제의 기준에 따른다.

3. 치오글라이콜릭애씨드 또는 그 염류를 주성분으로 하는 냉2욕식 헤어스트레이트너용 제품 : 이 제품은 실온에서 사용하는 것으로서 치오글라이콜릭애씨드 또는 그 염류를 주성분으로 하는 제1제 및 산화제를 함유하는 제2제로 구성된다.

가. 제1제 : 이 제품은 치오글라이콜릭애씨드 또는 그 염류를 주성분으로 하고 불휘발성 무기알칼리의 총량이 치오글라이콜릭애씨드의 대응량 이하인 제제이다. 단, 산성에서 끓인 후의 환원성물질의 함량이 7.0%를 초과하는 경우, 초과분에 대해 디치오디글라이콜릭애씨드 또는 그 염류를 디치오디글라이콜릭애씨드로 같은 양 이상 배합하여야 한다. 이 제품에는 품질을 유지하거나 유용성을 높이기 위하여 적당한 알칼리제, 침투제, 착색제, 습윤제, 유화제, 증점제, 향료 등을 첨가할 수 있다.

1) pH : 4.5 ~ 9.6

2) 알칼리 : 0.1N 염산의 소비량은 검체 1mL에 대하여 7.0mL이하

3) 산성에서 끓인 후의 환원성물질(치오글라이콜릭애씨드) : 2.0 ~ 11.0%

4) 산성에서 끓인 후의 환원성물질 이외의 환원성물질(아황산, 황화물 등) : 검체 1mL중의 산성에서 끓인 후의 환원성물질 이외의 환원성물질에 대한 0.1N 요오드액의 소비량은 0.6mL이하

5) 환원후의 환원성물질(디치오디글리콜릭애씨드) : 4.0%이하

6) 중금속 : 20㎍/g이하

7) 비소 : 5㎍/g이하

8) 철 : 2㎍/g이하

나. 제2제 기준 : 1. 치오글라이콜릭애씨드 또는 그 염류를 주성분으로 하는 냉2욕식 퍼머넌트웨이브용 제품 나. 제2제의 기준에 따른다.

4. 치오글라이콜릭애씨드 또는 그 염류를 주성분으로 하는 가온2욕식 퍼머넌트웨이브용 제품 : 이 제품은 사용할 때 약 60℃이하로 가온조작하여 사용하는 것으로서 치오글라이콜릭애씨드 또는 그 염류를 주성분으로 하는 제1제 및 산화제를 함유하는 제2제로 구성된다.

가. 제1제 : 이 제품은 치오글라이콜릭애씨드 또는 그 염류를 주성분으로 하고 불휘발성 무기알칼리의 총량이 치오글라이콜릭애씨드의 대응량 이하인 액제이다. 이 제품에는 품질을 유지하거나 유용성을 높이기 위하여 적당한 알칼리제, 침투제, 습윤제, 착색제, 유화제, 향료 등을 첨가할 수 있다.

1) pH : 4.5 ~ 9.3

2) 알칼리 : 0.1N 염산의 소비량은 검체 1mL에 대하여 5mL이하

3) 산성에서 끓인 후의 환원성물질(치오글라이콜릭애씨드) : 1.0 ~ 5.0%

4) 산성에서 끓인 후의 환원성물질 이외의 환원성물질(아황산, 황화물 등) : 검체 1mL중의 산성에서 끓인 후의 환원성물질 이외의 환원성물질에 대한 0.1N 요오드액의 소비량은 0.6mL이하

5) 환원후의 환원성물질(디치오디글라이콜릭애씨드) : 4.0%이하

6) 중금속 : 20㎍/g이하

7) 비소 : 5㎍/g이하

8) 철 : 2㎍/g이하

나. 제2제 기준 : 1. 치오글라이콜릭애씨드 또는 그 염류를 주성분으로 하는 냉2욕식 퍼머넌트웨이브용 제품 나. 제2제의 기준에 따른다.

5. 시스테인, 시스테인염류 또는 아세틸시스테인을 주성분으로 하는 가온 2욕식 퍼머넌트웨이브용 제품 : 이 제품은 사용 시 약 60℃ 이하로 가온조작하여 사용하는 것으로서 시스테인, 시스테인염류, 또는 아세틸시스테인을 주성분으로 하는 제1제 및 산화제를 함유하는 제2제로 구성된다.

가. 제1제 : 이 제품은 시스테인, 시스테인염류, 또는 아세틸시스테인을 주성분으로 하고 불휘발성 무기알칼리를 함유하지 않는 액제로서 이 제품에는 품질을 유지하거나 유용성을 높이기 위해서 적당한 알칼리제, 침투제, 습윤제, 착색제, 유화제, 향료 등을 첨가할 수 있다.

1) pH : 4.0 ~ 9.5

2) 알칼리 : 0.1N염산의 소비량은 검체 1mL에 대하여 9mL이하

3) 시스테인 : 1.5 ~ 5.5%

4) 환원후의 환원성물질(시스틴) : 0.65%이하

5) 중금속 : 20㎍/g이하

6) 비소 : 5㎍/g이하

7) 철 : 2㎍/g이하

나. 제2제 기준 : 1. 치오글라이콜릭애씨드 또는 그 염류를 주성분으로 하는 냉2욕식 퍼머넌트웨이브용 제품 나. 제2제의 기준에 따른다.

6. 치오글라이콜릭애씨드 또는 그 염류를 주성분으로 하는 가온2욕식 헤어스트레이트너 제품 : 이 제품은 시험할 때 약 60℃이하로 가온 조작하여 사용하는 것으로서 치오글라이콜릭애씨드 또는 그 염류를 주성분으로 하는 제1제 및 산화제를 함유하는 제2제로 구성된다.

가. 제1제 : 이 제품은 치오글라이콜릭애씨드 또는 그 염류를 주성분으로 하고 불휘발성 알칼리의 총량이 치오글라이콜릭애씨드의 대응량 이하인 제제이다. 이 제품에는 품질을 유지하거나 유용성을 높이기 위하여 적당한 알칼리제, 침투제, 습윤제, 유화제, 점증제, 향료 등을 첨가할 수 있다.

1) pH : 4.5 ~ 9.3

2) 알칼리 : 0.1N 염산의 소비량은 검체 1mL에 대하여 5.0mL이하

3) 산성에서 끓인 후의 환원성물질(치오글라이콜릭애씨드) : 1.0 ~ 5.0%

4) 산성에서 끓인 후의 환원성물질 이외의 환원성물질(아황산염, 황화물 등) : 검체 1mL중의 산성에서 끓인 후의 환원성물질 이외의 환원성물질에 대한 0.1N 요오드액의 소비량은 0.6mL이하

5) 환원 후의 환원성물질(디치오디글라이콜릭애씨드) : 4.0%이하

6) 중금속 : 20㎍/g이하

7) 비소 : 5㎍/g이하

8) 철 : 2㎍/g이하

나. 제2제 기준 : 1. 치오글라이콜릭애씨드 또는 그 염류를 주성분으로 하는 냉2욕식 퍼머넌트웨이브용 제품 나. 제2제의 기준에 따른다.

7. 치오글라이콜릭애씨드 또는 그 염류를 주성분으로 하는 고온정발용 열기구를 사용하는 가온2욕식 헤어스트레이트너 제품 : 이 제품은 시험할 때 약 60℃이하로 가온하여 제1제를 처리한 후 물로 충분히 세척하여 수분을 제거하고 고온정발용 열기구(180℃이하)를 사용하는 것으로서 치오글라이콜릭애씨드 또는 그 염류를 주성분으로 하는 제1제 및 산화제를 함유하는 제2제로 구성된다.

가. 제1제 : 이 제품은 치오글라이콜릭애씨드 또는 그 염류를 주성분으로 하고 불휘발성 알칼리의 총량이 치오글라이콜릭애씨드의 대응량 이하인 제제이다. 이 제품에는 품질을 유지하거나 유용성을 높이기 위하여 적당한 알칼리제, 침투제, 습윤제, 유화제, 점증제, 향료 등을 첨가할 수 있다.

1) pH : 4.5 ~ 9.3

2) 알칼리 : 0.1N 염산의 소비량은 검체 1mL에 대하여 5.0mL이하

3) 산성에서 끓인 후의 환원성물질(치오글라이콜릭애씨드) : 1.0 ~ 5.0%

4) 산성에서 끓인 후의 환원성물질 이외의 환원성물질(아황산염, 황화물 등) : 검체 1mL중의 산성에서 끓

인 후의 환원성물질 이외의 환원성물질에 대한 0.1N 요오드액의 소비량은 0.6mL이하

5) 환원 후의 환원성물질(디치오디글라이콜릭애씨드) : 4.0%이하

6) 중금속 : 20㎍/g이하

7) 비소 : 5㎍/g이하

8) 철 : 2㎍/g이하

나. 제2제 기준 : 1. 치오글라이콜릭애씨드 또는 그 염류를 주성분으로 하는 냉2욕식 퍼머넌트웨이브용 제품 나. 제2제의 기준에 따른다.

8. 치오글라이콜릭애씨드 또는 그 염류를 주성분으로 하는 냉1욕식 퍼머넌트웨이브용 제품 : 이 제품은 실온에서 사용하는 것으로서 치오글라이콜릭애씨드 또는 그 염류를 주성분으로 하고 불휘발성 무기알칼리의 총량이 치오글라이콜릭애씨드의 대응량 이하인 액제이다. 이 제품에는 품질을 유지하거나 유용성을 높이기 위하여 적당한 알칼리제, 침투제, 습윤제, 착색제, 유화제, 향료 등을 첨가할 수 있다.

1) pH : 9.4 ~ 9.6

2) 알칼리 : 0.1N 염산의 소비량은 검체 1mL에 대하여 3.5 ~ 4.6mL

3) 산성에서 끓인 후의 환원성 물질(치오글라이콜릭애씨드) : 3.0 ~ 3.3%

4) 산성에서 끓인 후의 환원성물질 이외의 환원성물질(아황산염, 황화물 등) : 검체 1mL 중인 산성에서 끓인 후의 환원성물질 이외의 환원성 물질에 대한 0.1N 요오드액의 소비량은 0.6mL이하

5) 환원후의 환원성물질(디치오디글라이콜릭애씨드) : 0.5%이하

6) 중금속 : 20㎍/g이하

7) 비소 : 5㎍/g이하

8) 철 : 2㎍/g이하

9. 치오글라이콜릭애씨드 또는 그 염류를 주성분으로 하는 제1제 사용시 조제하는 발열2욕식 퍼머넌트웨이브용 제품 : 이 제품은 치오글라이콜릭애씨드 또는 그 염류를 주성분으로 하는 제1제의 1과 제1제의 1 중의 치오글라이콜릭애씨드 또는 그 염류의 대응량 이하의 과산화수소를 함유한 제1제의 2, 과산화수소를 산화제로 함유하는 제2제로 구성되며, 사용시 제1제의 1 및 제1제의 2를 혼합하면 약 40℃로 발열되어 사용하는 것이다.

가. 제1제의 1 : 이 제품은 치오글라이콜릭애씨드 또는 그 염류를 주성분으로 하는 액제로서 이 제품에는 품질을 유지하거나 유용성을 높이기 위하여 적당한 알칼리제, 침투제, 습윤제, 착색제, 유화제, 향료 등을 첨가할 수 있다.

1) pH : 4.5 ~ 9.5

2) 알칼리 : 0.1N 염산의 소비량은 검체 1mL에 대하여 10mL이하

3) 산성에서 끓인 후의 환원성물질(치오글라이콜릭애씨드) : 8.0 ~ 19.0%

4) 산성에서 끓인 후의 환원성물질 이외의 환원성물질(아황산염, 황화물 등) : 검체 1mL중의 산성에서 끓

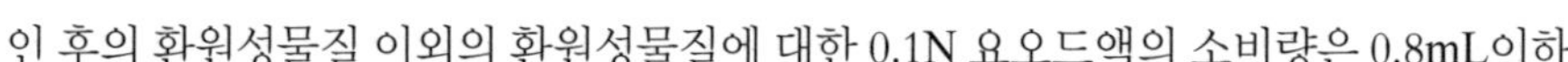

인 후의 환원성물질 이외의 환원성물질에 대한 0.1N 요오드액의 소비량은 0.8mL이하

5) 환원후의 환원성물질(디치오디글라이콜릭애씨드) : 0.5%이하

6) 중금속 : 20㎍/g이하

7) 비소 : 5㎍/g이하

8) 철 : 2㎍/g이하

나. 제1제의 2 : 이 제품은 제1제의 1중에 함유된 치오글라이콜릭애씨드 또는 그 염류의 대응량 이하의 과산화수소를 함유한 액제로서 이 제품에는 품질을 유지하거나 유용성을 높이기 위하여 적당한 침투제, pH조정제, 안정제, 습윤제, 착색제, 유화제, 향료 등을 첨가할 수 있다.

1) pH : 2.5 ~ 4.5

2) 중금속 : 20㎍/g이하

3) 과산화수소 : 2.7 ~ 3.0%

다. 제1제의 1 및 제1제의 2의 혼합물 : 이 제품은 제1제의 1 및 제1제의 2를 용량비 3 : 1로 혼합한 액제로서 치오글라이콜릭애씨드 또는 그 염류를 주성분으로 하고 불휘발성 무기알칼리의 총량이 치오글라이콜릭애씨드의 대응량 이하인 것이다.

1) pH : 4.5 ~ 9.4

2) 알칼리 : 0.1N 염산의 소비량은 검체 1mL 에 대하여 7mL이하

3) 산성에서 끓인 후의 환원성물질(치오글라이콜릭애씨드) : 2.0 ~ 11.0%

4) 산성에서 끓인 후의 환원성물질 이외의 환원성물질(아황산염, 황화물 등) : 산성에서 끓인 후의 환원성물질 이외의 환원성물질에 대한 0.1N 요오드액의 소비량은 0.6mL이하

5) 환원후의 환원성물질(디치오디글라이콜릭애씨드) : 3.2 ~ 4.0%

6) 온도상승 : 온도의 차는 14℃ ~ 20℃

라. 제2제 : 1. 치오글라이콜릭애씨드 또는 그 염류를 주성분으로 하는 냉2욕식 퍼머넌트웨이브용 제품 나. 제2제의 기준에 따른다.

⑨ 유리알칼리 0.1% 이하(화장 비누에 한함)

제7조(규제의 재검토) 「행정규제기본법」제8조 및 「훈령·예규 등의 발령 및 관리에 관한 규정」에 따라 2014년 1월 1일을 기준으로 매 3년이 되는 시점(매 3년째의 12월 31일까지를 말한다)마다 그 타당성을 검토하여 개선 등의 조치를 하여야 한다.

부칙 〈제2020-12호, 2020. 2. 25.〉

이 고시는 고시한 날부터 시행한다.

[별표 1]

사용할 수 없는 원료

갈라민트리에치오다이드
갈란타민
중추신경계에 작용하는 교감신경흥분성아민
구아네티딘 및 그 염류
구아이페네신
글루코코르티코이드
글루테티미드 및 그 염류
글리사이클아미드
금염
무기 나이트라이트(소듐나이트라이트 제외)
나파졸린 및 그 염류
나프탈렌
1,7-나프탈렌디올
2,3-나프탈렌디올
2,7-나프탈렌디올 및 그 염류(다만, 2,7-나프탈렌디올은 염모제에서 용법·용량에 따른 혼합물의 염모성분으로서 1.0 % 이하 제외)
2-나프톨
1-나프톨 및 그 염류(다만, 1-나프톨은 산화염모제에서 용법·용량에 따른 혼합물의 염모성분으로서 2.0 % 이하는 제외)
3-(1-나프틸)-4-히드록시코우마린
1-(1-나프틸메칠)퀴놀리늄클로라이드
N-2-나프틸아닐린
1,2-나프틸아민 및 그 염류
날로르핀, 그 염류 및 에텔
납 및 그 화합물
네오디뮴 및 그 염류
네오스티그민 및 그 염류(예 : 네오스티그민브로마이드)
노닐페놀[1] ; 4-노닐페놀, 가지형[2]
노르아드레날린 및 그 염류
노스카핀 및 그 염류
니그로신 스피릿 솔루블(솔벤트 블랙 5) 및 그 염류

니켈
니켈 디하이드록사이드
니켈 디옥사이드
니켈 모노옥사이드
니켈 설파이드
니켈 설페이트
니켈 카보네이트
니코틴 및 그 염류
2-니트로나프탈렌
니트로메탄
니트로벤젠
4-니트로비페닐
4-니트로소페놀
3-니트로-4-아미노페녹시에탄올 및 그 염류
니트로스아민류(예 : 2,2'-(니트로소이미노)비스에탄올, 니트로소디프로필아민, 디메칠니트로소아민)
니트로스틸벤, 그 동족체 및 유도체
2-니트로아니솔
5-니트로아세나프텐
니트로크레졸 및 그 알칼리 금속염
2-니트로톨루엔
5-니트로-o-톨루이딘 및 5-니트로-o-톨루이딘 하이드로클로라이드
6-니트로-o-톨루이딘
3-[(2-니트로-4-(트리플루오로메칠)페닐)아미노]프로판-1,2-디올(에이치시 황색 No. 6) 및 그 염류
4-[(4-니트로페닐)아조]아닐린(디스퍼스오렌지 3) 및 그 염류
2-니트로-p-페닐렌디아민 및 그 염류(예 : 니트로-p-페닐렌디아민 설페이트)(다만, 니트로-p-페닐렌디아민은 산화염모제에서 용법·용량에 따른 혼합물의 염모성분으로서 3.0 % 이하는 제외)
4-니트로-m-페닐렌디아민 및 그 염류(예 : p-니트로-m-페닐렌디아민 설페이트)
니트로펜
니트로퓨란계 화합물(예 : 니트로푸란토인, 푸라졸리돈)
2-니트로프로판
6-니트로-2,5-피리딘디아민 및 그 염류
2-니트로-N-하이드록시에칠-p-아니시딘 및 그 염류
니트록솔린 및 그 염류
다미노지드

다이노캡(ISO)
다이우론
다투라(Datura)속 및 그 생약제제
데카메칠렌비스(트리메칠암모늄)염(예 : 데카메토늄브로마이드)
데쿠알리니움 클로라이드
덱스트로메토르판 및 그 염류
덱스트로프로폭시펜
도데카클로로펜타사이클로[5.2.1.02,6.03,9.05,8]데칸
도딘
돼지폐추출물
두타스테리드, 그 염류 및 유도체
1,5-디-(베타-하이드록시에칠)아미노-2-니트로-4-클로로벤젠 및 그 염류(예 : 에이치시 황색 No. 10)(다만, 비산화염모제에서 용법·용량에 따른 혼합물의 염모성분으로서 0.1 % 이하는 제외)
5,5'-디-이소프로필-2,2'-디메칠비페닐-4,4'디일 디히포아이오다이트
디기탈리스(Digitalis)속 및 그 생약제제
디노셉, 그 염류 및 에스텔류
디노터브, 그 염류 및 에스텔류
디니켈트리옥사이드
디니트로톨루엔, 테크니컬등급
2,3-디니트로톨루엔
2,5-디니트로톨루엔
2,6-디니트로톨루엔
3,4-디니트로톨루엔
3,5-디니트로톨루엔
디니트로페놀이성체
5-[(2,4-디니트로페닐)아미노]-2-(페닐아미노)-벤젠설포닉애씨드 및 그 염류
디메바미드 및 그 염류
7,11-디메칠-4,6,10-도데카트리엔-3-온
2,6-디메칠-1,3-디옥산-4-일아세테이트(디메톡산, o-아세톡시-2,4-디메칠-m-디옥산)
4,6-디메칠-8-tert-부틸쿠마린
[3,3'-디메칠[1,1'-비페닐]-4,4'-디일]디암모늄비스(하이드로젠설페이트)
디메칠설파모일클로라이드
디메칠설페이트
디메칠설폭사이드

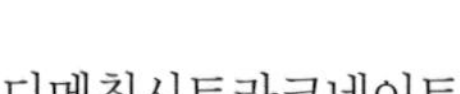

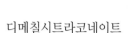

디메칠시트라코네이트
N,N-디메칠아닐리늄테트라키스(펜타플루오로페닐)보레이트
N,N-디메칠아닐린
1-디메칠아미노메칠-1-메칠프로필벤조에이트(아밀로카인) 및 그 염류
9-(디메칠아미노)-벤조[a]페녹사진-7-이움 및 그 염류
5-((4-(디메칠아미노)페닐)아조)-1,4-디메칠-1H-1,2,4-트리아졸리움 및 그 염류
디메칠아민
N,N-디메칠아세타마이드
3,7-디메칠-2-옥텐-1-올(6,7-디하이드로제라니올)
6,10-디메칠-3,5,9-운데카트리엔-2-온(슈도이오논)
디메칠카바모일클로라이드
N,N-디메칠-p-페닐렌디아민 및 그 염류
1,3-디메칠펜틸아민 및 그 염류
디메칠포름아미드
N,N-디메칠-2,6-피리딘디아민 및 그 염산염
N,N'-디메칠-N-하이드록시에칠-3-니트로-p-페닐렌디아민 및 그 염류
2-(2-((2,4-디메톡시페닐)아미노)에테닐]-1,3,3-트리메칠-3H-인돌리움 및 그 염류
디바나듐펜타옥사이드
디벤즈[a,h]안트라센
2,2-디브로모-2-니트로에탄올
1,2-디브로모-2,4-디시아노부탄(메칠디브로모글루타로나이트릴)
디브로모살리실아닐리드
2,6-디브로모-4-시아노페닐 옥타노에이트
1,2-디브로모에탄
1,2-디브로모-3-클로로프로판
5-(α,β-디브로모펜에칠)-5-메칠히단토인
2,3-디브로모프로판-1-올
3,5-디브로모-4-하이드록시벤조니트닐 및 그 염류(브로목시닐 및 그 염류)
디브롬화프로파미딘 및 그 염류(이소치아네이트포함)
디설피람
디소듐[5-[[4'-[[2,6-디하이드록시-3-[(2-하이드록시-5-설포페닐)아조]페닐]아조] [1,1'비페닐]-4-일]아조]살리실레이토(4-)]쿠프레이트(2-)(다이렉트브라운 95)
디소듐 3,3'-[[1,1'-비페닐]-4,4'-디일비스(아조)]-비스(4-아미노나프탈렌-1-설포네이트)(콩고레드)
디소듐 4-아미노-3-[[4'-[(2,4-디아미노페닐)아조] [1,1'-비페닐]-4-일]아조]-5-하이드록시-6-(페닐아조)나

프탈렌-2,7-디설포네이트(다이렉트블랙 38)

디소듐 4-(3-에톡시카르보닐-4-(5-(3-에톡시카르보닐-5-하이드록시-1-(4-설포네이토페닐)피라졸-4-일)펜타-2,4-디에닐리덴)-4,5-디하이드로-5-옥소피라졸-1-일)벤젠설포네이트 및 트리소듐 4-(3-에톡시카르보닐-4-(5-(3-에톡시카르보닐-5-옥시도-1(4-설포네이토페닐)피라졸-4-일) 펜타-2,4-디에닐리덴)-4,5-디하이드로-5-옥소피라졸-1-일)벤젠설포네이트

디스퍼스레드 15

디스퍼스옐로우 3

디아놀아세글루메이트

o-디아니시딘계 아조 염료류

o-디아니시딘의 염(3,3'-디메톡시벤지딘의 염)

3,7-디아미노-2,8-디메칠-5-페닐-페나지니움 및 그 염류

3,5-디아미노-2,6-디메톡시피리딘 및 그 염류(예 : 2,6-디메톡시-3,5-피리딘디아민 하이드로클로라이드)(다만, 2,6-디메톡시-3,5-피리딘디아민 하이드로클로라이드는 산화염모제에서 용법·용량에 따른 혼합물의 염모성분으로서 0.25 % 이하는 제외)

2,4-디아미노디페닐아민

4,4'-디아미노디페닐아민 및 그 염류(예 : 4,4'-디아미노디페닐아민 설페이트)

2,4-디아미노-5-메칠페네톨 및 그 염산염

2,4-디아미노-5-메칠페녹시에탄올 및 그 염류

4,5-디아미노-1-메칠피라졸 및 그 염산염

1,4-디아미노-2-메톡시-9,10-안트라센디온(디스퍼스레드 11) 및 그 염류

3,4-디아미노벤조익애씨드

디아미노톨루엔, [4-메칠-m-페닐렌 디아민] 및 [2-메칠-m-페닐렌 디아민]의 혼합물

2,4-디아미노페녹시에탄올 및 그 염류(다만, 2,4-디아미노페녹시에탄올 하이드로클로라이드는 산화염모제에서 용법·용량에 따른 혼합물의 염모성분으로서 0.5 % 이하는 제외)

3-[[(4-[[디아미노(페닐아조)페닐]아조]-1-나프탈레닐]아조]-N,N,N-트리메칠-벤젠아미니움 및 그 염류

3-[[(4-[[디아미노(페닐아조)페닐]아조]-2-메칠페닐]아조]-N,N,N-트리메칠-벤젠아미니움 및 그 염류

2,4-디아미노페닐에탄올 및 그 염류

O,O'-디아세틸-N-알릴-N-노르몰핀

디아조메탄

디알레이트

디에칠-4-니트로페닐포스페이트

O,O'-디에칠-O-4-니트로페닐포스포로치오에이트(파라치온-ISO)

디에칠렌글라이콜 (다만, 비의도적 잔류물로서 0.1% 이하인 경우는 제외)

디에칠말리에이트

디에칠설페이트
2-디에칠아미노에칠-3-히드록시-4-페닐벤조에이트 및 그 염류
4-디에칠아미노-o-톨루이딘 및 그 염류
N-[4-[[4-(디에칠아미노)페닐][4-(에칠아미노)-1-나프탈렌일]메칠렌]-2,5-사이클로헥사디엔-1-일리딘]-N-에칠-에탄아미늄 및 그 염류
N-(4-[(4-(디에칠아미노)페닐)페닐메칠렌]-2,5-사이클로헥사디엔-1-일리덴)-N-에칠 에탄아미니움 및 그 염류
N,N-디에칠-m-아미노페놀
3-디에칠아미노프로필신나메이트
디에칠카르바모일 클로라이드
N,N-디에칠-p-페닐렌디아민 및 그 염류
디엔오시(DNOC, 4,6-디니트로-o-크레졸)
디엘드린
디옥산
디옥세테드린 및 그 염류
5-(2,4-디옥소-1,2,3,4-테트라하이드로피리미딘)-3-플루오로-2-하이드록시메칠테트라하이드로퓨란
디치오-2,2'-비스피리딘-디옥사이드 1,1'(트리하이드레이티드마그네슘설페이트 부가)(피리치온디설파이드+마그네슘설페이트)
디코우마롤
2,3-디클로로-2-메칠부탄
1,4-디클로로벤젠(p-디클로로벤젠)
3,3'-디클로로벤지딘
3,3'-디클로로벤지딘디하이드로젠비스(설페이트)
3,3'-디클로로벤지딘디하이드로클로라이드
3,3'-디클로로벤지딘설페이트
1,4-디클로로부트-2-엔
2,2'-[(3,3'-디클로로[1,1'-비페닐]-4,4'-디일)비스(아조)]비스[3-옥소-N-페닐부탄아마이드](피그먼트옐로우 12) 및 그 염류
디클로로살리실아닐리드
디클로로에칠렌(아세틸렌클로라이드)(예 : 비닐리덴클로라이드)
디클로로에탄(에칠렌클로라이드)
디클로로-m-크시레놀
α,α-디클로로톨루엔
디클로로펜

1,3-디클로로프로판-2-올
2,3-디클로로프로펜
디페녹시레이트 히드로클로라이드
1,3-디페닐구아니딘
디페닐아민
디페닐에텔 ; 옥타브로모 유도체
5,5-디페닐-4-이미다졸리돈
디펜클록사진
2,3-디하이드로-2,2-디메칠-6-[(4-(페닐아조)-1-나프텔레닐)아조]-1H-피리미딘(솔벤트블랙 3) 및 그 염류
3,4-디히드로-2-메톡시-2-메칠-4-페닐-2H,5H,피라노(3,2-c)-(1)벤조피란-5-온(시클로코우마롤)
2,3-디하이드로-2H-1,4-벤족사진-6-올 및 그 염류(예 : 히드록시벤조모르포린)(다만, 히드록시벤조모르포린은 산화염모제에서 용법·용량에 따른 혼합물의 염모성분으로서 1.0 % 이하는 제외)
2,3-디하이드로-1H-인돌-5,6-디올 (디하이드록시인돌린) 및 그 하이드로브로마이드염 (디하이드록시인돌린 하이드로브롬마이드)(다만, 비산화염모제에서 용법·용량에 따른 혼합물의 염모성분으로서 2.0 % 이하는 제외)
(S)-2,3-디하이드로-1H-인돌-카르복실릭 애씨드
디히드로타키스테롤
2,6-디하이드록시-3,4-디메칠피리딘 및 그 염류
2,4-디하이드록시-3-메칠벤즈알데하이드
4,4'-디히드록시-3,3'-(3-메칠치오프로필아이덴)디코우마린
2,6-디하이드록시-4-메칠피리딘 및 그 염류
1,4-디하이드록시-5,8-비스[(2-하이드록시에칠)아미노]안트라퀴논(디스퍼스블루 7) 및 그 염류
4-[4-(1,3-디하이드록시프로프-2-일)페닐아미노-1,8-디하이드록시-5-니트로안트라퀴논
2,2'-디히드록시-3,3'5,5',6,6'-헥사클로로디페닐메탄(헥사클로로펜)
디하이드로쿠마린
N,N'-디헥사데실-N,N'-비스(2-하이드록시에칠)프로판디아마이드 ; 비스하이드록시에칠비스세틸말론아마이드
Laurus nobilis L.의 씨로부터 나온 오일
Rauwolfia serpentina 알칼로이드 및 그 염류
라카익애씨드(CI 내츄럴레드 25) 및 그 염류
레졸시놀 디글리시딜 에텔
로다민 B 및 그 염류
로벨리아(Lobelia)속 및 그 생약제제
로벨린 및 그 염류

리누론
리도카인
과산화물가가 20mmol/L을 초과하는 d-리모넨
과산화물가가 20mmol/L을 초과하는 dℓ-리모넨
과산화물가가 20mmol/L을 초과하는 ℓ-리모넨
라이서자이드(Lysergide) 및 그 염류
마약류관리에 관한 법률 제2조에 따른 마약류
마이클로부타닐(2-(4-클로로페닐)-2-(1H-1,2,4-트리아졸-1-일메칠)헥사네니트릴)
마취제(천연 및 합성)
만노무스틴 및 그 염류
말라카이트그린 및 그 염류
말로노니트릴
1-메칠-3-니트로-1-니트로소구아니딘
1-메칠-3-니트로-4-(베타-하이드록시에칠)아미노벤젠 및 그 염류(예 : 하이드록시에칠-2-니트로-p-톨루이딘)(다만, 하이드록시에칠-2-니트로-p-톨루이딘은 염모제에서 용법·용량에 따른 혼합물의 염모성분으로서 1.0 % 이하는 제외)
N-메칠-3-니트로-p-페닐렌디아민 및 그 염류
N-메칠-1,4-디아미노안트라퀴논, 에피클로히드린 및 모노에탄올아민의 반응생성물(에이치시 청색 No. 4) 및 그 염류
3,4-메칠렌디옥시페놀 및 그 염류
메칠레소르신
메칠렌글라이콜
4,4'-메칠렌디아닐린
3,4-메칠렌디옥시아닐린 및 그 염류
4,4'-메칠렌디-o-톨루이딘
4,4'-메칠렌비스(2-에칠아닐린)
(메칠렌비스(4,1-페닐렌아조(1-(3-(디메칠아미노)프로필)-1,2-디하이드로-6-하이드록시-4-메칠-2-옥소피리딘-5,3-디일)))-1,1'-디피리디늄디클로라이드 디하이드로클로라이드
4,4'-메칠렌비스[2-(4-하이드록시벤질)-3,6-디메칠페놀]과 6-디아조-5,6-디하이드로-5-옥소-나프탈렌설포네이트(1:2)의 반응생성물과 4,4'-메칠렌비스[2-(4-하이드록시벤질)-3,6-디메칠페놀]과 6-디아조-5,6-디하이드로-5-옥소-나프탈렌설포네이트(1:3) 반응생성물과의 혼합물
메칠렌클로라이드
3-(N-메칠-N-(4-메칠아미노-3-니트로페닐)아미노)프로판-1,2-디올 및 그 염류
메칠메타크릴레이트모노머

메칠 트랜스-2-부테노에이트

2-[3-(메칠아미노)-4-니트로페녹시]에탄올 및 그 염류 (예 : 3-메칠아미노-4-니트로페녹시에탄올)(다만, 비산화염모제에서 용법·용량에 따른 혼합물의 염모성분으로서 0.15 % 이하는 제외)

N-메칠아세타마이드

(메칠-ONN-아조시)메칠아세테이트

2-메칠아지리딘(프로필렌이민)

메칠옥시란

메칠유게놀(다만, 식물추출물에 의하여 자연적으로 함유되어 다음 농도 이하인 경우에는 제외. 향료원액을 8% 초과하여 함유하는 제품 0.01%, 향료원액을 8% 이하로 함유하는 제품 0.004%, 방향용 크림 0.002%, 사용 후 씻어내는 제품 0.001%, 기타 0.0002%)

N,N'-((메칠이미노)디에칠렌))비스(에칠디메칠암모늄) 염류(예 : 아자메토늄브로마이드)

메칠이소시아네이트

6-메칠쿠마린(6-MC)

7-메칠쿠마린

메칠크레속심

1-메칠-2,4,5-트리하이드록시벤젠 및 그 염류

메칠페니데이트 및 그 염류

3-메칠-1-페닐-5-피라졸론 및 그 염류(예 : 페닐메칠피라졸론)(다만, 페닐메칠피라졸론은 산화염모제에서 용법·용량에 따른 혼합물의 염모성분으로서 0.25 % 이하는 제외)

메칠페닐렌디아민류, 그 N-치환 유도체류 및 그 염류(예 : 2,6-디하이드록시에칠아미노톨루엔)(다만, 염모제에서 염모성분으로 사용하는 것은 제외)

<삭 제>

2-메칠-m-페닐렌 디이소시아네이트

4-메칠-m-페닐렌 디이소시아네이트

4,4'-[(4-메칠-1,3-페닐렌)비스(아조)]비스[6-메칠-1,3-벤젠디아민](베이직브라운 4) 및 그 염류

4-메칠-6-(페닐아조)-1,3-벤젠디아민 및 그 염류

N-메칠포름아마이드

5-메칠-2,3-헥산디온

2-메칠헵틸아민 및 그 염류

메카밀아민

메타닐옐로우

메탄올(에탄올 및 이소프로필알콜의 변성제로서만 알콜 중 5%까지 사용)

메테토헵타진 및 그 염류

메토카바몰

메토트렉세이트

2-메톡시-4-니트로페놀(4-니트로구아이아콜) 및 그 염류

2-[(2-메톡시-4-니트로페닐)아미노]에탄올 및 그 염류(예 : 2-하이드록시에칠아미노-5-니트로아니솔)(다만, 비산화염모제에서 용법·용량에 따른 혼합물의 염모성분으로서 0.2 % 이하는 제외)

1-메톡시-2,4-디아미노벤젠(2,4-디아미노아니솔 또는 4-메톡시-m-페닐렌디아민 또는 CI76050) 및 그 염류

1-메톡시-2,5-디아미노벤젠(2,5-디아미노아니솔) 및 그 염류

2-메톡시메칠-p-아미노페놀 및 그 염산염

6-메톡시-N2-메칠-2,3-피리딘디아민 하이드로클로라이드 및 디하이드로클로라이드염(다만, 염모제에서 용법·용량에 따른 혼합물의 염모성분으로 산으로서 0.68% 이하, 디하이드로클로라이드염으로서 1.0 % 이하는 제외)

2-(4-메톡시벤질-N-(2-피리딜)아미노)에칠디메칠아민말리에이트

메톡시아세틱애씨드

2-메톡시에칠아세테이트(메톡시에탄올아세테이트)

N-(2-메톡시에칠)-p-페닐렌디아민 및 그 염산염

2-메톡시에탄올(에칠렌글리콜 모노메칠에텔, EGMME)

2-(2-메톡시에톡시)에탄올(메톡시디글리콜)

7-메톡시쿠마린

4-메톡시톨루엔-2,5-디아민 및 그 염산염

6-메톡시-m-톨루이딘(p-크레시딘)

2-[[(4-메톡시페닐)메칠하이드라조노]메칠]-1,3,3-트리메칠-3H-인돌리움 및 그 염류

4-메톡시페놀(히드로퀴논모노메칠에텔 또는 p-히드록시아니솔)

4-(4-메톡시페닐)-3-부텐-2-온(4-아니실리덴아세톤)

1-(4-메톡시페닐)-1-펜텐-3-온(α-메칠아니실아세톤)

2-메톡시프로판올

2-메톡시프로필아세테이트

6-메톡시-2,3-피리딘디아민 및 그 염산염

메트알데히드

메트암페프라몬 및 그 염류

메트포르민 및 그 염류

메트헵타진 및 그 염류

메티라폰

메티프릴온 및 그 염류

메페네신 및 그 에스텔

메페클로라진 및 그 염류
메프로바메이트
2급 아민함량이 0.5%를 초과하는 모노알킬아민, 모노알칸올아민 및 그 염류
모노크로토포스
모누론
모르포린 및 그 염류
모스켄(1,1,3,3,5-펜타메칠-4,6-디니트로인단)
모페부타존
목향(Saussurea lappa Clarke = Saussurea costus (Falc.) Lipsch. = Aucklandia lappa Decne) 뿌리오일
몰리네이트
몰포린-4-카르보닐클로라이드
무화과나무(Ficus carica)잎엡솔루트(피그잎엡솔루트)
미네랄 울
미세플라스틱(세정, 각질제거 등의 제품*에 남아있는 5mm 크기 이하의 고체플라스틱)
(* 화장품법 시행규칙 [별표3]
1. 화장품의 유형
가. 영·유아용 제품류 1) 영·유아용 샴푸, 린스 4) 영·유아용 인체 세정용 제품 5) 영·유아용 목욕용 제품
나. 목욕용 제품류
다. 인체 세정용 제품류
아. 두발용 제품류 1) 헤어 컨디셔너 8) 샴푸, 린스 11) 그 밖의 두발용 제품류(사용 후 씻어내는 제품에 한함)
차. 2) 남성용 탤컴(사용 후 씻어내는 제품에 한함) 4) 세이빙 크림 5) 세이빙 폼 6) 그 밖의 면도용 제품류(사용 후 씻어내는 제품에 한함)
카. 6) 팩, 마스크(사용 후 씻어내는 제품에 한함) 9) 손·발의 피부연화 제품(사용 후 씻어내는 제품에 한함) 10) 클렌징 워터, 클렌징 오일, 클렌징 로션, 클렌징 크림 등 메이크업 리무버 11) 그 밖의 기초화장용 제품류(사용 후 씻어내는 제품에 한함))
바륨염(바륨설페이트 및 색소레이크희석제로 사용한 바륨염은 제외)
바비츄레이트
2,2'-바이옥시란
발녹트아미드
발린아미드
방사성물질
백신, 독소 또는 혈청
베낙티진

베노밀
베라트룸(Veratrum)속 및 그 제제
베라트린, 그 염류 및 생약제제
베르베나오일(Lippia citriodora Kunth.)
베릴륨 및 그 화합물
베메그리드 및 그 염류
베톡시카인 및 그 염류
베이직바이올렛 1(메칠바이올렛)
베이직바이올렛 3(크리스탈바이올렛)
1-(베타-우레이도에칠)아미노-4-니트로벤젠 및 그 염류(예 : 4-니트로페닐 아미노에칠우레아)(다만, 4-니트로페닐 아미노에칠우레아는 산화염모제에서 용법·용량에 따른 혼합물의 염모성분으로서 0.25 % 이하, 비산화염모제에서 용법·용량에 따른 혼합물의 염모성분으로서 0.5 % 이하는 제외)
1-(베타-하이드록시)아미노-2-니트로-4-N-에칠-N-(베타-하이드록시에칠)아미노벤젠 및 그 염류(예 : 에이치시 청색 No. 13)
벤드로플루메치아자이드 및 그 유도체
벤젠
1,2-벤젠디카르복실릭애씨드 디펜틸에스터(가지형과 직선형) ; n-펜틸-이소펜틸 프탈레이트 ; 디-n-펜틸프탈레이트 ; 디이소펜틸프탈레이트
1,2,4-벤젠트리아세테이트 및 그 염류
7-(벤조일아미노)-4-하이드록시-3-[[4-[(4-설포페닐)아조]페닐]아조]-2-나프탈렌설포닉애씨드 및 그 염류
벤조일퍼옥사이드
벤조[a]피렌
벤조[e]피렌
벤조[j]플루오란텐
벤조[k]플루오란텐
벤즈[e]아세페난트릴렌
벤즈아제핀류와 벤조디아제핀류
벤즈아트로핀 및 그 염류
벤즈[a]안트라센
벤즈이미다졸-2(3H)-온
벤지딘
벤지딘계 아조 색소류
벤지딘디하이드로클로라이드

벤지딘설페이트
벤지딘아세테이트
벤지로늄브로마이드
벤질 2,4-디브로모부타노에이트
3(또는 5)-((4-(벤질메칠아미노)페닐)아조)-1,2-(또는 1,4)-디메칠-1H-1,2,4-트리아졸리움 및 그 염류
벤질바이올렛([4-[[4-(디메칠아미노)페닐][4-[에칠(3-설포네이토벤질)아미노]페닐]메칠렌]사이클로헥사-2,5-디엔-1-일리덴](에칠)(3-설포네이토벤질) 암모늄염 및 소듐염)
벤질시아나이드
4-벤질옥시페놀(히드로퀴논모노벤질에텔)
2-부타논 옥심
부타닐리카인 및 그 염류
1,3-부타디엔
부토피프린 및 그 염류
부톡시디글리세롤
부톡시에탄올
5-(3-부티릴-2,4,6-트리메칠페닐)-2-[1-(에톡시이미노)프로필]-3-하이드록시사이클로헥스-2-엔-1-온
부틸글리시딜에텔
4-tert-부틸-3-메톡시-2,6-디니트로톨루엔(머스크암브레트)
1-부틸-3-(N-크로토노일설파닐일)우레아
5-tert-부틸-1,2,3-트리메칠-4,6-디니트로벤젠(머스크티베텐)
4-tert-부틸페놀
2-(4-tert-부틸페닐)에탄올
4-tert-부틸피로카테콜
부펙사막
붕산
브레티륨토실레이트
(R)-5-브로모-3-(1-메칠-2-피롤리디닐메칠)-1H-인돌
브로모메탄
브로모에칠렌
브로모에탄
1-브로모-3,4,5-트리플루오로벤젠
1-브로모프로판 ; n-프로필 브로마이드
2-브로모프로판
브로목시닐헵타노에이트

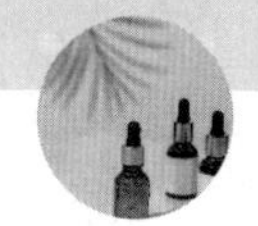

브롬
브롬이소발
브루신(에탄올의 변성제는 제외)
비나프아크릴(2-sec-부틸-4,6-디니트로페닐-3-메칠크로토네이트)
9-비닐카르바졸
비닐클로라이드모노머
1-비닐-2-피롤리돈
비마토프로스트, 그 염류 및 유도체
비소 및 그 화합물
1,1-비스(디메칠아미노메칠)프로필벤조에이트(아미드리카인, 알리핀) 및 그 염류
4,4'-비스(디메칠아미노)벤조페논
3,7-비스(디메칠아미노)-페노치아진-5-이움 및 그 염류
3,7-비스(디에칠아미노)-페녹사진-5-이움 및 그 염류
N-(4-[비스[4-(디에칠아미노)페닐]메칠렌]-2,5-사이클로헥사디엔-1-일리덴)-N-에칠-에탄아미니움 및 그 염류
비스(2-메톡시에칠)에텔(디메톡시디글리콜)
비스(2-메톡시에칠)프탈레이트
1,2-비스(2-메톡시에톡시)에탄 ; 트리에칠렌글리콜 디메칠 에텔(TEGDME) ; 트리글라임
1,3-비스(비닐설포닐아세타아미도)-프로판
비스(사이클로펜타디에닐)-비스(2,6-디플루오로-3-(피롤-1-일)-페닐)티타늄
4-[[비스-(4-플루오로페닐)메칠실릴]메칠]-4H-1,2,4-트리아졸과 1-[[비스-(4-플루오로페닐)메칠실릴]메칠]-1 H-1,2,4-트리아졸의 혼합물
비스(클로로메칠)에텔(옥시비스[클로로메탄])
N,N-비스(2-클로로에칠)메칠아민-N-옥사이드 및 그 염류
비스(2-클로로에칠)에텔
비스페놀 A(4,4'-이소프로필리덴디페놀)
N'N'-비스(2-히드록시에칠)-N-메칠-2-니트로-p-페닐렌디아민(HC 블루 No.1) 및 그 염류
4,6-비스(2-하이드록시에톡시)-m-페닐렌디아민 및 그 염류
2,6-비스(2-히드록시에톡시)-3,5-피리딘디아민 및 그 염산염
비에타미베린
비치오놀
비타민 L1, L2
[1,1'-비페닐-4,4'-디일]디암모니움설페이트
비페닐-2-일아민

비페닐-4-일아민 및 그 염류
4,4'-비-o-톨루이딘
4,4'-비-o-톨루이딘디하이드로클로라이드
4,4'-비-o-톨루이딘설페이트
빈클로졸린
사이클라멘알코올
N-사이클로펜틸-m-아미노페놀
사이클로헥시미드
N-사이클로헥실-N-메톡시-2,5-디메칠-3-퓨라마이드
트랜스-4-사이클로헥실-L-프롤린 모노하이드로클로라이드
사프롤(천연에센스에 자연적으로 함유되어 그 양이 최종제품에서 100ppm을 넘지 않는 경우는 제외)
α-산토닌((3S, 5aR, 9bS)-3, 3a,4,5,5a,9b-헥사히드로-3,5a,9-트리메칠나프토(1,2-b))푸란-2,8-디온
석면
석유
석유 정제과정에서 얻어지는 부산물(증류물, 가스오일류, 나프타, 윤활그리스, 슬랙왁스, 탄화수소류, 알칸류, 백색 페트롤라툼을 제외한 페트롤라툼, 연료오일, 잔류물). 다만, 정제과정이 완전히 알려져 있고 발암물질을 함유하지 않음을 보여줄 수 있으면 예외로 한다.
부타디엔 0.1%를 초과하여 함유하는 석유정제물(가스류, 탄화수소류, 알칸류, 증류물, 라피네이트)
디메칠설폭사이드(DMSO)로 추출한 성분을 3% 초과하여 함유하고 있는 석유 유래물질
벤조[a]피렌 0.005%를 초과하여 함유하고 있는 석유화학 유래물질, 석탄 및 목타르 유래물질
석탄추출 젯트기용 연료 및 디젤연료
설티암
설팔레이트
3,3'-(설포닐비스(2-니트로-4,1-페닐렌)이미노)비스(6-(페닐아미노))벤젠설포닉애씨드 및 그 염류
설폰아미드 및 그 유도체(톨루엔설폰아미드/포름알데하이드수지, 톨루엔설폰아미드/에폭시수지는 제외)
설핀피라존
과산화물가가 10mmol/L을 초과하는 Cedrus atlantica의 오일 및 추출물
세파엘린 및 그 염류
센노사이드
셀렌 및 그 화합물(셀레늄아스파테이트는 제외)
소듐헥사시클로네이트
Solanum nigrum L. 및 그 생약제제
Schoenocaulon officinale Lind.(씨 및 그 생약제제)

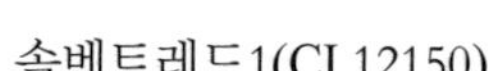

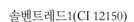

솔벤트레드1(CI 12150)

솔벤트블루 35

솔벤트오렌지 7

수은 및 그 화합물

스트로판투스(Strophantus)속 및 그 생약제제

스트로판틴, 그 비당질 및 그 각각의 유도체

스트론튬화합물

스트리크노스(Strychnos)속 그 생약제제

스트리키닌 및 그 염류

스파르테인 및 그 염류

스피로노락톤

시마진

4-시아노-2,6-디요도페닐 옥타노에이트

스칼렛레드(솔벤트레드 24)

시클라바메이트

시클로메놀 및 그 염류

시클로포스파미드 및 그 염류

2-α-시클로헥실벤질(N,N,N',N'테트라에칠)트리메칠렌디아민(페네타민)

신코카인 및 그 염류

신코펜 및 그 염류(유도체 포함)

썩시노니트릴

Anamirta cocculus L.(과실)

o-아니시딘

아닐린, 그 염류 및 그 할로겐화 유도체 및 설폰화 유도체

아다팔렌

Adonis vernalis L. 및 그 제제

Areca catechu 및 그 생약제제

아레콜린

아리스톨로키아(Aristolochia)속 및 그 생약제제

아리스토로킥 애씨드 및 그 염류

1-아미노-2-니트로-4-(2',3'-디하이드록시프로필)아미노-5-클로로벤젠과 1,4-비스-(2',3'-디하이드록시프로필)아미노-2-니트로-5-클로로벤젠 및 그 염류(예 : 에이치시 적색 No. 10과 에이치시 적색 No. 11)(다만, 산화염모제에서 용법·용량에 따른 혼합물의 염모성분으로서 1.0 % 이하, 비산화염모제에서 용법·용량에 따른 혼합물의 염모성분으로서 2.0 % 이하는 제외)

2-아미노-3-니트로페놀 및 그 염류

p-아미노-o-니트로페놀(4-아미노-2-니트로페놀)

4-아미노-3-니트로페놀 및 그 염류(다만, 4-아미노-3-니트로페놀은 산화염모제에서 용법·용량에 따른 혼합물의 염모성분으로서 1.5 % 이하, 비산화염모제에서 용법·용량에 따른 혼합물의 염모성분으로서 1.0 % 이하는 제외)

2,2'-[(4-아미노-3-니트로페닐)이미노]바이세타놀 하이드로클로라이드 및 그 염류(예 : 에이치시 적색 No. 13)(다만, 하이드로클로라이드염으로서 산화염모제에서 용법·용량에 따른 혼합물의 염모성분으로서 1.5 % 이하, 비산화염모제에서 용법·용량에 따른 혼합물의 염모성분으로서 1.0 % 이하는 제외)

(8-[(4-아미노-2-니트로페닐)아조]-7-하이드록시-2-나프틸)트리메칠암모늄 및 그 염류(베이직브라운 17의 불순물로 있는 베이직레드 118 제외)

1-아미노-4-[[4-[(디메칠아미노)메칠]페닐]아미노]안트라퀴논 및 그 염류

6-아미노-2-((2,4-디메칠페닐)-1H-벤즈[de]이소퀴놀린-1,3-(2 H)-디온(솔벤트옐로우 44) 및 그 염류

5-아미노-2,6-디메톡시-3-하이드록시피리딘 및 그 염류

3-아미노-2,4-디클로로페놀 및 그 염류(다만, 3-아미노-2,4-디클로로페놀 및 그 염산염은 염모제에서 용법·용량에 따른 혼합물의 염모성분으로 염산염으로서 1.5 % 이하는 제외)

2-아미노메칠-p-아미노페놀 및 그 염산염

2-[(4-아미노-2-메칠-5-니트로페닐)아미노]에탄올 및 그 염류(예 : 에이치시 자색 No. 1)(다만, 산화염모제에서 용법·용량에 따른 혼합물의 염모성분으로서 0.25 % 이하, 비산화염모제에서 용법·용량에 따른 혼합물의 염모성분으로서 0.28 % 이하는 제외)

2-[(3-아미노-4-메톡시페닐)아미노]에탄올 및 그 염류(예 : 2-아미노-4-하이드록시에칠아미노아니솔)(다만, 산화염모제에서 용법·용량에 따른 혼합물의 염모성분으로서 1.5 % 이하는 제외)

4-아미노벤젠설포닉애씨드 및 그 염류

4-아미노벤조익애씨드 및 아미노기(-NH2)를 가진 그 에스텔

2-아미노-1,2-비스(4-메톡시페닐)에탄올 및 그 염류

4-아미노살리실릭애씨드 및 그 염류

4-아미노아조벤젠

1-(2-아미노에칠)아미노-4-(2-하이드록시에칠)옥시-2-니트로벤젠 및 그 염류 (예 : 에이치시 등색 No. 2)(다만, 비산화염모제에서 용법·용량에 따른 혼합물의 염모성분으로서 1.0 % 이하는 제외)

아미노카프로익애씨드 및 그 염류

4-아미노-m-크레솔 및 그 염류(다만, 4-아미노-m-크레솔은 산화염모제에서 용법·용량에 따른 혼합물의 염모성분으로서 1.5 % 이하는 제외)

6-아미노-o-크레솔 및 그 염류

2-아미노-6-클로로-4-니트로페놀 및 그 염류(다만, 2-아미노-6-클로로-4-니트로페놀은 염모제에서 용법·용량에 따른 혼합물의 염모성분으로서 2.0 % 이하는 제외)

1-[(3-아미노프로필)아미노]-4-(메칠아미노)안트라퀴논 및 그 염류
4-아미노-3-플루오로페놀
5-[(4-[(7-아미노-1-하이드록시-3-설포-2-나프틸)아조]-2,5-디에톡시페닐)아조]-2-[(3-포스포노페닐)아조]벤조익애씨드 및 5-[(4-[(7-아미노-1-하이드록시-3-설포-2-나프틸)아조]-2,5-디에톡시페닐)아조]-3-[(3-포스포노페닐)아조벤조익애씨드
3(또는 5)-[[4-[(7-아미노-1-하이드록시-3-설포네이토-2-나프틸)아조]-1-나프틸]아조]살리실릭애씨드 및 그 염류
Ammi majus 및 그 생약제제
아미트롤
아미트리프틸린 및 그 염류
아밀나이트라이트
아밀 4-디메칠아미노벤조익애씨드(펜틸디메칠파바, 파디메이트A)
과산화물가가 10mmol/L을 초과하는 Abies balsamea 잎의 오일 및 추출물
과산화물가가 10mmol/L을 초과하는 Abies sibirica 잎의 오일 및 추출물
과산화물가가 10mmol/L을 초과하는 Abies alba 열매의 오일 및 추출물
과산화물가가 10mmol/L을 초과하는 Abies alba 잎의 오일 및 추출물
과산화물가가 10mmol/L을 초과하는 Abies pectinata 잎의 오일 및 추출물
아세노코우마롤
아세타마이드
아세토나이트릴
아세토페논, 포름알데하이드, 사이클로헥실아민, 메탄올 및 초산의 반응물
(2-아세톡시에칠)트리메칠암모늄히드록사이드(아세틸콜린 및 그 염류)
N-[2-(3-아세틸-5-니트로치오펜-2-일아조)-5-디에칠아미노페닐]아세타마이드
3-[(4-(아세틸아미노)페닐)아조]4-4하이드록시-7-[[[[5-하이드록시-6-(페닐아조)-7-설포-2-나프탈레닐]아미노]카보닐]아미노]-2-나프탈렌설포닉애씨드 및 그 염류
5-(아세틸아미노)-4-하이드록시-3-((2-메칠페닐)아조)-2,7-나프탈렌디설포닉애씨드 및 그 염류
아자시클로놀 및 그 염류
아자페니딘
아조벤젠
아지리딘
아코니툼(Aconitum)속 및 그 생약제제
아코니틴 및 그 염류
아크릴로니트릴
아크릴아마이드(다만, 폴리아크릴아마이드류에서 유래되었으며, 사용 후 씻어내지 않는 바디화장품에

0.1ppm, 기타 제품에 0.5ppm 이하인 경우에는 제외)

아트라놀

Atropa belladonna L. 및 그 제제

아트로핀, 그 염류 및 유도체

아포몰핀 및 그 염류

Apocynum cannabinum L. 및 그 제제

안드로겐효과를 가진 물질

안트라센오일

스테로이드 구조를 갖는 안티안드로겐

안티몬 및 그 화합물

알드린

알라클로르

알로클아미드 및 그 염류

알릴글리시딜에텔

2-(4-알릴-2-메톡시페녹시)-N,N-디에칠아세트아미드 및 그 염류

4-알릴-2,6-비스(2,3-에폭시프로필)페놀, 4-알릴-6-[3-[6-[3-(4-알릴-2,6-비스(2,3-에폭시프로필)페녹시)-2-하이드록시프로필]-4-알릴-2-(2,3-에폭시프로필)페녹시]-2-하이드록시프로필]-4-알릴-2-(2,3-에폭시프로필)페녹시]-2-하이드록시프로필-2-(2,3-에폭시프로필)페놀, 4-알릴-6-[3-(4-알릴-2,6-비스(2,3-에폭시프로필)페녹시)-2-하이드록시프로필]-2-(2,3-에폭시프로필)페놀, 4-알릴-6-[3-[6-[3-(4-알릴-2,6-비스(2,3-에폭시프로필)페녹시)-2-하이드록시프로필]-4-알릴-2-(2,3-에폭시프로필)페녹시]-2-하이드록시프로필]-2-(2,3-에폭시프로필)페놀의 혼합물

알릴이소치오시아네이트

에스텔의 유리알릴알코올농도가 0.1%를 초과하는 알릴에스텔류

알릴클로라이드(3-클로로프로펜)

2급 알칸올아민 및 그 염류

알칼리 설파이드류 및 알칼리토 설파이드류

2-알칼리펜타시아노니트로실페레이트

알킨알코올 그 에스텔, 에텔 및 염류

o-알킬디치오카르보닉애씨드의 염

2급 알킬아민 및 그 염류

2-4-(2-암모니오프로필아미노)-6-[4-하이드록시-3-(5-메칠-2-메톡시-4-설파모일페닐아조)-2-설포네이토나프트-7-일아미노]-1,3,5-트리아진-2-일아미노-2-아미노프로필포메이트

애씨드오렌지24(CI 20170)

애씨드레드73(CI 27290)

애씨드블랙 131 및 그 염류
에르고칼시페롤 및 콜레칼시페롤(비타민D2와 D3)
에리오나이트
에메틴, 그 염류 및 유도체
에스트로겐
에제린 또는 피조스티그민 및 그 염류
에이치시 녹색 No. 1
에이치시 적색 No. 8 및 그 염류
에이치시 청색 No. 11
에이치시 황색 No. 11
에이치시 등색 No. 3
에치온아미드
에칠렌글리콜 디메칠 에텔(EGDME)
2,2'-[(1,2'-에칠렌디일)비스[5-((4-에톡시페닐)아조]벤젠설포닉애씨드) 및 그 염류
에칠렌옥사이드
3-에칠-2-메칠-2-(3-메칠부틸)-1,3-옥사졸리딘
1-에칠-1-메칠몰포리늄 브로마이드
1-에칠-1-메칠피롤리디늄 브로마이드
에칠비스(4-히드록시-2-옥소-1-벤조피란-3-일)아세테이트 및 그 산의 염류
4-에칠아미노-3-니트로벤조익애씨드(N-에칠-3-니트로 파바) 및 그 염류
에칠아크릴레이트
3'-에칠-5',6',7',8'-테트라히드로-5',6',8',8',-테트라메칠-2'-아세토나프탈렌(아세틸에칠테트라메칠테트라린, AETT)
에칠페나세미드(페네투라이드)
2-[[4-[에칠(2-하이드록시에칠)아미노]페닐]아조]-6-메톡시-3-메칠-벤조치아졸리움 및 그 염류
2-에칠헥사노익애씨드
2-에칠헥실[[[3,5-비스(1,1-디메칠에칠)-4-하이드록시페닐]-메칠]치오]아세테이트
O,O'-(에테닐메칠실릴렌디[(4-메칠펜탄-2-온)옥심]
에토헵타진 및 그 염류
7-에톡시-4-메칠쿠마린
4'-에톡시-2-벤즈이미다졸아닐라이드
2-에톡시에탄올(에칠렌글리콜 모노에칠에텔, EGMEE)
에톡시에탄올아세테이트
5-에톡시-3-트리클로로메칠-1,2,4-치아디아졸

4-에톡시페놀(히드로퀴논모노에칠에텔)
4-에톡시-m-페닐렌디아민 및 그 염류(예 : 4-에톡시-m-페닐렌디아민 설페이트)
에페드린 및 그 염류
1,2-에폭시부탄
(에폭시에칠)벤젠
1,2-에폭시-3-페녹시프로판
R-2,3-에폭시-1-프로판올
2,3-에폭시프로판-1-올
2,3-에폭시프로필-o-톨일에텔
에피네프린
옥사디아질
(옥사릴비스이미노에칠렌)비스((o-클로로벤질)디에칠암모늄)염류, (예 : 암베노뮴클로라이드)
옥산아미드 및 그 유도체
옥스페네리딘 및 그 염류
4,4'-옥시디아닐린(p-아미노페닐 에텔) 및 그 염류
(s)-옥시란메탄올 4-메칠벤젠설포네이트
옥시염화비스머스 이외의 비스머스화합물
옥시퀴놀린(히드록시-8-퀴놀린 또는 퀴놀린-8-올) 및 그 황산염
옥타목신 및 그 염류
옥타밀아민 및 그 염류
옥토드린 및 그 염류
올레안드린
와파린 및 그 염류
요도메탄
요오드
요힘빈 및 그 염류
우레탄(에칠카바메이트)
우로카닌산, 우로카닌산에칠
Urginea scilla Stern. 및 그 생약제제
우스닉산 및 그 염류(구리염 포함)
2,2'-이미노비스-에탄올, 에피클로로히드린 및 2-니트로-1,4-벤젠디아민의 반응생성물(에이치시 청색 No. 5) 및 그 염류
(마이크로-((7,7'-이미노비스(4-하이드록시-3-((2-하이드록시-5-(N-메칠설파모일)페닐)아조)나프탈렌-2-설포네이트))(6-)))디쿠프레이트 및 그 염류

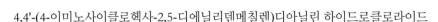

4,4'-(4-이미노사이클로헥사-2,5-디에닐리덴메칠렌)디아닐린 하이드로클로라이드
이미다졸리딘-2-치온
과산화물가가 10mmol/L을 초과하는 이소디프렌
이소메트헵텐 및 그 염류
이소부틸나이트라이트
4,4'-이소부틸에칠리덴디페놀
이소소르비드디나이트레이트
이소카르복사지드
이소프레나린
이소프렌(2-메칠-1,3-부타디엔)
6-이소프로필-2-데카하이드로나프탈렌올(6-이소프로필-2-데카롤)
3-(4-이소프로필페닐)-1,1-디메칠우레아(이소프로투론)
(2-이소프로필펜트-4-에노일)우레아(아프로날리드)
이속사풀루톨
이속시닐 및 그 염류
이부프로펜피코놀, 그 염류 및 유도체
Ipecacuanha(Cephaelis ipecacuaha Brot. 및 관련된 종) (뿌리, 가루 및 생약제제)
이프로디온
인체 세포·조직 및 그 배양액(다만, 배양액 중 별표 3의 인체 세포·조직 배양액 안전기준에 적합한 경우는 제외)
인태반(Human Placenta) 유래 물질
인프로쿠온
임페라토린(9-(3-메칠부트-2-에니록시)푸로(3,2-g)크로멘-7온)
자이람
자일렌(다만, 화장품 원료의 제조공정에서 용매로 사용되었으나 완전히 제거할 수 없는 잔류용매로서 화장품법 시행규칙 [별표 3] 자. 손발톱용 제품류 중 1), 2), 3), 5)에 해당하는 제품 중 0.01%이하, 기타 제품 중 0.002% 이하인 경우 제외)
자일로메타졸린 및 그 염류
자일리딘, 그 이성체, 염류, 할로겐화 유도체 및 설폰화 유도체
족사졸아민
Juniperus sabina L.(잎, 정유 및 생약제제)
지르코늄 및 그 산의 염류
천수국꽃 추출물 또는 오일
Chenopodium ambrosioides(정유)

치람
4,4'-치오디아닐린 및 그 염류
치오아세타마이드
치오우레아 및 그 유도체
치오테파
치오판네이트-메칠
카드뮴 및 그 화합물
카라미펜 및 그 염류
카르벤다짐
4,4'-카르본이미돌일비스[N,N-디메칠아닐린] 및 그 염류
카리소프로돌
카바독스
카바릴
N-(3-카바모일-3,3-디페닐프로필)-N,N-디이소프로필메칠암모늄염(예 : 이소프로파미드아이오다이드)
카바졸의 니트로유도체
7,7'-(카보닐디이미노)비스(4-하이드록시-3-[[2-설포-4-[(4-설포페닐)아조]페닐]아조-2-나프탈렌설포닉애씨드 및 그 염류
카본디설파이드
카본모노옥사이드(일산화탄소)
카본블랙(다만, 불순물 중 벤조피렌과 디벤즈(a,h)안트라센이 각각 5ppb 이하이고 총 다환방향족탄화수소류(PAHs)가 0.5ppm 이하인 경우에는 제외)
카본테트라클로라이드
카부트아미드
카브로말
카탈라아제
카테콜(피로카테콜)(다만, 산화염모제에서 용법·용량에 따른 혼합물의 염모성분으로서 1.5 % 이하는 제외)
칸타리스, Cantharis vesicatoria
캡타폴
캡토디암
케토코나졸
Coniummaculatum L.(과실, 가루, 생약제제)
코니인
코발트디클로라이드(코발트클로라이드)

코발트벤젠설포네이트
코발트설페이트
코우메타롤
콘발라톡신
콜린염 및 에스텔(예 : 콜린클로라이드)
콜키신, 그 염류 및 유도체
콜키코시드 및 그 유도체
Colchicum autumnale L. 및 그 생약제제
콜타르 및 정제콜타르
쿠라레와 쿠라린
합성 쿠라리잔트(Curarizants)
과산화물가가 10mmol/L을 초과하는 Cupressus sempervirens 잎의 오일 및 추출물
크로톤알데히드(부테날)
Croton tiglium(오일)
3-(4-클로로페닐)-1,1-디메칠우로늄 트리클로로아세테이트 ; 모누론-TCA
크롬 ; 크로믹애씨드 및 그 염류
크리센
크산티놀(7-2-히드록시-3-[N-(2-히드록시에칠)-N-메칠아미노]프로필테오필린)
Claviceps purpurea Tul., 그 알칼로이드 및 생약제제
1-클로로-4-니트로벤젠
2-[(4-클로로-2-니트로페닐)아미노]에탄올(에이치시 황색 No. 12) 및 그 염류
2-[(4-클로로-2-니트로페닐)아조)-N-(2-메톡시페닐)-3-옥소부탄올아마이드(피그먼트옐로우 73) 및 그 염류
2-클로로-5-니트로-N-하이드록시에칠-p-페닐렌디아민 및 그 염류
클로로데콘
2,2'-((3-클로로-4-((2,6-디클로로-4-니트로페닐)아조)페닐)이미노)비스에탄올(디스퍼스브라운 1) 및 그 염류
5-클로로-1,3-디하이드로-2H-인돌-2-온
[6-[[3-클로로-4-(메칠아미노)페닐]이미노]-4-메칠-3-옥소사이클로헥사-1,4-디엔-1-일]우레아(에이치시 적색 No. 9) 및 그 염류
클로로메칠 메칠에텔
2-클로로-6-메칠피리미딘-4-일디메칠아민(크리미딘-ISO)
클로로메탄
p-클로로벤조트리클로라이드

N-5-클로로벤족사졸-2-일아세트아미드
4-클로로-2-아미노페놀
클로로아세타마이드
클로로아세트알데히드
클로로아트라놀
6-(2-클로로에칠)-6-(2-메톡시에톡시)-2,5,7,10-테트라옥사-6-실라운데칸
2-클로로-6-에칠아미노-4-니트로페놀 및 그 염류(다만, 산화염모제에서 용법·용량에 따른 혼합물의 염모성분으로서 1.5 % 이하, 비산화염모제에서 용법·용량에 따른 혼합물의 염모성분으로서 3 % 이하는 제외)
클로로에탄
1-클로로-2,3-에폭시프로판
R-1-클로로-2,3-에폭시프로판
클로로탈로닐
클로로톨루론 ; 3-(3-클로로-p-톨일)-1,1-디메칠우레아
α-클로로톨루엔
N'-(4-클로로-o-톨일)-N,N-디메칠포름아미딘 모노하이드로클로라이드
1-(4-클로로페닐)-4,4-디메칠-3-(1,2,4-트리아졸-1-일메칠)펜타-3-올
(3-클로로페닐)-(4-메톡시-3-니트로페닐)메타논
(2RS,3RS)-3-(2-클로로페닐)-2-(4-플루오로페닐)-[1H-1,2,4-트리아졸-1-일)메칠]옥시란(에폭시코나졸)
2-(2-(4-클로로페닐)-2-페닐아세틸)인단 1,3-디온(클로로파시논-ISO)
클로로포름
클로로프렌(2-클로로부타-1,3-디엔)
클로로플루오로카본 추진제(완전하게 할로겐화 된 클로로플루오로알칸)
2-클로로-N-(히드록시메칠)아세트아미드
N-[(6-[(2-클로로-4-하이드록시페닐)이미노]-4-메톡시-3-옥소-1,4-사이클로헥사디엔-1-일]아세타마이드(에이치시 황색 No. 8) 및 그 염류
클로르단
클로르디메폼
클로르메자논
클로르메틴 및 그 염류
클로르족사존
클로르탈리돈
클로르프로티센 및 그 염류
클로르프로파미드
클로린

클로졸리네이트
클로페노탄 ; DDT(ISO)
클로펜아미드
키노메치오네이트
타크로리무스(tacrolimus), 그 염류 및 유도체
탈륨 및 그 화합물
탈리도마이드 및 그 염류
대한민국약전(식품의약품안전처 고시) '탤크'항 중 석면기준에 적합하지 않은 탤크
과산화물가가 10mmol/L을 초과하는 테르펜 및 테르페노이드(다만, 리모넨류는 제외)
과산화물가가 10mmol/L을 초과하는 신핀 테르펜 및 테르페노이드(sinpine terpenes and terpenoids)
과산화물가가 10mmol/L을 초과하는 테르펜 알코올류의 아세테이트
과산화물가가 10mmol/L을 초과하는 테르펜하이드로카본
과산화물가가 10mmol/L을 초과하는 α-테르피넨
과산화물가가 10mmol/L을 초과하는 γ-테르피넨
과산화물가가 10mmol/L을 초과하는 테르피놀렌
Thevetia neriifolia juss, 배당체 추출물
N,N,N',N'-테트라글리시딜-4,4'-디아미노-3,3'-디에칠디페닐메탄
N,N,N',N-테트라메칠-4,4'-메칠렌디아닐린
테트라베나진 및 그 염류
테트라브로모살리실아닐리드
테트라소듐 3,3'-[[1,1'-비페닐]-4,4'-디일비스(아조)]비스[5-아미노-4-하이드록시나프탈렌-2,7-디설포네이트](다이렉트블루 6)
1,4,5,8-테트라아미노안트라퀴논(디스퍼스블루1)
테트라에칠피로포스페이트 ; TEPP(ISO)
테트라카보닐니켈
테트라카인 및 그 염류
테트라코나졸((+/-)-2-(2,4-디클로로페닐)-3-(1H-1,2,4-트리아졸-1-일)프로필-1,1,2,2-테트라플루오로에칠에텔)
2,3,7,8-테트라클로로디벤조-p-디옥신
테트라클로로살리실아닐리드
5,6,12,13-테트라클로로안트라(2,1,9-def:6,5,10-d'e'f')디이소퀴놀린-1,3,8,10(2H,9H)-테트론
테트라클로로에칠렌
테트라키스-하이드록시메칠포스포늄 클로라이드, 우레아 및 증류된 수소화 C16-18 탈로우 알킬아민의 반응생성물 (UVCB 축합물)

테트라하이드로-6-니트로퀴노살린 및 그 염류
테트라히드로졸린(테트리졸린) 및 그 염류
테트라하이드로치오피란-3-카르복스알데하이드
(+/-)-테트라하이드로풀푸릴-(R)-2-[4-(6-클로로퀴노살린-2-일옥시)페닐옥시]프로피오네이트
테트릴암모늄브로마이드
테파졸린 및 그 염류
텔루륨 및 그 화합물
토목향(Inula helenium)오일
톡사펜
톨루엔-3,4-디아민
톨루이디늄클로라이드
톨루이딘, 그 이성체, 염류, 할로겐화 유도체 및 설폰화 유도체
o-톨루이딘계 색소류
톨루이딘설페이트(1:1)
m-톨리덴 디이소시아네이트
4-o-톨릴아조-o-톨루이딘
톨복산
톨부트아미드
[(톨일옥시)메칠]옥시란(크레실 글리시딜 에텔)
[(m-톨일옥시)메칠]옥시란
[(p-톨일옥시)메칠]옥시란
과산화물가가 10mmol/L을 초과하는 피누스(Pinus)속을 스팀증류하여 얻은 투르펜틴
과산화물가가 10mmol/L을 초과하는 투르펜틴검(피누스(Pinus)속)
과산화물가가 10mmol/L을 초과하는 투르펜틴 오일 및 정제오일
투아미노헵탄, 이성체 및 그 염류
과산화물가가 10mmol/L을 초과하는 Thuja Occidentalis 나무줄기의 오일
과산화물가가 10mmol/L을 초과하는 Thuja Occidentalis 잎의 오일 및 추출물
트라닐시프로민 및 그 염류
트레타민
트레티노인(레티노익애씨드 및 그 염류)
트리니켈디설파이드
트리데모르프
3,5,5-트리메칠사이클로헥스-2-에논
2,4,5-트리메칠아닐린[1] ; 2,4,5-트리메칠아닐린 하이드로클로라이드[2]

3,6,10-트리메칠-3,5,9-운데카트리엔-2-온(메칠이소슈도이오논)

2,2,6-트리메칠-4-피페리딜벤조에이트(유카인) 및 그 염류

3,4,5-트리메톡시펜에칠아민 및 그 염류

트리부틸포스페이트

3,4',5-트리브로모살리실아닐리드(트리브롬살란)

2,2,2-트리브로모에탄올(트리브로모에칠알코올)

트리소듐 비스(7-아세트아미도-2-(4-니트로-2-옥시도페닐아조)-3-설포네이토-1-나프톨라토)크로메이트(1-)

트리소듐[4'-(8-아세틸아미노-3,6-디설포네이토-2-나프틸아조)-4''-(6-벤조일아미노-3-설포네이토-2-나프틸아조)-비페닐-1,3',3'',1'''-테트라올라토-O,O',O'',O''']코퍼(II)

1,3,5-트리스(3-아미노메칠페닐)-1,3,5-(1H,3H,5H)-트리아진-2,4,6-트리온 및 3,5-비스(3-아미노메칠페닐)-1-폴리[3,5-비스(3-아미노메칠페닐)-2,4,6-트리옥소-1,3,5-(1H,3H,5H)-트리아진-1-일]-1,3,5-(1H,3H,5H)-트리아진-2,4,6-트리온 올리고머의 혼합물

1,3,5-트리스-[(2S 및 2R)-2,3-에폭시프로필]-1,3,5-트리아진-2,4,6-(1H,3H,5H)-트리온

1,3,5-트리스(옥시라닐메칠)-1,3,5-트리아진-2,4,6(1H,3H,5H)-트리온

트리스(2-클로로에칠)포스페이트

N1-(트리스(하이드록시메칠))-메칠-4-니트로-1,2-페닐렌디아민(에이치시 황색 No. 3) 및 그 염류

1,3,5-트리스(2-히드록시에칠)헥사히드로1,3,5-트리아신

1,2,4-트리아졸

트리암테렌 및 그 염류

트리옥시메칠렌(1,3,5-트리옥산)

트리클로로니트로메탄(클로로피크린)

N-(트리클로로메칠치오)프탈이미드

N-[(트리클로로메칠)치오]-4-사이클로헥센-1,2-디카르복시미드(캡탄)

2,3,4-트리클로로부트-1-엔

트리클로로아세틱애씨드

트리클로로에칠렌

1,1,2-트리클로로에탄

2,2,2-트리클로로에탄-1,1-디올

α,α,α-트리클로로톨루엔

2,4,6-트리클로로페놀

1,2,3-트리클로로프로판

트리클로르메틴 및 그 염류

트리톨일포스페이트

트리파라놀
트리플루오로요도메탄
트리플루페리돌
1,3,5-트리하이드록시벤젠(플로로글루시놀) 및 그 염류
티로트리신
티로프로픽애씨드 및 그 염류
티아마졸
티우람디설파이드
티우람모노설파이드
파라메타손
파르에톡시카인 및 그 염류
2급 아민함량이 5%를 초과하는 패티애씨드디알킬아마이드류 및 디알칸올아마이드류
페나글리코돌
페나디아졸
페나리몰
페나세미드
p-페네티딘(4-에톡시아닐린)
페노졸론
페노티아진 및 그 화합물
페놀
페놀프탈레인((3,3-비스(4-하이드록시페닐)프탈리드)
페니라미돌
o-페닐렌디아민 및 그 염류
페닐부타존
4-페닐부트-3-엔-2-온
페닐살리실레이트
1-페닐아조-2-나프톨(솔벤트옐로우 14)
4-(페닐아조)-m-페닐렌디아민 및 그 염류
4-페닐아조페닐렌-1-3-디아민시트레이트히드로클로라이드(크리소이딘시트레이트히드로클로라이드)
(R)-α-페닐에칠암모늄(-)-(1R,2S)-(1,2-에폭시프로필)포스포네이트 모노하이드레이트
2-페닐인단-1,3-디온(페닌디온)
페닐파라벤
트랜스-4-페닐-L-프롤린
페루발삼(Myroxylon pereirae의 수지)[다만, 추출물(extracts) 또는 증류물(distillates)로서 0.4% 이하인

경우는 제외]
페몰린 및 그 염류
페트리클로랄
펜메트라진 및 그 유도체 및 그 염류
펜치온
N,N'-펜타메칠렌비스(트리메칠암모늄)염류 (예 : 펜타메토늄브로마이드)
펜타에리트리틸테트라나이트레이트
펜타클로로에탄
펜타클로로페놀 및 그 알칼리 염류
펜틴 아세테이트
펜틴 하이드록사이드
2-펜틸리덴사이클로헥사논
펜프로바메이트
펜프로코우몬
펜프로피모르프
펠레티에린 및 그 염류
포름아마이드
포름알데하이드 및 p-포름알데하이드
포스파미돈
포스포러스 및 메탈포스피드류
포타슘브로메이트
폴딘메틸설페이드
푸로쿠마린류(예 : 트리옥시살렌, 8-메톡시소랄렌, 5-메톡시소랄렌)(천연에센스에 자연적으로 함유된 경우는 제외. 다만, 자외선차단제품 및 인공선탠제품에서는 1ppm 이하이어야 한다.)
푸르푸릴트리메칠암모늄염(예 : 푸르트레토늄아이오다이드)
풀루아지포프-부틸
풀미옥사진
퓨란
프라모카인 및 그 염류
프레그난디올
프로게스토젠
프로그레놀론아세테이트
프로베네시드
프로카인아미드, 그 염류 및 유도체

프로파지트
프로파진
프로파틸나이트레이트
4,4'-[1,3-프로판디일비스(옥시)]비스벤젠-1,3-디아민 및 그 테트라하이드로클로라이드염(예 : 1,3-비스-(2,4-디아미노페녹시)프로판, 염산 1,3-비스-(2,4-디아미노페녹시)프로판 하이드로클로라이드)(다만, 산화염모제에서 용법·용량에 따른 혼합물의 염모성분으로서 산으로서 1.2 % 이하는 제외)
1,3-프로판설톤
프로판-1,2,3-트리일트리나이트레이트
프로피오락톤
프로피자미드
프로피페나존
Prunus laurocerasus L.
프시로시빈
프탈레이트류(디부틸프탈레이트, 디에틸헥실프탈레이트, 부틸벤질프탈레이트에 한함)
플루실라졸
플루아니손
플루오레손
플루오로우라실
플루지포프-p-부틸
피그먼트레드 53(레이크레드 C)
피그먼트레드 53:1(레이크레드 CBa)
피그먼트오렌지 5(파마넨트오렌지)
피나스테리드, 그 염류 및 유도체
과산화물가가 10mmol/L을 초과하는 Pinus nigra 잎과 잔가지의 오일 및 추출물
과산화물가가 10mmol/L을 초과하는 Pinus mugo 잎과 잔가지의 오일 및 추출물
과산화물가가 10mmol/L을 초과하는 Pinus mugo pumilio 잎과 잔가지의 오일 및 추출물
과산화물가가 10mmol/L을 초과하는 Pinus cembra 아세틸레이티드 잎 및 잔가지의 추출물
과산화물가가 10mmol/L을 초과하는 Pinus cembra 잎과 잔가지의 오일 및 추출물
과산화물가가 10mmol/L을 초과하는 Pinus species 잎과 잔가지의 오일 및 추출물
과산화물가가 10mmol/L을 초과하는 Pinus sylvestris 잎과 잔가지의 오일 및 추출물
과산화물가가 10mmol/L을 초과하는 Pinus palustris 잎과 잔가지의 오일 및 추출물
과산화물가가 10mmol/L을 초과하는 Pinus pumila 잎과 잔가지의 오일 및 추출물
과산화물가가 10mmol/L을 초과하는 Pinus pinaste 잎과 잔가지의 오일 및 추출물
Pyrethrum album L. 및 그 생약제제

피로갈롤(다만, 염모제에서 용법·용량에 따른 혼합물의 염모성분으로서 2 % 이하는 제외)
Pilocarpus jaborandi Holmes 및 그 생약제제
피로카르핀 및 그 염류
6-(1-피롤리디닐)-2,4-피리미딘디아민-3-옥사이드(피롤리디닐 디아미노 피리미딘 옥사이드)
피리치온소듐(INNM)
피리치온알루미늄캄실레이트
피메크로리무스(pimecrolimus), 그 염류 및 그 유도체
피메트로진
과산화물가가 10mmol/L을 초과하는 Picea mariana 잎의 오일 및 추출물
Physostigma venenosum Balf.
피이지-3,2',2'-디-p-페닐렌디아민
피크로톡신
피크릭애씨드
피토나디온(비타민 K1)
피톨라카(Phytolacca)속 및 그 제제
피파제테이트 및 그 염류
6-(피페리디닐)-2,4-피리미딘디아민-3-옥사이드(미녹시딜), 그 염류 및 유도체
α-피페리딘-2-일벤질아세테이트 좌회전성의 트레오포름(레보파세토페란) 및 그 염류
피프라드롤 및 그 염류
피프로쿠라륨 및 그 염류
형광증백제
히드라스틴, 히드라스티닌 및 그 염류
(4-하이드라지노페닐)-N-메칠메탄설폰아마이드 하이드로클로라이드
히드라지드 및 그 염류
히드라진, 그 유도체 및 그 염류
하이드로아비에틸 알코올
히드로겐시아니드 및 그 염류
히드로퀴논
히드로플루오릭애씨드, 그 노르말 염, 그 착화합물 및 히드로플루오라이드
N-[3-하이드록시-2-(2-메칠아크릴로일아미노메톡시)프로폭시메칠]-2-메칠아크릴아마이드, N-[2,3-비스-(2-메칠아크릴로일아미노메톡시)프로폭시메칠-2-메칠아크릴아미드, 메타크릴아마이드 및 2-메칠-N-(2-메칠아크릴로일아미노메톡시메칠)-아크릴아마이드
4-히드록시-3-메톡시신나밀알코올의벤조에이트(천연에센스에 자연적으로 함유된 경우는 제외)
(6-(4-하이드록시)-3-(2-메톡시페닐아조)-2-설포네이토-7-나프틸아미노)-1,3,5-트리아진-2,4-디일)비스

[(아미노이-1-메칠에칠)암모늄]포메이트
1-하이드록시-3-니트로-4-(3-하이드록시프로필아미노)벤젠 및 그 염류 (예 : 4-하이드록시프로필아미노-3-니트로페놀)(다만, 염모제에서 용법·용량에 따른 혼합물의 염모성분으로서 2.6 % 이하는 제외)
1-하이드록시-2-베타-하이드록시에칠아미노-4,6-디니트로벤젠 및 그 염류(예 : 2-하이드록시에칠피크라믹애씨드)(다만, 2-하이드록시에칠피크라믹애씨드는 산화염모제에서 용법·용량에 따른 혼합물의 염모성분으로서 1.5 % 이하, 비산화염모제에서 용법·용량에 따른 혼합물의 염모성분으로서 2.0 % 이하는 제외)
5-하이드록시-1,4-벤조디옥산 및 그 염류
하이드록시아이소헥실 3-사이클로헥센 카보스알데히드(HICC)
N1-(2-하이드록시에칠)-4-니트로-o-페닐렌디아민(에이치시 황색 No. 5) 및 그 염류
하이드록시에칠-2,6-디니트로-p-아니시딘 및 그 염류
3-[[4-[(2-하이드록시에칠)메칠아미노]-2-니트로페닐]아미노]-1,2-프로판디올 및 그 염류
하이드록시에칠-3,4-메칠렌디옥시아닐린; 2-(1,3-벤진디옥솔-5-일아미노)에탄올 하이드로클로라이드 및 그 염류 (예 : 하이드록시에칠-3,4-메칠렌디옥시아닐린 하이드로클로라이드)(다만, 산화염모제에서 용법·용량에 따른 혼합물의 염모성분으로서 1.5 % 이하는 제외)
3-[[4-[(2-하이드록시에칠)아미노]-2-니트로페닐]아미노]-1,2-프로판디올 및 그 염류
4-(2-하이드록시에칠)아미노-3-니트로페놀 및 그 염류 (예 : 3-니트로-p-하이드록시에칠아미노페놀)(다만, 3-니트로-p-하이드록시에칠아미노페놀은 산화염모제에서 용법·용량에 따른 혼합물의 염모성분으로서 3.0 % 이하, 비산화염모제에서 용법·용량에 따른 혼합물의 염모성분으로서 1.85 % 이하는 제외)
2,2'-[[4-[(2-하이드록시에칠)아미노]-3-니트로페닐]이미노]바이세타놀 및 그 염류(예 : 에이치시 청색 No. 2)(다만, 비산화염모제에서 용법·용량에 따른 혼합물의 염모성분으로서 2.8 % 이하는 제외)
1-[(2-하이드록시에칠)아미노]-4-(메칠아미노-9,10-안트라센디온 및 그 염류
하이드록시에칠아미노메칠-p-아미노페놀 및 그 염류
5-[(2-하이드록시에칠)아미노]-o-크레졸 및 그 염류(예 : 2-메칠-5-하이드록시에칠아미노페놀)(다만, 2-메칠-5-하이드록시에칠아미노페놀은 염모제에서 용법·용량에 따른 혼합물의 염모성분으로서 0.5 % 이하는 제외)
(4-(4-히드록시-3-요오도페녹시)-3,5-디요오도페닐)아세틱애씨드 및 그 염류
6-하이드록시-1-(3-이소프로폭시프로필)-4-메칠-2-옥소-5-[4-(페닐아조)페닐아조]-1,2-디하이드로-3-피리딘카보니트릴
4-히드록시인돌
2-[2-하이드록시-3-(2-클로로페닐)카르바모일-1-나프틸아조]-7-[2-하이드록시-3-(3-메칠페닐)카르바모일-1-나프틸아조]플루오렌-9-온
4-(7-하이드록시-2,4,4-트리메칠-2-크로마닐)레솔시놀-4-일-트리스(6-디아조-5,6-디하이드로-5-옥소나프탈렌-1-설포네이트) 및 4-(7-하이드록시-2,4,4-트리메칠-2-크로마닐)레솔시놀비스(6-디아조-5,6-디하

이드로-5-옥소나프탈렌-1-설포네이트)의 2:1 혼합물
11-α-히드록시프레근-4-엔-3,20-디온 및 그 에스텔
1-(3-하이드록시프로필아미노)-2-니트로-4-비스(2-하이드록시에칠)아미노)벤젠 및 그 염류(예 : 에이치시 자색 No. 2)(다만, 비산화염모제에서 용법·용량에 따른 혼합물의 염모성분으로서 2.0 % 이하는 제외)
히드록시프로필 비스(N-히드록시에칠-p-페닐렌디아민) 및 그 염류(다만, 산화염모제에서 용법·용량에 따른 혼합물의 염모성분으로 테트라하이드로클로라이드염으로서 0.4 % 이하는 제외)
<삭 제>
하이드록시피리디논 및 그 염류
3-하이드록시-4-[(2-하이드록시나프틸)아조]-7-니트로나프탈렌-1-설포닉애씨드 및 그 염류
할로카르반
할로페리돌
항생물질
항히스타민제(예 : 독실아민, 디페닐피랄린, 디펜히드라민, 메타피릴렌, 브롬페니라민, 사이클리진, 클로르페녹사민, 트리펠렌아민, 히드록사진 등)
N,N'-헥사메칠렌비스(트리메칠암모늄)염류(예 : 헥사메토늄브로마이드)
헥사메칠포스포릭-트리아마이드
헥사에칠테트라포스페이트
헥사클로로벤젠
(1R,4S,5R,8S)-1,2,3,4,10,10-헥사클로로-6,7-에폭시-1,4,4a,5,6,7,8,8a-옥타히드로-,1,4;5,8-디메타노나프탈렌(엔드린-ISO)
1,2,3,4,5,6-헥사클로로사이클로헥산류 (예 : 린단)
헥사클로로에탄
(1R,4S,5R,8S)-1,2,3,4,10,10-헥사클로로-1,4,4a,5,8,8a-헥사히드로-1,4;5,8-디메타노나프탈렌(이소드린-ISO)
헥사프로피메이트
(1R,2S)-헥사히드로-1,2-디메칠-3,6-에폭시프탈릭안하이드라이드(칸타리딘)
헥사하이드로사이클로펜타(C) 피롤-1-(1H)-암모늄 N-에톡시카르보닐-N-(p-톨릴설포닐)아자나이드
헥사하이드로쿠마린
헥산
헥산-2-온
1,7-헵탄디카르복실산(아젤라산), 그 염류 및 유도체
트랜스-2-헥세날디메칠아세탈
트랜스-2-헥세날디에칠아세탈
헨나(Lawsonia Inermis)엽가루(다만, 염모제에서 염모성분으로 사용하는 것은 제외)

트랜스-2-헵테날
헵타클로로에폭사이드
헵타클로르
3-헵틸-2-(3-헵틸-4-메칠-치오졸린-2-일렌)-4-메칠-치아졸리늄다이드
황산 4,5-디아미노-1-((4-클로르페닐)메칠)-1H-피라졸
황산 5-아미노-4-플루오르-2-메칠페놀
Hyoscyamus niger L. (잎, 씨, 가루 및 생약제제)
히요시아민, 그 염류 및 유도체
히요신, 그 염류 및 유도체
영국 및 북아일랜드산 소 유래 성분
BSE(Bovine Spongiform Encephalopathy) 감염조직 및 이를 함유하는 성분
광우병 발병이 보고된 지역의 다음의 특정위험물질(specified risk material) 유래성분(소·양·염소 등 반추동물의 18개 부위)

- 뇌(brain)
- 두개골(skull)
- 척수(spinal cord)
- 뇌척수액(cerebrospinal fluid)
- 송과체(pineal gland)
- 하수체(pituitary gland)
- 경막(dura mater)
- 눈(eye)
- 삼차신경절(trigeminal ganglia)
- 배측근신경절(dorsal root ganglia)
- 척주(vertebral column)
- 림프절(lymph nodes)
- 편도(tonsil)
- 흉선(thymus)
- 십이지장에서 직장까지의 장관(intestines from the duodenum to the rectum)
- 비장(spleen)
- 태반(placenta)
- 부신(adrenal gland)

<삭 제>
화학물질의 등록 및 평가 등에 관한 법률」 제2조제9호 및 제27조에 따라 지정하고 있는 금지물질

[별표 2]

사용상의 제한이 필요한 원료

원 료 명	사용한도	비 고
글루타랄(펜탄-1,5-디알)	0.1%	에어로졸(스프레이에 한함) 제품에는 사용금지
데하이드로아세틱애씨드(3-아세틸-6-메칠피란-2,4(3H)-디온) 및 그 염류	데하이드로아세틱애씨드로서 0.6%	에어로졸(스프레이에 한함) 제품에는 사용금지
4,4-디메칠-1,3-옥사졸리딘(디메칠옥사졸리딘)	0.05% (다만, 제품의 pH는 6을 넘어야 함)	
디브로모헥사미딘 및 그 염류 (이세치오네이트 포함)	디브로모헥사미딘으로서 0.1%	
디아졸리디닐우레아 (N-(히드록시메칠)-N-(디히드록시메칠-1,3-디옥소-2,5-이미다졸리디닐-4)-N'-(히드록시메칠)우레아)	0.5%	
디엠디엠하이단토인 (1,3-비스(히드록시메칠)-5,5-디메칠이미다졸리딘-2,4-디온)	0.6%	
2, 4-디클로로벤질알코올	0.15%	
3, 4-디클로로벤질알코올	0.15%	
메칠이소치아졸리논	사용 후 씻어내는 제품에 0.0015% (단, 메칠클로로이소치아졸리논과 메칠이소치아졸리논 혼합물과 병행 사용 금지)	기타 제품에는 사용금지
메칠클로로이소치아졸리논과 메칠이소치아졸리논 혼합물(염화마그네슘과 질산마그네슘 포함)	사용 후 씻어내는 제품에 0.0015% (메칠클로로이소치아졸리논:메칠이소치아졸리논=(3:1)혼합물로서)	기타 제품에는 사용금지
메텐아민(헥사메칠렌테트라아민)	0.15%	
무기설파이트 및 하이드로젠설파이트류	유리 SO2로 0.2%	
벤잘코늄클로라이드, 브로마이드 및 사카리네이트	·사용 후 씻어내는 제품에 벤잘코늄클로라이드로서 0.1% ·기타 제품에 벤잘코늄클로라이드로서 0.05%	
벤제토늄클로라이드	0.1%	점막에 사용되는 제품에는 사용금지
벤조익애씨드, 그 염류 및 에스텔류	산으로서 0.5% (다만, 벤조익애씨드 및 그 소듐염은 사용 후 씻어내는 제품에는 산으로서 2.5%)	
벤질알코올	1.0% (다만, 두발 염색용 제품류에 용제로 사용할 경우에는 10%)	
벤질헤미포름알	사용 후 씻어내는 제품에 0.15%	기타 제품에는 사용금지
보레이트류(소듐보레이트, 테트라보레이트)	밀납, 백납의 유화의 목적으로 사용 시 0.76% (이 경우, 밀납·백납 배합량의 1/2을 초과할 수 없다)	기타 목적에는 사용금지
5-브로모-5-나이트로-1,3-디옥산	사용 후 씻어내는 제품에 0.1% (다만, 아민류나 아마이드류를 함유하고 있는 제품에는 사용금지)	기타 제품에는 사용금지

원 료 명	사용한도	비 고
2-브로모-2-나이트로프로판-1,3-디올(브로노폴)	0.1%	아민류나 아마이드류를 함유하고 있는 제품에는 사용금지
브로모클로로펜(6,6-디브로모-4,4-디클로로-2,2'-메칠렌-디페놀)	0.1%	
비페닐-2-올(o-페닐페놀) 및 그 염류	페놀로서 0.15%	
살리실릭애씨드 및 그 염류	살리실릭애씨드로서 0.5%	영유아용 제품류 또는 만 13세 이하 어린이가 사용할 수 있음을 특정하여 표시하는 제품에는 사용금지(다만, 샴푸는 제외)
세틸피리디늄클로라이드	0.08%	
소듐라우로일사코시네이트	사용 후 씻어내는 제품에 허용	기타 제품에는 사용금지
소듐아이오데이트	사용 후 씻어내는 제품에 0.1%	기타 제품에는 사용금지
소듐하이드록시메칠아미노아세테이트 (소듐하이드록시메칠글리시네이트)	0.5%	
소르빅애씨드(헥사-2,4-디에노익 애씨드) 및 그 염류	소르빅애씨드로서 0.6%	
아이오도프로피닐부틸카바메이트(아이피비씨)	• 사용 후 씻어내는 제품에 0.02% • 사용 후 씻어내지 않는 제품에 0.01% • 다만, 데오드란트에 배합할 경우에는 0.0075%	• 입술에 사용되는 제품, 에어로졸(스프레이에 한함) 제품, 바디로션 및 바디크림에는 사용금지 • 영유아용 제품류 또는 만 13세 이하 어린이가 사용할 수 있음을 특정하여 표시하는 제품에는 사용금지(목욕용제품, 샤워젤류 및 샴푸류는 제외)
알킬이소퀴놀리늄브로마이드	사용 후 씻어내지 않는 제품에 0.05%	
알킬(C12-C22)트리메칠암모늄 브로마이드 및 클로라이드 (브롬화세트리모늄 포함)	두발용 제품류를 제외한 화장품에 0.1%	
에칠라우로일알지네이트 하이드로클로라이드	0.4%	입술에 사용되는 제품 및 에어로졸(스프레이에 한함) 제품에는 사용금지
엠디엠하이단토인	0.2%	
알킬디아미노에칠글라이신하이드로클로라이드용액(30%)	0.3%	
운데실레닉애씨드 및 그 염류 및 모노에탄올아마이드	사용 후 씻어내는 제품에 산으로서 0.2%	기타 제품에는 사용금지
이미다졸리디닐우레아(3,3'-비스(1-하이드록시메칠-2,5-디옥소이미다졸리딘-4-일)-1,1'메칠렌디우레아)	0.6%	
이소프로필메칠페놀(이소프로필크레졸, o-시멘-5-올)	0.1%	
징크피리치온	사용 후 씻어내는 제품에 0.5%	기타 제품에는 사용금지
쿼터늄-15 (메텐아민 3-클로로알릴클로라이드)	0.2%	
클로로부탄올	0.5%	에어로졸(스프레이에 한함) 제품에는 사용금지
〈삭제〉	〈삭제〉	
클로로자이레놀	0.5%	

원 료 명	사용한도	비 고
p-클로로-m-크레졸	0.04%	점막에 사용되는 제품에는 사용금지
클로로펜(2-벤질-4-클로로페놀)	0.05%	
클로페네신(3-(p-클로로페녹시)-프로판-1,2-디올)	0.3%	
클로헥시딘, 그 디글루코네이트, 디아세테이트 및 디하이드로클로라이드	·점막에 사용하지 않고 씻어내는 제품에 클로헥시딘으로서 0.1%, ·기타 제품에 클로헥시딘으로서 0.05%	
클림바졸[1-(4-클로로페녹시)-1-(1H-이미다졸릴)-3, 3-디메칠-2-부타논]	두발용 제품에 0.5%	기타 제품에는 사용금지
테트라브로모-o-크레졸	0.3%	
트리클로산	사용 후 씻어내는 인체세정용 제품류, 데오도런트(스프레이 제품 제외), 페이스파우더, 피부결점을 감추기 위해 국소적으로 사용하는 파운데이션(예 : 블레미쉬컨실러)에 0.3%	기타 제품에는 사용금지
트리클로카반(트리클로카바닐리드)	0.2% (다만, 원료 중 3,3',4,4'-테트라클로로아조벤젠 1ppm 미만, 3,3',4,4'-테트라클로로아족시벤젠 1ppm 미만 함유하여야 함)	
페녹시에탄올	1.0%	
페녹시이소프로판올(1-페녹시프로판-2-올)	사용 후 씻어내는 제품에 1.0%	기타 제품에는 사용금지
〈삭제〉	〈삭제〉	
포믹애씨드 및 소듐포메이트	포믹애씨드로서 0.5%	
폴리(1-헥사메칠렌바이구아니드)에이치씨엘	0.05%	에어로졸(스프레이에 한함) 제품에는 사용금지
프로피오닉애씨드 및 그 염류	프로피오닉애씨드로서 0.9%	
피록톤올아민(1-하이드록시-4-메칠-6(2,4,4-트리메칠펜틸)2-피리돈 및 그 모노에탄올아민염)	사용 후 씻어내는 제품에 1.0%, 기타 제품에 0.5%	
피리딘-2-올 1-옥사이드	0.5%	
p-하이드록시벤조익애씨드, 그 염류 및 에스텔류 (다만, 에스텔류 중 페닐은 제외)	·단일성분일 경우 0.4%(산으로서) ·혼합사용의 경우 0.8%(산으로서)	
헥세티딘	사용 후 씻어내는 제품에 0.1%	기타 제품에는 사용금지
헥사미딘(1,6-디(4-아미디노페녹시)-n-헥산) 및 그 염류(이세치오네이트 및 p-하이드록시벤조에이트)	헥사미딘으로서 0.1%	

* 보존제 성분
* 염류의 예 : 소듐, 포타슘, 칼슘, 마그네슘, 암모늄, 에탄올아민, 클로라이드, 브로마이드, 설페이트, 아세테이트, 베타인 등
* 에스텔류 : 메칠, 에칠, 프로필, 이소프로필, 부틸, 이소부틸, 페닐

*** 자외선 차단성분**

원 료 명	사용한도	비고
〈삭 제〉	〈삭 제〉	
드로메트리졸트리실록산	15%	
드로메트리졸	1.0%	
디갈로일트리올리에이트	5%	
디소듐페닐디벤즈이미다졸테트라설포네이트	산으로서 10%	
디에칠헥실부타미도트리아존	10%	
디에칠아미노하이드록시벤조일헥실벤조에이트	10%	
〈삭 제〉	〈삭 제〉	
로우손과 디하이드록시아세톤의 혼합물	로우손 0.25%, 디하이드록시아세톤 3%	
메칠렌비스-벤조트리아졸릴테트라메칠부틸페놀	10%	
4-메칠벤질리덴캠퍼	4%	
멘틸안트라닐레이트	5%	
벤조페논-3(옥시벤존)	5%	
벤조페논-4	5%	
벤조페논-8(디옥시벤존)	3%	
부틸메톡시디벤조일메탄	5%	
비스에칠헥실옥시페놀메톡시페닐트리아진	10%	
시녹세이트	5%	
에칠디하이드록시프로필파바	5%	
옥토크릴렌	10%	
에칠헥실디메칠파바	8%	
에칠헥실메톡시신나메이트	7.5%	
에칠헥실살리실레이트	5%	
에칠헥실트리아존	5%	
이소아밀-p-메톡시신나메이트	10%	
폴리실리콘-15(디메치코디에칠벤잘말로네이트)	10%	
징크옥사이드	25%	
테레프탈릴리덴디캠퍼설포닉애씨드 및 그 염류	산으로서 10%	
티이에이-살리실레이트	12%	
티타늄디옥사이드	25%	
〈삭 제〉	〈삭 제〉	
페닐벤즈이미다졸설포닉애씨드	4%	
호모살레이트	10%	

* 다만, 제품의 변색방지를 목적으로 그 사용농도가 0.5% 미만인 것은 자외선 차단 제품으로 인정하지 아니한다.
* 염류 : 양이온염으로 소듐, 포타슘, 칼슘, 마그네슘, 암모늄 및 에탄올아민, 음이온염으로 클로라이드, 브로마이드, 설페이트, 아세테이트

*** 염모제 성분**

원 료 명	사용할 때 농도상한(%)	비고
p-니트로-o-페닐렌디아민	산화염모제에 1.5 %	기타 제품에는 사용금지
니트로-p-페닐렌디아민	산화염모제에 3.0 %	기타 제품에는 사용금지
2-메칠-5-히드록시에칠아미노페놀	산화염모제에 0.5 %	기타 제품에는 사용금지
2-아미노-4-니트로페놀	산화염모제에 2.5 %	기타 제품에는 사용금지
2-아미노-5-니트로페놀	산화염모제에 1.5 %	기타 제품에는 사용금지
2-아미노-3-히드록시피리딘	산화염모제에 1.0%	기타 제품에는 사용금지
4-아미노-m-크레솔	산화염모제에 1.5%	기타 제품에는 사용금지
5-아미노-o-크레솔	산화염모제에 1.0 %	기타 제품에는 사용금지
5-아미노-6-클로로-o-크레솔	·산화염모제에 1.0% ·비산화염모제에 0.5%	기타 제품에는 사용금지
m-아미노페놀	산화염모제에 2.0 %	기타 제품에는 사용금지
o-아미노페놀	산화염모제에 3.0 %	기타 제품에는 사용금지
p-아미노페놀	산화염모제에 0.9 %	기타 제품에는 사용금지
염산 2,4-디아미노페녹시에탄올	산화염모제에 0.5 %	기타 제품에는 사용금지
염산 톨루엔-2,5-디아민	산화염모제에 3.2 %	기타 제품에는 사용금지
염산 m-페닐렌디아민	산화염모제에 0.5 %	기타 제품에는 사용금지
염산 p-페닐렌디아민	산화염모제에 3.3 %	기타 제품에는 사용금지
염산 히드록시프로필비스(N-히드록시에칠-p-페닐렌디아민)	산화염모제에 0.4%	기타 제품에는 사용금지
톨루엔-2,5-디아민	산화염모제에 2.0 %	기타 제품에는 사용금지
m-페닐렌디아민	산화염모제에 1.0 %	기타 제품에는 사용금지
p-페닐렌디아민	산화염모제에 2.0 %	기타 제품에는 사용금지
N-페닐-p-페닐렌디아민 및 그 염류	산화염모제에 N-페닐-p-페닐렌디아민으로서 2.0 %	기타 제품에는 사용금지
피크라민산	산화염모제에 0.6 %	기타 제품에는 사용금지
황산 p-니트로-o-페닐렌디아민	산화염모제에 2.0 %	기타 제품에는 사용금지
p-메칠아미노페놀 및 그 염류	산화염모제에 황산염으로서 0.68%	기타 제품에는 사용금지
황산 5-아미노-o-크레솔	산화염모제에 4.5 %	기타 제품에는 사용금지
황산 m-아미노페놀	산화염모제에 2.0 %	기타 제품에는 사용금지
황산 o-아미노페놀	산화염모제에 3.0 %	기타 제품에는 사용금지
황산 p-아미노페놀	산화염모제에 1.3 %	기타 제품에는 사용금지
황산 톨루엔-2,5-디아민	산화염모제에 3.6 %	기타 제품에는 사용금지
황산 m-페닐렌디아민	산화염모제에 3.0 %	기타 제품에는 사용금지
황산 p-페닐렌디아민	산화염모제에 3.8 %	기타 제품에는 사용금지
황산 N,N-비스(2-히드록시에칠)-p-페닐렌디아민	산화염모제에 2.9 %	기타 제품에는 사용금지
2,6-디아미노피리딘	산화염모제에 0.15 %	기타 제품에는 사용금지
염산 2,4-디아미노페놀	산화염모제에 0.5 %	기타 제품에는 사용금지
1,5-디히드록시나프탈렌	산화염모제에 0.5 %	기타 제품에는 사용금지

원 료 명	사용할 때 농도상한(%)	비고
피크라민산 나트륨	산화염모제에 0.6 %	기타 제품에는 사용금지
황산 2-아미노-5-니트로페놀	산화염모제에 1.5 %	기타 제품에는 사용금지
황산 o-클로로-p-페닐렌디아민	산화염모제에 1.5 %	기타 제품에는 사용금지
황산 1-히드록시에칠-4,5-디아미노피라졸	산화염모제에 3.0 %	기타 제품에는 사용금지
히드록시벤조모르포린	산화염모제에 1.0 %	기타 제품에는 사용금지
6-히드록시인돌	산화염모제에 0.5 %	기타 제품에는 사용금지
1-나프톨(α-나프톨)	산화염모제에 2.0 %	기타 제품에는 사용금지
레조시놀	산화염모제에 2.0 %	
2-메칠레조시놀	산화염모제에 0.5 %	기타 제품에는 사용금지
몰식자산	산화염모제에 4.0 %	
카테콜(피로카테콜)	산화염모제에 1.5 %	기타 제품에는 사용금지
피로갈롤	염모제에 2.0 %	기타 제품에는 사용금지
과붕산나트륨 과붕산나트륨일수화물 과산화수소수 과탄산나트륨	염모제(탈염·탈색 포함)에서 과산화수소로서 12.0 %	

*** 기 타**

원 료 명	사 용 한 도	비 고
감광소 감광소 101호(플라토닌) ┐ 감광소 201호(쿼터늄-73) │ 감광소 301호(쿼터늄-51) │ 의 합계량 감광소 401호(쿼터늄-45) │ 기타의 감광소 ┘	0.002%	
건강틴크 ┐ 칸타리스틴크 │ 의 합계량 고추틴크 ┘	1%	
과산화수소 및 과산화수소 생성물질	·두발용 제품류에 과산화수소로서 3% ·손톱경화용 제품에 과산화수소로서 2%	기타 제품에는 사용금지
글라이옥살	0.01%	
〈삭 제〉	〈삭 제〉	
α-다마스콘(시스-로즈 케톤-1)	0.02%	
디아미노피리미딘옥사이드(2,4-디아미노-피리미딘-3-옥사이드)	두발용 제품류에 1.5%	기타 제품에는 사용금지
땅콩오일, 추출물 및 유도체		원료 중 땅콩단백질의 최대 농도는 0.5ppm을 초과하지 않아야 함
라우레스-8, 9 및 10	2%	
레조시놀	·산화염모제에 용법·용량에 따른 혼합물의 염모성분으로서 2.0% ·기타제품에 0.1%	

원 료 명	사 용 한 도	비 고
로즈 케톤-3	0.02%	
로즈 케톤-4	0.02%	
로즈 케톤-5	0.02%	
시스-로즈 케톤-2	0.02%	
트랜스-로즈 케톤-1	0.02%	
트랜스-로즈 케톤-2	0.02%	
트랜스-로즈 케톤-3	0.02%	
트랜스-로즈 케톤-5	0.02%	
리튬하이드록사이드	·헤어스트레이트너 제품에 4.5% ·제모제에서 pH조정 목적으로 사용되는 경우 최종 제품의 pH는 12.7이하	기타 제품에는 사용금지
만수국꽃 추출물 또는 오일	·사용 후 씻어내는 제품에 0.1% ·사용 후 씻어내지 않는 제품에 0.01%	·원료 중 알파 테르티에닐(테르티오펜) 함량은 0.35% 이하 ·자외선 차단제품 또는 자외선을 이용한 태닝(천연 또는 인공)을 목적으로 하는 제품에는 사용금지 ·만수국아재비꽃 추출물 또는 오일과 혼합 사용 시 '사용 후 씻어내는 제품'에 0.1%, '사용 후 씻어내지 않는 제품'에 0.01%를 초과하지 않아야 함
만수국아재비꽃 추출물 또는 오일	·사용 후 씻어내는 제품에 0.1% ·사용 후 씻어내지 않는 제품에 0.01%	·원료 중 알파 테르티에닐(테르티오펜) 함량은 0.35% 이하 ·자외선 차단제품 또는 자외선을 이용한 태닝(천연 또는 인공)을 목적으로 하는 제품에는 사용금지 ·만수국꽃 추출물 또는 오일과 혼합 사용 시 '사용 후 씻어내는 제품'에 0.1%, '사용 후 씻어내지 않는 제품'에 0.01%를 초과하지 않아야 함
머스크자일렌	·향수류 향료원액을 8% 초과하여 함유하는 제품에 1.0%, 향료원액을 8% 이하로 함유하는 제품에 0.4% ·기타 제품에 0.03%	
머스크케톤	·향수류 향료원액을 8% 초과하여 함유하는 제품 1.4%, 향료원액을 8% 이하로 함유하는 제품 0.56% ·기타 제품에 0.042%	
3-메칠논-2-엔니트릴	0.2%	
메칠 2-옥티노에이트(메칠헵틴카보네이트)	0.01% (메칠옥틴카보네이트와 병용 시 최종제품에서 두 성분의 합은 0.01%, 메칠옥틴카보네이트는 0.002%)	
메칠옥틴카보네이트(메칠논-2-이노에이트)	0.002% (메칠 2-옥티노에이트와 병용 시 최종제품에서 두 성분의 합이 0.01%)	

원 료 명	사용한도	비 고
p-메칠하이드로신나믹알데하이드	0.2%	
메칠헵타디에논	0.002%	
메톡시디시클로펜타디엔카르복스알데하이드	0.5%	
무기설파이트 및 하이드로젠설파이트류	산화염모제에서 유리 SO2로 0.67%	기타 제품에는 사용금지
베헨트리모늄 클로라이드	(단일성분 또는 세트리모늄 클로라이드, 스테아트리모늄클로라이드와 혼합사용의 합으로서) ·사용 후 씻어내는 두발용 제품류 및 두발 염색용 제품류에 5.0% ·사용 후 씻어내지 않는 두발용 제품류 및 두발 염색용 제품류에 3.0%	세트리모늄 클로라이드 또는 스테아트리모늄 클로라이드와 혼합 사용하는 경우 세트리모늄 클로라이드 및 스테아트리모늄 클로라이드의 합은 '사용 후 씻어내지 않는 두발용 제품류'에 1.0% 이하, '사용 후 씻어내는 두발용 제품류 및 두발 염색용 제품류'에 2.5% 이하여야 함)
4-tert-부틸디하이드로신남알데하이드	0.6%	
1,3-비스(하이드록시메칠)이미다졸리딘-2-치온	두발용 제품류 및 손발톱용 제품류에 2% (다만, 에어로졸(스프레이에 한함) 제품에는 사용금지)	기타 제품에는 사용금지
비타민E(토코페롤)	20%	
살리실릭애씨드 및 그 염류	·인체세정용 제품류에 살리실릭애씨드로서 2% ·사용 후 씻어내는 두발용 제품류에 살리실릭애씨드로서 3%	·영유아용 제품류 또는 만 13세 이하 어린이가 사용할 수 있음을 특정하여 표시하는 제품에는 사용금지(다만, 샴푸는 제외) ·기능성화장품의 유효성분으로 사용하는 경우에 한하며 기타 제품에는 사용금지
세트리모늄 클로라이드, 스테아트리모늄 클로라이드	(단일성분 또는 혼합사용의 합으로서) ·사용 후 씻어내는 두발용 제품류 및 두발용 염색용 제품류에 2.5% ·사용 후 씻어내지 않는 두발용 제품류 및 두발 염색용 제품류에 1.0%	
소듐나이트라이트	0.2%	2급, 3급 아민 또는 기타 니트로사민형성물질을 함유하고 있는 제품에는 사용금지
소합향나무(Liquidambar orientalis) 발삼오일 및 추출물	0.6%	
수용성 징크 염류(징크 4-하이드록시벤젠설포네이트와 징크피리치온 제외)	징크로서 1%	
시스테인, 아세틸시스테인 및 그 염류	퍼머넌트웨이브용 제품에 시스테인으로서 3.0~7.5%(다만, 가온2욕식 퍼머넌트웨이브용 제품의 경우에는 시스테인으로서 1.5~5.5%, 안정제로서 치오글라이콜릭애씨드 1.0%를 배합할 수 있으며, 첨가하는 치오글라이콜릭애씨드의 양을 최대한 1.0%로 했을 때 주성분인 시스테인의 양은 6.5%를 초과할 수 없다)	
실버나이트레이트	속눈썹 및 눈썹 착색용도의 제품에 4%	기타 제품에는 사용금지
아밀비닐카르비닐아세테이트	0.3%	
아밀시클로펜테논	0.1%	

원 료 명	사 용 한 도	비 고
아세틸헥사메칠인단	사용 후 씻어내지 않는 제품에 2%	
아세틸헥사메칠테트라린	·사용 후 씻어내지 않는 제품 0.1% (다만, 하이드로알콜성 제품에 배합할 경우 1%, 순수향료 제품에 배합할 경우 2.5%, 방향크림에 배합할 경우 0.5%) ·사용 후 씻어내는 제품 0.2%	
알에이치(또는 에스에이치) 올리고펩타이드-1(상피세포성장인자)	0.001%	
알란토인클로로하이드록시알루미늄(알클록사)	1%	
알릴헵틴카보네이트	0.002%	2-알키노익애씨드 에스텔(예 : 메칠헵틴카보네이트)을 함유하고 있는 제품에는 사용금지
알칼리금속의 염소산염	3%	
암모니아	6%	
에칠라우로일알지네이트 하이드로클로라이드	비듬 및 가려움을 덜어주고 씻어내는 제품(샴푸)에 0.8%	기타 제품에는 사용금지
에탄올·붕사·라우릴황산나트륨(4:1:1)혼합물	외음부세정제에 12%	기타 제품에는 사용금지
에티드로닉애씨드 및 그 염류(1-하이드록시에칠리덴-디-포스포닉애씨드 및 그 염류)	·두발용 제품류 및 두발염색용 제품류에 산으로서 1.5% ·인체 세정용 제품류에 산으로서 0.2%	기타 제품에는 사용금지
오포파낙스	0.6%	
옥살릭애씨드, 그 에스텔류 및 알칼리 염류	두발용제품류에 5%	기타 제품에는 사용금지
우레아	10%	
이소베르가메이트	0.1%	
이소사이클로제라니올	0.5%	
징크페놀설포네이트	사용 후 씻어내지 않는 제품에 2%	
징크피리치온	비듬 및 가려움을 덜어주고 씻어내는 제품(샴푸, 린스) 및 탈모증상의 완화에 도움을 주는 화장품에 총 징크피리치온으로서 1.0%	기타 제품에는 사용금지
치오글라이콜릭애씨드, 그 염류 및 에스텔류	·퍼머넌트웨이브용 및 헤어스트레이트너 제품에 치오글라이콜릭애씨드로서 11% (다만, 가온2욕식 헤어스트레이트너 제품의 경우에는 치오글라이콜릭애씨드로서 5%, 치오글라이콜릭애씨드 및 그 염류를 주성분으로 하고 제1제 사용 시 조제하는 발열 2욕식 퍼머넌트웨이브용 제품의 경우 치오글라이콜릭애씨드로서 19%에 해당하는 양) ·제모용 제품에 치오글라이콜릭애씨드로서 5% ·염모제에 치오글라이콜릭애씨드로서 1% ·사용 후 씻어내는 두발용 제품류에 2%	기타 제품에는 사용금지
칼슘하이드록사이드	·헤어스트레이트너 제품에 7% ·제모제에서 pH조정 목적으로 사용되는 경우 최종 제품의 pH는 12.7이하	기타 제품에는 사용금지
Commiphora erythrea engler var. glabrescens 검 추출물 및 오일	0.6%	
쿠민(Cuminum cyminum) 열매 오일 및 추출물	사용 후 씻어내지 않는 제품에 쿠민오일로서 0.4%	

원 료 명	사 용 한 도	비 고
퀴닌 및 그 염류	·샴푸에 퀴닌염으로서 0.5% ·헤어로션에 퀴닌염로서 0.2%	기타 제품에는 사용금지
클로라민T	0.2%	
톨루엔	손발톱용 제품류에 25%	기타 제품에는 사용금지
트리알킬아민, 트리알칸올아민 및 그 염류	사용 후 씻어내지 않는 제품에 2.5%	
트리클로산	사용 후 씻어내는 제품류에 0.3%	기능성화장품의 유효성분으로 사용하는 경우에 한하며 기타 제품에는 사용금지
트리클로카반(트리클로카바닐리드)	사용 후 씻어내는 제품류에 1.5%	기능성화장품의 유효성분으로 사용하는 경우에 한하며 기타 제품에는 사용금지
페릴알데하이드	0.1%	
페루발삼 (Myroxylon pereirae의 수지) 추출물(extracts), 증류물(distillates)	0.4%	
포타슘하이드록사이드 또는 소듐하이드록사이드	·손톱표피 용해 목적일 경우 5%, pH 조정 목적으로 사용되고 최종 제품이 제5조제5항에 pH기준이 정하여 있지 아니한 경우에도 최종 제품의 pH는 11이하 ·제모제에서 pH조정 목적으로 사용되는 경우 최종 제품의 pH는 12.7이하	
폴리아크릴아마이드류	·사용 후 씻어내지 않는 바디화장품에 잔류 아크릴아마이드로서 0.00001% ·기타 제품에 잔류 아크릴아마이드로서 0.00005%	
풍나무(Liquidambar styraciflua) 발삼오일 및 추출물	0.6%	
프로필리덴프탈라이드	0.01%	
하이드롤라이즈드밀단백질		원료 중 펩타이드의 최대 평균분자량은 3.5 kDa 이하이어야 함
트랜스-2-헥세날	0.002%	
2-헥실리덴사이클로펜타논	0.06%	

* 염류의 예 : 소듐, 포타슘, 칼슘, 마그네슘, 암모늄, 에탄올아민, 클로라이드, 브로마이드, 설페이트, 아세테이트, 베타인 등
* 에스텔류 : 메칠, 에칠, 프로필, 이소프로필, 부틸, 이소부틸, 페닐

[별표 4]

유통화장품 안전관리 시험방법(제6조 관련)

Ⅰ. 일반화장품

1. 납

다음 시험법중 적당한 방법에 따라 시험한다.

가) 디티존법

① 검액의 조제 : 다음 제1법 또는 제2법에 따른다.

- 제1법 : 검체 1.0g을 자제도가니에 취하고(검체에 수분이 함유되어 있을 경우에는 수욕상에서 증발건조한다) 약 500℃에서 2~3시간 회화한다. 회분에 묽은염산 및 묽은질산 각 10mL씩을 넣고 수욕상에서 30분간 가온한 다음 상징액을 유리여과기(G4)로 여과하고 잔류물을 묽은염산 및 물 적당량으로 씻어 씻은 액을 여액에 합하여 전량을 50mL로 한다.
- 제2법 : 검체 1.0g을 취하여 300mL 분해플라스크에 넣고 황산 5mL 및 질산 10mL를 넣고 흰 연기가 발생할 때까지 조용히 가열한다. 식힌 다음 질산 5mL씩을 추가하고 흰 연기가 발생할 때까지 가열하여 내용물이 무색~엷은 황색이 될 때까지 이 조작을 반복하여 분해가 끝나면 포화수산암모늄용액 5mL를 넣고 다시 가열하여 질산을 제거한다. 분해물을 50mL 용량플라스크에 옮기고 물 적당량으로 분해플라스크를 씻어 넣고 물을 넣어 전체량을 50mL로 한다.

② 시험조작 : 위의 검액으로 「기능성화장품 기준 및 시험방법」(식품의약품안전처 고시) 일반시험법 1. 원료의 "7. 납시험법"에 따라 시험한다. 비교액에는 납표준액 2.0mL를 넣는다.

나) 원자흡광광도법

① 검액의 조제 : 검체 약 0.5g을 정밀하게 달아 석영 또는 테트라플루오로메탄제의 극초단파분해용 용기의 기벽에 닿지 않도록 조심하여 넣는다. 검체를 분해하기 위하여 질산 7mL, 염산 2mL 및 황산 1mL을 넣고 뚜껑을 닫은 다음 용기를 극초단파분해 장치에 장착하고 다음 조작조건에 따라 무색~엷은 황색이 될 때까지 분해한다. 상온으로 식힌 다음 조심하여 뚜껑을 열고 분해물을 25mL 용량플라스크에 옮기고 물 적당량으로 용기 및 뚜껑을 씻어 넣고 물을 넣어 전체량을 25mL로 하여 검액으로 한다. 침전물이 있을 경우 여과하여 사용한다. 따로 질산 7mL, 염산 2mL 및 황산 1mL를 가지고 검액과 동일하게 조작하여 공시험액으로 한다. 다만, 필요에 따라 검체를 분해하기 위하여 사용되는 산의 종류 및 양과 극초단파분해 조건을 바꿀 수 있다.

<조작조건>

최대파워 : 1000W

최고온도 : 200℃

분해시간 : 약 35분

위 검액 및 공시험액 또는 디티존법의 검액의 조제와 같은 방법으로 만든 검액 및 공시험액 각 25mL를 취하여 각각에 구연산암모늄용액(1→4) 10mL 및 브롬치몰블루시액 2방울을 넣어 액의 색이 황색에서 녹색이 될 때까지 암모니아시액을 넣는다. 여기에 황산암모늄용액(2→5) 10mL 및 물을 넣어 100mL로 하고 디에칠디치오카르바민산나트륨용액(1→20) 10mL를 넣어 섞고 몇 분간 방치한 다음 메칠이소부틸케톤 20.0mL를 넣어 세게 흔들어 섞어 조용히 둔다. 메칠이소부틸케톤층을 여취하고 필요하면 여과하여 검액으로 한다.

② 표준액의 조제 : 따로 납표준액(10μg/mL) 0.5mL, 1.0mL 및 2.0mL를 각각 취하여 구연산암모늄용액(1→4) 10mL 및 브롬치몰블루시액 2방울을 넣고 이하 위의 검액과 같이 조작하여 검량선용 표준액으로 한다.

③ 조작 : 각각의 표준액을 다음의 조작조건에 따라 원자흡광광도기에 주입하여 얻은 납의 검량선을 가지고 검액 중 납의 양을 측정한다.

<조작조건>

사용가스 : 가연성가스　아세칠렌 또는 수소

지연성가스　공기

램 프 : 납중공음극램프

파 장 : 283.3nm

다) 유도결합플라즈마분광기를 이용하는 방법

① 검액의 조제 : 검체 약 0.2g을 정밀하게 달아 석영 또는 테트라플루오로메탄제의 극초단파분해용 용기의 기벽에 닿지 않도록 조심하여 넣는다. 검체를 분해하기 위하여 질산 7mL, 염산 2mL 및 황산 1mL을 넣고 뚜껑을 닫은 다음 용기를 극초단파분해 장치에 장착하고 다음 조작조건에 따라 무색~엷은 황색이 될 때까지 분해한다. 상온으로 식힌 다음 조심하여 뚜껑을 열고 분해물을 50mL 용량플라스크에 옮기고 물 적당량으로 용기 및 뚜껑을 씻어 넣고 물을 넣어 전체량을 50mL로 하여 검액으로 한다. 침전물이 있을 경우 여과하여 사용한다. 따로 질산 7mL, 염산 2mL 및 황산 1mL를 가지고 검액과 동일하게 조작하여 공시험액으로 한다. 다만, 필요에 따라 검체를 분해하기 위하여 사용되는 산의 종류 및 양과 극초단파 분해 조건을 바꿀 수 있다.

<조작조건>

최대파워 : 1000W

최고온도 : 200℃

분해시간 : 약 35분

② 표준액의 조제 : 납 표준원액(1000μg/mL)에 0.5% 질산을 넣어 농도가 다른 3가지 이상의 검량선용 표준액을 만든다. 이 표준액의 농도는 액 1mL당 납 0.01~0.2μg 범위내로 한다.

③ 시험조작 : 각각의 표준액을 다음의 조작조건에 따라 유도결합플라즈마분광기(ICP spectrometer)에 주입하여 얻은 납의 검량선을 가지고 검액 중 납의 양을 측정한다.

<조작조건>

파장 : 220.353nm(방해성분이 함유된 경우 납의 다른 특성파장을 선택할 수 있다)

플라즈마가스 : 아르곤(99.99 v/v% 이상)

라) 유도결합플라즈마-질량분석기를 이용한 방법

① 검액의 조제 : 검체 약 0.2g을 정밀하게 달아 테플론제의 극초단파분해용 용기의 기벽에 닿지 않도록 조심하여 넣는다. 검체를 분해하기 위하여 질산 7mL, 불화수소산 2mL를 넣고 뚜껑을 닫은 다음 용기를 극초단파분해 장치에 장착하고 다음 조작 조건 1에 따라 무색～엷은 황색이 될 때까지 분해한다. 상온으로 식힌 다음 조심하여 뚜껑을 열어 희석시킨 붕산 (5→100) 20mL를 넣고 뚜껑을 닫은 다음 용기를 극초단파분해 장치에 장착하고 다음 조작 조건 2에 따라 불소를 불활성화 시킨다. 다만, 기기의 검액 도입부 등에 석영대신 테플론재질을 사용하는 경우에 한해 불소 불활성화 조작은 생략할 수 있다. 상온으로 식힌 다음 조심하여 뚜껑을 열고 분해물을 100mL 용량플라스크에 옮기고 증류수 적당량으로 용기 및 뚜껑을 씻어 넣고 증류수를 넣어 100mL로 한다. 침전물이 있을 경우 여과하여 사용한다. 이를 증류수로 5배 희석하여 검액으로 한다. 따로 질산 7mL, 불화수소산 2mL를 가지고 검액과 동일하게 조작하여 공시험액으로 한다. 다만, 필요하면 검체를 분해하기 위하여 사용되는 산의 종류 및 양과 극초단파분해 조건을 바꿀 수 있다.

〈조작조건1〉	〈조작조건2〉
최대파워 : 1000W 최고온도 : 200℃ 분해시간 : 약 20분	최대파워 : 1000W 최고온도 : 180℃ 분해시간 : 약 10분

② 표준액의 조제 : 납 표준원액(1000 μg/mL)에 희석시킨 질산(2→100)을 넣어 농도가 다른 3가지 이상의 검량선용 표준액을 만든다. 이 표준액의 농도는 액 1mL당 납 1～20 ng 범위를 포함하게 한다.

③ 시험조작 : 각각의 표준액을 다음의 조작조건에 따라 유도결합플라즈마-질량분석기(ICP-MS)에 주입하여 얻은 납의 검량선을 가지고 검액 중 납의 양을 측정한다.

<조작조건>

원자량 : 206, 207, 208(간섭현상이 없는 범위에서 선택하여 검출)

플라즈마기체 : 아르곤(99.99 v/v% 이상)

2. 니켈

① 검액의 조제 : 검체 약 0.2 g을 정밀하게 달아 테플론제의 극초단파분해용 용기의 기벽에 닿지 않도록 조심하여 넣는다. 검체를 분해하기 위하여 질산 7 mL, 불화수소산 2 mL를 넣고 뚜껑을 닫은 다음 용기를 극초단파분해 장치에 장착하고 조작조건 1에 따라 무색 ～ 엷은 황색이 될 때까지 분해한다. 상온으로 식힌 다음 조심하여 뚜껑을 열어 희석시킨 붕산 (5→100) 20 mL를 넣고 뚜껑을 닫은 다음 용기를 극초단파

분해 장치에 장착하고 조작조건 2에 따라 불소를 불활성화 시킨다. 다만, 기기의 검액 도입부 등에 석영 대신 테플론재질을 사용하는 경우에 한해 불소 불활성화 조작은 생략할 수 있다. 상온으로 식힌 다음 조심하여 뚜껑을 열고 분해물을 100 mL 용량플라스크에 옮기고 물 적당량으로 용기 및 뚜껑을 씻어 넣고 물을 넣어 100 mL로 한다. 침전물이 있을 경우 여과하여 사용한다. 이액을 물로 5배 희석하여 검액으로 한다. 따로 질산 7 mL, 불화수소산 2 mL를 가지고 검액과 동일하게 조작하여 공시험액으로 한다. 다만, 필요하면 검체를 분해하기 위하여 사용되는 산의 종류 및 양과 극초단파분해 조건을 바꿀 수 있다.

〈조작조건1〉	〈조작조건2〉
최대파워 : 1000W 최고온도 : 200℃ 분해시간 : 약 20분	최대파워 : 1000W 최고온도 : 180℃ 분해시간 : 약 10분

② 표준액의 조제 : 니켈 표준원액(1000 μg/mL)에 희석시킨 질산(2→100)을 넣어 농도가 다른 3가지 이상의 검량선용 표준액을 만든다. 표준액의 농도는 1 mL당 니켈 1～20 ng 범위를 포함하게 한다.

③ 조작 : 각각의 표준액을 다음의 조작조건에 따라 유도결합플라즈마-질량분석기(ICP-MS)에 주입하여 얻은 니켈의 검량선을 가지고 검액 중 니켈의 양을 측정한다.

<조작조건>

원자량 : 60(간섭현상이 없는 범위에서 선택하여 검출)

플라즈마기체 : 아르곤(99.99 v/v% 이상)

④ 검출시험 범위에서 충분한 정량한계, 검량선의 직선성 및 회수율이 확보되는 경우 유도결합플라즈마-질량분석기(ICP-MS) 대신 유도결합플라즈마분광기(ICP) 또는 원자흡광분광기(AAS)를 사용하여 측정할 수 있다.

3. 비소

다음 시험법중 적당한 방법에 따라 시험한다.

가) 비색법 : 검체 1.0g을 달아 「기능성화장품 기준 및 시험방법」(식품의약품안전처 고시) 일반시험법 1. 원료의 "15. 비소시험법"중 제3법에 따라 검액을 만들고 장치 A를 쓰는 방법에 따라 시험한다.

나) 원자흡광광도법

① 검액의 조제 : 검체 약 0.2g을 정밀하게 달아 석영 또는 테트라플루오로메탄제의 극초단파분해용 용기의 기벽에 닿지 않도록 조심하여 넣는다. 검체를 분해하기 위하여 질산 7mL, 염산 2mL 및 황산 1mL을 넣고 뚜껑을 닫은 다음 용기를 극초단파 분해 장치에 장착하고 다음 조작조건에 따라 무색～엷은 황색이 될 때까지 분해한다. 상온으로 식힌 다음 조심하여 뚜껑을 열고 분해물을 50mL 용량플라스크에 옮기고 물 적당량으로 용기 및 뚜껑을 씻어 넣고 물을 넣어 전체량을 50mL로 하여 검액으로 한다. 침전물이 있을 경우 여과하여 사용한다. 따로 질산 7mL, 염산 2mL 및 황산 1mL를 가지고 검액과 동일하게 조작하여 공시험액으로 한다. 다만, 필요에 따라 검체를 분해하기 위하여 사용되는 산의 종류 및 양과 극초

단파의 분해조건을 바꿀 수 있다.

<조작조건>

최대파워 : 1000W

최고온도 : 200℃

분해시간 : 약 35분

② 표준액의 조제 : 비소 표준원액(1000μg/mL)에 0.5% 질산을 넣어 농도가 다른 3가지 이상의 검량선용 표준액을 만든다. 이 표준액의 농도는 액 1mL당 비소 0.01∼0.2μg 범위내로 한다.

③ 시험조작 : 각각의 표준액을 다음의 조작조건에 따라 수소화물발생장치 및 가열흡수셀을 사용하여 원자흡광광도기에 주입하고 여기서 얻은 비소의 검량선을 가지고 검액 중 비소의 양을 측정한다.

<조작조건>

사용가스 : 가연성가스　아세칠렌 또는 수소

　　　　　지연성가스　공기

램　프 : 비소중공음극램프 또는 무전극방전램프

파　장 : 193.7 nm

다) 유도결합플라즈마분광기를 이용한 방법

① 검액 및 표준액의 조제 : 원자흡광광도법의 표준액 및 검액의 조제와 같은 방법으로 만든 액을 검액 및 표준액으로 한다.

② 시험조작 : 각각의 표준액을 다음의 조작조건에 따라 유도결합플라즈마분광기(ICP spectrometer)에 주입하여 얻은 비소의 검량선을 가지고 검액 중 비소의 양을 측정한다.

<조작조건>

파장 : 193.759nm(방해성분이 함유된 경우 비소의 다른 특성파장을 선택할 수 있다)

플라즈마가스 : 아르곤(99.99 v/v% 이상)

라) 유도결합플라즈마-질량분석기를 이용한 방법

① 검액의 조제 : 검체 약 0.2g을 정밀하게 달아 테플론제의 극초단파분해용 용기의 기벽에 닿지 않도록 조심하여 넣는다. 검체를 분해하기 위하여 질산 7mL, 불화수소산 2mL를 넣고 뚜껑을 닫은 다음 용기를 극초단파분해 장치에 장착하고 다음 조작 조건 1에 따라 무색∼엷은 황색이 될 때까지 분해한다. 상온으로 식힌 다음 조심하여 뚜껑을 열어 희석시킨 붕산(5→100) 20mL를 넣고 뚜껑을 닫은 다음 용기를 극초단파분해 장치에 장착하고 다음 조작 조건 2에 따라 불소를 불활성화 시킨다. 다만, 기기의 검액 도입부 등에 석영대신 테플론재질을 사용하는 경우에 한해 불소 불활성화 조작은 생략할 수 있다. 최종 분해물을 100mL 용량플라스크에 옮기고 증류수 적당량으로 용기 및 뚜껑을 씻어 넣고 증류수을 넣어 100mL로 한다. 침전물이 있을 경우 여과하여 사용한다. 이를 증류수로 5배 희석하여 검액으로 한다. 따로 질산 7mL, 불화수소산 2mL를 가지고 검액과 동일하게 조작하여 공시험액으로 한다. 다만, 필요하면 검체를 분해하

기 위하여 사용되는 산의 종류 및 양과 극초단파분해 조건을 바꿀 수 있다.

〈조작조건1〉	〈조작조건2〉
최대파워 : 1000W 최고온도 : 200℃ 분해시간 : 약 20분	최대파워 : 1000W 최고온도 : 180℃ 분해시간 : 약 10분

② 표준액의 조제 : 비소 표준원액(1000μg/mL)에 희석시킨 질산(2→100)을 넣어 농도가 다른 3가지 이상의 검량선용 표준액을 만든다. 이 표준액의 농도는 액 1mL당 비소 1～4ng 범위를 포함하게 한다.

③ 시험조작 : 각각의 표준액을 다음의 조작조건에 따라 유도결합플라즈마-질량분석기(ICP-MS)에 주입하여 얻은 비소의 검량선을 가지고 검액 중 비소의 양을 측정한다.

<조작조건>

원자량 : 75(40Ar35Cl+ 의 간섭을 방지하기 위한 장치를 사용할 수 있음)

플라즈마기체 : 아르곤(99.99 v/v% 이상)

4. 수은

가) 수은분해장치를 이용한 방법

① 검액의 조제 : 검체 1.0g을 정밀히 달아 그림 1과 같은 수은분해장치의 플라스크에 넣고 유리구 수개를 넣어 장치에 연결하고 냉각기에 찬물을 통과시키면서 적가깔대기를 통하여 질산 10mL를 넣는다. 다음에 적가깔대기의 콕크를 잠그고 반응콕크를 열어주면서 서서히 가열한다. 아질산가스의 발생이 거의 없어지고 엷은 황색으로 되었을 때 가열을 중지하고 식힌다. 이때 냉각기와 흡수관의 접촉을 열어놓고 흡수관의 희석시킨 황산(1→100)이 장치 안에 역류되지 않도록 한다. 식힌 다음 황산 5mL를 넣고 다시 서서히 가열한다. 이때 반응콕크를 잠가주면서 가열하여 산의 농도를 농축시키면 분해가 촉진된다. 분해가 잘 되지 않으면 질산 및 황산을 같은 방법으로 반복하여 넣으면서 가열한다. 액이 무색 또는 엷은 황색이 될 때까지 가열하고 식힌다. 이때 냉각기와 흡수관의 접촉을 열어놓고 흡수관의 희석시킨 황산(1→100)이 장치안에 역류되지 않도록 한다. 식힌 다음 과망간산칼륨가루 소량을 넣고 가열한다. 가열하는 동안 과망간산칼륨의 색이 탈색되지 않을 때까지 소량씩 넣어 가열한다. 다시 식힌 다음 적가깔대기를 통하여 과산화수소시액을 넣으면서 탈색시키고 10% 요소용액 10mL를 넣고 적가깔대기의 콕크를 잠근다. 이때 장치안이 급히 냉각되므로 흡수관 안의 희석시킨 황산(1→100)이 장치 안으로 역류한다. 역류가 끝난 다음 천천히 가열하면서 아질산가스를 완전히 날려 보내고 식혀서 100mL 용량플라스크에 옮기고 뜨거운 희석시킨 황산(1→100)소량으로 장치의 내부를 잘 씻어 씻은 액을 100mL 메스플라스크에 합하고 식힌 다음 물을 넣어 정확히 100mL로 하여 검액으로 한다.

② 공시험액의 조제 : 검체는 사용하지 않고 검액의 조제와 같은 방법으로 조작하여 공시험액으로 한다.

③ 표준액의 조제 : 염화제이수은을 데시케이타(실리카 겔)에서 6시간 건조하여 그 13.5mg을 정밀하게 달아 묽은 질산 10mL 및 물을 넣어 녹여 정확하게 1L로 한다. 이 용액 10mL를 정확하게 취하여 묽은 질산 10mL 및 물을 넣어 정확하게 1L로 하여 표준액으로 한다. 쓸 때 조제한다. 이 표준액 1mL는 수은(Hg)

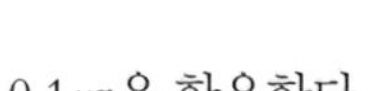

0.1㎍을 함유한다.

④ 조작법(환원기화법) : 검액 및 공시험액을 시험용 유리병에 옮기고 5% 과망간산칼륨용액 수적을 넣어 주면서 탈색이 되면 추가하여 1분간 방치한 다음 1.5% 염산히드록실아민용액으로 탈색시킨다. 따로 수은표준액 10mL를 정확하게 취하여 물을 넣어 100mL로 하여 시험용 유리병에 옮기고 5% 과망간산칼륨용액 수적을 넣어 흔들어 주면서 탈색이 되면 추가하여 1분간 방치한 다음 50% 황산 2mL 및 3.5% 질산 2mL를 넣고 1.5% 염산히드록실아민용액으로 탈색시킨다. 위의 전처리가 끝난 표준액, 검액 및 공시험액에 1% 염화제일석 0.5N 황산용액 10mL씩을 넣어 곧 그림 2와 같은 원자흡광광도계의 순환펌프에 연결하여 수은증기를 건조관 및 흡수셀(cell)안에 순환시켜 파장 253.7nm에서 기록계의 지시가 급속히 상승하여 일정한 값을 나타낼 때의 흡광도를 측정할 때 검액의 흡광도는 표준액의 흡광도보다 적어야 한다.

나) 수은분석기를 이용한 방법

① 검액의 조제 : 검체 약 50mg을 정밀하게 달아 검액으로 한다.

② 표준액의 조제 : 수은표준액을 0.001% L-시스테인 용액으로 적당하게 희석하여 0.1, 1, 10 μg/mL로 하여 표준액으로 한다.

③ 조작법 : 검액 및 표준액을 가지고 수은분석기로 측정한다. 따로 공시험을 하며 필요하면 첨가제를 넣을 수 있다.

* 0.001% L-시스테인 용액 : L-시스테인 10mg을 달아 질산 2mL를 넣은 다음 물을 넣어 1000mL로 한다. 이 액을 냉암소에 보관한다.

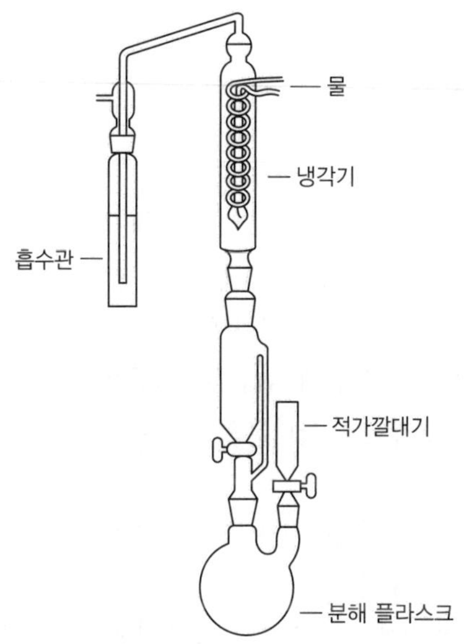

〈그림 1〉 수은분해장치의 예

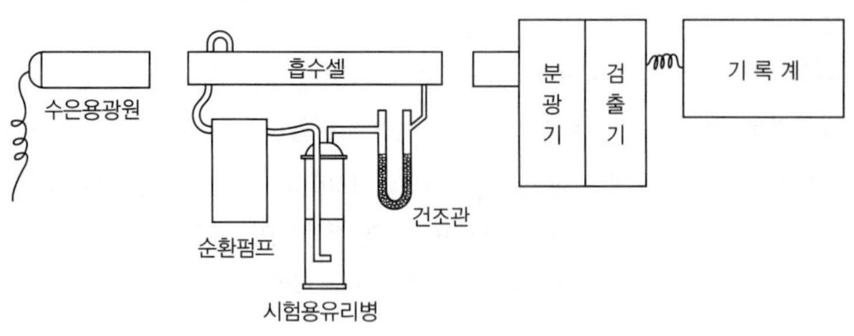

〈그림 2〉 환원기화법의 장치의 예

5. 안티몬

① 검액의 조제 : 검체 약 0.2g을 정밀하게 달아 테플론제의 극초단파분해용 용기의 기벽에 닿지 않도록 조심하여 넣는다. 검체를 분해하기 위하여 질산 7mL, 불화수소산 2 mL를 넣고 뚜껑을 닫은 다음 용기를 극초단파분해 장치에 장착하고 조작조건 1에 따라 무색 ~ 엷은 황색이 될 때까지 분해한다. 상온으로 식힌 다음 조심하여 뚜껑을 열어 희석시킨 붕산 (5→100) 20mL를 넣고 뚜껑을 닫은 다음 용기를 극초단파분해 장치에 장착하고 조작조건 2에 따라 불소를 불활성화 시킨다. 다만, 기기의 검액 도입부 등에 석영대신 테플론재질을 사용하는 경우에 한해 불소 불활성화 조작은 생략할 수 있다. 상온으로 식힌 다음 조심하여 뚜껑을 열고 분해물을 100mL 용량플라스크에 옮기고 물 적당량으로 용기 및 뚜껑을 씻어 넣고 물을 넣어 100mL로 한다. 침전물이 있을 경우 여과하여 사용한다. 이액을 물로 5배 희석하여 검액으로 한다. 따로 질산 7mL, 불화수소산 2mL를 가지고 검액과 동일하게 조작하여 공시험액으로 한다. 다만, 필요하면 검체를 분해하기 위하여 사용되는 산의 종류 및 양과 극초단파분해 조건을 바꿀 수 있다.

〈조작조건1〉	〈조작조건2〉
최대파워 : 1000W 최고온도 : 200℃ 분해시간 : 약 20분	최대파워 : 1000W 최고온도 : 180℃ 분해시간 : 약 10분

② 표준액의 조제 : 안티몬 표준원액(1000 μg/mL)에 희석시킨 질산 (2→100)을 넣어 농도가 다른 3가지 이상의 검량선용 표준액을 만든다. 표준액의 농도는 1mL당 안티몬 1~20ng 범위를 포함하게 한다.

③ 조작 : 각각의 표준액을 다음의 조작조건에 따라 유도결합플라즈마-질량분석기(ICP-MS)에 주입하여 얻은 안티몬의 검량선을 가지고 검액 중 안티몬의 양을 측정한다.

<조작조건>

원자량 : 121, 123(간섭현상이 없는 범위에서 선택하여 검출)

플라즈마기체 : 아르곤(99.99 v/v% 이상)

④ 검출시험 범위에서 충분한 정량한계, 검량선의 직선성 및 회수율이 확보되는 경우 유도결합플라즈마-질량분석기(ICP-MS) 대신 유도결합플라즈마분광기(ICP) 또는 원자흡광분광기(AAS)를 사용하여 측정할 수 있다.

6. 카드뮴

① 검액의 조제 : 검체 약 0.2g을 정밀하게 달아 테플론제의 극초단파분해용 용기의 기벽에 닿지 않도록 조심하여 넣는다. 검체를 분해하기 위하여 질산 7mL, 불화수소산 2 mL를 넣고 뚜껑을 닫은 다음 용기를 극초단파분해 장치에 장착하고 조작조건 1에 따라 무색 ~ 엷은 황색이 될 때까지 분해한다. 상온으로 식힌 다음 조심하여 뚜껑을 열어 희석시킨 붕산 (5→100) 20mL를 넣고 뚜껑을 닫은 다음 용기를 극초단파분해 장치에 장착하고 조작조건 2에 따라 불소를 불활성화 시킨다. 다만, 기기의 검액 도입부 등에 석영대신 테플론재질을 사용하는 경우에 한해 불소 불활성화 조작은 생략할 수 있다. 상온으로 식힌 다음 조심하여 뚜껑을 열고 분해물을 100mL 용량플라스크에 옮기고 물 적당량으로 용기 및 뚜껑을 씻어 넣고 물을 넣어 100mL로 한다. 침전물이 있을 경우 여과하여 사용한다. 이액을 물로 5배 희석하여 검액으로 한다. 따로 질산 7mL, 불화수소산 2mL를 가지고 검액과 동일하게 조작하여 공시험액으로 한다. 다만, 필요하면 검체를 분해하기 위하여 사용되는 산의 종류 및 양과 극초단파분해 조건을 바꿀 수 있다.

〈조작조건1〉	〈조작조건2〉
최대파워 : 1000W 최고온도 : 200℃ 분해시간 : 약 20분	최대파워 : 1000W 최고온도 : 180℃ 분해시간 : 약 10분

② 표준액의 조제 : 카드뮴 표준원액(1000μg/mL)에 희석시킨 질산 (2→100)을 넣어 농도가 다른 3가지 이상의 검량선용 표준액을 만든다. 표준액의 농도는 1mL당 카드뮴 1～20ng 범위를 포함하게 한다.

③ 조작 : 각각의 표준액을 다음의 조작조건에 따라 유도결합플라즈마-질량분석기(ICP-MS)에 주입하여 얻은 카드뮴의 검량선을 가지고 검액 중 카드뮴의 양을 측정한다.

<조작조건>

원자량 : 110, 111, 112(간섭현상이 없는 범위에서 선택하여 검출)

플라즈마기체 : 아르곤(99.99 v/v% 이상)

④ 검출시험 범위에서 충분한 정량한계, 검량선의 직선성 및 회수율이 확보되는 경우 유도결합플라즈마-질량분석기(ICP-MS) 대신 유도결합플라즈마분광기(ICP) 또는 원자흡광분광기(AAS)를 사용하여 측정할 수 있다.

7. 디옥산

검체 약 1.0g을 정밀하게 달아 20% 황산나트륨용액 1.0mL를 넣고 잘 흔들어 섞어 검액으로 한다. 따로 1,4-디옥산 표준품을 물로 희석하여 0.0125, 0.025, 0.05, 0.1, 0.2, 0.4, 0.8mg/mL의 액으로 한 다음, 각 액 50μL씩을 취하여 각각에 폴리에틸렌글리콜 400 1.0g 및 20% 황산나트륨용액 1.0mL를 넣고 잘 흔들어 섞은 액을 표준액으로 한다. 검액 및 표준액을 가지고 다음 조건으로 기체크로마토그래프법의 절대검량선법에 따라 시험한다. 필요하면 표준액의 검량선 범위 내에서 검체 채취량 또는 희석배수를 조정할 수 있다.

<조작조건>

검 출 기 : 질량분석기

- 인터페이스온도 : 240 ℃
- 이온소스온도 : 230 ℃
- 스캔범위 : 40 ~ 200 amu
- 질량분석기모드 : 선택이온모드 (88, 58, 43)

헤드스페이스

- 주입량(루프) : 1 mL
- 바이알 평형온도 : 95 ℃
- 루프온도 : 110 ℃
- 주입라인온도 : 120 ℃
- 바이알 퍼지압력 : 20 psi
- 바이알 평형시간 : 30 분
- 바이알 퍼지시간 : 0.5 분
- 루프 채움시간 : 0.3 분
- 루프 평형시간 : 0.05 분
- 주입시간 : 1 분

칼　럼 : 안지름 약 0.32mm, 길이 약 60m인 관에 기체크로마토그래프용 폴리에칠렌왁스를 실란처리한 500 μm의 기체크로마토그래프용 규조토에 피복한 것을 충전한다.

칼럼온도 : 처음 2 분간 50℃로 유지하고 160℃까지 1분에 10℃ 씩 상승시킨다.

운반기체 : 헬륨

유　량 : 1,4-디옥산의 유지시간이 약 10분이 되도록 조정한다.

스플리트비 : 약 1:10

8. 메탄올

이하 메탄올 시험법에 사용하는 에탄올은 메탄올이 함유되지 않은 것을 확인하고 사용한다.

가) 푹신아황산법

검체 10 mL를 취해 포화염화나트륨용액 10 mL를 넣어 충분히 흔들어 섞고, 대한민국약전 알코올수측정법에 따라 증류하여 유액 12 mL를 얻는다. 이 유액이 백탁이 될 때까지 탄산칼륨을 넣어 분리한 알코올분에 정제수를 넣어 50 mL로 하여 검액으로 한다.

따로 0.1 % 메탄올 1.0 mL에 에탄올 0.25 mL를 넣고 정제수를 가해 5.0 mL로 하여 표준액으로 한다.

표준액 및 검액 5 mL를 가지고 「기능성화장품 기준 및 시험방법」(식품의약품안전처 고시) 일반시험법 1. 원료 "9. 메탄올 및 아세톤시험법" 중 메탄올항에 따라 시험한다.

나) 기체크로마토그래프법

1) 물휴지 외 제품

① 증류법 : 검체 약 10 mL를 정확하게 취해 증류플라스크에 넣고 물 10 mL, 염화나트륨 2 g, 실리콘유 1 방울 및 에탄올 10 mL를 넣어 초음파로 균질화한 후 증류하여 유액 15 mL를 얻는다.

이 액에 에탄올을 넣어 50 mL로 한 후 여과하여 검액으로 한다.

따로 메탄올 1.0 mL를 정확하게 취해 에탄올을 넣어 정확하게 500 mL로 하고 이 액 1.25 mL, 2.5 mL, 5 mL, 10 mL, 20 mL를 정확하게 취해 에탄올을 넣어 50 mL로 하여 각각의 표준액으로 한다.

② 희석법 : 검체 약 10 mL를 정확하게 취해 에탄올 10 mL를 넣어 초음파로 균질화 하고 에탄올을 넣어 50 mL로 한 후 여과하여 검액으로 한다.

따로 메탄올 1.0 mL를 정확하게 취하여 에탄올을 넣어 정확하게 500 mL로 하고 이 액 1.25 mL, 2.5 mL, 5 mL, 10 mL, 20 mL를 정확하게 취해 에탄올을 넣어 50 mL로 하여 각각의 표준액으로 한다.

③ 기체크로마토그래프 분석 : 검체에 따라 증류법 또는 희석법을 선택하여 전처리한 후 각각의 표준액과 검액을 가지고 아래 조작조건에 따라 시험한다.

<조작조건>

·검출기 : 수소염이온화검출기(FID)

·칼럼 : 안지름 약 0.32 mm, 길이 약 60 m인 용융실리카 모세관 내부에 기체크로마토그래프용 폴리에칠렌글리콜 왁스를 0.5 μm의 두께로 코팅한다.

·칼럼 온도 : 50 ℃에서 5 분 동안 유지한 다음 150 ℃까지 매분 10 ℃씩 상승시킨 후 150 ℃에서 2 분 동안 유지한다.

·검출기 온도 : 240 ℃

·시료주입부 온도 : 200 ℃

·운반기체 및 유량 : 질소 1.0 mL/분

2) 물휴지

검체 적당량을 압착하여 용액을 분리하고 이 액 약 3 mL를 정확하게 취해 검액으로 한다. 따로 메탄올 표준품 0.5 mL를 정확하게 취해 물을 넣어 정확하게 500 mL로 한다. 이 액 0.3 mL, 0.5 mL, 1 mL, 2 mL, 4 mL를 정확하게 취하여 물을 넣어 100 mL로 하여 각각의 표준액으로 한다.

각각의 표준액과 검액을 가지고 기체크로마토그래프-헤드스페이스법으로 다음 조작조건에 따라 시험한다.

<조작조건>

·기체크로마토그래프는 '1) 물휴지 외 제품'조작조건과 동일하게 조작한다. 다만, 스플리트비는 1:10으로 한다.

·헤드스페이스 장치

- 바이알 용량 : 20 mL
- 주입량(루프) : 1 mL

- 바이알 평형 온도 : 70 ℃
- 루프 온도 : 80 ℃
- 주입라인 온도 : 90 ℃
- 바이알 평형 시간 : 10 분
- 바이알 퍼지 시간 : 0.5 분
- 루프 채움 시간 : 0.5 분
- 루프 평형 시간 : 0.1 분
- 주입 시간 : 0.5 분

다) 기체크로마토그래프-질량분석기법

검체(물휴지는 검체 적당량을 압착하여 용액을 분리하여 사용) 약 1 mL을 정확하게 취하여 물을 넣어 정확하게 100 mL로 하여 검액으로 한다. 따로 메탄올 표준품 약 0.1 mL를 정확하게 취해 물을 넣어 정확하게 100 mL로 하여 표준원액 (1000 μL/L)으로 한다. 이 액 0.3 mL, 0.5 mL, 1 mL, 2 mL, 4 mL를 정확하게 취하여 물을 넣어 정확하게 100 mL로 하여 각각의 표준액으로 한다.

각각의 표준액과 검액 약 3 mL를 정확하게 취해 헤드스페이스용 바이알에 넣고 기체크로마토그래프-헤드스페이스법으로 다음 조작조건에 따라 시험한다. 필요하면 표준액의 검량선 범위 내에서 검체 채취량 또는 희석배수는 조정할 수 있다.

<조작조건>

·검출기 : 질량분석기
- 인터페이스 온도 : 230 ℃
- 이온소스 온도 : 230 ℃
- 스캔범위 : 30～200 amu
- 질량분석기모드 : 선택이온모드 (31, 32)

·헤드스페이스 장치
- 주입량(루프) : 1 mL
- 바이알 평형 온도 : 90 ℃
- 루프 온도 : 130 ℃
- 주입라인 온도 : 120 ℃
- 바이알 퍼지압력 : 20 psi
- 바이알 평형 시간 : 30 분
- 바이알 퍼지 시간 : 0.5 분
- 루프 채움 시간 : 0.3 분
- 루프 평형 시간 : 0.05 분
- 주입 시간 : 1 분

·칼럼 : 안지름 약 0.32 mm, 길이 약 60 m인 용융실리카 모세관 내부에 기체크로마토그래프용 폴리에

칠렌글리콜 왁스를 0.5 μm의 두께로 코팅한다.

·칼럼 온도 : 50 ℃에서 10 분 동안 유지한 다음 230 ℃까지 매분 15 ℃씩 상승시킨 다음 230 ℃에서 3 분간 유지한다.

·운반 기체 및 유량 : 헬륨, 1.5 mL/분

·분리비(split ratio) : 약 1:10

9. 포름알데하이드

검체 약 1.0 g을 정밀하게 달아 초산·초산나트륨완충액주1)을 넣어 20 mL로 하고 1시간 진탕 추출한 다음 여과한다. 여액 1 mL를 정확하게 취하여 물을 넣어 200 mL로 하고, 이 액 100 mL를 취하여 초산·초산나트륨완충액주1) 4 mL를 넣은 다음 균질하게 섞고 6 mol/L 염산 또는 6 mol/L 수산화나트륨용액을 넣어 pH를 5.0으로 조정한다. 이 액에 2,4-디니트로페닐히드라진시액주2) 6.0 mL를 넣고 40 ℃에서 1시간 진탕한 다음, 디클로로메탄 20 mL로 3회 추출하고 디클로로메탄 층을 무수황산나트륨 5.0 g을 놓은 탈지면을 써서 여과한다. 이 여액을 감압에서 가온하여 증발 건고한 다음 잔류물에 아세토니트릴 5.0 mL를 넣어 녹인 액을 검액으로 한다. 따로 포름알데하이드 표준품을 물로 희석하여 0.05, 0.1, 0.2, 0.5, 1, 2 ㎍/mL의 액을 만든 다음, 각 액 100 mL를 취하여 검액과 같은 방법으로 전처리하여 표준액으로 한다. 검액 및 표준액 각 10 μL씩을 가지고 다음 조건으로 액체크로마토그래프법의 절대검량선법에 따라 시험한다. 필요하면 표준액의 검량선 범위 내에서 검체 채취량 또는 검체 희석배수를 조정할 수 있다.

<조작조건>

검출기 : 자외부흡광광도계 (측정파장 355 nm)

칼 럼 : 안지름 약 4.6 mm, 길이 약 25 cm인 스테인레스강관에 5 ㎛의 액체크로마토그래프용옥타데실실릴화한 실리카겔을 충전한다.

이동상 : 0.01 mol/L염산·아세토니트릴혼합액 (40 : 60)

유 량 : 1.5 mL/분

주1) 초산·초산나트륨완충액 : 5 mol/L 초산나트륨액 60 mL에 5 mol/L 초산 40 mL를 넣어 균질하게 섞은 다음, 6 mol/L 염산 또는 6 mol/L 수산화나트륨용액을 넣어 pH를 5.0으로 조정한다.

주2) 2,4-디니트로페닐하이드라진시액 : 2,4-디니트로페닐하이드라진 약 0.3 g을 정밀하게 달아 아세토니트릴을 넣어 녹여 100 mL로 한다.

10. 프탈레이트류(디부틸프탈레이트, 부틸벤질프탈레이트 및 디에칠헥실프탈레이트)

다음 시험법 중 적당한 방법에 따라 시험한다.

가) 기체크로마토그래프-수소염이온화검출기를 이용한 방법

검체 약 1.0 g을 정밀하게 달아 헥산·아세톤 혼합액 (8:2)을 넣어 정확하게 10 mL로 하고 초음파로 충분히 분산시킨 다음 원심 분리한다. 그 상등액 5.0 mL를 정확하게 취하여 내부표준액주) 4.0 mL를 넣고 헥산·아세톤 혼합액 (8:2)을 넣어 10.0 mL로 하여 검액으로 한다. 따로 디부틸프탈레이트, 부틸벤질프탈레이

트, 디에칠헥실프탈레이트 표준품을 정밀하게 달아 헥산·아세톤 혼합액 (8:2)을 넣어 녹여 희석하고 그 일정량을 취하여 내부표준액 4.0 mL를 넣고 헥산·아세톤 혼합액 (8:2)을 넣어 10.0 mL로 하여 0.1, 0.5, 1.0, 5.0, 10.0, 25.0 ㎍/mL로 하여 표준액으로 한다. 검액 및 표준액 각 1 μL씩을 가지고 다음 조건으로 기체크로마토그래프법 내부표준법에 따라 시험한다. 필요한 경우 표준액의 검량선 범위 내에서 검체 채취량 또는 희석배수를 조정할 수 있다.

<조작조건>

·검 출 기 : 수소염이온화검출기(FID)

·칼 럼 : 안지름 약 0.25 mm, 길이 약 30 m인 용융실리카관의 내관에 14% 시아노프로필페닐-86 % 메틸폴리실록산으로 0.25 μm 두께로 피복한다.

·칼럼온도 : 150 ℃에서 2 분 동안 유지한 다음 260 ℃까지 매분 10 ℃씩 상승시킨 다음 15 분 동안 이 온도를 유지한다.

·검체도입부온도: 250 ℃

·검출기온도: 280 ℃

·운반기체 : 질소

·유 량 : 1 mL/분

·스플리트비 : 약 1:10

주) 내부표준액 : 벤질벤조에이트 표준품 약 10 mg을 정밀하게 달아 헥산·아세톤 혼합액 (8:2)을 넣어 정확하게 1000 mL로 한다.

나) 기체크로마토그래프-질량분석기를 이용한 방법

검체 약 1.0 g을 정밀하게 달아 헥산·아세톤 혼합액 (8:2)을 넣어 정확하게 10 mL로 하고 초음파로 충분히 분산시킨 다음 원심 분리한다. 그 상등액 5.0 mL를 정확하게 취하여 내부표준액주) 1.0 mL를 넣고 헥산·아세톤 혼합액 (8:2)을 넣어 10.0 mL로 하여 검액으로 한다. 따로 디부틸프탈레이트, 부틸벤질프탈레이트, 디에칠헥실프탈레이트 표준품을 정밀하게 달아 헥산·아세톤 혼합액 (8:2)을 넣어 녹여 희석하고 그 일정량을 취하여 내부표준액 1.0 mL를 넣고 헥산·아세톤 혼합액 (8:2)을 넣어 10.0 mL로 하여 0.1, 0.25, 0.5, 1.0, 2.5, 5.0 ㎍/mL로 하여 표준액으로 한다. 검액 및 표준액 각 1 μL씩을 가지고 다음 조건으로 기체크로마토그래프법 내부표준법에 따라 시험한다. 필요한 경우 표준액의 검량선 범위 내에서 검체 채취량 또는 희석배수를 조정할 수 있다.

<조작조건>

·검 출 기 : 질량분석기

- 인터페이스온도 : 300 ℃
- 이온소스온도 : 230 ℃
- 스캔범위 : 40 ~ 300 amu
- 질량분석기모드 : 선택이온모드

성분명	선택이온
디부틸프탈레이트	149, 205, 223
부틸벤질프탈레이트	91, 149, 206
디에칠헥실프탈레이트	149, 167, 279
내부표준물질(플루오란센-d10)	92, 106, 212

·칼 럼 : 안지름 약 0.25 mm, 길이 약 30 m인 용융실리카관의 내관에 5 % 페닐-95 % 디메틸폴리실록산으로 0.25 μm 두께로 피복한다.

·칼럼온도 : 110 ℃에서 0.5분 동안 유지한 다음 300 ℃까지 매분 20 ℃씩 상승시킨 다음 3분 동안 이 온도를 유지한다.

·검체도입부온도 : 280 ℃

·운반기체 : 헬륨

·유 량 : 1 mL/분

·스플리트비 : 스플릿리스

주) 내부표준액 : 플루오란센-d10 표준품 약 10 mg을 정밀하게 달아 헥산·아세톤 혼합액 (8:2)을 넣어 정확하게 1000 mL로 한다.

11. 미생물 한도

일반적으로 다음의 시험법을 사용한다. 다만, 본 시험법 외에도 미생물 검출을 위한 자동화 장비와 미생물 동정기기 및 키트 등을 사용할 수도 있다.

1) 검체의 전처리

검체조작은 무균조건하에서 실시하여야 하며, 검체는 충분하게 무작위로 선별하여 그 내용물을 혼합하고 검체 제형에 따라 다음의 각 방법으로 검체를 희석, 용해, 부유 또는 현탁시킨다. 아래에 기재한 어느 방법도 만족할 수 없을 때에는 적절한 다른 방법을 확립한다.

가) 액제·로션제 : 검체 1 mL(g)에 변형레틴액체배지 또는 검증된 배지나 희석액 9 mL를 넣어 10배 희석액을 만들고 희석이 더 필요할 때에는 같은 희석액으로 조제한다.

나) 크림제·오일제 : 검체 1 mL(g)에 적당한 분산제 1mL를 넣어 균질화 시키고 변형레틴액체배지 또는 검증된 배지나 희석액 8 mL를 넣어 10배 희석액을 만들고 희석이 더 필요할 때에는 같은 희석액으로 조제한다. 분산제만으로 균질화가 되지 않는 경우 검체에 적당량의 지용성 용매를 첨가하여 용해한 뒤 적당한 분산제 1 mL를 넣어 균질화 시킨다.

다) 파우더 및 고형제 : 검체 1g에 적당한 분산제를 1mL를 넣고 충분히 균질화 시킨 후 변형레틴액체배지 또는 검증된 배지 및 희석액 8mL를 넣어 10배 희석액을 만들고 희석이 더 필요할 때에는 같은 희석액으로 조제한다. 분산제만으로 균질화가 되지 않을 경우 적당량의 지용성 용매를 첨가한 상태에서 멸균된 마쇄기를 이용하여 검체를 잘게 부수어 반죽 형태로 만든 뒤 적당한 분산제 1 mL를 넣어 균질화 시킨다. 추

가적으로 40℃에서 30분 동안 가온한 후 멸균한 유리구슬(5 mm: 5~7개, 3 mm: 10~15개)을 넣어 균질화 시킨다.

주1) 분산제는 멸균한 폴리소르베이트 80 등을 사용할 수 있으며, 미생물의 생육에 대하여 영향이 없는 것 또는 영향이 없는 농도이어야 한다.
주2) 검액 조제시 총 호기성 생균수 시험법의 배지성능 및 시험법 적합성 시험을 통하여 검증된 배지나 희석액 및 중화제를 사용할 수 있다.
주3) 지용성 용매는 멸균한 미네랄 오일 등을 사용할 수 있으며, 미생물의 생육에 대하여 영향이 없는 것이어야 한다. 첨가량은 대상 검체 특성에 맞게 설정하여야 하며, 미생물의 생육에 대하여 영향이 없어야 한다.

2) 총 호기성 생균수 시험법

총 호기성 생균수 시험법은 화장품 중 총 호기성 생균(세균 및 진균)수를 측정하는 시험방법이다.

가) 검액의 조제

1)항에 따라 검액을 조제한다.

나) 배지

총 호기성 세균수시험은 변형레틴한천배지 또는 대두카제인소화한천배지를 사용하고 진균수시험은 항생물질 첨가 포테이토 덱스트로즈 한천배지 또는 항생물질 첨가 사브로포도당한천배지를 사용한다. 위의 배지 이외에 배지성능 및 시험법 적합성 시험을 통하여 검증된 다른 미생물 검출용 배지도 사용할 수 있고, 세균의 혼입이 없다고 예상된 때나 세균의 혼입이 있어도 눈으로 판별이 가능하면 항생물질을 첨가하지 않을 수 있다.

변형레틴액체배지 (Modified letheen broth)

육제펩톤	20.0 g
카제인의 판크레아틴 소화물	5.0 g
효모엑스	2.0 g
육엑스	5.0 g
염화나트륨	5.0 g
폴리소르베이트 80	5.0 g
레시틴	0.7 g
아황산수소나트륨	0.1 g
정제수	1000 mL

이상을 달아 정제수에 녹여 1 L로 하고 멸균후의 pH가 7.2 ±0.2가 되도록 조정하고 121 ℃에서 15분간

고압멸균 한다.

변형레틴한천배지(Modified letheen agar)

프로테오즈 펩톤	10.0 g
카제인의 판크레아틱소화물	10.0 g
효모엑스	2.0 g
육엑스	3.0 g
염화나트륨	5.0 g
포도당	1.0 g
폴리소르베이트 80	7.0 g
레시틴	1.0 g
아황산수소나트륨	0.1 g
한천	20.0 g
정제수	1000 mL

이상을 달아 정제수에 녹여 1 L로 하고 멸균후의 pH가 7.2 ±0.2가 되도록 조정하고 121 ℃에서 15분간 고압멸균 한다.

대두카제인소화한천배지(Tryptic soy agar)

카제인제 펩톤	15.0 g
대두제 펩톤	5.0 g
염화나트륨	5.0 g
한천	15.0 g
정제수	1000 mL

이상을 달아 정제수에 녹여 1 L로 하고 멸균후의 pH가 7.2 ±0.1이 되도록 조정하고 121 ℃에서 15분간 고압멸균 한다.

항생물질첨가 포테이토덱스트로즈한천배지(Potato dextrose agar)

감자침출물	200.0 g
포도당	20.0 g
한천	15.0 g
정제수	1000 mL

이상을 달아 정제수에 녹여 1 L로 하고 121 ℃에서 15분간 고압멸균 한다. 사용하기 전에 1 L당 40 mg의 염산테트라사이클린을 멸균배지에 첨가하고 10 % 주석산용액을 넣어 pH를 5.6 ±0.2 로 조정하거나, 세균 혼입의 문제가 있는 경우 3.5 ±0.1로 조정할 수 있다. 200.0 g의 감자침출물 대신 4.0 g의 감자추출물

이 사용될 수 있다.

항생물질첨가사부로포도당한천배지(Sabouraud dextrose agar)

육제 또는 카제인제 펩톤	10.0 g
포도당	40.0 g
한천	15.0 g
정제수	1000 mL

이상을 달아 정제수에 녹여 1 L로 하고 121 ℃에서 15분간 고압멸균한 다음의 pH가 5.6 ±0.2이 되도록 조정한다. 쓸 때 배지 1000 mL당 벤질페니실린칼륨 0.10 g과 테트라사이클린 0.10 g을 멸균용액으로서 넣거나 배지 1000 mL당 클로람페니콜 50 mg을 넣는다.

다) 조작

(1) 세균수 시험 ㉮ 한천평판도말법 직경 9 ~ 10 cm 페트리 접시내에 미리 굳힌 세균시험용 배지 표면에 전처리 검액 0.1 mL이상 도말한다.

㉯ 한천평판희석법 검액 1 mL를 같은 크기의 페트리접시에 넣고 그 위에 멸균 후 45 ℃로 식힌 15 mL의 세균시험용 배지를 넣어 잘 혼합한다.

검체당 최소 2개의 평판을 준비하고 30~35 ℃에서 적어도 48시간 배양하는데 이때 최대 균집락수를 갖는 평판을 사용하되 평판당 300개 이하의 균집락을 최대치로 하여 총 세균수를 측정한다.

(2) 진균수 시험 : '(1) 세균수 시험'에 따라 시험을 실시하되 배지는 진균수시험용 배지를 사용하여 배양온도 20~25 ℃에서 적어도 5일간 배양한 후 100 개 이하의 균집락이 나타나는 평판을 세어 총 진균수를 측정한다.

라) 배지성능 및 시험법 적합성시험

시판배지는 배치마다 시험하며, 조제한 배지는 조제한 배치마다 시험한다. 검체의 유·무하에서 총 호기성생균수시험법에 따라 제조된 검액·대조액에 표 1.에 기재된 시험균주를 각각 100cfu 이하가 되도록 접종하여 규정된 총호기성생균수시험법에 따라 배양할 때 검액에서 회수한 균수가 대조액에서 회수한 균수의 1/2 이상이어야 한다. 검체 중 보존제 등의 항균활성으로 인해 증식이 저해되는 경우(검액에서 회수한 균수가 대조액에서 회수한 균수의 1/2 미만인 경우)에는 결과의 유효성을 확보하기 위하여 총 호기성 생균수 시험법을 변경해야 한다. 항균활성을 중화하기 위하여 희석 및 중화제(표2.)를 사용할 수 있다. 또한, 시험에 사용된 배지 및 희석액 또는 시험 조작상의 무균상태를 확인하기 위하여 완충식염펩톤수(pH 7.0)를 대조로 하여 총호기성 생균수시험을 실시할 때 미생물의 성장이 나타나서는 안 된다.

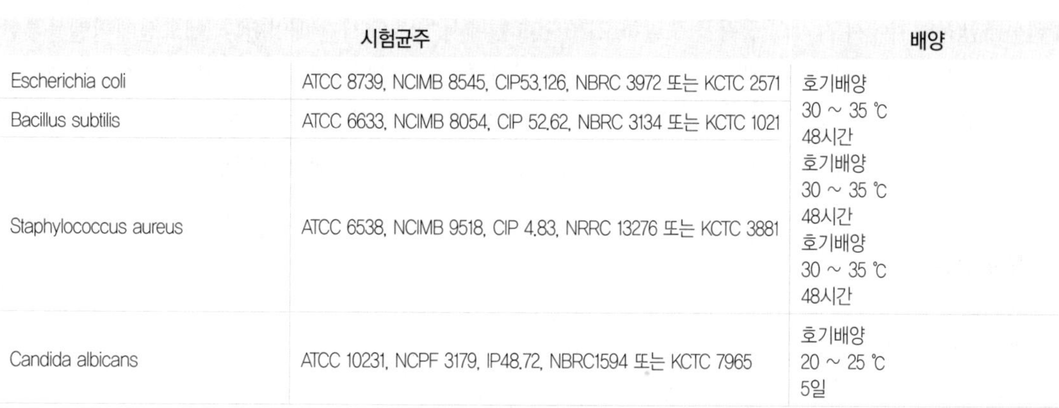

시험균주		배양
Escherichia coli	ATCC 8739, NCIMB 8545, CIP53.126, NBRC 3972 또는 KCTC 2571	호기배양 30 ~ 35 ℃ 48시간
Bacillus subtilis	ATCC 6633, NCIMB 8054, CIP 52.62, NBRC 3134 또는 KCTC 1021	
Staphylococcus aureus	ATCC 6538, NCIMB 9518, CIP 4.83, NRRC 13276 또는 KCTC 3881	호기배양 30 ~ 35 ℃ 48시간 호기배양 30 ~ 35 ℃ 48시간
Candida albicans	ATCC 10231, NCPF 3179, IP48.72, NBRC1594 또는 KCTC 7965	호기배양 20 ~ 25 ℃ 5일

표 1. 총호기성생균수 배지성능시험용 균주 및 배양조건

화장품 중 미생물 발육저지물질	항균성을 중화시킬 수 있는 중화제
페놀 화합물 : 파라벤, 페녹시에탄올,페닐에탄올 등 아닐리드	레시틴, 폴리소르베이트 80, 지방알코올의 에틸렌 옥사이드축합물(condensate), 비이온성 계면활성제
4급 암모늄 화합물, 양이온성 계면활성제	레시틴, 사포닌, 폴리소르베이트 80, 도데실 황산나트륨, 지방 알코올의에틸렌 옥사이드 축합물
알데하이드, 포름알데히드-유리 제제	글리신, 히스티딘
산화(oxidizing) 화합물	치오황산나트륨
이소치아졸리논, 이미다졸	레시틴, 사포닌, 아민, 황산염, 메르캅탄, 아황산수소나트륨, 치오글리콜산나트륨
비구아니드	레시틴, 사포닌, 폴리소르베이트 80
금속염(Cu, Zn, Hg), 유기-수은 화합물	아황산수소나트륨, L-시스테인-SH 화합물(sulfhydryl compounds), 치오글리콜산

표2. 항균활성에 대한 중화제

3) 특정세균시험법

가) 대장균 시험

(1) 검액의 조제 및 조작 : 검체 1 g 또는 1 mL을 유당액체배지를 사용하여 10 mL로 하여 30~35 ℃에서 24~72시간 배양한다. 배양액을 가볍게 흔든 다음 백금이 등으로 취하여 맥콘키한천배지위에 도말하고 30~35 ℃에서 18~24 시간 배양한다. 주위에 적색의 침강선띠를 갖는 적갈색의 그람음성균의 집락이 검출되지 않으면 대장균 음성으로 판정한다. 위의 특정을 나타내는 집락이 검출되는 경우에는 에오신메칠

렌블루한천배지에서 각각의 집락을 도말하고 30~35 ℃에서 18~24시간 배양한다. 에오신메칠렌블루한천배지에서 금속 광택을 나타내는 집락 또는 투과광선하에서 흑청색을 나타내는 집락이 검출되면 백금이 등으로 취하여 발효시험관이 든 유당액체배지에 넣어 44.3~44.7 ℃의 항온수조 중에서 22~26 시간 배양한다. 가스발생이 나타나는 경우에는 대장균 양성으로 의심하고 동정시험으로 확인한다.

(2) 배지

유당액체배지

육엑스	3.0 g
젤라틴의 판크레아틴 소화물	5.0 g
유당	5.0 g
정제수	1000 mL

이상을 달아 정제수에 녹여 1 L로 하고 121 ℃에서 15~20 분간 고압증기멸균한다. 멸균 후의 pH가 6.9~7.1이 되도록 하고 가능한 한 빨리 식힌다.

맥콘키한천배지

젤라틴의 판크레아틴 소화물	17.0 g
카제인의 판크레아틴 소화물	1.5 g
육제 펩톤	1.5 g
유당	10.0 g
데옥시콜레이트나트륨	1.5 g
염화나트륨	5.0 g
한천	13.5 g
뉴트럴렛	0.03 g
염화메칠로자닐린	1.0 mg
정제수	1000 mL

이상을 달아 정제수 1 L에 녹여 1분간 끓인 다음 121 ℃에서 15~20 분간 고압증기 멸균한다. 멸균 후의 pH가 6.9~7.3이 되도록 한다.

에오신메칠렌블루한천배지(EMB한천배지)

젤라틴의 판크레아틴 소화물	10.0 g
인산일수소칼륨	2.0 g
유당	10.0 g
한천	15.0 g
에오신	0.4 g
메칠렌블루	0.065 g

정제수	1000 mL

이상을 달아 정제수 1 L에 녹여 121 ℃에서 15~20 분간 고압증기 멸균한다. 멸균 후의 pH가 6.9~7.3이 되도록 한다.

나) 녹농균시험

(1) 검액의 조제 및 조작 : 검체 1 g 또는 1 mL를 달아 카제인대두소화액체배지를 사용하여 10 mL로 하고 30~35 ℃에서 24~48시간 증균 배양한다. 증식이 나타나는 경우는 백금이 등으로 세트리미드한천배지 또는 엔에이씨한천배지에 도말하여 30~35 ℃에서 24~48시간 배양한다. 미생물의 증식이 관찰되지 않는 경우 녹농균 음성으로 판정한다. 그람음성간균으로 녹색 형광물질을 나타내는 집락을 확인하는 경우에는 증균배양액을 녹농균 한천배지 P 및 F에 도말하여 30~35 ℃에서 24~72시간 배양한다. 그람음성간균으로 플루오레세인 검출용 녹농균 한천배지 F의 집락을 자외선하에서 관찰하여 황색의 집락이 나타나고, 피오시아닌 검출용 녹농균 한천배지 P의 집락을 자외선하에서 관찰하여 청색의 집락이 검출되면 옥시다제시험을 실시한다. 옥시다제반응 양성인 경우 5~10초 이내에 보라색이 나타나고 10초 후에도 색의 변화가 없는 경우 녹농균 음성으로 판정한다. 옥시다제반응 양성인 경우에는 녹농균 양성으로 의심하고 동정시험으로 확인한다.

(2) 배지

카제인대두소화액체배지

카제인 판크레아틴 소화물	17.0 g
대두파파인소화물	3.0 g
염화나트륨	5.0 g
인산일수소칼륨	2.5 g
포도당일수화물	2.5 g

이상을 달아 정제수에 녹여 1 L로 하고 멸균후의 pH가 7.3 ±0.2가 되도록 조정하고 121 ℃에서 15분간 고압멸균 한다.

세트리미드한천배지(Cetrimide agar)

젤라틴제 펩톤	20.0 g
염화마그네슘	3.0 g
황산칼륨	10.0 g
세트리미드	0.3 g
글리세린	10.0 mL
한천	13.6 g
정제수	1000 mL

이상을 달아 정제수에 녹이고 글리세린을 넣어 1 L로 한다. 121 ℃에서 15분간 고압증기멸균하고 pH가 7.2 ±0.2가 되도록 조정한다.

엔에이씨한천배지(NAC agar)

펩톤	20.0 g
인산수소이칼륨	0.3 g
황산마그네슘	0.2 g
세트리미드	0.2 g
날리딕산	15 mg
한천	15.0 g
정제수	1000 mL

최종 pH는 7.4 ±0.2이며 멸균하지 않고 가온하여 녹인다.

플루오레세인 검출용 녹농균 한천배지 F (Pseudomonas agar F for detection of fluorescein)

카제인제 펩톤	10.0 g
육제 펩톤	10.0 g
인산일수소칼륨	1.5 g
황산마그네슘	1.5 g
글리세린	10.0 mL
한천	15.0 g
정제수	1000 mL

이상을 달아 정제수에 녹이고 글리세린을 넣어 1 L로 한다. 121 ℃에서 15분간 고압증기멸균하고 pH가 7.2 ±0.2가 되도록 조정한다.

피오시아닌 검출용 녹농균 한천배지 P (Pseudomonas agar P for detection of pyocyanin)

젤라틴의 판크레아틴 소화물	20.0 g
염화마그네슘	1.4 g
황산칼륨	10.0 g
글리세린	10.0 mL
한천	15.0 g
정제수	1000 mL

이상을 달아 정제수에 녹이고 글리세린을 넣어 1 L로 한다. 121 ℃에서 15분간 고압증기멸균하고 pH가 7.2 ±0.2가 되도록 조정한다.

다) 황색포도상구균 시험

(1) 검액의 조제 및 조작 : 검체 1 g 또는 1 mL를 달아 카제인대두소화액체배지를 사용하여 10 mL로 하고 30～35 ℃에서 24～48시간 증균 배양한다. 증균배양액을 보겔존슨한천배지 또는 베어드파카한천배지에 이식하여 30～35 ℃에서 24시간 배양하여 균의 집락이 검정색이고 집락주위에 황색투명대가 형성되며 그람염색법에 따라 염색하여 검경한 결과 그람 양성균으로 나타나면 응고효소시험을 실시한다. 응고효소시험 음성인 경우 황색포도상구균 음성으로 판정하고, 양성인 경우에는 황색포도상구균 양성으로 의심하고 동정시험으로 확인한다.

(2) 배지

보겔존슨한천배지(Vogel-Johnson agar)

카제인의 판크레아틴 소화물	10.0 g
효모엑스	5.0 g
만니톨	10.0 g
인산일수소칼륨	5.0 g
염화리튬	5.0 g
글리신	10.0 g
페놀렛	25.0 mg
한천	16.0 g
정제수	1000 mL

이상을 달아 1분동안 가열하여 자주 흔들어 준다. 121 ℃에서 15분간 고압멸균하고 45～50 ℃로 냉각시킨다. 멸균 후 pH가 7.2 ±0.2가 되도록 조정하고 멸균한 1 %(w/v) 텔루린산칼륨 20 mL를 넣는다.

베어드파카한천배지(Baird-Parker agar)

카제인제 펩톤	10.0 g
육엑스	5.0 g
효모엑스	1.0 g
염화리튬	5.0 g
글리신	12.0 g
피루브산나트륨	10.0 g
한천	20.0 g
정제수	950 mL

이상을 섞어 때때로 세게 흔들며 섞으면서 가열하고 1분간 끓인다. 121 ℃에서 15 분간 고압멸균하고 45～50 ℃로 냉각시킨다. 멸균한 다음의 pH가 7.2 ±0.2가 되도록 조정한다. 여기에 멸균한 아텔루산칼륨 용액 1 %(w/v) 10 mL와 난황유탁액 50 mL를 넣고 가만히 섞은 다음 페트리접시에 붓는다. 난황유탁액은 난황 약 30 %, 생리식염액 약 70 %의 비율로 섞어 만든다.

라) 배지성능 및 시험법 적합성시험

검체의 유·무 하에서 각각 규정된 특정세균시험법에 따라 제조된 검액·대조액에 표 3.에 기재된 시험균주 100cfu를 개별적으로 접종하여 시험할 때 접종균 각각에 대하여 양성으로 나타나야 한다. 증식이 저해되는 경우 항균활성을 중화하기 위하여 희석 및 중화제(2)-라)항의 표2.)를 사용할 수 있다.

표3. 특정세균 배지성능시험용 균주

Escherichia coli (대장균)	ATCC 8739, NCIMB 8545, CIP53.126, NBRC 3972 또는 KCTC 2571
Pseudomonas aeruginosa (녹농균)	ATCC 9027, NCIMB 8626, CIP 82.118, NBRC 13275 또는 KCTC 2513
Staphylococcus aureus (황색포도상구균)	ATCC 6538, NCIMB 9518, CIP 4.83, NRRC 13276 또는 KCTC 3881

12. 내용량

가) 용량으로 표시된 제품 : 내용물이 들어있는 용기에 뷰렛으로부터 물을 적가하여 용기를 가득 채웠을 때의 소비량을 정확하게 측정한 다음 용기의 내용물을 완전히 제거하고 물 또는 기타 적당한 유기용매로 용기의 내부를 깨끗이 씻어 말린 다음 뷰렛으로부터 물을 적가하여 용기를 가득 채워 소비량을 정확히 측정하고 전후의 용량차를 내용량으로 한다. 다만, 150mL이상의 제품에 대하여는 메스실린더를 써서 측정한다.

나) 질량으로 표시된 제품 : 내용물이 들어있는 용기의 외면을 깨끗이 닦고 무게를 정밀하게 단 다음 내용물을 완전히 제거하고 물 또는 적당한 유기용매로 용기의 내부를 깨끗이 씻어 말린 다음 용기만의 무게를 정밀히 달아 전후의 무게차를 내용량으로 한다.

다) 길이로 표시된 제품 : 길이를 측정하고 연필류는 연필심지에 대하여 그 지름과 길이를 측정한다.

라) 화장비누

(1) 수분 포함: 상온에서 저울로 측정(g)하여 실중량은 전체 무게에서 포장 무게를 뺀 값으로 하고, 소수점 이하 1자리까지 반올림하여 정수자리까지 구한다.

(2) 건조: 검체를 작은 조각으로 자른 후 약 10 g을 0.01 g까지 측정하여 접시에 옮긴다. 이 검체를 103 ±2 ℃ 오븐에서 1시간 건조 후 꺼내어 냉각시키고 다시 오븐에 넣고 1시간 후 접시를 꺼내어 데시케이터로 옮긴다. 실온까지 충분히 냉각시킨 후 질량을 측정하고 2회의 측정에 있어서 무게의 차이가 0.01 g 이내가 될 때까지 1시간 동안의 가열, 냉각 및 측정 조작을 반복한 후 마지막 측정 결과를 기록한다.

(계산식)

내용량(g) = 건조 전 무게(g) ×[100–건조감량(%)] / 100

$$\text{건조감량}(\%) = \frac{m_1 - m_2}{m_1 - m_0} \times 100$$

·m0: 접시의 무게(g)

·m1: 가열 전 접시와 검체의 무게(g)

·m2: 가열 후 접시와 검체의 무게(g)

마) 그 밖의 특수한 제품은 「대한민국약전」(식품의약품안전처 고시)으로 정한 바에 따른다.

13. pH 시험법

검체 약 2 g 또는 2 mL를 취하여 100 mL 비이커에 넣고 물 30 mL를 넣어 수욕상에서 가온하여 지방분을 녹이고 흔들어 섞은 다음 냉장고에서 지방분을 응결시켜 여과한다. 이때 지방층과 물층이 분리되지 않을 때는 그대로 사용한다. 여액을 가지고 「기능성화장품 기준 및 시험방법」(식품의약품안전처 고시) 일반시험법 1. 원료의 "47. pH측정법"에 따라 시험한다. 다만, 성상에 따라 투명한 액상인 경우에는 그대로 측정한다.

14. 유리알칼리 시험법

가) 에탄올법 (나트륨 비누)

플라스크에 에탄올 200 mL을 넣고 환류 냉각기를 연결한다. 이산화탄소를 제거하기 위하여 서서히 가열하여 5분 동안 끓인다. 냉각기에서 분리시키고 약 70 ℃로 냉각시킨 후 페놀프탈레인 지시약 4방울을 넣어 지시약이 분홍색이 될 때까지 0.1N 수산화칼륨·에탄올액으로 중화시킨다. 중화된 에탄올이 들어있는 플라스크에 검체 약 5.0 g을 정밀하게 달아 넣고 환류 냉각기에 연결 후 완전히 용해될 때까지 서서히 끓인다. 약 70 ℃로 냉각시키고 에탄올을 중화시켰을 때 나타난 것과 동일한 정도의 분홍색이 나타날 때까지 0.1N 염산·에탄올용액으로 적정한다.

* 에탄올 ρ20 = 0.792 g/mL

* 지시약: 95% 에탄올 용액(v/v) 100 mL에 페놀프탈레인 1 g을 용해시킨다.

(계산식)

유리알칼리 함량(%) = $0.040 \times V \times T \times \frac{100}{m}$

·m: 시료의 질량(g)

·V: 사용된 0.1N 염산·에탄올 용액의 부피(mL)

·T: 사용된 0.1N 염산·에탄올 용액의 노르말 농도

나) 염화바륨법 (모든 연성 칼륨 비누 또는 나트륨과 칼륨이 혼합된 비누)

연성 비누 약 4.0 g을 정밀하게 달아 플라스크에 넣은 후 60% 에탄올 용액 200 mL를 넣고 환류 하에서 10분 동안 끓인다. 중화된 염화바륨 용액 15 mL를 끓는 용액에 조금씩 넣고 충분히 섞는다. 흐르는 물로 실온까지 냉각시키고 지시약 1 mL를 넣은 다음 즉시 0.1N 염산 표준용액으로 녹색이 될 때까지 적정한다.

* 지시약: 페놀프탈레인 1 g과 치몰블루 0.5 g을 가열한 95% 에탄올 용액(v/v) 100 mL에 녹이고 거른 다음 사용한다.

* 60% 에탄올 용액: 이산화탄소가 제거된 증류수 75 mL와 이산화탄소가 제거된 95% 에탄올 용액(v/v)(

수산화칼륨으로 증류) 125 mL를 혼합하고 지시약 1 mL를 사용하여 0.1N 수산화나트륨 용액 또는 수산화칼륨 용액으로 보라색이 되도록 중화시킨다. 10분 동안 환류하면서 가열한 후 실온에서 냉각시키고 0.1N 염산 표준 용액으로 보라색이 사라질 때까지 중화시킨다.

* 염화바륨 용액: 염화바륨(2수화물) 10 g을 이산화탄소를 제거한 증류수 90 mL에 용해시키고, 지시약을 사용하여 0.1N 수산화칼륨 용액으로 보라색이 나타날 때까지 중화시킨다.

(계산식)

유리알칼리 함량(%) = $0.056 \times V \times T \times \frac{100}{m}$

·m: 시료의 질량(g)

·V: 사용된 0.1N 염산 용액의 부피(mL)

·T: 사용된 0.1N 염산 용액의 노르말 농도

II. 퍼머넌트웨이브용 및 헤어스트레이트너제품 시험방법

1. 치오글라이콜릭애씨드 또는 그 염류를 주성분으로 하는 냉2욕식 퍼머넌트웨이브용 제품

가. 제1제 시험방법

① pH : 검체를 가지고 「기능성화장품 기준 및 시험방법」(식품의약품안전처 고시) 일반시험법 1. 원료의 "47. pH측정법"에 따라 시험한다.

② 알칼리 : 검체 10mL를 정확하게 취하여 100mL 용량플라스크에 넣고 물을 넣어 100mL로 하여 검액으로 한다. 이 액 20mL를 정확하게 취하여 250mL 삼각플라스크에 넣고 0.1N염산으로 적정한다 (지시약 : 메칠레드시액 2방울).

③ 산성에서 끓인 후의 환원성 물질(치오글라이콜릭애씨드) : ②항의 검액 20mL를 취하여 삼각플라스크에 고 물 50mL 및 30% 황산 5mL를 넣어 가만히 가열하여 5분간 끓인다. 식힌 다음 0.1N 요오드액으로 적정한다. (지시약 : 전분시액 3mL) 이때의 소비량을 AmL로 한다.

산성에서 끓인 후의 환원성 물질(치오글라이콜릭애씨드로서)의

함량(%)= $0.4606 \times A$

④ 산성에서 끓인 후의 환원성 물질이외의 환원성 물질(아황산염, 황화물 등) : 250mL 유리마개 삼각플라스크에 물 50mL 및 30% 황산 5mL를 넣고 0.1N 요오드액 25mL를 정확하게 넣는다. 여기에 ②항의 검액 20mL를 넣고 마개를 하여 흔들어 섞고 실온에서 15분간 방치한 다음 0.1N 치오황산나트륨액으로 적정한다 (지시약 : 전분시액 3mL). 이 때의 소비량을 BmL로 한다. 따로 250mL 유리마개 삼각플라스크에 물 70mL 및 30 % 황산 5mL를 넣고 0.1N 요오드액 25mL를 정확하게 넣는다. 마개를 하여 흔들어 섞고 이하 검액과 같은 방법으로 조작하여 공시험한다. 이 때의 소비량을 CmL로 한다.

검체 1mL 중의 산성에서 끓인 후의 환원성 물질이외의 환원성 물질에 대한 0.1N 요오드액의 소비량 (mL) $= \frac{(C-B)-A}{2}$

⑤ 환원후의 환원성 물질(디치오디글라이콜릭애씨드) : ②항의 검액 20mL를 정확하게 취하여 1N 염산 30mL 및 아연가루 1.5g을 넣고 기포가 끓어 오르지 않도록 교반기로 2분간 저어 섞은 다음 여과지(4A)를 써서 흡인여과한다. 잔류물을 물 소량씩으로 3회 씻고 씻은 액을 여액에 합한다. 이 액을 가만히 가열하여 5분간 끓인다. 식힌 다음 0.1N 요오드액으로 적정한다.(지시약 : 전분시액 3mL) 이때의 소비량을 DmL로 한다.

또는 검체 약 10g을 정밀하게 달아 라우릴황산나트륨용액(1→10) 50mL 및 물 20mL를 넣고 수욕상에서 약 80℃가 될 때까지 가온한다. 식힌 다음 전체량을 100mL로 하고 이것을 검액으로 하여 이하 위와 같은 방법으로 조작하여 시험한다.

$$환원후의 환원성 물질의 함량 (\%) = \frac{4.556 \times (D-A)}{검체의 채취량 (mL 또는 g)}$$

⑥ 중금속 : 검체 2.0mL를 취하여 「기능성화장품 기준 및 시험방법」(식품의약품안전처 고시) 일반시험법 1. 원료의 講. 중금속시험법"중 제2법에 따라 조작하여 시험한다. 다만, 비교액에는 납표준액 4.0mL를 넣는다.

⑦ 비소 : 검체 20mL를 취하여 300mL 분해플라스크에 넣고 질산 20mL를 넣어 반응이 멈출 때까지 조심하면서 가열한다. 식힌 다음 황산 5mL를 넣어 다시 가열한다. 여기에 질산 2mL씩을 조심하면서 넣고 액이 무색 또는 엷은 황색의 맑은 액이 될 때까지 가열을 계속한다. 식힌 다음 과염소산 1mL를 넣고 황산의 흰 연기가 날 때까지 가열하고 방냉한다. 여기에 포화수산암모늄용액 20mL를 넣고 다시 흰 연기가 날 때까지 가열한다. 식힌 다음 물을 넣어 100mL로 하여 검액으로 한다. 검액 2.0mL를 취하여 「기능성화장품 기준 및 시험방법」(식품의약품안전처 고시) 일반시험법 1. 원료의 "43. 비소시험법"중 장치 B를 쓰는 방법에 따라 시험한다.

⑧ 철 : ⑦항의 검액 50mL를 취하여 식히면서 조심하여 강암모니아수를 넣어 pH를 9.5 ~ 10.0이 되도록 조절하여 검액으로 한다. 따로 물 20mL를 써서 검액과 같은 방법으로 조작하여 공시험액을 만들고, 이 액 50mL를 취하여 철표준액 2.0mL를 넣고 이것을 식히면서 조심하여 강암모니아수를 넣어 pH를 9.5 ~ 10.0이 되도록 조절한 것을 비교액으로 한다. 검액 및 비교액을 각각 네슬러관에 넣고 각 관에 치오글라이콜릭애씨드 1.0mL를 넣고 물을 넣어 100mL로 한 다음 비색할 때 검액이 나타내는 색은 비교액이 나타내는 색보다 진하여서는 안 된다.

나. 제2제 시험방법

1) 브롬산나트륨 함유제제

① 용해상태 : 가루 또는 고형의 경우에만 시험하며, 1인 1회 분량의 검체를 취하여 비색관에 넣고 물 또

는 미온탕 200mL를 넣어 녹이고, 이를 백색을 바탕으로 하여 관찰한다.

② pH : 1인 1회 분량의 검체를 가지고 「기능성화장품 기준 및 시험방법」(식품의약품안전처 고시) 일반시험법 1. 원료의 "□. pH측정법"에 따라 시험한다.

③ 중금속 : 1인 1회분의 검체에 물을 넣어 정확히 100mL로 한다. 이 액 2.0 mL에 물 10mL를 넣은 다음 염산 1mL를 넣고 수욕상에서 증발건고한다. 이것을 500℃ 이하에서 회화하고 물 10mL 및 묽은초산 2mL를 넣어 녹이고 물을 넣어 50mL로 하여 검액으로 한다. 이 검액을 가지고 「기능성화장품 기준 및 시험방법」(식품의약품안전처 고시) 일반시험법 1. 원료의 講. 중금속시험법"중 제4법에 따라 시험한다. 비교액에는 납표준액 4.0mL를 넣는다.

④ 산화력 : 1인 1회 분량의 약 1/10량의 검체를 정밀하게 달아 물 또는 미온탕에 녹여 200mL 용량플라스크에 넣고 물을 넣어 200mL로 한다. 이 용액 20mL를 취하여 유리마개삼각플라스크에 넣고 묽은황산 10mL를 넣어 곧 마개를 하여 가볍게 1 ~ 2회 흔들어 섞는다. 이 액에 요오드화칼륨시액 10mL를 조심스럽게 넣고 마개를 하여 5분간 어두운 곳에 방치한 다음 0.1N 치오황산나트륨액으로 적정한다.(지시약 : 전분시액 3mL) 이때의 소비량을 EmL 로 한다.

$$1인\ 1회\ 분량의\ 산화력 = 0.278 \times E$$

2) 과산화수소수 함유제제

① pH : 검체를 가지고 「기능성화장품 기준 및 시험방법」(식품의약품안전처 고시) 일반시험법 1. 원료의 "43. pH측정법"에 따라 시험한다.

② 중금속 : 1. 치오글라이콜릭애씨드 또는 그 염류를 주성분으로 하는 냉2욕식 퍼머넌트웨이브용 제품 나. 제2제 시험방법 1) 브롬산나트륨 함유제제 ③ 중금속 항에 따라 시험한다.

③ 산화력 : 검체 1.0mL를 취하여 유리마개 삼각플라스크에 넣고 물 10mL 및 30% 황산 5mL를 넣어 곧 마개를 하여 가볍게 1 ~ 2회 흔들어 섞는다. 이 액에 요오드화칼륨시액 5mL를 조심스럽게 넣고 마개를 하여 30분간 어두운 곳에 방치한 다음 0.1N 치오황산나트륨액으로 적정한다(지시약 : 전분시액 3mL). 이때의 소비량을 F mL로 한다.

$$1인\ 1회\ 분량의\ 산화력 = 0.0017007 \times F \times 1인\ 1회\ 분량\ (mL)$$

2. 시스테인, 시스테인염류 또는 아세틸시스테인을 주성분으로 하는 냉2욕식 퍼머넌트웨이브용 제품

가. 제1제 시험방법

① pH : 검체를 가지고 「기능성화장품 기준 및 시험방법」(식품의약품안전처 고시) 일반시험법 1. 원료의 "43. pH측정법"에 따라 시험한다.

② 알칼리 : 1. 치오글라이콜릭애씨드 또는 그 염류를 주성분으로 하는 냉2욕식 퍼머넌트웨이브용 제품 가. 제1제 시험방법 ② 알칼리 항에 따라 시험한다.

③ 시스테인 : 검체 10mL를 적당한 환류기에 정확하게 취하여 물 40mL 및 5N 염산 20mL를 넣고 2시간 동안 가열 환류시킨다. 식힌 다음 이것을 용량플라스크에 취하고 물을 넣어 정확하게 100mL로 한다. 또한 아세칠시스테인이 함유되지 않은 검체에 대해서는 검체 10mL를 정확하게 취하여 용량플라스크에 넣고 물을 넣어 전체량을 100mL로 한다. 이 용액 25mL를 취하여 분당 2mL의 유속으로 강산성이온교환수지(H형) 30mL를 충전한 안지름 8 ~ 15 mm의 칼럼을 통과시킨다. 계속하여 수지층을 물로 씻고 유출액과 씻은 액을 버린다. 수지층에 3N 암모니아수 60mL를 분당 2mL의 유속으로 통과시킨다. 유출액을 100mL 용량플라스크에 넣고 다시 수지층을 물로 씻어 씻은 액과 유출액을 합하여 100mL로 하여 검액으로 한다. 검액 20mL를 정확하게 취하여 필요하면 묽은염산으로 중화하고(지시약 : 메칠오렌지시액) 요오드화칼륨 4g 및 묽은염산 5mL를 넣고 흔들어 섞어 녹인다. 계속하여 0.1N 요오드액 10mL를 정확하게 넣고 마개를 하여 얼음물 속에서 20분간 암소에 방치한 다음 0.1N 치오황산나트륨액으로 적정한다.(지시약 : 전분시액 3mL) 이 때의 소비량을 GmL로 한다. 같은 방법으로 공시험하여 그 소비량을 HmL로 한다.

$$\text{시스테인의 함량(\%)} = 1.2116 \times 2 \times (H-G)$$

④ 환원후의 환원성물질(시스틴) : 검체 10mL를 용량플라스크에 취하고 물을 넣어 정확하게 100mL로 하여 검액으로 한다. 이 액 10mL를 정확하게 취하여 1N 염산 30mL 및 아연가루 1.5g을 넣고 기포가 끓어오르지 않도록 교반기로 2분간 저어 섞은 다음 여과지(4A)를 써서 흡인여과한다. 잔류물을 물 소량씩으로 3회 씻고 씻은 액을 여액에 합한다. 계속하여 요오드화칼륨 4g을 넣어 흔들어 섞어 녹인다. 다시 0.1N 요오드액 10mL를 정확하게 넣고 마개를 하여 얼음물 속에서 20분간 암소에 방치한 다음, 0.1N 치오황산나트륨액으로 적정한다.(지시약 : 전분시액 3mL) 이때의 소비량을 ImL로 한다. 같은 방법으로 공시험을 하여 그 소비량을 JmL로 한다.

따로, 검액 10mL를 정확하게 취하여 필요하면 묽은염산으로 중화하고(지시약 : 메칠오렌지시액) 요오드화칼륨 4g 및 묽은염산 5mL를 넣고 흔들어 섞어 녹인다. 계속하여 0.1N 요오드액 10mL를 정확하게 넣고 마개를 하여 얼음물 속에 20분간 암소에서 방치한 다음 0.1N 치오황산나트륨액으로 적정한다.(지시약 : 전분시액 1mL) 이때의 소비량을 KmL로 한다. 같은 방법으로 공시험하여 그 소비량을 LmL로 한다.

$$\text{환원후의 환원성물질의 함량(\%)} = 1.2015 \times (J-I)-(L-K)$$

⑤ 중금속 : 1. 치오글라이콜릭애씨드 또는 그 염류를 주성분으로 하는 냉2욕식 퍼머넌트웨이브용 제품 가. 제1제 시험방법 중 ⑥ 중금속항에 따라 시험한다.
⑥ 비소 : 1. 치오글라이콜릭애씨드 또는 그 염류를 주성분으로 하는 냉2욕식 퍼머넌트웨이브용 제품 가. 제1제 시험방법 중 ⑦ 비소항에 따라 시험한다.
⑦ 철 : 1. 치오글라이콜릭애씨드 또는 그 염류를 주성분으로 하는 냉2욕식 퍼머넌트웨이브용 제품 가. 제1제 시험방법 중 ⑧ 철 항에 따라 시험한다.

나. 제2제 : 1. 치오글라이콜릭애씨드 또는 그 염류를 주성분으로 하는 냉2욕식 퍼머넌트웨이브용 제품 나. 제2제 시험방법에 따른다.

3. 치오글라이콜릭애씨드 또는 그 염류를 주성분으로 하는 냉2욕식 헤어스트레이트너용 제품

가. 제1제 시험방법

① pH : 검체를 가지고 「기능성화장품 기준 및 시험방법」(식품의약품안전처 고시) 일반시험법 1. 원료의 "43. pH측정법"에 따라 시험한다.

② 알칼리 : 1. 치오글라이콜릭애씨드 또는 그 염류를 주성분으로 하는 냉2욕식 퍼머넌트웨이브용 제품 가. 제1제 시험방법 중 ② 알칼리 항에 따라 시험한다.

③ 산성에서 끓인 후의 환원성물질(치오글라이콜릭애씨드) : 1. 치오글라이콜릭애씨드 또는 그 염류를 주성분으로 하는 냉2욕식 퍼머넌트웨이브용 제품 가. 제1제 시험방법 중 ③ 산성에서 끓인 후의 환원성물질항에 따라 시험한다.

④ 산성에서 끓인 후의 환원성물질 이외의 환원성물질(아황산, 황화물 등) : 1. 치오글라이콜릭애씨드 또는 그 염류를 주성분으로 하는 냉2욕식 퍼머넌트웨이브용 제품 가. 제1제 시험방법 중 ④ 산성에서 끓인 후의 환원성물질 이외의 환원성물질 항에 따라 시험한다.

⑤ 환원 후의 환원성물질(디치오디글라이콜릭애씨드): 1. 치오글라이콜릭애씨드 또는 그 염류를 주성분으로 하는 냉2욕식 퍼머넌트웨이브용 제품 가. 제1제 시험방법중 ⑤ 환원 후의 환원성물질 항에 따라 시험한다.

⑥ 중금속 : 1. 치오글라이콜릭애씨드 또는 그 염류를 주성분으로 하는 냉2욕식 퍼머넌트웨이브용 제품 가. 제1제 시험방법 중 ⑥ 중금속항에 따라 시험한다.

⑦ 비소 : 1. 치오글라이콜릭애씨드 또는 그 염류를 주성분으로 하는 냉2욕식 퍼머넌트웨이브용 제품 가. 제1제 시험방법 중 ⑦ 비소항에 따라 시험한다.

⑧ 철 : 1. 치오글라이콜릭애씨드 또는 그 염류를 주성분으로 하는 냉2욕식 퍼머넌트웨이브용 제품 가. 제1제 시험방법 중 ⑧ 철항에 따라 시험한다.

* 검체가 점조하여 용량 단위로는 그 채취량의 정확을 기하기 어려울 때에는 중량단위로 채취하여 시험할 수 있다. 이때에는 1g은 1mL로 간주한다.

나. 제2제 시험방법 : 1. 치오글라이콜릭애씨드 또는 그 염류를 주성분으로 하는 냉2욕식 퍼머넌트웨이브용 제품 나. 제2제 시험방법에 따른다.

4. 치오글라이콜릭애씨드 또는 그 염류를 주성분으로 하는 가온2욕식 퍼머넌트웨이브용 제품

가. 제1제 시험방법 : 1. 치오글라이콜릭애씨드 또는 그 염류를 주성분으로 하는 냉2욕식 퍼머넌트웨이브용 제품 가. 제1제 시험방법 항에 따라 시험한다.

나. 제2제 시험방법 : 함유성분에 따라 1. 치오글라이콜릭애씨드 또는 그 염류를 주성분으로 하는 냉2욕식 퍼머넌트웨이브용 제품 나. 제2제 시험방법에 따른다.

5. 시스테인, 시스테인염류 또는 아세틸시스테인을 주성분으로 하는 가온 2욕식 퍼머넌트웨이브용 제품

가. 제1제 시험방법

① pH : 검체를 가지고 「기능성화장품 기준 및 시험방법」(식품의약품안전처 고시) 일반시험법 1. 원료의 "43. pH측정법"에 따라 시험한다

② 알칼리 : 1. 치오글라이콜릭애씨드 또는 그 염류를 주성분으로 하는 냉2욕식 퍼머넌트웨이브용 제품 가. 제1제 시험방법중 ② 알칼리 항에 따라 시험한다.

③ 시스테인 : 2. 시스테인, 시스테인염류 또는 아세틸시스테인을 주성분으로 하는 냉2욕식 퍼머넌트웨이브용 제품 가. 제1제 시험방법 중 ③시스테인항에 따라 시험한다.

④ 환원후 환원성물질 : 2. 시스테인, 시스테인염류 또는 아세틸시스테인을 주성분으로 하는 냉2욕식 퍼머넌트웨이브용 제품 가. 제1제 시험방법 중 ④ 환원후 환원성물질항에 따라 시험한다.

⑤ 중금속 : 1. 치오글라이콜릭애씨드 또는 그 염류를 주성분으로 하는 냉2욕식 퍼머넌트웨이브용 제품 가. 제1제 시험방법 중 ⑥ 중금속 항에 따라 시험한다.

⑥ 비소 : 1. 치오글라이콜릭애씨드 또는 그 염류를 주성분으로 하는 냉2욕식 퍼머넌트웨이브용 제품 가. 제1제의 2) 시험방법 중 ⑦ 비소 항에 따라 시험한다.

⑦ 철 : 치오글라이콜릭애씨드 퍼머넌트웨이브용 제품 가. 제1제 시험방법 중 ⑧ 철항에 따라 시험하다.

나. 제2제 : 1.치오글라이콜릭애씨드 또는 그 염류를 주성분으로 하는 냉2욕식 퍼머넌트웨이브용 제품 나. 제2제 시험방법에 따른다.

6. 치오글라이콜릭애씨드 또는 그 염류를 주성분으로 하는 가온2욕식 헤어스트레이트너 제품

가. 제1제 시험방법

① pH : 검체를 가지고 「기능성화장품 기준 및 시험방법」(식품의약품안전처 고시) 일반시험법 1. 원료의 "43. pH측정법"에 따라 시험한다.

② 알칼리 : 1. 치오글라이콜릭애씨드 또는 그 염류를 주성분으로 하는 냉2욕식 퍼머넌트웨이브용 제품 가. 제1제 시험방법 중 ② 알칼리 항에 따라 시험한다.

③ 산성에서 끓인 후의 환원성물질(치오글라이콜릭애씨드) : 1. 치오글라이콜릭애씨드 또는 그 염류를 주성분으로 하는 냉2욕식 퍼머넌트웨이브용 제품 가. 제1제 시험방법 중 ③ 산성에서 끓인 후의 환원성물질항에 따라 시험한다.

④ 산성에서 끓인 후의 환원성물질 이외의 환원성물질(아황산염, 황화물 등) : 1. 치오글라이콜릭애씨드 또는 그 염류를 주성분으로 하는 냉2욕식 퍼머넌트웨이브용 제품 가. 제1제 시험방법중 ④ 산성에서 끓인

후의 환원성물질 이외의 환원성물질 항에 따라 시험한다.

⑤ 환원 후의 환원성물질((디치오디글라이콜릭애씨드) : 1. 치오글라이콜릭애씨드 또는 그 염류를 주성분으로 하는 냉2욕식 퍼머넌트웨이브용 제품 가. 제1제 시험방법 중 ⑤ 환원 후의 환원성물질 항에 따라 시험한다.

⑥ 중금속 : 1. 치오글라이콜릭애씨드 또는 그 염류를 주성분으로 하는 냉2욕식 퍼머넌트웨이브용 제품 가. 제1제 시험방법 중 ⑥ 중금속 항에 따라 시험한다.

⑦ 비소 : 1. 치오글라이콜릭애씨드 또는 그 염류를 주성분으로 하는 냉2욕식 퍼머넌트웨이브용 제품 가. 제1제 시험방법 중 ⑦ 비소 항에 따라 시험한다.

⑧ 철 : 1. 치오글라이콜릭애씨드 또는 그 염류를 주성분으로 하는 냉2욕식 퍼머넌트웨이브용 제품 가. 제1제 시험방법 중 ⑧ 철 항에 따라 시험한다.

나. 제2제 : 1. 치오글라이콜릭애씨드 또는 그 염류를 주성분으로 하는 냉2욕식 퍼머넌트웨이브용 제품 나. 제2제 시험방법에 따른다.

7. 치오글라이콜릭애씨드 또는 그 염류를 주성분으로 하는 고온정발용 열기구를 사용하는 가온2욕식 헤어스트레이트너 제품

가. 제1제 시험방법

① pH : 검체를 가지고 「기능성화장품 기준 및 시험방법」(식품의약품안전처 고시) 일반시험법 1. 원료의 “43. pH측정법”에 따라 시험한다.

② 알칼리 : 가. 치오글라이콜릭애씨드 또는 그 염류를 주성분으로 하는 냉2욕식 퍼머넌트웨이브용 제품 1) 제1제 시험방법 중 ② 알칼리 항에 따라 시험한다.

③ 산성에서 끓인 후의 환원성물질(치오글라이콜릭애씨드) : 1. 치오글라이콜릭애씨드 또는 그 염류를 주성분으로 하는 냉2욕식 퍼머넌트웨이브용 제품 가. 제1제 시험방법 중 ③ 산성에서 끓인 후의 환원성물질 항에 따라 시험한다.

④ 산성에서 끓인 후의 환원성물질 이외의 환원성물질(아황산염, 황화물 등) : 1. 치오글라이콜릭애씨드 또는 그 염류를 주성분으로 하는 냉2욕식 퍼머넌트웨이브용 제품 가. 제1제 시험방법 중 ④ 산성에서 끓인 후의 환원성물질 이외의 환원성물질 항에 따라 시험한다.

⑤ 환원 후의 환원성물질(디치오디글라이콜릭애씨드) : 1. 치오글라이콜릭애씨드 또는 그 염류를 주성분으로 하는 냉2욕식 퍼머넌트웨이브용 제품 가. 제1제 시험방법 중 ⑤ 환원 후의 환원성물질 항에 따라 시험한다.

⑥ 중금속 : 1. 치오글라이콜릭애씨드 또는 그 염류를 주성분으로 하는 냉2욕식 퍼머넌트웨이브용 제품 가. 제1제 시험방법 중 ⑥ 중금속 항에 따라 시험한다.

⑦ 비소 : 1. 치오글라이콜릭애씨드 또는 그 염류를 주성분으로 하는 냉2욕식 퍼머넌트웨이브용 제품 가. 제1제 시험방법중 ⑦ 비소 항에 따라 시험한다.

⑧ 철 : 1. 치오글라이콜릭애씨드 또는 그 염류를 주성분으로 하는 냉2욕식 퍼머넌트웨이브용 제품 가. 제1제 시험방법 중 ⑧ 철 항에 따라 시험한다.

나. 제2제 : 1. 치오글라이콜릭애씨드 또는 그 염류를 주성분으로 하는 냉2욕식 퍼머넌트웨이브용 제품 나. 제2제 시험방법에 따른다.

8. 치오글라이콜릭애씨드 또는 그 염류를 주성분으로 하는 냉1욕식 퍼머넌트웨이브용 제품

가. 1. 치오글라이콜릭애씨드 또는 그 염류를 주성분으로 하는 냉2욕식 퍼머넌트웨이브용 제품 가. 제1제 시험방법 항에 따라 시험한다.

9. 치오글라이콜릭애씨드 또는 그 염류를 주성분으로 하는 제1제 사용 시 조제하는 발열2욕식 퍼머넌트웨이브용 제품

가. 제1제의 1 시험방법 : 1. 치오글라이콜릭애씨드 또는 그 염류를 주성분으로 하는 냉2욕식 퍼머넌트웨이브용 제품 가. 제1제 시험방법 항에 따라 시험한다. 다만, ④ 산성에서 끓인 후의 환원성물질 이외의 환원성물질에서 0.1N 요오드액 25mL 대신 50mL를 넣는다.

나. 제1제의 2 시험방법

① pH : 검체를 가지고 「기능성화장품 기준 및 시험방법」(식품의약품안전처 고시) 일반시험법 1. 원료의 “43. pH측정법”에 따라 시험한다.

② 중금속 : 1. 치오글라이콜릭애씨드 또는 그 염류를 주성분으로 하는 냉2욕식 퍼머넌트웨이브용 제품 나. 제2제 시험방법 1) 브롬산나트륨 함유제제 중 ③ 중금속 항에 따라 시험한다.

③ 과산화수소 : 검체 1g을 정밀히 달아 200mL 유리마개 삼각플라스크에 넣고 물 10mL 및 30% 황산 5mL를 넣어 바로 마개를 하여 가볍게 1 ~ 2 회 흔든다. 이 액에 요오드화칼륨시액 5 mL를 주의하면서 넣어 마개를 하고 30분간 어두운 곳에 방치한 다음 0.1N 치오황산나트륨액으로 적정한다(지시약 : 전분시액 3mL). 이때의 소비량을 A(mL)로 한다.

$$\text{과산화수소 함유율 (\%)} = \frac{0.0017007 \times A}{\text{검체의 채취량(g)}}$$

다. 제1제의 1 및 제1제의 2의 혼합물 시험방법 : 이 제품은 혼합시에 발열하므로 사용할 때에 약 40℃로 가온된다. 시험에 있어서는 제1제의 1, 1인 1회분 및 제 1제의 2, 1인 1회분의 양을 혼합하여 10분간 실온에서 방치한 다음 흐르는 물로 실온까지 냉각한 것을 검체로 한다.

① pH : 검체를 가지고 「기능성화장품 기준 및 시험방법」(식품의약품안전처 고시) 일반시험법 1. 원료의 “43. pH측정법”에 따라 시험한다.

② 알칼리 : 1. 치오글라이콜릭애씨드 또는 그 염류를 주성분으로 하는 냉2욕식 퍼머넌트웨이브용 제품 가. 제1제 시험방법 중 ② 알칼리 항에 따라 시험한다.

③ 산성에서 끓인 후의 환원성물질(치오글라이콜릭애씨드) : 1. 치오글라이콜릭애씨드 또는 그 염류를 주성분으로 하는 냉2욕식 퍼머넌트웨이브용 제품 가. 제1제 시험방법 중 ③ 산성에서 끓인 후의 환원성물질 항에 따라 시험한다.

④ 산성에서 끓인 후의 환원성물질 이외의 환원성물질(아황산염, 황화물 등) : 1. 치오글라이콜릭애씨드 또는 그 염류를 주성분으로 하는 냉2욕식 퍼머넌트웨이브용 제품 가. 제1제 2) 시험방법 중 ④ 산성에서 끓인 후의 환원성물질 이외의 환원성물질 항에 따라 시험한다.

⑤ 환원 후의 환원성물질(디치오디글라이콜릭애씨드) : 1. 치오글라이콜릭애씨드 또는 그 염류를 주성분으로 하는 냉2욕식 퍼머넌트웨이브용 제품 가. 제1제 시험방법 중 ⑤ 환원 후의 환원성물질항에 따라 시험한다.

⑥ 온도상승 : 1) 제1제의 1. 1인 1회분 및 제1제의 2. 1인 1회분을 각각 25℃의 항온조에 넣고 때때로 액온을 측정하여 액온이 25℃가 될 때까지 방치한다. 1) 제1제의 1을 온도계를 삽입한 100mL 비이커에 옮기고 액의 온도(T_0)을 기록한다. 다음에 제1제의 2 를 여기에 넣고 바로 저어 섞으면서 온도를 측정하여 최고 도달온도(T_1)를 기록한다.

$$온도의\ 차(℃) = T_1 - T_0$$

라. 제2제 시험방법 : 1. 치오글라이콜릭애씨드 또는 그 염류를 주성분으로 하는 냉2욕식 퍼머넌트웨이브용 제품 나. 제2제 시험방법에 따른다.

10. 제1제 환원제 물질이 1종 이상 함유되어 있는 퍼머넌트웨이브 및 헤어스트레이트너 제품

가. 시험방법

검체 약 1.0 g을 정밀하게 달아 용량플라스크에 넣고 묽은 염산 10 mL 및 물을 넣어 정확하게 200 mL로 한다. 이 액을 가지고 클로로포름 20 mL로 2회 추출한 다음 물층을 취하여 원심분리하고 상등액을 취해 여과한 것을 검액으로 한다. 따로 치오글라이콜릭애씨드, 시스테인, 아세틸시스테인, 디치오디글라이콜릭애씨드, 시스틴, 디아세틸시스틴 표준품 각각 10 mg을 정밀하게 달아 용량플라스크에 넣고 물을 넣어 정확하게 10 mL로 한다 (단, 측정 대상이 아닌 물질은 제외 가능). 이 액을 각각 0.01, 0.05, 0.1, 0.5, 1.0, 2.0 mL를 정확하게 취해 물을 넣어 각각 10 mL로 한 것을 검량선용 표준액으로 한다. 검액 및 표준액 20 μL씩을 가지고 다음의 조건으로 액체크로마토그래프법에 따라 검액 중 환원제 물질들의 양을 구한다. 필요한 경우 표준액의 검량선 범위 내에서 검체 채취량 또는 희석배수는 조정할 수 있다.

<조작조건>

·검출기 : 자외부흡광광도계 (측정파장 215 nm)

·칼 럼 : 안지름 4.6 mm, 길이 25 cm인 스테인레스강관에 5 μm의 액체크로마토그래프용 옥타데실실릴실리카겔을 충전한다.

·이동상 : 0.1% 인산을 함유한 4 mM 헵탄설폰산나트륨액·아세토니트릴 혼합액 (95 : 5)

·유 량 : 1.0 mL/분

Ⅲ. 일반사항

1. '검체'는 부자재(예 : 침적마스크 중 부직포 등)를 제외한 화장품의 내용물로 하며, 부자재가 내용물과 섞여 있는 경우 적당한 방법(예 : 압착, 원심분리 등)을 사용하여 이를 제거한 후 검체로 하여 시험한다.
2. 에어로졸제품인 경우에는 제품을 분액깔때기에 분사한 다음 분액깔때기의 마개를 가끔 열어 주면서 1시간 이상 방치하여 분리된 액을 따로 취하여 검체로 한다.
3. 검체가 점조하여 용량단위로 정확히 채취하기 어려울 때에는 중량단위로 채취하여 시험할 수 있으며, 이 경우 1g은 1mL로 간주한다.
4. 시약, 시액 및 표준액

1) 철표준액 : 황산제일철암모늄 0.7021g을 정밀히 달아 물 50mL를 넣어 녹이고 여기에 황산 20mL를 넣어 가온하면서 0.6% 과망간산칼륨용액을 미홍색이 없어지지 않고 남을 때까지 적가한 다음, 방냉하고 물을 넣어 1L로 한다. 이 액 10mL를 100mL 용량플라스크에 넣고 물을 넣어 100mL로 한다. 이 용액 1mL는 철(Fe) 0.01㎎을 함유한다.

2) 그 밖에 시약, 시액 및 표준액은「기능성화장품 기준 및 시험방법」(식품의약품안전처 고시) 일반시험법 3. 계량기, 용기, 색의 비교액, 시약, 시액, 용량분석용표준액 및 표준액의 것을 사용한다.

화장품 안전성 정보관리 규정

[시행 2020. 6. 23.] [식품의약품안전처고시 제2020-53호, 2020. 6. 23., 일부개정.]

식품의약품안전처(화장품정책과), 043-719-3410

제1조(목적) 이 고시는 「화장품법」제5조 및 같은 법 시행규칙 제12조제10호에 따라 화장품의 취급·사용 시 인지되는 안전성 관련 정보를 체계적이고 효율적으로 수집·검토·평가하여 적절한 안전대책을 강구함으로써 국민 보건상의 위해를 방지함을 목적으로 한다.

제2조(정의) 이 고시에서 사용하는 용어의 정의는 다음과 같다.

1. "유해사례(Adverse Event/Adverse Experience, AE)"란 화장품의 사용 중 발생한 바람직하지 않고 의도되지 아니한 징후, 증상 또는 질병을 말하며, 당해 화장품과 반드시 인과관계를 가져야 하는 것은 아니다.
2. "중대한 유해사례(Serious AE)"는 유해사례 중 다음 각목의 어느 하나에 해당하는 경우를 말한다.
   가. 사망을 초래하거나 생명을 위협하는 경우
   나. 입원 또는 입원기간의 연장이 필요한 경우
   다. 지속적 또는 중대한 불구나 기능저하를 초래하는 경우
   라. 선천적 기형 또는 이상을 초래하는 경우
   마. 기타 의학적으로 중요한 상황
3. "실마리 정보(Signal)"란 유해사례와 화장품 간의 인과관계 가능성이 있다고 보고된 정보로서 그 인과관계가 알려지지 아니하거나 입증자료가 불충분한 것을 말한다.
4. "안전성 정보"란 화장품과 관련하여 국민보건에 직접 영향을 미칠 수 있는 안전성·유효성에 관한 새로운 자료, 유해사례 정보 등을 말한다.

제3조(안전성 정보의 관리체계) 화장품 안전성 정보의 보고·수집·평가·전파 등 관리체계는 별표와 같다.

제4조(안전성 정보의 보고) ① 의사·약사·간호사·판매자·소비자 또는 관련단체 등의 장은 화장품의 사용 중 발생하였거나 알게 된 유해사례 등 안전성 정보에 대하여 별지 제1호 서식 또는 별지 제2호 서식을 참조하여 식품의약품안전처장 또는 화장품책임판매업자에게 보고할 수 있다.

② 제1항에 따른 보고는 식품의약품안전처 홈페이지를 통해 보고하거나 전화·우편·팩스·정보통신망 등의 방법으로 할 수 있다.

제5조(안전성 정보의 신속보고) ① 화장품책임판매업자는 다음 각 호의 화장품 안전성 정보를 알게 된 때에는 제1호의 정보는 별지 제1호 서식에 따른 보고서를, 제2호의 정보는 별지 제2호 서식에 따른 보고서를 그 정보를 알게 된 날로부터 15일 이내에 식품의약품안전처장에게 신속히 보고하여야 한다.

1. 중대한 유해사례 또는 이와 관련하여 식품의약품안전처장이 보고를 지시한 경우

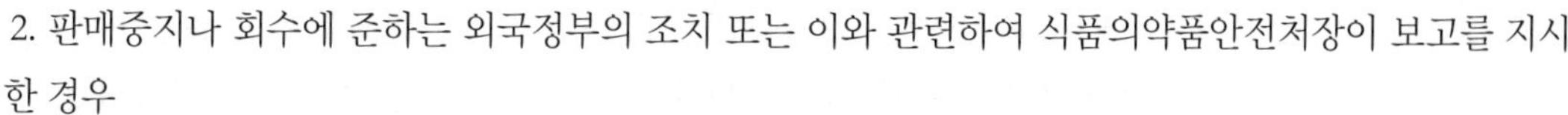

2. 판매중지나 회수에 준하는 외국정부의 조치 또는 이와 관련하여 식품의약품안전처장이 보고를 지시한 경우

② 제1항에 따른 안전성 정보의 신속보고는 식품의약품안전처 홈페이지를 통해 보고하거나 우편·팩스·정보통신망 등의 방법으로 할 수 있다.

제6조(안전성 정보의 정기보고) ① 화장품책임판매업자는 제5조에 따라 신속보고 되지 아니한 화장품의 안전성 정보를 별지 제3호 서식에 따라 작성한 후 매 반기 종료 후 1월 이내에 식품의약품안전처장에게 보고하여야 한다. 다만, 상시근로자수가 2인 이하로서 직접 제조한 화장비누만을 판매하는 화장품책임판매업자는 해당 안전성 정보를 보고하지 아니할 수 있다.

② 제1항에 따른 안전성 정보의 정기보고는 식품의약품안전처 홈페이지를 통해 보고하거나 전자파일과 함께 우편·팩스·정보통신망 등의 방법으로 할 수 있다.

제7조(자료의 보완) 식품의약품안전처장은 제5조제1항 및 제6조제1항에 따른 유해사례 등 안전성 정보의 보고가 이 규정에 적합하지 아니하거나 추가 자료가 필요하다고 판단하는 경우 일정 기한을 정하여 자료의 보완을 요구할 수 있다.

제8조(안전성 정보의 검토 및 평가) 식품의약품안전처장은 다음 각 호에 따라 화장품 안전성 정보를 검토 및 평가하며 필요한 경우 화장품 안전관련 분야의 전문가 등의 자문을 받을 수 있다.

1. 정보의 신뢰성 및 인과관계의 평가 등
2. 국내·외 사용현황 등 조사·비교 (화장품에 사용할 수 없는 원료 사용 여부 등)
3. 외국의 조치 및 근거 확인(필요한 경우에 한함)
4. 관련 유해사례 등 안전성 정보 자료의 수집·조사
5. 종합검토

제9조(후속조치) 식품의약품안전처장 또는 지방식품의약품안전청장은 제8조의 검토 및 평가 결과에 따라 다음 각 호 중 필요한 조치를 할 수 있다.

1. 품목 제조·수입·판매 금지 및 수거·폐기 등의 명령
2. 사용상의 주의사항 등 추가
3. 조사연구 등의 지시
4. 실마리 정보로 관리
5. 제조·품질관리의 적정성 여부 조사 및 시험·검사 등 기타 필요한 조치

제10조(정보의 전파 등) ① 식품의약품안전처장은 안전하고 올바른 화장품의 사용을 위하여 화장품 안전성 정보의 평가 결과를 화장품책임판매업자 등에게 전파하고 필요한 경우 이를 소비자에게 제공할 수 있다.

② 식품의약품안전처장은 수집된 안전성 정보, 평가결과 또는 후속조치 등에 대하여 필요한 경우 국제기구나 관련국 정부 등에 통보하는 등 국제적 정보교환체계를 활성화하고 상호협력 관계를 긴밀하게 유지함으로써 화장품으로 인한 범국가적 위해의 방지에 적극 노력하여야 한다.

제11조(보고자 등의 보호) 화장품 안전성 정보의 수집·분석 및 평가 등의 업무에 종사하는 자와 관련 공무원

은 보고자, 환자 등 특정인의 인적사항 등에 관한 정보로서 당사자의 생명·신체를 해할 우려가 있는 경우 또는 당사자의 사생활의 비밀 또는 자유를 침해할 우려가 있다고 인정되는 경우 등 당사자 또는 제3자 등의 권리와 이익을 부당하게 침해할 우려가 있다고 인정되는 사항에 대하여는 이를 공개하여서는 아니 된다.

제12조(포상 등) 식품의약품안전처장은 이 규정에 따라 적극적이고 성실한 보고자나 기타 화장품 안전성 정보 관리체계의 활성화에 기여한 자에 대하여 「식품의약품안전처 공적심사규정」(식약처 훈령)에 따라 포상 또는 표창을 실시할 수 있다.

제13조(재검토기한) 식품의약품안전처장은 「훈령·예규 등의 발령 및 관리에 관한 규정」에 따라 이 고시에 대하여 2018년 1월 1일 기준으로 매3년이 되는 시점(매 3년째의 12월 31일까지를 말한다) 마다 그 타당성을 검토하여 개선 등의 조치를 하여야 한다.

부칙 〈제2020-53호, 2020. 6. 23.〉

제1조(시행일)이 고시는 고시한 날부터 시행한다.

제2조(경과조치)이 고시 시행일 당시 종전의 규정에 따라 화장품 안전성 정보를 보고받은 경우에는 개정규정에도 불구하고 종전의 규정에 따른다.

[별표] 화장품 안전성 정보 관리체계(제3조 관련)

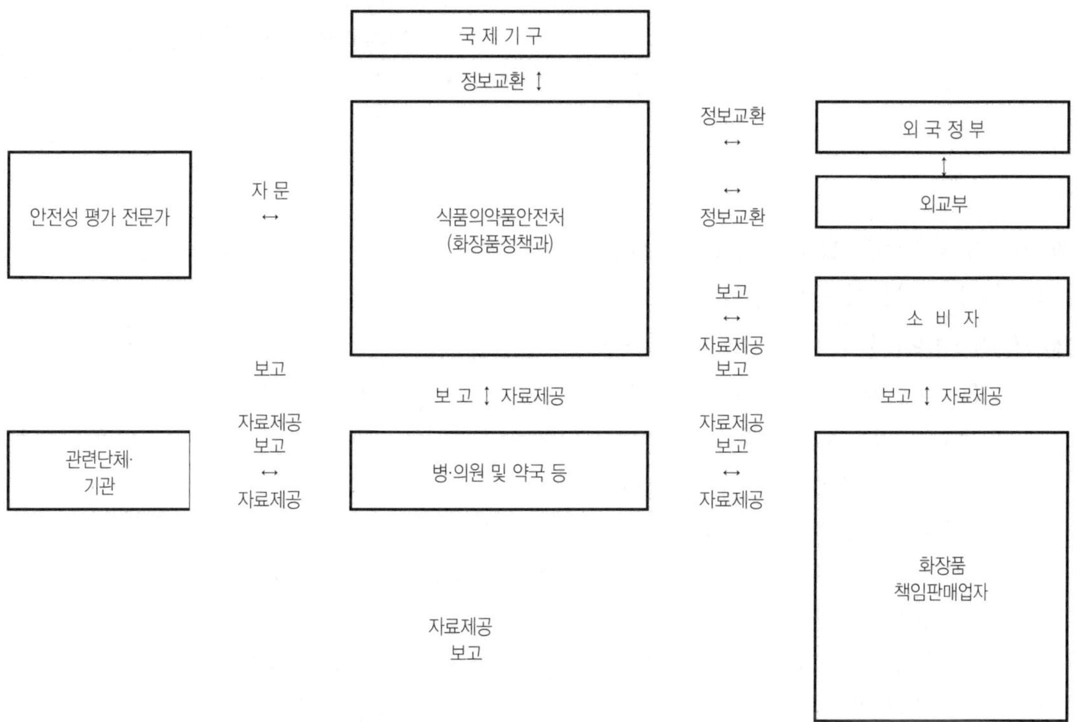

화장품의 색소 종류와 기준 및 시험방법

[시행 2020. 12. 30.] [식품의약품안전처고시 제2020-133호, 2020. 12. 30., 일부개정.]

식품의약품안전처(화장품정책과), 043-719-3410

제1조(목적) 「화장품법」제8조제2항에 따라 화장품에 사용할 수 있는 화장품의 색소 종류와 색소의 기준 및 시험방법을 정함을 목적으로 한다.

제2조(용어의 정의) 이 고시에서 사용하는 용어의 뜻은 다음과 같다.

1. "색소"라 함은 화장품이나 피부에 색을 띄게 하는 것을 주요 목적으로 하는 성분을 말한다.
2. "타르색소"라 함은 제1호의 색소 중 콜타르, 그 중간생성물에서 유래되었거나 유기합성하여 얻은 색소 및 그 레이크, 염, 희석제와의 혼합물을 말한다.
3. "순색소"라 함은 중간체, 희석제, 기질 등을 포함하지 아니한 순수한 색소를 말한다.
4. "레이크"라 함은 타르색소를 기질에 흡착, 공침 또는 단순한 혼합이 아닌 화학적 결합에 의하여 확산시킨 색소를 말한다.
5. "기질"이라 함은 레이크 제조 시 순색소를 확산시키는 목적으로 사용되는 물질을 말하며 알루미나, 브랭크휙스, 크레이, 이산화티탄, 산화아연, 탤크, 로진, 벤조산알루미늄, 탄산칼슘 등의 단일 또는 혼합물을 사용한다.
6. "희석제"라 함은 색소를 용이하게 사용하기 위하여 혼합되는 성분을 말하며,「화장품 안전기준 등에 관한 규정」(식품의약품안전처 고시) 별표 1의 원료는 사용할 수 없다.
7. "눈 주위"라 함은 눈썹, 눈썹 아래쪽 피부, 눈꺼풀, 속눈썹 및 눈(안구, 결막낭, 윤문상 조직을 포함한다)을 둘러싼 뼈의 능선 주위를 말한다.

제3조(화장품 색소의 종류) 화장품의 색소의 종류, 사용부위 및 사용한도는 별표 1과 같으며, 레이크는 제4조에 정하는 바에 따른다. 다만, 특별한 경우에 한하여 그 사용을 제한할 수 있다.

제4조(레이크의 종류) 제3조에 따른 레이크는 별표 1 중 타르 색소의 나트륨, 칼륨, 알루미늄, 바륨, 칼슘, 스트론튬 또는 지르코늄염(염이 아닌 것은 염으로 하여)을 기질에 확산시켜서 만든 레이크로 한다.

제5조(기준 및 시험방법) 색소의 기준 및 시험방법은 별표 2와 같다. 다만, 기준 및 시험방법이 수재되어 있지 않거나 기타 과학적·합리적으로 타당성이 인정되는 경우 자사 기준 및 시험방법으로 설정하여 시험할 수 있다.

제6조(재검토기한) 식품의약품안전처장은 「훈령·예규 등의 발령 및 관리에 관한 규정」에 따라 이 고시에 대하여 2017년 1월 1일 기준으로 매3년이 되는 시점(매 3년째의 12월 31일까지를 말한다)마다 그 타당성을 검토하여 개선 등의 조치를 하여야 한다.

부칙 〈제2020-133호, 2020. 12. 30.〉

제1조(시행일)이 고시는 고시한 날부터 시행한다.

제2조(적용례)이 고시는 고시 시행 후 화장품 제조업자 및 책임판매업자가 제조(위탁제조를 포함한다) 또는 수입(통관일을 기준으로 한다)한 화장품부터 적용한다.

[별표 1]

연번	색소	사용제한	비고
1	녹색 204 호 (피라닌콘크, Pyranine Conc)* CI 59040 8-히드록시-1, 3, 6-피렌트리설폰산의 트리나트륨염 ◎ 사용한도 0.01%	눈 주위 및 입술에 사용할 수 없음	타르 색소
2	녹색 401 호 (나프톨그린 B, Naphthol Green B)* CI 10020 5-이소니트로소-6-옥소-5, 6-디히드로-2-나프탈렌설폰산의 철염	눈 주위 및 입술에 사용할 수 없음	타르 색소
3	등색 206 호 (디요오드플루오레세인, Diiodofluorescein)* CI 45425:1 4′, 5′-디요오드-3′, 6′-디히드록시스피로[이소벤조푸란-1(3H), 9′-[9H]크산텐]-3-온	눈 주위 및 입술에 사용할 수 없음	타르 색소
4	등색 207 호 (에리트로신 옐로위쉬 NA, Erythrosine Yellowish NA)* CI 45425 9-(2-카르복시페닐)-6-히드록시-4, 5-디요오드-3H-크산텐-3-온의 디나트륨염	눈 주위 및 입술에 사용할 수 없음	타르 색소
5	자색 401 호 (알리주롤퍼플, Alizurol Purple)* CI 60730 1-히드록시-4-(2-설포-p-톨루이노)-안트라퀴논의 모노나트륨염	눈 주위 및 입술에 사용할 수 없음	타르 색소
6	적색 205 호 (리톨레드, Lithol Red)* CI 15630 2-(2-히드록시-1-나프틸아조)-1-나프탈렌설폰산의 모노나트륨염 ◎ 사용한도 3%	눈 주위 및 입술에 사용할 수 없음	타르 색소
7	적색 206 호 (리톨레드 CA, Lithol Red CA)* CI 15630:2 2-(2-히드록시-1-나프틸아조)-1-나프탈렌설폰산의 칼슘염 ◎ 사용한도 3%	눈 주위 및 입술에 사용할 수 없음	타르 색소
8	적색 207 호 (리톨레드 BA, Lithol Red BA) CI 15630:1 2-(2-히드록시-1-나프틸아조)-1-나프탈렌설폰산의 바륨염 ◎ 사용한도 3%	눈 주위 및 입술에 사용할 수 없음	타르 색소
9	적색 208 호 (리톨레드 SR, Lithol Red SR) CI 15630:3 2-(2-히드록시-1-나프틸아조)-1-나프탈렌설폰산의 스트론튬염 ◎ 사용한도 3%	눈 주위 및 입술에 사용할 수 없음	타르 색소
10	적색 219 호 (브릴리안트레이크레드 R, Brilliant Lake Red R)* CI 15800 3-히드록시-4-페닐아조-2-나프토에산의 칼슘염	눈 주위 및 입술에 사용할 수 없음	타르 색소
11	적색 225 호 (수단 Ⅲ, Sudan Ⅲ)* CI 26100 1-[4-(페닐아조)페닐아조]-2-나프톨	눈 주위 및 입술에 사용할 수 없음	타르 색소
12	적색 405 호 (퍼머넌트레드 F5R, Permanent Red F5R) CI 15865:2 4-(5-클로로-2-설포-p-톨릴아조)-3-히드록시-2-나프토에산의 칼슘염	눈 주위 및 입술에 사용할 수 없음	타르 색소
13	적색 504 호 (폰소 SX, Ponceau SX)* CI 14700 2-(5-설포-2, 4-키실릴아조)-1-나프톨-4-설폰산의 디나트륨염	눈 주위 및 입술에 사용할 수 없음	타르 색소
14	청색 404 호 (프탈로시아닌블루, Phthalocyanine Blue)* CI 74160 프탈로시아닌의 구리착염	눈 주위 및 입술에 사용할 수 없음	타르 색소
15	황색 202 호의 (2) (우라닌 K, Uranine K)* CI 45350 9-올소-카르복시페닐-6-히드록시-3-이소크산톤의 디칼륨염 ◎ 사용한도 6%	눈 주위 및 입술에 사용할 수 없음	타르 색소
16	황색 204 호 (퀴놀린옐로우 SS, Quinoline Yellow SS)* CI 47000 2-(2-퀴놀릴)-1, 3-인단디온	눈 주위 및 입술에 사용할 수 없음	타르 색소
17	황색 401 호 (한자옐로우, Hanza Yellow)* CI 11680 N-페닐-2-(니트로-p-톨릴아조)-3-옥소부탄아미드	눈 주위 및 입술에 사용할 수 없음	타르 색소
18	황색 403 호의 (1) (나프톨옐로우 S, Naphthol Yellow S) CI 10316 2, 4-디니트로-1-나프톨-7-설폰산의 디나트륨염	눈 주위 및 입술에 사용할 수 없음	타르 색소
19	등색 205 호 (오렌지 II, Orange II) CI 15510 1-(4-설포페닐아조)-2-나프톨의 모노나트륨염	눈 주위에 사용할 수 없음	타르 색소

20	황색 203 호 (퀴놀린옐로우 WS, Quinoline Yellow WS) CI 47005 2-(1, 3-디옥소인단-2-일)퀴놀린 모노설폰산 및 디설폰산의 나트륨염	눈 주위에 사용할 수 없음	타르 색소
21	녹색 3 호 (패스트그린 FCF, Fast Green FCF) CI 42053 2-[α-[4-(N-에틸-3-설포벤질이미니오)-2, 5-시클로헥사디에닐덴]-4-(N 에틸-3-설포벤질아미노)벤질]-5-히드록시벤젠설포네이트의 디나트륨염	-	타르 색소
22	녹색 201 호 (알리자린시아닌그린 F, Alizarine Cyanine Green F)* CI 61570 1, 4-비스-(2-설포-p-톨루이디노)-안트라퀴논의 디나트륨염	-	타르 색소
23	녹색 202 호 (퀴니자린그린 SS, Quinizarine Green SS)* CI 61565 1, 4-비스(p-톨루이디노)안트라퀴논	-	타르 색소
24	등색 201 호 (디브로모플루오레세인, Dibromofluorescein) CI 45370 4', 5'-디브로모-3', 6'-디히드로시스피로[이소벤조푸란-1(3H),9-[9H]크산텐-3-온	눈 주위에 사용할 수 없음	타르 색소
25	자색 201 호 (알리주린퍼플 SS, Alizurine Purple SS)* CI 60725 1-히드록시-4-(p-톨루이디노)안트라퀴논	-	타르 색소
26	적색 2 호 (아마란트, Amaranth) CI 16185 3-히드록시-4-(4-설포나프틸아조)-2, 7-나프탈렌디설폰산의 트리나트륨염	영유아용 제품류 또는 만 13 세 이하 어린이가 사용할 수 있음을 특정하여 표시하는 제품에 사용할 수 없음	타르 색소
27	적색 40 호 (알루라레드 AC, Allura Red AC) CI 16035 6-히드록시-5-[(2-메톡시-5-메틸-4-설포페닐)아조]-2-나프탈렌설폰산의 디나트륨염	-	타르 색소
28	적색 102 호 (뉴콕신, New Coccine) CI 16255 1-(4-설포-1-나프틸아조)-2-나프톨-6, 8-디설폰산의 트리나트륨염의 1.5 수화물	영유아용 제품류 또는 만 13 세 이하 어린이가 사용할 수 있음을 특정하여 표시하는 제품에 사용할 수 없음	타르 색소
29	적색 103 호의 (1) (에오신 YS, Eosine YS) CI 45380 9-(2-카르복시페닐)-6-히드록시-2, 4, 5, 7-테트라브로모-3H-크산텐-3-온의 디나트륨염	눈 주위에 사용할 수 없음	타르 색소
30	적색 104 호의 (1) (플록신 B, Phloxine B) CI 45410 9-(3, 4, 5, 6-테트라클로로-2-카르복시페닐)-6-히드록시-2, 4, 5, 7-테트라브로모-3H-크산텐-3-온의 디나트륨염	눈 주위에 사용할 수 없음	타르 색소
31	적색 104 호의 (2) (플록신 BK, Phloxine BK) CI 45410 9-(3, 4, 5, 6-테트라클로로-2-카르복시페닐)-6-히드록시-2, 4, 5, 7-테트라브로모-3H-크산텐-3-온의 디칼륨염	눈 주위에 사용할 수 없음	타르 색소
32	적색 201 호 (리톨루빈 B, Lithol Rubine B) CI 15850 4-(2-설포-p-톨릴아조)-3-히드록시-2-나프토에산의 디나트륨염	-	타르 색소
33	적색 202 호 (리톨루빈 BCA, Lithol Rubine BCA) CI 15850:1 4-(2-설포-p-톨릴아조)-3-히드록시-2-나프토에산의 칼슘염	-	타르 색소
34	적색 218 호 (테트라클로로테트라브로모플루오레세인, Tetrachlorotetrabromofluorescein) CI 45410:1 2', 4', 5', 7'-테트라브로모-4, 5, 6, 7-테트라클로로-3', 6'-디히드록시피로[이소벤조푸란-1(3H),9'-[9H] 크산텐]-3-온	눈 주위에 사용할 수 없음	타르 색소
35	적색 220 호 (디프마룬, Deep Maroon)* CI 15880:1 4-(1-설포-2-나프틸아조)-3-히드록시-2-나프토에산의 칼슘염	-	타르 색소
36	적색 223 호 (테트라브로모플루오레세인, Tetrabromofluorescein) CI 45380:2 2', 4', 5', 7'-테트라브로모-3', 6'-디히드록시스피로[이소벤조푸란-1(3H),9'-[9H]크산텐]-3-온	눈 주위에 사용할 수 없음	타르 색소
37	적색 226 호 (헬린돈핑크 CN, Helindone Pink CN)* CI 73360 6, 6'-디클로로-4, 4'-디메틸-티오인디고	-	타르 색소

38	적색 227 호 (패스트애시드마겐타, Fast Acid Magenta)* CI 17200 8-아미노-2-페닐아조-1-나프톨-3, 6-디설폰산의 디나트륨염 ◎ 입술에 적용을 목적으로 하는 화장품의 경우만 사용한도 3%	-	타르 색소
39	적색 228 호 (퍼마톤레드, Permaton Red) CI 12085 1-(2-클로로-4-니트로페닐아조)-2-나프톨 ◎ 사용한도 3%	-	타르 색소
40	적색 230 호의 (2) (에오신 YSK, Eosine YSK) CI 45380 9-(2-카르복시페닐)-6-히드록시-2, 4, 5, 7-테트라브로모-3H-크산텐-3-온의 디칼륨염	-	타르 색소
41	청색 1 호 (브릴리안트블루 FCF, Brilliant Blue FCF) CI 42090 2-[α-[4-(N-에틸-3-설포벤질이미니오)-2, 5-시클로헥사디에닐리덴]-4-(N-에틸-3-설포벤질아미노)벤질]벤젠설포네이트의 디나트륨염	-	타르 색소
42	청색 2 호 (인디고카르민, Indigo Carmine) CI 73015 5, 5′-인디고틴디설폰산의 디나트륨염	-	타르 색소
43	청색 201 호 (인디고, Indigo)* CI 73000 인디고틴	-	타르 색소
44	청색 204 호 (카르반트렌블루, Carbanthrene Blue)* CI 69825 3, 3′-디클로로인단스렌	-	타르 색소
45	청색 205 호 (알파주린 FG, Alphazurine FG)* CI 42090 2-[α-[4-(N-에틸-3-설포벤질이미니오)-2, 5-시클로헥산디에닐리덴]-4-(N-에틸-3-설포벤질아미노)벤질]벤젠설포네이트의 디암모늄염	-	타르 색소
46	황색 4 호 (타르트라진, Tartrazine) CI 19140 5-히드록시-1-(4-설포페닐)-4-(4-설포페닐아조)-1H-피라졸-3-카르본산의 트리나트륨염	-	타르 색소
47	황색 5 호 (선셋옐로우 FCF, Sunset Yellow FCF) CI 15985 6-히드록시-5-(4-설포페닐아조)-2-나프탈렌설폰산의 디나트륨염	-	타르 색소
48	황색 201 호 (플루오레세인, Fluorescein)* CI 45350:1 3′, 6′-디히드록시스피로[이소벤조푸란-1(3H), 9′-[9H]크산텐]-3-온 ◎ 사용한도 6%	-	타르 색소
49	황색 202 호의 (1) (우라닌, Uranine)* CI 45350 9-(2-카르복시페닐)-6-히드록시-3H-크산텐-3-온의 디나트륨염 ◎ 사용한도 6%	-	타르 색소
50	등색 204 호 (벤지딘오렌지 G, Benzidine Orange G)* CI 21110 4, 4′-[(3, 3′-디클로로-1, 1′-비페닐)-4, 4′-디일비스(아조)]비스[3-메틸-1-페닐-5-피라졸론]	적용 후 바로 씻어내는 제품 및 염모용 화장품에만 사용	타르 색소
51	적색 106 호 (애시드레드, Acid Red)* CI 45100 2-[[N, N-디에틸-6-(디에틸아미노)-3H-크산텐-3-이미니오]-9-일]-5-설포벤젠설포네이트의 모노나트륨염	적용 후 바로 씻어내는 제품 및 염모용 화장품에만 사용	타르 색소
52	적색 221 호 (톨루이딘레드, Toluidine Red)* CI 12120 1-(2-니트로-p-톨릴아조)-2-나프톨	적용 후 바로 씻어내는 제품 및 염모용 화장품에만 사용	타르 색소
53	적색 401 호 (비올라민 R, Violamine R) CI 45190 9-(2-카르복시페닐)-6-(4-설포-올소-톨루이디노)-N-(올소-톨릴)-3H-크산텐-3-이민의 디나트륨염	적용 후 바로 씻어내는 제품 및 염모용 화장품에만 사용	타르 색소
54	적색 506 호 (패스트레드 S, Fast Red S)* CI 15620 4-(2-히드록시-1-나프틸아조)-1-나프탈렌설폰산의 모노나트륨염	적용 후 바로 씻어내는 제품 및 염모용 화장품에만 사용	타르 색소
55	황색 407 호 (패스트라이트옐로우 3G, Fast Light Yellow 3G)* CI 18820 3-메틸-4-페닐아조-1-(4-설포페닐)-5-피라졸론의 모노나트륨염	적용 후 바로 씻어내는 제품 및 염모용 화장품에만 사용	타르 색소
56	흑색 401 호 (나프톨블루블랙, Naphthol Blue Black)* CI 20470 8-아미노-7-(4-니트로페닐아조)-2-(페닐아조)-1-나프톨-3, 6-디설폰산의 디나트륨염	적용 후 바로 씻어내는 제품 및 염모용 화장품에만 사용	타르 색소

57	등색 401 호(오렌지 401, Orange no. 401)* CI 11725	점막에 사용할 수 없음	타르 색소
58	안나토 (Annatto) CI 75120	–	
59	라이코펜 (Lycopene) CI 75125	–	
60	베타카로틴 (Beta-Carotene) CI 40800, CI 75130	–	
61	구아닌 (2-아미노-1,7-디하이드로-6H-퓨린-6-온, Guanine, 2-Amino- 1,7-dihydro-6H-purin-6-one) CI 75170	–	
62	커큐민 (Curcumin) CI 75300	–	
63	카민류 (Carmines) CI 75470	–	
64	클로로필류 (Chlorophylls) CI 75810	–	
65	알루미늄 (Aluminum) CI 77000	–	
66	벤토나이트 (Bentonite) CI 77004	–	
67	울트라마린 (Ultramarines) CI 77007	–	
68	바륨설페이트 (Barium Sulfate) CI 77120	–	
69	비스머스옥시클로라이드 (Bismuth Oxychloride) CI 77163	–	
70	칼슘카보네이트 (Calcium Carbonate) CI 77220	–	
71	칼슘설페이트 (Calcium Sulfate) CI 77231	–	
72	카본블랙 (Carbon black) CI 77266	–	
73	본블랙, 본차콜 (본차콜, Bone black, Bone Charcoal) CI 77267	–	
74	베지터블카본 (코크블랙, Vegetable Carbon, Coke Black) CI 77268:1	–	
75	크로뮴옥사이드그린 (크롬(III) 옥사이드, Chromium Oxide Greens) CI 77288	–	
76	크로뮴하이드로사이드그린 (크롬(III) 하이드록사이드, Chromium Hydroxide Green) CI 77289	–	
77	코발트알루미늄옥사이드 (Cobalt Aluminum Oxide) CI 77346	–	
78	구리 (카퍼, Copper) CI 77400	–	
79	금 (Gold) CI 77480	–	
80	페러스옥사이드 (Ferrous oxide, Iron Oxide) CI 77489	–	
81	적색산화철 (아이런옥사이드레드, Iron Oxide Red, Ferric Oxide) CI 77491	–	
82	황색산화철 (아이런옥사이드옐로우, Iron Oxide Yellow, Hydrated Ferric Oxide) CI 77492	–	
83	흑색산화철 (아이런옥사이드블랙, Iron Oxide Black, Ferrous-Ferric Oxide) CI 77499	–	
84	페릭암모늄페로시아나이드 (Ferric Ammonium Ferrocyanide) CI 77510	–	
85	페릭페로시아나이드 (Ferric Ferrocyanide) CI 77510	–	
86	마그네슘카보네이트 (Magnesium Carbonate) CI 77713	–	
87	망가니즈바이올렛 (암모늄망가니즈(3+) 디포스페이트, Manganese Violet, Ammonium Manganese(3+) Diphosphate) CI 77742	–	
88	실버 (Silver) CI 77820	–	
89	티타늄디옥사이드 (Titanium Dioxide) CI 77891	–	
90	징크옥사이드 (Zinc Oxide) CI 77947	–	
91	리보플라빈 (락토플라빈, Riboflavin, Lactoflavin)	–	

92	카라멜 (Caramel)	–	
93	파프리카추출물, 캡산틴/캡소루빈 (Paprika Extract Capsanthin/ Capsorubin)	–	
94	비트루트레드 (Beetroot Red)	–	
95	안토시아닌류 (시아니딘, 페오니딘, 말비딘, 델피니딘, 페투니딘, 페라고니딘, Anthocyanins)	–	
96	알루미늄스테아레이트/징크스테아레이트/마그네슘스테아레이트/칼슘스테아레이트 (Aluminum Stearate/Zinc Stearate/Magnesium Stearate/ Calcium Stearate)	–	
97	디소듐이디티에이-카퍼 (Disodium EDTA-copper)	–	
98	디하이드록시아세톤 (Dihydroxyacetone)	–	
99	구아이아줄렌 (Guaiazulene)	–	
100	피로필라이트 (Pyrophyllite)	–	
101	마이카 (Mica) CI 77019	–	
102	청동 (Bronze)	–	
103	염기성갈색 16 호 (Basic Brown 16) CI 12250	염모용 화장품에만 사용	타르 색소
104	염기성청색 99 호 (Basic Blue 99) CI 56059	염모용 화장품에만 사용	타르 색소
105	염기성적색 76 호 (Basic Red 76) CI 12245 ◎ 사용한도 2%	염모용 화장품에만 사용	타르 색소
106	염기성갈색 17 호 (Basic Brown 17) CI 12251 ◎ 사용한도 2%	염모용 화장품에만 사용	타르 색소
107	염기성황색 87 호 (Basic Yellow 87) ◎ 사용한도 1%	염모용 화장품에만 사용	타르 색소
108	염기성황색 57 호 (Basic Yellow 57) CI 12719 ◎ 사용한도 2%	염모용 화장품에만 사용	타르 색소
109	염기성적색 51 호 (Basic Red 51) ◎ 사용한도 1%	염모용 화장품에만 사용	타르 색소
110	염기성등색 31 호 (Basic Orange 31) ◎ 사용한도 1%	염모용 화장품에만 사용	타르 색소
111	에치씨청색 15 호 (HC Blue No. 15) ◎ 사용한도 0.2%	염모용 화장품에만 사용	타르 색소
112	에치씨청색 16 호 (HC Blue No. 16) ◎ 사용한도 3%	염모용 화장품에만 사용	타르 색소
113	분산자색 1 호 (Disperse Violet 1) CI 61100 1,4-디아미노안트라퀴논 ◎ 사용한도 0.5%	염모용 화장품에만 사용	타르 색소
114	에치씨적색 1 호 (HC Red No. 1) 4-아미노-2-니트로디페닐아민 ◎ 사용한도 1%	염모용 화장품에만 사용	타르 색소
115	2-아미노-6-클로로-4-니트로페놀 ◎ 사용한도 2%	염모용 화장품에만 사용	타르 색소
116	4-하이드록시프로필 아미노-3-니트로페놀 ◎ 사용한도 2.6%	염모용 화장품에만 사용	타르 색소
117	염기성자색 2 호 (Basic Violet 2) CI 42520 ◎ 사용한도 0.5%	염모용 화장품에만 사용	타르 색소

번호	색소	사용 제한	비고
118	분산흑색 9 호 (Disperse Black 9) ◎ 사용한도 0.3%	염모용 화장품에만 사용	타르 색소
119	에치씨황색 7 호 (HC Yellow No. 7) ◎ 사용한도 0.25%	염모용 화장품에만 사용	타르 색소
120	산성적색 52 호 (Acid Red 52) CI 45100 ◎ 사용한도 0.6%	염모용 화장품에만 사용	타르 색소
121	산성적색 92 호 (Acid Red 92) ◎ 사용한도 0.4%	염모용 화장품에만 사용	타르 색소
122	에치씨청색 17 호 (HC Blue 17) ◎ 사용한도 2%	염모용 화장품에만 사용	타르 색소
123	에치씨등색 1 호 (HC Orange No. 1) ◎ 사용한도 1%	염모용 화장품에만 사용	타르 색소
124	분산청색 377 호 (Disperse Blue 377) ◎ 사용한도 2%	염모용 화장품에만 사용	타르 색소
125	에치씨청색 12 호 (HC Blue No. 12) ◎ 사용한도 1.5%	염모용 화장품에만 사용	타르 색소
126	에치씨황색 17 호 (HC Yellow No. 17) ◎ 사용한도 0.5%	염모용 화장품에만 사용	타르 색소
127	피그먼트 적색 5호 (Pigment Red 5)* CI 12490 엔-(5-클로로-2,4-디메톡시페닐)-4-[[5-[(디에칠아미노)설포닐]-2-메톡시페닐]아조]-3-하이드록시나프탈렌-2-카복사마이드	화장 비누에만 사용	타르 색소
128	피그먼트 자색 23호 (Pigment Violet 23) CI 51319	화장 비누에만 사용	타르 색소
129	피그먼트 녹색 7호 (Pigment Green 7) CI 74260	화장 비누에만 사용	타르 색소

화장품의 색소(제3조 관련)

주) *표시는 해당 색소의 바륨, 스트론튬, 지르코늄레이크는 사용할 수 없다.

화장품 사용 시의 주의사항 및 알레르기 유발성분 표시에 관한 규정

[시행 2020. 1. 1.] [식품의약품안전처고시 제2019-129호, 2019. 12. 16., 일부개정.]

식품의약품안전처(화장품정책과), 043-719-3410

제1조(목적) 이 고시는 「화장품법」 제10조제1항, 제4항 및 같은 법 시행규칙(이하, "규칙"이라 한다) 제19조 제3항, 제6항, 별표 3, 별표 4에 따라 화장품의 포장에 추가로 기재·표시하여야 하는 사용 시의 주의사항 및 성분명을 기재·표시하여야 하는 알레르기 유발성분의 종류를 정함을 목적으로 한다.

제2조(그 밖에 사용 시의 주의사항) 규칙 별표 3 제2호나목15)에 따른 "그 밖에 화장품의 안전정보와 관련하여 기재·표시하도록 식품의약품안전처장이 정하여 고시하는 사용 시의 주의사항"이란 별표 1과 같다.

제3조(기재 · 표시 대상 알레르기 유발성분) 규칙 별표 4 제3호마목에 따라 착향제의 구성 성분 중 해당 성분의 명칭을 기재·표시하여야 하는 알레르기 유발성분의 종류는 별표 2와 같다.

제4조(규제의 재검토) 「행정규제기본법」제8조 및 「훈령·예규 등의 발령 및 관리에 관한 규정」에 따라 2014년 1월 1일을 기준으로 매 3년이 되는 시점(매 3년째의 12월 31일까지를 말한다)마다 그 타당성을 검토하여 개선 등의 조치를 하여야 한다.

부칙 〈제2019-129호, 2019. 12. 16.〉

이 고시는 2020년 1월 1일부터 시행한다.

[별표 1] 화장품의 함유 성분별 사용 시의 주의사항 표시 문구(제2조 관련)

연번	대상 제품	표시 문구
1	과산화수소 및 과산화수소 생성물질 함유 제품	눈에 접촉을 피하고 눈에 들어갔을 때는 즉시 씻어낼 것
2	벤잘코늄클로라이드, 벤잘코늄브로마이드 및 벤잘코늄사카리네이트 함유 제품	눈에 접촉을 피하고 눈에 들어갔을 때는 즉시 씻어낼 것
3	스테아린산아연 함유 제품(기초화장용 제품류 중 파우더 제품에 한함)	사용 시 흡입되지 않도록 주의할 것
4	살리실릭애씨드 및 그 염류 함유 제품 (샴푸 등 사용 후 바로 씻어내는 제품 제외)	만 3세 이하 어린이에게는 사용하지 말 것
5	실버나이트레이트 함유 제품	눈에 접촉을 피하고 눈에 들어갔을 때는 즉시 씻어낼 것
6	아이오도프로피닐부틸카바메이트(IPBC) 함유 제품 (목욕용제품, 샴푸류 및 바디클렌저 제외)	만 3세 이하 어린이에게는 사용하지 말 것
7	알루미늄 및 그 염류 함유 제품 (체취방지용 제품류에 한함)	신장 질환이 있는 사람은 사용 전에 의사, 약사, 한의사와 상의할 것
8	알부틴 2% 이상 함유 제품	알부틴은 「인체적용시험자료」에서 구진과 경미한 가려움이 보고된 예가 있음
9	카민 함유 제품	카민 성분에 과민하거나 알레르기가 있는 사람은 신중히 사용할 것
10	코치닐추출물 함유 제품	코치닐추출물 성분에 과민하거나 알레르기가 있는 사람은 신중히 사용할 것
11	포름알데하이드 0.05% 이상 검출된 제품	포름알데하이드 성분에 과민한 사람은 신중히 사용할 것
12	폴리에톡실레이티드레틴아마이드 0.2% 이상 함유 제품	폴리에톡실레이티드레틴아마이드는 「인체적용시험자료」에서 경미한 발적, 피부건조, 화끈감, 가려움, 구진이 보고된 예가 있음
13	부틸파라벤, 프로필파라벤, 이소부틸파라벤 또는 이소프로필파라벤 함유 제품(영·유아용 제품류 및 기초화장용 제품류(만 3세 이하 어린이가 사용하는 제품) 중 사용 후 씻어내지 않는 제품에 한함)	만 3세 이하 어린이의 기저귀가 닿는 부위에는 사용하지 말 것

[별표 2] 착향제의 구성 성분 중 알레르기 유발성분(제3조 관련)

연번	성분명	CAS 등록번호
1	아밀신남알	CAS No 122-40-7
2	벤질알코올	CAS No 100-51-6
3	신나밀알코올	CAS No 104-54-1
4	시트랄	CAS No 5392-40-5
5	유제놀	CAS No 97-53-0
6	하이드록시시트로넬알	CAS No 107-75-5
7	아이소유제놀	CAS No 97-54-1
8	아밀신나밀알코올	CAS No 101-85-9
9	벤질살리실레이트	CAS No 118-58-1
10	신남알	CAS No 104-55-2
11	쿠마린	CAS No 91-64-5
12	제라니올	CAS No 106-24-1
13	아니스알코올	CAS No 105-13-5
14	벤질신나메이트	CAS No 103-41-3
15	파네솔	CAS No 4602-84-0
16	부틸페닐메틸프로피오날	CAS No 80-54-6
17	리날룰	CAS No 78-70-6
18	벤질벤조에이트	CAS No 120-51-4
19	시트로넬올	CAS No 106-22-9
20	헥실신남알	CAS No 101-86-0
21	리모넨	CAS No 5989-27-5
22	메틸 2-옥티노에이트	CAS No 111-12-6
23	알파-아이소메틸아이오논	CAS No 127-51-5
24	참나무이끼추출물	CAS No 90028-68-5
25	나무이끼추출물	CAS No 90028-67-4

※ 다만, 사용 후 씻어내는 제품에는 0.01% 초과, 사용 후 씻어내지 않는 제품에는 0.001% 초과 함유하는 경우에 한한다.

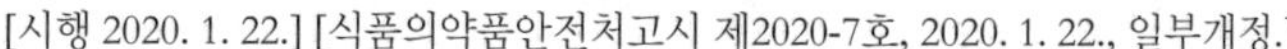

인체적용제품의 위해성평가 등에 관한 규정

[시행 2020. 1. 22.] [식품의약품안전처고시 제2020-7호, 2020. 1. 22., 일부개정.]

식품의약품안전처(소비자위해예방정책과), 043-719-1717

제1장 총칙

제1조(목적) 이 고시는 「식품안전기본법」 제20조, 「식품위생법」 제15조, 「농수산물 품질관리법」 제68조,「축산물 위생관리법」 제33조의2,「화장품법」 제8조,「건강기능식품에 관한 법률」 제23조, 「약사법」 제62조, 제66조, 「의료기기법」 제26조, 「위생용품 관리법」제10조에 따라 인체적용제품에 존재하는 위해요소가 인체에 노출되었을 때 발생할 수 있는 위해성을 종합적으로 평가하기 위한 사항을 규정함으로써 인체적용제품의 안전관리를 통해 국민건강을 보호·증진하는 것을 목적으로 한다.

제2조(정의) 이 고시에서 사용하는 용어의 뜻은 다음과 같다.

1. "인체적용제품"이란 사람이 섭취·투여·접촉·흡입 등을 함으로써 인체에 영향을 줄 수 있는 것으로서 다음 각 목의 어느 하나에 해당하는 제품을 말한다.

가. 「식품위생법」제2조에 따른 식품, 식품첨가물, 기구 또는 용기·포장

나. 「농수산물 품질관리법」제2조제1항에 따른 농수산물 및 농수산가공품

다. 「축산물 위생관리법」제2조에 따른 축산물

라. 「건강기능식품에 관한 법률」제3조에 따른 건강기능식품

마. 「약사법」제2조에 따른 의약품, 한약, 한약제제 및 의약외품

바. 「화장품법」제2조에 따른 화장품

사. 「의료기기법」제2조제1항에 따른 의료기기

아. 「위생용품 관리법」제2조에 따른 위생용품

자. 그 밖에 식품의약품안전처장이 소관 법률에 따라 관리하는 제품

2. "독성"이란 인체적용제품에 존재하는 위해요소가 인체에 유해한 영향을 미치는 고유의 성질을 말한다.
3. "위해요소"란 인체의 건강을 해치거나 해칠 우려가 있는 화학적·생물학적·물리적 요인을 말한다.
4. "위해성"(「식품위생법」제15조,「축산물 위생관리법」제33조의2,「화장품법」제8조의 "위해" 및 「농수산물 품질관리법」제68조의 "위험"은 이하 "위해성"이라 한다)이란 인체적용제품에 존재하는 위해요소에 노출되는 경우 인체의 건강을 해칠 수 있는 정도를 말한다.
5. "위해성평가"란 인체적용제품에 존재하는 위해요소가 인체의 건강을 해치거나 해칠 우려가 있는지 여부와 그 정도를 과학적으로 평가하는 것을 말한다.
6. "통합위해성평가"란 인체적용제품에 존재하는 위해요소가 다양한 매체와 경로를 통하여 인체에 미치

는 영향을 종합적으로 평가하는 것을 말한다.

제2장 위해성평가위원회

제3조(위해성평가위원회) 식품의약품안전처장은 다음 각 호의 사항을 자문하기 위하여 위해성평가위원회(이하 "위원회"라 한다)를 둔다.

1. 제12조제1항에 따른 위해성평가의 방법
2. 제12조제6항에 따른 위해성평가 결과의 교차검증
3. 제13조제2항에 따른 독성시험의 절차·방법
4. 그 밖에 위해성평가 등에 관하여 식품의약품안전처장이 자문을 요구하는 사항

제4조(위원회의 구성) ① 위원회는 위원장 1명을 포함한 20명 이내의 위원으로 구성한다.

② 위원회의 위원장은 식품의약품안전평가원장이 되며 위원은 다음 각 호의 어느 하나에 해당하는 자 중에서 식품의약품안전처장이 위촉하거나 지명한다.

1. 위해성평가 분야에 관한 학식과 경험이 풍부한 자
2. 식품의약품안전처 또는 식품의약품안전평가원의 공무원
3. 그 밖에 식품의약품안전처장이 제3조의 자문을 위하여 필요하다고 인정하는 자

③ 위원회의 사무를 처리하기 위하여 위원회에 간사 1명을 두며 간사는 식품의약품안전처 또는 식품의약품안전평가원 소속 공무원 중에서 식품의약품안전처장이 지명한다.

④ 위원회는 제3조에 따른 자문사항을 전문적으로 검토하기 위하여 분야별로 전문위원회를 둘 수 있다.

제5조(위원의 임기) 위원의 임기는 2년으로 하되 공무원인 위원은 그 직위에 재직하는 기간 동안 재임한다. 다만, 보궐위원의 임기는 전임위원 임기의 남은 기간으로 한다.

제6조(위원회의 회의) ① 위원장은 위원회를 소집하고 그 의장이 된다. 다만, 위원장이 부득이한 사유로 직무를 수행할 수 없을 때는 위원장이 미리 지명한 위원이 그 직무를 대행한다.

② 위원회의 회의는 재적위원 과반수의 출석으로 개의한다. 다만, 회의개최가 곤란한 경우 서면으로 대체할 수 있다.

제7조(위원의 위촉해제 및 지명철회) 식품의약품안전처장은 위원회의 위원이 다음 각 호의 어느 하나에 해당하는 경우에는 해당 위원을 위촉 해제하거나 지명 철회할 수 있다.

1. 심신장애로 인하여 직무를 수행할 수 없게 된 경우
2. 직무와 관련된 비위사실이 있는 경우
3. 직무태만, 품위손상, 그 밖의 사유로 인하여 위원으로 적합하지 아니하다고 인정되는 경우
4. 위원 스스로 직무를 수행하는 것이 곤란하다고 의사를 밝히는 경우
5. 제22조를 위반하여 직무상 알게 된 비밀을 누설한 경우
6. 제8조제1항 각 호의 어느 하나에 해당하는 경우에도 불구하고 회피 신청을 하지 아니한 경우

제8조(위원회의 제척 · 회피) ① 위원회의 위원이 다음 각 호의 어느 하나에 해당하는 경우에는 위원회의 자

문에서 제척(除斥)된다.

1. 위원 또는 그 배우자나 배우자이었던 사람이 해당 안건의 당사자(당사자가 법인·단체 등인 경우에는 그 임원 또는 직원을 포함한다. 이하 이 호 및 제2호에서 같다)가 되거나 그 안건의 당사자와 공동권리자 또는 공동의무자인 경우

2. 위원이 해당 안건의 당사자와 친족이거나 친족이었던 경우

3. 위원 또는 위원이 속한 법인·단체 등이 해당 안건에 대하여 증언, 진술, 자문, 연구, 용역 또는 감정을 한 경우

4. 위원이나 위원이 속한 법인·단체 등이 해당 안건의 당사자의 대리인이거나 대리인이었던 경우

5. 위원이 해당 안건의 당사자인 법인·단체 등에 최근 3년 이내에 임원 또는 직원으로 재직하였던 경우

② 위원회의 위원이 제1항 각 호에 따른 제척 사유에 해당하는 경우에는 스스로 해당 안건의 자문에서 회피(回避)하여야 한다.

제9조(수당) 위원회의 회의에 참석한 위원에 대하여는 예산의 범위 안에서 수당·여비 기타 필요한 경비를 지급할 수 있다. 다만, 공무원인 위원이 그 소관업무와 직접 관련되어 출석하는 경우에는 그러하지 아니하다.

제10조(운영세칙) 제3조부터 제9조까지에서 규정한 사항 외에 위원회의 운영 등에 필요한 사항은 위원회의 의결을 거쳐 위원장이 정한다.

제3장 위해성평가 수행 등

제11조(위해성평가의 대상 등) ① 식품의약품안전처장은 인체적용제품이 다음 각 호의 어느 하나에 해당하는 경우에는 위해성평가의 대상으로 선정할 수 있다.

1. 국제기구 또는 외국정부가 인체의 건강을 해칠 우려가 있다고 인정하여 판매하거나 판매할 목적으로 생산·판매 등을 금지한 인체적용제품

2. 새로운 원료 또는 성분을 사용하거나 새로운 기술을 적용한 것으로서 안전성에 대한 기준 및 규격이 정해지지 아니한 인체적용제품

3. 그 밖에 인체의 건강을 해칠 우려가 있다고 인정되는 인체적용제품

② 인체적용제품의 위해성평가에서 평가하여야 할 위해요소는 다음 각 호와 같다.

1. 「식품위생법 시행령」 제4조제2항의 각 호

2. 「축산물 위생관리법 시행령」 제27조제1항제2호의 각 목

3. 「유전자변형농수산물의 표시 및 농수산물의 안전성조사 등에 관한 규칙」 제14조제1항제2호의 각 목

4. 그 밖에 인체적용제품의 제조에 사용된 성분, 화학적 요인, 물리적 요인, 미생물적 요인 등

제12조(위해성평가의 수행) ① 식품의약품안전처장은 제11조에 따라 선정한 인체적용제품에 대하여 다음 각 호의 순서에 따른 위해성평가 방법을 거쳐 위해성평가를 수행하여야 한다. 다만, 위원회의 자문을 거쳐

위해성평가 관련 기술 수준이나 위해요소의 특성 등을 고려하여 위해성평가의 방법을 다르게 정하여 수행할 수 있다.

1. 위해요소의 인체 내 독성 등을 확인하는 과정
2. 인체가 위해요소에 노출되었을 경우 유해한 영향이 나타나지 않는 것으로 판단되는 인체노출 안전기준을 설정하는 과정
3. 인체가 위해요소에 노출되어 있는 정도를 산출하는 과정
4. 위해요소가 인체에 미치는 위해성을 종합적으로 판단하는 과정

② 식품의약품안전처장은 다양한 경로를 통해 인체에 영향을 미칠 수 있는 위해요소에 관하여는 통합위해성평가를 수행할 수 있다. 이때, 필요한 경우 관계 중앙행정기관의 협조를 받아 통합위해성평가를 수행할 수 있다.

③ 현재의 과학기술 수준 또는 자료 등의 제한이 있거나 신속한 위해성평가가 요구될 경우 인체적용제품의 위해성평가는 다음 각 호와 같이 실시할 수 있다.

1. 위해요소의 인체 내 독성 등 확인과 인체노출 안전기준 설정을 위하여 국제기구 및 신뢰성 있는 국내·외 위해성평가기관 등에서 평가한 결과를 준용하거나 인용할 수 있다.
2. 인체노출 안전기준의 설정이 어려울 경우 위해요소의 인체 내 독성 등 확인과 인체의 위해요소 노출 정도만으로 위해성을 예측할 수 있다.
3. 인체적용제품의 섭취, 사용 등에 따라 사망 등의 위해가 발생하였을 경우 위해요소의 인체 내 독성 등의 확인만으로 위해성을 예측할 수 있다.
4. 인체의 위해요소 노출 정도를 산출하기 위한 자료가 불충분하거나 없는 경우 활용 가능한 과학적 모델을 토대로 노출 정도를 산출할 수 있다.
5. 특정집단에 노출 가능성이 클 경우 어린이 및 임산부 등 민감집단 및 고위험집단을 대상으로 위해성평가를 실시할 수 있다.

④ 화학적 위해요소에 대한 위해성은 물질의 특성에 따라 위해지수, 안전역 등으로 표현하고 국내·외 위해성평가 결과 등을 종합적으로 비교·분석하여 최종 판단한다.

⑤ 미생물적 위해요소에 대한 위해성은 미생물 생육 예측 모델 결과값, 용량-반응 모델 결과값 등을 이용하여 인체 건강에 미치는 유해영향 발생 가능성 등을 최종 판단한다.

⑥ 식품의약품안전처장은 위해성평가 결과에 대한 교차검증을 위하여 위원회의 자문을 받을 수 있다.

⑦ 식품의약품안전처장은 전문적인 위해성평가를 위하여 식품의약품안전평가원을 위해성평가 전문기관으로 한다.

제13조(독성시험의 실시) ① 식품의약품안전처장은 위해성평가에 필요한 자료를 확보하기 위하여 독성의 정도를 동물실험 등을 통하여 과학적으로 평가하는 독성시험을 실시할 수 있다.

② 독성시험은 「의약품등 독성시험기준」 또는 경제협력개발기구(OECD)에서 정하고 있는 독성시험방법에 따라 다음 각 호와 같이 실시한다. 다만, 필요한 경우 위원회의 자문을 거쳐 독성시험의 절차·방법을 다르게 정할 수 있다.

1. 독성시험 대상물질의 특성, 노출경로 등을 고려하여 독성시험항목 및 방법 등을 선정한다.
2. 독성시험 절차는 「비임상시험관리기준」에 따라 수행한다.
3. 독성시험결과에 대한 독성병리 전문가 등의 검증을 수행한다.

제14조(의견청취 등) ① 식품의약품안전처장은 제12조의 위해성평가 과정에서 필요한 경우 관계 전문가의 의견을 청취할 수 있다.

② 식품의약품안전처장은 위해성평가의 수행에 필요한 자료를 국내·외 관련 전문기관, 대학, 학회 등에 요청할 수 있다.

제15조(외부기관의 위해성평가 요청) 식품의약품안전처장은 소비자단체, 학회 등이 위해성평가를 요청한 인체적용제품에 대하여 관련 법령에 따라 인체의 건강을 해칠 우려가 있는지 여부를 심의할 수 있다.

제16조(위해성평가 결과의 보고) ① 식품의약품안전처장은 위해성평가가 완료되면 요약·위해성평가의 목적·범위·내용·방법·결론·참고문헌 등을 포함한 결과보고서를 작성하여야 한다.

② 식품의약품안전처장은 위해성평가 결과에 대한 심의·의결 등 다른 법령에 정한 절차가 있는 경우에는 그 법령이 정하는 바에 따른다.

제4장 위해성평가 활성화를 위한 기반 조성

제17조(위해성평가 관련 정보의 수집 · 분석 및 활용) 식품의약품안전처장은 독성에 관한 정보를 포함하여 위해성평가 관련 정보의 수집·분석 등을 통합적으로 관리할 수 있는 정보처리 전산시스템을 구축·운영할 수 있다.

제18조(교육 · 홍보) 식품의약품안전처장은 인체적용제품의 안전에 대한 이해를 높이고 인체적용제품이 제조·생산·가공 및 사용 등의 과정에서 안전하게 다루어질 수 있도록 사업자와 소비자에 대한 교육·홍보를 할 수 있다.

제19조(위해성평가를 위한 전문인력 양성) ① 식품의약품안전처장은 위해성평가에 필요한 전문인력을 양성할 수 있다.

② 식품의약품안전처장은 제1항에 따른 전문인력을 양성하기 위하여 산업계, 학계, 연구계 및 시민사회단체 등과 협력하여야 한다.

제20조(세부지침의 제정 · 운영) 이 규정에 저촉되지 않는 범위에서 위해성평가 수행 등을 위한 세부지침을 제정·운영할 수 있다.

제21조(비밀 누설 금지 등) 위원회의 회의에 참석한 사람은 직무상 알게 된 비밀을 누설해서는 아니 된다.

제5장 보칙

제22조(재검토기한) 식품의약품안전처장은 이 고시에 대하여 「훈령·예규 등의 발령 및 관리에 관한 규정」에 따라 2019년 7월 1일 기준(시행월 1일)으로 매3년이 되는 시점(매 3년째의 6월 30일까지를 말한다)마다 그 타당성을 검토하여 개선 등의 조치를 하여야 한다.

부칙 〈제2020-7호, 2020. 1. 22.〉

이 고시는 고시한 날부터 시행한다.

Memo

Memo

Memo

Memo

맞춤형화장품

조제관리사

최종 합격 비법

맞춤형화장품
조제관리사
최종 합격 비법

BM Book Media Group
성안당은 선진화된 출판 및 영상교육 시스템을 구축하고 항상 연구하는 자세로 독자 앞에 다가갑니다.